Plant Biology
일반 식물학

제2판

Plant Biology
일반 식물학 제2판

Linda E. Graham
University of Wisconsin
James M. Graham
University of Wisconsin
Lee W. Wilcox
University of Wisconsin 저

강원희 김영환 김인선
김한순 김현희 문병용
서봉보 송남희 윤호성
이인중 조운행 추연식 역

WORLD SCIENCE
월드사이언스
www.worldscience.co.kr

일반식물학 제 2 판

인쇄 • 2008년 1월 30일
발행 • 2008년 2월 10일
역자 • 강원희 김영환 김인선 김한순 김현희 문병용
서봉보 송남희 윤호성 이인중 조운행 추연식
발행인 • 박선진
발행처 • 도서출판 월드사이언스
주소 • 서울특별시 동작구 사당5동 240-5
등록일자 • 1987년 12월 14일
등록번호 • 3-136
TEL • (02)581-5811~3
FAX • (02)521-6418
E-mail • worldscience@hanmail.net
URL • http://www.worldscience.co.kr

정가 • 30,000원
ISBN • 978-89-5881-096-4

이 도서의 국립중앙도서관 출판시도서목록(CIP)은 e-CIP 홈페이지
(http://www.nl.go.kr/cip.php)에서 이용하실 수 있습니다.
(CIP제어번호: CIP2008000320)

We dedicate this book to our
families, friends, students, and teachers.

저자 소개

Linda E. Graham 교수는 위스콘신-메디슨대학에서 식물 환경학을 강의하는 교수이다. 미시건 앤 아버 대학교에서 식물학 박사학위를 받았으며 20년 넘게 매년 마다 비전공 학생의 식물학 수업을 가르치고 있다. 그녀는 학생들에게 식물을 배움으로써 자연에 대한 소중함을 감사함과 이해하는 것을 목표 및 큰 이상으로 삼고 있습니다. Graham박사의 생물학적 가르침의 주제는 모든 인류로 하여금 자연과 인간 개인의 삶 둘에 대한 올바른 결정의 필요성을 이해하는 것에 중점을 두고 있다. 그녀는 조류학 수업을 가르치며, 전공자들을 위해 기초 생물학에 이바지 하였으며 멀리 떨어진 열대성 섬의 해양 식물에 대해서도 가르친바 있다. Graham박사의 연구는 대륙으로 이동된 식물들의 진화학적 시초를 세포를 이용하여 분자학적 생물과 생태학적 생물의 연광성에 대해 조사하고 있다. Graham박사의 연구와 가르침은 자연적인 생태계(세계)로부터 삶에 관련된 properties를 보존함에 중점을 두고 있다. Graham박사는 조류생물학의 전공 책인 *Algae* 의 부 저자 이며, *Origin of Land Plants*의 저자이기도 하다. Graham박사는 미국 식물학회의 전 회장이기도 하며, advancement 과학을 위한 미국 학회의 위원이다.

James M. Graham 교수는 미시건 앤 아버 대학에서 생물학 박사학위를 받았으며, 그는 미생물 생태학 분야의 연구를 추진하는 위스콘신 대학교의 석좌교수이기도 하다. Graham박사는 엘. 그라함과 엘. 윌콕스가 지은 *Algae*의 식물성 프랑크톤 생태학의 한 장에도 공헌하였다. 그는 생태학, 조류학, 전공자들을 위한 기초 생물학과 비전공자들을 위한 기초 식물학 등 여러 코스의 수업을 가르쳤다.

Lee W. Wilcox 는 위스콘신-메디슨 대학에서 식물학 박사학위를 받았다. 그의 연구는 공생, 조류 지화학과 식물/조류 세포학에 중점 및 관심을 보이고 있다. Wilcox박사는 *Algae* 와 *plant biology* 저서에 많은 전공 사진 및 아트 프로그램을 디자인 하였다. 그는 또한 많은 분야의 과학 잡지 및 저서에 과학 실례를 공헌하였습니다. 그는 대학원 조교 생활과 그 이후 다양한 수업의 시간 강사를 하는 동안, 과학적 실례 및 사진들의 실질적 중요성을 알게 되었으며 식물들에게 감사하는 마음을 가지게 할 수 있는 것은 눈으로 보고 배우는 것이라 알게 되었다.

역자 소개

강원희

강원대학교 원예학과
whkang@kangwon.ac.kr

김영환

충북대학교 생물학과
kimyh@chungbuk.ac.kr

김인선

계명대학교/생물학과
botany@kmu.ac.kr

김한순

경북대학교 생물학과
kimhsu@knu.ac.kr

김현희

삼육대학교/생명과학과
kimhh@syu.ac.kr

문병용

인제대학교/생명공학부
biomoon@inje.ac.kr

서봉보

경북대학교/생물학과
bbseo@knu.ac.kr

송남희

대구교육대학교/과학교육과
songnh@dnue.ac.kr

윤호성

경북대학교/생물학과
hyoon@knu.ac.kr

이인중

경북대학교/농학과
ijlee@knu.ac.kr

조운행

창원대학교/생물학과
uhcho@sarim.changwon.ac.kr

추연식

경북대학교/생물학과
yschoo@knu.ac.kr

요약 목차

목 차

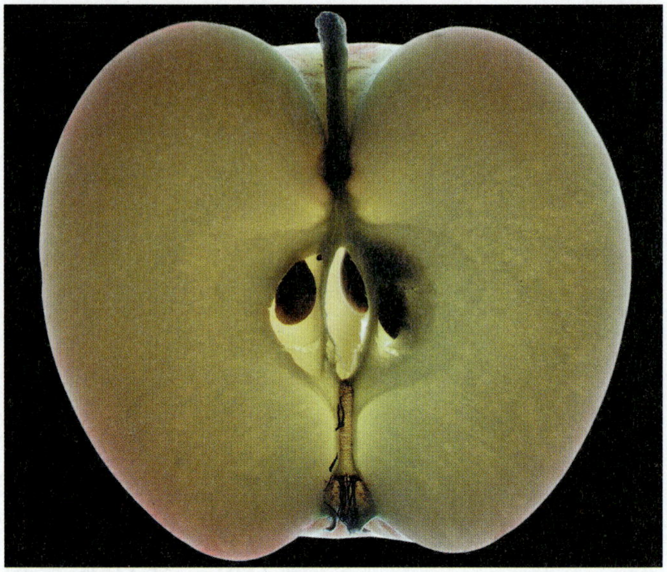

제 II 부 식물의 구조와 기능

제 3 장 생명의 분자적 기초 32

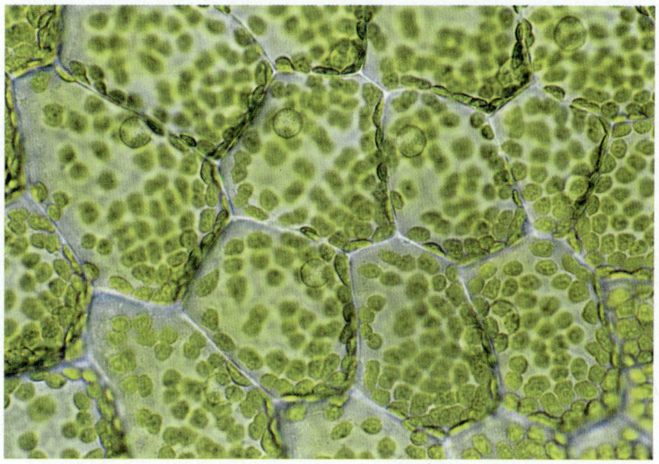

제 4 장 세포 58

제 5 장 광합성과 호흡 80

제 6 장 DNA와 RNA 104

제 7 장 세포분열 120

제 8 장 식물의 구조, 생장과 발달 134

제 9 장 줄기와 물질 수송 150

제 10 장 뿌리와 식물의 영양 170

제 11 장 잎: 광합성과 증산작용 190

제 12 장 식물의 행동 210

제 III 부 식물의 생식, 유전학과 진화

제 13 장 생식, 감수분열, 생활주기 226

제 15 장 유전공학 264

제 16 장 생물학적 진화 278

제 IV 부 식물의 다양성, 원핵생물, 원생생물과 균류

제 17 장 식물과 미생물의 명명 및 분류 298

제 18 장 원핵생물과 지구 생명의 기원 314

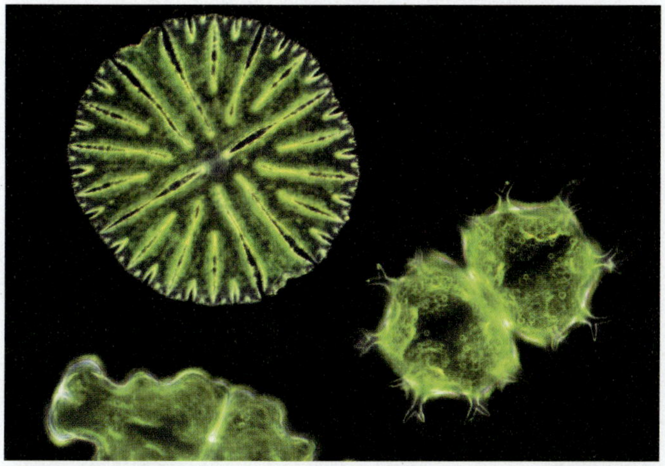

제 20 장 균류와 지의류 358

제 21 장 무종자식물 376

제 22 장 나자식물문, 최초의 종자식물 400

제 23 장 피자식물의 다양성과 생식 418

제 24 장 꽃식물과 동물의 공진화 440

제 V 부 생태학과 환경에 대한 식물의 적응

제 25 장 생태학의 원리와 생물권 460

제 26 장 건조한 육상 생태계 482

제 27 장 습지 생태계 512

저자 머리말

학생들에게

여러분의 삶 동안에 세계에서 일어나는 생태적이나 사회적인 보전에 영향을 미치는 결정을 당신의 개인적인 삶에서 일어나는 것 만큼이나 많이 해야 할 것입니다. 여러분은 투표를 할 것이며, 정치적인 유권자들을 지지할 것이며, 배심원의 역할도 할 것입니다. 여러분들은 중요한 기업 혹은 정부의 기업을 운영 할 수도 있으며, 수 천명의 학생을 가르칠지도 모릅니다. 여러분들은 약초, GM 식품, 화학적 식품, 자연재배 물과 버섯, 재활용 쓰레기, 전기사용의 조절, 천연자원 물품, 정원 손질 및 보존단체 지지 등의 많은 결정권을 가지게 될 것입니다. 생물학에 대한 기초 지식은 — 생물학에 대한 교육 및 이해 — 이러한 여러분의 많은 중요한 결정들에 대해 중요한 배경을 만들어 줄 것입니다.

식물학 수업은 생물에 대한 많은 근본적 그리고 중요한 발상들을 배울 수 있는 재미있는 과정입니다. 누가 아름다운 꽃의 매력과 울창한 산림 풍경을 부정할 수 있을까요? 여러분의 수업에서 식물에 대한 멋진 세상을 보여주는 동안, 여러분은 식물학이 그저 식물의 이름이나 부위를 외우는 것이 아니라는 것을 이해하실 것 입니다. 식물학은 현실적인 예와 뉴스를 통해 이슈가 되었던 설명하며 어떻게 그리고 왜 식물들이 세상에서 중요한지 보여드릴 것입니다. 이 교재는 교육을 받은 시민으로써 우리에게 영향이 될 문제의 바른 결정을 내리기 위해 생물학적 발상을 통해 여러분의 발견을 도와드릴 것입니다. 여러분들도 우리들처럼 식물학 수업에서 많은 것을 배우고 즐기시길 바랍니다.

가르치는 분들께

점차적으로 발전하는 우리 사회에서는 기초과학의 이해나 생물학 전공을 하신 분들을 필요로 합니다, 왜냐하면 많은 중요한 분야의 합리적인 결정에서 기본이 되기 때문입니다. 대학생들에게 과학적이나 생물학적 수업의 수준과 재미를 증가시킴은 분명 교육자로써 우리가 해야 할 중요한 임무 중 하나이지만, 너무 많은 학생들의 참여와 관심도는 그들에게 서로에 대한 도전을 부를 수도 있습니다. 식물은 생물학적 과학적 교육에서 아주 좋은 것으로 생각되는데, 이는 식물 본질적인 매력 때문입니다. 학생들은 종종 식물들을 아주 중요한 요소 중 하나라 생각하며 관심을 가지는데 이는 식물들이 우리에게 많이 알려져 있을 뿐만 아니라 외래의 생태계에도 중요한 부분이기 때문이다. *Plant biology*를 적으면서, 저희는 발전하는 생물학적 그리고 과학적 교육에 중요한 목표를 두었습니다. 저희는 세계의 식물의 기능을 중점으로 하여, 학생들의 흥미와 세계에 일어나고 있는 이슈 등의 중요한 부분을 연결시켜 많은 매력, 실제적으로 중요한, 그리고 확실한 예제와 함께 보여주려 합니다. 저희는 학생들에게 지구의 인류의 삶과 생태적인 관계를 보여줌으로써 환경적 윤리를 향상시킴에 노력하여 인간의 진화에 대한 이해력을 깨닫게 해주려 노력하였습니다.

Special Features

각 장을 펼칠 때 마다 그 장의 내용을 알려주는 중요한 주요 개념과 소개하는 이야기로 구성되어있다. 학생들에게 재미를 주기 위해, 각 장을 소개 하는 이야기는 주요 개념과 관련하여 사람들의 재미 혹은 일상 생활에서 가깝게 접할 수 있는 내용으로 되어 있다. 예를 들어, 16장 -생물의 진화- 는 다윈의 대학생 시 관심과 HMS *Beagle* 어떻게 그의 신시대적인 여행에 영향을 주게 되었는지를 서술하였다. 이 교재는 많은 식물학자들과 그들의 발견 또한 포함하고 있습니다, 왜냐하면 이러한 예를 통하여 학생들이 LIBRARY database와 웹사이트에서의 또 다른 정보를 찾을 수 있다는 것을 보여주기 위해서 입니다. 주요 개념과 소개하는 이야기는 이 책 안에 보여지는 내용이 왜 교육자들에게 중요한지를 알려줄 것입니다. 각 장의 중요한 용어는 두꺼운 글씨체로 적혀져 있으며, 이러한 중요한 용어의 생물학적 어휘 정의를 알려줌으로써 그들이 당신과 함께한 학기를 마치고도 오랫동안 기억에 남을 수 있도록 하였습니다.

각 장의 마지막에는 중요한 요점과 각 절에서 보여진 자료들로 하이라이트로 보여주며, 각 장에서 배운 것들을 다시 한번 확인하기 위한 문제들도 각 장의 마지막에 같이 포함되어 있습니다. 추천 문제들은 책의 마지막 부분에 제공되어 있습니다.

각 장에는 어떻게 인류가 기초적인 생물학적 자료를 제공하는지 그리고 그것에 대한 좀 더 폭넓은 배움과 이해를 위해 하나 혹은 두 개의 에세이가 포함되어 있습니다. 당신의 학생들의 적극적인 이해와 참여를 위해 “The Botany of Beer,” “Heavy-Metal plants,” “Supermarket Botany,” “Molecular Detectives: DNA Fingerprinting Solves Crimes,” “Killer Algae,” “and “Restoring a Lost Forest”등이 에세이의 예들입니다. 몇몇의 에세이는 학생들의 흥미를 위하여 문화적인 식물사용에 대한 내용을 보여줄 것입니다. “Ethonobotany: Seeds of Culture,” “Native American Uses of Temperate Forest Plants,”와 새로운 에세이인 “Aspen Aspirin.” 등이 에세이의 예들입니다. 몇몇의 에세이들은 식물생물학 전공을 생각하는 특정적 학생들을 위해 포함되었으며 이들은 “Psi-chological Stress,” “Growth Rings: Mirrors Into the Past,” “The Guardian Spirit,” “PCR: The Gene Copier”등이 있습니다.

이 책은 처음부터 끝까지 식물의 구조적과 기능적인 주제를 두개로 나누기 보다는 하나로 통일하여 보여주고 있습니다. 예를 들어 식물에서 물과 물의 이동은 세포, 뿌리, 줄기, 잎, 그리고 환경 조건 등의 몇 개의 장을 합쳐서 보여줘야 할 만큼 아주 중요한 주제입니다. 식물의 미네랄 영양분 또한 몇 개의 장으로 보여줘야 하는데 이들은 crop domestication, prokaryote and fungal symbioses, root mineral absorption, insectivorous plants, 그리고 degradation of aquatic ecosystem등을 하나로 보여주고 있습니다. 이러한 방법을 통하여 특정적으로 중요한 개념들의 반복으로써 학생들의 지식에 유지 시킬 수 있을 것입니다.

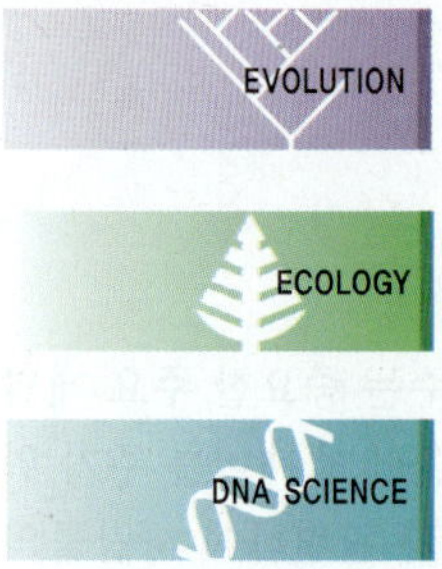

세계적 생태, 진화, 그리고 DNA 과학으로 세 개의 중요한 주제는 생물학적 교육에 필수적일 뿐 아니라 항상 이슈로 우리와 관련되어 있습니다. 각 장들은 이러한 중요한 주제의 내용을 각각 포함하고 있으며, text에 하나로 합쳐져 아이콘으로 표시되어 학생들의 이해를 도울 것 입니다.

Art Program

이 책의 art program은 학생들의 흥미와 배움에 도움이 되기 위해 조심스럽게 준비 되었습니다. 책의 저자 중 한명의 Wilcox에 의해 잘 보존되어 있는 높은 해상도의 수 백장의 원본 사진과 실례로 이 책의 내용과 아주 잘 보여주고 있습니다. 실례들은 생물학적 지식이 적은 학생들에게도 이해도를 높이기 위해 복잡한 과정과 관련된 중요 내용들을 하이라이트 함으로써 학생들의 이해를 도울 수 있게 만들어졌습니다.

Features New to the Second Edition

식물학의 2판에서는 비평가들의 충고에 따라 이전의 내용의 재정리하였습니다. 예를 들어 원핵생물과 원생생물 장은 씨 없는 식물, 씨의 진화, 겉씨 식물 그리고 식물의 life cycler과 같은 새로운 생태의 절로 옮겼습니다. 저희는 새로운 Plant behavior라는 장을 만들었습니다. 이는 물질적과 생물학적 자극에 대한 식물의 반응에 대한 내용을 포함하고 있습니다. 우리의 식물의 진화 장은 박테리아의 항생물질 저항력의 진화 동안 바른 selection과 적응 반응에 대한 내용을 포함하고 있습니다. 이러한 새로운 내용들은 진화에 대한 아주 확실한 증거를 보여주며 사람의 문제에 새로운 제안을 보여주고 있습니다. 비평가의 충고에 따라, plant embryology, 해양 생태학, wood anatomy, 그리고 식물의 성염색체 등의 새로운 주제를 포함하였습니다.

생태학적 주제는 교육적 목적의 정리를 위하여 세 개의 관련되어 있는 장들로 다시 정리하였습니다. 우리는 사람들에게 식물의 사용에 대한 많은 예들을 포함하였으며, 많은 분포도와 실례를 보여주고 있습니다. 우리는 또한 환경의 유지에 대한 마지막 장을 크게 해달라는 조언에 대하여도 보여주었습니다. 이 저서에게 도움이 될 내용이 있다면, 저희에게 여러분의 많은 충고 부탁 드립니다.

Acknowledgments

저희는 UW-Madison 과 Botanical Society of America collegues로부터 초판에서 주신 도움처럼 2판에도 많은 식물 표본과 사진 및 실례, 그리고 많은 학문적 정보에 대해 도움 주신 점 감사히 느끼고 있습니다. Department of Botany의 담당자 분들의 격려에 특별히 다시 한번 감사 드리며, 특히 새로운 식물학의 발견에 대한 여러 논문의 꾸준한 정보 및 분류계통학의 정보의 원천을 보여주신 Robert Kowal에게 감사 드립니다. Loraine Pilgrim을 포함하여 항상 Prentice Hall과의 연락을 대신 도와주신 Ever-helpful department의 담당자들께도 감사를 드립니다. 저희에게 멋진 식물, 곰팡이 그리고 그들의 실례를 찾도록 도와주신 Department academic 담당자인 Diane Derouen, Michael Clayton, Claudia Lipke, 그리고 Kandis Elliot에게 감사 드리며, 또한 Mohanmed Fayyaz 그리고 그들의 Green house & Garden 의 담당자분들, 또한 Wisconsin State Herbarium 담당자들께도 다시 한번 감사의 말씀 드립니다. Illinois State University의 Department of Biological Science의 학장이신 Don Schmidt께도 감사의 말씀을 드립니다.

Ellin Doyle은 초판에서 보여진 Gary Wedemayer의 문제를 새롭게 각 장의 마지막에 넣어 주셨습니다. 다시 한번 문제의 정확성에 대해 확인 해주신 Ellin Doyle, Sharon Eversman, Sara Hoot, Andrea Lloyd, Diane Marshall, 그리고 Almuth Tschunko 님들께 감사 드립니다.

저희는 초판과 2판의 프로젝트 동안 많은 격려와 인내를 가져주신 가족들과 친구들에게 감사하며, 특히 Michael and Melissa Graham, Martha Cook, 그리고 Norma Wilcox께 감사 드립니다.

Prentice Hall의 노력과 격려 그리고 Prentice Hall과 함께 일한 것에 감사의 말씀을 드리고 싶습니다. 2판을 준비하며, 출판업자 Sheri L. Snavely, 프로젝트 매니저 karen Horton, 원로 미디어 편집장 Patrick Shriner, 발전 편집장 Erin Mulligan, 발매 편집장 Donna King과 사진 조사자 Yvonne Gerin에게 감사드립니다. 초판을 도와주신 Tereasa Chung, Barbara Muller, Travis Moses-Westphal, Jami Darby, Adam Velthaus, Collen Lee, Xiaohona Zhu 그리고 Chris Thillen의 내용들을 다시 성공적으로 옮겨주심에 감사를 드립니다.

Reviewers

Steve Ailstock, *Anne Arundel Community College*
Douglas Allan, *Santa Monica College*
Bonnie Amos, *Angelo State University*
Kathleen Archer, *Trinity College*
Tasneem Ashraf, *Cochise College*
John Averett, *Georgia Southern University*
Ellen Baker, *Santa Monica College*
Terese Barta, *University of Wisconsin Stevens Point*
Robert Bell, *University of Wisconsin Stevens Point*
Lisa Bellows, *North Central Texas College*
James Bidlack, *University of Central Oklahoma*
Brenda Blackwelder, *Central Piedmont Community College*
Meredith Blackwell, *Louisiana State University*
Karen Bledsoe, *Oregon State University*
Richard Bounds, *Mount Olive College*
James Brenneman, *Evansville University*
James Caponetti, *University of Tennessee*
Shanna Carney, *Colorado State University*
Curtis Clark, *California Polytechnic State University Pomona*
Danice Costes, *Troy State University*
Lawrence Davenport, *Samford University*
James Dawson, *Pittsburg State University*

Karen DeFries, *Erie Community College*
Roger del Moral, *University of Washington*
Pamela Diggle, *University of Colorado Boulder*
Ben Dolbeare, *Lincoln Land Community College*
Shannon Donovan, *University of Rhode Island*
R. Joel Duff, *University of Akron*
William Eisinger, *Santa Clara University*
Tom Evans, *University of Delaware*
Gerald Farr, *Southwest Texas State University*
Joseph Faryniarz, *Naugatuck Valley Community College*
David Francko, *Miami University of Ohio*
Nabarun Ghosh, *West Texas A&M University*
Simon Gilroy, *Pennsylvania State University*
David Gorchov, *Miami University of Ohio*
Michael Grant, *University of Colorado Boulder*
Sue Habeck, *Tacoma Community College*
Joel Hagan, *Radford University*
Everett Hansen, *Oregon State University*
Laszlo Hanzely, *Northern Illinois University*
Bob Harms, *St. Louis Community College*
Jill Haukos, *South Plains College*
David Herrin, *University of Texas Austin*
Scott Holaday, *Texas Tech University*
Tim Holtsford, *University of Missouri*
Elisabeth Hooper, *Truman State University*
Patricia Ireland, *San Jacinto College*
Thomas Jacobs, *University of Illinois Urbana-Champagne*
William Jensen, *Ohio State University*
Elaine Joyal, *Arizona State University*
Iris Keeling, *South Plains College*
Geoffrey Kennedy, *University of Wisconsin Milwaukee*
Joanne Kilpatrick, *Auburn University Montgomery*
Martina Koniger, *Wellesley College*
David Lemke, *Texas State University*
Marion Lobstein, *Northern Virginia Community College, Manassas*
Barry Logan, *Bowdoin College*
A. Christina Longbrake, *Washington & Jefferson College*
William Maple, *Bard College*
Michael Marcovitz, *Midland Lutheran College*
Will McClatchey, *University of Hawaii*
Roy McGowan, *Brooklyn College*
Dale McNeal, *University of the Pacific*
Susan Meiers, *Western Illinois University*
Larry Mellichamp, *University of North Carolina at Charlotte*
Richard Merritt, *Houston Community College*
Andrew Methven, *Eastern Illinois University*
Timothy Metz, *Campbell University*
Christopher Miller, *Saint Leo University*
Kathy Ann Miller, *University of the Puget Sound*
Priscilla Millen, *Leeward Community College*
Edgar Moctezuma, *University of Maryland*
Beth Morgan, *University of Illinois*
Lytton Musselman, *Old Dominion University*
Dawn Neuman, *University of Nevada Las Vegas*
John Olsen, *Rhodes College*
Laura Olsen, *University of Michigan*
Julie Palmer, *University of Texas Austin*
Bruce Parfitt, *University of Michigan Flint*
Lee Parker, *California Polytechnic State University San Luis Obispo*
Alan Pepper, *Texas A&M University*
Beverly Perry, *Houston Community College*
Carolyn Peters, *Spoon River College*
Jerry Pickering, *Indiana University of Pennsylvania*
Calvin Porter, *Texas Tech University*
Kumkum Prabhakar, *Nassau Community College*
Michael Renfroe, *James Madison University*
Stanley Rice, *Southeastern Oklahoma State University*
Jennifer Richards, *Florida International University*
Robert Robbins, *Utah Valley State College*
William Rogers, *Rice University*
Thomas Rosburg, *Drake University*
Manfred Ruddat, *University of Chicago*
Robert Rupp, *Ohio State University Agricultural Technical Institute*
Cindy L. Sagers, *University of Arkansas*
Michael Savka, *Rochester Institute of Technology*
Dan Scherier, *Northeastern University*
Edward Schilling, *University of Tennessee*
Bruce Serlin, *DePauw University*
Brian Shmaefsky, *Kingwood College*
Robert Shoemaker, *Towson University*
Barbara Schumacher, *San Jacinto College*
Beryl Simpson, *University of Texas Austin*
Richard Sims, *Jones County Junior College*
Don Smith, *University of North Texas*
James Smith, *Boise State University*
William Smith, *Wake Forest University*
Nancy Smith-Huerta, *Miami University of Ohio*
Teresa Snyder-Leiby, *State University of New York New Paltz*
F. Lee St. John, *Ohio State University Newark*
Lucy St. Omer, *San Jose State University*
John Stanton, *Monroe Community College*
Jon Stucky, *North Carolina State University*
Marshall Sunberg, *Emporia State University*
Stan Szarek, *Arizona State University*
Stephen Timme, *Pittsburg State University*
M. L. Trivett, *Ohio University*
Almuth H. Tschunko, *Marietta College*
Lowell Urbatsch, *Lousiana State University*
Rani Vajravelu, *University of Central Florida*
Staria Vanderpool, *Arkansas State University*
Mary Alice Webb, *Purdue University*
Cherie Wetzel, *City College of San Francisco*
James Willard, *Cleveland State University*
Robert Winget, *Brigham Young University Hawaii*
Wayne Wofford, *Union University*
Kathleen Wood, *University of Mary Hardin Baylor*
Todd Yetter, *Cumberland College*
Rebecca Zamora, *South Plains College*
Michael Zavada, *Providence College*

역자 머리말

식물학은 지구상에 존재하는 다양한 식물체들이 발현하는 생명현상의 공통적인 이론과 진리를 탐구하는 학문으로, 식물학을 통해 얻은 이론과 지식들은 인류의 풍요로운 생활과 건강한 생활에 밑바탕이 될 수 있을 것으로 기대된다.

Graham 등이 저술한 "식물학"은 2003년 초판 출간 이래 식물학을 처음 접하는 학생들에게 흥미를 유발시키고 친숙하게 다가갈 수 있는 식물의 기본 원리를 기술한 교재로 전 세계적으로 정평이 있는 교재로 인정받고 있다. 특히, 본 2판은 저자들의 수십 년 동안 쌓은 연구와 강의 업적 및 경험으로 바탕으로 학생들에게 식물학에 대한 흥미를 더욱 유발시키며 이해의 증진을 도모할 수 있도록 여러 가지 학습전략에 근거하여 저술하였으며 가능한 한 많은 최신 학술정보들은 포함하고 있다.

본 역서는 우리나라의 여러 대학에 재직하고 계시는 교수님들의 각자 전공분야에 맞추어 장들을 분담하여 번역하였으며, 원본에 저술된 내용들을 충실히 전달할 수 있도록 하였다. 또한 식물학을 전공하는 전공자뿐만 아니라 비전공자들도 보다 쉽게 내용에 접근하고 이해할 수 있도록 최선의 노력을 다하였다. 우리 역자들은 본 책자의 저술형식이나 흥미로운 내용들의 결집이 식물학에 대한 흥미와 관심을 도모하여 독자들이 계속적으로 식물학 공부를 수행하는데 많은 도움이 될 수 있기를 기대한다.

번역에 사용된 식물학 관련용어는 한국생물과학협회가 간행한 "생물학 용어집, 제 2판"에 준하여 기술하였으나, 여러 저자들이 나누어 옮겼기 때문에 용어나 표현 방식에 일관성이 떨어지고 번역이 매끄럽지 못한 부분이 있을 것으로 생각한다. 따라서 여러 독자의 오류지적과 많은 제언을 간곡하게 부탁드리는 바이며, 앞으로 출판될 개정판에는 지적해 주신 단점을 최대한 보완하고 다듬어서 더욱 발전된 책으로 거듭날 것을 약속드린다.

끝으로 이 책의 출판을 흔쾌히 수락하신 월드사이언스 박선진 사장님께 진심으로 감사드리며 책이 만들어지기까지 심혈을 기울려주신 편집부 여러분의 노고에 진심으로 감사를 드린다.

2008.1

역자일동

Plant Biology

일반 식물학 제2판

1 장 식물학 서언

어린 해바라기 꽃

주요 개념

- 식물이란 대부분 땅위에서 생활하도록 적응된 광합성을 하는 생물이다.
- 육상식물은 선태식물(이끼 등), 석송식물(석송 등), 양치식물(고사리 등), 나자식물(소나무 등), 현화식물로 이루어져 있다.
- 세균, 원생생물(조류 등), 균류는 식물의 생활에 중요하기 때문에 식물과 같이 연구하고 있다.
- 식물과 다른 생물은 학명이 붙여져 있다.
- 식물과 그와 관련된 생물체를 알기 위하여 과학적 방법을 이용한다.
- 식물은 지구의 대기와 온도를 유지하는데 관여하며, 사람과 다른 동물의 생활에 필수적이다.

세계에서 가장 기이한 식물 중에 인도네시아 수마트라 섬의 열대 우림이 원산지인 타이탄 아룸(*Amorphophallus titanum*)이라는 식물이 있다. 이 식물은 높이가 약 270 cm이고 폭이 100 cm 내외인 하나의 큰 꽃을 피우기 때문에 유명하다. 이 식물의 꽃은 좀처럼 피지 않지만 꽃이 피면 이 광경을 보기 위해 수 천 명이 몰려든다. 이 식물은 높이가 6 m이고 폭이 4.5 m에 달하는 하나의 거대한 잎을 가지고 있으며, 무게가 77 kg에 달하는 땅속줄기인 거대한 괴경이 있어 온실에서 키울 수도 있다. 사실 거대한 식물이다.

식물학자들도 타이탄 아룸은 실제로 식물의 중요한 역할을 격렬하게 드러내는 것을 여러 가지 측면에서 평가하고 있다. 다른 현화식물과 마찬가지로 꽃은 한 식물에서 다른 식물로 화분을 운반하여 수정시키는 곤충을 유혹하고 있다. 그러나 이 식물은 곤충을 유혹하기 위해 사람에게 물고기 썩는 것과 같은 불쾌한 냄새를 느끼는 강한 악취를 내고 있다. 이 악취가 너무 강하고 거부감을 가지기에 이 식물은 "송장 꽃"으로 알려지고 있다. 꽃이 수분되어 생긴 빨간 열매는 과실을 먹고 종자를 퍼뜨리는 새를 유혹하게 된다. 따라서 모든 다른 생물의 생활형과 같이 식물은 생존과 번식을 최대화하기 위해 여러 가지 방법으로 그들의 환경에 적응되어 왔다. 지구상의 모든 생물은 그들 자신의 물리적 환경과의 상호작용뿐만 아니라 생물체간의 상호작용으로 여러 면에서 좋은 예가 되고 있다. DNA 연구 결과 이 식물은 유용식물에 속하며 천남성과의 토란 비슷한 칼라(꽃을 끊어 이용하는)와 유사한 식물군에 속한다.

이 교재에서는 많은 흥미로운 식물들의 예, 식물과 다른 생물들과의 관계 그리고 인간사와의 관계 등을 논하고자 한다. 타이탄 아룸과 마찬가지로 많은 다른 식물들의 진화, 생태 그리고 DNA에서 기본 생물학적인 개념을 이 교재의 세 가지 주요 테마로 하여 설명하고자 한다.

타이탄 아룸

1.1 | 식물이란 무엇인가?

대부분의 사람들은 식물이란 뿌리를 가지고 육상에서 생활하며 녹색 잎을 가진 것으로 정의한다(그림 1.1). 또한 대부분의 사람들은 식물을 그 주요 역할인 광합성과 연관 지운다. **광합성**(photosynthesis)이란 태양에너지를 이용하여 무기 분자(탄산가스와 물)에서 유기영양물의 생산이다. 그러나 이런 기준으로 식물을 정의하는데 맞지 않는 것이 있다. 겨우살이, 백단향, 몇몇 나팔꽃은 그들이 필요한 유기 영양분을 다른 생물체에서 얻는 기생식물이며, 약 3,900종의 기생식물의 일부에 해당한다. 이들 식물의 대부분은 녹색 잎이 없고, 한 곳에 뿌리를 내리지 않는다(Essay 1.1, "지독한 새삼").

식물과 다른 생물을 구분하는 것도 오늘날의 한 과제이다. 예를 들어, 어떤 사람들은 균류(버섯 등)도 움직이지 않지만 몇몇 다른 식물의 형태를 가지기 때문에 식물이라고 간주한다(그림 1.2a). 예를 들어 균류의 세포(생물의 기본 단위)는 식물세포와 같이 유기질의 벽으로 싸여 있다. 그러나 식물세포벽은 당을 기본으로 한 **셀룰로오스**(cellulose)로 이루어진 반면 균류는 키친이라고 하는 당의 유도체가 풍부한 것으로 되어있다. 균류는 광합성도 하지 않고 다른 식물과는 외관상 차이가 많다. 많은 세균은 광합성을 하지만 현미경으로 관찰이

그림 1.1 산림지대의 양치식물 대부분의 식물은 잎이 우거지고 뿌리를 가진 교목, 관목, 또는 이런 양치식물과 같은 비목본성 초본으로 식별된다.

가능한 세균은 식물이 갖춘 구조보다 훨씬 간단하다(그림 1.2b). 세균, 원시생물계, 균류, 식물, 동물에도 속하지 않는 원생생물들도 **조류**(algae)에서와 같이 광합성을 하는 것들이 많이 있다(그림 1.2c,d). 대부분의 조류는 광합성을 하지만 그들의 구조와 생식 방법은 식물보다 훨씬 간단하고, 조류는 물에

ESSAY 1.1 지독한 새삼

새삼은 식물의 생활에 대한 정의와는 다른 문제가 있다(그림 E1.1). 대부분의 식물과는 달리 새삼은 거의 엽록소 즉 식물이 태양의 빛 에너지를 광합성 작용으로 당이나 다른 영양으로 전환시키는 녹색 색소가 없다. 또한 성숙한 새삼은 대부분의 식물과는 달리 땅에 뿌리를 내리지 않는다. 목을 조우는 잡초, 금실 등으로 알려져 있는 새삼은 실 괴물의 공격(Attack of String Monster)이라는 식물 공포 영화의 스타가 될 수도 있다. 그 이유는 새삼은 강하고 잎도 없는 갈색 또는 황색 줄기로 연약한 녹색 식물 주위를 촉수같이 감아서 특수한 기관을 이용하여 식물의 물과 무기물, 양분을 뽑아내기 때문이다. 사실 새삼이 마치 흡혈작용과 같은 습성을 가진 원인은 엽록소가 없고 광합성도 하지 않기 때문이다. 새삼은 스스로 식량을 생산할 수 없으며, 따라서 다른 식물로부터 양분을 빼앗아야만 한다. 토양으로부터가 아니라 다른 식물의 희생으로부터 그들의 양분과 수분을 얻는 사실에 의해 뿌리의 부재가 설명된다.

실 괴물의 공격 (Attack of String Monster)이라는 식물 공포 영화의 스타가 될 수도 있다.

새삼은 농지와 정원의 어디서나 퍼질 수 있는 기생물로써 농부와 정원사들에게는 공포의 대상이다. 새삼의 감염은 감귤, 토마토, 근대, 감자 그리고 다른 과일과 채소들, 알팔파, 클로버와 같은 동물의 사료작물 그리고 장미를 포함한 장식용 꽃들에게 까지도 심각한 손상을 유발한다. 새삼은 역시 식물에 질병을 유발하는 미생물을 옮길 수도 있다. 일단 새삼이 생기게 되면 손으로 뽑아서 모든 섬유질 줄기를 반드시 태우는 방법으로 전멸시킬 수 있다. 만약 뽑다가 남겨진 조각은 어느 것이나 새로운 새삼으로 다시 재생될 수 있기 때문이다. 새삼 하나가 작은 크림색깔의 꽃무리를 만들어 16,000개 이상의 종자를 생산할 수 있으며, 이 종자는 발아하여 다른 녹색식물을 공격할 기회를 갖기 위해 60년 이상 토양에 보존될 수 있다.

이러한 특성이 있는데도 여러분은 왜 새삼이 온 세상을 다 차지하지 못하였는지 궁금해 할 지도 모른다. 그러나 다행스럽게도, 옥수수와 대두 등 많은 식물들은 유전적으로 새삼에 대해 저항성이 강하다. 만약 새삼의 유식물이 이러한 면역성 식물들 근처에서 발아하면 새삼은 그들의 생장을 위해 요구되는 식량과 물, 미네랄 등을 얻지 못해 죽고 말 것이다. 새삼은 이러한 악평에도 불구하고 긍정적인 면도 역시 가지고 있다. 지금까지 알려진 150종류의 새삼 중 일부는 따뜻한 기후에서 생장하는 다른 식물들을 덮어 질식시킬 수 있는 칡과 같이 다른 유해한 잡초의 생장을 억제하는데 도움을 준다. 또 어떤 종류의 새삼은 나비의 먹이가 된다.

E1.1 메역치속의 식물에서 자라고 있는 새삼

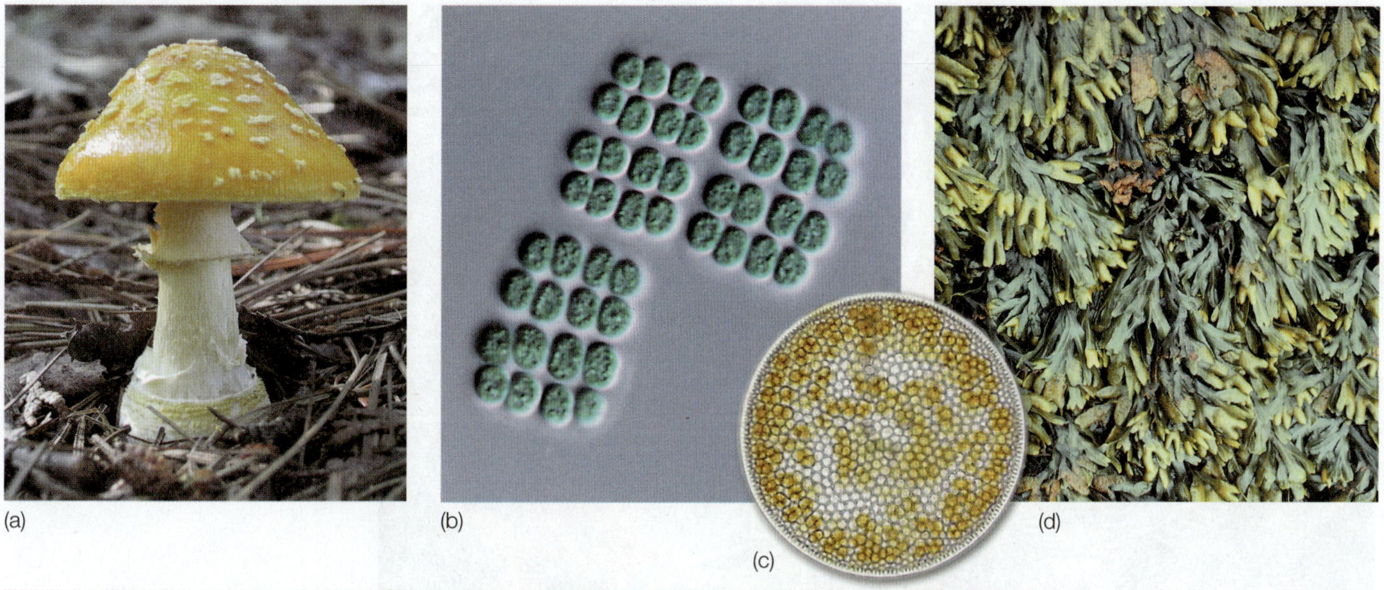

그림 1.2 식물학에 중요한 다른 분류군 식물과 같이 연구되는 생물체 중에 (a) 버섯과 같은 번식을 취하는 균류, (b) 광합성 세균, (c) 그림의 규조와 같이 단세포로 된 조류, (d) 모자반과 같은 해초가 있다. 그렇지만 이들 생물체의 어느 것도 이 교재에서 정의한 즉 광합성을 할 수 있고 다세포이고 육지에 다양하게 적응하는 식물의 기준에 모두 충족하지 않는다.

서 살고 있다. 반면에 육상에서의 생활의 적응은 대부분의 식물과 같은 특성을 가지고 있다. 상대적인 구조의 복잡성, 셀룰로오스로 된 세포벽, 광합성, 육상의 적응성을 종합해 볼 때 조류는 식물로 정의하고 모두들 그렇게 인정하고 있다.

이 책에서 **식물**(plant)은 (1) 많은 세포로 이루어져 있고, (2) 셀룰로오스가 풍부한 세포벽을 가지며, (3) 엽록소를 가지고 있어 광합성을 하고(혹 광합성을 못하지만 광합성을 하는 조상에서 유래한), (4) 육상생활의 여러 가지 면에 적응(혹 수생생활을 하더라도 육지에 적응된 식물에서 기원한)된 생물이라고 정의하였다. 식물은 여러 가지 방법으로 육상에 적응할 수 있지만, 가장 중요한 한 가지 예는 모계 식물조직 내 하나의 수정란에서 발생의 초기 단계인 다세포 **배**(embryo)이다. 육상에 적응한 모든 식물군은 이런 배를 가지기 때문에 식물을 가끔 **유배식물**(embryophyte)이라고 한다.

오늘날 유배식물의 분류군은 (1) 이끼류와 다른 간단한 **선태식물**(bryophytes), (2) 석송-**석송식물**(lycophytes), (3) 고사리와 그 유사한 식물-**양치식물**(pteridophytes), (4) 소나무와 같이 종자를 만드는 **나자식물**(gymnosperms), (5) 현화식물-**피자식물**(angiosperms)이 있다(그림 1.3; 표 1.1). 과거에는 다른 여러 종류의 식물군이 존재하였지만 대부분 멸종되고 현재 화석으로만 알려지고 있다.

1.2 세균, 균류, 조류는 식물의 생활에 중요하다

식물을 연구하는 식물학(botany)에는 세균, 균류, 원생생물 중에서도 특히 광합성을 하는 조류에 관한 연구도 포함된다. 세균은 식물에 병을 유발하고 어떤 광합성을 하는 세균은 세포내 광합성을 하는 곳인 식물의 색소체의 조상이었다. 사실 모든 식물의 80~90%는 토양에서 필수 영양분을 식물에게 얻을 수 있게 해 주는 균류와 밀접하게 연관되어 살고 있다. 초기에 토양이 부족한 육상에 첫 식물의 출현에 도움을 준 것은 식물의 이로운 파트너였던 균류가 큰 역할을 했다고 믿고 있다. 어떤 균류는 식물에 감염되어 병을 유발하기 때문에 **병원체**(pathogen)라고 알려지고 있다. 식물은 현미경으로 볼 수 있는 녹조류에서 진화되었지만, 다른 원생생물은 식물에게 치명적인 병원체이기도 하다. 식물 또한 조류의 성장에 영향을 미친다. 즉 농작물이 자랄 수 있도록 이용되는 거름이 가끔 물길을 따라 씻겨 내려와서 유해한 조류의 급성장을 일으키게 한다. 습지식물은 이런 거름영양분을 흡수하여 호수나 바다에서 유해한 조류의 수화를 방지하는데 도움을 준다. 따라서 미생물(세균, 균류, 원생생물을 포함한 현미경으로 관찰이 가능한 생물)은 식물의 생태와 발전에 깊이 관계하고 있다(표 1.2). 이 책에서 다루고 있는 모든 분류군의 식물, 세균, 균류, 원생생물은 지구 생태계에 있어 중요한 역할을 수행하며 인간과의 관련성은 종종 메스컴에서 주요 주제로 다루고 있다(그림 1.4).

생물체간의 상호관계를 연구하기 위해 DNA와 다른 여러 특성의 연구결과, 지구상의 모든 생물체는 선대 공동조상에서 유래되었고 서로 서로 관련이 있다는 것이 점차 명백해지고 있다. 생명체간의 상호관계에 대한 생물학자들의 현대적 이해를 나타내는 "생물체의 가계수"(그림 1.5)는 식물, 균류, 원생생물, 세균, 동물과 사람과의 상호관계를 나타내고 있다. 지구상의 생명체가 시간이 지남에 따라 어떻게 분지되었는지를 이해하는 것, 즉 진화라고 알려진 과정은 생물체가 왜 다양화되고 상호 관계가 있는지 없는지 각기의 기능을 나타내는 이유를 설명하는 것이기 때문에 생물학의 근본이 된다.

EVOLUTION

그림 1.3 유배식물군 이 군에는 (a) 이끼와 같은 선태류, (b) 석송, (c) 고사리(양치식물), (d)소나무같이 종자를 만드는 나자식물, (e) 백합과 같은 현화식물이 있다.

표 1.1 다배식물의 주요 그룹들 – 육지적응식물

그룹	체형	생식	생태적 역할	인간의 이용성
선태류	체고 1m이하; 진정한 뿌리, 줄기, 잎이 없음(리그닌을 함유한 통도조직이 없음)	단세포의 포자; 난자와 편모성 정자(물에서 수영 가능)	이탄으로 탄소저장; 척박한 토양 또는 바위의 선구물질; 최초의 육상식물	토양첨가제; 장식
석송류	낮게 자란 나무에 매달림; 리그닌으로 쌓인 도관의 줄기와 뿌리; 엽맥이 없는 작은 잎	단세포의 포자; 난자와 편모성 정자	형성된 석탄 침전물	장식용
양치류	일부는 나무크기; 진정성 줄기, 뿌리와 비분지성 엽맥을 가진 작은 잎	단세포의 포자; 난자와 편모성 정자	형성된 석탄 침전물	장식용
나자식물	대부분 나무크기; 진정한 뿌리, 줄기, 잎을 가짐; 목본	구과형 종자; 난자와 정자(일부는 편모성 정자)	초기 종자식물; 고산지와 고위도에서 우세; 종자를 먹는 동물의 식량, 목본으로써 오랜 기간 이산화탄소를 저장	목제와 종이의 원료; 경관과 인간 식량으로의 종자
피자식물	일부는 목본, 넝쿨식물 또는 관목; 일부는 초본	꽃; 과일 내에 종자;난자와 비편모성 정자	다양한 서식처; 동물의 식량; 다양한 종 구성	인간 식량, 의료, 음료, 섬유와 건축자재의 주원료

표 1.2 식물생활에 중요하며 식물과 같이 연구하는 다른 주요 그룹들

그룹	체형	생태적 역할	인간의 이용성
세균	단세포 또는 다세포; 현미경으로 관찰 가능	분해자; 일부는 식물과 협력; 일부는 질병유발; 일부는 광합성; 일부는 독소 생산; 지구의 초기 생명체	제약 또는 식량가공
조류	단세포 또는 다세포; 대부분 현미경적 크기; 광합성색소를 가짐	광합성; 산소 생산; 수생 서식처에서 식량생산자; 일부는 독소생산	식량과 산업적 산물
균류	단세포 또는 현미경적 균사의 집합체; 광합성 색소 없음	분해자; 일부는 질병유발; 일부는 조류와 협력하여 지의류 형성; 일부는 유독	식량과 식량산물; 양조

그림 1.4 뉴스 매체의 주요 제목들 미디어는 종종 식물과 미생물, 유전자 변형 작물, 또는 식물학과 관련된 환경문제들을 다루고 있다.

1.3 | 식물과 모든 생물은 학명을 가지고 있다

식물을 포함한 모든 생물을 연구하기 위하여 그들 각각에 이름을 부여하는 것이 필수적이다. 오래전부터 사람들은 어떤 식물에게 지역에 맞는 **보통명**(common name)을 붙였고, 가끔 그 명명은 그 식물의 외형이나 용도를 고려하여 붙였다. 보통명의 문제는 가끔 지역에 따라 언어에 따라 또는 하나의 보통명이 한 종류이상의 식물에 부여되는 등 차이가 다양하다. 예를 들어, 전연 관계없는 다른 식물인데도 사람들이 그 식물의 뿌리가 마치 뱀이 꼬여있는 것과 같다고 해서 "snakeroot : 뱀에 물린데 잘 듣는 식물"이란 이름을 같이 쓰고 있다. 이런 혼란은 상업, 농업, 건강에 중요한 결과일 때는 과오를 범할 수 있다. 이런 과오는 학명을 사용함으로서 방지할 수 있다.

어떤 생물체를 제일 처음 서술한 생물학자에 의해 만들어진 **학명**(scientific name)은 상업, 농업, 의학, 원예와 다른 실질적인 응용에서 모든 사람들 간에 그 생물의 정확성과 특이성이 보장된다. 학명은 첫 문자를 보통 대문자로 표시하는 속명과 종명(과학적 통명)의 두 부분으로 되어 있다. 학명의 두 부분은 보통 밑줄을 치거나 이탤릭체로 쓴다. 타이탄 아룸의 학

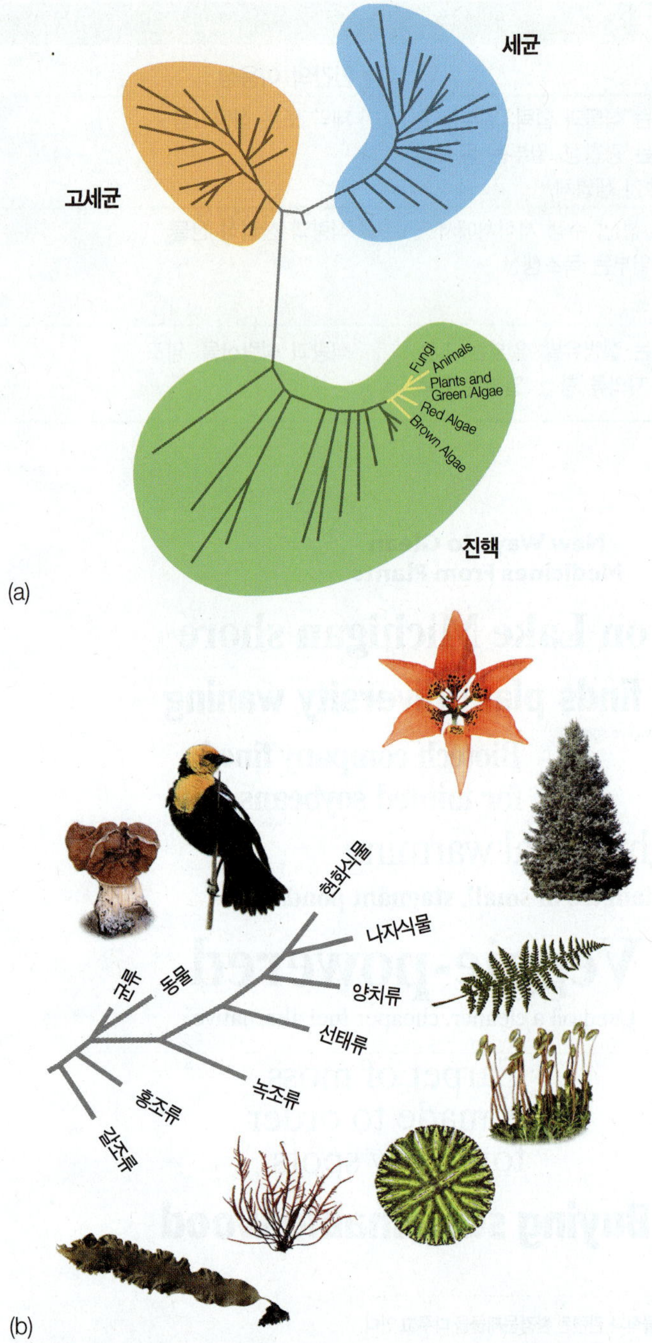

그림 1.5 생명수(tree of life)는 식물, 조류, 균류, 세균과 다른 생물들 간의 현재의 관점에서 유연관계를 나타낸다 (a) 생물체의 세 가지 분류군은 원시생물계와 세균, 진핵생물계이다. 식물과 조류(다른 원생생물 포함), 균류와 동물은 진핵생물계로 분류된다. 우리와 가장 친숙한 동물과 식물은 지상에서 엄청난 다양성을 나타내는 분지도의 한 가지의 끝에 존재한다. (b) (a)에서 노란색 분지 부위를 확대한 것으로 균류를 포함한 주요 지상 식물과 동물그리고 여러 종류의 조류가 차지하고 있다.

명 *Amorphophallus titanum*이 한 예이다. 학명은 종종 생물을 서술한 희랍어나 라틴어에 근거하여 만들어진다. 고대 언어의 이용은 더 이상 변화하지 않고 전 세계 생물학자들이 이해할 수 있기 때문에 중요하다.

음료수를 만드는데 사람이 이용하는 식물들은 학명을 이용한 아주 좋은 예가 된다. 식물에서 유래된 커피, 차, 초코레트와 다른 여러 음료수는 오랫동안 인류사회와 밀접한 관계가 있다. 예를 들어 커피는 고대부터 사하라 사막에서는 인간사회와 떨어질 수 없는 관계가 되었고 작가와 사색가들이 특정 화제를 논하기 위해 만나는 유럽의 커피 집과 오늘날 도시 도로변의 많은 커피 집까지 우리와 관계가 있다. 폴리네시안 사회에서 공식 음료수인 카바카바는 어떤 결정을 하거나 어떤 분쟁을 해결하기 위한 동민들의 모임에서 필수 음료이다. 코카, 코코, 카카오, 카스톨, 커피, 콜라, 카바의 7종류 식물(그림 1.6)은 7종류의 다른 음료수를 만드는데 사용되었지만 보통명이 너무 비슷하여 혼란스러웠다.

보통명과는 달리, 이런 식물에 대한 학명은 거의 혼돈이 일어나지 않는다. *Erythroxylum coca*는 코카 식물의 학명인데 이 식물에서 음료수의 향료와 코카인 두 종류가 만들어진다. 여기서 *Erythroxylum*은 이들 나무의 특징인 "붉은 목재 : red wood"란 의미이다. *Cocos nucifera*는 야자 즉 열대지역의 해변에 많이 서식하는 코코 야자식물의 학명이다. 야자유는 열대지역 음료수의 주성분이고 코코 야자나무는 많은 다른 용도가 있다. *Theobroma cacao*는 카카오 식물의 학명이고 이 식물에서 초코레트와 화장품과 식품에 널리 이용되는 코코아 버터가 생산된다. *Threobroma*라는 용어는 "신의 선물"이라는 뜻인데 초코레트와 사랑을 맺는다는 의미가 있다. 설사촉진 음료인 카스톨 기름의 원료식물은 *Ricinus communicus*이다. *Coffea arabica*는 커피의 주성분이고, 대중성이 있는 탄산음료에 있는 콜라 향은 *Coca nitida*라는 학명의 식물에서 뽑아낸 것이다. *Piper methysticum*이라는 식물은 폴리네시안 사람들이 즐기는 카바카바의 원료이고 카바카바란 보조식품이 산업화된 국가에서 스트레스 해소를 위해 판매되고 있다. 이런 학명은 혼돈도 일어나지 않고, 지역에 따라 틀릴 수도 없고, 각 식물에 고유한 명칭이고 전 세계적에서 공통으로 통용된다. 학명을 이용한다는 것은 보통명을 사용하는 것보다 훨씬 정확히 상호 통용이 될 수 있다.

1.4 | 과학적 방법을 이용하여 자연을 밝혀낸다

과학이란 무엇인가? 대부분의 사람들은 과학이란 어떤 주제에 대해서 알게 된 사실의 집합체라고 알고 있지만 과학은 이보다 더 복잡하다. Arther Strahler의 "*Understanding Science* (1992)이란 책에서 과학을 잘 서술하고 있다. 즉 "과학은 우주에서 관찰할 수 있는 어떤 것이나 모든 것에 대해 정보를 수집하고 처리하여 분류하고 분석하여 저장하는 것이다". 이 서술이 암시하는 바와 같이 과학은 **경험적**(empirical)이다. 즉 관찰, 측정, 실험의 과학적 방법에 근거를 두고 있다(그림 1.7). **실험**(experiment)은 사고의 실체를 검증하기 위해 고안된 조작이다. 과학적 실험은 비교하기 위해 조작되지 않은 **대조군**(control)과 관찰이 범할 수 있는 과오를 최소화하기 위한 많은 **반복실험**(replicate)이 있어야 한다. 과학은 과오를 없애는 것은 아니지만 그 과정은 수정절차를 맞추었다.

과학자들은 과학적 설명을 통해 실제 현상을 서술하고 설

그림 1.6 보통명과 학명 코카(a), 코코야자(b), 코코아(c), 카스톨(d) 커피(e), 코라(f)와 카바(g)식물은 이름이 서로 발음과 비슷하지만 완전히 다른 학명을 가진 경제적으로 중요한 식물이다.

명하는데 목적이 있다. 과학적이라는 것은 그 진술이 검증될 수 있어야 하고 그 검증은 같은 결과를 얻어야만 한다. 예를 들어, 1996년에 미 항공우주국 과학자들은 화성의 운석에서 세균과 같은 간단한 생명체의 화석을 찾았다고 주장했다. 전 세계 뉴스를 통해 널리 알려진 이 결과는 생명체라는 것은 지구뿐만 아니라 어디에서도 생겨날 수 있다는 것을 암시하고 있다. 그 다음에 또 다른 과학자들은 운석을 이용한 생명체의 증거는 무생물에서 생겨날 수 있다는 가능성을 시험하여 그럴 수 있는 증거를 발견하였다. 이런 결과는 화성에서 생명체의 존재를 논박하는 것은 아니지만 아직 의문을 풀 수 있는 증거가 없다. 화성의 운석을 둘러싼 논쟁은 의문을 제기하고 그 대답을 얻기 위해 수행해야할 더 많은 조사를 하는 등 과학이 잘 풀어야 한다는 것을 암시하고 있다. 과학자 개개인은 사람이기 때문에 그들 진술에 대한 편견이 있다. 그러나 만약 어떤 조사가 똑 같은 결과로 재생될 수 있다면 같은 견해이든 아니든 다른 과학자가 그 조사를 다시 할 수 있고 다른 결론을 이끌어 낼 수도 있다. 과학의 목적은 과학 공동체의 집약적 활동에서 생겨난다.

과학은 오차보정 능력이 있다

모든 과학적 진술은 과오일 확률과 관련이 있지만 과학은 또한 오차수정 과정이 있다. 관찰, 측정, 실험의 과학적 과정은 과학적 진술이 과오일 확률을 감소시킨다. 예를 들어, 1950년대의 그 당시에 이용할 수 있는 최신의 정보에 근거하여 볼 때 "화성에 원시식물이 있을 수 있다" 또는 "금성은 부글부글 끓는 바다가 있을 수 있다"와 같은 과학적 진술을 할 수 있었다. 우주선으로 관찰한 바 그 어느 진술도 지지할 수 없었다. 이것은 과학은 아무 것도 아니다 라는 말인가? 그렇지 않다. 왜냐하면 과학은 혼돈과 비평의 근간이 되는 어떤 것 즉 최종산물과 같은 절대적인 믿음을 축적하지 못했기 때문이다. 과학은 과오의 확률을 유의적으로 줄이기 위한 모든 과학적 진술을 축적한다. 과학자들이 어느 정도 평판을 얻을 수 있는 한 가지 방법은 이전에 과학적 진술이 잘못되었다거나 많은 수정을 요구하는 증거를 제시하는 것이다. 이것이 과학자가 가능한 한 정확히 새로운 발견을 하는데 강한 동기가 된다. 자연이 어떻게 작용하는지에 대한 과학적 견해는 새로운 결과가 나타나면 바뀌기 때문에 더 새로운 개념을 반영하기 위해 이 교재도 수년마다 개정판이 나오게 되어 있다.

과학적 과정은 과학적 업적의 비판적 판단인 회의론으로 묘사된다. 회의론은 동료가 연구자금과 논문출판여부를 심사를 통해서 과학으로 성립된다. 과학자들은 그들의 결과가 수천 종류의 저명 학술지에 논문으로 출판되기를 기대한다. 이

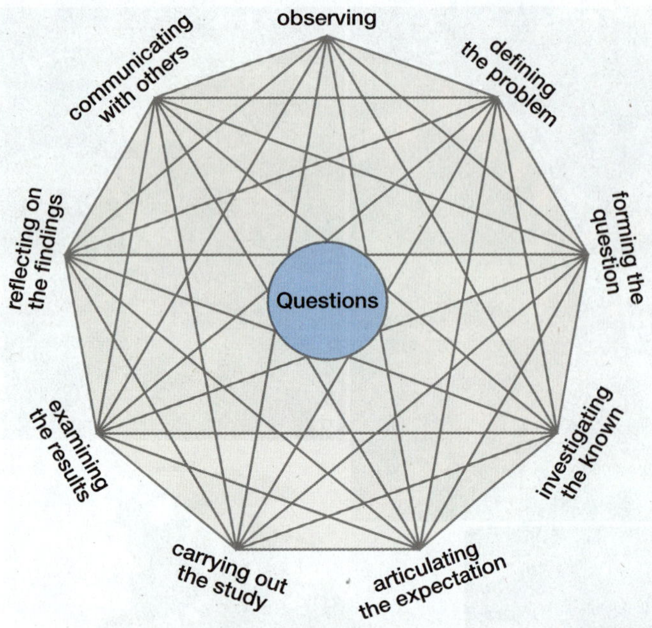

그림 1.7 과학적 방법에 내포된 과정 과학자들은 다양한 경로로 이런 활동에 종사하고 필요한 만큼 반복을 수행한다. 과학적 연구의 이런 모델은 오늘날 과학자들이 실제 연구하는 대표성의 방법이 아닌 과거의 선상모델법(가설을 세우고 그것을 검증하여 받아들이든지 기각하든지 수정하든지 하는 방법) 대신에 쓰고 있다.

런 학술지에 제출한 논문이 출판되기 전에 그 연구의 주제와 기법에 대해 박식한 과학자인 동료에 의해 심사되고 평가를 받아야 된다. 심사자는 약간 또는 많은 수정을 거쳐 출판을 추천할 수도 있고, 개제불가 판정을 할 수도 있다. 심사자들은 각자 견해의 편견이 있을 수 있기 때문에 보통 두 명 이상이 하나의 논문을 심사한다. 만약 그 논문이 게재불가 판정을 받으면 그 논문의 저자들은 더 많은 연구를 수행하여야 하며 추가한 결과가 다른 사람이 발표하기 전에 발표하여야 한다.

과학적 연구는 돈이 많이 들기 때문에 연구비 지원기관 외에 외부 연구비도 찾아야 한다. 예를 들어, 식물학자들은 미국의 경우 연구비는 국립과학재단(NCF), 미국 농무성(USDA), 미국 환경보호단체(EPA)에서 연구를 위한 자금을 얻을 수 있다. 연구비는 특정 연구 계획을 수행하기 위해 과학자들에게 지급되는 총액(더 정확히 말하면, 그들이 종사하는 기관에 지급되는 총액)이다. 연구비는 반드시 한정되어 있고 연구비를 받는데 는 많은 경쟁이 있다. 과학자들은 연구가 왜 어떻게 이루어질 것인지를 설명하고 요구하는 연구비를 판단할 수 있는 상세한 연구계획서를 제출해야만 한다. 동료 과학자들은 이 계획서를 평가하고 연구비 지원 기관에 그들의 평가서를 제출하여야 한다. 편견을 없애기 위하여 연구비 지원 기관은 많은 심사자를 이용하여야 한다. 보통 심사비도 받지 않고 학술지의 논문이나 연구계획서의 심사자로 활동한다는 것은 과학자가 그들의 위원회에 봉사하는 중요한 방법이다. 논문과 연구비의 동료 심사는 회의론이 과학적 과정으로 되는 중요한 방법이다.

과학적 과정은 귀납적일 수도 있고 연역적일 수도 있다

관찰하고 측정하고 실험을 하는 과학적 과정과 그 결과를 평가하는 방법은 **귀납적 증명**(inductive reasoning)과 **연역적 증명**(deductive reasoning)의 두 가지 방향으로 접근할 수 있다. 귀납적 증명은 과학자들이 측정하고 관찰한 이들 자료를 분석하고 많은 조사를 통해 하나의 학설로 공식화한다. 현대 사회에서 학설이란 단어를 학자들이 가설이라는 용어를 사용하고자 할 때 어떤 추측이나 공론화되지 않은 이론을 표시하기 위해 가끔 사용한다. 그러나 과학에서 학설은 완전히 의미가 다르다. 어떤 과학적 **학설**(theory)은 다양한 형상에 대한 폭 넓은 해석이고 그 학설은 많은 정보에 근거한 것이다. 예를 들어, 세포설은 지구상의 모든 생물이 세포로 이루어져 있고, 현존하는 모든 세포는 양친세포에서 만들어진다는 것을 설명하고 있다(4장). 세포설을 확립하기 위해서는 식물, 동물, 원생생물, 균류, 원시생물과 세균의 많은 관찰이 필요했다.

반면에 연역적 증명은 과거 관찰에 근거한 학술적 예비 설명인 **가설**(hypothesis)로 시작한다. 실용화하기 위해서는 그 가설을 이용 가능한 기법으로 검증할 수 있어야 한다. 그 가설을 검증하기 위하여 수집된 모든 자료를 선발해야만 한다. 가설을 검증하는데 일련의 실험이나 관찰이 포함될 수도 있다. 이런 검증은 문제가 되는 가설을 성립시킬 수도 있고 기각시킬 수도 있다. 만약 어떤 가설이 자료로 성립이 되지 않을 때 가설을 바꾸든지 재검증하든지 아니면 기각시켜야 한다. 많은 자료로 널리 인정받은 어떤 가설은 결국 학설의 단계로 들어간다. 따라서 하나의 가설이란 모두가 인정하기 위해 많은 추가지원이 필요한 정보 이전의 어떤 것에 근거한 일시적인 설명인 반면 과학적 학설은 많은 자료와 실험으로 검증을 거쳐 널리 공론화로 인정된 것이다.

1.5 | 식물과 이와 관련된 생물은 지구환경을 유지하는데 필수적인 역할을 수행한다

식물, 균류, 원생생물, 원시생물과 세균은 인간과 다른 생명체를 위해 요구되는 수준으로 지구대기의 화학적 조성과 우리 행성의 기후를 유지한다. 또한 이들은 생활형이 다른 생물을 먹여 살리는 식량을 생산한다. 따라서 지구의 생태계와 모든 생명에 대한 생태학적 연관성은 이 책의 주요 테마이다. 이 책에서 가끔 나타나는 하나의 잎 모양의 아이콘은 지구 생태계에 있어서 식물과 미생물의 역할과 관련된 개념과 과정들로 당신의 관심을 끌 수 있도록 할 것이다.

ECOLOGY

식물, 조류, 균류, 원시생물과 세균은 지구 대기의 화학적 조성과 기후를 유지하는데 도움을 준다

식물은 지구대기 산소의 약 절반을 생산한다. 조류와 특정박테리아(시아노박테리아)가 대기 산소의 나머지 반 혹은 그 이상을 생산하는데, 산소가 없으면 인간과 다른 생물체는 죽을 것이다. 산소는 광합성의 부산물로써 식물(그리고 광합성 미생물)로부터 대기로 방출되어진다. 지구생명체의 대부분은 음식에서 대부분의 화학적 에너지를 얻기 위해 산소를 필요로 한다. 음식에서 얻어진 에너지는 생명체에서 일어나는 모든 화학적 반응인 대사과정의 수행을 위해 반드시 필요하다. 잘 알려져 있지는 않지만, 아마도 식물, 조류, 세균이 생산한 산소의 일부는 대기 상층부에서 태양선에 의해 오존으로 전환된다는 것은 사실이다. 오늘날 지구상에서의 생활은 유해한 자외선을 보호해주는 오존층이 없으면 살 수가 없다. 이는 지표에서의 오존은 생물에게 유해하더라도 이 현상은 사실이다.

식물은 역시 우리가 거의 인식하지 못하는 또 다른 생태적 봉사를 수행한다. 그들은 대기의 CO_2가스 수준을 낮추는데 관여한다. 광합성을 통해 식물은 탄산가스를 생물, 토양이나 화석 침전물(대기 중에는 존재하지 않지만)에 저장된 유기화합물로 전환한다. 또한 식물의 광합성에 의해 생성된 산소를 필요로 하는 세균이 식물에 잠복하고 있어서 원시생물이 만들어서 방출한 대기 **메탄**(methane)가스를 소비하고 있다. 수증기와 함께 이산화탄소와 메탄은 "온실"가스들이기 때문에 이러한 과정들은 매우 중요하다. **온실가스**(greenhouse gase)는 근적외선 열을 흡수하는 능력이 있고 열을 대기권으로 소실되는 것을 막아준다. 대기가스에 의한 열 흡수는 지구 온난화로 이어진다. 이것은 온실의 유리벽처럼 복사열을 유출은 못하고 유입만을 허용함으로써 온실내부가 가온되는 것과 같다. 따라서 이런 대기 온난화를 "온실효과"라고 한다(그림 1.8). 이러한 온난화가 없다면, 지구는 우리가 알다시피 생명체에게는 매우 추울 수 있다. 그러나 과도한 온실가스들은 뉴스에서 토픽으로 많이 다루어진 **지구온난화**를 유발할 것이다(Essay 1.2 "지구온난화: 좋은 것의 지나침"). 식물과 이와 관련된 세균은 지구 온난화를 이해하고 이를 조절하는데 중요하다.

많은 식물은 쉽게 파괴되지 않는 탄소가 풍부한 함유물인 리그닌을 만들기 위해 광합성 산물의 일부를 이용한다. **리그닌**(lignin)은 목재의 주요 구성성분이며 목재의 강도와 분해 저항성의 특성을 가지게 한다. 리그닌이 다량 함유된 고대 식물이 완전히 분해되지 않고 압축된 것이 석탄 침적물이다. 수백 만년 이상 대양에서 살아온 미생물 조류는 석유와 천연가스의 거대한 침적물을 생산하여 왔으며, 석탄과 함께 **화석연료**(fossil fuel)라고 부른다. 화석연료는 오늘날 인간에게 에너지를 제공할 뿐만 아니라 그것이 연소되어졌을 때 역시 온실가스를 발생하게 된다. 만약 고대식물과 조류가 대기로부터 이산화탄소를 제거하는데 효과적이지 않았다면 오랜 기간 동안 연료 혹은 토양에 저장되어있어 지구의 기후는 대부분의 생명체들이 살기에는 너무 더울 것이다.

많은 여러 종류의 세균과 균류는 분해자이다. 이들은 유기화합물을 분해하여 광합성에 필요한 탄산가스와 다른 미량원소를 방출한다. 이런 분해자가 없다면 지상의 식물, 조류, 남조류는 인간과 다른 생물들이 의존하는 유기식품을 만들 수 없을 것이다.

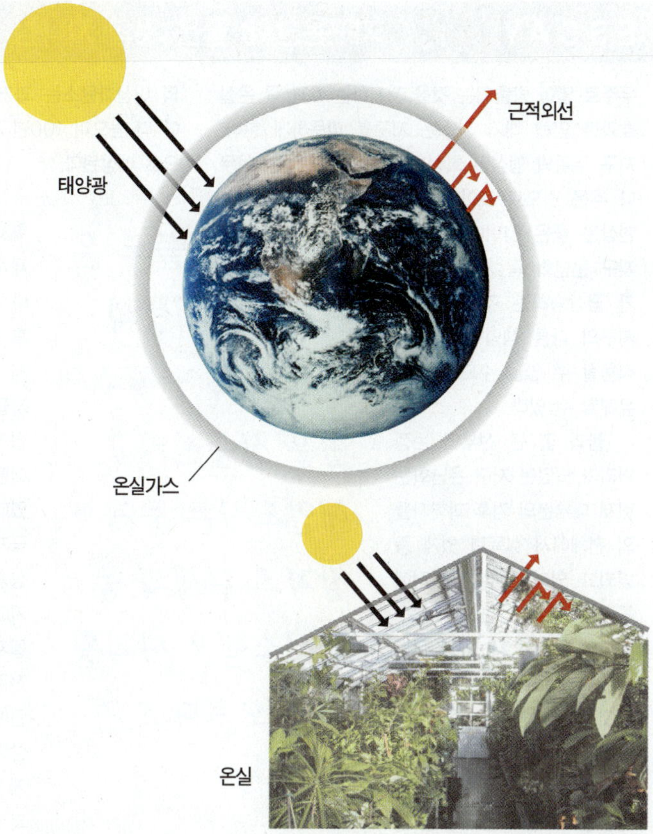

그림 1.8 온실효과 지구 혹은 식물과 온실건물을 비추는 태양광은 원적외선(IR)에서 열을 발생하며, 일부 열은 우주로 방사된다. 온실의 유리판과 마찬가지로 온실 가스는 태양광선의 대부분이 빠져나가게 하지만 적외선은 빠져나갈 수가 없어 온실 내부의 온도를 높여준다.

식물은 다른 생물들과 밀접한 협력관계로 이익을 얻는다

자연에서 식물은 고립되어 자체만으로는 살 수 없다. 식물은 궁극적으로 다양한 생태적 연합 즉, 먹이망, 공생 그리고 공진화 관계를 통해 세균, 원생생물, 균류와 동물과 연관되어 있다. 가끔, 식물은 사실 이런 관계를 통해 이익을 얻는다.

먹이망 지구의 모든 생명체는 먹이망으로 알려진 복잡한 먹이 관계에서 그물같이 연결되어 있으며, 식물, 세균, 남조류는 주요 식량생산자이다(그림 1.9). 작은 토양에 서식하는 동물들은 원생생물과 세균뿐만 아니라 곰팡이와 다른 토양미생물을 먹는다. 더 큰 동물들은 **초식동물**(herbivore)로 식물의 나뭇잎, 열매, 종자, 꽃의 꿀 그리고 꽃가루를 먹는다. 초식동물을 먹는 육식동물조차도 식물에 간접적으로 그들의 먹이를 의존한다. 바다, 연못, 호수 그리고 강에서 조류는 그들의 영양가 때문에 수생동물의 먹이가 된다. 이러한 관계는 수산업의 기초가 된다. 앞에서 언급한 바와 같이, 많은 균류와 세균은 죽은 동 · 식물과 동물의 폐기물을 분해하여 그들의 에너지를 얻으며, 그렇게 함으로써 환경을 정화하고 죽은 사체로부터 살아있는 생명체로 무기질을 재 순환한다.

ESSAY I.2 지구온난화: 좋은 것의 지나침

우주로 열이 방출되는 것을 저지하는 효과 즉 온실 효과로 인해 대기 가스는 지구를 따뜻하게 한다. 지구 주위의 행성인 화성은 인간이 살기에는 너무나 추운 것으로 보아 이러한 현상은 좋은 것이다. 그러나 지구 온난화 즉 지구의 온도가 급상승하는 것은 인간과 지구의 다른 생명구성원들이 적응할 수 없을 수도 있기에 유해할 수 있다.

기상전문가들도 온난화는 극지방의 빙하를 녹여 해수면을 상승시키고, 해안도시는 물에 잠기고 현재의 농업시스템은 파괴될지도 모른다고 경고한다.

불과 몇 년 전부터 논쟁거리가 되었던 지구 온난화는 현재 대부분의 기후 과학자들의 견해에서 설득력 있게 증명되고 있다. 수많은 측정에 근거한 일치된 견해는 지구 표면의 온도가 지난 세기동안 0.6℃ 증가하였다는 것이다. 이것은 그다지 큰 증가로는 보이지 않지만 온실효과는 산정상의 빙하가 녹는 것으로 관찰될 수 있고 남극해 섬 국가에서 나타난 해수면의 상승도 이를 경고하고 있다. 온도상승으로 1998년 인도양의 얕은 암초의 산호가 90%이상 죽어 버렸다. 전 세계적으로 아열대지역의 호수는 과거보다 가을에는 더 늦게 얼음이 얼고 봄에는 더 일찍 해빙된다. 알라스카는 겨울에 2~3℃ 증가할 정도로 특히 더 빨리 온도가 상승하고 있다. 결과적으로 바다의 얼음이 더 빨리 녹음으로 인하여 단단하고 얼음으로 덮여있는 토양(동결대)이 부드러워지고 야생초와 나무, 건물이 들어서게 된다. 알라스카의 가문비나무 숲은 날씨가 따뜻해짐으로 인해 과거보다 더 빨리 번식하는 해충에 의해 파괴되고 있다.

지구온난화는 산림을 태우고 화석연료를 사용하는 인간의 활동으로 야기되는 온실가스의 증가와 깊은 관계가 있다. 지구대기의 열을 포착하는 온실가스에는 수증기, 메탄가스, 이산화가스가 있다. 고대 얼음에 싸인 공기방울에서 이산화탄소의 측정은 CO_2수준이 수천 년 동안 280 ppm으로 안정되었으나 1800년(산업시대의 시작)이후 빠르게 증가하였다. 기후과학자들이 보유한 기록을 보면 1957년 이후 대기의 이산화탄소 수준은 315에서 375 ppm이상까지 증가하고 있다(E1.2). 대기의 이산화탄소는 과거 420,000년간의 어느 때보다 더 높으며 100년 후에는 두 배나 더 높아질 것으로 예상된다.

장래 전망은 어떠한가? 기상학자들은 이를 예측하기 위한 전 세계 자료와 모델을 이용하고 있다. 기후 모델에 의하면 100년 후 온도는 3℃(2.6℃~4.0℃)까지 올라간다는 것이다. 어떤 학자들은 지속적인 지구온난화는 쉽게 온도상승에 적응할 수 없는 어떤 생물체의 멸종을 예언하고 있다. 기상전문가들도 온난화는 극지방의 빙하를 녹여 해수면을 상승시키고, 해안도시는 물에 잠기고 현재의 농업시스템은 파괴될지도 모른다고 경고한다. 어떤 전문가들은 온난화 역시 기후패턴에 영향을 미쳐 사람을 죽이고 쓸어가는 격렬한 폭풍을 일으키게 되고, 작물을 파괴하고, 곤충과 잡초, 미생물을 포함한 작물 해충의 번식률을 높일 것이라고 생각한다. 후자에 대한 증거는 온난 시기였던 과거 5,000만년 동안 살았던 식물과 곤충의 화석 조사로 알 수 있다. 온도 상승(지리학상 자료)은 식물에 대한 해충의 손상 정도와 해충의 다양성 증가와 연관되어 있다. 최근에 재배중인 혹은 저장된 작물의 35~42%가 해충에 의한 손실을 보았으며, 이런 결과는 전 세계적으로 연간 2,440억 달러의 손실을 야기하고 미래 기후의 온난화는 그러한 손실을 증가시킬 것으로 예상된다.

우리는 지구온난화의 위협을 어떻게 감소시킬 수 있을까? 화석연료의 소비를 줄이고 산림을 보존하는 지역적이거나 전 세계적인 산림보존 활동이 도움을 줄 수 있다. 산림은 대기 중의 이산화탄소를 낮추는데 중요한 역할을 한다. 생물체의 모든 유기탄소의 약 90%가 나무에 저장되어 있다. 육상생태계에서 일어나는 전체 탄소의 절반이 산림(나무와 그 토양)에 저장되어 있다. 산림을 태우면 50-300년 동안 저장되어 왔던 유기탄소가 몇 시간 내에 대기로 이산화탄소로 방출된다. 식물은 지구온난화를 조절할 수 있는 능력이 있고 지구온난화를 이해하는 주체가 된다.

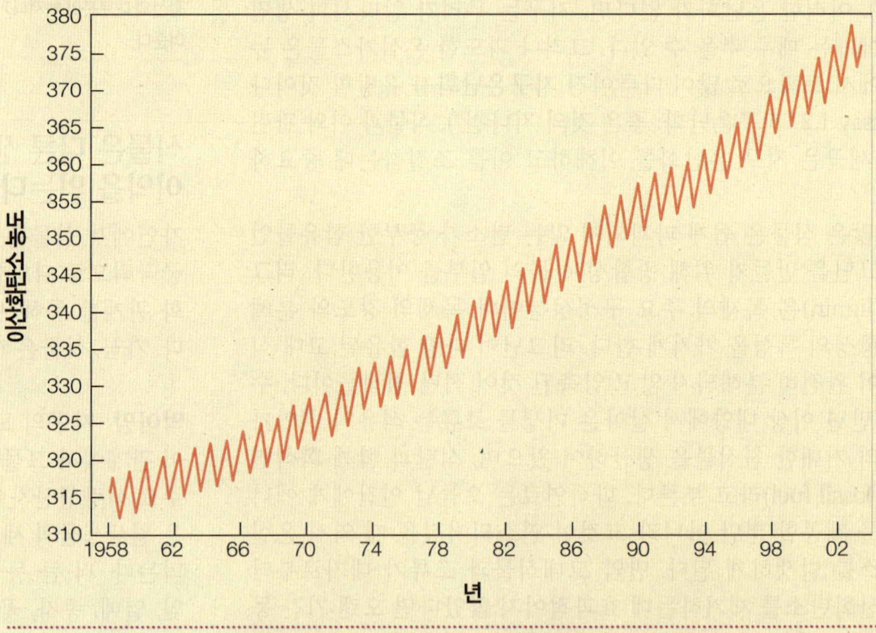

E1.2 **1950년대 후반부터 하와이에서 측정한 대기의 이산화탄소 증가를 보여주는 도표.** 이산화탄소의 파동은 지그재그 양상을 야기한다.

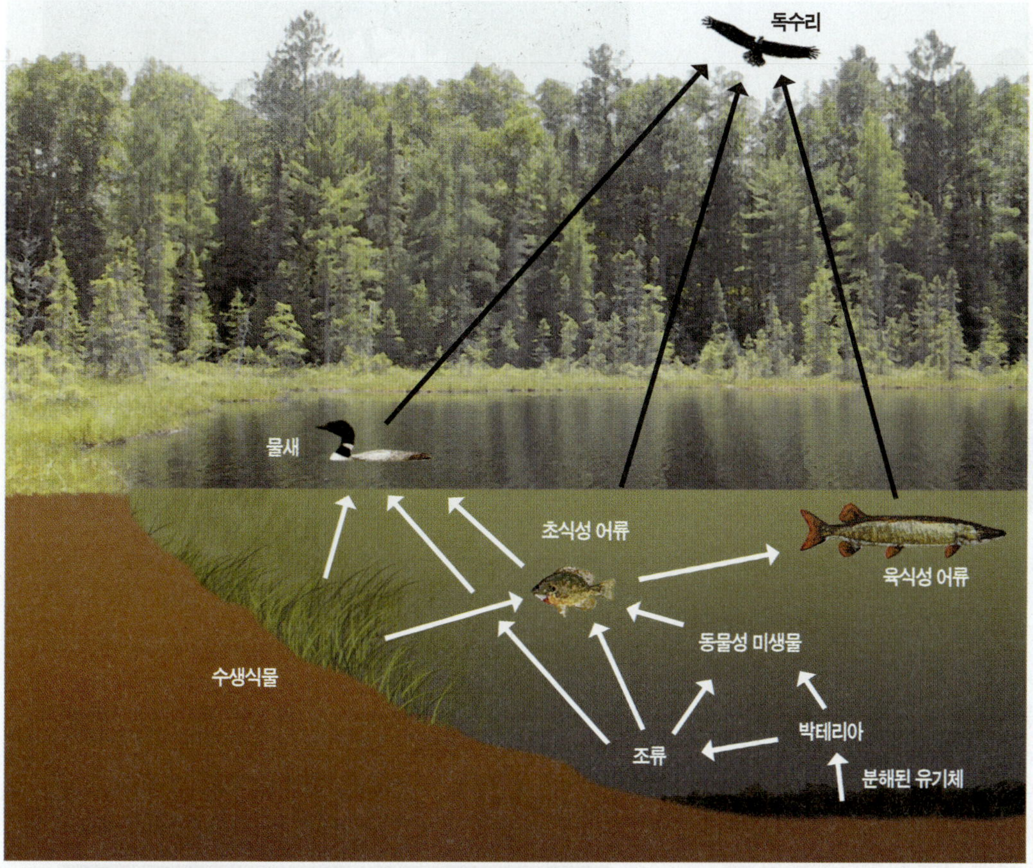

그림 1.9 먹이망 이것은 간단한 수생 먹이망의 예로 다른 생물에게 먹이를 제공하기 위해 식물과 조류의 광합성의 중요성을 나타내고 있다.

이로운 공생 식물과 미생물은 여러 가지 밀접한 생태적 협력관계로 보아 공생관계라고 할 수 있다. **공생**(symbiosis)이라는 말은 "동거"한다는 것, 즉 둘 이상의 파트너 사이의 유대관계가 먹이망의 협력관계보다도 심지어 더욱더 밀접한 것을 의미한다. 공생적 관계는 하나 혹은 두 파트너에게 이익이 될 수 있거나 둘 모두에게 그렇지 않을 수도 있다. 두 상대자 모두에게 이익이 되는 관계를 이로운 공생 즉 **상리공생**(mutualism)이라고 한다.

상리공생의 잘 알려진 예는 조류 혹은 박테리아가 균류와 함께 지의류를 형성한 것이다. 지의류(그림 1.10)는 토양, 바위, 오래된 건물의 벽과 묘비, 그리고 수피에서 주로 서식하지만, 그들은 미생물 파트너만 단독으로 같이 있는 것 보다는 이러한 환경에서 더 잘 자란다. 광합성을 하는 조류는 산소와 당을 균류에게 제공하며 그리고 균류는 수분, 무기물, 이산화탄소를 제공하여, 조류와 박테리아에게 태양광에 많이 노출되는 것을 방어한다(20장).

많은 종류의 단세포성이고 광합성을 하는 녹조류는 주로 담수에서 관찰되고 생물학 수업에 등장하는 히드라의 몸속에서 종종 산다(그림 1.11). 이러한 공생적 관계에서 동물은 조류가 만든 유기물과 광합성의 부산물인 산소를 공급받는다. 대신에 조류는 동물에 의한 폐기물로 생성된 이산화탄소와 무기물을 공급받는다. 여기에서 다시 두 파트너들은 공생에 의해 서로 이익을 보고 있다. 많은 바다의 산호초도 유사한 활동을 수행할 수 있는 단세포 조류를 가지고 있다.

그림 1.10 지의류는 균류, 조류, 광합성세균간의 공생관계이다 이 바위에서 갈색과 회녹색 부위가 지의류이다.

식물도 상리공생으로 이익을 얻는다. 예를 들어, 콩과식물과 몇몇 식물의 뿌리에 서식하는 특정 토양 박테리아는 식물에게는 많은 양이 요구되지만 토양에는 아주 낮은 함량으로 존재하는 질소를 함유한 무기물의 주공급원이다. 식물은 박

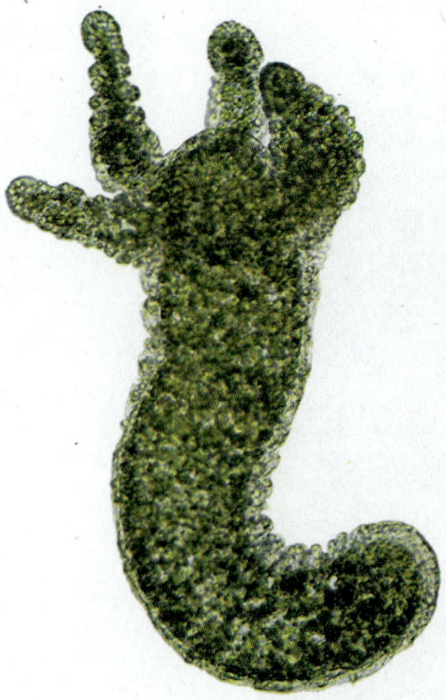

그림 1.11 히드라 이 작은 수생동물은 히드라 조직 내에 수많은 녹조류가 공생하기 때문에 녹색으로 보인다.

그림 1.12 당면속(*Ascrepias*) 식물이 만든 꿀을 먹는 나비 먹이를 취하는 동안 나비는 같은 식물의 개체 간에 화분을 수송한다. 나비의 길고 관모양의 혀는 꿀을 얻기 위해 꽃에 파고 들 수 있게 적응되었고 반면에 꽃의 크기와 모양은 벌이 쉽게 접근하도록 적응하여 이들 둘은 공진화임을 증명할 수 있다.

테리아 파트너에게 식량으로 이용할 수 있는 광합성 산물을 돌려준다(10장). 어떤 균류는 식물뿌리와 밀접하게 협력관계를 가지며, 식물의 광합성 산물을 받은 대가로 수분과 무기물을 제공한다(20장). 최초의 식물이 육상에 형성된 직후, 그러한 균류 파트너가 식물 역사의 매우 초기부터 진화되었고, 이런 관계는 식물이 육상에 출현 한 뒤에 더욱 성공적으로 살 수 있었던 주요한 이유로 생각되어진다(21장).

공진화 여러분은 왜 그렇게 다양한 종류의 꽃이 있는지, 그리고 그 많은 꽃들이 왜 그렇게 매혹적인지에 관해서 궁금해 한 적이 있는가? 정답은 많은 현화식물 종들은 특정 동물들에 매우 밀접하게 의지하게 되었으며, 오랜 기간 그들은 더욱더 친밀하게 그들을 연결하도록 구조와 행동의 변화를 진행해 왔다. 바꾸어 얘기하면, 현화식물의 진화적 경로는 때때로 동물에 의존하였고, 동물 역시 식물에 의존해 왔다. 이러한 현상 즉 동물과 식물이 같이 진화한 것을 **공진화**(coevolution)라고 한다.

예를 들어, 꽃의 구조는 꽃을 수분시키는 동물의 유형에 맞추어 진화해 왔다(그림 1.12). 수많은 곤충, 새, 박쥐 그리고 일부 포유동물은 꽃가루를 한 식물에서 동일종인 다른 개체로 운반한다. 대신에 수분자로 알려진 동물은 주로 꿀과 같은 식량을 보상받는다. 수분과 관련된 동물과 식물은 종종 수분 효율성을 증가하는 방향으로 고도로 특수화된다. 수분 공진화 관계로 볼 때, 왜 그렇게 다양한 꽃들이 존재하며, 왜 꽃들은 그렇게 매혹적인 색깔, 형태, 그리고 향기를 가지는가를 설명하고 있다(24장). 수분상호 작용은 벌의 수분에 의존하는 많은 과일 작물들처럼 인간에게도 아주 중요하다.

다양한 새, 박쥐 그리고 포유동물은 특별히 식물의 열매를 먹는 것을 좋아한다. 그렇게 함으로써 동물은 이들 식물의 종자분산 역할을 수행하여 식물이 새로운 서식처에 군집을 형성할 수 있게 한다. 식물열매는 주로 종자를 분산시키는 특정 동물을 유혹할 수 있는 크기와 색깔을 가지며, 식물은 가장 적

그림 1.13 열매 많은 현화식물은 특정동물에게 아름다운 열매를 먹이로 주는 대신 그 식물의 종자를 산포하도록 한다. 여기서 삼나무 여새는 산사나무 열매를 먹고 있다. 이것은 공진화의 한 예이다.

절한 종류의 식량 보상을 동물에게 제공한다(그림 1.13). 많은 식물들은 특정 수분을 담당하는 동물과 종자 분산자의 존재에 크게 의존하여왔고, 혹은 동물 또한 마찬가지다. 동물이 의존하고 있는 식량식물이 사라진다는 것은 동물이 살아갈 수 없다는 것을 의미한다. 수분과 종자분산에 있어 관련 동물과 식물은 상호 생존에 크게 영향을 미칠 수 있다. 인간은 우리가 의존하고 있는 식물, 작물 그리고 다른 생명체들이 서식처 파괴에 이어 멸종을 야기하는 활동들에 의해 어떠한 영향을 받는지에 관해서 가능한 한 많이 배우고 이해하는 것이 중요하다. 인간은 우리의 생존뿐만 아니라 식물과 다른 생명체의 생존이 필수적이기 때문에 지구 생태계의 보존에 관심을 가져야 한다.

1.6 식물, 원생생물, 균류와 세균은 인간사에서 중요한 것 들이다

사람들이 식물과 동물을 이용한 자료는 오늘날뿐만 아니라 고대로부터 내려오고 있다. 식량생산, 섬유작물(그림 1.14), 가축의 목초재배, 산림육성 등 인간의 농경은 모두 식물에 의존하고 있다. 빵을 굽고 술을 만들고 제약과 다른 산업들도 식물과 효모인 균류에 의존하고 있다. 인간의 의례의식에는 장식용 식물이 일반적으로 따르기 마련이다.

인간의 영양은 식물과 떨어질 수없는 관계로 얽혀있다. 우리는 보도매체를 통해 발표된 연구에서 알 수 있듯이 우리 음식은 주로 과일, 채소, 곡식으로 되어 있고 우리는 포도, 적포도주, 콩 제품, 초코레트나 다른 식품에서 건강보조식품을 얻는다. 이 세상에 수백만 명이 식품생산, 저장, 가공에, 판매와 광고 분야에, 수송담당분야에, 연구와 생물공학분야에, 식품공학, 건설과 제조분야에, 또는 상품무역과 경제 분석 분야에 종사하고 있다. 식물과 미생물을 이용한 비타민, 아미노산, 식물농축액과 다른 여러 산물 등 보조식품의 생산은 엄청난 수익을 올리는 산업이다. 오늘날 통용되고 있는 법정 시약의 1/4이상이 식물과 미생물에서 추출한 성분이 들어있고, 해마다 새로운 식물과 미생물에서 유래한 의약품이 개발되고 있다. 예를 들어, 우리나라 생강과 유사한 식물의 주성분인 curcumin은 낭포성 섬유종과 그와 다른 질환 치료에 탁월한 효과가 알려지고 있다.

잔디밭, 정원, 공원과 자연보존지역은 자연과 우주와 인간을 연결해 줌으로써 우리에게는 정신적으로 필수적인 것 같다. 원예업에 종사하는 사람들은 다양한 정원수뿐만 아니라 실내장식을 꾸미기 위해 바닥에 까는 식물, 장식용 나무, 관

그림 1.15 수생식물인 *Lotus nucifera*의 잎과 화아 Lotus는 어떤 민족 문화에서 신성한 식물로 받들고 있다.

그림 1.14 근대 농업에서 식물의 중요성을 나타내는 옥수수 밭의 시험농장

그림 1.16 정원은 많은 사람들에게 필요한 식품과 휴식을 제공한다

목, 풀을 제공한다. 식물만이 아니라 이런 업체는 이끼, 나무껍질, 토양살충제와 같은 식물을 가꾸는데 필요한 것들도 공급한다.

화장품이나 향료에 식물체 자체나 그 유도체의 이용은 또 다른 상업을 육성케 하였다. 우리는 식물성인 면직물과 아마포로 만든 천을 소중히 여긴다. 비단은 뽕나무를 먹고 자라는 누에의 산물이다. 수천 년에 걸쳐 여러 식물은 직물의 원료, 융단재료, 도자기 표면의 그림재료, 장신구, 실내장식, 건축설계에 영감을 부여하였다. 오랜 세월동안 예술가들은 그들이 작품의 주제로 식물을 이용하였다(그림 1.17). 목재는 조각가에게는 필수재료로써 또 음악가에게는 여러 악기의 재료로써 이용되었고, 목재의 강도와 내구력뿐만 아니라 아름다운 미적 효과를 주기 때문에 건축과 가구산업에 필수적인 자원이 되고 있다. 그 외에 사람과 식물과의 떼어낼 수 없는 관계는 2장과 이 교재를 통해 더 많은 것을 알 수 있을 것이다.

최근 수십 년 동안에 사람은 **생물공학**(biotechnology)을 발전시켰는데, 그 주요 내용은 식물과 미생물을 더 유용하게 사용하도록 이들 생물체의 유전물질인 DNA를 조작하는 유전공학이다. 그러나 생명공학은 많은 논쟁의 대상이 되며 언론매체에 주제가 되어왔다(그림 1.4 참조). 오늘날 생명공학이 너무 중요하기 때문에 식물과 미생물의 유전공학에 대한 상세한 문제는 15장에서 별도로 기술하였다. 이 교재에서도 DNA학문은 중요한 테마로 다루고 있다. 이 교재를 통해서 DNA구조와 관련된 부분은 아이콘으로 표시하였고, 이 부분은 DNA, 유전학, 생명공학과 관련된 개념과 실험과정에 관심을 가지도록 도안하였다.

DNA SCIENCE

그림 1.17 **예술가들은 오랫동안 주제로서 식물을 이용해 왔다** 예술가이자 식물 삽화가인 Mary Bauschelt에 의해 그려진 이 그림은 *Helleborus*의 꽃이다.

요점

1.1 여기에서 정의한 식물은 셀룰로오스가 풍부한 세포벽을 가진 다세포이고 광합성을 하는 생물이다; 그들은 다양한 방법으로 육상 생활에 적응하였고 혹시 수중에 서식하더라도 그들의 조상은 이러한 양상을 가졌다.

1.2 세균, 균류, 원생생물(특히 광합성을 하는 조류)은 식물의 생활과 출현에 중추적 역할을 하였기 때문에 이들도 식물과 같이 연구해왔다. 지구상의 모든 생명체 즉, 원시생명체, 세균, 원생생물, 균류, 식물 그리고 동물은 서로 연관되어 있다.

1.3 모든 생물에는 두 단어로 된 독특한 학명이 붙어 있다. 학명을 사용하면 혼돈을 줄이고 과학, 상업, 농업과 의학에서 공통된 통신체계를 이루게 된다.

1.4 식물과 다른 생물 등 자연을 연구하는데 과학적 방법이 이용된다. 과학은 회의론과 동료들의 심사에 기초한 과오수정 능력이 있다. 과학적 결과는 반복과 대조를 통해 측정, 관찰, 실험에 근거한다. 결과는 귀납적 증명과 연역적 증명으로 얻을 수 있다. 하나의 가설은 검증을 필요로 하는 일시적 자료에 근거한 반면 학설은 광범위한 자료에 근거하고 다양한 현상을 설명하고 과학자들 사이에 널리 인정되는데 근거한다.

1.5 사람들은 식품과 보조식품, 식품공정, 빵 제조, 양조산업, 의약과 건축 재료로써 또는 예술의 주제 등 다양한 분야에 식물과 미생물을 이용한다.

1.6 식물과 미생물은 지구의 기후, 대기와 생물체를 유지하는데 필수적인 역할을 한다. 식물과 다른 생물들은 가끔 이익이 되는 상호관계가 이루어진다. 현화식물과 많은 동물들은 상호진화에 영향을 주기도 한다.

문제

1. 이 책에서 식물을 어떻게 정의하였는가? 4가지 기준을 열거하고, 각각 간단히(한 문장으로) 기술하라.
2. 식물을 포함해서 이 지구상에 서식하는 몇 가지 주요 생명체 그룹은 (a) 동물, (b) 균류 그리고 (c) 박테리아가 있다. 각 그룹의 식물과 유사한 면은 무엇이며, 그러나 식물이라고 인정받지 못하는 가장 중요한 이유는 무엇인지 간단히 설명하라.
3. 왜 식물은 가끔 유배식물이라고 하는가?
4. 육상에 적응한 식물의 가장 주요 그룹은 무엇인가?
5. 대기에서 산소와 이산화탄소의 수준을 고려하여 식물에 의해 제공되는 생태학적 임무를 설명하라.
6. "온실"가스는 무엇이며 이것은 21세기초반인 현재에 직면한 문제와 어떠한 관련이 있는가?
7. 먹이망이란 무엇이며, 공생과는 어떻게 다른가?
8. 과학적 방법이란 무엇인가? 과학의 본질에 대해 정보는 어떻게 얻으며 과거의 과오와 잘못을 어떻게 수정하는지 등에 대해 간단히 논하라.
9. 과학적 방법에서 귀납적 증명과 연역적 증명은 어떤 차이가 있는가?

응용 개념

1. 1장에서는 두 상대자에게 상호관계로 인해 모두 이익을 창출하는 상리공생으로 알려진 공생의 한 유형을 논의하였다. 편리공생이라는 공생의 또 다른 유형은 한 상대자이 되고 다른 상대자에게는 이익도 아니고 해도 유발하지 않는다. 그리고 기생은 한 쪽의 손실이 다른 쪽에게 이익을 주는 것이다. 여러분이 주위의 도시, 공원 혹은 캠퍼스를 걷고 있다고 하자. 산책 중에 여러분이 우연히 마주칠지도 모르는 공생의 각 유형의 예를 서술하라.
2. 여러분이 자신의 집 또는 아파트 주위를 걷고 있다고 하자. 식물 혹은 식물의 산물이 당신 자신의 집에 곧 바로 이용되는 10가지 다른 방법을 서술하라.

2장 식물과 인간

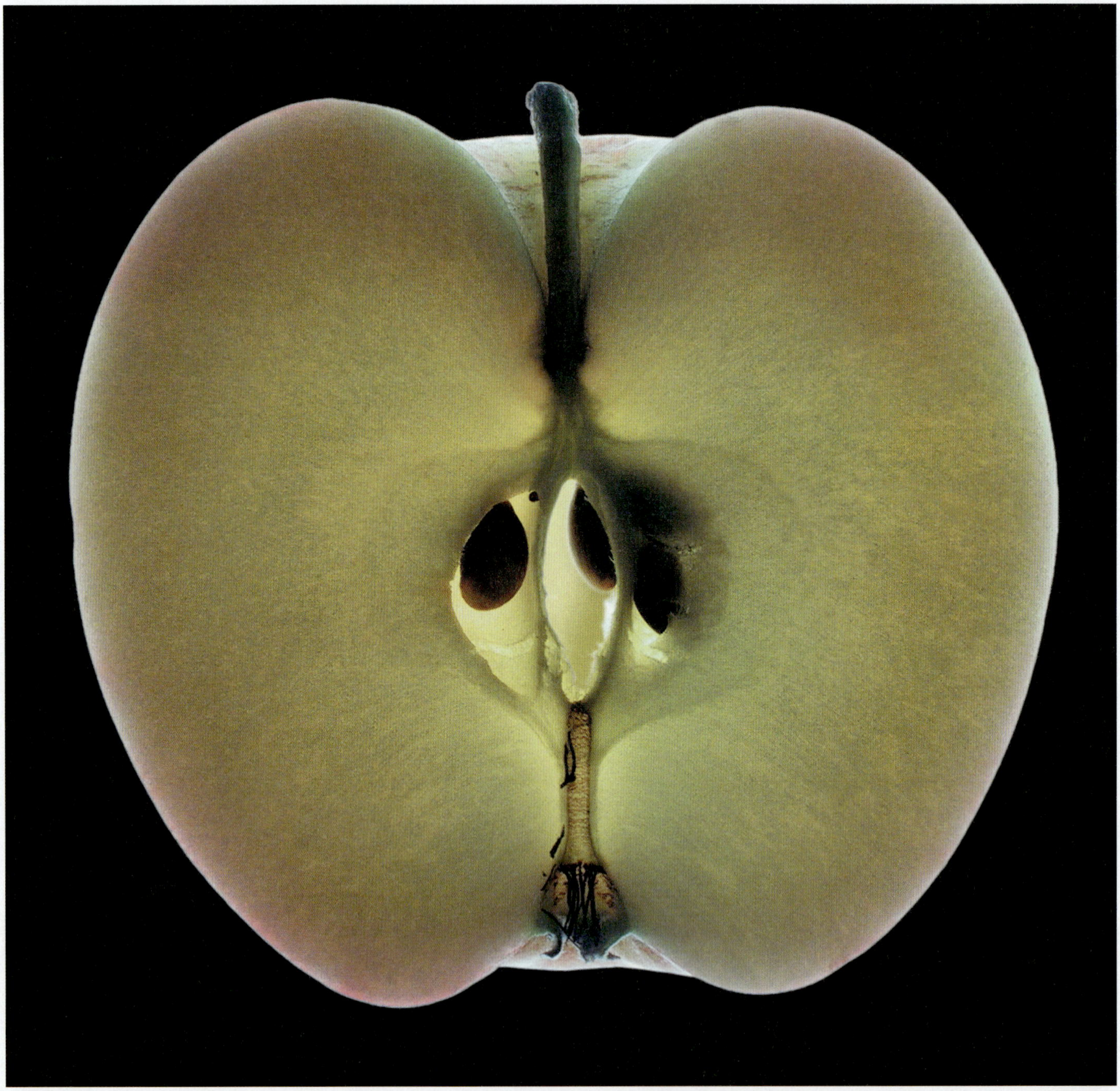

사과 열매

주요 개념

- 토착문화에 대한 과학적 연구를 통해 식용, 약용, 기타 유용 식물에 대한 새로운 지식을 얻을 수 있다. 전통적인 경작 기술은 오늘날의 식량공급의 문제를 해결하는데 도움을 준다.

- 농업의 기원에 관한 연구는 현대 식량 생산에 유용한 유전자를 지니고 있는 현대 작물의 야생형 조상의 정체와 위치에 대한 실마리를 찾을 수 있다.

- 사람들에 의해 이용되는 주요 작물과 기타 식물들의 유용한 특징들은 생태적 적응의 결과이다.

- 식물은 병원체나 초식동물의 공격에 대항해 보호에 도움을 주거나 기타 다른 이점을 제공하는 천연 산물(2차 대사 화합물)을 생산한다. 이들 화합물은 의료나 약, 기타의 적용으로 사람이 식물을 이용할 수 있음을 말해준다.

갑자기 일행 중 한 사람이 의사의 치료를 받아야 하는 상황에서 식물학자와 해양생물학자들이 항공 수송을 이용할 수 없는 상태에서 일시적으로 바하마제도 외딴 섬에 고립되었다. 그녀는 그 지역의 어부와 함께 참치를 잡으러 떠났었고 큰 물고기를 잡아올리는데 흥분되어 정신이 팔려 태양에 의한 매우 고통스럽고 심각한 화상을 입게 되었다. 그들은 화상에 바르는 물약을 파는 상점이나 약국, 의학적 치료를 받을 진료소를 가까이서 찾을 수 없었다. 그 때 그들 중 한 명이 근처의 뜰에서 자라고 있는 알로에 식물을 본 것을 기억해 냈다. 그들은 칼 모양의 잎을 몇 개 잘라 동료의 햇볕에 그을린 부위에 그 즙을 발라 주었다. 그러자 그녀는 곧 고통이 없어지는 것을 경험하였다. 계속적인 처치로 가려움과 손상된 피부의 감염을 막을 수 있었다. 그들은 알로에의 치료 효과에 감사했고 열대 식물과 산호초 연구를 계속할 수 있었다.

아프리카 원산인 아스파라가스와 근연종인 알로에는 화상 치료, 옻 알레르기, 곰팡이의 감염, 기타 피부 질환에 효력을 발휘하여 예로부터 "화상 식물" 또는 "약용식물"로 알려져 왔다. 그것은 피부병 치료에 쓰려고 전 세계적으로 온난지역의 가정집 정원에 재배하고 있다. 잎을 자르면 나오는 걸쭉한 점액성의 즙이 피부에 좋은 많은 화합물을 포함하고 있다는 것이 현대 과학으로 밝혀졌다. 이런 이유로 현대의 피부 로숀들은 흔히 알로에 추출물을 함유하고 있으며 시장의 요구로 대량 재배되고 있다.

알로에는 오늘날 경제적 가치가 인정되고 있는 옛부터 내려온 민간 치료 식물의 한 예일 뿐이다. 식물은 오랫동안 사람의 치료약에 중요한 역할을 해 왔다. 식물은 또한 식량, 음료, 향신료, 화장품, 섬유소, 건축재료, 기타 많은 다른 산물을 제공한다. 외국산 향신료에 대한 시장의 요구는 15세기, 16세기에 항해를 자극해 인류 역사에 영향을 미쳤다. 올리브유 생산을 위해 올리브 식물을 성공적으로 재배한 아테네는 부흥했고 이와 함께 그리스 문화와 서양 문명의 탄생이 이루어졌다. 본 장에서는 고대와 현대에서 인간에 의한 식물의 이용과 식물이 생산하는 물질에 대해 알아 볼 것이다. 이는 유용 식물의 발견을 위한 개발 전략에 주요한 식견과 왜 식물이 사람들에게 그토록 유용한지를 이해하는데 도움을 줄 것이다. ■

알로에 식물

2.1 | 토속식물학과 경제식물학은 인간의 식물 사용에 초점을 맞춘다

오늘날 지구상의 대부분의 사람들과 과거의 대부분의 사람들에 대해 물질문화는 기본적으로 식물에 근거하여 왔다(그림 2.1). 전통적인 사회에서 과거 사람들의 식물에 대한 이용이나 현존 식물의 사용에 대해 과학적으로 연구하는 것을 **토속식물학**(ethnobotany)이라 한다. 여기서 *'ethno'*란 사람의 연구를 뜻하고, *'botany'*는 식물의 연구 또는 식물과학을 말한다. **경제식물학**(economic botany)은 현대 산업화된 사회의 식물의 이용에 대해 연구하는 학문이다. 이들 식물과학의 2가지 분야는 토속식물학의 연구가 전에는 밝혀지지 않았던 식물의 약용 성질에 대한 파악 등 발달된 사회에 없어서는 안 될 많은 정보를 제공한다는 점에서 밀접하게 연관되어 있다. 경제식물학은 흔히 야생 근연종을 확인하기 위해 현대 작물의 재배 역사에 대해 조사하기도 한다. 이들 야생 근연종들은 질병, 병충해, 가뭄에 훨씬 더 잘 견디는 작물을 개량하는데 유용한 유전 물질을 보유한다.

(a) (b)

그림 2.1 물질 문화의 요소인 식물 New Guinea 북부의 원주민들에 의해 생산된 공예품에는 (a) 여기 보이는 동물들이 접근하지 못하도록 음식을 걸어 놓을 때 사용되었던 목각의 장식이 있는 갈고리, 아름답고 실용적인 바구니, 그리고 (b) 의식에 쓸 목적으로 재배한 고구마의 일종인 얌을 장식하는 식물 섬유로 짠 마스크 등이 있다. 이 사람들에게 얌은 음식으로서의 높은 가치와 오래 보관할 수 있는 특징 뿐만 아니라 이것이 남성의 자존심을 상징하기때문에 지하에 있는 영혼들과 의사소통을 할 수 있는 영을 가지는 것으로 생각해 소중히 여겨졌다.

토속식물학의 연구는 오랜 세대동안 점유해 온 지역에서 전통적이며 비산업적 생활습관을 따르는 원주민들이 흔히 현대과학의 과정과 매우 닮은 시행착오 방법을 사용한다는 것을 보여준다. 이런 방법으로 수 천 종류의 식물의 유용한 특성을 발견하게 되었다. 사람들은 아마 처음에 유해성을 확인하고자 적은 양의 식물이나 추출물을 섭취해 보고 그 다음에는 일반적인 활용을 위해 반복하여 사용하며 관찰했을 것이다. 농작물과 농업법도 비슷하게, 시도, 결과의 관찰, 변형의 단계를 거쳐 발달해 왔다. 이러한 방법을 통해 사람들은 3,000 종류 이상의 식물을 어떻게 사용하는지, 수 백 종류의 작물을 어떻게 경작하는지를 알게 되었다. 전통적 방법은 또한 식물과 과도한 사용으로부터 환경을 보호하게 하여 식량을 안전하게 확보할 수 있게 했다. 현대 산업화 사회는 수 천 년동안 식물 활용에 대한 지식을 개발하고 보존함과 아울러 환경 보존의 어려운 일을 한 과거와 현재의 민속 문화에 고마움에 큰 빚을 지고 있다. 토속식물학자들은 잃어버렸을지도 모를 전통적인 지식을 산업화된 사회로 가져옴으로써 민속 문화의 지혜와 현대 과학 간의 간격을 연결시키려는 노력을 하고 있다(Essay 2.1, "토속식물학: 종자와 문화" 참조).

2.2 | 농업의 기원은 문명의 발달에 열쇠이다

식량을 위해 처음으로 식물을 재배하는 것을 배운 사람들은 문자가 발명되기 전인 수 천년 전에 살았다. 그러므로, 우리는 이들의 기념비적 업적에 대한 기록을 가지고 있지 않다. 그러나 그러한 고대의 사건에 대한 많은 정보를 얻는 것은 가능하다.

우리는 어떻게 농업의 기원에 대해 알 수 있을까?

토속식물학자 및 고고학자와 인류학자는 초기 인류의 농업 방식과 작물들에 대해 많은 정보를 제공하는 자료를 이용해 왔다. 그러한 자료에는 건조에 의해, 불에 탄 숯에 의해, 또 호수 침전물에 묻혀서 우연히 보존된 종자(그림 2.2), 곡류, 나무, 꽃가루, 식물 섬유와 같은 고대 유기 잔존물들이 포함된다. 또한, 무기물결정체 — 식물세포에서 생산되지만, 부식되지 않고 개개의 식물에 특징적인(그림 2.3) 식물결정체(phytoliths), 또는 "식물돌",— 식용 식물 조각이 소화되지 않은 채 인간의 배설물로 배출되어 화석이 된 것(coprolites)들도 유용하다. 또한 초기 농경 문화를 연구하는 과학자들은 식물에 대한 표현이 있는 문서나 식물이 묘사된 공예품들로부터 정보를 수집하기도 한다. 고대의 기록은 이후 농업의 진행과 확산을 추적하는데 도움을 준다. 현대의 작물의 기원을 추적하는데 관심이 있는 식물학자들은 종종 외국 지방으로 여행을 하며 야생의 근연종을 찾고 현대의 작물과 그들의 야생 근연종사이의 유연관계를 알기위해 유전적 교배를 수행하거나 식물의 유전물질(DNA)을 비교하는 연구를 하였다. 원주민들은 흔히 근연의 야생종의 위치와 전통적인 경작 기법에 대한 상당한 지식을 가지고 있어 매우 유용한 정보를 제공해

ESSAY 2.1 토속식물학: 종자와 문화

토속식물학자들은 원주민 사회나 고고학적으로 발굴된 물건을 통해 인류 문화에서 식물의 사용 역사를 추적한다. 그들은 인류학, 고고학, 민속학, 언어학, 심리학, 화학, 의학, 약학, 생태학과 식물학의 연구를 병합시켜 연구한다. 그들의 연구를 완수하기위해 토속식물학자들은 외교, 경제, 정치제도에 대한 것도 또한 알아야 한다.

대부분의 안타노시 사람들은 통증, 감기, 피부감염에 이용되는 약용 식물 처방을 알고 있다.

토속식물학의 연구는 이전에는 접근하기 어렵거나 부분적으로 연구되었던 문화에서 이용하는 식물이나 혹은 신약을 위한 식물과 같은 흥미로운 문제들을 알아내는 것에서부터 시작된다. 토속식물학자들은 식물 재료나 공예품들을 일반적으로 허락없이 그 나라로부터 가지고 나올 수 없으므로 먼저 연구가 이루어질 나라의 정부의 승인을 받아야 한다. 토속식물학자들은 부족의 족장과 주술사와 만나 친밀한 관계를 형성해야 한다. 일반적으로 지역 주민이나 국가 정부에 지식으로 혹은 다른 보상을 협의하는 것이 필수적이다. 식물 이용에 대한 정보는 지역의 방언이나 문화를 잘 알았을 때 직접적으로 잘 얻을 수 있다. 토속식물학자들은 사람들이 식물 재료를 어떻게 확인하고, 채집하고, 준비하고, 사용하는지를 배우기 위해 참여하는 관찰자, 교사, 친구의 역할을 수행해야 한다. 또한, 화학적인 분석과 경제적인 활용을 위해 샘플을 채취하기도 한다. 그들은 외부인들의 흥미로 인해 종종 위협받는 원주민들의 생활방식을 유지하는 길을 찾는데 도움이 되기도 한다.

메릴랜드에 있는 프로스트버그 주립 대학의 린다 라이온(그림 E2.1A)은 토속식물학자 이다. 그녀는 마다가스카르 남동부 안타노시 사람들이 음식, 집, 약용으로 숲의 식물을 어떻게 이용하는지를 배우며 연구한다. 대부분의 안타노시 사람들은 통증, 감기, 피부감염에 이용되는 약용 식물 처방을 알고 있다. 그러나, 어떤 식물들은 멀리 떨어진 지역에 위치하고 있기 때문에 그 지역 시장에 나가 야생으로부터 식물을 채집하고, 이들의 사용법을 알고 있는 약초업자(그림 E2.1B)들로부터 치료 식물을 산다. 그들은 또한 중병이나 영적문제들에 대해서는 주술사에 의존하여 조언을 받는다. 린다 라이온은 또한 안타노시 사람들이 개인적인 필요나 내다 팔 목적으로 바구니, 돗자리, 모자를 만들기 위한 10여 가지 벼과식물이나 유사한 식물들을 지역의 습지에서 수확하나 이들 유용한 식물들이 충분히 공급되지는 않는다는 것을 알았다. 그녀의 연구는 이러한 문화적 지식과 자연적 거주지가 지속되는데 도움이 될 것이며, 또한 그것은 열대식물과 이들의 이용에 대한 지식의 축적에 일조할 것이다.

E2.1A 린다 라이온, 토속식물학자

E2.1B 마다가스카르의 전통 약초업자

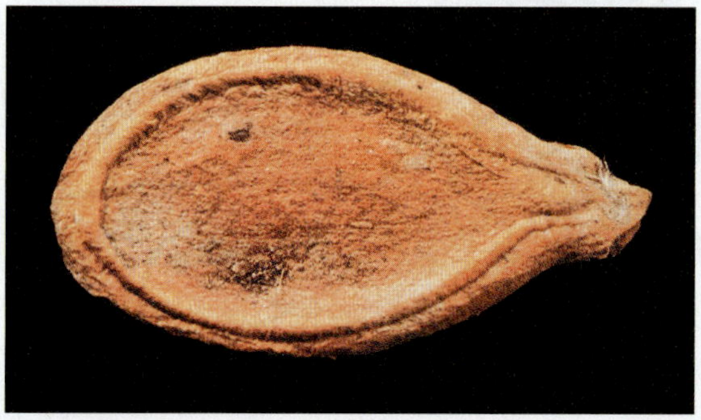

그림 2.2 재배 작물의 증거 멕시코 오아사카에 있는 동굴에서 발견된 호박 종자는 현재로부터 8,910년 전 것으로 추정된다. 능선이 있는 종자의 가장자리 및 기타 특징들은 현대의 호박(*Cucurbita pepo*)이나 기타 여름철 박과식물의 특징과 같다. 몇몇 다른 고대 종자들과 호박의 껍질 조각들이 같은 장소에서 발견되었는데 이는 미국에서 식물이 재배되었음을 보이는 가장 오래된 증거이다.

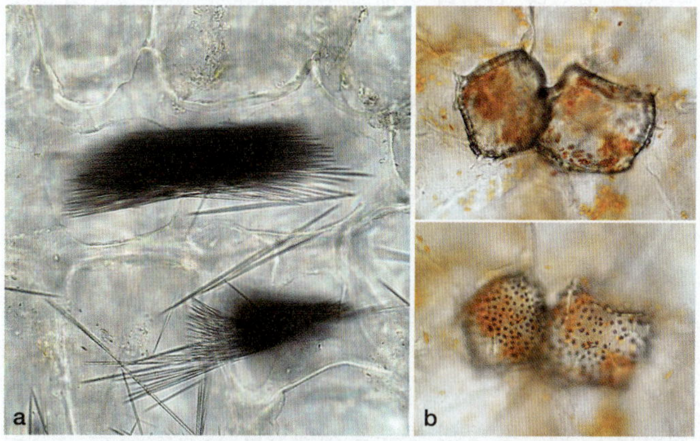

그림 2.3 식물결정체 (a) 바나나 껍질 세포의 현미경 사진에서 나타난 침상의 결정체, (b) 현미경 하에서 두 가지로 초점을 달리하여 본 두터운 세포벽("석세포")을 가진 후추 식물 세포.

준다. 현대에도 일부 원주민 문화는 경작을 하지 않고 식량을 위해 수렵에 의존하는데 이들은 초기 인간들이 사냥하며 모일 때의 사회의 모델이 되며 인류학자들이 인류 사회의 발달 양상을 이해하는데 도움을 준다. 이런 다양한 자료들은 언제, 왜, 어디서, 어떻게 농경이 시작되었는지, 또 인류 문명에 어떤 역할을 해 왔는지를 알게 해 준다.

언제, 왜 농경이 시작되었는가?

최초로 계획적인 식물 경작에 대한 증거가 있는 약 10,000 년 전까지만 해도 고대의 인간 사회는 사냥, 고기잡이, 야생식물 수집으로 식량을 해결하였다. 먹이를 찾아 다니며 식량을 해결하는데서 근본적인 식량 획득의 방편인 농경으로의 전환은 점진적으로 일어났으며, 동시에 전 세계적으로 여러 지역에서 각각 일어났다. 많은 전문가들은 이러한 동시 발생은 가장 최근의 빙하기 말기에 일어난 전 세계적으로 따뜻해진 기후 변화와 밀접한 관계가 있다고 생각한다. 동시에 식물의 광합성(물, CO_2, 빛에 의한 식량생산) 비율이 상승하는 조건인 대기 중의 CO_2양이 매우 증가하였다는(180 ppm~280 ppm) 여러 증거들이 뒷받침되고 있다. 과학자들은 이러한 환경변화로 인류 집단이 다른 방법으로 식량을 얻게 되었고, 이로 인해 양분이 많거나 경작이 잘 되는 곡물류, 콩류 및 기타 다른 식물들을 재배하게 되었다고 생각한다.

경작(domestication)은 사람에 의해 인도된 진화적 과정이며 야생 근연종과는 다른 일부 유용한 특징을 가진 작물들이 개발되어 왔다. 초기 농부들은 유용한 특징을 가진 식물로부터 종자를 채취해 다음 세대에 심는 이러한 선택 과정을 여러 해동안 반복함으로써 이러한 결과를 이루어냈다. 세월이 흘러 오는동안 작물은 인류에 유익한 방향으로 변화해 옴으로써 농업은 훨씬 효율화되었고 인류는 증가하게 되었다.

이후 해마다 식량을 저장하는 기술의 발달로 먹이를 찾아 다니던 시대에는 항상 존재하던 위험요인인 갑자기 예상치도 않게 식량공급이 없어지는 일이 줄어 들었다. 농경에 의한 식량생산으로 모든 사람이 농경에 종사할 필요가 없이 다른 사람들은 예술, 건축, 철학, 과학, 의학, 법, 상업 등 다른 일을 할 수 있게 되었다. 과거나 현재의 주요 인류 문명은 생산적인 농경체재에 근간을 두고 발달할 수 있었다.

처음으로 식물이 재배된 곳은 어디일까?

농경은 적어도 6개의 지질학적 위치 — 근동, 중국, 중앙아메리카, 남아메리카, 미국 동부, 뉴기니아 섬 — 에서 독립적으로 시작되었다. 또한 아프리카는 농업은 별개로 발생되었든지 혹은 근동에서 유입되었다. 근동의 비옥한 초승달모양 지역(fertile crescent)의 고고학적 지역에서 발견된 식물 잔해를 보면 약 11,000년 전 이 지역에서 처음으로 농업이 시작되었음을 알게 된다. 이 지역 사람들은 밀, 보리와 같은 곡류와 완두콩, 병아리콩, 렌즈콩 등의 콩류를 재배했다. 곡물은 작은 알곡의 열매를 맺는 벼과식물에 속하는 식물이다. 꼬투리 모양의 열매로 인해 이름이 붙여진 콩과식물은 완두 계통의 식물이다. 현존하는 밀과 야생 밀의 유전물질 비교 분석으로 오늘날 터키의 남동부 지방인 카라카닥산맥(Karacadag Mountains) 부근에서 살던 사람들이 약 10,000년 전 밀의 재배를 시작하였다는 것이 밝혀졌다. 근동 아시아 여러 지역에서 처음으로 재배되기 시작했던 다른 현대의 농작물들은 올리브, 포도, 무화과, 대추야자, 피스타치오, 아몬드, 석류 등이다.

농경에 대한 지식은 비옥한 초승달모양 지역에서 급속히 퍼져 나가 약 8,000년 전에는 남부 유럽에 도달하였고, 7,500년 전에는 발칸반도와 중앙 유럽에, 약 4,500년 전에는 스칸디나비아반도에 도달하였다(그림 2.4). 유럽인들은 귀리, 사과, 배, 자두, 앵두와 같은 가치있는 농작물을 포함한 재배 식물 수를 더 증가시켰다. 일부 언어학자들은 진화 생물학자들이 사용하는 기법을 이용해 농업의 기원 지역과 같은 근동 지역의 거대한 신석기 정착지에서 원시 인도 — 유럽어가 발생한 증거를 발견했다. 언어학자들은 이 고대의 언어는 결국 거의 150개의 서로 다른 유라시아의 언어(영어를 포함하여)를 발생시켰고 이것이 농업의 지식과 함께 퍼지고 분지되었다고 생각한다.

또한 식물은 중국의 황하 및 양츠강 계곡 지역을 포함하여 극동의 여러 곳에서도 재배되었다. 그곳에서 처음 재배되었던 식물들은 오늘날의 곡물류인 쌀, 수수와 콩과 식물인 대두 및 대마이다. 특히 대마 식물의 섬유는 지난 5,000년 동안 옷, 종이, 밧줄을 만드는데 이용되어 왔다. 돌 표면에서 발견되는 식물결정체와 특징적인 전분입자를 통해 바나나와 타로토란(토란과 식물인 *Colocasia esculenta*의 전분질 뿌리 작물)은 거의 7,000년 전에 뉴기니에서 경작되었음을 알 수 있다. 코코넛, 사탕수수 또한 동남아시아 열대지역에서 재배되었다.

15세기 유럽인들이 도착하기 전까지 아메리카 원주민들은 100 종류 이상의 식물을 재배하였으며 현대 세계적인 주요 농작물의 반 이상이 여기에 포함된다. 아마존에 사는 농부들은 강 주위 숲이 있는 넓은 지역을 개조하여 과일과 견과류 과수원, 옥수수와 탄수화물이 풍부한 뿌리 작물인 카사바 밭으로 만들었다. 아마존강 유역의 농부들은 습지대의 검고 비옥한

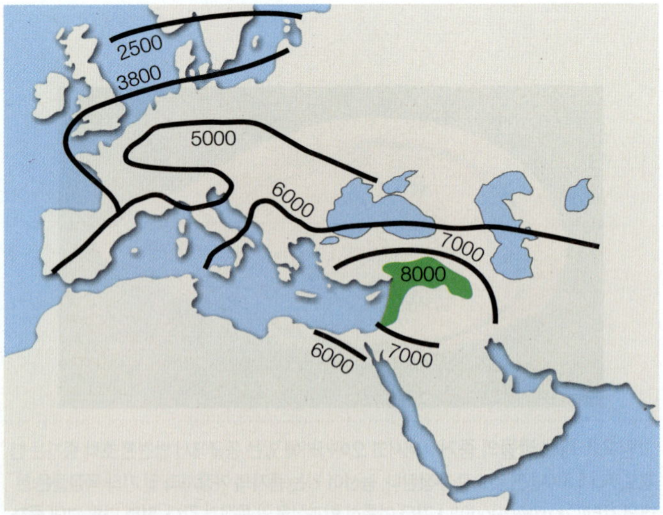

그림 2.4 농업의 전파 이 지도는 근동에서 기원한 농업의 전파를 나타내고 있다. 수치는 기원전(B.C.) 년도이다.

토양을 고지대의 밭으로 운반하여 흑토를 만들었는데 이러한 과정은 지금도 존재한다. 흑토는 같은 지역 원래의 토양보다 더 비옥하다. 인류학자들은 이러한 비옥한 토양으로 인해 유럽인들과 접촉하기 이전에 초기 아마존강 유역의 농업이 전에 알았던 것보다 더 큰 집단의 인구를 유지할 수 있었을 것이라고 생각하게 되었다. 비록 오늘날 아마존강 유역 열대우림은 종종 사람의 손이 닿지 않은 미개척지로 간주되어 왔지만, 이 곳은 고대 인류 집단이 농업 활동에 의해 지형을 크게 변형시킨 상당한 증거가 있다. 오늘날의 북미, 중미, 남미의 지역에 살던 사람들이 처음으로 재배하던 기타의 작물들은 해바라기, 호박(약 9천년 전에 처음으로 재배, 그림 2.2), 4 종류의 고추, 토마토, 감자이다. 단백질이 풍부한 콩과식물인 땅콩, 일반콩, 리마콩 역시 미대륙에서 재배되었다(그림 2.5).

곡물과 콩류의 유용한 특징들은 생태적 적응의 결과이다

전 세계에 걸쳐서 재배되는 작물을 비교해 보면(표 2.1) 대부분의 초기 농경사회에서는 곡물류와 콩류를 재배하였음을 알 수 있다. 곡물류와 콩류의 야생의 조상형들은 환경에 적응한 결과로 양분과 저장에 있어 커다란 장점을 가지고 있다.

로마의 여신인 세레스(Ceres)의 이름을 딴 곡물류(cereal)는 밀, 보리, 벼, 옥수수를 포함하여 인류 농경역사에서 일찍이 재배되었다. 곡물류는 벼과의 종들로 여러 면에서 숲보다 더 건조한 목초지 환경에 잘 적응하였다(26장). 건조한 조건에서는 곡물류와 벼과의 다른 종들이 식량생산에서 대부분의 다른 식물들보다 더 효율적이다. 이들의 잎은 햇빛을 잘 받아 극대화시키는 구조를 지니며 알곡은 탄수화물과 단백질이 풍부하여 어린 유식물의 생장을 돕는데 필수적이다. 인간은 농경이 시작되기 전에 곡물류가 아주 빠르게 생장하고 열매에 양분이 많다는 점을 이용하고자 하였다.

밀은 보리, 벼, 옥수수와 같은 다른 식용식물보다도 단백질이 풍부하기 때문에 오늘날 빵, 파스타, 기타 식료품 등에 광범위하게 쓰인다. 밀의 평균 단백질 함량은 약 13%이다. 가공하지 않은 통곡류는 양분이 가장 많으며 도정과정에서 잃게 되는 철분과 비타민 B군도 들어 있어 흰 밀가루 제조 시 이를 다시 첨가하기도 한다. 옥수수는 특히 용도가 다양한 곡물류로, 스위트콘이나 팝콘같이 인간에게 직접 식용되었거나 사료용 옥수수와 같이 가축의 사료로, 또 옥수수유, 옥수수가루, 옥수수시럽, 옥수수전분 제조에 쓰인다. 이들 모두 요리나 가공 식품에서 널리 이용되고 있으며 연료로 사용하기 위한 알코올이나 버번위스키 같은 술을 만들 때도 이용된다.

이들 곡물류의 주요 단점은 사람의 음식 섭취에 필요한 리신, 트립토판 등의 **아미노산**이 너무 적게 포함되어 있다는 것이다. 채식주의자들은 결핍된 아미노산을 콩류가 제공할 수

그림 2.5 중미와 남미에서 경작된 식용 식물 고대 아메리카인들은 (a) 쥬키니 호박, (b) 옥수수(곡류), (c) 칠리고추, (d) 콩, (e) 호박, (f) 땅콩, (g) 감자를 경작했다.

표 2.1 일부 농작물과 이들의 경작 중심지

중심지역	용도	보통명	학명
근동	식용곡류	밀	*Triticum monococcum, T.turgidum*
		호밀	*Secale cereale*
		귀리	*Avena sativa*
	식용콩	렌즈콩	*Lens culinaris*
	사료용콩	자주개자리	*Medicago sativa*
	과일	무화과	*Ficus carica*
	섬유	아마	*Linum usitatissimum*
중국	식용곡류	쌀	*Oryza sativa*
	식용콩	대두	*Glycine max*
	과일	오디	*Morus alba*
		오렌지	*Citrus sinensis*
	섬유	대마	*Cannabis sativa*
뉴기니	과일	바나나	*Musa* spp.
	기타	타로토란	*Colocasia esculenta*
멕시코와 중앙아메리카	식용곡류	옥수수	*Zea mays*
	식용콩	일반콩	*Phaseolus vulgalis*
	과일	아보카도	*Persea americana*
		호박	*Cucurbita pepo*
		카카오	*Theobroma cacao*
		고추	*Capsicum* sp.
	기타	고구마	*Ipomoea batatas*
	섬유	목화	*Gossypium hirsutum*
중앙안데스	식용콩	땅콩	*Arachis hypogaea*
	과일	파인애플	*Ananas* sp.
	기타	감자	*Solanum tuberosum*
		카사바	*Manihot esculentum(esculenta)*
	그 외	고무	*Hevea brasiliensis*

있다는 것을 알고 그들의 식단에 콩류와 곡물을 섞어 먹으며, 이러한 사실은 아마도 초기의 농경자들도 알고 있었을 것으로 추정된다.

오늘날 콩과의 식용 작물에는 대두, 강낭콩, 깍지콩, 잠두, 병아리콩, 땅콩, 완두콩, 렌즈콩, 리마콩, 알팔파, 클로버, 싸리나무, 가축의 사료로 쓰이는 버즈풋트레포일(bird's-foot trefoil) 등이다. 세계에서 가장 많이 심는 콩은 대두로 페인트, 플라스틱, 기름, 접착제와 같은 산업제품을 만드는데도 이용된다. 우리들이 비록 깍지콩 및 완두콩 열매를 통채로 먹기는 하나 콩류 식물에서 사람들이 가장 많이 먹는 부분은 종자이다. 가축사료용으로 재배하는 식물은 대개가 콩과 식물이다. 콩으로 만든 음식들은 다른 어떤 식물보다도 단백질이 풍부하다.

콩과 작물들은 또한 그들이 자라는 토양에 질소를 첨가하여 땅을 비옥하게 하기 때문에 그 가치가 인정되고 있다. 농부들은 토양 속의 질소를 공급하기 위해 질소를 고갈시키는 경향이 있는 식물과 이들을 번갈아 가며 심는다. 특히 세계적으로 경제가 어려워 질소 비료를 사서 쓸 수 없는 농부들에게는 콩류는 매우 중요한 식물이 된다. 콩과 식물의 높은 단백질 함량과 토양을 비옥하게 하는 영양적 가치는 토양 미생물의 생화학적 특성을 견고하게 해주는 콩식물의 능력에 기인한다. 콩식물의 뿌리는 독립적으로는 수행할 수 없는 대기 중의 질소로부터 질소 비료를 만들어 내는 일을 특정 토양 박테리아를 끌어들여 수행한다. 박테리아는 식물체 내에서 증식하고 식물에 의해 양분을 공급받고, 대신 콩의 뿌리와 이들이 자라는 토양에는 질소를 공급한다. 이러한 협력관계는 콩식물에게는 더 많은 종자를 생산케 하여 자손증식에 성공함으로써 큰 장점이 된다.

콩 종자 및 곡류의 열매는 성숙해지면 건조해지기 때문에 — 이는 건조한 목초지 식물에 대해서는 생태적 장점이 된다 — 저장 보관 시 썩을 위험이 감소한다. 초기 농경자들에게 곡물과 콩을 오랜 기간 저장하고 먼 곳까지 운반할 수 있었다는 것은 굉장한 이점이었을 것이다. 곡류와 콩의 건조한 열매와 종자의 높은 단백질 함량은 식물의 유용성이 생태적 적응의 결과라는 일반적인 원리를 보여 주는 사례라고 할 수 있다.

곡물류와 콩류는 어떻게 재배되기 시작하였는가?

인간이 어떻게 처음 식용의 종자를 심었는지 아무도 확실히 알지는 못한다. 쓰레기 더미에 버려진 채집한 식용 식물의 사용하지 않은 부분에 남아 있던 일부의 종자에서 그 가능성을 찾아볼 수 있다. 이 종자들이 나중에 발아하여 야생의 식물들보다 더 쉽게 수확할 수 있게 밀생하여 자랐을 지도 모른다. 그래서 어떤 모험적인 성격을 지닌 사람이 종자를 편리한 장소에 뿌려보았고 곧 식량을 찾아 다니는 것보다 가까운 곳에서 이들을 재배하는 것이 얼마나 더 쉬운 일인지를 알게 되었을 것이다. 전 세계적으로 숲이 있는 지역에서 농경은 자연 환경에서 오래 사는 식용 야생식물을 인간이 보살피므로써 시작되었을 것이다. 가지를 쳐주고 잡초를 제거하고 수확하는 반복적이고 피곤한 노동으로 인해 인간들은 거주지 근처에 식물을 심으려는 생각을 갖게 되었을 것이다.

현대의 작물을 그들의 야생종들과 비교해 보면 그 차이는 확연하다. 오늘날의 밀 낟알은 근동아시아 지역에 지금도 자라고 있는 야생 근연종보다 훨씬 크다. 유적지에서 발견된 우연히 불에 떨어져 타 숯이 된 채 보존된 밀 낟알들을 보면 이들이 오랜 세월에 걸쳐 그 크기가 커졌음을 보여준다. 또한 현대 밀 작물의 이삭은 야생의 근연종들과는 달리 알곡이 흩어지거나 부서지지 않는다. 야생의 곡류에서 종자가 흩어지는 것은 모 식물로부터 자손들을 가능한 멀리 퍼트릴 수 있게 하여 물, 빛, 무기염류에 대해 서로 경쟁하지 않아도 되게 해 주어 유리한 것이다. 그러나 종자가 흩어지는 것은 인간에게는 밀의 수확을 더욱 어렵게 하는 단점으로 작용하였다. 과학자들은 야생밀과 보리에서 때때로 일어난 돌연변이로 인해 쉽게 흩어지지 않는 이삭을 가진 식물이 생겨났다고 생각한다. 사람이 더욱 쉽게 수확할 수 있는 이들 변이체 식물들은 새 경작지에 심을 종자원으로 일차적으로 선택되었을 것이고, 또한 흩어지지 않는 형은 많은 세대동안 지배적인 농작물이 되었

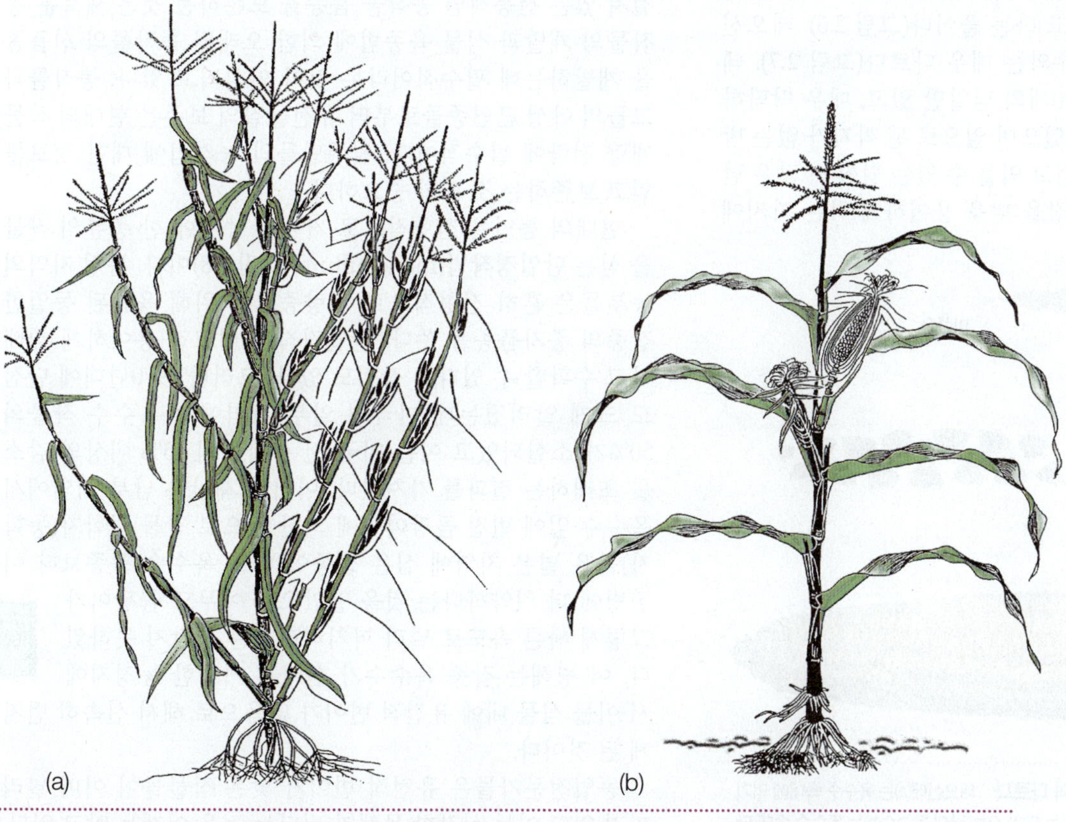

그림 2.6 테오신테(야생 옥수수)와 오늘 날 옥수수 식물의 비교 테오신테(a)와 오늘 날의 옥수수(b). 강냉이 or 옥수수알이 꽉찬 오늘 날의 옥수수는 테오신테의 이삭이 달리는 가지가 상당히 짧아지면서 발달한 것이다.

을 것이다. 마찬가지로 사람들은 가장 큰 곡물 낟알을 반복해서 종자로 선택하였고 이는 농작물의 낟알 크기가 커지는 결과를 초래하였을 것이다.

인간이 원하는 식물 형질을 선택하고 그러한 형질을 가지는 식물을 우선적으로 재배하기 위해 그 종자를 다시 심는 과정을 **인위선택**(artificial selection)이라 한다. 몇 세대에 걸쳐 시행된 인위선택으로 원래의 농작물이 야생의 근연종과 다르게 되었고, 어떤 경우에는 전혀 다르게 되었다. 밀과 보리의 경우, 인간에 의해 유도된 열매 크기의 증가와 비분산형 이삭 형성에 필요한 유전적인 변화는 비교적 경미한 것이었다. 이러한 유용한 방향으로의 식물체 구조 변화는 비교적 신속하게 30~200년 이내에 일어날 수 있음이 설명되고 있다. 야생의 완두콩과 렌즈콩은 꼬투리 열매를 빨리 열려 종자 산포에 유리하게 작용하나, 재배된 완두콩과 렌즈콩의 열매는 훨씬 느리게 열려 수확을 용이하게 한다. 이러한 차이 또한 경미한 유전적 변화로 인해 생긴 것이며 따라서 신속하게 일어났을 것이다. 멕시코 동굴 선사시대 저장 구덩이에서 얻은 거의 9,000 년 된 호박 종자(그림 2.2)와, 껍질 조각들 또한 사람들이 경작하였거나 세심하게 식물 형질을 선택하였던 증거를 보여준다. 사람들의 거주지에서 발견된 호박의 종자들은 야생 호박의 종자보다 더 크고 열매의 형태도 달랐으며, 야생 호박에서 녹색과 흰색의 줄무늬가 있는 것과는 달리 열매의 색깔이 밝은 오렌지색이었다.

식용 식물에서 인간이 얻어 낸 가장 획기적인 변화는 아마도 옥수수일 것이다. 유전적(DNA) 증거를 통해 오늘날의 옥수수와 가장 가까운 야생의 근연종은 현재 멕시코 남부에 자생하는 테오신테(teosinte)라고 하는 풀이다(그림 2.6). 테오신테의 열매는 오늘날의 옥수수와는 매우 다르다(그림 2.7). 테오신테의 열매에는 불과 6~10개의 낟알만 있고, 매우 딱딱하고 먹을 수 없는 껍질에 싸여 있으며 잎으로 된 깍지가 없는 반면, 오늘날의 옥수수는 부드럽고 먹을 수 있는 훨씬 더 많은 낟알을 가지고 있고 수확과 저장을 더욱 용이하게 하는 깍지에 둘러 싸여 있다. 테오신테는 경작된 옥수수에 비해 야생에서 생존하는데 더 잘 적응되어 있다. 테오신테의 열매는 효율적으로 하나의 종자로 흩어지고 깍지에 의해 산포가 방해받지 않는다. 오늘날의 옥수수는 사람의 선택에 의해 야생에서는 오래 생존할 수 없는 식물로 개조되었다.

그림 2.7 재배된 옥수수는 조상 식물과 다르다 테오신테(a)는 옥수수 속대에 먹기 어려운 적은 수의 낟알이 맺혀 있으나 이와는 달리 오늘 날의 옥수수(b)는 옥수수 속대 당 많은 수의 먹을 수 있는 낟알이 맺혀 있다. 이러한 차이는 사람들에 의한 인위선택의 결과이다.

일부 전문가들은 사람들이 처음으로 달콤한 간식으로 옥수수의 조상 식물을 재배하였을 것으로 생각하고 있다. 오늘날 멕시코의 아이들이 하는 것과 똑같이 그들은 녹색의 이삭과 줄기 속을 씹었을 수도 있다. 그런 후 고대의 아메리카 원주민들은 부드럽고 먹을 수 있는 낟알(kernel case)로 돌연변이가 일어난 테오신테 식물을 주목하였을 것이다. 식용으로써의 가능성을 인식하고 사람들은 알곡을 얻기 위해 돌연변이체 테오신테식물을 재배하기 시작하였다. 테오신테에서 현대의 옥수수가 되는 과정에서 적어도 4번의 유전적 변화를 거쳤음은 외형에서 엄청난 차이가 있음을 말해 준다. 동굴에서 발견된 적어도 4,300년 된 옥수수 속대에서 추출한 DNA 연구에서는 이미 사람들이 수 천년 전에 옥수수의 유전적 구조를 변화시키기 시작하였음을 보여준다. 옥수수를 현대 옥수수로 형질전환시킨 여러 세대의 미국 원주민들은 식물 변형에 놀라운 업적을 이루었다.

2.3 식용식물의 유전자원과 전통적인 농경지식은 보존되어야 한다

현존하는 농작물들의 야생 근연종과 그 서식처 및 전 세계에 걸쳐 있는 전통적인 농작물 품종을 보존하는 것은 새로운 농작물의 개발과 식물 육종법에 의한 오래된 농작물의 신품종을 개발하는데 필수적이라는 것이 인식되고 있다. 농작물과 그들의 야생 근연종들로부터 유전물질의 보존은 현대의 작물 개량 전략에 필수적이다. 원주민들의 농경법에 대한 정보를 얻고 보존하는 것 또한 중요하다.

현대의 농업은 전형적으로 거대한 농지에 한 종류의 작물을 심는 **단일경작법**(monoculture, 그림 2.8)이다. 특정 지역의 농부들은 흔히 전형적으로 식량증산을 위해 육종된 동일한 잡종의 종자품종을 쓴다. 단일경작은 비교적 용이하게 재배하고 수확할 수 있다는 장점도 있다. 그러나 1970년대에 단점도 크게 알려졌는데 미국의 일부 지역에서 옥수수 작물의 50%가 소실되었고 이는 미국 전 수확량의 15% 이상의 감소를 초래하는 결과를 가져왔다. 이러한 재난은 남부 지역에서 옥수수 잎에 번진 곰팡이병에 의한 것으로 작물 과학자(농학자)들은 넓은 지역에 심은 잡종이 다른 옥수수 품종보다 이 질병에 더 취약하다는 것을 알았으나 아무도 곰팡이가 그렇게 빠른 속도로 널리 퍼지리라고는 생각지 못하였다. 이 병해는 잡종 옥수수가 심어진 거대한 농경지에서 이들 식물 내에 유전적 변이가 없음으로 해서 신속히 번지게 된 것이다.

ECOLOGY

농업전문가들은 유전적 변이가 낮은 작물들이 이미 널리 퍼져 있고 이는 심각한 문제가 된다는 것을 이제는 알고 있다. 이에 작물 과학자들은 식물 육종을 위한 유전자원으로 전 세

그림 2.8 **단일경작법으로 재배되고 있는 작물** 미국 중부 일리노이주의 (a)옥수수밭과 (b)콩밭: 옥수수와 콩은 유전적으로 동일한 조성으로 대규모 재배되는 대표적인 현대의 곡류와 콩류의 작물이다.

계로부터 농작물의 품종들을 모아 저장하고 있다. 이들은 또한 병충해 및 가뭄에 내성이 강한 우수한 유전자원으로 판명된 현대 농작물의 야생 근연종들도 수집하고 있다. 병충해 및 자연적인 기후변화가 생기면 병충해 및 가뭄에 내성이 있는 식물들이 살아남을 가능성이 커진다. 이러한 과정은 **자연선택**(natural selection)으로 알려져 있다. 사람들은 자연에서 잠재적인 유용 식물을 수집하고 이들을 유전자 은행이나 종자은행 또는 생식질 저장소에 저장함으로써 이러한 자연적 과정을 이용한다(Essay 2.2, "초코릿: 인체와 환경에 좋은 초콜릿"). 식물들은 이곳에서 오랫동안 보존되고 식물 육종업자들이 필요할 때 이용할 수 있게 된다.

불행하게도 현대 작물의 야생 근연종의 자연 서식지가 없어지는 것은 전 세계적으로 문제가 되고 있다. 농지 개발로 흔히 자연 서식지들이 없어지고 자연 식생의 파괴로 이어진다. 농부들은 유전적으로 매우 다양한 전통적인 작물들을 유전적 변이가 낮은 상업적인 작물로 대치하기도 하고 또 상호교잡을 방지하려고 상업적 작물의 야생 근연종들을 없애 버리기도 한다. 현대 작물의 야생 근연종들이 자랄 수 있는 자연 서식지 및 전통 작물 품종의 보존은 전 세계 인구를 위한 식량 안전대책을 증진시키는데 주요한 척도가 되고 있다.

현대 농업의 또 다른 문제점은 특별히 열대지방에서 개발된 기술인 전통적인 농작물 재배 방법에 대한 지식이 없어지는 것이다. 한 때 광활한 목초지였던, 결과적으로 기후 상 곡물의 경작에 적합한 온대지역에서 잘 적용되었던 단일경작법은 흔히 습한 열대지역에서는 잘 맞지 않는다. 이러한 차이는 다양한 기후와 열대지역에서의 해충과 잡초의 매우 빠른 증식과 같은 생물학적 요인들에 의한 것이다(27장). 또한 열대 지역의 농부들은 농작물을 보호하기위해 화학 약품을 사서 쓸 형편이 되지 않는다.

수세기 동안 열대지방의 농부들은 그들의 지역환경에 잘 적응된 다양한 창의적인 농사법을 개발해 왔다. 그 한 예가 2,000년 전에 멕시코의 테후칸 계곡에 살던 고대의 원주민들이 습지의 농지개발에 대한 시도로 행하였던 chinampas 재배이다(그림 2.9). 이들은 일직선상으로 흙을 북돋워 이랑을 만들고, 여기에 옥수수, 콩, 호박, 기타 작물들을 섞어서 재배하였다. 이러한 **복합경작법**(polyculture)은 특히 열대지방에서

그림 2.9 **chinampas 농사법의 모식도** 여러 종류의 작물들이 사이 사이로 수로가 있는 흙 이랑 위에서 섞여 재배되고 있다. 이 경작법은 병충해로부터의 작물 손실을 줄이고, 동시에 농업용수를 제공한다.

ESSAY 2.2 초콜릿: 인체와 환경에 좋은 초콜릿

그토록 달콤한 과자인 초콜릿은 실제로 건강에 매우 유익한 식품이다. 의학적 연구에 의하면 초콜릿은 폴리페놀이라는 유기화합물 — 좀 더 정확히 말하면 프로시아니딘(procyanidin)으로 알려진 일종의 플라보노이드(flavonoid) — 을 풍부하게 함유하고 있어 이의 공급원이라고 한다. 덩굴월귤, 땅콩, 차, 사과, 월귤과 같은 식품에서도 발견되는 프로시아니딘은 산소에 의한 세포 손상을 막아주는 유익한 항산화제이다. 초콜릿이나 기타 식물성 식품에 함유되어 있는 플라보노이드는 심장혈관계 질환의 위험을 낮춰준다. 코코아 100ml 정도의 적은 양으로도 동맥의 직경을 넓혀 6~8 시간 동안 혈류의 속도를 두 배로 증가시킬 수 있다. 또한 플라보노이드는 혈액 응고에 영향을 주어 해로운 혈전 형성 가능성을 줄여준다. 초콜릿은 유익한 화합물을 풍부하게 함유하고 있어, 소량의 초콜릿만 섭취하더라도 유효량(10~60mg/day)을 쉽게 얻을 수 있다. 물론, 대체적으로 초콜릿 캔디는 또한 건강에 좋지 않은 포화지방과 설탕을 많이 포함하고 있다. 코코아 가루 생산과정에서 많은 양의 지방이 제거되므로 핫코코아는 휘핑크림으로 토핑하지 않는다면 건강에 유익할 수 있다.

초콜릿 농사의 목표는 확실하고 효과적인 생산 뿐만 아니라 자생종의 보존 및 이것이 제공하는 생태적 기능과 지역 주민의 생계의 재원 확보를 포함한다.

초콜릿은 *Theobroma*(그림 E2.2)라는 카카오나무의 종자로부터 가공되며, 나무의 학명으로 보았을 때 그 뜻은 '신의 음식' 이라는 뜻이다. 카카오나무는 아마존에서 처음으로 재배된 이후 적어도 2,000년동안 열대지역에서 경작되어 왔다. 전 세계적으로 500만 이상의 소농민들이 카카오나무를 재배하며 생계를 꾸려왔으며, 이 나무는 100년 정도까지 열매를 맺을 수 있다. 카카오나무는 그늘진 열대림에서 자라기 때문에, 초콜릿 생산은 주변의 나무들이 그늘을 제공할 때 가장 좋다. 농부들은 흔히 카카오나무와 함께 코코넛이나 캐슈넛, 두리안, 감과 같은 다른 열대작물들을 함께 재배한다. 여러 작물들을 함께 재배하는 복합경작법의 농사기술은 자연의 열대림과 비슷하게 작물들이 모여 있기 때문에 유리하다. 따라서 주요한생태적 기능을 하는 많은 열대의 자생 식물체들이 작물 사이에서 살아 남을 수 있기 때문에 멸종의 가능성이 줄어든다. 코코아는 멸종의 우려가 있는 생물다양성이 높은 주요 지역 근처에서 재배되곤 한다. 만약, 그늘이 없이 단일경작법(한 종류의 작물만을 키우는)으로 재배한다면, 다른 식물들이 살아 남을 가능성이 줄어들며, 생태적인 이점도 잃어버릴 것이다. 그늘없는 단일경작법으로 재배하면, 단기간은 초콜릿 생산이 증가되나 몇 년이 지나면 나무는 과도한 햇빛과 가뭄으로 스트레스를 받아 병해충에 쉽게 공격을 받게 된다. 초콜릿 농사가 실패하게 되면, 농부들은 그들의 수입원을 잃게 되고 초콜릿의 가격은 상승하게 된다. 초콜릿 농사의 목표는 확실하고 효과적인 생산 뿐만 아니라 자생종의 보존 및 이것이 제공하는 생태적 기능과 지역 주민의 생계의 재원 확보를 포함한다.

카카오나무는 아마존유역의 자생종이긴 하지만 현재는 70% 이상의 상업용 초콜릿 작물들이 카메룬과 같은 아프리카에서 재배되고 있으며, 또한 삼림을 개간한 베트남의 삼림 벌채지를 포함한 아시아에서의 재배도 늘고 있다. 이러한 점은 아프리카와 아시아의 작물들은 자생지에서 초콜릿과 함께 발달한 질병들에서 지역적으로 벗어나기 때문에 장점으로 작용한다. 그럼에도 불구하고 질병은 여전히 큰 문제이다. 초콜릿 질병 중 가장 심각한 것 중 하나는 식물의 생장을 방해하는 물질을 방출하는 곰팡이 균(Crinipellis perniciosa)에 의한 '마녀의 빗자루(witches broom)'라는 질병이다. 감염된 나무는 비정상적으로 많은 털(빗자루)이 자라나 생산을 저하시킨다. 초콜릿 열매를 파괴하는 검은 꼬투리병(black pod disease)은 기생 원생생물(Phytophthora)에 의해 야기되며, 그 이름의 뜻은 "식물-파괴자"이다. 식물 탐구자들은 아마존 지역에서 질병-내성 유전자를 가지고 있는 야생 카카오나무를 발견하였다. 이러한 자연 서식지는 자연 지역을 농장이나 다른 용도로 전환하는 인구가 급성장하면서 급속하게 사라지고 있다. 유용한 유전자를 지닌 야생식물의 종자들은 미국 국립 생식질 저장소(U.S National Germplasm Repositories)나 국제 종자은행에 저장된다. 식물 육종가들은 그것들을 이용하여 새로운 질병-내성 작물 품종을 생산할 수 있다.

E2.2 카카오나무 열매와 씨들

잘 적용되는데, 그 이유는 복합경작법에서는 해충이 어느 한 가지 작물만을 찾아 완전히 먹어 치우는 것이 줄어들기 때문이다. 작물 이랑에는 항상 물을 댈 수 있는 수로가 있었고, 수로는 또한 수확한 작물을 배로 운반하는 것을 용이하게 해 주고 있다. 이 방법은 아즈텍 문명(1519년 코테즈에 의해 정복됨)의 경제적 기반이 될 정도로 매우 성공적이었다. 아직도 멕시코 농부들은 물기가 있는 토양에서는 chinampas 법으로 계속 농사를 짓는데, 이 재배법은 화석연료와 화학약품에 대한 의존도가 낮다는 커다란 장점이 있다. 지역에 따라 적용되는 다른 많은 농사기법들이 원주민들을 연구함으로써 발견되고 있고, 이러한 방법들은 현재 및 미래에 요구되는 식량 증산에 대한 문제를 해결하는데 도움이 될 것으로 기대되고 있다.

일부 전문가들은 산업화된 나라에서 식량 기반의 다양성이 매우 낮아졌음을 알고 있다. 경작되어 왔던 수 백 가지의 식물 중 주로 밀, 벼, 옥수수, 감자를 포함하여 단지 12 가지의 농작물들이 대부분의 세계 농업의 근간이 되고 있다. 산업화된 국가의 사람들이 먹는 음식을 비교해보면 이들이 비산업화된 나라 사람들보다 훨씬 적은 종류의 식물을 먹는다는 것을 알 수 있으며 일부 전문가들은 소수의 농작물에 의존하는 것은 위험한 것이라고 생각하고 있다.

2.4 식물이 생산하는 천연물질은 사람에게 의약품이나 기타의 용도로 유용하다

농작물은 일차화합물인 탄수화물, 지질(지방과 오일)과 단백질 뿐만 아니라 미네랄과 비타민의 공급원으로 가치가 높으며, 이러한 물질들은 식물의 구조나 물질대사(생명체내에서 일어나는 화학반응)에서 주요 성분이 되므로 중요하다. 이들은 모든 살아있는 생명체의 필수 성분이며 사람의 음식물로부터 요구되어지므로 식물이 식량으로서 중요함을 설명해 준다. 또한 사람들은 식물을 의약품, 식물성 영양보조식품과 향정신성 약제(이번 장에 나와 있음)뿐만이 아니라 독, 자극적인 음료, 향신료, 향수, 유지, 왁스, 고무, 송진, 섬유, 염료(이 책의 다른 부분에서 논의된다.)등의 공급원으로 사용한다. 이러한 사용은 식물을 보호하거나 또는 강하게 해주는 혹은 생식에 도움을 주는 유기화합물이 식물에 존재함으로 인하며 이러한 화합물은 **이차화합물**(secondary compound) 또는 **천연산물**(natural product)로 알려져 있다.식물은 서로 다른 이차화합물을 약 100,000 종류 생산한다. 이차 화합물의 화학적 구성은 일차 화합물과는 다르다(3장).

식물에서 이차화합물은 초식동물과 질병을 일으키는 미생물을 방어하는 역할을 한다. 식물은 도망갈 수 없기 때문에 화학물질에 의존해 자신을 방어 한다. 결과적으로 식물들은 화학전에 전문가가 되었다. 식물은 벌레떼를 포함한 먹성이 좋은 초식동물과 치명적인 미생물들로 둘러싸여 있지만 식물은 여전히 번창하고 있으며, 이러한 점이 바로 화학물질을 이용해 자신을 방어할 수 있음을 보여주는 증거가 된다. 방어 능력이 뛰어난 식물은 더 많은 자손을 생산하며 따라서 자연선택은 이차 화합물이 존재함을 말해 준다. 식물은 동물과 같이 교배 혹은 이주를 위해 움직일 수 없기 때문에, 이들은 흔히 동물을 이용하여 생식세포나 종자를 퍼트린다. 이차화합물은 산포 매개자로서 역할을 하도록 동물들을 유혹하는 꽃과 열매의 색이나 향기를 생성하는데 관여한다(24장).

ECOLOGY

식물은 다양한 형태의 이차화합물의 혼합물을 함유하고 있으며, 식물마다 함유하고 있는 이차 화학물질의 양은 상당히 다르다. 결과적으로 식물은 음료, 향신료, 의약품 등 그 용도에서 뿐 아니라 동물의 신경계에 영향을 주는 향정신성 효과나 독성 등에서도 다르다. 많은 적에 대항하기 위해서 식물은 많은 다른 형태의 화학적인 방어를 필요로 한다. 다양한 해충과 질병을 일으키는 미생물들이 매우 많은 열대 우림에서 자라는 식물들은 방어의 필요가 적은 지역의 식물들에 비해 일반적으로 더 많은 방어물질을 가지고 있다. 이러한 이유로 새로운 약용성분들을 흔히 열대 식물에서 찾고 있으며, 열대 지방의 원주민 치료사들은 토속식물학자들의 관심의 초점이 되고 있다.

식물은 의약품과 보조식품의 공급원이다

선진국에서 사용되고 있는 일반적인 약물의 1/4 이상은 식물에서 유래한 성분들을 쓰고 있다. 그 한 예로 토근을 들 수 있는데 중독 증세가 있을 경우 구토를 시킬 때 사용되어 진다. 토근은 남미에서 자생하는 *Cepbaelis ipecacuanba* 라는 식물에서 얻어진다. 항암제는 북미의 매이애플(*Podophyllum peltatum*)(27장)에서 생산되는 포도필린(podophyllin)수지를 함유하는 식물에서, 백혈병 약은 마다가스카르의 빙카(*Cantharanthus roseus*)에서, 그리고 택솔은 태평양 주목(*Taxis brevifolia*)(7장)에서 얻을 수 있다.

세계의 또 다른 지역에서는, 사람들이 흔히 자연에서 직접 채집한 식물에서 유래된 약에 일차적으로 의지한다. 알로애(*Aloe barbadensis*)는 이 장의 서두에서 설명 했던 것처럼 피부치료제로 널리 사용되고 있으며, 버드나무의 껍질은 상업용 아스피린과 유사한 활성 화합물을 함유하고 있어서 오랫동안 씹는 진통제로 사용되어 왔으며 유라시아에 자생하는 양귀비(*papaver somniferum*)도 고대로부터 진통에 사용되어 왔다. 양귀비는 습관성인 모르핀(morphin)과 기침약으로 사용되는 비습관성인 코데인(codeine), 장 경련의 치료에 사용되는 파파베린(papaverine) 등 26가지 이상의 활성 화합물을 함유하고 있다.

사람들은 영양보조식품과 건강에 이익을 주는 공급원으로써 허브를 오랫동안 사용해 왔다. 최근에는 St. John's Wort, 인삼, 마늘, 은행, 골든실, 톱야자, 에키나세아(그림 2.10) 등이 선진국에서 매우 대중화되었다. 일반적으로 이 식물들은 차 혹은 추출물을 캡슐로 싼 것과 같이 건조된 형태로 활성 물질들이 분리되지 않은 채 공급된다. 이 제품들은 허브, 영양제, 식물성 화학물질(phytochemicals)로 명명되어 미국에서만 매년 수십억 달러의 시장을 형성하고 있다. 1999년, 미국에서는 St.

그림 2.10 허브제조에 이용한 식물들 (a) 자주 루드베키아(*Echinacea purpurea*) 뿌리와 땅속 줄기는 미국 원주민들이 상처를 치료하는데 사용하였으며, 요즘은 그 추출물이 감기나 기타감염의 치료제로 가게에서 판매된다. (b) 은행나무(*Ginkgo biloba*)는 꽃이 피지 않는 종자식물(나자식물)로 말린 잎과 종자를 기억력을 향상시키는 허브 제품을 만드는데 사용된다. (c) 물레나물(*hypericum perforatum*)식물은 우울증을 해소시켜주는 제품으로 판매되고 있다. 에키나세아속(*Echinacea*) 식물과 은행나무는 정원수와 가로수로도 가치가 있다.

John's Wort의 허브 제품을 4억 달러 이상 소비하였다고 한다. 미국 내 회사들은 어떤 정부기관의 제재도 없이 허브제품에 대한 건강의 유익을 선전할 수 있다. 그러나, 식물이 인류 건강에 영향을 미치는 화합물들을 함유하고 있다는 사실은 선진국의 의료기관에 관심을 불러 일으키지 않을 수 없으며 제품 내 함유량 조절에 대한 논의가 화제가 되고 있다. 제품들이 각각 함유하고 있는 많은 종류의 이차화합물의 상대적인 비율은 매 수확 때마다 다양하므로, 이들 제품들의 안정성과 효능을 결정하기 위해 확립된 과학적 검사 방법을 사용하는 데는 어려움이 있다. 허브제품들은 개인이나 그들의 다양한 건강 상태에 따라 다르게 영향을 주며, 의외로 처방약과 상호작용을 할 수 있다. 예를 들어 다양한 허브 제품들은 사람의 간에서 의사 처방약의 대사와 충돌할 수 있다. 은행은 간에서 정상적으로 약성분을 분해시키는 화합물들을 저해해 약의 혈 중 농도를 바람직하지 못한 수준까지 올리게 된다. St. John's Wort는 또 다른 간 화합물의 활성을 높여 피임약이나 장기이식 후 거부반응을 막기위해 사용하는 약인 시크로스폴린(cyclosporine)을 급격히 감소시킨다. 에키나세아속(*Echinacea*) 식물는 어떤 간 성분의 작용은 억제시키고, 또 다른 것은 증가시켜 서로 다른 약에 서로 다르게 영향을 미친다. 연구자들은 허브 제품에 대한 환자들의 반응이 매우 다양하였으며 허브 제품 사이에서도 활성물질의 함양이 매우 다양함을 보고하였다.

허브 보충제에 관해 과학적인 견해를 근거로 판단하는 것은 인류의 건강에 매우 중요한 일이다. 전문가들은 정부의 책임있는 규제와 보증으로 보충제 회사에서 더 많은 양질의 영양 연구를 할 수 있도록 격려할 것을 권하고 있다. 이러한 연구로 인해 엽산이 선천성 결손증을 예방해 준다는 것이나 항산화비타민과 아연을 함께 섭취하면 망막이 퇴화되어 장님으로 진행되는 것을 늦춘다는 최근의 발견들과 같은 중요한 발견들을 하게 될 것으로 기대된다. 미국에서는 미국국립위생연구소(NIH) 보충대체약물센터(Center for Complementary and Alternative Medicine)가 허브치료의 약효에 대해 과학적 연구를 지원하는 정부기관이다. NIH는 미국 보건복지부의 공중 위생국 중 하나의 기관이다. NIH는 1994년 영양보조식품건강교육법에 의거하여 영양보조식품 부서를 만들었고 이 부서는 허브 보충제의 화학적 성분을 분석하기 위한 믿을만한 방법 개발에 관여하고 있다.

식물은 향정신성 의약품의 공급원이다

일부 식물은 자신을 먹어치우려는 초식동물의 신경계 기능을 변화시켜 자신을 방어해 주는 향정신성 화합물을 함유하고 있다. 초식동물들이 이러한 화합물을 섭취하면 행동에 변화가 생겨 그 식물을 잘 먹지 않게 되거나 그들의 포식자로부터 쉽게 공격을 받을 수 있게 된다. 사람의 신경계는 다른 동물들과 비슷하기 때문에 이러한 식물이 함유하고 있는 향정신성 화합물은 또한 사람들에게 영향을 미친다. 사람에게 미치는 영향에 따라서 향정신성 식물 화합물은 흥분제, 진정제, 환각제, 마약으로 분류한다. 향정신성 화합물은 그 투여량에 따라 사람에게 영향을 미쳐 낮은 투여량은 자극제로 작용할 수 있지만 높은 투여량은 생명에 위협을 줄 정도로 매우 위험할 수 있다. 일부 향정신성 식물 화합물은 사람에게 중독성(습관성)이나 기타 다른 것들은 그렇지 않다. 흥분제로는 코카나무(*Coca*)에서 얻은 코카인과 커피나무(*Coffea*)에서 얻는 카페인, 담배(*Nicotian*)로부터 나오는 니코틴이 있다. 아시아에 자생하는 대마초(*Cannabis*, 마리화나), 유럽에 자생하는 벨라도나(*Atropa belladonna*), 흰독말풀(*Datura*)과 미국 남서부의 사막지대와 또 다른 세계 지역에서 자생하는 피요티 선인장(그림 2.11)과 같은 식물들은 환각제로 사용되어진다.

국립 약물 오용 연구소는 미국 보건복지부의 한 부서이며, 습관성 식물 화합물을 취급한다. 이 연구소는 식물 유래의 중

그림 2.11 피요티 선인장(*Lophophora williamsii*)

독성 물질인 니코틴, 마리화나, 헤로인과 코카인을 포함하여 약물 남용이 건강에 미치는 구체적인 영향에 관한 책자를 출판하였다. 니코틴은 4,000가지 이상 되는 담배 연기 성분 중 하나이지만 사람의 뇌에 작용을 하는 주요 물질이다. 마리화나는 에이즈와 암 환자의 치료에 의학적으로 사용되지만 사람의 뇌에 나쁜 영향을 주며 심장과 폐를 손상시킨다. 양귀비에서 나오는 모르핀으로부터 가공된 헤로인은 뇌와 신경계의 여러 부위에 영향을 준다. 그 영향 중 하나는 호흡을 저하시키는 것이며 때로는 사망에까지 이르게 한다. 코카인은 때때로 의학적으로도 사용되지만 뇌세포 사이의 화학적 정보교환을 방해한다. 오랜 기간동안 코카인을 사용 할 경우 정신병인 편집증, 심장마비, 호흡곤란, 발작 등을 유발할 수 있다. 이것들과 기타 다른 식물성 2차 화합물의 유익하고 해로운 효과에 대해 아는 것은 개인의 건강을 유지하는데 필수적이며 건전한 사회 정책 결정을 하는데 매우 중요하다.

요점

2.1 토속식물학(ethnobotany)은 과거와 현재에서 전통적인 식물의 이용에 관하여 연구하는 학문이며, 식물경제학(economic botany)은 현대 산업사회에서의 식물 응용 과학이다.

2.2 농업은 대략 10,000년 전에 근동의 비옥한 초승달 모양 지역, 중국, 극동의 뉴기니아, 북미, 중미, 남미 등 세계의 여러 지역에서 시작되었다. 최초의 재배 작물에 속하는 곡물과 콩류는 영양적으로 질이 좋고 저장이 용이하였다. 곡물과 콩류가 왜 그렇게 유용한지는 생태적 적응으로 설명할 수 있다. 농경에 의한 식량 생산 효율의 증대로 주요 인류 문명이 발생되었다.

2.3 현대 농작물의 야생 조상종은 해충과 질병에 대한 내성이 증대된 식물 육종을 위한 유전물질을 제공하는 귀중한 자원이나 서식지 파괴로 점점 더 멸종될 위기에 처해 있다. 전통적인 농사 방법은 현대 농작물 생산에서 당면하고 있는 문제를 해결하는데 매우 유용하므로 보존되어야 한다.

2.4 식물들은 의약품, 섬유, 건축과 산업용 자재, 음료, 향료의 공급원으로 유용하다. 그리고 식물은 천연산물을 함유하고 있으므로 이를 2차 화합물이라 한다. 2차 화합물은 식물에게 방어 능력을 주고 식물 생식에 필수적인 역할을 한다.

문제

1. 토속식물학자, 고고학자, 인류학자가 고대 인류가 재배하고 이용했던 식물의 유형을 추론하는데 사용되는 정보들의 출처들을 열거하라.
2. 식물이 처음으로 경작되었던 주요 세 지역과 각각의 지역에 특징적인 특정 콩류와 곡물류를 기술하라.
3. 농작물로서 곡물류와 콩류가 지닌 특별한 장점은 무엇인가?
4. 농사의 시작이 주요 인류 문명의 발생에 어떠한 기여를 하였는가?
5. 인위선택이란 무엇인가? 작물 경작에 있어서 인위선택의 역할의 예를 들어라.
6. 단일경작법과 복합경작법은 어떻게 다른가? 각각의 장점과 단점은 무엇인가?
7. 열대지역에 서식하는 식물이 특별히 그토록 많은 종류의 2차 화합물을 생산하는 이유는 무엇인가?
8. 의사들은 왜 사람들이 일반적으로 의학적 소견을 듣지 않고 허브제품을 사용하는 것을 염려하는가?
9. 어떤 식물이 사람에게 향정신성 작용을 하는 화합물을 생산하는가? 그리고 이들 화합물을 식물에게 어떠한 유용성이 있는가?

응용 개념

1. 만일 당신이 이전에 알려진 적이 없는 고대의 인류 거주지를 발견한 고고학자라면, 발굴과정에서 드러난 식물 잔재와 주위의 식물상으로부터 그곳에 살았던 고대 사람들이 야생식물을 단순히 채집하였는지 아니면 작물로 경작하였는지를 어떻게 알아 낼 수 있겠는가?
2. 만약 당신이 당장 구조될 가망이 없는 외딴 지역에 조난을 당해 야생식물을 먹어야 하는 상황이라면 당신(포유동물로서)은 어떤 종류의 식물이 독이 가장 적으면서 가장 먹을만한 식물인지 알 수 있을까?
3. 만약 당신이 근처에 습지가 있는 열대지역의 농사 자문위원이면 토양의 질을 개선하기 위해 지역 농민에게 어떠한 권면을 하겠는가 ?
4. 당신이 농학자(작물 과학자)라면 만약 토양 질소함량이 낮고 농민들이 경제적 여유가 없어 화학비료를 살 능력이 되지 않는다면 농작물을 동물들에게 먹이로 주어야 하는 농민에게 어떤 식물을 재배할 것을 권하겠는가?

3장 생명의 분자적 기초

해바라기(*Helianthus annuus*)

주요 개념

- 생물은 대부분 물과 유기화합물로 이루어져 있다.
- 물은 생명에 필수적인 특이한 성질을 지닌다.
- 가장 중요한 4가지 형태의 유기화합물은 탄수화물, 지질, 단백질과 핵산이다.
- 간단한 탄수화물은 에너지 함유 분자로서의 기능을 가지며, 복합 탄수화물은 식물의 구조적 구성원들이나 장기적인 에너지 저장원으로서의 기능을 갖는다.
- 지방이나 기름과 같은 지질은 에너지 저장 분자이다. 이밖에도 지질은 식물과 세포 표면을 보호하기도 한다.
- 단백질은 생물학적인 촉매로서 식물이나 다른 생물의 세포에 있어서 화학적 반응을 조절한다. 단백질은 또한 세포들 내에 있어서 구조, 이동 및 에너지 저장 기능을 갖기도 한다.
- 핵산은 모든 생물에 있어서 구조나 기능에 대한 암호화된 정보를 함유한다.
- 테르펜, 페놀화합물, 알칼로이드 및 다른 이차화합물은 식물에서 주요한 역할을 하며 식물이 인간에게 주는 여러 가지 이롭거나 해로운 효과들을 설명해 준다.

거대한 줄기들이 줄지어 늘어서서, 각기 머리에 달린 거대한 꽃들이 햇빛을 받아 작열하며 햇빛을 따라 아침부터 저녁까지 이동하는 해바라기 밭은 정말 장관이다. Peru의 Inca족들은 너무 감명을 받아 해바라기를 태양의 상징으로 숭배하기도 하였다. 산업혁명에 대항해서 벌어졌던 Victoria시대의 감각운동은 자연적 아름다움의 상징을 필요로 했으며 해바라기를 그 대상으로 삼았다. Victoria시대 사람들은 가구 장식으로 해바라기 문양을 넣고 건물 외관을 장식하며 쇠를 녹여 세공하여 해바라기 장식 문양을 만들기도 하였다. 해바라기는 오늘날 인기 있는 장식용 주제의 하나이다.

해바라기의 학명인 "*Helianthus*"는 글자그대로 "해 꽃"이라는 뜻이며 이 속에 속하는 67종이 북미 초지가 원산이다. 개척자들은 해바라기의 질긴 줄기를 이용해 옷감을, 꽃잎으로부터는 황색의 염색액을 만들었다. 오늘날 해바라기는 화훼 및 정원 산업, 전통적인 치료제로 사용하거나 새의 먹이나 스낵 및 음식용 기름을 짜기 위해 필요한 씨를 얻기 위해 세계 도처에서 재배되고 있다. 해바리기 속의 한 종인 돼지감자 (*Helianthus tuberosa*)는 식용으로 이용되는 지하 양분저장 줄기를 얻기 위해 재배되기도 한다. 미주 인디안들은 약 3,000년 전부터 해바라기를 재배하기 시작하였는데, 가지를 많이 친 줄기와 작은 꽃을 갖는 야생 조상형들이 키가 3 m나 되며 줄기 끝에 하나의 큰 꽃을 갖고 1,000개나 되는 씨를 생산하는 형태로 변형되게 되었다.

해바라기 유

하나의 큰 꽃은 실제로는 수 백 개의 작은 꽃들이 아름답게 나선형으로 배열되어 이루어져 있는데, 바깥쪽에 나 있는 꽃들은 화려한 꽃잎을 갖는다. 맨 안쪽에 위치한 중심화로부터는 딱딱한 껍질에 싸여 있으며 한 개의 씨를 갖는 열매(많은 사람들이 이것을 씨로 잘못알고 있다)들이 형성된다. 스낵으로 이용되는 품종들은 우리들이 흔히 볼 수 있는 줄무늬의 열매를 갖고 있으나, 다른 품종들은 검은 색의 열매를 형성하며 마아가린을 만들기 위한 기름의 원료이다. 해바라기유는 인간이 소비하는 식용유 중 가장 건강에 좋은 것 중에 하나이며 또한 마사지 오일이나 농기계를 작동시키기 위한 연료로도 사용된다.

왜 해바라기유가 다른 식용유보다도 더욱 건강에 좋으며 연료로도 사용될 수 있는지에 대한 의문을 갖는다면 생명을 이루는 분자들에 대해 집중적으로 설명한 본 단원에서 답을 찾아 볼 수 있을 것이다. 분자의 구조는 분자들이 식물이나 인간에 있어서 어떻게 기능을 나타내는 가를 이해하기 위한 열쇠가 된다. 본 단원에서는 생물체에 있어서 물의 중요한 역할, 식물과 다른 생물들을 구성하는 주요 분자들 및 이들의 식물에서의 기능과 인간의 이용에 대해 중점적으로 다루어 보았다. ■

3.1 모든 물질은 독특한 원자들로 구성된 원소들로 이루어진다

모든 물질은 생물이건 무생물이건 화학 원소들로 이루어져 있다. 자연에 존재하는 다양한 원소들의 특징과 어떻게 원소들이 합쳐져 분자를 형성하는 가에 대한 이해는 생명이 어떻게 작동되는가를 설명하는데 도움이 된다. 한 **원소**는 오직 한 종류의 원자로 이루어진 한 물질이다. 한 **원자**는 양성자, 중성 및 전자라 부르는 더욱 작은 구성원소로 이루어져 있으며 한 원소가 갖는 모든 화학적 및 물리적 특성을 결정하는 가장 작은 단위이다. 원소는 더 이상 쪼개져 다른 물질로 전환될 수 없다. 예를 들면 철은 한 원소이지만 물은 원소가 아닌데 그 이유는 물은 수소와 산소의 원소로 분해 될 수 있기 때문이다. 물은 한 **분자**인데, 분자는 같거나 다른 원소들이 화학결합에 의해 연결된 두 개 이상의 원자들로 이루어져 있다. **화합물**이란 두 개 이상의 원소들을 일정한 비율로 함유하는 화학물질이며 물은 한 예이다.

자연에는 가장 가벼운 수소로부터 가장 무거운 우라늄에 이르기 까지 90종 이상의 원소들이 존재한다. 각 원소는 화학기호라고 부르는 약자로 표시되며, 기호는 보통 영어나 라틴어인 원소명의 첫 번째 또는 두 번째까지 철자로 나타낸다. 즉 산소의 기호는 O이며 질소의 기호는 N이다. 그러나 철의 기호는 Fe, 금은 Au인데 이는 라틴어로 철은 *ferrum*, 금은 *aurum*이기 때문이다.

식물들은 어떤 원소들을 다른 원소들보다 더 많이 함유하거나 필요로 한다

자연에서 발견되는 모든 원소들 중에서 단지 9개의 원소들이 식물 건조량의 99.95% 이상을 차지한다. 탄소, 수소, 산소, 질소, 인, 황, 칼슘, 칼륨 및 마그네슘을 **다량원소**(macroelement)라 하는데 식물들이 이들 원소들을 다른 원소들보다 더 많은 양으로 요구하기 때문이다. 탄소는 모든 생물체를 구성하는 **유기화합물**에 존재하기 때문에 특히 중요하다. 식물에 있어서 다른 원소들은 아주 적은 양으로 필요하기 때문에 **미량원소**(microelement 또는 trace element)라 부른다. 표3.1에서는 식물에서 나타나는 다량원소와 미량원소을 열거하고 원소기호 및 식물 건조량에서 차지하는 평균비율을 표시하였다. 농장이나 밭의 토양을 조사하여 식물성장에 필요한 한 가지 원소라도 결핍되면 좋은 농작물 생산을 위해서 그러한 원소들을 공급해 주어야 한다. 농장이나 가정에서 사용하는 비료는 특정 식물들에 가장 적합하다고 실험에 의해 결정된 조합으로 다량원소들과 미량원소들을 함유하고 있다.

표 3.1 식물의 필수 원소들: 근원과 기능들

원소(기호)	원자번호	식물건조량의 비율
다량원소		
수소(H)	1	6
탄소(C)	6	45
질소(N)	7	1.5
산소(O)	8	45
마그네슘(MG)	12	0.2
인(P)	15	0.2
황(S)	16	0.1
칼륨(K)	19	1.0
칼슘(Ca)	20	0.5
미량원소		
붕소(B)	5	0.002
염소(Cl)	17	0.01
망간(Mn)	25	0.005
철(Fe)	26	0.01
구리(Cu)	29	0.0006
아연(Zn)	30	0.002
몰리브덴(Mo)	42	0.00001

원자는 양성자, 중성자 및 전자로 이루어진다

모든 원소는 각기 독특한 수의 양성자, 중성자 및 전자를 갖는 원자로 이루어져 있다. 양성자와 중성자는 각각 어느 정도의 질량을 가지며 원자핵이라 부르는 중심부에 위치한다. 전자들은 매우 작은 질량을 가지며 원자핵의 바깥쪽에 있는 궤도에 위치하고 있어서 다양한 거리에서 작은 태양을 산회하는 소형의 위성들과 흡사하다(그림 3.1). 양성자는 양(+)전하를 띠는 반면 전자들은 음(−)전하를 띠지만 중성자는 이름이 말해주듯이 전하를 띠지 않는다. 양전하를 띤 핵과 음전하를 띤 전자들 사이에 전기적 이끌림이 궤도에서 전자들을 유지하게 만든다. 그림 3.1은 식물에서 가장 흔하게 나타나는 6개 원자들의 그림을 보여주는데 한 개 이상의 전자가 같은 거리에서 한 핵 주위를 돌 수 있다. 같은 거리에서 돌고 있는 전자들을 같은 각을 점유하고 있다고 말하는데, 가장 안쪽에 위치한 첫째 각에는 2개까지의 전자를 가질 수 있으며, 두 번째 이상의 각들은 각기 8개까지 가질 수 있다. 한 원소가 맨 바깥 쪽 각에 갖고 있는 전자수가 대개 그 원소의 화학적 성질을 결정하게 된다.

같은 궤도 각에 전자은 같은 수준의 에너지를 갖지만, 다른 각에 존재하는 전자들은 서로 다른 수준의 에너지를 갖는다. 전자는 핵으로부터 멀어질수록 더 큰 수준의 잠재에너지를 갖게 되는데, 잠재에너지란 위치에너지다. 하나의 전자가 적당한 양의 에너지를 흡수하면 그 전자는 첫 번째 궤도 각에서 두 번째 궤도 각으로 또는 두 번째 궤도 각으로부터 세 번째 궤도 각으로 이동하게 되지만 각들 사이에 있어서 위치에 따른 이동은 일어나지 않는다(그림 3.2). 한 전자가 에너지를 흡수하여 더 높은 수준의 각으로 이동하게 되면 전자는 **여기상태**(excited state)로 들어가게 된다. 더 높은 각으로의 이동은 한 전자가 주위로부터 에너지를 흡수하는 기작이다. 다시 이 전

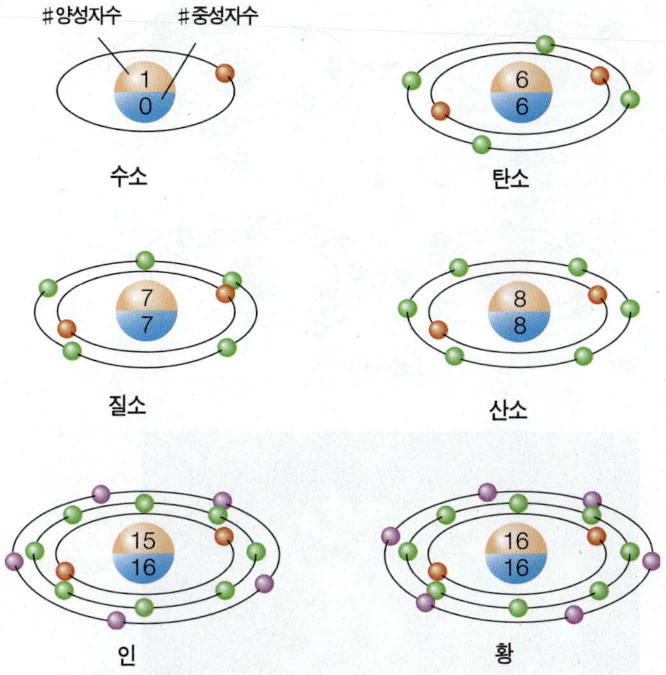

그림 3.1 식물에서 가장 흔하게 존재하는 6가지 원소들 여기에는 수소, 탄소, 질소, 산소, 인과 황이 포함된다. 첫 번째, 두 번째, 세 번째 각들에 전자들을 각각 적색, 녹색, 자주색으로 나타내었다.

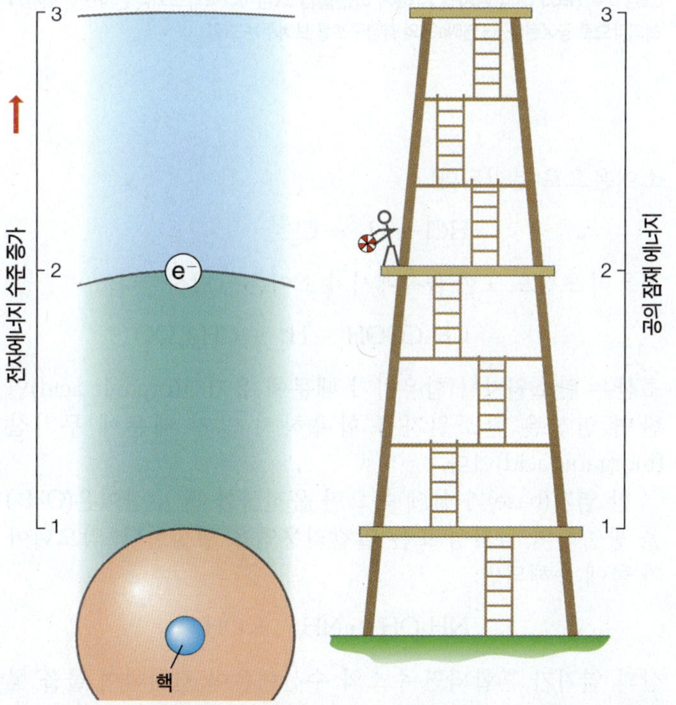

그림 3.2 전자 에너지 수준과 물리적 유추 왼쪽의 그림은 3개 수준들의 전자에너지를 갖는 한 핵을 보여준다. 오른쪽의 그림은 물리적인 유추를 나타낸다. 공을 탑의 높은 곳으로 옮겨 갈수록 지구 중력에 있어서 잠재에너지는 점점 더 커진다. 전자들과 마찬가지로 사람이 멈추는 단상으로 나타냈듯이 공은 세 개의 특징적인 에너지 수준 중 하나만 가질 수 있다.

자가 더 낮은 수준의 각으로 되돌아가게 되면 에너지는 열 또는 빛의 형태로 방출되거나 다른 원자 주위의 한 전자로 전달될 수도 있다.

모든 원소는 독특한 원자번호와 질량수를 가진다

어떻게 원소들을 구분할 것인가? 자연에 존재하는 90개 이상의 원소들은 각각 원자의 핵의 양성자수와 동일한 **원자번호**를 갖는다. 가장 가벼운 원소인 수소는 원자핵에 한 개의 양성자를 갖기 때문에 원자번호 1이며 탄소는 원자핵에 6개의 양성자를 가지므로 원자번호는 6이다. 가장 무거운 우라늄은 원자번호가 92이다. 한 원소의 모든 원자들은 같은 원자번호를 갖는다. 각 원소는 또한 **원자의 질량수**를 갖는데 이는 원자핵에 있는 양성자와 중성자수를 합한 값이며 양성자와 중성자는 대략 같은 질량을 갖는다.

원자번호는 일정하지만 한 원소의 질량은 중성자가 부가적으로 첨가됨에 따라서 달라질 수 있다. 한 예로 식물질로부터 생산될 수 있으며 고성능의 자동차 엔진으로 깨끗이 연소시킬 수 있는 가스인 수소의 경우에서 어떻게 이런 일이 가능한지 알아 볼 수 있다(그림 3.3). 보통 수소는 한 개의 양성자를 원자핵에 갖지만 여기에 부가적으로 하나의 양성자를 첨가시키면 더 이상 수소가 아니라 원자번호가 2이며 파티에서 사용하는 풍선에 넣는 헬륨이 된다. 대신에 한 개의 중성자를 보통 수소의 양성자에 첨가하게 되면 새로운 원소가 되는 것이 아니라 원자량이 다른 더 무거운 형태의 수소가 되는데, 이와 같이 원자량이 다른 같은 종류의 원소를 **동위원소**(isotope)라 부른다. 한 개의 양성자와 한 개의 중성자를 갖는 수소의 동위원소는 중수소이다. 한 원소의 동위원소들은 같은 원자번호를 갖지만 다른 원자지량수를 갖는다. 수소의 세 번째 동위원소는 3중수소(그림 3.3)인데 방사능원소로서 식물이나 의학연구에 있어서 추적분자로 많이 사용된다. 예를 들면 과학자들은 3중수소를 사용하여 물(H_2O)의 H가 식물조직에 있어서 유기화합물의 구성원이 됨을 입증하였다. 실험을 통해 식물에 3중수소를 함유하는 물(방사능원소를 함유하지 않는 물과 마찬가지로 광합성에서 이용된다)을 공급하고 방사능을 함유하는 새로 합성된 분자가 어떤 위치에 있는가를 확인하기 위해 방사능측정기를 사용하였다.

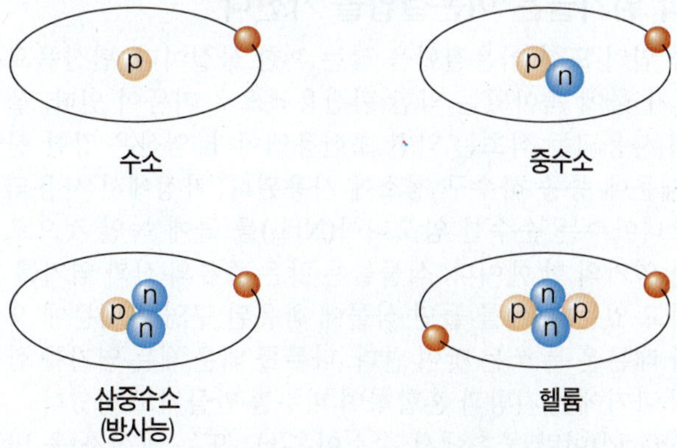

그림 3.3 수소의 세 가지 동위원소들(수소, 중수소와 삼중수소)과 헬륨의 원자구조

3.2 | 몇 가지 결합형태들은 원자들을 연결시켜 분자형성에 관여한다

원자들은 일반적으로 자연에서는 한 개로 존재하지 않으며 두 개 이상의 같거나 다른 원자들이 화학결합을 통해 연결되어 **분자**(molecule)를 형성한다. 예를 들면 이산화탄소(CO_2) 한 분자는 한 개의 탄소(C)와 두 개의 산소(O_2)로, 물(H_2O)은 두 개의 수소 원자들과 한 개의 산소 원자로 이루어져 있다. 이산화탄소와 물은 또한 화합물들인데, **화합물**(compound)은 두 개 이상의 다른 원소들을 특정한 비율로 함유하는 화학물질이다. 분자 형성에는 **이온**(ionic), **공유**(covalent) 및 **수소**(hydrogen)결합의 3가지 기본적인 **화학결합**(chemical bond) 형태들이 나타난다.

이온결합은 원자들이 전자를 얻거나 잃을 때 형성된다

원자들은 정상적으로는 전기적으로 중성이며 같은 양성자수와 중성자수를 갖는다. 한 개의 원자가 한 개 이상의 전자를 얻으면 음전하를, 한 개 이상의 전자를 잃으면 양전하를 띠게 되는데 그 이유는 음전하를 띠는 전자수보다 양전하를 띠는 양성자수가 많거나 적어지기 때문이다. 한 원자가 전자를 잃거나 얻으면 전하를 띤 원자인 **이온**(ion)이 된다. 소금(NaCl)을 예를 들어보면 Na 원자는 한 개의 전자를 Cl 쪽으로 잃게 되어(그림 3.4a) Na는 양전하를 띤 Na^+로, Cl은 음전하를 띤 Cl^-로 된다. 두 원자는 이렇게 반대 전하를 띠게 되므로 서로가 끌어당겨 이온결합에 의해 연결된다.

일반적으로 이온결합은 전자를 잃거나 얻은 원자 사이에 형성된다. 염은 이온결합에 의해 형성된 결정 구조(규칙적으로 양이온과 음이온이 배열된 고체)이다(그림 3.4b). 소금(NaCl)은 많은 종류의 염들 중 한 가지에 불과하다. 염을 포함한 이온결합화합물은 쉽게 물에 용해되는 경향이 있는데, 음식을 만들 때 소금이 얼마나 빨리 물에 녹는지 관찰 해 보도록 하자. 마찬가지로 식물 생장에 필요한 무기원소로 이루어진 다른 형태의 염들도 젖은 토양에 녹기 때문에 이러한 원소들의 이온형태가 식물 뿌리에 의해 쉽게 흡수된다.

산과 염기들은 이온결합을 가진다

산과 염기 또한 이온결합을 갖는 흔한 물질이다. 탄산음료는 CO_2가 물에 녹아있는 약한 탄산용액으로 거품이 인다. 샐러드에 사용되는 식초는 약한 초산용액이다. 염산은 강한 산이기 때문에 종종 하수구 청소에 사용된다. 가정에서 사용되는 암모니아수는 순수한 암모니아(NH_3)를 물에 녹인 것으로서 강한 염기의 한 예이다. 식물들은 많은 종류의 산과 염기를 함유하고 있는데, 예를 들면 식물에 함유된 구연산 때문에 오렌지나 레몬은 톡 쏘는 맛이 난다. 나무를 태운 재는 염기를 함유하며 과거에는 지방과 혼합하여 비누를 만들기도 하였다.

산(acid)이란 물속에서 수소이온(H^+ 또는 양성자)을 방출하는 물질을 말한다. 염산은 물에 완전히 녹아 수소이온과 염

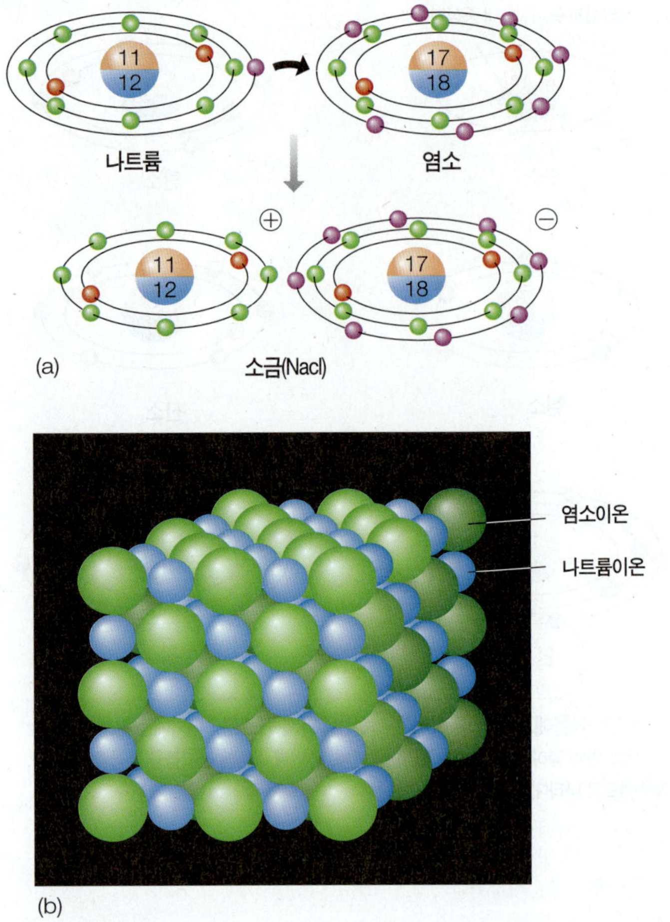

그림 3.4 Na와 Cl의 원자들 사이에 이온결합 그림 (a) Na의 최외각 전자는 Cl 원자의 최외각으로 공여된다. (b) 염(NaCl)의 결정구조를 보여주는 그림.

소이온으로 분리된다:

$$HCl \rightarrow H^+ + Cl^-$$

식초의 초산도 또한 물속에서 수소이온을 방출한다:

$$CH_3COOH \rightarrow H^+ + CH_3COO^-$$

초산은 탄소원자를 함유하기 때문에 **유기산**(organic acid)인 반면 염산은 탄소원자를 함유하지 않기 때문에 **무기산**(inorganic acid)이다.

한 **염기**(base)가 물에 녹으면 음전하를 띤 수산이온(OH^-)을 방출하며 염기성 또는 알칼리용액을 형성한다. 암모니아가 물에 용해되면:

$$NH_4OH \rightarrow NH_4^+ + OH^-$$

산과 염기가 혼합되면 수소와 수산이온이 결합하여 물을 형성하기 때문에 서로 중화시키게 된다.

산과 염기의 균형은 식물성장 및 생존에 매우 중요하다. 모든 식물세포는 안정적이고 특정한 내부 산성도를 유지함이 필요하다. 자연에서 크랜베리(craneberry)와 같은 식물은 산

성의 습지에서 자라는 반면 어떤 식물들은 염기성의 토양을 필요로 한다. 한 용액의 산성도를 간편하게 표기하는 방법은 **pH 범위**(pH scale)에 따라 숫자로 나타내는 것이다. 순수한 물은 중성으로 pH 7이며, pH가 7보다 작으면 산성, 크면 염기성이다. 주위에 흔한 예를 들어보면 레몬주스는 pH 2, 식초는 pH 3, 토마토주스 pH 4, 인간의 혈액은 pH 7보다 약간 큰 수, 바닷물은 pH 8, 염기성 호수는 pH 10 이상이다. 액체나 토양수의 pH는 pH측정기나 종이시험지(예, 리트머스)로 측정할 수 있다. 토양의 pH가 어떤 농작물에 적절하지 않으면 pH를 조절해 주어야만 생산량을 증대시킬 수 있다. 염기성 토양은 산성의 황화알루미늄이나 습지에서 수집한 *Sphagnum* 토탄을 섞어주어 산성으로 전환시킬 수 있다.

공유결합은 두 개 이상의 원자들이 전자를 공유한다

공유결합은 두 개 이상의 같은 또는 다른 원소들의 원자들이 전자를 공유할 때 나타나기 때문에 이온결합보다도 더욱 강하다. 이온결합을 갖는 염기와는 달리 공유결합을 갖는 물질을 물에 녹여 휘저어줌으로써 결합을 끊을 수는 없다. 수소는 한 개의 양성자와 한 개의 전자를 갖지만 최외각은 더욱 안정한 배열형태인 2개까지의 전자를 함유할 수 있다. 한 수소원자는 다른 수소원자와 전자를 공유함으로써 최외각에 2개의 전자를 가질 수 있으며(그림 3.5a), 두 원자는 함께 두개의 전자를 공유하여 강한 한 개의 공유결합을 이루게 됨으로써 수소분자는 두 개의 수소원자로 구성된다. 다음은 8개의 양성자와 8개의 전자를 갖는 산소원자에 대해 알아보자. 산소는 최외각에 6개의 전자를 갖지만 최대 8개까지의 전자함유가 가능하다. 한 개의 산소원자는 이러한 두 전자들을 다른 산소원자와 공유하여 얻을 수 있다(마찬가지로 다른 산소원자도 2개의 전자들을 제공하며 공유한다)(그림 3.5b). 산소원자들은 O_2 분자를 만들기 위해 총 4개의 전자를 공유하기 때문에 한 개의 이중 공유결합을 형성한다.

질소는 7개의 양성자와 7개의 전자를 갖기 때문에 최외각에 5개의 전자들을 갖는다. 수소와 산소에서처럼 질소는 다른 질소원자와 전자들을 공유하면서 최외각을 채울 수 있다. 다른 질소원자와는 총 6개의 전자들을 공유하므로 두 원자 사이에는 한 개의 3중공유결합을 형성한다(그림 3.5c). 이러한 3중결합은 매우 강하기 때문에 질소 가스는 다른 분자들과 반응하지 않는다. 식물들은 많은 질소를 필요로 하지만 N_2의 강한 3중결합을 자르지 못하기 때문에 이용할 수 없다. 콩과식물이나 어떤 식물들은 이러한 문제를 N_2를 절단하여 식물이 쉽게 이용할 수 있는 질소화합물로 전환시킬 수 있는 미생물들과 공생함으로써 해결한다.

공유결합들은 수소, 질소, 산소 및 탄소원소들을 결합시켜 유기화합물을 형성하게 해준다. 이러한 원소들은 각기 특정한 수의 공유결합을 갖는데 수소는 1, 산소 2, 질소 3, 탄소 4개를 갖는다. 탄소가 4개의 위치에서 결합을 형성할 수 있다는 사실은 탄소가 다양한 화합물을 형성할 수 있어서 생명에 중요함을 설명해 준다.

수소결합은 분자들 사이에 약한 이끌림으로 된다

전자가 같은 원소(예, H_2, O_2, N_2)의 두 원자들 사이에서 공유될 때 전자들은 동등하게 공유된다. 두 가지 다른 원소들의 원자들이 전자를 공유할 때는 어떻게 될까? 원자들이 전자를 잡아당기는 힘이 다르다면 전자들은 불균등하게 공유되고 **극성 공유결합**(polar covalent bond)이 형성된다. 극성공유결합의 가장 좋은 예는 우리가 흔히 보는 물(H_2O)이다. 물은 1개의 산소와 2개의 수소원자로 이루어져 있다(그림 3.6a). 물의 산소원자는 두 수소원자의 전자를 자신의 핵 쪽으로 끌어당겨 약한 음전하를 띠게 되는 반면에 두 수소원자는 각각 전자가 핵

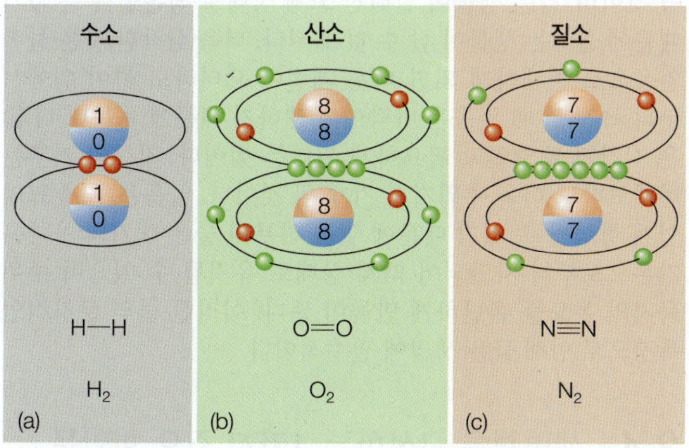

그림 3.5 (a) 수소, (b) 산소, (c) 질소 분자들에서의 공유결합들 이러한 분자들은 각각 1개, 2개 및 3개의 결합을 갖는다.

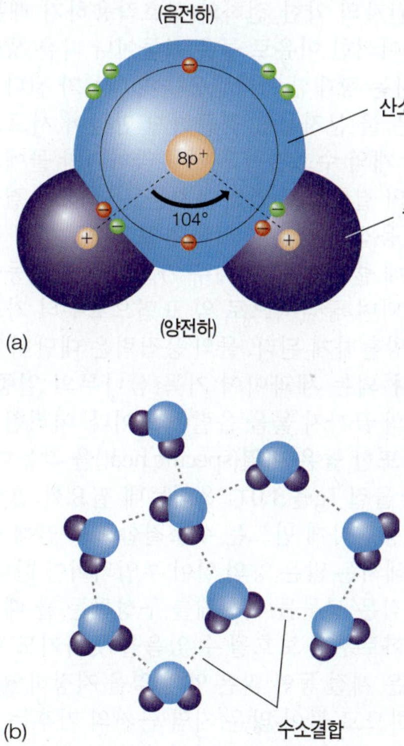

그림 3.6 물 (a) H-O-H 사이에 104° 의 각도를 보여주는 물 분자 그림. (b) 물 분자들 사이에 수소결합.

의 양성자로부터 멀어졌기 때문에 약한 양전하를 띠게 된다. 물 분자는 양전하와 음전하를 띤 두 극 부위를 갖게 되되므로 물은 **극성화합물**(polar compound)로 알려져 있다. 물외에도 다양한 종류의 극성화합물이 존재하며 여기에는 극성 유기화합물이 포함된다. 음전하를 띤 극은 다른 극성분자의 양전하를 띤 극 부위에 이끌린다(그림 3.6b). 공유결합보다는 약한 이러한 이끌림을 **수소결합**(hydrogen bond)이라 부른다. 수소결합 형성은 극성 유기화합물이 물에 녹게 만들기 때문에 DNA를 포함한 많은 유기화합물의 구조나 기능에 있어서 중요한 역할을 한다.

3.3 | 물은 수소결합을 형성하기 때문에 독특한 특성들을 가진다

물 분자는 극성분자들로서 양전하를 띤 수소원자들과 인접한 분자의 음전하를 띤 산소원자들 사이에 수소결합을 형성한다. 이러한 수소결합으로 인해 물 분자들은 화합물들 중에서 아주 특이한 방법으로 활동하게 된다. 물이 구조적으로 유사한 화합물들인 H_2S나 NH_3처럼 행동한다면 상온에서 가스 상태로 존재할 것이다. 대신에 지구의 정상적인 온도에서 물은 생명존재에 중요한 고체, 액체 또는 기체로 존재할 수 있다. 수소결합으로 인해 물은 독특한 생명을 주는 특성을 갖게 되었다.

많은 물질이 물에 쉽게 녹는데 물은 극성 때문에 매우 효과적인 용매이다. 염, 극성 유기분자와 산소, 질소 및 이산화탄소와 같은 가스들은 약한 전하를 가지며 이들 전하들이 물의 수소와 산소원자의 약한 전하와 상호작용하기 때문에 쉽게 물에 녹는다. 이러한 이유로 물은 식물이나 다른 생물의 세포 내에서 일어나는 광대한 화학반응들의 매체가 된다.

수소결합은 물 분자들을 끈끈하게 만들어 서로가 흡착하게 만든다. 한 개의 수소결합은 매우 약하지만 물에서 나타나는 수십억 개의 결합들로 인해 분자들 간에 강한 결합이 형성된다. 이러한 응집성 때문에 식물은 토양으로부터 뿌리를 통해 물을 흡수해 줄기를 통해 매우 가느다란 물기둥이 끊어짐이 없이 이동되며 궁극적으로 잎 표면으로부터 가스 상태로 물을 주위로 방출하게 된다. 물의 응집력은 대단히 강해서 높이가 110 m나 되는 세콰이어 거목(삼나무의 일종, *Sequoia sempervirens*)의 끝까지 물을 올릴 정도이다. 이러한 응집력으로 인해 물은 또한 높은 **비열**(specific heat)을 갖는다. 한 물질의 비열은 그 물질 1g을 1.0℃ 올리는데 필요한 열의 양이다. 물 분자들을 응집하게 만드는 수소결합으로 인해 물의 온도를 올리기 위해서는 많은 양의 열이 투입되어야 한다. 물이 높은 비열을 가짐은 생물들이 신체를 구성하는 물 때문에 광범위한 온도 변화로부터 보호될 수 있음을 뜻하기도 한다. 호수나 대양은 더운 계절 동안 많은 양의 열을 저장하였다가 추운 계절에 방출하므로 물이 많은 지역 근처의 기후는 온화하다. 특히 액체상태의 물을 기체로 변환하기 위해서는 많은 양의 열이 필요하기 때문에 식물이 수증기를 잎으로부터 방출할 때에는 열도 방출하여 자신의 몸체와 주위 환경을 시원하게 만든다.

그림 3.7 **얼음은 물의 분자구조로 인해 물에 뜬다** 얼어붙은 Wisconsin 호수 표면 얼음에서의 물 분자들의 격자는 물 분자들이 더욱 조밀하게 배열된 상태인 액체의 물보다 밀도를 낮게 만든다.

물은 지구상의 생명에 매우 중요한 또 다른 특성을 갖고 있다. 대부분의 액체들은 차가워 질 때 더욱 밀도가 높아지며, 얼게 되면 고체형태는 액체상태보다도 더욱 밀도가 높아지게 된다. 그러나 물의 경우는 달라서 액체상태의 물이 차가워지면 약 4℃까지는 더욱 밀도가 높아지게 되지만 4℃ 이하에서는 밀도가 낮아지게 된다. 0℃에서 얼어서 형성되는 얼음은 주변에 있는 역간 온도가 높은 물보다도 밀도가 더 낮다. 결과적으로 얼음은 액체 상태인 물 위에 뜨게 된다(그림 3.7). 이런 물의 밀도 변화는 분명하지만 그렇지 않다고 가정해보자. 물이 다른 액체들처럼 밀도가 변한다면 고체 상태인 얼음은 가라앉을 것이다. 그렇게 되면 호수와 대양은 바닥으로부터 얼게 될 것이며, 많은 생물이 얼려진 고체 상태로 생존할 수는 없기 때문에 물에는 생물이 살 수 없게 된다. 더욱 심각한 것은 물이 얼음으로 존재하게 되면 더운 계절이 오더라도 물이 위에서부터 녹게 될 때 얼음은 바닥에 존재하기 때문에 녹는데 더 많은 시간과 태양열이 필요하게 된다는 점이다. 지구의 기후는 현재보다도 더욱 추워지게 지게 될 것이다. 얼음은 물에 뜨며 쉽게 형성될 수 있기 때문에 얼음 하부의 물은 대기의 차가운 기온으로부터 차단되어 액체 상태로 유지될 수 있으며 주위 육지의 온도를 온난하게 만들어 준다. 이러한 물의 분자적인 특징으로 인해 물은 생명에 필수적이다.

3.4 | 생명체를 구성하는 4가지 주요 화합물

지금까지 원자, 분자 및 물의 특성을 이해하였으며, 이제 유기

분자들에 대해 알아보고자 한다. 유기분자는 탄소원자를 함유하는 분자이다. 생물체를 구성하는 4가지 기본적인 유기분자(1차 화합물들이라 일컬음)에는 탄수화물, 지질, 단백질 및 핵산이 포함된다(표 3.2). 이 4가지 집단 각각에서는 더욱 작고 간단한 분자들이 모여 식물체에서의 구조와 대사 기능을 수행하는 더 크고 복잡한 유기분자의 골격을 이룬다. 유기분자들, 물 및 생명체 사이에는 서로 강한 연관성이 있으므로 지구 밖 생명체를 찾는 다는 것은 물이나 유기분자들을 찾는 일이다(Essay 3.1, "분자들: 외계 생명체를 찾기 위한 열쇠").

탄수화물에는 당, 전분 및 섬유소가 포함된다

탄수화물은 식물의 에너지 저장분자와 구조적인 구성원으로서의 기능을 가지며 동물 영양에 있어서도 중요하다. 누가 탄수화물을 무시한단 말인가? 설탕(사탕수수와 사탕무로부터 얻는)은 모닝커피와 아침식사 대용으로 이용하는 시리얼을 달콤하게 해준다. 시리얼 속에 들어 있는 과일은 함유된 당 때문에 달콤한 맛이 난다. 시리얼은 대부분 전분과 그 보다 적은 양의 단백질로 이루어져 있는데 밀이나 쌀과 같은 곡류를 갈아서 만든다. 전분은 감자, 쌀, 파스타는 물론 빵을 만드는 밀가루에 많이 들어 있다. 과일이나 야채로부터 얻어지는 섬유소는 식이섬유를 만들며 이 책이 인쇄된 종이와 우리가 입는 옷의 면섬유에 중요 구성성분이기도 하다.

탄수화물(carbohydrate)은 탄소, 수소, 산소가 1C : 2H : 1O 또는($CH_2O)_n$ (여기서 n = 3~수천개)의 비율로 구성되어 있는 유기분자들이다. 탄수화물이란 이름은 탄소와 물로 이루어진 화합물을 의미하는데 일반적으로 탄소는 수소나 수산기(—OH)에 결합되어 있다. 탄수화물은 **단당류**(monosaccharide, 1개의 당), **이당류**(disacccharide, 2개의 당)와 **다당류**(polysaccharide, 많은 당)의 3종류로 나눌 수 있다. 단당류는 탄수화물의 기본적인 기본 구조이며 다른 두 종류의 탄수화물은 단당류들이 연결되어 이루어진다.

단당류는 3~6개의 탄소원자들로 이루어진 **간단한 당**이다. 포도당은 식물에서 나타나는 가장 흔한 단당류로서 여러분의 순환계를 통해 세포로 전달되는 주요 탄수화물이다. 포도당은 $C_6H_{12}O_6$의 분자식을 갖는 6개의 탄소로 이루어진 당인데, 분자식은 단지 각 원소의 수만을 보여준다(그림 3.8c). 그림 3.8은 또한 간단한 당을 나타내는 두 가지 다른 방법들도 보여준다. 그림 3.8a는 3가지 간단한 당들에 있어서 원자들의 배열을, 그림 3.8b는 이러한 당들이 물에 녹으면 어떤 형태로 나타나는지를 보여주는데 물속에서는 고리 형태로 나타나는 것으로 여겨진다.

광합성이 일어날 때 식물은 이산화탄소와 물로부터 포도당을 합성하고 부산물로서 산소를 방출한다(5장). 과당 즉 과일당은 6개의 탄소를 함유하는 또 다른 단당류로서 분자식은

표 3.2 생명체를 구성하는 주요 분자들

Type	종류	예	기능
탄수화물	단당류	포도당, 과당	에너지 분자
	이당류	설탕	단기저장 식품에서 주요 당이동 형태
	다당류	전분	에너지 저장
		섬유소	식물의 주요 구조적 구성요소
지질	지방, 기름	옥수수유	에너지 저장
	왁스	식물 표면에 왁스	물 손실 억제, 곤충 및 병원균 침투억제
	인지질	Phosphatidylcholine	세포막
	스테로이드	Digitalin	곤충퇴치
단백질	저장단백질	옥수수의 Zeatin, 밀의 gluten	에너지 저장
	효소	Sucrase, rubisco	생화학적 반응 조절
핵산	긴 가슬의 핵산	Deoxyribonucleic acid(DNA)	유전정보 저장
		Ribonucleic acid(RNA)	유전정보 해독
	뉴클레오티드	Adenosine triphosphate(ATP)	에너지 운반
		Cyclic adenosine monophoshphote(cAMP)	세포간 신호전달자

ESSAY 3. I 분자들: 외계 생명체를 찾기 위한 열쇠

지구의 다른곳에 생명체를 찾는것은 과거나 현재 물과 유기분자의 흔적을 찾아본다.

우리는 충분한 물과 다양한 생물들이 살며, 그중 적어도 한 생물은 세계나 지구 밖 우주에 대해 흥미를 갖고 있는 작고 암석으로 된 행성에서 살고 있다. 어마어마하게 큰 우주에서 지구에서만 생명체가 살고 있는가? 지난 30년간 많은 과학자들은 지구 외에 다른 곳에서의 생명 존재에 대한 증거를 찾기 위해 노력해 왔다. 이러한 연구의 대부분은 화학적인 접근이다. 지구에 사는 생물들은 각기 물과 유기분자로 구성되어 있다. 생명의 분자라고 부르는 유기분자들은 탄소를 함유하는 분자들이다. 우리가 알고 있는 생물의 한 예만을 근거로 지구 밖 생명에 대한 탐사는 과거 또는 현재에 물이나 유기분자들의 흔적을 찾는 일로 이루어져 있다. 이러한 방법은 그렇게 보일지는 모르지만 천편일률적으로 지구 중심적인 것은 아니다. 탄소 외에 다른 원소들이 다양하고 복잡한 유기분자들에서 보편적으로 나타나는 것은 아니며, 물은 유기분자들이 용해하고 작용하는 이상적인 매체이다.

현재까지 이러한 탐사는 얼마나 성공적인가? 커다란 전자파망원경을 사용하는 천문학자들은 은하계의 별들 사이에 존재하는 가스와 먼지입자들로 이루어진 광대한 구름층에서 간단한 유기분자들의 흔적을 탐지하였다(그림 E3.1A). 우리가 속해있는 태양계에서 화성은 두 개의 작은 위성들을 가지며, 이러한 위성들은 유기물질로 부분적으로 덮여있는 소행성들로 화성에 이끌린 것으로 여겨진다. 화성과 목성 사이 소행성대에 존재하는 많은 다른 소행성들은 유기물질로 덮여 있는 것처럼 보인다.

1986년 유럽우주국의 *Giotto* 우주선은 직접 헬리혜성을 둘러싸고 있는 먼지층 가운데로 비행하였는데 이 혜성의 핵은 약 25%의 유기물로 구성되어 있음을 발견하였다(그림 E3.1B). 헬리혜성은 성운 궤도 밖 크고 차가운 우주로부터 날아왔으며 유기물의 풍부함은 이렇게 먼 지역에 존재하는 많은 다른 얼음체들도 유기물이 풍부할 가능성이 있음을 제시해준다. 유기화학은 우리의 태양계는 물론 은하계 공간에서도 매우 활성적으로 나타나 왔다.

물은 우리 태양계 모두에서 나타나는가? 만약에 그렇다면 적어도 어떤 종류의 생명체가 존재할 수도 있을 것이다. 탐사우주선을 화성으로 보내는 일을 20년간이나 해온 과학자들은 물이 과거에 화성표면에 강이나 호수의 형태로 흘렀으며, 북반구에 한때 바다가 존재했었음을 알게 되었다. 이러한 물은 현재 북극지역에 영구적인 얼음 상태로 존재한다. *Galileo* 우주선은 목성의 위성인 Europa에서 액체상태의 물로 이루어진 바다가 존재함을 발견하였는데 이러한 바다는 얼음 표면층 밑에 존재한다. 과학자들은 화성이나 Europa에 과거 또는 현재에 어떤 생물체가 살았거나 살고 있는지에 대해서는 알지 못 한다.

E3.1A 오리온 대성운

E3.1B 헬리 혜성

포도당과 같다. 그림 3.8은 과당이 포도당과 입체적인 구조에 있어서 다름을 보여준다. 옥수수시럽에서 얻어진 과당은 설탕보다 더 달기 때문에 식품제조에 많이 사용된다. 포도당과 과당은 세포가 분해하여 대사과정에 필요한 에너지를 공급해 주는 에너지 함유분자이다. 식물은 태양에너지를 이용해 원료인 이산화탄소와 물을 이러한 에너지 함유분자로 전환시킨다.

이당류는 두 개의 단당류가 연결되어 만들어지는데, 식물에서 이당류들은 짧은 기간 동안 에너지를 저장하는 분자로서 사용된다. 가장 흔한 식물의 이당류는 설탕으로서 상업적으로 사탕수수(*Saccharum officinarum*)나 사탕무(*Beta vulgaris*)로부터 얻어진다. 설탕은 포도당과 과당이 **탈수합성**(dehydration synthesis)**반응**이 일어나 형성된다(그림 3.9). 수소는 과당으로부터, 수산기는 포도당으로부터 제거되면서 두 단당류들이 공유결합에 의해 산소에 연결된다. 한 개의 물 분자가 이 과정 중 제거된 수소와 수산기로부터 형성되며 이 때문에 탈수라는 용어가 비롯되었다. 설탕은 식물체 전 부위로 이동되는 주요한 당이다. 단풍나무 수액으로부터 만들어지는 단풍나무 시럽(maple syrup)은 우리들이 식물에서의 설탕이동을 이용하는 좋은 한 예이다.

다당류는 많은 수의 단당류들이 연결된다는 것 외에는 이당류가 형성되는 과정과 동일한 탈수합성반응에 의해 형성된다. 이 때문에 단당류들은 다당류의 기본 구성요소가 된다. 단당류와는 달리 다당류는 물에 녹지 않는다. 식물들은 장기간의 에너지저장을 위해 다당류의 전분입자를 세포내에 저장한다. 전분은 특히 곡물(옥수수, 쌀, 밀)이나 얌(yam)과 감자와 같은 뿌리성 야채에 많이 들어 있다(그림 3.10a,b). 광학현미경이나 전자현미경을 통해 보면 감자의 괴경은 전분입자들이 많이 들어있는 세포들로 이루어져 있음을 관찰 할 수 있다(그림 3.10c). 전분(그림 3.10d)은 탈수반응을 통해 포도당으로부터 합성되는데 전분 분자는 1,000개까지의 포도당 분자를 함유하며 때로는 분지된 사슬을 갖는다(그림 3.10e). 에너지가

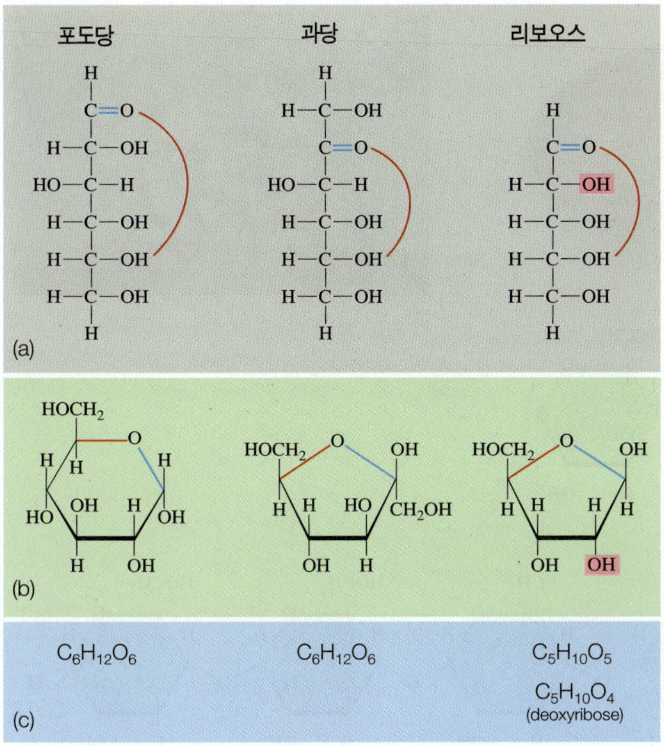

그림 3.8 식물에서 나타나는 몇 가지 당 분자 구조 (a) 탄소원자들을 직선배열로 나타냄. (b) 당 분자는 물에 용해되면 고리 형태를 갖는 것으로 여겨짐. (a)에서 적색 선은 (b)에서의 적색으로 나타낸 결합과 같음. RNA ribose의 OH기는 DNA deoxyribose에서 H로 대체됨. (c) 세 당 분자들의 분자식. 포도당과 과당은 분자식이 같지만 다른 구조를 갖는다.

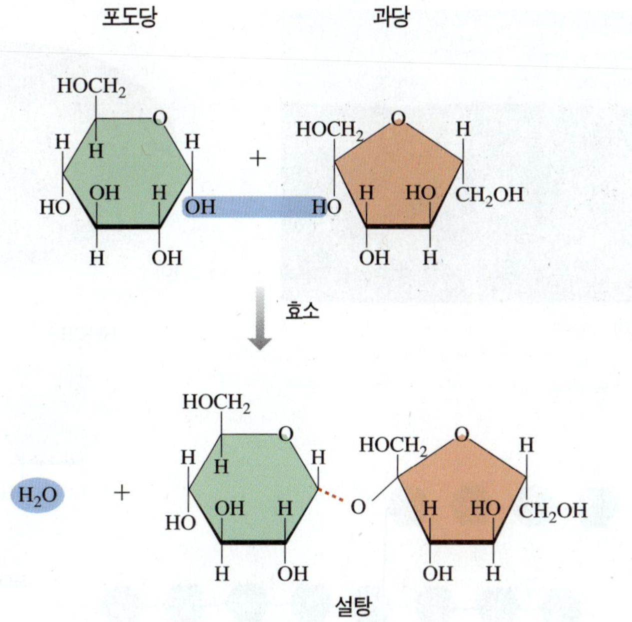

그림 3.9 포도당과 과당으로부터 설탕의 탈수합성 효소의 도움으로 두 단당류들이 연결되며(적색의 결합) 한 분자의 물이 형성된다.

필요하면 포도당 분자들이 전분 분자로부터 떨어져 대사에 이용된다. 저장 탄수화물을 대부분 사용해버린 식물세포들은 전분입자들을 거의 갖지 않는다.

식물은 또한 구조적 구성원을 만들기 위한 다당류를 형성하기도 하는데, 가장 흔한 식물의 구조적 다당류는 섬유소이다. 섬유소는 식물세포벽의 대부분을 차지하며 나무줄기의 절반을 차지한다. 전분과 마찬가지로 섬유소 분자는 많은 포도당으로 이루어지지만 포도당 분자들이 하나 건너 거꾸로 연결되어 긴 사슬을 형성하는 다른 연결 형태를 갖고 있다(그림 3.11). 이러한 구조적 배열은 섬유소가 잘 분해되지 않게 만들며 단지 어떤 세균, 곰팡이나 장 내에 분해 미생물을 갖는 소나 흰개미와 같은 동물들만이 소화할 수 있다. 인간은 섬유소를 소화시키지는 못하지만 식이섬유로서 음식 섭취에 중요한데 장의 기능을 돕고 결장암 발생을 감소시킬 수도 있기 때문이다. 이것이 바로 곡물, 과일 및 채소를 섭취해야 되는 이유이다.

섬유소는 특히 종이나 의류 생산에 중요한데, 종이를 생산함에 있어서 목재는 잘게 부숴 섬유질을 추출하는 공정을 거친 뒤 물을 빼기 위해 망 위에 붓는다. 이렇게 추출된 섬유질은 압축기 사이에 끼워 압축시켜 얇은 종이로 만든다. 목화의 솜은 약 90%가 섬유소로서 목화식물(*Gossypium*)의 씨에 부착된 털을 구성한다. 이러한 털을 씨를 제거하고 길게 꼬아 실을 만든다.

소화되지 않지만 유용한 다당류들에는 또한 맥주에 사용되는 수지나 과일잼을 만드는 펙틴 등이 있으며, 귀리 겨로부터 추출한 수지에 함유된 용해성 섬유는 혈액 콜레스테롤을 낮추어 준다고 알려져 있다.

지질에는 지방, 기름, 왁스, 인지질 및 스테로이드가 포함된다

지질은 에너지 저장이나 세포, 잎, 줄기 및 뿌리 표면의 보호층 형성으로 식물에 중요하며 또한 여러 가지 면에서 사람에게도 중요하다. 딱딱한 지방은 육류나 육류생산물에서 나타나며 올리브, 옥수수, 땅콩유와 같은 식물유는 음식이나 샐러드를 만드는데 사용된다. 왁스는 자동차의 매끄러운 표면을 보호하고 바닥이나 가구의 윤을 내며 촛불이 켜진 저녁식사에서 부드러운 빛을 선사하기도 한다. 식물이 생산한 스테로이드 화합물들은 다양한 질병을 치료하기 위한 의약으로 사용한다. 인지질은 인을 함유하는 지질의 한 형태로서 생명에 매우 중요한데 이것이 없으면 생명의 기본단위인 세포도 존재할 수 없게 된다.

지질(lipid)은 탄수화물보다도 더욱 다양한 유기화합물 집단으로서 일반적으로 기름의 특성을 갖고 물에는 용해되지 않는다. 지질에는 (1) 지방, 기름 및 왁스; (2) 인지질; (3) 스테로이드의 세 종류가 있다. 지질은 주로 수소와 탄소로 이루어져 있으며 산소는 아주 적게 포함되어 있으나 인지질은 인과 때로는 질소를 함유하기도 한다. 이 세 집단은 구조와 기능들

그림 3.10 식물에 있어 에너지 저장분자로서의 전분 (a) 사람의 음식에 있어서 감자는 전분의 제공원이다. (b) 감자의 괴경은 저분을 저장하는 지하 구조이다. (c) 전분입자들은 감자 괴경세포에 풍부하게 들어있다. (d) 전분 분자의 일부로 이웃한 사슬들 사이에 분지를 보여준다. (e) 전분에서 어떻게 포도당 분자들이 연결되어 있는지를 보여주는 구조 그림.

에 있어서 차이가 있다.

지방과 기름은 쉽게 구분될 수 있는데, 실온에서 지방은 고형이며 기름은 액체이다. 둘 다 에너지원으로 사용되며 1g의 지방 또는 기름은 같은 무게의 탄수화물보다도 두 배나 많은 에너지를 함유한다. 지방과 기름은 **글리세롤**(glycerol)과 **지방산**(fatty acid)으로부터 형성되는데(그림 3.12), 글리세롤은 한 쪽에 3개의 OH기를 갖는 3개의 탄소 함유 분자이며, 지방산은 한 쪽 끝에 카르복실기(−COOH)를 갖고 분지 없이 길게 $-CH_2$기들이 배열되어 형성된 사슬형태를 갖는다. 지방산에서 C−H결합이 많음은 에너지를 많이 저장하고 있음을 의미하는데 이는 광합성 과정 중에 햇빛에너지가 C−H 결합의 형태로 저장되기 때문이다. 지방이나 기름은 3개의 탈수합성 반응에 의해 형성되는데 이 과정 중 글리세롤로부터 3개의 수소가, 3개의 지방산으로부터 각각 한 개씩의 −OH기가 제거되어 물이 형성된다. 지방과 기름은 비극성분자 즉 원자에 +나 −를 갖지 않으므로 물에 녹지 않는다. 비극성분자들은 극성인 물 분자와 상호작용을 할 수 없으므로 물에 녹지 않는다. 물에 녹지 않기 때문에 지방과 기름은 **소수성**(hydrophobic)이다.

분자수준에 있어서 지방과 기름은 함유된 지방산들에 의해 구분된다. 그림 3.12의 맨 위 지방산처럼 모든 탄소원자들이 최대한으로 수소원자를 갖는다면 그 지방산은 포화되었으며, 지방산의 사슬에 있어서 인접한 탄소원자들 간에 한 개의 이중결합을 가지면 단성불포화 지방산(그림 3.12의 세 번째 지방산), 한 지방산이 그림 3.12의 두 번째 지방산처럼 두 개 이상의 이중결합을 가지면 다성불포화 지방산이 된다. 지방에 있어서는 대부분의 지방산들이 포화되어 있으며, 기름에 있어서는 주로 불포화 되어있다. 표 3.3에 식물성 기름들을 지방산의 포화정도에 따라 열거하였다. 땅콩이나 올리브유는 단성불포화인 반면(그림 3.13a-c) 옥수수나 해바라기유는 더 많은 다성불포화 지방산을 함유한다(그림 3.13d-f).

단성불포화 식물성 기름에 대한 인간의 섭취는 혈액의 콜레스테롤을 낮추어주어 동맥에 지방이 쌓이는 동맥경화증의 발생을 낮추어 준다. 다성불포화유 또한 콜레스테롤 농도를 낮추어주지만 불행하게도 동맥내부에 콜레스테롤이 쌓이는 것을 막아주는 어떤 보호분자들의 수도 감소시킨다. 단성불포화유를 함유하는 음식의 섭취는 혈액의 콜레스테롤 농도를 낮추어주는 가장 좋은 방법이다.

왁스는 지방이나 기름과 유사하지만 글리세롤분자들 대신에 많은 −OH기를 갖는 긴 탄소사슬분자들을 가지며 모든 지방산이 포화되어 있다. 왁스는 줄기나 잎 표면에 물이 투과하지 못하는 보호층을 만들어 주어 물의 손실을 막아주고 병균

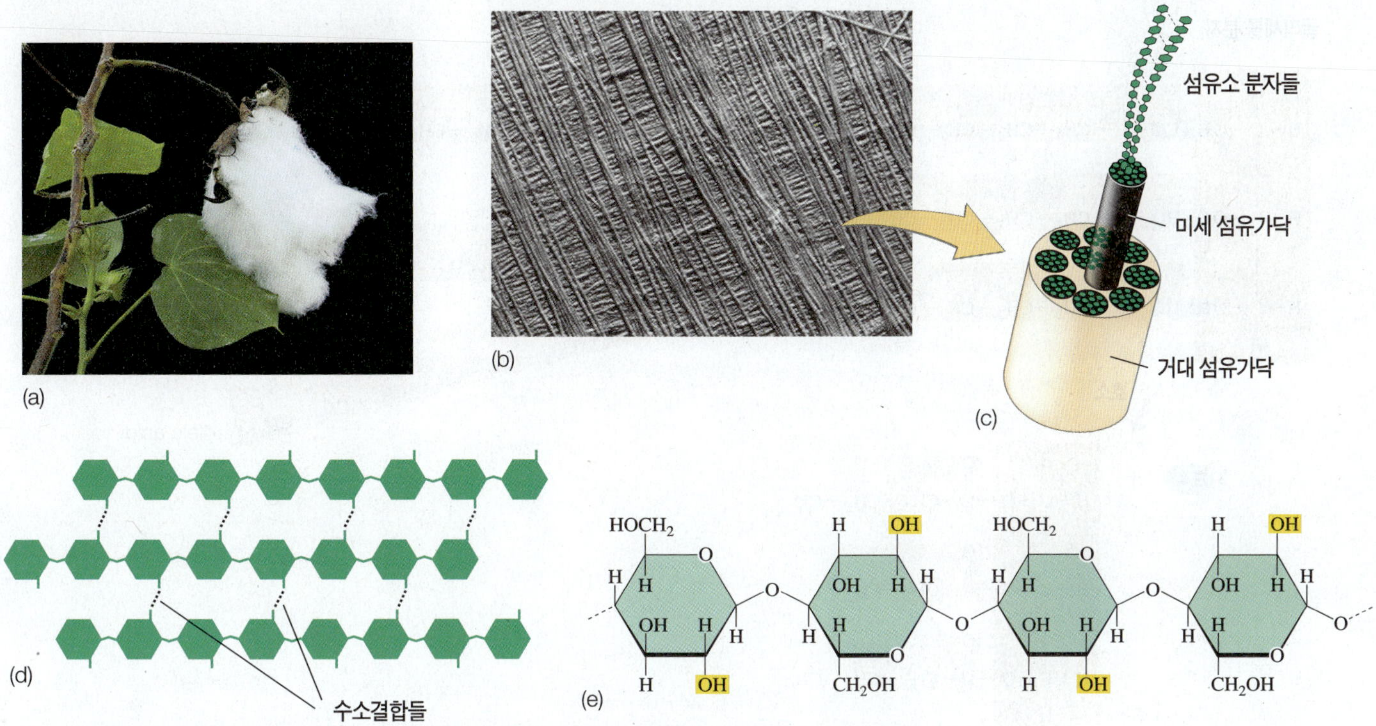

그림 3.11 섬유소는 식물의 구조를 구성하는 탄수화물이다 식물 생체량의 대부분이 섬유소이다. (a) 목화 섬유는 목화씨에 부착된 섬유소가 풍부한 털 세포로부터 얻어진다. (b) 고배율 현미경을 사용해 세포벽에서 관찰된 섬유소의 미세섬유가닥들. (c) 섬유소분자들이 결속되어 미세섬유를 형성하는 모습. 이러한 미세섬유들은 다시 모여 더 큰 거대섬유가닥을 형성한다. (d) 섬유소분자들은 포도당 분자들의 사슬들이 수소결합으로 연결되어 형성된다. (e) 전분과는 달리 연결되는 포도당 분자들은 뒤집어진 형태이며(그림 3.10e와 비교), 노랑색으로 표시된 −OH기는 (d)에서 보여준 수소결합에 관여한다.

이나 곤충의 공격으로부터 식물을 보호해 준다. 왁스는 특히 사막이나 관목지대 식물들에서 매우 두텁게 형성된다(26장).

인지질은 구조적으로 지방이나 기름과 매우 유사하며(그림 3.14a), 한 개의 글리세롤에 포화 또는 불포화의 긴 지방산들을 갖는다. 그러나 인지질은 글리세롤분자에 결합된 한 개의 인기(−PO_4)와 인기에 부착된 하나의 부가적인 극성의 기를 갖는다. 인기와 극성기는 **친수성**(hydrophilic)으로서 물에 녹는 반면 지방산 사슬들은 비극성이며 **소수성**이라 물에 녹지 않는다. 인지질의 주요 기능은 구조형성에 있다. 물에 넣게 되면 인지질들은 이중층의 구조를 이루게 되는데(그림 3.14b) 이러한 이중층은 세포막의 기본구성요소이다. 친수성 기능기들은 바깥쪽에 위치하여 물 환경에 접하거나 안쪽에 위치하여 세포용액에 접하게 된다. 소수성인 지방산들은 이중층 가운데 위치하여 물로부터 격리되어 있다. 전체 막은 매우 유연성이 있다. 인지질은 인이 왜 동식물의 영양에서 중요한 원소인가를 말해주며, 인이 없다면 세포막은 기능을 나타내지 못할 것이다.

스테로이드는 다른 모든 지질과는 구조적으로 차이가 있는데, 여러 가지 기능의 측쇄기를 갖는 4개의 탄소 고리로 구성되어 있다(그림 3.15). 예로 들은 것은 digitalin으로서 디기탈리스(*Digitalis purpurea*)의 씨로부터 추출한 일종의 스테로이드이다. Digitalin의 부가기들은 두 개의 당 분자들이다. Digitalin은 초식동물에 독성이 있어서 사슴이나 토끼들과 초식동물들이 식물의 잎을 먹지 못하게 만든다. 오늘날 미국에서만도 수백만 명이 충혈성 심장마비 치료를 위해 디기탈리스에서 추출한 digitalin이나 이와 관련된 스테로이드들에 의존한다. 이러한 식물성 스테로이드들은 심장박동률을 감소시키는 반면 심장의 수축력을 증가시켜 준다. 이렇게 되면 피의 순환이 증가되고 폐에서 물이 차는 것(부종)이 감소되며 신장을 통한 노폐물 분비의 증가가 일어난다. 건조된 디기탈리스의 씨나 잎에서도 추출할 수 있지만 특히 꽃이 피기 전 잎에 가장 많이 축적된다.

단백질은 아미노산으로 이루어진 큰 분자이다

식물세포는 물질 저장, 구조 형성, 물질 이동을 위해 단백질을

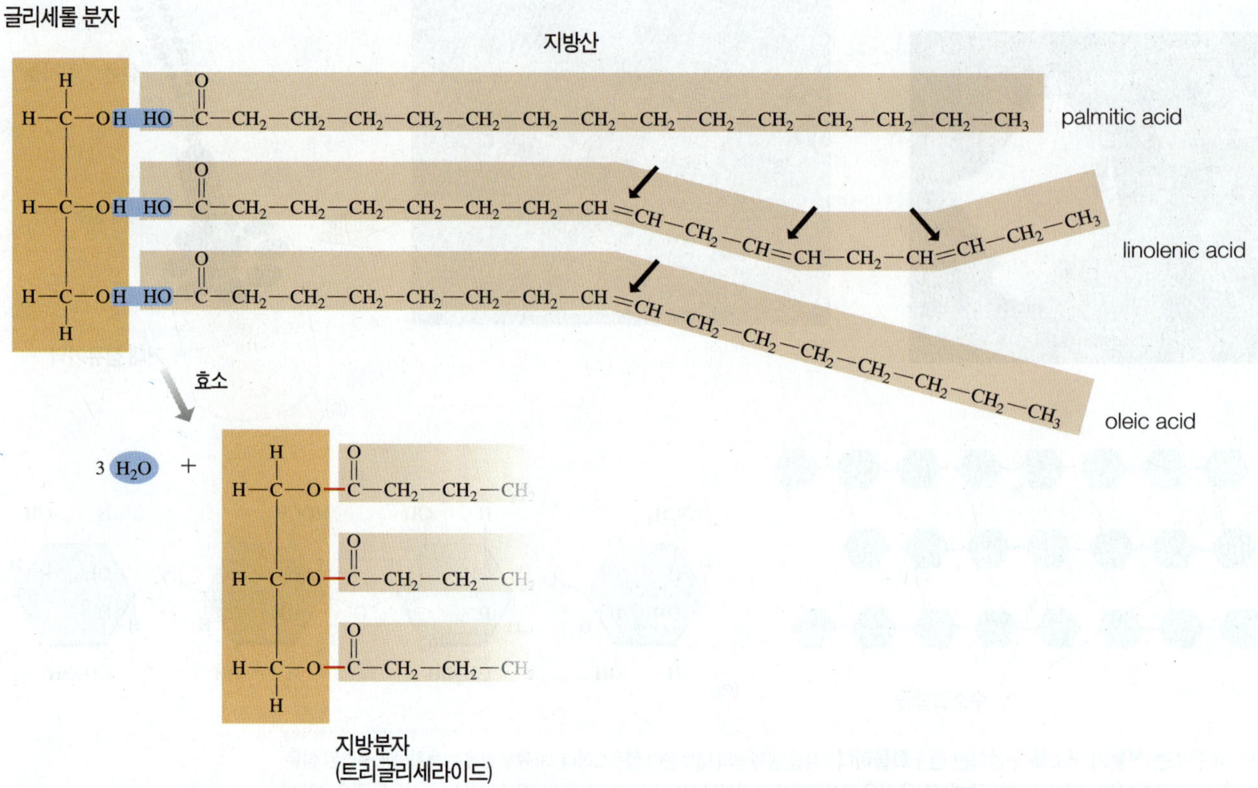

그림 3.12 글리세롤과 3개의 지방산으로 구성되는 지방 분자의 형성을 보여주는 그림 설탕 형성에 있어서와 마찬가지로 탈수합성이 일어나며 여기서는 3개의 물 분자들이 방출된다. 3가지 형태의 지방산 분자들을 보여주고 있다: 포화지방산(palmitic), 다성불포화지방산(linolenic) 및 단성불포화지방산(oleic). 검은 화살표는 지방산에 있어서 이중결합부위를 가리킨다. 지방산이 이중결합부위에서 구부러짐을 주시하라. 이러한 구부러짐은 지방산의 액체성을 증가시킨다.

사용하지만 단백질의 가장 중요한 기능은 필수적인 화학반응들이 잘 일어나게 만드는 생화학적 촉매이다. 촉매란 그 자체는 소모되는 일이 없이 화학반응의 속도를 증진시키는 물질을 말한다. 효소라 부르는 단백질들은 생화학적 촉매로서의 역할을 하고 살아있는 식물세포에서 일어나는 모든 생화학적 반응의 속도를 조절한다. 효소는 그렇게 때문에 식물 생존에 절대적으로 필요하다. 단백질은 또한 인간 영양에 있어서도 중요하다. 옥수수, 쌀, 밀, 콩과 같은 곡식이나 콩과류의 씨들은 특히 저장 단백질이 풍부한데 이러한 저장단백질은 싹을 틔우기 위해 씨에 저장된 단백질들이다. 단백질들은 좋은 영양을 위해 필수적이기 때문에 단백질의 구성분인 아미노산들은 전 세계적으로 건강 식품점에서 판매되고 있으며 건강식품이나 음료수에 첨가되기도 한다. 세균이나 곰팡이로부터 형성된 단백질들은 쓰레기처리장, 낙농 처리공정, 세제 제조 등과 같은 산업에서 이용되고 있다.

단백질(protein)은 복잡한 유기분자들로서 탄소, 수소, 산소, 질소 및 황으로 구성된다. 식물들은 단백질 형성에 필요하기 때문에 토양으로부터 질소와 황을 흡수해야 한다. 단백질들은 **아미노산**(amino acid)이라 부르는 작고 간단한 유기분자들이 많이 모여서 이루어진다. 각각의 아미노산은 중앙에 있는 한 개의 탄소원자에 한 개의 수소원자, 질소를 함유하는 한 개의 아미노기($-NH_2$), 산성인 한 개의 카르복실기($-COOH$) 및 R이라 축약해서 부르는 측쇄가 결합하여 구성된다. 단백질에는 약 20종의 아미노산들이 들어 있으며, 각각의 아미노산은 그 아미노산의 특성을 결정하는 독특한 R기를 갖는다. 아미노산들은 소수성이거나 친수성이며 산성 또는 염기성이다. 몇 가지 아미노산들의 예를 그림 3.16에 나타내었다.

아미노산들은 **펩티드결합**(peptide bond)에 의해 연결되어 폴리펩티드를 형성한다(그림 3.17). 한 아미노산의 $-OH$기는 다른 아미노산의 아미노기 끝에 있는 한 개의 수소와 결합하여 물이 방출되면서 탄소와 질소 사이에 공유펩티드 결합이 형성되며 이러한 반응에서 물 분자가 형성되므로 탈수합성의 또 다른 예가 된다. 펩티드결합이 성공적으로 형성될수록 펩티드의 길이는 점점 길어져 수백 및 수천 개의 아미노산으로 이루어진 폴리펩티드가 형성된다. 폴리펩티드의 성질은 구성을 이루는 아미노산의 종류와 위치에 따라 결정되는데, 한 폴리펩티드가 주로 친수성 아미노산으로 이루어져 있다면 그 폴리펩티드는 물에 녹는다.

생화학자들은 단백질 구조에 있어서 4가지 구성수준이 나타남을 알게 되었는데, 1차 구조는 폴리펩티드 사슬에 있어서 아미노산의 순서를(그림 3.18a), 2차 구조는 폴리펩티드 사슬

표 3.3 포화, 단성불포화, 다성불포화 지방산들의 근원

지방산의 형태	Sources
포화지방산(모두 CH_2-CH_2)	코코넛류
	초콜릿
	팜유
단성불포화지방산(한 개의 CH=CH)	아보카도
	올리브유
	땅콩유
	카놀라유
	땅콩
	아몬드
다성불포화지방산(두개 이상의 CH=CH)	참기름
	콩기름
	옥수수유
	해바라기유
	홍화씨유

에 있어서 아미노산들 사이에 수소결합으로 인해 나타난다(그림 3.18b). 한 폴리펩티드가 길게 늘어서면 알파(α) 나선이라는 나선형구조로 꼬일 수 있는데, 이런 형태는 단백질들을 세포막내에 가장 효과적인 기능을 갖도록 고착시키는데 중요하다. 또 다른 형태는 폴리펩티드 가닥들의 여러 부위들이 수소결합에 의해 연결되어 병풍구조를 만드는 것으로(그림 3.18c) 구조단백질들에서 흔히 나타나며 유연성이 있다. 유연성이 있는 구조단백질로는 피부, 손톱 및 머리카락을 구성하는 케라틴을 예로 들 수 있다. 대부분의 단백질들은 또한 접혀서 복합적이고 입체적인 3차 구조를 형성하며 독특한 기능을 갖게 된다(그림 3.18d). 3차 구조는 단백질의 다른 위치들에 있는 특정 아미노산들 사이에 공유결합을 형성하여 이루어진다(그림 3.16). 폴리펩티드 사슬에 있어서 서로 반대편에 위치한 시스틴들 사이에 S-S의 강한 공유결합이 이루어지면 단백질의 3차 구조는 안정하게 유지된다. 파마를 하면 머리카락 단백질에서 화학적 변화가 일어나는 동안 이러한 공유결합들이 끊어졌다가 재형성된다.

물속에서 단백질들은 접혀서 친수성 아미노산의 R기는 물에 노출되고, 소수성 아미노산의 R기는 물과의 접촉이 차단된다. 이러한 접힘은 폴리펩티드 가닥에 있는 아미노산의 종류와 위치가 얼마나 중요한 가를 보여준다. 물속에서 한 단백질은 접혀서 친수성 아미노산의 R기가 노출되기 때문에 한 아미노산이 소수성 아미노산으로 바뀌고 이 아미노산이 물에 노출되기라도 하면 폴리펩티드 사슬이 접혀져 다른 모양의 3

그림 3.13 식물에서 얻어진 기름은 인간 영양에 중요하다 (a) 땅콩밭, (b) 땅콩유, (c) 옥수수밭, (d) 옥수수유.

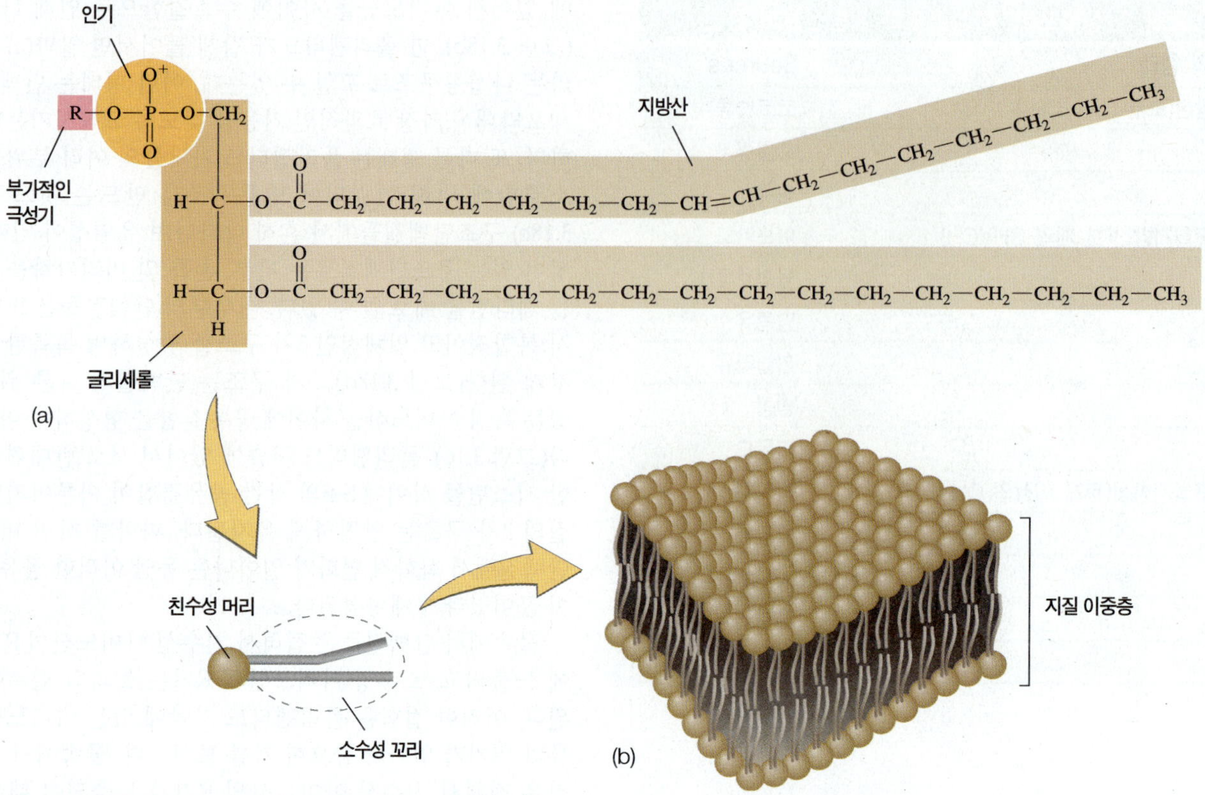

그림 3.14 인지질 (a) 친수성 머리와 두 개의 지방산 사슬을 갖는 소수성 꼬리로 구성되는 인지질 그림. (b) 세포막에서의 인지질 이중층 그림.

차 구조를 만들게 되고 그 기능이 변화될 수도 있다. 돌연변이는 단백질의 아미노산 서열의 변화를 일으키는 DNA의 변화로서 생물체 내의 단백질의 기능을 변화시킬 수도 있다(6장).

여러 개의 폴리펩티드들이 모여 네 번째 구성 수준인 4차 구조를 형성한다. 헤모글로빈은 적혈구에서 산소를 운반하는 단백질로서 2쌍의 유사한 폴리펩티드들이 수소결합에 의해 연결된 4차 구조를 갖는다(그림 3.18e). 각 폴리펩티드 가닥은 heme이라 부르는 철(Fe)을 함유하는 분자를 함유하며 여기에 산소가 결합되어 운송되고 방출된다. 헤모글로빈은 기능을 수행하기 위해 적은 양의 무기물(철)을 필요로 하는 단백질의 좋은 한 예이다. 이 같은 미량의 원소들을 조요소(cofactors)라 부르며 많은 단백질들이 기능을 나타내는데 필수적이다. 조요소로 작용하는 이밖에 원소들은 마그네슘(Mg), 나트륨(Na), 구리(Cu), 칼륨(K) 등이 포함된다.

지금까지 단백질의 기능에 대해서는 아주 간단하게 언급했지만, 이제 단백질의 구조에 대해 이해를 하고 있기 때문에 그 기능에 대해 좀 더 이해를 할 수 있을 것이다.

저장단백질은 인간 영양에 있어서 중요하다 식물은 필요로 하는 모든 아미노산을 만들 수 있지만, 인간이나 다른 동물은 아미노산 중 일부를 음식을 통해 섭취하지 않으면 안 된다. 음식을 통해 섭취해야하는 아미노산을 필수아미노산이라 하며 그렇지 않은 것들을 다른 아미노산으로부터 우리 몸 스스로 합성할 수 있다는 의미에서 비 필수아미노산이라 한다.

어떤 아미노산은 필수적이기 때문에 식물의 단백질과 아미노산 함량은 동물 영양에 매우 중요하다. 밀이나 옥수수와 같은 곡물의 씨는 단백질을 많이 함유하지만 이들의 씨는 필수아미노산인 lysine이나 tryptophan의 함량이 매우 낮다. 동부 아시아인들이나 채식주의자들이 요리에 사용하는 두부를 만드는데 사용하는 완두, 콩, 강낭콩과 같은 콩과류 또한 우수한 단백질원으로서 건중량의 약 25%를 차지한다. 곡물과는 다르게 콩단백질은 lysine이나 tryptophan이 풍부하지만 methionine이 결여되어 있다. 채식주의자들은 완전한 단백질 섭취를 위해 둘 이상의 상호 보완적인 식물 단백질을 섞어서 섭취해야 됨을 알고 있다. 표 3.4에 필수 및 비 필수아미노산을 열거하였다.

오늘날 세계에는 만성적인 기아와 영양결핍이 고질적인 문제이다. 세계 인구의 17~40%가 영양결핍 또는 영양기형을 겪고 있으며 매년 2천만 명(대부분 어린이)이 이러한 증세로 인해 사망한다고 추산된다. 단백질 결핍으로부터 나타나는 두 가지 심각한 증세는 단백결핍성 소아영양 실조증과 전신쇠약증이다. 단백결핍성 소아영양 실조증은 충분한 식량은

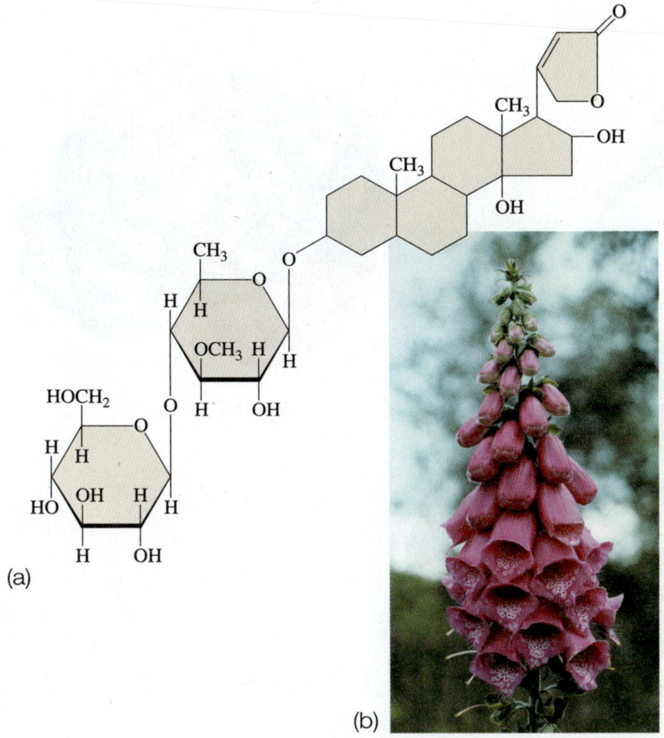

그림 3.15 식물 스테로이드 (a) Digitalin 분자의 구조. (b) 의약용 digitalin을 생산하는 디기탈리스(*Digitalis purpurea*).

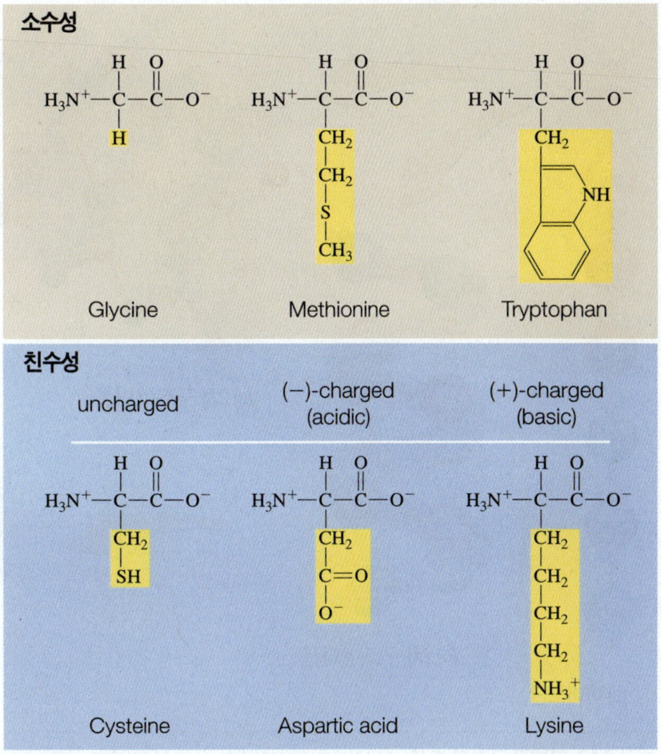

그림 3.16 아미노산 몇 가지 아미노산의 구조식: 3개의 소수성 및 3개의 친수성 아미노산들. 이러한 아미노산들의 일부는 같지만 측쇄 즉 R기는 아미노산에 따라 다르며 화학적 특성을 결정한다. 예를 들면 cysteine의 황(S) 함유 부위는 같은 폴리펩티드 사슬 내의 다른 cysteine들과 공유결합을 형성하여 단백질이 적절히 접히게 만든다.

있지만 충분한 단백질을 섭취하지 못할 때에 나타나며 피부의 부풀음, 복부 팽창, 적황색의 머리칼, 피부염, 나른함 등의 증세가 나타난다. 전신 쇠약증은 기아에 의해 유도되며 에너지 마련을 위해 신체가 심장이나 근육을 소화하므로 주름살이 늘어난다. 두 증세는 호전될 수 있지만 약간의 정신적 장애가 영구적으로 나타날 수 있다.

효소는 생물학적 촉매 기능을 가진 단백질이다 단백질이 수행하는 가장 중요한 기능은 세포 내의 생화학적 반응을 조절하는 촉매인 효소의 역할이다. 일반적인 화학반응에 있어서 반응 초기의 분자를 기질 또는 반응물이라 하며 최종 분자를 생산물이라 하는데 반응 중에는 매우 반응성이 높은 중간화합물이 일시적으로 형성된다(그림 3.19a). 화학반응 중에는 기질 분자들에 있는 원자들의 재배열이 일어난다. 기질분자들에 있는 원자들이 공유결합으로 전자들을 공유하고 있다면 이러한 결합은 안정적이며 일정량의 잠재에너지를 함유한다. 공유결합이 끊어져 재형성되면서 새로운 배열이 일어나려면 **활성화에너지**(activation energy)라 부르는 에너지의 투입이 필요하다. 무생물계에서 활성화에너지는 온도 증가로부터 얻어질 수도 있다. 온도가 증가할수록 분자의 운동에너지가 증가하고 더 빠르게 반응이 진행된다. 그러나 생물들의 세포들은 자신이 파괴되는 일이 없이 온도증가로 화학반응을 촉진시킬 수는 없다. 세포들은 반응을 촉진하기 위해 촉매를 사용

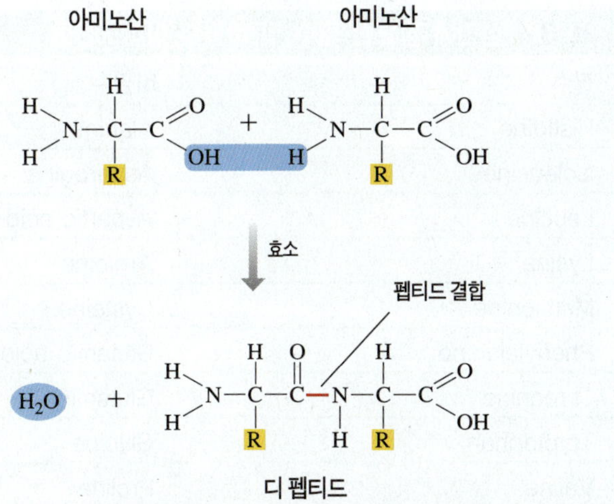

그림 3.17 펩티드 결합 형성을 보여주는 그림 탈수반응에 있어서 인접한 아미노산들 사이에 C-N 공유결합(적색을 표시된) 형성으로 한 분자의 물이 방출된다.

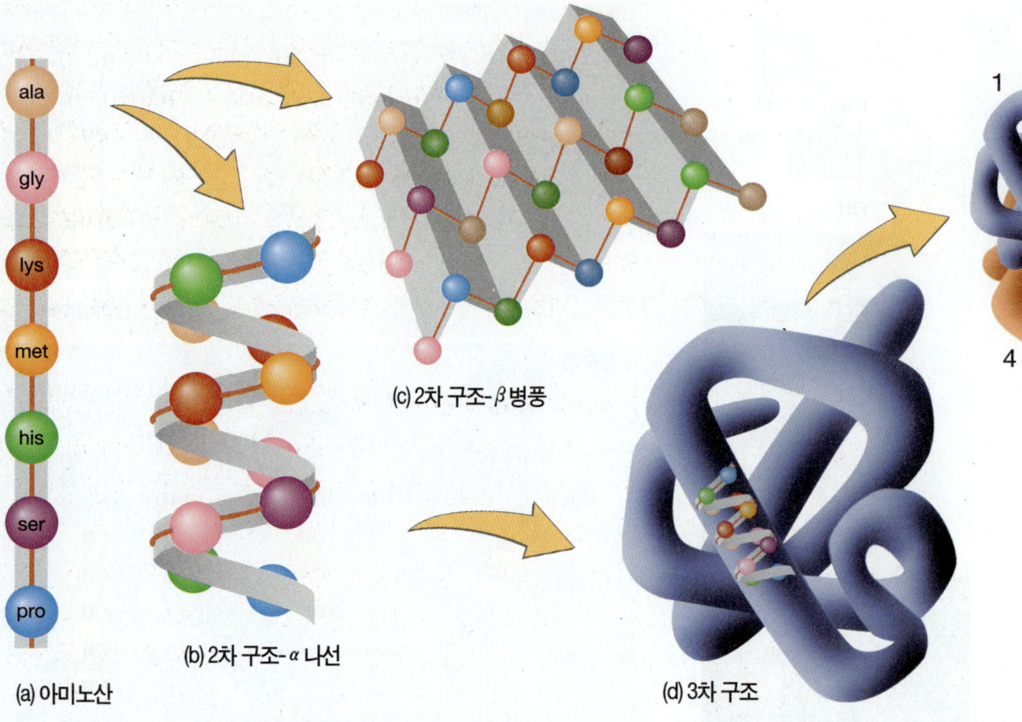

그림 3.18 단백질 구조의 순서 (a) 1차구조, (b) 이차구조- 나선, (c) 2차구조- 병풍, (d) 4차구조 (헤모글로빈의 예). 인간에서 나타나는 헤모글로빈 단백질은 같은 가닥 두 개씩(적색과 청색으로 표시) 총 4개의 폴리펩티드 가닥으로 구성된다.

표 3.4 성인에 필요한 필수 및 비필수 아미노산들

필수	비필수
Histidine	Alanine
Isoleucine	Asparagine
Leucine	Aspartic acid
Lysine	Arginine
Methionine	Cysteine
Phenylalanine	Glutamic acid
Threonine	Glutamine
Tryptophan	Glycine
Valine	Proline
	Serine
	Tyrosine

한다. 촉매란 화학반응의 속도를 촉진시키는 물질로서 반응 중 소모되지 않는다. 촉매는 기질 또는 기질들과 밀접하게 상호작용하여 활성화에너지를 낮추어줌으로써 반응을 촉진시킨다(그림 3.19b). 살아있는 세포에서 이러한 생물학적 촉매를 효소라 부르는데 복잡하고 입체적인 모양을 갖는 커다란 단백질 분자이다. 효소는 보통 높은 특이성을 가지며 한 가지 기질에만 작용하는데 한 효소의 입체적인 모양이 이러한 특이성을 결정한다. 효소는 특이하게 접혀져서 활성화부위라고 부르는 표면상에 틈새 또는 주머니 모양의 공간을 갖는다. 특정 효소의 특정한 기질은 아주 정확하게 이러한 활성화 부위에 들어맞게 되며 여기에서 효소에 의한 촉매반응이 일어난다.

한 가지 간단한 예는 설탕분해효소로서 이 효소는 설탕을 포도당과 과당으로 분해한다(그림 3.20). 설탕은 설탕분해효소가 작용하는 화합물이기 때문에 설탕을 설탕분해효소의 기질이라 한다(효소들은 보통 기질 이름 일부에 *-ase*라는 접미사를 붙여서 이름 짓는다). 설탕분해효소는 활성부위에 설탕분해효소 분자를 결합하며 여기에서 물이 두 단당류 사이의 결합에 첨가된다. 결합이 끊어지면 두 개의 당은 방출되며 설탕

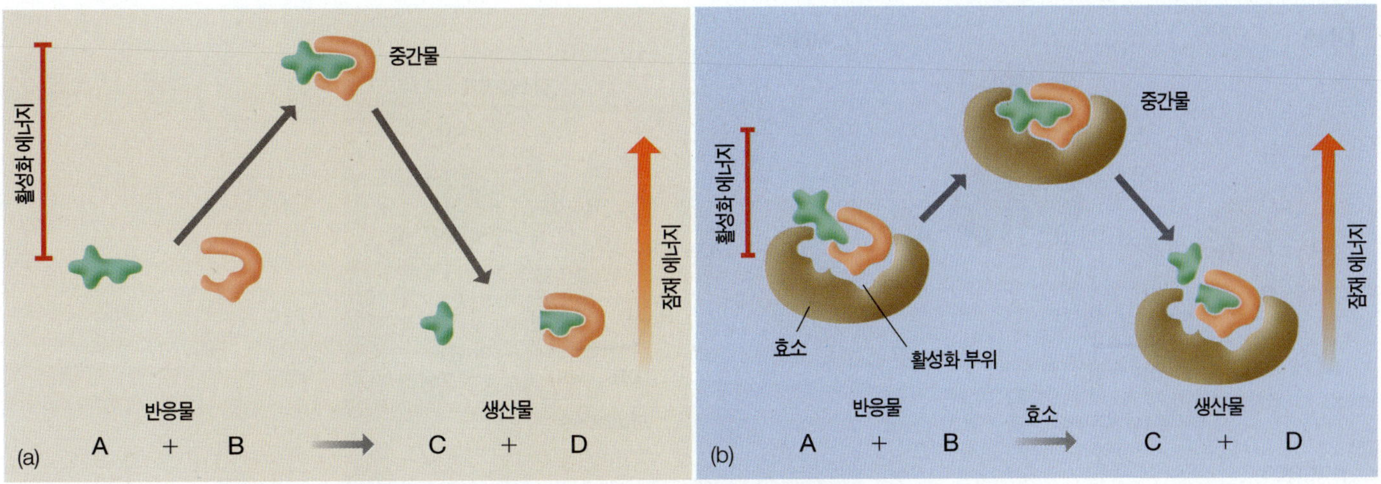

그림 3.19 화학반응과 효소가 촉매하는 화학반응 (a) 반응물들과 생산물들은 모두 특정한 수준의 잠재에너지를 갖는다. 이 예에서 생산물들의 잠재에너지는 반응물들의 것보다 너 낮으며 반응 중 에너지는 방출된다. 반응이 진행되기 위해서 반응물들은 활성화 에너지에 의해 잠재에너지를 높여야 한다. 화학반응에 있어서 **중간물** 형태의 매우 반응성이 있는 물질이 형성된 후 반응이 더욱 진행되어 반응물들이 생산물들로 전환하게 된다. (b) 효소에 의해 촉매되는 반응에서는 반응물들(기질들)이 먼저 효소와 복합체를 이루며 **활성화 에너지**는 촉매가 없는 반응보다 훨씬 낮다.

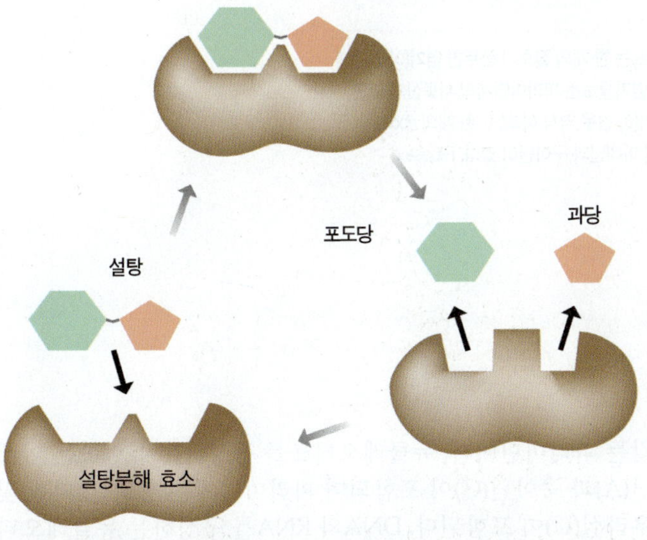

그림 3.20 설탕분해효소가 설탕을 포도당과 과당으로 분해 그림 단백질은 특정한 모양으로 접혀 효소의 화학적 기능을 결정하는 모양을 갖는다. 접힘으로 설탕이 딱 들어맞는 활성부위가 만들어지지만 설탕이 결합하게 되면 단백질의 모양은 변화하며 설탕이 쪼개져 구성분자들인 단당류들이 형성된다. 포도당과 과당은 활성부위에 맞지 않으므로 방출되며 효소들은 다시 다른 설탕분자를 결합하고 분해하게 된다. 효소들은 반복해서 같은 일들을 할 수 있으므로 세포내에서는 각 효소들이 작은 양으로 필요할 뿐이다.

분해효소는 또 다른 설탕분자를 결합할 준비가 되어 있는 것이다.

위에서 언급하였듯이 인간과 대부분의 다른 동물들은 섬유소를 소화하지 못하는데 그 이유는 섬유소를 분해할 수 있는 효소를 갖고 있지 않기 때문이다. 어떤 세균, 곰팡이, 소와 양의 위나 흰개미와 달팽이의 장속에서 사는 미생물들은 섬유소를 분해하기 위한 섬유소분해효소를 갖는다.

어떤 효소들은 커다란 단백질 자체만으로서 작용하지만 어떤 효소들은 정상적인 기능을 갖기 위해 **보조인자**(cofactor)라 부르는 한 개 이상의 비단백질 구성원들을 필요로 하기도 한다. 조요소들은 마그네슘(Mg)과 같은 금속이온들이나 하나의 유기분자일 수도 있다. 보조인자인 유기분자들을 **조효소**(coenzyme)라 부른다. 나이아신과 티아민 같은 비타민들이 모든 생물들의 영양에 있어서 중요한 이유는 이들이 보조인자의 중요한 역할을 갖기 때문이다. 살아있는 세포들은 모두 대사를 구성하는 다양한 반응들을 촉매하기 위해서 수많은 다양한 효소들을 갖지 않으면 안된다. 대사는 5장에서 다룰 것이다.

DNA와 RNA 같은 핵산은 뉴클레오티드로 구성된다

생물의 모든 구조나 기능에 대한 정보는 핵산에 암호화되어 있고 해독 되어진다. 두 종류의 핵산은 deoxyribonucleic acid(DNA)와 ribonucleic acid(RNA)로서 DNA는 세포에서

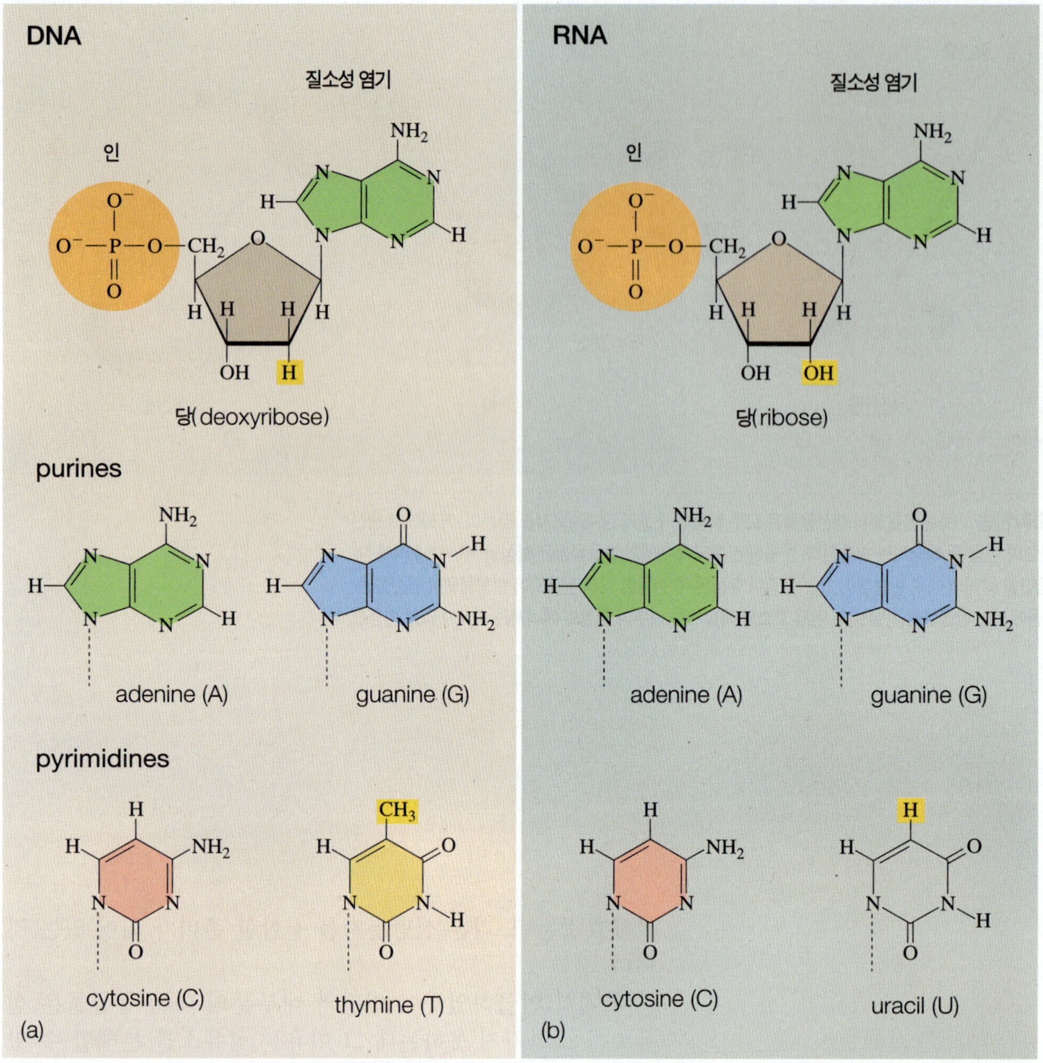

그림 3.21 DNA와 RNA의 뉴클레오티드들과 질소 함유 염기들 (a) DNA에서 한 뉴클레오티드는 한 개의 질소가 풍부한 염기(이 경우에는 아데닌), 한 개의 deoxyribose의 당 및 한 개의 인기로 구성된다. DNA 뉴클레오티드들에서 질소성 염기들로는 피리미딘계의 시토신과 티민, 퓨린계의 아데닌과 구아닌의 4가지가 있다. (b) RNA에서 한 개의 뉴클레오티드는 한 개의 질소성 염기(이 경우 역시 아데닌), 한 개의 ribose 당 및 한 개의 인기로 구성된다. RNA의 4개의 질소성 염기들에는 피리미딘계인 시토신과 우라실, 퓨린계인 아데닌과 구아닌이 있다. Ribose와 deoxyribose 및 티민과 우라실이 다른 부위들을 노랑색으로 표시하였다.

가장 큰 분자인데 유전자라 일컫는 단위들 속에 유전정보를 함유한다. RNA는 DNA에 있는 정보를 복사하여 이러한 정보를 단백질로 해독한다(6장).

핵산(nucleic acid)은 큰 유기분자로서 탄소, 수소, 산소, 인 및 질소원소로 구성된다. 핵산에 함유된 질소나 인은 왜 이들 원소가 식물영양에 있어서 중요한가에 대한 이유가 된다. 핵산은 **뉴클레오티드**(nucleotide)라는 작은 구성요소들이 연결된 긴 사슬이며 각 뉴클레오티드는 당, 인기 및 질소가 풍부한 염기의 3 구성원을 갖는다(그림 3.21). 질소가 풍부한 염기들은 두 개의 고리를 갖는 화합물인 퓨린이거나 한 개의 고리를 갖는 피리미딘이다. 뉴클레오티드를 구성하는 퓨린에는 아데닌(A)과 구아닌(G)이 포함되며 피리미딘에는 시토신, 티민 및 우라실(U)이 포함된다. DNA와 RNA를 구성하는 뉴클레오티드들은 두 가지 면에서 차이가 있다. DNA의 경우 당은 데옥시리보오스이며 염기는 아데닌, 시토신, 구아닌 및 티민이다. RNA의 경우에는 당은 리보오스이며 염기는 아데닌, 시토신, 구아닌 및 우라실이다. 인기는 한 개의 인 원자가 4개의 산소 원자들과 공유결합을 이룬 상태인데 DNA와 RNA 모두에서 똑 같다.

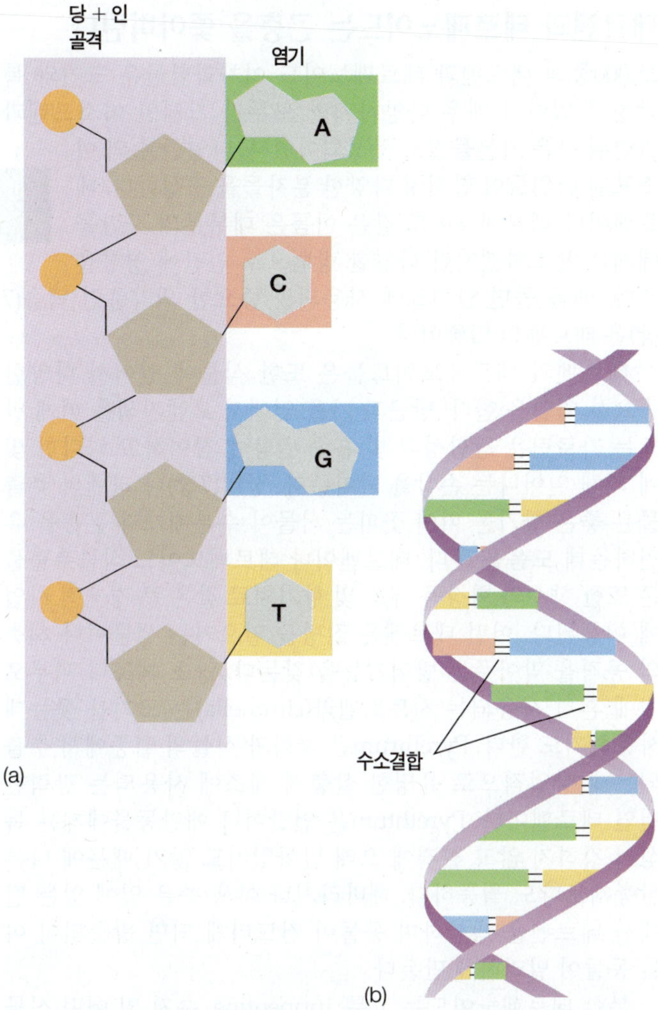

그림 3.22 DNA 핵산과 이중나선 DNA의 일부 (a) 이 그림에서 4개의 뉴클레오티드들이 공유결합에 의해 인기들과 deoxyribose 당들 사이에 연결하여 있음을 보여준다. (b) DNA에서는 두 개의 핵산 가닥들이 서로 나선형으로 꼬여 아데닌과 티민, 시토신과 구아닌 사이에 수소결합에 의해 서로 결합되어있다.

뉴클레오티드들은 인기와 당 사이에 탈수합성반응을 통해 연결되어 긴 핵산 사슬을 이루게 된다(그림 3.22). 이러한 합성은 당, 지질 및 단백질 합성에서 나타나는 물 방출 반응과 같은 형태의 반응이다. DNA에 있어서는 두 가닥의 핵산들이 뒤틀린 사다리처럼 서로가 꼬여 **이중나선**(double helix)을 형성한다. DNA 사다리 측면으로 노출된 부위는 공유결합에 의해 연결된 당과 인들이며, 안쪽으로는 수소결합에 의해 서로 연결된 염기들이 위치한다. 구아닌은 3개의 수소결합들에 의해 시토신과 결합하며 아데닌은 두 개의 수소결합을 통해 티민과 연결된다. 한 핵산가닥의 염기서열을 알면 다른 가닥의 염기서열을 추정하는 것이 가능한데 그 이유는 항상 아데닌은 티민과 구아닌은 시토신과 결합하기 때문이다. DNA분자는 길이나 염기서열은 차이가 있지만 모두 이중나선을 이룬다. RNA분자는 구조나 기능에 있어서 DNA보다는 훨씬 다양하지만 대부분의 RNA 분자는 한 가닥이다. 다양한 RNA 분자는 모두 세포내 단백질 합성에 관여하고 있는데 단백질 합성은 6장에서 다루게 될 것이다.

몇몇 뉴클레오티드는 핵산 구성과는 별도로 세포에서 중요한 역할을 갖고 있다. 세포대사를 이루는 모든 생화학적 반응은 에너지를 필요로 한다. 이러한 대부분의 에너지는 모든 세포들에 있어서 주요한 에너지 운반체인 뉴클레오티드유도체 ATP에 의해 공급된다. ATP는 당인 리보오스와 질소성 염기인 아데닌 및 공유결합들에 에너지를 지니는 일련의 3개의

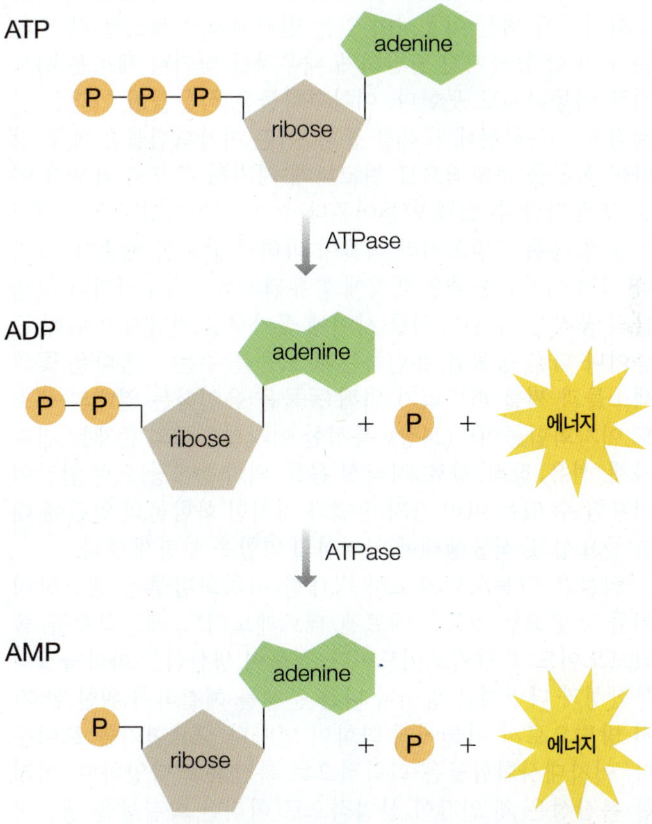

그림 3.23 ATP ATP의 맨 끝 인기가 ATPase에 의해 떨어지면 에너지는 방출되고 ADP가 형성된다. ADP로부터 두 번째 인기 또한 떨어지면 에너지가 방출되고 AMP가 형성된다. (여기에서 보인 반응은 가역적으로 ATP는 세포 내에서 포도당 분해로부터 방출되는 에너지를 이용해 ADP와 AMP로부터 재합성 될 수 있다.)

인기들을 갖는다. ATP는 ATP분해효소(ATPase)가 물을 첨가하며 말단에 인기를 절단(가수분해)하고 ADP를 생산할 때 에너지를 방출한다(그림 3.23). 두 번째 인기 또한 제거되어 AMP를 생산하고 비슷한 양의 에너지를 방출할 수 있다. 세포 내 대부분의 화학반응에 있어서 인은 다른 분자에 전달되며 이를 인산화라 부르는데 화학반응을 진행시킬 수 있도록 에너지가 충만하게 된다. 예를 들면 포도당과 과당으로부터 한 분자의 설탕이 만들어지는 반응이다(그림 3.20). ATP/ADP 체계는 세포대사에 있어서 에너지 방출반응으로부터 에너지를 요구하는 반응으로 에너지를 전달해 준다.

3.5 | 식물은 다양한 이차화합물을 생산한다

이차화합물(secondary compound)은 식물, 조류 또는 곰팡이에 의해 생산되지만 모든 종들에서 발견되지는 않는 분자이다. 이에 비해 탄수화물, 지질, 단백질, 핵산과 같은 일차화합물은 모든 생물들에 존재한다. 일차화합물이 대사에 있어서 중추적인 역할을 하는 반면에 수천가지 형태의 이차화합물은 방어, 특이적인 구조 또는 생식을 위해 사용된다. 식물은 동물에서와 같은 골격구조를 갖지 않는다. 각각의 식물은 포식자를 피하거나 이따금씩 내리비치는 강한 햇빛을 피하기 위해 활발하게 이동하지 못하며 동물에서와 같이 침입한 병균을 소화시키기 위한 이동성이 있는 면역체계의 세포를 갖지 않는다. 또한 동물처럼 활발하게 배우자를 찾거나 새로운 서식지로 이동하지도 못한다. 이차화합물은 식물들이 이러한 한계점을 극복하는데 도움을 준다. 어떤 이차화합물은 매우 강하여 식물을 구조적으로 견고하게 지지해 주므로 나무가 아주 크게 자랄 수 있게 만들어준다. 어떤 이차화합물은 초식성 동물에 아주 치명적이라 식물이 먹히지 않도록 해준다. 그러나 어떤 이차화합물은 햇빛에 함유된 UV를 흡수하거나 미생물의 공격을 막는다. 식물 사이에 꽃가루를 전달하기 위해 곤충이나 다른 동물을 유인하는데 도움을 주는 아름다운 꽃의 색소들과 씨를 퍼뜨리기 위해 동물을 유인하는 열매의 색소도 이차화합물이다(24장). 특정한 이차화합물의 존재는 건축자재, 섬유, 장식, 향료, 자극성 음료, 의약 등(2장)으로 인간이 이용할 수 있는 여러 가지 방법과 이러한 화합물의 인간에 대한 중요성 및 식물생태에 있어서의 역할을 설명해 준다.

식물은 만능화학자로서 광대한 이차화합물을 생산하며 이들 중 중요한 것들은 테르펜, 테르페노이드, 페놀화합물, 플라보노이드 및 알카로이드이다. 식물이 생산하는 화학물질의 복잡성과 다양성은 방어나 다른 문제를 해결하기 위한 한 가지 방법으로서 식물에게 화학이 얼마나 중요한가를 보여준다. 이차대사화합물은 화학적으로 복잡하고 다양하다. 이러한 복잡성은 왜 인간이 산업적으로 이러한 화합물을 생산하지 못하고 식물로부터 얻지 않으면 안 되어 왔는지를 설명해 준다.

테르펜과 테르페노이드는 곤충을 쫓아버린다

25,000종의 테르펜과 테르페노이드 이차화합물은 크기와 복잡성에 있어서 매우 다양하지만 모두가 기체인 이소프렌과 관련된 같은 기본물질로 구성되어있다. 다양한 수의 이소프렌 단위들이 합쳐져 다양한 분자들을 구성한다. 테르펜이나 테르페노이드 같은 이름은 대부분의 사람들에게는 생소하겠지만 다양한 방법으로 인간에 영향을 준다. 예를 들면 암치료에 사용되는 중요한 의약품인 택솔(7장)은 테르펜의 일종이다.

테르펜과 테르페노이드들은 또한 식물에 있어서 다양한 중요한 역할을 한다. 당근과 가을 잎에서 오렌지색을 띠게 만드는 카로틴은 광합성의 빛 흡수 반응에 참여하고 과다한 빛에 의해 일어나는 손상을 막아준다. 장미(7장)나 라벤더 추출물은 좋은 향기를 띠어 꽃피는 식물이 수분매개자 곤충을 유인하는데 도움을 준다. 테르펜이나 테르페노이드 식물추출물은 또한 향수와 화장품 제조 및 향기치료 같은 큰 경제적 사업에 이용된다. 어떤 테르펜은 질병을 일으키는 생물이나 해충의 공격을 막아주는 방어기능을 갖는다. 양초 제조나 피부오일에 흔히 사용되는 시트로넬라(citronella)는 모기를 쫓는데 사용하기도 한다. Pyrethrum은 국화과 식물의 일종에서 추출되는데 상업적으로 유명한 살충제 제조에 사용되는 강력한 천연 테르펜이다. Pyrethtum은 인간이나 애완동물에게는 독성이 강하지 않고 환경에 오래 남아있지도 않기 때문에 다른 살충제보다도 월등하다. 해바라기나 야생 쑥은 잎에 있는 털에서 테르펜을 생산하며 동물이 건드리게 되면 방출되어 이들 동물이 멀리하게 만든다.

복합 테르페노이드는 고무, tuppentine, 수지 및 어떤 식물의 줄기로부터 배출된 호박의 딱딱한 수지 등이 포함된다. 소나무와 전나무의 줄기와 바늘잎에서 생산되는 끈적끈적한 송진은 수피딱정벌레와 같은 곤충을 쫓아버린다. 과학자들은 호박 속에 갇혀 화석화된 고대 생물로부터 유전물질(DNA)을 뽑아낼 수 있었다(그러나 현재까지 주라기 공원에서 보았던 것 같은 공룡의 DNA는 얻지 못하였다).

페놀화합물들은 방부제의 특성을 가지며 플라보노이드들은 꽃과 열매의 색깔을 만든다

많은 사람들이 페놀용액의 방부기능과 적포도주, 포도, 블루베리 및 여러 과일 속에 함유된 페놀화합물인 플라보노이드가 건강에 좋다는 기사들이 매스컴에 자주 오르내리는 사실들을 잘 알고 있다. 여러분들은 녹색의 콩깍지 같은 채소나 호밀과 같은 곡물에 특히 많이 들어있는 페놀화합물인 lignans에 대한 기사를 읽어보았을 수도 있다. Lignans은 전립선암이나 유방암의 발생을 감소시킬 수 있는 것처럼 보이기 때문에 기사거리가 된다. 식물은 8,000 종의 페놀화합물을 생산하는데 이 중 약 4,500 종이 플라보노이드이다.

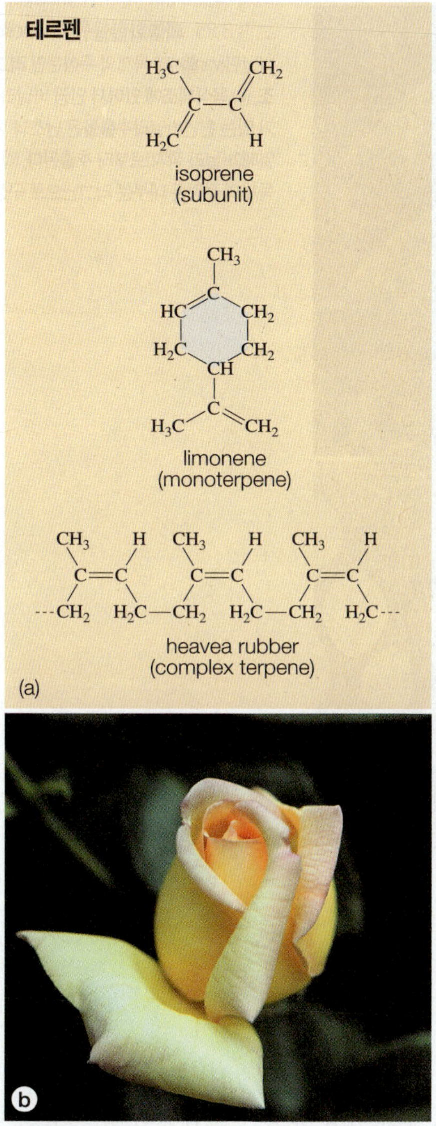

그림 3.24 테르펜류(Terpenes) (a) 테르펜의 기본구조인 이소프렌(isoprene)의 화학 구조와 두 가지 테르펜: 용매로 쓰이는 limonene과 천연 고무화합물인 heavea rubber. (b) 테르펜을 함유하는 장미 추출물은 향수로 사용된다.

테르펜과 마찬가지로 페놀화합물은 기본 구조 물질로서 다양한 방법으로 결합되어 많은 유도체 화합물을 만든다. 페놀화합물은 햇빛 속의 자외선을 흡수해 식물이 유전적 피해를 입지 않도록 해준다. 어떤 페놀화합물은 쓴맛을 내게 만들어 초식동물이 뜯어 먹는 것을 막아주며 어떤 것들은 항미생물 활성을 가져 감염을 막아준다. 셀러리, 양방풍나물, 무화과, 파슬리에 들어있는 보호기능의 페놀화합물들은 곤충이 이러한 식물들을 섭취한 후 빛에 노출되면 죽게 만들며 사람 또한 피부에 닿으면 발진을 일으키기도 한다.

많은 초식동물들에 독성이 있으며 미생물의 성장을 억제하는 탄닌 또한 페놀화합물이다. 탄닌은 대개 잎이나 설익은 과일에서 생산되며 씨가 익기 전에 열매가 먹히는 것을 막아준다. 사람들은 오래전부터 가죽을 보존하기 위해 참나무와 같은 식물로부터 얻어진 탄닌을 사용해 왔다. 탄닌은 또한 차나 적포도주의 떫은맛을 내기도 한다. 이밖에 계피, 육두구, 정향, 생강, 고추 및 바닐라(그림 3.25)에 함유된 맛과 향기를 내는 성분도 페놀화합물이다. 천연 바닐라는 멕시코 원산인 *Vanilla planifolia* 나무의 꼬투리 열매에서 얻어진다. Aztec 문명시대의 사람들은 초콜릿이나 칠리 외에도 바닐라를 음료에 첨가하여 마셨다.

매운 고추(칠리)를 먹으면 느끼는 아주 매운 맛은 바닐라와 관련이 있는 캡사이신이란 성분 때문이다. 캡사이신은 포유동물들이 열매를 먹는 동안 씨를 파괴하지 않도록 해준다. 인간을 포함하는 포유동물들은 점막에 캡사이신을 결합하는 수용기 분자를 가져 신경을 통해 뇌가 고통으로 해석하는 신호를 전달한다. 그러나 식물들에게 씨 분산 도구로 유용한 역할을 하는 새들은 캡사이신의 고통 효과를 느끼지 못하며 오히려 설사를 일으켜 씨의 배출을 도와준다.

사람에게는 불쾌감을 주지만 새들에게는 그렇지 않은 캡사이신의 효과는 식물들이 목표에 대해 보여주는 화학적 방어들의 놀라운 능력을 보여주는 예이다. 포유동물의 캡사이신 수용체를 연구하는 의과학자들은 캡사이신이 인간에 있어서 고통을 이해하고 조절하는 공통적인 열쇠가 될 수 있을 것으로 생각한다.

리그닌(lignin)이라 불리는 페놀화합물 중합체는 목재를 단단하게 해주고 미생물들의 공격으로부터 막아준다. 부식을 일으키는 미생물(세균 및 곰팡이) 중에는 리그닌을 분해할 수 있는 것들이 거의 없다. 나무가 잘 썩지 않아 좋은 건축자재로 이용되는 이유가 그 때문이다. 리그닌은 또한 많은 동물이 좋지 않은 맛을 느끼는 성분이다.

플라보노이드에는 꽃가루를 전달하거나 씨를 분산시키는 동물을 꽃이나 열매로 유인하는 아름다운 **안토치아닌**(anthocyanin) 색소들이 포함된다. 많은 꽃과 열매들의 오렌지, 핑크 또는 적색은 펠라르고니딘(pelargonidins, 제라니움 *Pelargonium*에서 이름이 유래)이라 불리는 플라보노이드 색소들 때문이다. Cynidin이라 불리는 플라보노이드 색소는 심홍색과 적색을 띠며 *delphinidin*(*Delphinium*에서 이름이 유래)은 자주색과 청색을 띤다(그림 3.26). 양파와 마늘에 들어 있는 quercitin은 항산화제 및 항히스타민제 기능의 보조식품제로서 플라보노이드의 일종이다. 건강에 좋다는 은행나무(*Ginkgo biloba*) 추출액은 플라보노이드 함유 때문이며 포도씨나 녹차 추출액도 마찬가지로서 모두 보조식품제로서 판매되고 있다. 귤이나 오렌지 껍질로부터 추출한 플라보노이드들은 처방약보다도 부작용이 적은 좋은 콜레스테롤 저하 화합물이다.

그림 3.25 페놀화합물류(Phenolics) (a) 향료인 바닐린(vanillin)과 목재의 주성분인 리그닌(lignin)의 구조. (b) 음식제조에 있어서 인공 바닐라보다 훨씬 가치가 있는 천연바닐라추출물은 난초과 *Vanilla*의 건조한 열매(바닐라 깍지)로부터 추출된다. (c) 착색된 참나무 목재의 절편은 대부분 리그닌으로 구성되어 있다.

많은 알칼로이드가 의약품으로 이용된다

담배 니코틴이나 커피의 카페인 같은 다양한 알칼로이드가 잘 알려져 있다. 알칼로이드는 의약품으로 널리 사용되고 있으며 식물에 있어서도 방어기능으로 중요하다. 알카로이드는 매우 다양하여 12,000 가지 이상이 알려져 있는데 어떤 식물은 여러 가지를 생산하기도 한다. 예를 들면 백혈병치료제 생산을 위해 사용하는 빙카(*periwinkle, Catharanthus roseus*)(7장)는 100가지 이상의 알칼로이드를 생산한다.

우리들이 지금까지 알아보았던 이차화합물과는 달리 모든 알칼로이드는 질소를 함유한다. 알칼로이드는 식물들이 굶주린 초식동물의 공격으로부터 방어하는데 만드는데 매우 효과적이다. 모든 알칼로이드는 많은 양을 복용하면 독성을 나타내며 동물신경계에 강력하게 영향을 주는 것들도 있다. 차와 녹차에 들어 있는 카페인과 초콜릿에 함유된 theobromine, 담배의 니코틴은 낮은 양으로도 인간 신경계에 자극을 준다(그림 3.27). Strychbine과 coniine(독미나리아의 주성분이며 고대에서 독약으로 사용)은 아주 적은 양으로도 인간에 치명적이다. 그리스의 철학자 소크라테스는 독미나리 추출물을 마시게 하여 독살된 가장 유명한 사람중의 한 사람이지만 이밖에도 이렇게 희생된 사람들은 많다. 토착민들은 강력한 알칼로이드의 하나인 tubocurarine을 화살촉의 묻히는 독약으로 사용하였다. 이러한 알칼로이드들은 또한 수술 전에 사용되는 근육이완제와 같이 현대 의약에 있어서도 사용된다.

안데스산맥의 상록수인 *Cinchona* 수피에 들어있는 키니네과 같은 알칼로이드들 또한 의약용으로 사용된다. 키니네은 혈액에 존재하는 원생생물이 일으키며 매년 1억 명 이상이 감염되는 말라리아를 치료하는데 사용된다(19장). 잉카를 포함한 안데스 사람들은 유럽 사람들이 도착하기 훨씬 이전부터 키니네를 사용하였다. 오늘날 합성 키니네가 등장하긴 하였지만 어떤 말라리아는 이들에 대해 저항성을 보인다. 그러나 지금까지 천연 키니네에 저항성을 갖는 질병미생물들은 나타나지 않고 있다. 천연 키니네에는 36가지의 알칼로이드들이 포함되며 이중 4가지가 말라리아에 효과가 있다. 고혈압 치료에 널리 이용되는 진정제 기능의 reserpine은 *Rauvolfia serpentina*로부터 추출되는 알칼로이드의 일종이다. 인디안 주술사들도 뱀풀로 알려진 이 식물을 적어도 3,000년 동안이나

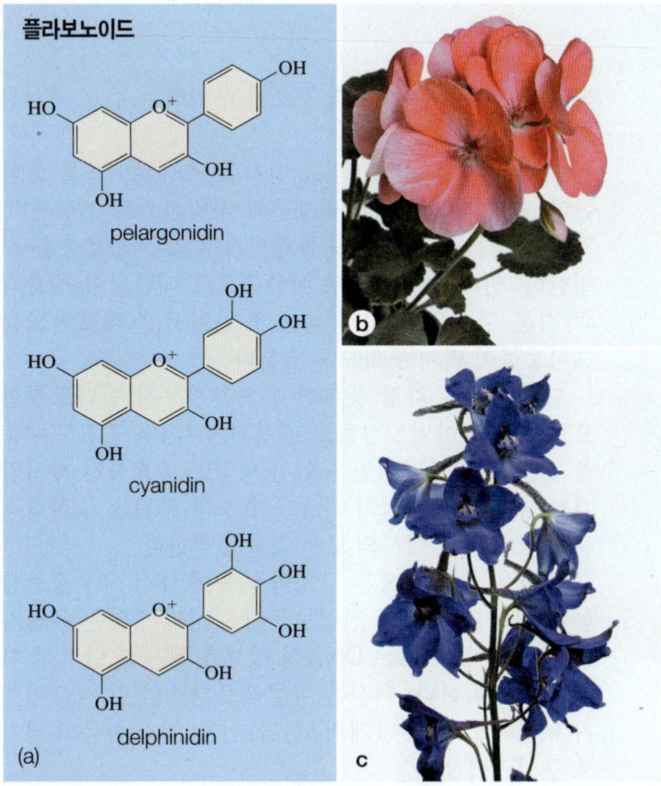

그림 3.26 플라보노이드 (a) 3가지 플라보노이드 색소들의 구조: pelargonidin(제라늄, *Pelargonium*에 함유), cynidin(장미에 함유), delphinidin(*Delphinium*에 함유). (b) 제라늄. (c) 참제비고깔속(*Delphinium*)

사용하였다. 뱀풀은 많은 알칼로이드들을 함유하며 이 중 어떤 것들은 의학적으로 효과가 있는 화합물이다. Reserpine이 인공적으로 합성되긴 하지만 동남 아시아에서 자라는 식물들로부터 이 성분을 추출하는 것이 훨씬 경제적이다.

모르핀과 코카인은 법적으로 규제를 받는 습관성 알칼로이드들이지만 의학적으로 이용되기도 한다(2장 참조). 코카인은 안데스 원산인 코카나무 *Erythroxylem coca*(그림 1.6)의 잎에서 추출되는데 잎에는 13가지의 다른 이차화합물도 들어 있다. 안데스 농부들은 오랜 기간 동안 굶주림을 해결하고 고통을 없애주며 원기를 돋우기 위해 잎 그대로를 사용하여 왔지만 추출 정제된 코카인을 사용하는 사람들에서 나타나는 중독이나 해로운 효과들을 겪지 않았다. 전문가들은 잎 속에 함유된 한 가지 이상의 화합물이 완전한 잎 형태로 소비될 때 코카인의 효과를 변형시키는 것으로 추정한다. 광범위하게 사용되는 진통제 procaine과 novocaine은 코카인의 화학적인 구조를 바탕으로 화학적으로 고안된 합성화합물들이다.

식물은 구조적 지지, 강한 햇빛으로부터의 보호, 질병 미생물 및 초식동물에 대한 방어를 포함하는 많은 어려운 문제들을 해결하기 위해 화학을 사용해 왔다. 우리 모두 매력적인 녹색의 화학공장을 우리 주변에 갖고 있는 것이다. 앞으로 여러분들이 아름다운 목재조각이나 눈부신 색깔의 꽃을 칭송하고 정원의 달콤한 향기를 맡거나 환상적인 양념의 음식을 맛볼 때면 여러 가지 방법으로 인간은 식물화학공장의 생산물들을 즐기고 있음을 생각해 보자.

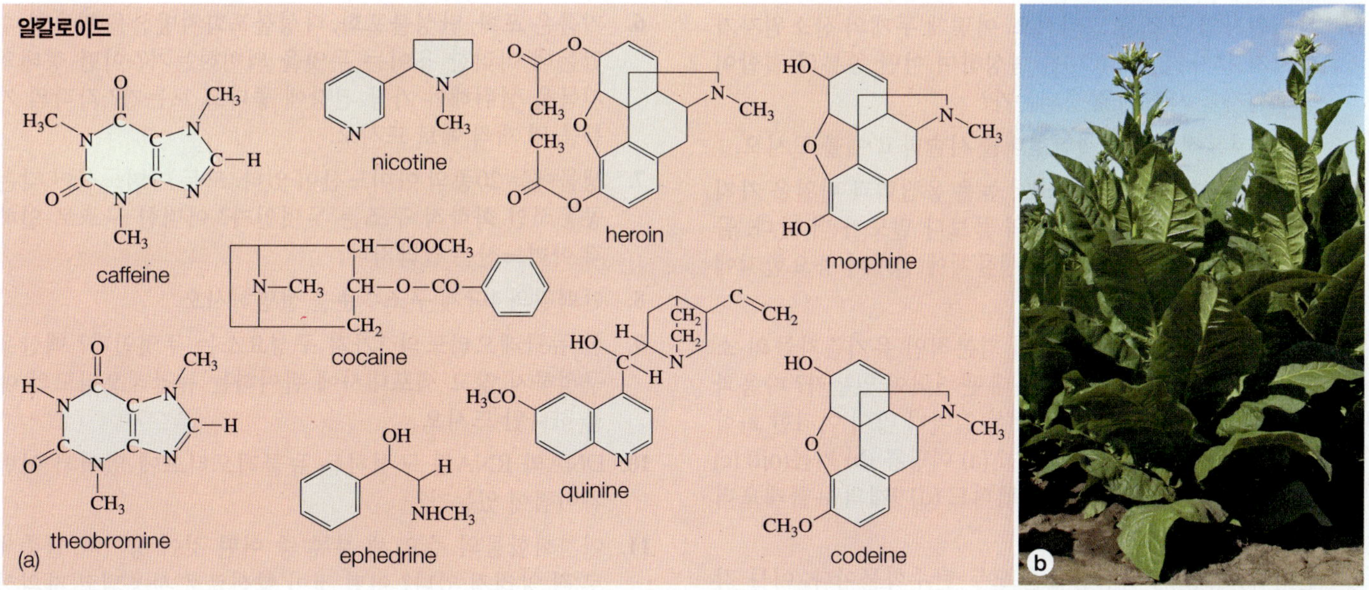

그림 3.27 알칼로이드류 (a) 신체에 뚜렷한 영향을 주는 몇 가지 알칼로이드들의 구조들. (b) 담배. 알칼로이드인 니코틴의 이름은 이 식물명에서 유래되었다.

요점

3.1 모든 물질은 화학원소로 이루어져 있다. 수소, 산소, 탄소, 질소, 인, 황, 칼슘, 칼륨, 마그네슘의 9 가지 원소들이 식물 건중량의 대부분을 차지한다.

모든 원소는 독특한 형태의 원자들로 이루어지고 원자는 양성자, 중성자 및 전자로 이루어져 있다.

3.2 같거나 다른 원소의 원자들은 화학결합을 통해 합쳐져서 분자를 형성한다. 기본적인 형태의 화학결합으로는 이온, 공유, 수소결합의 3가지가 있다. 이온결합은 원자들이 전자를 잃거나 얻으면서 이온이 될 때 형성된다. 공유결합은 두 개 이상의 원자들이 전자를 공유할 때 이루어지는데 전자들의 공유가 균등하지 않으면 극성공유결합이 형성되고 분자들은 전하를 띤다. 물은 극성분자의 한 예로서 약한 음(−)전하를 띤 산소와 인접한 물 분자의 약한 양(+)전하를 띤 수소 사이에 잡아당김으로 수소결합이 형성된다.

3.3 극성으로 인해 물은 독특한 성질을 가지며 정상적인 환경의 온도들에서 고체, 기체 액체로 존재할 수 있다.

3.4 탄소는 유기분자의 기초가 되며, 4가지 기본적인 유기분자의 형태들은 탄수화물, 지질, 단백질 및 핵산이다.

탄수화물에는 당, 전분 및 섬유소가 포함된다. 포도당이나 과당과 같은 단당류들은 에너지로 이용되는 분자들이며 이당류인 설탕은 식물에 있어서 당의 주요 이동형태가 된다. 다당류인 전분은 에너지 저장분자로 이용되지만, 섬유소는 식물의 구조를 구성하는 주요 구성원의 하나이다.

지질은 지방, 기름, 왁스, 인지질, 스테로이드를 포함한다. 지방과 기름은 글리세롤과 지방산으로 구성된다. 왁스는 식물표면에 물을 통과시키지 않는 보호층을 형성한다. 인지질은 스스로 이중층으로 배열되어 세포막의 기본 구성원이 되며 식물에 있어서 스테로이드는 초식동물이 먹지 못하도록 만든다.

단백질들은 가장 풍부한 유기분자로서 펩티드결합으로 연결된 아미노산들로 구성되며 4개의 구조적 수준을 갖는다. 저장단백질은 인간 영양에 중요하긴 하지만 가장 중요한 단백질의 기능은 효소라 부르는 생화학적 촉매다. 효소는 대사의 모든 것을 조절한다.

핵산은 생물의 모든 구조와 기능에 대한 유전정보를 함유한다. DNA는 유전정보들이 구성되어 있는 유전자를 함유하며 RNA는 DNA의 정보를 복사해 단백질 합성으로 해독한다. 핵산은 뉴클레오티드의 긴 사슬이며 각 뉴클레오티드은 1개의 5탄당, 인기, 질소 함유의 염기로 구성되어 있다.

3.5 식물의 이차화합물에는 테르펜, 테르페노이드, 페놀화합물 및 알칼로이드가 포함되는데 인간에 매우 유용하고 중요한 생태적 역할을 갖는다.

문제

1. 산소원자의 구조를 그리시오. 어떻게 두개의 산소원자가 합쳐져 분자인 산소(O_2)를 형성하며 어떤 종류의 결합이 산소원자들 사이에 형성되는가?

2. 3가지 기본적인 화학결합형태를 서술하고 예를 드시오.

3. 물은 매우 효과적인 용매로서 높은 응집력과 비열을 가지며 고체얼음은 차가운 액체의 물보다 밀도가 더 낮다. 물의 이러한 각각의 특성들이 생물체에 얼마나 중요한지에 대해 설명하시오.

4. 어떠한 화학적 반응이 4가지 기본적인 유기분자들의 소단위 구성원들을 결합시키는데 관련되어 있는가? 다음과 같은 분자를 형성하기 위해서는 얼마나 많이 이러한 화학적 반응들이 일어나야 되는가? (a) 이당류 (b) 기름(oil) (c) 4개의 아미노산을 갖는 폴리펩티드 (d) 9개의 뉴클레오티드로 구성된 핵산

5. 단당류, 이당류, 다당류들은 모두 탄수화물이다. 이들 각각의 한 예를 들고 식물에서의 기능, 인간의 이용도에 대해서 한 가지 이상 설명하시오.

6. 기름은 포화, 단성불포화, 다성불포화지방산을 함유할 수 있는데 이러한 용어는 무엇을 의미하는가? 어떤 형태의 기름을 섭취해야 가장 건강에 좋다고 보는가? 각각의 기름을 몇 개씩 예로 드시오.

7. 생물에는 20종의 아미노산이 있다. 모든 아미노산이 갖는 공통적인 화학적 구조는 무엇인가? 어떠한 구조로 인해 각 아미노산은 달라지나?

8. 단백질의 4단계 구조수준을 설명하시오.

9. 한 뉴클레오티드의 3가지 구성요소는 무엇인가? 핵산을 구성하지 않고 세포대사에 관여하는 뉴클레오티드의 예를 하나만 드시오.

10. DNA와 RNA를 구성하는 뉴클레오티드에 있어서 어떤 차이점이 있는가?

11. 이차화합물의 주요 세 부류 중 어떤 것이 향기와 살충제로 잘 알려져 있나? 어떤 것이 향신료로 사용되고 자외선으로부터 식물을 보호하는가? 어떤 것이 자극적이고 독성이 있으며 정신적 활성의 화합물인가?

응용 개념

1. 로봇에 의해 움직이는 우주선이 목성의 가장 큰 위성인 Europa에 착륙하여 표면의 얼음을 채취해 자동화된 화학 실험실로 전달하고 분석결과 물과 함께 다음과 같은 분자식을 지구로 보내왔다:
   (a) $C_4H_8O_4$
   (b) $C_5H_{10}O_5$
   (c) $C_3H_5(OH)_3$
   (d) $H_2NCH(CH_2SH)COOH$

   여러분은 매스컴에 Europa에서 로봇이 무엇을 발견했다고 발표할 수 있는가?

2. 전분과 섬유소는 모두 다당류이지만 구성원들의 결합형태가 다르다. 이러한 차이점이 두 다당류가 식물에서 갖는 기능과 어떠한 연관이 있는가?

3. 활성부위는 한 효소의 3차 구조에 있어서 화학반응이 일어나는 부위이다. 한 돌연변이는 효소를 구성하는 아미노산 서열에 변화를 일으킬 수 있다. 어떤 상황에서 돌연변이가 일어나더라도 효소 기능에 영향을 주지 않을 수 있는가?

4. 여러분들이 본 장에서 유기분자에 대해 배운 지식을 기초로 건강음식의 구성요소로 추천할 만한 것들로는 무엇이 있는가?

4 장 세포

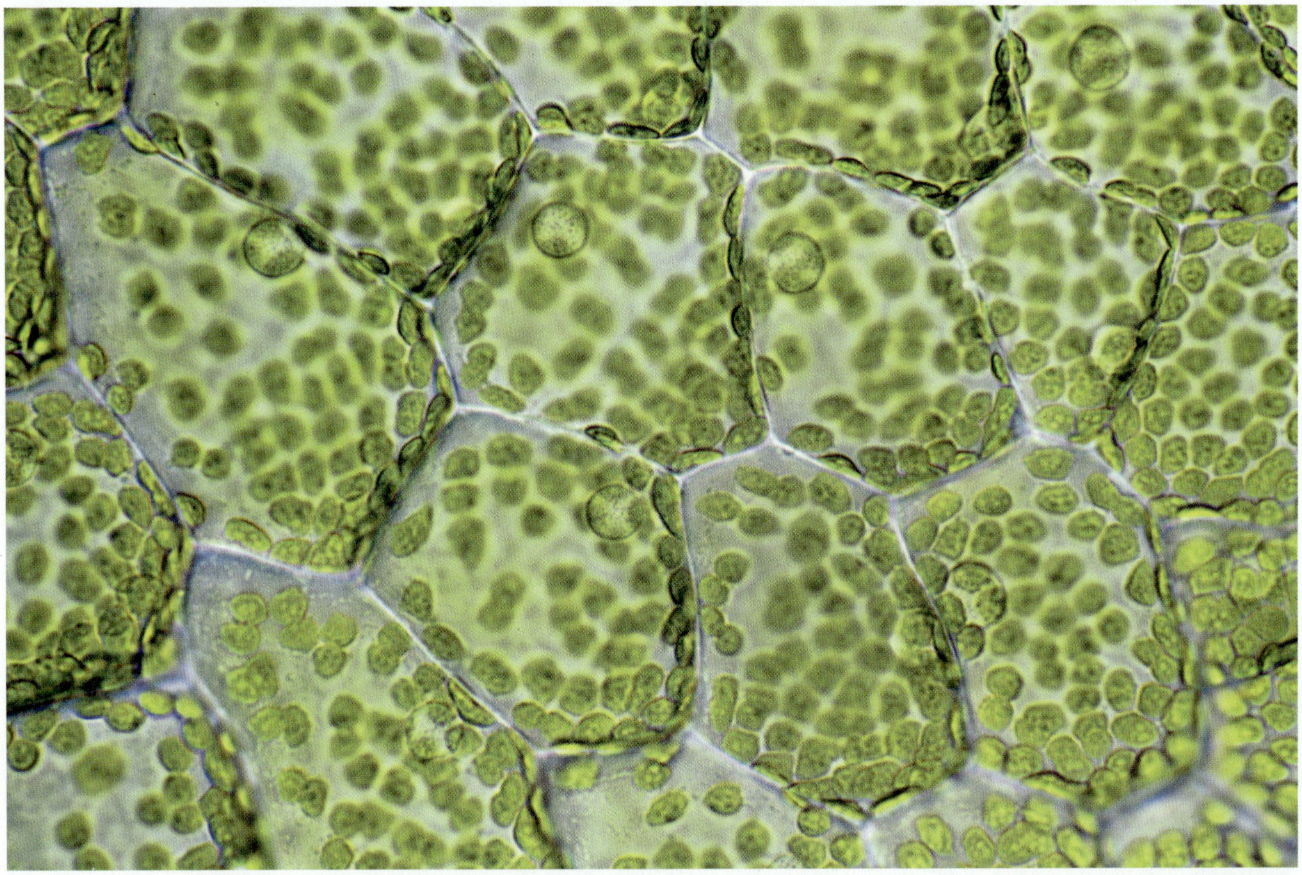

고사리 배우체 세포

주요 개념

- 모든 생명체는 세포로 이루어져 있다.
- 조류, 원생동물, 균류, 식물 및 동물의 진핵세포의 구조는 원핵세포보다 복잡하다.
- 세포의 현미경적 크기로 인하여 주위 환경과의 물질교환이 촉진된다.
- 현미경은 세포 연구를 위한 중요한 도구이다.
- 대부분의 진핵세포 DNA는 막에 둘러싸인 핵에 들어 있다.
- 세포의 물질을 생산하고 수송하는 내막계와 단백질로 이루어진 세포골격은 진핵세포의 특징이다.
- 대부분의 진핵세포는 에너지 변환 장소로서의 미토콘드리아를 하나 이상 가진다.
- 식물세포는 다른 세포와 달리 세포벽, 액포, 엽록체를 가진다.

영국 작가 조나단 스위프트(Jonathan Swift)의 유명한 풍자작품이자 고적문학인 "걸리버 여행기"에는 상상의 땅인 릴리푸트(Lilliput)와 그 곳에 살고 있는 소인들에 관한 내용이 기술되어 있다. 자연계에는 미세한 생물들로 이루어진 진정한 의미의 릴리푸트적 세계가 존재하지만, 현미경이 고안된 1600년대까지는 이것들을 눈으로 직접 볼 수 없었다. 현미경이라는 새로운 도구를 이용하여 연못의 물 한 방울을 관찰하였더니 그 안에는 여러 형태의 수많은 미세한 생물이 있음을 알게 되었다. 영국의 물리학자인 후크(Robert Hooke)는 수제 현미경을 써서 나무 수피의 코르크 박편을 관찰한 결과 작은 입체 공간이 층과 열을 이루어 존재함을 발견하였다. 후크는 이들 빈 공간이 당시의 승려들이 살았던 수도원의 침실 즉, 작은 독방(cell)을 연상시켰으므로 1655년에 "cell(세포)"이라는 용어를 만들었다.

점차 성능이 향상된 현미경을 사용하여 후대의 과학자들은 수많은 표본을 조사함으로써 수많은 새로운 형태의 세포와 미생물을 발견하였다. 1838년에 독일의 식물학자인 실라이덴(Matthias Schleiden)은 모든 식물은 세포로 이루어져 있다고 최초로 결론 내렸다. 이듬 해 시반(Theodor Schwann)은 모든 동물 역시 세포로 이루어져 있다고 하였다. 1858년 비르초우(Rudolf Virchow)는 "동물은 오로지 동물로부터 생겨나고 식물은 오로지 식물로부터 생겨나듯이, 세포 역시 오직 기존의 세포에서만 생겨난다"고 하였다. 이들 3인의 관찰에 바탕을 두어 세포설(cell theory)이 탄생하였다. 세포설에 따르면, 세포는 모든 생명체의 기본 구조이며 모든 세포는 양친 세포로부터 생겨난다. 이후의 연구에 의해 모든 세포는 공통적 특징을 가지면서도 다양한 기능을 반영하는 방법에 있어서는 차이가 있음이 밝혀졌다.

이러한 사실들은 오늘 날의 우리에게는 당연한 일로 보이지만, 세포설은 모든 시대에 걸쳐 중요한 과학적 업적의 하나로 인정되었다. 세포설은 뉴스 매체에 흔히 등장하는 인간 줄기 세포의 클로닝 및 배양과 같은 논쟁적인 이슈를 포함하여 일상적인 인간생활에 영향을 미칠 수 있는 수많은 생물학 발전의 토대를 제공한다. 이러한 의미에서 교육을 거친 모든 시민들은 세포에 대한 기본적 지식을 가져야 한다. 이 장에서는 식물세포 성분의 구조와 기능 및 그 기원에 중점을 두어 살펴보고자 한다. 이들 개념의 많은 부분은 인체를 포함한 모든 세포에도 그대로 적용할 수 있다. ■

조류 세포들

4.1 | 생물은 하나 혹은 많은 작은 세포로 되어있다

하나의 세포로만 이루어진 생물들도 많이있다. 이들은 **단세포 생물**(unicellular organism)이다. 여기에는 대부분의 박테리아와 고세균, 많은 원생생물, 곰팡이 일부가 포함된다. 단세포 구조를 가진 대부분의 미생물은 크기가 너무 작기 때문에 현미경을 사용해야만 관찰이 가능하다(그림 4.1a). 대부분의 해초, 곰팡이, 식물, 동물과 같이 크기가 커서 쉽게 보이는 생물들은 수많은 작은 세포로 이루어져 있으므로 **다세포 생물**(multicellular organism)이라고 한다. 다세포 생물은 흔히 유형이 다른 하나 이상의 조직을 갖는다(그림 4.1b). 조직이란 유사한 구조와 기능을 갖는 세포 집단을 말한다. 후크가 관찰한 작은 방에 해당되는 것은 나무 수피의 코르크 조직을 이루는 죽은 세포들이었다(그림 4.1c). 서로 다른 유형의 조직들은 집단을 이루어 줄기, 뿌리, 잎과 같은 **기관**(organ)을 형성한다.

일부 동물의 난세포나 일부 해초는 현미경 없이도 관찰이 가능한 하나의 커다란 세포로 이루어져 있다. 그러나 대부분의 세포들은 크기가 극히 작아서 1μm(1미터의 백만분의 일) 내지 100μm의 범위에 있다. 세포들은 왜 이렇게 작을까? 그 이유는 세포가 작아야만 표면적을 통한 물질 교환이 극대화되기 때문이다. 세포의 크기가 증가함에 따라 세포 부피에 대한 표면적의 비가 현저하게 감소한다. 대부분의 세포들이 그리 크지 않은 이유는 크기가 커질 경우 세포의 수요에 부응할 만큼의 빠른 속도로 물질을 출입시킬 수 없기 때문이다.

대부분의 세포들은 육안으로 관찰할 수 없을 정도로 작기 때문에 세포 생물학을 전공하는 학자들에게 현미경은 필수적인 장비이다.

4.2 | 현미경은 세포 연구에 이용한다

무려 백만 배나 사람보다 크기가 작은 물체를 관찰할 수 있다고 상상해보라. 현미경은 이러한 능력을 제공함으로써 사람들이 이제껏 보지 못했던 생물이나 구조의 경이적 세계를 펼쳐 보인다. 세포 생물학자들은 몇 가지 형식의 현미경을 사용하는데 각각 특정한 정보를 제공할 뿐 아니라 확대된 세포 및 그 구성분의 이미지를 기록하는데 유용하게 쓰인다.

광학 현미경은 상을 확대하기 위해 유리 렌즈와 가시광선을 이용한다

복합 광학현미경(compound light microscope)은 생물학 실험뿐 아니라 병원, 범죄 수사, 기업체 실험실에서도 널리 사용되기 때문에 낯익을 것이다(그림 4.2b). 광학 현미경은 유리 렌즈를 사용하여 가시광선이 통과한 표본의 상을 확대한다(그림 4.2a). 표본이 빛이 통과하지 않을 정도로 두꺼운 경우 손이나 마이크로톰(microtome)으로 박편을 만들어 사용한다. 흔히 표본의 세포 성분을 더 잘 보이게 하기 위하여 염색 시약을 사용한다(그림 4.2c). 살아 있는 세포의 동적인 모습을 기록하기 위하여 광학 현미경에 비디오 카메라를 장착하기도 한다(그림 4.2d). **입체 해부현미경**(stereo dissecting microscope)은(그림 4.3a) 복합 광학현미경으로 관찰하기에는 너무 크거나 두꺼운 표본을 연구하기 위하여 사용되는 일종의 광학 현미경이다(그림 4.3b). 입체 해부현미경은 표본을 다루고 해부하는데 쓸모가 있기 때문에 그런 명칭이 붙여졌다. 또 다른 특수 광학현미경으로서 형광 현미경이 있다. 형광물질들은 빛을 받으면 다른 파장의 빛을 발생시킨다. 생물학자들은 형광 현미경을 사용하여 빛을 발하는 물질을 탐지할 수 있다. 형광 현미경은 식물 세포 연구에 특히 유용 그 이유는 엽록소(그림 4.4a) 및 기타 식물 성분들이(그림 4.4b) 천연적으로 형광을 발하기 때문이다. 또한 세포에 형광 염색 시약을 처리하여 특정 세포 성분에 결합시킴으로서 그 위치를 쉽게 파악하기도 한다. 예를 들면 일부 염색 시약은 특이적으로 DNA와 결합하므로 세포 내에서 DNA 위치나 그 함량을 쉽게 파악할 수 있다(그림 4.4c). 공초점 레이저 주사현미경(confocal laser scanning microscope)은 광원으로 레이저를 사용하는 형광 현미경의 일종이다. 레이저는 정확히 계산된 깊이로 표본을 스캐닝함으로써 명확한 세포 내부의 이미지를 얻을 수 있게 한다.

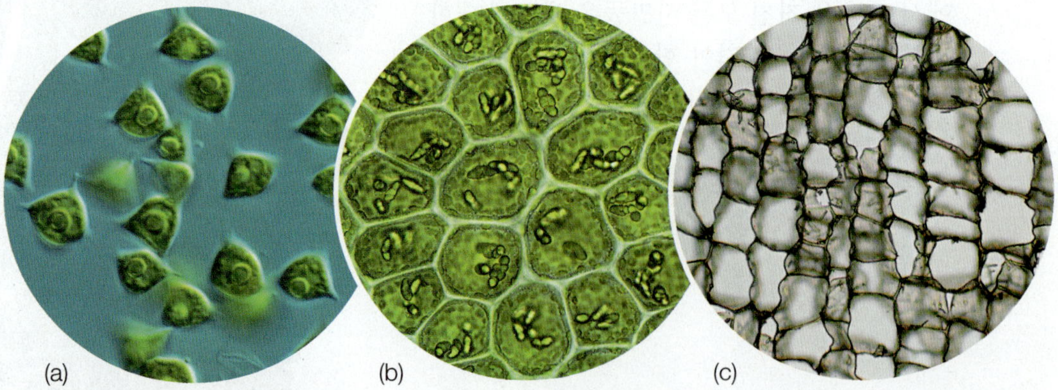

그림 4.1 세포와 조직 (a) 단세포 광합성 녹조류인 *Chlorotetraedron* 몇몇 세포들. (b) 수많은 작은 녹색 세포로 이루어진 식물조직. 각 세포는 세포벽으로 둘러 싸여 있다. (c) 코르크 병마개의 단면으로서 코르크 조직의 개별 세포들을 보여준다. 성숙한 코르크 조직의 세포들은 죽는다. 이것은 후크가 처음 "세포"라고 하는 용어를 만들었을 때 관찰했던 것과 비슷한 모양이다. 상업적 용도의 코르크는 굴참나무류(*Quercus suber*)에서 얻는다.

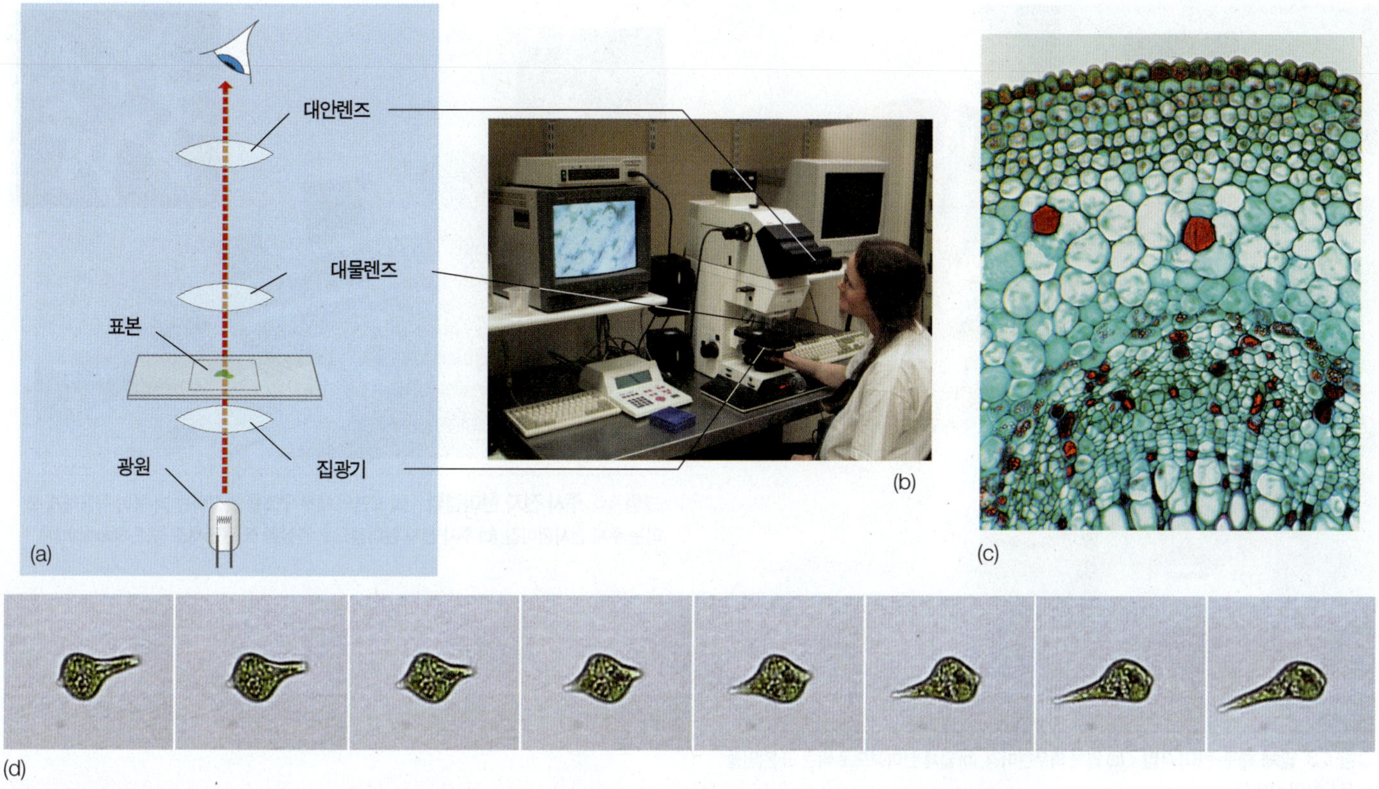

그림 4.2 복합 광학 현미경법 (a) 복합 광학현미경의 주요 구성요소를 보여주는 모식도. 광원에서 발생된 빛은 박층의 표본을 통과한다. 집광 렌즈는 빛의 집중을 도와준다. 대물렌즈와 대안렌즈를 서로 다르게 조합하여 배율(해상력)을 변화시킨다. (b) 과학자가 연구용 복합광학현미경을 사용하고 있다. (c) 염색된 식물 표본(피나무 *Tilia americana*의 어린 줄기). (d) 복합 광학현미경으로 연속 비디오 촬영한 사진들. 원생생물인 연두벌레(*Euglena gracilis*)의 움직임을 보여준다.

전자 현미경은 자기렌즈로 전자빔으로 촛점을 맞춘다

전자 현미경(electron microscope)은 상을 맺히게 하기 위해 전자와 자기 렌즈를 이용하기 때문에 광학현미경에 비해 100배 이상의 고배율을 가진다. 광학 현미경에 비해 전자현미경은 바짝 근접해 위치한 작은 물체들을 더 잘 구별할 수 있는데 그것은 전자가 가시광선에 비해 훨씬 짧은 파장을 가지고 있기 때문이다. 즉, 빛의 파장이 짧을수록 작은 물체를 구분하는 능력이 크다. 전자현미경으로 관찰하려는 표본은 세포를 죽이는 고정과정을 거쳐야 하는데, 대개 세포 구조의 변화를 방지하는 화학물질 용액에 보존한다. **주사 전자현미경**(scanning electron microscope, SEM)은 금, 팔라듐, 혹은 백금 박막으로 표본의 표면을 코팅한 후 표면을 전자 빔으로 스캐닝하여(그림 4.5a) 표본 표면에서 튕겨 나온 전자들이 상을 형성하게 한다. 관찰자의 눈에는 표면 표본의 굴곡이 확대된 상이 보이게 된다(그림 4.5b).

투과 전자현미경(transmission electron microscope, TEM)은 초미세마이크로톰(ultramicrotome)을 사용하여 만든 초박형 절편을 관찰하는데 사용된다(그림 4.6a). 이를 위하여 표본에 안정성을 제공하는 경화성 액체플라스틱을 침투시켜 표본을 절단하고, 납이나 우라늄염과 같은 중금속으로 염색한다. 이들 중금속은 세포내 특정 물질과 선택적으로 결합한다. 우라늄은 DNA와 RNA를 염색하고 납은 지질과 단백질을 염색하기 때문에 이들 분자들은 바탕에 대하여 한층 선명한 명암(contrast)을 나타낸다. 절편을 현미경에 장치하고 전자 빔을 통과시키면 중금속이 결합되지 않은 부분에서는 전자 빔이 그대로 투과되지만 중금속이 결합된 부분에서는 전자의 진행방향이 변경된다. 세포 내부의 상은 투과된 전자들에 의해 형성된다(그림 4.6b, c).

이들 다양한 형식의 현미경들은 세포를 관찰하는 데 있어서 상이하면서도 보완적인 방법을 제공한다. 예를 들면, 투과전자현미경을 사용하여 관찰한 결과 식물, 동물, 곰팡이, 원생생물의 세포 내부는 매우 복잡하지만 여러 가지 면에서 서로 유사하며 박테리아나 고세균에서 볼 수 없는 구조들이 들어있음을 알게 되었다. 또한 TEM을 통해 식물 세포는 몇 가지 독특한 특징들을 공유함을 알게 되었다. 이러한 차이는 광학현미경이나 SEM으로는 알아내기 어렵거나 혹은 불가능한 것들이다. 반면에 세포들이 체제를 이루어 조직이 되어 있는 현상을 관찰하는 데는 광학 현미경이 유리하며 세포 표면의 특성을 알아내는 데는 SEM이 가장 좋은 방법이다.

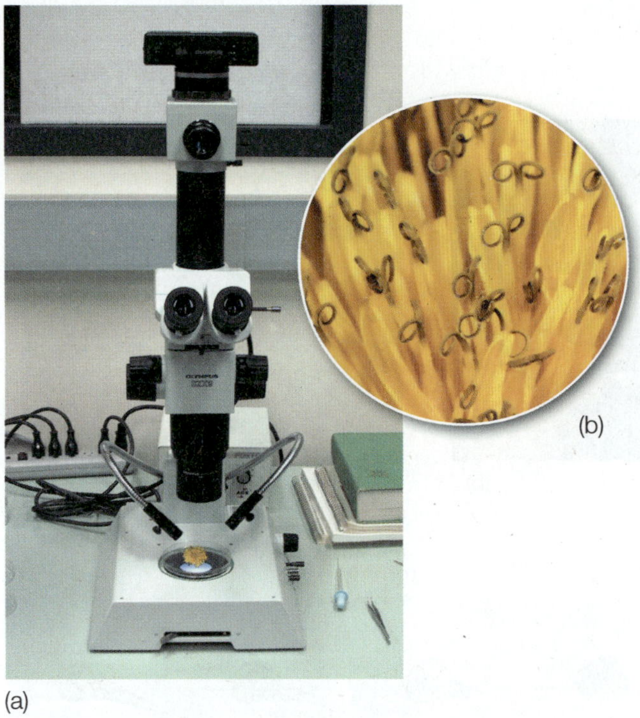

그림 4.3 **입체 해부 현미경법** (a) 입체 해부현미경. (b) 입체 현미경으로 찍은 표본(민들레 두상화의 확대도).

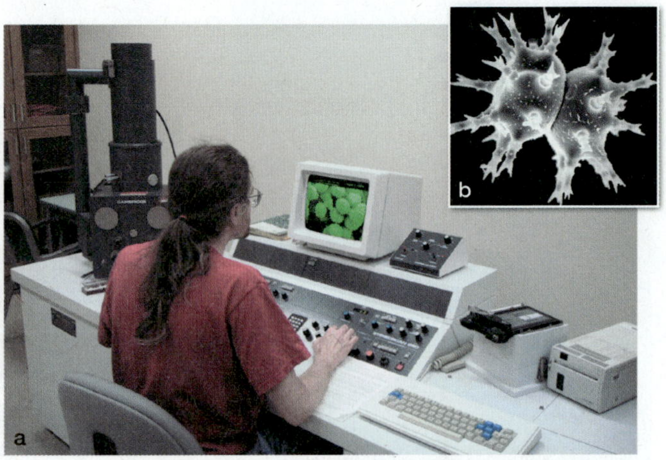

그림 4.5 **주사 전자 현미경법** (a) 표면의 세부 구조를 관찰하는 데 특이 유용하게 쓰이는 주사 전사현미경. (b) 주사 전자 현미경으로 관찰한 표본(단세포 녹조 *Staurastrum*).

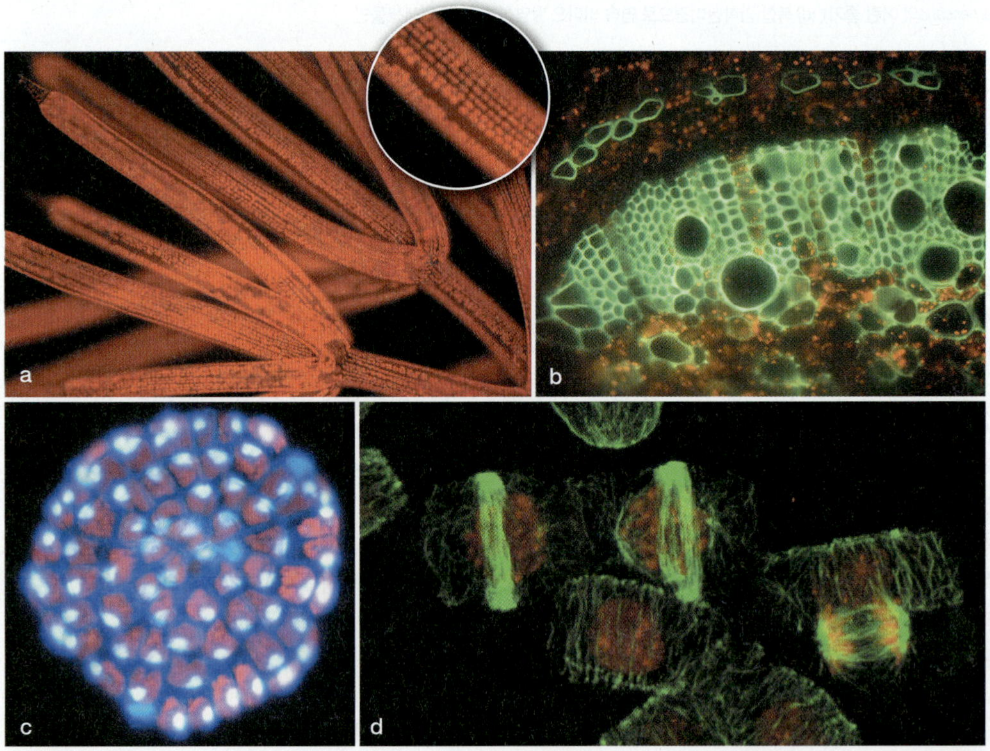

그림 4.4 **형광 현미경** (a) 녹조류 니텔라(*Nitella*) 엽록체의 자생적 형광 발생. 세포 내에 수많은 작은 엽록체들이 매우 규칙적인 배열을 이루고 있다(삽입도). (b) 토마토 줄기의 단면도. 리그닌이 덮여있는 수분 통도세포는 황록색 형광을 발한다. (c) 녹조류 *Coleochaete* 세포의 핵을(흰색 반점) 보다 잘 관찰하기 위하여 DNA에 결합하는 형광 염색시약으로 염색한 사진. (a), (b)와 같이 엽록체는 스스로 적색 형광을 발한다. (d) 특정 세포성분의 위치를 파악하기 위해 공초점 현미경(confocal microscope)을 이용하여 얻은 식물 세포의 상. 핵은 붉은 색으로, 미세소관은 녹색으로 보인다.

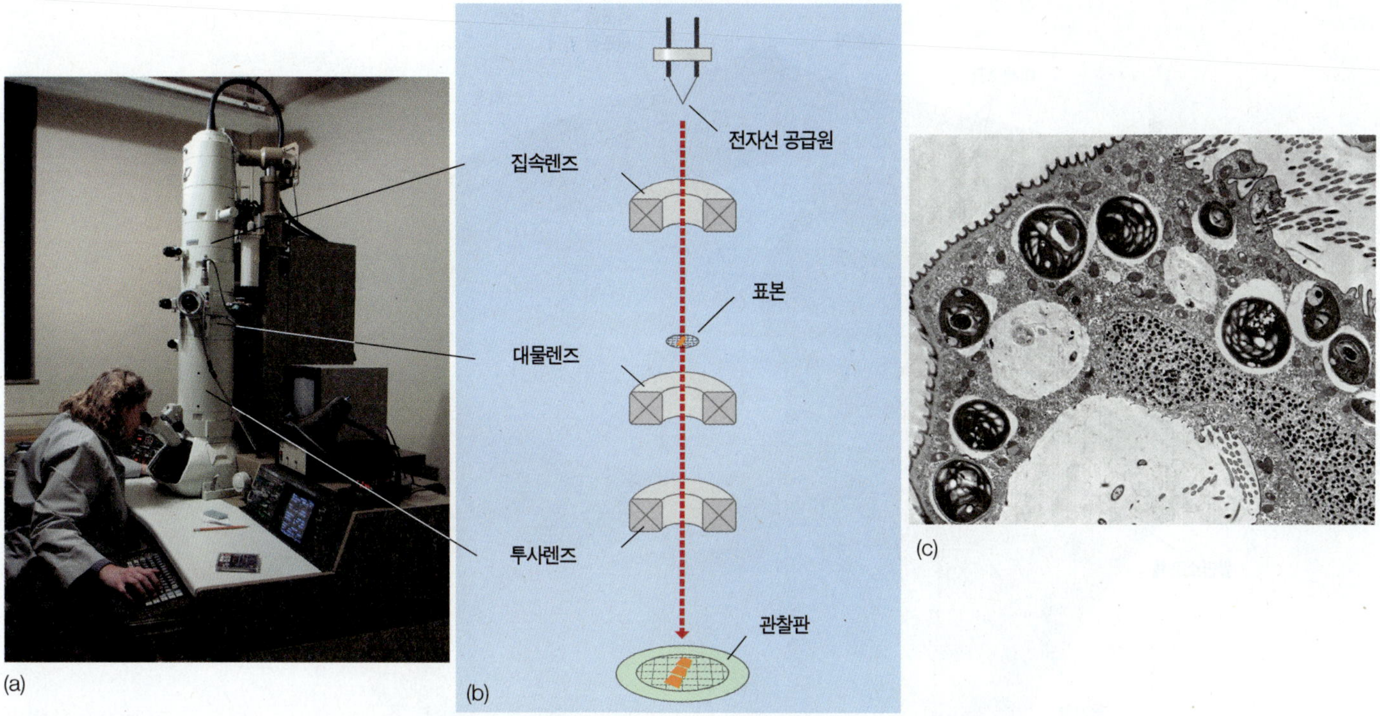

그림 4.6 투과 전자 현미경법 (a) 투과 전자 현미경. (b) 투과 전자 현미경을 단순화한 모식도. 일반적으로 이러한 유형의 전자 현미경은 배열순서가 뒤바뀐 것 외에는 복합광학 현미경과 아주 유사하다. 전자기 집속렌즈에 의해 전자 다발의 초점이 표본 박편에 맞추어진다. 대물렌즈와 프로젝터 렌즈는 배율을 결정한다. 복합 광학현미경에서는 빛의 경로 상에서 서로 다른 렌즈들을 회전시켜 배율을 변화시키나 전자현미경에서는 전자기 렌즈를 통한 전류를 변화시켜 배율을 변화시킬 수 있다. (c) 투과 전자 현미경으로 관찰한 박편의 사진(표본은 조류 세포를 품고 있는 원생동물이다).

4.3 | 세포의 두 가지 형은 원핵세포와 진핵세포이다

식물, 동물, 곰팡이, 원생생물들은 복잡한 진핵세포로 이루어져 있기 때문에 진핵생물(eukaryote)로 알려져 있다. 반면에 박테리아와 고세균은 단순한 원핵세포로 이루어져 있기 때문에 원핵생물(prokaryote)로 알려져 있다. **진핵세포**(eukaryotic cell)란 핵 외에도 **세포 소기관**(organelle)이라고 알려진 막에 둘러싸인 구조들을 갖는 세포로 정의된다. 미토콘드리아와 색소체는 세포 소기관의 예이다. 식물세포는 진핵세포이기 때문에 핵, 미토콘드리아, 색소 및 기타 구조들을 갖는다(그림 4.7). 반면에 원핵생물들은 핵 및 기타 소기관들을 가지고 있지 않다(그림 4.8).

세포막, 세포질, 리보솜은 모든 세포에 존재한다

모든 진핵세포와 원핵세포는 적어도 세 가지의 성분을 공통적으로 가지고 있다. 원형질막(plasmalemma 혹은 plasma membrane)이라고 알려진 세포막, 내부의 세포질, 수많은 리보솜이 그것이다. **세포막**(cell membrane)은 세포질의 외부 경계를 이루며 인지질, 단백질 및 기타 물질로 이루어져 있다. **세포질**(cytoplasm)은 리보솜과 기타 세포 구조들을 포함하는 수용액 성분이다. **리보솜**(ribosome)은 단백질과 RNA로 이루어져 있으며 세포의 단백질 합성 장소이다.

세포막의 기능은 물질 교환과 수송이다

세포는 어떻게 외부환경의 자극을 인식하여 다른 세포에게 영향을 미칠까? 세포는 필요한 물질과 유해한 물질의 출입을 어떻게 조절할까? 세포는 어떻게 노폐물을 제거할까? 세포가 이러한 모든 필수적 과정을 수행하는데 있어서 세포막은 중요한 역할을 수행한다.

모든 세포는 내부에 단백질을 포함하는 세포막을 가진다. 세포막은 일부 물질은 자유롭게 통과시키되 다른 물질의 통과는 억제하므로 선택적 투과성을 가진다고 할 수 있다. 물, 산소, 이산화탄소, 질소 등 전하를 띠지 않는 매우 작은 분자들은 세포막을 쉽게 통과할 수 있다. 반면에 전하를 가진 이온이나 큰 분자들은 세포막에 존재하는 특이적인 막 수송체 단백질들을 통하지 않고는 세포막을 투과할 수 없다(그림 4.9). 일부 세포막 단백질들은 영양소 분자를 세포로 수송하거나 혹은 노폐물을 세포 밖으로 내보내며, 다른 막 단백질들은 환경으로부터의 정보 신호를 받기도 한다.

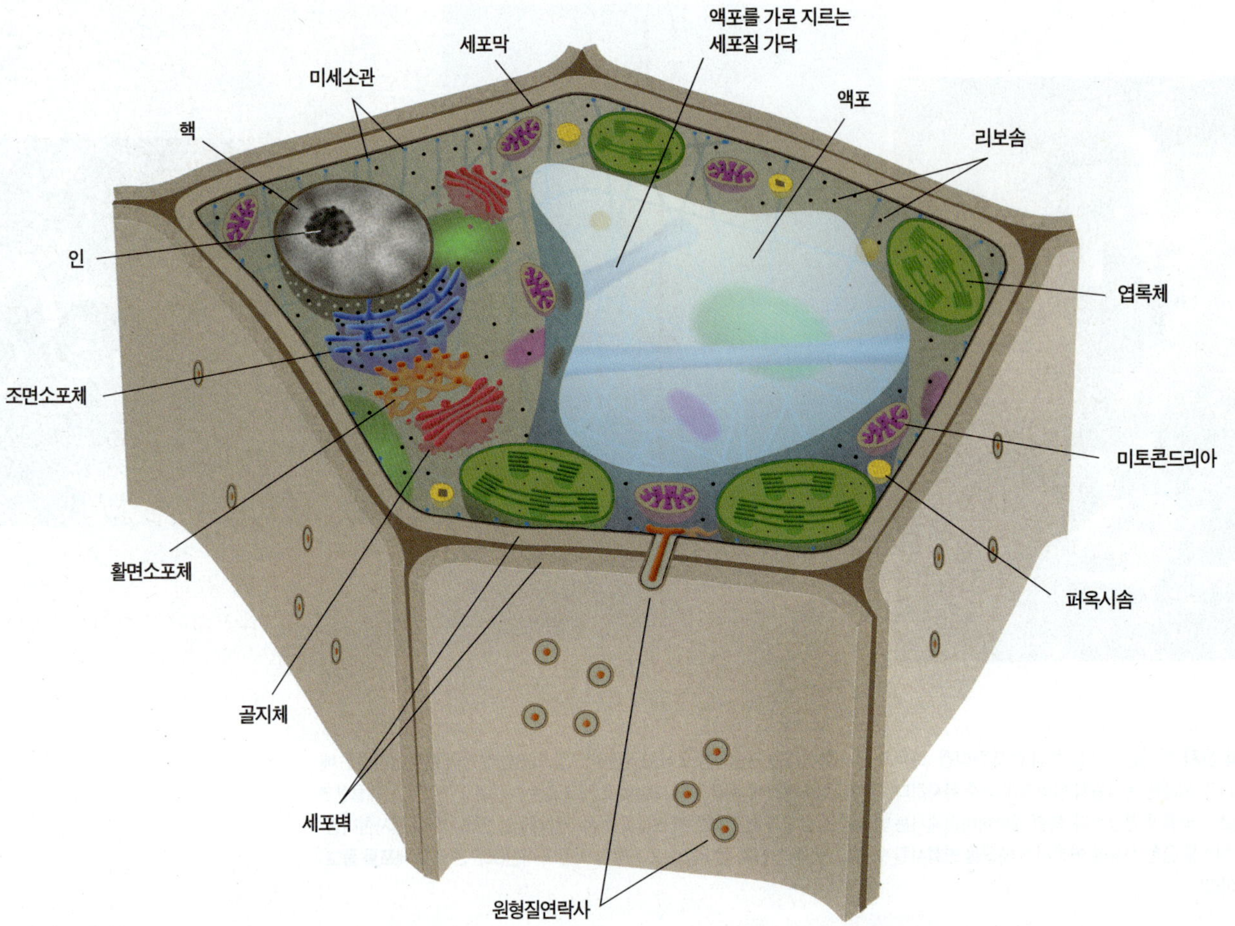

그림 4.7 식물 세포의 모식도 식물세포에서 발견되는 주요 특징을 보여준다. 다수의 동일한 구조들이 다른 유형의 진핵세포에서도 발견된다.

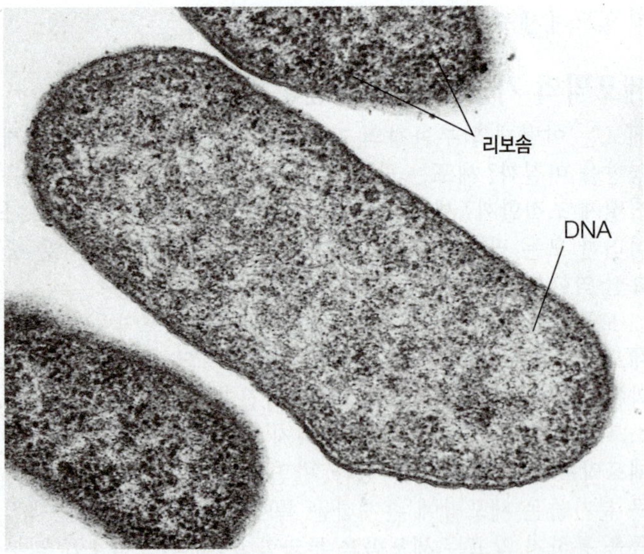

그림 4.8 투과 전자현미경으로 관찰한 원핵세포 이 세포(대장균)는 식물세포나 다른 진핵세포에서 볼 수 있는 복잡한 내부 구조가 결여되어 있다. 이 세포를 채우고 있는 작은 점들은 리보솜이다. 이들 리보솜은 진핵세포의 리보솜에 비해 크기가 작다. 가는 DNA 가닥도 관찰된다.

일부 세포막 단백질은 환경정보를 인식한다 세포막의 **수용체 단백질**(receptor protein)은 주위 환경의 화학적 신호전달 물질과 결합한다. 신호전달 물질과 결합한 수용체는 신호를 세포질로 전달하여 세포질에서 반응이 일어나게 한다. 세포막 수용체는 세포로 하여금 화학적 환경을 인식케 함으로서 환경의 변화에 대하여 적절히 반응하게 한다. 예를 들면, 식물의 한 부분에 있는 세포막 수용체는 식물의 다른 부분에서 생성된 호르몬 분자를 인식한다. 식물 호르몬은 식물의 발달, 개화, 과실 성숙 및 기타 많은 대사과정에 영향을 미친다. 호르몬과 세포막 수용체 단백질 간의 신호교환 체계는 사람을 비롯한 다른 동물에도 존재한다.

일부 세포막 단백질은 세포 내외로 물질을 수송한다 분자들은 세포막에서 **수송 단백질**(transport protein)이라고 하는 통로를 통해 세포를 출입한다. 사람들이 건물이나 방에 들어가려고 할 때 카드나 암호, 지문 혹은 홍채 인식을 이용한 전자장치로 출입을 통제하듯이 세포막의 수송 단백질들은 필요한 물질이나 정보는 세포 안으로 이동하도록 허용하지만, 유해하거나 불필요한 물질의 출입은 제한한다. 수송 단백질은 세포막의 50~75%를 차지할 만큼 세포에게 중요하다. 이들은 일명 운반체(carrier), 채널(channel), 혹은 펌프 단백질(pump

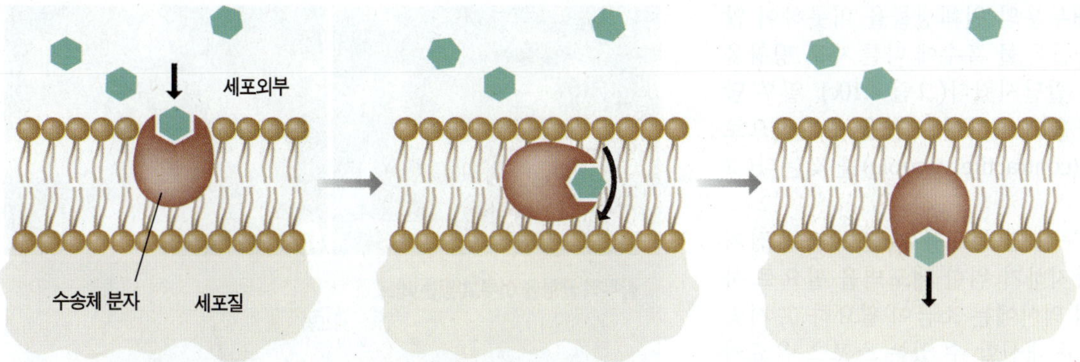

그림 4.9 **세포막의 운반체 단백질** 각각의 운반체 단백질은 세포막을 통하여 특정한 큰 분자를 운반한다. 운반체는 분자(녹색)와 결합하여 그 모양을 변화시킴으로서 막의 반대쪽에 분자를 방출한다.

protein)로 알려져 있다.

예를 들면, 식물의 뿌리 세포는 토양으로부터 인산염과 같은 무기염(mineral)을 얻기 위하여 이온 수송을 담당하는 채널을 사용해야 한다. 식물은 인지질, ATP, DNA와 같은 많은 필수적인 분자를 형성하기 위하여 인산 이온을 요구한다는 것을 기억할 것이다(3장). 아미노산과 단백질을 합성하는데 필요한 질산 이온과 암모늄 이온 역시 뿌리 세포막에서 수송 단백질을 통하여 획득된다. 다른 세포막 단백질들은 당이나 아미노산과 같은 유기 분자를 수송한다. 예를 들면, 질소 성분이 부족한 토양에 사는 식충식물은 곤충을 포획, 소화시켜 질소원으로 삼는다(11장). 이들 식물에서 곤충 소화부위의 세포막에는 암모니아, 아미노산 및 작은 단백질들을 수송하는 막단백질들이 들어 있다.

선택적 막 투과성은 삼투현상의 기초이다 가정에서 키우는 식물에게 담수 대신 해수를 주면 이 식물들은 죽고 말 것이다. 그 이유는 무엇일까? 여기에 답하기 위해서는 식물세포와 식물의 행동에 영향을 미치는 삼투에 대한 이해가 필요하다.

삼투(osmosis)란 세포 내부의 수용액과 세포 외부의 수용액에 용해된 물질의 상대적 농도에 따라 세포 안 혹은 밖으로 물이 이동하는 현상을 말한다. **용질**(solute)이라고 부르는 이들 용해된 물질들은 염(이온), 당, 기타 저분자량의 물질들로서 이들은 물과 달리 세포막을 쉽게 투과하지 못한다. 삼투의 원인은 물의 농도가 높은 곳에서 낮은 곳으로 물이 이동하려는 경향 즉, 막을 통한 물의 **확산**(diffusion)이 있기 때문이다.

세포 안과 밖의 용질 농도가 같다면 세포는 삼투 균형을 이루고 있으므로 세포의 실질적인 물 함량은 변하지 않는다. 즉, 일정한 시간 동안 같은 숫자의 물 분자가 세포 안으로 들어오고 세포 밖으로 나간다(그림 4.10a). 이 경우 외부 수용액은 세포 내부의 수용액과 **등장액**(isotonic solution)이라고 한다. 반대로 세포 내부에 비해 세포 외부의 용질 농도가 낮다면 외부 용액은 세포에 대해 **저장액**(hypotonic solution)이다. 세포 밖으로 나오는 물 분자보다 들어가는 물 분자가 많으므로 세포는 팽창하여 터지게 될 것이다(그림 4.10b). 연못이나 빗물과 같이 용질 농도가 낮은 수용액으로 둘러싸인 세포들은 흔히

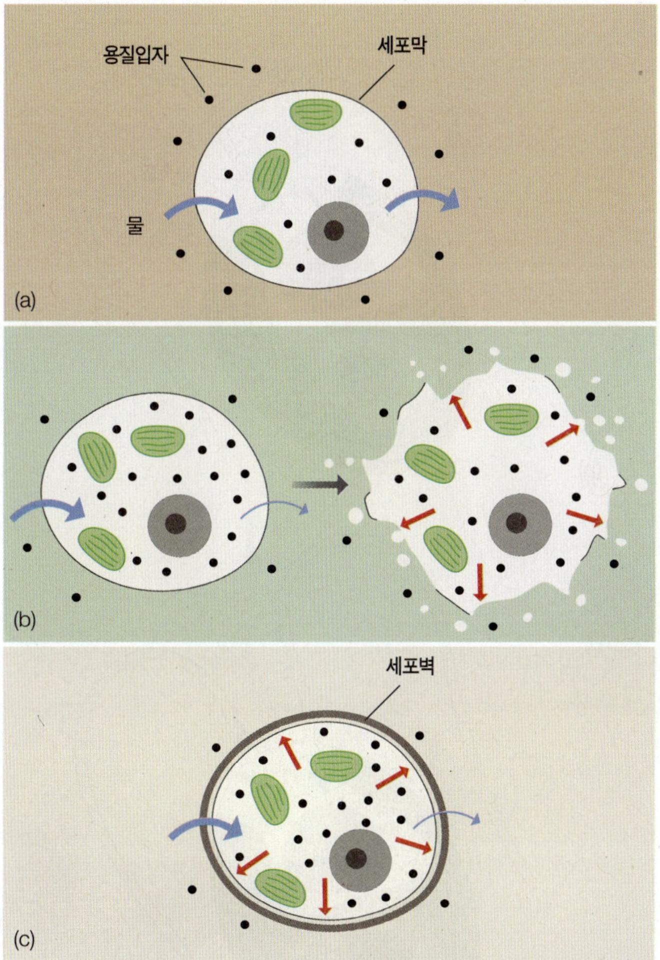

그림 4.10 **용질의 균형** (a) 등장액에는 세포와 같은 양의 용질이 들어 있다. 따라서 세포로 들어가는 물의 양과 나오는 물의 양(청색 화살표)이 같다. (b) 저장액에는 용질이 세포 내부보다 낮은 농도로 들어 있다. 이 경우, 세포로 물이 더 많이 확산되어 들어가게 되므로 세포가 파열된다. (c) 세포 내부의 용질 농도가 높아서 세포질이 외부로 팽창될 때(적색 화살표)(세포가 저장액에 있을 때) 세포벽은 세포의 파열을 방지한다.

이러한 문제에 직면한다. 대부분의 원핵생물을 비롯하여 많은 원생생물, 곰팡이 및 식물들은 물 흡수에 따른 세포 팽창을 억제할 수 있도록 세포벽을 발달시켰다(그림 4.10c). 일부 담수 원생생물들은 여분의 물을 축적하여 이것을 주기적으로 세포 밖으로 퍼내는 수축포(contractile vacuole)를 갖는다(그림 4.11).

동물세포는 세포액과 동등한 염 농도를 가진 체액에 잠겨 있기 때문에 세포 파열을 방지하기 위한 세포벽을 필요로 하지 않는다. 이 때문에 동물의 먹이에는 소금이 필요하고, 사람에게는 땀으로 배출한 액체를 대신할 수 있는 스포츠 음료가 필요하다. 또한, 심한 탈수에 빠진 사람에게는 순수한 물 대신에 당과 염이 함유된 수액제제를 정맥 주사하기도 한다.

세포 외부 용액의 용질 농도가 세포 안보다 높은 경우에 물은 세포 밖으로 이동하기 때문에 세포질의 수축, 즉 **원형질 분리**(plasmolysis)가 일어난다(그림 4.12). 이 경우 외부용액은 세포에 대하여 **고장액**(hypertonic solution)이다. 소금물과 같

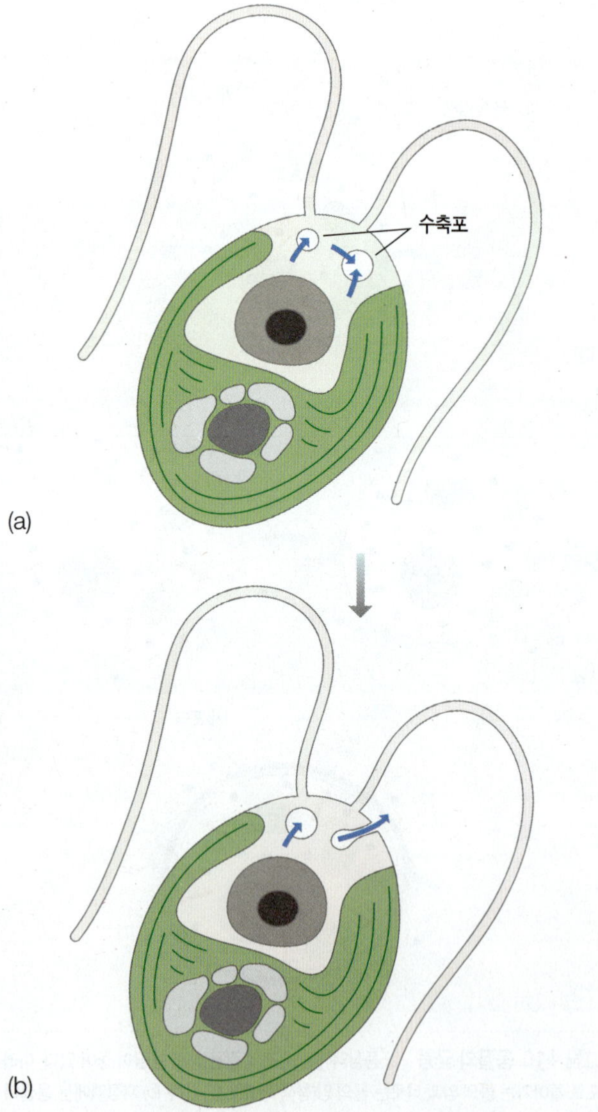

그림 4.11 **수축포** 일부 원생동물은 수축포를 이용하여 낮은 용질 농도의 외부 환경에 대처한다. 막 주머니에 물을 축적하여(a) 주기적으로 세포 밖으로 배출한다(b).

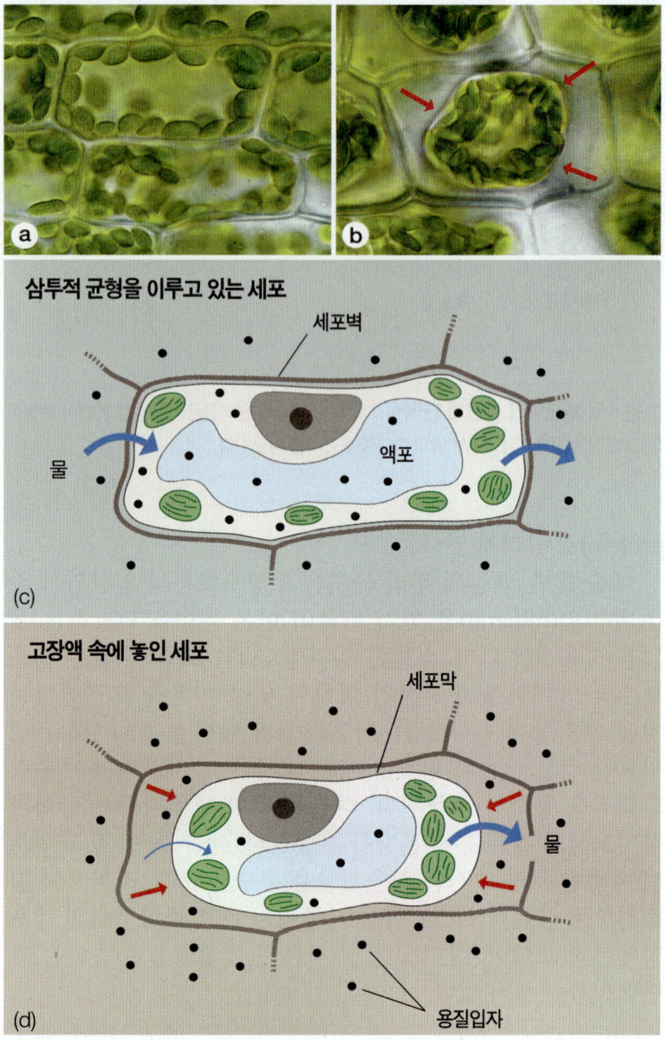

그림 4.12 **원형질분리** (a) 외부 환경과 삼투적 균형을 이루고 있는 식물 세포의 사진(*Elodea*의 잎). (b) 잎이 고장액 속에 놓임으로써 탈수된 세포에서는 세포막이(화살표) 세포벽으로부터 분리된다. 이러한 현상은 (c)와 (d)의 모식도에서 볼 수 있다. 환경과 삼투적 균형을 이루고 있는 세포는(c) 세포를 나가는 물의 양과 세포로 들어오는 물의 양(청색 화살표)이 동일하다. 고장액 속에 든 세포는(d) 물을 뺏기므로 세포막은 세포벽에서 떨어져 나온다(적색 화살표).

은 고장액은 식물 세포를 탈수시켜 죽음에 이르게 할 수 있을 정도의 심한 손상을 일으킨다. 도로가 얼었을 때 해빙제로 뿌려주는 염분은 토양으로 침투하거나 물보라를 일으켜 가로수를 손상시킨다(그림 4.13). 이러한 상해가 발생하는 것은 외부의 높은 염 농도로 인하여 식물체로부터 물이 삼투현상을 통해 빠져 나가기 때문이다. 집에서 기르는 원예 식물에 소금물을 살포하는 경우에도 식물 세포로부터 삼투에 의한 탈수가 일어난다. 식물학자들은 고염 용액(그리고 다른 유형의 수분 스트레스)에 대한 식물과 식물세포의 반응을 수분퍼텐셜(water potential)이라고 하는 개념의 관점에서 기술한다(Essay 4.1, "식물의 수분 스트레스").

일부 식물은 염 환경에 적응되었다 일부 식물은 사막이나 해안 염습지와 같은 고염 생육지에서도 생장을 계속할 수 있

그림 4.13 **염해를 받은 식물** 도로의 결빙을 방지하기 위해 염분을 살포했을 때 차량 통행으로 발생한 염분 피해로 도로변의 소나무 잎이 적갈색으로 변한 모습.

다. 이러한 식물들은 **염생식물**(halophyte)이라고 알려져 있다. 염생식물은 삼투에 의한 세포 손상을 방지할 수 있는 다양한 적응능력을 갖추고 있다. 많은 식물은 액포에 NaCl을 축적하거나 세포질에 유기용질을 축적한다. 이렇게 함으로써 세포 안과 밖의 용질 농도가 균형을 이루게 한다.

ECOLOGY

일부 염생식물은 염을 배출하기도 한다. 예를 들면 해안 맹그로브(mangrove)는 잎의 표면에 염을 분비한다(그림 4.14). 일부 염생식물은 여분의 염을 특수한 조직에 고립시킨다. 예를 들면 사막 관목식물인 *Atriplex*(명아주과 갯능쟁이 종류)는 여분의 염을 표면의 주머니에 운반한 후 이 주머니를 탈락시키거나 터뜨려서 식물이 피해를 입지 않게 한다. 일반적인 식물은 세계의 여러 곳에서 흔하게 발견되는 고염 토양이나 고염의 관개용수에서는 생장이 불가능하지만, 염생식물은 이러한 환경에서도 재배가 가능한 작물로서의 잠재적 가치가 있다.

엔도시토시스와 엑소시토시스도 세포막을 통해 물질을 수송한다 막 수송체 단백질이 운반할 수 없는 입자나 기타 물질을 세포가 수송할 필요가 있을 때는 어떻게 할까? 진핵세포는 원핵세포와 달리 엑소시토시스와 엔도시토시스를 통해 이러한 수송이 가능하다(그림 4.15). **엑소시토시스**(exocytosis)는 소포(vesicle)라고 하는 구형의 막으로 물질을 둘러싸서 세포 밖으로 운반하는 것이다. 소포는 세포막과 유사한 물질로 이루어져 있으므로 세포막과 쉽게 융합되어 내용물을 세포 밖으로 배출할 수 있다. 식물 뿌리가 토양을 뚫고 자랄 때 뿌리 세포의 윤활작용을 도와주는 다당류 점액질을 다량으로 분비하는데 이를 위해 뿌리 세포는 엑소시토시스를 이용한다.

엔도시토시스(endocytosis)는 물질을 구형의 세포막으로 둘러싸서 세포 내로 끌어들인 후 세포질에서 소포를 막에서 분리시키는 과정이다. 식물에서 엔도시토시스의 한 예로서 콩과식물의 뿌리 세포로 질소고정 박테리아가 들어가는 것을 들 수 있다(10장). 또 다른 형태의 엔도시토시스로서 **섭식**(phagotrophy)이 있는데 이것은 문자 그대로 "입자를 잡아먹는(particle-feeding)" 행위이다. 많은 원생생물은 식작용을 통하여 박테리아나 기타 소형 입자와 같은 먹이를 섭취한다. 섭식은 진핵세포가 진화과정에서 미토콘드리아나 엽록체 같은 세포 소기관을 획득하는 기작으로서 중요한 역할을 하였다(19장).

진핵세포는 원핵세포가 없는 구조를 가진다

식물, 동물, 곰팡이 및 원생생물의 진핵세포는(그림 4.7 참조) 핵 이외에도 원핵세포와 구분되는 몇 가지 특징을 공유한다. 모든 진핵세포는 핵 이외에 소포체(endoplasmic reticulum, ER) 및 골지체(Golgi body)로 이루어진 내막계(endomembrane system), 단백질 섬유로 이루어진 세포골격, 그리고 세포질 내의 이동을 일으키는 몇몇 운동 단백질(motor protein)을 가진다. 대부분의 진핵세포는 또한 미토콘드리아(화학 에너지 변환 장소)와 퍼옥시솜(peroxisome: 식물 광합성에 중요하며 파괴물질로부터 세포질을 보호하는 소기관)을 가진다. 이들은 오늘 날의 진핵세포에 널리 분포하는 것으로 보아 초기 진핵세포에서도 존재했을 가능성이 높다.

핵은 진핵생물의 유전정보를 가진다

핵(nucleus)은 진핵세포에서 유전정보인 DNA를 보관하는 장소이다(그림 4.16). 대부분의 진핵세포에는 하나의 핵이 들어있지만 하나 이상의 핵을 가지는 진핵생물도 있다.

진핵세포는 일생의 대부분을 통하여 두 개의 막으로 이루어진 **핵막**(nuclear envelope)이 핵의 내부, 즉 **핵질**(nucleoplasm)을 둘러싸고 있다. 또한 핵에는 세포질 리보솜을 생성하는 **인**(nucleolus)이 들어 있다. 식물 및 동물세포가 분열하는 시기에는 핵막이 분해되어 핵질과 세포질이 혼합되며 분열이 끝나면 핵막이 재형성된다(7장). 핵막에는 단백질에 둘러싸인 구멍 즉, **핵공**(nuclear pore)들이 있는데 이들은 이 세포의 다른 부분과 화학적으로 핵질을 교환하는 관문이다.

진핵세포의 핵 DNA는 단백질과 결합하여 **염색체**(chromosome)를 형성한다. 생물은 종에 따라 고유한 염색체 수를 갖는다. 염색체의 수는 식물에 따라 단 몇 개에 불과한 경우도 있으나, 수천 개에 이르기도 한다. 염색체는 염색 가능하므로 분열 중인 세포에서 현미경으로 이들을 관찰할 수 있다(그림 4.17). 그러나 대부분의 기간 동안 염색체는 실과 같은 모양을 유지하므로 구별하기 어려우며 **염색사**(chromatin)라고 하는 집단을 이루고 있다.

내막계는 물질을 합성하고 수송한다

세포는 생장과 생식에 필요한 단백질, 탄수화물, 지질을 어떻게 합성할까? 또 이들 물질은 세포 내의 정확한 위치까지 어떻게 운반될까? 이러한 질문에 대한 답으로서 내막계를 들 수 있다. **내막**(endomembrane)은 단백질이 묻혀있는 인지질 막이라는 점에서 세포막과 매우 유사하지만 세포질에 존재한다는

ESSAY 4. I 식물의 수분 스트레스

식물이 적당한 양의 수분을 갖지 못할 때 수분 스트레스가 발생한다. 대부분의 식물은 일시적일지라도 수분 스트레스를 경험하며, 건조지대, 고염지대 혹은 저온 생육지에 사는 식물들은 흔하게 수분 스트레스를 겪는다.

> 대부분의 식물은 일시적으로 수분 스트레스를 경험한다.

식물학자들은 식물이나 식물 세포가 경험하는 수분 스트레스의 정도를 "총 수분 퍼텐셜(total water potential)"로 표현한다. 총 수분 퍼텐셜은 그리스 문자인 psi에 아래첨자 w(water를 의미)를 붙여 ψ_w로 표기하고, 단위는 파스칼(Pascal, 줄여서 Pa)로 표시한다(1 파스칼은 단위 제곱미터 당 1 뉴턴의 힘에 해당하는 값으로 압력의 단위이다). 총 수분 퍼텐셜에 영향을 미치는 몇 가지 요인이 있는데, 이 중에서 두 가지가 가장 큰 영향을 미친다. 첫째는 세포 내부와 외부의 수용액에 용해된 입자의 수이다. 이들 입자를 *용질*(solute)이라고 하며, 이들의 양은 용질 퍼텐셜 즉, ψ_s로 표기한다(여기에서 아래 첨자 s는 solute를 의미한다). 다른 한 가지 요소는 물에 가해지는 물리적 힘으로서 *압력 퍼텐셜*(pressure potential)이라고 하며 ψ_p로 표기한다(여기에서 아래 첨자 p는 pressure를 의미한다). 이들 두 가지 영향을 고려하여 총 수분 퍼텐셜을 표시하면 $\psi_w = \psi_s + \psi_p$이다. 총 수분 퍼텐셜 w는 식물 세포의 내부 혹은 외부로 물이 이동하는 방향을 예측하는데 사용될 수 있다. 왜냐하면 물은 세포막을 통하여 총 수분 퍼텐셜이 높은 지역을 떠나 총 수분 퍼텐셜이 낮은 지역으로 확산되기 때문이다(즉, 높은 ψ_w에서 낮은 ψ_w로 이동). 수분 퍼텐셜은 세포막을 통한 물의 삼투적 이동에 관하여 기술한다. 여기에서 세포막이란 원형질막 뿐 아니라 세포내의 구획들을 둘러싼 모든 막에 적용된다.

만일 식물세포를 순수한 물에 담구면 ψ_w의 변화로 인해 세포가 팽창되어 세포막이 세포벽을 압박할 때까지 물이 세포로 들어갈 것이다. 이것을 세포의 팽압이라고 하는데, 팽압은 세포막 내부와 외부의 수분 퍼텐셜이 같아질 때까지 증가하며, 같아진 상태에서는 세포막을 통한 물의 순수한 이동은 일어나지 않는다(그림 E4.1A). 역으로, 식물세포를 진한 소금물 용액에 담구면 물은 세포를 빠져 나온다. 세포는 팽압을 잃고 세포막이 세포벽에서 떨어져 나옴에 따라 원형질분리가 일어난다(그림 E4.1B). 팽압을 잃은(원형질 분리가 일어난) 세포 내부의 용질 농도가 세포 외부 매질의 용질 농도보다 높아진다면 수분 퍼텐셜은 세포로의 물의 이동을 촉진할 것이며 세포가 확장됨에 따라 팽압이 회복될 것이다.

상대적 수분 함량(relative water content, RWC)은 흔히 총 수분 퍼텐셜과 함께 측정되어 발표되는 값이다. 이 값을 구하기 위해서는 식물이나 시료의 생체중량(fresh weight)을 측정함과 동시에 팽윤중량(turgid weight; 식물 세포가 흡수할 수 있는 최대의 수분 양)을 측정해야 한다. 이를 위해서는 빛을 비춘 닫혀진 공간에서 무게가 일정해질 때까지 물 위에 식물 조직을 띄워서 무게를 구한 다음, 식물 조직을 꺼내 건조시켜서 건조중량(dry weight)을 측정한다. RWC = [(생체중량 − 건조중량)/(팽윤중량− 건조중량)] × 100. 식물의 RWC가 어떤 한계치 이하로 떨어지면 조직은 죽게 된다. 한계치는 식물에 따라 크게 다르지만, RWC가 50% 이하로 떨어지는 경우 대개는 죽음을 맞는다.

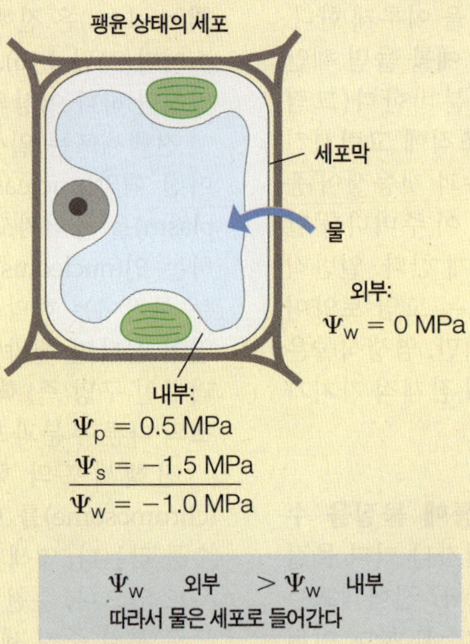

E4.1A 원형질 분리가 이루어지지 않은 식물세포의 수분 퍼텐셜을 계산하는 예

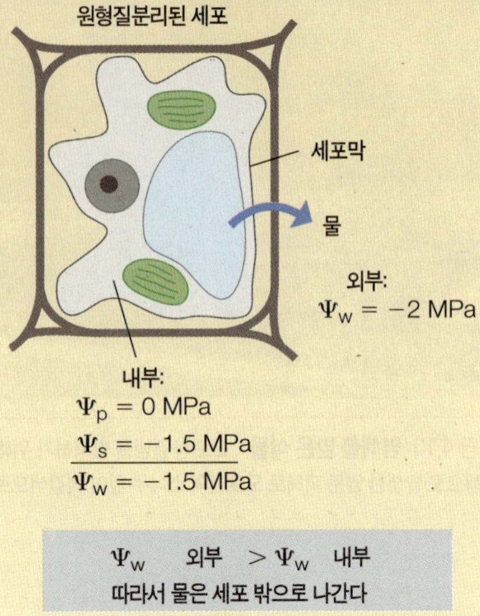

E4.1B 원형질 분리가 이루어진 식물세포의 수분 퍼텐셜을 계산하는 예.

물의 소실에 의해 세포가 죽는 것을 피하기 위한 적응기작으로서 건조, 추위, 혹은 고염환경에 저항성이 있는 식물들은 자신들의 세포질 내의 용질농도를 조절할 수 있는 능력이 있다. 이것을 *삼투조절*(osmotic adjustment)이라고 한다. 용질이 추가되면 세포의 ψ_w가 감소되어 세포 밖의 물을 안으로 끌어들임으로써 원형질 분리를 방지한다. 식물이 삼투조절을 위해 흔히 사용하는 용질에는 아미노산인 프롤린, 포도당 및 과당과 같은 단당류, 만니톨과 같은 당알콜(sugar alcohol)이 있다. 식물은 또한 세포막에서 물을 통과시키는 구멍을 형성하는 단백질인 아쿠아포린(aquaporin)의 수를 증가시킴으로써 건조에 적응할 수도 있다. 아쿠아포린이 있으면 확산 속도보다 훨씬 빠르게 물이 세포로 들어갈 수 있다. 아쿠아포린은 식물 세포로 하여금 물이 공급됨에 따라 신속히 팽압을 회복할 수 있도록 도와준다.

것이 다르다. **내막계**(endomembrane system)는 세포질에 있는 모든 내막들을 총칭한다. 핵막은 흔히 내막계와 연결되어 있으며 구조적으로도 유사하다. 사실상 핵막과 내막계는 최초의 진핵생물 조상에서 세포막이 안으로 함입 생장하여 진화된 것으로 여겨지고 있다(19장).

내막계의 2가지 주요한 성분은 **소포체**(endoplasmic reticulum) 그림 4.18a)와 골지장치(Golgi apparatus)이다(그림 4.18b). 각각의 기능은 다르지만 이들은 흔히 협동적으로 작용한다.

그림 4.14 염분 적응 식물 블랙 망그로브는 잎의 표면에서 과량의 염분을 배출함으로써 고염 환경에 적응한다.

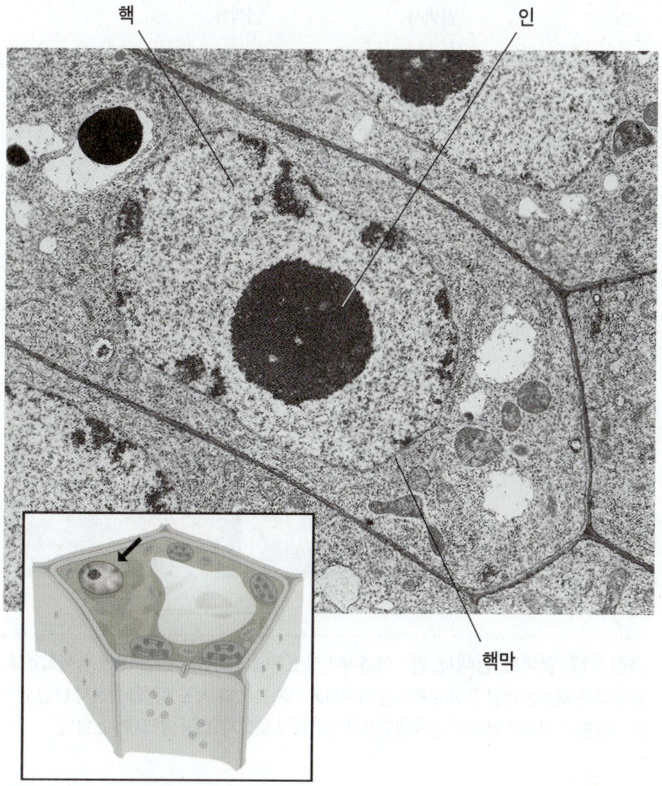

그림 4.16 진핵생물의 핵 이중막으로 된 핵막과 인이 보인다.

소포체 소포체(ER로 약칭)란 납작해진 막상 주머니나 관이 그물처럼 얽힌 구조 및 여기에서 유래한 작고 둥근 막상 소포들을 말한다. ER은 두 가지 형태 즉 **활면소포체**(smooth ER)와 **조면소포체**(rough ER)로 존재하며 각자 기능은 다르지만 서로 연결되어 있다. 활면소포체는 막을 합성하는데 필요한 지방산과 인지질을 생산한다. 활면소포체는 또한 유해한 독소가 덜 해로운 분자로 분해되는 곳이기도 하다.

조면소포체의 표면은 리보솜으로 덮여 있어서 울퉁불퉁 거칠어 보인다. 리보솜은 단백질과 RNA로 이루어진 작은 구형 구조로서 아미노산으로부터 단백질을 합성하는 장소이다(6장). 이들은 세포질, 미토콘드리아, 색소체에 유리상태로 존재하기도 한다. 조면소포체와 결합된 리보솜들은 세포 밖으로 분비되는 단백질들을 생산하는데, ER은 이들 단백질이 배출되는 경로의 개시부위다.

조면소포체에서 생산된 단백질들은 마치 사람들이 지하철을 탈 때 표를 내야 하듯이 소포체관의 내부로 들어 갈 때 진입을 허용하는 특정한 아미노산 서열을 말단에 달고 있다. 일단 ER 내부에 들어가면 단백질에 당 사슬이 부가되어 **당단백질**(glycoprotein)을 형성한다. 이러한 당의 첨가는 단백질이 올바르게 접힐 수 있게 도와준다. 이후 당단백질들은 조면소포체의 망상구조를 따라 골지체로 이동하며 여기에서 추가로 화학적 공정을 거친다. 당단백질은 작고 둥근 소포에 싸여 ER을 떠난다. 이들 소포들은 ER막의 외부를 덮고 있는 특수한 단백질의 작용을 받아 ER로부터 떨어져 나온다(그림 4.19).

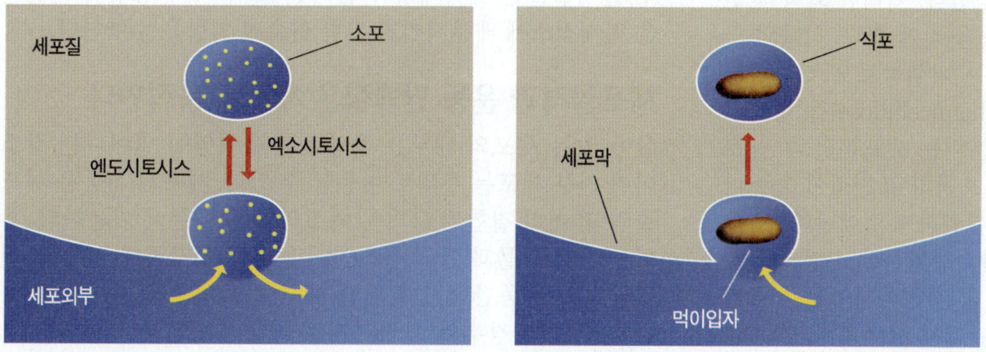

그림 4.15 엑소시토시스, 엔도시토시스, 식작용 (a) 소포에 싸인 물질은 소포와 세포막의 융합을 통하여 세포 밖으로 이동한다(엑소시토시스). 물질이 세포 안으로 이동할 때는 그 반대 과정을 취한다(엔도시토시스). (b) 식작용은 작은 세포와 입자가 세포로 들어가는 엔도시토시스의 한 방법이다.

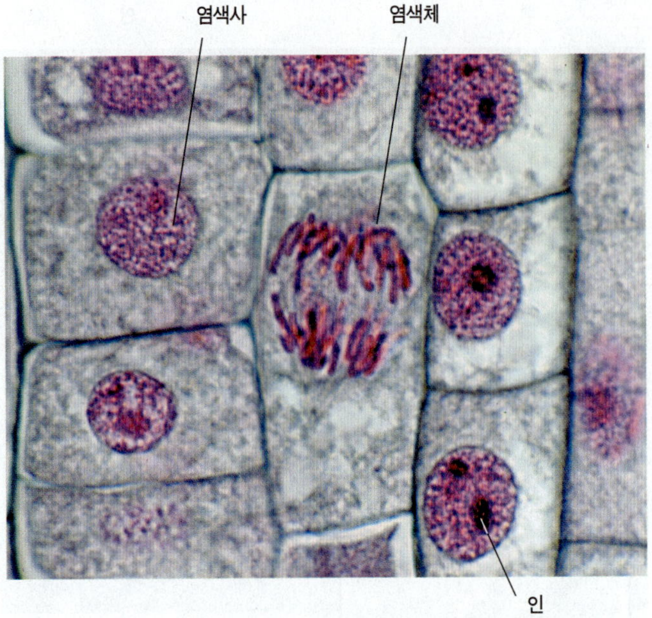

그림 4.17 염색체, 염색사, 인 양파 뿌리의 표본에서 DNA는 보라색으로 염색되었다. 중앙의 큰 세포는 분열 중이며 뚜렷한 염색체를 가지고 있다. 세포분열을 행하지 않고 있는 세포들은 DNA가 펼쳐져 있어서(뚜렷한 염색체가 보이지 않음) *염색사*라고 한다.

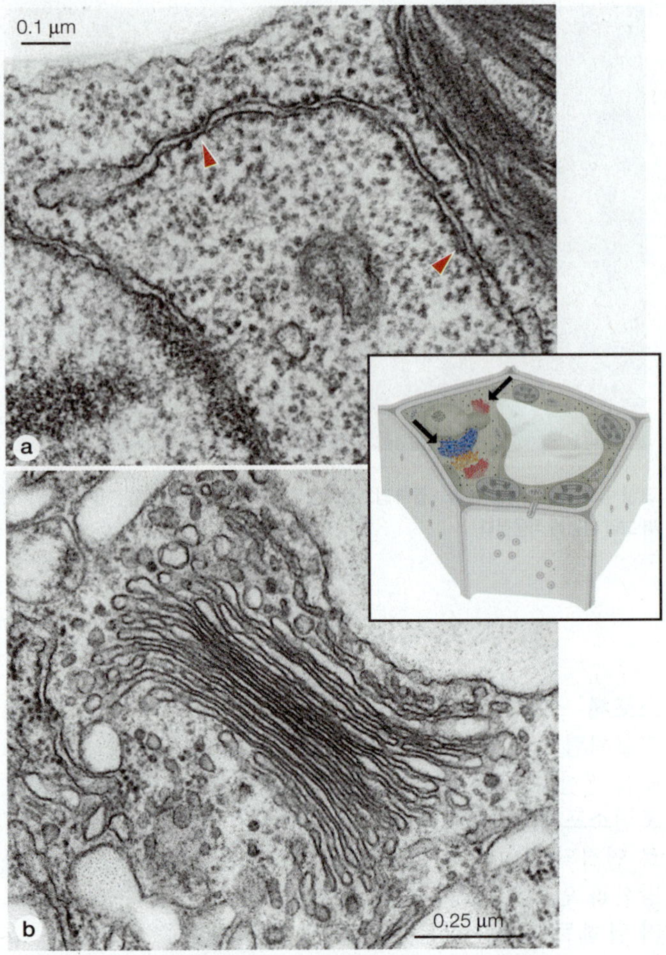

그림 4.18 투과 전자현미경으로 관찰한 내막계 (a) 소포체(ER)(화살촉 표시). 여기에 보여준 것은 조면 소포체로서 표면에 리보솜을 가지고 있다. (b) 골지체.

골지장치 **골지장치**(Golgi apparatus)의 기능은 세포의 물질을 생산하고 공정하여 적절한 장소로 배분하는 것이다. 골지장치는 하나 이상의 **골지체**(Gogi body) 즉, **시스터네**(cisternae)라고 하는 팬케이크 모양의 막상 주머니가 층을 이루어 배열한 구조로 이루어져 있다. 시스터네는 전형적으로 중심부가 납작해지고 가장자리가 부풀은 모양을 하고 있다(그림 4.18b 참조). 최외층 시스터네의 하나를 "형성면"(forming face) 혹은 "시스면"(cis face)이라고 하며 여기에는 ER에서 유래한 소포를 인식하고 결합하여 융합할 수 있는 막단백질들이 들어 있다. 골지체는 이런 방식으로 ER의 당단백질을 받아들인다. 골지 생성물은 "분비면"(secreting face) 혹은 "트랜스면"(trans face)에서 만들어진 소포에서 분비된다.

골지체 내의 각 시스터네에는 서로 다른 종류의 효소들이 들어 있다. 마치 공장의 조립 라인에 기계들이 한 군데 배열되어 있듯이 늘어서 있는 시스터네의 여러 층을 경유하면서 물질들은 순서에 따라 질서 있게 화학적 수식을 받으며 한쪽 방향으로 이동한다. 골지체의 효소들은 ER에서 단백질에 첨가되었던 당 사슬들을 정돈하거나 공정한다. 이러한 화학적 변화는 단백질들로 하여금 특이적 기능을 갖게 한다. 식물의 골지체는 또한 세포벽 형성에 참여하는 비셀룰로오스 다당류 즉, **펙틴**(pectin)과 **헤미셀룰로오스**(hemicellulose)를 합성하기도 한다(4.4절). 이러한 다당류의 분비는 세포분열 후 새로운 세포벽이 형성되는 때나 혹은 세포벽의 표면적이 늘어나야 하는 세포 확장 기간 동안에 특히 활발하게 일어난다.

골지체의 단백질들과 세포벽의 탄수화물들은 어떤 경로를 통하여 최종 목적지까지 이동할까? 골지체의 산물들은 골지체의 분비면에 있는 시스터네의 말단에서 떨어져 나오는 분비 소포에 싸여 방출된다. 분비 소포들은 최종 목적지에서 특정 수용체 분자와 결합할 수 있는 단백질을 표면에 가지고 있다. 소포의 서로 다른 외투 단백질들로 인해 소포는 다양한 장소로 이동할 수 있다. 예를 들면 세포벽 다당류를 품은 소포의 막에는 오직 세포막 하고만 결합할 수 있는 외투 단백질이 들어 있다. 소포가 적당한 장소에 도달하면 융합하여 엑소시토시스로 그 내용물을 밖으로 방출한다(그림 4.19 참조). 소포의 융합은 세포막으로 내재성 막 단백질을 투입시키는 기작이기도 한다. 뿐 만 아니라 골지체에서 만들어진 소포는 액포로 이동, 융합하여 그 내용물을 액포에 방출하기도 한다. 소포의 외투 단백질들은 내막계가 만들어낸 여러 가지 형식의 물질들을 적재적소에 배분시키기 위한 필수적 역할을 수행한다.

세포골격과 운동 단백질은 세포를 움직인다

살아 있는 세포의 내부는 끊임없는 움직임이 일어나는 장소이며 일부 세포는 주위로 이동할 수 있다. 세포의 운동은 세포골격 및 이와 결합된 모터 단백질의 활동 때문에 가능하다. 흔히 식물은 동물과 달리 움직임이 없다고 생각하기 쉬우나, 세포골격과 운동단백질에 의한 세포 구조의 이동은 동물이나 다른 세포의 경우와 마찬가지로 식물세포에서도 일어난다. 식물세포 운동의 한 사례로서 세포질 유동을 들 수 있다. 수생

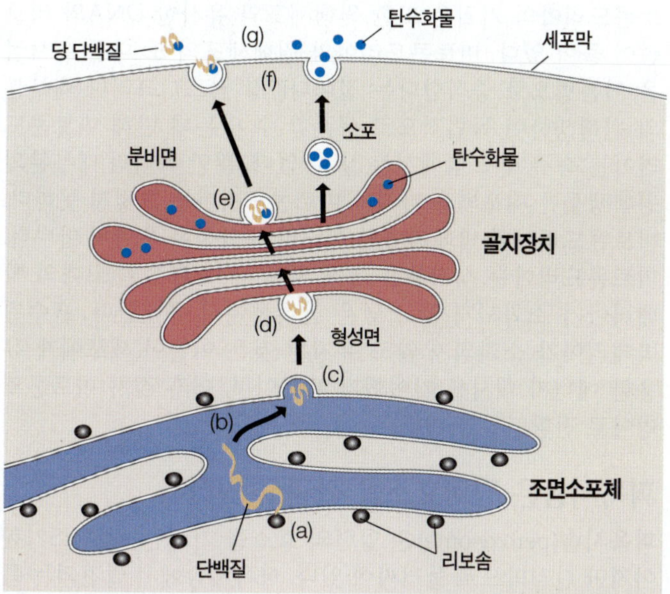

그림 4.19 내막계 세포 밖으로 분비되는 단백질들은 조면소포체에 결합된 리보솜에서 합성된다(a). 새롭게 합성된 단백질은 조면소포체를 지나(b) 작은 소포에 포장된다(c). 이들 소포는 골지체로(세포 내의 골지체는 총칭하여 골지장치로 알려져 있다) 이동하여 여기에서 형성면과 융합한다. (d) 단백질은 골지체의 중첩된 면들을 통과하면서 여러 가지 공정을 거친다. 골지체에서 생산된 탄수화물 역시 중첩된 면들을 통과한다. 분비면에서 단백질, 탄수화물 혹은 당단백질들은 소포에 둘러싸여 포장된 후(e), 세포막으로 이동하여 세포막과 융합하고(f), 아울러 소포의 내용물은 세포 밖으로 방출된다(g). 이러한 과정을 통하여 세포막의 표면적은 더욱 증가한다.

식물인 *Elodea*의 가는 잎 세포에서 세포질이 빠른 속도로 순환하고 있는 것을 광학 현미경으로 쉽게 관찰할 수 있는데, 이것이 **세포질 유동**(cytoplasmic streaming)이다.

세포골격의 성분 **세포골격**(cytoskeleton)에는 세 가지 종류가 있는데 모두 가늘고 긴 단백질 섬유로 이루어져 있다. 속이 빈 튜브 모양인 **미세소관**(microtubule), 더 가느다란 **미세섬유**(microfilament), 그리고 그 중간 굵기인 **중간섬유**(intermediate filament)가 그것이다. 미세소관의 벽은 튜블린(tubulin) 단백질로 이루어져 있고 미세섬유는 2개의 액틴(actin) 단백질 사슬이 마주 꼬여 있는 형태로 이루어져 있으며, 중간섬유는 서로 다른 유형의 단백질 서브유니트들로 구성되어 있다. 이들 섬유들은 세포를 구조적으로 지지하는 역할을 한다. 예를 들면 핵막 아래에 위치하는 중간섬유는 핵의 모양을 유지할 수 있도록 도와준다. 세포골격 섬유는 또한 마치 철도 선로와 같은 역할을 하여 모터 단백질이 이 길을 따라 세포 소기관과 소포를 운반하도록 한다. 마치 여러 형태의 로프들이 서로 다른 목적에 쓰이도록 만들어졌듯이 각각의 세포골격 섬유들은 세포 내에서 특정한 용도를 갖도록 되어 있다.

운동 단백질의 유형 **운동 단백질**(motor protein)들은 세포 운동을 일으키기 위하여 미세소관 혹은 미세섬유와 상호작용한다. 세 가지 종류의 운동 단백질이 있는데 즉, **키네신**(kinesin), **디네인**(dynein), **미오신**(myosin)이 그것이다. 이들은 화학 에너지를 운동으로 전환할 수 있는 능력을 공통적으로 가지고 있으나, 각자 세포에게 유익한 독특한 움직임을 일으킨다. 세포 내에서 미오신은 빠르게 움직이지만, 키네신은 천천히 그러나 꾸준히 움직이고 디네인은 활주운동을 한다. 세포골격의 섬유들은 각각 특정 모터 단백질과 결합되어 있다. 키네신과 디네인은 미세소관과 결합하지만 미오신은 미세섬유와 상호작용한다.

미오신-미세섬유계는 동물 골격근의 주요 성분이므로 많은 사람들에게 낯익을 것이다. 미세섬유를 따라 일어나는 미오신의 운동은 근육 수축 능력의 근간이다. 비록 식물에 근육 조직은 없으나, 식물 세포에 미세섬유와 미오신의 형태로 근육의 축소판이 들어있다고도 볼 수 있다. 미세섬유-미오신의 조립은 앞서 언급한 세포질 유동현상을 가능하게 할 뿐 아니라 식물과 다른 진핵세포의 분열과정에도 반드시 필요하다.

진핵세포의 핵 분열 동안에 일어나는 염색체의 활발한 이동은 미세소관 및 운동 단백질 때문에 가능하다(7장). 미세소관은 또한 막에 둘러싸인 소기관이 이동하는 경로를 제공한다. 이러한 기작을 통하여 키네신과 연결된 미토콘드리아, 골지체 및 소포들은 미세소관을 따라 세포 내의 한 곳에서 다른 곳으로 이동할 수 있다(그림 4.20).

편모 일부 진핵세포는 하나 혹은 그 이상의 **편모**(flagella) 혹은 **섬모**(cilia)를 가진다. 이들 편모나 섬모는 세포에서 길게 뻗어 나와 있어서 굽혀지거나 유연해질 수 있는 부분으로 세포의 유영활동을 가능하게 한다. 편모는 대체로 섬모보다 길지만 비슷하게 보일 때도 있다. 편모는 조류 및 기타 원생생물에서 흔하게 나타나며, 일부 곰팡이 세포에서도 볼 수 있고 동물이나 식물의 정자세포에서도 발견된다. 정자는 수정을 위하여 편모운동으로 난세포를 향해 활발하게 이동할 수 있다. 편모 운동은 디네인과 미세소관의 활동에서 기인하는 굴곡 운동이다. 진핵세포 편모의 전형적 모습은 한 쌍의 미세소관을 디네인과 다른 단백질로 연결된 9쌍의 미세소관이 둘러싸고

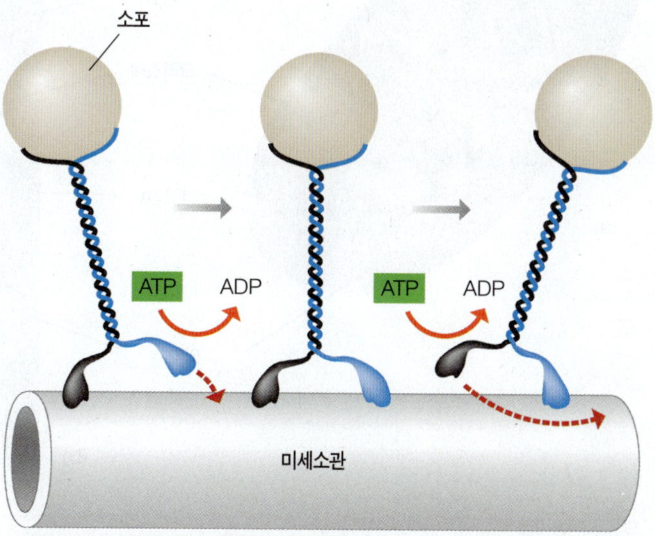

그림 4.20 운동 단백질인 키네신은 미세소관을 따라 소포를 이동시킨다 ATP 형태의 화학에너지는 이와 같은 세포 운동을 일으키는데 사용된다.

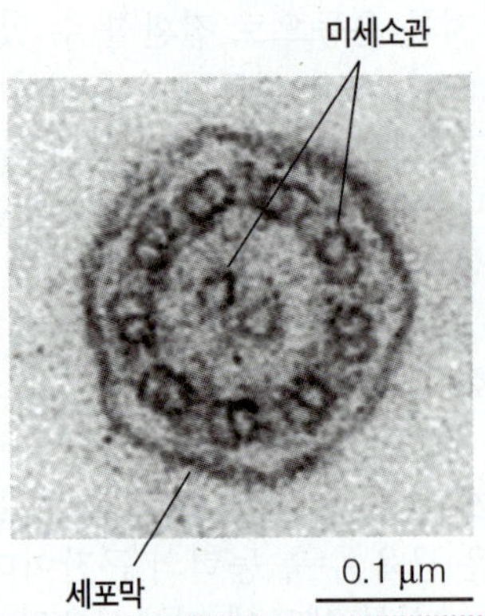

그림 4.21 미세소관을 보여주는 편모의 횡단면 섬모 및 거의 모든 편모의 미세소관은 이와 같은 소위 9 + 2 배열을 가진다(9쌍의 미세소관이 중앙의 2개의 미세소관을 둘러싼다).

있고, 이들을 세포막이 감싸고 있는 형국이다(그림 4.21). 원핵세포의 편모에는 이러한 미세소관의 배열이 없다.

미토콘드리아는 세포내 화학 에너지의 변환 장소이다

미토콘드리아는 진핵세포의 주된 에너지 생산 구조이다. 각 세포에는 하나 혹은 수십 개의 미토콘드리아가 있으며 각각은 외막과 주름진 내막으로 둘러 싸여 있다(그림 4.22). 이들 내막의 접혀진 부분을 **크리스테**(cristae)라고 하는데, 이들은 효율적인 에너지 대사에 필요한 효소와 다른 분자들이 부착될 수 있는 넓은 표면적을 제공한다(5장). 내막의 안쪽에는 수용액상의 **기질**(matrix)가 있으며, 여기에도 에너지 대사에 필요한 수용성 효소들이 포함되어 있다. 미토콘드리아의 기질은 또한 원핵세포와 유사한 DNA와 리보솜이 들어 있다. 미토콘드리아와 원핵세포의 또 다른 유사점은 이분법으로 증식한다는 점이다(7장 참조). 그러나 대부분의 원핵생물이 독립적으로 생존할 수 있는데 반해 미토콘드리아는 숙주 세포 밖에서는 살 수 없다. 뿐만 아니라 대부분의 원핵생물은 세포벽을 가지나 미토콘드리아는 그렇지 못하다. 미토콘드리아와 박테리아의 이러한 유사성은 우연이 아니다. 미토콘드리아는 식작용을 통해 세포 내로 흡수된 고대의 박테리아가 소화되지 않고 남은 잔존물에서 유래한다. 흡수된 박테리아가 소화되지 않고 유지된 것은 이들이 세포에게 유용한 에너지 대사를 기여했기 때문이며, 이후 점차 미토콘드리아로 전환되었다(19장).

EVOLUTION

퍼옥시솜은 방어효소를 가지고 있다

퍼옥시솜(peroxisome)은 일련의 효소를 가지는 세포 소기관이지만 단일막으로 둘러싸여 있다. 퍼옥시솜에서 발견되는 특징적인 효소는 카탈라아제(catalase)이다(그림 4.23). 카탈라아제는 세포 대사산물로 발생한 유독성 과산화수소를 분해한다. 예를 들면, 사람들은 상처를 닦을 때 과산화수소 용액을 사용하는데 그 이유는 과산화수소가 박테리아 세포를 죽이기 때문이다(이 용액은 매우 약해서 사람 조직에게는 피해를 주지 않는다). 녹색 식물 조직의 퍼옥시솜은 광호흡이 일어날 때 식물세포의 광합성 산물이 소실되지 않도록 해준다(5장). 기름 함량이 높은 땅콩과 해바라기 종자에는 퍼옥시솜과 유사한 세포 소기관인 **글리옥시솜**(glyoxysome)이 들어 있다. 이 소기관은 종자의 저장 지질을 당으로 전환하는 역할을 함으로서 종자가 발아하는 동안 어린 식물에게 에너지를 공급한다.

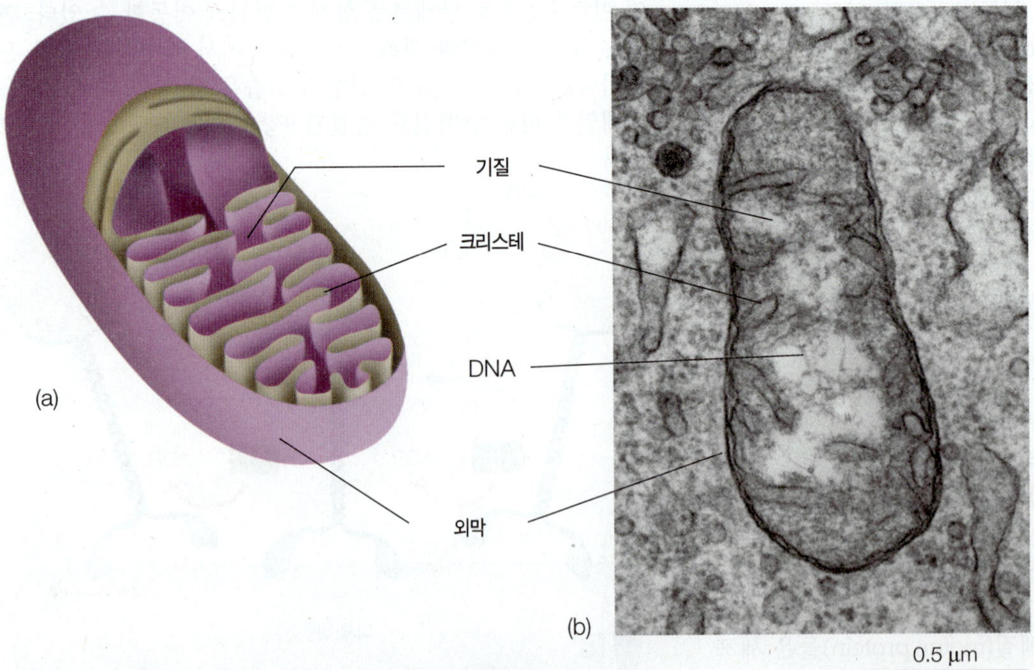

그림 4.22 미토콘드리아 (a) 미토콘드리아의 모식도 (b) 미토콘드리아의 투과 전자현미경 관찰 사진. 미토콘드리아는 엽록체와 마찬가지로 이중막으로 둘러싸여 있다. 내막은 주름으로 접혀져 *크리스테*를 형성한다. 막으로 둘러싸인 가운데 부분을 *기질*이라고라고 한다.

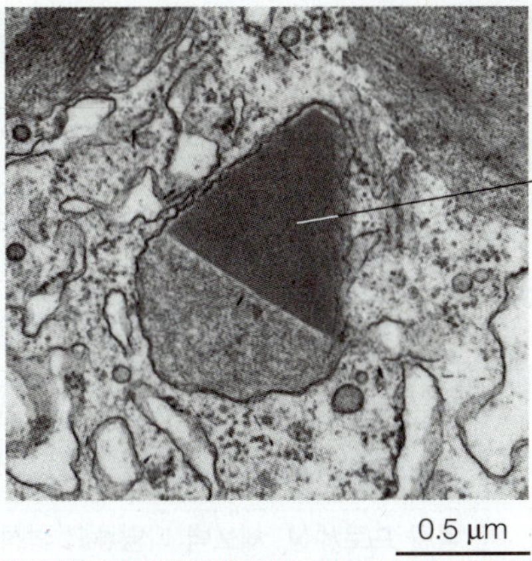

그림 4.23 퍼옥시솜 투과전자현미경 사진. 퍼옥시솜 내의 커다란 결정은 효소인 카탈라아제로 이루어져 있다.

4.4 식물 세포는 진핵세포의 일반 구조와 다른 성분도 가진다

식물 세포는 진핵세포에서 일반적으로 발견되는 모든 구성성분 이외에도 추가로 몇 가지 특징을 가지고 있기 때문에 특별히 복잡하다(4.3절). 식물 세포가 대부분의 다른 진핵세포와 구별되는 점은 다음과 같다. 즉, 세포막의 외부에 있는 **셀룰로오스가 풍부한 세포벽**(cellulose-rich cell wall), 세포벽을 통과하는 세포질 통로인 **원형질연락사**(plasmodesmata), 막에 둘러싸인 수용액으로 이루어진 **중심 액포**(central vacuole), 그리고 광합성 기관인 하나 또는 그 이상의 **색소체**(plastid)를 갖는다는 점이다(그림 4.7 및 표 4.1 참조). 일부 녹조류도 이러한 특징을 식물과 공유하는 것으로 보아 식물과 녹조류 사이에는 밀접한 진화적 관계가 있음을 짐작케 한다.

동물이나 곰팡이 세포에는 없지만 식물 세포에만 존재하는 엽록체는 왜 식물이 독립영양 생활을 하는데 반해 동물과 곰팡이는 종속영양생활을 할 수 밖에 없는지를 말해준다. 또한 식물의 세포벽은 세포 이동을 제한하는데, 이 때문에 식물은 동물처럼 활발하게 움직이지 못한다. 일부 식물의 정자는 예외적으로 움직일 수 있다. 정자들은 정자를 생산하는 세포의 세포벽 밖으로 방출되기 때문에 헤엄칠 수 있다.

셀룰로오스가 풍부한 세포벽은 식물체를 지지하고 보호한다

식물의 세포벽이 수행하는 주된 역할은 식물로부터 스트레스를 완화시켜 주는 것이다. 앞서 언급한 바와 같이 식물의 세포벽은 삼투 스트레스로부터 세포를 보호하고 병원성 미생물로부터의 공격에 대하여 저항성을 갖도록 도와준다. 세포벽은 또한 세포의 모양에 영향을 미치고 식물의 단단함을 증가시킨다. 식물 세포벽에는 다당류 셀룰로오스가 풍부하게 들어 있으나, 이외에도 세포벽의 기능에 필수적인 비셀룰로오스인 다당류, 당단백질 및 기타 물질이 들어 있다.

셀룰로오스 식물 세포벽의 주된 구조적 성분은 긴 탄수화물 중합체의 사슬인 **셀룰로오스**(cellulose)로 이루어져 있으며 이들은 다른 탄수화물 및 단백질에 의해 서로 연결되어 있다. 셀룰로오스 다발 내에는 작은 미세섬유(microfibril)들이 굉장히 많은 수소결합으로 연결되어 있어서 매우 강력하며 식물세포벽의 견고성을 제공한다(3장). 셀룰로오스는 적어도 식물 세포 건조 중량의 15% 내지 30% 이상을 차지한다. 식물은 지구상에 매우 풍부하게 존재하고 또한, 식물에게는 셀룰로오스가 매우 중요하기 때문에 이 물질은 지구상에서 가장 흔한 생체 화합물이라고 할 수 있다. 셀룰로오스는 그 풍부한 양과 질긴 성질 때문에 매우 오래 전부터 종이, 옷감, 기타 생산품을 만드는데 이용되어 왔다. 식물, 일부 조류 및 박테리아의 세포막에는 세포 표면에서 셀룰로오스 사슬을 합성하는 효소인 셀룰로오스 합성효소(cellulose synthase)를 내재성 막 단백질로 가지고 있다. 셀룰로오스는 세포질로부터 공급되는 포도당을 원료로 합성된다. 식물세포는 초기 진화단계에서 박테리아로부터 셀룰로오스 보호벽을 생산하는 능력을 획득했을 것으로 생각된다. 몇몇 유형의 박테리아는 셀룰로오스를 생산할 수 있음을 고려할 때, 식물의 옛 조상인 고대의 원생생물은 셀룰로오스 합성 유전자를 자신이 흡수한 박테리아로부터 획득했을 것이라는 의견이 제기된 바 있다.

식물 세포벽의 비셀룰로오스 성분 식물 세포벽에는 셀룰로오스 이외에도 헤미셀룰로오스나 펙틴과 같은 기타 다당류 및 단백질이 들어있다. **헤미셀룰로오스**(hemicellulose)는 포도당 및 기타 당류의 중합체로서 셀룰로오스 섬유를 상호 결합시키는 역할을 한다. 포도당과 크실로오스(xylose)를 포함하는 중합체인 크실로글루칸(xyloglucan)은 육상 식물 세포벽에 특징적으로 들어 있으나, 유연관계가 높은 녹조류에는 들어 있지 않다(21장). 따라서, 크실로글루칸은 육지 환경에 대한 적응현상의 하나로 여겨진다. **펙틴**(pectin)은 또 다른 다당류로서 물과 칼슘 이온을 결합하여 젤리와 같은 기질을 형성함으로써 세포와 세포 사이의 공간뿐 아니라 셀룰로오스 피브릴 사이의 공간을 채운다(그림 4.24). 사람들은 식물 세포벽에서 추출한 펙틴의 겔 형성능력을 이용하여 젤리, 캔디 및 기타 식료품을 제조한다.

일차 세포벽과 이차 세포벽 생장 중인 식물 세포는 일차 세포벽만을 가진다(그림 4.25). 일차 세포벽은 세포의 팽창에 따라 길게 늘어날 수 있는 능력이 있다. 세포의 크기가 확장되기 위해서는 세포벽 성분의 유연성(loosening) 조절과 더불어 액포가 물을 흡수해야 한다. 물의 압력 증가에 따라 세포와 세포벽의 길이를 늘이는데 필요한 힘이 얻어지기 때문이다. 식물 세포가 크기 증가를 멈춘 후에는 셀룰로오스 미크로피브릴과 접착성 다당류로 이루어진 이차 세포벽이 일차 세포벽의 안쪽에 축적된다. 이렇게 되면 세포벽은 더 이상 늘어날 수 없게 된다.

일차 세포벽과 이차 세포벽은 모두 물과 용해성 물질을 쉽게 투과시킨다. 그러나 일부 성숙한 식물 세포, 예를 들면 목재를 포함한 수분 통도조직의 세포는 부분적인 리그닌(lignin)층을 갖는다. 리그닌은 페놀 화합물의 중합체로서 세포벽의 기

표 4.1 세포의 주성분

구조	설명	기능
1. 진핵세포에서 일반적으로 발견되는 구조		
세포막(원형질막)	인지질이중층 + 단백질	세포 내외의 물질 출입 조절; 외부로부터 화학적 신호 수용
핵	핵공을 가진 핵막; DNA 포함	세포의 조절중심, DNA 저장
리보솜	단백질 + RNA	단백질 합성
소포체(ER)	관이나 주머니 모양을 한 내막의 망상구조	단백질 수식과 운반
골지체	평평한 막의 층상구조	단백질 프로세싱, 세포벽 다당류의 합성; 물질의 포장과 배출
미토콘드리아	이중막으로 둘러싸인 세포소기관; 내막이 주름을 이루어 크리스테 형성	화학 에너지 변환
세포골격	액틴의 미세섬유, 튜블린의 미세소관, 중간섬유	세포의 지지 및 형태 유지, 세포의 이동 및 세포내 구조의 이동
운동 단백질	미오신, 키네신, 디네인	세포 및 세포내 구조의 이동
퍼옥시솜	막에 둘러싸인 효소들	화학적 손상의 방지; 광합성 산물의 처리
2. 식물세포에서 특징적으로 볼 수 있는 추가 구조		
세포벽	셀룰로오스 피브릴 + 펙틴 + 헤미셀룰로오스	삼투 스트레스에 대한 저항성; 구조적 지지 및 보호
중심 액포	막에 둘러싸인 액체 주머니	물, 이온, 색소 저장; 팽압으로 세포 지탱, 세포 확장
엽록체	이중막으로 둘러싸인 세포 소기관; 내부 틸라코이드 막에 결합된 엽록소	광합성
원형질연락사	인접한 세포 사이에서 세포질 연결	세포 사이의 물질 및 신호교환

계적 강도, 미생물 공격에 대한 저항성 및 방수능력을 제공한다(3장). 리그닌으로 피복된 세포벽 부분은 더 이상 물을 투과시키지 못한다. 이러한 세포들이 길게 연결되어 건물의 파이프에 비견될 수 있는 물 운반의 통로를 형성한다. 리그닌으로 둘러싸인 수분 통도세포에 대하여는 9장에서 보다 자세히 다루기로 한다.

원형질연락사에 의해 식물세포는 연결되어 있다

식물 및 많은 조류의 인접한 세포들은 비록 세포벽을 사이에 두고 분리되어 있지만, 상호연락이 가능하다. 이것은 인접한 세포의 세포벽을 관통하여 세포질을 연결하는 통로인 **원형질연락사**(plasmodesmata)가 있기 때문이다(그림 4.26). 식물의 거의 모든 세포는 원형질연락사로 통해 있다. 대부분은 원형질연락사는 세포 분열기에 새로운 세포벽이 만들어질 때 형성된다(세포분열에 대한 상세한 기술은 7장 참조). 원형질연락사는 또한 인접 세포의 세포벽 일부가 분해되어 통로가 형성될 때 뒤늦게 만들어지기도 한다.

식물의 원형질연락사는 단순한 개방된 통로가 아니라 세포막으로 둘러 싸여 있으며, 중심부에 한 가닥의 소포체를 가지고 있다. 소포체와 세포막 사이의 열린 부분에는 단백질이 들어 있는데 이 단백질들은 세포 사이의 물질 통과를 조절하는 것으로 생각되고 있다. 이온이나 핵산 크기의 분자들이 원형질연락사를 통해 이동하는 것으로 알려져 있다. 그러므로 이들 통로는 식물 발달이나 뿌리에 있어서 매우 중요하다고 볼 수 있다. 식물에 상처가 생기면 식물은 칼로오스라고 하는 접착성 다당류를 만들어 상처 부위의 원형질연락사를 막아버린다. 이렇게 함으로서 인접 세포로부터 세포질이 흘러나와 유실되는 것을 방지할 뿐 아니라 병원성 미생물의 감염도 방지한다. 원형질연락사는 건물의 문과 같이 열리거나 닫히거나 잠기거나 혹은 영원이 차단되어 출입을 통제하는 기능을

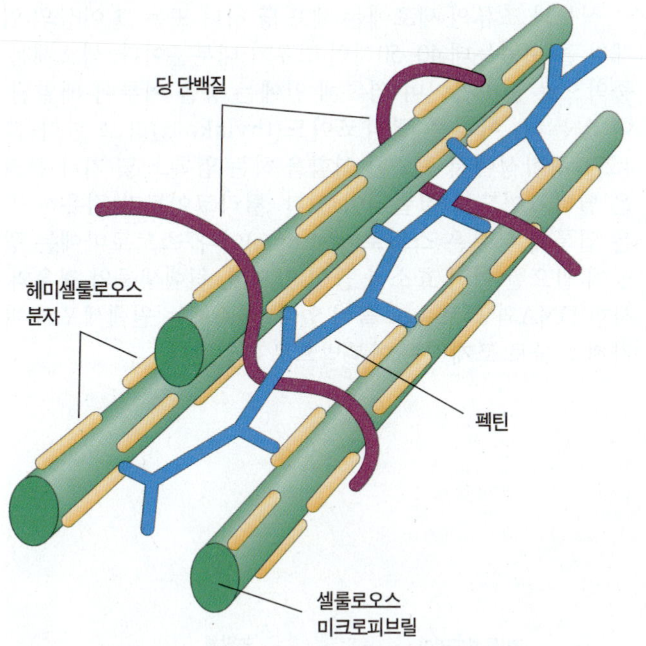

그림 4.24 식물의 세포벽 성분들 셀룰로오스 피브릴, 헤미셀룰로오스, 펙틴, 당단백질의 배열을 보여주는 모식도.

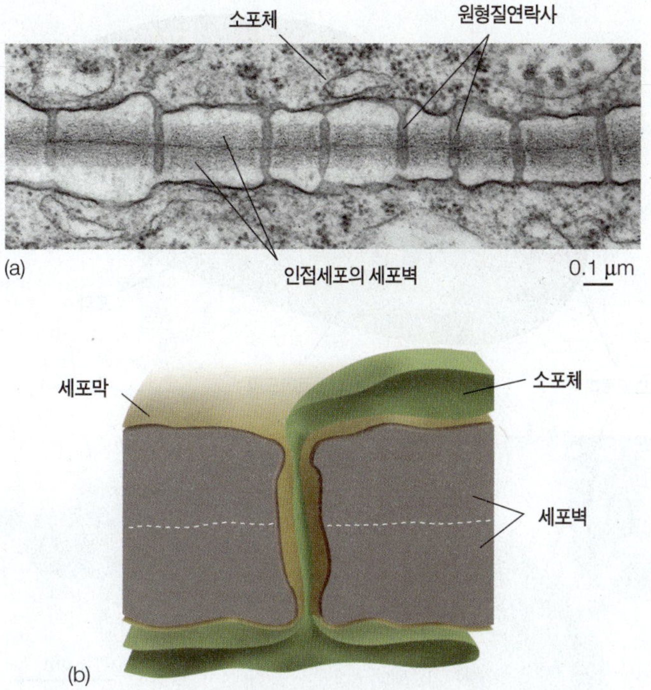

그림 4.26 원형질연락사 (a) 투과 전자현미경 사진. (b) 이웃한 세포 사이에서 소포체가 원형질연락사를 통해 뻗어 있는 모양을 보여주는 모식도.

수행한다.

색소체는 광합성 및 기타 기능을 가진 곳이다

식물의 잎과 녹색 부위에는 **엽록체**(chloroplast)라고 하는 세포 소기관이 들어 있다. 엽록체는 광합성의 필수적 색소인 **엽록소**(chlorophyll)를 포함한다. 엽록체는 아미노산과 지방산을 합성하는 장소로서도 중요하다. 보다 일반적 용어인 **색소체**(plastid)는 흔히 엽록소를 가지고 있지 않은 유사한 세포 소기관을 가리킬 뿐 아니라 엽록체와 같은 의미로도 사용된다. 색소체의 기원은 색소체를 가지고 있지 않았던 고대의 원생생물(protist)이 식작용으로 섭취한 시안세균(cyanobacteria)이다(시안세균은 엽록소를 가지고 식물과 유사한 광합성을 수행하는 박테리아다. 18장 참조). 즉, 시안세균은 숙주세포 내에서 소화되지 않고 광합성을 수행하여 유기화합물을 생산하는 원천이 되고 궁극적으로 색소체로 전환된 것이다(19장).

EVOLUTION

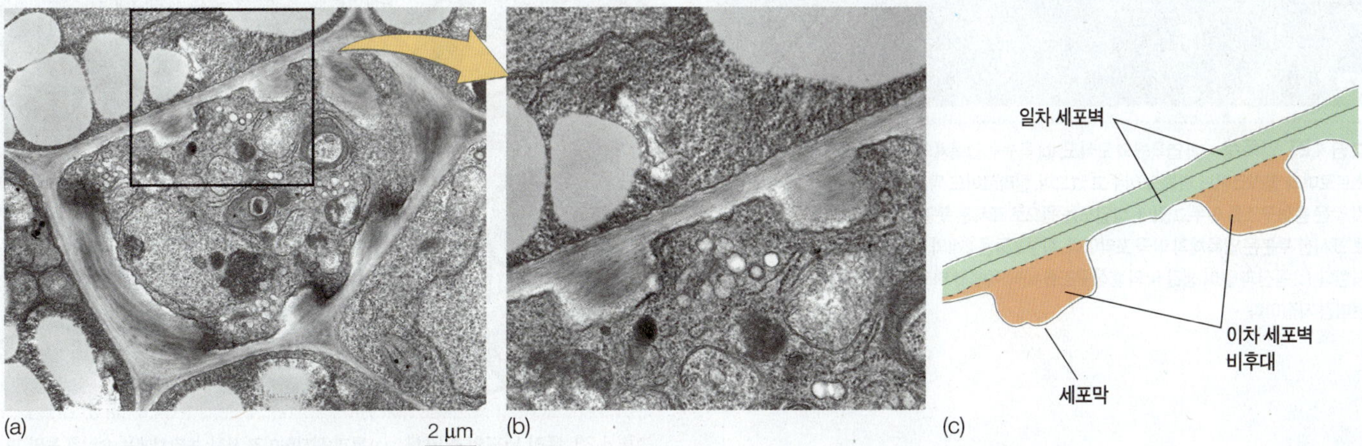

그림 4.25 식물의 세포벽 애기장대의 수분 통도조직 세포를 보여준다. 저배율로 나타난 (a)의 경우 일차 세포벽은 세포 주위 전체를 둘러싸는 형태로 축적되어 있다. 이차 세포벽의 물질은 나중에 축적되지만 일차 세포벽 전체를 둘러싸는 것은 아니다. (b)에 나타난 부위는 (a)의 박스로 둘러싼 부분에 해당한다. (c) 일차 세포벽과 이차 세포벽을 모식적으로 나타낸 것이다.

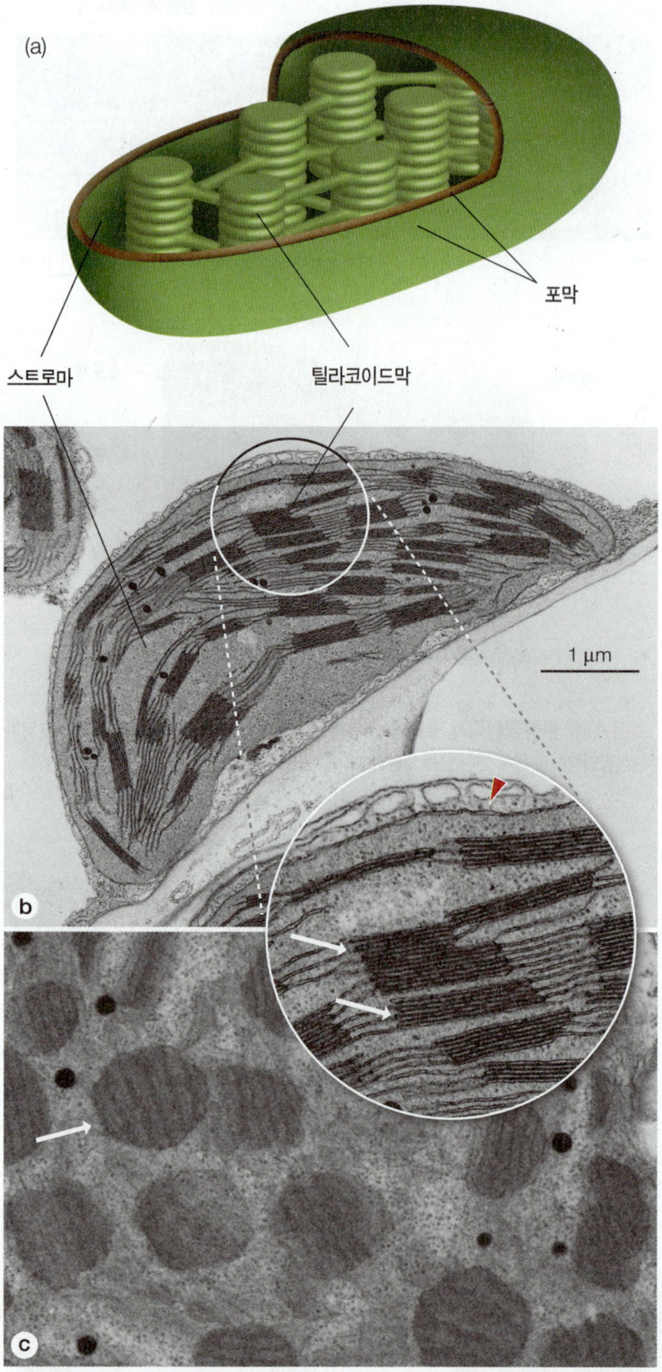

그림 4.27 **엽록체** (a) 엽록체의 모식도. (b) 옥수수 엽록체의 투과 전자현미경 사진으로 스트로마와 틸라코이드 막을 보여주고 있으며, 틸라코이드 막의 일부는 동전을 쌓아 올린 것 같은 층상구조를 이루고 있다. 삽입도는 원으로 표시된 부분을 확대한 것이다. 화살촉으로 표시한 부분은 엽록체의 이중 포막이다. 화살표들은 2개의 틸라코이드 층상구조를 표시한다. (c) 동전과 같이 생긴 막의 층상구조를 바닥 쪽에서 바라보이도록 엽록체를 절단한 현미경 사진이다.

식물과 조류의 세포에는 세포 당 하나 또는 그 이상의 엽록체가 들어 있는데 40~50개인 경우가 대부분이다. 색소체는 이중막으로 둘러싸이며 엽록체 안에는 층을 이루어 배열된 막이 있는데, 이것을 **틸라코이드**(thylakoid)라고 한다(그림 4.27). 광합성에서 중요한 역할을 하는 엽록소 및 기타 분자들은 틸라코이드에 결합되어 있다. 틸라코이드가 점유하지 않은 엽록체 부분은 **스트로마**(stroma)이다. 스트로마에는 광합성에 필요한 여러 효소가 들어 있으며, 원핵생물의 경우와 유사한 DNA와 리보솜도 들어 있다. 색소체는 원핵세포와 마찬가지로 둘로 쪼개지는 이분법으로 분열한다.

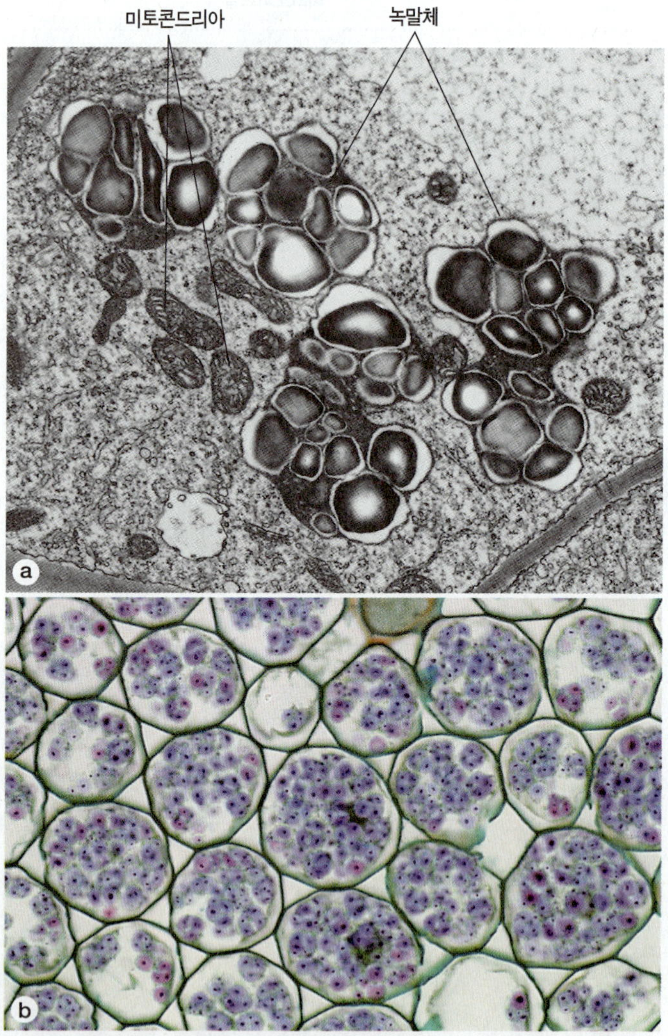

그림 4.28 **뿌리 세포의 녹말체** (a) 투과 전자현미경 사진. 녹말체에는 수많은 녹말 과립이 들어 있으며, 엽록체에서 발견되는 방대한 틸라코이드 막을 찾아볼 수 없다. (b) 녹말체에 포함된 녹말립(청자색으로 염색된)을 보여주는 뿌리 조직의 광학현미경 사진.

식물과 녹조류 색소체는 녹말을 형성한다 식물과 녹조류에서 광합성의 탄수화물 산물은 특징적인 녹말립을 이루어 스트로마에 보관된다. **녹말체**(amyloplast)는 녹색을 띠지 않으며 녹말을 풍부하게 포함하는 색소체이다. 그 안에는 틸라코이드가 발달되어 있지 않으며 주로 뿌리나 녹말 저장조직에서 발견된다(그림 4.28). 이러한 녹말은 특히 최적속도의 광합성이 일어나지 못하는 때와 같이 필요한 경우에는 에너지 생산 및 기타 목적을 위해 당으로 전환될 수 있다. 한 예로서 당단풍 나무를 들 수 있는데, 이 나무는 이른 봄과 같이 기온이 광합성에 적당하지 않을 때 줄기 정단과 어린 잎의 생장을 돕기 위해 뿌리와 줄기에 저장된 녹말을 당 용액으로 전환하여 공급한다. 사람들은 당단풍 시럽과 당분 생산을 위해 줄기에 관을 삽입하여 이것을 채취하기도 한다. 녹말은 인간 영양소의 중요한 성분이므로 감자, 타로(taro), 마니오크(manioc, 일명 카사바)와 같이 녹말 함량이 높은 몇몇 작물을 특별히 경작한다.

꽃과 과일의 잡색체는 녹색이 아닌 색소체이다 **잡색체**(chromoplast)는 지용성 카로티노이드 색소에 의해 밝은 오렌지색, 황색 혹은 적색을 띠는 색소체이다(그림 4.29). 익은 과실, 가을 단풍, 꽃잎의 색은 잡색체로 인하여 고유한 색깔을 띠게 된다. 식물 카로티노이드는 사람의 영양을 위해서도 중요하다. 과일과 채소의 형태로 섭취된 후 비타민 A를 만들어 눈과 피부의 건강에 필수적인 역할을 한다.

액포는 식물세포에서 중요한 역할을 한다

식물이 시드는 것은 무슨 이유 때문일까? 액포에 그 해답이 있다. 세포 중심에 위치하는 하나의 커다란 물 풍선 같은 **액포**(vacuole)는 전형적으로 성숙한 식물 세포에서 관찰되며 세포 부피의 90%를 차지한다(그림 4.30). 식물이 아니라도 액포가 있을 수 있으나, 이들은 일반적으로 식물세포에 들어 있는 것에 비해 크기가 훨씬 작다. 식물 액포의 주된 역할은 식물의 구조를 유지시켜주는 **팽압**(turgor pressure)을 유지하는 것이다. 식물 세포가 탈수되어 액포의 물을 잃는다면 식물은 시들어버릴 것이다. 집에서 기르는 화초가 시드는 것을 발견한 경우에는 곧장 물을 공급하여 액포의 수압을 복원시켜야 한다. 몇몇 예외를 제외하고 탈수 상태가 지속된 식물들은 고사되기 때문이다. 건조한 냉장고 속에서 액포의 물을 잃어버리는 것 역시 셀러리나 상치를 시들게 하는 원인이다. 차가운 물에 이들을 담구어 주면 곧 팽윤상태를 회복한다.

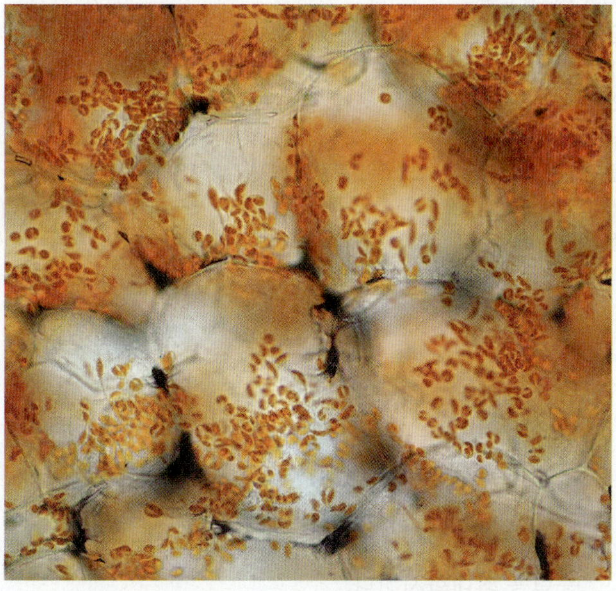

그림 4.29 후추의 잡색체 수많은 오렌지색 색소체로 인하여 후추 열매는 밝은 색을 띤다.

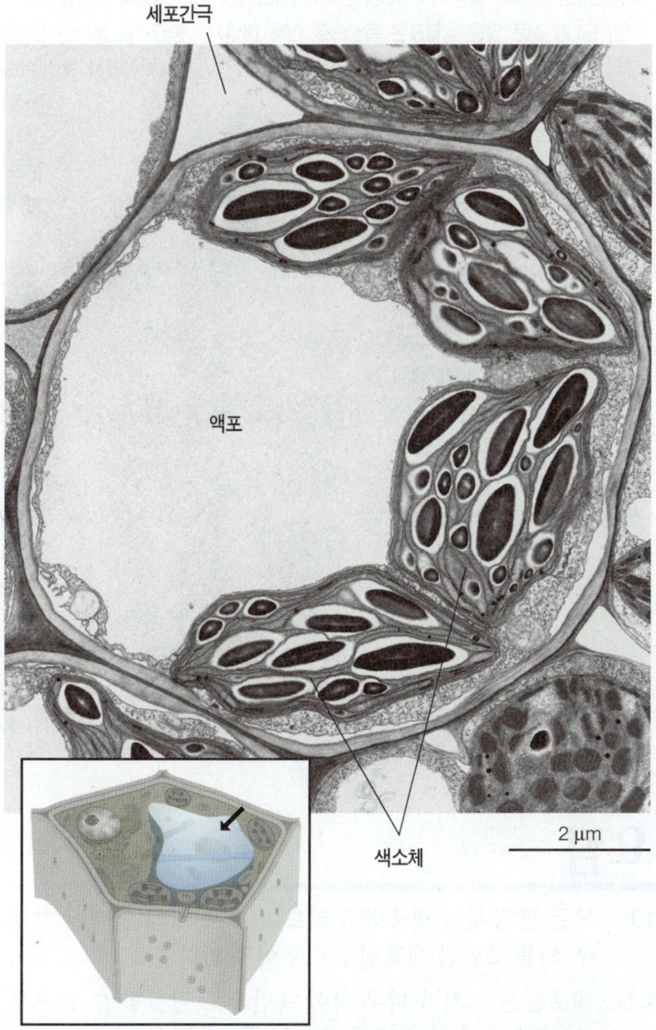

그림 4.30 대형 액포를 가진 식물 세포 옥수수 잎에서 엽맥(양분과 수분의 통도조직)과 인접한 세포를 보여준다. 엽록체 및 다른 기관들은 세포벽 바로 가까이에 위치하며, 세포 중심의 대부분은 액포가 차지한다.

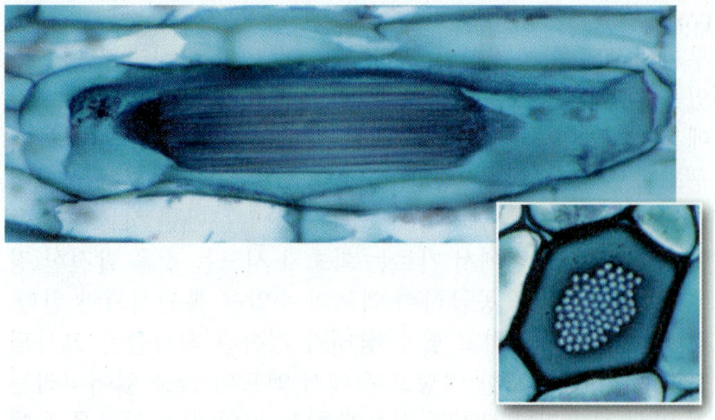

그림 4.31 식물 세포의 액포에 든 결정 이들 결정은 다발을 이루는 긴 바늘 형태의 결정속(raphides)으로 알려져 있다. 종단면과 함께 중간 지점에서 절단한 횡단면을 보여준다(삽입도).

액포는 *액포막*(tonoplast)이라고 하는 단일막으로 둘러싸여 있으며 액포막에는 이온이나 다른 물질의 축적을 담당하는 특이적인 단백질들이 들어 있다. 감귤류 과일의 경우 액포는 산을 저장하는 장소로 사용되며 비트(red beet)나 여러 종류의 꽃에서는 적색, 보라색, 청색 등의 수용성 색소를 저장하는데 사용된다. 또한 사탕수수나 사탕무의 경우에는 당을 저장한다. 액포는 또한 쓴맛을 내는 탄닌이나 자극성 결정(그림 4.31) 혹은 중금속과 같은 화합물을 축적함으로서 초식성 곤충의 공격으로부터 식물을 보호하기도 한다(Essay 7.2 "중금속 식물" 참조).

ESSAY 4.2 중금속 식물

겨자(*Brassica*)나 말냉이(*Thlaspi caerulescens*, 그림 E4.2) 같은 많은 식물들은 독성으로 인해 대부분의 식물이 살 수 없는 중금속으로 오염된 토양에서도 생장할 수 있다. 이러한 토양은 흔히 버려진 광산이나 군사기지 근처에 많이 나타난다. 또한, 열대와 아열대에서는 천연적으로 니켈이 풍부한 사문석(serpentine) 토양이 흔하게 나타나기도 한다. 일부 저항성 식물들은 아연, 카드뮴, 납, 구리, 수은, 셀레늄, 크롬, 니켈 등의 금속을 대량으로 흡수한 후, 작은 펩티드와 결합시켜 액포에 저장함으로서 해를 입지 않고 생존할 수 있다. 이러한 현상을 *금속 고농축*(metal hyper-accumulation)이라고 하며, 이러한 특징을 보이는 식물을 *고농축 식물*(hyperaccumulator)이라고 한다. 고농축은 특정한 지질학적 장소에서 금속이 많이 들어 있는 토양에 대한 식물의 진화적 반응이다.

환경학자들은 중금속으로 오염된 토양을 정화하기 위해 금속축적 식물을 활용하는 데 관심을 가지게 되었다.

고농축 식물들은 세포막의 수송 단백질을 이용하여 중금속을 흡수한다. 이러한 수송 단백질은 모든 식물이 뿌리에서 무기양분을 취하여 액포에 무기이온을 저장할 때 이용하는 것과 유사한 것이다. 고농축 식물들이 일반 식물과 다른 점은 이들 수송 단백질의 일부가 중금속을 운반할 수 있도록 변화되어 있다는 점이다. 말냉이는 이처럼 변화된 수송 단백질을 이용하여 독성의 피해를 입지 않고 건량의 3%에 이르는 아연을 축적할 수 있다. 고사리(*Pteris vittata*)는 토양보다 100배나 더 높은 농도로 비소를 고농축한다. 어떤 경우에는 식물이 체내에 금속을 포함함으로써 금속성 맛에 거부감을 느끼는 초식동물에 대한 방어작용을 할 수 있기 때문에 고농축이 유리한 경우도 있다. 환경학자들은 금속 축적 식물을 이용하여 중금속 오염 토양을 정화하거나, 중금속이 많이 든 하수 슬러지의 처리에 관심을 가지게 되었다. 금속을 다량 흡수한 식물을 수확하여 금속을 추출하거나, 혹은 유독물 보관지역에 매립한다. 오염된 토양을 매립하는 것보다 금속 축적 식물을 매립하는 편이 부피를 덜 차지하기 때문이다. 폐기물 정화를 돕기 위해 식물을 이용하는 것을 *식물복원*(phytoremediation)이라고 한다.

E4.2 고농축 식물인 *Thlaspi caerulescens*

요점

4.1 모든 생명체는 세포막과 리보솜(세포 내의 단백질 합성 구조)을 포함한 세포질로 이루어져 있다.

4.2. 세포들은 크기가 너무 작아 육안으로 관찰할 수 없으므로 여러 가지 형태의 현미경은 세포생물학 연구의 필수적 도구이다. 광학 현미경은 확대된 상을 얻기 위하여 빛과 유리 렌즈를 사용한다. 전자 현미경은 화학적으로 고정된 세포의 초박막 슬라이드로부터 더욱 커다랗게 확대된 상을 얻기 위하여 전자와 자기 렌즈를 사용한다. 세포의 작은 크기는 세포의 양분 섭취 능력과 노폐물 제거 능력을 최대화시킨다.

4.3. 진핵세포는 핵의 존재, 소포체와 골지체로 이루어진 내막계 및 세포를 지탱하고 운동 단백질과 상호작용하여 세포운동을 일으키는 세포골격 단백질의 존재로 인하여 원핵생물과 뚜렷이 구분된다. 대부분의 진핵세포는 또한 세포의 발전소에 해당하는 미토콘드리아를 하나 혹은 그 이상 갖고 있다. 미토콘드리아는 고대의 원생생물이 섭취한 박테리아에 그 기원을 둔다.

4.4. 식물세포의 특징은 셀룰로오스로 이루어진 세포벽, 커다란 액포, 색소체를 가진다는 점이다. 엽록체는 틸라코이드 막에 결합된 엽록소를 포함하여 광합성을 수행하는 곳이며, 녹말 저장의 장소이기도 하다. 녹말체는 엽록소가 결여되어 있으며 녹말 저장 기관의 기능을 수행하는 색소체이다. 잡색체는 과실과 꽃의 색깔을 부여하는 색소체이다. 색소체는 식물의 조상인 고대 원생생물이 섭취한 시안세균에 그 기원을 두고 있다.

문제

1. 원핵세포와 진핵세포의 유사점, 차이점을 몇 가지씩 기술하라.
2. 내재성 막 단백질이란? 진핵세포의 원형질막에서 발견되는 내재성 막 단백질의 예를 들라.
3. 저장액, 등장액, 고장액의 개념을 설명하라. 세포의 원형질 분리를 일으키기 쉬운 것은 어느 용액인가? 그 이유는? 동물과 식물이 저장액과 고장액의 환경에 대처하기 위하여 진화시킨 수단을 몇 가지 기술하라.
4. 엔도시토시스와 엑소시토시스를 구별하라. 그리고 식물계 및 원생생물계에 있어서 각각의 예를 제시하라.
5. 핵은 진핵세포의 핵심적인 특징이다. 핵 내에서 다음 구조의 역할에 대하여 논하라. (a) 핵막, (b) 핵질, (c) 핵공, (d) 인, (e) 염색체.
6. 진핵세포의 내막계란? 내막계의 주된 두 가지 요소는? 이들 각각의 기능은 무엇인가?
7. 다음 현미경에 대하여 간략하게 구별하거나 기술하라. (a) 광학현미경, (b) 복합 광학현미경, (c) 입체 해부현미경, (d) 형광 현미경, (e) 공초점 레이저 주사현미경, (f) 투과 전자현미경, (g) 주사 전자현미경.
8. 염생식물이란? 이들은 어떻게 고염분 환경에 적응하여 자랄 수 있었을까?
9. 세포골격이란? 세포골격의 주성분은? 세포골격과 결합하는 운동 단백질에는 어떤 것이 있는가? 각 모터 단백질이 참여하는 식물 활동의 예를 들라.
10. 식물 세포벽에서 다음 화학적 혹은 구조적 성분의 기능은 무엇인가? (a) 셀룰로오스, (b) 헤미셀룰로오스, (c) 펙틴, (d) 원형질연락사, (e) 칼로오스, (f) 리그닌.
11. 식물 세포에서 발견되는 색소체에 대하여 기술하되 각각의 특징적인 색깔과 기능을 포함시키라.

응용 개념

1. 열거된 각각의 경우에 대하여 목적에 따라 광학현미경(LM), 주사 전자현미경(SEM), 투과 전자현미경(TEM) 중 어느 것을 사용하는 것이 적절한지 고찰하라. (a) 새로 발견한 신종 식물의 줄기에 든 세포와 조직의 종류 및 위치를 조사하고자 할 때. (b) 조류 세포의 세포분열 과정을 처음부터 끝까지 관찰하려고 할 때. (c) 세포의 세포골격 섬유를 염색하여 한 번에 전체 망상구조를 조사하려고 할 때. (d) 세포질 미세소관의 운동단백질 뿐 아니라 미토콘드리아의 세부구조를 관찰하려고 할 때. (e) 단세포 조류의 표면을 덮고 있는 작은 인편(scale)을 관찰하고자 할 때. (f) 포도당 대사 관련 효소인 헥소키나아제(hexokinase) 단백질의 각 원자를 관찰하고자 할 때.
2. 일차 세포벽이 놓여 있는 곳은 이차세포벽의 안쪽인가? 바깥쪽인가? 세포의 신장활동이 멈출 때까지 이차세포벽이 생산되지 않는 이유는? 세포벽에 대한 세포막의 상대적 위치는?
3. 운동 단백질에 결함이 있는 동물 세포 혹은 식물 세포는 어떻게 될지 추정해보라. (a) 키네신, (b) 디네인, (c) 미오신이 기능하지 못할 때 달라지는 특이적 세포 현상은 무엇인가? 이들 세 가지 모두가 치사 돌연변이일 것으로 생각하는가?
4. 화성 혹은 목성의 위성인 유로파(Europa)에서 생명체가 발견된다고 할 때, 이들 생명체가 비치 볼의 크기 혹은 모양을 가진 커다란 단세포들로 이루어질 가능성이 없을 것이라고 여겨진다. 그 이유는?

5 장 광합성과 호흡

주요 개념

- 지구의 생명체는 태양으로부터 에너지를 공급받는다.
- 광합성은 세포가 태양 에너지를 포획하여 당의 화학결합에 저장하는 과정이다.
- 식물 세포 및 기타 광합성 생물의 세포는 간단한 당으로부터 생명체에 필요한 복잡한 탄수화물, 지질, 핵산, 단백질을 합성한다.
- 호흡이란 광합성에 의해 만들어진 유기 화합물 분자의 화학결합으로부터 에너지를 방출시키는 일련의 화학반응이다.
- 유산소 조건에서 대부분의 세포는 당을 완전히 분해하여 이산화탄소와 물로 만든다.
- 무산소 조건에서 효모와 같은 세포는 당을 알코올로 전환하여 당 에너지의 일부를 포획하는데 이것을 발효라고 한다.
- 발효는 제빵, 치이즈 생산, 양조산업의 기본이다.

여러분이 매일 아침 먹는 시리얼과 토스트, 점심의 샌드위치, 저녁식사로 나오는 롤빵은 밀이 초본식물에서 유래하였음을 알고 있는가? 밀은 세계에서 가장 널리 재배되는 농작물인 동시에 세계 인류가 가장 많이 소비하는 식량이다. 밀은 벼나 옥수수처럼 낟알(grain)이라고 하는 단단한 건과(dry fruit)를 생산하는 눈에 잘 띄지 않는 작은 꽃들을 달고 있다. 낟알들은 저장하거나 혹은 빵과 아침 시리얼을 만들기 위해 분쇄하여 밀가루로 만든다.

재배 밀의 원산지는 근동 지역이며 기원은 9000년 전 이전으로 거슬러 올라간다. 야생 밀과 또 다른 야생초인 고우트 그래스(goat grass) 사이에 잡종이 만들어져서 에머(emmer)라고 하는 새로운 형태의 밀이 탄생하였다. 에머 밀(*Triticum turgidum*)은 파스타의 원료인 세몰리나(semolina) 밀가루를 생산한다. 약 8,000년 전 에머 밀은 고우트 그래스와 교잡되어 또 다른 잡종인 참밀(*Triticum aestivum*)을 탄생시켰다. 다른 종류의 밀에 비교해 참밀은 단백질 함량, 특히 글루텐(gluten) 단백질의 함량이 높다. 참밀의 밀가루를 물에 개면 글루텐 때문에 반죽이 잘 늘어난다. 이 반죽에 효모나 베이킹 소다와 같은 부푸는 재료(rising agent)를 가하면 이산화탄소 거품이 생겨 반죽이 팽창되고 늘어나서 발효된 빵(leavened bread)이 만들어진다. 빵은 흔히 많은 사람들을 위한 양식의 절반 이상을 공급한다.

어떻게 해서 밀과 같은 한 가지 종의 식물이 그렇게 많은 인간의 식량 공급을 할 수 있게 되었을까? 밀은 두 가지 중요한 대사과정으로 인하여 이러한 핵심적 기능을 수행할 수 있다. 본 장에서는 이 두 가지 중요한 대사과정, 즉 광합성과 호흡에 대하여 살펴보고자 한다. **광합성**(photosynthesis)은 밀과 같은 식물이나 기타 광합성 생물이 포획한 태양에너지를 이용하여 탄수화물을 생산하는 과정이다. **호흡**(respiration)은 모든 생물이 탄수화물과 기타 유기분자로부터 에너지를 방출하는 과정이다. 이 에너지는 대사를 이루는 수많은 반응을 일으키는데 사용된다. 대사란 생물체 내에서 일어나는 모든 화학반응의 총합이다. 광합성과 호흡은 모두 많은 화학반응들을 포함하는 복잡한 생화학적 과정이기 때문에 본 장에서는 먼저 두 가지 과정과 이들 대사과정에서 일어나는 화학반응에 대하여 개괄적으로 살펴보고자 한다. ■

5.1 광합성과 호흡을 통해 생물은 지상에서 태양에너지를 포획하고 생명을 유지하기 위해 방출한다

혹성인 지구는 살아 있는 생물체의 얇은 층에 의해 둘러 싸여 있다. 생물체들은 토양, 바위 표면, 공기 및 물에도 존재한다. 이러한 생명의 층을 생물권(biosphere)이라고 한다. 생명이란 끊임없는 에너지 투입을 요구하는 에너지 집약적인 과정이다. 광합성은 에너지가 지구의 생물권으로 진입하는 주된 경로이다. 식물과 다른 광합성 생물들은 태양 에너지를 이용하여 저에너지 무기물인 이산화탄소와 물로부터 탄수화물과 같은 고에너지 유기화합물을 조립하기 위해 광합성을 이용한다. 이 과정은 다음의 식으로 요약할 수 있다.

$$6CO_2 + 12H_2O \rightarrow C_6H_{12}O_6 + 6O_2 + 6H_2O$$

이 식에서 이산화탄소(CO_2)와 물(H_2O)은 반응물 혹은 기질이고, 산소(O_2), 물(H_2O), 단당류($C_6H_{12}O_6$)는 생성물이다(3장). 이 반응은 태양 에너지에 의해 추진되며 그 에너지는 단당류의 공유결합에 포획된다. 이 식은 반응의 결과에 대해서만 기술할 뿐 그 방법은 설명하지 못한다. 실제로 지구상의 모든 생물은 위의 반응에 에너지를 직간접적으로 의존한다.

단당류의 화학결합에 태양 에너지를 포획하는 것만으로 이야기의 끝이 아니다. 지구상에서 생명체를 지탱하고 활동시키기 위해서는 그 포획된 에너지가 방출되어 세포 대사에 이용되어야 한다. 호흡은 대부분의 생물들이 단당류의 공유결합에 든 에너지를 방출하는 과정이다. 광합성에서와 같이 호흡 과정 역시 식으로 요약될 수 있다.

$$C_6H_{12}O_6 + 6O_2 \rightarrow 6CO_2 + 6H_2O$$

이 식 역시 일어난 결과에 대해서만 알려줄 뿐 그 방법에 대해서는 설명하지 않는다. 한 조각의 각설탕을 불로 연소시키면 이산화탄소와 물이 배출되지만 모든 에너지는 열로 소실되고 만다. 그러나 호흡에서는 방출된 에너지의 상당량은 ATP 분자에게 전달된다(3장). 포획되었던 원래의 태양 에너지는 세포의 에너지 통화인 ATP의 형태로 세포 대사를 구성하는 많은 생화학 반응을 수행하는데 사용되는 것이다. 그림 5.1은 태양 에너지가 광합성과 호흡을 경유하여 세포 대사를 추진하기 위한 ATP 생성에 이르기까지 에너지 흐름의 과정을 요약하고 있다. 단당류는 이당류나 다당류로, 혹은 식물에서 발견되는 일차 혹은 이차화합물로 전환된다. 광합성과 호흡이 지구 생명을 지탱하는 에너지를 어떻게 포획하고 방출하는지 자세한 내용을 살피기 전에 이들 과정의 일부 화학반응 및 이들이 체계화된 방법을 논의하기로 한다.

5.2 대사는 일련의 경로로 많은 종류의 화학반응이 관여한다

우리 몸의 모든 세포와 식물의 모든 세포에는 매 순간 수백 가지 화학반응이 동시에 일어나고 있다. 세포의 **대사**(metabolism)란 세포 안에서 일어나는 화학반응과 모든 과정의 총합이다. 일반적으로 세포 대사를 구성하는 화학반응들, 특히 광합성과 호흡은 효소(enzyme)라고 하는 생체촉매의 지시를 받는다. 효소는 커다란 단백질 분자로서 촉매제이기 때문에 화학반응의 속도를 가속화시키되 반응 도중에 소모되지 않는

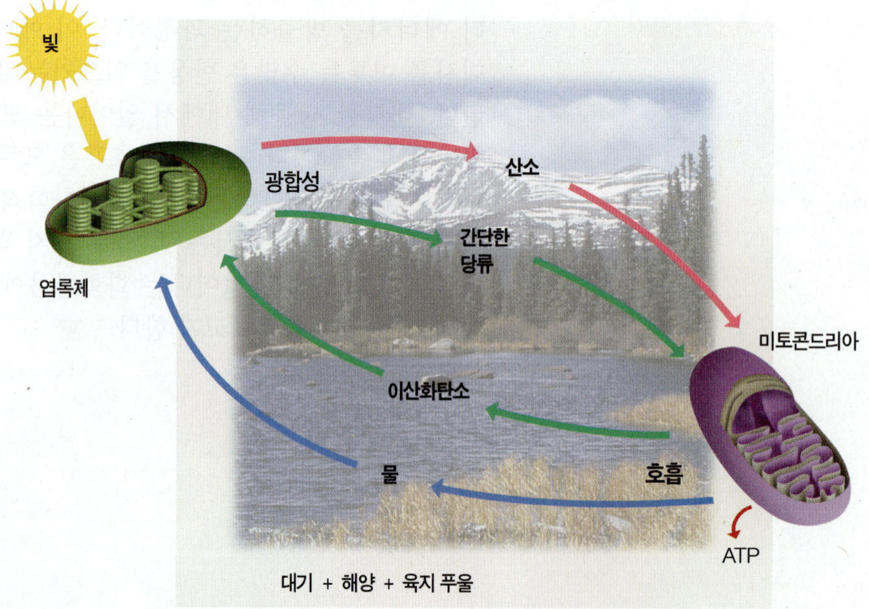

그림 5.1 지구상에서 에너지 흐름의 경로 광합성은 태양 에너지를 단순한 당의 형태로 포획하고 산소를 방출한다. 호흡은 산소가 존재할 때 단순한 당을 분해하여 세포 대사를 추진하는 ATP를 생산한다. 호흡의 산물인 이산화탄소와 물은 해양과 대기의 글로벌 풀에 진입하여 다시 광합성에 사용된다.

다. 대사의 개별적 화학반응들은 여러 가지 종류가 있을 수 있다. 반응의 진행을 위해 에너지 투입을 필요로 하는 효소 촉매 반응이 있는가 하면 진행과정에서 에너지 방출이 일어나는 반응도 있다. 세포대사의 많은 화학반응들에서는 반응 진행 동안 원자와 원자 간의 전자 이동이 일어난다. 이러한 반응을 산화환원 반응(*oxidation-reduction reaction*)이라고 하며 광합성과 호흡에서 중요한 역할을 수행한다. 세포 대사의 화학반응들은 단독으로 일어나는 것이 아니라 연속적으로 연계되어 있다. 이처럼 연계된 반응들을 경로(pathway)라고 한다.

화학반응은 자유에너지 감소반응과 증가반응이 있다

화학반응이 일어나는 동안 에너지가 방출되는지 혹은 소모되는지에 따라 대사경로의 화학반응을 구분하기도 한다. 만일 기질의 퍼텐셜 에너지가 생성물보다 크다면 반응과정에서 에너지가 방출되며, 이것은 **자유에너지 감소반응**(exergonic reaction)이다. 에너지가 방출되는 반응은 계의 외부로부터 에너지를 투입하지 않아도 자발적으로 반응이 일어날 수 있다. 호흡은 자유에너지 방출 과정이다. 반대로 기질의 퍼텐셜 에너지가 생성물보다 적다면 반응을 진행시키기 위해 외부에서 에너지를 투입해야 하므로 이것은 **자유에너지 증가반응**(endergonic reaction)이다. 광합성의 많은 반응들과 기타 생합성 반응들은 자유에너지 흡수 과정이다. 세포는 자유에너지 흡수 반응에 필요한 에너지를 어디에서 얻는 걸까?

세포는 흔히 에너지 여분을 제공하는 자유에너지 감소반응과 자유에너지 증가반응을 연계(coupling)시킴으로서 자유에너지 증가반응을 일으킨다. 이러한 잉여 에너지 덕택에 연계된 전체 반응은 자유에너지를 방출하면서 자발적으로 진행한다. 그러나 이 에너지는 자유에너지 감소반응으로부터 자유에너지 증가반응으로 직접 전달되지는 않는다. 대부분의 연계 반응에서는 아데노신 삼인산 즉, **ATP**가(3장) 두 반응 사이의 에너지 운반을 담당한다(그림 5.2).

ATP는 세포의 주된 에너지 운반체이다. ATP는 3개의 인산기(PO_4)를 갖는데 이 중에서 마지막 2개의 인산기를 연결하는 공유결합들은 상당한 퍼텐셜 에너지를 갖고 있다. 세 번째 인산 결합이 절단되면 에너지가 방출되면서 ATP는 아데노신 이인산(adenosine diphosphate, ADP)으로 변한다. 두 번째 인산 결합이 절단되면 역시 상당한 양의 에너지가 방출되면서 ADP는 아데노신 일인산(adenosine monophosphate, AMP)이 된다. 일반적으로 자유에너지 방출이 일어나는 경우, 그 과정에서 방출된 에너지는 ATP의 하나 또는 그 이상의 인산 결합에 포획될 수 있다. 이후 이 에너지는 자유에너지 증가반응에게 전달되어 반응을 자발적으로 진행시킨다. 대부분의 반응에서 말단의 인산기는 단순히 제거되는 것이 아니라 에너지와 함께 다른 분자로 전달된다. 인산기를 받는 분자는 에너지가 높아져 다른 반응에 참여할 수 있다.

산화환원 반응은 세포대사에서 아주 중요하다

많은 화학반응에서 전자는(흔히 e^-로 표기함) 어느 한 에너지

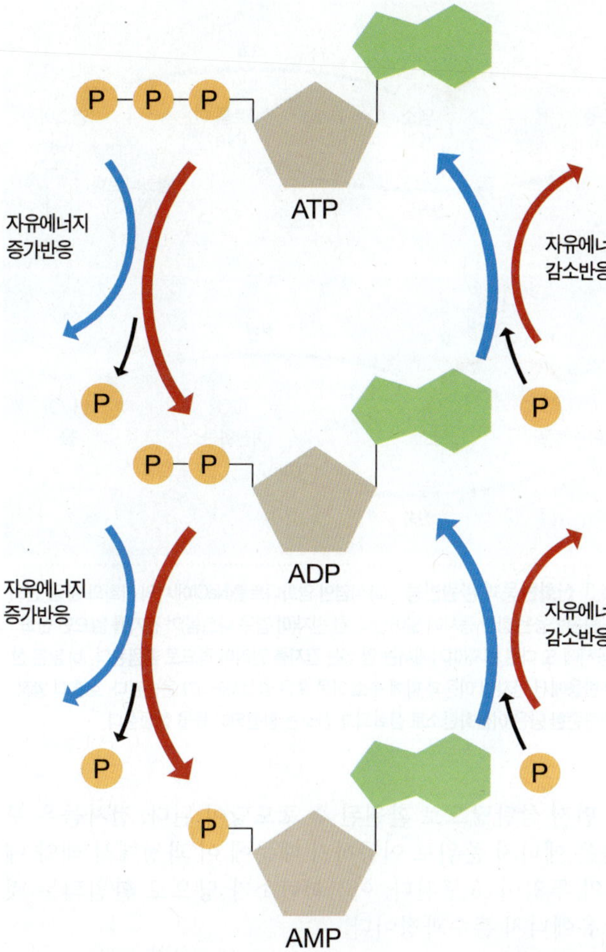

그림 5.2 연계 반응 사이에서 ATP에 의한 에너지 전달 세포 대사에서 여분의 에너지를 내놓는 자유에너지 감소반응(적색 화살표)은 자유 에너지 증가반응(청색 화살표)과 연계되어(coupled) 있다. 그러므로 알짜 반응은 자유에너지가 방출되는 방향으로 자발적으로 진행한다. ATP와 ADP는 인산기의 공유결합에 든 에너지를 이용하여 이들 연계반응의 에너지를 전달한다.

준위로부터 다른 에너지 준위로 옮겨갈 수 있을 뿐 아니라 한 원자에서 다른 원자로 옮겨갈 수 있다. 이러한 화학반응을 **산화환원 반응**(oxidation-reduction reaction)이라고 한다. 원자나 분자가 전자를 잃을 때 그 원자 혹은 분자는 산화되었다고 한다. 반대로 전자를 얻으면 **환원**(reduction)이다. 산화환원 반응은 짝을 이루어 일어난다. 즉 산화되는 원자가 잃어버린 전자는 환원되는 다른 원자로 옮겨간다(그림 5.3a). 살아 있는 세포의 대사반응에서 전자는 흔히 양성자(H^+)와 함께 다른 원자로 이동한다. 이 때 수소 이온은 자신의 퍼텐셜 에너지와 함께 전달된다($1e^- + 1H^+$ = 수소원자 1개). 예를 들면, 호흡에서 수소는 포도당으로부터 산소로 전달된다. 분자상 산소(O_2)의 산소 원자들은 물로 환원되고, 반면에 포도당의 탄소 원자들은 이산화탄소로 산화된다(그림 5.3b). 이러한 전달과정에서 전자의 에너지 준위는 낮아지며, 그 차이만큼의 에너지가 방출된다. 포도당의 산화는 자유에너지 방출과정이다. 반대로, 광합성이 일어나는 동안 전자와 양성자는 물을 떠나(물은 산소로 산화된다) 이산화탄소로 전달되고 이산화탄소는 이들을

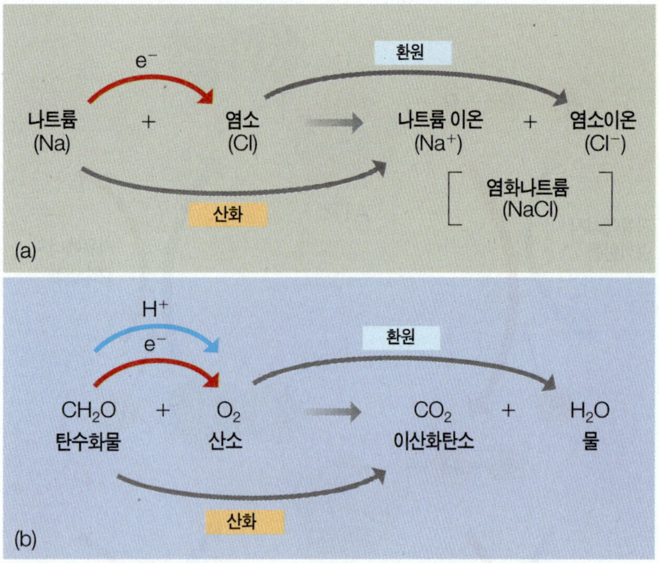

그림 5.3 산화반응과 환원반응 (a) 식염인 염화나트륨(NaCl)에서의 산화와 환원. 산화반응과 환원반응은 항상 동시에 일어난다. 한 원자(이 경우 나트륨)가 전자를 잃으면 산화된다. 동시에 또 다른 원자(여기에서는 염소)는 전자를 얻어야 하므로 환원된다. (b) 많은 산화환원 반응에서 전자의 이동과 함께 수소 이온 혹은 양성자(H^+)가 운반된다. 호흡의 방정식에서 단순한 당은 이산화탄소로 산화되고, 산소는 환원되어 물을 형성한다.

받아 먼저 삼탄당으로 환원된 후 포도당이 된다. 전자들은 보다 높은 에너지 준위로 이동하기 때문에 이 과정에서 태양 에너지의 투입이 요구된다. 이산화탄소가 당으로 환원되는 것은 자유에너지 흡수과정이다.

호흡이 일어나는 동안 포도당을 떠난 전자들은 직접 산소로 이동하지 않으며 또한 광합성이 일어나는 동안 물을 떠난 전자들이 직접 이산화탄소로 이동하지도 않는다. 전자와 양성자는 일부 에너지와 함께 전자 수용체 분자에게 전달된다. 매우 중요한 전자 수용체 두 가지는 **NAD^+** (nicotinamide adenine dinucleotide)와 **$NADP^+$** (nicotinamide adenine dinucleotide phosphate)이다. $NADP^+$는 NAD^+에 인산기(PO_4)가 첨가된 것이다. $NADP^+$는 광합성에서 주된 역할을 하며 NAD^+는 호흡에서 중요한 역할을 한다.

전자 수용체 분자들은 **전자전달 연쇄**(electron transport chain)라고 하는 계열에 무리지어 있다(그림 5.4). 마치 조립 라인과 마찬가지로 전자전달 연쇄는 한쪽 말단에서 전자를 받아 일련의 수용체 분자들을 거쳐 다른 쪽 말단으로 전달한다. 각 수용체 분자는 전자를 받으면 환원 상태가 되고, 받은 전자를 다음 수용체 분자에게 넘기게 되면 자신은 산화된다. 따라서 전자전달 연쇄는 일련의 산화환원 반응이라고 할 수 있다. 이 연쇄의 각 단계를 진행할 때마다 전자의 에너지 준위는 낮아진다. 에너지의 일부는 열로 소실되고 일부는 대사 활동을 하는데 사용된다. 전자전달 연쇄는 광합성과 호흡 모두에서 중요한 역할을 수행한다.

대사에서 화학반응은 경로를 가진다

세포의 화학반응은 공장의 조립 라인과 같이 일렬로 연결되

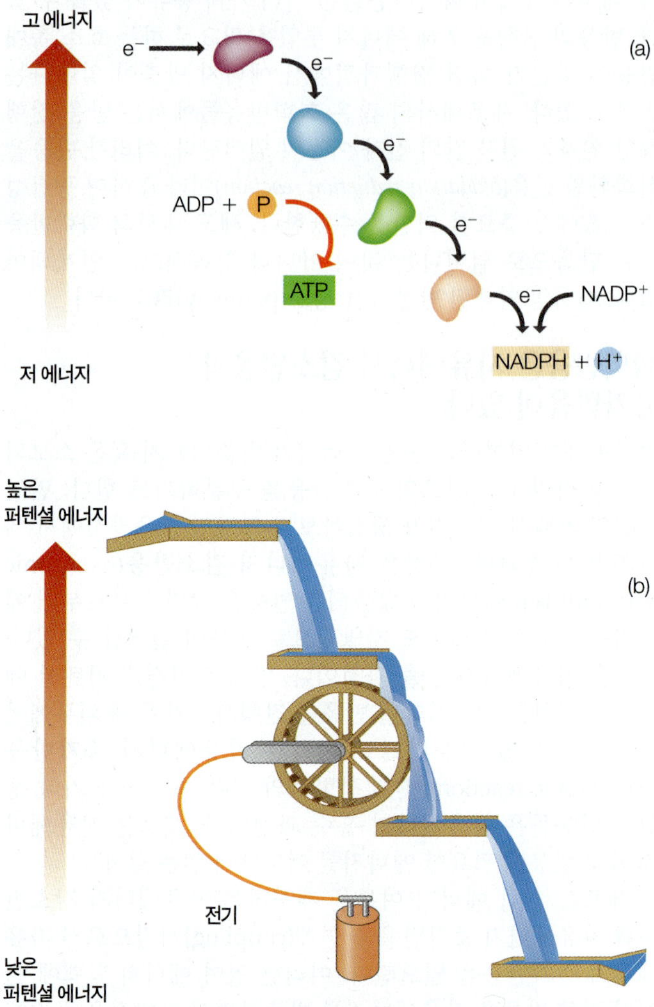

그림 5.4 전자전달 연쇄와 물리적 비유 (a) 전자전달 연쇄를 따라 전자가 하향 이동함에 따라 전자의 에너지 수준은 일련의 전자 수용체 분자(색칠된 도형들)에 의해 단계적으로 저하한다. 전자 수용체 분자들은 산화 환원 반응을 수행한다. 방출된 에너지의 일부는 열로 소실되고, 일부는 유용한 일을 수행할 수 있는 ATP로 회수된다. (b) 마찬가지로, 경사진 수로에서 일련의 낙차를 따라 물이 흘러내릴 때 퍼텐셜 에너지의 일부는 열로 소실되지만 일부는 수차를 돌려 전기를 발생시키는 에너지로 전환된다.

어 있다. 한 효소 반응의 생성물이 다음 효소반응의 기질이 된다(그림 5.5, 그림 5.6a). 이러한 일련의 질서 있는 반응들은 대사경로를 구성한다. 그러나 모든 대사경로가 단순한 직선형 조립 라인인 것은 아니다. 일부 경로에서는 분기점이 생겨나서 한 반응의 생성물이 두 경로 중 어느 한쪽을 따라 진행된다(그림 5.6b). 일부 경로에서는 경로의 출발물질이 마지막 단계에서 항상 재생되는 회로도 있다(그림 5.6c). 회로는 간단한 분자를 받아들여 보다 크고 복잡한 분자를 생산하거나 혹은 크고 복잡한 분자를 간단한 분자로 분해하는 경우도 있다. 광합성과 호흡 과정에는 회로가 포함되어 있다.

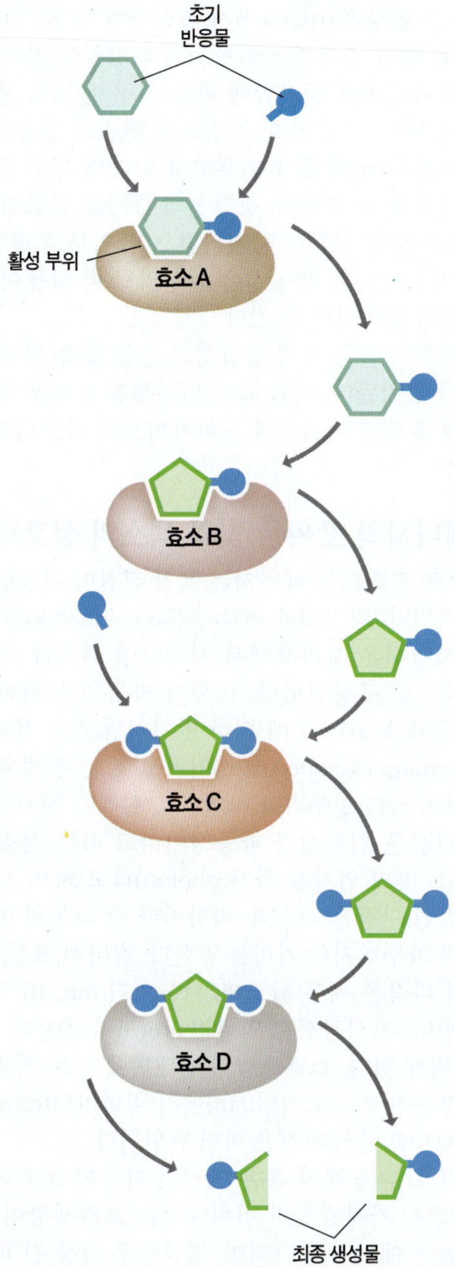

그림 5.5 일련의 화학반응 순서 한 반응의 생성물은 다음 반응의 기질이 된다. 보기에서 각 단계의 반응들은 서로 다른 효소들의 촉매작용을 받고 있다.

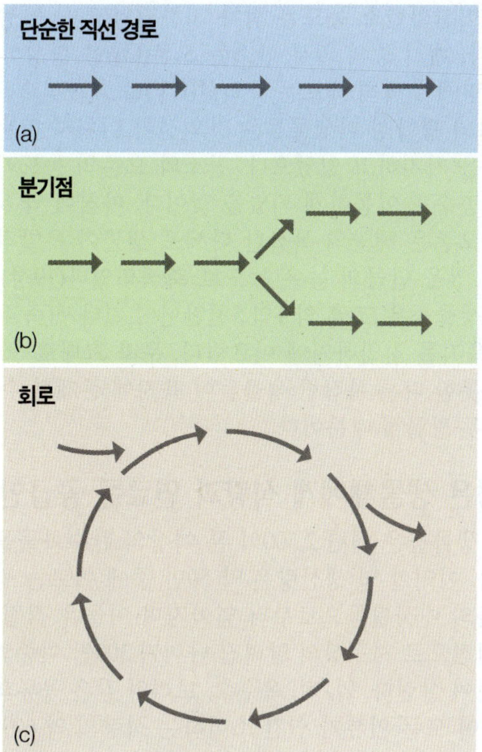

그림 5.6 대사 경로의 3가지 기본 유형 (a) 화학반응의 단순한 직선 경로. (b) 직선 경로의 분기점. (c) 순환 경로. 회로는 항상 출발물질을 재생한다.

5.3 광합성은 지구상 생명을 유지하기 위해 태양에너지를 포획한다

광합성은 태양 에너지를 이용하여 저에너지 무기화합물인 이산화탄소와 물로부터 고에너지 유기화합물을 합성하는 과정이다. 광합성은 에너지가 지구 생물권에 진입하는 주경로이다. 지구상의 모든 생물은 직간접적으로 이러한 에너지 흐름에 의존하고 있다. 광합성은 지구의 생명체를 존속시킬 뿐 아니라 과거의 지구를 생명체가 살 수 있는 환경으로 변화시켰다.

광합성은 다세포 생물이 살 수 있도록 원시 지구를 변화시켰다

EVOLUTION

초기 지구의 대기 조성은 현재와 많이 달랐다. 현재의 대기는 78%의 질소(N_2), 21%의 산소(O_2), 약 1%의 아르곤, 수증기(H_2O), 오존(O_3) 및 이산화탄소(CO_2)로 되어 있다. 최초의 대기는 화산에서 유래한 것이다. 여기에는 수소(H_2), 수증기, 암모니아(NH_3), 질소, 메탄(CH_4), 이산화탄소(CO_2) 같은 많은 기체가 포함되어 있었을 것이라고 생각된다. 메탄과 이산화탄소는 현재보다 훨씬 높은 수준으로 존재하였으나, 산소는 없었을 것이라는 점에 과학자들은 동의하고 있다. 오늘 날의 대기는 인간을 비롯하여 초기 지구의 대기 조건에서는 생존할 수 없었을 복잡한 생명체들을 생존케 한다. 이러한 대기의 극적인 변화는 어떻게 일어났을까?

약 35억 년 전 원시 지구의 해양에서 무리를 이루었던 광합성 미생물들은 풍부한 이산화탄소를 섭취한 후 태양 에너지를 사용하여 이산화탄소를 간단한 탄수화물로 환원시켰다. 태양 에너지는 탄수화물의 화합결합에 저장되었으며 반응의 부산물로서 산소가 발생하였다. 바로 이 산소가 대기 중으로 확산되어 축적되기 시작하였다. 장구한 세월을 거치는 동안

대기의 이산화탄소 농도는 점차 저하되었고 산소 농도는 상승하였다. 대기 중의 일부 산소는 오존(O_3)을 형성하였다. 오존은 생명체에 극히 해로운 자외선(UV)을 효과적으로 차단한다. 초기의 광합성 미생물들은 자외선이 미치지 않는 깊이의 바다 속을 차지하고 있었으나, 산소와 오존의 농도가 상승하면서 표층수로 이동하게 되었을 것이다. 마침내 약 6억 년 전 산소와 오존은 해양의 복잡한 다세포 생물이 폭발적으로 번성할 수 있을 만큼의 높은 농도로 축적되었다(19장). 복잡한 다세포 생물들은 그 후 약 1억 5천만년이 지나서(즉 4억 5천만 년 전) 육지를 침입하기에 이르렀다. 문자 그대로 오늘 날 사람을 비롯한 다른 복잡한 생물들이 육지에 존재할 수 있게 된 것은 모두 광합성 때문이다.

광합성은 생물체에게 식량과 연료를 공급한다

광합성 생물들은 매년 2,500억 톤 이상의 탄수화물을 생산한다. 이러한 연 생산량은 약 50만 종에 이르는 광합성 생물의 대사활동으로부터 얻어지며 이들은 직접 혹은 간접적으로 지구상의 알려진 나머지 300만 여종의 생물을 먹여 살린다. 밀, 벼, 옥수수, 보리와 같은 곡류의 광합성을 통하여 모든 인류가 연간 소비하는 식량의 약 60%가 충당된다.

ECOLOGY

광합성은 식량 공급 이외에도 여러 가지로 우리의 삶에 영향을 끼치는 다양한 생산품들을 제공한다. 목화나 린넨 같은 많은 직물은 식물의 섬유에서 얻어지고 건축, 가구 생산 및 종이 산업 등은 목재를 이용하여 이루어진다. 미국에서 종이를 생산하기 위해 사용하는 목재의 양은 연간 약 30억 입방피트에 이른다. 광합성 산물은 또한 향신료, 향수, 의약품, 화장품, 왁스, 기름, 고무 등을 생산하는데도 쓰인다. 광합성은 인간이 사용하는 다량의 연료를 공급한다. 음식의 조리와 주택 난방을 아직도 목재에 의존하는 인구가 많으며, 석탄, 석유, 천연가스와 같은 화석 연료는 모두 과거의 광합성 생물에 의해 포획되었던 태양 에너지라고 볼 수 있다. 현대인의 생활은 에너지를 얻기 위해 과거의 광합성에 의존하고 있으나 화석 연료는 공급이 제한되어 있으므로 재생 가능한 에너지는 아니다.

전력을 생산하기 위해 화석 연료를 연소하면 탄소는 이산화탄소의 형태로 대기로 들어간다. 산업혁명 이래 대기 중의 이산화탄소 함량은 0.028%에서 출발하여 현재의 0.037%에 이르고 있다. 대기 중의 이산화탄소는 태양열을 잡아 가두기 때문에 이산화탄소가 증가함에 따라 지구 온도도 증가하는 추세에 있다. 만약 그 동안 화석 연료의 연소로 방출되었던 이산화탄소가 모두 대기 중에 머무르고 있다면 지구 온도는 현재보다 더 높아졌을 것이다. 광합성의 증가로 인하여 방출된 이산화탄소의 상당 부분이 제거되었으며, 일부는 해양, 토양, 습원 등에 저장되었다. 광합성은 인간의 소비 활동이 대기에 미치는 영향을 완화시킬 수 있다.

현대인의 생활은 과거 광합성의 산물 및 현재 광합성의 산물에 의해 영위된다. 이와 같이 인류생활에 매우 중요한 광합성은 어떻게 태양 에너지를 포획하여 탄수화물의 화합결합에 저장할까?

태양 에너지의 포획은 빛과 색소의 상호작용이다

광합성으로 포획되는 에너지는 육안 관찰이 가능한 가시광선의 에너지이다. 약 300년 전 뉴튼(Isaac Newton)이 제시하였듯이 가시광선은 보라색에서 시작하여 적색에 이르는 색깔 스펙트럼으로 구성되었다. 19세기 영국의 물리학자 맥스웰(James Clerk Maxwell)에 의하면 가시광선은 *전자기 스펙트럼*(electromagnetic spectrum)이라고 하는 광범위한 복사선 스펙트럼의 작은 일부라고 하였다(그림 5.7). 전자기 스펙트럼 내의 복사선은 입자성과 파동성이라고 하는 성질을 동시에 갖고 있다. 빛의 입자를 광자(photon)라고 하며 모든 복사선은 특징적인 파장을 가진다. 파장이란 한 파동의 마루부터 다음 파동의 마루까지의 거리를 말한다. 감마선, X선, 자외선, 가시광선의 파장은 매우 짧으며, 나노미터(nm, 10^{-9}m)의 단위로 측정된다. 가시광선은 약 400 nm(보라색)부터 700 nm(적색)의 범위에 있다. 스펙트럼의 반대편에 있는 적외선은 열선으로 파장은 마이크로미터(μm)에서 밀리미터(mm)의 범위에 있으며, 라디오파의 파장은 미터 단위이다.

파장이 길수록 광자 혹은 에너지 파장이 운반하는 에너지 함량은 낮다. 가시광선의 범위에서는 보라색광이 가장 짧은 파장과 높은 에너지를 가지며, 적색광은 가장 긴 파장과 낮은 에너지 함량을 가진다. 보라색보다 짧은 파장의 자외선이나 X선과 같은 빛은 화합결합을 파괴하여 복잡한 유기분자를 손

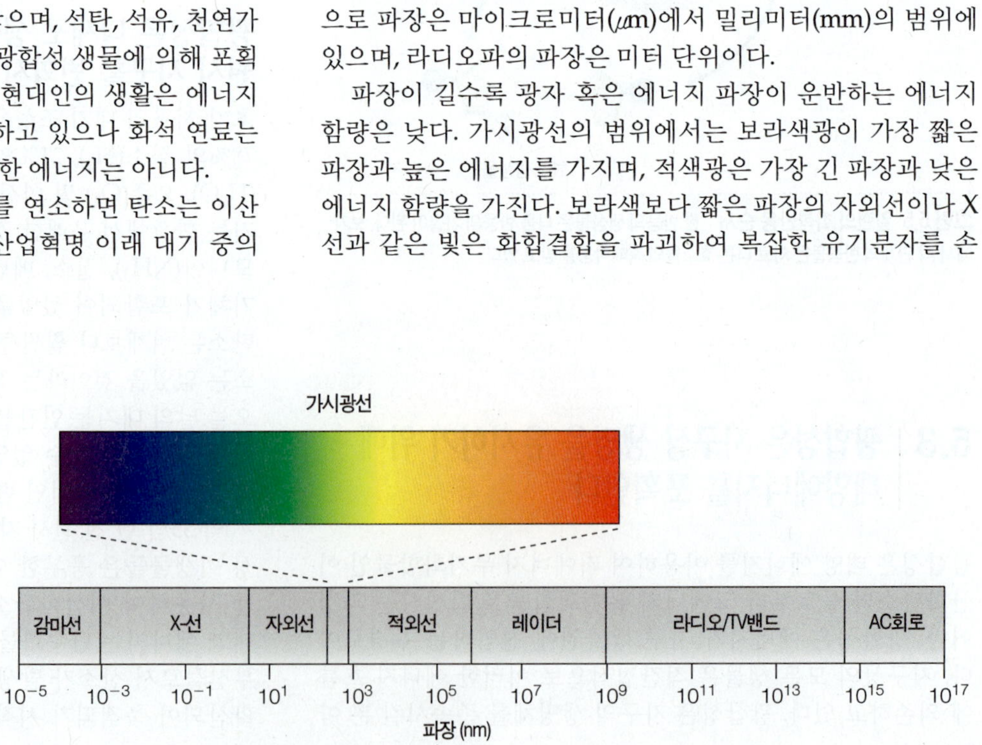

그림 5.7 전자기 스펙트럼 가시광선은 전자기 스펙트럼의 일부에 불과하며 파장의 범위는 자외선과 적외선(열) 사이에 위치한다.

상시킬 만큼의 높은 에너지를 갖고 있다. 적외선의 파장을 가진 빛은 물에 의해 흡수되어 유기물 분자의 열이나 운동을 증가시킨다.

가시광선은 유기물 분자의 전자를 들뜨게 할 수 있는 적정한 양의 에너지를 가지고 있기 때문에 광합성에서는 가시광선을 사용한다. 전자가 최저 에너지 상태에 있을 때 이것을 바닥상태(*ground state*)라고 한다(그림 5.8a). 전자가 가시광선으로부터 에너지를 흡수하면 원자핵 주변의 더 높은 궤도로 올라가는데(그림 5.8b), 이 상태를 **여기상태**(excited state)라고 한다. 여기된 상태에 있는 전자의 에너지가 진행할 수 있는 경로에는 세 가지가 있다. (1) 전자가 낮은 에너지 상태로 바로 복귀하는 경로로서 이 때 에너지는 열이나 빛으로 방출된다(그림 5.8c). (2) 전자가 보다 낮은 에너지 준위로 내려오는 것은 같으나, 에너지가 다른 분자에게 전달되어 그 분자를 들뜨게 하는 경로(그림 5.8d). (3) 여기된 전자 자체가 이동되어 전자 수용체 분자에게 전달되는 경로(그림 5.8e) 등이 그것이다. 유기물 분자가 가시광선을 흡수하면 전자는 보다 높은 에너지 준위로 올라간다. 빛을 흡수하는 분자들에는 어떤 것들이 있을까?

색소란 빛을 흡수하는 물질을 말한다. 대부분의 색소는 가시광선 중 특정 파장만을 흡수하며 흡수하지 못하는 파장은 반사시킨다. **엽록소 *a***(chlorophyll *a*)는 시안세균 뿐 아니라 광합성 원생생물과 식물 엽록체에 가장 풍부한 광흡수 색소이다(그림 5.9). 엽록소 *a*는 녹색 광을 반사하는데, 식물이 녹색으로 보이는 것은 이 때문이다. 색소의 빛 흡수 패턴을 **흡수 스펙트럼**(absorption spectrum)이라고 한다. 엽록소 *a*의 흡수 스펙트럼을 보면 가시광선 영역에서 주로 적색과 청색 및 보라색 영역을 흡수함을 알 수 있다(그림 5.10). 엽록소 *a*가 가시광선을 흡수하면 전자가 들뜨며, 여기된 전자는 엽록소 분자를 떠나 전자 수용체에게 전달된다.

엽록소 *b*와 카로티노이드(carotenoid)는 일종의 **보조 색소**(accessory pigment)들이다. 보조 색소의 흡수 스펙트럼은 엽록소 *a*와 다르며 보조 색소들은 광합성에 필요한 가시광선의 범위를 확장시킨다(그림 5.10 참조). 이들이 흡수한 에너지는 엽록소 *a*로 전달된다. 엽록소 *a*와 보조 색소들은 모두 광합성을 일으키기 위해 가시광선의 에너지를 흡수한다.

광합성은 조류와 식물의 엽록체에서 일어난다

식물과 조류에서 광합성은 엽록체에서 일어난다(그림 5.11). 엽록체 내부는 **틸라코이드**(thylakoid)라고 하는 얇고 평평한 판 모양의 주머니들이 망상구조를 이루어 교차되어 있다. 틸라코이드는 **스트로마**(stroma)라고 하는 점액성 액체에 잠겨 있다. 틸라코이드와 스트로마에서는 광합성이 다르게 일어난다. 틸라코이드에서는 태양 가시광선의 에너지가 ATP 및 NADPH의 화학 에너지 형태로 전환되며, 스트로마에서는 이렇게 전환된 에너지가 이산화탄소를 당으로 환원시키는데 사용된다.

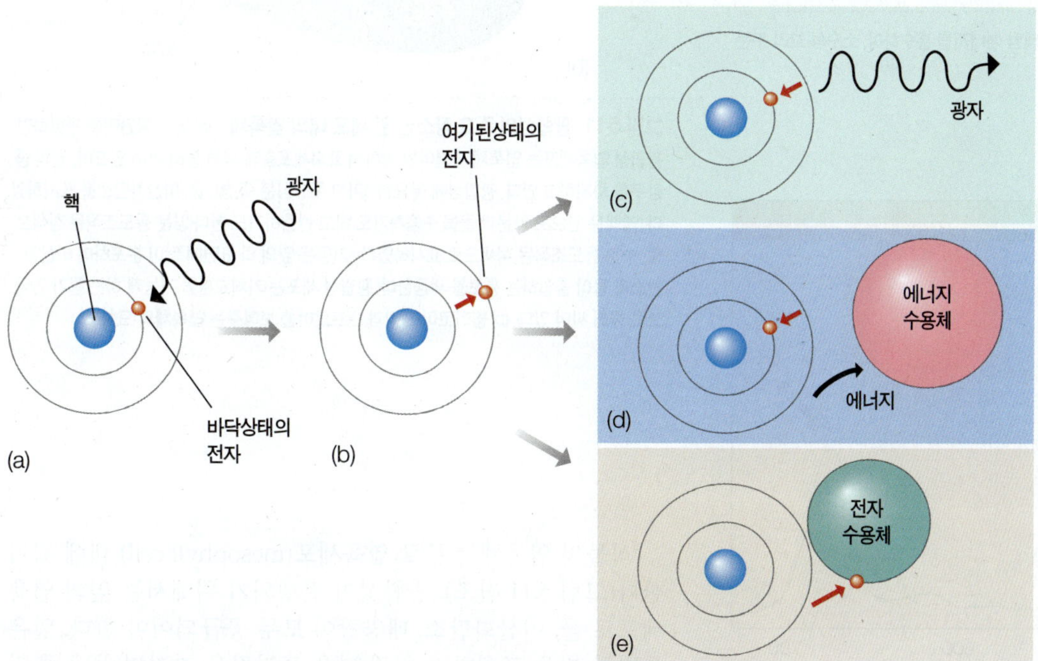

그림 5.8 가시광선 광자에 의한 전자의 들뜸 (a) 가시광선의 광자를 흡수하기 직전에 있는 바닥상태의 전자. (b) 여기된 전자는 원자핵 주위의 더 높은 궤도로 도약한다. 흡수된 에너지는 3가지 경로 중 하나를 따른다. (c) 에너지를 광자 형태로 방출하면서 바닥상태로 복귀 혹은 (d) 에너지를 다른 원자에게 전달하여 그 원자의 전자를 들뜨게 한 후 바닥상태로 복귀 (e) 여기된 전자를 수용체 분자의 원자에게 전달.

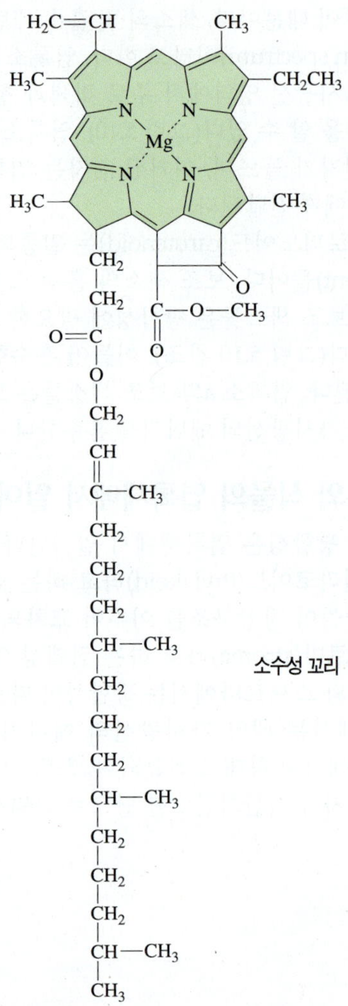

그림 5.9 엽록소 a의 구조 색칠된 부분은 태양 에너지를 흡수하며, 소수성 꼬리 부분은 분자를 틸라코이드 막에 고정시킨다.

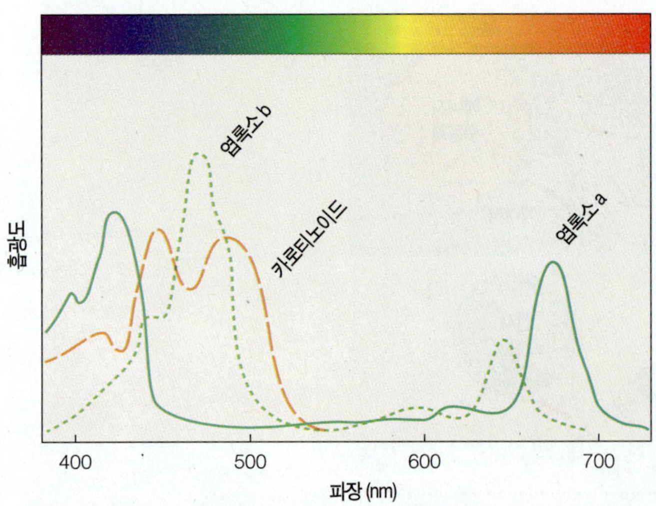

그림 5.10 엽록소 *a*, 엽록소 *b* 및 카로티노이드의 흡수 스펙트럼 엽록소 *b*와 카로티노이드는 흡수한 빛에너지를 엽록소 *a*에게 전달할 수 있으므로 광합성에 이용 가능한 파장의 범위를 확장시켜 준다.

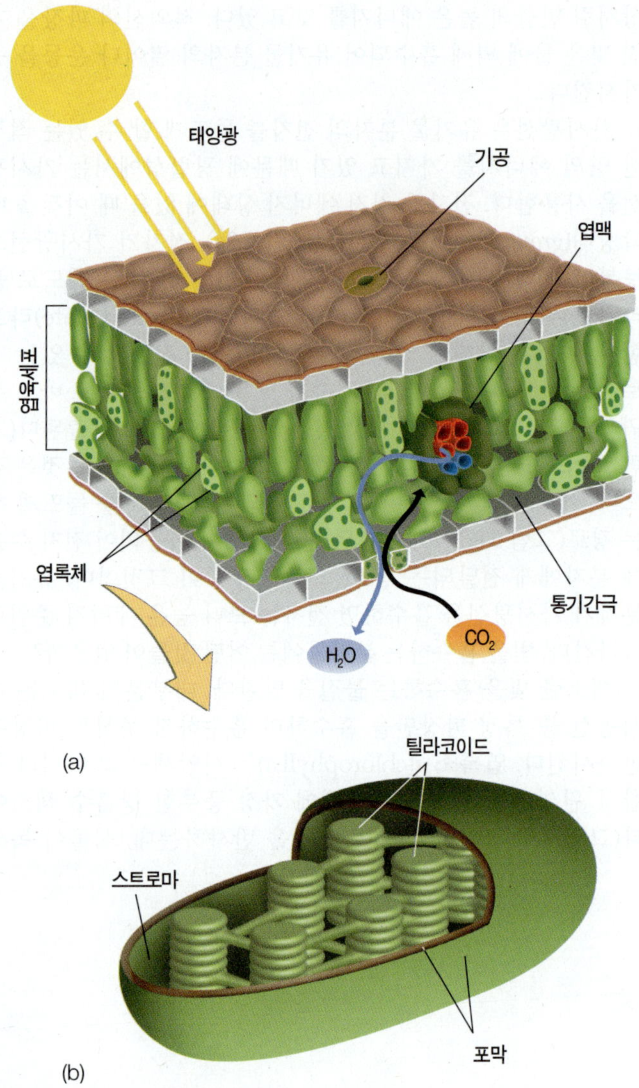

그림 5.11 광합성의 주요 장소인 잎 세포 내의 엽록체 (a) 잎의 횡단면을 관찰하면 광합성 엽육세포는 엽록체가 결여된 상하의 표피세포층에 의해 둘러 싸여 있으며, 잎의 중앙부를 차지하고 있다. 광합성에 필요한 3가지 주요성분 즉, 빛, 물, 이산화탄소를 표시하였다. 엽맥은 잎으로 양분과 물을 수송하기도 하고 반출하기도 한다(양분 통도조직은 청색으로, 수분 통도조직은 적색으로 표시하였다). 기공은 잎의 하 표면에 많이 분포하며 이산화탄소와 물이 출입하는 통로를 제공한다. 광합성 세포는 기체교환을 가능케 하는 통기 간극으로 둘러 싸여 있다. (b) 틸라코이드 막과 스트로마를 보여주는 엽록체의 모식도.

식물의 엽록체는 주로 **엽육세포**(mesophyll cell) 내에 위치한다(그림 5.11 참조). 광합성이 진행되기 위해서는 잎의 엽육세포로 물, 이산화탄소, 태양광이 모두 공급되어야 한다. 잎은 특별히 빛을 포획하기 위해 넓은 표면적을 가지며 물은 뿌리에서 유관속계를 통하여 잎맥으로 올라온 후 엽육세포로 확산되어 들어간다. 이산화탄소는 외부와의 기체교환을 담당하는 잎의 **기공**(stomata)을 통하여 잎 내부로 들어온 후 엽육세포 사이의 세포 간극을 이동하여 세포 표면의 수막에 용해된다. 이후 이산화탄소는 엽육세포로 확산되어 들어가 엽록체에 도달한다.

광합성은 빛 에너지를 당에 저장된 화학 에너지로의 전환한다

주택 지붕 위의 태양 전지판은 태양 에너지를 직접 사용가능한 전기로 전환한다. 식물 잎은 광합성을 통하여 태양 에너지를 사용가능한 유기 분자의 화학결합 형태로 전환한다. 광합성에서 이산화탄소(CO_2)와 물(H_2O)은 기질 혹은 반응물이고, 산소(O_2)와 당($C_6H_{12}O_6$)은 반응의 생성물이다. 종합 반응은 아래의 식으로 요약된다.

$$6CO_2 + 12H_2O \rightarrow C_6H_{12}O_6 + 6O_2 + 6H_2O$$

이 방정식만 가지고는 광합성이 어떻게 진행되는가에 대하여 알 수 없다. 광합성은 실제로 2가지 종류의 반응 즉, 명반응(light reaction)과 탄소고정 반응(carbonfixation reaction)으로 이루어져 있다.

명반응 명반응은 엽육세포 엽록체의 틸라코이드 막에서 일어난다. 엽록소 a와 보조 색소가 가시광선의 에너지를 흡수하면 이들 분자의 전자들은 여기된 상태가 되거나 높은 에너지 상태가 된다. 여기된 전자의 에너지는 다음 3가지 반응 중 하나에 사용된다. (1) 여기된 전자의 일부 에너지는 물 분자를 분해하는데 사용된다. 분할된 물 분자의 산소는 분자 산소(O_2)로 방출되며 산소의 대부분은 대기로 편입된다. (2) 여기된 전자의 일부 에너지는 에너지 운반체인 ATP에 의해 포획된다. (3) 물에서 이탈한 전자(e^-)와 양성자(H^+)는 전자수용체인 $NADP^+$와 결합하여 NADPH를 생성한다. NADPH는 이들 여기된 전자를 위한 에너지 운반체이다. 요약하면 명반응은 태양 에너지를 이용하여 물을 분해하고 전자(e^-), 양성자(H^+), 산소를 방출하며, 전자와 양성자는 ATP와 NADPH를 생성하는데 사용된다. 광합성의 명반응에 관한 이해를 돕기 위하여 그림 5.12의 비유를 참조하라.

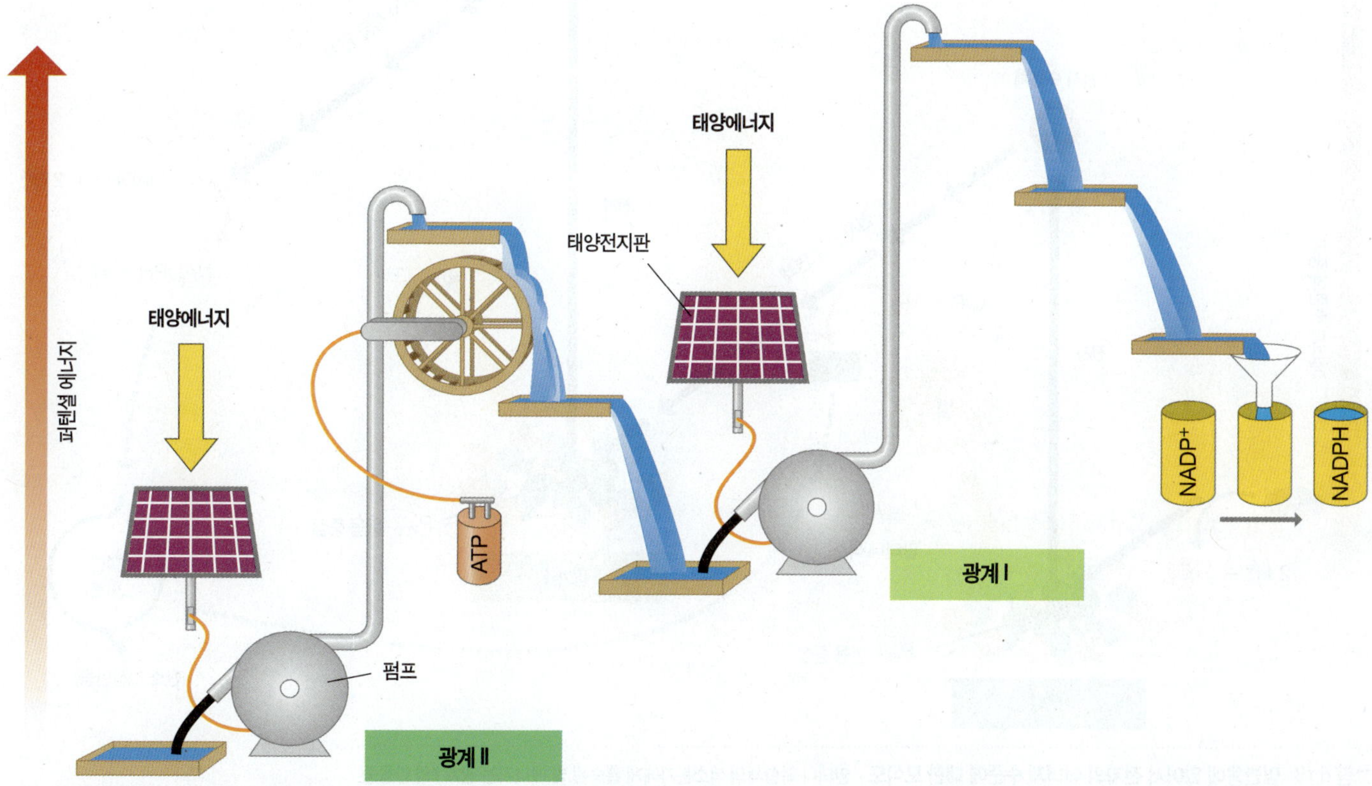

그림 5.12 엽록체 틸라코이드 막의 명반응에 대한 기계적 비유 2개의 명반응을 양수 펌프로 표현하였다. 태양 에너지는 태양 전지에 흡수되어 양수 펌프의 동력원이 된다. 물을 전자로 비유하였다. 펌프는 물을 높은 퍼텐셜 에너지로 끌어 올린다. 끌어올려진 물이 일련의 첫 번째 수로들의 낙차를 타고 흘러내리면서 수차를 돌릴 때 퍼텐셜 에너지의 일부는 건전지를 충전시켜 ATP를 발생시킨다. 두 번째 수로들의 낙차를 따라 물이 흘러 내릴 때의 퍼텐셜 에너지는 NADPH로 표시된 용기에 포획된다.

실제로 명반응은 어떻게 이들 세 가지 과정을 수행할까? 명반응은 광계 I(photosystem I) 및 광계 II(photosystem II)라고 하는 2가지 색소계에 의하여 수행된다(발견된 순서대로 명명되었다). 두 개의 광계는 모두 틸라코이드막에 들어 있으며 각기 2가지 성분을 포함한다. 즉, 보조색소로 이루어진 **안테나 복합체**(antenna complex)와 **반응중심**(reaction center)이 그것인데, 안테나 복합체는 빛에너지를 포획하여 반응중심으로 전달한다. 각 반응중심에는 2개의 특별한 엽록소 *a* 분자가 들어 있는데, 이들은 전자를 전자 수용체에게 전달할 수 있는 유일한 분자들이다. 전자전달 연쇄는 2개의 광계를 연결하며, 전자 전달연쇄의 말단에서 최종적으로 $NADP^+$를 NADPH로 환원시킨다.

광계 II에서 반응이 시작되는 것은 안테나 복합체의 보조색소가 빛의 광자를 흡수한 후 에너지를 분자와 분자를 통해 이동시켜 마침내 반응 중심의 P_{680}이라고 하는 특별한 엽록소 *a* 분자에게 넘겨주면서부터이다(그림 5.13)(P_{680}의 P는 pigment를, 숫자는 빛의 최대 흡수파장을 의미한다). P_{680} 분자가 여기 되면 에너지가 높아진 전자는 P_{680}을 떠나 일차 전자수용체와 결합함으로써 최초로 전자전달 연쇄에 진입한다. 이 때 엽록소 *a* 분자가 잃어버린 전자는 광분해(photolysis)라고 하는 물의 분해과정을 통해 물이 전자(e^-), 양성자(H^+), 산소를 방출함에 따라 보충된다. 여기된 전자는 첫 번째 전자전달계를 따라 이동하면서 일부 에너지를 열로 소실하지만 상당 부분은 ATP 분자에게 포획된다. 첫 번째 전자전달 연쇄의 말단에서 전자는 광계 I 반응 중심의 특별한 엽록소 *a* 분자인 P_{700}에게 전달된다. 이렇게 되면 사전에 광계 I의 빛 흡수로 인하여 고에너지 상태로 들떠 P_{700}을 떠난 전자의 공백이 보충된다. P_{700}을 떠난 전자는 두 번째 전자전달 연쇄에 진입하며 그 말단에서 $NADP^+$ 및 양성자와 결합하여 에너지 운반체인 NADPH를 생성한다.

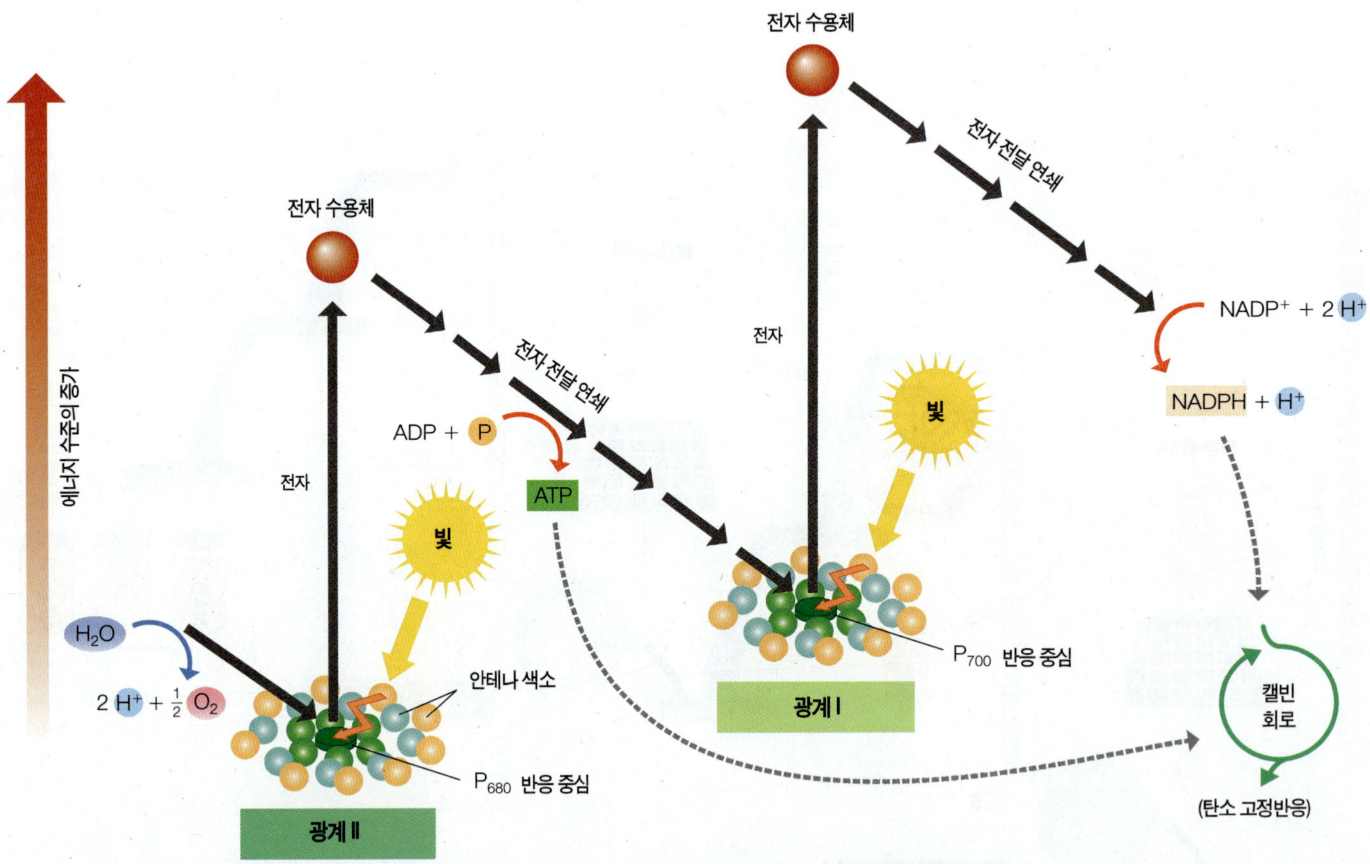

그림 5.13 명반응에 있어서 전자의 에너지 수준에 대한 모식도 안테나 복합체의 색소분자에게 흡수된 빛 에너지는 광계 II의 반응중심에 위치한 특별한 엽록소 *a* 분자에게 전달된다. 이렇게 함으로써 엽록소 *a* 분자의 전자를 높은 에너지 수준으로 여기 시킨다. 공백으로 남은 여기된 전자의 자리는 물이 분해될 때 발생한 전자에 의해 채워진다. 물이 분해되면 양성자와 산소도 생성된다. 여기된 전자는 첫 번째 전자전달 연쇄를 구성하는 일련의 전자수용체 중에서 첫 번째 분자에게 넘겨진다. 이 과정에서 일부 에너지는 ADP와 인산기로부터 ATP를 형성하는 데 사용된다. 이후 전자들은 여러 단계를 거쳐 광계 I의 반응 중심으로 전달된다. 광계 I 역시 빛을 흡수하여 전자를 여기되게 한다. 여기된 전자들은 두 번째 전자전달 연쇄를 따라 이동한 후 마침내 $NADP^+$에게 전달되어 NADPH와 양성자를 생성한다. 명반응에서 생성된 ATP와 NADPH는 탄소 고정반응에 사용될 수 있다. 이러한 전자 에너지 수준의 지그재그 패턴을 Z 모식도라고도 한다.

그림 5.13은 명반응의 광계 II와 광계 I을 통하여 전자가 이동하는 동안의 에너지 수준을 요약한 모식도이다(Z scheme이라고 한다). 광계 II, 광계 I, 여기에 결합된 전자전달 연쇄들의 물리적 위치는 엽록체의 틸라코이드이다(그림 5.14). 물의 광분해는 틸라코이드 내부에서 광계 II에 가까운 내부 공간, 일명 *틸라코이드 루멘*(thylakoid lumen)에서 일어난다. 광분해는 루멘 내부에 양성자(H^+)의 축적을 야기한다. 물이 분해되면서 방출된 전자들은 P_{680}의 엽록소 *a*를 떠난 전자들을 대체한다. 반응중심에서 여기된 상태로 P_{680}을 떠난 전자들은 일차 전자수용체에 전달되어 첫 번째 전자전달 연쇄에 진입한 후 플라스토퀴논(*plastoquinone*, 그림 5.14에서 PQ로 표시)이라고 하는 일련의 분자들을 거친다. 이들은 지용성이기 때문에 틸라코이드 막 내부를 자유롭게 이동할 수 있다. 이들 전자는 이후 시토크롬 복합체를 지나 플라스토시아닌(*plastocyanin*)이라고 하는 구리 함유 단백질에 도달한다. 시토크롬 복합체에는 몇 가지 서로 다른 시토크롬 분자들이 있는데, 각각 고리 구조를 가지고 있고 전자운반 기능을 하는 철 원자를 포함한다. 전자는 플라스토시아닌을 떠나 광계 I로 들어가는데 여기에서도 반응 중심인 P_{700}을 떠난 전자를 대체한다. P_{700}이라고 하는 엽록소 *a* 분자를 떠난 고에너지 전자들은 또 다른 일차 전자수용체에게 전달되어 두 번째 전자전달 연쇄에 진입한다. 이후에 전자들은 일련의 철-황 단백질들을(그림 5.14에서 Fd로 표시됨) 지나 하나의 효소 복합체($NADP^+$ reductase)에 도달하는데, 여기에서 전자는 양성자, $NADP^+$와 결합하여 NADPH를 생성한다.

요약하면, 물 분해로 방출된 전자는 광계 II의 반응중심을 거쳐 첫 번째 전자전달 연쇄를 따라 하향 이동한 후 광계 I의 반응중심으로 들어가고, 이후 두 번째 전자전달 연쇄를 따라 이동하여 마침내 $NADP^+$ 및 H^+와 결합함으로써 NADPH를 생성한다. 이러한 과정은 전자의 흐름이 한 방향으로 일어나기 때문에 **비순환적 전자전달**(noncyclic electron flow)이라고 한다. 반응중심에서 8개의 광자가 흡수될 때마다 비순환적 전자전달을 통해 4개의 전자가 이동하고 총 3분자의 ATP와 2분자의 NADPH를 생성한다(2개의 전자 당 1개의 NADPH).

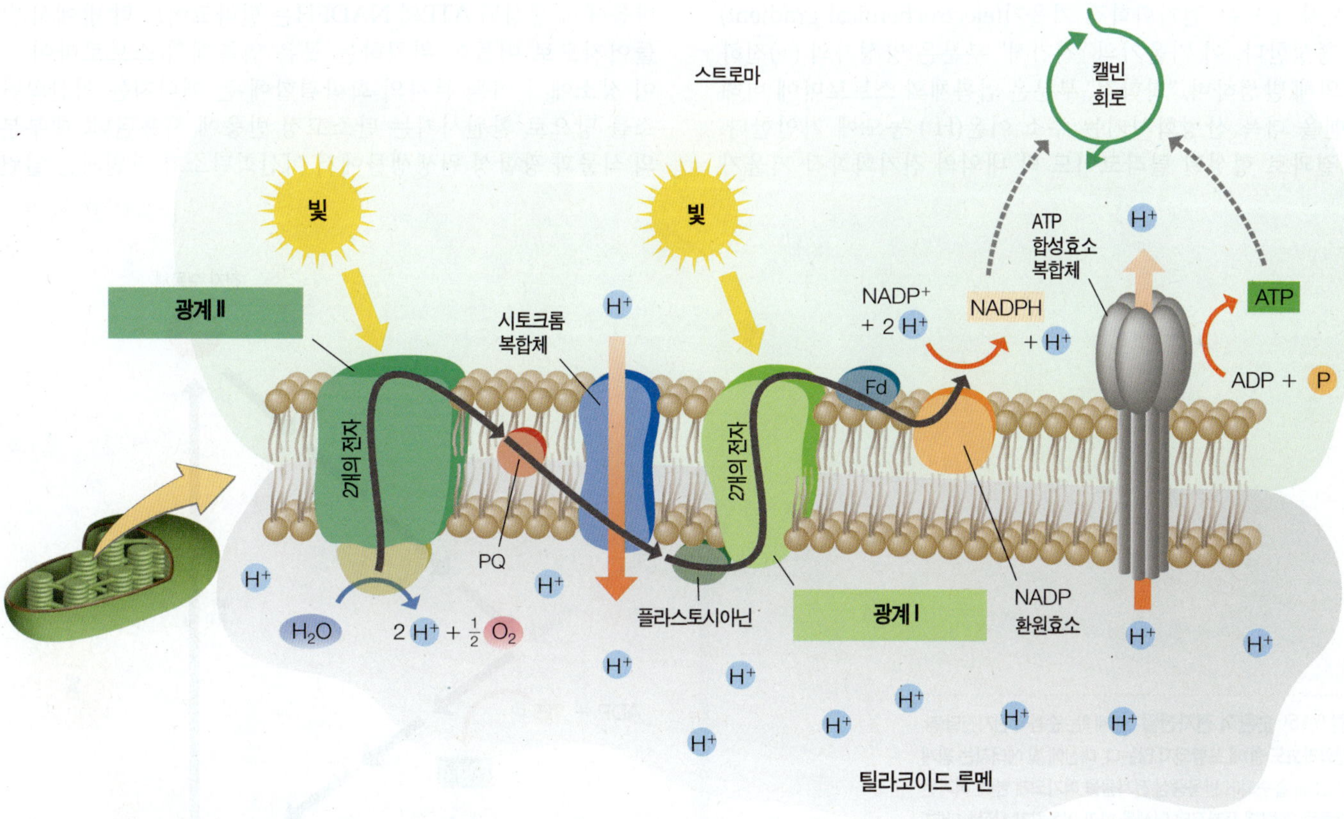

그림 5.14 틸라코이드 막에서 명반응에 참여하는 분자들의 위치 전자들은 물을 떠나 광계 II를 거쳐 일차 전자수용체로, 이어서 첫 번째 전자전달 연쇄를 거쳐 광계 I에 도달한다. 첫 번째 전자전달 연쇄는 플라스토퀴논(PQ), 시토크롬 복합체, 플라스토시아닌으로 이루어져 있다. 전자들은 광계 I의 반응중심에서 들떠 이탈한 전자들을 대체한다. 광계 I을 떠난 전자들은 두 번째 전자전달 연쇄를 따라 이동한 후 철-황 단백질(Fd)을 거쳐 $NADP^+$ 환원효소에서 멈춘다. 틸라코이드 루멘에서는 물이 분할되어 양성자(H^+)가 축적된다. 양성자들은 또한 전자들이 첫 번째 전자전달 연쇄를 따라 이동하는 동안 스트로마로부터 틸라코이드 막을 통해 루멘으로 유입된다. 그 결과 형성된 전기화학적 기울기는 양성자들이 ATP 합성효소 복합체를 통과하여 스트로마로 복귀할 때 ATP 합성의 원동력을 제공한다.

광계 I은 또한 **순환적 전자전달**(cyclic electron flow)을 일으킬 수 있다(그림 5.15). 광계 I의 반응중심에서 여기된 전자는 두 번째 전자전달 연쇄를 따라 몇 단계 이동한 후 광계 I과 광계 II 사이의 전자전달 단계로 점프하며 여기에서 ATP가 만들어진다. 이후 전자는 광계 I의 반응중심으로 되돌아온다. 이 과정에서는 물의 분해가 일어나지 않으므로 산소도 방출되지 않는다. 순환적 전자전달은 ATP 생산량을 증가시키지만 NADPH를 만들지는 않는다. 이 과정은 광합성의 다음 단계에서 탄소 고정반응을 일으킬 수 있는 추가 ATP를 제공한다.

화학침투와 광인산화는 엽록소에서 ATP를 만든다 두 개의 광계는 엽록체의 틸라코이드막에 묻혀 있다. 여기된 전자가 전자전달 연쇄를 통과하여 내려옴에 따라 전자 에너지의 일부는 스트로마의 양성자를 틸라코이드 안의 공간(루멘)으로 유입시키는데 쓰인다. 물을 분해하여 전자, 양성자, 산소로 되게 하는 효소는 이러한 틸라코이드 막의 안쪽에 위치하므로 물 분해 시 형성되는 양성자는 틸라코이드 안쪽의 루멘으로 방출된다. 따라서 전자전달에 따라 루멘으로 유입된 양성자와 물 분해 시 생긴 양성자로 인하여 루멘 내의 양성자 축적이 일어나므로 내부는 더욱 산성화된다. 틸라코이드 막내의 양성자 농도는 전기화학적 기울기(electrochemical gradient)를 형성한다. 이 기울기의 "전기적" 부분은 양성자의 (+)전하에 의해 발생하며, "화학적" 부분은 엽록체의 스트로마에 비해 루멘을 더욱 산성화시키는 수소 이온(H^+) 농도에 기인한다. 그 결과로 형성된 틸라코이드 막 내외의 전기화학적 기울기는 마치 건전지처럼 작용하는 퍼텐셜 에너지에 해당한다. 이때 양성자를 스트로마로 되돌아가게 하는 채널이 있다면 이 퍼텐셜 에너지는 ATP 생산을 추진하는데 쓰일 수 있다.

바로 **ATP 합성효소 복합체**(ATP synthase complex)가 그 채널 역할을 한다(그림 5.14 참조). 양성자는 화학삼투(chemiosmosis)라고 하는 기작에 의해 ATP 합성효소 복합체의 내부에 있는 채널을 통과하여 스트로마로 되돌아간다. 마치 건전지에 연결된 전선을 따라 흘러간 전류가 전구를 점등시키듯이 ATP 합성효소 복합체의 채널을 따라 흘러간 양성자는 ADP와 인산으로부터 ATP를 합성한다. ATP 합성효소 복합체의 꼬리 부분은 틸라코이드 막에 단백질을 고정시키고 ATP 합성효소는 머리 부분에 들어 있다. 이와 같은 유형의 인산화는 그 에너지가 태양에서 유래하기 때문에 **광인산화**(photophosphorylation)이라고 한다. 현재 연구된 바에 따르면 ATP 합성효소 복합체를 따라 이동한 양성자 4개당 하나의 ATP가 형성되는 것으로 알려져 있다. ATP 합성효소 복합체는 태양 에너지를 이용하여 ATP를 생성하는 주요 구조이며 다음 단계의 탄소고정 반응을 가능케 한다.

탄소고정반응은 이산화탄소를 간단한 당으로 환원한다 명반응에서 생성된 ATP와 NADPH는 틸라코이드 막 밖에서 만들어지므로 이들이 위치하는 곳은 엽록체의 스트로마이다. 이 장소에서 이들 분자의 화학결합에 든 에너지는 이산화탄소를 당으로 환원시키는 탄소고정 반응에 사용된다. 대부분의 식물과 광합성 원생생물에서 이산화탄소가 환원되는 일련

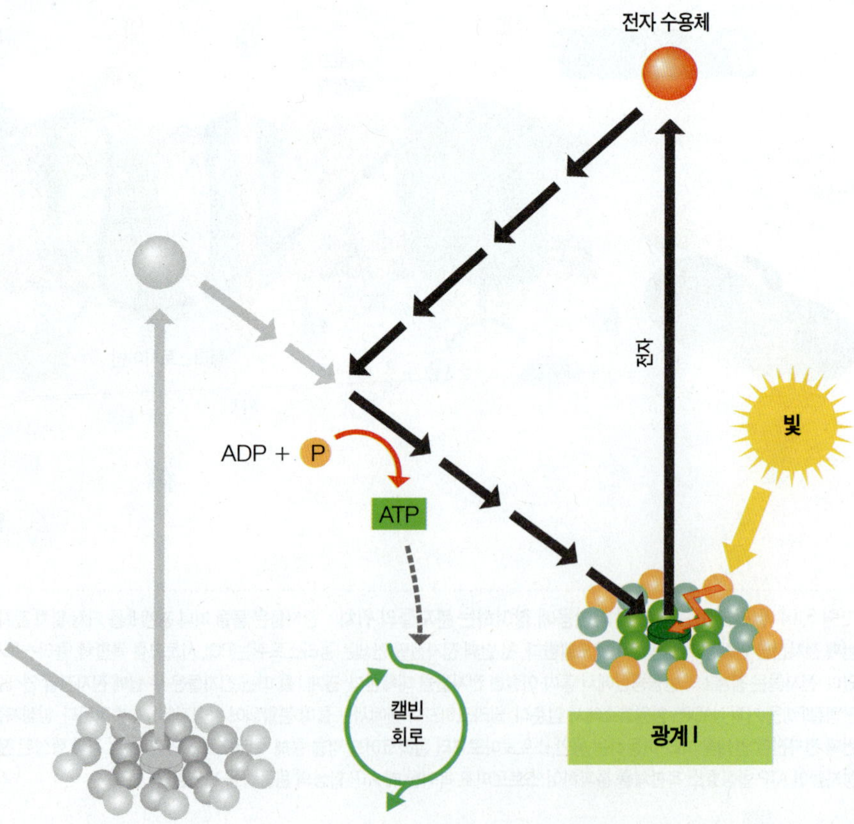

그림 5.15 순환적 전자전달 광계 II는 순환적 전자전달(광인산화라고도 함)에 포함되지 않는다. 대신에 빛 에너지는 광계 I의 색소에 흡수되어 반응중심 전자들을 여기되게 한다. 여기된 전자들은 두 번째 전자전달 연쇄를 따라 이동하기 시작한다(그림 5.13 참조). 두 번째 전자전달 연쇄의 이동을 끝내기 전에 전자들은 첫 번째 전자전달 연쇄로 보내진다. 이 과정에서 일부 에너지는 ATP를 형성하는데 사용되며, 이 ATP는 탄소 고정반응(캘빈회로)에 사용될 수 있다. 앞의 그림과 달리 NADPH는 생성되지 않으며 물도 분해되지 않는다. 순환적 전자 전달은 추가 ATP의 생성에 필요한 수단이다.

의 반응에 대하여 발견자 캘빈(Melvin Calvin)의 이름을 따라 *캘빈회로*(Calvin cycle)라고 한다. 캘빈은 이 공로로 1961년 노벨상을 수상하였다. 캘빈회로는 이산화탄소로부터 탄수화물을 만드는 유일한 경로로 알려져 있다. 캘빈회로의 화학반응과 효소들은 모두 엽록체의 스트로마에 위치한다.

캘빈회로의 화학반응들은 상당히 복잡하지만 간략히 요점만 기술할 수 있다. 모든 순환적 대사경로에서와 마찬가지로 캘빈회로의 시작과 끝은 5탄소 단당류인 리불로오스-1,5-이인산(ribulose 1,5-bisphosphate, RuBP)이라고 하는 화합물이다(그림 5.16). 이산화탄소는 **루비스코**(rubisco, 즉 ribulose 1,5-bisphosphate carboxylase/oxygenase의 약칭)라고 하는 효소의 작용에 의해 RuBP와 결합 혹은 고정된다. 루비스코로 부르는 것은 이 효소가 이산화탄소와 결합하는 carboxylase 작용을 갖는 동시에 산소와 결합하는 oxygenase 작용도 갖기 때문이다. 루비스코의 작용으로 이산화탄소와 RuBP가 결합한 6탄소 화합물은 즉시 분해되어 3탄소 분자인 3-포스포글리세르산(3-phosphoglycerate, PGA) 두 분자를 만든다. 캘빈회로에서 최초로 검출 가능한 생성물은 3탄소 분자인 PGA이므로 이 대사경로를 **C_3 경로**(C_3 pathway)라고 한다. C_3 경로는 가장 일반적인 탄소고정 경로로서 식물 종류 중 약 85%가 이 경로만을 이용한다. 나머지 15%의 식물에게는 이산화탄소 동화를 위한 또 다른 추가적 경로를 갖는다. 감자, 콩을 비롯하

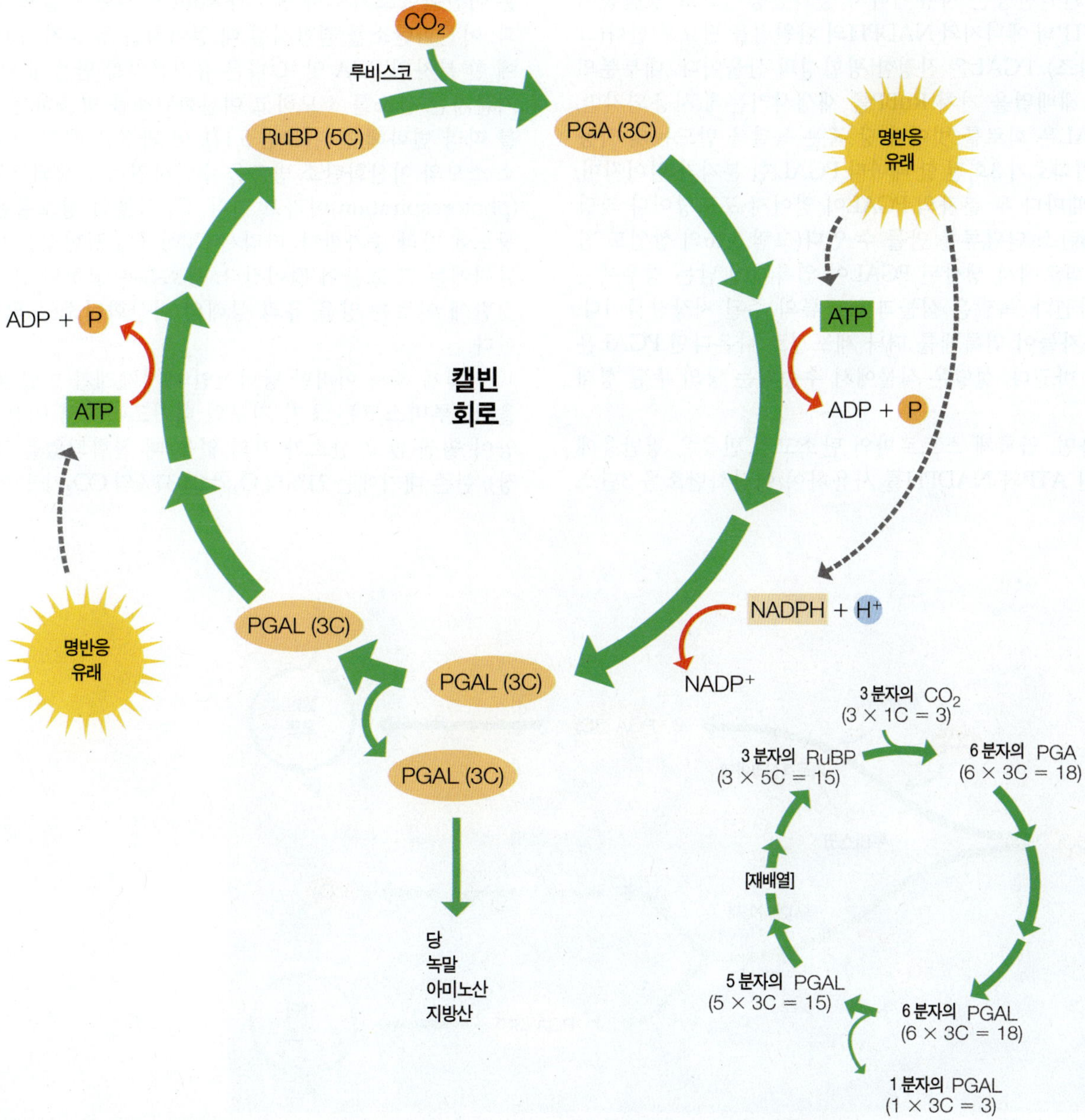

그림 5.16 캘빈 회로 캘빈 회로에서 루비스코 효소는 이산화탄소와 5탄소 화합물인 RuBP를 결합시켜 2 분자의 3탄소 화합물인 PGA를 생성한다. 명반응에서 유래한 ATP와 NADPH는 PGA를 PGAL로 전환시키는데 사용되며, 일부 PGAL은 세포가 당이나 기타 탄소 화합물을 합성하는데 사용된다. 나머지 PGAL은 ATP의 에너지를 이용하여 RuBP를 재생함으로써 회로를 완성한다. 삽입도는 PGAL 한 분자를 생산하는데 회로가 3번 회전해야 함을 보여준다(본문 참조).

여 밀, 호밀, 귀리 등의 곡류 초본들은 C_3 경로를 이용하므로 **C_3 식물**(C_3 plant)이라고 한다.

루비스코는 세상에서 가장 풍부하면서 가장 중요한 효소의 하나이다. 식물과 광합성을 하는 원생생물은 모두 이산화탄소를 당으로 고정시키기 위하여 루비스코를 사용한다. 루비스코가 없다면 이산화탄소는 당으로 편입될 수 없고 따라서 식량 생산을 위한 광합성도 없다.

광합성은 대개 6탄당인 포도당을 생산하는 것으로 알려져 있다. 그러나 실제로 광합성에서 생산되는 포도당은 극히 적다. 탄소고정의 첫 산물은 3탄소 화합물인 PGA이다. 캘빈회로에서 일련의 화학반응을 거쳐 PGA는 3탄소 분자인 포스포글리세르알데히드(phosphoglyceraldehyde, PGAL)로 환원된다. 이 환원반응은 자유에너지 증가반응이므로 명반응의 산물인 ATP의 에너지와 NADPH의 환원력을 필요로 한다(그림 5.16 참조). PGAL은 진정한 광합성의 산물이다. 대부분의 PGAL은 재배열을 거쳐 RuBP를 재생시키는데 사용되지만, 일부 PGAL은 회로를 벗어나 당 혹은 녹말을 만드는데 사용된다. 캘빈회로가 3회전 할 때마다 PGAL 한 분자가 얻어지며, 6회전할 때마다 두 분자의 PGAL이 얻어져 포도당이나 과당과 같은 6탄소 단당류를 만들 수 있다(그림 5.16의 삽입도 참조). 캘빈회로에서 생산된 PGAL이 엽록체에 남는 경우에는 녹말로 바뀐다. 녹말은 식물과 녹조류의 주된 저장산물이다. PGAL 분자들이 엽록체를 떠나 세포질로 나온다면 PGAL은 설탕으로 바뀐다. 설탕은 식물에서 수송되는 당의 주된 형태이다.

요약하면, 엽록체 스트로마의 탄소고정 반응은 명반응에서 생산된 ATP와 NADPH를 사용하여 이산화탄소를 3탄소 분자인 PGAL로 환원시킨다. 루비스코는 탄소고정의 필수적 단계를 수행한다. PGAL 분자들은 상호 결합하여 화학결합의 형태로 수송을 위한 설탕이 되거나 에너지 저장을 위한 녹말이 된다.

광호흡은 광합성의 비효율적 경로이다

C_3 경로를 이용하는 식물의 광합성에는 비효율 대사과정이 내장되어 있다. 식물은 기공을 통하여 대기로부터 이산화탄소를 얻지만, 기공이 열려 있는 동안에는 기공을 통해 물을 잃기도 한다. C_3 식물들이 덥고 건조한 날씨 때문에 스트레스를 받게 되면 수분 손실을 막기 위해 기공을 닫게 되고, 그 결과로 잎 내부의 이산화탄소 농도가 저하한다. 이럴 경우, 루비스코는 이산화탄소 대신에 산소와 RuBP의 결합을 일으킨다. 그 결과, 이산화탄소를 결합시킬 때 얻어지는 두 분자의 PGA 대신에 한 분자의 PGA 및 또 다른 유기분자를 만들게 된다. 이 유기분자는 산소를 소모하고 이산화탄소를 방출하는 구출경로를 따라 변화해 간다(그림 5.17). 이 과정은 햇빛 아래에서 산소 소모와 이산화탄소 방출을 수반하면서 진행되므로 **광호흡**(photorespiration)이라고 한다. C_3 식물의 광호흡은 온도와 광도에 따라 증가한다. 따라서 C_3 식물의 광합성은 더운 여름 날씨에는 그 효율이 떨어진다. 광호흡은 고정된 모든 탄소의 절반에 이르는 양을 유리 상태의 이산화탄소로 되돌아가게 한다.

어떻게 해서 이러한 낭비적인 대사체계가 발달할 수 있었을까? 루비스코는 초기 지구의 대기조건에서 이산화탄소의 양이 훨씬 많고 산소가 거의 없을 때 진화되었을 것이다(18장). 현존 대기에는 21%의 O_2와 0.037%의 CO_2가 들어 있기 때

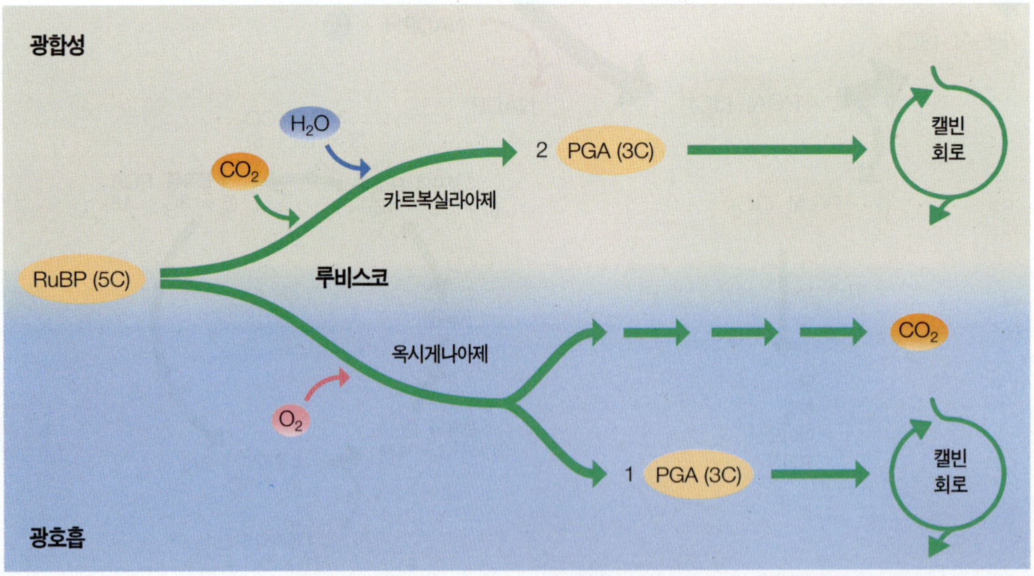

그림 5.17 광호흡 루비스코 효소가 카르복실라아제로 작용할 때 RuBP는 CO_2와 결합하여 2분자의 PGA를 생성함으로써 캘빈회로를 진행시킨다(위 경로). 그러나 CO_2 농도가 낮을 때는 루비스코가 옥시게나아제로 작용함으로써(아래 경로) RuBP와 O_2를 결합시켜 PGA 한 분자를 생성함과 동시에 일련의 반응을 거쳐 CO_2를 발생시킨다. 광호흡은 당의 합성에 사용될 탄소의 손실을 초래하기 때문에 상당한 정도로 광합성 효율을 떨어뜨린다.

문에 이러한 희박한 이산화탄소 조건에서는 C_3식물에서 광호흡이 일어날 수 있다. 최근 대기 중의 이산화탄소 농도가 증가하면서 실제로 작물 등 C_3 식물의 광합성 효율이 증가되었다. 그러나 다른 식물들은 이러한 광호흡을 극복하기 위한 기작을 진화시켰다.

C_4 식물과 CAM 식물은 광호흡 기작을 감소시킨다

C_3 식물은 이산화탄소를 당으로 고정하기 위하여 캘빈회로만을 이용한다. 따라서 엽육세포 주위의 이산화탄소 농도가 낮아지면 루비스코는 이산화탄소 대신에 산소와 반응하므로 광호흡이 일어난다. 약 15%의 식물은 광합성 세포 내의 루비스코로 하여금 낮은 이산화탄소 환경에 노출되지 않도록 하는 대체기작을 발달시켰다.

C_4 식물은 CO_2를 이미 농축시켜 광호흡을 감소시킨다 여러분은 정원 잔디밭의 바랭이(crabgrass)가 왜 그렇게 무성하게 자라는지 혹은 옥수수, 사탕수수와 같은 작물의 생산이 왜 그리 높은지 한번 쯤 이상하다고 생각해본 적이 있는가? 이들 식물은 **C_4 경로**(C_4 pathway)라고 하는 광합성 경로를 추가로 가지고 있기 때문에 대체로 더운 날씨에 잘 자란다. 이들 식물에 있어서 광합성의 첫 산물은 옥살로아세트산(*oxaloacetate*)이다. 옥살로아세트산은 탄소를 4개 가지므로 이 경로를 C_4 경로라 하며, 이 경로를 이용하는 식물들을 **C_4 식물**(C_4 plant)이라고 한다.

C_4 식물 잎의 엽육세포에는 캘빈회로가 없으며, 이산화탄소는 PEP 카르복실라아제(PEP carboxylase)의 작용으로 3탄소 화합물인 포스포엔올피루브산(*phosphoenolpyruvate, PEP*)과 결합하여 옥살로아세트산을 형성한다(그림 5.18). 이후 옥살로아세트산은 매우 신속하게 말산(malate)으로 환원된다. C_4 식물의 특이한 점은 엽육세포에 캘빈회로가 존재하지 않기 때문에 여기에서 나머지 광합성 반응들이 일어나지 못한다는 것이다. 엽육세포는 엽맥을 둘러싸고 있는 특수한 세포인 유관속초 세포(*bundle-sheath cell*)로 말산을 수송한다. 여기에서 말산은 이산화탄소와 피루브산(pyruvate)으로 전환되고, 이산화탄소는 캘빈회로에 들어가서 C_3 식물과 마찬가지로 루비스코에 의해 고정되어 PGA가 된다. 즉, 이산화탄소의 고정이 2회 일어나는데 한번은 엽육세포에서, 그리고 나머지 한번은 유관속초 세포에서 일어난다. 이어서 피루브산은 엽육세포로 되돌아와 ATP를 사용하면서 PEP로 전환된다. C_4 식물은 C_4 경로와 캘빈회로를 공간적으로 분리시키고 있다. 즉, C_4 경로는 엽육세포에서, 캘빈회로는 유관속초 세포에서 일어난다.

C_4 식물은 C_4 경로를 이용함으로써 광호흡을 크게 감소시킨다. 유관속초 세포 내에는 말산의 이동과 이산화탄소 방출로 인하여 이산화탄소 농도가 대기에 비해 10배나 높게 농축되어 있다. 이와 같이 높은 농도의 이산화탄소가 루비스코에게 공급되면 기본적으로 광호흡이 없어지게 된다. 그 결과, 높은 광도와 높은 온도 조건에서 옥수수, 사탕수수와 같은 C_4 식물은 밀이나 벼와 같은 C_3 식물에 비해 높은 순광합성률을 나타낼 수 있다.

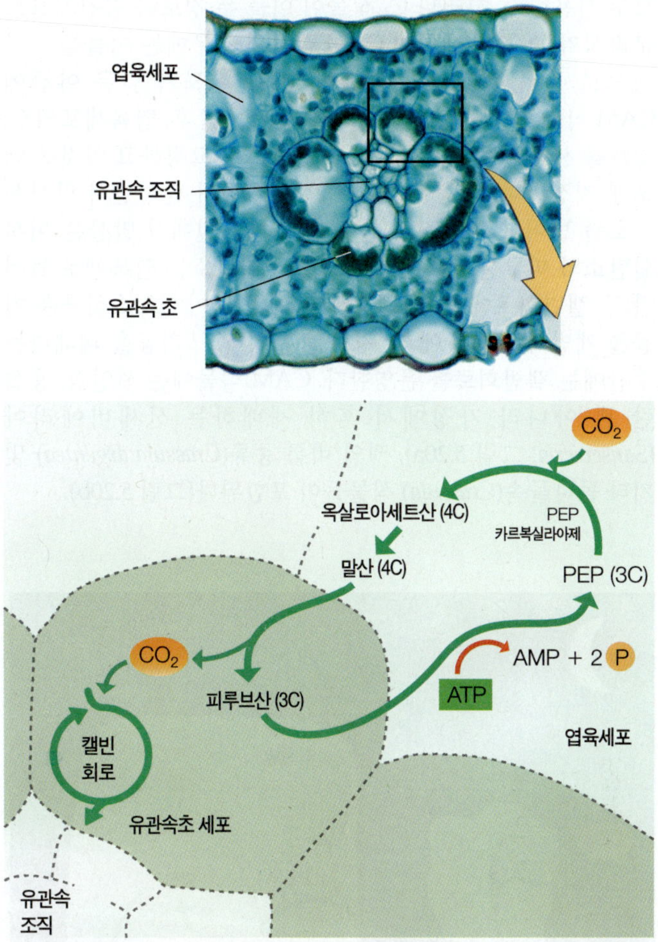

그림 5.18 C_4 경로 C_4 경로에서 최초의 탄소고정 반응은 PEP 카르복실라아제에 의해 매개된다. 이 효소는 CO_2와 3탄소 화합물인 PEP를 결합시켜 4탄소 화합물인 옥살로아세트산을 만든다. 이 반응은 C_4 식물 잎의 엽육세포에서 일어난다(여기에서는 옥수수 잎의 절단면을 보여줌). 옥살로아세트산은 말산으로 전환되어 유관속초 세포로 수송된다. 여기에서 말산은 피루브산과 CO_2로 분해되며, CO_2는 루비스코에 의해 고정되어 캘빈회로에 사용된다. 3탄소 화합물인 피루브산은 엽육세포로 되돌아가 ATP에 의해 PEP로 전환되며, PEP는 새로운 회로를 시작할 수 있다.

CAM 식물은 밤에 CO_2를 고정하기에 광호흡을 감소시킨다 사막에서 선인장이나 용설란(agave)과 같은 식물은 흔히 고온과 장기간의 수분 스트레스에 노출되어 있다. 수분 손실을 줄이기 위하여 사막식물은 주간에 기공을 닫아야 한다. 이러한 조건은 C_3 식물의 광호흡을 증가시킨다. 많은 사막식물, 특히 두꺼운 다육질의 줄기나 잎을 가진 다육식물(succulent plant)은(26장) 광호흡을 줄이기 위하여 C_4 식물과는 다른 기작을 진화시켰다. 이러한 기작은 돌나물과(Crassulaceae) 식물인 꿩의 비름(stonecrop)에서 처음 발견되었으므로 이러한 기작을 **크래슐산 대사**(crassulacean acid metabolism, CAM)라고 한다. **CAM 식물**(CAM plant)은 C_4 식물과 마찬가지로 C_4 경로와 캘빈회로를 모두 사용한다. 그러나 C_4 식물이 이들 두 경로를 공간적으로 분리시켜 놓은 데 대하여 CAM 식물의 경우에는 이들을 시간적으로 분리시켜 놓았다(그림 5.19). 온도가 낮은 야간에 CAM 식물은 기공을 열어 공기를 받아들인 후, 엽육세포의 C_4 경로를 사용하여 이산화탄소를 말산으로 고정하고 이것을 액포에 저장한다. 일출이 가까워오면 기공이 닫히면서 말산은 액포를 벗어나 세포질로 들어간다. 세포질에서 말산은 이산화탄소와 피루산으로 분해되고, 이산화탄소는 엽록체로 들어간 후 캘빈회로에 의해 고정된다. 이와 같이 CAM 식물은 기공을 개방하는 야간에 C_4 경로를 운영하고, 기공을 폐쇄하는 주간에는 캘빈회로를 운영한다. CAM 식물에는 선인장, 용설란 뿐 아니라 가정에서 흔히 재배하는 산세비에리아(*Sansevieria*, 그림 5.20a), 꿩의 비름 종류(*Crassula argentea*) 및 기타 돌나물속(*Crassula*) 식물들이 포함된다(그림 5.20b).

그림 5.20 CAM 식물의 예 (a) 산세비에리아(*Sansevieria*) (b) 꿩의 비름(*Crassula rupestris*).

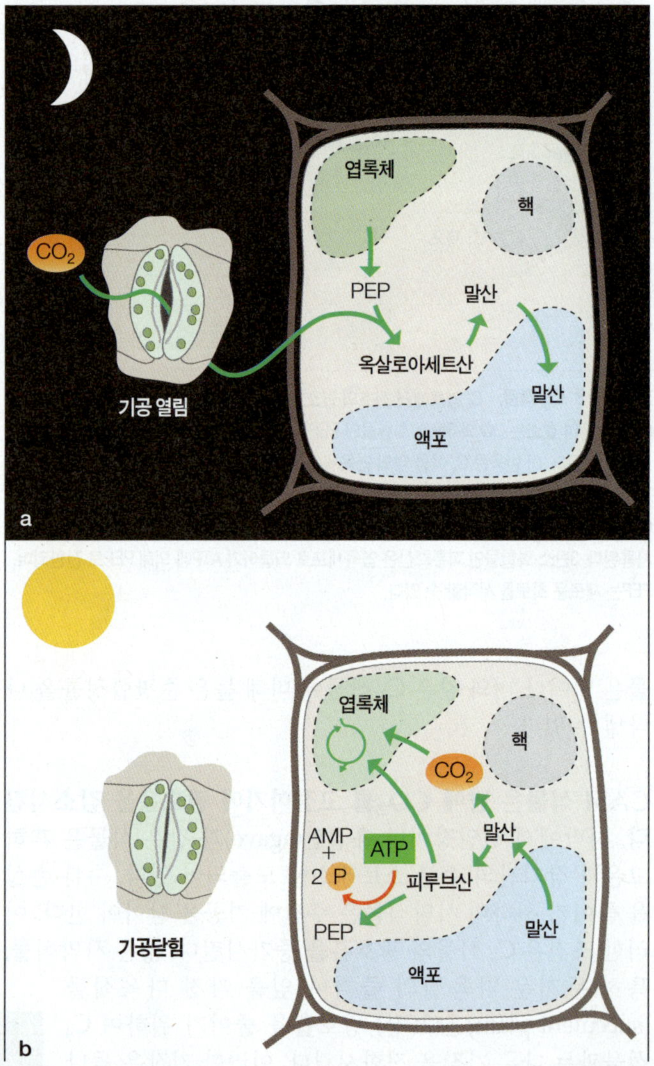

그림 5.19 크래슐산 대사 CO_2는 기공이 열리는 야간에 식물체로 흡수된 후 일련의 단계를 거쳐 4탄소 화합물인 말산의 형태로 액포에 저장된다. 기공이 닫히는 주간에는 말산이 액포에서 빠져나와 CO_2를 방출하며, CO_2는 엽록체에서 캘빈회로의 루비스코에 의해 고정된다. 3탄소 화합물인 피루브산은 에너지 투입을 통하여 PEP로 복귀한다.

CAM 식물과 C_4 식물의 광합성이 그렇게 효율적이라면 이들이 C_3 식물을 밀어내고 그 자리를 차지하지 못한 이유는 무엇일까? C_3 식물은 C_4 식물에 비해 보다 낮은 온도와 광도 및 보다 높은 습도에 잘 적응되어 있다. 미국 내 대부분의 지역에서 잔디밭은 켄터키 블루그래스(Kentucky bluegrass)와 같은 C_3 식물로 이루어져 있으나, 여름이 되어 날씨가 덥고 건조해지면 C_4 식물인 바랭이가 득세하여 잔디밭을 점령한다. C_4 식물은 C_3 식물에 비해 덥고 건조한 날씨에 더 잘 적응되어 있기 때문이다. 그러나 C_4 식물의 탄소 농축 경로가 아무 대가 없이 공짜로 얻어지는 것은 아니다. 즉 탄소 농축 경로가 작동하기 위해서는 ATP 형태의 에너지가 여분으로 필요하다(그림 5.18 참조). 이러한 여분의 에너지 비용이 광호흡에 비하여 적게 소요되는 고온과 같은 환경에서는 C_4 식물이 유리할 것이다. CAM 식물은 덥고 건조한 기후에 더욱 잘 적응되어 있다. 다육성 CAM 식물은 세포 내부의 높은 수분 함량 때문에 대체로 빙점 이하의 저온을 견딜 수 없다. 물이 충만한 이들 세포들은 쉽게 동결되어 식물의 손상을 초래한다. 대부분의 다육성 CAM 식물들의 분포는 영하의 추위에 노출되지 않는 위도나 고도에 국한되어 있다. CAM 식물의 탄소 농축 경로의 운영에도 에너지가 소모된다(그림 5.19 참조). 이들은 다른 식물에 비해 생장이 느리기 때문에 습기가 충분한 토양에서는 C_3 식물과 C_4 식물에 의해 대체된다. 이와 같이 C_3 식물, C_4 식물, CAM 식물들은 각기 다른 기후 조건에 적응되어 있기 때문에 독자적으로 생존이 가능하다.

5.4 | 호흡과 발효는 세포대사를 위해 에너지를 방출한다

운동선수들은 힘든 훈련에 대비하기 위해 파스타 혹은 다른 탄수화물이 풍부한 음식을 섭취하여 세포를 탄수화물로 충전시킨다. 마찬가지로 식물 역시 봄에 빠른 유식물 생장을 개시하기 위하여 종자를 만들 때 녹말 혹은 지질로 종자를 충전시킨다. 이러한 유기화합물을 분해하여 에너지를 방출하는 화학반응을 자유에너지 감소반응(exergonic reaction)이라고 한다. 방출된 에너지는 ADP에 인산(PO_4)을 결합시키는 ATP의 고에너지 화학결합에 포획된다. 식물과 녹조류는 양분을 녹말 형태로 저장하며 식물은 화학 에너지를 설탕의 형태로 세포에게 수송한다. 이들 화합물의 에너지를 방출하기 위하여 녹말과 설탕은 먼저 포도당으로 분해되는데 이를 위하여 포도당은 **호흡**(respiration)이라고 하는 화학적 경로로 들어간다.

일상생활에서의 호흡이란 말은 흔히 허파 안팎으로 공기가 출입하는 숨쉬기 운동을 의미한다. 숨쉬기란 좀 더 정확히 말하자면 통풍(ventilation)이다. 그러나 엄밀한 의미에서 호흡이란 유산소 조건에서 포도당이 분해되어 이산화탄소와 물이 되면서 방출된 에너지가 ATP에 포획되는 대사과정이다. 호흡 과정은 다음의 방정식으로 요약할 수 있다.

$$C_6H_{12}O_6 + 6O_2 \rightarrow 6CO_2 + 6H_2O$$

이 방정식은 호흡의 기질과 생성물에 관한 종합 반응이지만 이 반응의 진행 과정에 대한 정보는 얻을 수 없다. 포도당 한 분자가 이산화탄소와 물로 산화될 때 36~38분자의 ATP가 생성된다. 이들 ATP 분자는 포도당에 함유된 에너지의 약 38%에 해당한다. 남은 에너지는 열이 되어 흩어진다. 각설탕 한 조각을 연소시키는 경우에 물과 이산화탄소가 만들어지지만 에너지는 모두 열로 흩어져 버린다. 따라서 유산소 조건에서 호흡은 포도당에 함유된 상당량의 에너지를 세포대사에 사용하기 위하여 포획하는 일을 한다. 이러한 일은 어떻게 가능한 것일까?

호흡은 일련의 효소반응을 통하여 포도당을 처리함으로서 포도당의 화학결합에 든 에너지를 포획한다. 이들 반응은 다음의 5가지 과정으로 구분되어 일어난다. (1) 해당(glycolysis), (2) 아세틸 조효소 A(acetyl-CoA)의 형성, (3) 크렙스 회로(Krebs cycle), (4) 전자전달 연쇄, (5) 산화적 인산화가 그것이다(그림 5.21). 이들 과정은 세포의 서로 다른 부분에서 일어난다.

호흡은 세포질과 미토콘드리아에서 일어난다

호흡에서 해당은 세포질의 액상 부분에서 일어난다. 나머지 반응들은 모두 미토콘드리아에서 일어난다(4장). 미토콘드리아는 외막 및 심하게 접혀진 구조를 가진 내막으로 되어 있다(그림 5.22). 이들 막 사이의 공간을 막간공간(*intermembrane space*)이라고 하고 내막의 접혀진 부분을 **크리스테**(cristae)라고 한다. 내막의 안쪽에는 액체상의 **기질**(matrix)이 있다. 아세틸 CoA의 형성 및 크렙스 회로는 미토콘드리아의 기질에서 일어난다. 전자전달 연쇄와 산화적 인산화의 효소들은 크리스테의 막에 들어 있다.

해당 과정은 포도당을 두 분자의 피루브산으로 나눈다

광합성 세포이건 비광합성 세포이건 혹은 원핵세포이건 진핵세포이건 모든 살아 있는 세포에서는 세포질에서 해당이 일어난다. Glycolysis란 용어는 "당"을 의미하는 *glyco*와 "분해"

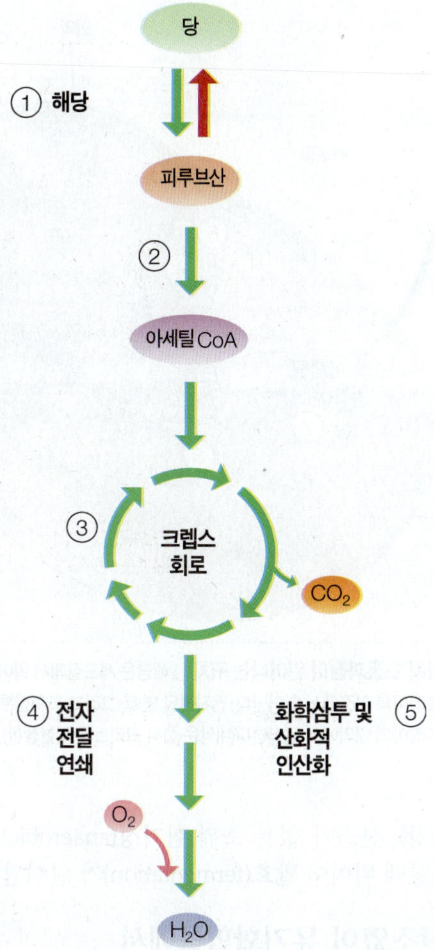

그림 5.21 호흡의 5가지 과정 (1) 해당, (2) 아세틸-CoA의 형성, (3) 크렙스 회로, (4) 전자전달 연쇄, (5) 화학삼투 및 산화적 인산화.

를 의미하는 *lysis*의 합성어로 그리스어에서 유래한 것이다. 해당이 일어나는 동안 산소는 필요치 않다.

해당과정에서 6탄소 화합물인 포도당 한 분자는 3탄소 화합물인 피루브산 두 분자로 나누어진다. 해당과정은 10 단계의 반응으로 구성되어 있으며, 각 반응은 각각 특정 효소에 의한 촉매작용을 받는다(그림 5.23). 첫 단계는 포도당을 3탄소 화합물로 분할시키기 위하여 포도당 분자를 재배열하는 준비과정이다. 나머지 단계들은 최초의 3탄소 화합물을 피루브산($C_3H_3O_3$)으로 전환시키는 과정들이다. 세포에서 포도당 한 분자가 해당과정을 경유하면 2 ATP의 에너지가 순수하게 얻어진다. ATP 2분자는 포도당에 함유된 전체 에너지의 2% 정도에 불과하다. 해당과정에서는 또한 포도당으로부터 제거된 전자와 양성자로 NAD^+를 환원시켜 NADH를 생성함으로서 일부 에너지를 포획하기도 한다. 해당과정에서 만들어진 두 분자의 피루브산에는 포도당 에너지의 대부분이 잔존한다.

해당에는 산소가 필요하지 않으므로 이 과정은 지구 대기에 산소가 나타나기 이전에 생겨난 원시적 과정이라고 여겨진

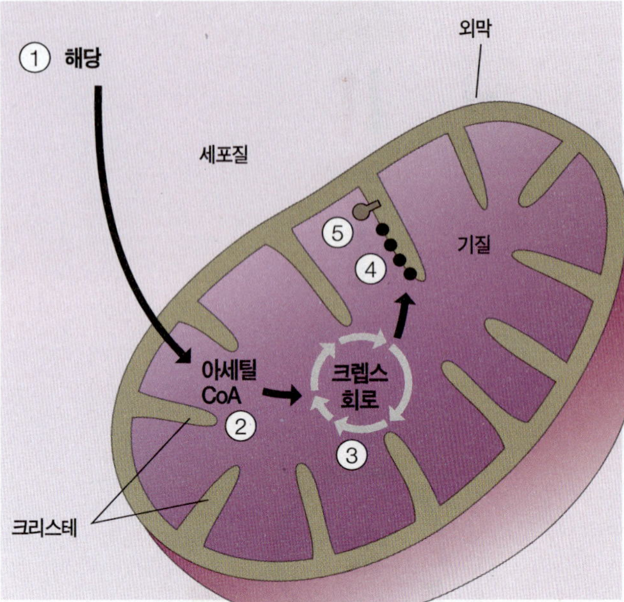

그림 5.22 5가지 호흡과정이 일어나는 위치 해당은 세포질에서 일어난다. 크렙스 회로는 미토콘드리아의 기질에서 일어난다. 전자전달 연쇄, 그리고 화학삼투 및 산화적 인산화는 미토콘드리아의 내막에서 일어난다(내막은 접혀 크리스테를 형성함).

EVOLUTION

다(18장). 산소가 없는 소위 **혐기성**(anaerobic) 조건에서는 해당에 뒤이어 **발효**(fermentation)가 일어난다.

발효는 산소없이 유기화합물에서 에너지를 뽑아낸다

효모와 대부분의 식물 세포에서 피루브산은 발효 과정을 통해 에틸 알코올과 이산화탄소(CO_2)로 분해되며, 이 때 NADH는 NAD^+로 재산화된다. NAD^+는 다시 해당과정으로 돌아가 3탄당을 산화시키는데 사용될 수 있다(그림 5.23 참조). 알코올 발효는 양조, 제빵, 포도주 산업의 토대를 이룬다. 양조와 포도주 제조에서 효모(곰팡이)는 당을 발효시켜 에틸 알코올 음료를 생산한다. 효모는 약 12% 이상의 알코올 농도에 견딜 수 없기 때문에 포도주의 최대 알코올 함량은 이 수준을 넘지 못한다. 맥주의 알코올 함량은 3~12% 범위이지만 대개는 4~6%선이다(Essay 5.1, "맥주의 식물학" 참조).

제빵 과정에서 발효의 중요한 부산물은 이산화탄소인데, 이 기체가 거품을 형성하여 빵을 부풀어 오르게 하며, 알코올은 오븐에서 빵이 구워지는 동안 증발해 버린다(5.24a). 따뜻한 설탕 용액이 든 병에 효모를 가하고 입구에 풍선을 끼워 놓으면 이산화탄소가 생성되는 모습을 관찰할 수 있다. 효모가 활동을 시작하면 풍선을 부풀릴 수 있을 정도의 이산화탄소가 생성된다(그림 5.24b).

많은 박테리아, 곰팡이, 원생생물, 동물세포는 젖산(lactate)을 생성하는 발효를 일으킬 수 있다. 박테리아와 곰팡이는 젖산 발효를 통하여 상업적으로 치즈, 요구르트, 소시지, 피클, 양배추 절임(sauerkraut), 간장 등을 생산하는데 사용된다. 사람이나 다른 동물에서 심한 운동을 수행 중인 근육의 산소 공급량이 운동 요구량을 따라 가지 못하는 경우, 근육세포는 젖산발효를 일으켜 젖산을 축적한다. 근육이 피로를 느끼는 것은 축적된 젖산 때문이다. 젖산을 분해하여 이산화탄소로 만들고 NADH를 재산화시키기 위해서는 산소가 필요한데, 이것을 근육조직의 산소부채(oxygen debt)라고 한다.

혐기성 해당과 발효로부터 얻어지는 에너지가 비록 적기는 하지만, 많은 생물들에게는 이정도의 양으로도 충분하다. 그러나 산소가 있는 **호기성**(aerobic) 조건에서는 호흡과정에서 아세틸 CoA의 형성과 크렙스 회로가 작용하여 피루브산을 이산화탄소로 분해할 수 있으며 이 과정에서 훨씬 많은 사용가능한 에너지가 방출될 수 있다.

피루브산은 CO_2와 조효소A가 결합한 아세틸로 분리된다

피루브산 분자는 세포질을 떠나 미토콘드리아의 기질로 이동한다. 여기에서 피루브산은 한 분자의 이산화탄소를 내놓고 나머지 2탄소 화합물인 아세틸기(*acetyl group*)는 **조효소 A**(coenzyme A, CoA)와 결합하여 아세틸 CoA를 형성한다(그림 5.25). 하나의 아세틸기가 형성될 때마다 전자수용체인

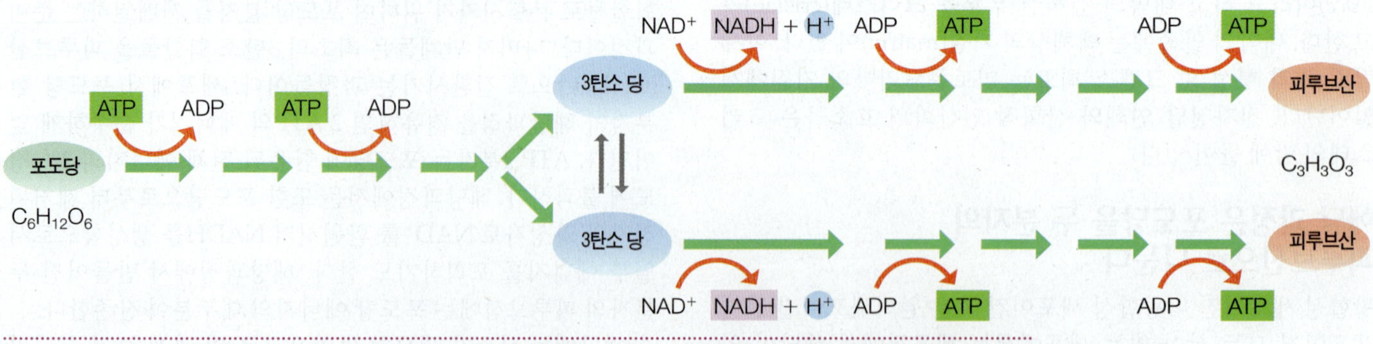

그림 5.23 해당 포도당 한 분자 당 4 분자의 ATP가 생산되지만, 첫 번째 및 세 번째 단계에서 2 ATP가 소모되므로 결과적으로 2분자의 ATP만 얻어진다. 포도당 한 분자에 대하여 2 분자의 NAD^+가 NADH와 양성자로 바뀐다. 해당과정의 최종산물은 피루브산이다.

ESSAY 5.1 맥주의 식물학

인류가 언제부터 맥주를 양조하기 시작했는지는 아무도 모르지만, 역사가 기록되기 이전에 이미 양조법이 확립되어 있었다. 맥주 양조는 물, 호프, 맥아 성분의 발효를 조절하는 과정이다.

맥아와 호프는 두 가지 식물에서 유래한다. 보리(*Hordeum vulgare*)는 당과 효소들이 포함된 맥아를 공급한다(그림 E5.1A). 상업적 규모로 하는 경우에는 보리를 큰 탱크에서 8~10시간 흐르는 물에 씻어서 맥아를 만든다. 세척된 보리는 정치된 물속에 약 40시간 방치한다. 이후 보리알을 따뜻한 맥아실에 펼쳐서 보리에서 뿌리의 싹이 틀 때까지 기다린다. 보리의 싹을 틔우는 것은 보리알 안의 녹말을 당으로 전환하는 효소를 생산하기 위함이다. 이후 보리 유식물을 죽이고 효소를 보존하기 위하여 130~200℃(266~392℉)로 보리알을 가열한다. 즉, 맥아는 보리를 발아하여 가열처리 후 건조시킨 보리알이다.

맥주 양조는 세 가지 요소 즉, 물, 호프, 맥아를 포함하는 조절된 발효과정이다.

맥주를 빚기 위하여는 맥아를 맥아즙통(mashing tun) 안에서 물과 혼합하여 2~6시간 동안 68~73℃(154~163℉)로 가열한다. 맥아 효소는 액체로 녹아 들어가 녹말을 당으로 분해한다. 맥아즙을 만드는(mashing) 과정이 끝나면 맥아즙(wort)을 통의 바닥을 통해 여과한 후 끓고 있는 또 다른 통으로 보낸다. 실제로 양조가 이루어지는 이 시점에 호프를 가한다. 호프는 *Humulus*(삼과의 호프)라고 하는 식물의 꽃이다(그림 E5.1B). 꽃 안에는 휘발성 기름이 맥주의 즐거운 맛과 향취를 주며 액체를 맑게 해주는 작용을 한다. 대개 호프는 건조 상태의 압축된 작은 덩어리 형태로 가해진다.

맥아즙을 냉각, 여과 후 효모가 들어 있는 발효탱크로 보낸다. 효모는 당을 에틸 알코올로 분해하는 해당과 발효과정을 수행한다. 7~12일 후의 액체(이제는 그린비어 green beer라고 한다)를 숙성 탱크로 옮겨서 2~3주 동안 둔다. 미국에서는 효모세포를 제거하기 위하여 파스퇴르 살균 여과 후 탄산을 가해 병에 옮긴다.

최근 라이트 비어(light beer)가 유행하는데 일반 맥주에는 효모가 발효하지 못하는 탄수화물이 남아 있어서 칼로리가 높기 때문이다. 라이트 비어의 경우에는 효모가 이러한 탄수화물을 당으로 분해할 수 있도록 발효 탱크에 효소를 가한 것이다. 이런 맥주는 칼로리가 적은 대신 알코올 농도가 높아지므로 알코올 함량을 줄이기 위하여 물을 첨가한다. 오늘 날의 양조산업에서는 이 모든 공정을 자동화 및 컴퓨터 모니터링으로 제어하고 있다.

E5.1A 보리

E5.1B 호프

NAD^+한 분자가 NADH로 환원되면서 에너지가 포획된다. 해당에서 포도당 한 분자는 피루브산 두 분자를 만들므로 호흡에서 포도당 한 분자가 분해될 때마다 두 개의 아세틸기가 크렙스 회로에 들어간다.

크렙스 회로에서 아세틸기는 두 분자의 이산화탄소로 파괴된다

여러분이 숨을 내쉴 때 배출되는 공기에는 대부분 미토콘드리아의 크렙스 회로에서 만들어진 이산화탄소가 다량 들어 있다. 식물 미토콘드리아 역시 크렙스 회로에 의해 이산화탄소를 생성한다. 크렙스 회로는 영국의 생화학자인 크렙스 경(Sir Hans Krebs)의 이름을 따라 명명된 것으로, 그는 1930년대에 이 회로의 반응들을 밝혀낸 공로로 1953년 노벨상을 받았다. 이 회로의 첫 단계에서 아세틸 CoA는 아세틸기를 옥살로아세트산에게 전달하여 6탄소 화합물인 시트르산(citric acid)을 만든다(그림 5.25 참조). 이와 같이 시트르산이 만들어지기 때문에 크렙스 회로를 **시트르산 회로**(citric acid cycle)라고도 한다. 크렙스 회로가 한 바퀴 돌 때마다 하나의 아세틸기는 두 개의 이산화탄소로 산화된다. 아세틸기의 에너지 중 일부는 한 분자의 ATP로 포획되지만, 대부분의 에너지는 NAD^+와 FAD(flavin adenine dinucleotide)에게 전달된다. 이들 전자수용체는 아세틸기로부터 이탈된 전자와 양성자를 받아서 NADH와 $FADH_2$로 환원된다. 하나의 아세틸기가 크렙스 회로를 따라 이동하는 동안 3분자의 NADH와 1분자의 $FADH_2$가 만들어진다. 회로가 끝날 때마다 옥살로아세트산이 재생성된다(크렙스 회로에서 옥살로아세트산의 전구체는 말산인데 말산은 우연하게도 C_4 대사 및 크래슐산 대사에도 참여한다). 하나의 포도당이 분해될 때마다 두 개의 아세틸기가 크렙스 회로에 들어가므로 각각의 포도당 분자가 크렙스 회로를 지나갈 때마다 2 ATP, 6 NADH, 2 $FADH_2$가 생산된다.

호흡과정의 이 지점에 이르기까지 한 분자의 포도당은 이산화탄소로 완전히 분해된다. 그리고 해당에서 2 ATP, 크렙스 회로에서 2 ATP가 만들어지므로 총 4 ATP가 생성된다. 그러나 이 정도의 화학 에너지로는 세포가 요구하는 에너지를 충족시킬 수 없다. 원래의 포도당 분자에 들어 있던 에너지의 대부분은 이제 NADH 및 $FADH_2$의 고에너지 전자에 포함되어 있지만, 이들 분자는 직접적으로 세포의 활동에 사용되지는 못한다. 이쯤해서 하나의 비유가 필요할 것 같다. 자동차가 달리기 위해서는 연료를 공급해야 하는데, 원유의 화학결합에

그림 5.24 발효에 의한 CO_2의 생산 (a) 효모의 발효로 인한 CO_2 생산은 빵을 부풀게 한다. (b) 밀폐된 용기에 설탕과 함께 첨가한 효모는 CO_2를 생산하여 풍선을 부풀게 한다. 이 실험은 한 시간 동안 행한 것이다.

는 다량의 에너지가 들어 있음에도 불구하고 이 원유를 자동차 엔진에 직접 사용할 수는 없다. 자동차를 달리게 하기 위해서는 원유를 정제하여 휘발유로 만들어야 한다. 세포 역시 대사를 행하기 위해서는 "휘발유"(ATP)를 필요로 하지만 크렙스 회로가 끝날 즈음까지는 대부분의 에너지가 세포의 "원유"에 해당하는 NADH와 $FADH_2$에 갇혀 있다. 이러한 에너지를 ATP로 전환하는 것이 호흡과정의 마지막 두 단계인 전자전달계와 산화적 인산화이다. 이들 마지막 과정에서 포도당으로부터 포획된 에너지가 대량으로 회수된다.

전자전달 연쇄는 미토콘드리아 내막을 경계로 양성자 기울기가 일어난다

전자전달 연쇄는 자동차의 교류 발전기(alternator)와 같은 작용을 하여 산화적 인산화과정이라고 하는 건전지를 충전시킨다. 전자전달 연쇄는 일련의 전자 운반체 분자로 이루어져 있으며 이들은 미토콘드리아의 내막에 위치한다(그림 5.26). 여기에는 복합체 I부터 복합체 IV까지 4개의 단백질 복합체가 있다. 복합체 I은 크렙스 회로에서 생성된 NADH를 NAD^+로 산화시키면서 유비퀴논(ubiquinone)을 환원시킨다. 유비퀴논 분자들은 미토콘드리아 내막을 자유롭게 이동할 수 있는 소수성 전자 수용체이다. 복합체 II는 크렙스 회로에서 생성된 $FADH_2$를 FAD로 산화시키면서 유비퀴논을 환원시킨다. 환원된 유비퀴논(*유비퀴놀* ubiquinol이라고 함)은 복합체 I과 복합체 II로부터 전자를 복합체 III에게 운반한다. 복합체 III은 유비퀴논으로부터 시토크롬 *c*로 전자를 운반한다. 시토크롬 c는 전자전달 연쇄에서 4개의 복합체 중 어느 것과도 단단히 결합되어 있지 않은 유일한 단백질이다. 시토크롬 *c*는 복합체 III으로부터 복합체 IV로 전자를 한 번에 하나씩 운반한다. 복합체 IV는 최종단계에서 산소가 환원되어 물이 되는 부위이다. 시토크롬 *c*를 통하여 전자가 4개씩 전달될 때마다 산소 한 분자가 환원되어 두 분자의 물이 된다. 산소의 전자 수용을 방해하는 모든 물질(예, 시안화물과 같은 독극물)은 세포의 전자전달 및 에너지 생산을 차단할 것이다.

요약하자면, 운반체 분자들은 NADH와 $FADH_2$로부터 고에너지 전자를 취하여 일련의 산화 환원반응으로 이루어진 전자전달 연쇄를 따라 이들 전자를 넘겨준다. NADH와 $FADH_2$는 산화된 후 크렙스 회로로 되돌아가 다시 전자를 받을 수 있다. 전자전달계의 각 단계를 거칠 때마다 전자의 에너지 준위는 내려간다. 그 에너지의 일부는 열로 소실되고, 일부는 NADH와 $FADH_2$로부터 양성자(H^+)를 미토콘드리아 내막 너머의 막간공간으로 배출시키는데 사용된다. 복합체 I, 복합체 III, 복합체 IV는 내막을 가로질러 양성자를 배출하지만, 복합체 II는 양성자를 배출하지 않는다(그림 5.26 참조). 이러한 양성자의 배출은 다음 단계를 위해 "건전지"를 충전시키는 것과 같다.

내막을 가로질러 전자전달 연쇄가 양성자를 배출함에 따라 막간공간은 기질에 비해 상대적으로 보다 산성화된다. 양성자는 전하도 운반하므로 내막의 한쪽에 양성자가 축적되면 전기화학적 기울기가 형성된다. 이 전기화학적 기울기는 건전지의 충전에 비유할 수 있다. 미토콘드리아의 크리스테를 가로지르는 이러한 전기화학적 기울기는 기본적으로 엽록체의 틸라코이드 막을 가로지르는 전기화학적 기울기와 동일하다. 두 가지 모두 그러한 전기화학적 기울기는 퍼텐셜 에너지를 대표한다. 이 퍼텐셜 에너지는 호흡의 최종과정에서 일로 전환된다.

화학 삼투와 산화적 인산화는 미토콘드리아에서 ATP를 생성한다

건전지를 모터 혹은 전구에 전선으로 연결하여 통로를 제공하면 건전지의 퍼텐셜 에너지를 사용할 수 있다. 미토콘드리아에서는 양성자 기울기의 퍼텐셜 에너지를 사용하기 위하여 **ATP 합성효소 복합체**(ATP synthase complex)를 활용한다. 이 복합체는 막간공간의 양성자가 기질로 되돌아 올 수 있는 채널을 제공한다. 이러한 양성자의 흐름은 엽록체 틸라코이드에 있어서와 마찬가지로 화학삼투(*chemiosmosis*)라고 불린다. 양성자가 복귀함에 따라 이들의 에너지는 ADP를 ATP로 전환시켜 형성된 화학결합에 포획된다(그림 5.26 참조). 이 때 산소는 전자전달 연쇄의 최종 전자수용체이고, 인산기가 ADP에 결합되어 ATP를 형성하는 인산화에서 에너지가 포획되므로 이 과정을 **산화적 인산화**(oxidative phosphorylation)라고 한다.

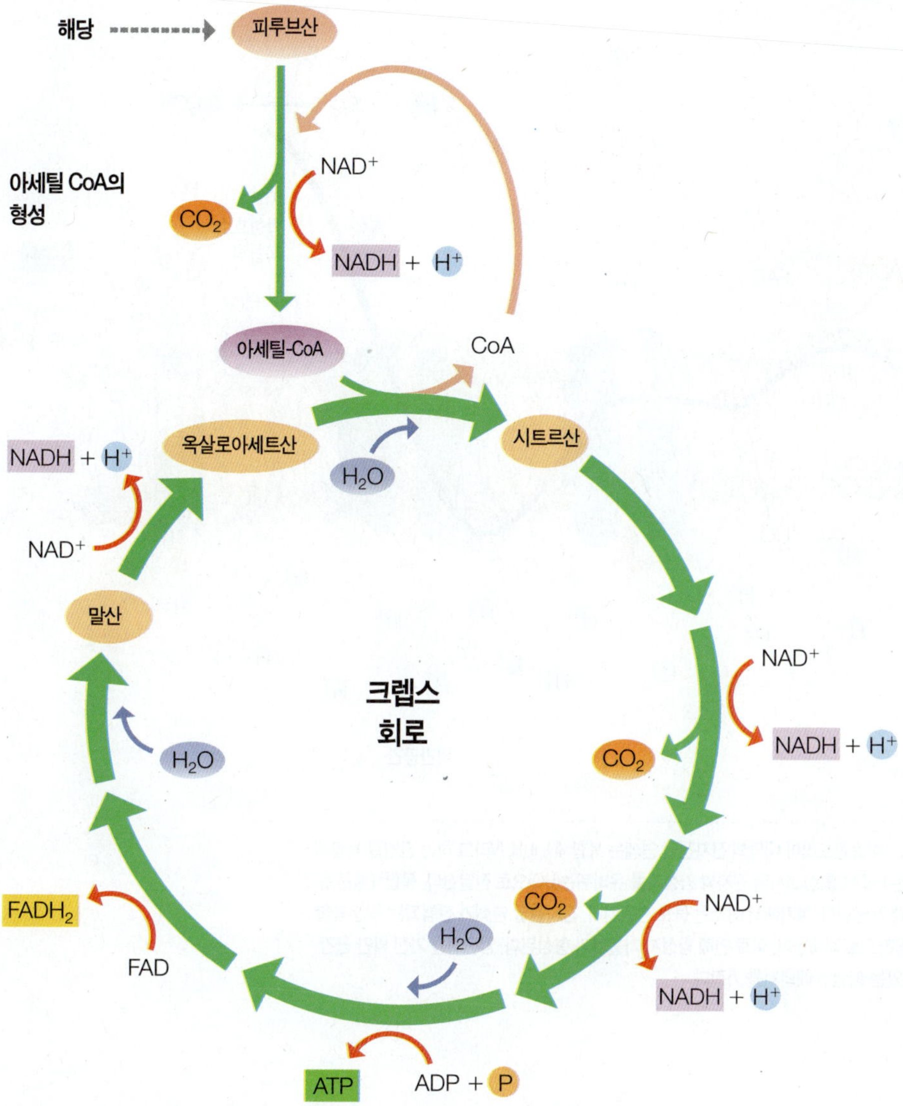

그림 5.25 아세틸 CoA의 형성과 크렙스 회로 먼저 해당과정의 3탄소 화합물인 피루브산은 2탄소 화합물인 아세틸 CoA로 전환된다(이 때 CO_2를 방출하고 에너지의 일부를 NADH의 형태로 저장한다). 크렙스 회로에서 아세틸기는 4탄소 화합물인 옥살로아세트산과 결합하여 6탄소 화합물인 시트르산을 생성한다(CoA는 방출되어 또 다른 피루브산과 결합할 수 있다). 일련의 단계를 거쳐 시트르산은 4탄소 화합물인 말산으로 전환되며, 말산은 옥살로아세트산으로 재생되어 회로를 완성한다. 이 회로에서 시트르산으로부터 제거된 2개의 탄소원자는 CO_2의 형태로 방출되며, 고에너지 화합물(ATP, NADH, $FADH_2$)이 형성된다.

전자전달 및 산화적 인산화에서 생산되는 ATP는 상당하다. 이들 최종 과정에서 포도당 한 분자로부터 얻어지는 ATP는 최대 34분자이다. 전자전달 및 산화적 인산화 이전의 과정에서는 고작 4 ATP를 얻는데 불과했다. 따라서 포도당 한 분자를 완전한 호기성 호흡으로 분해할 때 얻을 수 있는 ATP의 최대량은 38 ATP이다.

결론적으로, 광합성과 호흡은 많은 단계를 포함하는 복잡한 생화학적 과정이다. 엽록체의 틸라코이드 막에서 광합성의 명반응은 태양 에너지를 ATP와 NADPH 분자의 형태로 포획한다. 엽록체 스트로마의 탄소고정 반응에서는 ATP와 NADPH를 이용하여 CO_2를 3탄당인 PGAL에 고정시킨다. 이후 PGAL 분자들은 상호 결합되어 포도당, 설탕, 녹말과 같은 당을 생산한다. 호흡은 포도당과 같은 간단한 당을 취하여 이산화탄소로 완전 분해한다. 당의 분해에 따라 방출된 에너지는 ATP의 형태로 포획되어 세포 대사를 일으킨다. 광합성과 호흡은 모두 막을 가로 지르는 전기화학적 기울기를 생성하기 위해 전자전달 연쇄를 이용하며, 이어서 전기화학적 기울기를 이용하여 ADP와 인산으로부터 ATP를 생산한다. ATP 합성효소 복합체의 역할은 광합성과 호흡에 모두 중요하다.

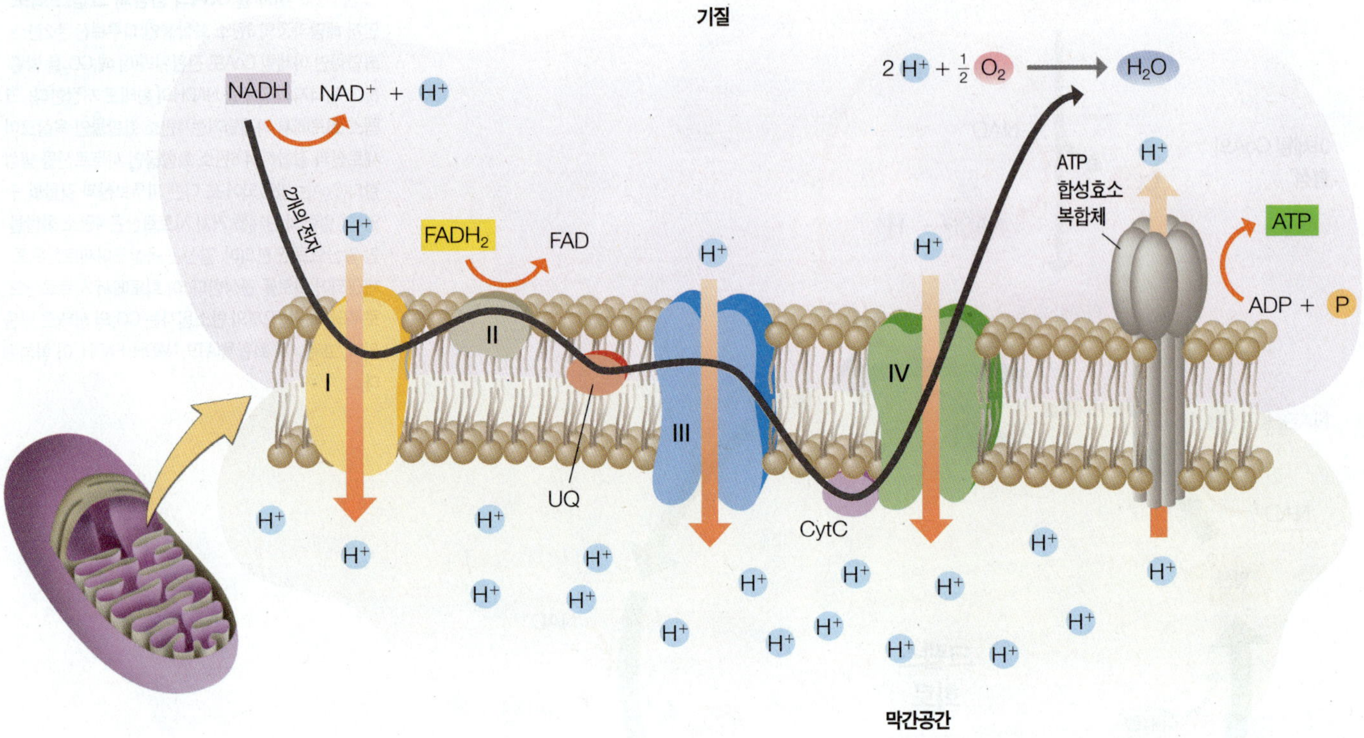

그림 5.26 전자전달 연쇄, 화학삼투 및 ATP 합성효소 미토콘드리아 내막의 전자전달 연쇄는 복합체 I, II, III, IV라고 하는 단백질 복합체로 이루어져 있다. 복합체 I은 NADH를 산화시키고 복합체 II는 $FADH_2$를 산화시켜 전자와 양성자를 유비퀴논(UQ)으로 전달한다. 복합체 III은 유비퀴논을 산화시켜 전자를 시토크롬 c (CytC)와 복합체 IV에게 전달한다. 여기에서 산소는 물로 환원된다. 전자전달 연쇄가 진행되는 동안 복합체 I, III, IV는 양성자를 미토콘드리아의 내막과 외막 사이의 공간으로 배출한다. 이로 인해 양성자 기울기가 형성된다. 양전하를 가진 막간 공간의 양성자는 ATP 합성효소 복합체에 의해 ATP를 생성할 수 있는 퍼텐셜 에너지를 가진다.

요점

5.1 지구상의 생명을 뒷받침하는 에너지는 태양 복사선으로부터 유래하여 광합성과 호흡을 경유하며, 세포 대사에 원동력을 제공하기 위한 에너지 분자인 ATP로 흘러간다.

5.2 세포 대사란 세포 내의 화학 반응과 경로의 총합이다. 화학반응 및 경로는 자유에너지 감소반응 내지는 자유 에너지 증가반응이거나 혹은 산화환원반응을 포함한다. 전자전달 연쇄는 광합성과 호흡에서 주된 역할을 하는 일련의 산화환원반응이다.

5.3 광합성에서 태양에너지는 엽록소 *a*에 포획되어 이산화탄소를 당으로 환원시키는데 사용된다. 광합성은 명반응과 탄소고정 반응으로 이루어져 있다. 명반응은 틸라코이드 막에서 가시광선의 에너지를 ATP 및 NADPH의 형태로 포획하며, 탄소고정 반응은 스트로마의 캘빈회로에서 이산화탄소를 3탄소 당으로 환원시킨다. CAM 식물이나 C_4 식물과 같은 일부 식물은 대기로부터 이산화탄소를 획득하기 위하여 C_3 식물과는 다른 기작을 사용하지만, 캘빈회로를 경유하여 탄수화물을 합성하는 것은 다르지 않다.

5.4 호흡이란 세포의 활동 및 대사에 필요한 에너지를 얻기 위하여 당을 이산화탄소로 산화시켜 에너지를 방출하는 과정이다. 유산소 조건에서는 호기성 호흡이 일어나며, 해당, 아세틸 CoA의 형성, 크렙스 회로, 전자전달 연쇄 및 산화적 인산화 순으로 진행된다. 산소가 없는 경우에는 해당에 뒤이어 발효가 일어난다.

문제

1. 광합성과 호흡의 차이를 구분하라. 상호간의 유사한 측면과 상이한 측면을 몇 가지 제시하라.
2. 화학반응과 관련 있는 아래의 용어를 정의하라. (a) 기질, (b) 생성물, (c) 활성화 에너지, (d) 자유에너지 방출반응, (e) 자유에너지 흡수반응.
3. 촉매란? 촉매작용에 관련된 아래의 단어들을 정의하라. (a) 효소, (b) 활성부위, (c) 보조인자(cofactor), (d) 조효소(coenzyme).
4. 산화와 환원의 차이점은 무엇인가? 두 반응 모두 산소를 필요로 하는가? 이 반응들은 왜 항상 동시에 일어나는가? 생물계에서 가장 흔한 산화환원 반응의 예를 들라.
5. 색소란? 엽록소의 흡수스펙트럼을 보고(그림 5.10 참조) 엽록소 *a*가 녹색 색소인 이유에 대하여 논하라. 광합성 명반응에서 엽록소 *a*가 중요한 색소인 이유는 무엇인가? 보조색소의 예를 들고 명반응에서 이들의 역할에 대해 기술하라.
6. C_3 식물, C_4 식물 및 CAM 식물의 차이를 설명하라. 각각의 식물이 가장 잘 적응된 기후의 유형에 대하여 말해보라. 이들 중 대부분의 식물 종이 유일하게 이용하는 광합성의 형태는 무엇인가?
7. 광합성의 명반응과 암반응(캘빈회로)을 각각 한 문단으로 요약하라. 각 반응의 순수한 산물은 무엇인가?
8. 순환적 전자전달은 비순환적 전자전달과 어떻게 다른가?
9. 광호흡이란? 광호흡이 낭비적 과정이라고 여겨지는 이유는 무엇인가?
10. 다음 사항에 관하여 해당 및 시트르산 회로의 반응들을 논하라. (a) 출발 반응물(기질), (b) 반응 생성물, (c) 직접 생산되는 ATP 분자의 수, (d) 생산된 NADH 및 FADH 분자의 수, (e) 해당 이전의 포도당에 있었던 탄소원자의 운명.
11. 전자전달과 산화적 인산화과정을 간략히 기술하라. 전자전달계에 전자를 공급하는 것은 어떤 화합물인가? 최종 전자수용체는 무엇이며 이것은 전자쌍을 받은 후 무엇이 되는가? 미토콘드리아 내막을 가로질러 어떻게 양성자 기울기가 형성되는가? 또 이 기울기는 어떤 기작을 통하여 ATP를 합성하도록 활용되는가?

응용 개념

1. 이 장에서 광합성에 대하여 제시된 종합 방정식은 아래와 같다.

$$6CO_2 + 12H_2O \rightarrow C_6H_{12}O_6 + 6O_2 + 6H_2O$$

위 식은 아래와 같이 줄일 수 있다.

$$6CO_2 + 6H_2O \rightarrow C_6H_{12}O_6 + 6O_2$$

이 식은 호흡의 전체 방정식의 역이다.

$$C_6H_{12}O_6 + 6O_2 \rightarrow 6CO_2 + 6H_2O$$

따라서 광합성은 호흡의 역과정이라고 할 수 있다. 정말 그럴까? 광합성과 호흡의 유사점과 차이점에 대하여 몇 가지씩 기술하라.

2. 많은 사람들은 식물이 광합성을 하기 때문에 호흡을 통하여 하등의 에너지를 얻을 필요가 없다고 생각한다. 식물세포는 필요한 ATP 에너지를 얻기 위하여 언제 어디서 광합성 대신 호흡을 사용하는지 몇 가지 사례를 들라.
3. 호흡의 반응들, 즉, 해당, 시트르산 회로, 전자전달, ADP를 ATP로 인산화하기 위한 양성자 기울기의 형성 및 수확 등은 많은 일련의 작은 단계들을 거쳐 이루어진다. 생물계는 크고 빠른 단 몇 단계만으로 산화반응을 끝마치지 않고, 잘게 나뉜 작은 단계들을 거쳐서 산화반응을 완성하는데, 이와 같이 점진적 접근을 취하는 이유는 무엇이라고 생각하는가?

6 장 DNA와 RNA
-유전물질과 단백질 합성

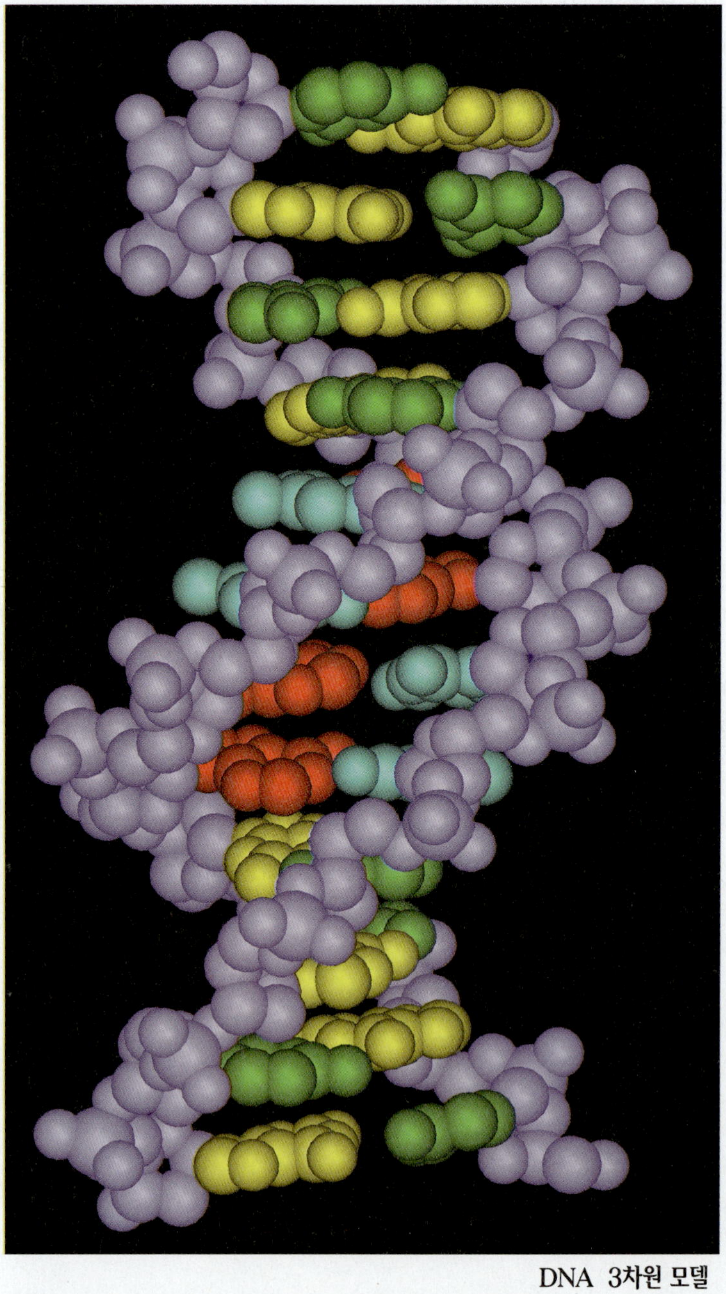

DNA 3차원 모델

주요 개념

- DNA에 모든 생물체를 만드는 암호로 된 유전정보가 들어 있다.
- DNA의 정보는 세포의 구조와 기능을 조절하는 단백질로 해독된다.
- DNA의 차이가 생물체간의 차이를 만든다.
- 개체마다 특이한 유형의 DNA을 가지고 있어 범죄나 재판의 증거물로 이용될 수 있다.

잡초란 사람들이 원하지 않는 곳에 자라는 식물이다. 그러나 애기장대(*Arabidopsis thaliana*)라는 작은 잡초는 엄청난 가치를 지니고 있는 식물로 밝혀졌다. 애기장대는 DNA 염기서열이 밝혀진 최초의 식물이다. 애기장대는 지금까지 밝혀진 식물들 중 가장 작은 양의 총 DNA, 즉 유전체를 가졌기 때문에 수많은 연구에서 실험재료로 선택되었다. 식물학자들이 애기장대를 실험재료로 사용하는 또 다른 이유는 식물체의 크기가 작고, 염색체 수도 적으며(5), 번식기간이 짧을 뿐만 아니라 교잡실험이 용이하고 많은 종자를 얻을 수 있기 때문이다. 앞으로 수년 동안 애기장대는 식물유전학에 대한 정보의 금광이 될 것이다 — 보잘 것 없는 작은 잡초에게 이 얼마나 중요한 역할인가!

1950년대에 DNA(디옥시리보핵산)는 소수의 생화학자들에게만 알려진 이해하기 어려운 분자였다. 오늘날에는 DNA가 박테리아에서부터 거대한 아메리카 삼나무에 이르기까지 모든 생물체를 만드는 유전정보를 담고있는 유전물질이라는 것이 상식으로 되어 있다. 분자 생물학은 DNA를 연구하는 과학으로 유전공학과 더불어 우리 삶에서 점점 더 많은 역할을 수행하고 있다. DNA 분석은 범죄수사에서 중요한 역할을 해왔다. 의학에서는 많은 유전병에 대해 분자수준에서의 이해를 가져와 유전자 치료의 가능성도 열어주었다. 농업에서 유전공학은 식물의 질병에 대한 저항성과 같은 농작물의 품종개량을 이끌어 왔다.

이 장에서 우리는 DNA의 구조를 어떻게 알아내었는가에 대한 짧은 역사를 제시할 것이다. 생물학의 대부분에서처럼 DNA에서도 구조는 기능과 밀접한 상관관계를 가진다. 우리는 DNA의 구조가 어떻게 박테리아, 원생생물, 식물 또는 동물을 특징짓는 모든 정보를 가질 수 있는 지에 대해서도 토의할 것이다; 뉴클레오티드들로 어떻게 그 정보를 만드는지에 대해서도 토의할 것이다; 그리고 그 정보가 한 세대에서 다음 세대로 전달될 수 있도록 어떻게 복제되는가에 대해서도 토의할 것이다. 우리는 DNA의 정보가 특수한 RNA로 전사되고, 그 뒤 그것이 다시 다른 종류의 RNA에 의해 수많은 단백질과 생물체의 물질대사를 조절하는 효소로 해독되는 방법에 대해서도 밝힐 것이다. 끝으로 우리는 DNA에서의 차이가 어떻게 생물체간의 차이로 되는지에 대해서도 공부할 것이다.

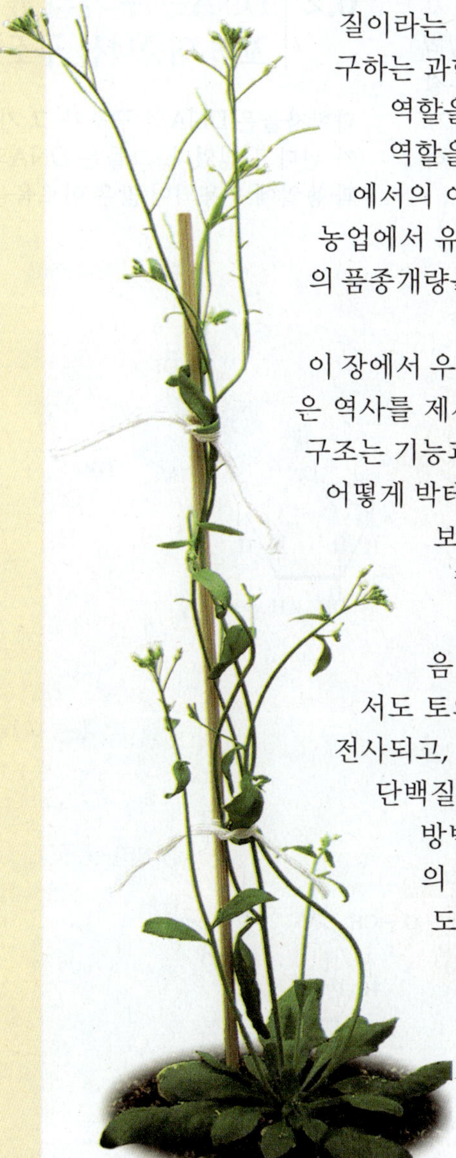

애기장대

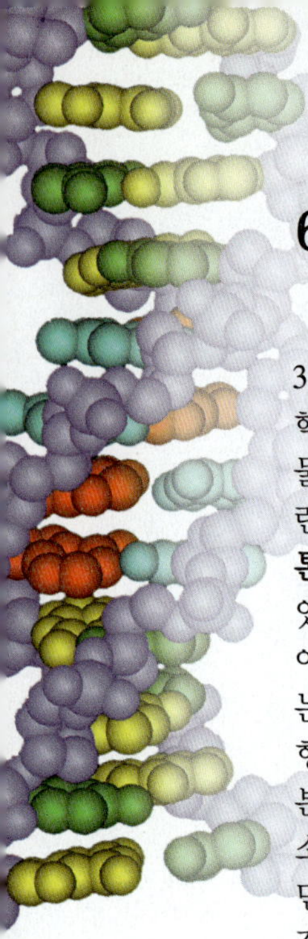

6.1 DNA는 뉴클레오티드라는 소단위로 구성된 긴 분자이다

3장에서 생물체를 구성하는 4종류의 유기분자 중의 하나로 핵산에 대해 간단히 소개하였다. 박테리아를 포함한 원핵생물의 DNA와, 엽록체와 미토콘드리아의 DNA는 하나의 커다란 폐쇄된 환상의 분자이다. 진핵생물의 핵에서 DNA는 **히스톤**(histone)이라는 단백질과 함께 **염색체**(chromosome)내에 있다. 염색체는 대개 단백질 합성을 위한 암호화된 정보가 들어있는 유전정보의 단위인 **유전자**를 가지고 있다. 각 염색체는 수십만 개의 **뉴클레오티드**(nucleotide)로 이루어진 긴 사슬 형태의 한 개의 DNA를 가지고 있다. 각 뉴클레오티드는 3부분으로 구성되어 있다: *디옥시리보오스*라는 5탄당, 인산기, 질소를 함유하고 있는 4종류의 염기(아데닌, 구아닌, 시토신, 티민) 중 하나(그림 6.1). 아데닌과 구아닌은 이중의 환상구조를 갖는다는 점이 서로 유사하다; 이를 *퓨린*이라 한다. 티민과 시토신은 서로 유사한 단일 환상구조로 되어 있으며, 이를 *피리미딘*이라 한다. 인산기와 디옥시리보오스 당 사이의 공유결합(3장)에 의해 뉴클레오티드들은 긴 사슬을 이룬다(그림 6.2). 그러나 DNA에서 이 뉴클레오티드 사슬들은 어떤 모양을 하고 있을까?

1950년 파사데나에 있는 칼텍(California Institute of Technology)에 근무하며, 이 연구소에서 두 번의 노벨상을 받은 라이너스 폴링(Linus Pauling)이 때로는 단백질이 수소결합에 의해 스프링처럼 꼬여있는 형태, 즉 α-나선구조(그림 3.18b을 보라)로 되어있다는 것을 밝혀내었다. 폴링은 DNA가 비슷한 α-나선구조를 가질 것이라고 제안하였다. 이와 거의 같은 시기에 런던 왕립대학 소속의 로즈린 프랭크린(Rosalind Franklin)과 모리스 윌킨스(Maurice Wilkins)는 DNA에 대한 X-선 연구로부터 일종의 나선구조를 강력히 제시했다. 뿐만 아니라 콜롬비아 대학의 어윈 샤가프(Erwin Chargaff)는 여러 가지 생물체의 DNA로부터 아데닌의 비율이 티민의 비율과 거의 같고, 시토신의 비율은 구아닌의 비율과 같다는 데이터를 얻었다. 이 데이터의 중요성이 즉각 밝혀지지는 않았으나 뉴클레오티드 쌍 사이의 관계를 제시한 것이 었다.

6.2 DNA는 두 개의 뉴클레오티드 가닥이 꼬여 이중나선 구조를 이룬다

과학자들은 DNA의 구조가 그 기능을 이해하는 중요한 열쇠가 된다고 믿었다. 그들은 DNA의 기능에 대한 이해가 의학과 농업에 응용되어 많은 이로움을 가져다주기를 희망했다.

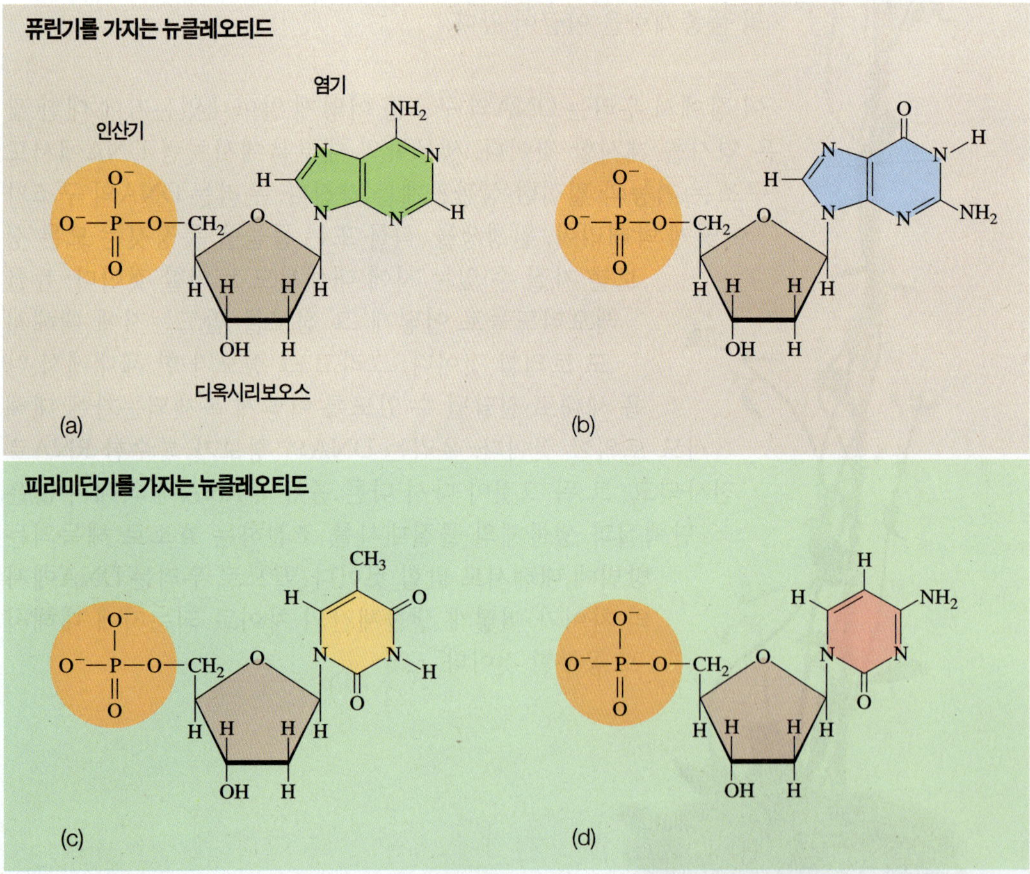

그림 6.1 DNA를 구성하는 4종류의 뉴클레오티드 디옥시리보오즈 당과 한 개의 인산기를 가지고 있는 것이 공통이다; 뉴클레오티드는 디옥시리보오즈 당에 결합해 있는 질소염기 — 아데닌(a), 구아닌(b), 시토신(c), 티민(d) — 에서만 차이가 있다.

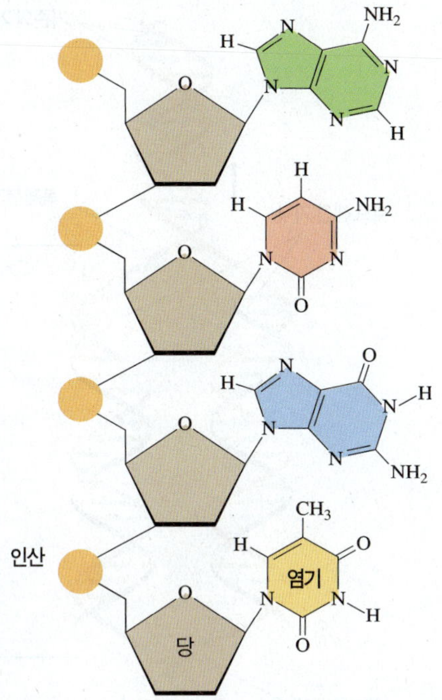

그림 6.2 **DNA를 구성하는 뉴클레오티드 사슬** 사슬의 골격은 당-인산 결합으로 이루어진다.

1950년대 초, 제임스 왓슨(James Watson)이라는 젊은 과학자가 분자구조를 연구하기 위해 영국 캠브리지에 있는 카벤디쉬(Cavendish) 실험실로 갔다. 거기에서 그는 물리학자인 프랜시스 크릭(Francis Crick)을 만났다. 그들은 함께 기존의 데이터에 걸맞는 DNA 모델을 만드는 일과 DNA가 어떻게 생물체의 유전정보를 가질 수 있는가에 대한 연구를 시작하였다. 제시할 모델은 정보를 가질 수 있을 만큼 DNA가 아주 다양해야 하며, 그 정보가 세포에서 세포로, 한 세대에서 다음 세대로 정확하게 전달되기 위해 정밀하게 복제될 수 있음을 보여줄 수 있어야 했다.

왓슨과 크릭은 다른 연구자들의 데이터로부터 그러한 DNA 구조 모델을 만들 수 있었다. 그들이 제시한 DNA는 단백질처럼 한가닥으로 된 α-나선구조가 아니라 두 가닥이 서로 꼬인 **이중나선구조**(double helix) 였다(그림 6.3a). 사다리를 만들고 그것을 나선처럼 비튼 모습을 상상해 보라. 사다리의 양쪽은 디옥시리보오스 당과 인산기로 이루어져 있다. 사다리의 계단은 질소를 포함하고 있는 염기 — 아데닌(A), 티민(T), 시토신(C), 구아닌(G) — 로 되어 있으며, 두 개의 염기가 하나의 계단을 만든다. 한 쌍의 염기가 나선의 안쪽에서 서로 만나 수소결합에 의해 연결되어 있다. 이중나선구조의 어느 한쪽 가닥을 따라 뉴클레오티드는 ATCTGTA(염기의 약자를 사용)와 같은 순서

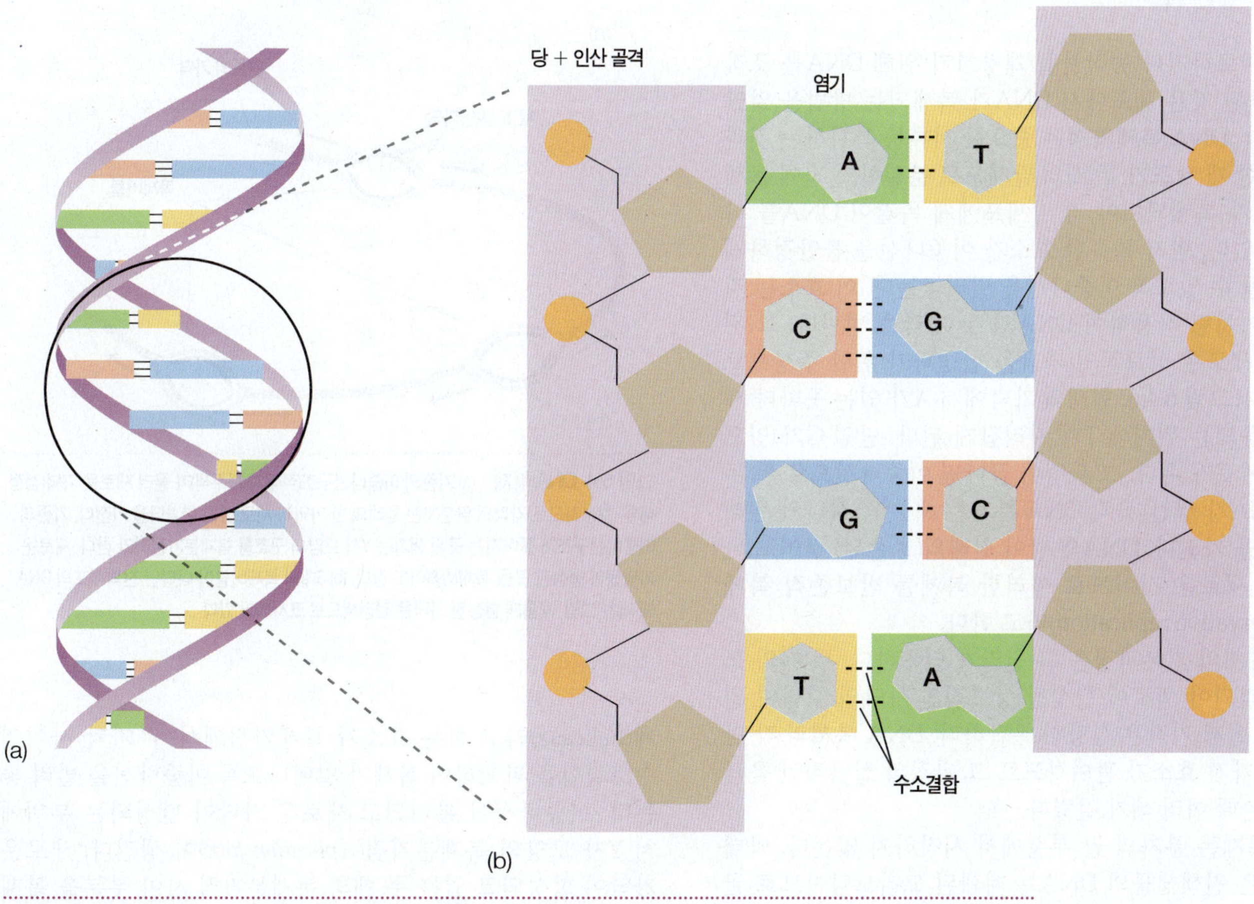

그림 6.3 **DNA의 구조** (a) DNA의 이중나선. 골격은 당과 인산기로 이루어져 있다. 수평의 계단은 질소 염기를 나타낸다. (b) DNA의 상보적인 염기쌍. 아데닌은 이중수소결합으로 티민과 짝을 이룬다(점선). 삼중수소결합은 구아닌과 시토신 염기 사이에 생긴다.

로 배열된다. DNA 한 분자가 수천개의 뉴클레오티드로 이루어져 있기 때문에 아주 다양할 수 있고 많은 양의 정보도 가질 수 있다.

왓슨과 크릭은 사다리의 반대편과 계단의 나머지 반쪽에 상응하는 DNA 가닥에 대한 모델을 만드는 과정에서 중요한 발견을 하였다. 아데닌은 티민과 짝을 이루고 구아닌은 시토신과 짝을 이룬다는 것이다. 이것은 아데닌이 티민과 이중수소결합을 하고 시토신은 구아닌과 삼중수소결합을 하기 때문이다(그림 6.3b). 아데닌은 구아닌이나 시토신과 수소결합을 하지 못한다. 왓슨과 크릭이 만든 모델은 어윈 샤가프가 밝힌 DNA의 염기조성을 잘 설명해 주었다. 아데닌의 비율은 티민과 같고 시토신의 비율은 구아닌과 같다. DNA를 이루는 두 가닥의 뉴클레오티드들은 동일하지 않다. 오히려 두 가닥은 **상보적**(complementary)이다 — 한 가닥은 다른 가닥과 상보적인 염기서열을 가지고 있다. 그래서 한 가닥의 염기서열이 ATCGCTA라면 A가 T와 짝을 이루고 C가 G와 짝을 이루기 때문에 다른 가닥은 TAGCGAT이다. 이러한 염기의 상보성이 DNA의 자기복제 기작을 가능하게 한다.

6.3 DNA는 두 가닥이 분리되어 새로운 두 개의 상보적인 가닥을 합성하여 복제된다

유전병을 치료하거나 농작물을 개량하기 위해 DNA를 조작할 수 있게 된 것은 세포에서 DNA가 복제되는 방법을 알았기 때문이다. DNA 복제과정은 중요한 서류를 복사하는 것과 비슷하다. 한 개 세포가 두 개의 딸세포로 분열하기 전에 모세포의 DNA가 복제되어야 각 딸세포에게 똑같이 DNA를 나누어줄 수 있다. 먼저 특수한 효소가 이중나선을 불안정하게 하여 복제될 수 있도록 이중나선을 벌려놓는다. 이 효소는 지퍼의 손잡이처럼 작용하여 DNA의 두 가닥을 벌린다. 그 뒤 각 가닥은 새로운 상보적인 가닥을 합성하기 위한 주형으로서 작용한다(그림 6.4a). 원래의 가닥에서 A가 있는 곳마다 새 가닥의 상응되는 위치에 T가 자리잡게 된다. 만일 G가 있으면 반대쪽에 C가 온다. 그 과정이 끝나면 이중나선으로 된 두 분자의 DNA가 생긴다. 각 DNA 분자는 새 가닥 하나와 원래의 한 가닥을 가진다. DNA의 반이 원래의(보존된) 것이고 나머지 반이 새로운 것이므로 이러한 복제를 **반보존적 복제**(semiconservative replication)라고 한다.

DNA 복제의 기본과정은 그 원리가 단순하다. 두 개의 모가닥이 분리되어 새로이 합성될 상보적인 가닥의 주형이 된다. 그러나 실제 기작은 상당히 복잡하다. DNA 복제의 각 단계에 여러 가지 효소가 관여하므로 그 과정의 일반적인 윤곽을 밝혀내는데 여러 해가 걸렸다.

DNA 복제는 분자의 끝 부분에서 시작하지 않는다. 박테리아와 같은 원핵생물의 DNA는 폐쇄된 고리모양이므로 끝부분이 없다. 복제는 항상 **복제기점**(origin of replication)이라고 하는 특수한 부위에서 시작된다. 개시단백질과 **헤리카아제**(helicase)라고 하는 효소가 복제기점에서 두 가닥 사이의 수소결합을 파괴하여 복제가 일어나도록 이중나선을 벌려 놓는다. 이중나선이 분리되고 새로운 가닥이 합성되는 부위에서 Y자 모양의 복제분기점(*replication fork*)이 생긴다. 새로운 가닥이 합성되고 있는 두 개의 복제분기점 사이 부분을 복제버블(*replication bubble*)이라고 한다(그림 6.4a). **DNA 중합효소**(DNA polymerase)라고 불리는 효소 복합체가 새로운 상보적

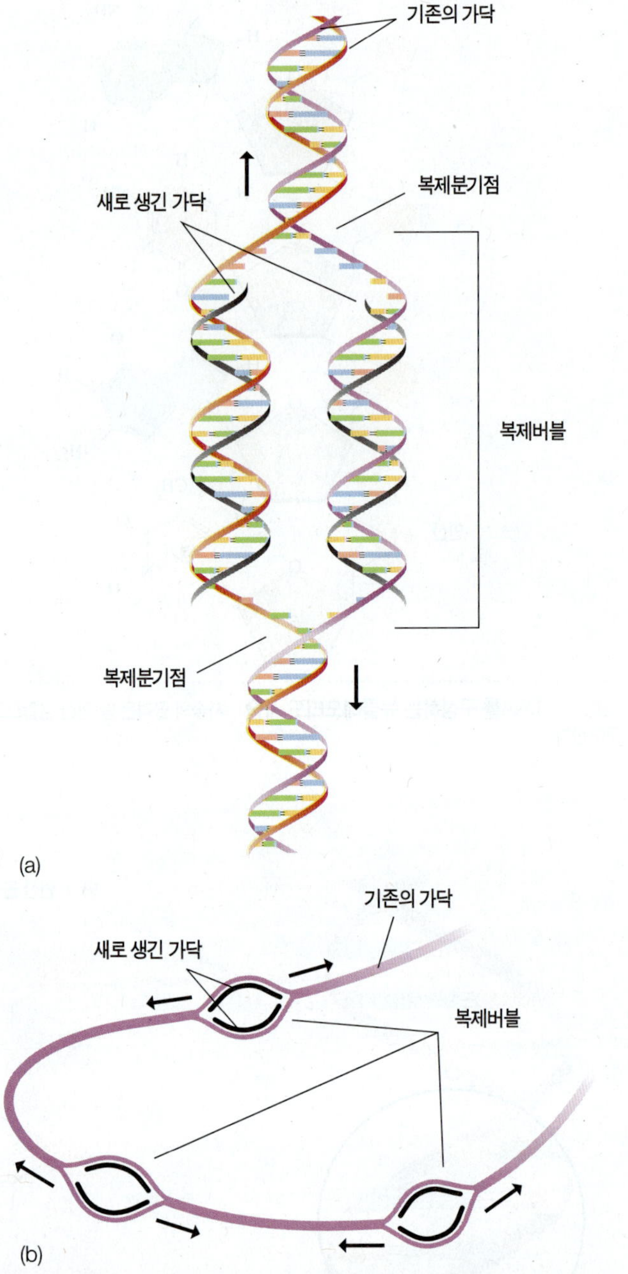

그림 6.4 DNA 복제 (a) 기존의 이중나선구조(적색과 자주색)가 풀려 새로운 가닥(검정색)을 합성하므로 각각의 딸분자는 원래의 한 가닥과 새로 생긴 한가닥을 가진다. 기존의 이중나선구조가 풀어지는 곳에 생기는 Y자 모양의 구조를 복제분기점이라 한다. 새로운 가닥들이 형성된 곳을 *복제버블*이라 한다. (b) 3개의 복제버블이 나타난 진핵세포의 DNA에 대한 그림. 새롭게 형성된 가닥은 검정색으로 표시되어 있다.

인 가닥을 합성하는 동안 결합단백질이 두 가닥을 계속 분리시켜 둔다. DNA 중합효소는 원래 가닥에 있는 각 염기를 인식하여 그것과 상보적인 염기를 가지고 있는 뉴클레오티드를 가져와 새 가닥에 결합시켜야 한다. 원핵생물에서는 한 개의 복제버블과 두 개의 복제분기점만 있다. DNA 분자를 따라 복제기점에서 서로 반대방향으로 두개의 복제분기점이 열린다. 두 개의 복제분기점이 반대 방향에서 서로 만날 때까지 환상의 DNA를 따라 복제가 진행된다. 원핵생물에서 복제는 초당 500 뉴클레오티드 속도로 아주 빠르게 일어난다.

진핵생물에는 각 염색체의 DNA에 많은 복제기점이 있기 때문에 복제 과정이 원핵생물과 다르다(그림 6.4b). 각 버블에서 두 개의 복제분기점이 DNA를 따라 반대방향으로 열린다. 다수의 복제기점과 복제버블이 있어도 DNA 복제 속도는 원핵생물보다 진핵생물이 더 느리다. 사람을 포함한 포유류에서는 그 속도가 약 50뉴클레오티드/초에 달한다.

6.4 유전정보의 안정성은 효율적인 DNA 복구 기작에 달려있다

복제과정에서 생긴 DNA의 손상과 오류가 수많은 인체의 질병으로 이어질 수 있다. DNA 복제과정에서 오류가 일어나 DNA 가닥에 다른 염기가 들어가면 어떤 일이 일어날까? 자외선(UV)이나 화학물질이 DNA의 한 개 이상의 염기에 손상을 준다면 어떤 일이 생길까? DNA 상의 오류나 손상이 수정되거나 복구되지 않으면 그 변화는 다음 세대의 세포로 전달되게 된다. 유전정보에서의 이러한 변화가 **돌연변이**(mutation)이다. 간혹 어떤 돌연변이는 유익할 수도 있다. 그런 돌연변이는 자연선택과 진화를 일으키는 새로운 유전정보의 원료가 된다. 그러나 대부분의 돌연변이는 무작위적으로 일어난다. 고등한 세포에서 이러한 유전정보의 변화가 세포의 구조나 물질대사를 향상시킬 가망성이 거의 없다. 자외선에 의한 심한 화상은 회복된다. 그러나 몇 년 후 그로 인한 DNA의 손상이 피부암으로 발전한다. 그래서 많은 돌연변이는 치명적이지는 않더라도 해로우며, 빠른 속도의 돌연변이는 고등 생물에게 재앙이 될 수 있다. 오존층이 자외선으로부터 지구를 보호해주기 때문에 많은 과학자들은 오존층의 감소를 우려하고 있다.

EVOLUTION

ECOLOGY

세포와 생물체의 생존은 DNA 복제과정에서의 오류와 손상이 얼마나 효율적으로 복구하는가에 달려있다. DNA 중합효소는 아주 정확하게 DNA를 복제한다. 10억 개의 염기쌍이 복제될 때 단 한 번의 오류가 생긴다. 복제에 오류가 생기면 DNA 중합효소는 스스로 그 오류를 제거한다. 만일 그렇지 않으면 복제에서 생긴 오류가 다음 세대의 세포로 전달될 것이다. 세포는 손상된 DNA를 복구할 수 있는 많은 효소를 가지고 있다. DNA가 이중나선이므로 세포는 자신의 유전정보를 2부씩 가지고 있다. DNA 두 가닥이 동시에 손상을 입는 경우는 드물다. 손상된 DNA가닥은 **DNA 복구 뉴클레아제**(DNA repair nuclease)라고 하는 특수한 효소에 의해 인식되어 제거된다. 이 효소는 손상된 뉴클레오티드를 연결하고 있는 당-인산 결합을 깨트려 손상된 부위를 잘라낸다(그림 6.5). 그 뒤 DNA 중합효소가 손상되지 않은 부위를 주형으로 해서 제거된 부위를 새로운 뉴클레오티드로 채운다. **DNA 연결효소**(DNA ligase)라고 하는 세 번째 효소가 손상된 부위에 남아있는 틈을 봉합함으로써 DNA 복구가 완료된다. 그래서 대부

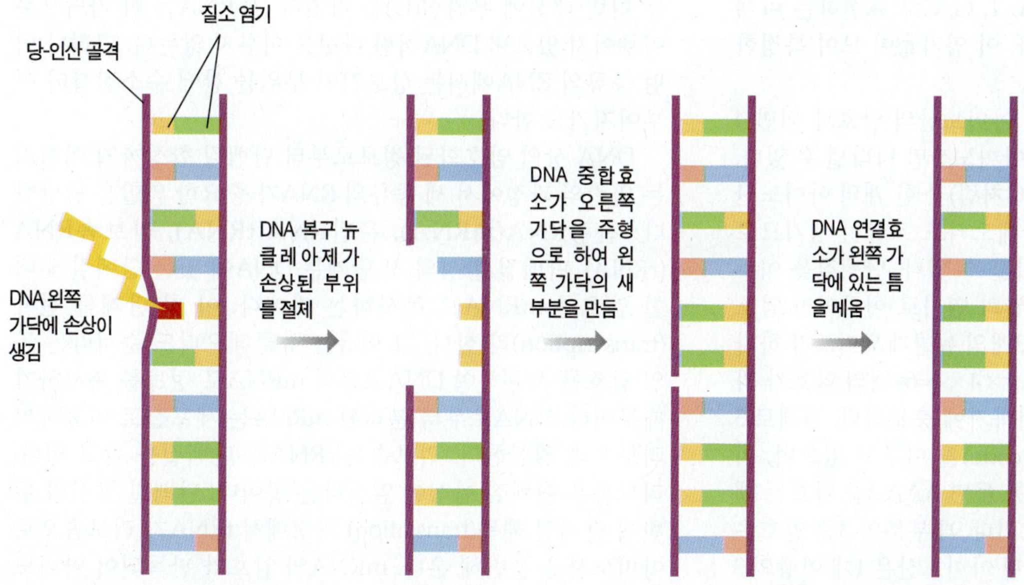

그림 6.5 DNA 복구의 일반 기작 왼쪽 가닥에 생긴 손상된 부위는 DNA 복구 뉴클레아제에 의해 제거된다. 그 뒤 DNA 중합효소가 제거된 부위를 새로운 뉴클레오티드로 채운다. 최종적으로 DNA 연결효소가 복구된 가닥에 남아있는 "틈"을 연결한다.

분의 돌연변이는 다음 세포로 전달되지 않고 유전정보는 완전하게 유지된다. 여기서 DNA가 유전정보를 어떻게 담고 있는가에 대한 의문이 생긴다.

6.5 유전정보는 DNA 상에 3개의 뉴클레오티드 단위의 암호로 이루어져 있다

유전정보는 DNA에 유전정보의 기본단위인 유전자 형태로 들어있다. 대부분의 유전자는 단백질을 만드는 정보를 가진다. 단백질은 20종류의 아미노산으로 이루어져 있으며 아미노산 사이는 펩티드 결합으로 연결된다(3장). 아미노산의 사슬은 폴리펩티드이며, 단백질은 한 개 이상의 폴리펩티드로 이루어져 있다. 살아있는 세포는 어느 시기에 수 백개의 단백질을 만든다. 예를 들면 광합성은 효소에 의해 조절되는 수많은 화학반응으로 이루어진다(5장). 효소는 단백질이며 유전자에 의해 그 생산이 조절된다. 그러므로 광합성은 식물 DNA에 있는 수많은 유전자에 의해 결정되는 녹색식물의 한 형질이라고 할 수 있다. 꽃색과 같은 뚜렷한 형질들도 유전자에 의해 조절된다. 색소를 만드는 몇 개의 효소가 꽃잎의 붉은 색을 만들어낸다. 이들 유전자 중의 하나에 생긴 돌연변이가 꽃의 색깔을 바꿀 수도 있다. 어떤 생물체의 구조와 기능에 대한 모든 것은 단백질 생산을 결정하는 유전자들의 정보에 의해 조절된다. DNA의 유전자에 세포의 구조와 물질대사에 관한 유전정보가 어떻게 들어 있는가?

모든 단백질에 대한 유전정보는 뉴클레오티드 염기서열로 구성된 암호 형태로 유전자에 들어있다. 암호란 명확한 의미를 지니고 있는 임의의 부호로 이루어지는 의사전달 방식이다. 예를 들어 이 책의 글자는 임의의 부호이며, 글자가 모여 단어를 이루면 분명한 의미를 가지게 된다. 이와 유사하게 유전정보에서의 임의의 글자는 A, T, G, C로 표현하는 아데닌, 티민, 구아닌, 시토신 염기이다. 이 염기들이 모여 특정한 아미노산의 암호가 된다.

한 개의 뉴클레오티드가 한 개 아미노산의 암호가 되면 4개의 뉴클레오티드는 단지 4개의 아미노산만 나타낼 수 있다. 두 개의 뉴클레오티드(AA, AT, CG처럼)가 한 개의 아미노산을 명기한다면 4×4=16개의 뉴클레오티드 조합이 생기므로 16개의 아미노산의 암호가 만들어질 수 있다. 단백질을 이루는 아미노산이 20종류이므로 한 쌍의 염기로 이루어진 암호는 충분하지 못하다. 그러나 만일 3개의 뉴클레오티드가 하나의 암호를 만들면(AAA, CGC 등) 4×4×4=64개의 암호가 가능하므로 20개의 아미노산을 명기하기에 충분하다. 실제로 3개씩의 염기가 **유전암호**(genetic code)를 이루고 있으며, 이것을 **3중 암호**(triplets)라 한다. 예를 들면 AAA 3중 암호는 페닐알라닌이라는 아미노산의 암호이다. 대부분의 3중 암호는 아미노산 1개의 암호가 되지만 어떤 아미노산은 1개 이상의 3중 암호를 가진다. 몇 개의 3중 암호는 아미노산의 암호로 되지 않고 대신 단백질 합성의 종결 신호가 된다.

그 뒤의 연구에서 유전암호는 본질적으로 박테리아에서 식물과 동물에 이르기까지 모든 생물체에서 동일하다는 것이 밝혀졌다. 이러한 발견은 지구상의 모든 생명체가 공통된 기원에서 출발했다는 놀라운 증거이다. 유전암호가 모든 생물체에서 본질적으로 동일하기 때문에 박테리아의 유전자가 식물에서 작용할 수 있고 식물과 동물의 유전자가 박테리아에서 작용할 수 있다. 지구상의 모든 생물체가 공통된 기원을 가진다는 것이 유전공학을 가능하게 하였다(15장을 보라).

EVOLUTION

우리는 이제 유전정보가 DNA에서 암호로 되는 방법을 알았다. 그러므로 우리는 이 정보가 어떻게 모든 세포의 구조와 기능을 조절하는 단백질로 바꾸어지는가에 대한 질문에 봉착하게 된다.

6.6 세포질에 있는 3종류의 RNA가 단백질 합성에 관여한다

오랫동안 RNA(리보핵산)는 단백질 합성에서 중요한 역할을 하는 것으로 생각되어 왔다. 다량의 단백질을 합성하고 있는 세포는 다량의 RNA를 가지고 있다. DNA는 진핵생물의 핵에 들어있으나 RNA는 단백질 합성이 일어나는 세포질에서 발견되었다. 단백질을 만드는 세포는 작은 입자 모양의 리보솜을 많이 가지고 있는 데, 이 리보솜은 단백질과 다량의 RNA로 이루어져 있다. 어떤 종류의 바이러스는 RNA와 단백질만 가지고 있다(17장). RNA 바이러스의 존재는 RNA가 단백질 합성에 대한 정보를 가질 수 있어야 한다는 것을 의미한다.

RNA는 DNA처럼 가늘고 긴 핵산 분자이다; 그러나 3가지 점에서 DNA와 다르다(그림 3.21을 보라): (1) RNA는 5탄당으로 디옥시리보오스 대신에 리보오스 당을 가진다 (2) RNA는 티민 대신에 우라실(U)을 가진다 (3) RNA는 한 가닥으로 이루어져 있으며 DNA처럼 나선을 이루지 않는다. 그러나 어떤 종류의 RNA에서는 상보적인 부위들 간에 수소결합이 이루어지기도 한다.

DNA 상의 암호화된 정보로부터 단백질 합성까지 이어지는 일련의 과정에서 세 종류의 RNA가 중요한 역할을 담당한다: 전령RNA(mRNA), 운반RNA(tRNA), 리보솜RNA(rRNA). 단백질 합성의 첫 단계는 DNA에 있는 단백질에 대한 암호를 mRNA로 복사하는 것이다. 이 첫 단계를 **전사**(transcription)라 한다. 그 이유는 뉴클레오티드 순서라는 동일 암호를 사용하여 DNA로부터 mRNA로 정보를 복사하기 때문이다. DNA로부터 분리된 mRNA는 세포질로 이동하여 리보솜과 결합한다. 리보솜은 rRNA와 단백질을 갖고 있다. 리보솜은 단백질 합성이 일어나는 곳이다. 단백질 합성의 두 번째 단계인 **해독**(translation) 과정에서 tRNA가 리보솜으로 아미노산을 운반해 온다. mRNA의 암호가 판독되어 아미노산들이 정확한 순서대로 리보솜으로 운반되어 단백질로 조립된다. 이 두 번째 단계는 mRNA의 정보가 뉴클레오티드 서열로부터 아미노산 서열로 해독되기 때문에 해독 과정이라고

코돈의 첫 번째 부위	코돈의 두 번째 부위 U	C	A	G	코돈의 세 번째 부위
U	페닐알라닌	세린	티로신	시스테인	U
	페닐알라닌	세린	티로신	시스테인	C
	류신	세린	**종료(UAA)**	**종료(UGA)**	A
	류신	세린	**종료(UAG)**	트립토판	G
C	류신	프롤린	히스티딘	아르기닌	U
	류신	프롤린	히스티딘	아르기닌	C
	류신	프롤린	글루타민	아르기닌	A
	류신	프롤린	글루타민	아르기닌	G
A	이소류신	스레오닌	아스파라긴	세린	U
	이소류신	스레오닌	아스파라긴	세린	C
	이소류신	스레오닌	리신	아르기닌	A
	메티오닌(AUG)	스레오닌	리신	아르기닌	G
G	발린	알라닌	아스파르트산	글리신	U
	발린	알라닌	아스파르트산	글리신	C
	발린	알라닌	글루탐산	글리신	A
	발린	알라닌	글루탐산	글리신	G

그림 6.6 **유전암호** 유전암호는 mRNA 코돈으로 나타낸다. 대부분의 코돈은 특정 아미노산을 지정하며, 대부분의 아미노산은 한 개 이상의 코돈을 가진다. AUG 코돈을 갖는 메티오닌은 단백질 합성의 개시 신호이다. 세 가지의 종료 코돈 중 어느 것이라도 단백질 합성을 종료시킬 수 있다. 이 그림에서 개시 코돈과 종료 코돈은 암호를 읽는 방법을 나타낸 예이다.

한다. 우리는 다음 절에서 조금 더 상세하게 단백질 합성의 두 단계에 대해 알아볼 것이다.

DNA에 있는 단백질 합성 정보가 mRNA로 전사된다

박테리아를 이용하여 단백질 합성을 산업화 할 수 있게 되었기 때문에 이제 과학자들은 인슐린이나 사람의 성장호르몬과 같은 다수의 의약품들을 더 싸게 생산할 수 있다. 어떤 특정의 단백질 합성에 대한 정보는 AAA, CGC와 같은 일련의 3중 암호으로 DNA에 암호화 되어 있다. 그 정보는 DNA 복제와 비슷한 방법으로 mRNA로 전사된다. 이중나선이 풀어지고 그 뒤 **RNA 중합효소**(RNA polymerase)가 DNA 두 가닥 중 주형이 되는 한 가닥을 따라가며 mRNA를 합성한다. 아데닌을 가지는 뉴클레오티드에 티민 대신에 우라실을 가지는 뉴클레오티드가 붙는 것을 제외하고는 DNA 복제에서와 똑같이 상보적인 염기로 전사된다. 그래서 DNA에 있는 AAA 3중 암호가 mRNA에서는 UUU **코돈**이 된다. 실제로 유전암호는 mRNA 코돈으로 나타낸다. 과학자들이 한 종류의 코돈으로 된 인공적인 mRNA를 만들어내었고 이 mRNA로부터 만들어진 단백질에서 하나의 아미노산을 밝혀냄으로써 DNA의 암호가 풀어졌다.

mRNA 염기로 표현한 모든 유전정보가 그림 6.6에 제시되어 있다. 아미노산은 64가지의 조합 가능한 코돈 중 61가지의 코돈으로 표현되어 있다. 나머지 3가지 코돈은 단백질 합성을 종결하기 위한 **종료**(stop) 코드이다. 61가지 코돈이 20개 아미노산에 사용되기 때문에 많은 아미노산들은 한 가지 이상의 코돈으로 암호화 된다. 그러므로 유전암호는 상당히 풍부한 셈이다. 중요한 아미노산인 메티오닌은 AUG 코돈만으로 되어 있으며, 단백질 합성의 **개시**(start) 신호이다.

RNA 중합효소가 암호화된 유전자 부위 가까이에 있는 프로모터(*promoter*)라고 하는 DNA 상의 특별한 부위와 결합한다(그림 6.7). 단백질의 크기에 따라 500개~10,000개 뉴클레오티드까지 DNA 주형을 따라 전사가 일어난다. RNA 중합효소가 전사 단위(*transcription unit*)의 끝에 도달하면 전사는 끝나고 mRNA는 방출된다.

원핵세포의 mRNA는 전사가 끝나기 전에 이미 단백질을 합성할 준비가 되어 있다. 그러나 진핵세포에서는 그 다음 과정을 거쳐야 된다. 진핵세포에서 어떤 특별한 단백질의 암호

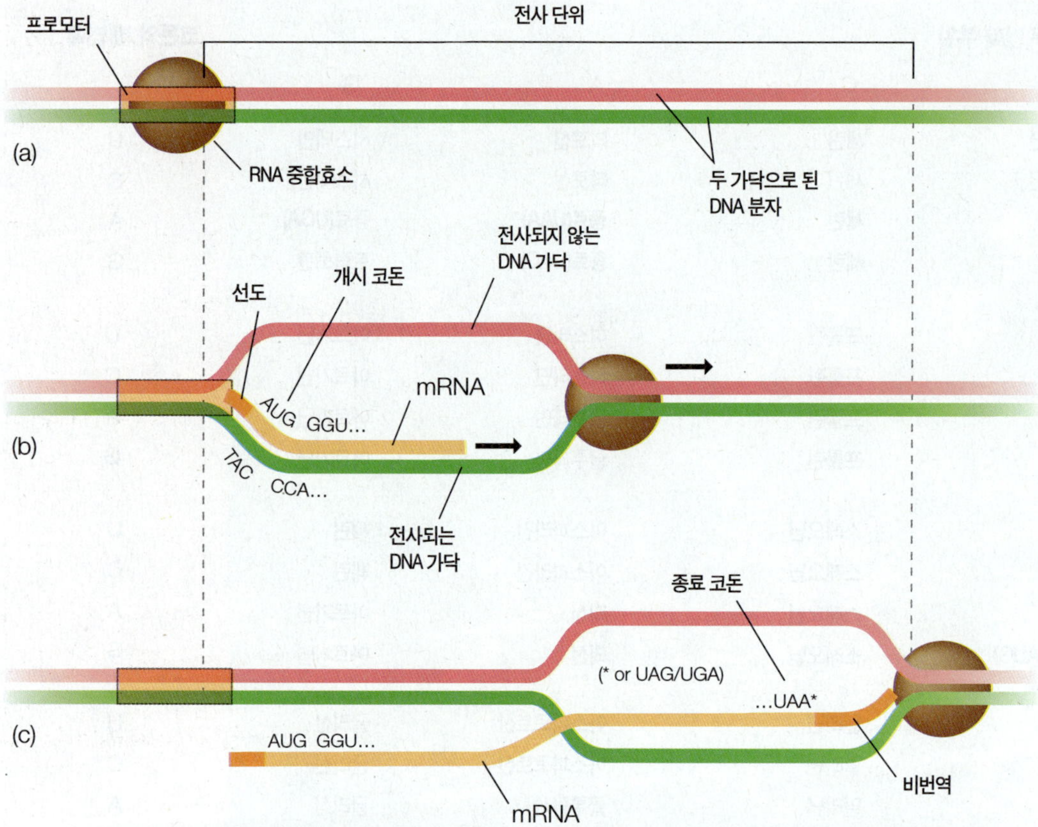

그림 6.7 DNA의 주형이 되는 가닥으로부터 mRNA로의 전사 (a) RNA 중합효소가 프로모터 부위에 부착하여 나선이 풀려진 DNA를 따라 이동하면서 두 가닥 사이의 결합을 푼다. (b) RNA 중합효소가 DNA 가닥을 따라 이동하면 전사되어 DNA 가닥에 상보적인 mRNA가 생긴다. 선도와 비번역 부위는 전사되어도 단백질의 암호로 되지 않는다(c) RNA 중합효소가 전사 단위의 끝에 오면 전사는 종료되고 mRNA 분자가 유리된다.

가 되는 DNA 염기서열(하나의 유전자)의 중간에 때로는 단백질의 암호가 아닌 염기서열이 들어 있다. 이러한 암호가 아닌 염기서열을 **인트론**("삽입된 조각"이라는 의미)이라 하고, 이에 대해 단백질의 암호가 되는 부위를 **엑손**("바깥 부분"이라는 의미; 그림 6.8)이라 한다. 진핵세포에서 전사가 막 끝난 초기상태의 mRNA는 핵에 있다. mRNA가 핵에서 세포질로 방출되기 전에 인트론은 잘려져 나가고 엑손이 서로 연결된다. 또한 mRNA가 핵에서 방출되기 전에 아데닌 뉴클레오티드로 된 캡과 꼬리(poly-A tail)가 첨가된다. 원핵세포는 인트론을 가지지 않는다.

mRNA의 정보가 리보솜과 tRNA에 의해 단백질로 해독된다

이제 과학자는 실험실에서 리보솜을 단백질 공장으로 사용하여 원하는 단백질을 만들 수 있다. 원핵생물이나 진핵생물에서 리보솜이 mRNA의 시작 부위에 있는 리보솜 결합부위에 결합하고 그 뒤 개시 코돈(AUG)의 아래를 쭉 읽어나간다. 리보솜은 작은 소단위체와 큰 소단위체로 이루어져 있다. 두 단위체 모두 리보솜RNA (rRNA)와 단백질로 이루어져 있다. DNA의 특수한 유전자가 rRNA의 암호가 된다; 이 유전자들이 단백질의 암호가 아닌 유전자의 예이다. 작은 소단위체에는 mRNA의 결합부위가 있고 큰 소단위체에는 아미노산을 운반하는 운반RNA (tRNA)가 결합할 수 있는 3개의 결합부위가 있다.

tRNA는 단백질 합성 과정에서 실질적인 해독자이다. 모든 세포에는 각 코돈 당 1개씩, 총 60가지 이상의 tRNA가 있다. 예를 들어 페닐알라닌은 2가지 코돈의 각각에 대해 1개씩 총 2가지의 tRNA를 가진다(그림 6.6). tRNA의 유전자도 DNA에 있으므로 이 유전자도 단백질의 암호가 아닌 유전자의 예가 된다. tRNA는 약 80개의 뉴클레오티드로 이루어진 짧은 한 가닥이지만 자체적으로 서로 꼬여 몇 개의 "기둥"과 "고리"가 있는 모양이 된다(그림 6.9). 기둥과 고리의 염기서열과 배열은 tRNA마다 서로 다르다.

tRNA는 두 개의 중요한 결합부위를 가지고 있다. 중앙의 고리에는 **안티코돈**(anticodon), 반대쪽에는 아미노산 결합부위가 있다. 안티코돈은 3개의 뉴클레오티드로 되어 있으며, mRNA에 있는 상보적인 코돈을 인식하여 결합한다. 만일 mRNA의 코돈이 UAU라면 tRNA의 상응하는 안티코돈은 AUA가 된다. tRNA의 반대쪽 끝에 있는 아미노산 결합부위는 항상 CCA 뉴클레오티드로 되어 있다. 아미노산이 해당하는 tRNA와 결합하면 아미노아실-tRNA가 된다. *아미노아실-tRNA 합성효소*가 각각의 tRNA에 적합한 아미노산을 결합시

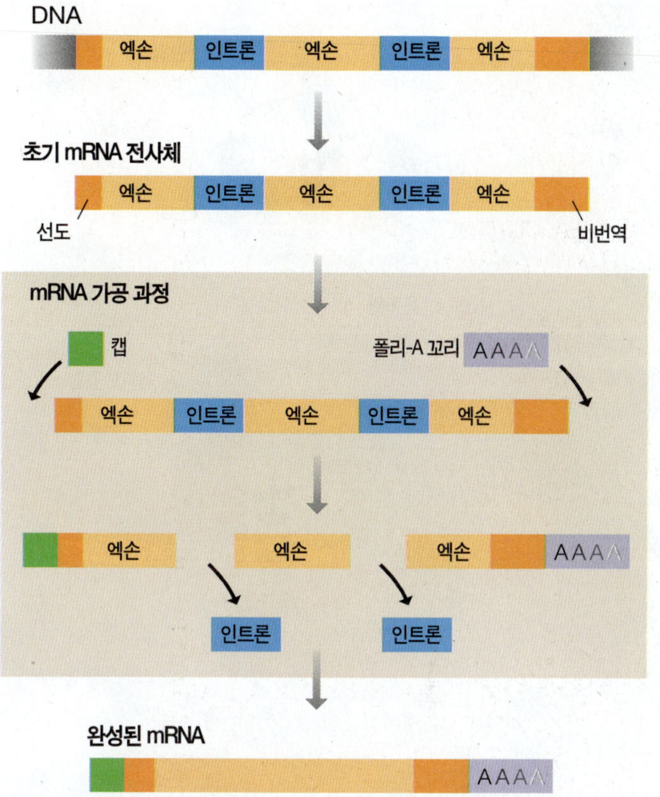

그림 6.8 진핵세포의 핵에서 초기 mRNA 전사체의 가공 과정 DNA로부터 전사된 초기 mRNA 전사체는 단백질의 암호로 쓰이지 않는 선도, 비번역 및 소수의 인트론을 가지고 있다. 인트론은 mRNA 가공 과정에서 제거된다. mRNA의 한쪽 끝에는 "캡"이, 반대쪽 끝에는 아데닌 염기들이 길게 늘어진 "꼬리"("poly-A tail")가 첨가된다. "캡"과 "꼬리"는 완성된 mRNA가 세포질에서 해독되기 전까지 파괴되지 않도록 보호해 준다.

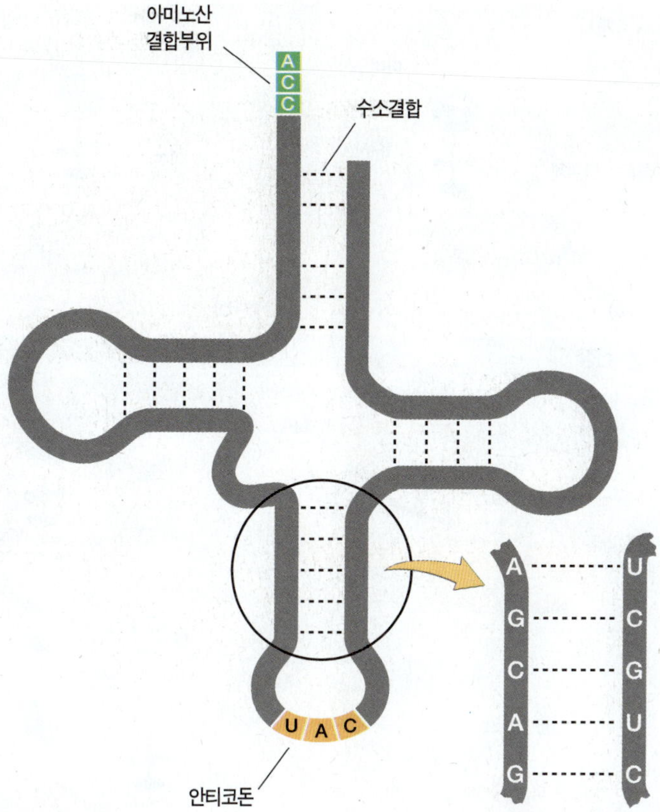

그림 6.9 tRNA의 구조 분자의 모양이 중요하며, 수소결합(염기 쌍)에 의해 기둥과 고리가 생긴다. 리보솜RNA(rRNA)도 기둥과 고리를 가지고 있어 단백질과 함께 리보솜의 독특한 모양을 만든다.

킨다(그림 6.10). 이런 중요한 효소들은 tRNA의 모양과 tRNA에 부착될 아미노산의 측쇄를 인식한다. 그러므로 이러한 합성효소들은 mRNA의 유전암호 해독에 중요한 역할을 한다.

이제 우리는 여러 종류의 RNA에 대한 정보들을 가지고 리보솜에서 단백질이 만들어지는 실제 과정을 알아볼 준비가 되었다. 그림 6.11에는 단백질 합성에 대한 토의에 매우 도움이 되는 정보가 들어있다. 단백질 합성은 3단계로 구성된다: (1)개시, (2)신장, (3)종결. 식물세포에서 개시 단계는 리보솜의 작은 소단위체에 개시 tRNA가 부착함으로써 시작된다(그림 6.11-1a). 메티오닌은 개시 tRNA에 결합된 아미노산이다. 그 뒤 작은 소단위체가 mRNA에 부착하고 개시 tRNA의 안티코돈은 mRNA의 개시 코돈(AUG)과 결합한다(1b 단계). 그리고 나서 리보솜의 큰 소단위체가 작은 소단위체에 부착하여 메티오닌-tRNA는 큰 소단위체의 P 부위에 오게 된다(1c 단계). *P 부위*라는 용어는 폴리펩티드 사슬이 여기에서 만들어진다는 것을 의미한다.

이제 신장기가 시작된다. mRNA의 두 번째 코돈에 대해 안티코돈을 가지고 있는 아미노아실- tRNA가 mRNA와 결합하

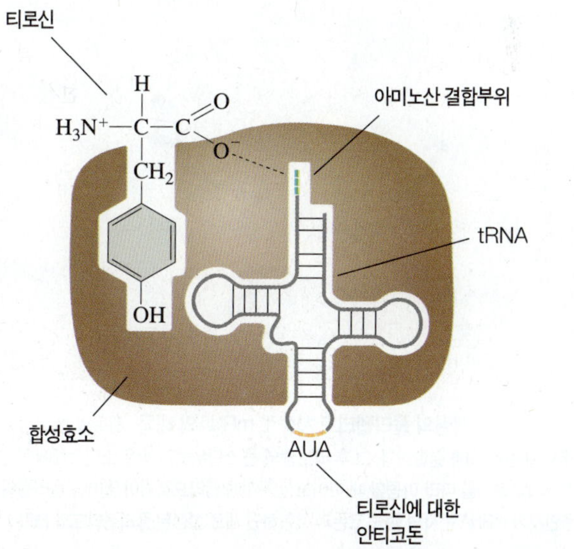

그림 6.10 tRNA는 아미노아실-tRNA 합성효소들에 의해 적합한 아미노산과 결합한다 여러 가지 합성효소가 적합한 아미노산(예: 티로신)의 측쇄뿐만 아니라 이에 상응하는 tRNA의 모양도 인식한다. 합성효소는 tRNA의 결합부위에 아미노산을 부착시킨다. 안티코돈은 mRNA의 상보적인 코돈과 짝을 짓는다.

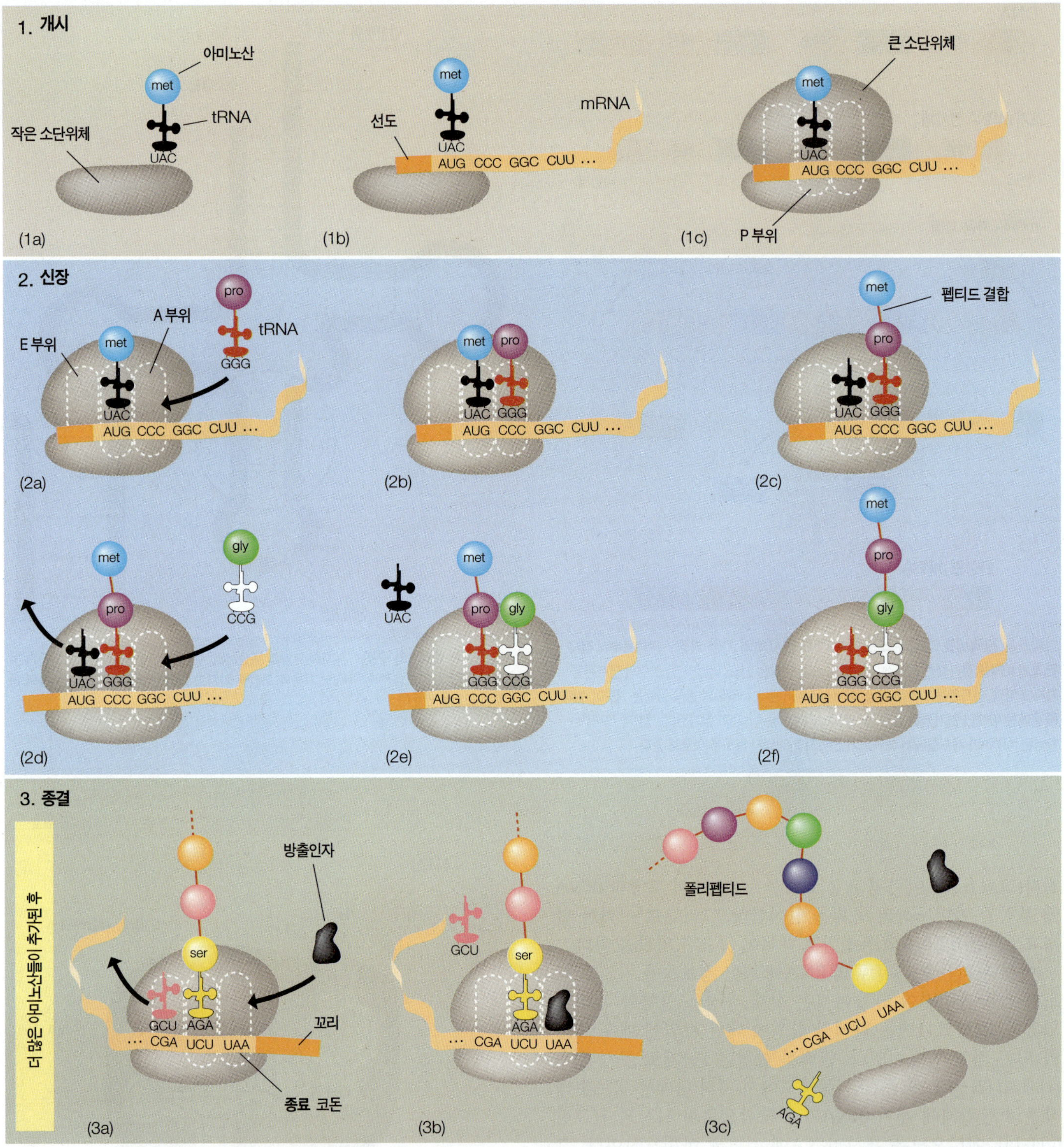

그림 6.11 단백질의 폴리펩티드 사슬로 mRNA의 해독 해독의 첫 단계는 (1) 개시 단계로서 먼저 메티오닌을 달고 있는 tRNA가 리보솜의 작은 소단위체에 부착하고 다음에 mRNA의 **개시** 코돈(AUG)과 결합한다. 그 후 리보솜의 큰 소단위체가 작은 소단위체에 붙는다. 두 번째 단계는 (2) 신장 단계로서 아미노산을 달고 있는 tRNA들이 일시적으로 리보솜에 부착하고 리보솜이 mRNA분자를 따라 이동할 때 아미노산 사이에 펩티드결합이 일어나 폴리펩티드로 된다(이 그림을 예로 들어 이 과정은 본문에 상세하게 설명되어 있다). 마지막 단계는 (3) 종결 단계로 방출인자가 mRNA 분자의 **종료** 코돈과 결합하면 새로 합성된 폴리펩티드와 해독 과정에 포함된 다른 구성요소들을 방출하게 된다. (met=메티오닌, pro=프롤린, gly=글리신, ser=세린).

여 가져온 아미노산이 A 부위에 오게 된다. 그림 6.11-2b에서 새로운 아미노산은 프롤린이다. *A 부위*라는 용어는 이 부위에서 새로운 아미노아실-tRNA를 받아들인다는 뜻이다. 서로 근접해 있는 tRNA들간의 위치와 특히 P 부위에 있는 tRNA가 메티오닌과 프롤린 사이에 펩티드 결합을 도와주어 두 아미노산이 A 부위에 있는 두 번째 tRNA에 부착하게 된다. 그 뒤 리보솜은 1개 코돈만큼 mRNA를 따라 아래쪽으로 이동하고 그 결과 동시에 몇 가지 일들이 일어나게 된다. 메티오닌을 가지고 있는 tRNA는 E(exit)부위로 옮겨가서 리보솜을 벗어난다(2d 단계). 펩티드를 가지고 있는 A 부위의 tRNA가 P 부위로 옮겨가서 A 부위는 새로운 아미노아실-tRNA를 받을 수 있도록 비어 있게 된다.

이제 다음의 아미노산(그림 6.11에서 글리신)이 리보솜으로 운반된다. 아미노아실-tRNA가 mRNA의 코돈과 결합하여 A부위에 온다(2e 단계). 프롤린과 글리신 사이에 펩티드 결합이 형성됨으로써 더 길어진 폴리펩티드 사슬은 A 부위에 있는 tRNA로 이동된다(2f 단계). 다시 리보솜이 1개 코돈 아래로 이동해서 tRNA가 E부위에서 방출되고 폴리펩티드와 tRNA는 P부위로 이동하여 A 부위는 다른 아미노아실-tRNA를 받을 수 있는 상태가 된다. 이 과정은 mRNA의 코돈 수만큼의 아미노산에 대해 반복된다. 첫 번째 코돈이 세포질에 노출되면 다른 리보솜이 그 코돈에 결합하여 똑같은 mRNA를 해독하기 시작한다. 몇 개의 리보솜이 동일한 mRNA를 해독하고 있을 경우 이를 *폴리리보솜*이라 한다.

mRNA에 있는 3개의 **종료**(stop) 코돈(UAG, UAA, UGA) 중 어느 하나에 도달하면 종결 단계가 시작된다. *방출인자*(tRNA가 아님)라고 하는 어떤 세포질성 단백질이 A부위에서 종료 코돈과 결합한다(3b단계). 단백질과 마지막 tRNA가 방출되고 나면 리보솜의 소단위체들이 분리된다(그림 6.11-3c).

일반적으로 단백질 합성 과정에 대한 이 설명은 원핵생물과 진핵생물 모두에게 적용된다. 우리는 생물체 간의 DNA의 차이에 대해 간단하게 논의하는 것으로 끝맺음을 하겠다.

6.7 DNA에서의 차이가 생물체 간의 차이와 개체 간의 차이를 만든다

양조, 제빵, 생명공학과 같이 생물체의 배양을 바탕으로 한 산업은 종종 DNA에 기초한 방법들을 사용하여 그 생물체를 엄격히 관리해야 한다. 왜냐하면 이런 생물체에서의 변화가 생산에 큰 해를 줄 수 있기 때문이다. 이러한 이유 때문에 생물체들의 DNA가 서로 어떻게 다른가에 대해 이해하는 것이 중요하다.

DNA의 양은 생물체에 따라 아주 다양하다. 표 6.1에 제시된 숫자는 킬로베이스(1,000개 염기쌍) 단위로 나타낸 것이다. 단백질은 평균 약 300~400개의 아미노산을 가지고 있고 그 유전암호로 약 1,000개 염기쌍이 필요하기 때문에 표의 숫자는 모든 DNA가 단백질의 암호가 된다고 할 경우 한 생물체가 가질 수 있는 대략적인 구조유전자의 수를 의미한다. 원핵생물은 가장 적은 양의 DNA를 가지고 있다. 박테리아인 *Mycoplasma*는 지금까지 알려진 것 중 가장 적은 양의 DNA, 즉 약 760 개의 단백질을 만들 수 있는 양의 DNA를 가지고 있다. 사람의 장에 살고 있는 대장균(*E. coli*)은 약 4,000 개의 단백질의 암호에 해당하는 470만 개의 염기쌍을 가지고 있다. 일반적으로 원핵생물은 그들의 DNA를 아주 효율적으로 사용한다.

표 6.1 염기쌍의 수로 나타낸 여러 가지 원핵세포와 진핵세포의 DNA 양 (1킬로베이스[kb]=1,000개의 염기쌍)

종명	염기쌍 수(kb)
환상의 DNA를 갖는 원핵생물	
Archaea(Archebacteria)	
Methanococcus jannaschii	1,700
Bacteria(Eubacteria)	
Mycoplasma genitalium	600
Synechocystis sp.	3,600
Escherichia coli(대장균)	4,700
선상의 DNA를 갖는 진핵생물	
균류	
Saccaromyces cerevisiae(효모)	13,500
식물	
Arabidopsis thaliana(애기장대)	100,000
Zea mays(옥수수)	4,500,000
Trillium (연령초 속)	100,000,000
동물	
Drosophila melanogaster(초파리)	165,000
Homo sapiens(사람)	3,000,000
Amphiuma sp. (도롱뇽)	76,500,000

이와 대조적으로 진핵생물은 훨씬 더 많은 DNA를 가지고 있다; 그러나 그 중 상당량(90%)은 단백질의 암호가 아니다. 진핵생물에서 약 20~40%의 DNA는 암호가 아닌 반복된 염기서열이며, 아직 그 기능이 밝혀져 있지 않다. 단백질의 암호가 되는 염기서열 사이에 위치하는 인트론이 그 예이다.

식물들 중 애기장대는 아주 적은 양의 DNA를 가지고 있어 모든 유전자를 동정하고 그 서열을 밝히려는 많은 유전 연구의 초점이 되었다. 봄꽃인 연령초속 식물(그림 6.12)은 미지의 1,000억 개나 되는 DNA 염기쌍을 가지고 있다. 이에 비해 사람의 DNA는 약 30억개의 염기쌍을 가지고 있으며 그 중 1% 정도가 단백질의 암호이다.

DNA는 인식서열이라고 하는 짧은 염기서열(대개 4개 내지 6개 뉴클레오티드 길이)을 가지고 있는데 CTGCAG /GACGTC처럼 반대 방향에서 읽을 때 두 가닥 사이의 염기순서가 동일하여 대칭된다(그림 6.13). 유전적 차이와 돌연변

그림 6.12 **연령초** 지금까지 알려진 가장 큰 유전체를 가진 식물.

이에 의해 모든 사람(또는 다른 고등한 생물체)은 독특한 양식의 인식서열을 가진다. 만일 박테리아에서 유래된 제한효소라는 특수 효소로 DNA를 처리하면 인식서열은 효소에 의해 절단되어 DNA 단편을 만든다(그림 6.14). 예를 들어 제한효소 *Pst* I 은 CTGCAG가 있는 곳에서 DNA를 자른다. 전기영동

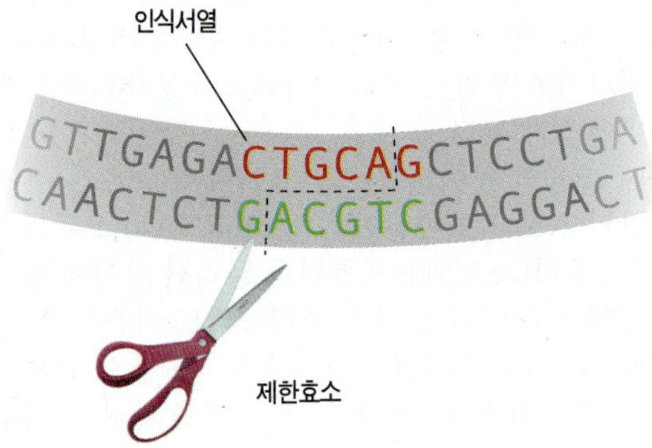

그림 6.13 **DNA에서 대칭을 이루는 인식서열** 두 염기서열을 반대 방향에서 읽으면 동일하다. 제한 엔도뉴클레아제는 이와 같은 염기서열을 잘라낸다.

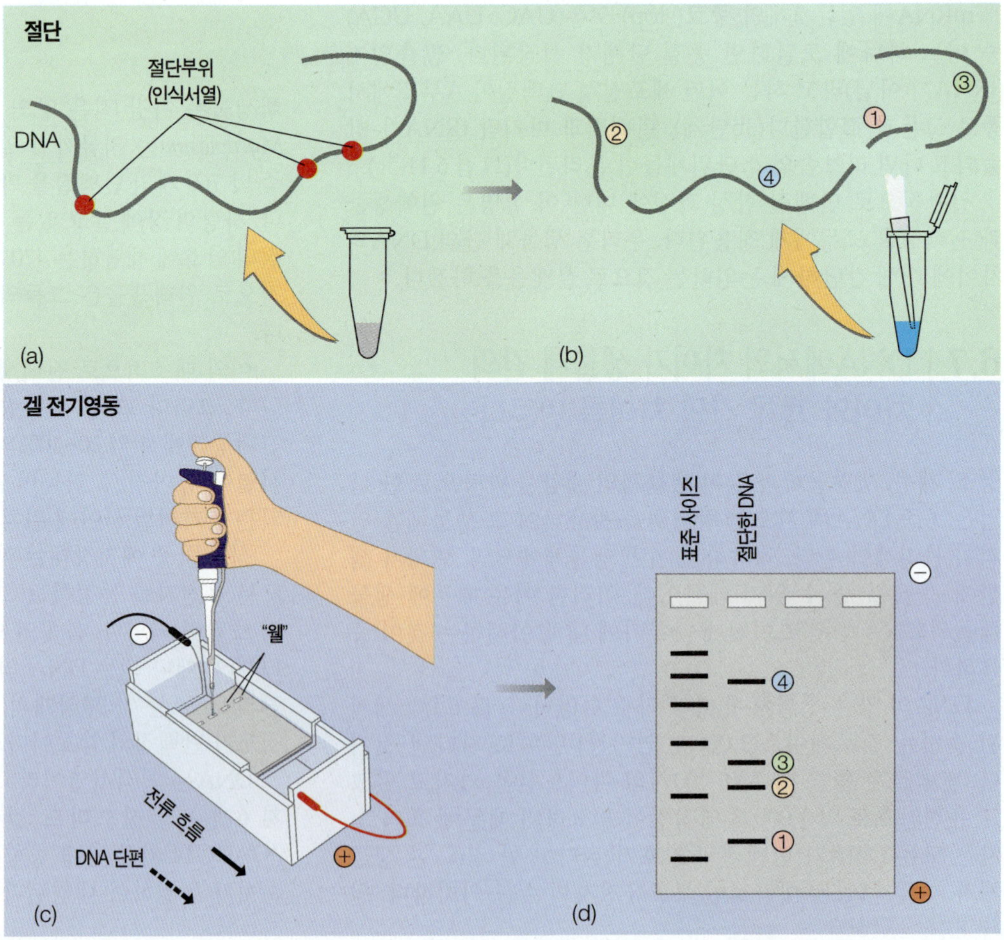

그림 6.14 **RFLPs** (a) 제한 엔도뉴클레아제가 특정의 인식서열 부위(절단부위라고도 한다)에서 DNA를 잘라내어 (b) 여러 가지 크기의 DNA 단편을 만든다. DNA 단편은 전기영동에 의해 크기에 따라 분리된다. 전기영동에서 사용되는 겔은 DNA 단편과 같은 분자들이 통과할 수 있도록 격자모양의 작은 홈들이 들어있는 반고형상의 지지판이다. 겔 판에 만들어진 시료를 담는 홈(웰이라고 함)에 소량의 DNA와 색소를 함께 넣는다(c). 겔에 전류를 걸면 DNA 단편들이 겔을 따라 이동한다. DNA는 -전하를 띄므로 +극으로 이동한다. 작은 DNA 단편들은 큰 것보다 더 멀리 이동하므로 큰 DNA 단편일수록 위쪽에 있고 작은 것일수록 아래쪽에 위치한다. (d) 염색이나 동위원소로 표식한 후 나타나는 일련의 띠 모양을 DNA 지문이라고 한다.

과정에서 전류가 흐르면 이 단편들은 겔(홍조류에서 얻은 물질) 상에서 분리된다. 전기영동은 크기에 따라 단편들을 분리한다; 가장 크기가 작은 단편은 겔 상에서 빨리 이동하고 가장 큰 것은 조금 이동한다.

모든 사람(또는 다른 동물이나 식물)은 인식서열이 독특하게 배열해 있으므로 사람들마다 겔 상에 나타나는 DNA 단편들의 모양이 독특하다. 단편들의 크기가 다양한 것을 **제한효소 단편길이의 다형**(restriction fragment length polymorphism), 즉 **RFLP**(리프립이라고 발음)라고 한다. 여기서 다형이란 여러 가지 모양을 의미한다. RFLP를 보여주는 겔을 **DNA 지문**(DNA fingerprint)이라고도 한다. DNA 지문의 용도를 에세이 6.1, "분자 탐정: DNA 지문이 범죄수사를 해결한다"에 제시하였다.

ESSAY 6.1 분자 탐정: DNA 지문이 범죄수사를 해결한다

범죄나 재판을 위한 증거를 모으는 과학인 법과학 분야에서 DNA 지문(그림 E6.1)은 중요한 영향력을 가진다. DNA 지문은 통상 *중합효소 연쇄반응* (PCR: 15장을 보라)이라고 하는 두 번째 기술과 연관되어 있다. PCR은 한 방울의 혈액이나 정액 또는 피부 세포와 같은 소량의 샘플에 들어 있는 DNA로부터 DNA 지문을 얻을 만큼 충분한 양의 DNA가 되도록 증폭시키는 역할을 한다. 이 기술은 영국의 범죄 사건에 처음 사용됐다. 1986년 15살된 소녀의 시체 두 구가 레셔터셔 지방에서 발견되었다. 소녀들은 성폭행을 당한 후 질식사하였다. 유전학자인 알렉스 제프리(Alex Jeffreys)가 유전병의 표식인자(maker)를 찾기 위해 개발한 DNA 지문 검사가 소녀들의 몸에 있는 정액으로부터 살인자의 DNA 지문을 얻기 위해 사용됐다. 그 뒤 법의학 조사자들이 살인이 일어난 지역 주변의 3개 마을에 있는 남자들로부터 천 개 이상의 혈액 샘플을 수집하였다. 한 젊은 제빵업자의 DNA 지문이 성폭행하고 살인한 자의 것과 일치하였다. 용의자는 자백했다.

1992년 아리조나주 페닉스에서 파로벨테 나무근처에서 한 여인이 살해된 채 발견되었다.

심지어 식물의 DNA 지문조차도 살인자를 찾는데 도움이 된다. 1992년 아리조나주 페닉스에서 파로벨테 나무(26장) 근처에서 한 여인이 살해된 채 발견되었다. 용의자는 그 곳에 있었던 것을 부인했으나 그의 트럭에 파로벨테 씨앗이 있었다. 증거물은 많은 곡식류의 DNA 지문을 조사해 온 아리조나 대학의 티모시 헤렌차리스(Timothy Helentjaris) 박사에게로 보내졌다. 살해당한 시체에서 가장 가까운 곳의 씨앗 한 종류와 살인사건 지역에서 12종류의 파로벨테의 씨앗과 페닉스 지역 주변의 나무에서 얻은 18가지의 추가 샘플이 그에게 주어졌다. 헤렌차리스 박사는 어느 것이 어느 것인지 몰랐다. 그는 PCR로 각 샘플로부터 DNA 지문을 얻었는데 단지 두 개 샘플만이 서로 일치했다. 트럭의 씨앗은 시체 근처의 나무의 씨앗과 일치했다. 용의자는 1급 살인자의 판결을 받았다.

진핵세포의 미토콘드리아에서 발견되는 환상의 DNA(4장)인 미토콘드리아 DNA와 PCR이 유괴된 어린이들을 그들의 가족에게 돌려보내는데 이용되기도 했다. 1976년 아르헨티나에서 이사벨 페론의 시민 정부가 붕괴되고 군사 정부가 7년동안 유괴와 살인 통치를 했다. 적어도 12,000명이 죽었고 210명의 어린이가 유괴되거나 태어난 후 그들의 어머니가 처형되었다. 이 어린이들은 남에게 맡겨졌거나 팔려갔다. 미아를 찾기 위해 '5월 광장의 할머니'라 불리는 인권 단체가 부에노스아이레스에서 발족되었다. 1983년에 새 시민 정부가 권력을 쥐게 되어 이 어린이들을 되찾을 수 있게 되었다. 한 무리의 할머니들이 도움을 청하기 위해 미국으로 갔다; 그들은 유괴된 것으로 의심되는 어린이들로부터 혈연 관계를 규명할 수 있는 방법이 필요했다. 마리-끄레러 킹(Mary-Claire King) 박사는 유전 검사와 아이들이 어머니로부터 물려받은 미토콘드리아 DNA에 대한 PCR로 도움을 주었다. 많은 아이들이 그들의 가족에게로 돌아갔으며, 그 일은 유괴된 어린이들이 어른이 될 때까지 그리고 그들의 가족을 되찾을 때까지 오랫 동안 계속될 것이다.

DNA 과학은 이제 2001년 9월 11일에 일어난 세계 무역센터 폭발 희생자 신원 파악에도 이용되고 있다. 생존자들의 유전 자료와 희생자가 소유한 물품이나 착용했던 물건에서 채취한 DNA 샘플을 맞추어 보고있다.

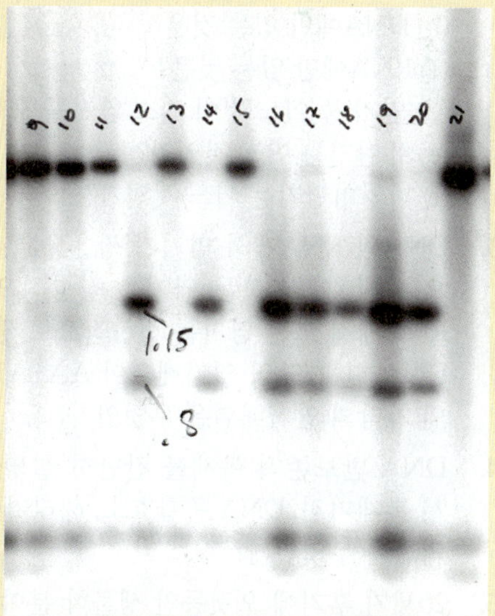

E 6.1 DNA 지문

요점

6.1 DNA는 수 천개의 뉴클레오티드로 구성된 가늘고 긴 분자이다. 각 뉴클레오티드는 5탄당인 디옥시리보오스와 인산기와 4종류의 질소 염기인 아데닌, 구아닌 시토신, 티민 중의 하나를 갖고 있다.

6.2 DNA는 두 개의 핵산 가닥들이 이중나선으로 서로 꼬여 있는 형태를 이룬다. 아데닌이 티민과, 구아닌이 시토신과 짝을 이루므로 두 가닥은 서로 상보적이다.

6.3 DNA는 두 가닥이 풀어져서 복제된다. 각 가닥은 염기의 상보성에 의해 새로운 가닥을 합성할 수 있는 주형이 된다.

6.4 돌연변이는 복제과정에서 생긴 오류나 방사선 또는 화학물질로부터 손상되어 생긴 변화된 유전정보이다. DNA *복구 뉴클레아제*는 손상된 DNA를 제거한다.

6.5 유전정보는 코돈이라 부르는 3개의 뉴클레오티드 단위로 DNA에 암호화되어 있다.

6.6 DNA의 정보는 3종류의 RNA에 의해 단백질로 전사된다. 전령RNA(mRNA)는 단백질에 대한 DNA 암호를 전사한다. 세포의 단백질 공장인 리보솜에서 mRNA는 리보솜RNA(rRNA)와 결합한다. 운반RNA(tRNA)는 리보솜으로 아미노산을 가져와서 그곳에서 mRNA의 코돈이 단백질로 해독된다.

6.7 종에 따라 세포가 갖고 있는 DNA 양에는 상당한 차이가 있다. 원핵생물은 DNA 염기쌍을 적게 가지고 있으며, 어떤 진핵생물은 1,000억 개의 염기쌍을 가지고 있다. 각 개체는 DNA 지문으로 구별할 수 있는 독특한 양상의 DNA 단편을 가지고 있다.

문제

1. DNA에 대해 다음의 구조/성분의 역할을 설명하시오: (a)염색체, (b)히스톤, (c)유전자, (d)뉴클레오티드, (e)디옥시리보오즈와 인산, (f)질소 염기인 아데닌, 구아닌, 시토신, 티민
2. 아데닌, 구아닌, 시토신, 티민 염기는 DNA 또는 RNA에서 발견된다.
   (a) DNA와 RNA에 공통적인 염기는?
   (b) DNA에만 있는 것은?
   (c) RNA에만 있는 것은?
   (d) 염기 중 어느 것이 질소 염기를 포함하고 있는가?
   (e) 퓨린기는 어느 것인가?
   (f) 피리미딘기는 어느 것인가?
3. DNA와 RNA에서 염기가 쌍을 이루는 규칙을 설명하시오. DNA에서 모든 염기는 정상적으로 쌍을 이루는가? RNA에서 모든 염기는 정상적으로 쌍을 이루는가? 만일 DNA 한 가닥의 염기배열이 AATATACCG라면 상보적인 가닥의 염기배열은 무엇인가?
4. DNA 반보존적 복제를 간단히 설명하시오. 복제과정에서 복제기점, DNA 종합효소, 헤리카아제, 결합단백질의 역할은 무엇인가?
5. 20세기 후기에 오랫동안 생물학 분야에서는 "1개 유전자, 한 개 단백질"이라는 금언이 있었다. 즉 각 유전자는 단 하나의 단백질의 암호가 된다. 단백질이 암호화되는 것이 중요한 만큼 이제 우리는 DNA의 각 부분들이 바로 아미노산의 순서를 암호화하고 있다는 것 외의 다른 기능도 가지고 있다는 것을 알게 되었다. 그러한 DNA의 다른 기능의 예를 몇 가지 제시하시오.
6. DNA와 RNA 두 종류가 핵산이지만 몇 가지 기본적인 면에서 서로 다르다. 같은 성질 3가지를 열거하고 다른 성질 3가지를 열거하시오.
7. 3종류의 RNA를 들고 세포에서의 그 기능을 설명하시오.
8. 단백질 합성은 세 단계: (a)개시 (b)신장 (c) 종결로 진행된다. 각 단계를 간단히 설명하고 새로운 단백질 분자 생성에서 그 역할을 설명하시오.
9. 생물체는 DNA 양, 유전자 수가 서로 다르다. (a) 원핵생물과 진핵생물간의 차이를 비교하시오. (b) 여러 가지 원핵생물간의 차이를 비교하시오. (c) 여러 가지 진핵생물간의 차이를 비교하시오.
10. 리보솜의 구성물질과 단백질 해독에서 중요한 역할을 하는 리보솜의 부위에 대한 설명을 포함하여 리보솜을 설명하시오.
11. 진핵생물의 유전자와 원핵생물의 유전자간의 주된 차이점은 원핵생물에서 전사에 의해 생긴 mRNA는 보통 곧 해독할 준비상태에 있으나 진핵생물의 mRNA는 통상적으로 해독될 수 있기 전에 가공되어야 한다. 인트론과 엑손의 역할을 포함하여 이 가공 과정을 간단히 설명하시오.
12. 복제, 전사, 해독과정의 차이를 한 문장으로 간단히 설명하시오

응용 개념

1. 아주 짧은 유전자(보통 유전자는 이것보다 훨씬 더 길다)를 갖는 DNA 분자의 가상적인 단편을 생각해 보자. 그 염기서열은 다음과 같다;

   TTTACAAACCAGTCGCTCCCATCCAA

   다음의 과정이 일어난 후 그 산물의 염기 또는 아미노산 순서를 제시하시오: (a)복제 (b)mRNA전사 (c)그림 6.6의 유전 암호를 참고로 하여 짧은 폴리펩티드로 mRNA의 해독. 염기서열을 해독했을 때 해독은 개시 코돈에서 시작하고 종료 코돈에서 끝난다는 것을 기억하시오.

2. 문제 1의 예를 사용하여 원래 DNA의 염기서열에서 다음의 한 개 염기가 바뀌었다고 생각하고 mRNA와 폴리펩티드 배열에서 예상되는 염기서열은 무엇인가?
   다음의 염기서열에 일어난 변화는 굵은 글자로 나타내었다.
   원래 DNA 염기서열은 다음과 같다.

   TTTACAAACCAGTCGCTCCCATCCAA

   (a) 한 개의 치환

   TTTACAAACCAGTCGCTCC**G**ATCCAA

   (b) 다른 치환

   TTTACAAACCAGT**G**GCTCCCATCCAA

   (c) 다른 치환

   TTTA**G**AAACCAGTCGCTCCCATCCAA

   (d) 다른 치환

   TTTACAAACCAGTCGCTCCCAT**G**CAA

   (e) 한 개의 염기(T)가 결실

   TTTACAAACCAGTCGC-CCCATCCAA

   (f) 한 개의 염기(T)가 삽입

   TTTACAAACCAGTCGCT**T**CCCATCCAA

3. 지구 생물체처럼 동일한 4개 질소 염기를 가지지만 20개와는 다른 수의 아미노산의 암호로 사용되는 DNA를 가지는 외계 생물체를 상상해 보자. 만일 단지 14개의 아미노산만의 암호로 된다면 염기에서 최소한의 코돈 크기는 무엇이 되겠는가? 50개의 아미노산일 경우는? 70개의 아미노산일 경우는?

4. 생물 그룹들간에 코돈 사용법이 다르다고 가정해 보자. 그래서 한 그룹은 UUU 코돈을 페닐알라닌의 암호로 해석하고 다른 그룹에서는 UUU가 다른 아미노산(예 : 티로신)의 암호로 된다고 가정해 보자. 이런 현상이 널리 퍼져 지구생물체는 수백 심지어 수천의 생물 그룹으로 구성되었으며 각 그룹은 똑같은 질소 염기와 동일한 20개의 아미노산을 사용하고 있으나 그들만의 독특한 방법으로 유전암호를 해독한다고 상상해 보자. 생명의 기원의 공통성이라는 학설을 고려하여 그런 상황이 내포하고 있는 것은 무엇인가?

5. DNA의 인식서열은 보통 대칭이 된다. 이것은 상보적인 가닥들 간에 반대 방향에서같은 염기서열을 가진다는 뜻이다. *Pst* I 제한효소의 인식서열은 다음과 같다.

   CTGCAG
   GACGTC

   앞에서 또는 뒤에서(반대쪽 가닥에서도) 읽은 DNA 가닥을 *회문(回文)*이라고 한다. 통상의 단어나 구 심지어 문장까지 회문이 될 수가 있다. 회문인 단어의 예는 *pop(아빠)*, *mom(엄마)*, *radar(레이더)*이다. 더 많은 다양한 예를 Jon Agee가 쓴 *Go bang a salami! I'm a lasagna bog!*(Harper Collins, NY, 1991)이란 책에서 발견할 수 있다. 여기에 Agee의 책에서 발췌한 몇가지 예를 제시하였다:

   "Neil, an alien"
   "Yo! Bozo boy!"
   "Pint a' catnip!"
   "I madam, I made radio! So I dared! Am I mad? Am I?"

   다른 회문인 단어나 구 문장을 생각할 수 있는가?

7 장 세포분열

태평양 주목

주요 개념

- 모든 생물은 1개 이상의 세포로 구성되어 있다: 모든 세포는 세포주기의 각 단계를 거친다.
- 세포주기와 세포분열은 생명의 특성을 뚜렷하게 보여준다.
- 원핵생물과 세포소기관은 이분법으로 증식한다.
- 진핵생물은 핵분열과 세포질분열을 한다.
- 핵분열을 조절하는 유전자에 생긴 돌연변이는 식물과 인간을 포함한 동물에게 암을 유발할 수 있다.

그리 오래되지 않은 시기에는 박테리아에 의한 질병이 대부분의 사람들을 죽음으로 몰아넣었으나 현재는 200 가지 이상의 암이 사망의 주 원인이 되었다. 수 천년 동안 인류는 암을 두려워했으며, 여러 가지 식물 추출물로 암을 치료하려 하였다. 미국에서 매년 50만명 이상이 암으로 사망하고 있다. 1950년대 미국의 국립암센터는 항암작용이 있는 식물추출물을 찾아내는 프로그램을 시작했다. 닭의 유정란에 배양한 암세포를 감염시킨 후 식물추출물을 유정란에 투여하여 발생 중인 닭의 배에 나타나는 효과를 조사했다. 수 천 종류의 식물을 검사하였다. 수 백 종류가 암세포의 성장을 다소 억제하는 효과가 있는 것으로 밝혀졌다. 아직 수 천 가지 이상이 검사되지 못한 체 남아있다. 현재의 식물 멸종 속도로 볼 때 생명을 구할 수 있는 물질이 발견되기도 전에 그 식물이 사라질지도 모른다.

두 가지 중요한 성공 사례로 일일초(*Catharanthus roseus*)와 태평양 주목(*Taxus brevifolia*)에서의 항암물질 발견을 들 수 있다. 이 식물들은 알카로이드라는 2차 대사산물(3장)을 만들어낸다. 일일초는 열대 다년생 초본으로 전통치료사들이 당뇨병 치료제로 사용해 왔다. 이것은 70가지 이상의 알카로이드를 함유하고 있는 것으로 알려졌다. 빈크리스틴과 빈브라스틴이라는 두 종류의 알카로이드가 화학요법에 사용하였다. 빈크리스틴은 특히 소아백혈병 치료에 사용되어 99%의 경감율과 50%의 3년 후 생존율을 가져왔다.

일일초

빈브라스틴은 호지킨병과 같은 림프계 암의 치료에 이용되어 현재 40% 생존율을 가져왔다. 태평양 주목의 수피에서 항암제 탁솔이 추출되었다. 처음에는 태평양 주목이 귀하였기 때문에 탁솔 공급에 문제가 되었다. 영국 주목(*Taxus baccata*)과 같은 다른 종류의 주목에서도 수피와 잎에 탁솔이 포함되어 있는 것이 밝혀졌다. 탁솔은 최근 실험실에서 합성되어졌다. 탁솔은 진행된 난소암과 유방암의 치료에 효과가 있다.

세포가 비정상적으로 되어 통제할 수 없이 급속히 분열함으로써 암이 생긴다. 빈크리스틴과 빈브라스틴 및 탁솔은 이런 통제불가능한 세포분열을 멈추게 함으로써 항암효과를 낸다. 이런 물질들이 통제불가능한 세포분열을 어떻게 멈추게 하는가를 이해하기 위해 정상적인 세포분열 과정을 이해할 필요가 있다. 이 장에서는 원핵생물과 식물에서 모세포와 근본적으로 같은 딸세포를 만들어내는 정상적인 세포분열 과정에 초점을 맞추었다. ■

7.1 | 세포분열과 세포주기

모든 생물체는 세포로 구성되어 있다. 생물체가 한 개의 세포로 이루어질 수도 있고(단세포 생물) 다수의 세포로 구성될 수도 있다(다세포 생물). 모든 세포는 **세포주기**(cell cycle)라는 과정을 거친다. 세포주기는 세포의 일생에서 생기는 사건들의 질서정연한 순서이다. 전형적인 세포주기에는 "모"세포가 세포막과 미토콘드리아, 엽록체(4장)와 같은 세포소기관을 포함한 모든 세포 구성성분들과 DNA에 있는 유전정보들을 복제하는 상당히 긴 시기가 있다(6장). 그리고 모세포가 두 개의 "딸"세포에게 복제한 성분들을 나누어주는 비교적 짧은 시기가 그 뒤를 잇는다. 세포 구성성분의 분배를 **세포분열**(cell division)이라 한다. 정상적인 세포분열 결과 생긴 딸세포는 근본적으로 모세포와 같다. 세포분열과 세포주기는 생명의 뚜렷한 특성 중의 하나이다.

원핵생물(박테리아와 고세균)과 진핵세포인 단세포로 된 원생생물의 경우 세포분열이 개체수를 증가시킨다. 단세포로 된 원생생물과 원핵생물에서의 세포분열을 무성생식, 즉 **이분법**(binary fission)이라 한다. 이분법은 문자 그대로 두 부분으로 나누어짐을 의미한다. 식물이나 동물과 같은 다세포 진핵생물의 경우 세포분열은 개체의 크기를 크게 하거나 손상된 세포를 대체한다. 딸세포가 모세포와 똑같아지는 이러한 종류의 세포분열을 다세포 생물에서는 **체세포분열**(somatic division)이라고 한다.

세포주기나 세포분열에서의 질서정연한 과정에 어떤 잘못이 생기면 그 결과는 심각하다. 이제 과학자들은 돌연변이나 어떤 변화가 유전물질에 생기면 정상 세포가 암세포로 된다는 것을 알았다. 이 돌연변이는 저절로 생기거나 더 빈번하게는 방사선이나 *발암물질*에 노출되어 생긴다. 또한 어떤 종류의 바이러스는 암적인 성장, 즉 종양을 일으키는 유전적 변화를 가져올 수도 있다. 동물뿐만 아니라 식물에도 종양이 생긴다. 토양 박테리아인 *Agrobacterium tumefaciens*는 사과, 포도, 체리, 호두 등의 많은 농작물에 해를 끼친다. 이 박테리아는 상처를 통해 식물체 내로 침입하고 숙주식물세포 내로 자신의 DNA의 일부를 전이한다. 전이된 DNA는 식물세포에게 끊임없이 빨리 분열하게 하는 물질을 만들도록 명령한다. 그 결과 동물의 암과 비슷한 근두암종(根頭癌腫)이라고 불리는 종양이 생기고(그림 7.1) 심하게 감염된 식물은 죽게 된다. *Agrobacterium*은 암 연구에 유용한 모델이며, 식물유전공학에서 매우 유용한 도구임이 입증되었다(15장).

그림 7.1 *Kalanchoë* 식물에 생긴 종양

7.2 | 원핵생물, 미토콘드리아, 색소체는 이분법으로 분열한다

원핵생물인 진정세균과 고세균은 세포주기를 가지고 있으며, 이분법으로 번식하는 생물이다. 원핵생물은 두 가닥으로 된 폐쇄된 고리모양의 DNA로 이루어진 한 개의 환상 염색체를 가지고 있다. 한 개의 환상 염색체는 각 유전자를 한 부만 가지고 있다. 원핵생물은 한 부의 유전자만 가지고 있으므로 그 게놈을 **반수체**(haploid)라고 한다. 원핵생물의 염색체는 전자현미경 하에서 세포 내의 다른 부위와 뚜렷이 분리되는 **핵양체**(nucleoid)라고 하는 특정 부위에 모여있는 경향이 있다(그림 7.2). 어떤 원핵생물의 핵양체는 특수 염색을 하면 광학현미경으로도 관찰할 수 있을 만큼 크다. 대장균인 *E. coli*는 한 개의 염색체를 가지고 있으며, 그 DNA는 4,700,000개의 뉴클레오티드 염기쌍으로 이루어져 있다. 이 수는 4,700 kb로 표현한다(1 kb = 1,000개 염기쌍). 단백질의 유전정보에는 평균 약 1,000개의 염기쌍이 필요하므로 대장균의 DNA 전체가 단백질의 암호가 될 경우 4,700개

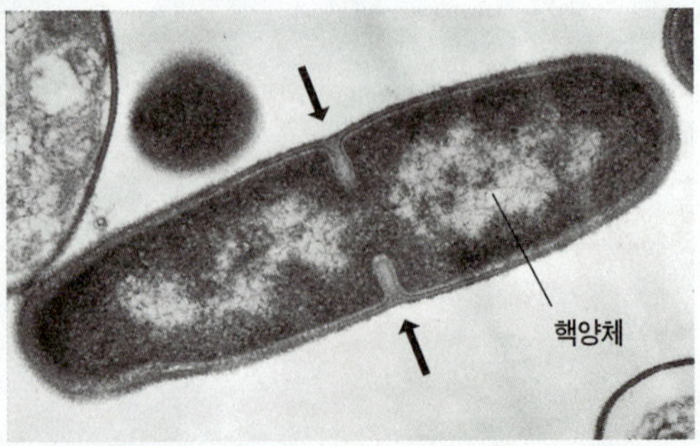

그림 7.2 **박테리아의 핵양체 부위** 분열 중인 박테리아의 전자현미경 사진에서 핵양체가 양쪽에 있으며, 그 사이에 격벽이 생기고 있음을 볼 수 있다.

의 구조유전자를 가지게 된다. 이 유전체의 크기는 원핵생물로서는 크지만 진핵생물과 비교해 볼 때 작다(표 6.1을 참조하라). 만약 살짝 터진 상태의 대장균 전자현미경 표본이 만들어지면 세포 밖으로 쏟아져 나온 DNA를 볼 수 있다(그림 7.3). 이 DNA를 한 줄로 펼치면 길이가 약 1mm 정도 된다. 그러나 이 DNA는 직경이 약 0.5㎛, 길이가 대략 1~2㎛인 세포 내에 들어 있어야 한다. 따라서 박테리아의 DNA는 아주 많이 꼬여 있게 되고 단백질 분자가 그 꼬임을 안정시킨다(그림 7.4).

원핵생물은 *이분법*으로 번식한다. 이분법에서 박테리아 염색체는 먼저 2개의 딸염색체를 만들기 위해 복제된다(그림 7.5). 각각의 딸염색체는 세포막의 안쪽 주름에 부착되어 있다. 세포가 모세포 크기의 약 2배가 될 때까지 두 부착점 사이 부분이 늘어난다. 세포가 신장되어 딸염색체가 분리된다. 그

그림 7.3 대장균의 DNA 세포가 터져서 DNA(인위적으로 색을 넣은 전자현미경 사진에서의 황색 부분)가 쏟아져 나왔다.

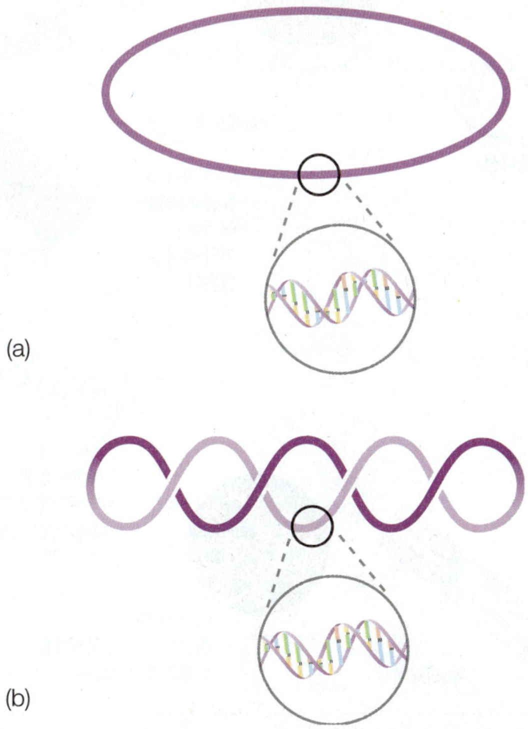

그림 7.4 박테리아 DNA의 배열 박테리아의 염색체는 환상의 DNA분자이므로 때로는 하나의 원으로 나타내기도 하지만(a), 실제는 "슈퍼코일" 형태로 DNA가 꼬여있다(b).

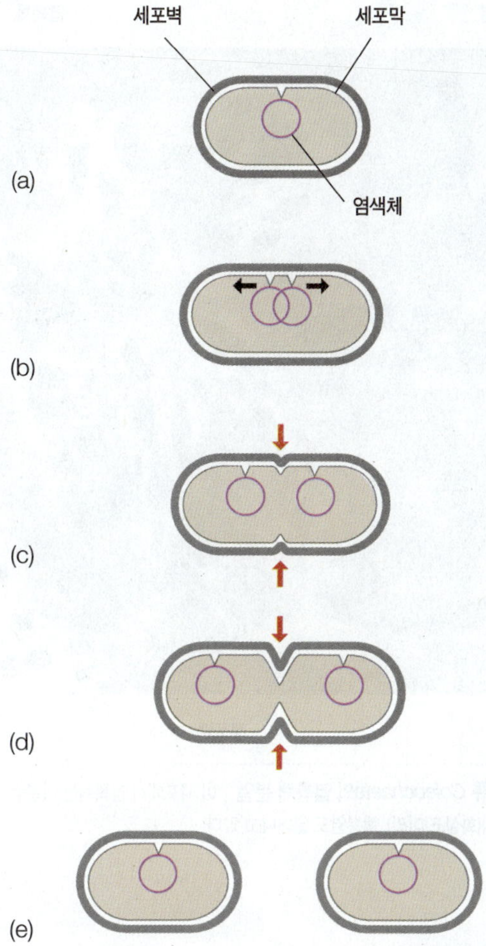

그림 7.5 박테리아의 이분법 (a) 박테리아 세포의 염색체는 세포막에 붙어있다. (b) DNA가 복제된 후 세포가 신장됨에 따라 두 개의 염색체(각각은 세포막에 붙어있다)는 분리되기 시작한다(c-d). 세포가 계속 신장하여 염색체는 서로 더 멀리 떨어지게 되고 그 사이에 격벽이 생겨 두개의 딸세포로 된다(붉은 화살표). (e) 두개의 딸세포는 각각의 염색체를 가진다.

뒤 세포벽과 세포막이 안쪽으로 함입되어 **격벽**(septum)을 형성한다(그림 7.2). 마침내 2개의 딸세포는 독립된 세포로 분리된다. 최적온도와 최적영양 조건하에서 대장균는 약 20분 만에 분열을 끝낸다.

진핵세포에서 볼 수 있는 미토콘드리아나 엽록체와 같은 세포소기관은 원핵세포에서 유래되었다. 그래서 이 세포소기관들은 그들의 조상과 비슷한 원핵세포 구조와 세포주기 및 분열과정을 유지하고 있다. 세포호흡의 장소인 미토콘드리아와 광합성의 장소인 엽록체(5장)는 이분법으로 증식한다. 미토콘드리아와 엽록체는 한 개 이상의 염색체를 가지고 있으며, 각 염색체에는 두 가닥으로 된 한 분자의 DNA가 포함되어 있다. 원핵생물처럼 이분법을 하는 과정에서 미토콘드리아 DNA가 복제되어 딸염색체는 미토콘드리아 내막의 다른 지점에 부착된다. 미토콘드리아가 신장되어 딸염색체가 분리된다. 그 뒤 미토콘드리아막이 함입되어 두 개의 미토콘드리아로 분리된다. 식물세포는 세포당 수 백~수 천

EVOLUTION

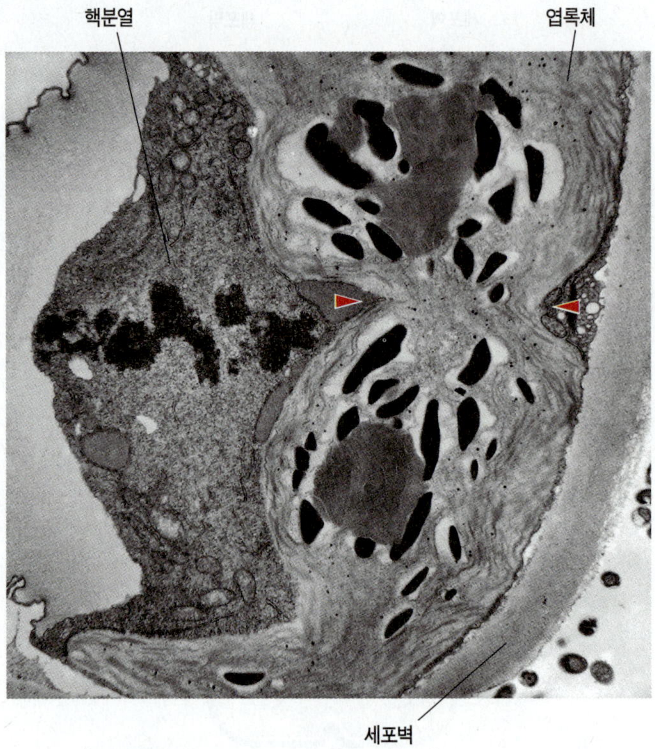

그림 7.6 녹조류 *Coleochaete*의 엽록체 분열 이 세포에서 엽록체는 이분법에 의해 분열하고 있다(화살표 머리). 핵분열도 일어나고 있다.

개의 미토콘드리아를 가지고 있다.

엽록체에서의 세포분열 기작은 원핵생물과 미토콘드리아에 대해 서술한 것과 본질적으로 같다. 분열의 마지막 단계에서 색소체 막에 깊은 주름이 나타나는 것이 특징이다(그림 7.6). 색소체의 분열은 종종 진핵인 숙주세포의 분열과 동시에 일어난다. 색소체가 동시에 분열한다는 것은 진핵세포가 분열할 때 두 개의 딸세포가 색소체 일부를 받는다는 것을 의미한다. 만약 색소체가 동시에 분열하지 않는다면 딸세포에게 색소체를 똑같이 나누어 줄 수 있는 기작이 없기 때문에 한 쪽의 딸세포가 색소체를 전혀 받지 못하는 경우가 생길 수 있다.

7.3 | 진핵세포는 핵분열과 세포질 분열을 한다

진핵세포의 세포분열은 원핵생물이나 세포소기관에서보다 훨씬 더 복잡하다. 동물세포는 두 유전체, 즉 미토콘드리아 유전체와 핵 유전체를 복제한다. 식물세포는 핵, 색소체, 미토콘드리아에서 3개의 게놈을 가진다. 앞에서 세포소기관이 증식하는 과정을 제시하였다. 이 장의 나머지 부분은 진핵생물에서 일어나는 핵분열과 세포질분열 과정에 초점을 맞춘다. **핵분열**(nuclear division)에서 진핵세포의 핵은 염색체 내에 있는 유전물질을 복제하여 두 딸핵에게 복제된 염색체를 똑같이 나누어준다. 핵분열 뒤에 세포질분열이 일어난다. 즉, 두 딸세포로 세포질 — 핵 바깥의 세포성 물질 전체 — 을 나누는 것이다.

진핵세포가 원핵세포보다 약 1,000배 정도 더 많은 DNA를 가지기 때문에 복제된 유전물질을 정확하게 배분하는 과정은 원핵생물보다 진핵생물이 훨씬 더 복잡하다(표 6.1의 데이터를 비교해 보라). 진핵생물의 DNA는 환상의 분자라기보다 오히려 긴 선형의 분자로서 히스톤이라는 단백질과 결합하여 뚜렷한 형태의 염색체를 이루고 있다. DNA가 히스톤 단백질 주위를 감아서 뉴클레오솜이라고 하는 실패 모양의 소단위체를 만든다. 뉴클레오솜은 다시 질서정연하게 배열하여 더 굵은 실 모양을 이루게 되고, 이것이 다시 코일 모양으로 꼬여서 마침내 광학현미경으로 볼 수 있는 염색체 형태로 압축된다(그림 7.7). 이러한 DNA의 감김과 꼬임이 DNA의 엉킴이나 파손을 막고 또한 DNA의 복제과정과 DNA를 딸세포로 나누는 과정을 가능하게 한다.

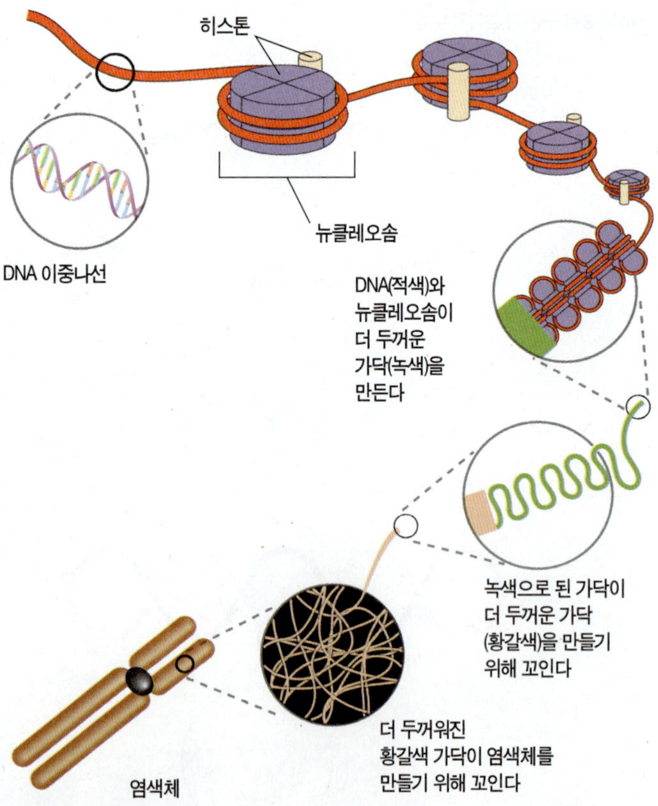

그림 7.7 뉴클레오솜과 염색체 구조 진핵세포에서 DNA가 히스톤이라고 하는 단백질 주변을 감아 뉴클레오솜이라 부르는 실패 모양의 구조를 이룬다. DNA와 뉴클레오솜이 묶여져서 실 모양이 된다. 다시 이 실이 꼬여서 염색체로 된다.

같은 수의 염색체를 가지고 있는 종들이 소수 있으나, 염색체 수는 종의 특징이 된다. 인간은 46개의 염색체를 가지며, 밀은 42개, 양배추는 20개의 염색체를 가진다. 이들 세포가 분열할 때 각각의 딸세포는 각 염색체를 1부씩 받아야 한다. 단 한 개의 염색체를 가지고 있고 그 게놈이 반수체인 원핵생물과는 달리 식물과 동물을 포함한 많은 진핵생물에서 각 염색체는 쌍으로 존재한다. 밀은 21쌍으로 된 42개의 염색체를 가지고 있고, 양배추는 10쌍으로 된 20개의 염색체를 가지고 있다. 각 염색체가 한 쌍씩 있는 진핵세포는 **이배체**(diploid)이다. 한 쌍을 이루는 염색체를 **상동염색체**(homologous chromosomes)라고 한다. 염색체는 길이와 모양이 서로 다르므로 광학현미경으로 상동염색체를 식별할 수 있다. 이배체 생물은 각 염색체와 유전자를 2부씩 가지고 있으므로 각 유전자는 2부씩 존재한다. 다량으로 필요한 물질의 암호가 되는 어떤 유전자들은 — 예를 들어 리보솜RNA 유전자 — 반수체나 이배체와 관계없이 많은 부수가 존재한다.

진핵생물은 많은 양의 유전물질뿐만 아니라 핵막도 가지고 있다. 핵막이 염색체를 둘러싸서 염색체를 세포질로부터 격리시킨다. 또한 핵막에 있는 **핵공**(nuclear pore)에서 분자의 출입을 조절함으로써 염색체를 분해할 수 있는 효소로부터 염색체를 보호한다. 세포분열이 일어날 때 핵막은 딸세포로 염색체를 분배하는 데 장애가 된다. 복잡하게 꼬인 구조의 큰 게놈이라는 장애와 장벽이 되는 핵막이 정교하고도 정밀한 기작에 의해 해결된다. **유사분열**(mitosis), 즉 핵분열은 복제된 한 세트의 염색체가 두 개의 딸핵으로 분리되는 일련의 과정이다.

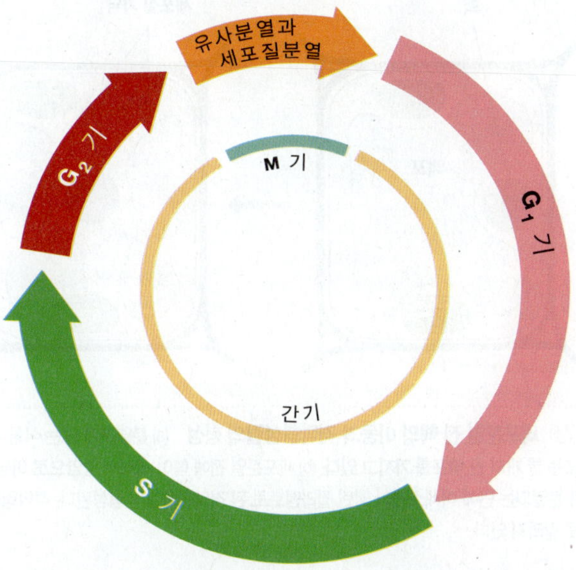

그림 7.8 세포주기 세포는 세포주기의 대부분을 간기 상태로 보낸다. 간기는 3기로 이루어져 있다. G_1기는 세포내 구조물들이 집중적으로 합성되는 시기다. S기에는 DNA가 복제된다. G_2기에서 세포분열을 위한 준비가 완료된다.

간기 동안에 세포분열을 위한 준비를 한다

진핵세포에서 세포주기는 반복되는 일련의 과정들로 구성되어 있다. 하나의 세포주기란 한 개 세포가 분열하기 시작해서 다음 분열이 시작될 때까지를 말한다. 세포주기가 완성되는 데 걸리는 시간은 세포의 종류, 온도와 같은 외적 조건에 따라 다르지만 일반적으로 몇 시간에서 며칠 정도이다. 진핵세포의 세포주기는 원으로 나타낼 수 있다(그림 7.8). 세포주기는 상대적으로 긴 **간기**(interphase)와 짧은 분열기로 나누어진다. 분열기(**M기**)는 핵분열과 세포질분열로 이루어진다. 핵분열과 세포질분열에 앞서 간기가 있다. 간기는 DNA와 염색체의 복제가 일어나고 세포 구성요소들이 합성되는 시기이다. 간기는 G_1기, S기, G_2기로 나누어진다. (G는 gap을 의미하고 S는 synthesis를 의미한다.)

G_1기는 분자와 구조물을 집중적으로 합성하는 시기이다

G_1기 동안 세포는 크기가 커지고 효소와 리보솜 및 막계를 합성한다. 색소체와 미토콘드리아와 같은 세포소기관도 이 시기에 증식된다. 튜블린과 액틴필라멘트 — 근육에서 볼 수 있는 주요한 단백질 중 하나 — 로 구성되어 있는 가늘고(직경 0.025 μm 정도) 긴 관모양의 미세소관이 새로 합성된 단백질로부터 조립된다. 미세소관은 유사분열 동안에 염색체를 이동시킨다. 골지체, 소낭, 액포와 같은 막구조물은 지질과 단백질로 만들어진다.

식물세포에서 처음에 핵이 세포의 가장자리에 있었다면 핵이 중앙으로 이동하는 독특한 과정이 일어난다. 핵은 세포질 가닥에 의해 세포의 중앙에 고정된다(그림 7.9). 세포질 가닥들이 모여서 세포판을 따라 세포를 둘로 나누는 얇은 판을 만든다. 나중에 세포판의 위치에서 세포가 두 개의 딸세포로 나누어진다. 이 얇은 판, 즉 **격막형성질**(phragmosome)에는 미세소관과 액틴필라멘트가 들어있다. G_1기가 끝날 무렵에 **확인점**(checkpoint)이라고 하는 세포주기 조절시스템이 작동하여 세포주기를 멈추게 하거나 S기가 시작되게 한다. 막이나 미세소관과 같은 물질이 충분히 합성되지 않았거나 외부 환경조건이 불리할 경우 세포주기 조절시스템이 세포주기를 정지시킨다.

DNA 복제는 S기에 일어난다

S기, 즉 합성기의 주된 작업은 DNA 복제와 DNA와 결합할 히스톤 단백질을 합성하는 것이다. S기의 후반에 염색체가 복제된다고 해도 DNA 분자가 긴 실과 같아서 광학현미경으로는 염색체를 볼 수 없다. 6장에서 논의한 바와 같이 DNA는 긴 실과 같은 상태에서만 복

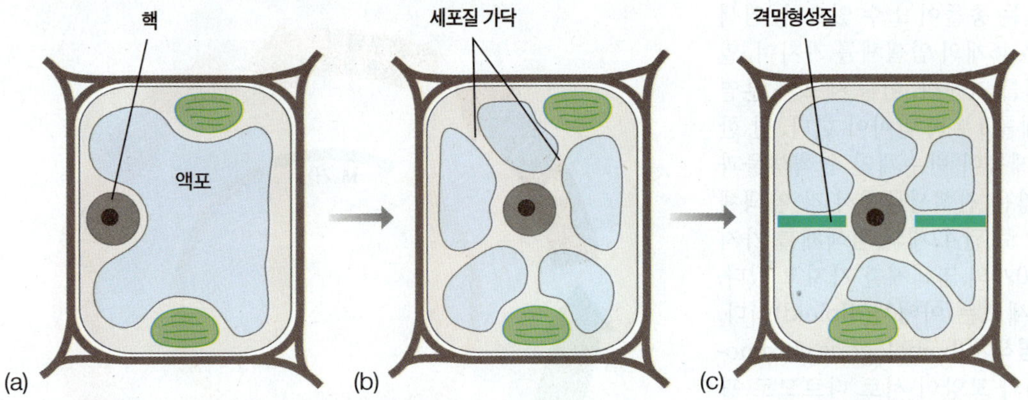

그림 7.9 세포분열 전 핵의 이동과 격막형성질의 형성 (a) 분열하지 않는 식물 세포에서 핵은 종종 세포의 가장자리에 치우쳐 있다. 많은 세포는 한 개의 큰 액포를 가지고 있다. (b) 세포분열 전에 핵이 세포의 중앙으로 이동하고 몇 갈래의 세포질이 핵을 그곳에 고정시킨다. (c) 세포가 분열되는 면에 미세소관과 액틴 필라멘트로 된 격막형성질이 형성된다. 격막형성질은 편평한 하나의 얇은 판을 이루지만 이 그림에서는 둘로 갈라져 있다.

제될 수 있다. 왜냐하면 그 상태에서 상보적인 두 가닥이 풀어져서 복제가 일어날 수 있기 때문이다. 자매염색분체라고 하는 복제된 염색체쌍은 반드시 서로 붙어있어야 한다. 자매염색분체가 서로 붙어있지 않으면 유사분열 과정에 의해 각각의 딸세포가 각 염색체를 1부씩 가져간다는 보장을 할 수 없다. 오늘날의 연구는 유사분열에서 복제된 염색체를 정확한 시점이 될 때까지 서로 결합시켜놓는 기작에 관해 집중되고 있다.

G_2기는 세포분열의 준비를 완성하는 단계이다 **G_2기**는 세포분열을 위해 마지막 준비를 하는 시기이다. 완전한 한 세트의 염색체를 딸세포로 분배하고 세포질을 나누는 데 필요한 구조물들을 세포가 조립하기 때문에 단백질 합성이 증가한다. 이 구조물에는 방추사와 격막형성질을 만드는데 필요한 미세소관과 액틴필라멘트가 포함된다. G_2기의 끝무렵에 두 번째 확인점이 세포주기를 멈추게 할 수도 있고 유사분열을 진행시킬 수도 있다. 만약 DNA 손상이 일어났거나 복제가 완성되지 못했다면 확인점은 DNA 복구나 복제가 끝날 때까지 세포주기를 진행시키지 않는다. 간기 핵 속에 퍼져 있던 염색체들이 서서히 응축되어 광학현미경으로 볼 수 있는 형태의 염색체로 되면 G_2기가 끝나고 유사분열이 시작된다.

유사분열은 4단계로 구성된다

유사분열, 즉 핵분열은 퍼져 있던 염색체가 점차 응축되면서 시작되는 일연의 연속된 과정이다. 광학현미경 하에서 처음으로 볼 수 있는 염색체의 모양은 매우 가는 실과 같다. 이 실 모양이 유사분열(*mitosis*)이라는 단어의 어원이 된다. *mitosis*는 그리스어로 "실"을 의미한다. 세포분열이 일어나는 짧은 기간 동안 단백질 합성과 같은 대부분의 세포 물질대사는 정지된다. 유사분열은 전기, 중기, 후기, 말기의 4단계로 나누어진다.

전기에 염색체는 응축되어 자매염색분체로 된다 **전기**(prophase, 그리스어로 *pro*는 "전(前)"을 의미) 초에 염색체는 가는 실 모양으로 나타난다(그림 7.10). 이미 간기의 S기에 염색체의 DNA는 복제되어 있다. DNA의 길이가 수 cm이지만 전기 동안에 5~10㎛정도의 길이로 될 때까지 염색체는 계속해서 꼬이고 응축된다. 이런 식으로 염색체가 응축되지 않으면 유사분열의 다음 과정 동안 DNA는 서로 엉키거나 부서져서 각각의 딸세포가 완전한 게놈을 가질 수 없게 된다.

염색체가 응축되고 더욱 분명해지면 복제된 염색체들이 **동원체**(centromere)를 가진 두개의 **자매염색분체**(sister chromatids)로 이루어져 있는 것을 볼 수 있다(그림 7.11). 동원체는 특수한 DNA 서열을 가지고 있는 염색체 상의 특정 부위이며, 이곳에 방추사가 부착한다.

전기 동안 미세소관은 핵 주변의 열린 공간에 나타난다. 처음에 이 미세소관들의 방향은 제 각각이지만 전기 후반 쯤에는 방추사축을 따라 정렬된다. 이것이 **방추사**의 첫 등장이다. 방추사는 미세소관으로 이루어져 있으며, 자매염색분체가 딸세포로 이동할 수 있도록 도와준다. 적도면의 방추사는 격막형성질과 같은 면에 있다. 극쪽의 방추사는 적도면에서 가장 멀리 떨어진 지점에 있으며, 미세소관이 모여드는 곳이다(그림 7.10). 알카로이드인 빈크리스틴과 빈브라스틴은 암세포가

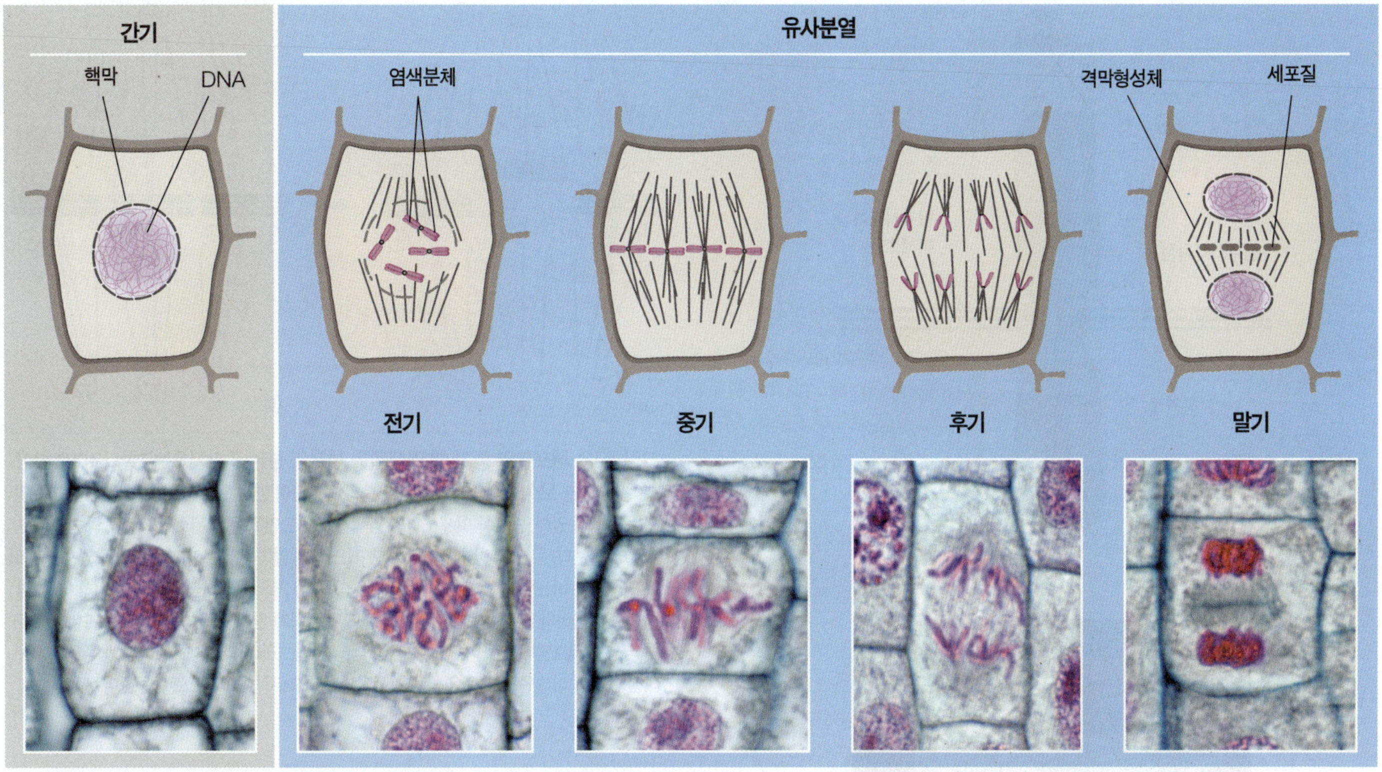

그림 7.10 유사분열 과정 간기 때 핵막이 있고 염색체는 보이지 않는다. 전기 때 DNA가 응축되어 염색체의 형태를 이룬다. 방추사가 생기고 핵막이 사라진다. 중기 때 염색체는 세포의 중앙에 배열한다. 후기에 자매염색분체가 쪼개져서 양극으로 이동한다. 말기에 자매염색분체가 양극으로 완전히 이동하고 염색체가 풀어진다. 핵막이 다시 생기고 인도 다시 나타난다. 말기에 격막형성체와 세포판이 생겨 세포질 분열이 시작된다. 여기에 제시된 사진은 양파 근단세포에서의 유사분열 과정이다. 양파 근단은 구조가 간단하기 때문에 식물세포에서 세포분열을 관찰할 수 있는 좋은 부위이다.

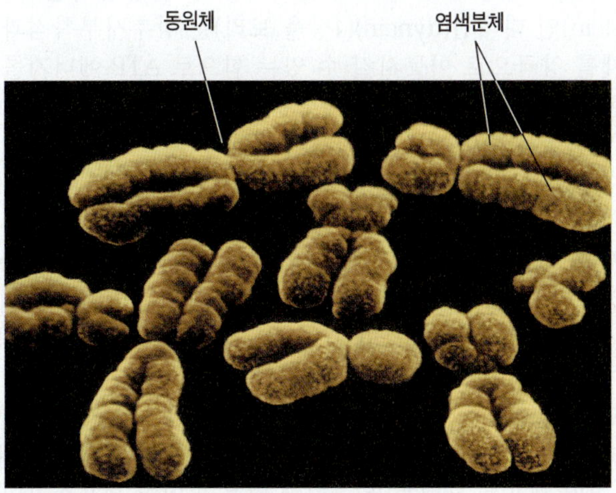

그림 7.11 주사전자현미경으로 본 염색체

미세소관으로부터 방추사를 만들지 못하게 하여 암세포의 통제불가능한 세포분열을 멈추게 한다. 방추사가 없으면 자매염색분체가 이동하지 못하여 세포분열이 멈추게 된다. 전기가 끝날 무렵 핵막이 소실된다.

중기에 염색체는 방추사의 적도면에 배열한다 방추사는 **중기**(metaphase, 그리스어로 meta는 "후(後)"를 의미)에 완전히 형성된다. 염색분체의 동원체에 **방추사부착점**(kinetochore)이라고 하는 특수한 단백질 복합체가 만들어진다(그림 7.12). 방추사부착점은 미소세관의 (+)말단과 결합한다. 미세소관의 (−)말단은 극에 위치한다. 방추사부착점은 30~50개의 미세소관과 결합한다. 한 개의 방추사부착점이 미세소관에 부착하자마자 미세소관이 뻗어 나온 극을 향해 염색체가 이동하기 시작한다. 미세소관이 자매염색분체의 방추사부착점에 붙는 순간 염색체는 양극으로 끌려간다(그림 7.13). "줄다리기" 현상에 의해 방추사의 적도면, 즉 양극의 중간 부위에 염색체가 배열된다(그림 7.10). 일단 모든 염색체가 방추사의 적도면에 배열하면 염색분체는 분리될 준비가 되어있다. Essay 7.1, "

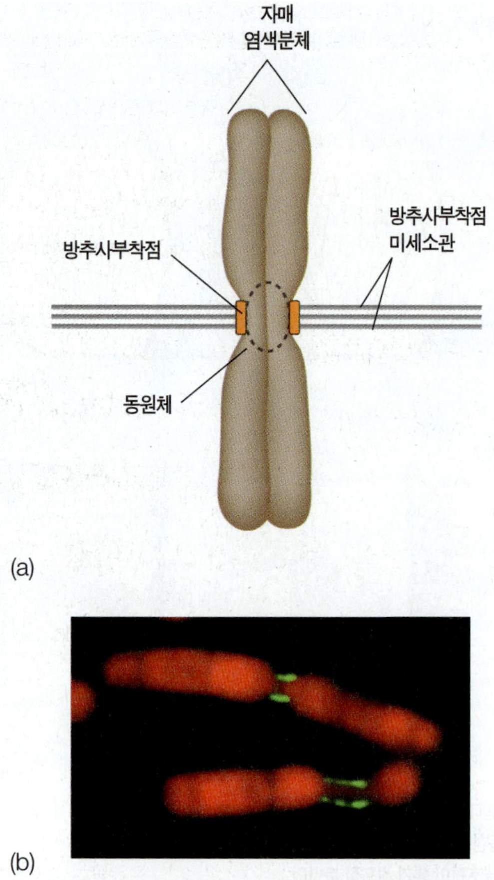

그림 7.12 **염색체와 방추사부착점** (a) 염색체의 모식도. 방추사부착점이 있는 잘록한 부위가 동원체이다. (b) 형광현미경으로 본 원반 모양의 방추사부착점(녹색). 형광물질이 방추사부착점의 단백질에 반응하는 항체에 결합하면 적색 형광을 띄는 염색체에서 방추사부착점을 볼 수 있다.

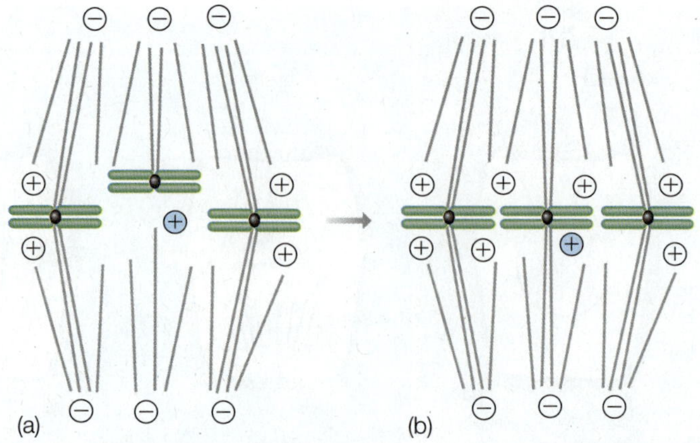

그림 7.13 **세포분열 중기 때 염색체를 세포의 중앙에 가져오는 "줄다리기" 현상을 설명하는 모식도** 방추사 미세소관의 (+)말단이 염색체의 방추사부착점에 붙고 (-)말단은 극쪽에 있다. 방추사 미세소관이 염색체에 붙으면(많은 미세소관이 각각의 방추사부착점에 붙는다) 두 개의 방추사부착점 중 어느 쪽에 얼마나 많은 미세소관이 붙었는가에 따라 염색체는 어느 한쪽 극으로 당겨지게 된다. 수가 거의 동일하면 같은 크기의 힘이 양 방향으로 작용하여 염색체는 세포의 적도면에 위치하게 된다. (a)의 중앙에 있는 염색체는 위쪽 극의 미세소관에만 붙어 있어 아래쪽 극(청색 동그라미)의 미세소관이 반대쪽 방추사부착점에 붙어 아래쪽 극으로 염색체를 당기게 될 때까지 위쪽 극으로 이동한다(b).

붙어있을 때와 분리될 때: 염색체간의 응집과 분리 기작"에서는 간기와 유사분열 초기 동안 자매염색분체가 서로 결합되는 기작과 후기에 염색분체가 분리되는 생화학적 기작에 대한 최근의 연구결과를 기술하였다. 항암물질인 탁솔은 방추사의 미세소관을 안정시키고 방추사가 튜블린과 액틴으로 분해되는 것을 막는 작용을 한다. 방추사가 완전한 한 세포는 분열을 완료할 수 없다.

후기에 자매염색분체가 분리된다 유사분열 과정 중 가장 짧은 단계는 **후기**(anaphase, 그리스어로 ana는 "멀리 떨어짐"을 의미한다)이다. 모든 자매염색분체가 동시에 동원체에서 분리되어 이동하기 시작한다. 동원체와 방추사부착점이 앞서가고 염색분체의 팔은 딸려온다(그림 7.10). 이제 분리된 후의 자매염색분체는 딸염색체라고 불린다. 이동은 신속하게 일어난다; 식물세포에서 후기는 2분만에 끝난다.

후기에서 염색체가 이동하는 방법은 아직 다소 불분명하다. 염색체가 양극으로 이동하는 방법에 대해 현재 인정을 받고 있는 모델을 그림 7.14에 제시하였다. **운동단백질**(motor protein)인 **디네인**(dynein)(4장을 보라)은 방추사부착점과 염색체를 양극으로 이동시킬 수 있는 힘으로 ATP 에너지를 사용한다. 방추사부착점이 미세소관을 따라 이동하면 미세소관의 단백질은 짧아진다. 염색체가 양극에 도달하면 후기가 끝난다.

말기에 염색체의 형태가 불분명하게 된다 **말기**(telophase, 그리스어로 *telo*는 "끝"을 의미)는 유사분열의 마지막 단계이며, 이 때 완전히 두 세트의 염색체가 분리된다. 새로운 핵막이 각 한 세트의 염색체 주위에 형성되고 방추사는 사라진다. 딸세포가 간기로 들어갈 때 염색체의 꼬임이 풀어지고 모양이 불분명해진다. 간기의 길이 특히 G_1기의 길이는 아주 다양하다. 어떤 세포는 오랫동안 G_1기에 머물러 있어 세포주기의 과정이 멈춘 것 같아 보인다. 그런 정지 또는 휴식상태에 있는 세

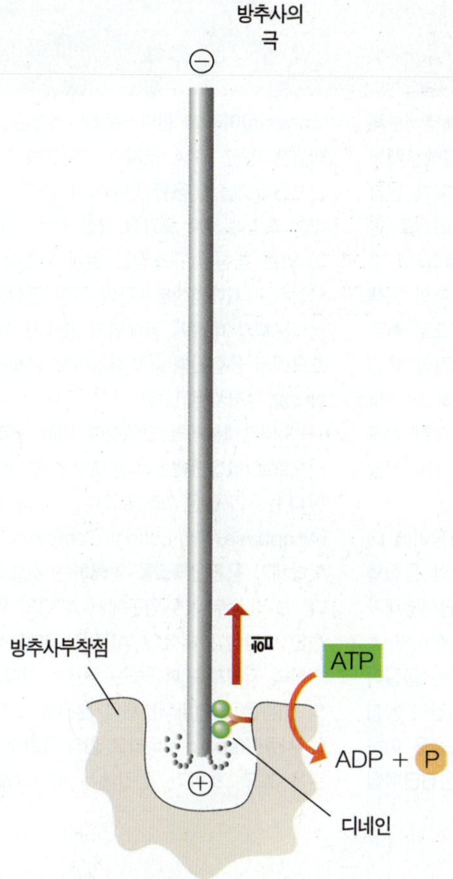

그림 7.14 염색체가 극으로 이동될 수 있는 방법을 설명하는 운동단백질 모델
(a) 운동단백질인 디네인이 ATP를 사용하여 방추사부착점 미세소관을 따라 극으로 이동하고 방추사부착점 미세소관은 방추사부착점의 (+)말단에서 분리된다. 디네인은 미세소관이라는 레일을 따라 이동하는 기차엔진과 같은 역할을 하면서 뒤쪽의 염색체를 끌어당기게 된다.

포를 G_0 상태에 있다고 한다. 말기에서 유사분열이 끝나고 세포질분열의 첫 단계가 시작된다.

세포질 분열에 의해 세포질이 딸세포에게 나누어진다

설명한 바와 같이 유사분열은 핵분열로서 자매염색분체들을 딸세포로 나누어준다. 유사분열 과정은 방추사를 구성하는 미세소관과 액틴필라멘트 시스템에 의해 완성된다. 세포질분열은 두 딸세포로 세포질을 나누는 과정이다. 유사분열과 같이, 세포질분열 과정은 미세소관과 액틴과 미오신(골격근을 구성하는 단백질)으로 된 필라멘트 시스템에 의해 이루어지는데 이것이 식물에서는 **격막형성체**(phragmoplast)라는 구조물을 형성한다. 동물세포는 함입에 의해 두 세포로 나누어지지만 식물세포는 세포벽에 의해 나누어지므로 모세포의 중앙을 가로질러 **세포판**이라는 칸막이를 만들어야 한다. 격막형성체의 미세소관과 필라멘트가 어떻게 새로운 세포벽을 만드는 지 아직 잘 모르고 있으나 그 기본 단계는 전자현미경으로 관찰할 수 있다.

후기 말에 시작해서 말기까지 계속해서 두 딸핵 사이에 격막형성체가 만들어지고 이와 함께 세포질분열이 시작된다(그림 7.15a). 먼저 격막형성체 미세소관이 두 딸핵 사이의 세포 중간 부위로 모여든다. 세포판 — 격막형성체의 미세소관들 가운데 분열면 상에 있는 원반모양의 물질 — 이 생겨 세포가 나눠지기 시작한다. 골지체에서 유래한 분비소낭이 세포판을 형성한다. 이 소낭은 격막형성체의 미세소관에 의해 분열면 쪽으로 유도된다. 분열면에서 소낭이 융합한다. 소낭의 막은 딸세포의 세포막을 구성하고, 소낭 속에 들어있는 물질은 새로운 세포벽의 재료가 된다. 원형질연락사는 세포벽의 구멍을 통해 뻗어있는 미세한 실 모양의 세포질로서 인접한 세포의 세포질과 연결되어 있다. 활면소포체 조각들이 융합된 소낭 사이에서 잡히는 이 때에 일부의 원형질연락사가 만들어진다. 원형질연락사는 4장에 자세히 설명되어 있다.

처음에 격막형성체와 세포판은 세포 중앙에서 시작하여 가장자리 쪽으로 발달한다(그림 7.15b). 그래서 격막형성체 미세소관이 세포벽쪽으로 자라서 세포판을 둘러싼다. 세포판이 모세포벽에 도달하면 세포벽과 융합된다. 그 뒤 각 딸세포는 그 주위에 새로운 1차 세포벽을 만들어 세포판과 연결된다(그림 7.15c). 딸세포가 커짐에 따라 모세포의 세포벽이 늘어나서 찢어져 버린다. 이제 딸세포에 의해 만들어진 세포벽이 주된 세포벽으로 된다. 완전히 분리된 딸세포는 세포주기를 완료하고 다음 세포주기의 간기로 들어간다.

ESSAY 7.1 붙어있을 때와 분리될 때 : 염색체간의 응집과 분리 기작

진핵세포에서 염색체는 세포주기의 S기에 복제되고 유사분열이 일어나 분리되기 전까지 오랜 시간 동안 서로 붙어있다. 이와 같이 자매염색분체가 서로 붙어있지 않으면 세포분열 과정이 질서정연하게 일어날 수 없다. 만약 복제 후에 자매염색분체가 따로 떨어져 표류한다면 세포, 즉 방추사는 어느 염색분체가 딸세포로 분리시켜야 하는 자매염색분체인지 구별할 방법이 없다. 세포분열은 염색체 수에 이상이 있거나 유전체의 일부가 없는 세포를 만들 수 있다. 이러한 상태의 세포를 수가 다르다는 의미에서 이수성(*aneuploidy*)이라 하고 종양과도 관련이 있다.

자매염색분체 사이의 응집력 소실이 시발점이 되어 후기가 시작된다.

정상적인 유사분열을 하는 세포에서 염색체는 중기때 적도면에 배열하고 방추사가 부착되어 팽팽하게 당겨진다. 손상되지 않은 세포에서는 극 방향으로 당기는 방추사의 힘과 자매염색분체간의 응집력이 서로 균형을 이루고 있다. 자매염색분체간의 응집력이 동원체에서 시작하여 염색분체의 팔쪽을 향해 소실되어 가면 후기가 시작되게 된다(그림 E7.1A). 만일 레이저로 한 쌍의 염색분체에서 한쪽 극의 방추사를 잘라버리면 두 개의 염색분체는 모두 반대쪽 극으로 빠르게 이동한다. 염색분체간의 응집력이 중요함에도 불구하고 과학자들은 응집과 분리에 대한 기작을 최근에서야 이해하기 시작했다.

많은 식물, 동물, 곰팡이에 대한 연구로부터 후기 때 자매염색분체간의 응집과 분리 기작이 밝혀지기 시작했다. 자매염색분체가 미성숙하여 서로 분리된 상태에 있는 옥수수와 초파리의 돌연변이체로부터 응집에 관여하는 물질이 특정 단백질임이 밝혀졌다. 자매염색분체간의 응집에 꼭 필요한 4개의 단백질이 효모와 동물을 이용한 연구에서 확인되었다. 이 단백질을 **응집단백질**(cohesin)이라고 한다. 응집단백질은 DNA가 복제되는 동안 DNA 분자와 결합한다(그림 E7.1B). 전자현미경을 이용한 연구에서 응집은 중앙의 고리와 측면에 V자 모양의 경첩 같은 것으로 구성되어 있는 대칭된 구조임을 알게 되었다. S기에 이루어지는 자매염색분체간의 응집 현상은 M기에서 염색분체가 바르게 분리되기 위해서 꼭 필요하다. 효모에서 응집단백질은 후기까지 염색분체간의 결합력을 유지시킨다.

자매염색분체가 단백질에 의해 서로 결합되어 있으므로 응집단백질이 분해되면 염색분체가 분리된다는 가설은 타당하다. 처음에는 **APC**(Anaphase-Promoting Complex)라는 단백질 복합체가 응집단백질을 분해하는 것으로 생각되었다. 그러나 뒤따른 연구에서 APC의 역할은 간접적인 것임이 밝혀졌다. APC는 자매염색분체 분리 기작의 저해제를 파괴하는 작용을 한다. 이 저해제의 이름은 자매염색분체의 분리를 조절하기 때문에 **시큐린**(securin)이라고 한다(그림 E7.1C). 시큐린은 효모, 초파리, 인간에서 확인되었다. 시큐린

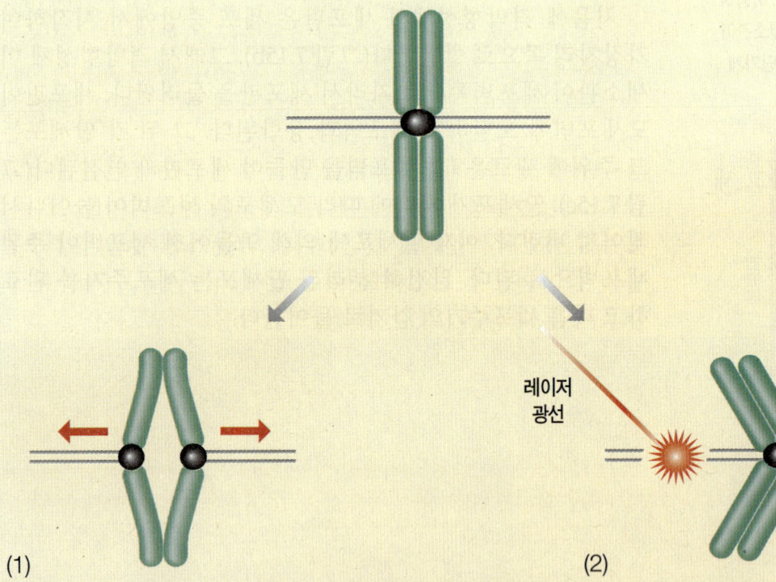

E7.1A 염색분체에 미치는 방추사 부착점의 미세소관의 극방향의 힘을 증명하는 실험 (1) 정상적인 후기, (2) 레이저 광선 처리

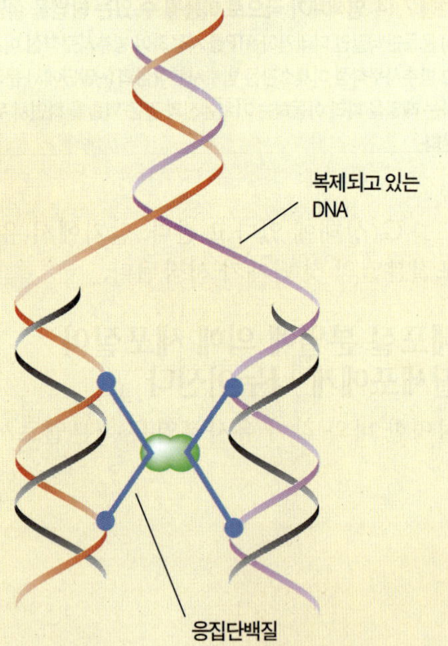

E7.1B 복제가 일어나는 동안 응집단백질이 DNA와 결합해 있다

은 **세파라제**(separase)이라는 단백질과 짝을 이룬다. 효모와 곰팡이에서 세파라제는 자매염색분체의 분리를 위해 꼭 필요하다. 현재의 가설은 세파라제가 응집단백질을 자르는 단백질이지만 후기가 될 때까지 시큐린의 감시 하에 있다는 것이다. APC는 세파라제를 시큐린의 감시에서 벗어나게 하는 작용을 한다. 시큐린이 세파라제를 풀어주도록 APC에게 명령하는 것은 무엇인가?

이 질문에 대한 답은 분열하는 세포에서 직접 찾아볼 수 있다. 적도면에 도달한 염색체는 아직 양극에 머물러 있는 염색체들을 기다려야 한다. 모든 염색체가 적도면에 있을 때에만 후기가 진행된다. 모든 염색체가 정렬될 때까지 후기가 진행되지 않으므로 이 기작을 방추사 조립 확인점(spindle assembly checkpoint)이라고 한다. 이제 대부분의 진핵세포에서 방추사가 부착되지 않은 방추사부착점이 신호단백질인 Mad2를 생산한다는 것이 밝혀졌다. Mad2는 APC를 저해하고 시큐린의 분해를 방지한다. 시큐린의 파괴를 차단함으로써 Mad2는 자매염색분체의 분리를 막는다.

많은 생물체에서 Mad2 경로가 유사분열을 조절하는 데 필수적인 것으로 간주된다. 돌연변이에 의해 이 경로에 손상이 생기면 암으로 연결될 수도 있다. 시큐린의 수치가 높은 종양세포로부터 처음으로 인간의 시큐린을 분리하였다. 인간의 결장암으로부터 분리된 세포는 방추사 조립 확인점과 관련된 유전자에 결함을 가지고 있다. 대부분의 종양세포는 이수성으로 염색체 수에 이상을 보이고, Mad2 경로에서의 결함에 의해 염색체 수의 이상이 야기되기도 한다. 언젠가 유사분열의 기본적인 기작과 돌연변이로 인해 생기는 결함을 파악하면 새로운 방법의 암치료법이 나올 수 있을 것이다. 세파라제와 응집단백질은 감수분열에서도 중요한 역할을 한다(Essay 13.2를 보라).

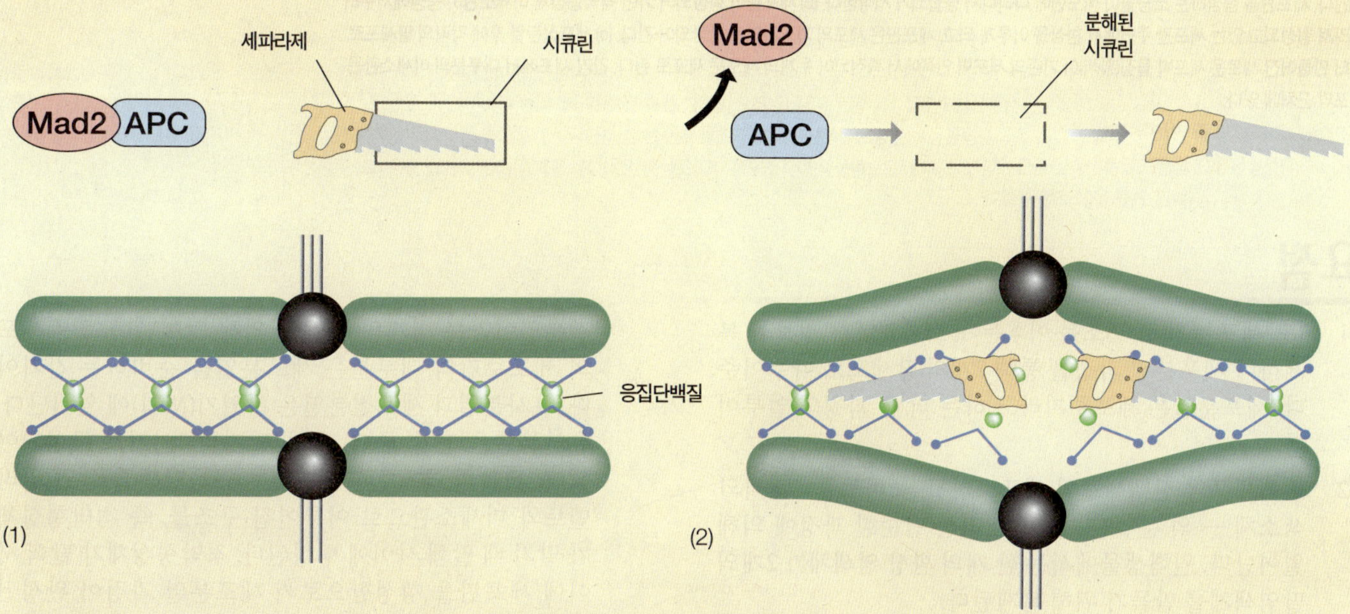

E7.1B APC-세파린 경로가 자매염색분체를 분리한다 (1) 후기가 되기 전까지 신호단백질인 Mad2가 APC를 억제하여 시큐린이 분해되지 못하도록 하고, 세파라제는 칼집과 같은 역할을 하는 시큐린의 방해로 자매염색분체를 분리하지 못한다. (2) Mad2의 양이 감소하면 APC가 시큐린을 분해하게 되고 그 결과 유리된 세파라제가 동원체 부위로부터 자매염색분체를 묶어두고 있는 응집단백질 분자들을 잘라내기 시작한다. 자매염색분체 사이의 응집단백질이 없어지면 염색분체는 양극으로 이동할 수 있다.

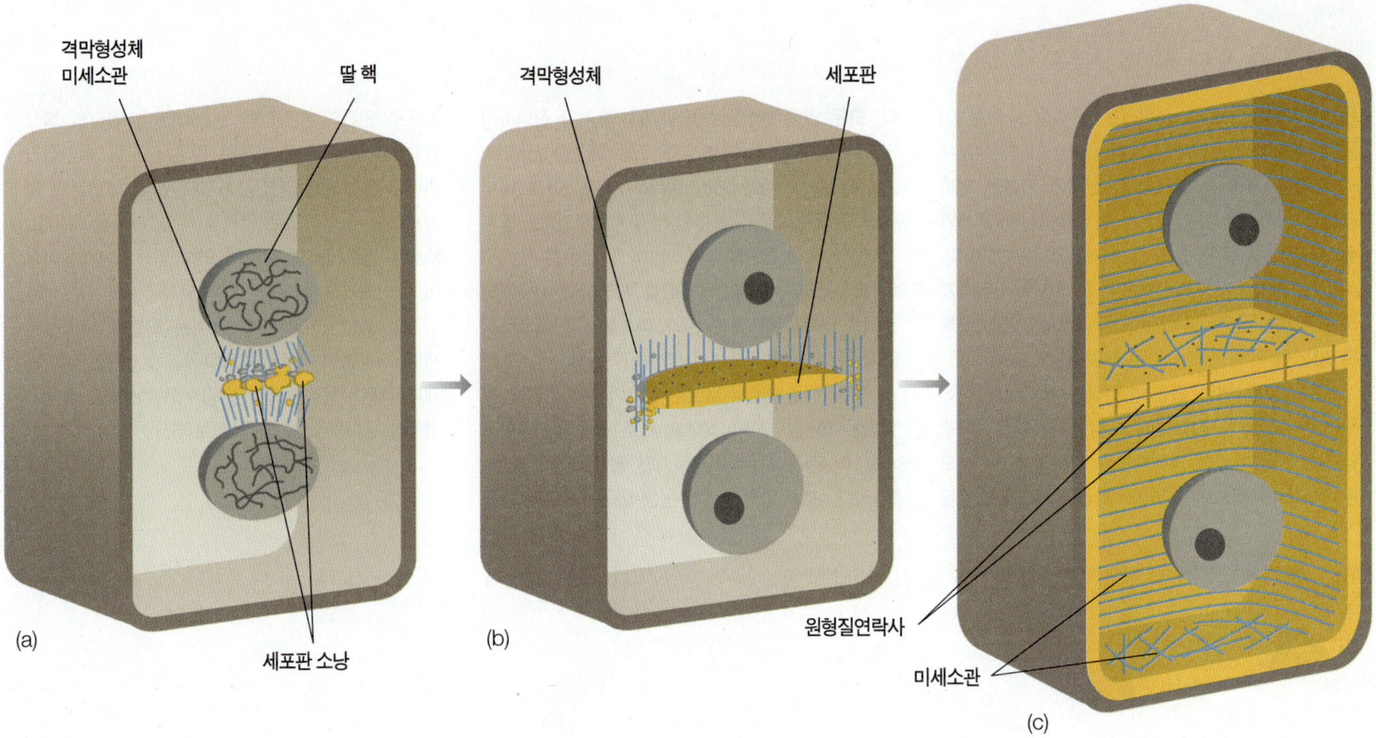

그림 7.15 세포질분열의 모식도 (a) 말기가 끝날 때 쯤 격막형성체 미세소관(청색)이 새로 생긴 딸핵 사이에 만들어지면 세포질분열이 시작된다. 세포판을 형성하는 소낭들이 적도면에 나타나서 융합되기 시작한다. (b) 세포판이 형성되어 가면 격막형성체 미세소관이 중앙에서부터 사라져 형성되고 있는 세포판 주변에서 환상을 이루게 되고, 세포판은 세포의 가장자리로 확장되어 간다. (c) 세포질분열 후에 각각의 딸세포로부터 만들어진 새로운 세포벽 물질(황색)이 기존의 세포벽 안쪽에서 축적되어 두개의 새로운 세포로 된다. 간기 세포에서 대부분의 미세소관은 세포막 근처에 있다.

요점

7.1 "모"세포는 세포 구조를 이루는 요소들과 유전정보를 복제하여 세포분열 과정을 통해 2개의 딸세포로 나누어준다. 세포분열은 세포주기라고 하는 더 큰 과정의 일부이다.

7.2 원핵세포와 진핵세포의 세포소기관 — 미토콘드리아와 색소체 — 의 분열은 이분법이라는 단순한 과정에 의해 일어난다. 원핵생물에서는 한 개의 환상 염색체가 2개의 딸염색체를 만들기 위해 복제된다.

7.3 진핵생물에서 세포분열은 유사분열(즉, 핵분열)과 세포질분열이라는 별개의 과정에 의해 일어난다. 진핵세포의 세포주기의 대부분은 세포분열을 준비하는 간기이다. 유사분열과 세포질분열은 분열기(M기)에 일어난다. 유사분열은 전기, 중기, 후기, 말기의 4시기로 구성되어 있다. 식물의 세포질분열에서는 근육단백질로 된 필라멘트와 미세소관으로 이루어진 구조물, 즉 격막형성체가 말기 때 딸핵 사이에 형성된다. 격막형성체가 딸핵 사이에 세포판을 형성함으로써 세포분열 과정이 완성된다.

문제

1. 세포주기란 무엇이며, 세포주기 중 두 가지 주된 시기의 특징적인 현상은 무엇인가?
2. 원핵생물과 진핵생물에서 세포 내의 DNA 위치에 관한 것이다. 두 종류의 세포에서 DNA는 어느 곳에, 어떤 상태로 존재하는가? 미토콘드리아나 색소체와 같이 원핵세포의 DNA를 갖는 세포소기관의 DNA의 위치는 진핵생물과 원핵생물 중 어느 쪽에 더 가까운가?
3. 원핵세포의 분열법인 이분법 과정을 요약하시오.
4. 동원체란 무엇인가? 자매염색분체는 무엇이며, 염색체와 어떻게 다른가? 염색분체는 언제 염색체가 되는가?
5. 유사분열과 세포질분열은 어떻게 다른가? 이 두 과정은 원핵생물에서 일어나는가, 진핵생물에서 일어나는가, 아니면 두 생물 모두에게서 일어나는가?
6. 반수체와 이배체 세포를 구분하시오. 반수체 세포와 이배체 세포는 얼마나 많은 염색체를 가지고 있는가? 상동염색체란 무엇이며, 상동염색체는 반수체 세포에서 볼 수 있는가, 이배체 세포에서 볼 수 있는가, 아니면 두 세포 모두에서 볼 수 있는가?
7. 세포주기에서 다음의 각 시기에 일어나는 현상을 간단히 말하시오 : G_1기, S기, G_2기, 전기, 중기, 후기, 말기, 세포질분열기. 이 중 어느 것이 간기에 속하며, 어느 것이 분열기에 속하는가?
8. 방추사부착점이란 무엇이며, 유사분열에서 무슨 역할을 하는가?
9. 격막형성체는 무엇이며, 세포분열에서 어떤 기능을 하는가? 격막형성체는 원핵생물에 있는가? 진핵생물에 있는가? 동물에 있는가? 식물에 있는가?

응용 개념

1. 세포의 유전물질과 관련지워 유사분열의 기본 목적을 설명하시오.
2. 과거에 일부 과학자들은 방추사는 실제로 존재하는 구조물이라기보다 유사분열 과정에서 형성된 스트레스 선에 의해 생긴 착시현상이라고 주장한 적이 있다. 이러한 생각에 대해 더 조사해 볼 수 있는 몇 가지 연구방향을 제시해 보시오.
3. 이 장의 첫머리에서 언급한 바와 같이 빈블라스틴은 림프계 암 치료에 이용된다. 이 약이 미세소관의 조립을 저해한다는 점에 근거하여, 빈블라스틴이 종양의 성장속도를 늦추게 하는 기작에 대하여 제안하시오.
4. 일반적으로 고등동물의 경우, 체세포가 2배체가 아니면 해롭거나 보통은 치명적으로 된다. 식물에서는 꼭 그렇지만은 않다. 어떤 식물세포의 핵 속에는 3세트, 4세트, 6세트, 8세트, 10세트, 심지어 그 이상에 해당하는 염색체들이 존재한다. 2세트 이상의 염색체를 가지는 경우를 *배수성*이라고 한다. 앞서 열거한 배수성들의 이름을 말하시오.
5. 고성능 광학현미경을 사용하여 양파 근단과 같은 조직에서 각 세포가 세포주기의 어느 시기에 있는지를 결정할 수 있는 방법을 제안하시오.

8장 식물의 구조, 생장과 발달

양귀비

주요 개념

- 식물체는 기관과 기관계로 구성되어 있다.
- 식물조직은 하나 또는 그 이상의 세포로 구성되어 있으며 이들은 원형질연락사에 의해 연결되어 있다.
- 식물의 조직은 세포 분열이 왕성한 부위인 분열조직으로부터 분화된다.
- 식물은 분열조직의 활성과 세포의 비대에 의해 생장한다.
- 세포벽이 느슨해지면서 액포속으로 수분이 흡수되어 비대해진다.
- 식물체는 유 · 무성생식에 의해 생성된 단세포의 포자 또는 접합자로부터 생장 발달한다.
- 식물은 새로운 기관을 원형 또는 나선형 형태로 배열시킨다.

양 둘리는 역사의 한 부분을 장식했으며 유전자 재조합 과정을 통해 만들어진 첫번째 포유류로서 전세계의 주목을 받았다. 생물학자들은 완전히 성장한 양의 유선에서 추출한 핵을 갖고 있는 세포와 다른 양으로부터 추출한 핵을 제거한 난세포를 융합하였다. 실험실에서 이러한 잡종 세포는 세포 분열시 필요한 양분을 공급받아 동물 발육의 초기단계인 다세포 배로 생장하게 되며, 그 배를 대리모 양의 자궁에 착상시키면, 착상된 배는 대리모의 자궁내에서 정상적인 양 발육에 필요한 특수화된 세포, 조직, 기관으로 분화 성장하게 된다. 둘리가 과학적으로 중요한 업적이었다는 것은 단지 둘리가 포유류의 첫 번째 영양계 번식체이기 때문만은 아니다. 처음으로 생물학자들은 우유생산을 위해 고도로 특수화된 조직인 성숙한 양의 유방세포를 어린 특수화되지 않은 배세포처럼 반응하도록 하는데 성공했다. 이러한 새로운 기술을 이용하여 생물학자들은 이제 양질의 양털, 고기, 우유와 같은 좋은 특성을 갖고 있는 성숙한 동물들을 무성번식 시킬 수 있다.

둘리의 중요성을 인정하지만 식물학자들은 1950년대에 이미 Cornell대학의 F. C. Steward와 그 연구진들이 당근의 분화된 세포로부터 영양계번식을 가능하게 하는 기술을 밝혀내었음을 강조하고 있다. 성숙한 식물체에서 떼어낸 하나의 세포는 실험실에서 증식되어 여러 개의 동일한 어린 식물체로 자라나게 된다. 이와 같은 기술은 원예작물을 포함한 많은 작물의 영양계번식법으로 널리 이용되고 있다.

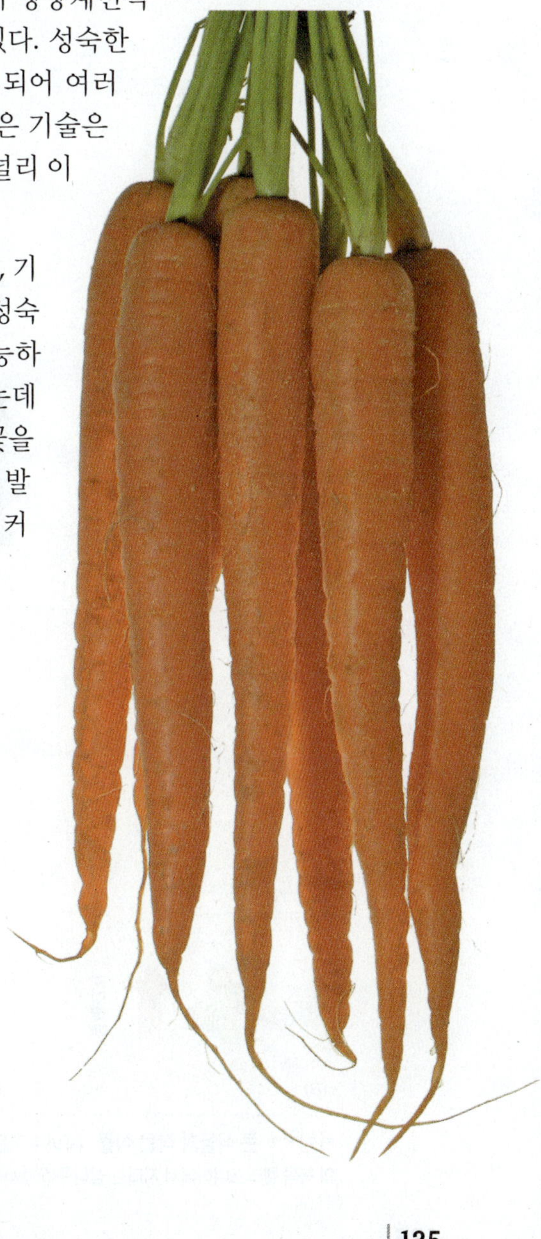

동 · 식물의 영양계 번식기술은 특수화된 세포, 조직, 기관을 만들어 내는 과정과 함께 어떻게 단세포에서 성숙한 동 · 식물체로 성장하고 발육하는가를 알아야 가능하다. 이 장에서는 식물형태와 성장에 대해 다루게 되는데 이는 농업에서 뿐만 아니라 단지 몇 송이의 허브나 꽃을 키우는 일반인들에게도 유용하다. 또한 식물생장과 발육에 대한 지식은 우리가 자연에서 보는 식물형태의 커다란 변이를 이해하는데 도움을 준다. ■

8.1 식물의 구조적 변이는 환경적으로 경제적으로 중요하다

지구상에 존재하는 250,000종 이상의 식물은 크기와 모양이 매우 다양하다. 구조적 변이는 식물의 생태적 기능을 위해서 중요하고 인간에게도 유익하다. 개구리밥(가장 작은 식물 중 하나)과 아메리카삼나무(가장 큰 식물 중 하나)를 비교해 보면 그 좋은 예가 될 것이다.

개구리밥은 크기는 작지만 그 수가 엄청나기 때문에 전 세계에 걸쳐 연못 표면을 덮고 있으며, 오리와 다른 동물들의 필요한 먹이가 된다(그림 8.1a). 개구리밥은 크기가 작고 공기를 가두고 있기 때문에 잎들이 물표면 이에 떠 있을 수 있고, 그 결과 풍부한 광선과 공기 중의 이산화탄소를 확보할 수 있게 된다. 개구리밥은 그 크기와 구조가 식물생장에 필요한 요소를 얻는데 적합하기 때문에 널리 분포한다. 서북미 숲에 있는 커다란 삼나무(*Sequoia sempervirens*)와 다른 구과(솔방울)를 가지는 나무는 크기와 구조에 있어서 매우 상반된다(그림 8.1b). 이 거대한 삼나무들은 지구에서 가장 크고, 가장 오래된 식물체이다. 그 크기로 인해 여러 형태의 식물들이 군집해 있는 숲에서 햇빛을 더 많이 받을 수 있어 수천년을 살아남게 된다. 나무의 크기가 큰 것은 풍부한 목질부가 있기 때문이다. 목질부는 나무의 크기를 지지할 수 있을 정도의 나무 둘레와 힘을 만들어내고, 높은 꼭대기까지 효율적으로 수분을 이동시킬 수 있게 한다. 결과적으로, 이 삼나무는 서북미 해안 숲의 중요한 구성요소가 되고 목재 제품의 중요한 재료가 된다.

ECOLOGY

그림 8.1 **큰 식물과 작은 식물** (a) 아주 작은 좀개구리밥의 녹색잎과 선명한 뿌리는 (b)의 북쪽 캘리포니아에서 자라는 삼나무(*Sequoia sempervirens*)와 뚜렷한 차이를 보인다.

개구리밥과 삼나무의 크기와 구조의 차이를 무엇으로 설명할 수 있을까? 삼나무와 개구리밥의 생장 과정이 다르다는 것이 하나의 답이 될 수 있을 것이다. 식물에 있어서 **생장**(growth)이란 체포의 수적 그리고 양적인 증가의 과정이다. 삼나무는 줄기 둘레를 매우 크게 증가시켜서 목질부를 생산하는 독특한 생장 방식을 가지고 있다. 이러한 방식의 생장은 줄기가 가늘고 목질부가 없는 개구리밥에서는 볼 수 없는 방식이다. 삼나무, 개구리밥, 그리고 다른 식물들은 잎, 뿌리, 줄기와 같은 기관의 수와 그 배열이 각각 다르다. 이러한 차이는 식물체 발달의 변이에서 비롯된다. **발달**(development)은 생장과 세포 분화에 의해 매우 적은 세포 또는 생식 단세포가 다세포의 성체로 변형되는 과정을 말한다. 예를 들면, 삼나무는 잎이 날 수 있는 가지를 개구리밥보다 훨씬 많이 가지기 때문에 개구리밥보다 더 많은 잎을 가지고 있다. 다른 식물의 방식은 또 다른 특수화된 구조와 기능을 가지는 조직과 세포들을 특징으로 한다. 예를 들면, 나무는 물을 수송하는 특수화된 세포로 구성된 조직을 가지고 있지만, 개구리밥에서는 볼 수 없다. 우리는 식물체 구조의 기초를 형성하는 기관, 조직, 세포를 알아보는 것으로 이 장을 시작할 것이고, 그 후에 식물체가 어떻게 생장하는지 그리고 어떻게 발달하는지에 대해서 살펴볼 것이다.

8.2 식물체는 기관, 조직, 그리고 다양한 형태의 세포로 구성되어 있다

식물체는 동물과 마찬가지로 작은 구성요소들로 구성되어 있는데 기관계는 한 개 또는 그 이상의 기관들로 구성되고, 기관은 한 개 또는 그 이상의 조직들로 구성되며, 조직은 한 개 또는 그 이상의 세포들로 구성된다(그림 8.2). 여기서는 주요 식물의 기관계와 기관들, 그리고 식물조직과 특수화된 세포의 몇 가지 예를 언급하고자 한다. 식물 조직과 세포에 대한 좀 더 깊이 있는 설명은 식물 해부학, 식물 형태학 및 식물 형태와 구조에 대한 식물발생학을 참조하기 바란다.

줄기, 뿌리, 잎, 꽃, 열매, 종자는 식물의 기관 또는 기관계이다

대체로 식물은 직립형이고 **줄기**(shoot)라고 하는 지상의 기관계와, 한개 또는 한개 이상의 분지된 주근으로 구성된 지하부의 **근계**(root system)를 갖고 있다. 꽃식물의 지상부는 잎,

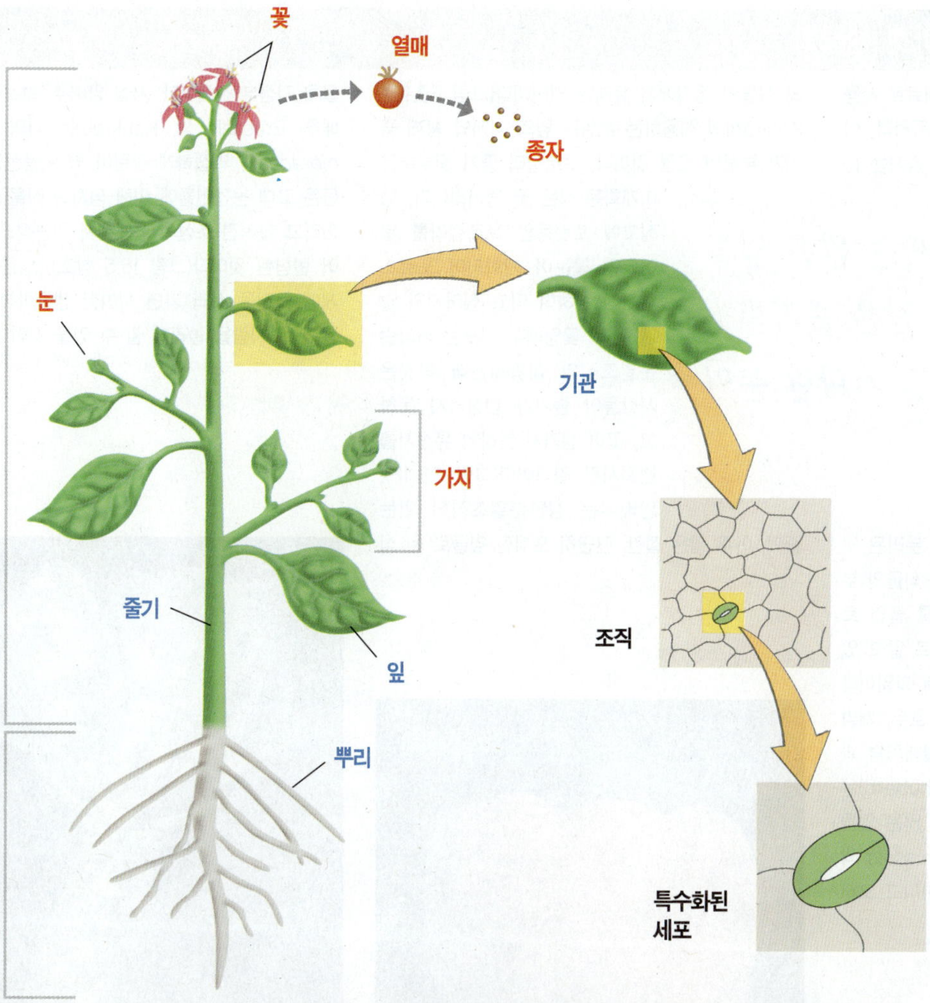

그림 8.2 식물체와 식물체의 구성 기관, 조직, 특수화된 세포 기관(파란표시)은 조직으로 구성되어 있고, 조직은 하나 또는 그 이상의 특수화된 세포로 구성되어 있다. 특수화된 세포에는 잎 표면에 있는 기공을 형성하는 두개의 세포(진한 녹색)가 대표적인 예이다. 복합구조(한 개 이상의 기관으로 이루어진)에는 빨간색으로 표시된 눈, 꽃, 종자 등이 해당된다. 식물의 지상부는 신초계라하고 지하부는 근계라 한다.

꽃, 새로운 꽃과 가지가 될 눈, 씨앗이 있는 열매들을 지닌 가지가 있는 줄기를 가진다(그림 8.2, Essay 8.1, "슈퍼마켓 생물학" 참조). 줄기, 뿌리, 잎은 기본적인 식물 기관들이다. 꽃, 눈, 열매 종자는 구조에 있어 좀 더 복잡한데 한개 이상의 기본적인 식물기관을 구성한다. 예를 들면 꽃눈이나 잎눈은 단지 한 번의 생육기만을 사는 일년초나 2년의 수명을 갖고 2년째에 꽃을 피우는 이년초와 같은 대부분의 식물에서 생성되는 아주 어린 신초이다. 2년 이상을 살 수 있는 다년생은 혹독한 겨울을 이겨 낼 수 있는 눈을 갖게 되는데 이 눈은 비늘눈이라는 특수화된 단단한 잎에 의해 보호된다(그림 8.3). 눈은 발육이 멈춰진 상태에 있는 몇 개의 아주 작은 잎들이 있는 작은 가지로, 정단생장점 부위에 있다. 따뜻하고 수분이 있으면 눈은 싹이 터서 자라기 시작하여 성숙한 잎과 꽃이 있는 새로운 가지가 된다.

또한 꽃들은 잎으로부터 유래된 꽃받침, 꽃잎, 수술, 심피를 가진 줄기의 변형이다(23장). 열매는 심피 일부에서 형성되고 종자를 갖기 때문에 복잡하다. 종자는 모체에 의해서 만들어진 종피 내에 어린 신초와 뿌리를 완전히 갖추고 있는 휴면 중인 배와 저장양분을 포함하고 있는 복잡한 식물 조직이다.

식물기관은 원형질연락사에 의해 연결된 세포의 조직으로 구성된다

식물조직은 선구세포의 체세포 분열에 의해 생겨나며, 기능이 비슷한 동족 세포들의 집합이다(7장). 공동기능을 갖는 몇몇 세포조직은 합쳐져 조직계를 이룬다. 번식을 위해서 특수화된 조직뿐만 아니라, 그 자체로 번식을 하지 못하는 식물조직들도 많이 있다(표 8.1). 식물조직들에 따라 특정유전자들의 활성은 각기 다르다.

ESSAY 8.1 슈퍼마켓 생물학

시장 채소가게의 물건은 사람들이 음식재료로 사용하는 식물 기관과 기관계의 표본으로 가득하다. 이러한 많은 것들은 쉽게 알아볼 수 있다. 감자는 눈을 가진 줄기(괴경)이며 최소한 하나의 눈을 가진 감자 조각(절편)은 새로운 감자 식물로 자랄 수 있다(그림 E8.1A). 상추, 케일, 시금치는 잎의 예이며, 당근은 뿌리라는 것을 사람들은 잘 알고 있다. 사과, 포도, 멜론과 레몬은 종자를 갖고 있기 때문에 과일로 알려져 있다(그림 E8.1B).

양파는 많은 잎들과 작은 줄기를 가진 커다란 눈이다.

그렇지만 다른 농산물은 식물체에서 분리된 것이고 판매하기 위해 포장을 하기 때문에 식물의 부위를 아는데는 다소 어려움이 있다. 예를 들면 토마토, 호박, 푸른콩과 피망은 채소로 주로 알고 있지만 실제로는 종자를 갖고 있기 때문에 과일이다(그림 E8.1C). 껍질 채 팔고 있는 땅콩, 호두, 개암 열매, 피칸, 그외 다른 견과류도 후추 열매처럼 과일이다. 우리가 먹는 샐러리와 장군풀(rhubarb)은 실제로 잎자루이다(그림 E8.1D). 양파는 많은 잎들과 작은 줄기를 가진 커다란 눈이다. Brussels 싹은 알팔파와 채두의 싹처럼 어린 싹이 아니고 오히려 식물의 줄기에서 유래한 액아이다(그림 E8.1E). Kohlrabi의 식용하는 부위는 잎의 기저와 함께 줄기가 부풀어 오른 것이다. 브로컬리 줄기 윗부분은 미개화된 작은 꽃 덩어리이다. 냉장고에 오랫동안 브로컬리를 넣어두면 꽃눈이 개화되어 노르스름하게 변하여 먹고 싶어지지 않게 된다. 꽃양배추 결구는 커다란 분열조직의 집합체인데 이것은 사람들이 줄기가 신장하지 못하고, 꽃이 생기지 못하게 유전자를 변화시킨 결과이다(그림 E8.1F). 양배추는 정단분열조직이 있는 줄기, 아주 짧은 절간, 단단히 포개진 잎들로 된 식물체 지상부 전체이다. 사실 양배추, 브로컬리, 꽃양배추, Brussels 싹, Kohkrabi는 거의 *Brassica oleracea*와 밀접하게 관련이 있는 품종들이고, 이들은 고대 농업인들에 의해 평지속 식물(colewort)이라고 알려진 조상의 형태에서 인공적으로 선발되어 변형된 것이다(그림 16.5 참조). 다음에 채소가게에 물건을 사러 가면 이러한 생물학적 지식으로 함께 온 사람을 놀라게 할 수 있을 것이다.

E8.1A 감자 - 눈을 갖고 있는 줄기

E8.1B 포도 - 과일

E8.1C 피망 고추 - 과실

E8.1D 식용 대황(Rhubarb) - 엽병

E8.1E 방울 양배추(Brussels) 싹 - 측아

E8.1F 꽃 양배추 - 신초 덩어리

그림 8.3 **어린 신초는 보호 비늘눈에서 나온다** (a) 칠엽수류(*Aesculus*)의 정단과 두 측아로부터 눈이 싹 터서 잎이 나오기 시작한다(▲: 비늘눈이 싹트는 모습) (b) 신장하기 시작한 꽃눈과 어린 잎.

조직의 세포는 아주 좁은 세포질 연결부위인 **원형질연락사**(plasmodesmata)로 이어져 있다(그림 8.4). 원형질연락사에 의해 연결된 세포의 조직은 **합포체연속성**(symplastic continuity)을 갖고 있어 세포질이 끊어지지 않고 연속적이며, 서로 화학 전달이 가능하다. 특정한 조직의 많은 세포를 연결하는 원형질연락사의 체제는 특정한 목적을 위한 집단의 일원들간의 자유대화를 허용하게 하는 근거리 컴퓨터 통신망과 비슷하다. 단백질, mRNA, 바이러스는 원형질연락사를 거쳐 세포에서 세포로 이동하는 것으로 알려져 있다. 원형질연락사는 단순한 구멍이 아니다. 오히려, 그것들은 소포체와 다양한 단백질의 내관을 포함한다. 소포체와 단백질 원형질연락사는 산업 파이프관에서 필터가 하는 것과 같이 물질의 통과를 조절한다.

1차 원형질연락사는 세포분열시 자매세포 사이에 새로운 벽이 발생될 때 생겨난다(4, 7장). 2차 원형질연락사는 자매세포가 되거나 되지 못하는 두 세포사이에 세포벽 구성 물질이 효소에 의해 분해될 때 생길 수 있다. 예를 들어 2차 원형질연락사는 서로 결합시키기 위해 접목한 식물 기관들 사이에 형성된다. 농업에서 식물체의 가지를 다른 식물의 뿌리에 접목하는 것은 흔한 기술이며 동물의 기관 이식과 유사하다. 포도주를 만드는 포도생산은 질병에 저항성 있는 식물체 뿌리(대목)에 좋은 열매를 맺는 가지(접수)를 접목한 대표적인 예이다.

특별한 기능을 가진 일부 식물세포들은 다른 세포와 연결하는 원형질연락사가 거의 없거나, 또는 전혀 없기 때문에 식물체의 다른 부분과 격리되어 있다. 세포 접합부분은 평균보다 훨씬 많은 원형질연락사를 갖고 있어 세포 간에 많은 상호작용이 일어났음을 암시하고 있다. 비록 동물세포들은 세포막이 매우 밀접하게 접해 있고 여러 가지 수단으로 서로 전달한다 하더라도, 식물의 원형질연락사와 비슷한 세포질 연결은 없다. 식물체는 원시녹조류로부터 원형질연락사를 물려받았다.

식물은 새로운 조직의 생성과 세포 비대에 의해 생장한다

식물은 어떻게 키가 자라며 굵어지는가? 식물 생장은 두 가지 기본 과정 즉 (1) 분열조직에 의한 새로운 세포와 조직의 생성과 (2) 세포비대를 거친다.

1차 정단 분열조직은 일차 조직을 생성한다 모든 식물은 1차 정단 분열조직이라고 알려진 정단과 근단 생장점을 갖고 있는데 근단과 정단에서 새로운 일차조직을 만들어 낸다(그림 8.5). 근단 분열조직은 뿌리의 길이를 길게 하는 반면(10장), 정단 분열 조직은 신초의 길이나 높이를 증가시킨다(9장). 유전자 *stm*과 *clavata*는 식물의 정단 분열조직의 특성을 결정하는 중요한 유전자이다.

대부분 식물의 정단 분열조직은 여러 세포층으로 이루어져 있으며, 다음 세가지 형태의 **조직계**(tissue system)로 되어있다. (1) 가장 바깥쪽에 있는 **표피조직**(epidermis), (2) 통도계의 **유관속 조직**(vascular tissue), (3) 표피조직과 통도조직 사이에 있는 피층을 합한 **기본 조직**(ground tissue)(그림 8.6)으로 되어있다. 이러한 조직계는 각각 원표피, 원시 부름켜, 기본 분열조직이라는 전구조직에서 분화한다. 각각의 이런 조직계가 여러 가지 식물 기관들이 된다. 신초와 뿌리 정단 분열조직 사이에 있는 몇 몇의 세포는 드물게 분열하여 저장세포의 역할을 하기도 한다. 1차 정단 분열조직의 왕성하게 분열하는 부분이 노화되거나 상처받게 되면 이들 조직이 분열조직을 대체한다.

표 8.1 식물의 주요 영양조직과 특수화된 세포

기본 식물 기관*	
줄기	
뿌리	
잎	
간단한 식물의 일차 조직	**특수화된 식물 세포**
유조직	유조직세포
후각조직	후각세포
후벽조직	후벽세포
뿌리내피	내피세포, 내초 세포
복잡한 식물의 일차 조직	**특수화된 식물 세포**
잎의 엽육조직	해면 엽육세포, 울타리 엽육세포
물관부	섬유, 유조직세포, 가도관세포, 도관요소(꽃 식물), 전이세포
체관부	섬유, 유조직세포, 후벽조직, 체관막과 반세포(꽃 식물), 또는 체관세포와 유배유세포(고사리, 겉씨식물), 전달세포
표피	신초와 뿌리표피세포(근모와 근관세포 포함), 털, 기공과 연관된 세포, 공변세포와 조세포
분비조직	전이세포, 분비세포
복잡한 식물의 이차 조직	**특수화된 식물 세포**
이차 물관부	섬유, 유조직세포,가도관, 도관요소(꽃 식물)
이차 체관부	섬유, 유조직세포,후벽, 체관막과 반세포(꽃 식물) 또는 체관세포와 유배유세포(고사리, 겉씨식물)
외피	코르크세포, 코르크 형성층, 유조직 세포

* 각 기관은 세가지 조직계로 구성되어 있다. – 표피, 기본조직, 유관속

1차 신초 정단 분열조직은 새로운 줄기 조직과 어린 잎 뿐만 아니라 줄기와 잎자루 사이의 엽액에 있는 **액아**(axillary bud)도 만들어낸다(그림 8.7). 줄기에서 한 개 이상의 잎이나 가지가 나는 부위를 마디(절)라 하고, 줄기의 마디와 마디 사이를 **절간**(internode)이라 한다(그림 8.7). 분열조직에서 세포 분열을 통해 새로운 절이 생겨나고 절간이 길어짐으로써 식물의 초장이 길어진다. 식물의 절간 길이는 매우 다양하다. 가지와 잎들은 절간이 짧으면 절간이 긴 것 보다는 서로 밀생할 것이다. 예를 들면, 개구리밥의 절간은 삼나무의 절간에 비해 아주 짧다. 줄기와는 달리 뿌리는 절과 절간으로 구분되지 않는다.

이차 분열조직은 목부와 수피를 생성한다 목부를 생성하는 성목, 관목, 목본성 덩굴줄기 등은 선단분열 조직과 뿌리 분열조직 이외에 **유관속 형성층**(vascular cambium)과 **코르크 형성층**(cork cambium)의 두 분열조직을 더 갖고 있다(그림 8.8). 이러한 **이차 분열조직**(secondary meristem)은 **이차 조직**(secondary tissue)을 생성한다. 목부와 내수피는 유관속 형성층에 의해 생성된 이차 통도조직이고, 외수피는 오래된 이차 통도조직과 코르크 형성층에 의해 생겨난 이차 표피조직을 말한다. 이차 분열조직은 줄기와 뿌리의 둘레를 증가시킨다. 이차 분열조직의 활동과 목부와 수피 구조에 대한 설명은 9장에서 언급할 것이다.

식물은 세포팽창에 의해 생장한다

식물과 동물세포 모두 단백질 합성과 세포기관의 복제를 통한 세포질의 양적증가로 크기가 커진다. 그러나 식물세포는 동물세포에 없는 거대한 액포로의 수분의 흡수와 세포벽 팽창을 통하여 크게 신장한다(그림 8.9). 식물 세포와 액포가 물을 흡수하는 메카니즘은 4장에 잘 설명되어 있다(Essay 4.1 참조). 엑스펜신(expansin)이라 알려진 식물의 독특한 단백질이 세포벽 사이의 다당류 결합을 이완시키면 세포가 커지면서 세포벽이 늘어나게 된다. 수분흡수에 의한 세포팽창은 분열조직의 활동과 더불어 식물을 빠른 속도로 자라게 한다. 예를 들어 대나무는 날마다 1m 이상 자라서 3개월이 채 안되는 동안 30m를 자랄 수 있다(그림 8.10). 수분이 식물의 세포 팽창과

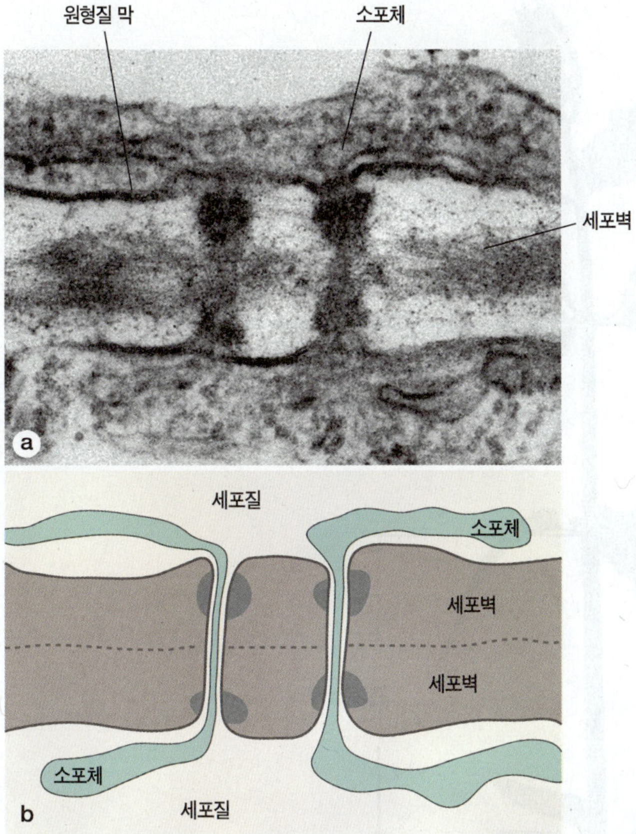

그림 8.4 원형질연락사 (a)물이끼(*Sphagnum*)의 세포에 있는 원형질연락사의 전자현미경 사진. 소포체의 작은 관은 양쪽 원형질연락사를 연결한다. (b)모식화된 물이끼류의 원형질연락사

그림 8.5 식물 일차 분열 조직 식물의 키를 크게 하는 분열조직은(빨간색) 일차분열조직이다. 이러한 분열조직은 신초정단, 측아(가지로 자라는 신초), 근단에 분포되어 있다.

세포내 물질 수송 매개 및 광합성의 반응물질로 작용하는 정도를 이해하면 식물에 있어 물이 왜 그렇게 중요한지 알 수 있다.

식물 조직은 하나 또는 여러 세포 형태로 구성된다

일부 식물조직은 단지 한 개 또는 두개의 세포로 구성되어 있지만 나머지 다른 조직들은 여러 개의 세포로 이루어져 있다. 한 개 또는 두 개의 세포를 갖는 조직을 단순조직이라 한다. **유조직**(parenchyma)은 다양한 형태의 세포벽이 얇은 **유세포**(parenchyma cell)로 알려진 한 종류의 세포로 구성되어 있다. 이러한 유세포의 한 가지 기능은 전분을 축적하는 것이지만, 다양한 다른 역할을 수행할 수 있다. 예를 들어, 양귀비(*Papaver somniferum*)의 열매와 줄기의 유세포는 몰핀의 생합성을 시작하는 효소를 갖고 있다.

후각조직(collenchyma)(그리스어원 *'kolla'*: '풀'이란 의미)은 하나의 세포형태로만 구성된 대표적인 예로, 이것은 주로 초본성 식물의 줄기나 잎자루의 표피 아래에서 주로 관찰된다(그림 8.11). 우리가 셀러리를 먹거나 자를 때 보이는 섬유는 주로 후각조직으로 이루어져 있다. 이 조직은 운동선수의 탄력적인 무릎 버팀대 같은 기능을 하는 유연성 있는 지지대 역

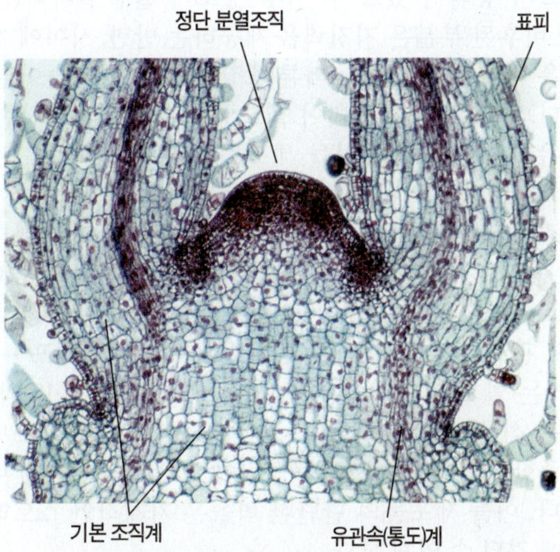

그림 8.6 콜레우스(*Coleus*)의 정단 분열조직 식물 신초의 발육 초기에 표피, 기본 조직, 유관속계를 형성하게 될 세포가 결정된다.

그림 8.7 **식물 줄기에 있는 액아, 절(마디), 절간(마디사이)** (a, b) 액아와 잎이 각 마디에 착생되어 있고(화살표), 줄기와 잎 사이에는 일정한 각도로 위치한 눈(액아)이 있다. 절간은 줄기에 있는 인접한 마디와 마디 사이를 말한다. (c) 정단 분열 조직에 가까이 있는 절간은 더 짧은데 그 이유는 이 부위의 세포들은 지속적으로 자라고 있기 때문이다.

할을 하며 후각세포로 구성되어 있고 이들 후각세포벽은 당-펙틴으로 구성되어 있으며, 비후 정도가 불균일하다(그림 8.11). 이 비후된 부분은 지지력을 제공하는 반면, 사이에 끼어 있는 얇은 벽 부분은 세포가 빠른 생장을 하는 동안 늘어날 수 있게 한다. 만일 후각 세포벽이 골고루 비후되거나 단단한 물질을 함유한다면 아마도 이들 세포들은 유연하지 않을 것이다.

후벽조직(sclerenchyma)(그리스어원 *'skleros'*: 단단하다는 의미)은 종피, 견과류 껍데기, 복숭아와 그 외 석과류의 씨앗에서 주로 관찰된다. 또한, 이 조직은 모래알 같은 감촉의 배육질과도 관련이 있다. 후벽조직은 두가지 형태의 세포 — (1) 돌세포라는 별 또는 돌모양의 후벽세포(그림 8.12, 8.13)와 (2) 길고 가는 섬유질(그림 8.14) — 로 되어 있으며, 이 세포벽은 페놀성 중합체인 리그닌으로 구성되어 있으며 균일하게 비후되어 있다. 이들 세포들의 단단한 벽들은 기계적인 스트레스와 공격에 견딜 수 있게 한다.

복잡한 식물조직의 예로 물관부와 체관부를 들 수 있다. 물관부는 식물을 지지해 주는 역할을 하며 수분과 양분을 전달하고, 체관부는 물에 녹아 있는 당과 유기물을 수송하는 역할을 한다(그림 8.15). 물관부는 여러 형태의 세포, 즉 후벽조직, 세포가 가늘고 목질화되지 않은 세포벽으로 된 유조직과, 세포벽이 리그닌으로 강화된 파이프라인 같은 배열의 특수화된 수분 통도세포로 되어있다. 체관부 조직 또한 후벽조직, 유조직, 특수화된 양분 통도세포로 구성되어 있기 때문에 복잡하다.

특수화된 세포는 분화과정에서 생겨난다

동물과 같이 식물조직에서도 다양하고도 특별한 구조와 기능을 가지고 있는 특수화 된 세포가 다른 형태로 많이 존재한다. 특수화 된 세포는 한 개체내의 모든 세포와 같은 유전적 물질을 가지고 있지만, 특정 유전자(생합성하는 효소와 다른 단백질의 종류)들의 발현은 서로 다르다. 식물은 생장과 발육에 영향을 미치는 많은 종류의 식물호르몬: 오옥신, 사이토카이닌, 지베렐린, 엡시스산, 에틸렌을 생합성한다. 이들 내부신호 물질인 호르몬과 외부신호(예, 빛)는 유전자발현 조절을 통해 조직과 기관의 분화뿐만 아니라 세포의 분화에도 영향을 미친다(12장).

그림 8.8 이차 분열 조직 목본 식물에는 관다발 형성층(검은색선)과 코르크 형성층(흰색선) 두 이차분열 조직이 있다. 이러한 원통 모양의 분열조직은 목질부와 나무껍질을 만들고, 목본식물의 줄기를 굵게 한다. 관다발 형성층은 내부의 목질부와 속껍질을 만드는데 관여하며, 코르크 형성층은 겉껍질을 형성한다(둘레의 증가는 설명을 위해 과장되게 표현하였다).

특수한 구조와 기능을 지닌 특수화 된 세포에 의해 진행되는 과정인 **분화**(differentiation)는 동, 식물 사이에 다소 차이가 있다. 동물의 발육은 한 곳에서 다른 곳으로 배세포가 움직이기 때문이며 이것이 세포운명에 영향을 미친다. 게다가 어떤 사회에서 직위와 재산 상속을 맏자식에게 제한하는 것과 같이 동물세포의 계통은 세포의 운명을 결정한다. 반면 대부분 식물세포는 이동성이 없기 때문에 식물에서는 계통의 효과보다는 다른 메카니즘이 더 중요하다는 것이 실험을 통해 밝혀졌다. 새롭게 형성된 식물 세포에서 세포질 성분이 고르지 않게 분배되어 비대칭 세포분열을 하게 되고, 두 세포가 다르게 발육하게 된다(그림 8.16a). 예를 들어 기공(그림 8.2 참조)으로 알려진 구멍을 형성하는 잎 표면의 특수화 된 세포는 비대칭적인 세포분열을 통해 발달을 시작한다(그림 8.16b). 각 세포의 위치 차이는 세포를 다른 환경에 경험시킴으로써 다른 세포와 구별되는 생장의 과정을 이끌어낸다(그림 8.17). 앞서 언급한 잎의 기공 발달에서, 비대칭적 분열을 통해 형성된 두개의 세포중 작은 크기의 세포는 근처의 세포와 결합하는 단백질을 분비하는데 이를 통해 기공으로의 분화가 억제된다. 반면에 발달중인 구멍에서 멀리 떨어져있는 세포는 이 단백질의 영향을 받지 않고 기공형성에 필요한 비대칭 분화의 과정을 거치게 된다. 이 모든 과정이 잎 표면의 과도한 기공 형성을 억제하고 그들의 일정한 분포를 유지하는데 도움이 되는 것이다.

분비세포와 모상체는 특수화된 식물세포의 한 예이다. **분비세포**(secretory cell)는 탄닌, 수지, 약물과 같은 2차 방어물질을 만들어낸다. 예를 들어 아편에서는 분비세포는 몰핀과 코데닌을 만들어낸다(단원 2).

모상체(trichome)는 잎의 표면에서 과도한 광이나 자외선, 고온이나 저온 또는 병해충의 공격으로부터 잎을 보호하는 기능을 하는 머리카락처럼 생긴 뾰족한 돌기이다. 찌르는 가시인 쐐기풀의 부러진 모상체는 피부를 자극하는 부식성의 물질을 방출하여 동물들로 하여금 자신을 피하도록 한다(그림 25.9). 40여개 다양한 형태의 특수화된 세포가 꽃식물에 존

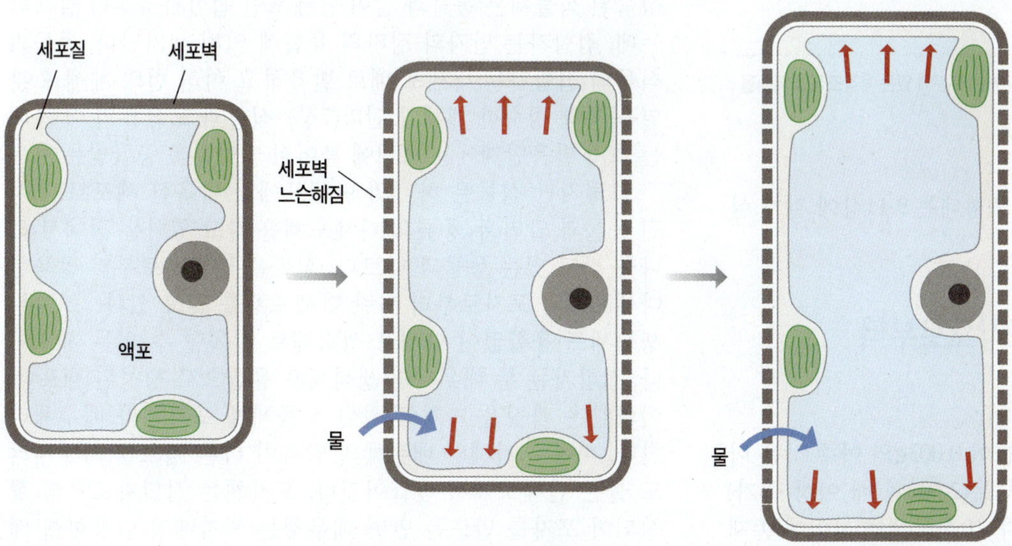

그림 8.9 물 흡수를 통한 식물 세포의 성장 물이 액포로 점점 더 많이 흡수될수록 세포벽은 느슨해지며 세포는 팽창한다. 세포의 신장방향은 셀룰로오스 미세섬유의 방향성과 세포벽의 어느 부분이 느슨해지는가에 달려있다. 이 그림에서는 줄기에서 일반적으로 진행되는 세포의 길이 신장을 보여주고 있다.

그림 8.10 정원에서 볼 수 있는 아주 빨리 자라는 대나무

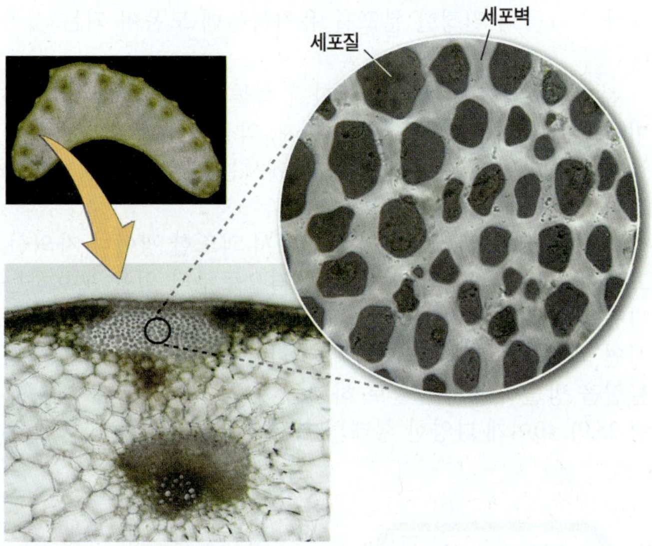

그림 8.11 후각조직 셀러리줄기의 엽병(잎의 일부분) 부분에 있는 후각조직을 저배율과 고배율로 확대한 모습

재한다(표 8.1: 이러한 대부분의 세포형태는 9-11장에 걸쳐 설명되어 있다).

8.3 식물은 단일세포나 조각으로부터 발달한다

식물 발육은 놀라운 것이다. 예를 들어 0.003g의 아주 작은 아메리카 삼나무 씨앗이 1,000톤이 넘는(2,500억 배 이상 증가) 무게가 나가는 식물로 자랄 수 있다니! 식물체들 사이에 존재

그림 8.12 배의 후벽세포 배의 과육에 있는 후벽세포를 (a) 저배율과 (b) 고배율로 확대한 모습으로 조직이 모래 같다.

하는 크기, 구조, 및 복잡성에서의 많은 차이뿐만 아니라 식물체가 동물과는 다른 다양한 차이는 식물 발육 방법의 고찰을 통해서 설명될 수 있다.

식물은 접합자, 포자 또는 절단편에서 발육될 수 있다

성숙된 식물체는 동물과 같이 단세포인 접합자로부터 발육하는데, 접합자는 난자와 정자의 융합에 의해 생겨난다. 동물과 식물의 접합자는 다세포 배로 발육하고 여러 번의 체세포 분열을 통해 성숙한 개체가 된다(7장). 식물과 포유류의 어린 배는 초기 발육단계에는 모체에 붙어서 영양분을 공급받는다.

그렇지만 식물은 하나의 단세포에서 발육한 세포로 구성된 동물과 달리 두 종류의 다세포체를 갖고 있다는 점에서 하나를 갖고 있는 동물과 다르다. 식물은 접합자로부터 발육한 다세포체와 포자로부터 자란 다세포체를 갖고 있다. 포자는 생식세포 융합없이 다세포 성숙체로 발육할 수 있는 세포이다. 접합자는 두 배우자의 생식세포 융합으로 생성된 세포다. 이와같은 과정을 거쳐 생성된 식물체를 포자체와 배우체라 한다. 비록 포자체와 배우체의 발육이 다른 경로를 가질지라도 둘은 단세포에서 만들어진다. 포자체는 접합자로부터 형성되어 포자를 만드는 반면 배우체는 포자에서 발육하여 배

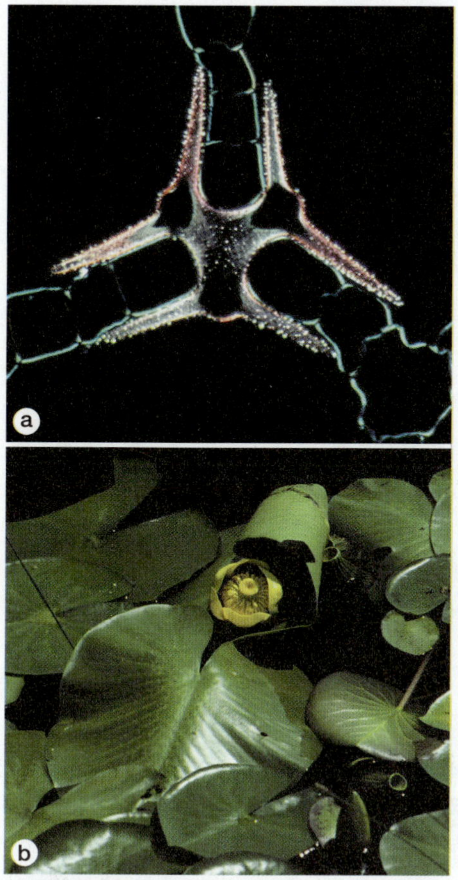

그림 8.13 수련의 후벽세포 (a) 편광하의 분지된 후벽세포, 이들 후벽세포는 수련(*Nupha*)잎에서 크리스탈과 같은 광채를 만든다(b).

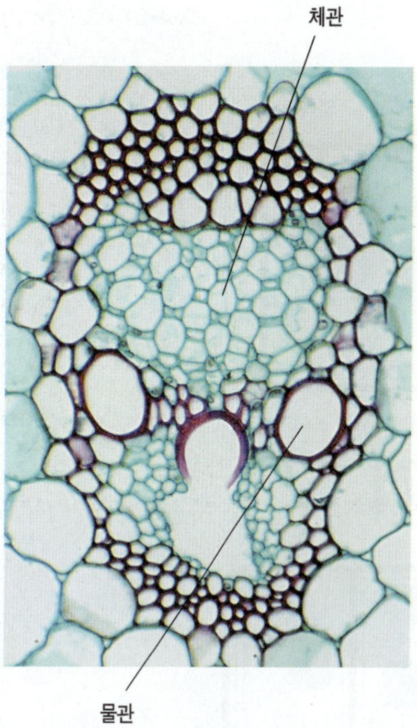

그림 8.15 복잡한 식물 유관속조직- 물관과 체관 어린옥수수 줄기의 유관속 조직이다.

우자를 생성한다. 이 두 식물체는 크기와 구조가 다르며 전형적으로 식물 생활주기 동안 번갈아가며 나타난다. 모든 식물은 이러한 두 개의 별개의 식물체 유형을 가지나 선태식물과 양치류는 배우체와 접합체가 어떻게 다른지를 보여주는 좋은 예이다.

이끼류에서는 선태식물 포자체는 작고, 눈에 잘 띄는 녹색

그림 8.14 식물 섬유 뉴질랜드가 원산지이고 섬유생산에 이용되는 식물 *Phormium*에 존재하는 섬유횡단면(a) (b)과 조직에서 분리한 섬유(c)

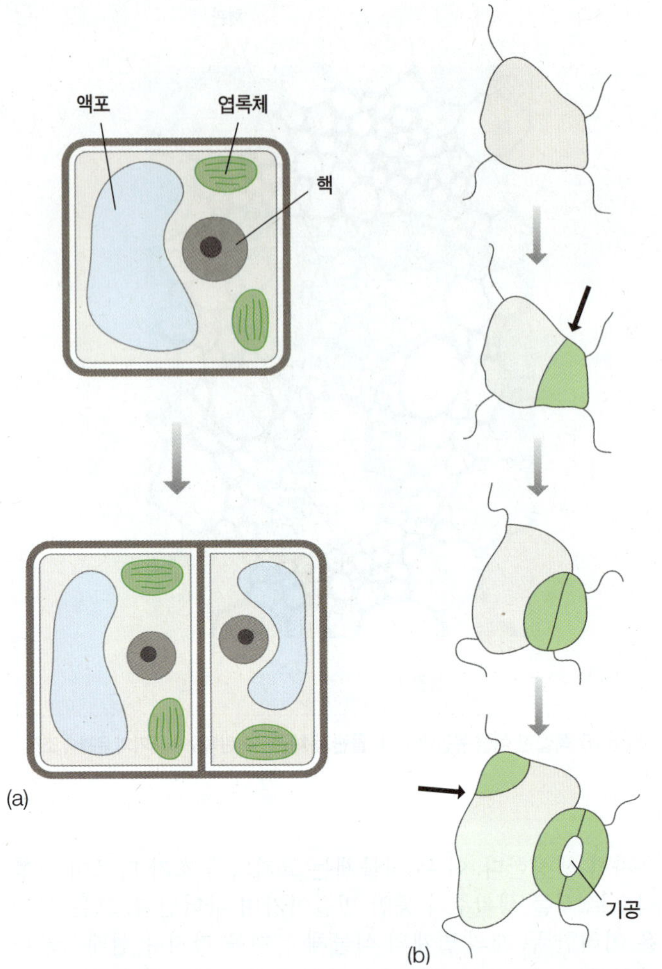

그림 8.16 불균등 세포분열에 의한 식물세포 분화 (a)불균등 세포분열의 일반적인 모식도. (b) 표피에 위치한 구멍(기공)형성시 나타나는 대표적인 불균등 세포분열(화살표) 모습. 녹색부분의 세포가 특수화된 구멍(기공)으로 발달한다.

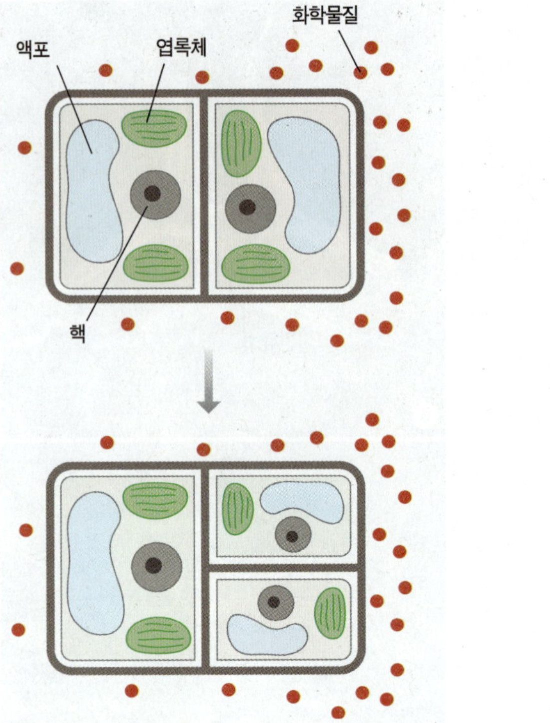

그림 8.17 위치효과에 의한 식물 세포 분화 세포의 위치에 따라 각기 다른 환경조건 하에 놓일 수 있다. 예를 들어 화학적 또는 물리적인 조건의 차이가 가중될 수 있다.

의 배우체 형태를 보인다(그림 8.18). 집에서 종종 접할 수 있는 양치류의 포자체는 잎이 무성한 시기로, 잎의 뒷면에 포자를 형성하고 있다. 양치식물의 난포자와 정포자를 만드는 배우체는 포자체보다 훨씬 작아 크기는 대략 엄지손톱만 하거나 그보다 작다(그림 18.9). 양치류 배우체의 접합자의 형성 구조를 관찰하기 위해서는 현미경이 필요하다. 양치식물의 포자체는 물관, 체관을 포함한 유관속 조직을 가지고 있으며 뿌리를 형성하나, 배우체는 뿌리와 유관속조직을 갖고 있지 않다.

꽃식물은 극히 작은 배우체 단계를 만드는데, 이 단계는 아주 적은 몇몇 세포에 국한되어 녹화되지 않은 세포형태로 화기내의 포자체에서 관찰된다. 꽃식물 중에서 배우자를 만드는 생활상은 자연상태에서 독립적으로 자랄 수 없고 의존하고 있는 식물체의 포자체 단계에서 만들어진 영양분에 의존한다. 꽃식물의 포자는 종자에 포함된 배로부터 유래된 유묘로부터 발달된다(23장). 어떤 동물은 생존해 있는 동안 몇몇의 매우 다른 형태의 단계(변태라고 알려짐)를 거친다. 그러나 이는 식물에서의 생육상 교체와는 다르다. 동물의 변태(예: 올챙이-개구리)는 염색체의 수가 변하지는 않지만, 식물의 포자체와 배우체 사이의 교체는 접합자 형성과 감수분열로 인해 염색체의 수가 변한다는 특징이 있다. 식물 번식에서 감수분열의 의미에 대한 더 많은 내용은 13장에서 다룰 것이다.

식물과 동물의 또 다른 차이점은 식물은 난자, 정자, 접합자 형성 없이 무성생식이 가능하다는 것이다. 동물에서는 단순한 몇몇 동물만이 **무성생식**(asexual reproduction)이 가능하

그림 8.18 선태 식물 포자체는 배우체(포자체를 달고 있음)와 구조적으로 다르다

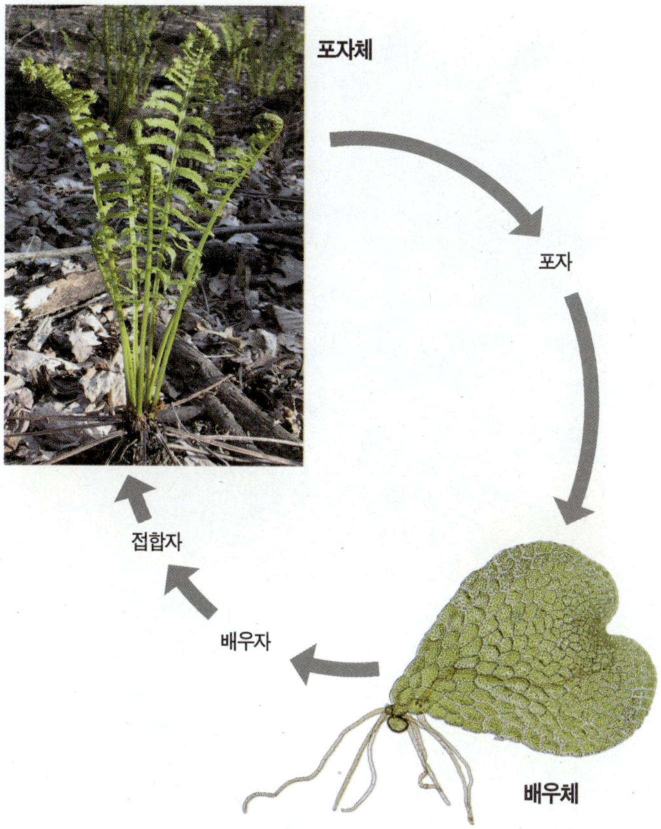

그림 8.19 포자체와 배우체의 구별이 확실한 대표적 식물 고사리 고사리 포자체는 단세포의 포자를 형성하고, 포자는 배우체로 자라게 된다. 포자체보다 작은 고사리의 배우체는 단세포의 배우자를 형성하고 배우자는 짝을 지어 접합자를 만든다. 포자체는 이들 접합자로부터 발육하여 형성된다.

그림 8.20 무성생식 (a) *Kalanchoë*의 소식물. 잎 가장자리에 있는 작은 소식물은 땅에 떨어져 새로운 성숙 식물체로 자랄 수 있다. (b) 딸기 근연종인 *Potentilla*의 포복경을 따라 소식물이 형성되어 있다.

며, 작은 조직이나 특수화된 '눈'으로부터 새로운 성체로 재생하게 되는 반면 많은 식물은 무성적 번식이 가능하다. 복제양 돌리의 예와 같이 무성생식에 의해 생성된 유기체를 영양계(클론)라 하며 이들은 같은 유전적 조성을 가진다. 무성생식의 이점은 특별한 환경에 특히 잘 적응된 유전적 조성의 유기체가 빠르게 퍼져나간다는 것이다(13장). 무성식물에 의한 식물의 한 예로 실내에서 키우는 화분 식물 칼란코에(*Kalanchoë*)를 들 수 있으며, 이 식물을 '임신식물'이라고도 부르는데 그 이유는 칼란코에의 잎 가장자리를 따라 많은 작은 소식물들이 매달려 있기 때문이다(그림 8.20a). 이 소식물은 나중에 떨어져 토양에 뿌리를 정착해서 그들 모체와 유전적으로 동일한 성숙한 개체로 자란다. 잔디와 딸기의 수평줄기는 새 식물의 영양계를 생기게 하고 일부 나무와 관목의 뿌리는 새로운 식물로 재생하는 흡지를 만든다(그림 8.20b). 많은 식물종의 잎, 줄기, 뿌리를 이용해서 온실이나 육묘장에서 번식하고 있다(그림 8.21).

실험실에서 식물의 세포는 체세포 배발생 — 배우자 융합이 아닌 체세포에서 생성된 배 — 으로 알려진 영양계 증식과정을 통해 배를 형성시켜 새로운 성숙한 식물체가 되도록 유도될 수 있다. 체세포 배발생으로 생성된 배는 유성생식에 의해 생성된 것과 유사하다. 체세포 배발생은 당근에서 최초로 관찰되었으나, 지금은 중요한 작물을 비롯한 다양한 종류의 식물에 적용되고 있다.

그림 8.21 무성생식 삽목에 의한 베고니아(위)와 아이비(아래)의 번식.

식물체는 명확한 대칭 구조이며 무한 생장을 한다

종자내에서 배의 발달은 단일 접합자의 분균일한 세포 분화로 시작된다. 이러한 분화는 접합자세포질을 큰 부분과 작은 부분으로 나누게 되며, 그 결과 크기에 따라 각각 차별화된 mRNA를 가지게 된다. 그래서 식물의 초기 단계부터, 식물 배는 동물과 마찬가지로 **정단-기부 극성**(apical-basal polarity)으로 알려진 뚜렷한 위와 아래를 가지고 있다. 둘중의 작은 세포는 계속되어진 분화에 의해서 배로 자라게 되고, 반면에 큰 세포는 "탯줄"의 한 종류로써 남아있게 된다. 모계의 영양분은 발달 중인 배로 공급된다. 이러한 초기 형태는 불균등한 세포 분화가 식물 발달에서 행하는 중요한 역할을 한다는 사실을 입증한다. 식물이 생장 발육하더라도 이러한 초기에 형성된 극성은 계속 유지되며, 위쪽의 줄기와 아래쪽의 뿌리 시스템은 이들 현상을 명백히 입증하고 있다.

외견상 좌우 대칭이며 명확한 앞뒤가 있는 고등 동물과는 달리 대부분 식물은 앞뒤가 명확하지 않다. 잎, 꽃, 꽃송이와 같은 기관과 기관계는 줄기 축 둘레로 흡인원형 즉, 나선 모양으로 자라난다(그림 8.22). 이러한 모양은 매우 정확하게 나타나며 이것을 잎차례라고 한다. 식물체는 배 단계에서 형성되어진 "**방사대칭**(radial symmetry; 서로 같은 반으로 나눌 수 있는 경우)"의 형태를 갖는다. 식물의 방사대칭의 유전적인 근거는 아직 분명하지는 않지만 몇몇 전문가들은 전표피(protoderm: 생장점에 있는 분열조직의 가장 바깥쪽 층)의 끝부분의 발달로 시작되었을 것이라 추정하고 있다. 전표피가 식물의 표피를 만든다는 사실을 감안하면, 이러한 세포에서 진행되는 보호성 표면물질의 생합성을 조절하는 유전자의 발현은 배 조직의 안쪽과 바깥쪽 세포를 구별하게 한다. 이러한 내·외부 조직에서의 방사대칭적인 특징은 성숙된 식물체와 분열조직에서 지속된다. 비록 식물의 줄기와 뿌리가 일반적으로 방사대칭을 보이더라도, 식물체의 몇몇 부분은 좌우대칭 구조를 보여주고 있다. 잎과 대부분의 꽃들이 대표적인 예이다(11, 23, 24장).

동물과 식물체의 또 다른 주요한 차이점은 이들이 갖고 있는 기관의 수와 기관이 생겨나는 시기이다. 동물의 기관수는 발달 초기인 배형성 단계에서 결정되며 성장하면서 변하지 않는다. 예를 들어 사람들은 하나의 심장을 갖고 있고 심장이 아무리 유용하다 해도 새로 생길 수는 없다. 반면 성숙한 대부분의 식물은 배보다 많은 기관이 있다. 예를 들어 꽃식물에서 종자내에 존재하는 배는 한개 또는 두개의 작은 잎(자엽)만을 갖는다. 그러나 식물의 새로운 잎들은 각 생장기마다 생겨나므로 성숙된 식물은 그들의 일생동안 수많은 잎들을 만들어낸다. 많은 식물체는 다수의 줄기와 뿌리를 만들어 내고 심지어 하나의 주된 줄기와 뿌리에서도 아주 많은 분지들을 만들어 낼 수 있다. 생육기간 동안 많은 기관을 생산하는 능력은 식물이 햇빛, 물과 무기물을 효율적으로 모으기 위해 잎과 뿌리 표면적을 조절할 수 있게 하는 능력을 갖게 한다. 커다란 근계를 갖고 있는 큰 나무들이 많은 숲 아래의 그늘진 곳에서 자라는 어린 묘목은 폭풍이나 인간에 의해 큰 나무가 제거되기 전까지는 작은 상태로 수년 동안

ECOLOGY

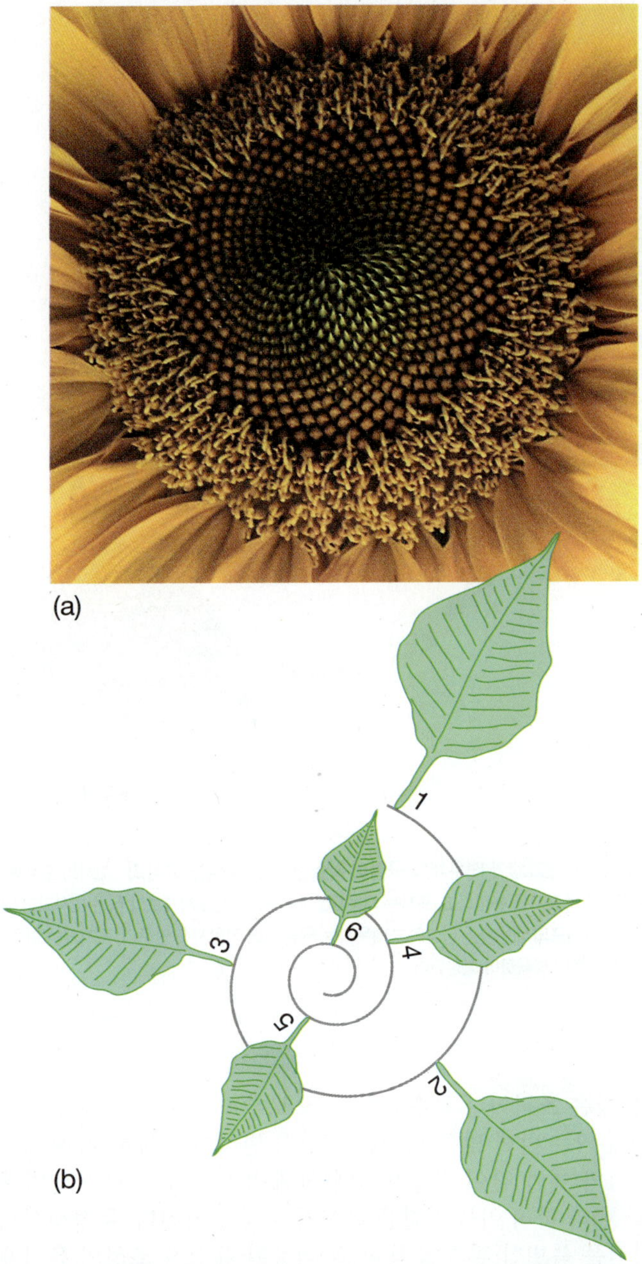

그림 8.22 잎차례 (a) 많은 꽃들이 모여 송이를 이루는 해바라기 꽃은 매우 짧고 조밀한 신초로 선명한 나선형을 이룬다. (b) 식물체 부위에서 신초가 길어져 멀리 위치하게 되면 나선형은 선명하지 않으나 자세히 관찰하면 볼 수 있다. *Poinsettia* 줄기에 붙어 있는 잎은 나선형을 이룬다. 가장 아래에 있는 잎이 #1이다.

을 유지한다. 큰 나무가 제거되면 빛과 토양수분, 무기물을 쉽게 접합 수 있어 잎과 뿌리를 빠르게 생성함으로써 크게 자랄 수 있다.

마찬가지로 식물에서 생성된 많은 생식 기관(꽃식물인 경우 꽃, 열매와 종자)은 동물처럼 배형성 단계에서 미리 결정되는 것은 아니다. 대신, 식물에 의해 생겨나는 많은 생식 기관은 환경에 의해 좌우된다. 그래서, 유한생장을 하는 동물과는 달리 식물은 주로 무한생장을 한다. 그러나 식물 생장 역시 유전적 제어를 받는다. 예를 들어 좀개구리밥은 대부분의 다른 식물과는 달리 많은 잎이 생겨나지 않으며 커다란 삼나무 만큼 크게 자랄 수도 없다.

요점

8.1 식물은 다세포로 구성된 다양한 구조를 갖고 있어 서로 다른 환경조건에 적응이 용이하다. 식물의 생장은 새로운 세포들의 생성과 비대에 의해 이루어진다. 식물의 발육은 하나의 생식세포 또는 아주 작은 식물체의 한 부분이 다양한 형태의 특수화된 세포, 조직, 기관들을 포함하는 다세포 형태로 변하는 과정이다.

8.2 잎, 줄기, 뿌리는 식물의 단순기관이다. 눈, 꽃, 과일, 종자 등은 식물의 복합기관이다. 줄기와 뿌리를 기관계라 한다. 식물생장과 식물체 형성은 (1) 일차 분열조직과 이차 분열조직의 세포분열 활성 (2) 분열 후 세포신장 (3) 분화에 의해 발달한 특수화된 세포유형에 의해 결정된다. 세포분열이 일어나는 제한된 부분을 분열조직이라 한다. 일차 분열조직은 일차 식물조직을 만들어냄으로써 식물의 초장이나 길이를 증가시키고, 잎과 가지를 만든다. 일차 분열조직으로부터 분화하는 일차조직계에는 세종류 즉, 표피조직, 유관속조직, 기본조직이 있다. 유조직, 후각조직, 후벽조직은 하나 또는 두 종류의 세포로 구성되어 있는 단순 일차조직의 한 예이다. 이차 분열조직은 목재나 나무껍질을 만들어내어 식물 둘레를 증가시킨다. 후벽조직, 섬유, 섬모, 분비세포 등은 꽃식물에 존재하는 40여종의 특수화된 세포 중의 한 종류들이다. 세포의 특수화는 불균등 세포분열 또는 세포의 특정 부분에만 영향을 미치는 외부요인에 의해 유도된다. 세포형태의 분화는 유전자의 차등발현에 의해서 일어난다. 식물체내에서 생합성되는 화합물(호르몬) 뿐만 아니라 외부에서 공급되는 화합물 또는 물리적요인(빛, 온도 등)은 세포와 조직의 분화 뿐만아니라 식물생장에도 영향을 미친다.

8.3 식물체는 접합자와 포자 또는 무성생식체로부터 분화 발달한다. 유성생식을 하는 식물은 두 가지 형태의 독특한 생식기관을 갖고 있다. 접합자로부터 발달한 포자체는 포자를 만든다. 포자로부터 발육한 배우체는 배우자를 만들고 접합자를 형성하기 위해 짝을 짓는다. 이와같이 구조적으로 상이한 이들 두 생식체는 식물의 생물주기 동안 교대로 나타난다. 실험실에서 식물의 배는 접합자 단계를 거치지 않고 비생식기관으로부터 유도되기도 한다. 대부분의 동물과 달리 많은 식물종들은 모체에서 분리된 작은 단편으로부터 무성생식에 의해 번식이 가능하다. 반면 동물과 유사하게 성숙한 식물과 식물의 배는 상-하부로 구분되는 극성현상을 보인다. 식물체는 방사상 또는 나선형의 잎(또는 가지) 발생의 특성(잎차례)을 갖고 있다. 따라서 동물의 좌우대칭의 구조적 특성을 보이는 것과는 달리 식물은 방사대칭 구조를 보인다. 그러나 잎은 몇몇 꽃과 마찬가지로 좌우대칭이다. 식물의 그들의 일생동안 꾸준이 새로운 기관을 만들어 내는 무한생장특성을 갖고 있다. 반면 동물은 성장기동안에도 새로운 기관을 만들어내지 못하는 유한생장특성을 보인다.

문제

1. 세 가지 기본 식물기관은 무엇이며, 이것을 지상계와 지하계로 어떻게 나눌 수 있는가? 세 가지 기본 식물기관의 혼합체인 좀더 복잡한 식물기관의 예를 몇 가지 들어라.

2. 일년생, 이년생, 다년생 식물의 특징을 구분하라.

3. 원형질연락사는 무엇이며, 왜 이것은 서로 접해 있는 세포사이의 단순한 구멍 그 이상일까? 합포체 연속성이란 무엇인가? 1차 원형질연락사와 2차 원형질연락사를 구분하라.

4. 식물은 일생을 통해 다양한 분열조직을 만든다. 분열조직이란 무엇인가? 일차 분열조직, 정단 분열조직, 이차 분열조직에 대해 자세히 설명하라. 관다발 형성층과 코르크 형성층은 분열조직인가?

5. 식물과 동물세포 둘 다 세포질의 양이 증가함으로써 크기가 커진다. 동물에는 없지만 식물이 갖고 있는 세포생장의 다른 의미를 설명하시오.

6. 식물과 동물은 많은 동일한 생화학적, 유전적인 과정을 공유함에도 불과하고 두 그룹 사이에는 놀라운 차이점이 있다. 예를 들어 식물과 동물의 생활 주기에서 포자체와 배우체를 확실히 구별하여 차이점을 논하라. 동물은 생활 주기에서 이러한 형태를 갖는가? 유성생식뿐 아니라 식물이 번식하는 일반적인 수단을 논하라. 동물은 이러한 방법으로 번식하는 능력을 갖는가?

응용 개념

1. 식물조직내의 세포들은 원형질연락사를 통해 세포질들이 서로 연결되어 있다. 식물에서 세포질 연결의 장점과 단점을 서술하시오.

2. 식물은 포자체와 배우체로 구별 될 수 있다. 이끼와 고사리 및 꽃식물에서 이들 두 종류를 구별하여 설명하시오.

3. 일부 식물들은 무성생식을 통해 번식할 수 있다. 이들 무성 생식을 실험실에서의 체세포 배발생과 비교해 설명하시오. 자연적인 무성생식과 인간에 의해 조작된 무성생식, 이들 두 과정의 유사점과 차이점은 무엇인가?

9 장 줄기와 물질 수송

산림기부

주요 개념

- 줄기는 눈, 잎, 꽃 및 과일 또는 구과를 가진 식물기관이다.
- 줄기는 식물의 길이, 표면적 및 중량을 증가시킨다.
- 줄기는 잎과 뿌리 사이에 물, 무기염류 및 유기화합물을 수송한다.
- 일부 식물의 줄기는 양분 저장이나 광합성 기관으로서의 기능을 수행한다.
- 초본 식물은 재나 수피가 없는 줄기를 가진다.
- 목본 식물 – 관목, 교목 및 덩굴성 목본 식물–의 줄기는 보호기능을 가진 두꺼운 수피를 가진다.
- 재는 식물의 부패 저항성, 강한 지지 작용 및 많은 수분 수송 능력을 제공한다.

네바다와 캘리포니아 삼림에 생육하고 있는 브리스톨콘 소나무는 5,000년 이상 된 세계에서 가장 오래된 나무이다. 반면, 미국 동부의 가장 흔한 나무인 당단풍과 red oak의 최고 수령은 400년 이하이다. 동부 숲의 나무는 곤충과 병원균에 의한 공격이나 얼음과 폭풍에 의해 쉽게 피해를 입는 것 같다. 그러나 최근 과학자들은 대부분의 자연림이 170년 밖에 되지 않은 북미 동부지역에서 놀라울 정도로 오래된 나무를 발견했다. 많은 이들 고대 나무들은 절벽, 습지 또는 접근이 어려운 장소에 숨겨져 왔다. 일부는 보호를 원하는 지주에 의해서, 군사 기지에 위치하거나 또는 보호림에 위치함으로서 보호되었다. 예를 들어 북부 캘리포니아의 벌목꾼은 현재 1,700~2,000년 된 습지의 단순한 삼나무 숲을 지나쳤다. 온타리오에서 일부 고령의 노송나무는 수령이 수천년이 넘는다고 입증되었다. 유사한 연대의 삼나무가 동부 테네시의 강변에서 서식한다는 것이 보고되고 있다. 이들은 벌목꾼의 접근이 어려운 가파른 절벽 서식지 때문에 살아남았다. 거의 700년 이상된 니사나무가 뉴햄프셔 습지에서 발견되었다. 가장 오래된 것으로 알려진 pitch pine이 1617년부터 뉴욕 북부의 산등성이에서 자라고 있다.

이들 오래된 나무는 가뭄이 5년간 지속된 것과 같은 과거 기후 스트레스의 증거를 제공해 준다. 한번의 극단적인 가뭄이 1850년 대에 버지니아주 Roanoke 섬에 이주한 최초의 영국인들의 소멸과 일치하며, 이것은 아마 정착 실패를 설명해 주고 있다. 이들 나무는 과거 혹독한 사건에서 다시 일어날 수 있었기에, 오늘날 더 많은 물을 필요로 하고 있는 많은 인류에게 파괴적인 영향을 가지고 있는 과거의 기후 상황의 증거를 제공한다. 나무는 지속적인 물 공급을 위한 조심스런 계획이 필요하다고 하는 경고를 보낸다.

아마츄어 나무 애호가는 많은 매우 오래된 나무를 발견하였다. 그 사람들은 그들의 열정을 모아 오래된 나무가 생존해 있을 가능이 높은 보호된 지역을 찾기 위해 열성적으로 찾아 헤맨다. 전문가들과 협조하여 아마추어는 고대 나무의 위치를 아는데 필수적이다. 그러나 종종 그들의 수색은 불행하게 끝난다. 보호되지 않은 곳에서 벌목이 지속됨으로서 점차 고대 나무의 그루터기만 발견된다. 나무 둥치는 이장의 주제인 식물 줄기의 예이다. 이 장에서는 나무의 목본 줄기를 포함한 줄기의 구조와 기능을 알아본다. 이런 지식은 산림 생태와 식물 줄기의 용도를 이해하는데 유용하다. ■

9.1 | 줄기는 다양한 기능을 가진 기본적인 식물 기관이다

유관속 식물은 유관속 조직(물관부와 체관부)으로 구성된 통도 시스템을 가진 식물이다. 유관속 식물은 선태식물을 제외한 모든 육상식물을 포함한다(그림 9.1). 유관속 식물의 진화 동안 줄기는 잎과 뿌리보다 먼저 나타났다. 이에 대한 증거는 가장 오래된 유관속 식물의 화석이 줄기를 가지고 있으나 잎과 뿌리가 없다는 사실이다. 실제 줄기를 가졌으나 잎과 뿌리가 없는 여러 종류의 식물이 수억년 전에 살았으며 화석을 남겼다(그림 9.2). 식물 줄기는 높은 리그닌 함량이 미생물에 의한 부패를 방지하기 때문에 종종 화석화 된다. 화석 식물 줄기(그림 9.3)는 유관속 식물의 진화 과정을 추적하고, 유관속 식물이 어떻게 진화해 왔는지를 이해하는데 매우 유용하다. 그러한 화석과 점점 축척되는 DNA 증거는 줄기로부터 잎과 뿌리가 진화되었음을 제시하고 있다(21장). 현재의 유관속 식물의 기관 중 줄기는 가장 오래되고 기본적인 기관이다. 이것이 10장과 11장의 뿌리와 잎보다 앞서 줄기를 설명하는 이유이다.

EVOLUTION

줄기는 대부분의 식물에서 필수적인 기관이다. 뿌리, 눈, 잎, 과실과 꽃 또는 구과와 같은 다른 모든 기관 또는 기관계는 줄기에 붙어 있다. 가지는 잎과 아린(비늘눈)이 붙어 있었던 뚜렷한 흔적을 가진다(그림 9.4). 줄기는 정단 분열조직의 활동에 의해 식물의 키나 길이, 중량 및 표면적의 증가를 가능하게 한다. 경정 분열조직(shoot apical meristem)은 줄기나 가지의 선단에서 새로운 조직을 생성하는 한정된 세포분열 부위라고 하는 8장을 상기하라. 정단 성장은 식물이 햇빛 방향으로 자라게 한다. 식물 줄기는 보통 가지를 형성하여 잎과 생식구조의 부착이 가능하도록 표면적 양과 중량을 증가시킨다. 줄기에 붙어있는 더 많은 잎은 보다 많은 양의 빛을 광합성에 이용할 수 있다. 더 많은 꽃과 과실 또는 구과는 식물의 생식 능력을 증가시킨다. 또한 줄기는 양분을 저장하고, 때로는 광합성 기관으로 기능을 수행 한다(Essay 9.1, "신비롭고 훌륭한 줄기").

줄기는 뿌리에 의해 토양으로부터 흡수된 물과 무기염류를 잎으로 수송하고, 잎에서 이들 물질은 광합성에 이용된다. 또한 줄기는 잎에서 생산된 당을 대사와 성장 연료로 당이 필요한 뿌리와 다른 장소로 수송한다. 수송은 특수화된 조직인 물관부와 체관부에서 일어난다. **물관부**(xylem)는 물, 무기염류 및 어떤 유기화합물을 수송한다. **체관부**(phloem)는 수용액에 상태로 유기화합물을 수송한다. 목부는 특수화된 수분 수송 세포인 **가도관**(tracheid)과 **도관절세포**(vessel element)의 벽에 강하고 방수성의 화합물인 목질소의 존재로 정의 된다(그림 9.5). 또한 **목질소**는 유관속 조직에 지지 기능을 제공하는 섬유소의 벽을 강화시킨다(그림 9.5를 보라). 목질소는 페놀 화합물로 구성된 매우 강한 중합체이다(3장). 목질소는 식물의 유관속계에 강도, 압축 저항 및 방수 기능을 제공한다. 식물의 유관속계는 목질소 덕택에 수송계로서의 기능뿐 만 아니라 구조적 지지를 유지한다. 유관속 식물은 물관부와 체관부가 존재하기 때문에 진정한 줄기를 가진다고 말한다. 이끼는 잎과 유사한 부속기관이 있는 줄기와 유사한 구조를 가지고, 때로는 물관부와 체관부를 닮은 수송조직을 가지고 있다. 그러나 이끼와 다른 선태식물은 초기에 진화된 이들 식물이 목질소가 존재하지 않기 때문에 진정한 줄기, 잎, 뿌리가 없는 비관속 식물로 간주된다.

9.2 | 통도조직의 구조는 그들의 기능을 설명하는데 도움을 준다

옥수수 또는 거대한 삼나무의 꼭대기까지 당과 무기염류를 함유한 물을 수송하기 위해 식물은 어떻게 그 문제를 관리하는가? 이 질문에 대한 해답을 얻기 위해서는 우선 줄기 내에 세포와 조직이 어떻게 배열되어 있는가에 대한 이해가 필요하다. 생물학에서 일반적인 법칙이 있는 것처럼, 구조는 생물의 기능을 설명하는데 도움을 준다. 구조와 기능의 통합된 고찰은 유관속 식물의 독특한 구조를 설명한다.

식물의 통도조직은 유관속에서 볼 수 있다

초본류의 줄기와 어린 목본 식물 줄기에서, 물관부와 체관부 조직은 정단분열조직(apical meristem)의 활동에 의해 형성된 선구조직(전형성층, procambium)에서 분화된다(8장). 이렇게 형성된 성숙한 통도조직(conduction tissue)을 **1기물관부**(primary xylum)와 **1기체관부**(primary phloem)라 한다. 이러한 1차 통도조직들은 긴 **유관속**(vascular bundle)내에 서로 인접하여 위치하고 있다(그림 9.7). 유관속은 흔히 견고한 지지조직(후벽조직, sclerenchyma)에 의해 싸여져 있으며, 다양한 비통도조직(non-conduction tissue)에 의해 분리되어 있다. 어린 옥수수 줄기의 횡단면을 얇게 자르면 줄기 전체에 산재되어 있는 유관속을 관찰할 수 있다(그림 9.8a). 이러한 유관속 형태는1개의 자엽을 가진 식물인 단자엽 식물로 분류되는 가진 풀과 여타 식물의 전형적인 형태이다. 이에 비해 두 개의 자엽을 가지고 있는 알팔파와 많은 다른 쌍자엽 식물은 환상으로 배열된 유관속을 가진다(그림 9.8b). 어떤 식물은 상당히 완전한 원통형을 이룬 유관속 조직을 가지고 있으며, 각 유관속은 매우 작은 비유관속조직에 의해 분리되어 있다(그림 9.8c). 물관부와 체관부에 있는 통도 세포는 송유관과 같이 양 끝이 연결되어 있다. 한 식물체의 유관속 조직은 정수장에서 각 가정으로 연결된 수도관처럼 유관속조직은 뿌리에서 뻗어 나와 줄기를 통해 가지, 잎 그리고 다른 기관까지 모두 연결되어 있다(그림 9.9).

살아있는 체관부 조직은 수용액 형태로 유기화합물을 수송한다

체관부 조직은 **사세포**(sieve cell)나 양 끝을 가진 **사관절**로 구성된 **사요소**라고 하는 파이프라인 구성요소를 포함하고 있다(그림 9.10). 사요소는 사판(sieve plates)이라고 하는 구멍을 가진 끝 벽을 가진다. 이 구멍은 인접한 식물 세포의 벽을 관

그림 9.1 유관속 식물은 진정한 줄기를 가진다 (a) 석송, (b) 고사리, (c) 나자식물, (d) 꽃식물은 목질소 피복을 가진 수분 통도 세포의 유관속계를 가진다. (b)에서 고사리 줄기는 두 그루의 어린 잎 사이에 확장되어 보이는 어두운 수평 구조이다. 이끼 식물이 그 위에 자라고 있다.

통하는 세포들 간의 통로인 원형질연락사의 확장으로 발달한다. 사판의 구멍은 직경이 1~15μm이고, 줄기 조직의 절편을 광학현미경으로 관찰할 때 쉽게 관찰할 수 있다. 사요소의 끝벽에 있는 구멍은 수용성의 설탕과 다른 유기분자를 함유한 사액을 한 세포로부터 다음 세포까지 자유롭게 이동되게 한다(그림 9.11). 체관부는 사요소의 기능을 수행하는데 필수적인 **동반세포**(companion cell)를 포함하고 있다(그림 9.11). 지지기능을 수행하는 체관부 유세포와 섬유는 체관부조직의 부가적인 구성요소이다.

체관부 사요소는 성숙시에 살아 있고 세포벽, 소포체, 색소체 및 미토콘드리아를 포함하고 있다. 그러나 핵과 다른 세포 구성요소는 발생 동안에 분해되어 성숙한 세포에서는 존재하지 않는다. 이러한 구조물의 제거는 사액이 체관요소를 통해 흐르기 위해서는 필수적인 것으로 보인다. 이 기능을 위해 사요소는 핵을 가지고 있으며 원형질연락사를 통해 물질을 사요소로 공급하는 인접한 동반세포의 도움이 필요하다. 동반세포와 사요소는 자매세포이고, 이들은 같은 전구세포의 불균등분열에 의해 발생된다(그림 9.12).

사요소가 동반세포에 의존하는 예는 식물이 절단되거나 상처를 가 났을 때 관찰할 수 있다. 이런 경우, P 단백질(체관 단백질) 덩어리가 사요소의 사판을 따라 "점질성 마개"를 형성한다(그림 9.11). 이 마개는 동물의 혈관계에서 혈액의 소실을 감소하기 위해 응고하는 것처럼 사액의 소실을 방지하는 기능을 수행한다. 또한 P 단백질은 미

그림 9.2 많은 초기 유관속 식물은 목부를 가진 진정한 줄기를 가지고 있으나 잎과 뿌리가 없다 이 그림은 단편적인 화석을 근거로 한 초기 유관속 식물을 재구성한 것이다.

생물의 세포벽 구성성분과 결합하고 상처을 통한 미생물의 감염 방지를 도운다. 사요소는 P 단백질을 생산할 수 있는 mRNA가 없다. 그래서 mRNA나 P 단백질은 동반세포에서 제공된다. 또 다른 상처의 반응은 사액의 누수 방지를 도와주는 탄수화물인 캘로스의 침전이다.

그림 9.3 화석줄기 석질화(광물질이 스며들었다)된 줄기의 절편은 침엽수이다.

체관은 공급원에서 수용원까지 당을 수송한다

줄기의 체관부는 뿌리, 잎 그리고 다른 식물 기관의 체관부와 연결되어 있다. 그래서 체관부는 식물의 장거리 수송체계를 제공한다. 체관부에서 수송의 방향은 유기분자의 공급원에서 유기분자가 사용되는 수용원으로 이동한다. 그래서 체관부에서 물질의 이동 방향은 공급원에서 수용원 쪽이라고 설명한다. 예들 들어, 잎에서 생성된 당은 유기양분이 필요한 뿌리로 이동된다. 당은 또한 광합성 장치가 완전히 성숙하지 않은 어린 잎과 꽃, 과일 및 감자와 같은 양분을 저장하는 괴경에 필요하다. 줄기 체관부를 통해 이들 장소로 수송된 당은 광합성 세포에서 만들어 졌거나 저장된 전분이 분해된 것들이다.

당은 어떻게 체관으로 들어가는가? 일부 식물에서는, 당을 생산하는 세포로부터 직접 사요소로 적재되거나 원형질연락사를 통해 동반세포를 경유하여 간접적으로 적재된다. 이러한 과정을 **원형질체 적재**(simplastic loading)라고 한다(그림 9.13a). 원형질체라고 하는 이 연속체는 당과 다른 물질을 세포막이나 세포벽을 통과하지 않고 한 세포로부터 다른 세포로 쉽게 이동시킬 수 있다. 다른 식물들은 세포간극에서 일어나는 체관부의 **탈원형질체 적재**(apoplastic loading)를 가진다(그림 9.13b). 살아있는 세포 안으로 당의 탈원형질 적재는 세포막 수송 단백질이 필요하다(4장을 참조). 당이 세포막을 통

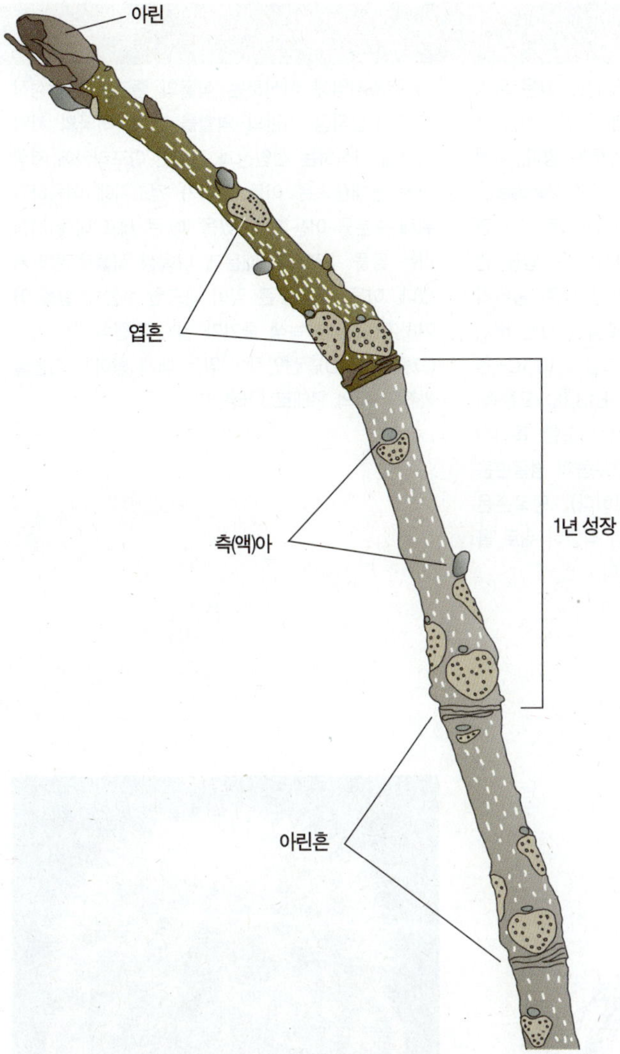

그림 9.4 가지 표면에 잎과 비늘눈이 붙어 있었던 흔적을 가진다

과할 때 종종 ATP 형태의 에너지가 필요하다. 체관에서 채취한 사액은 설탕이 가장 많이 수송된 당이라는 것을 나타내고 있으나 일부 다른 당, 다른 유기화합물 및 이온들이 장거리 수송을 위해 체관부 안으로 적재될 수 있다.

체관부내에서 유기화합물을 이동시키는 힘은 **압류설**(pressure flow 혹은 mass flow)로 알려져 있고, 삼투현상과 세포의 수분 포텐셜에 바탕을 둔다(4장을 보라). 삼투현상은 용질 농도의 차이에 대한 반응으로 막을 통한 물의 이동이다. 물은 물관부 주변 조직에서 높은 당 농도를 가진 잎의 사요소 안으로 쉽게 이동한다. 그러나 단단한 세포벽이 세포확장을 막아 사요소 내에 정수압을 형성한다. 이 압력은 당이 풍부한 사액이 연속적인 사관의 다음 요소로 이동하게 하는 원인이다(그림 9.14). 당은 사관으로부터 사액보다 당 농도가 낮은 세포로 이동하고, 이것은 농도가 높은 곳에서 낮은 농도로 당의 흐름을 유지하도록 도와준다. 사액의 흐름은 사관요소에 따라 당 농도의 차이가 존재하는 한 지속될 것이다.

죽은 물관부 조직은 물의 수송을 촉진시키는 구조이다

물관부 조직에서 수분 수송 세포의 구조는 물과 용존 무기염류가 어떻게 물관부에서 그렇게 빠르게 이동될 수 있는지에 대한 이해를 돕는다. 꽃식물의 물관부 조직은 대개 두 종류의 신장된 세포 — 가도관과 도관절세포를 포함한다. 꽃이 없는 관속식물과 어떤 꽃식물은 수분 수송을 위해 일차적으로 가도관을 이용한다. 가도관과 도관절세포는 예정된 세포질 죽음이 진행된다(그림 9.15). 이 과정 동안 세포질은 소실되고, 파이프와 같이 세포벽만 남게 된 속이 빈 세포를 통해 물의 흐름이 용이하게 된다.

가도관은 도관절세포에 비해 가늘고 물이 쉽게 흐를 수 있도록 긴 열을 이룬다(그림 9.16a). 이들의 끝 벽은 가늘어져서 중첩되어 있다. 도관절세포 양 끝 벽에 많은 구멍이 있으며, 도관으로 알려진 송유관 같은 배열을 이루도록 연결되어 있다(그림 9.16b). 가도관과 도관절의 측벽은 목질소에 의해 강화되고, 방수된다. 목질소 피복은 완전하지 않으나 일기 물관부에 나선형 또는 환상으로 나타난다(그림 9.5a를 보라). **벽공**(pits)으로 알려진 작고, 둥글며 목질화 되지 않은 벽 부분이 후에 형성된 물관부에서 나타난다(그림 9.16). 벽공은 수분 통도 세포의 내벽을 통해서 내외로 물이 이동한다. 펙틴은 세포의 측벽을 통해 통과하는 물의 무기염류 함량에 대한 반응으로 수축하거나 팽창함으로서 물 흐름의 조절을 도운다(4장을 보라).

물과 용질은 증산의 결과로 줄기를 통해 이동한다

일부 예외가 있기는 하지만 대부분의 식물은 토양으로부터 물과 무기염류 흡수하고, 이 무기염류는 뿌리 물관부를 경유하여 줄기로 이동한다(10장). 줄기 물관부의 주 기능은 물과 무기염류를 다른 기관으로 수송(transportation)하는 것이다. 물은 대부분 기공을 통한 식물 표면으로부터 물이 증발하는 증산의 결과로 물관부에서 이동한다. 물의 흐름은 식물의 각 물 분자가 표면에서 소실될 때 세포 내부에서 다른 물 분자에 의해 보충되고, 결국 가까이에 있는 물 분자들끼리 서로 잡아 당기는 힘에 의해서 물을 상승시킨다. 이 과정을 응집력-장력이라 하고 11장에 보다 상세히 설명한다.

봄에 성장하는 새가지에 의해 증가된 당의 요구를 충족시키기 위해 물관부는 또한 종종 시럽을 만들기 위해 채취되는 설탕 수용액을 수송한다. 낮은 따뜻하지만 밤은 여전히 추울 때 나무는 줄기 세포에 저장되어 있는 전분을 당으로 전환하여 물관부를 통해 상승시켜 잎과 꽃눈의 성장에 필요한 것을 공급한다. 단풍나무는 특히 물관액의 좋은 원천이며, 사탕단풍림으로 대규모로 식재하여 재배하고 있으며, 단풍나무의 시럽을 생산하기 위해 채취하고 있다(그림 9.17). 사탕단풍나무로부터 나무에 피해를 주지 않고 매년 년간 150리터의 시럽을 수확할 수 있다.

ESSAY 9.1 신비롭고 훌륭한 줄기

많은 종류의 줄기들은 예상하지 못한 장소나 형태 및 다양한 기능을 나타내기 때문에 쉽게 줄기로 인식되지 않는다. 그렇지만 특이한 줄기에 익숙해지면 조경용으로나 실내 화초용으로, 그리고 식물이 자연에서 어떠한 역할을 하는지 이해하는데 매우 유용하다.

수평으로 기어가는 줄기를 예로 들어보자. 종종 뿌리로 오해하는 이들 줄기는 극단적인 기후나 배고픈 동물로부터 연약한 정단분열조직을 보호하기 위한 적응 방식인 토양 표면의 위 혹은 아래에서 지면과 평행하게 자란다. 잔디가 수평면과 접하는 줄기를 가지고 있다는 사실은, 잔디를 죽이지 않고 베거나 자를 수 있고, 또는 혹한의 겨울이나 더운 여름의 열기에 어떻게 생존할 수 있는지를 설명해 준다. 수평 줄기를 형성하는 식물은 빠르게 확산되고, 이것이 작은 부분의 왕바랭이 속 식물이 빠르게 잔디밭을 점령할 수 있게 한다.

잔디가 수평면과 접하는 줄기를 가지고 있다는 사실은, 잔디를 죽이지 않고 베거나 자를 수 있고, …

지면을 따라 자라는 수평줄기를 가진 딸기는 포복경으로 알려져 있다. 붓꽃은 지표면 바로 아래를 기면서 자라는 수평줄기를 가진 식물이며, 이들 줄기는 지하경이라 한다(그림 E13.1A). 붓꽃의 지하경은 적절한 성장을 촉진하고, 혼잡을 줄이기 위해 여러 해 동안 생장한 뒤에는 반드시 지하경을 파서 나누어야하는 사실과 많은 사람들이 친숙하다. 글라디올러스속, 크로커스 및 시클라멘은 구경으로 알려진 지하경을 가진 인기 있는 화초 식물이다(그림 E13.1B). 구경은 발생 및 성장할 때 사용하기 위한 양분을 저장하고 있는 지하 저장 줄기이다. 반면 외형상 구경과 유사한 인경은 짧은 줄기에 밀생하는 두껍고 무색의 양분저장 잎을 가진 큰 눈이다. 인경을 형성하는 친숙한 식물은 양파, 수선화, 그리고 나르시수스(*Narcissus*)가 있다. 인경을 반으로 자르면 구경에는 존재하지 않는 잎을 관찰할 수 있다. 다른 식물, 울타리 그리고 지지 구조물을 감는 버지니아 덩굴식물(그림 E13.1C-왼쪽)과 포도(그림 E13.1C-오른쪽)의 덩굴손(tentrils) 또한 특이한 줄기의 예이다(완두콩의 덩굴손은 잎이 변형된 것이다). 덩굴손은 목재의 생산 없이 식물이 위로 올라갈 수 있게 한다.

건조지역에 서식하는 식물의 줄기는 광합성작용과 수분저장 기관의 역할을 한다. 미국의 사막지대에 서식하는 선인장과 건조한 아프리카에 서식하는 등대풀속은 이들 줄기가 건조기에 이용하기 위해 수분을 이용할 수 있을 때 큰 세포 내에 저장하는 물을 축적하기 때문에 다육성 식물로 알려져 있다. 이들 식물의 큰 잎이 과도한 수분 손실을 야기하기 때문에 녹색 줄기가 일차 광합성 기관이다(그림 E13.1D). 선인장의 잎은 대개 방어적 기능을 가진 가시의 형태로 나타난다.

E9.1B 글라디올라스 구경

E9.1D 배럴 선인장

E9.1A 붓꽃 지하경

E9.1C 버어지니아 덩굴풀과 포도의 덩굴손

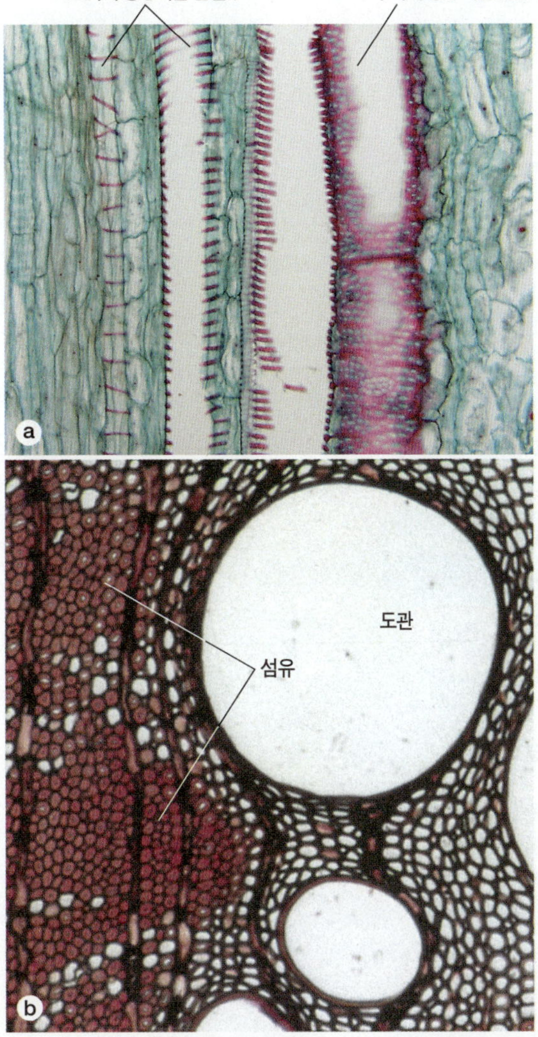

그림 9.5 물관부 가도관, 도관절 및 섬유는 목질소 피복을 가진다 목질화된 벽은 이 표본에서 붉게 염색되어 있다. (a) 호박의 유관속 조직. 1기 물관부의 초기에 형성된 세포는 대개 식물이 길이 생장을 할 때 세포의 확장이 가능하도록 환문 또는 나선문 벽을 가진다. 줄기가 신장을 멈출때 보다 심하게 목질화 된 벽공을 가진 물관부 세포가 생성된다. 이들 세포는 견고하고 길어지지 않는다. (b) Red oak 목재의 도관절과 섬유는 심하게 목질화 된다(세포의 구조적 강도를 설명하는).

목재와 수피는 2차 분열조직의 활동에 의해 형성된다

많은 식물은 재나 수피가 없거나 소량만 생성하고, 전 생활사 동안 초본성을 유지한다. 반면에 목본 식물은 **유관속형성층**(vascular cambium)과 **코르크형성층**(cork cambium)의 두 가지 분열조직 활동에 의해 목재 조직과 수피를 생성한다. 이들 분열조직은 식물의 둘레를 증가시키는 한정된 세포 분열 부위이다(그림 8.8을 보라). 나무줄기의 둘레 증가는 **2기 생장**(secondary growth)이라고 하는 과정이다. 유관속 형성층과 코르크 형성층은 **2기 분열조직**(secondary meristem)이다. 1차 정단 분열조직의 활동에 의한 1차 생장이 식물의 키나 길이가

그림 9.6 이끼는 잎과 줄기 같은 구조를 가지고 있으나 목질화된 통도조직과 줄기나 잎이 없다

늘어나는 과정이라는 것을 상기하라. 모든 식물은 1차 분열조직을 가지고 있기 때문에 1차 생장은 모든 식물의 특성이다. 반면 2차 생장은 2기 분열조직을 가진 식물에서만 나타난다. 비록 초본성 식물이 소량의 재를 형성하지만 목본 식물이 많은 2차 생장을 하고 표면은 수피로 덮인다. 목본 식물은 하나 또는 소수의 줄기를 가진 **나무**(tree), 많은 줄기를 가진 **관목**(shrub), 목본성 **덩굴식물**(liana)을 포함한다(그림 9.18).

유관속 형성층은 재와 내수피를 생산한다 목본 식물에서 유관속형성층은 유관속 내의 물관부와 체관부 사이에 위치한 분열조직(유관속 내 형성층)과 인접한 유관속 사이에 위치한 분열조직 세포(유관속 간 형성층)가 융합되어 형성된다(그림 9.7, 9.19). 성숙한 유관속 형성층은 원통형을 이룬다. 유관속 형성층은 내측으로 **재**(wood)라고 하는 목질소가 풍부한 **2기 물관부**(secondary xylem)를 생성하고, 외측으로 내수피를 구성하는 **2기 체관부**(secondary phloem)를 생성한다(그림 9.20)(풀과 다른 단자엽 식물은 유관속 형성층을 포함하는 2기 생장을 하지 않는다).

유관속 형성층에는 2가지 종류의 세포 — 수직으로 신장된 **방추형시원세포**(fusiform initial)와 입방형의 **방사조직시원세포**(ray initials) — 가 있다(그림 9.21). 방추형시원세포의 분열은 줄기의 안쪽으로 2기 물관부 — 2기 가도관과 도관절 — 를 생성하고, 줄기 표면쪽으로 사요소와 같은 2기 체관부를 생성한다. 2기 물관부는 2기 체관부보다 더 많이 생성된다. 두꺼운 원주형의 목재의 증가는 유관속형성층 주변의 증가가 요구되고, 세포 분열에 의한 새로운 유관속형성층 세포의 첨가가 필수적이다.

방사조직시원세포는 방사조직 유세포와 방사가도관을 생산하고, 이들은 함께 **방사유관속 조직**(vascular rays)을 형성한다(그림 9.22). 방사조직은 전분, 단백질, 그리고 지질을 저

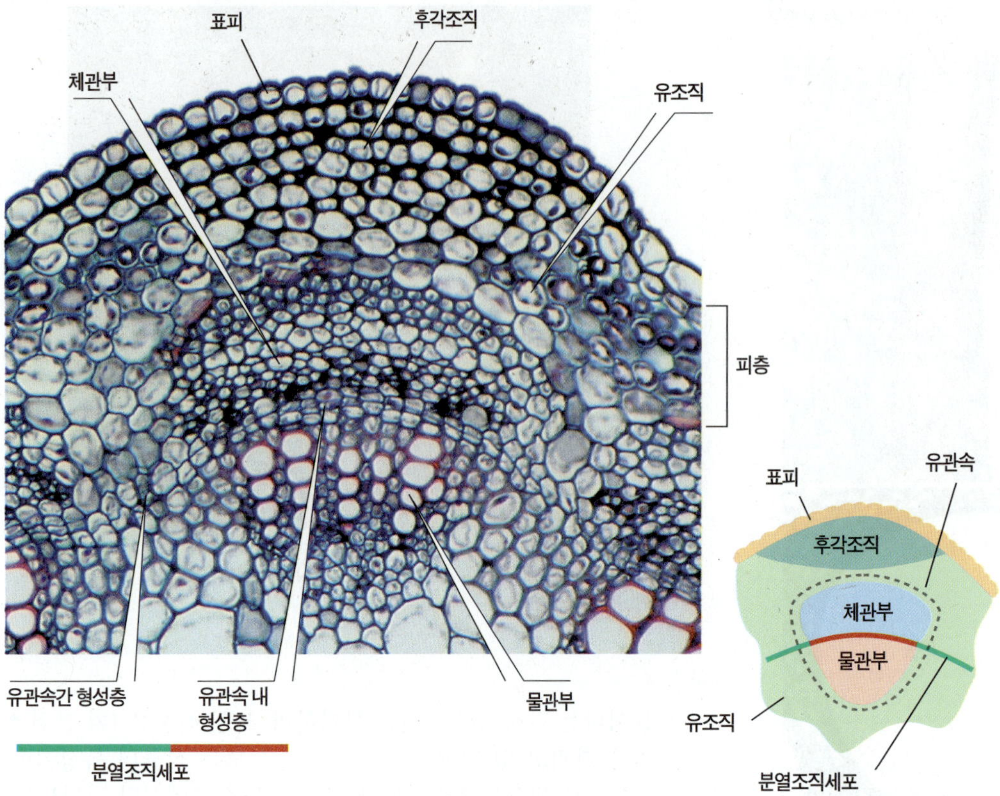

그림 9.7 유관속 알팔파(*Medicago sativa*) 줄기의 확대도에서 한 개 유관속의 물관부와 체관부가 표피와 유관속 사이 부분인 피층을 따라 볼 수 있다. 고랑이 진 줄기 부분에서 표피 아래쪽의 후각세포는 줄기의 지지를 담당한다. 안쪽 피층 (유관속 가까이)은 대개 광합성을 수행하는 유세포로 구성된다. 분열활동이 남아있는 세포는 물관부와 체관부 사이에서 (유관속 내의 유관속 형성층과 유관속 사이에 확장된 유관속 간 형성층) 발견된다.

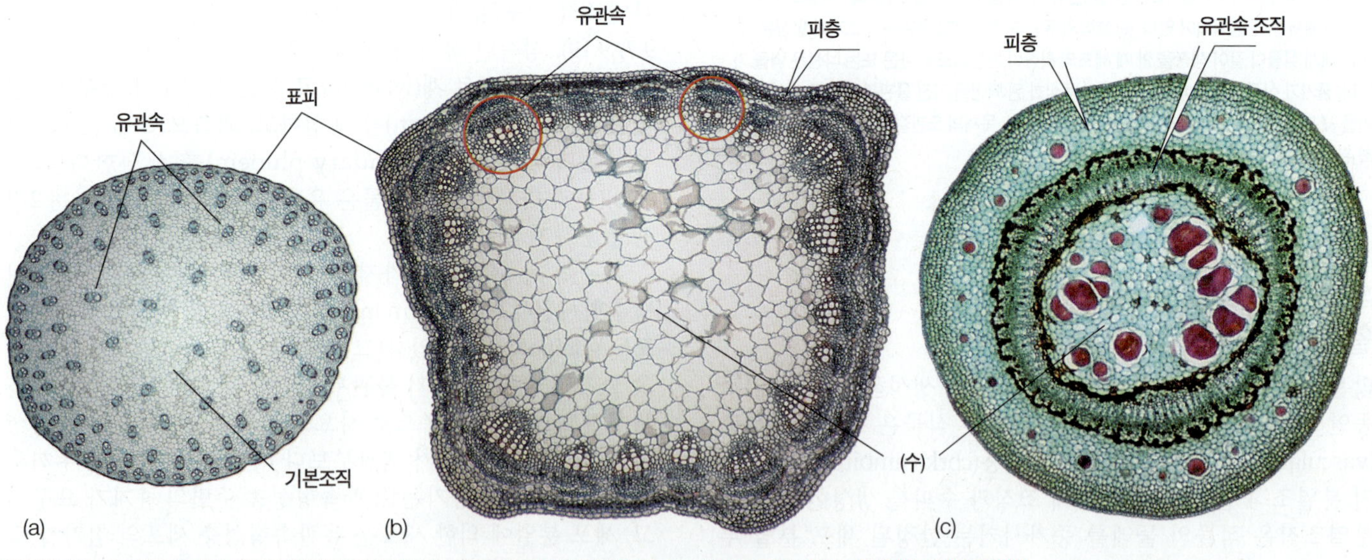

그림 9.8 단자엽 식물과 초본 쌍자엽 식물의 줄기 횡단면 (a) 단자엽 식물의 줄기 횡단면(옥수수-*Zea mays*). 단자엽 식물은 비통도 줄기 조직에 산재된 많은 유관속을 가지고 있다. (b) 알파파의 줄기는 다른 초본 쌍자엽 식물처럼 환상으로 배열한 분리된 유관속을 가진다. (c) 참피나무(Tilia)와 같은 일부 식물은 유관속이 매우 얇은 세포층으로 나누어지는데 원통형으로 나타난다.

그림 9.9 **식물의 유관속계** 식물체 내에서 유관속은 서로 연결되어 식물의 모든 뿌리, 줄기, 잎, 그리고 기관계로 확장된 광범위한 연결망을 형성한다. 여기서는 큰 유관속만 나타내었다.

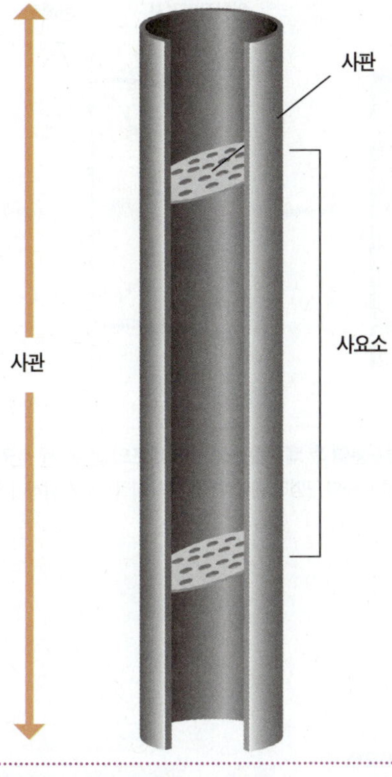

그림 9.10 **체관을 형성하는 체관요소** 인접한 체관요소의 중첩된 끝 벽(체판)은 용해된 설탕과 다른 분자들이 이동할 수 있는 큰 구멍으로 천공되어 있다. 체관은 체관요소가 연결된 것이다.

장한다. 또한 방사조직은 2기 체관부에서 2기 물관부로 횡으로 양분을 수송하고, 물과 무기염류는 2기 물관부에서 2기 체관부로 횡으로 수송한다.

각 성장기간 동안에 유관속형성층은 새로운 2기 물관부를 생성하여 줄기에 새로운 목재를 부가하고 연륜(생장륜)을 형성한다(Essay 9.2, 나이테: 과거의 거울). 전년도에 생성된 물관부는 수분 수송 기능이 남아 있으나, 오래된 목재는 인접한 유세포에서 기원한 세포벽 물질(진충체; tyloses)의 돌출로 통도 세포가 막힘으로서 수분 수송 기능이 상실 된다.나무줄기의 가장 안쪽 재는 부패 저항성 화학물질로 침적된다. 이 부분이 가구를 만들거나 다른 목적에 가치가 있는 색이 진하고 밀도가 높은 심재이다(그림 9.22). 다른 면에서 재를 보면 목재 생산, 가구 제작 및 다른 인간의 관심에 따라 다른 양상을 나타낸다.

물관부와 달리 한 해에 생성된 체관부만 양분 수송 기능을 가진다. 체관부 조직의 많은 부분을 구성하고 있는 체관요소는 1년 동안만 살아 있으며, 후에는 두껍게 목질화된 벽이 없기 때문에 찌그러져서 죽는다. 그래서 체관부의 얇은 층 — 수피의 최 내측 — 은 큰 나무에서 당 수송의 대부분을 담당한다. 이러한 얇은 체관부 층은 내수피에 위치해 있기 때문에 나무의 양분 수송은 수피의 손상으로 심각한 피해를 받을 수 있다. 예를 들어 환상박피는 나무를 죽이기 위해서 수피의 주변을 제거하는 기술이다. 어린 나무는 수피의 손상을 받기 쉽다.

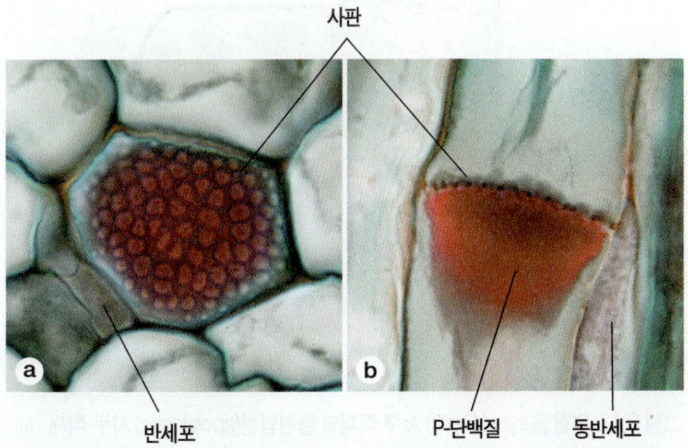

그림 9.11 **광학현미경으로 본 체판** 체판을 정면(a)과 측면(b)에서 본 것이다. 밝고 붉은 물질은 P 단백질(체관단백질)로 현미경 관찰 동안에 점액질 마개를 형성한다. 단백질 점액질은 붉은 염색액으로 염색한 것이다. 동반세포가 체관요소 옆에 붙어 있다.

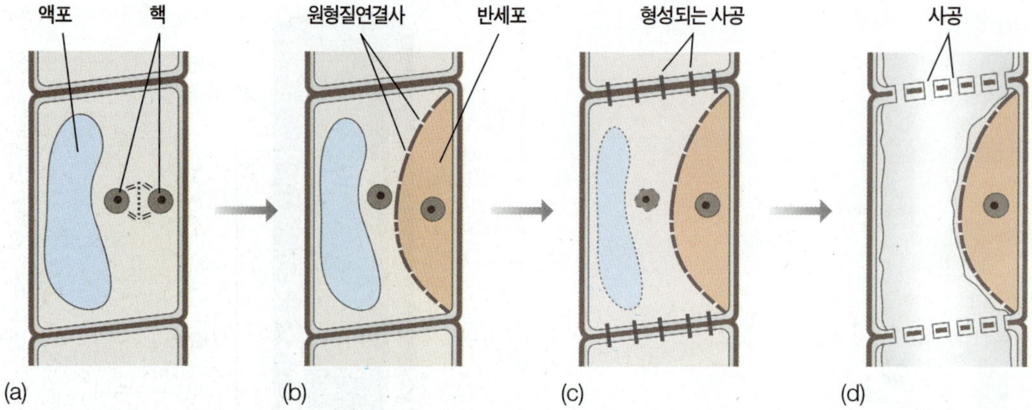

그림 9.12 불균등 세포분열 후 체관요소와 동반세포의 발달 (a) 불균등 세포분열은 체관요소와 동반세포(b)의 형성을 유도한다. (c) 체관요소의 핵이 붕괴되고 체판의 구멍이 원형질연락사의 확장으로 발달하기 시작한다. (d) 성숙한 체관요소는 핵이 없고 커다란 구멍을 가진 체판이 있다.

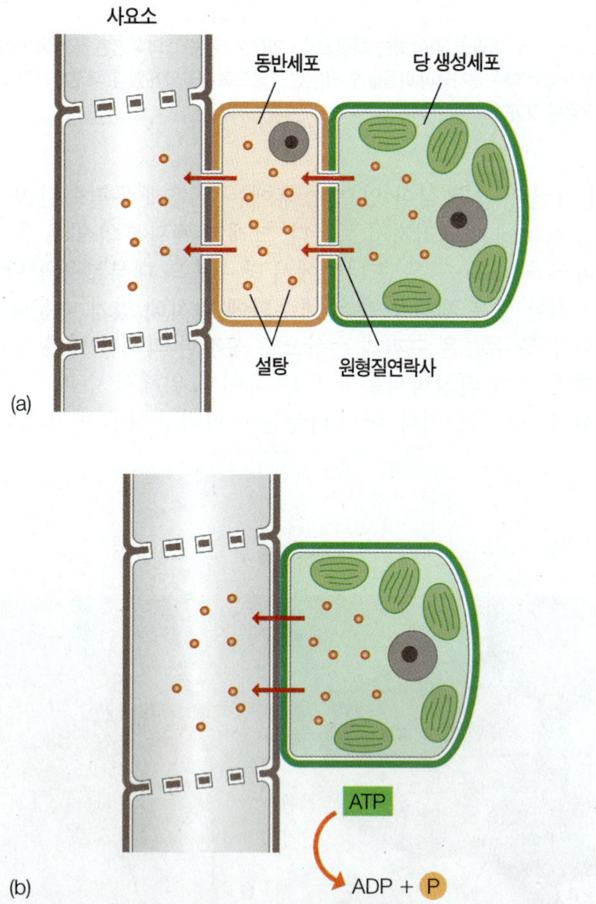

그림 9.13 원형질(symplastic) 사부 적재와 탈원형질(apoplastic) 사부 적재 (a) 일부 식물에서 설탕은 원형질연락사를 통해 다른 세포로부터 체관부 안으로 원형질을 통해 수송된다. (b) 다른 식물은 세포간극으로부터 체관부 안으로 설탕을 수송한다. 이것은 설탕을 체관요소 세포벽을 가로질러(원형질연락사가 아닌) 이동시키기 위해 ATP 형태의 에너지와 운반 단백질 분자가 요구되는 과정이다.

코르크형성층은 오래된 나무줄기를 보호하는 외피를 생산한다 어린 나무줄기가 성장함으로서 연약한 표피는 결국 파열되고 표피의 보호 기능은 **코르크**(cork)로 대치된다. 코르크는 **코르크형성층**(cork cambium)이라는 2기 분열조직의 바깥쪽에 생성되고, 코르크형성층 안쪽으로는 일부 유세포가 만들어진다. 코르크, 크르크형성층, 그리고 유세포는 **주피**(periderms)를 구성한다(그림 9.24a). 대부분의 목본 식물은 일생동안 연속적으로 주피를 생산한다. 최초의 주피는 대개 표피 바로 아래에서 기원하고, 일부 식물에서는 수 년 동안 생존할 수 있다. 결국 줄기가 비대하게 확장되는 것을 막을 수 없으므로 식물은 내수피(살아있는 2차 체관부)에서 기원한 새로운 주피를 형성한다. 식물이 점점 나이를 더할수록 연속으로 첨가되는 주피는 수층의 잔유물이 **외수피**에서 볼 수 있을 때까지 이러한 방법으로 형성된다(그림 9.24b). 외수피는 죽은 조직만 함유하지만 내수피는 살아있다. 주피는 종에 따라서 다양한 외관을 가지기 때문에 나무를 동정하는데 유용하다(그림 9.25).

코르크 세포벽은 병원균이나 손상으로부터 줄기를 보호하기 위해 필요한 것들을 갖추고 있다. 코르크 세포벽은 목질소와 **목전소**(suberin) 층을 가진다. 목전소는 미생물의 공격을 저지하는 페놀화합물과 줄기 표면으로부터 수분 손실을 지연시키는 왁스로 되어 있다. 코르크 조직은 또한 병원균의 단백질과 결합하여 그들을 불활성화 시키는 페놀화합물인 탄닌을 함유하고 있다. 코르크조직은 또한 보호 기능을 가진 고무와 유액을 배출한다.

맨 눈으로 관찰할 수 있는 **피목**(lenticel)은 줄기의 표면에 원형, 타원형 혹은 선형 등 다양한 모양으로 약간 돌출되어 있으며, 줄기 내부 조직에 가스교환을 하기 위해 수피의 코르크층이 끊어져 있다(그림 9.26). 또한 피목은 뿌리와 과일의 표면에서도 나타난다.

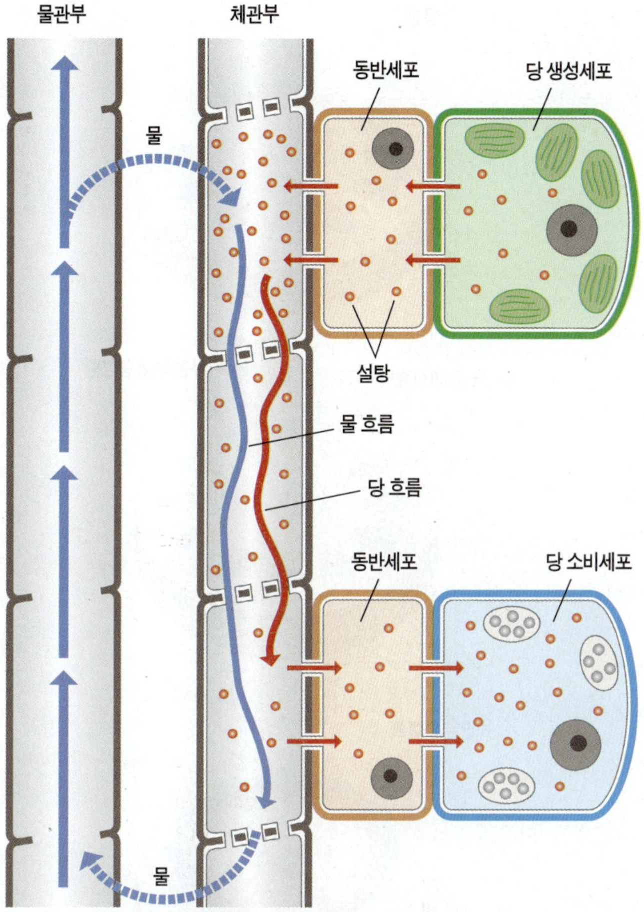

그림 9.14 **체관부에서 물질 수송** 설탕이 체관 요소에 적재될(대개 공급원인 잎 세포에서) 때 인접한 도관절에 비해 체관 요소의 높은 설탕 농도는 삼투현상에 의해 물관부에서 체관부로 물을 이동시킨다(위의 점선으로 된 화살표). 설탕은 뿌리와 같은 수용원의 체관부에서 능동적으로 하적 된다. 이러한 설탕 농도의 감소는 물을 물관부로 이동시키고, 다시 위로 수송된다. 체관절의 설텅 농도는 수용원으로부터 멀어질수록 농도가 낮기 때문에 도관절에서 체관까지 이동하는 물의 양은 삼투현상에 의해 줄어든다.

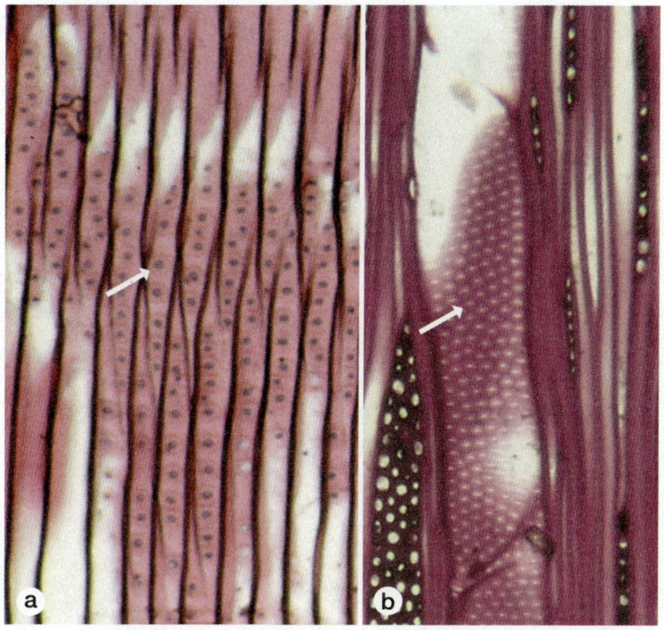

그림 9.16 **벽공은 수분 통도세포 벽의 목질화 되지 않은 부분이다** 물은 이들 세포 측벽의 목질소로 피복되지 않은 벽공(화살표)을 통해 쉽게 이동할 수 있다. (a) 벽공은 소나무 목부 가도관을 나타낸 것이다. (b) 단풍나무 목부 도관절의 벽에 뚜렷이 나타나 있는 벽공.

일부 식물은 많은 재가 없이 키가 성장할 수 있다

재는 상당히 가볍고 강하기 때문에 매우 유용한 지지 물질이다. 그러나 나무고사리, 소철 및 야자나무 줄기는 유관속형성층과 많은 재를 갖지 않음에도 불구하고 놀랄 정도로 키가 자란다(그림 9.27). 이 식물들의 1기 분열조직은 줄기가 높게 자라기 전에 비후조직을 생성하고, 중첩된 잎의 기부는 보호와 지지 역할을 한다(그림 9.28). 나무고사리, 소철, 그리고 야자나무는 분지하지 않거나 드물게 분지한다. 가지가 거의 없는 것은 바람으로 발생하는 견인력을 감소시키고 돌풍으로 쓰러지는 것을 방지시킨다.

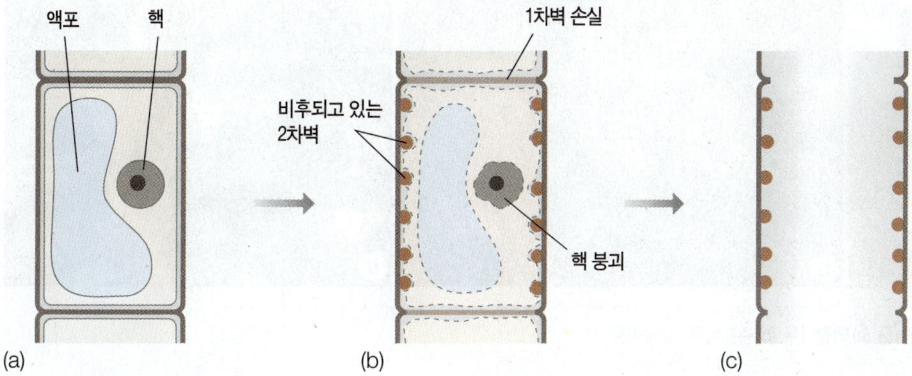

그림 9.15 **도관 발달** (a) 도관으로 분화될 운명에 있는 세포는 초기에는 핵이 있다. (b) 세포가 성숙하면서 이차벽이 비후되고, 후에 예정된 세포 죽음을 통하여 세포질과 핵은 분해된다. (c) 성숙하면 세포는 죽는다(세포질 잔유물이 없다). 물이 쉽게 통과 할 수 있도록 각 세포들 사이에 커다란 구멍이 생긴다.

그림 9.17 **사탕단풍림** 봄에 설탕이 풍부한 수액을 채취하고 있는 당단풍나무의 조림지. 이 수액으로 단풍나무 설탕과 시섭을 만든다.

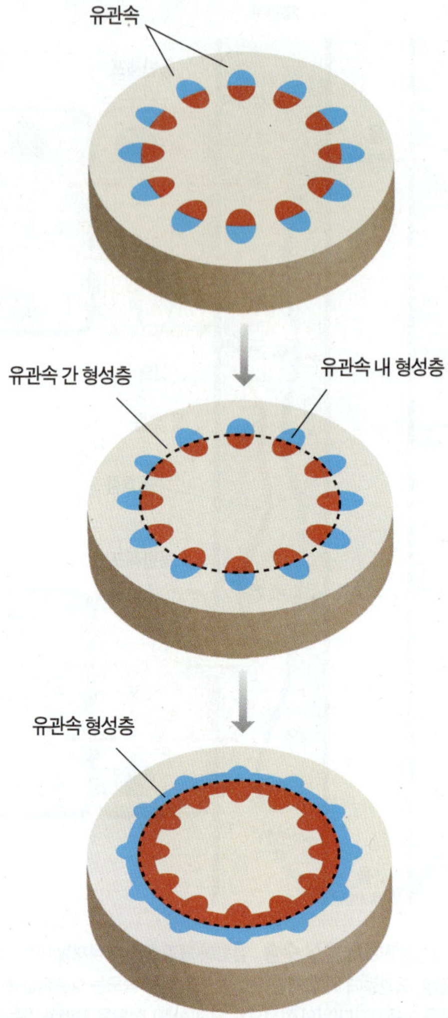

그림 9.19 **유관속형성층 형성** 유관속형성층은 물관부와 체관부 사이의 분열조직 세포로부터 발달한다 – 유관속내 형성층과 유관속 사이에 있는 분열조직 세포인 유관속 간 형성층 –. 이들은 함께 원통형의 분열조직 세포를 형성한다. 유관속형성층 형성에 있어서 유관속내 형성층과 유관속간 형성층의 상대적인 비율은 종에따라 다르다.

9.3 | 인간은 나무줄기를 여러 가지 용도로 이용한다

목본 및 비목본 식물의 줄기는 여러 가지 용도로 이용해 왔다. 이들 용도는 종이, 코르크, 대나무 건축 재료, 목재, 가구 및 다른 상품 등이 있다.

종이

종이는 중국에서 발명된 이래 수천년 동안 글자를 써서 정보를 전달하기 위해 사용되어 왔다. 그러나 종이 개발 경로의 초기에 이집트인들이 파피루스를 발명하였으며, 종이는 이 식물의 이름에서 기원하였다. 파피루스는 파피루스 식물(*Cyperus papyrus*)의 두꺼운 줄기를 이용하여 만들었다. 파피

그림 9.18 **목본 식물** 목본식물에 속하는 나무, 관목 및 덩굴식물. (a) 떡갈나무, (b) 층층나무, (c) 배풍등.

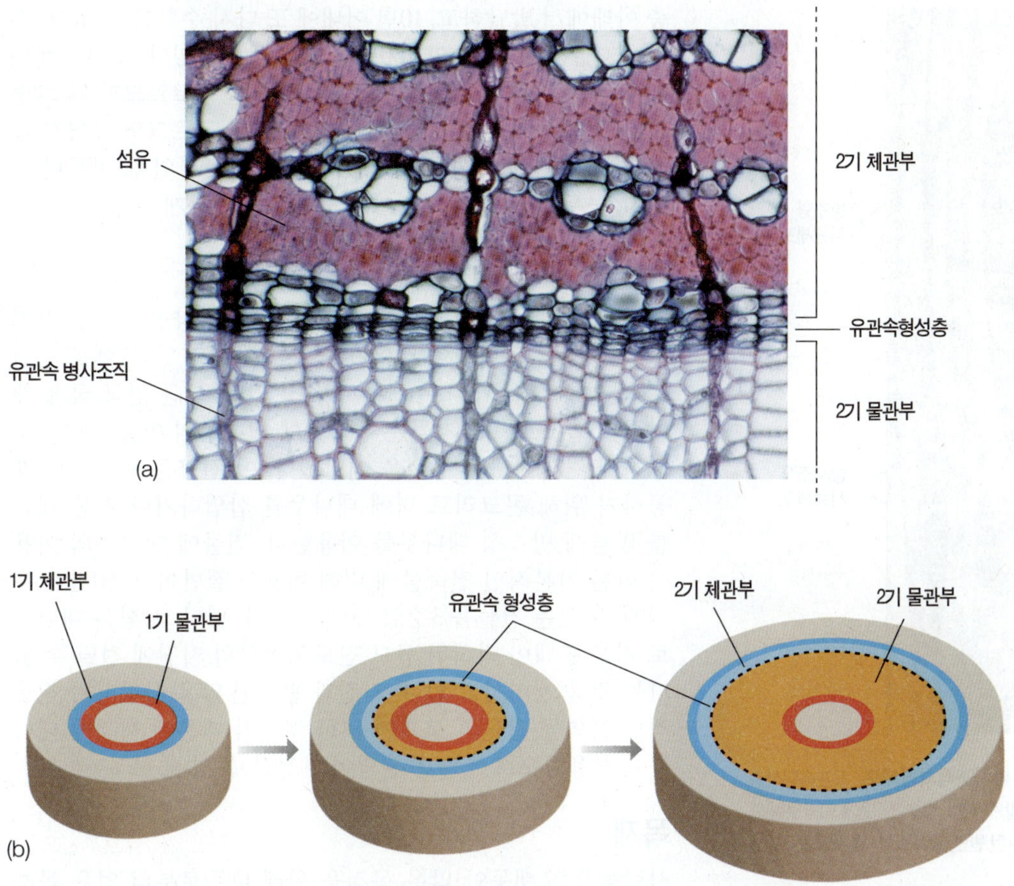

그림 9.20 유관속형성층에서 발달하는 2기 물관부와 체관부 (a) 참피나무와 같은 목본 식물의 오래 된 줄기 부분에서, 유관속형성층은 줄기의 안쪽으로 2기 물관부를 만들고, 바깥쪽으로는 2기 체관부를 생산하기 시작한다. 많은 섬유세포가 2기 체관부에 보인다. (b) 유관속형성층(점선)에 의해 2기 물관부와 체관부가 생성됨으로서 목본 줄기의 둘레 증가를 나타내는 모식도. 2기 통도조직이 생성됨으로서 1기 물관부와 체관부는 밀려서 멀어진다.

루스는 나일강 언덕을 따라 풍부하게 자라는 초본 식물이다(그림 9. 29a). 고대 이집트인들은 뗏목, 돛, 돗자리 및 밧줄 등을 만들기 위해 파피루스를 이용하였다. 그들은 종이를 만들기 위해 파피루스 줄기의 외피를 벗겨 섬유소 때문에 유연하지만 강한 세포벽을 가진 내부 조직(수)을 이용하였다. 수는 가늘게 찢어서 두층이 중첩되도록 나란히 배열하였다. 그리고 직공들이 층들을 두드리고, 전분 풀을 뿜어서 조각들을 서로 결합시켰다. 얇은 판은 햇빛에 말리면 글씨를 쓸 수 있는 표면이 매끈하게 광택이 난다(그림 9. 29b). 파피루스 판은 보관을 위해 말 수 있는 긴 두루마리를 만들기 위해 서로 풀로 붙였다. 어떤 두루마리는 길이가 30m 이상 되었다. 파피루스 문서와 다른 식물로 만든 종이에 쓰인 그 뒤의 기록은 이집트, 그리스 및 로마 시대로부터 많은 인류의 중요한 사건 전개의 추적에 유용하다.

오늘날 대부분의 종이는 식림지의 나무로부터 생산된 목재 펄프로 만든다. 최근에 보다 효율적인 종이 원료를 생산할 수 있는 나무의 특성을 개발하기 위해 유전공학이 이용되고 있다. 유전공학자들은 성장이 빠르고, 정상적인 목재보다 섬유소는 15%가 높고, 목질소 함량이 45%나 적은 정상적인 구조를 가진 사시나무를 생산하는데 성공했다. 섬유소가 많고 목질소가 적은 산물은 목재가 종이를 생산하기 위한 펄프로 이용될 때 특히 유용하다. 펄프를 재조할 때 부산물인 목질소는 식수를 오염시킬 수 있는 다이옥신과 다른 유독 화합물을 생성한다. 목재의 목질소 함량이 낮아지면 이들 독성 화합물의 농도도 낮아진다.

코르크

코르크 떡깔나무(*Quercus suber*)는 수 인치에 달하는 유난히 두꺼운 크르크 층을 만들다(그림 9. 30). 이렇게 두꺼운 크르크 층은 자생지인 지중해의 서식지에서 빈번히 발생하는 화재로

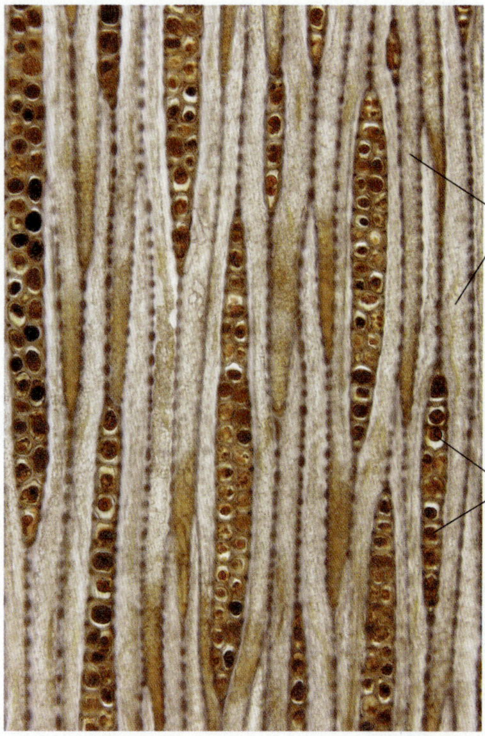

그림 9.21 **유관속형성층의 방추형시원세포와 방사조직시원세포** 유관속형성층을 절선면에서 관찰하면 2가지 형태의 세포를 관찰할 수 있다: 방추형시원세포(방추형)와 방사조직시원세포. 방추형시원세포는 수직으로 신장된 반면, 방사조직시원세포는 모든 면에서 어느 정도 비슷하다.

부터 떡깔나무를 보호한다. 상업적인 코르크는 나무가 20-25년 정도가 되었을 때 나무에는 전혀 해가 없는 과정인 외수피를 벗겨서 얻는다. 코르크가 벗겨진 후 새로운 코르크가 주피

그림 9.22 **심재를 나타낸 나무의 횡단면** 어두운 심재와 밝은 변재는 2기 물관부를 구성한다. 줄기의 중심부분에서 바깥쪽으로 방사상의 연한 흰 선으로 나타나는 관속방사조직을 주목하라.

층 아래에서 발달하고, 10년 이내에 또 다시 수확할 수 있다. 수확은 나무의 수명인 약 150년 간 계속 할 수 있다. 코르크에는 매우 작은 기실이 가득 차 있는데, 이 물질이 코르크가 왜 그렇게 가볍고 물에 뜰 수 있는지 설명해 준다. 코르크의 자연적 특성을 모두 가진 합성물질은 없다. 코르크는 단열재, 마루바닥, 벽지, 구두밑창, 그리고 병마개 등에 광범위하게 사용한다.

대나무

키가 큰 열대 초본인 대나무(그림 8. 10)는 다양한 용도를 가지고 있는 강하고 탄력이 뛰어난 줄기를 가지고 있다. 예를 들면 100만명 이상이 대나무 집에서 살고 있다. 최근 영국 국제 개발국의 협조로 기술자들은 건축물에 대나무의 이용을 기초로 지진에 견디어내는 주택을 개발했다. 이 전략은 보강재로 재공하기 위해 콘크리트 벽에 대나무를 삽입하거나 지붕 재료를 만들때 방수성 대나무를 이용한다. 건물에 대나무의 이용은 다른 기본적인 건축물에 비해 비용이 절반이고, 50년간 유지될 수 있는 건물을 3주일 내에 지을 수 있다. 시험은 대나무로 지은 주택이 리히터 규모 진도 7 이상의 지진에 견딜 수 있다는 것을 제시하고 있다. 지진과 관련된 많은 사망자가 전통적인 흙벽돌 건물의 붕괴에 의한 것이기 때문에 재건에 대나무를 사용함으로서 많은 생명이 안전할 수 있다.

목재

사람들은 오랫동안 많은 목적을 위해 나무로부터 얻은 목재의 강도와 아름다움을 평가해 왔다. 고대 목재 이용의 한 예는 천문대 건축물에 있다. 천년 전에 현대 거대 도시인 세인트 루이스 근교에 흔적이 남아 있는 인디언 도시인 Cahokia에 천문대가 있었다. 그 천문대는 그들의 삶에 영향을 미치는 파종과 수확 시기를 나타내는 계절적 사건을 추적할 수 있도록 하는 생활의 중요한 곳이었다. 카오키아 천문대는 직경 400 피트 이상의 거대한 원으로 구성된 다듬어진 붉은 전나무 기둥으로 배열되어 있고, 영국 살리스베리 근교 스톤헨지의 유명한 돌기둥과 같이 태양은 각 계절의 첫 날에 특정 기둥과 정렬한다. 카오키아인들은 돌 대신 나무 기둥을 이용하였으며, 카오키아 site는 woodhenge로 알려져 있다. 비록 원래 기둥이 오래 전에 사라졌지만 기둥이 박혀 있었던 구멍이 남아 있으며, 새로운 기둥을 세워 Woodhenge를 복구하였다(그림 9. 31). 4천년 전 영국의 농부들은 한 개의 큰 중앙 기둥을 둘러싼 직경 21 피트의 참나무 기둥의 유사한 원형 천문대를 세웠다. 1998년에 이들 기둥의 잔재가 수백년 동안 천문대를 덮고 있던 토양이 바다 침식으로 인해 발견되었다. 이 천문대는 Seahenge로 명명되었다. 천문대의 축조 외에 고대인들은 방어용 목책, 플룻과 같은 악기, 연장, 사발, 무기 및 카누와 같은 많은 다른 용도에 나무를 사용하였다.

현대인들은 건축재료, 연료 및 종이 생산을 위해 다양한 종류의 나무로부터 계속 목재를 이용한다. 오늘날 목재 산업은 세계 경제의 1% 이상을 차지한다. 목재 대들보와 기둥은 건물을 지지하고 장식한다. 의자, 탁자, 그리고 가구 예술품은 강도와 아름다움 때문에 목재로 만든다.

ESSAY 9.2 나이테: 과거의 거울

대부분의 사람들은 나무 그루터기의 목재에서 나이테를 봐 왔으나 나이테가 사람이 기록을 하기 이전의 긴 시간 동안의 기후 조건을 알려준다는 것을 알고 있을까? 과학자들은 식물이나 인간의 사회에 미친 기후 변화의 효과를 이해하기 위해서 과거의 기후를 알려는데 관심을 가지고 있다.

…연륜연대학은 완벽하거나 부분적인 공예품, 구조물과 목공예 잔해물, …

나이테가 생기는 이유는, 식물 생장기의 초기에 만들어진 재는 성장기 후기에 만들어진 재에 비해 세포벽이 얇은 큰 세포를 가지기 때문에 연하다. 세포 크기의 차이는 따뜻하고 수분이 많은 봄 성장 조건에 대한 겨울 개시를 알리는 기온이 낮은 가을 조건을 반영한다. 연한 초재로부터 진한 만재까지 변화는 상당히 점진적이다. 그러나 한해의 추재와 익년의 춘재 사이의 경계가 두렷한 차이를 나타내기 때문에 매년 뚜렷한 나이테를 만들게 된다(그림 E.9.2A). 나이테는 초재에서 만재까지의 한 조로 구성된다. 나이테를 계산하면 나무의 나이를 알 수 있는데 이것은 연륜연대학의 기본이다.

연륜연대학은 그의 연구를 위해 기후에 대한 장기간의 기록이 필요했던 천문학자인 Andrew Douglass가 개척하였다. Douglass는 해마다 나무에 의해 생산된 목재의 양 — 나이테의 폭 — 이 강우량과 매우 밀접한 관계가 있다는 것을 정립하기 위해 국부적인 기후 기록을 이용하였다. 빛, 온도, 그리고 강우가 식물의 성장이나 목재 생산에 유리하다면 기후가 나무 성장에 이롭지 못할 때보다 나이테는 더욱 더 넓어진다.

매년 새로운 원통형의 목재를 만들어내는 유관속 형성층은 내수피의 바로 안쪽면에 위치 해 있기 때문에 가장 바깥쪽에 위치해 있는 나이테는 줄기의 중심부 가까이에 있는 나이테보다 젊다. 따라서 기후 기록을 알고 있는 최근에 생성된 나이테의 폭은 특별한 나무 종의 나이테의 폭을 보정하는데 사용할 수 있다. 또한 같은 지역에서 자라고 있는 같은 종의 나무는 비슷한 정도의 기후 변화에 대한 반응으로 같은 넓이의 나이테를 생성한다. 이것은 과학자들이 동부 네바다와 캘리포니아 산맥에 아직도 살아 있는 5,000년 정도 된 Bristlecone pines를 포함한 매우 오래된 나무나 죽은 목재 조각으로부터 과거의 기후를 추정할 수 있게 해 준다(그림 E9.2B). 살아 있는 나무에 있는 목재는 나이테의 연속적인 기록을 맞추기 위해 같은 종의 죽은 목재와 결부시켜 왔으며, 8,200년 전의 기후를 추정할 수 있다.

뉴멕시코에서 연구하고 있는 고고학자인 Clark Wissler는 연륜연대학은 고대 폐허에서 나온 목재 샘플을 자료로 이용할 수 있다는 것을 최초로 깨달았다. 그 이후 연륜연대학은 완벽하거나 부분적인 공예품, 구조물과 목공예 잔해물, 그리고 연료용 목재 등 여러 가지 형태의 목재 잔류물을 분석하는 고고학 기술의 표준이 되었다. 목재의 분석은 나무의 나이뿐만 아니라 목재를 선택하는 단체의 통찰력, 목재를 다루는 기술의 진보, 재배시 환경 변화의 영향, 지역적인 산림 생태계에서 인간의 영향 등의 지식을 얻을 수 있다. 예를 들어, 고대 건축에 사용했던 목재의 나이테을 분석하면, 기후 변화가 약 천 년 전 미국 남서부에서 Anasazi 문화의 쇠퇴에 영향을 끼쳤다는 많은 증거를 제공해 준다.

나이테에 기록된 기후 변화의 다른 예는 536~537년 동안 시베리아 소나무에 의해 생성된 변형된 나이테를 포함한다. 이 나이테는 나무의 수액을 얼린 비정상적인 여름 추위에 의해 파괴된 세포를 포함하고 있다. 비정상적으로 추운 기후는 1625–1720년 동안 유럽의 고산지대 삼림에서 생성된 매우 조밀한 나이테에 기록되어 있다. 느린 나무의 성장은 유명한 Stradivarius 바이올린을 포함한 훌륭한 악기 제조에 이용되는 특히 진한 목재를 생산한다.

E9.2A 나이테

E9.2B 브리스톨콘 소나무

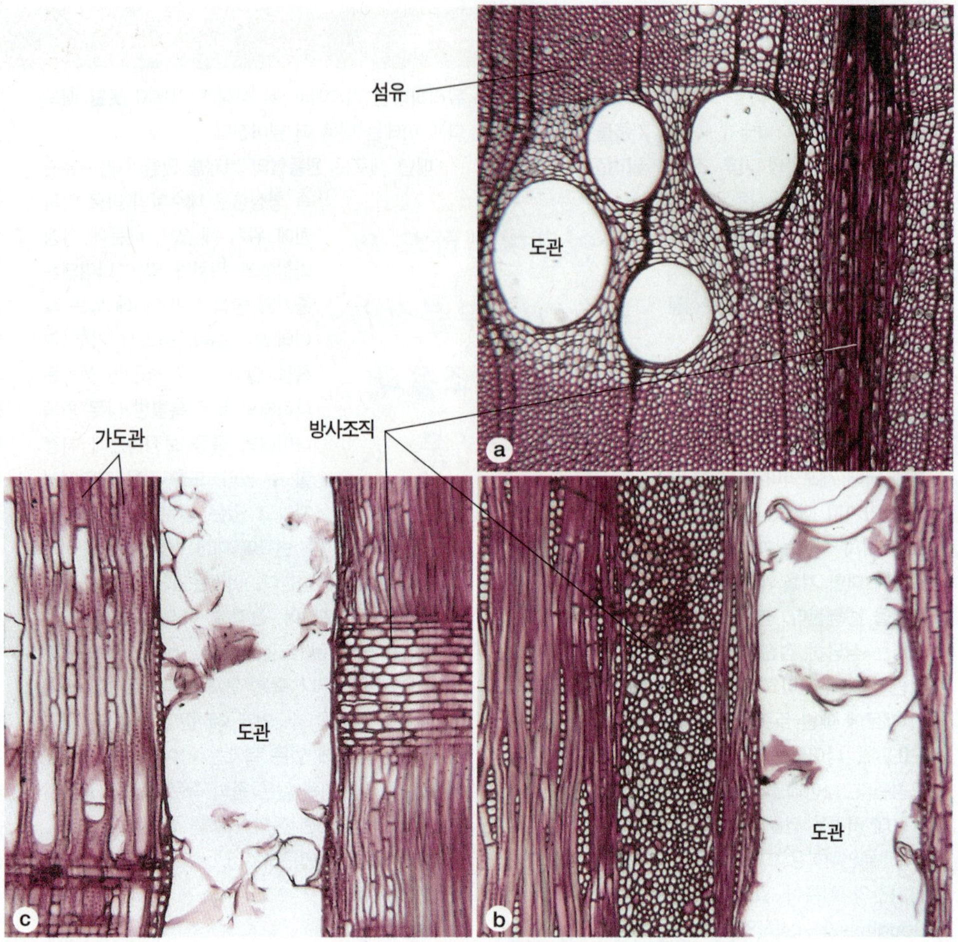

그림 9.23 독특한 양상을 보여주는 재의 횡단면, 절선단면 및 방사단면 그림은 Red oak 재의 단면을 나타낸 것이다. (a) 횡단면. 춘재에 섬유뿐 만 아니라 몇 개의 큰 도관절이 나타나 있다. (b) 절선단면 (방사조직에 대해 직각면). 피자식물 재는 전형적으로 대개 한 세포 폭으로 이루어진 침엽수의 좁은 방사조직과 대조적으로 좁고 넓은 두 방사조직을 가진다. (c) 방사단면 (방사조직과 평행면). 이 형미경 사진에 나타난 구조는 나무를 어떻게 켜는냐에 따라 무늬가 상당히 변하는 재의 결을 결정한다.

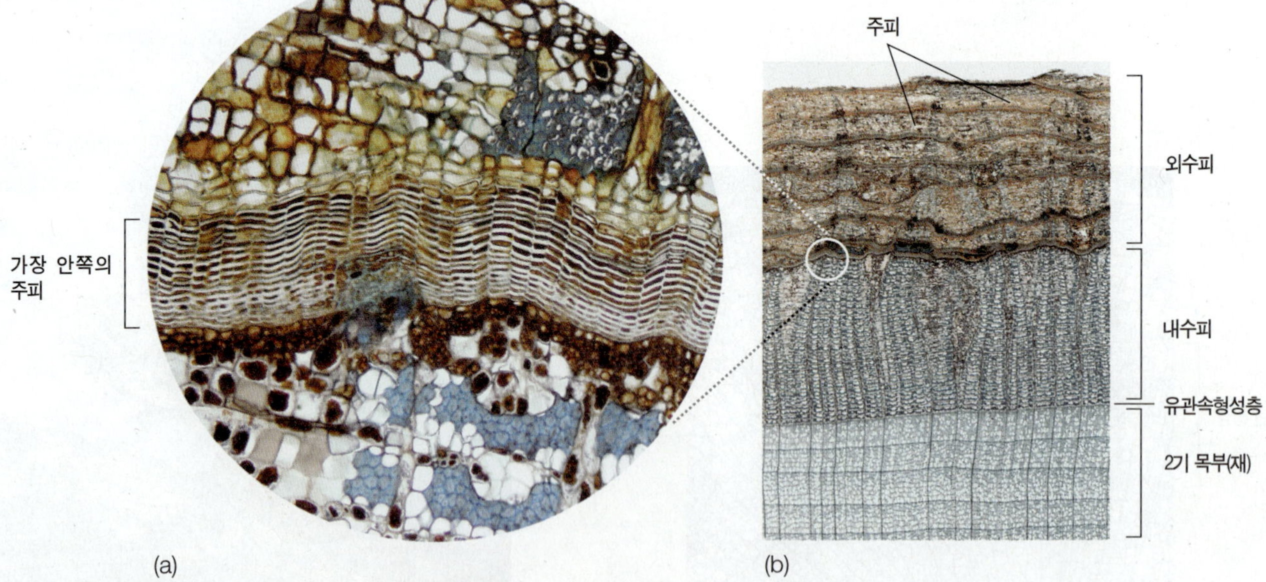

그림 9.24 주피 오래된 참피나무에서 후기에 형성된 주피의 확대도. (b) 내수피(2기 목부를 구성하는) 바깥쪽에 놓여있는 여러층의 주피를 나타낸 저배율 그림. 2기 물관부(재)가 유관속형성층 내부에 놓여 있다.

그림 9.25 수피의 예 (a) 너도밤나무(*Fagus grandifolia*)의 매끈한 수피. (b) 팽나무속(*Celtis occidentalis*)의 사마귀 모양이나 이랑모양으로 융기한 수피. (c) 자작나무(*Betula*)의 매끈한 종이 수피. (c)의 표면에 있는 수평선은 피목이다.

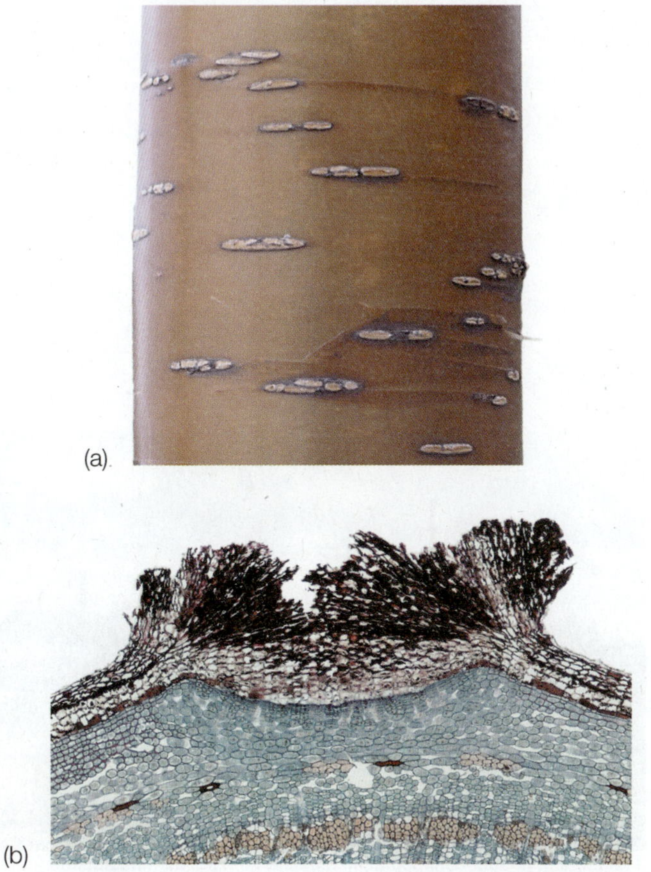

그림 9.26 피목 (a) Amur Chokecherry(*Prunus maackii*) 나무의 피목. (b) 딱총나무속(*Sambucus canadensis*) 줄기의 피목 단면. 피목을 채우고 있는 세포 사이의 수많은 세포간극은 줄기조직의 깊은 곳에 공기가 도달하도록 한다.

그림 9.27 키가 크지만 비목본성 식물 (a) 나무고사리, (b) 소철, (c) 야자나무.

그림 9.28 야자나무의 질긴 잎의 기부는 줄기를 지지하고 보호하는 역할을 한다

그림 9.30 코르크 참나무(*Quercus suber*) 수피를 벗겨낸 나무. 네모 안은 전형적으로 두꺼운 수피를 가진 나무를 보여준다.

(a) (b)

그림 9.29 고대 이집트인들이 처음 종이를 만들었던 파피루스 식물 (a) 식물의 모형. (b) r고대 방법으로 만든 현대 파피루스.

그림 9.31 Woodhenge Cahokia에서 방축을 건설했던 북미 원주민들이 거대한 원형으로 자작나무 줄기를 세워 천문대를 만들었다. 현재 복구는 고고학적 측면에서 관찰할 수 있다.

요점

9.1 유관속 식물은 수분 통도 세포가 강도와 방수성을 제공하는 목질소로 강화된 유관속 계를 가진 식물로 정의한다. 현대의 유관속 식물은 석송, 양치식물, 나자식물 및 꽃식물을 포함한다. 줄기는 유고나속 식물의 가장 오래된 기관이다. 줄기는 잎을 부착시키고, 뿌리로부터 다른 기관으로 무기염류를 수송하고, 양분을 저장하며 때로는 광합성을 수행한다.

9.2 물, 미네랄 그리고 당이 이동하는 통도조직은 단자엽 식물에서는 흩어져 있고 쌍자엽 식물에서는 환상으로 배열하는 유관속에 있다. 살아있는 체관 요소로 구성되어 있는 체관부 조직은 체관액에 있는 유기분자를 이동시킨다. 체관부는 당을 공급원으로부터 수용원까지 이동시킨다. 체관부에서 물질을 이동시키는 힘은 삼투현상을 근거로 한 압류설이라 한다. 죽은 물관부 조직은 목질화 된 가도관과 물관을 포함하고 물과 무기염류을 이동시킨다. 식물의 표면에서 증산으로 발생하는 물분자의 응집력은 줄기를 통해 물분자를 상승시키는 힘이다. 물관부는 뿌리에서 경엽부(shoot)까지 물관액을 수송한다. 목본류의 목재와 수피는 2기 분열조직의 작용으로 발생한다. 목재는 2차 물관부이고 내수피는 2차 체관부로 둘 다 유관속형성층에 의해 만들어진다. 나이테는 과거의 기후 변화와 고고학을 연구하는데 유용하다. 오래된 목본류에서는 코르크 형성층에 의해 보호 조직이 생성된다. 코르크 세포는 줄기의 표피를 보호하기 위해 여러 가지의 방법을 동원한다. 일부 비목본류는 유관속형성층 없이 키가 자랄 수 있다.

9.3 인간은 종이, 목재, 그리고 여러 가지 물건을 생산하기 위해 식물 줄기를 이용한다. 유전공학은 유용한 목재 특성을 가진 식물을 생산하는데 이용된다.

문제

1. 줄기가 식물에 제공하는 장점을 설명해 보시오.
2. 물관부와 체관부에서 소송되는 물질은 무엇인가? 그리고 두 조직에서 흐름의 방향은 어떻게 다른가? 봄에 단풍나무가 시럽을 만들 때 어떠한 조직에 구멍을 뚫어 시럽을 채취하는가?
3. 물관부와 체관부는 식물체에서 물질 이동을 위해 특수화된 조직이다. 화석기록으로 볼 때 이러한 조직을 가지고 있는 식물은 어떠한 그룹인가? 선태류와 일부 조류의 통도조직은 진정한 유관속 조직이라 생각하지 않는 이유는 무엇인가?
4. 1기 유관속조직과 2기 유관속조직은 어떻게 다른가? 유관속은 무엇이며 그들은 단자엽식물과 쌍자엽 초본류의 줄기 내에서 어떻게 배열되어 있는가? 2기 물관부와 체관부는 쌍자엽 목본류 줄기 내에서 어떻게 배열되어 있는가?
5. 유관속형성층 (a)은 줄기의 횡단면에서, 그리고 3차원의 형태 (b)는 무엇인가? 유관속 형성층은 2기 물관부와 체관부를 어떻게 생성하는가?
6. 주피는 무엇이며, 이들의 기능은 무엇인가? 어떻게 형성되는가? 주피의 기능에서 코르크 세포, 목전소, 목질소, 탄닌, 수지 그리고 유액의 역할은 무엇인가?
7. 식물체내에서 수송을 완성하기 위해 물관부와 체관부에서 일어나는 메카니즘을 비교하시오.
8. 목본류에서 나이테의 형성과정을 토론하시오
9. 연륜 연대학(dendrochronology)을 설명하시오.
10. 물관부와 체관부는 기능을 나타내는 여러 가지 세포 유형을 포함하고 있다. 그들 각각의 세포 형태와 기능을 설명하시오.
11. 전통적으로 줄기는 지하부의 뿌리와 지상부의 높은 곳에 위치해 있는 잎을 연결해 주는 수직의 축으로 생각했다. 그렇지만 줄기의 주 기능에서 벗어난 예는 많다. 변형된 줄기의 기능과 함께 설명해 보시오

응용 개념

1. 식물 줄기의 경제적 용도는 매우 다양하다. 당신의 집에서 식물의 줄기를 목재나 종이로 이용하는 것 외에 다른 용도로 사용하는 다섯 가지 정도를 나열해 보시오.
2. 한 계절의 후기 목재와 다음 계절의 초기 목재 사이에 기후의 변화가 거의 없다고 했을 때 목본류의 나이테는 어떻게 결과를 예상할 수 있는가? 기후가 규칙적으로 나타났다고 생각할 수 있는가?
3. 거대한 아메리카 삼나무의 줄기의 횡단면을 조사한다고 하자. 이 단면은 지름 5m이고 커다란 방의 전 벽을 덮어서 펼쳤다. 이 줄기에서 가장 오래된 세포(혹은 세포의 잔존물)는 어디에 있는가? 목재의 줄기가 새로운 길이생장이나 비대 생장에 어떠한 방법으로 부가되는가를 심사숙고함으로써, 당신의 추론을 만족스럽게 설명할 수 있음을 명심하라.
4. 당신이 키가 10m인 나무의 수피에 못을 박았다고 생각해 보자. 처음에 못이 지상부의 2m에 표시되어 있었는데, 나무가 20m로 자라다면 못을 발견할 수 있는 높이는 어떻게 되는가?
5. 당신이 나무에 구멍을 내는 곤충이라 하자. 당신은 나무 줄기의 표피 아래에서 중심 부분까지 당신의 방식대로 먹을 것이다. 미식가 여행을 한다고 할 때 만나는 조직을 순서대로 나열해 보시오.

10 장 뿌리와 식물의 영양

장미심 무 뿌리의 횡단면

주요 개념

- 뿌리는 식물체를 고정하고 줄기를 지지하며, 물과 무기염류의 흡수, 탄수화물 저장, 호르몬과 2차 화합물 합성 및 산소 흡수 등 다양한 역할을 수행한다.
- 정단 분열조직, 뿌리털, 측근 및 내부 조직을 포함한 뿌리의 구조는 뿌리의 기능과 밀접히 연관되어 있다.
- 식물의 뿌리는 토양으로부터 무기염류의 흡수에 필요한 ATP 에너지를 생성하기 위해 경엽부에서 공급된 유기화합물의 분해에 산소를 사용하기 때문에 타가영양적이다.
- 식물 뿌리는 필요한 무기염류의 획득을 도와주는 유용한 곰팡이나 세균과 결합되어 있다.

열대나 아열대의 해안을 따라 배를 타고 여행한 적이 있다면 아마도 망그로브 나무의 거대한 해안 숲을 본 적이 있을 것이다. 바다와 육지 사이에 위치한 망그로브 숲은 필수적인 생태적 기능을 제공하고 있다. 망그로브는 강이나 조수에 의해 운반된 인산과 질소와 같은 토양 영양분과 침전물을 잡아주기 때문에, 망그로브 숲은 산호초 연안을 보호한다. 이들 산호는 바닷물이 비정상적으로 높은 영양염 농도로 오염될 때 과도하게 번성하게 되는 해초에 의해 질식되거나 침전물에 의해 뒤덮일 때 죽게 된다. 망그로브는 또한 폭풍이나 파도에 의한 해안 침식을 방지하는 방파제 역할을 하기 때문에 항구 도시를 보호하는데도 필수적이다. 망그로브 숲은 화려한 주홍 황새와 같은 조류와 망그로브 가지에 있는 다른 둥지들, 그리고 많은 사람들이 식량으로 이용하는 많은 양의 굴, 게, 새우 및 어류를 유지시킨다. 조수 염습지와 함께 망그로브 숲은 매년 약 20억 달러의 생태계 이익을 제공하는 것으로 추정되고 있다. 그러나 망그로브 숲은 과방목, 오염, 강의 수로 변경, 새우 양식장 건설, 목재 반출 동안의 산림훼손 및 지구 온난화로 인한 해수면 상승 등에 의해 위협이 증가되고 있다.

망그로브 숲의 가장 놀라운 측면의 하나는 거대한 목본성 뿌리 체계이다. 이 식물의 뿌리는 식물 중량의 50~60%를 차지하고, 이 뿌리 체계는 뿌리의 많은 부분이 지상부로 확장되어 있어 매우 특이하다. 지상부의 망그로브 뿌리는 뒤엉킨 활처럼 나타나고, 수면 위 2m 또는 그 이상으로 올라와서 자라는 뿌리 배열을 나타낸다. 망그로브 뿌리는 사람이 지나가는 데 힘든 장벽일 수 있으나 망그로브 생태계를 유지하는 열쇠이다. 망그로브는 대부분의 식물 성장에 필요한 산소가 매우 적어 이들 식물 뿌리를 질식시키는 영구히 침수된 토양에서 생육하고 있다. 그러나 망그로브의 지상부 뿌리는 지하의 뿌리뿐만 아니라 정체된 물에 서식하는 동물에 필수적으로 필요한 산소를 흡수하는 허파와 같은 기능을 한다.

망그로브의 뿌리

이 단원에서 대부분 지하에서 자라기 때문에 일반적으로 사람들이 많이 생각하지 않는 식물의 한 부분인 식물 뿌리에 대해 상세히 살펴볼 것이다. 또한 뿌리는 식물 생존에 필수적이며, 성공적인 농업과 화초 재배는 뿌리의 구조와 기능에 대한 지식에 의존하고 있다. 뿌리의 다양한 형태와 기능의 개관은 망그로브를 포함한 식물들이 다양한 서식처에서 어떻게 성장하는가를 설명하는데 도움을 준다. ■

10.1 | 뿌리는 식물에서 다양한 역할을 한다

정원수, 채소 또는 꽃을 키우거나 식량이나 전통적인 약재로서 뿌리의 이용에 관심이 있다면 식물의 뿌리 기능에 대한 다양한 지식이 이용할 수 있다.

뿌리는 식물체를 고정하고 물과 무기염류를 흡수한다

종자가 발아할 때 가장 먼저 나오는 식물 기관은 **유근**(radicle)이고, 일차 뿌리는 어린 식물체에 잠시 동안만 생존 한다(그림 10.1). 뿌리의 빠른 발달은 물과 무기염류의 흡수와 고정에서 그 중요성을 반영한다. 어린 식물은 가능한 한 빨리 토양으로부터 물과 무기염류의 흡수를 시작할 수 있도록 토양 기질에 견고하게 부착하는 것이 필수적이다. 경엽부의 발달은 수분 흡수에 의한 세포 확장에 의존하고, 그리고 광합성은 필요한 전자 공여체로서 제공하기 위해 물이 필요하다. 이 두 가지 과정은 초기의 물과 무기염류의 공급에 크게 의존한다. 식물이 발달할 때 일차 근은 보다 많은 분지된 뿌리 체제로 대치된다. 적절한 뿌리 발달을 억제하는 점토나 바위 토양에서 대부분의 식물은 생존할 수 없으며 결국 죽게 된다. 이러한 이유 때문에 농부와 정원사들은 쇠스랑이나 기계로 토양을 갈아 부드럽게 한 뒤 종자를 파종한다. 점토에 유기물질의 첨가도 유묘의 뿌리 체계가 적절하게 발달할 수 있도록 토양을 충분히 부수는데 도움이 된다.

ECOLOGY

선태류(결코 뿌리가 발달하지 않는다), 나무 가지에 자라는 꽃식물인 스페인 이끼, 수생 꽃식물인 통발(*Utricularia*), 수생 양치류 *Salvinia*와 축축한 열대림의 벽이 얇은 이끼 등 뿌리가 없는 몇 가지 식물의 예가 있다. 이 식물들은 얇은 잎을 가지기 때문에 다양한 습한 환경으로부터 직접 물과 무기염류를 흡수하고, 뿌리는 필요하지 않다. 그러나 대부분의 식물에 있어서 뿌리는 식물체의 고정, 물과 무기염류의 흡수 및 다른 기능을 위해 필수적이다.

많은 식물들은 많은 양의 뿌리 흡수 표면적의 필요에 따라 엄청난 양의 뿌리를 만든다. 한 개체의 귀리 뿌리를 합치면 총 길이는 500 km에 달하고, 표면적은 약 640 m^2를 차지한다. 정원에서 한 움큼의 바랭이를 뽑았다면 바랭이의 뿌리 체계의 정도를 이해할 수 있고, 많은 흙을 달고 있는 놀라운 능력을 알 수 있다(그림 10.2). 그렇게 엄청난 뿌리 체계의 토양 흡착 능력은 식물 특히 초본류의 피복이 물과 바람에 의한 토양 침식 억제에 얼마나 중요한 역할을 하는지를 설명해 준다.

그림 10.1 뿌리털을 가진 무 유묘의 일차근

그림 10.2 많은 흙이 붙어있는 뿌리 체계를 보여주는 초본

어떤 뿌리는 탄수화물을 저장하기 때문에 인간의 식량으로서 중요하다

종자를 생산하는데 2년이 걸리는 **2년생 식물**(biennial plant)은 성장의 첫 해 동안에 다육질 **저장뿌리**(storage root)에 탄수화물을 저장한다. 2년째에 꽃, 과실 및 종자를 만드는 연료로 이 양분을 이용한다. 당근, 사탕무우, 양방풍나물과 순무는 양분을 저장하는 뿌리를 가지기 때문에 식량으로 재배하는 친숙한 2년생 식물이다(그림 10.3; Essay 10.1, 뿌리의 중요성: 인간은 뿌리를 이용한다 참조).

뿌리는 식물에서 호르몬과 2차 화합물을 생산하는 중요한 부위이다

ECOLOGY

뿌리는 식물 호르몬 사이토키닌과 지베렐린을 생성하고, 이 호르몬은 목부를 통해 경엽부로 수송되어 성장과 발생에 영향을 미친다(12장). 뿌리는 방어적 2차 화합물을 생성하는 주요 부위이다. 예를 들어 알칼로이드 니코틴은 담배의 뿌리에서 합성되어 잎으로 수송되고, 잎에서 신경계 기능 부전을 야기하여 초식자 공격을 억제하는 독으로 작용한다(흡연자들이 고려해야 할 부분이다). 아프리카 나무(*Bobgunnia madagascariensis*)는 세균 감염으로 발생하는 질병

그림 10.3 **식용 뿌리** (a) 당근, (b) 사탕무우, (c) 양방풍나물, (d) 순무.

인 나병과 매독을 치료하기 위해 전통적인 치료사가 사용한 황색 물질을 생산하는 것으로 알려져 왔다. 최근 과학적인 연구로 테르펜으로 확인된 이 황색물질은 세균뿐 만 아니라 곰팡이도 충분히 죽일 수 있다는 것을 보여주고 있으며, 장래에 의학과 농작물 보호에 응용할 수 있다.

그림 10.4 **옥수수의 지주근**

그림 10.5 ***Ficus*의 판근**

일부 식물의 뿌리는 줄기의 지지를 도운다

ECOLOGY

옥수수의 기부를 자세히 관찰하면 줄기에서 토양 속으로 자라 나온 **지주근**(prop root)을 볼 수 있다. 이런 특수한 뿌리는 목본 조직이 없음에도 키가 큰 옥수수가 쓰러지지 않도록 도와준다(그림 10.4). 많은 열대 나무들은 매우 얇은 토양층에서 자라기 때문에 사람 키만한 거대한 **판근**(buttress root)이 없다면 강한 바람에 의해 쉽게 쓰러진다(그림 10.5). 열대 바니얀 나무(뱅골보리수, *Ficus benghulensis*)는 가지로부터 아래로 처진 로프와 같은 **기근**(aerial root)을 뻗어 토양에 고정하고, 많은 가지를 지지하는 매우 굵은 거대한 기둥을 형성한다(그림 10.6). 한 그루의 바니얀 나무는 수 에이커를 덮을 수 있으며, 수백개의 이 기둥 같은 기근을 형성한다.

그림 10.6 **가지를 지지하는 기근을 가진 바니안 나무**

ESSAY 10.1 뿌리의 중요성: 인간은 뿌리를 이용한다

인간은 오랫동안 뿌리를 식량 또는 다른 유용한 화합물 자원으로서 평가해 왔다. 현대 이전 유럽에서는 사람을 닮은 *Mandragora officinarum* (그림 E10.1A)의 뿌리는 특별한 힘을 나타낸다고 생각했으며, 추출물을 진통제와 마취제로 사용했다. 카르타고의 한니발 장군은 포도주에 수면을 유도하는 만드레이크 추출물을 넣어 자기 군대의 반란을 방지한 것으로 유명하다. 그러나 오늘날 우리는 다량의 만드레이크 뿌리는 독성이 있어서 소비를 법률적으로 제한하고 있음을 알고 있다. 남아메리카 원주민들은 오래 전부터 낚시에 이용하는 독으로 사용하기 위해 여러 가지 열대 식물의 뿌리나 종자와 잎으로부터 로테논으로 알려진 화합물을 추출해 왔다. 오늘날 로테논을 함유하고 있는 거의 700가지 이상의 상품이 유기정원, 정원수, 벼룩 분말 또는 불개미의 퇴치를 위한 천연살충제로서 시판되고 있다. 어류 양식업자들 또한 해로운 어종을 죽이기 위해 저수지나 호소에 로테논(식물성 살충제)을 투여한다. 불행히도 쥐에 대한 최근 연구는 인간에게 있어서 파킨슨병의 발달에 로테논 노출을 결부시켜 왔다. 파킨슨병은 미국에서 거의 백만명이 고통을 받고 있는 가장 일반적인 뇌 퇴행성 질병의 하나이다. 더 많은 연구가 로테논의 연루를 평가하기 위해 수행되고 있다. 만드레이크와 로테논은 식물이 스스로의 방어를 위해 생산하는 2차 화합물이 사람에게 유용성과 위험성 양쪽으로 나타날 수 있는 일반적인 원리의 예이다.

만드레이크와 로테논은 식물이 스스로의 방어를 위해 2차 화합물을 생산하는 예이다.

식량으로서 뿌리는 단백질과 지방 함량이 낮지만 일부 식물의 뿌리는 식이성 탄수화물과 비타민의 훌륭한 자원이다. 당근은 유럽에서 2000년 이상 재배해 왔다. 당근은 눈병과 피부병 억제를 도우는 인간에게 필수 영양분인 비타민 A의 자원인 황녹색 물질인 베타 카로틴의 높은 생산을 위해 재배되어 왔다. 얌(고구마), 순무, rutabaga(순무의 일종), 양방풍나물 및 서양고추냉이는 다른 일반적인 뿌리 작물이다. 현재 열대 지역 주민들의 주요 식량인 farina(녹말) 원료인 뿌리를 생산하기 위해 카사바는 오랫동안 재배되어 온 남미의 관목성 식물이다. 카사바(그림 E10.1B)는 사람의 안전한 소비를 위해 우선 추출해야할 독성 유액을 가지고 있다. 타피오카 푸딩과 최근 인기를 끌고 있는 거품 차 제조에 이용되는 전분 알갱이 또한 카사바로부터 추출한다. 전 세계의 설탕의 약 35%는 사탕무우의 뿌리로부터 얻는다.

뿌리는 또한 조미료로 이용하고 있다. 그 기원이 19세기 아메리카로 추정되는 주요 전통 조미료의 하나인 사르사의 성분은 사사파라스(*Sassafras albidum*) 뿌리로부터 얻는다. 사르사파릴라(*Aralia nudicaulis*)와 다른 식물의 뿌리 또한 종종 이용되고 있으며, 다른 기관(수피, 잎, 종자 등)으로부터 추출물과 기름도 이용된다.

E10.1A Mandrake 식물

E10.1B 카사바 뿌리

어떤 뿌리의 물리적 특성은 다른 용도로 유용하게 이용한다. 전나무 뿌리는 장력과 유연성 때문에 아메리카 원주민들이 전통적인 birch-bark 카누의 제작에 이용하고 있다(그림 E10.1C). 수피 조각을 꿰매는데 이용하는 끈을 만들기 위해 길고 가는 뿌리는 껍질을 벗겨 가늘게 찢는다.

E10.1C Athabascan 전문가는 전나무 뿌리로 배를 만든다

통기근은 일부 망그로브의 땅 속 뿌리에 산소 공급을 도운다

통기근은 일부 망그로브 나무의 특수한 뿌리이다(그림 10.7a). 공기중으로 위로 자란 통기근은 표면이 열린 — **피목**(lenticel)을 통해 산소가 풍부한 공기를 흡수한다. 기근이 높은 파도에 의해 물에 잠길 때 이들 구멍은 방수물질로 채워지기 때문에 물이 쉽게 피목 속으로 들어가지 않는다. 그러나 조수가 후퇴했을 때 공기가 뿌리 속으로 흡입된다. 통기근은 공기로 채워진 열린 통로를 가진 통기조직으로 알려진 조직을 가지고 있다(그림 10.7b). 산소는 통기조직의 통로를 통해 산소가 부족한 환경에서 자라는 지하 뿌리로 확산된다. 지하 뿌리는 세포성 에너지 전달 분자인 ATP를 생성하기 위해 호흡근을 통해 제공된 산소를 이용한다. ATP는 이 단원의 10.3에서 보다 폭넓게 탐구되는 주제인 뿌리에 의한 양분 흡수에 필요하다. 만일 충분한 산소가 존재하지 않으면 망그로브 뿌리는 짧은 시간 동안 도움을 줄 수 있는 적은 양의 ATP를 생산하기 위해 발효(5장)를 이용할 수 있다. 그러나 장기간의 생존은 호흡근이나 다른 특수한 기근을 통한 확실한 산소 공급에 의존한다. 호흡근과 다른 뿌리는 해안 습지의 격렬한 조수 환경과 불안정한 토양에서 망그로브의 지지를 제공한다.

일부 식물은 다른 형태의 특수한 뿌리를 형성한다

민들레나 히아신스를 포함한 어떤 초본식물은 그들 세포의 파괴에 의해 짧아지거나 수축될 수 있는 **수축근**(contractile root)을 생성한다. 이 과정은 토양이 상대적으로 따뜻한 땅 속으로 짧게 파고 들어 변하기 쉬운 초봄 날씨 동안 이들 식물의 생존을 도운다.

ECOLOGY

새삼(*Cuscuta*)이나 겨우살이와 같은 **기생 식물**(parasitic plant)은 숙주 식물로부터 물과 무기염류 및 양분을 흡수한다. 겨우살이는 숙주 식물의 줄기를 침투하는 뿌리와 같은 기관을 형성하여 숙주의 유관속 계로 침투함으로서 망그로브와 소나무를 포함한 여러 식물을 감염시킨다(그림 10.8).

그림 10.7 통기근 (a) 망그로브(*Avicennia*)의 뿌리. (b) 뿌리의 지하부로 공기를 수송하는 통기간극을 보여주고 있는 호흡근의 횡단면 모식도

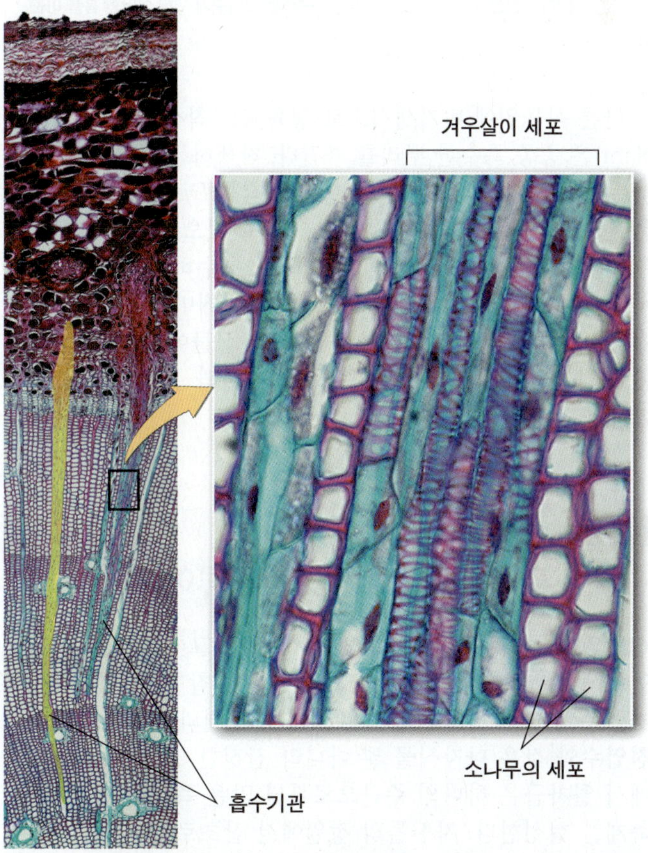

그림 10.8 뿌리와 유사한 난쟁이 겨우살이의 흡수기관 이 어린 소나무 줄기의 횡단면 부분은 두개의 그러한 기관을 보여주고 있다. 그들 중 하나가 점선으로 표시되어 있다. 다른 부위는 고배율로 나타내고 있으며, 소나무 숙주의 2기 물관부(재) 세포에 의해 싸여 있다.

그림 10.9 **꽃 항아리 식물(*Dischidia rafflesiana*)** 이 착생 식물은 물과 무기염류를 수집하는 홈을 이룬 변형된(꽃 병) 잎 속으로 자란 기근을 가진다. (a) 이 식물은 홈이 없는 잎도 만든다. (b) 완전한 홈을 가진 잎. (c) 내부의 뿌리를 보여주기 위해 절단한 홈을 이룬 잎.

다른 식물위에 비기생적으로 생육하는 **착생식물**(epiphytic plant)은 종종 특수한 뿌리를 가진다. 착생하는 난은 광합성을 하는 기근을 가진다(27장). 꽃 항아리 식물(*Dischidia rafflesiana*)은 줄기로부터 돌출하는 기근을 가지고 있으며, 이 뿌리는 흙 부스러기나 물을 가두는 역할을 하는 특수하게 변형된 속이 비어 있는 잎으로 성장해간다(그림 10.9). 개미들이 이 화병 속에 살 수 있으며, 개미의 배설물을 통해 식물에게 질소를 포함한 영양염을 제공한다. 뿌리는 화병의 물과 무기염류를 흡수한다.

10.2 주근, 수근 및 측근은 지하 뿌리계의 중요한 종류이다

정원의 잡초를 뽑거나 나무의 이식 또는 그루터기를 파낸다면 식물 뿌리는 외부 형태가 다양함을 관찰할 수 있다. 이들 차이는 유묘의 일차근 운명의 다양성의 결과이다. 예를 들어 침엽수와 같은 나자식물 뿐 아니라 진정한 쌍자엽 피자식물에서 일차근은 하나의 주근으로부터 많은 측근이 나오는 주축계를 형성한다. 자신들의 정원에서 잡초로 뽑아내는 많은 사람들에게 친숙한 민들레는 잘 발달된 **주근계**(taproot system)를 가진다(그림 10.10). 대조적으로 초본과 다른 단자엽 꽃식물의 일차근은 짧은 기간 동안만 생존하고, 식물의 줄기로부터 발달하는 뿌리로 대치된다. 줄기로부터(때때로 잎

그림 10.10 **민들레의 주근** 민들레는 토양 속에 고정하는 긴 주근 때문에 중국 양쯔강 계곡에서 노란 꽃을 피우는 지구 못으로 알려져 있다.

으로부터) 발달하는 뿌리는 **부정근**(adventitious root)으로 알려져 있다(adventitious는 속하지 않는다는 의미를 나타내는 라틴어 *adventicius*에서 유래되었다). 단자엽 식물의 뿌리는 뚜렷한 주축 뿌리가 없으며, 줄기 조직에서 기원한 수많은 부정근으로 이루어진 **수근계**(fibrous system)가 발달한다(그림 10.11). 수근계는 일반적으로 주근계 보다 토양에서 얕고, 앞

그림 10.11 **벼과 식물의 수근계**

그림 10.12 부정근 (a) 토마토를 옆으로 눕혀 줄기 아래쪽을 흙으로 살짝 덮어 부정근 형성을 자극시켰다. (b) 약 일주일 후 줄기에서 자라나온 부정근의 확대도.

서 언급한 옥수수의 지주근 또한 부정근이다.

단자엽 이외의 식물들 또한 부정근을 형성한다. 예를 들어 어린 토마토(진정 쌍자엽)를 심을 때 사람들은 종종 가장 아래 잎을 떼어내고 줄기로부터 부정근의 성장을 촉진시키기 위해 토양에 수평으로 가장 아래쪽 줄기를 묻는다(그림 10.12). 이 단계는 보다 광범위한 뿌리 체계의 빠른 발달을 촉진하여 어린 식물을 빠르게 자라게 한다.

주근계와 수근계 양쪽에 의해 생성되는 **측근**(feeder root)는 토양으로부터 물과 무기염류 흡수가 가장 활발한 미세한(직경 2mm 이하) 측부 뿌리이다. 이들은 종종 토양 표면 가까이에 나타나지만(표면의 6~12 인치 이내가 보통이다) 식물에서 상당히 멀리 확장된다. 예를 들어 옥수수(*Zea mays*)의 측근은 식물로부터 사방 약 1m까지 확장된다. 작은 측근은 한정된 수명을 가지고, 끊임없이 대체된다. 최근까지 작은 뿌리는 약 1년 동안만 생존하는 것으로 생각되었으나 보다 최근의 연구는 이들 뿌리가 수년 동안 생존한다는 것을 나타내고 있다. 연구된 측근 수명의 한 가지는 토양 속에 삽입한 투명한 관 속으로 자라는 뿌리를 촬영하는 것이다. 작은 뿌리 수명을 결정하기 위한 다른 방법은 뿌리의 자연적 방사선 탄소 양을 측정하는 것이다; 이것은 대기의 탄소가 뿌리 속에서 흡수된 이후 붕괴된 추정 시간을 제공한다.

측근에 대한 지식은 조경과 정원 관리에 유용하다. 식물을 이식할 때 이들 얕은 측근을 포함한 충분한 토양을 파서 이들이 떨어지지 않도록 주의가 요구된다. 그렇지 않으면 이식한 곳에서 생존하지 못할 수도 있고, 이식 뒤의 성장이 새로운 측근이 생성되는 동안 느려질 것이다. 묘포장에서 얻은 나무나 관목을 심기 위한 구덩이를 팔 때 뿌리구의 위쪽이 주변 토양 표면과 같은 수준이 되도록 충분히 깊이 파야한다.

10.3 뿌리의 구조와 기능은 밀접하게 연관되어 있다

모든 종류의 뿌리는 놀랄만한 일을 할 수 있다. 이들은 극히 조밀한 토양 속으로 자랄 수 있고, 중력을 감지할 수 있다. 뿌리는 병원성 토양 미생물로부터 자신을 방어할 수 있을 뿐 만 아니라 물과 무기염류의 흡수를 도와주는 유용한 미생물과 밀접히 연관되어 있다. 뿌리는 물과 무기염류의 흡수를 위한 많은 표면적을 형성하기 위해 반복적으로 분지 할 수 있다. 어떤 뿌리는 견고한 목본성이 될 수 있다. 뿌리는 식물 대사에 필요한 무기염류를 선택할 수 있으며, 동시에 유해 물질의 침투를 억제할 수 있다. 이 모든 것이 어떻게 가능한가? 뿌리의 성장 방법과 기능을 이해하는 열쇠는 뿌리의 구조이다. 세 가지 점진적으로 미세한 수준 즉 외부구조, 광학현미경으로 본 뿌리의 조직, 그리고 중요한 뿌리 세포의 확대도 순으로 뿌리 구조를 알아 볼 것이다.

측근, 뿌리털 및 근단을 포함한 뿌리 외부 구조

일반적인 비목본 뿌리의 외부구조는 그림 10.13에 나타나 있다. **측근**은 토양 표면에서 근단까지 점차 나이가 감소한다. 즉 가장 어린 측근은 근단에 가장 가까이에 나타난다. 딱딱하고 건조한 토양에서 자라야 하는 식물은 습하고 느슨한 토양에서 자라는 식물보다 적은 측근을 가진다. 측근과 주근은 표피에 의해 덮여 있고, 가끔 각피로 덮인 얇은 표피를 가지지만 일반적으로 물과 무기염류의 흡수를 촉진하기 위해 토양에 노출되어 있다.

근단에 보다 가까운 부위는 표피세포로부터 손가락처럼 확장된 무수한 **근모**(root hair)가 나 있다(그림 10.1을 보라). 대부분의 뿌리에서 뿌리털은 물과 무기염류 흡수의 주요 부분이다. 근모는 유용한 무기염류와 해로운 토양 무기염류를 식별하고 선택 흡수하는 뿌리의 주요 부위이다. 근모가 어떻게 이 필수적인 기능을 수행하는가를 알아보기 위해 나중에 근모 세포를 보다 상세히 알아 볼 것이다.

원추형의 근단에 **뿌리 정단 분열조직**(root apical meristem, RAM)이 있다. 이것이 빠르게 분열하여 뿌리의 주요 부위에 수많은 세포 수를 증가시키는 세포 분열 부위이다. 근단 분열조직을 보호하는 것은 골무 형태의 **근관**(root cap)이고, 이들 세포 또한 근단 분열조직에 의해 생성된다. 근관의

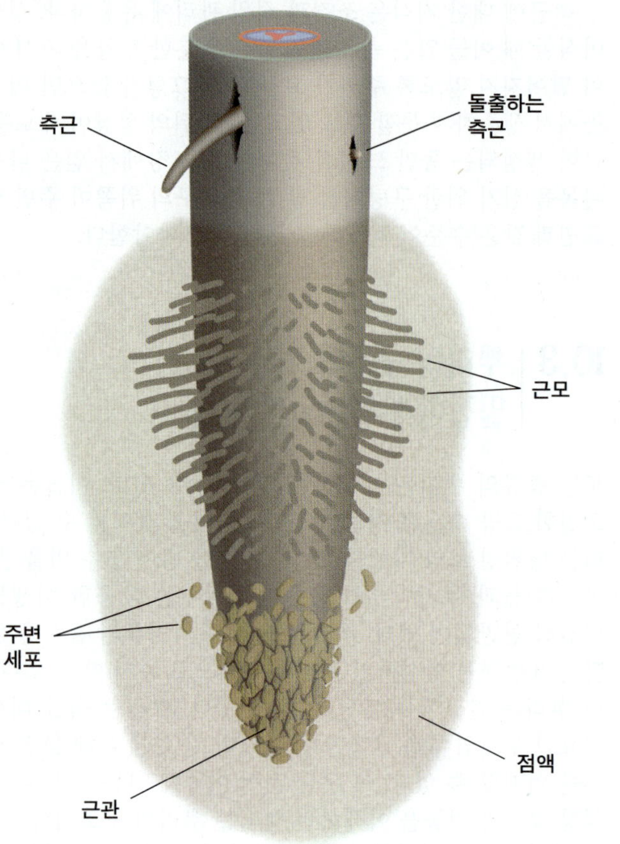

그림 10.13 뿌리의 외부 구조 뿌리는 뿌리 세포에 의해 생성된 다당류인 점액물질(mucigel)에 의해 싸여 있다. 이 부위는 많은 세균과 다른 미생물을 함유하고 있다. 근관은 뿌리가 토양 속을 뚫고 자랄 때 정단분열조직을 보호한다.

중앙에 있는 세포들은 뿌리의 위치가 변할 때 한 곳에서 다른 위치로 떨어지기에 충분히 무거운 전분이 풍부한 색소체인 백색체를 함유하고 있다. 일부 전문가들은 백색체가 대부분의 뿌리 세포들이 정상적으로 아래쪽으로 성장하도록 하는 중력 감지자로서 작용한다고 생각한다. 그러나 다른 전문가들은 뿌리의 성장이 중력에 반응하는 **굴지성**(gravitropism)에 대한 다른 기작을 제시해 왔다. 이들 가설을 시험하기 위해 고안된 실험이 지구의 중력장이 약한 우주에서 수행되었다. 그러나 아직 식물생리학자들은 뿌리가 어떻게 중력에 반응하는지 완전히 이해하지 못하고 있다. 뿌리는 일반적으로 아래로 성장하지만 때로는 망그로브의 호흡근과 같이 위로 자랄 수도 있다. 또한 뿌리는 나무뿌리가 침투하여 막혀버린 하수관을 뚫거나 교체해야 했던 집주인들이 경험하는 현상인 물과 무기염류의 농도가 높은 쪽으로 자란다.

근관 세포는 생성 된지 대략 4~5일 뒤에 근단에서 탈락하기 때문에 끊임없이 대체된다. 뿌리 주변세포로 알려진 이들 탈락된 세포는 단순히 죽는 것이 아니라 선충이나 미생물에 의한 공격을 억제하는 방법으로 외부 뿌리 환경을 바꾸는데 확실히 기여한다. 뿌리 주변세포는 뿌리가 토양 속으로 성장할 때 위험을 막아주기 때문에 생물학적 문지기로 묘사되어 왔다.

근모 부위를 포함한 뿌리 선단은 근단 표피세포의 골지 장치로부터 분비된 점액성 다당유로 구성된 **점액**(mucigel)층에 매몰되어 있다. 1 ha에 자라는 옥수수 뿌리는 큰 집 한 채의 내부를 충분히 채울 수 있는 약 1,000 m^3의 점액을 분비하는 것으로 추정되어 왔다. 점액은 몇 가지 중요한 역할을 수행한다. 뿌리가 토양 속으로 성장할 때 윤활유 역할을 하고, 또한 물과 무기염류의 흡수를 도우며, 뿌리의 건조를 방지하고, 유용한 미생물에 유익한 환경을 제공한다.

뿌리 세포가 어떻게 자라고 특수화 되는지를 나타내는 뿌리 조직의 내부 모습

뿌리를 종단면이나 횡단면의 얇은 절편을 만들면 다양한 뿌리 조직과 그들 관계를 관찰할 수 있다(그림 10.14). 근단의 끝에서 수 mm는 4 부분으로 구성 된다 : (1) 앞서 언급한 근관, (2) 세포 분열대인 뿌리 분열조직, (3) 세포의 길이가 현저히 증가하는 신장대, 그리고 (4) 조직의 특수화(세포 분화)가 일어나고 근모가 나타나는 성숙대(분화대).

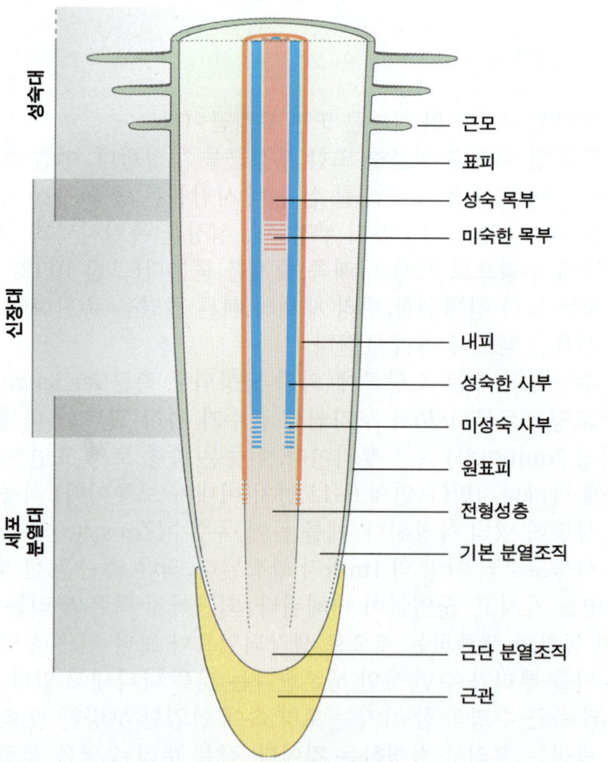

그림 10.14 근관, 세포 분열대, 신장대, 그리고 성숙대 1기 분열조직-원표피, 전형성층 및 기본분열조직-은 각각 표피, 유관속주 및 피층으로 발달한다.

이들 부위는 명확하게 구분되지 않고 크기는 식물 종에 따라 다를 수 있으며, 유전자 발현의 특수한 형태에 의해 특성화 된다. 22,000개 이상의 유전자 발현 지도가 애기장대의 뿌리에서 이루어졌다.

근단 분열조직은 1기 조직을 생성한다 근단 분열조직에 의해 생성된 조직은 그들이 이 식물기관에 의해 생성된 최초의 조직이기 때문에 1기 조직으로 알려져 있다(그림 10.14). 유사한 일기조직이 또한 줄기 정단분열조직에 의해 생성된다(8, 9장). 뿌리와 줄기 정단분열조직은 둘 다 우선 **원표피**(protoderm), **기본분열조직**(ground meristem) 및 **전형성층**(procambium)으로 알려진 3가지 분열조직(일기분열조직)으로 발달한다(그림 10.15).

뿌리 세포는 신장대에서 신장하고 특수화되기 시작한다 근단분열조직에 의해 생성된 세포는 작고, 상당히 등경성으로 매우 유사하게 보인다. 신장대에 있는 세포들은 확장될 수 있는 액포속으로 물의 흡수를 통해 일차적으로 수직 방향으로 크게 신장 한다(4, 8장). 이것이 뿌리의 길이가 증가하는 주요 방법이다. 세포 성장은 또한 세포질 양의 증가를 요구한다.

또한 세포 특수화가 신장대에서 시작된다. 체관부의 사관은 뿌리의 아래 부분에서 전형성층 세포로부터 유관속 조직의 다른 부분보다 먼저 분화를 시작 한다(그림 10.14). 체관부는 경엽부에서 뿌리로 유기물질을 운반하기 때문에 그의 초기 출현은 새로운 세포질과 풍부한 mucigel을 생성하고 높은 세포분열을 유지하기 위해 이들 물질에 대한 뿌리 끝의 높은 요구를 반영한다. 덜 성숙한 물관부가 다음에 발달하고, 물관부 요소의 성숙이 뒤따른다.

특수화된 세포와 조직은 성숙대 위에 나타난다 조직이 특수화되는 동안 전형성층은 어린 뿌리의 중심에서 성숙한 **유관속 조직**(vascular tissue)으로 발달하고, 원표피는 어린 뿌리의 **표피**(epidermis)로 발달하며, 기본분열조직은 표피와 유관속 조직 사이를 차지하는 **피층**(cortex)으로 알려진 조직을 생성한다.

피층 피층에 있는 세포들은 대개 엽록소가 없으나 종종 전분을 저장 한다(그림 10.16). 세포간극은 대개 피층에서 일반적이며, 이들은 산소를 포함한 공기를 모든 뿌리로 확산시키는 통로로 제공된다. 그 이유를 간단히 언급하자면 산소는 동물과 마찬가지로 식물과 식물 뿌리의 생존과 기능을 위해 필수적이다. 물과 용존 무기염류 또한 환경으로부터 피층 세포 사

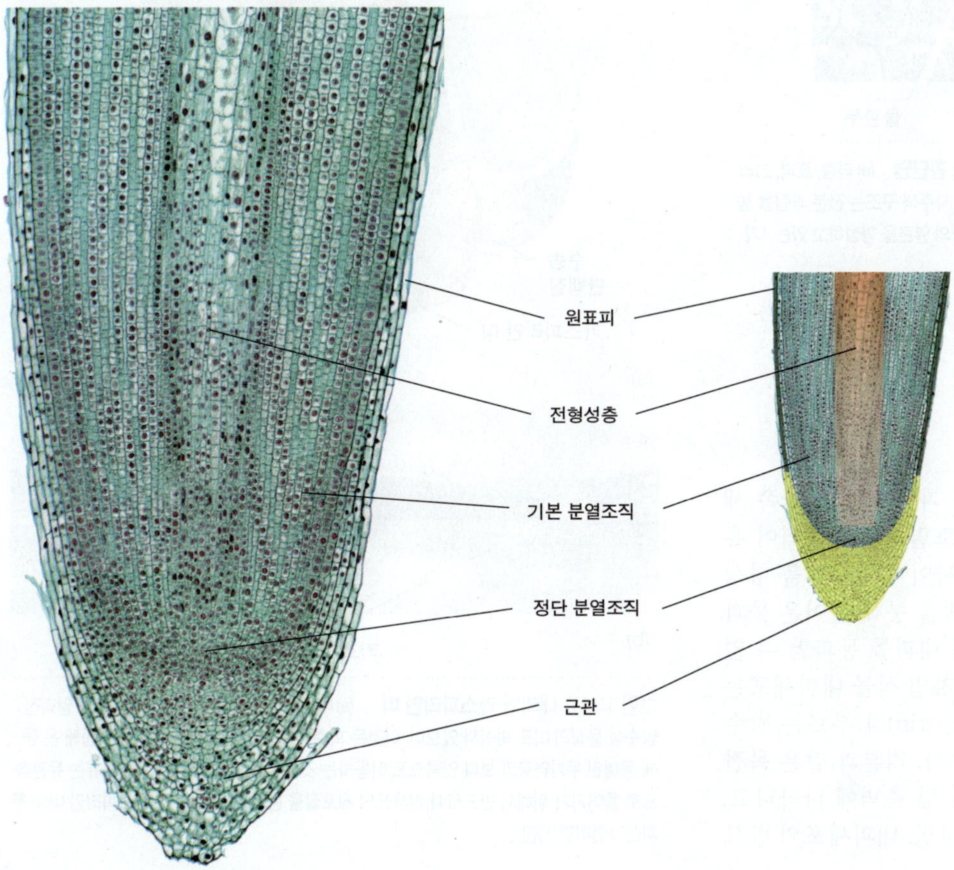

그림 10.15 양파 뿌리의 종 단면 정단분열조직, 근관 및 1기 분열조직(원표피, 전형성층, 그리고 기본분열조직)을 볼 수 있다.

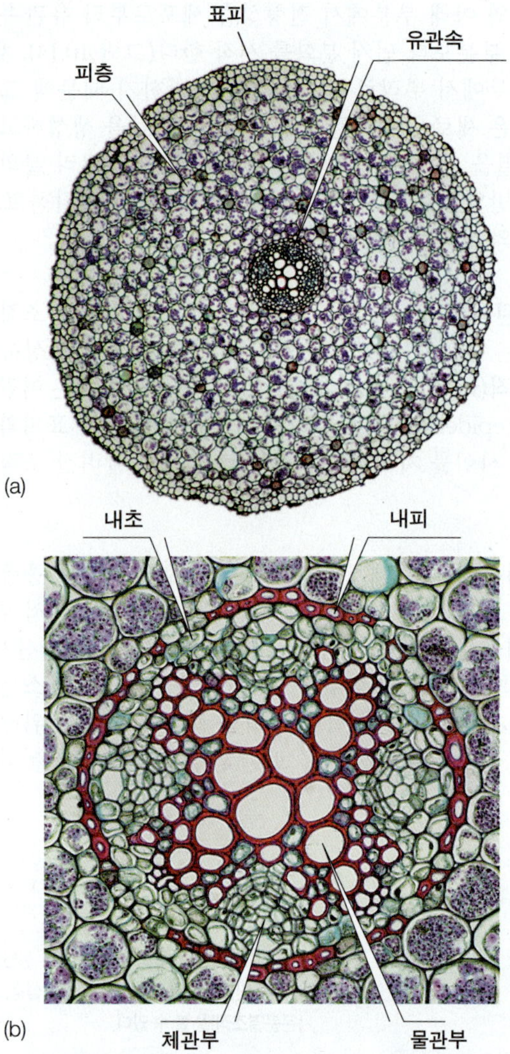

그림 10.16 애기미나리아재비(*Ranunculus*) 뿌리의 횡단면 (a) 피층, 표피, 그리고 유관속을 보여주고 있는 저배율 모습. 피층 세포에 있는 자주색 구조는 전분 과립을 함유한 색소체이다. (b) 물관부는 1기 체관부와 교대로 별모양의 열편을 형성하고 있는 1기 물관부와 내초를 보여주고 있는 유관속주의 고배율 모습.

이의 간극을 통해 뿌리로 이동한다.

내피(endodermis) **내피**(endodermis)는 피층의 가장 안쪽 세포 층으로 구성되어 있으며, 서로 매우 조밀하게 결합되어 유관속 조직이 있는 뿌리의 중심과 피층 사이에 방수벽을 형성한다. 뿌리 세포들 사이의 간극과 세포벽을 통해 들어온 물과 무기염류가 유관속 조직으로 들어갈 때 내피를 통과할 수 없다. 그 이유는 다른 피층 세포와 달리 쌍자엽 식물 내피세포는 방사단면으로 **카스파리안 띠**(casparian strip)라 부르는 방수 물질인 목전소의 띠로 싸여 있기 때문이다. 리본과 같은 **목전소**(suberin)층은 내피세포의 아래, 위 및 양 측벽에 나타나고, 다른 두 측벽에는 없다. 다른 말로 표현하면, 내피세포의 방사면과 황단면은 목전소 띠를 가지지만 절선면에는 없다(그림 10.17). 피층에서 물은 목전소가 없는 벽을 쉽게 통과할 수 있으며, 만일 그 세포막이 적절한 수송 단백질을 가지고 있다면 용존 무기염류는 내피세포의 세포질로 들어갈 수 있다. 막을 통과하는 물과 무기염류는 내피세포 세포질로부터 목부 주변의 세포간극으로 내보낼 수 있다(그림 10.17). 이 방법으로 내피세포는 무기염류에 대한 한 방향의 여과제로 작용한다. 이들 무기염류는 운반 단백질이 존재하여 내피를 경유하는 세포질 경로가 존재하기 때문에 카스파리안 띠를 통과할 수 있다. 그러나 그곳에서 물과 용존 무기염류는 내피세포 세포질을 통한 통과가 허용되지 않고 목전소 띠에 의해 정지된다.

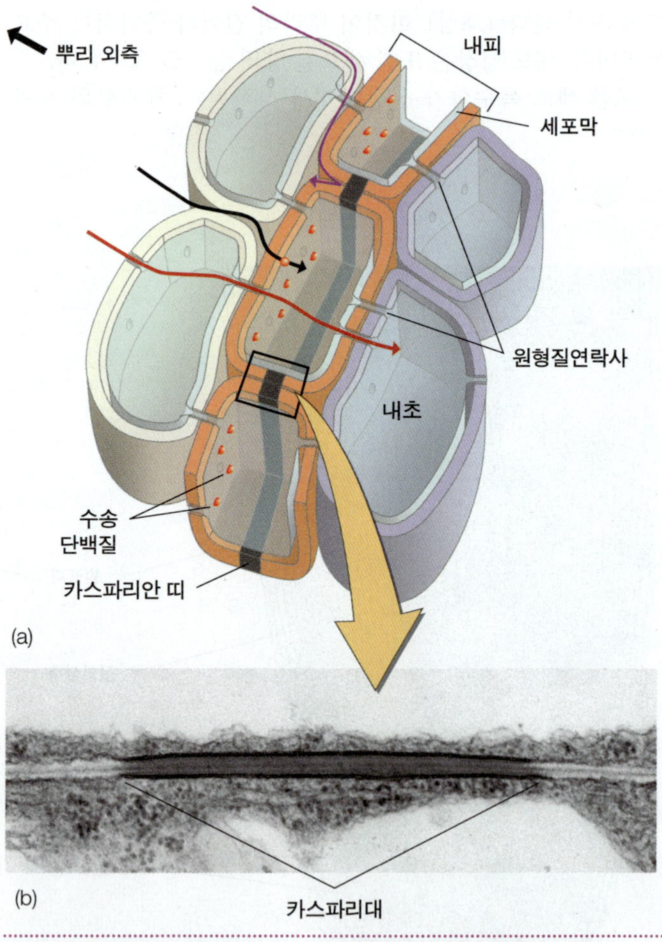

그림 10.17 내피와 카스파리안 띠 (a) 내피 세포 (적색)는 카스파리안 띠로 알려진 방수성 물질의 띠로 싸여져 있으며, 이것은 피층 세포벽과 세포간극을 통해 이동해 온 물에 용해된 무기염류가 보다 안쪽으로 이동하는 것을 차단한다. 그래서 무기염류는 유관속으로 들어가기 위해서 반드시 내피세포의 세포질을 통과해야 한다. (b) 카스파리안 띠의 투과전자현미경 사진.

목전소는 방수성 납질과 방부성 페놀화합물 층으로 구성된다(3장). 목전소는 또한 수피(9장)와 잎의 이층대(11장)에서도 나타나며, 방수 및 방부제 장벽은 질병을 유발하는 미생물의 감염과 건조로부터 식물을 보호하는데 유리하다. 일부 식물의 뿌리는 세포벽이 목전소로 싸여 있고, 수분 손실과 미생물의 공격을 억제하는 작용을 하는 최 외측의 피층을 가지고 있다.

1기 유관속계 1기 유관속계는 목부와 사부의 심과 **내초**(pericycle)로 알려진 주변의 원통형 조직을 포함한다(그림 10.16b). 일부 식물에서 잎에 축적되는 알칼로이드는 내초 세포에서 합성되어 유관속 조직을 경유하여 잎으로 수송된다. 그러나 내초는 측근 형성의 다른 중요한 기능을 가지고 있다. 내초는 분열조직 활성을 유지하고 있는 새로운 측근의 성장이 시작되는 부위이다. 측근은 형성이 시작될 때 뿌리 조직에 매몰되어 있기 때문에 피층를 통과하여 표피로 밀어내야 한다(그림 10.18). 뿌리와 대조적으로 줄기와 잎은 내초가 없으며 경엽부의 가지는 액아로부터 발달한다(8, 9, 11장). 그럼에도 뿌리와 경엽부는 많은 점에서 유사하고, 뿌리는 아마도 경엽부에서 진화되었다(21장).

쌍자엽 식물 뿌리의 일기 목부는 목부 돌출부 사이에 위치한 일기 사부의 가닥을 가지고 있다(그림 10.16b). 목부는 경엽부로 물과 무기염류를 위로 수송하고, 사부는 유기화합물 수용액을 그들의 소스로부터 이용 부위까지 — 소스에서 싱크로 — 수송하는 것을 상기하라.

목본성 뿌리를 생성하는 식물에서 내초에서 세포분열은 2기 목부와 사부를 생성하는 줄기의 그것과 유사한 유관속 형성층의 형성에 기여한다(그림 10.19). 줄기에서처럼 2기 목부는 재를 형성하고, 코르크 형성층은(8, 9장) 1기 피층과 표피를

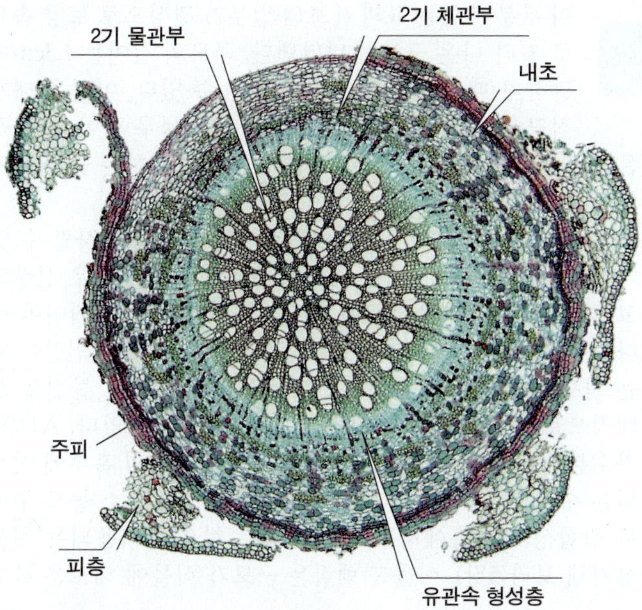

그림 10.19 1년 간 성장한 후 버드나무(*Salix*) 목본 뿌리의 횡단면 2기 물관부(재)가 유관속형성층 안쪽에 형성되고, 형성층 외측에 2기사부가 만들어진다. 표피와 피층은 결국 주피로 대치되고, 코르크 세포는 뿌리를 보호하는 기능을 수행한다.

대신하는 보호적인 목전소로 싸인 코르크 조직을 형성한다.

표피성 근모 뿌리 표피 세포가 성숙한 형태에 도달한 성숙대의 뿌리 표면을 관찰하면 수많은 근모가 밀생하고 있음을 확인할 수 있다(그림 10.1). 얇은 뿌리 절편의 현미경적 관찰은

그림 10.18 버드나무 (*Salix*)의 측근 형성 (a)에서 내초세포가 막 분열하기 시작하여 측근형성을 개시한다. 형성된 측근은 피층을 통과한다 (b), 마지막으로 표피를 뚫고 나온다 (c).

이 부분에 있는 표피 세포의 일부가 관상으로 토양 속으로 자라 나온 근모를 나타낸다. 근모의 길이는 1.3cm에 달하기 때문에 육안으로 확인할 수 있다. 이것은 대개 직경이 10μm 정도로 아주 가늘어서 너무 작아 가장 작은 뿌리조차 들어갈 수 없는 토양 공극에 존재하는 물과 무기염류에 도달하는데 유리하다.

수시간 내에 근모는 원래 세포길이의 수천배로 자랄 수 있다. 이 놀라운 성장은 가장 외측의 표피세포벽이 매우 신장되고 털을 채우기 위해 새로운 세포질이 빠르게 생산되어야 한다. 근모가 발달할 때 그들 세포막은 ATP가 ADP와 인산이 되는 가수분해와 함께 환경으로부터 근모 세포질로 물질을 선택적으로 수송하기 풍부한 단백질로 매몰되어 있다. ATP의 가수분해에 의해 공급되는 에너지는 무기염류의 흡수에 이용되는 수소 농도 구배를 형성한다(그림 10.20). 수소 농도 구배는 광합성과 호흡에서 ATP 합성하는 힘으로 이용되는 것을 상기해 보라(5장). 이들 단백질은 근모가 식물에 해로운 물질과 필요한 물질을 식별하는 기작이다. 수송 단백질은 해로운 물질을 배재하는 모양이지만 유용한 물질은 그들에 결합되도록 하여 근모 세포질로 운반한다. 무기염류가 근모의 세포질 속으로 일단 수송되면 세포간 통로인 원형질연락사를 경유하여 한 피층 세포의 세포질에서 다른 내피세포 속으로 통과할 수 있다. 무기염류 수용액은 목질화 되지 않은 그들 벽 부위를 통해 죽은 물관부 세포로 통과한다(8, 9장).

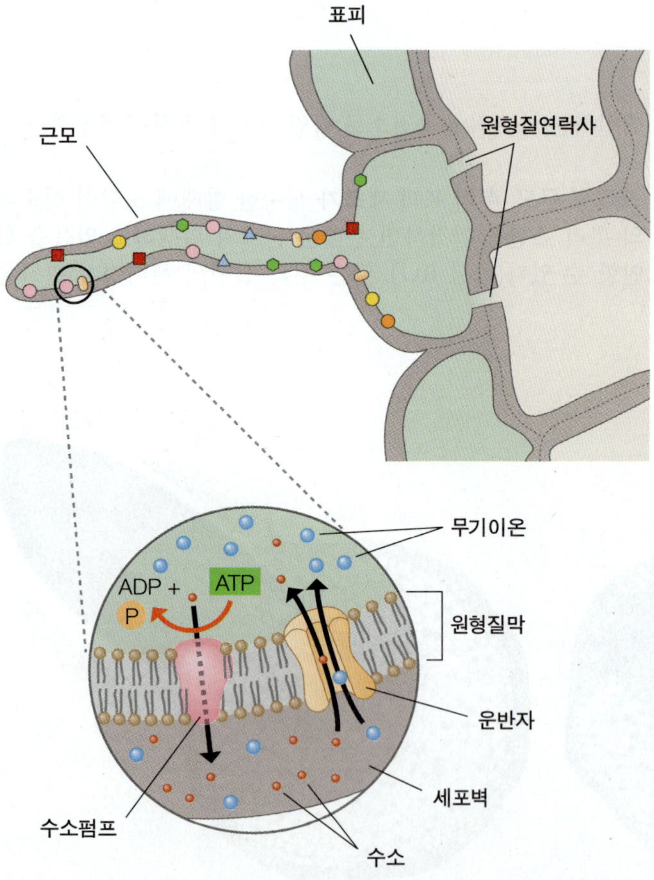

그림 10.20 세포막 수송체와 원형질연락사를 가진 뿌리털 무기염류는 섬유소 세포벽을 통해 쉽게 이동하지만 적절한 수송체 단백질이 존재할 때만 세포막을 통과할 수 있다. 일단 표피세포 세포질에 들어오면 이온들은 원형질연락사를 통해 이웃 세포로 이동할 수 있다.

근모는 너무 연약하여 뿌리가 토양 속으로 자랄 때의 마찰에 의해 쉽게 상처를 입으며, 근모의 평균 수명은 4-5일에 불과하다. 결국 근모는 성숙대 위쪽에 위치한 늙은 뿌리 부위에는 나타나지 않는다. 뿌리는 근단 분열조직에 의해 생성된 새로운 원표피 조직으로부터 새로운 근모를 끊임없이 생성해야 한다. 어떤 식물의 평균 근모 생성율은 하루에 1억개 이상으로 추정되어 왔다.

뿌리의 무기염류 흡수는 선택적이고 에너지가 요구된다

뿌리의 목부는 2가지 중 한 가지 방법으로 물과 무기염류를 얻는다. (1) 물과 무기염류는 근모에 의해 선택적으로 흡수되고, 한 세포의 세포질로부터 내피 세포벽과의 접촉을 회피하는 원형질연락사를 경유하여 다른 세포로 전달되거나, (2) 뿌리 조직 내의 세포간극과 세포벽을 통과하는 물과 무기염류는 내피 세포의 목전화 되지 않은 표면의 세포막에서 선택적으로 흡수되고, 내피 세포질로부터 내피 장벽의 다른 면에 방출된다(그림 10.21, 10.17). 이들이 뿌리가 해로운 무기염류를 배제하고 유익한 무기염류의 유입을 허용하는 2가지 기작이다. 뿌리털로부터 원형질연락사를 경유하는 피층과 내피를 통한 무기염류의 통과는 **원형질체 수송**(symplastic transport)이라 한다. 물에 녹아있는 무기염류가 뿌리 환경으로부터 표피세포 벽, 그리고 피층 세포벽을 거쳐 내피까지 확산되는 이동은 **탈원형질체 수송**(apoplastic transport)이라 한다. 물관부의 수분 통도 세포는 죽은 세포이며 유익한 무기염류와 해로운 무기염류를 구별할 수 없다. 뿌리의 목부까지 도달한 어떤 독성 무기염류는 잎과 다른 경엽부 기관까지 쉽게 수송되고, 식물에 심각한 결과를 초래한다. 근모와 내피세포의 막은 필수 무기염류를 구분하는 기능을 제공한다.

근모와 내피세포는 선택적 흡수의 장소이다 앞에서 살펴본 것처럼 뿌리는 식물체의 경엽부로 수송된 물의 무기염류 함량을 심사하는 필수적인 역할을 수행한다. 이 여과 과정을 수행하는 세포가 표피의 근모와 내피세포라는 것이 관찰되었다. 이들 세포에 의한 무기염류 흡수의 세밀한 관찰은 식물 뿌리가 토양 속의 낮은 농도로부터 인산과 같은 필수 무기 이온을 어떻게 농축하는가를 설명하고, 알루미늄 이온과 같은 독성 무기염류로부터 뿌리가 어떻게 식물체 자신을 보호하는지를 설명해 준다. 또한 왜 뿌리가 동물과 같이 산소와 설탕 형태의 유기 양분의 공급을 요구하는지 설명해 준다.

철, 구리, 망간 및 마그네슘을 포함한 많은 금속 이온은 식물세포에서 효소와 다른 복잡한 분자의 적절한 기능을 수행

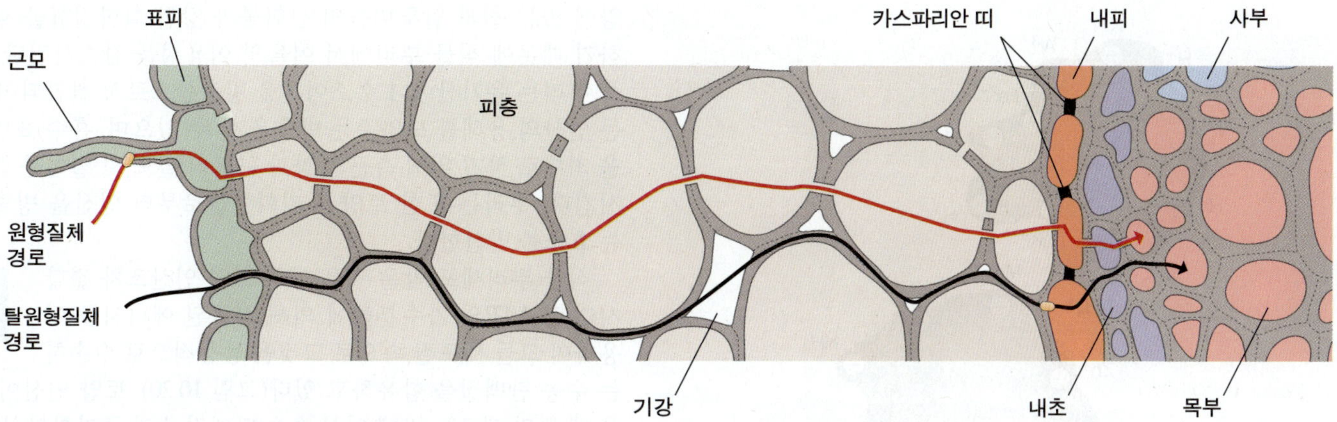

그림 10.21 무기염류는 뿌리털에서 유관속 조직까지 원형질연락사 또는 세포벽과 세포간극을 통해 세포에서 세포로 한가지 경로를 통해서 이동할 수 있다 뿌리 횡단면의 한 부분을 보여주고 있는 이 그림에서 붉은 선은 점선은 표피세포의 뿌리털에서 피층 세포와 내피의 원형질연락사를 통해 유관속주로 이동하는 무기 이온을 나타낸다(원형질체 경로). 무기염류는 또한 세포벽과 세포간극(탈원형질체 경로-검은 선)을 통해 이동할 수 있다. 그러나 카스파리안 띠는 이 경로를 통한 유관속주로의 이동을 차단하고, 내피 세포의 세포질을 통과하도록 한다.

표 10.1 식물체의 필수 원소들: 원소와 기능

원소(기호)	원자번호	식물 건조중량비	기원	기능 (s)
대량 영양소				
Hydrogen (H)	1	6.0	물	모든 유기분자
Carbon (C)	6	45.0	이산화탄소	모든 유기분자
Nitrogen (N)	7	1.5	토양	단백질, 핵산
Oxygen (O)	8	45.0	물과 공기	모든 유기분자
Mitrogen (N)	12	0.2	토양	엽록소
Phosphorus (P)	15	0.2	토양	핵산, 인지질
Sulfur (S)	16	0.1	토양	단백질, 비타민
Potassium (K)	19	1.0	토양	세포의 이온 평형
Calcium (Ca)	20	0.5	토양	세포벽 성분
미량 영양소				
Boron (B)	5	0.002	토양	불확실
Chlorine (C)	17	0.01	토양	세포의 이온 평형
Manganese (Mn)	25	0.005	토양	효소 보조인자
Iron (Fe)	26	0.01	토양	효소 보조인자
Copper (Cu)	29	0.0006	토양	효소 보조인자
Zine (Zn)	30	0.002	토양	효소 보조인자
Molybdenum (Mo)	42	0.00001	토양	효소 보조인자

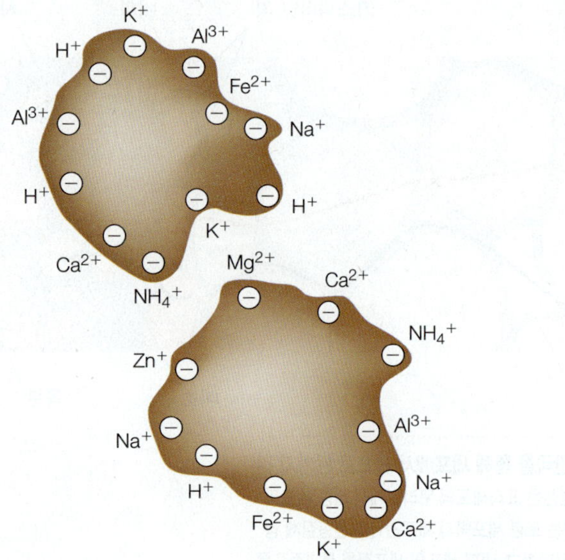

그림 10.22 양전하를 띤 무기 이온은 음전하를 띤 토양 입자와 결합한다

하는데 필요하다(표 10.1). 이들 양 전하를 띤 무기이온은 작은 음 전하를 띤 토양입자와 결합 한다(그림 10.22). 필수 무기염류의 예는 엽록소에 있는 마그네슘과 광합성과 호흡의 전자 전달계에서 필요한 철을 포함 한다(5장). 그러나 알루미늄 이온은 토양과 식물체에 매우 풍부하고, 식물에 독성을 나타낸다. 알루미늄은 유기산, 인산 및 단백질과 핵산에 있는 황과 결합하여 막 기능의 파괴를 초래한다. 식물체에서 알루미늄 독성의 가장 명확한 최초의 증상은 뿌리가 노출 5분 이내에 신장을 정지하는 것이다. 알루미늄 독성은 특히 산성화된 세계 토양의 30%에서 충분한 곡물을 생산하는데 있어서 중요한 제한 요인이다. 그런 토양은 특히 높은 인구 개체군에 의한 농업생산 한계를 초과하는 열대 지역 뿐 만 아니라 산성비가 내리는 북유럽, 캐나다 및 미국 북동부에서 보편적이다(27장). 산성비는 토양 pH-리터당 수소이온 농도의 역수의 대수-를 낮춘다. 토양 pH가 5 이하 일 때 풍부한 수소이온은 음 전하를 띤 토양입자와 결합하여 이전에 토양에 결합되어 있던 알루미늄을 방출한다. 이들 이온은 토양 수분에 용해되어 흡수할 수 있게 된다. 보호 반응으로서 식물은 알루미늄이 결합된 뿌리로부터 유기산을 방출할 수 있으며, 또한 식물 뿌리는 세포벽에서 알루미늄 이온을 격리시킬 수 있다. 그러나 식물이 알루미늄 이온을 회피하는 주요한 방법은 세포막에서 세포질 속으로 이 이온의 수송을 허용하지 않는 것이다.

대조적으로 식물은 인지질 막의 구성과 ATP의 생산, DNA, RNA의 핵산 생산을 위해 많은 양의 인산 이온을 요구한다. 식물은 전 생애 동안 인산의 공급이 없으면 생존, 성장 또는 생식을 할 수 없다. 인산은 작물과 정원수 시비의 가장 중요한 요소의 한가지이며, 비료에 풍부하다. 그러나 인산은 토양에 있는 철과 알루미늄의 산화물과 강한 화학결합을 형성하기 때문에 식물 뿌리에서 이들의 이용성을 감소시킨다. 식물 뿌리는 유기산이나 수소이온을 방출함으로서 결합되어 있는 인산의 용해를 도와주는 반응을 할 수 있으며, 흡수 표면적을 최대로 하기 위해 측근의 양과 근모의 밀도 및 길이를 증가시킨다. 뿌리는 또한 토양 유기화합물로부터 인산을 방출하는 효소를 발산한다.

식물 뿌리세포 막은 적은 양의 토양 인산조차 결합시키고, ATP의 가수분해에 의해 공급된 에너지를 이용하여 그들 세포질 속으로 그것을 능동적으로 수송하는 수송 단백질을 함유하고 있다(그림 10.20). 토양 인산이 낮을 때 뿌리 세포는 막에 인산 수송 단백질 수가 증가한다. 세포질로 인산의 방출시에 수송체는 외부로부터 더 많은 인산을 수송할 수 있다. 식물 인산 수송체의 특수성과 높은 효율성은 세포의 핵에 있는 DNA에 의해 지시된 수송체 단백질 아미노산 배열에 대한 고도의 통제의 결과이다. 별개의 뿌리 세포막 단백질은 질소화합물, 마그네슘, 철 및 다른 필요한 무기염류와 같이 비록 이들이 토양에 낮은 농도로 존재한다고 해도 식물의 필수 영양염을 흡수하고 수집하기 위해 특수화된다(Essay 10.2, "사고를 위한 식량: 식물 무기염류"). 유전공학 기술은 종종 뿌리 무기염류 흡수체계의 효율을 개선하기 위한 기회를 제공한다(15장).

식물뿌리는 유기물과 산소를 요구하고 이산화탄소를 생산한다 식물 뿌리세포 막 수송체는 무기영양염 흡수에 놀라운 효율을 나타내지만 ATP 형태의 에너지 유입이 필수적이다. 이것은 식물 뿌리는 전형적으로 토양에 있는 묽은 용액으로부터 무기이온을 축적해야하기 때문이다. 만일 토양에 있는 필요한 이온의 농도가 세포내 농도보다 높다면 이온은 세포내.외의 농도가 같아질 때까지 세포 안으로 쉽게 확산될 수 있으며, 단백질로 구성된 적절한 수송 통로가 세포막에 존재한다. 그러한 **촉진 확산**(facilitated diffusion)은 에너지 유입이 필요 없다. 그러나 토양에는 필요한 무기이온의 농도가 대개 세포 안쪽보다 훨씬 낮다. 이러한 경우에 세포 안으로 무기염류를 흡수하기 위해 일을 해야한다. 세포에서 이 일을 수행하기 위한 에너지원은 ATP이다. 무기염류의 흡수는 ATP가 요구되는 **능동수송**(active transport)이다. ATP는 또한 근단에서의 세포 분열, 뿌리세포가 신장할 때 새로운 세포벽물질의 합성 및 다른 대사 활동에 요구된다. 근모 세포의 원형질 막에 있는 수소 펌프에 의해 형성된 단백질 구배는 뿌리 안으로 무기이온을 이동시키기 위해 이용된다. 원형질 막을 가로질러 세포 안으로 수소가 이동할 때 무기 이온은 수소와 같이(농도구배에 역행하여) 이동한다(그림 10.20).

ATP 생성의 가장 효율적인 방법은 유기분자를 이산화탄소로 분해하는데 산소를 이용하는 호기호흡이다(5장). 그래서 일정한 무기이온을 흡수하기 위한 충분한 ATP를 생산하기 위해 기본적으로 뿌리에 유기화합물(설탕 등)과 산소의 공급이 요구된다. 그러나 땅 속의 뿌리는 광합성을 할 수 없다. 광

ESSAY 10.2 사고를 위한 식량: 식물 무기염류

일반적으로 식물은 원료인 이산화탄소와 물로부터 생성된 당과 같은 유기화합물을 뜻하는 자신의 식량을 스스로 생산한다고 말한다. 그러나 식물은 유기화합물과 물 이외에 식물의 성장에 10가지 이상의 무기염류를 요구된다는 것 또한 사실이다. 물에 녹여 정원수에 공급하는 식물 먹이는 이들 무기염류를 포함하고 있다. 식물은 단백질이나 핵산과 같은 다른 질소화합물을 만들기 위해 암모늄이나 질소가 필요하다. 단백질 합성에는 황이 또한 필요하고, ATP, 인지질 및 다른 인산화합물뿐만 아니라 DNA와 RNA을 만들기 위해 인산이 필요하다. 마그네슘은 엽록소의 필수원소이고, 칼륨은 식물세포 이온 균형을 돕고, 칼슘은 세포벽에 필요하다. 이들 무기염류-질소, 황, 인산, 마그네슘, 칼륨 및 칼슘-와 함께 탄소, 산소는 비교적 많은 양이 필요하기 때문에 대량원소로 알려져 있다(표 10.1).

식물에 의해 흡수된 무기염류는 식물과 식물을 먹는 동물이 죽어 분해될 때 토양으로 되돌아간다.

소량의 다른 무기염류 또한 필요한데 이들 미량원소는 붕소, 염소, 망간, 철, 구리, 아연, 니켈 및 몰리브덴 등이다(표 10.1). 몇가지 미량원소는 필수적인 효소의 구성요소이다. 예를들어 철은 미토콘드리아에서 에너지 전환 동안 전자수송을 수행하는 분자에 필요하다. 철과 몰리브덴은 근류균의 질소고정과 식물과 미생물 사이의 다른 질소고정 공생체에 필수적인 박테리아 효소인 질소고정 효소의 구성에 필요하다.

자연계에서 식물에 의해 흡수된 무기염류는 식물과 식물을 소비하는 동물이 죽어 분해될 때 토양으로 되돌아간다. 그러나 농업에 있어서 곡물은 제거되고 무기염류는 곡물과 함께 떠난다. 결국 토양의 영양분은 시간이 흐를수록 감소하고, 농부와 정원사들은 비료의 형태로 무기염류를 첨가해야 한다. 유기질 비료는 퇴비와 거름을 포함한다. 무기질 비료는 유기 및 무기적 화학물질의 화학적 혼합물이다. 그러나 그것은 무기적 형태로만 식물체로 들어간다. 30-10-10과 같은 무기질 비료의 포장에 있는 숫자는 질소, 인산, 칼륨의 비를 나타낸다. 유기질 비료는 보다 느리게 작용하지만(무기화합물로 분해되어야 하기 때문에) 무기질 비료보다 오랫동안 지속된다. 무기질 비료는 식물 뿌리에 의해 바로 흡수되지 못하고 하천이나 지하로 흘러들어 오염시킬 수 있다.

일부 상업적인 농부들은 토양이 없는 비닐하우스에서 무기염류 용액을 이용하여 토마토나 상치와 같은 식물을 재배한다(그림 E10.2). 이 기술을 수경재배라 한다. 수경재배로 키운 식물은 건조한 땅의 관계한 농지의 식물보다 물이 덜 필요하다. 그래서 수경재배는 사막 국가에서 매력적인 방법이다. 수경재배는 전통적인 농사보다 비용이 많이 들지만 신선한 식품이 반드시 먼 곳으로부터 비싸게 수입되어야 한다면 비용은 효과적일 수 있다.

E10.2 수경재배되고 있는 상치

합성을 하는 경엽부에서 생성된 당은 사부의 사관을 경유하여 뿌리로 공급되고, 광합성 산물인 산소는 대기로 방출된다. 뿌리는 대사 과정을 위해 산소와 유기양분이 요구되기 때문에 **타가영양적**이다. 타가영양 동물과 같이 뿌리는 유기 식량과 산소원으로서 녹색식물 기관에 의존하고, 뿌리는 이산화탄소를 방출한다.

ECOLOGY

뿌리가 생산한 이산화탄소는 토양 수분에 용해되어 탄산을 형성하고, 풍화작용으로 알려진 일련의 토양 무기염류의 화학적 반응을 야기시킨다. 풍화작용의 한 가지 결과는 이산화탄소가 용존 중탄산 이온으로 전환되고, 바다로 흘러들어 결국 석회암으로 발달한다. 이것은 식물이 대기의 이산화탄소 양을 감소시키는 한 과정이다. 다른 과정은 토양 부식질을 만드는 목질소와 목전소 같은 잘 부패하지 않는 많은 양의 유기화합물을 형성하는 것이다. 이산화탄소는 지구 대기 온도 상승을 도와주는 온실가스이고, 그래서 대기중의 이산화탄소 감소는 기후 냉각과 관련되어 있음을 상기하라. 식물 뿌리가 처음 진화된 이래 풍화작용은 지구의 대기조성과 기후에 엄청난 영향을 미쳤다. 예를 들어 식물은 약 2억 8천만년 전 빙하기 말기에 대기의 이산화탄소를 현저하게 감소시켰다. 대기 화학조성에서 이 변화는 종자식물의 증가와 관련된 것으로 보이는 기후 냉각을 초래하였다(22장).

10.4 식물 뿌리는 유용한 미생물과 관련되어 있다

식물 뿌리는 무기영양염을 찾고, 흡수하는데 매우 효율적이지만 영양염 농도가 낮은 토양에서 생육할 때 종종 식물 뿌리와 공생적 관계를 형성하는 유용한 미생물의 도움이 필요하다. 이들은 **균근**(mycorrhizal fungi) (20장) 및 콩과식물과 다른 식물의 뿌리 속에서 살아가는 **질소고정 박테리아**(nitrogen-fixing bacteria)를 포함한다(18장). 이들 미생물은 식물이 충분한 양의 무기염류를 흡수하도록 도와준다. 자연에서 유용한 미생물 공생자를 가진 식물은 경쟁력이 높고, 유용한 미생물을 가진 농작물은 공생자를 갖지 않는 식물보다 높은 생산성을 가진다. 균근은 다른 무기염류와 물을 공급하지만 인산 공급에 있어서 특히 중요하다. 거의 모든 유관속 식물은 균근 파트너를 가지고 있다.

질소고정 박테리아는 식물이 아미노산과 단백질을 생성하는데 필요한 질소화합물을 공급한다. 많은 식물은 그들 뿌리와 질소고정 박테리아 사이에 느슨한 공생으로부터 이익을 얻는다. 그러나 콩과식물과 일부 다른 식물은 질소고정 세균과 밀접한 공생을 이루고, 질소고정 박테리아 파트너를 품고 있는 조직인 근류균을 생성한다.

콩과식물과 박테리아 관계는 화학적 전환을 시작한다. 먼저 콩과식물 뿌리는 토양 속으로 플라보노이드를 분비한다(그림 10.23). 플라보노이드는 사람에게 유용하고(2장), 식물에 많은 중요한 역할을 하는 식물 2차 화합물이다(3장). 콩과식물 뿌리 플라보노이드는 토양 속으로 약간의 유기 분자를 분비함으로서 플라보노이드 신호에 대해 반응하는 토양 질소고정 박테리아에게 신호로 제공된다. 이들 박테리아 화합물(그 신호는 식물 뿌리가 근류 형성 과정을 개시시키기 때문에 nod factors라 한다)은 근모가 주변 박테리아 세포를 감싸서 특별한 뿌리 세포 안에서 통합되도록 한다. 근류는 감염 세포와 비감염 세포를 포함하고 있고, 성숙한 근류는 뿌리의 유관속 계와 연결된 유관속 조직을 함유하고 있다(그림 10.23). 유관속 계는 질소를 함유한 화합물을 전 식물체로 분배한다. Nod factors는 관련된 질소고정 박테리아들 사이에 약간 다르며, 콩과식물

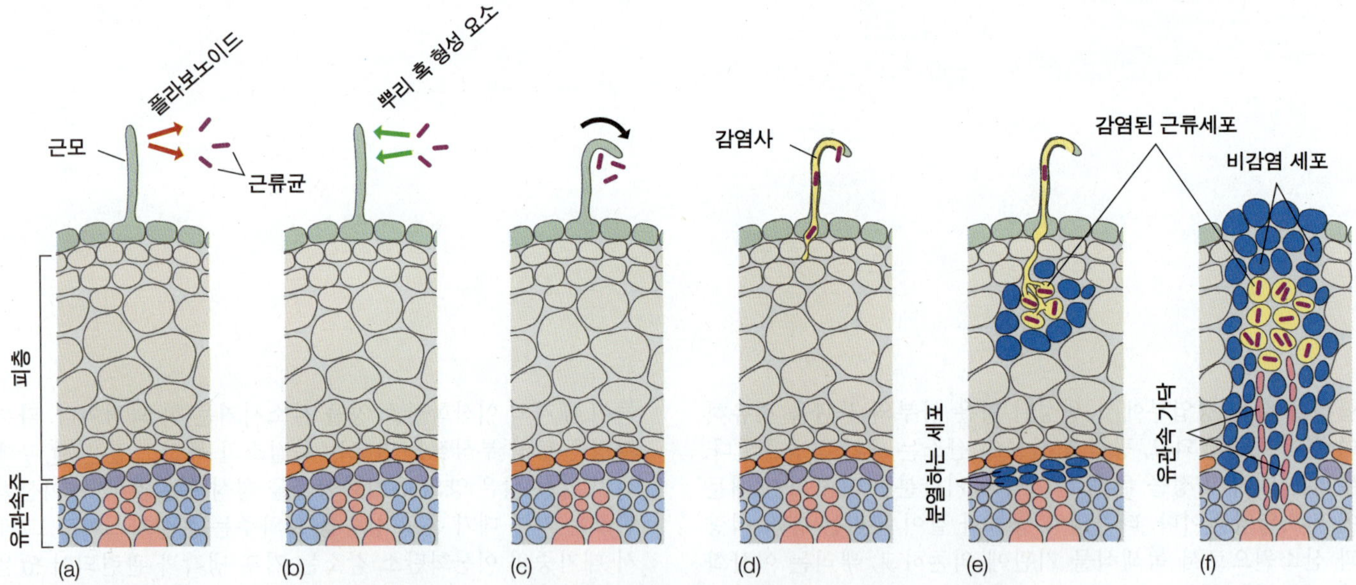

그림 10.23 콩과식물의 근류균 형성 질소고정 세균과 콩과식물 뿌리 사이의 협력관계는 뿌리에서 토양세균까지 플라보노이드 신호물질의 분비로 시작한다(a). 특별한 질소고정 세균은 화학적 신호를 감지하고, 뿌리혹 형성 요소(nod factors)로 알려진 화학물질을 분비하여 반응한다(b). 뿌리혹 형성 요소는 토양속으로 확산되어 콩과식물 뿌리에 도달할 때 뿌리털이 선택된 세균 주위를 감싸도록 유도한다(c). 세균 세포가 감염사를 통해 뿌리로 들어감으로서 과정을 시작한다(d). 근류균은 d, e에서 발달 모양을 보여주고 있는 혹을 형성한다. 어떤 혹 세포는 수많은 세균 세포의 은신처이고, 다른 것은 그렇지 않다. 감염된 세포 내부 조건은 세균 증식과 질소고정에 알맞다. 세균은 자신이 고정하는 질소의 일부를 이용한다. 혹 내에서 고정된 여분의 질소는 주근과 연결되는 유관속을 통해 수송된다. 이 질소는 단백질 생산과 종자 발달을 포함한 숙주인 콩과식물의 모든 부분으로 수송된다. 이 공생관계는 왜 콩과식물이 인간의 양분 섭취에 있어서 풍부한 단백질 공급원인지를 설명하고 있다.

그림 10.24 콩과식물의 성숙한 근류균

뿌리 수용체는 특이적인 박테리아 파트너에 의해 생성된 nod factor를 인지하고, 콩과식물과 박테리아 종의 특별한 짝을 이루도록 한다. 예를 들면, 박테리아 *Sinorhizobium meliloti*는 알팔파(*Medicago sativa*)를 감염시키지만 완두(*Pisum sativa*)는 감염시키지 않는다. 반대로 *Rhizobium leguminosarum*는 완두는 감염시키지만 알팔파는 감염시키지 않는다. 특이적 Nod factor와 특별한 콩과식물 수용체로 구성된 화학적 의사소통 체계는 이 특별한 협력 관계를 설명한다.

놀라운 초근의 발견은 콩과식물과 박테리아의 의사소통을 조절하는 유전자의 일부가 근류 협력의 확립에 포함되어 있다는 것이다. 식물과 균류 협력은 매우 오래되었으며(4억년 이상, 20, 21장 참조), 반면 콩과식물과 박테리아 공생은 훨씬 최근이다(아마 7천만 년). 새로운 자료는 콩과식물은 뿌리와 균류의 협력을 질소고정 박테리아를 새로운 뿌리 협력자로 확립하기 위해 오래된 체계를 변화시켰다는 것을 제시하고 있다. 이것은 현대 식물과 그 뿌리의 많은 형질을 설명하는 진화 원리의 한 예이다.

EVOLUTION

요점

10.1 뿌리는 일반적으로 물과 무기염류 흡수 기능을 수행하지만 이 외의 여러 가지 기능을 수행한다. 이 특수 기능은 양분 저장, 식물 호르몬과 이차화합물의 생성, 구조적 지지, 그리고 산소 흡수를 들 수 있다.

10.2 쌍자엽 식물은 전형적으로 하나의 주 뿌리를 가진 주근계를 형성하는 반면, 단자엽 식물은 많은 부정근으로 이루어진 수근계를 가진다. 영양염 흡수에 중요한 역할을 수행하는 얕은 측근은 주근 및 수근계 양쪽에서 생성된다.

10.3 뿌리의 외부 구조는 측근, 근모, 근단을 포함한다(그러나 줄기의 특징인 절, 절간 또는 눈은 없다). 근관은 연약한 근단을 보호하고 뿌리가 토양 속으로 성장할 때 윤활유 역할을 하는 점액을 분비한다. 근단 분열조직은 일차조직을 생성한다. 이 조직의 세포는 성장하고, 특수화가 시작되어 신장대를 형성한다. 뿌리 세포들은 성숙대에서 그들의 발달을 완성한다. 성숙대에는 중요한 조직이 존재하고, 기능을 수행하는 뿌리는 근모 세포를 가진 표피, 전분을 저장하는 피층, 목전소 띠를 두른 내피, 측근을 형성하는 내초, 그리고 내측의 유관속 수송조직(물관부와 체관부)을 포함한다. 무기염류는 내피 세포와 근모의 세포막에서 수송체에 의해 세포 속으로 선택적으로 흡수된다. 토양의 필수 무기염류 농도는 종종 너무 낮기 때문에 뿌리 세포 속으로 확산되지 못하고 에너지 유입(ATP)이 포함되는 능동수송이 요구된다. 뿌리는 ATP를 생성하는 세포호흡을 수행하기 위해 산소와 당이 요구된다. 산소는 토양공기로부터 온다(또는 침수 토양에 적응된 식물의 경우에 공기로부터). 당은 사부 수송을 경유하여 광합성 경엽부에 의해 제공된다. 근모 세포와 내피 세포에 의해 흡수된 물과 무기염류는 원형질연락사를 통해 세포에서 세포로 이동하여 결국 물관부에 도달하고, 이들 물질은 경엽부로 수송된다.

10.4 식물 뿌리는 필요한 무기염류의 흡수를 도와주는 유익한 미생물과 종종 공생한다. 질소고정 박테리아는 콩과식물의 뿌리 근류균 내에 살고 있으며, 다른 식물의 뿌리와도 공생할 수 있다. 식물 뿌리의 세포간극 속이나 표면에 사는 균근은 식물이 인산과 다른 무기염류의 흡수를 도와준다. 유사한 유전자가 한편으로는 콩과식물 뿌리와 박테리아 사이에, 다른 한편으로는 근류균과 뿌리 사이의 화학적 의사소통에 관여하고 있다.

문제

1. 세 가지 일기 분열조직이 근단 분열조직으로부터 어떻게 발달하고, 그들 각각은 어떤 종류의 조직을 생성하는가? 줄기 정단분열조직도 이들 분열조직을 형성하는가?

2. 뿌리의 기능을 간략히 설명하시오.

3. 통기근은 무엇이며, 어떤 종류의 식물이 이것을 생성하는가? 그들 구조가 어떻게 그들의 환기 기능을 수행하는지 설명하시오. 뿌리는 왜 처음 장소에서 공기(산소)가 요구되는가?

4. 주근, 부정근, 수근 및 측근를 비교 설명하시오.

5. 전형적인 근단의 외부구조를 간단히 설명하라.

6. 근관 외에 근단의 말단 수 cm는 내부의 활성적인 세 부분으로 구성되어 있다. 이 세 부위를 간단히 설명하고, 성숙한 뿌리 일기 조직의 형성에 그들이 어떻게 참여하는지 설명하시오.

7. 필요한 무기염류가 뿌리의 목부에 도달하는 두 가지 방법을 설명하시오. 두 경로가 선택적으로 분류되는 이류를 설명하고, 각 경우에 선택적 장벽으로서 기능하는 막의 위치를 설명하시오. 무기염류 이온이 피층 세포들 사이의 세포내 간극을 통한 단순 확산에 의해 뿌리 목부로 들어가는 것을 어떻게 억제하는가?

8. 토양 알루미늄 농도가 높을 때 (a) 알루미늄 독성을 회피하기 위해 식물이 이용하는 기작의 일부를 설명하고, (b) 토양 인산 농도가 낮거나 이용할 수 없을 때 충분한 인산 이온을 얻는 기작을 설명하시오.

9. 능동수송과 촉진확산을 비교 설명하시오. 뿌리는 일반적으로 토양으로부터 무기염류를 흡수하기 위해 능동수송 과정을 이용하는 이유는 무엇인가?

10. 인간이 뿌리를 이용하는 방법의 몇 가지 예를 들어 보시오.

11. 질소고정 박테리아와 콩과식물의 협력 관계를 확립하는 데 포함된 화학적 의사소통 과정을 설명하고, 왜 이것이 중요한지 설명하시오.

응용개념

1. 당신이 뿌리를 뚫고 있는 작은 풍뎅이라고 상상하라, 그리고 당신이 성숙한 쌍자엽 일차근의 내부로 들어가면서 막 식사를 시작했다고 상상하라. 감각 기관이 없는 곤충으로서 뿌리 표피부터 중심까지 직접 파고 들어갈 때 일기사부를 통과하게 된다. 식사를 하는 동안 표피부터 시작하여 당신이 만나게 되는 조직을 순서대로 설명하라.
2. 일기 뿌리와 줄기의 외부 형태를 비교하고, 공통의 구조나 세포 형태 및 서로 독특한 구조를 지적하라.
3. 공통의 구조나 세포 형태 및 독특한 구조나 세포 형태에 주목하여 일기 뿌리와 줄기의 내부구조를 비교하라.
4. 젖은 거름종이 조각 위에서 종자를 발아시켜 현재 약 2cm 길이의 일차근이 성장했다고 생각하라. 뿌리 위에 검은 표시를 하기 위해 인디아 잉크를 이용한다. 당신은 근단에서 시작하여 1mm 간격으로 표시하여 총 약 20개의 표시를 한다. 이제 뿌리를 5cm 길이로 성장시킨다. 뿌리가 신장되지 않는 부분에서는 표시가 여전히 1mm 간격으로 존재하고, 길이가 변한 부분에서는 잉크 표시들 사이의 원래 1mm 간격이 변할 것인가?
5. 근모는 왜 근단 가까이에 있지 않고 성숙대 뒤쪽에 나타나는가?
6. 당신이 친구와 같이 식료품 상점의 생산 부서에 있다고 가정하라. 당신은 아이다호 감자를 검사하고 있으며, 무의식적으로 감자는 괴경이고, 따라서 실제로 뿌리가 아닌 줄기라고 말하지만 친구는 동의하지 않는다. 당신의 말을 지지하기 위해 당신은 어떤 증거를 제시할 수 있는가?

11 장 잎: 광합성과 증산작용

오크의 어린잎(*Quercus macrocarpa*)

주요 개념

- 광합성의 주 기관인 잎은 크기, 모양 및 줄기 위의 배열이 다양하다.
- 식물은 잎을 통해 막대한 양의 물을 증발시킨다.
- 잎의 노화나 탈락은 식물발생의 정상적인 부분이다.
- 잎은 수분 매개자의 유혹, 물과 양분의 저장, 동물로부터 방어 및 동물 먹이의 포획과 같은 광합성 이외의 많은 기능을 수행한다.

무더운 여름날 중서부 지역의 아스팔트길을 따라 특히 맨발로 걷는다는 것은 참기힘든 고행일 수 있다. 길을 따라 늘어서 있는 거대한 단풍나무 그늘 밑을 지나는 것은 얼마나 기쁜가? 더 좋은 경험은 아스팔트길을 벗어나 잔디 위를 걸어 보라. 태양에 완전히 노출되어도 아스팔트의 타는듯한 열기에 비해 잔디는 맨발을 시원하게 느껴지게 할 것이다. 식물은 말 그대로 시원하다. 이러한 일이 일어나는 이유는 무엇인가? 무엇보다 잔디는 아스팔트와 마찬가지로 뜨거운 태양에 노출되어 있다. 그러나 아스팔트 길 위에 누어 일광욕을 즐기는 사람은 거의 볼 수 없다.

식물은 잎을 통해 많은 양의 물을 증발시킬 수 있는 능력을 가지고 있기 때문에 시원하다. 잔디 잎에서 액체 상태의 물이 수증기로 전환될 때 많은 양의 열에너지를 흡수한다. 이 열이 수증기가 잎에서 달아날 때 운반된다. 이 증산 때문에 잔디는 실제로 주변보다 차고, 여러분 발에 전해지는 간단한 증거이다. 1에이커의 잔디밭은 여름철 1주일 동안 약 102,000리터의 물을 증발시킨다. 나풍나무 밑의 그늘은 우산과 같은 역할을 하기 때문에 시원한 것이 아니다. 한 그루의 성숙한 단풍나무는 약 100,000개의 잎을 가지며, 뜨거운 여름날 시간당 약 200리터의 물을 증발시킨다. 식물은 엄청난 양의 물을 증발시키기 때문에 차다. 그렇게 많은 물을 증발시키기 때문에 뜨거운 여름날 주위 환경을 차게한다.

이 장에서는 잎의 형태, 구성 및 기능에 대해 살펴볼 것이다. 줄기에 붙는 배열과 잎의 다양한 모양부터 시작한다. 그리고 그 구조가 광합성 기관으로서 일차적 기능과 어떻게 관련되어 있는가를 보여주는 잎의 구조를 설명할 것이다. 그리고 잎을 통한 물의 통로를 나타낸다. 가을에 잎의 탈락에 대한 기재로 광합성을 하는 잎의 최후를 논의할 것이다. 마지막으로 지지, 방어, 물과 양분 저장 및 포획을 포함한 광합성 기관 이외의 기능을 수행하는 예들을 설명한다. ■

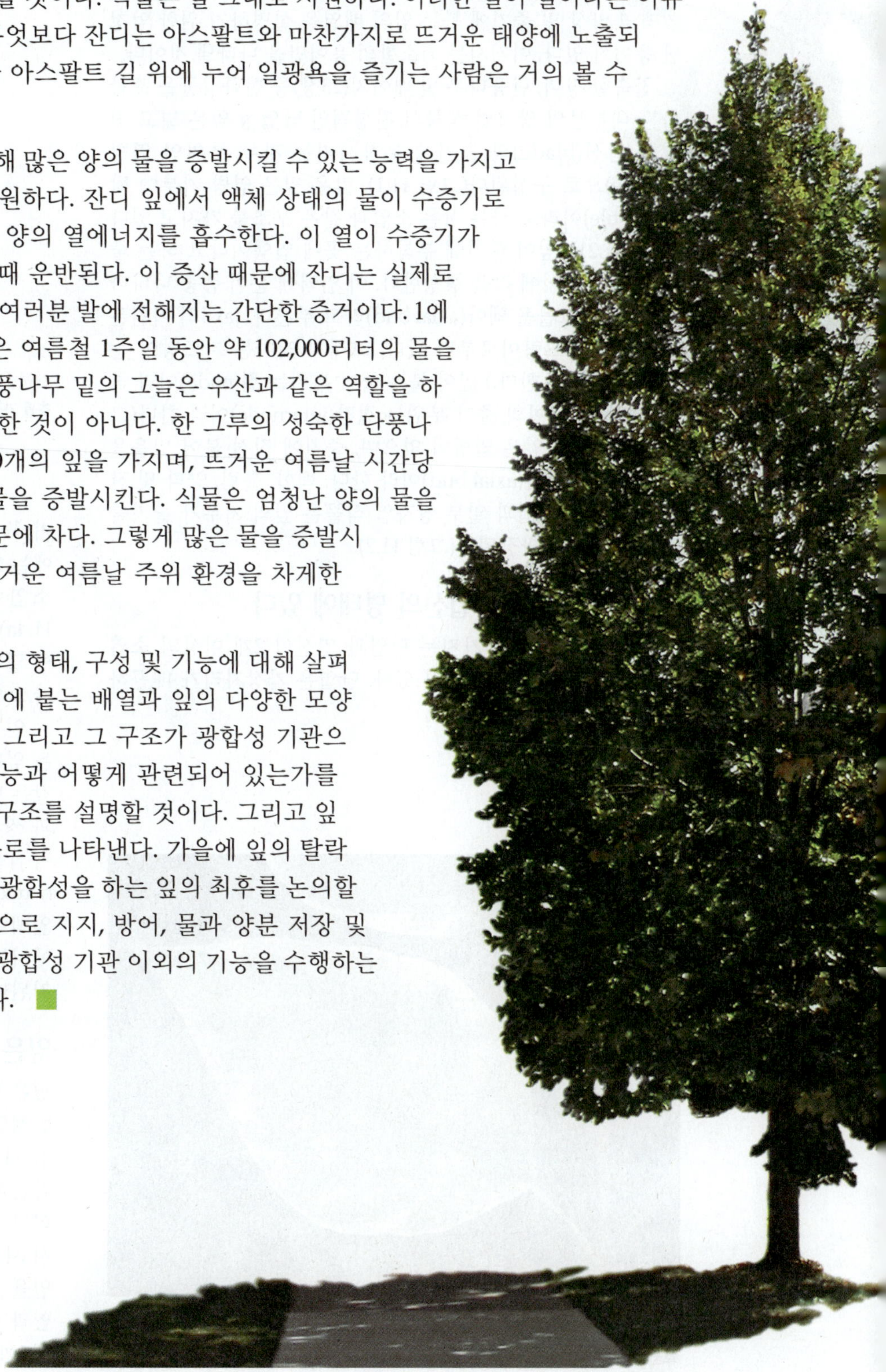

11.1 광합성 기관으로서 잎은 다양한 형태를 나타낸다

잎은 다양한 모양과 크기를 나타낸다. 많은 식물들이 특징적인 잎 모양과 구조를 가지고 있기 때문에 그 형태만으로 종을 동정할 수 있다. 잎의 형태는 너무 다양하여 모양, 가장자리, 잎맥의 양상 및 줄기에 붙는 잎의 배열을 설명하기 위한 엄청난 용어가 있다. 여기서는 최소한의 용어만을 나타낼 것이다.

친숙한 장미, 단풍나무 및 데이지(23장)등 현화식물을 포함하는 대부분의 쌍자엽 식물의 전형적인 낙엽성 잎은 넓고 편평한 **엽신**(blade)과 줄기에 부착시키는 자루 부위인 **엽병**(petiole)으로 구성된다(그림 11.1). 많은 잎은 엽병 기부에 **탁엽**(stipule)이라고 하는 작은 소엽과 같은 구조를 가지고 있다(그림 11.21). 잎이 줄기에 부착하는 곳에 엽액이라고 하는 줄기와 엽병 사이에 각을 형성한다. 이 엽액에 눈이 종종 나타나고, 적절히 그들을 **액아**(axial bud)라고 부른다. (axil의 어원은 그리스어 겨드랑이로부터 왔다. 그래서 액아는 겨드랑이 눈으로 간주해야 한다.) 잎이 붙는 줄기 부위는 **절**(node)이라 하고, 절과 절 사이의 줄기 부위는 **절간**(internode)이라 한다(그림 11.1). 많은 잎은 엽병이 없으며, 줄기에 직접 붙어 있음을 의미하는 **무병엽**(axial bud)이라 한다. 백합, 튤립, 양파 및 잔디와 같은 단자엽과 일부 쌍자엽 식물은 잎의 기부가 줄기를 감싸는 엽초로 확장된다(그림 11.2).

대부분 잎 변이는 엽신의 형태에 있다

잎은 하나의 엽신을 가지는 단엽과 엽신이 2개 이상의 **소엽**(leaflet)으로 구성된 **복엽**이 있다. 단엽은 가장자리가 매끈하거나 거치상 또는 깊은 열편을 가질 수 있다(그림 11.3). 복엽에는 2가지가 있으며, **우상복엽**(pinnately compound leaf)은 소엽이 엽병이 확장되는 중심 축을 따라 배열하고(그림 11.4a), **장상복엽**(palmately compound leaf)은 소엽이 모두 엽병 말단의 한 곳에서 발달한다(그림 11.4b). 잎은 액아를 가지나 소엽은 가지지 않기 때문에 잎과 구별할 수 있다.

잎은 또한 식물의 통도조직인 목부와 사부를 포함하고 있는 잎맥의 다양한 변이 양상을 나타낸다. 잔디, 백합 및 붓꽃과 같은 단자엽은 **평행맥**(paralleluein)을 가진다(그림 11.5). 목련과 쌍자엽 식물은 일반적으로 주축이나 공통의 장소에서 분지되는 **망상맥**(netted vein)을 가진다. **우상맥**(pinnately netted vein)에서는 느릅나무 잎과 같이 중앙맥을 따라 주요 잎맥이 분지된다(그림 11.6a). **장상맥**(palmately netted vein)에서는 단풍나무와 같이 공통의 장소에서 몇 개의 주맥이 분지된다(그림 11.6b).

그림 11.1 잎 잎은 넓은 엽신과 줄기에 부착시키는 엽병으로 구성된다. 액아는 줄기에 부착한 엽병 바로 위에 위치한다. 잎이 줄기에 부착하는 부분을 절(마디)이라 하고, 인접한 마디 사이 부분을 절간이라 한다

그림 11.2 단자엽 잎 단자엽 잎은 여기에 나타난 초본과 같이 줄기 둘레를 감싸는 엽초를 가진다.

잎은 줄기에 독특한 형태로 배열한다

잎은 몇 가지 다른 양상으로 줄기를 따라 배열해 있다. 가장 일반적인 배열은 각 마디에 하나의 잎이 붙어 있는 **호생**이다(그림 11.7a). 호생잎을 가진 식물에서 잎은 전형적으로 줄기를 감는 나선을 이룬다. 참나무와 호두나무를 예로 들 수 있다. 그러나 단풍나무와 물푸레나무에서는 두 개의 잎이 각 마디에서 서로 마주보고 있는데 이 잎의 배열을 **대생**이라 한다. 대생잎을 가진 식물에서 한 마디에 있는 잎은 아래위 마디에 있는 잎과 종종 90° 회전되어 있다(그림 11.7b). 일부 식물은 각 마디에 3개 이상의 잎을 가진 **윤생** 배열을 하고 있으며(그림 11.7c), 개오동나무가 이 배열을 하고 있다.

그림 11.3 단엽 (a) 매끈한 가장자리를 가진 말채나무(*Cornus*) 잎. (b) 톱니형 가장자리를 가진 참피나무(*Tilia americana*) 잎. (c) 열 개된 *Quercus macrocarpa* 잎.

그림 11.4 복엽 (a) 물푸레나무(*Zanthoxylum americanum*)의 우상복엽. (b) 양담쟁이(*Parthenocissus quinquefolia*)의 장상복엽.

그림 11.5 평행맥 평행맥을 보여주는 day-lily 잎의 일부분.

그림 11.6 잎맥의 양상의 종류 (a) 느릅나무(*Ulmus*) 잎의 우상맥(깃털이나 지느러미 같은 배열). (b) 당단풍(*Acer saccharum*) 잎의 장상맥(손바닥 위의 손가락 같은 배열). (원안) 단풍나무 잎의 세맥의 확대도. 보다 작은 세맥이 주맥으로부터 분지하여 전 잎으로 확장된 그물모양을 이룬다.

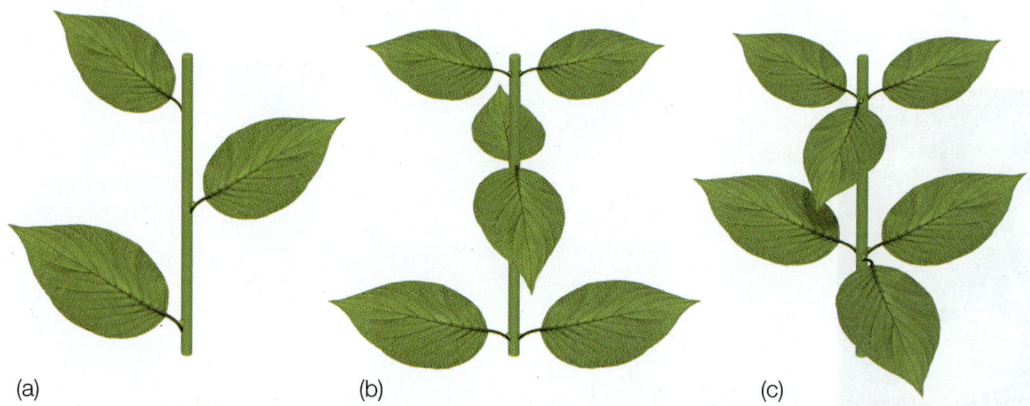

그림 11.7 줄기 위의 잎의 배열 (a) 호생-한 마디에 하나의 잎. (b) 대생-각 마디에 2개의 잎이 부착한다. (c) 윤생- 한 마디에 3개 또는 그 이상의 잎이 부착.

11.2 잎의 주요 조직은 표피, 엽육, 물관부 그리고 체관부이다

잎은 표피, 엽육, 목부 및 사부의 4가지 주요 조직으로 구성된 복합구조이다(그림 11.8). **표피**(epidermis)는 내부 조직을 보호하고 구조적 지지를 제공하는 잎의 거친 외측 세포층이다. **엽육조직**(mesophyll tissue)은 잎의 주 광합성 조직이고, 목부와 사부는 다른 조직과 함께 잎맥 또는 **유관속**(vascular bundle)을 형성하는 통도조직이다.

잎의 구조는 식물이 성장하고 있는 환경 특히 그 환경에서의 물의 이용성에 크게 의존한다. 완전히 또는 부분적으로 물에 잠겨 매우 젖은 환경에서 자라고 있는 식물을 **수생식물**(chydrophyte)이라고 한다. 건조한 환경에 적응한 잎을 가진 식물은 **건생식물**(xerophyte)이며, 적절한 수분 환경을 요구하는 식물은 **중생식물**(mesophyte)이다. 이 종류들이 전부는 아니지만 많은 잎은 다른 서식처와 관련된 특징의 조합을 보여주고 있다. 다른 환경에 적응된 잎은 그 환경과 관련된 4가지 주요 조직에서 변이를 나타낸다.

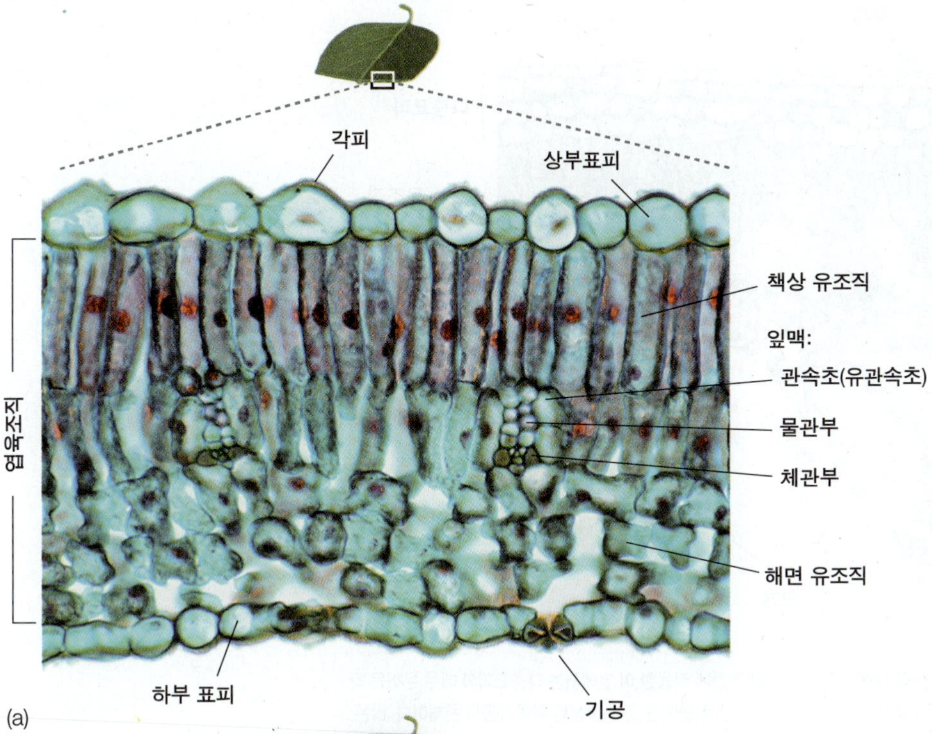

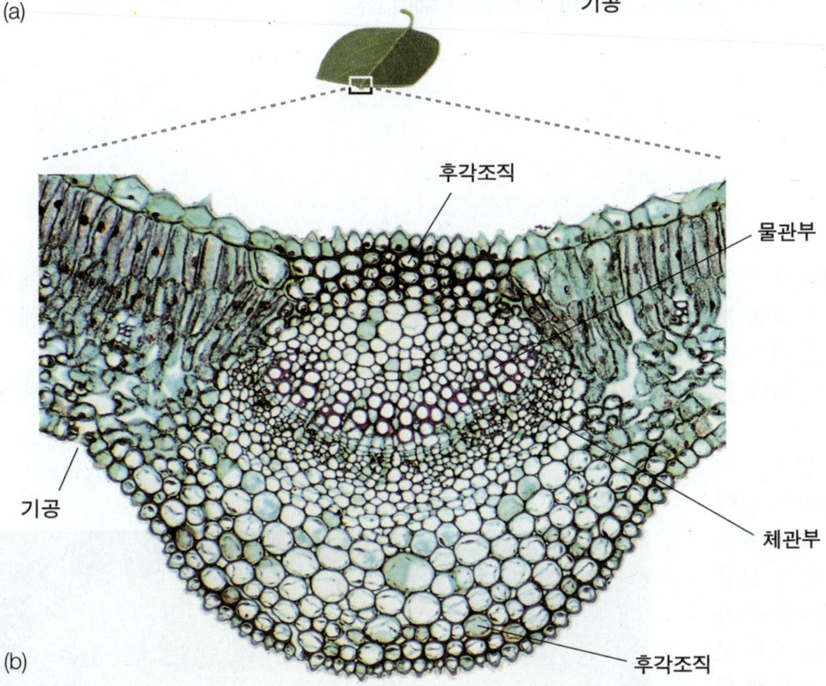

그림 11.8 라일락 잎의 내부 구조 (a) 전형적인 중생식물인 이 잎은 표피(상부와 하부), 책상 유조직과 해면 유조직으로 구성된 엽육조직, 그리고 잎맥에 위치한 물관부와 체관부로 구성되어 있다. 이 횡단면에 나타난 엽신 부분은 2개의 작은 잎맥을 보여주고 있다. 하부 표피에 있는 기공뿐 만 아니라 잎맥을 싸고 있는 유관속초를 주목하라. (b) 후각 세포는 잎의 주맥을 따라 지지를 제공하고, 유관속 조직은 더욱 발달한다.

표피는 구조적인 지지와 수분 손실 지연을 제공한다

ECOLOGY

표피는 잎의 상.하부 표면을 덮는 단단하고 조밀한 세포로 구성된다. 대부분의 식물에서 표피세포는 광합성 기관인 엽록체가 없기 때문에 표피는 투명하고 광합성 엽육조직으로 빛을 통과시킨다(그림 11.15). 표피의 단단하고 조밀한 구조는 잎 형태에 상당한 강도를 제공한다. 잎은 큰 표면적을 가지고 있기 때문에 그 표면을 통한 수분 손실에 대한 큰 잠재력을 가지고 있다. 그러나 표피세포는 바깥 표면에 납질층의 **각피**(cuticle)를 분비하여 수분 손실을 감소시킨다(그림 11.8, 11.9). 각피의 두께는 반건조나 건조한 환경에서 자라는 식물에서 가장 두껍고, 납질층은 칼로 긁을 수 있을 정도로 두꺼울 수 있다. 여름은 무덥고 건조하고 겨울은 춥고 습한 지중해 기후의 식물은 종종 매우 두꺼운 각피를 가지고, 수분 손실을 줄이기 위해 다층의 표피를 가질 수 있다(그림 11.9). 중생식물의 잎은 그늘진 하부표피보다 햇빛에 직접 노출되는 상부표피에 두꺼운 각피를 가진다. 수생식물 중에 각

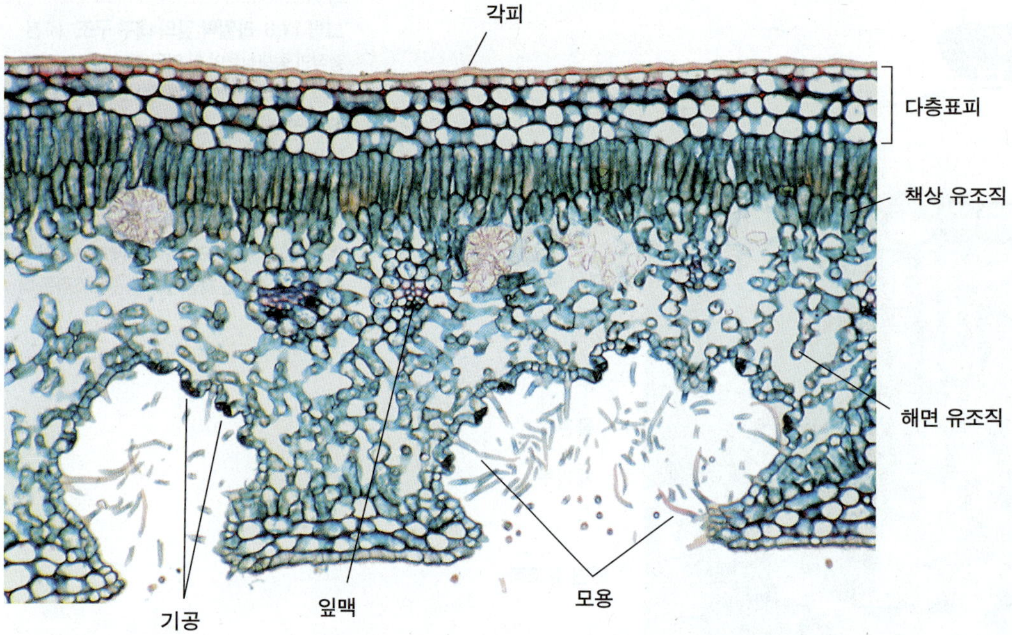

그림 11.9 건생식물인 서양협죽도(*Nerium oleander*) 잎의 내부구조 건조한 환경에 적응한 이 잎에서는 다층표피와 매우 두꺼운 각피층이 발달하고, 이들은 수분 손실의 감소를 도운다. 이 식물의 다른 적응은 하부표피가 움푹 들어간 곳에 형성된 함몰기공의 존재이다. 많은 털이나 모용을 가진 이들 함몰부는 함몰부에만 위치한 기공 가까이에 수분 보유를 도운다.

피의 두께는 침수의 정도와 관계되어 있다. 침수엽이나 부엽을 가진 식물은 일반적으로 잎의 위쪽에 잘 발달된 각피를 가진다. 그러나 물에 잠긴 수생식물은 매우 얇은 각피를 가지고, 햇빛에 가능한 한 가까이에 광합성 기관을 가져가기 위해 표피세포에 엽록체를 갖기도 한다.

표피세포는 **모용**(trichome)이라고 하는 털을 형성하기 위해 특수화될 수 있다. 일부 식물에서 털은 매우 조밀하여 잎이 솜털처럼 보이게 한다(그림 11.10). 모용은 여러 가지 기능을 제공한다. 건조한 지역의 잎은 종종 조밀하게 싸고 있는 모용을 가지고 있으며, 연구 결과는 잎의 털은 햇빛의 반사를 증가시키고, 잎 온도를 낮추며, 수분 손실을 감소시키다는 것을 보여주고 있다. 열대우림 지역의 많은 착생식물(다른 식물체 위에서 생육하는)은 물과 무기염류를 얻기 위해 그들 잎의 모용을 이용한다. 일부 식물 종의 강모는 곤충을 찌를 수 있다. 다른 식물은 초식자를 격퇴시키는 기름을 함유한 부풀은 선모를 가진다.

표피조직은 전형적으로 외부 환경과 잎 내부 사이의 가스교환을 일으키는 **기공**(stomata)이라고 하는 수많은 미세한 구멍을 가지고 있다. 기공이 열렸을 때 물은 증발하고 산소는 잎에서 방출되며, 공기와 이산화탄소는 잎 내부로 이동한다. 각 기공은 엽록체를 가진 두 개의 공변세포에 의해 싸인 구멍을 형성한다(그림 11.11). **공변세포**(guard cell)가 물로 채워졌을 때 즉 팽압이 커질 때 휘게 팽창되어 구멍이 열리게 된다. 공변세포가 물이 빠져나가 수축하게 되면 기공은 닫히고 잎에서 더 이상의 수분 손실을 방지한다. 이 현상에 대한 보다 상세한 논의는 11.3에서 볼 수 있다.

대부분의 중생식물에서 기공은 직접 햇빛으로부터 차폐된

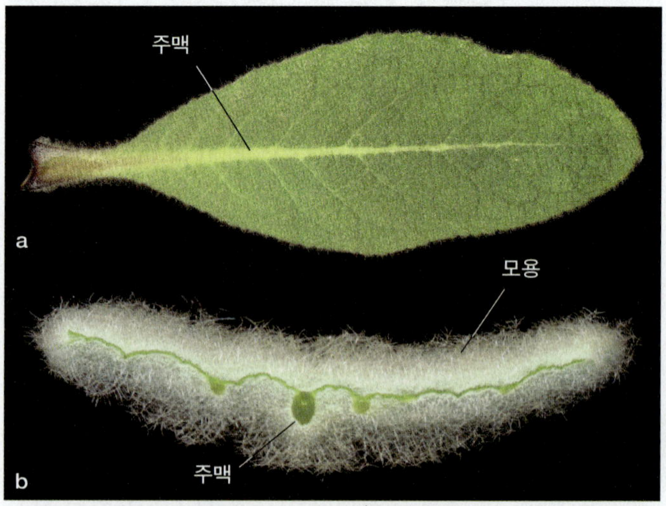

그림 11.10 모용 (a) 현삼과 식물(*Verbascum thapuss*)의 솜털잎. (b) 어린 현삼과 식물 잎의 횡단면, 상.하부 표피에 수많은 모용을 보여주고 있다.

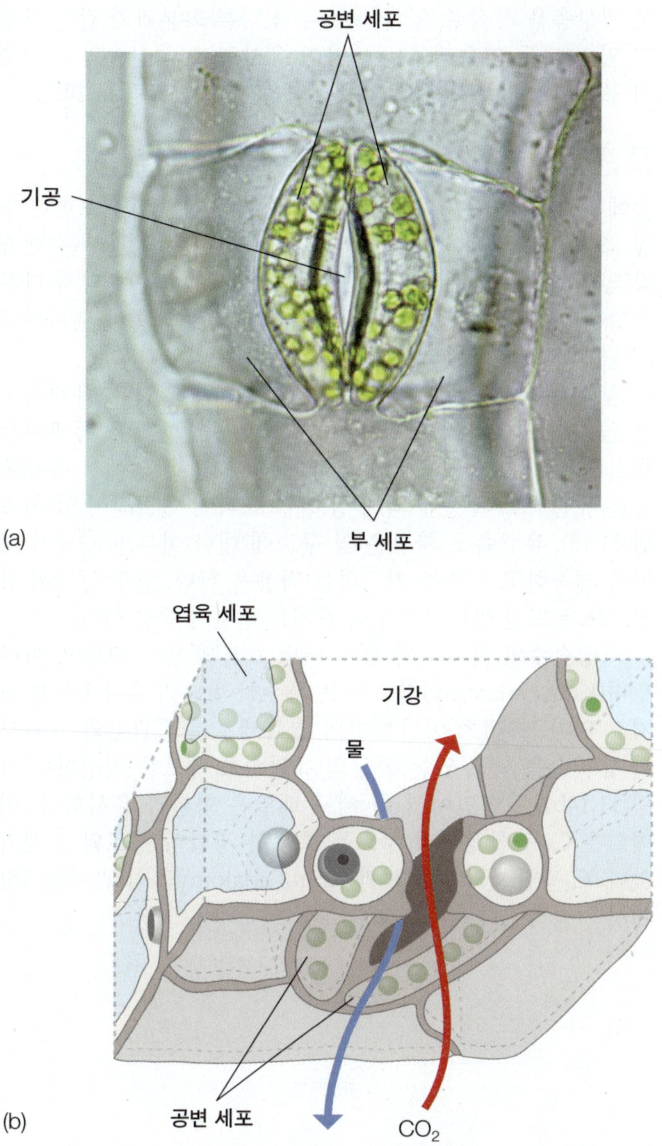

그림 11.11 기공 대부분의 식물에서 공변세포는 엽록체를 가진 유일한 표피세포이다. (a) 이 그림에서 보여주고 있는 *Zebrina* 같은 일부 식물에서 공변세포와 인접하여 한 쌍의 부세포가 있다. (b) 잎의 아래면을 향해 위로 보이는 기공의 단면도.

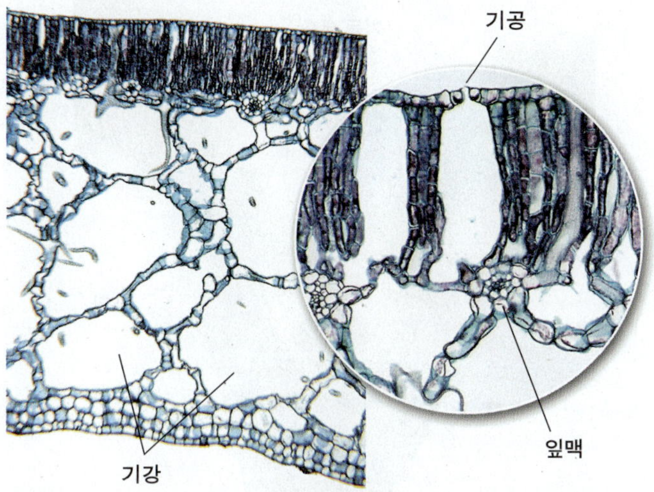

그림 11.12 수련 잎 수련(*Nymphaea*)은 생육하는 수계 환경에 잘 적응된 잎을 가진다. 잎은 물에 잠긴 식물체 부위로 공기를 수송하기 위한 통로를 제공하고 식물체의 부유를 도우는 많은 통기조직을 가지고 있다. (원안) 기공은 상부표피에서만 나타나고, 목부조직은 중생식물 잎에 비해 감소되어 있다.

잎의 하부 표피에만 나타난다. 그러나 부엽을 가진 수생식물의 기공은 상부 표피에만 나타나고(그림 11.12), 침수된 잎은 전혀 기공을 가지지 않는다. 건생식물 잎은 많은 수의 기공을 가질 수 있으나 수분이 부족할 때 자신의 잎을 탈락시킨다. 쌍자엽 식물 잎은 표면 전체에 산재된 기공을 가지지만 옥수수나 다른 벼과식물과 같은 단자엽 식물의 잎은 잎맥과 평행하게 배열한 기공을 가진다.

벼과식물 잎의 상부 표피는 **기동세포**(motor cell)라고 하는 다른 특수화된 세포를 가진다(그림 11.13). 기동세포는 새로로 배열한 큰 세포로 잎을 말고 펴는 작용을 한다. 기동세포가 물에 의해 팽창할 때 잎은 빛을 잡기 위해 펴지고, 고온 건조시 이들이 수분 손실로 수축할 때 잎은 더 이상의 수분 손실을 방지하기 위해 말린다.

엽육조직은 잎의 광합성 조직이다

엽육조직은 상부표피와 하부표피 사이의 잎의 가운데에 위치한다(그림 11.8). 엽육세포는 엽록체로 채워진 **유세포**(parenchyma cell)이고, 효율적인 광합성을 위해 필요한 가스 교환을 촉진하는 많은 양의 세포간극으로 싸여 있고, 세포간극은 기공에 의해 외부 대기와 연결되어 있다.

엽육조직은 **책상층**(palisade layer)과 **해면층**(spongy layer)의 두 층으로 조직되어 있다. 책상층(책상 유조직)의 세포는 원주형인 반면 해면층(해면 유조직)의 세포는 불규칙적인 모양이다(그림 11.8, 11.14a). 책상층이 잎 단면에서 매우 조밀하게 나타난다고 해도 책상층 세포는 실제로 세포간극으로 싸여 있고, 대부분의 광합성은 해면층 보다 책상층 내에서 일어난다. 해면층에 있는 세포의 개방 배열은 기공을 통해 이산화탄소를 흡수하고 산소와 물을 배출하는 빠른 가스 교환을 촉진한다. 특히 수생식물은 엽육조직에 많은 양의 개방된 공간 또는 통기조직을 가지고 있다(그림 11.12). 이 개방된 공간은 잎의 부유를 도울 뿐 만 아니라 뿌리로 공기를 수송한다.

책상층은 대개 잎의 위쪽에 위치하고 해면층은 아래쪽에 위치한다. 그러나 빛이 강한 환경에 있는 잎은 위쪽에 2층 이상의 책상세포를 가질 수 있으며, 건생식물은 잎의 상하 양쪽

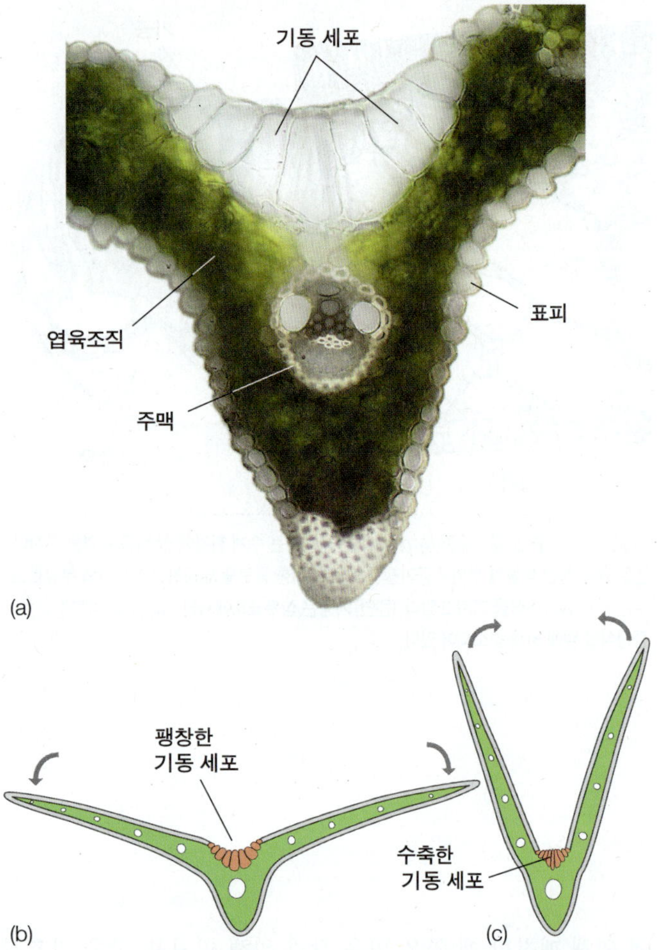

그림 11.13 기동세포 (a) 많은 벼과 식물 잎은 횡단면에서 V자 형태를 가진다. 기동세포 (여기서 보여주는 것은 살아 있는 표본이다)라고 하는 1열의 세포가 V자의 개폐를 조절한다. (b) 세포의 팽압이 커질 때 잎은 펴지고, 시들게 되면 잎은 말리게 되어 수분을 보존한다.

에 책상층을 가질 수 있다. 옥수수나 다른 화본과와 같은 단자엽 잎의 모든 엽육세포는 모양이 유사하고, 책상층과 해면층이 구분되지 않는 단순한 엽육조직을 가진다(그림 11.14b).

물관부와 체관부는 잎맥의 통도조직이다

잎에서 쉽게 볼 수 있는 잎맥은 물관부와 체관부를 포함한다. 잎 조직으로 물과 용존무기염류를 수송하는 물관부는 대개 각 잎맥의 위쪽에 위치한다. 잎 조직으로부터 용존 당과 다른 광합성 산물을 수송하는 체관부는 잎맥의 아래쪽에 위치한다(그림 11.8).

잎맥은 유세포로 구성된 유관속초로 싸여 있다. 유관속초는 잎맥의 말단까지 확장되어 있기 때문에 잎맥을 통과하는 물질은 유관속초 세포를 통과해야 한다. 많은 잎에서 유관속초는 유관속초 확장에 의해 상.하부 표피에 연결되어 있다(그림 11.15). 유관속초 확장은 잎 구조에 대한 여분의 기계적 지지를 제공하고 원주를 지지하는 작용을 한다. 일부 잎에서 유관속초는 또한 물관부로부터 표피로 수분 수송을 한다.

사탕수수와 옥수수와 같이 어떤 초본의 잎은 크렌츠 아나토미(Kranz anatomy)라고 하는 특수한 형태의 유관속초를 가지고 있다. 크렌츠 아나토미의 엽육세포는 물관부와 체관부의 유관속을 싸고 있는 환상의 유관속초 세포를 형성한다(그림 11.14b). 횡단면에서 이 세포 배열은 화환과 유사하다. 이 배열은 C_4 광합성이라 부르는 특수한 광합성 경로와 관계가 있다. C_4광합성의 중요성과 Kranz anatomy와의 관계는 5장에서 기술하였다.

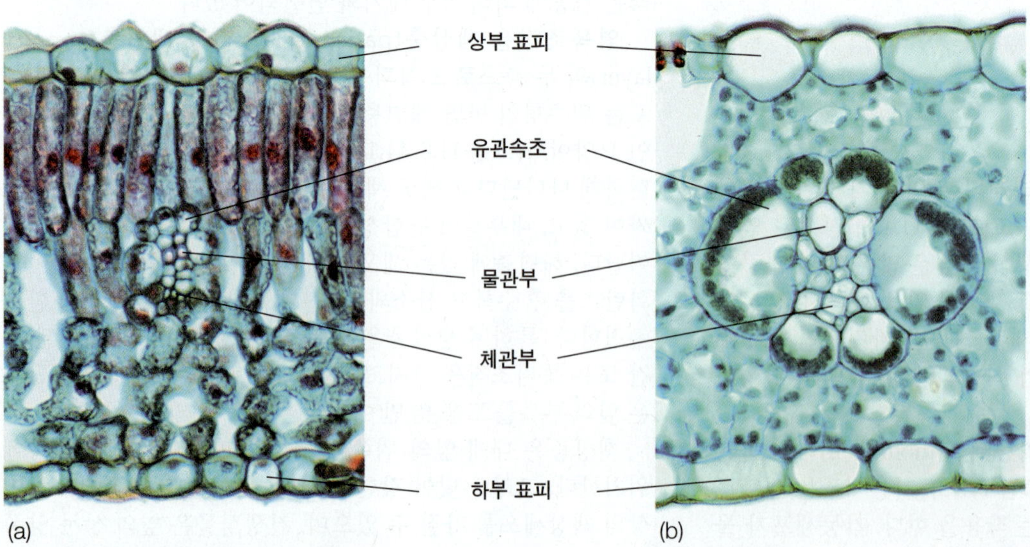

그림 11.14 쌍자엽과 단자엽 잎의 비교 (a) 쌍자엽 잎(라일락)의 횡단면. 그림 15.8과 같이 명확한 책상조직과 해면조직 층 및 유관속초를 나타낸다. (b) 단자엽(옥수수) 잎. 엽육조직은 책상조직과 해면조직이 구별되지 않는다. 유관속초 세포는 매우 명확하고, 한 층의 엽육세포가 그들과 밀접하게 배열되어 있다.

그림 11.15 유관속초 확장 살아있는 포아풀 잎의 이 단면에서 유관속초 확장은 잎맥 위에서 볼 수 있다. 표피세포는 빛이 녹색의 엽육조직으로 통과할 수 있도록 하기 위해 투명하다.

11.3 식물은 증산을 통해 많은 양의 물을 소실한다

일생동안 식물은 뿌리를 통해 토양으로부터 엄청난 양의 물을 흡수하고, 기공을 통해 그 물의 거의 대부분을 수증기로 증발시킨다. 식물에 의해 증발된 총 물의 90% 이상은 증산 과정으로 잎의 기공을 통해 빠져나간다. 나머지는 표피와 각피를 통해 소실되는 각피 증산으로 줄기와 잎 표면을 통해 소실된다. 한 그루의 토마토는 성장 계절 동안 약 125리터의 물을 증산시킨다. 한 그루의 옥수수는 일생동안 자체 중량의 약 100배인 약 200리터의 물을 증산시킨다. 식물이 그렇게 많은 물을 증산시키는 이유는 무엇인가?

식물은 잎의 주 기능인 광합성 과정을 반드시 수행해야 하기 때문에 많은 양의 물을 증산시킨다. 광합성을 위한 에너지는 햇빛으로부터 온다. 식물은 광합성의 동력인 빛을 흡수하기 위해 많은 표면적을 확장해야 하고, 이 과정은 또한 증산에 의한 많은 수분 손실을 초래한다. 그러나 식물은 또한 다른 가스에 비해 대기 중에 상당히 적은 양으로 존재하는 이산화탄소가 필요하다. 잎의 내부에 있는 엽육세포로 들어가기 위해 이산화탄소는 물에 용해되어야 하기 때문에 엽육세포는 반드시 수분이 있어야 한다. 엽육세포는 습하고 공기와 접촉해 있기 때문에 증발이 일어난다. 그래서 식물은 광합성을 위해 이산화탄소를 받아들이는 동안 많은 양의 물을 증산시키게 된다. 식물은 수분 손실 없이 이산화탄소를 흡수하기 위해 어떤 기작을 진화시켜 온 것이 아니라 수분 손실을 감소시키는 방법으로 적응되어 왔다.

기공 운동은 증산을 조절한다

증산에 의해 소실되는 90% 이상의 물이 기공을 통해 소실되기 때문에 기공의 개폐는 증산의 조절에 중요하다. 대부분의 식물에서, 특히 물을 쉽게 이용할 수 있는 중생식물 기공은 낮에는 열리고 밤에는 닫힌다. 빛을 이용할 수 있을 때 이산화탄소가 필요하기 때문에 대부분의 식물은 기공을 여는 낮 동안에 증산이 가장 많이 일어난다.

기공의 열림은 공변세포의 수분 양의 증가로 조절된다. 용해된 물질 특히 칼륨 이온(K^+)은 낮의 빛 영향 하에서 공변세포에 활발히 축적된다(그림 11.16). 용존 물질의 칼륨이온의 증가는 삼투작용에 의해 공변세포 속으로 물의 이동을 야기한다(4장). 공변세포에 물이 채워졌을 때 팽압이 증가하여 공변세포가 휘게 되어 기공이 열리게 된다. 공변세포의 이 휨은 기공의 개방과 기능 수행에 필수적이다. 공변세포는 세포벽의 두 가지 구조적 특징 때문에 **팽압**(turgor pressure)이 증가할 때 굽게 된다, 공변세포 벽은 팽압이 증가할 때 길이는 늘어나지만 폭이 확장되지 않게 하는 방사상으로 배열한 섬유소 띠를 가지고 있다. 또한 공변세포 벽은 양 끝이 서로 붙어 있다. 이 부착은 팽압의 증가로 공변세포의 길이가 늘어날 때 단순하게 미끄러져 서로 떨어지는 것을 방지한다. 밤에는 그 역과정에 의해 기공이 닫힌다. 칼륨과 다른 용존 용액을 활발하게 공변세포 밖으로 퍼내고, 삼투작용에 의해 물이 공변세포 밖으로 빠져 나와 팽압이 감소하여 공변세포는 닫힌다. 비록 대부분의 식물이 낮 동안에 기공을 열고 밤에 닫는 이 기작을 이용하지만 많은 환경 요인들이 이 양식을 지배할 수 있다.

환경 요인들은 기공 개폐에 영향을 미친다

정상적으로 낮에 기공을 여는 식물에 있어서 수분 스트레스는 기공을 닫도록 유도한다. 수분 스트레스는 **엡시스산**(ABA)이라고 하는 식물호르몬 생산을 유도하고, ABA는 용질을 공변세포 밖으로 배출을 유도하고, 결국 팽압을 감소시켜 기공을 닫는다. 그래서 수분 소실은 낮 동안에 정상적인 형태의 기공 개방을 억제한다.

엽육조직 내에 이산화탄소 농도의 증가 또한 기공 폐쇄를 야기할 수 있다. 더운 기후에서 생육하는 일부 식물은 증산에 의한 수분 손실이 뿌리로부터 흡수된 물을 능가하고 이산화탄소가 잎의 내부에 축적되는 한낮에 기공을 닫는다. 한낮에 높은 온도는 호흡율을 증가시키고, 잎 내부에 보다 많은 이산화탄소를 생성시킨다. 그 식물은 기공을 닫아 수분 손실을 감소시키며, 호흡에 의한 이 과도한 이산화탄소를 이용하여 광합성을 유지한다. 그러나 이 상황에서 식물은 광합성으로부터 어떤 이산화탄소도 얻을 수 없다(지구적인 대기의 이산화탄소의 농도와 기공에 대한 더 상세한 것은 Essay 11.1 "식물 잎은 대기중의 이산화탄소 수준을 추적한다"을 보라).

선인장과 같은 많은 다즙 또는 다육성 사막 식물과 난초와 같은 많은 착생식물은 수분 손실이 적은 밤에 기공을 연다. 이들 CAM 식물은 유기산으로서 밤에 이산화탄소를 고정한다. 낮 동안에 그들은 기공을 닫고 광합성에 이용하기 위한 이산화탄소를 방출하기 위해 유기산을 분해한다. CAM은 5장에서

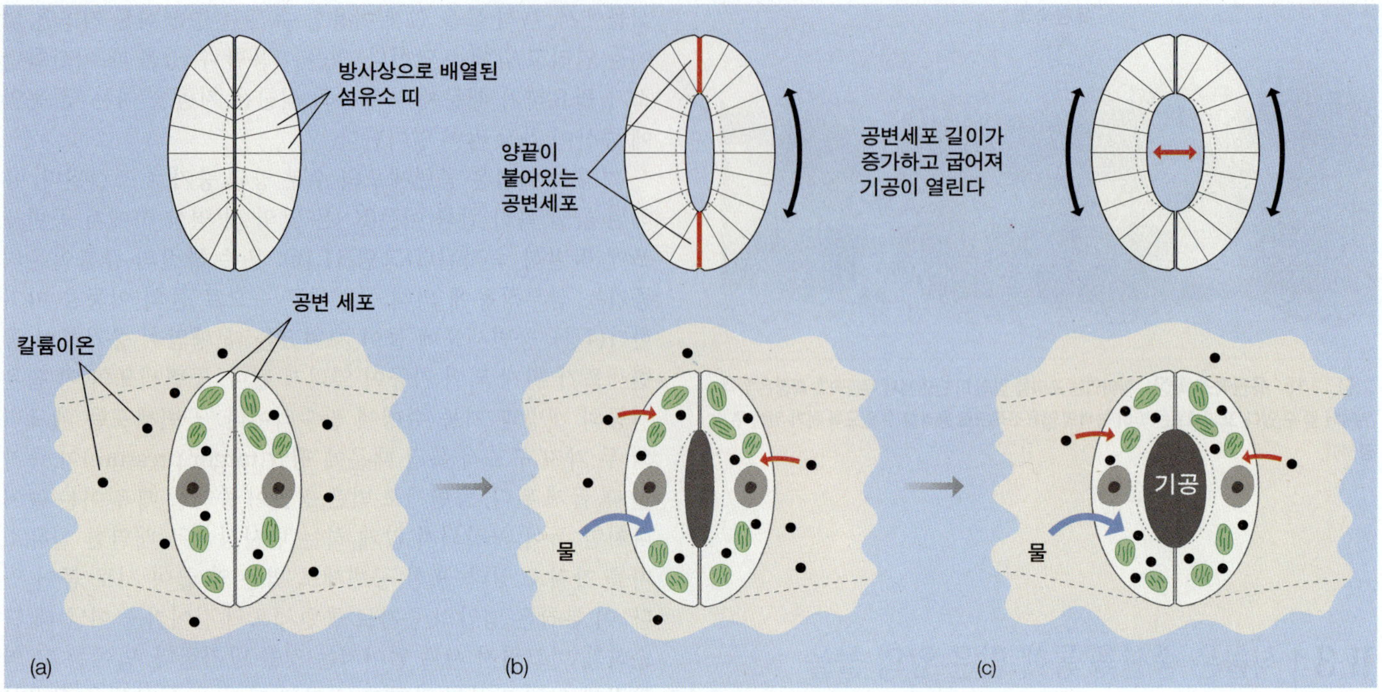

그림 11.16 기공 기능의 모식도 (a)기공은 공변세포의 칼륨 이온 농도가 다른 표피세포와 같을 때 닫힌다. (b) 칼륨 이온이 인접 세포로부터 공변세포로 수송될 때(붉은 화살표) 고농도의 용질이 결국 삼투작용에 의해 공변세포 속으로 물을 이동시킨다(푸른 화살표). (c) 공변세포가 팽창할 때 두 공변세포는 반대로 당겨서 가스와 수증기를 통과시키는 구멍을 형성한다. (a)-(c) 부분에 동반된 모식도는 기공 개폐를 위한 구조적 기반을 나타내고 있다. 공변 세포벽에 방사상으로 배열된 미세 섬유소 띠는 공변세포가 팽창할 때 세포의 폭이 증가하는 것을 방지한다 (길이 증가에 한정된다). 공변세포는 양 끝이 서로 결합되어 있어서 길이가 늘어날 때 반드시 굽게 되고, 그래서 구멍이 열린다.

논의한다.

증산은 바다, 대기 및 육지를 통한 물 순환에 있어서 지구적 과정의 중요한 요소이다. 증산은 대기속으로 수증기를 방출하고, 대기에서 구름과 강우로 응축된다. 그래서 식생의 피복은 지역적 기후와 강우에 있어서 중요한 영향을 미친다. 열대우림의 파괴와 초원의 사막화처럼 식생이 제거되는 곳에서의 지역적 강우는 감소하고 가뭄은 더 빈번하게 나타난다.

ECOLOGY

11.4 | 식물을 통한 수분의 이동을 설명하는 장력-응집력설

물은 토양으로부터 뿌리로 이동하고 통도조직을 통해 잎의 잎맥으로 상승한다. 잎맥으로부터 엽육조직의 세포로 통과하여 잎 내부의 통기 간극으로 증발하여 외부표면을 적신다. 수분은 기공을 통한 증산에 의해 잎으로부터 식물체 외부로 이동한다. 무엇이 수분 이동을 가능하게 하는가?

수분 이동에 관한 두 가지 가능성이 있는데, 물이 뿌리로부터 밀려 올라가거나 잎에서 끓어 올리는 것이다. 근압이 존재한다. 토양 수분 함량이 높고 증산이 낮을 때 물이 뿌리로 들어가고, 잎맥 끝으로 밀려나와 물방울을 형성할 수 있다. 이 과정을 **일액현상**(guttation)이라 부르고, 토양 수분 함량이 높다면 증산이 정상적으로 정지된 밤에 일어날 수 있다(그림 11.17). 그러나 근압의 측정은 그것이 너무 약해서 교목 특히 거대한 삼나무와 같은 키 큰 나무의 꼭대기까지 밀어 올릴 수 없으며, 더욱 토양 수분함량이 정상이거나 낮을 때는 작동하지 않는다.

전혀 뿌리가 없는 식물의 잎까지 물을 이동시킬 수 있다는 것을 증명하는 것은 쉽다. 화분에 심긴 식물을 뽑아 물을 가득 채운 용기에 담가 둔다. 식물이 물 속에 잠겨있는 동안 토양 수준에서 식물을 자른다. 자른 줄기를 물을 채운 비커에 둔다. 식물을 햇빛에 놓아두고 비커 물에 칼라 염료를 탄다. 곧 식물 줄기와 잎은 칼라 염료를 흡수하고(그림 11.18), 물은 뿌리가 전혀 없는데도 식물 위로 이동한다.

그래서 물은 반듯이 잎에서 끓어 올려야 한다. 이 물의 상승 견인을 설명하는 이론을 **응집력-장력 이론**(tension theory)이라 부른다. 물은 이웃한 물분자들을 서로 결합시키는 수소결합 때문에 높은 응집력을 가지고 있다(3장). 응집력은 물을 끓어 당기는 힘 또는 장력이 물분자들 사이에 미칠 때 서로 끊어지지 않도록 하는 힘이다. 물이 엽육세포의 표면으로부터 증발할 때 표면에서의 물은 엽육세포 안쪽의 물에 의해 대치된다. 물이 이들 엽육세포로부터 빠져나갈 때 세포 내의 용질의 농도는 증가하고, 더 많은 물이 인접 세포로부터 삼투현상에

ESSAY 11.1 식물잎은 대기중의 이산화탄소 수준을 추적한다

지구온난화와 온실 가스는 빈번한 뉴스의 주제이다. 지난 200년 동안 인간의 산업활동, 자동차 연소, 그리고 열대림 파괴는 지구 대기의 이산화탄소 농도를 증가시켰으며, 지구의 기온을 상승시켰다. 19세기 초에 대기의 이산화탄소 농도는 약 0.028%였다. 산업혁명은 사회를 복잡하게 하였으며 생산의 기계화를 동반한 경제적 변화는 200년 동안 이산화탄소를 28%가 증가한 약 0.037%로 증가시켰다. 야외 조건하에서 증가된 이산화탄소 농도에 노출된 식물에 의한 단기간의 실험은 이산화탄소가 증가할 때 식물은 두꺼운 잎을 발달시킨다는 것을 나타내었다. 예를 들어 콩은 엽육조직에서 3층의 책상조직을 발달시켰다. 이산화탄소의 농도가 증가된 곳에서 명백하게 부가적인 세포층을 유지하는데 충분한 이산화탄소를 얻을 수 있다.

공룡이 지구를 돌아다닐 때 대기의 이산화탄소 수준은 현재보다 훨씬 높았다.

산업혁명 초기부터 식물이 어떻게 변화되어 왔는가를 알아보기 위해 켐브리지 대학 식물학과의 F. I. Woodward 박사는 대학 표본실에 보관된 식물을 조사하였다. 그는 1750년(산업혁명 이전)과 현재 사이에 수집된 단풍나무, 참나무, 너도밤나무 같은 8종의 보통 나무의 생식 줄기로부터 잎을 연구하였다. 그는 잎에 있는 기공의 밀도(단위 면적당 수)가 약 200년 동안 40%가 감소했다는 것을 발견하였다. 식물은 기공의 수를 줄임으로서 증가된 이산화탄소 농도에 반응하였다. 이산화탄소가 보다 많아지면 광합성을 위한 이산화탄소를 흡수하기 위해 더 적은 수의 기공이 필요하고, 증산을 통한 수분 손실은 감소하게 된다.

기공의 밀도를 계산하는 동일한 기술은 수 백만년 전 대기의 이산화탄소 농도를 결정하기 위해 화석 잎에 적용해 왔다. 6천 5백만년 이전의 화석 잎은 소수의 기공을 가진다. 그래서 공룡이 지구를 돌아다닐 때 대기의 이산화탄소 수준은 현재보다 훨씬 높았다.

E11.1 너도밤나무 표본

그림 11.17 **일액현상** 이 보리 유묘에서처럼 어떤 조건하에서 근압은 잎의 가장자리나 선단에 물방울을 형성할 수 있다.

그림 11.18 **뿌리가 없는 식물에 의해 염료가 흡수된다** 시험관의 물에 파란 잉크를 첨가하고 뿌리가 없는 봉선화를 넣는다. 짧은 시간이 흐른 뒤 잉크는 줄기의 유관속에서 위로 올라가는 것이 관찰되었다 (화살표).

의해 세포 안으로 들어온다. 표면 증발은 장력을 생성시키거나 인접세포로부터 삼투현상에 의해 이들 엽육세포로 더 많은 물을 끌어들이도록 하는 수분 결핍을 초래한다. 결국 이들 인접세포는 잎맥에 이를 때까지 삼투현상에 의해 다른 세포로부터 물을 끌어들이도록 한다. 장력은 목부에 있는 물로 전달되고, 목부를 통한 삼투현상에 의해 뿌리, 토양으로부터 물을 끌어들이게 된다. 물분자는 장력이 크기 때문에 잎에서의 물의 증발은 삼나무와 같은 거대한 나무에서조차 물을 삼투현상에 의해 뿌리로부터 끊어 올리게 된다. 사실 물의 장력은 목부에 있는 물기둥을 1,980m까지 끊어 올릴 수 있다. 비교로 가장 큰 나무는 약 115m이다.

응집력-장력 이론은 마치 물이 어떤 연속적인 조각처럼 식물에서 물의 이동을 설명한. 모든 장력은 가장 꼭대기에서 일어나고, 물기둥은 그것이 마치 긴 끈과 같이 뿌리에서 잎까지 끌어올린다. 유관속 조직에 있는 살아있는 세포는 물의 이 이동에 아무 역할을 하지 않는 것으로 추정된다. 비록 응집력-장력 이론이 약 100년 동안 널리 인정되어 왔으나 현재 도전을 받고 있다. 호주 국립대학의 Martin Canny에 의해 제안된 새로운 가설은 살아있는 유관속 조직이 응집력-장력 이론에서 가정된 장력 외에 조직압을 제공한다고 주장하고 있다. 이 조직압은 물의 흐름을 유지하는데 도움을 주고, 물기둥에 나타날 수 있는 절단을 복구하는데 도움을 줄 수 있다. 논쟁과 연구가 계속되고 있다.

11.5 노화와 잎의 탈락은 식물발달의 정상적인 일부 과정이다

노화는 결국 죽음에 이르게 하는 식물에 있어서 일련의 비가역적인 변화이다. 노화는 각 세포, 기관 및 개체 수준에서 나타날 수 있다. 식물체의 유관속조직의 목부를 구성하고 있는 일부 세포의 세포수준에서 그들의 최종적인 기능이 수분 통도 요소로서 기능을 수행하도록 유전적으로 계획된 세포 죽음이 진행된다. 일년생 식물은 일년 안에 전 생활환을 완성하고 정상적으로 일년 내에 꽃을 피우고 죽는다. 기관수준에서 밝은 색의 꽃은 동물 수분자를 유인하고 나서 꽃은 빠르게 노화되어 죽는다. 예를 들어 나팔꽃은 하루 동안 핀 후 노화한다. 그러나 가장 친숙한 식물 기관 노화의 예는 잎의 탈락이다.

그 해의 어느 시기에 또는 때때로 식물체는 그들 잎을 떨어뜨리고 상당한 기간 동안 그대로 유지된다. 잎을 가진 사막식물은 건기동안 잎을 떨어뜨릴 수 있으며, 우기 동안 잎을 만든다. 어떤 열대 우림은 독특한 건기와 우기를 가지고 있으며, 건기가 되면 모든 잎을 떨어뜨린다. 침엽수 나무와 상록수는 어떤 계절에 자신의 잎을 일부 떨어뜨릴 수 있으나 겨울철 눈이 오기 전인 가을에 가장 많은 양을 탈락시킨다. 상록수의 잎은 수년 동안 나무에 달려있을 수 있다. *Pinus longaeva*의 잎은 약 45년의 수명을 가진다. 그러나 잎 탈리의 가장 친숙한 예는

그림 11.19 가을에 붉게 물든 참나무(*Quercus rubra*)

온대지역 낙엽 관목과 교목에 의해 나타나는 양식이다.

가을의 잎 탈리는 일정기간의 노화에 의해 진행된다

온대 낙엽 관목과 교목은 실제의 잎 탈리에 앞서 엄청난 잎의 노화로 겨울을 준비한다. 유전적으로 계획된 이 노화와 잎 기관의 죽음은 한여름 이후 낮 길이의 감소로 시작된다. 잎 노화는 영양염의 회수와 잎 구성물질의 질서정연한 분해의 과정이다. 가을에 들어가면 잎에 있는 전분과 단백질은 당과 아미노산으로 분해되어 줄기로 이동한다. 질소와 인산 같은 필수 무기염류는 회수된다. 엽록소는 분해되어 밝은 황색의 크산토필과 오렌지색의 카로티노이드 보조색소로 전환된다. 이들과 안토시안이라 부르는 수용성 색소는 가을의 잎을 다양한 색으로 나타나게 한다(그림 11.19). 노화되는 조직으로부터 회수되는 영양염류는 식물체의 생존에 재이용된다.

잎의 탈리는 온대지역 낙엽 관목과 교목에 있어서 두 가지 중요한 적응적 기능을 가지고 있다. 첫째, 겨울이 되면 토양 위의 모든 수분을 동결시켜, 잎으로 이동시키기 위한 수분은 뿌리에서 더 이상 이용할 수 없게 한다. 그래서 잎은 광합성 기관으로서 더 이상 기능을 수행 할 수 없으며, 증산을 위한 충분한 수분을 공급받지 못한다. 잎 탈리는 이들 비기능적인 기관을 제거하고 수분을 보유한다. 잎 탈리의 두 번째 이유는 관목과 교목이 잎을 탈락시키기 전에 갑자기 눈이 어떤 지역을 강타할 때 볼 수 있다. 무거운 눈이 잎 위에 쌓여 가지를 구부리고, 큰 가지를 부러뜨리거나 줄기를 쓰러뜨리고 일부 나무를 죽게 한다.

EVOLUTION

잎 탈리는 이층대의 형성에 의해 진행된다

잎 탈리는 결국 잎이 탈락되는 복잡한 일련의 사건이다. 식물 호르몬 **에틸렌**은 잎 탈리를 촉진한다. 이층대는 잎의 엽병 기부에 형성된다(그림 11.20). 목본 현화식물에서 **이층대**

그림 11.20 **이층대** 단풍나무 잎의 이층대 종단면에 이층과 보호층이 명확하다.

그림 11.21 **완두의 덩굴손(*Pisum sativum*)** 이 덩굴손은 복엽의 선단에 나타난다.

(abscission zone)는 이층 또는 분리층과 보호층의 두 층으로 구성된다. 분리층은 세포벽이 얇고 약한 짧은 세포를 가진다. 줄기를 향해 분리층 아래의 보호층은 잎이 탈락하기 전에 줄기로부터 잎을 분리하는 목전소와 납질의 방수성 물질이 침적된 코르크 세포층으로 발달한다. 그리고 효소가 분리층에 있는 세포벽에 작용한다. 마지막으로 몇 가닥의 유관속 조직만이 잎을 줄기에 부착시키고 있다. 이들 가닥은 잎의 무게나 바람 또는 비에 의해 부서지게 된다. 보호층은 떨어진 부분을 봉합하기 위해 남아있고 줄기 위에 엽흔으로 나타난다.

11.6 잎은 광합성 이외에 많은 기능을 수행한다

ECOLOGY

EVOLUTION

모든 잎이 광합성 기관으로서 기능을 하는 것이 아니다. 잎은 다른 기능을 수행하기 위해 구조에 있어서 엄청난 변이를 나타낼 수 있다. 이들은 지지구조, 꽃잎의 대용 및 동물 먹이를 잡기 위한 덫뿐 만 아니라 겨울철 추위의 보호, 양분과 물의 저장 및 동물로부터의 방어 작용을 포함하고 있다.

한 가지 일반적인 잎의 변형은 덩굴손의 형성이다. 덩굴손은 식물이 다른 식물체나 물체를 감는 실과 같은 구조이고, 빛이나 공간을 차지할 수 있게 한다. 대부분의 덩굴손은 잎으로부터 만들어지지만 일부는 포도의 덩굴손과 같이 줄기에서 형성된다. 완두(*Pisum sativum*)는 우상복엽의 말단에서 덩굴손이 형성된다(그림 11.21).

온대 기후에서 목본 식물의 눈은 겨울에 **아린**의 형태로 변형된 잎에 의해 보호된다(그림 11.22a). 납질이 침적된 아린은 건조를 방지하고 겨울 추위로부터 눈을 격리시킨다. 이들은 또한 봄이 될 때까지 눈의 성장을 방지하는 성장억제물질을 함유하고 있다. 그래서 아린은 겨울의 추운 환경에 식물을 적응시키기 위한 변형이다.

크고 화려한 꽃을 가진 것으로 보이는 많은 식물들은 실제로는 화포라 부르는 화려한 변형된 잎에 의해 싸인 작은 불명확한 꽃을 가지고 있다. 포인세티아의 꽃은 실제로 환상의 밝고 화려한 **화포**(pale)가 중앙에 작은 황색 꽃을 싸고 있다(그림 11.22b). 온대 기후에서 산딸기 나무 꽃은 황녹색 꽃 다발 주위에 흰색에서 분홍색의 화포를 구성하고 있다. 화포는 수분자를 유혹하는데 있어서 꽃잎의 역할을 수행하도록 변형된 잎이다.

일부 잎은 물과 양분 저장을 위해 특수화된다

건조한 환경에서 많은 식물들은 내부에 물을 저장하기 위해 변형된 잎을 가지고 있다. 그러한 식물을 다육식물이라 하고 두껍고 즙이 많은 잎을 가지고 있다(그림 11.22c). 미국 사막지역의 용설란과 아프리카 사막의 알로에는 둘 다 물을 저장하고 광합성을 수행하는 두껍고 즙이 많은 잎을 가지고 있다. 열대 지역의 많은 식물 종은 다른 식물의 가지 위에 착생하여 자란다. 이와 같은 많은 착생식물은 탱크 안에 빗물을 저장하기 위해 변형되고 배열한 잎을 가지고 있다(그림 11.22d).

친숙한 많은 관상식물은 양분을 저장하기 위해 변형된 잎을 가지고 있다. 양배추의 두부는 실제로 많은 두껍고 중첩된

그림 11.22 잎의 변형 (a) 개방되어 어린 shoot를 나타내고 있는 히코리 나무의 아린. (b) 포인세티아(*Euphorbia splendens*)의 포엽. (c) 다육잎을 가진 아가베 식물. (d) 브로멜리아드 (파인애플과)의 물을 담고 있는 탱크. (e) 매우 짧은 줄기 위에 조밀하게 밀착된 잎으로 구성된 양파의 인경.

잎을 가진 짧은 줄기이다. 양파와 백합, 튤립 같은 식물은 즙이 많은 양분을 저장하는 잎으로 싸인 짧고 원추형의 지하경인 **인경**(bulb)을 형성한다(그림 11.22e).

잎은 일부 식물에서 방어를 위해 변형된다

많은 사막 식물은 날카로운 가시로 퇴화된 비광합성 잎을 가지고 있다. 아메리카 대륙에 생육하는 선인장의 가시는 동물이나 초식자들이 식물의 섭식을 지연시키는 작용을 한다(그림 11.23a, b). 침, 가시, 바늘의 용어는 종종 혼용하여 사용하지만 기술적으로 spine은 변형된 잎이고, thorn은 잎의 엽액으로부터 나온 변형된 줄기이다(그림 11.23c). prickle은 줄기도 잎도 아니지만 줄기의 피층이나 표피로부터 날카롭게 돌출한 것이다(그림 11.23d). 장미의 가시는 실제로 prickle이다. 세가지 구조 모두 초식동물에 대한 방어용으로 제공된다.

많은 식물들은 여러 가지 형태의 이차화합물을 생산함으로서 초식자로부터 자신의 잎을 보호한다(3장). 이차화합물은 잎을 맛이 없게 하거나 초식자들이 잎을 충분히 소화시키면 병을 나게 할 수 있다. 식물의 가장 현저한 방어 전략의 하나는 그 식물을 보호하는 수많은 개미의 집으로 변형된 잎을 가진 아카시아 식물을 포함한다. 이러한 협력 관계는 24장에서 상세히 설명한다.

잎은 일부 식물에서 동물 먹이를 잡는다

잎의 가장 놀라운 변형의 일부는 살아있는 동물 먹이를 포획하는 식충식물들에서 나타난다. 이들 식물은 토양에 질소와 같은 영양염이 부족한 온대와 열대 지역의 습지에서 생육한다. 이들은 부족한 영양염을 다양한 먹이를 공격하고 포획하여 소화시킴으로서 얻는다. 덫은 능동적일 수도 있고, 수동적일 수도 있다.

수동적인 덫을 가지고 있는 식충식물은 빗물을 가두는 주

그림 11.23 **가시, thorn, prickles** 가시는 변형된 잎을 나타내고, thorn은 특수화된 줄기이며, prickle은 표피나 피층의 돌출이다. (a)에서 매발톱나무(*Berberis thunbergii*)의 가시는 줄기 축에서 자라는 어린 가지로 보인다. (b) 선인장 spine. 이 경우 많은 가시(잎)는 광합성 줄기에서 나오는 짧은 어린가지에서 자라고 있다. (c) 꿀 아카시아(*Gleditsia triacanthos*)의 thorn. (d) 장미 종(*Rosa* sp.) 줄기의 prickle.

전자로 변형된 잎을 가지고 있다(그림 11.24). 북미의 주전자 식물은 이끼로 덮인 이탄습지에서 생육하고, 곧추선 한 무리의 주전자를 생성한다. 열대 아시아 주전자 식물은 덩굴 식물로 자라고, 잎의 끝에 주전자를 만들고, 엽병이 지지를 위해 주변의 가지를 감싼다. 이 식물은 물 속으로 소화효소를 분비하여 꽃을 흉내 내는 밝은 색과 향기 및 당밀로 먹이를 유혹한다. 곤충이 주전자에 앉을 때 안으로 떨어지게 되고, 미끄러운 벽과 아래쪽으로 나 있는 모용 때문에 기어올라올 수 없다. 곤충은 떨어지게 되고 소화된다. 어떤 열대 주전자 식물은 상당히 커서 1리터 이상의 물을 채울 수 있다. 큰 주전자의 함정 덫은 도마뱀이나 개구리를 잡을 수 있다.

능동적인 덫은 두 종류가 있다. 캐롤라이나 남부와 북부에 자생하는 식물인 파리지옥 식물(*Dionaea muscipula*)은 강철선 덫과 같은 기능을 하는 특수한 잎을 가지고 있다(그림 11.25). 잎 덫의 각 측면에 몇 개의 접촉에 민감한 털을 가지고 있다. 만일 어떤 곤충이 하나의 털을 두 번 건드리거나 두 개의 털을 빠르게 연속적으로 건드리면 덫은 1/2초 내에 닫는다. 약 일주일 뒤 그 곤충은 소화되고 덫은 다시 열린다.

끈끈이주걱(*Drosera*)의 잎은 맑고 끈적한 점액질의 염주를 가진 코팅된 털을 가지고 있다(그림 11.26). 점액질은 곤충을 유인하고, 곤충은 점액질에 엉키게 된다. 털들은 안쪽으로 굽어서 잎이 접힐 때 먹이를 가싸게 된다. 점액질의 효소는 곤충을 소화시키고, 선모는 곤충으로부터 방출된 양분을 흡수한다. 영국에서 끈끈이주걱에 대한 연구는 두 끈끈이주걱 종이 질소의 평균 50%를 곤충 먹이로부터 얻는다는 것을 보여주고 있다.

통발(*Utricularia*)은 영양염이 부족한 얕은 물에서 침수 또는 부유해서 생육하는 식충식물이다(그림 11.27). 가늘게 나누어진 식물의 잎 중에 짧은 줄기에 부착한 작고 편평한 서양배와 같은 수많은 미세한 부낭이 달려 있다. 부낭은 물을 함유한 방이고, 방의 안쪽 벽에는 특별한 腺(gland)이 있다. 식물은 음의 압력을 만들고 부낭 벽이 안쪽으로 수축하도록 방 밖으로 물을 퍼내기 위해 에너지를 소비한다. 함정문을 가진 방의 유리 말단은 많은 감각적인 털로 싸여 있다. 작은 수서 동물이 감각털 안으로 충돌할 때 함정문 빗장은 안으로 열리고, 음압은 물과 함께 불행한 동물을 안으로 흡수한다. 문 빗장은 닫히고, 잡힌 동물은 소화된다. 덫의 벽에 있는 세포는 유기물과 무기염류를 흡수한다.

11.7 | 여러 가지 용도로 잎을 이용한다

음식과 같이 잎의 직접적인 이용 외에, 인간은 음식의 조미료나 일부 향수의 향기 원료로 잎을 이용한다. 잎은 또한 왁스, 의약, **환각제**, 음료, 섬유 및 염료의 원료로도 이용된다.

식물학적 이용에서 방향식물(herb)은 비목본 식물이다. 방향식물은 전 세계의 온대지역에서 발견되는 다양한 목본과 비목본 식물의 신선하거나 건조한 잎으로 구성되는 음식 조미료로 이용된다. 어떤 다른 현화식물의 科(*Family*)보다 많은 방향성 종을 가진 박하과(Lamiaceae)는 음식 향료로서 널리 이용된다. 박하과는 rosemary, 백리향, 꽃박하, Oregano, Basil, Sage, 박하 등을 포함한다. 로즈메리(*Rosmarinus officinalis*)는 식품의 양념뿐 아니라 향기로운 기름은 향수와 미용에 이용된다. 백리향(*Thymus vulgaris*)은 부패방지 특성을 가진 방향성 기름을 함유하고 있으며, 구강청소와 감기약

그림 11.24 주전자 식물 (a) 북미 주전자 식물 (*Sarracenia purpurea*)의 잎. 네모 안은 많은 아래로 향한 뾰족한 털(화살표)을 가진 잎 덮개의 확대도를 보여준다. (b) 열대 주전자 식물(*Nepenthes*)

그림 11.25 파리지옥 (*Dionaea muscipula*) 이 식충식물 잎의 가장자리는 곤충을 잡기 위해 변형되어 있다. 곤충이 덫의 안쪽에 있는 특수한 털 (화살표)을 건드릴 때 덫을 닫는다.

으로 이용된다. 꽃박하(*Origanum majorana*)과 오레가노(*Origanum vulgare*)은 매우 유사하지만 다른 향기를 가지고 있다. 오레가노는 피자와 같은 이탈리아 음식의 인기 때문에 미국에서 널리 이용되고 있다. Basil(*Ocimum vulgare*)은 특히 파스타 양념에 토마토와 함께 이탈리아 요리에 이용되는 다른 방향식물이다. Sage(*Sativa officinalis*)는 감사절 칠면조의 중요한 향료의 원료이다. 여러 종의 박하가 요리와 박하젤리, 사탕, 치약, 구강세척 및 의약의 방향제로서 이용된다.

당근과(*Apiaceae*)는 파슬리, 아니스 및 실란트로를 포함한 추가적으로 널리 이용되는 방향식물을 가진다. 파슬리(*Petroselinum crispum*)은 레스토랑 음식의 접시에 장식용으로 널리 이용되지만 또한 높은 함량의 비타민 A와 D를 함유하고 있는 잎은 훌륭한 방향성 식물이다. 아니스(*Anethum graveolens*)는 절인 식품에 이용되고, 클리안트로(*Coriandrum sativum*)은 멕시코 음식에 인기 있는 재료이다. 음식 향료로 이용되는 잎의 마지막 두 가지 예는 Asteraceae 과의 테라곤(*Artemisia dracunculus*)와 Lauraceae 과의 월계수 잎(*Laurus nobilis*)이다. 테라곤은 수프, 셀러드, 양념, 야채 및 파스타 요리의 방향제로서 유럽에서 인기가 있다. 월계수 잎은 잎을 나무에서 채취하기 때문에 허브보다 훨씬 자주 고려되는 향료이다. 귤, 회향풀, 고수와 같은 다른 일반적인 허브는 잎보다 열매로부터 얻는다.

일부 식물 종의 잎은 향수 제조에 이용된다. 다양한 과정이 향기로운 기름을 추출하기 위해 이용되고, 최종 향기는 기호로서 표시한다. 잎에서 추출하는 향수 기호는 장미, 백리향, 백

(a)

(b)

그림 11.26 끈끈이주걱 (*Drosera*) 이 식충 식물 잎 위의 털은 곤충을 유혹하여 잡는 끈적한 점액질 구슬을 갖고 있다. (a) 습지 서식지에 생육하는 잎이 둥근 끈끈이주걱. (b) 인접 구역에 있는 잎이 가는 종.

그림 11.27 통발 (*Utricularia*) 이 식충 식물의 덫은 흡입에 의해 동물 먹이를 잡는 작은 부낭. 이 침수 식물의 정단부에서 수많은 덫이 발달하고 있다.

합(*Hedera*), 사이프레스(*Cupressus*), 피그(*Ficus*), 담배(*Nicotiana*) 및 차(*Camellia sinensis*)의 기름을 포함한다. 더 많은 기호가 꽃, 과일, 향기로운 목재, 이끼, 지의류 및 양치식물로부터 추출한다. 훌륭한 향수 제조가는 상업적으로 팔기 위한 향수를 제조하기 위해 기호를 혼합한다.

왁스는 일종의 지질이다(3장). 모든 현화식물은 공기에 노출된 표면을 덮기 위해 왁스를 만들어 수분 손실을 감소시키지만, 일부 식물은 상업적으로 수확할 수 있을 정도로 풍부한 왁스를 생산한다. 한 가지 예는 브라질 북동부의 야자(*Copernicia cerifera*)이다. 이 야자의 어린 잎을 채취하여 건조시킨다. 건조 후 잎은 왁스 입자를 제거하기 위해 두드리고, 입자는 카나우바 왁스로 수출된다. 카나우바 왁스는 꿀벌 왁스나 합성 왁스보다 강하기 때문에 구두약과 자동차 왁스로 이용된다.

의약과 환각제로서의 식물 잎의 이용은 2장에서 논의하였다. 차(*Camellia sinensis*) 잎에서 얻은 차 음료는 세계에서 가장 중요하고 널리 마시고 있는 두 가지 음료의 하나이다. 차 식물은 강우가 일정하게 많이 내리고, 찬 기온이 우세한 온대지역의 산악에 상업적으로 식재하여 재배하고 있는 키가 작은 상록수이다. 차는 끓는 물에서 용출되는 잎 속의 알칼로이드 카페인 때문에 흥분을 자극한다. 갈색의 콜라와 차의 향기는 탄닌 때문이다. 허브 차는 *Camellia sinensis* 잎을 함유하지 않으나 다른 식물 부위와 함께 검은 딸기(*Rubus*) 잎을 많이 이용한다.

천연 염료와 섬유는 많은 식물 종의 잎에서 얻는다. 포도(*Vitis*) 잎은 황색 염료를 함유하고, 복숭아(*Prunus persica*)는 녹색 염료, 인디고(*Indigofera tinctoria*)는 푸른 염료를 함유한다. 천연 염료는 콜타르로부터 추출하는 합성 염료에 의해 거의 완전히 대치되었다. *Lawsonia inermis*의 잎에서 얻은 오렌지 염료인 헨나는 여전히 많은 머리 염색약의 원료로 이용된다. 대부분의 상업적인 잎 섬유는 단지 두 열대 식물 속 용설란(*Agave*)와 *Musa*로부터 얻는다. 용설란 섬유는 로프와 끈에 이용된다. 바깥쪽 성숙한 잎을 기부에서 자르고, 공장으로 운반하여 체액과 펄프를 제거하기 위해 롤러 사이에서 분쇄한다. 섬유는 씻어서 건조시킨다. 마닐라 삼은 바나나 식물과 가까운 *Musa textiles*의 잎에서 얻는다. 마닐라 삼은 차 포장지, 지폐 및 마닐라 봉투 제조에 이용된다.

요점

11.1 광합성 잎은 여러 가지 형태로 나타난다. 전형적인 잎은 넓은 엽신과 엽병 및 엽병 기부에 있는 액아로 구성된다. 잎은 단엽 또는 복엽일 수 있고, 복엽은 우상복엽 또는 장상복엽일 수 있다. 잎은 단자엽과 같이 평행하게 배열하거나 쌍자엽 같이 망상으로 배열한 잎맥을 가진다. 잎은 줄기를 따라 마디에 부착한다. 줄기를 따른 잎의 배열은 호생, 대생 또는 윤생 배열을 한다.

11.2 잎의 주요 조직은 표피, 엽육, 목부 및 사부 조직이다. 표피세포는 빛의 투과를 용이하게 하는 잎의 표면을 덮고 있는 거칠고 투명한 형태를 하고 있다. 표피 외측의 납질의 각피는 기공이라 부르는 미세한 구멍을 통한 가스교환을 하는 동안 수분 손실을 감소시킨다. 엽육조직은 잎의 주 광합성 조직이다. 목부와 사부는 잎의 통도조직이다. 목부는 뿌리로부터 잎까지 물과 용존 무기염류를 수송하고, 사부는 잎에서 만들어진 당을 전 식물체로 수송한다.

11.3 식물은 토양으로부터 엄청난 양의 물을 흡수하고, 흡수한 물의 대부분은 잎의 기공을 통해 증산으로 증발시킨다. 대부분의 식물에서 기공은 낮 동안에 열리고 밤에는 닫는다. 기공의 개폐는 삼투현상에 의해 야기되는 팽압의 변화 때문이다.

11.4 응집력-장력 이론은 뿌리에서 잎까지 물의 이동을 설명한다. 엽육세포로부터의 물의 증발은 결국은 잎맥으로부터 유입되는 인접 세포로부터 삼투현상에 의한 물의 유입을 야기한다. 잎맥은 뿌리에 장력을 전달하고, 그 장력은 토양으로부터 물을 끌어당긴다.

11.5 잎 탈리는 유전적으로 계획된 잎 노화 과정의 최종 단계이다. 잎이 탈락하기 전에 당, 아미노산 및 무기염류는 회수된다.

11.6 잎은 광합성 기능 이외의 여러 가지 기능을 수행한다. 잎은 덩굴성 식물을 지지하기 위한 덩굴손, 추운 겨울에 눈을 보호하기 위한 아린, 꽃잎과 같은 기능을 하는 화포와 같이 변형될 수 있다. 사막에 있는 다육성 잎은 수분 저장을 위해 변형된다. 정원의 많은 채소는 양분 저장을 위해 적응된 잎을 가지고 있다. 잎은 초식자로부터 식물을 보호하기 위해 가시로 변형될 수 있으며, 일부 식물은 동물 먹이를 포획하기 위해 변형된 잎을 가질 수 있다.

11.7 인간은 직접적인 식량으로, 많은 음식의 양념 방향제로서, 향수, 왁스, 의약, 환각제, 음료, 염료 및 섬유를 포함한 많은 용도로 잎을 이용한다.

문제

1. 잎의 외부 형태에 관한 다음 용어를 설명하시오: (a) 엽신, (b) 엽병, (c) 탁엽, (d) 엽액과 액아, (e) 절, (f) 절간, (g) 무병엽, (h) 엽초.

2. 소엽은 무엇인가? 단엽과 복엽을 구별하고, 복엽의 우상복엽과 장상복엽을 구별하시오.

3. 호생, 대생 및 윤생잎으로 정의되는 줄기에 붙는 잎의 배열을 설명하시오.

4. 물을 보존하기 위해 잎이 이용하는 기작이나 해부학적 구조를 설명하시오.

5. 중생식물, 건생식물 및 수생식물은 무엇이며, 예상되는 그들 서식처에서 성장하기 위해 변형된 각각의 표피와 각피는 어떠한가?

6. 기공의 구조와 기능을 설명하시오. 무엇이 공변세포의 개폐를 유도하는가? 어떤 환경하에서 공변세포가 열리는 것을 볼 수 있는가?

7. 수생식물, 중생식물 및 건생식물 뿐 아니라 단자엽과 쌍자엽 식물에서 발견되는 기공 분포 양상을 설명하시오.

8. 식물은 왜 자신의 잎을 떨어뜨리는가? 모든 식물은 동시에 자신의 잎을 탈락시키는가? 잎의 탈리를 유도하는 중요한 조직과 생리적 변화를 설명하시오.

9. 어떻게 증산과 응집력-장력 이론이 뿌리로부터 잎을 통해 대기로 물의 이동을 설명할 수 있는지 설명하시오.

10. 잎이 광합성 이외에 할 수 있는 다양한 기능에 대해 예를 들어 설명하시오.

응용 개념

1. 당신이 잘 정돈된 식료품점의 상품 코너를 지나간다고 상상하라. 당신은 일차적으로 잎을 구성하고 있는 적어도 5가지 다른 채소 이름을 들 수 있는가?
2. 친구와 함께 식료품점에 들렀을 때 당신은 셀러리는 기본적으로 셀러리 식물의 한 웅큼의 잎이라고 말하지만 친구는 동의하지 않고 셀러리 대는 줄기라고 논쟁한다. 누가 옳은가? 당신은 이 문제에 대해 어떤 결론을 내릴 수 있는가?
3. 당신이 신종의 초본 식물을 발견했다고 상상해 보라. 이 식물의 꽃은 확실히 쌍자엽 식물에 포함시킬 수 있다. 그러나 식물체는 특별하게 결합된 외형을 가지고 있고, 당신은 큰 광합성 구조가 엽신인지 편평한 줄기인지 확신할 수 없다. 이들 구조가 잎인지 줄기인지를 결정할 수 있게 하는 몇 가지 해부학적 구조를 말해 보시오.

12 장 식물의 행동

화재 후 초원식물의 재생

주요 개념

- 식물은 외부와 내부 환경을 감지와 반응한다.
- 외부 신호는 유전자 발현에 영향을 주는 세포내 화학적 변화를 유도한다.
- 식물체는 화학적 및 생장과 발달 변화를 통해 환경적 신호에 반응한다.
- 호르몬은 식물체의 생장과 발달을 조절한다.
- 빛을 감지하는 색소는 식물이 다양한 경로를 통해 광신호에 반응하게 한다.
- 식물은 중력과 접촉에 반응할 수 있다.
- 식물은 가뭄, 침수, 저온, 열과 같은 스트레스에 대처할 수 있다.
- 식물은 병원성 미생물과 초식동물의 공격으로부터 스스로를 방어할 수 있다.

연기냄새를 생각해 보자. 그것은 자극적이고 냄새가 있어 불이 났다는 경고로 우리를 다소 놀라게 한다. 따라서 사람과 다른 동물들이 연기의 존재를 감지하고 반응하는 것은 놀라운 일이 아니다. 이러한 능력은 우리의 생존에 있어 불가결한 것이다. 그러나 식물체가 냄새를 맡고 그것에 반응한다는 것은 놀라운 일일 것이다. 식물체의 이러한 현상은 어떻게, 그리고 왜 존재하는 것일까?

화재 후에 대지는 오랫동안 텅빈 상태로 존재하지 않는다. 그전까지 토양 내에 휴면상태로 존재하던 종자로부터 어린 식물체가 빠른 속도로 자라난다. 「땅에 묻힌 종자가 어떻게 새롭게 자라날 토양이 준비된 것을 알고 발아하여 반응하는 것일까?」 그 대답 중 하나는 다양한 종류의 종자가 연기의 존재를 감지할 수 있다는 것이다. 더 정확하게 말하자면, 종자는 셀룰로오즈가 탈 때 생겨나는 연기의 한 화합물인 부테놀라이드를 감지하는 것이다. 셀룰로오즈는 모든 식물세포벽의 중요한 화합물이므로, 부테놀라이드는 식물체 연소 후 모든 토양에 존재하게 된다. 부테놀라이드는 높은 온도에서도 안정하기 때문에 화재 후 부테놀라이드는 토양에 잔존하게 된다. 이 화합물은 또한 수용성이므로 종자로 흡수될 수 있으며 적은 양으로도 감지가 가능하다(동물이 코로 냄새를 인식하는 것과 같이). 화재를 대신해 부테놀라이드는 종자에 발아촉진을 위해 이용될 수 있다. 이와 같은 방법은 원예와 농학분야 및 생태 복원 사업 등에 유용하게 사용될 수 있다.

빛에 대한 감수성과 감지 특성 또한 화재 후 종자 발아를 설명하는데 도움이 된다. 화재 후 식물 종자는 광 환경이 유묘 생장을 지지할 수 있을 만큼 증가했다는 사실을 인식할 수 있다. 동물의 시각처럼 식물체의 시각은 다양한 종류의 빛에 민감한 색소가 존재하기 때문에 가능하다. 이러한 색소들이 빛에 노출될 때 그들은 일련의 화학반응을 유도하게 되고 그 결과 식물체의 반응이 나타난다. 이런 과정들에 의해 식물체는 일장과 온도(계절)변화, 가뭄, 침수, 바람, 접촉, 중력, 병원성 미생물체와 동물들의 공격 등을 감지하고 반응한다. 다시 말해, 식물은 동물과 마찬가지로 환경스트레스로부터 생존하기 위한 많은 방법들을 가지고 있다. 이 단원에서 우리는 식물체의 행동과, 이러한 정보들이 식용 작물 등에 어떻게 유용하게 이용할 수 있을지를 배우게 될 것이다. ■

초원식물의 유묘

12.1 | 식물은 내 · 외부 신호를 감지하고 반응한다

식물과 다른 생물체 주위의 환경에는 많은 종류의 자극들이 포함된다(그림 12.1). 무생물적 신호는 외적 및 물리적 자극으로 빛, 온도, 압력, 중력 등이 있다. 반면 생물적 신호는 다른 생명체 또는 식물체 자신으로부터 발생한다. 모든 생명체들을 외부, 내부 환경 신호에 반응하고 인지할 수 있는 세포들은 포함하고 있다. 세포막은 많은 종류의 단백질을 포함하고 있고, 이들 중에는 환경으로부터 정보를 인지할 수 있는 능력을 가진 단백질도 있다는 사실을 상기하여 보자(4장). 일부 단백질들은 내생 호르몬과 같은 정보분자들을 인지하고 수용한다. 다른 막 단백질 또는 원형질내 분자들은 빛 또는 다른 물리적 신호에 반응하여 구조적 변화(활성화)가 유도된다(그림 12.2). 신호들이 받아들여졌을 때, 신호들은 세포내 신호전달 관련 물질들로 전달되고, 이어 계속된 신호전달과정을 거치거나 아니면 바로 세포/생명체의 반응 유도로 이어진다. 신호를 수용체로부터 반응 부위로 전달하는 과정을 **신호전달**(signal transduction)이라 한다.

신호전달은 활성화된 수용체가 인접한 세포막에 존재하는 **전령분자**(messenger molecules)에 화학적 변화를 유도하므로 시작된다. 신호들은 특별한 전령분자들의 인산화과정이 대표적이다. 인산화된 전령분자들은 신호전달 경로를 통해 화학적 신호들을 다른 전령분자에 전달한다. 활성화된 하나의 수용체는 수많은 전령분자에게 신호를 전달할 수 있어, 그 결과 수백개의 특별한 분자 반응을 유도할 수 있다. 이러한 경로를 통해 초기의 신호들은 신호전달경로를 통해 크게 증폭되어 진다. 때때로 화학적 신호는 세포핵에 영향을 미쳐 특별한 유전자 발현을 개시 또는 종료할 수 있다. 또한 신호들은 잎의 기공을 닫을 수 있는 것과 같은 특별한 반응을 유도할 수 있는 이온의 흐름변화를 유도하기도 한다(11장). 식물체에 있어서 신호는 종종 액포나 소포체에 저장되어 있던 칼슘이온의 방출을 유도하기도 한다. 이렇게 방출된 칼슘은 세포반응을 유도하는 특별한 단백질과 결합한다. 식물체에는 신호물질로서 칼슘의 중요성을 반증하는 칼슘-결합단백질이 수 백 종류가 존재한다. 신호전달 양상은 식물, 동물, 미생물에서 유사한 경향을 보인다. 예를 들면, 질소산화물(NO)은 동물의 화학적 신호전달자로 잘 알려져 있다. 최근에 식물학자들은 NO가 식물체에서도 중요한 세포내 전달자 기능을 한다는 것을 밝혀냈다. 예를 들면 NO는 개화조절을 하는 핵내 유전자로 내부 신호(호르몬) 뿐만 아니라 외부신호를 중개하는 역할을 하는 것으로 알려져 있다. NO는 아마도 꽃의 최적 개화시기 조절을 위한 내 · 외부 정보를 취합하는 역할을 하는 것으로 추정되고 있다. 다음 장에서 우리는 식물체가 생성하는 화학신호인 호르몬을 살펴볼 것이다.

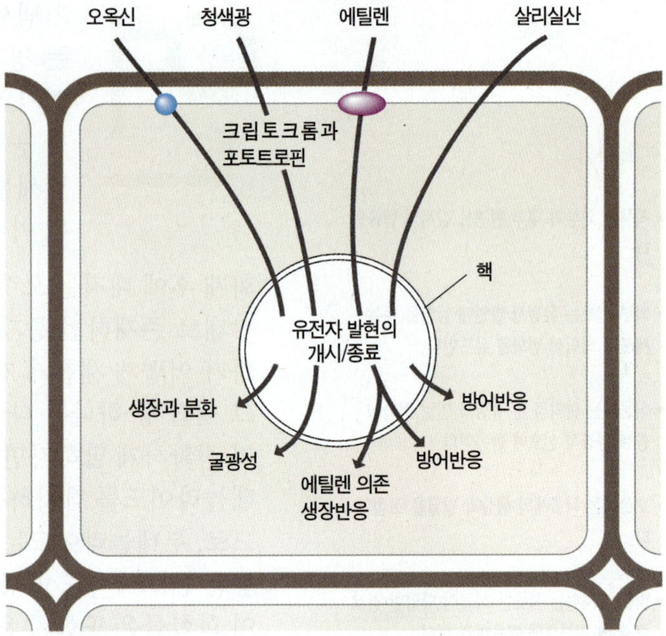

그림 12.2 **신호전달** 식물세포는 식물세포에 의해 생성되는 호르몬뿐만 아니라 빛과 같은 외부신호에 대해 반응한다. 세포막 또는 세포질에 있는 수용체분자가 신호를 인식한다. 신호를 인식한 수용체분자는 신호전달과정을 통해 신호를 전달한다. 전달된 신호는 유전자 발현에 영향을 미쳐 그결과 식물체내부의 화학적변화, 식물발육, 식물의 생장특성 등에 영향을 미친다.

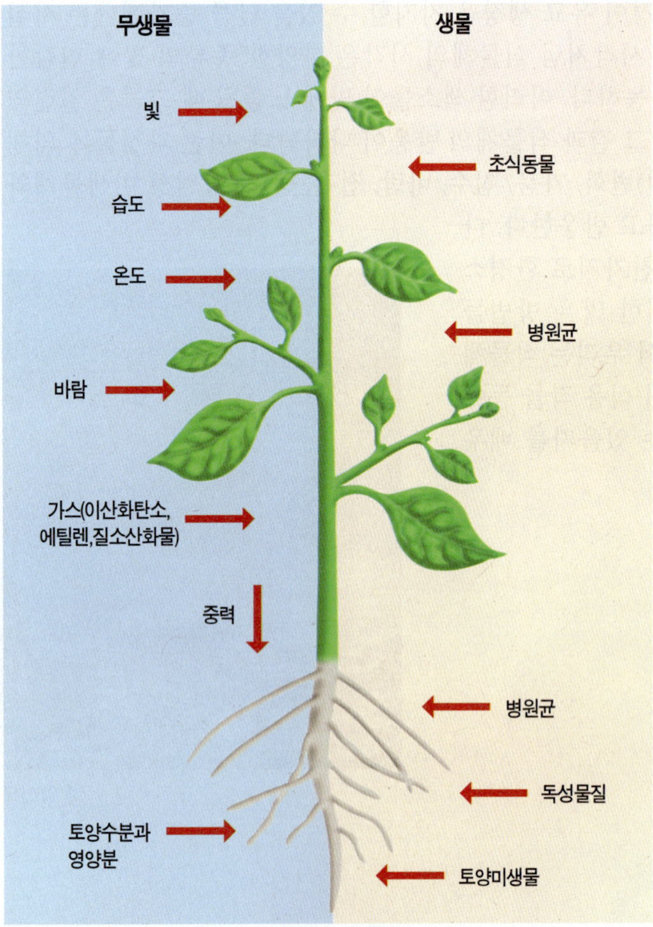

그림 12.1 **식물이 받는 생물적, 무생물적 신호들**

12.2 식물생장과 발육은 호르몬에 의해 조절된다

우리는 동물들이 그들의 신체발육과 기능조절에 영향을 미치는 호르몬을 만들어 낸다는 것을 잘 알고 있다. 호르몬(그리스어원 "흥분하다"라는 의미)은 생물체의 특정부위에서 생합성된 후 다른 부위에서 그 기능을 발휘하는 화합물을 일컫는다. 예를 들어 동물의 뇌에서 만들어진 성호르몬은 성기관의 기능에 영향을 미친다. 동물호르몬은 아주 적은 양으로 효과를 나타내는 특징을 갖고 있다. 동물과 마찬가지로 식물도 미량으로 식물체내를 이동하며 발육과 생장에 영향을 미치는 호르몬이라는 여러 화합물을 만들어낸다. 식물호르몬은 **식물생장물질**(plant growth substances)로도 알려져 있다.

식물호르몬의 종류

식물호르몬에는 저분자량의 다양한 유기화합물이 있다. 다양한 **오옥신**(auxin)류 화합물, 몇몇 종류의 **사이토카이닌**(cytokinin)류, 아주 많은 종류의 **지베렐린**(gibberellin)류, **에틸렌**(ethylene), **아브시스산**(abscisic acid), **브라시노스테로이드**(brassinosteroid), **시스테민**(systemin), **살리실릭산**(salicylic acid), 그리고 **자스몬산**(jasmonic acid) 등이 식물호르몬으로 알려져 있다. 또한 당 역시 식물에서 호르몬의 역할을 한다는 증거가 있다. 이러한 화합물들은 식물 발달에 있어 다양하고 필수적인 역할을 한다. 식물호르몬은 화학 구조가 다르기 때문에 그 기능도 다르다(표 12.1). 몇 종류의 호르몬은 아주 최근에 발견되었다. 따라서 새로운 다른 식물호르몬이 발견될 가능성은 여전히 있다. 예를 들면, 실험들은 개화를 촉진하는 개화호르몬(플로리겐)의 존재를 암시하고 있으나 아직 이 물질은 정확히 밝혀지지 않고 있다. 일부 박테리아, 조류, 그리고 곰팡이들도 식물호르몬을 만들어내고 또 식물의 생장과 발달에 영향을 줄 수 있다. 식물호르몬의 특성 이해와 이들 호르몬의 효과에 대한 이해는 이들 물질을 농·상업적으로 적용할 수 있는 많은 방법을 제시할 것으로 기대한다.

오옥신 만약 당신이 과일을 먹고 싶다면 당신은 오옥신류를 이해할 필요가 있다. 왜냐하면 오옥신은 과일 생산에 필수적이기 때문이다. 자방이 과실로 성숙하는 것은 발육중인 종자내의 배에 의한 오옥신 생성에 의존한다. 오옥신을 꽃에 처리시 수분 또는 수정 없이 과실을 생산할 수도 있다. 과수원의 주인들은 가을에 사과 또는 복숭아에 조기 낙과를 억제시키기 위해 오옥신류를 살포하기도 한다. 과실 생산이외에도 오옥신은 식물생장의 많은 부분에 영향을 미친다. 오옥신은 아미노산인 트립토판으로부터 어린잎에서 생합성되어 정단으로 이동하여 꽃이나 신엽의 형성을 유도한다. 오옥신은 세포가 산을 세포벽으로 방출하는 것을 유도하여 세포벽이 느슨해지고 세포가 확장되게 한다. 세포 신장은 8장에서 설명한 바와 같이 줄기 신장과 직결된다. 줄기가 빛 또는 중력에 의해 자라는 방향이 변화되는 것 또한 오옥신에 의한 반응이다(12.3절과 12.4절 참조). 어린 정단에서 오옥신은 새로운 유관속 조직의 발달을 유도한다. 오옥신은 신초 끝의 새로운 관다발 조직의 발달을 유도하여 관다발 조직이 성숙해 짐으로써 식물의 아랫부분으로 오옥신이 효율적으로 이동할 수 있는 경로를 만든다. 오옥신은 체관의 유조직 세포를 통해 이동한다. 체관부의 신장이 정단부에서 근단부로 확장된다는 사실을 생각해 보라(8, 9장). 체관부 유조직 세포는 세포의 상부에 존재하는 특별한 운반 단백질을 통해 오옥신을 받아들인다. 체관부 유조직 세포의 하부말단에 존재하는 또 다른 단백질은 오옥신을 밖으로 방출하고 이는 또 다른 체관부 조직의 상부에서 받아들여진다(그림 12.3). 이는 식물체내 오옥신의 하향적 이동을 설명한다. 식물 정단부의 정아에서 생성되는 옥신은 곁눈(정단의 측면에 존재) 생장을 억제한다. 이러한 현상을 **정아우세**(apical dominance)라 한다. 만약 가장 윗부분에 있는 오옥신을 생성하는 눈을 제거하면 곁눈은 자라 분지가 생성될 것이다(그림 12.4). 이는 곁눈이 더 이상 억제되지 않기 때문이다. 숙련된 정원사 또는 재배자들은 관목형 나무 모양을 만들기 위해 이러한 기술을 이용한다.

나무에서 오옥신은 목재와 수피를 만드는 이차분열조직을 활성화시킨다. 오옥신은 뿌리선단부의 하향신장과 삽목부위의 새 뿌리 발생 촉진을 유도한다. 오옥신의 한 가지 형태인 2,4-D(dichlorophenoxyacetic acid)는 잔디밭에서 넓은 잎을 가진 (광엽)잡초를 제거하는데 사용되는 제초제이다. 이 오옥신은 잔디(단자엽)에는 해가 없는데 이는 단자엽은 제초제를 무독화시킬 수 있으나 광엽(쌍자엽)은 무독화시킬 수 없기 때문이다. 2,4-D와 오옥신계 화합물 2,4,5-T의 혼합물은 악명 높은 오렌지 에이전트로 알려져 있는데 이 물질은 미군에 의해 베트남 전쟁 때 시야를 확보하기 위한 고엽제로 광범위하게 살포되었다. 나중에 2,4,5-T 제조과정에 매우 강력한 발암 물질인 다이옥신이 오염되었다는 것을 알게 되었다. 식물 호르몬도 아니며 식물에서 만들어지지도 않는 다이옥신은 전쟁동안 다이옥신에 노출된 미군과 베트남 사람들의 건강에 큰 문제를 일으켰다.

사이토카이닌 화훼장식가들은 종종 절단된 꽃에 사이토카이닌을 살포한다; 왜냐하면 이 호르몬은 노화방지 효과가 있어 살포된 꽃의 수명이 길어지기 때문이다. 사이토카이닌은 상업적 생산을 위한 무성번식을 위해 실험실에서 널리 이용되어져 왔다. 원하는 동일한 형질을 가진 아프리카 바이올렛과 난과 같은 식물체는 판매를 목적으로 하여 생산해 낼 수 있다. 이러한 과정은 조직배양(그림 12.5)이라 알려져 있다. 줄기, 잎과 뿌리 단편들을 식물에서 떼어낸 후 표면을 미생물이 자라지 못하게 살균시키고, 무기영양분 및 비타민류와 설탕이 들어있는 용기에 놓는다. 만일 오옥신과 사이토카이닌을 약 10:1 비율로 첨가하면 식물 세포가 분열하여 분화되지 않은 흰 덩어리 캘러스를 형성하게 된다. 또한 이 캘러스를 새로운 용기에 같은 영양분을 주고 오옥신의 비율만 더 높게 하여 계대배양하면 캘러스는 뿌리를 형성하게 된다. 사이토카이닌에 대한 오옥신의 비율을 줄이게 되면 캘러스는 녹색으로 변하며 신초를 발달시킨다. 하나의 캘러스를 분할함으로써 수백 개의 새로운 동일 식물이 재생될 수 있으며 호르몬 처리를 하여

표 12.1 식물 호르몬: 구조와 효과

식물호르몬(Plant Hormones)	화학구조	역할(효능)
오옥신	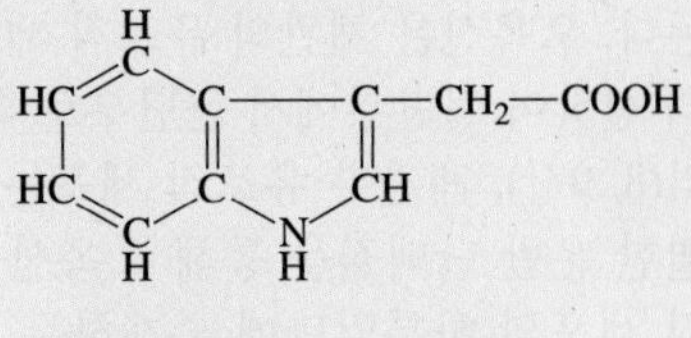 indoleacetic acid (IAA)	정아우세(바로 아래에 있는 측아의 생장억제): 빛의 조사 방향에 대한 생장 반응 전달; 관다발 조직의 발달 유도; 이차분열 조직의 활동 촉진; 삽목에서 뿌리 형성 유도; 낙엽과 낙과 억제; 과실 발달 촉진; 에틸렌 합성 촉진.
시토키닌	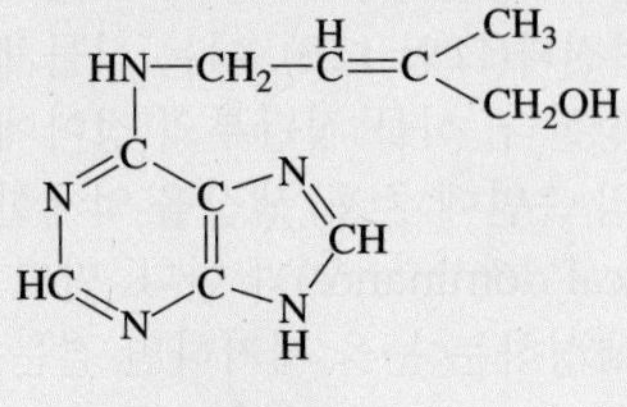 zeatin	신초와 뿌리 분열 조직에서 세포분열 촉진; 관다발 조직의 발달에 영향을 미친다; 엽 노화 지연; 조직배양에서 미분화된 조직에서 신초의 발달을 촉진시킨다.
에틸렌	$H_2C{=}CH_2$ ethylene	과실 성숙을 촉진; 잎과 과실의 노화와 낙엽, 낙과를 촉진; 세포신장과 종자발아에 영향을 미친다; 식물이 병원균의 공격 또는 기계적인 스트레스를 인식하고 반응하는 것을 돕는다.
앱시스산	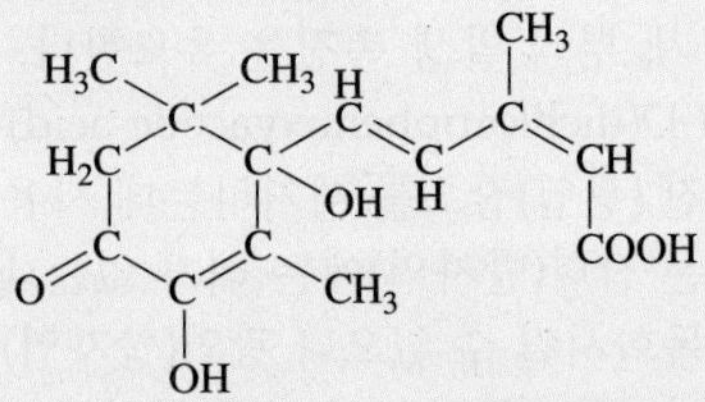 abscisic acid	잎에서 생성된 양분을 발달하는 종자로 수송하는 것을 촉진; 종자와 눈의 휴면촉진; 수분스트레스를 받은 식물체에서 반응 유도; 잎 표면의 가스 교환 조절
지베렐린	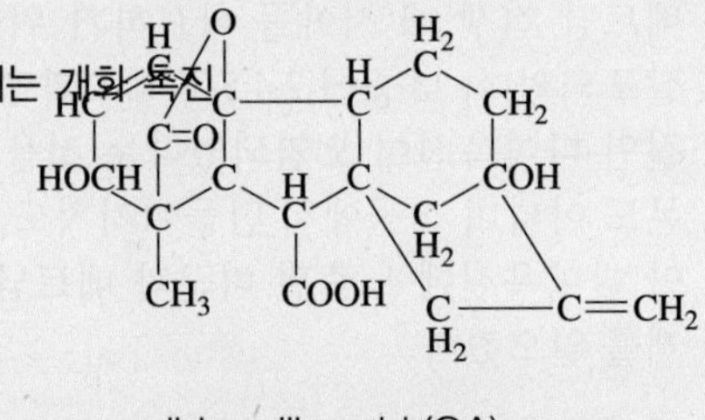 gibberellic acid (GA)	신초가 신장하는 동안 세포분열과 세포 신장을 촉진 시킨다; 종자 발아 촉진; 일부 식물에서는 개화 촉진
브라시노스테로이드	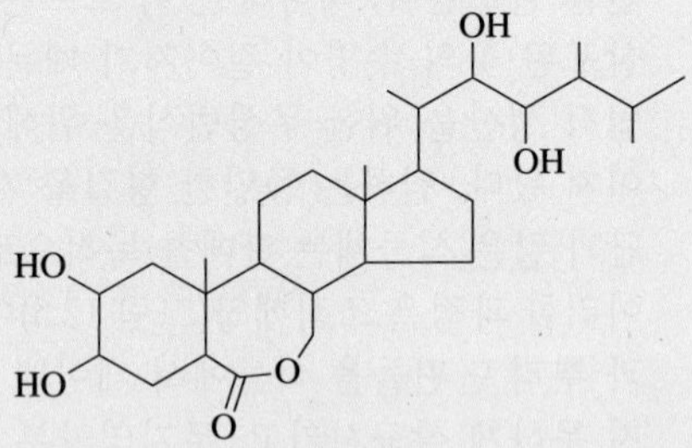 brassinolide	신초 신장 촉진; 열, 냉, 가뭄, 열, 제초제 등에 의한 스트레스를 감소시킨다.
살리실산	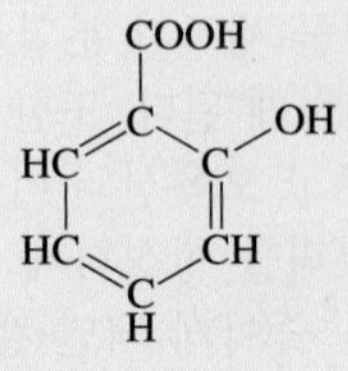 salicylic acid	식물이 병원균 공격을 인식하도록 도와준다.

표 12.1 식물 호르몬: 구조와 효과

식물호르몬(Plant Hormones)	화학구조	역할(효능)
시스테민	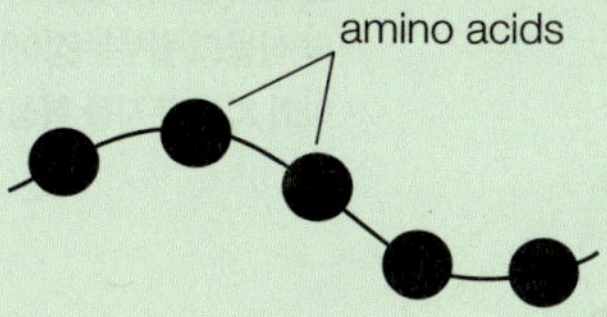 systemin	상처가 났음을 알려주는 기능을 한다.
자스민산	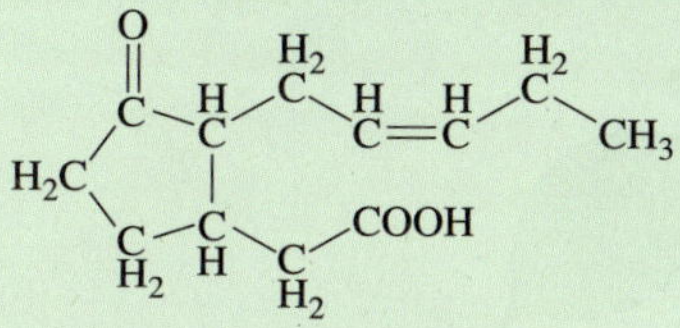 jasmonic acid	식물이 곰팡이 감염과 다른 스트레스에 저항하도록 협조; 식물의 방어관련 이차화합물(alkaloids) 생성유도
당	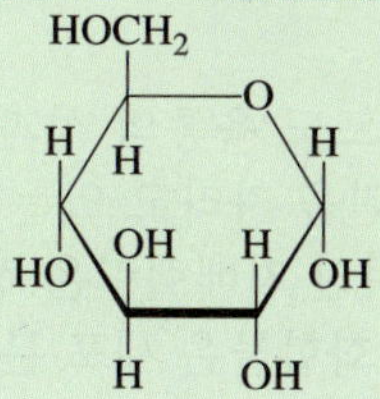 glucose	클로로필과 다른 광합성 물질의 양을 조절하도록 돕는다.

뿌리와 신초를 유도할 수 있다.

사이토카이닌은 ATP 또는 DNA와 RNA에서 볼 수 있는 4개 염기 중의 하나인 화합물로 알려져 있는 아데닌의 유도체이다. 사이토카이닌은 테르펜(3장) 합성경로를 통해 근단에서 주로 생합성된다. 사이토카이닌은 물관부를 통해 분열조직,

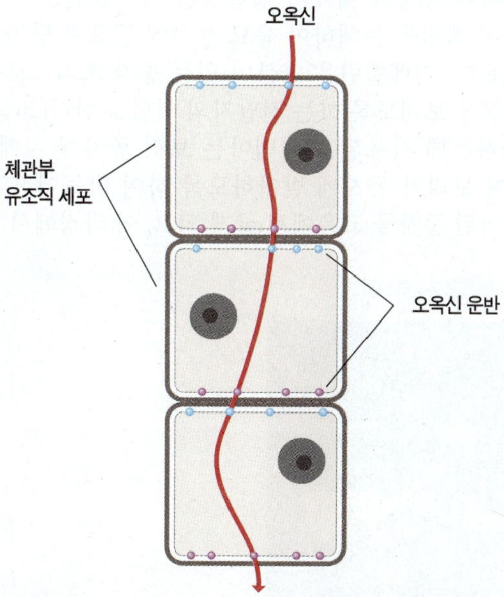

그림 12.3 방향성 오옥신 수송 식물체내에서 오옥신은 체관부에서 있는 유조직을 통해 하향 이동한다. 세포의 아래쪽에 위치하고 있는 세포막 운반단백질(보라색)이 오옥신을 세포 바깥쪽으로 이동되면, 인접한 세포의 위쪽에 위치한 또 다른 운반단백질(푸른색)에 의해 다른 세포안으로 이동한다.

종자, 잎과 열매로 이동한다. 이 호르몬은 8장에서 설명한 바와 같이, 식물 생장의 주요 과정인 세포분열을 촉진한다. 사이토카이닌은 체세포분열 단계(M stage)로의 세포주기 전이를 유도하는 역할을 한다(7장). 사이토카이닌의 부차적인 효과는 이차분열조직의 촉진과 줄기 하단부의 부정근 생성이다. 또한 사이토카이닌은 *Rhizobium* 또는 다른 질소고정 박테리아와 콩과식물의 공생과정에서 식물 뿌리와 이로운 박테리아와의 상호작용에 관여한다(10장). 사이토카이닌은 유익한 균근을 형성하기 위해 식물뿌리와 곰팡이가 서로 공생하는 과정에 관여한다(20장).

에틸렌 성숙 호르몬인 에틸렌을 과일에 처리하여 성숙시킨 여러 과일을 일반 재래시장에서 흔히 볼 수 있다. 식물에서 에틸렌 가스의 효과는 1800년대에 처음 밝혀졌는데, 그 당시 사람들은 누수되는 조명용 가스(에틸렌 함유)에 노출된 가로수의 잎이 불시에 떨어진다는 것을 알게 되었다. 식물체내에서 에틸렌은 아미노산인 메티오닌으로부터 생합성된다. 낙엽과 과일 성숙촉진뿐 아니라 에틸렌은 식물발육, 세포의 특수화, 성 결정, 노화, 병저항성, 기계적 스트레스에 대한 반응 등의 다방면에 영향을 미친다.

견과류와 같은 건과의 성숙은 에틸렌이 세포막 파열을 유도해 조직으로부터 물이 빠져나오게 되어 촉진된다. 다른 열매가 성숙하는 동안 에틸렌은 당분의 생산을 촉진하여 열매의 당도와 세포벽 연화를 증가시킨다. 또한 에틸렌은 카로테노이드 생합성 유전자를 발현시킴으로써 과일색의 변화를 일으킨다. 이 변화는 열매의 맛과 식용성을 증가시키고, 동물에 의한 종자분산을 도와준다(24장). 바나나 또는 사과가 과숙하

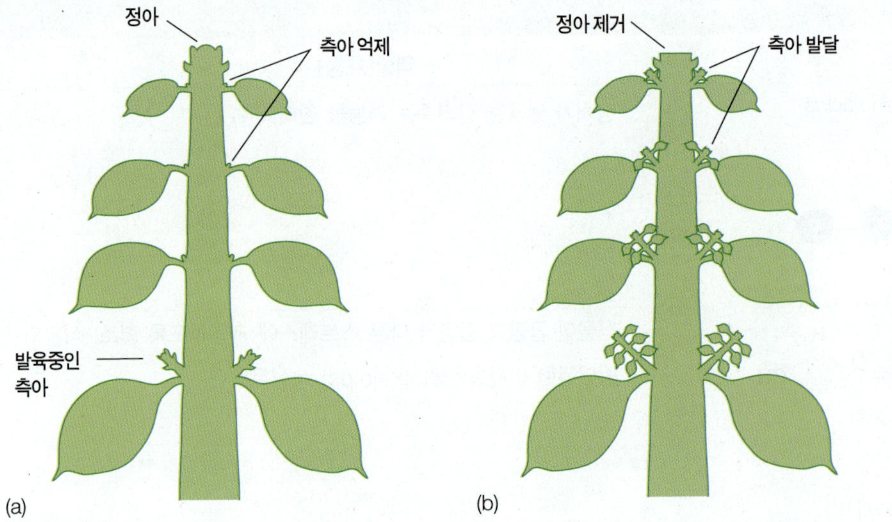

그림 12.4 정아우세 (a) 정아는 인접한 측아의 생장을 억제하는 옥신을 생산한다. 식물체의 아래쪽에 위치한 측아는 오옥신의 영향을 적게 받기 때문에 발육할 수 있다. (b) 만약 식물의 윗부분(정아)이 제거되면, 억제요인이 제거되어 측아가 자라 분지를 형성할 수 있다.

면 에틸렌이 발생하여 옆에 있는 과일의 성숙을 촉진시킨다. 이러한 과정은 '하나의 썩은 사과가 사과상자 전체를 망친다'는 속담의 과학적 근거가 된다. 이러한 이유로 수확한 사과는 에틸렌 농도가 낮은 상태에서 저장해야 한다. 선적할 때 숙성된 과일은 미성숙된 과일에 비해 상처가 나기 쉽다. 과일은 에틸렌 생합성이 낮아질 수 있게 유전적으로 조절할 수 있는데, 유전자조작을 통해 과일의 성숙을 지연시킴으로써 시장까지 보다 적게 손상시키면서 운반할 수 있게 된다.

유묘가 출현하려면 딱딱한 토양을 뚫고 나와야 하는데 이 때 에틸렌은 '삼중반응(triple response)'을 유도해 이러한 과정을 도와준다. (1) 줄기와 뿌리의 신장을 억제하고, (2) 줄기를 팽창시켜 더 튼튼하게 만들며, (3) 줄기를 갈고리형태로 만들어 자엽이 아래쪽으로 가게 하여 안으로 말아 넣는 자세가 되도록 보호하게 된다(그림 12.6). 이와 같이 하여 더욱 단단해진 줄기의 갈고리는 아주 섬세한 정단 분열조직의 손상을 막아주면서 토양을 뚫고 나오게 한다. 에틸렌은 줄기 축 양쪽의 오옥신 불균형을 유도해 줄기의 한쪽 면에 있는 세포가 다른 쪽에 있는 세포보다 더 빨리 자라도록 해서 갈고리를 형성시킨다.

지베렐린 요즈음 볼 수 있는 포도는 과거보다 크기가 많이 커졌는데, 그것은 포도 육종의 성과라기보다는 크기를 아주 크게 하는 지베렐린을 자라고 있는 포도에 살포하였기 때문이다. GA라고 알려진 지베렐린은 정아, 뿌리, 어린잎과 배에서 만들어진다. 이 화합물은 세포 분열과 세포 신장을 자극하여 줄기와 잎의 신장을 촉진한다. 또한 GA는 세포벽을 완화시켜 물을 흡수해 세포를 팽창시키고 세포벽 성분의 합성을 촉진한다. 많은 왜성 식물은 신초 생장에 필요한 지베렐린을 만드는 유전자가 결여되었기 때문 크기가 작다. 이러한 왜성 변종 식물체에 지베렐린을 처리하면 줄기가 정상적인 크기로 자랄 것이다. 왜성 밀 또는 벼는 키가 큰 품종보다 태풍에 의한 손상을 덜 받고, 또 왜성 작물은 종종 더 많은 생산량을 낸다. 왜성 조절 유전자의 대부분은 지베렐린 생합성 또는 그 신호 전달 과정에 관여하는 단백질에 영향을 미친다.

발아하는 종자의 배에서 생합성된 지베렐린은 녹말과 종자 저장 단백질을 분해하여 유묘 생장에 필요한 당과 아미노산을 만든다. 지베렐린은 양분이 있는 종자 조직으로부터 배에 영양분을 보내도록 하는 전달자의 역할을 한다(26장). 맥주를 양조하는데 사용된 보리맥아는 보리 종자에 지베렐린을 처리하여 보리가 동시에 발아하도록 하여 만들어진다. 그런 다음 맥아된 종자를 고온에서 굽게 되고, 이 과정에서 당은 카

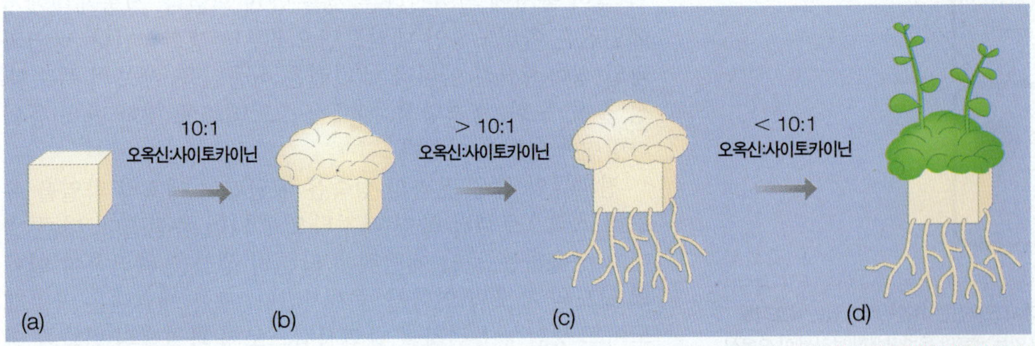

그림 12.5 식물조직배양에서 호르몬의 이용을 보여주는 그림 (a) 한 조각의 식물재료 (b) 무색 캘러스 형성 (c) 뿌리 형성 촉진 (d) 캘러스가 녹색으로 변하며 신초형성.

그림 12.6 **콩 유묘의 갈고리 형성단계** 갈고리(줄기의 일부분)는 어린 콩 유묘가 땅 위로 나올 때의 첫 부분이다. 이어 자엽과 신초의 윗부분이 땅밖으로 나오게 되어 정단 분열 조직을 보호한다.

라멜화되며 독특한 맥주 맛을 나게 한다(Essay 5.1 맥주의 식물학 참조).

일부 식물호르몬은 보호기능이 있다

아브시스산, 브라시노스테로이드, 살리실산, 시스테민, 자스몬산, 당은 스트레스에 대응하게 도와주는 식물체 보호기능을 하게 한다.

아브시스산(ascisic acid) ABA라 불리우는 아브시스산(ascisic acid)은 이탈로 알려져 있는 낙엽과 낙과의 원인물질이라고 식물학자들은 생각하고 명명하였다. 그러나 지금 아브시스산은 다른 역할을 하고 있는 것으로 알려져 있는데, 아브시스산은 자동차의 브레이크 같이 생장조건이 불리할 때 식물 대사를 천천히 하거나 멈추게 하는 역할을 한다. ABA는 **휴면**(dormancy)(라틴어원'*dormire*';'자다'라는 의미)개시를 유도하여 눈과 씨앗 안에 보호된 조직상태가 특별한 환경신호나 계기가 주어질 때 까지 생장하지 않게 한다. 생장기 동안 ABA는 다년생 신초부위에 축적하여 정단 분열조직 둘레에 단단한 보호 비늘눈을 형성해서 겨울을 이겨내도록 준비한다. 또한 이러한 호르몬은 사과와 체리 같은 식물의 종피에 누적되어 온도나 습도가 유묘생장에 적당하지 않으면 종자가 발아하지 못하게 한다. ABA는 또한 가뭄, 고염, 저온 하에서 식물이 물을 보존하는데 중요한 역할을 한다. 수분 스트레스를 받은 뿌리는 ABA를 생합성하며, 생성된 ABA가 잎으로 이동되어 잎 표면으로 수분이 손실되는 것을 막도록 도와준다(11장).

브라시노스테롤(brassinosteroid) 화학적으로 동물 성호르몬과 관련이 있는 브라시노스테롤(brassinosteroids)는 처음 동정된 식물인 *Brassica*에서 이름이 유래되었다. 브라시노스테로이드는 모든 식물의 종자, 열매, 신초, 잎, 꽃눈에서 발견되고 있다. 식물이 발육하는 동안 브라시노스테로이드는 오옥신과는 다른 작용기작으로 분열조직의 세포 신장을 촉진한다. 브라시노스테로이드를 작물에 처리하면 고온, 저온, 염과 농약 피해로부터 식물을 보호해 준다. 브라시노스테로이드는 잎의 처짐 현상을 억제시키며, 물관부의 발달을 촉진하는 역할을 한다.

시스테민, 살리실산, 자스민산, 당은 식물이 바이러스, 세균, 곰팡이 감염을 이겨 내도록 하는 효과를 발휘한다. 식물은 마치 동물이 경고성 냄새를 감지하는 것과 같이 침입자의 세포벽에서 분비되는 화합물을 감지함으로써 미생물의 존재 여부를 인식할 수 있다. 이와같은 과정은 방어 호르몬의 생합성과 일련의 반응(12.6 참조)을 유도한다.

시스테민(systemin)은 상처난 잎에서 형성되는 폴리펩티드로 줄기의 통도조직을 통해 60~90분 이내에 다른 잎으로 이동한다. 시스테민은 마치 경고음을 내어 방어를 유도하는 감시자처럼 작용한다. 시스테인의 작용 메카니즘은 외상에 대한 동물의 염증성 반응과 유사하다. **살리실산**(salicylic acid)의 화학적 구조는 아스피린과 유사하며, 방어역할과 꽃의 노화 지연 효과가 있다. 절화가 담긴 화병의 물에 아스피린을 한

그림 12.7 **살리실산이 풍부한 식물은 전통적으로 통증 완화제로 이용되어 왔다** (a) willow(*Salix*) = 버드나무 (b) wintergreen(*Gaultheria procumbens*) = 바위앵도류의 관목.

ESSAY 12.1 버드나무 아스피린

미루나무(quaking aspen; *Populus tremuloides*), 미국 포플러(balsam poplar; *Populus balsamifera*), 넓은 잎 양버들(cottonwood; *Populus deltoides*), 그리고 몇몇 버드나무 종들은 북아메리카가 원산지인 근연관계에 있는 관목 또는 교목이다. 북미산 포플러는 캐나다 전역에 걸쳐 자생하고 다른 종들은 북아메리카의 온화한 지역과 극한지역에서 주로 자란다. 아메리칸 원주민 및 유럽 이주자들은 약으로 이 나무의 잎, 내수피, 수액, 뿌리, 강한 향을 내는 봄 새싹 등을 이용했다. 수피 또는 새싹을 뜨거운 물에 넣어 차로도 이용하였다(새싹은 전처리를 하여 쓴맛 성분을 제거하지 않으면 쓴맛이 강함). 또한 새싹을 기름과 함께 낮은 불에서 가열해서 연고 또는 고약으로 만들어 사용했다. 이 과정에 밀랍은 경도를 높이기 위하여 추가되기도 했었다. 이 나무는 발열, 눈 통증, 목 통증, 치통, 관절염, 두통, 감기, 벌레물림 통증, 상처 통증, 그리고 상업적으로 생산되는 아스피린에 의해 현재 치료되고 있는 여러 증상을 완화시키기 위해 사용되었었다. 이들 식물들은 아스피린 유사화합물을 많이 함유하고 있기 때문에 효과적이었다.

이들 식물들은 아스피린 유사화합물을 많이 함유하고 있기 때문에 효과적이었다.

많은 식물체들은 살리실산(살리실산 또는 살리신산의 당 유도체 살리신-salicin)을 생산한다. 이러한 용어는 버드나무의 학명(*Salix*)과 이들 화합물이 링모양(cyclic)을 하고 있는데서 유래되었다. 살리실산은 식물체에 있어 국소 부위 침입에 대한 감지와 방어에 도움을 준다. 담배, 오이, 토마토와 같은 식물에 살리실산을 처리시 병 저항성이 증가됨이 확인되고 있다. 살리실산은 또한 백합과 같은 꽃의 개화과정에서 열 발생을 조절하여 곤충으로 하여금 수분/수정을 돕도록 한다. 살리신(salicin)은 포플러 눈에 풍부하게 존재하는 다양한 페놀성 또는 테르페노이드계 화합물 중의 하나이다. 버드나무의 껍질에는 최소 12가지 정도의 살리실산 화합물을 가지고 있다. 특히 살리신은 건조된 껍질의 11% 이상을 차지한다. 화합물의 구성은 식물종과 계절에 따라 매우 다양하다.

인간이 버드나무 껍질 추출물을 섭취하였을 때, 위산은 살리실산을 당과 살리실 알코올로 분해하는데 살리실 알코올은 혈류로 쉽게 흡수된다. 혈액과 간의 효소들은 살리실 알코올을 살리실산으로 변화시키는데 이 화합물은 아스피린과 같이 고통을 경감시키고, 해열작용과 소염제 역할을 한다. 식물은 아스피린 생산을 위한 살시실산의 원료였으나 현재 이 화합물은 공업적으로 생산되고 있다.

E12.1 버드나무 잎

알 녹이면 꽃이 더 오래 유지 될 수 있다. 식물체는 페놀성 화합물 생합성경로를 통해서 살리실산을 생합성한다, 식물체의 살리실산의 존재는 고대부터 통증완화를 위해 버드나무(*Salix species*)(그림 12.7a), 포플러(*Populus*), 그리고 바위앵도류(*Gaultheria procumbens*)(그림 12.7b)의 사용이 있었던 것에서 근원을 찾을 수 있다(Essay 12.1 "버드나무 아스피린" 참조). 이 화합물은 prostaglandin이라 알려진 동물세포 호르몬의 생성지연을 통해 동물세포에서 효과를 발휘한다. **자스몬산**(jasmonic acid) 은 생화학적으로 prostaglandin이라는 포유동물 호르몬과 비슷하며 지방산으로부터 만들어진다. 자스민산은 방향성이 강하며, 향수로 사용하는 자스민 오일의 성분이다. 이 호르몬은 방어기능뿐 아니라 종자와 화분이 발아하지 못하게 하며, 뿌리생장을 지연시키고, 과일이 성숙되도록 하며 색깔변화를 유도한다.

당류(sugars)는 최근에야 비로소 식물에서 호르몬 기능을 가진다는 것이 알려지고 있다. 방어역할 이외에 당은 식물에서 광합성과 질소이용 관련 몇 몇 유전자를 조절하며, 에틸렌 신호 경로와 상호 작용한다. 에틸렌과 당 신호 사이의 균형은 종자발아, 잎 생장과 개화에 영향을 미칠 수 있다. 다음 절에서 우리는 빛, 접촉, 건조, 침수, 동물의 가해 등과 같은 외부 자극에 식물체가 어떻게 반응하는지를 살펴볼 것이다. 호르몬은 앞서 설명한 과정뿐만 아니라 이러한 여러 반응에서도 중요한 역할을 한다.

12.3 식물은 색소분자를 이용하여 빛 환경을 감지한다

매 헥타르마다(약 2.5 에이커) 수십억의 많은 종자가 토양에 묻혀 있다. 이러한 종자들 중 빛이 침투할수없을 정도의 깊은 토양층 아래에 있는 종자나, 유묘를 건실하게 키우는데 필요한 충분한 빛이 침투하지 못하는 나무그늘 아래에서 있는 종자가 발아한다면 결국 죽게 될 것이다. 따라서 종자는 빛을 측정하는 기구를 필요로 한다. 또한 개화하는 식물은 수분과 수정 및 종자 생산에 가장 알맞은 시기에 꽃을 피우기 위해 하루 중 어느 시간대가 좋은지, 일년 중 어느 계절이 좋은지를 결정하는 방법이 필요하다. 온대 다년생 식물은 겨울이 오기 전 휴면아를 만들어야 하기 때문에 추운 날씨가 시작되는 것을 미리 알아야 한다. 나무 잎들은 빛을 최대한 활용하기 위해 겹쳐지거나 그늘지지 않는 형태로 자라는 방법을 개발할 필요가 있다.

놀랍게도 식물체와 식물 종자는 동물 눈의 시각인식과 같은 기능을 하는 광반응 색소 단백질 분자를 이용하여 빛과 시간 간격을 측정할 수 있다. 식물은 이 분자들을 잎이나 유묘가 광합성을 하는데 필요한 충분한 광도가 되는가를 결정한다. 또한 이들 분자들을 이용하여 낮 길이 또는 계절변화와 직접적인 관련이 있는 밤 길이를 측정한다.

빛을 흡수하는 식물 분자 **파이토크롬**(phytocrome)은 적색광과 근적외선에 반응하며, **크립토크롬**(cryptochrome)과 **포토트로핀**(phototropin), **제아크산틴**(zeaxanthin)은 청색광과 자외선을 흡수한다. 이러한 색소분자에 의한 빛 흡수는 단백질의 구조를 변화하게 하고, 일련의 신호전달과정을 거쳐 세포변화를 유도한다(그림 12.2).

크립토크롬은 빛 환경이 유묘가 광합성을 하기에 충분히 밝은지 또는 더 많은 빛을 받기 위해 더 크게 자라야 하는지를 결정하는데 도움을 준다. 암 상태에서 자란 유묘는 COP1이라는 핵 단백질을 갖고 있는데 이 단백질은 엽록소나 광합성에 필요한 유전자 발현을 못하게 한다(그림 12.8). 암 상태에서 자란 유묘는 더 많은 빛을 찾아 계속 신장한다. 청색광은 COP1과 결합할 수 있도록 크립토크롬을 변형시킨다. 크립토크롬이 COP1과 결합하게 되면 광합성 유전자 억제현상이 해제되어 유묘는 엽록소와 잎을 만들어 낼 수 있다. 포토트로핀은 최근에 발견된 분자로 굴광성과 관련이 있다. 제아크산틴은 빛에 의한 기공의 반응과 연관이 있다. 이장에서는 식물에서 다양한 역할을 담당하고 있는 파이토크롬을 심도있게 다룰 것이다.

DNA SCIENCE

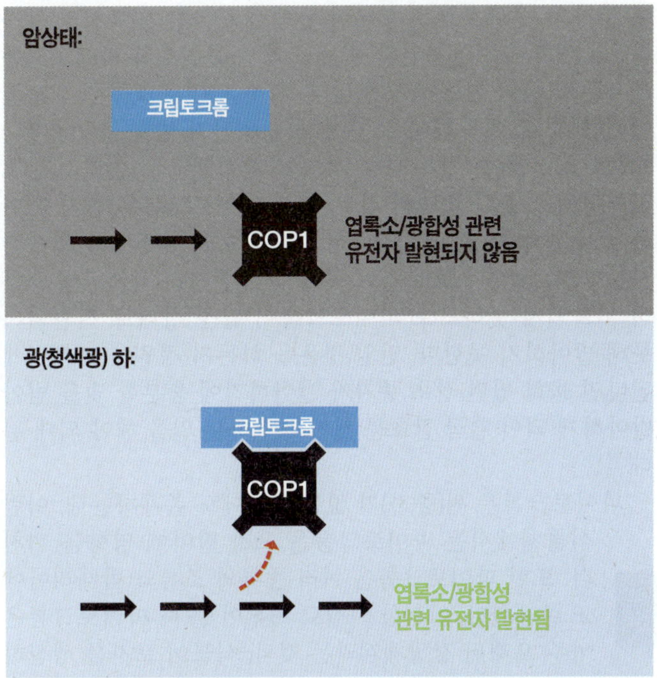

그림 12.8 유묘는 빛 환경을 감지하는데 크립토크롬을 이용한다 암 상태에서 COP1 단백질은 클로로필 생합성과 광합성에 관여하는 유전자 발현(암상태에서 이들의 생합성은 에너지 낭비일 수 있다)을 못하게 하고 유묘는 빛에 가까워지려고 키가 커진다. 빛 상태에서는 청색광 수용체 크립토크롬이 COP1과 결합할 수 있도록 변하고 일단 이렇게 되면 광합성 유전자가 발현되고 유묘는 클로로필을 생합성하여 녹색이 된다.

파이토크롬은 종자 발아와 포자 발아를 조절한다

상추 종자는 암 상태에서 발아하지 못하지만 적색광에 1분 정도 노출시키면 발아하게 된다. 그렇지만 적색광 처리 이후 근적외선을(적색광 보다는 더 긴 파장) 몇 분간 처리하게 되면 상추 종자는 발아하지 않는다. 이러한 실험에 의해 식물학자들은 식물의 '빛 감지' 분자 기능이 전깃불을 끄고 켜는 스위치와 유사하다는 것을 알게 되었다(그림 12.9). 파이토크롬은 두 가지 상태, 적색광을 흡수할 수 있는 '스위치 off' 상태(적생광 흡수 후 불이 켜지는 상태로 바뀜)와 근적외선을 흡수 할 수 있는 '스위치 on' 상태(근적외선 흡수 후 불이 꺼지는 상태로 바뀜)로 존재한다. 상추 종자가 적색광에 노출되면 파이토크

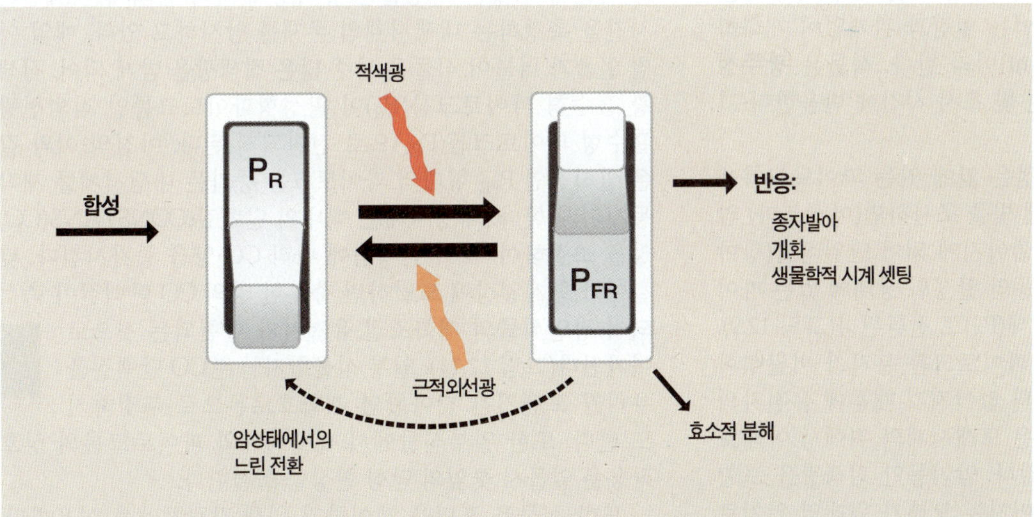

그림 12.9 파이토크롬은 적색광과 근적외선광에 반응한다 파이토크롬은 식물 발달과정의 많은 단계를 조절하는 스위치 역할을 한다(전기 스위치를 켜고 끄는 것을 생각해보라). 태양광은 적색광보다 근적외선광을 더 많이 포함하고 있다.

롬 분자의 빛 흡수하는 부분이 단백질 구조를 변화시켜 분자를 'on' 위치로 전환시킨다. 빛에 오래 노출될수록 파이토크롬 분자는 더욱더 활동적이게 된다. 활성 파이토크롬은 세포질에서 핵으로 이동하여 그곳에서의 유전자 발현을 'on'이나 'off'로 조절할 수 있는 다른 분자를 화학적으로 변화시킨다. 적색광에 노출된 종자의 경우, 활성 파이토크롬은 종자 휴면을 끝내고 종자 발아를 자극하는데 필요한 유전자를 활성화시킨다. 암 상태나 토양 깊은 곳에 묻힌 종자는 적색광에 충분히 노출되지 못하므로 파이토크롬이 활성 상태로 전환되지 못해 발아하지 못한다. 만일 경운을 하든지 정원을 파헤치게 된다면 묻혀 있던 잡초 종자가 발아하기에 충분한 빛을 받아 발아하게 되어 결국 잡초를 제거해야 하는 일을 해야 되게 된다.

파이토크롬은 씨(종자)가 없는 식물에도 존재하는데, 이런 식물체에서는 파이토크롬은 포자 발아에 영향을 끼친다. 또한 파이토크롬은 여러 종류의 조류와 박테리아에도 존재한다. 이러한 사실로 미루어 볼 때 파이토크롬은 아주 오래된 감광체계라는 것과, 식물이 포자를 생산하는 식물 조상에서 종자 발아와 연관된 파이토크롬을 물려받았을 것이라는 것을 추정하게 한다. 개화 식물은 4개의 파이토크롬(파이토크롬 — A, B, C, E)을 주로 포함하고 있다. 이들은 원형유전자에서 분화되어 다양화 된 것으로 추정한다. 파이토크롬 A는 낮은 광 상태에서 특히 민감하게 반응하기 때문에 나무 밑에서 자라는 이른 봄에 꽃식물에서 아주 중요한 역할을 한다.

파이토크롬은 개화와 휴면을 조절한다

꽃식물은 일장에 반응하는 방법에 따라 분류된다. 과꽃, 딸기, 다알리아, 포인세티아, 감자, 콩 등은 한계일장보다 짧아야만 개화하기 때문에 **단일식물**(short-day plant)로 분류된다. 반면에 상추, 시금치, 무, 비트, 클로버, 글라디올러스와 아이리스는 한계일장보다 긴 봄이나 초여름에 개화하기 때문에 **장일식물**(long-day plant)이라 한다. 장미, 금어초, 목화, 카네이션, 민들레, 해바라기, 토마토와 오이는 일장과 관계없이 개화하므로 **중일식물**(day-neutral plant)이라 한다. 식물은 **광주성**(photoperiodism)이라고 알려진 빛 조사 시간에 반응한다(그림 12.10).

광주기 반응에서 밤길이 측정은 잎에 있는 파이토크롬에 의해서 이루어진다. 밤의 중간에 빛을 조사하면(야간조파) 암기(연속적인 밤길이)의 길이가 짧아지게 되어 단일식물(장야식물)의 개화가 억제된다. 암기 동안 활성화 상태에 있는 파이토크롬(P_{FR})이 서서히 비활성 형태(P_R)로 전환된다(그림 12.9). 암기간이 길면 길수록 더 많은 파이토크롬 분자가 비활성화 상태로 전환되어 세포핵으로부터 없어지기 때문에 유전자의 발현이 감소될 것이다. 이 과정은 모래시계의 위에서 아래로 모래가 서서히 움직이는 것과 같다. 암기동안 적색광을 포함한 빛 조사는, 모래시계에서 떨어지는 모래가 원래의 위치로 돌아가는 것과 마찬가지로, 파이토크롬을 활성형(P_{FR})으로 전환시킬 것이다.

그림 12.10 광주기성 장일(단야)식물은 밤의 길이가 짧아졌을 때 개화하고, 단일(장일)식물은 밤의 길이가 길어졌을 때 개화한다. 중일식물은 낮의 길이에 관계없이 개화한다. 밤 동안에 야간 조파에 노출 되는 것은 밤 길이를 단축시키는 효과가 있어 단일식물이 개화하지 못하게 한다. 이 현상에 관한 더 자세한 언급은 다음 장에서 하겠다.

개화에 대한 일장효과는 지구상의 식물분포에 영향을 준다. 예를 들어 열대지방에서는 밤이 충분히 길지 않기 때문에 단일식물이 거의 없다. 화훼 재배가들은 자연적으로는 꽃이 피지 않는 계절에 판매할 꽃을 생산하기 위해 일장을 조절한다. 예를 들어 국화는 보통 가을에 꽃을 피우는 단일식물인데 생산자들은 일년내내 국화를 생산하기 위해 차광을 하여 단일상태를 만들어 준다.

식물체의 많은 과정들은 규칙성에 따라 움직이는 사실은 시간을 측정하는 내생시계의 존재를 암시하고 있다. 매일 아침 일출과 더불어 식물은 아주 많은 적색광을 받게 되어, 적색광 흡수형 파이토크롬(P_R)이 활성형파이토크롬인 적외선광 흡수형 파이토크롬(P_{FR})으로 전환되게 된다. 아침의 이와 같은 일시적인 P_{FR} 형태의 파이토크롬 증가는 내생시계를 재작동시키게 한다. 내생시계는 핵내의 단백질 CONSTANS(CO) 양을 조절하여, 낮이 진행됨에 따라 CO 양을 증가시킨다. 낮길이가 한계일장에 도달하면 충분한 양의 CO 단백질이 축적되어 장일식물의 개화조절 유전자가 발현되는 것으로 여겨진다(그림 12.11). 일부 식물학자들은 CO 단백질을 우리가 오랜기간 찾아왔던 개화호르몬으로 추정하기도 한다. 또한 일부식물에서 내생시계와 파이토크롬의 상호작용은 일몰시 꽃잎의 닫힘 현상을 조절한다.

또한 식물은 휴면을 제어하기 위해 감광체계를 이용한다. 예를 들어 자작나무(*Betula*)는 정단부 세포사이를 연결하는 원형질연락사를 짧은 일장하에서 폐쇄함으로써 겨울동안 생장

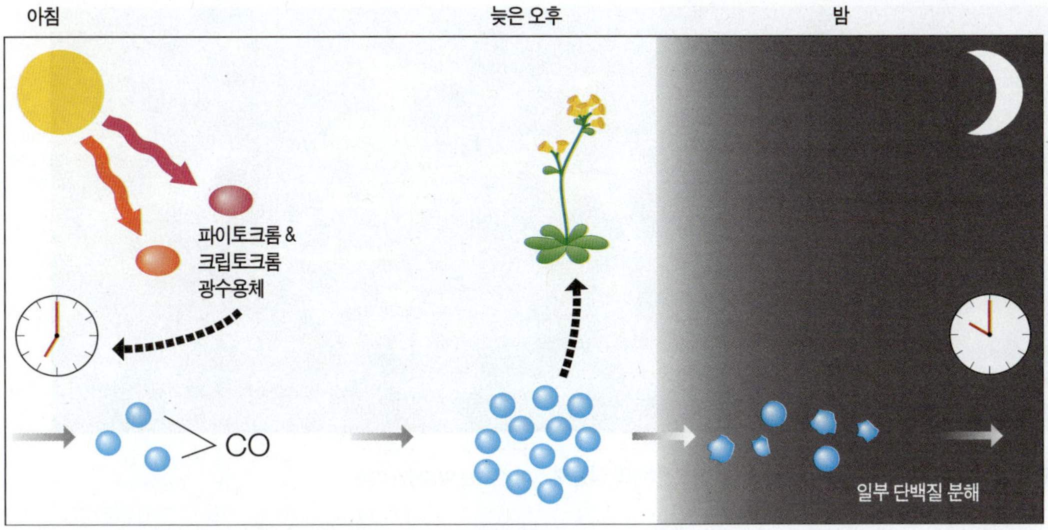

그림 12.11 낮의 길이와 내생시계는 장일식물의 개화에 영향을 미친다 식물의 내생시계는 매일 일출시에 재 세팅되고 광수용체 분자는 태양의 빛 신호를 감지한다. 낮이 진행됨에 따라 단백질 CO는 파괴되는 것보다 생산되는 것이 더 많다. 일정 수준의 CO에 도달하면 장일식물은 개화한다. 밤이 되면 더 많은 CO가 파괴되어 세포 수준은 일출 때 낮아지게 된다.

을 멈추게 한다. 이렇게 함으로서 눈들은 추위에 적응하게되어 겨울동안 살아남을 수 있는 확률이 높아지게 된다. 봄이 되어 일장이 길어지면 이 과정이 반대로 되어 신초 정단 분열조직은 재활성화 된다.

식물 신초는 차광을 감지하며 빛이 있는 쪽으로 자란다

창문가에 놓아둔 화초가 빛을 향해 성장한다는 보게 된다(그림 12.12). 빛을 향해 식물체의 선단부가 자라는 것을 **굴광성**(phototropism)이라고 한다. 외부자극의 방향으로 향하거나 자극의 반대쪽으로 자라거나 하는 성질을 굴성(tropism)이라 한다. 줄기의 굴성은 선단부 그늘진 쪽에 오옥신이 많이 축적되어 세포신장이 더욱 활발하기 때문이다. 오옥신은 청색광 수용체의 영향으로 그늘진 쪽으로 이동한다. 빽빽한 나무 숲속에서 그늘진 곳의 잎들은 적색광에 대한 근적외광의 비율이 증가하는 것으로 그늘을 감지할 수 있다. 이러한 반응은 위쪽에 위치한 잎에 있는 엽록소가 근적외선보다 적색광을 더 많이 흡수하기 때문에 일어난다(나무 아래에는 나무 위쪽보다 적외선광 비율이 높다). 따라서 그늘진 곳에 있는 파이토크롬이 태양에 노출된 잎보다 훨씬 더 비활성 상태(PR)이다.

활성 파이토크롬은 줄기의 절간신장을 억제하지만 비활성 상태의 파이토크롬은 그렇지 않다. 따라서 그늘에 가려진 잎에서 나온 신초는 절간장이 길어져서 빛이 있는 곳으로 뻗어 나가게 된다. 그늘에 가려지지 않은 곳에서 나온 신초 신장이 왕성하지 않은데 이것은 잎의 파이토크롬이 주로 활성화된 상태이고 신초 절간신장을 억제하기 때문이다. 이외에도 청색광 수용체와 식물호르몬 에틸렌이 그늘을 감지하는데 관여한다.

그림 12.12 굴광성 무 유묘가 빛을 향해 생장하고 있다.

12.4 | 식물은 중력과 접촉에 대해 반응한다

당신이 만약 포트에 심겨진 식물을 옆으로 눕히면 몇 시간 후 식물의 줄기가 젖혀져서 위를 향하고 있다는 것을 확인할 것이다(그림 12.13). 오옥신은 중력에 반대하여 줄기를 위로 자라게 하는데 관여한다. 이것은 식물이 **굴지성**(gravitropism) 성장을 보이기 때문이다. 뿌리 또한 굴지성 성장을 보이지만 뿌리의 경우 아래로 자란다. 생물학자들은 식물들이 어떻게 지구중력의 힘을 정확히 인지하는지 아직 확실히 밝혀내지 못하고 있다. 일부학자들은 세포 아래쪽에 침전되는 전분립(굴지반응과 관련 있는 물질)이 칼슘의 재분배에 영향을 미친다고 생각한다. 또 다른 사람들은 중력의 방향에 의존하여 세포질의 무게가 세포벽의 다른 부분을 잡아당긴다고 추측한다. 두 메카니즘 모두 식물이 중력의 방향을 인지한다는 것을

그림 12.13 굴지성: 토마토 식물체를 옆으로 눕혀 놓은 것(왼쪽)과 20시간이 지난 후(오른쪽)의 식물체 이 신초는 약 4시간 안에 거의 90도로 굽었다.

그림 12.14 접촉에 민감한 미모사의 반응 접촉이 가해졌을 때 잎이 재빠르게 접히지만 그 후 서서히 그 원래 모양으로 회복된다.

뒷받침 한다.

식물은 바람, 비, 동물 등의 접촉에 반응하여 생장을 한다. 바람이 많이 부는 지역에서 작은 식물은 큰 식물에 비해 바람의 영향을 덜 받는다. 식물학자들은 줄기를 문지르면 식물체가 덜 자라는 것을 관찰하였다. 심지어 실험을 위해 측정하는 동안 접촉하는 것 또한 식물 생장에 영향을 줄 수 있다. 일부 식물은 "touch specialists"로 불린다. 왜냐하면 그것들은 접촉에 빠른 반응을 보여주기 때문이다. 예를 들면 접촉시 잎을 빠르게 접는 미모사가 있다(그림 12.14). 이것은 바람 때문에 오는 건조현상으로 인해 잎의 기공이 노출되는 것을 줄이기 위해 적응해 온 결과이다. 다른 식물은 지지대 주위를 덩굴손이 감는 것과 같은 접촉에 반응한다. 이러한 성장반응은 **굴촉성**(thigmotropism)이라고 잘 알려져 있다(그림 12.15). 덩굴손식물들의 어린 정단부는 나사모양을 형성하며 꼬인다. 이러한 과정은 **회전성**(nutation)이라고 알려져 있다. 저속도촬영 사진으로만 관찰 가능한 마치 춤추는 듯한 움직임은 덩굴손 식물이 잠재적으로 지지대를 찾도록 하여 지지대에 의존하여 자라도록 만든다. 식물들은 또한 물을 향해 자라거나 피해서 자라며(굴수성, hydrotropism), 몇몇 식물의 꽃과 잎은 태양을 향해 자라거나 피해서 자란다(굴광성, *heliotropism*). 화학적인 영향으로부터 가까이 또는 멀리 자라는 것은 굴화성(*chemotropism*)이라 한다.

그림 12.15 굴촉성 오이의 덩굴손이 옆에 있는 식물체 둘레를 감고 있다

12.5 식물은 침수, 열, 건조, 저온스트레스에 반응한다

식물에서 관수의 해로움은 토양으로부터 뿌리로의 무기물의 흡수를 저해하는 것이다. 뿌리는 산소가 존재할 때에만 토양으로 무기이온을 흡수할 수 있다(10장). 아주 습한 토양에서 뿌리는 대사활동에 필요한 산소를 공급받을 수 없게 되고, 에틸렌이 뿌리에 축적되게 된다. 이러한 현상에는 두 가지 이유가 있다. 즉, 낮은 산소는 에틸렌의 생성을 촉진하고 에틸렌 가스는 뿌리에서 물이 가득찬 토양으로 확산되지 못한다. 에틸렌은 뿌리 피층세포의 괴사를 유발하는데, 피층세포의 괴사에 의해 지상부로부터 뿌리로 산소가 확산될 수 있도록 하는 연속된 통로가 생성한다. 이러한 통로를 가진 조직을 **통기조직**(aerenchyma)라 한다(10장).

식물은 다양한 방법으로 건조에 반응한다(26장). 식물호르몬인 아브시스산에 의한 **기공폐쇄**(stomatal clocure)는 가장 대표적인 반응이다(11장). 그러나 이러한 방법으로도 수분 보유가 실패한다면 식물은 건조상태에서 어떠한 방법으로 살아남을 수 있을까? 몇몇 식물은 예측된 건조시기에 대응하여 개화시기를 조절함으로써 건조기 전에 종자를 생성한다. 다른 식물들은 지하구근, 괴경, 근경의 형태로 살아남는다(9장). 건조해에 견디는 성질인 **건조저항성**(desiccation tolerance)은 우기와 건기가 교대로 나타나는 지역에 적응된 선태식물, 일부 석송(예: 부활초, *Selaginella lepidophlla*, 그림 12.16), 양치류 및 많은 꽃식물에서 관찰되는 선택사항이다. 이 식물들은 일반적으로 6개월 동안의 수분손실에서 살아남으며 일부는 1년중 10개월의 건조한 상태에서도 살아남을 수 있다. 수분 부족은 아브시스산의 생성을 유도하는데 이는 식물이 건조한 조건에서 살아남을 수 있도록 돕는 식물의 변화를 유도한다. 전형적으로 건조저항성 식물은 설탕과 같은 이당류 농도가 높다. 이런 당은 인지질에 결합하여 세포막을 안정화시킨다. 건조와 관련된 단백질(디히드린, 탈수된 종자에서 발견됨) 또한 세포막에 결합하여 막을 보호한다.

그림 12.16 **부활초** *Selaginella lepidophylla*는 부활초로 알려진 식물 중의 하나로 극심한 건조 조건 후에도 회복될 수 있다.

식물(또는 다른 생명체)은 **열충격단백질**(heat shock protein)의 양을 증가시킴으로써 열해를 극복한다. 이 단백질은 효소와 같은 결정적인 세포단백질을 둘러싸서 열에 의한 반응인 응고로부터 세포단백질을 보호한다. 이러한 보호 작용은 고온에서도 효소가 기능을 유지할 수 있도록 한다. 어떤 식물은 과다한 양의 빛과 열에 의해 해를 입을 때 이소프렌 가스를 배출하는데, 이 가스는 광합성 기구들의 파괴를 막아주는 것으로 생각된다. 주기적인 찬 기후에 적응된 식물은 찬 날씨의 징후를 감지할 수 있고 다양한 방법으로 이에 대응할 수 있다(27장). 예를 들면, 한해저항성 식물은 세포질 내에 용질(이온, 당 등의 물에 녹는 물질)의 양을 증가시킬 것이다. 세포내 용질이 증가하므로 세포간극에 결빙이 생성될 때 세포 바깥쪽의 수분포텐셜을 감소되어 세포밖으로 물이 빠져나가는 것을 방지하는데 관여한다(4장). 이러한 용질은 자동차 연료라인과 자동차 전면유리 세척액의 동결을 막기 위해서 첨가하는 부동물질과 같이 세포내 용액의 어는점을 낮춰준다. 낙엽수가 잎을 떨어뜨리는 것은 잎 표면으로부터 수분의 손실을 방지하기 위한 방법이다(11장).

춘화처리(vernalization)는 봄철까지 개화를 지연시키기 위해서 저온기에 진행되는 일련 온도변화를 일컫는다. 이러한 적응은 계절 기후에 적응하여 자라는 식물이 다른 잘못된 계절에 개화하는 것을 방지한다. 보리, 밀 그리고 한대지역이 원산지인 곡물, 또는 겨울밀은 개화를 위해 긴 저온기가 요구되므로 가을에 파종한다. 이와 대조적으로 봄밀은 저온기가 필요하지 않으므로 봄에 재배할 수 있다. 최근 농학자들은 *VRN1*과 *VRN2*이라는 두 종류의 춘화유전자를 발견했다. 두 유전자의 발현은 위의 차이를 설명하고 있다. 겨울밀에서는 *VRN2* 유전자는 개화를 억제하는 유전자를 암호화하지만 저온에서는 파괴된다. 날씨가 좋아지면 봄에 개화를 촉진하는 *VRN1* 유전자가 증가한다. 자연적인 돌연변이에 의한 *VRN2* 유전자의 기능 상실은 봄밀 품종의 탄생을 가져왔다.

DNA SCIENCE

12.6 식물은 공격에 대해 스스로를 방어할 수 있다

동물세포는 특별한 면역체계를 통하여 침입자를 파괴하거나 식균작용을 통해 미세한 병원균의 공격으로부터 그들 자신을 방어할 수 있다. 식물에는 이러한 타입의 방어체계가 없다하더라도 그들은 다른 수단을 통해 자신을 보호할 수 있다. 식물은 미리 형성된 기관(예를 들어 큐티클)을 이용하여 감염을 차단시킨다. 또한 병을 예방하기 위해 독소를 이용하거나 병원균을 인식하고 그들의 확산을 막는 방법을 갖추고 있다. 식물은 미생물의 공격에 대응하여 몇 분 안에 반응한다. 식물에 감염된 매우 작은양의 병원균도 식물체에 병을 일으킬 수 있다.

과민성반응(hypersensitive response, HR)은 식물체가 특별한 막 수용체 단백질을 암호화하는 우성 **저항성유전자**(*R*: resistance gene)를 가지고, 상보적으로 병원균은 식물체 반응부위에 작용하는 가용성 단백질을 암호화 하는 우성의 **무독성 유전자**(*Avr*: avirulence gene)를 가졌을 때 일어난다. 이 두 가지 단백질이 결합할 때, 식물은 병균을 죽이거나 감염부위를 봉합함으로써 그들의 성장을 방해하는 물질들을 생산하는 등의 과민반응을 보인다. 식물은 종종 과산화수소(H_2O_2)를 생산한다. 이것은 사람들이 감염되었을 때 피부 상처를 예방하기 위해 주로 이용하는 것으로 아주 효과적인 살균제이다. 감염된 식물 역시 신호물질들(NO, 살리실산, 에틸렌, 자스몬산)을 생산한다. 이들 화합물은 세포가 방어기능의 칼로오스와 리그닌으로 세포벽을 강화하도록 자극해서 병원균이 퍼지는 것을 막는다. 어떤 식물 세포들은 병균을 둘러싸고 자진해서 죽음으로 해서 병원균의 전파를 막는 희생을 감행하기도 한다. 이러한 상황에서는 식물이 감염을 저지하기 때문에 병균이 발병할 수 없다. 감염이나 과민성반응의 결과(싸움이 일어난 흔적)로 괴저반점 같은 사점(dead spot)을 남긴다(그림 12.17). 그러나 이 두 유전자 중에 하나(또는 둘)가 열성이면, 발병할 것이다. 그래서 농학자들은 저항성 유전자를 작물로 도입하기 위한 노력을 하고 있다.

전신획득저항성(systemic acquired resistance, SAR)은 과민성반응이나 이전의 감염의 결과에 대한 반응이다. 동물의 예방접종과 같이, 전신획득저항성은 아주 적은 병 증상을 초래하는 한편 매우 넓은 범위에서 다양한 병균에 대해 방어할 수 있다. 병원균이 침입했거나 감염이 진행되었을 때 이동성 펩타이드 시스테민이 식물 전체에 침입 또는 감염에 대한 정보를 전달시킨다. 식물체에서 멀리 떨어진 부분도 예방책을 쓰므로 감염을 피할 수 있다. 식물은 방어 효소를 생산하여 침입자의 세포벽을 파괴시키거나, 미생물에게 독성을 나타내는 탄닌을 생산한다. 식물을 병균에 노출시키지 않고도 전신획득저항성을 유도할 수 있는 몇몇의 제품들이 있다. 작물에 이 제품들을 처리하였을 때, 이들 제품이 식물의 면역체계를 자극하여 병을 방지하거나 줄일 수 있다.

그림 12.17 괴사반점은 식물이 병원균의 침입을 저지한 장소를 나타낸다

요점

12.1 식물체는 중력, 빛, 온도, 바람, 가스, 토양수분, 그리고 영양분과 같은 외부 무생물신호를 감지하고 반응한다. 식물체는 또한 초식동물과 미생물 그리고 내부 신호인 호르몬에 의한 자극에도 반응한다. 자극은 세포막이나 원형질에 있는 수용체에 의해 받아들여진다. 신호는 신호전달경로를 통해 칼슘결합 단백질과 같은 전령분자에 의해 세포내로 전달되어진다. 궁극적으로 신호는 유전자 활성에 영향을 주게 되고, 식물구조, 발육, 또는 화학적 변화와 같은 반응을 유도하게 된다.

12.2 식물호르몬은 작은 유기화합물들이다. 오옥신은 세포벽 연화를 유도함으로써 세포 신장을 촉진하고 과실 발육을 촉진시킨다. 사이토카이닌은 세포 분화를 촉진한다. 에틸렌은 과실 숙성과 유묘출현에 영향을 준다. 지베렐린은 세포분화와 확장, 종자발아에 영향을 미친다. 식물보호 호르몬에는 아브시스산, 브라시노스테로이드, 시스테민, 자스몬산, 그리고 당 등이 포함된다.

12.3 파이토크롬은 식물체내의 중요한 광수용분자이다. 몇 가지 청색광 수용체 또한 식물체에서 광을 수용하기도 한다. 종자와 포자의 발아는 근적외선 흡수상태 '스위치 on' 의 형태의 파이토크롬(P_{FR})의 존재에 좌우된다. 개화시기는 일장을 인식하는 파이토크롬과 일출시 개시되는 생체시계에 의해 영향을 받는다. 파이토크롬은 식물이 그늘을 감지하고 빛이 있는 방향으로 자라게 하는데 관여한다.

12.4 식물은 지상부를 위로 향하게 생장하게 하고 지하부를 아래로 자라게 함으로써 중력에 반응한다. 식물체는 바람의 영향을 포함한 접촉에 반응한다. 일부 식물체의 경우에 지지체 근처에 자리잡고 생장하는 방법을 취하고 있다.

12.5 식물체는 침수, 열, 가뭄 그리고 저온을 인식할 수 있으며, 보호기작을 통해 반응할 수 있다. 춘화처리는 봄에 개화하기 위해 겨울동안 진행되는 일련의 변화 과정이다.

12.6 식물체는 병의 진행을 제한하는 과민성반응을 갖춤으로써 유전적으로 친화적인 병원미생물체의 공격에 대응한다. 한번 공격을 받으면, 식물체는 선제적인 보호 작용을 함으로써 병원체에 적게 감염될 수 있도록 한다.

문제

1. 식물체에서 아래 식물 호르몬의 주요효과를 간략히 서술하라. 이러한 호르몬의 상업적인 이용이 가능한 곳을 예를 들어보아라. (a) 오옥신 (b) 사이토카이닌 (c) 에틸렌 (d) 지베렐린 (e) 아브시스산 (f) 브란시노스테로이드 (g) 살리식산 (h) 시스테민 (i) 자스몬산 (j) 설탕
2. 파이토크롬이 무엇이며, 그것의 화학적 구성은 어떤가? 어떻게 그것이 작동하고, 멈추고 하는가? 또, 이러한 상황에서 세포는 어떻게 반응하는가? 파이토크롬에 의해 조절되는 식물생장 과정의 예를 몇 개 들어보시오.
3. 단일식물, 장일식물, 중일식물이란 무엇인가? 식물이 어떻게 낮의 길이를 감지하는가?
4. 식물이 일출 때 깨어나는 과정을 설명하라(알람시계를 생각해보라). 이것이 어떻게 식물이 개화할 것인지 아닌지를 결정하는가?
5. 왜 아주 적은 병원균의 공격만이 식물체에서 발병으로 나타나는지 이유를 설명하라.

응용 개념

1. 토마토의 에틸렌 생성에 필요한 유전자의 하나가 전사되지 못하도록 유전공학적으로 조작되어 왔다. 이러한 내생 에틸렌의 억제는 토마토에 어떠한 영향을 미치겠는가? 어떻게 하면 이와 같은 효과를 쉽게 되돌릴 수 있겠는가?
2. 어떤 사람이 아주 훌륭한 그의 정원을 몇 년간 방치해 두었다가 돌아와서 많은 관목들이 가늘고 길게 자라며, 식물의 잎은 가는 줄기 위에 불규칙하게 나있고, 잔가지들도 빈약하게 발생한 것을 알게 되었다. 그는 정원사에게 허약한 모든 관목의 나뭇가지를 쳐서 모든 정아를 제거하도록 했다. 이와 같은 처리가 어떻게 무성하고, 밀생하는 식물로 자라게 할 수 있을까? 가지의 부족을 초래하는 것은 무슨 현상일까?
3. 태양빛을 받지 않는 비닐하우스에서 단일식물, 장일식물, 중일식물을 키운다고 상상해보자. 식물이 10시간 빛을 받고 14시간 암상태가 되도록 하였을 때, 세 식물체가 동시에 꽃을 피우는 것은 가능한가? 만약 당신이 낮과 밤의 상태를 바꾼다면 어떻게 되겠는가?
4. 포인세티아는 많은 사람들에게 친숙한 식물이다. 푸르른 잎과 진홍빛의 포엽은 많은 사람들의 휴일을 밝게 해주기 때문에 11월 하순에서 12월에 많이 팔린다. 그런데 집에서 키우는 실내용 포인세티아는 2번 꽃피는 일이 드물다. 포인세티아가 단일식물이란 것을 안다면 왜 포인세티아가 두 번 꽃피우지 않는다고 생각하는가? 그리고 어떻게 하면 이 꽃을 다시 피게 할 수 있겠는가?
5. 식료품 가게에서는 사과나 오렌지, 포도 같은 많은 과일들을 구멍이 난 봉지에 담아서 판다. 봉지에 있는 이 구멍들의 목적은 무엇일까?

13장 생식, 감수분열, 생활주기

미역취(*Solidago*)

주요 개념

- 많은 식물과 일부 생물체들은 배우자와 접합자에 의한 유성생식을 한다. 또 다른 생물체들은 배우자나 접합자가 관여하지 않은 무성생식을 하거나 유성생식과 무성생식 둘 다를 하기도 한다.
- 무성생식은 생물체가 빠르게 번식하여 퍼져나갈 수 있도록 하고 유성생식은 유전적 다양성의 잠재적 근원이 된다.
- 감수분열은 유성생식에 필수적인 세포분열 과정이다.
- 식물은 전형적으로 두 가지 형태의 다세포-감수분열에 의해 생성되는 배우자와 포자-와 함께 세대교체라는 생식 생활주기를 갖는다.

*Ambrosia*는 그리스신화 왕들이 영생을 얻기 위해 먹었던 맛있는 음식에서 이름이 유래된 미국에 자생하는 식물이다. *Ambrosia artemisiifolia*와 *A. trifida*는 넝마와 같은 잎모양으로 인해 일반적으로 돼지풀이라고 알려져 있으나, 오늘날의 평판은 그리 호감적이지 않다. 눈에 띄지 않는 녹색 꽃을 피우는 돼지풀의 화분은 알레르기 반응을 일으켜 꽃가루병(건초열)의 주 원인이 되고 있다. 돼지풀은 전형적으로 공기중에 떠다니는 많은 양의 화분을 생산할 뿐 아니라, 이들 화분의 표면은 예민한 사람에게 재치기, 눈물, 호흡장애를 일으키는 화합물로 싸여있다. 늦여름과 가을에 돼지풀과 같은 개화시기에, 미역취속(goldenrod)은 눈에 잘 띄는 밝은 노란색의 꽃을 피운다. 그래서 미역취꽃을 보면 사람들은 화분을 떠올린다. 결론적으로 사람들은 종종 미역취의 화분이 알레르기 문제를 야기한다고 생각하지만, 실제적으로 알레르기를 일으키는 것은 돼지풀의 화분이다. 미역취는 비교적 작은 꽃가루를 생산하는데 이들은 바람이 아니라 곤충에 의해 운반되므로 알레르기 꽃가루의 주 출처가 아니다. 일년 중 다른 때에, 지구상의 다른 장소에서 풀과 나무의 꽃가루들은 알레르기를 일으킬 수 있다.

알레르기 성질에도 불구하고 사람들은 꽃가루를 중요하게 생각한다. 과수재배자들은 종종 양봉업자와 계약을 해서 과수원에 꿀벌통을 배치하여 벌들이 과일나무 꽃 사이로 꽃가루의 운반을 매개하게 한다. 과일과 종자식물의 유성생식 과정에서 수분은 필수적이기 때문에 이러한 과정은 사과, 체리 및 다른 작물의 수확량을 증가시키는데 도움이 된다. 이와 대조적으로 많은 식물과 다른 생물체들은 무성적으로 번식할 수 있다. 이 장에서는 인간에게 의학용으로, 경제적으로 혹은 생태적으로 중요한 식물, 원생생물, 곰팡이의 유성 및 무성 생식에 관해 좀더 깊이 있게 살펴 볼 것이다. ■

돼지풀 식물과 화분

13.1 | 유성생식과 무성생식은 각각 장점이 있다

많은 식물과 일부 생물체에서 유성생식은 일반적이면서도 독특한 과정이다. 예를 들어 꽃은 피자식물의 전형적인 유성생식 기관이다(그림 13.1). 그렇지만 일부 꽃식물과 다른 다수의 생물체들은 성이 관여치 않는 무성번식을 한다(그림 13.2). 그러나 많은 식물을 포함하여 다른 생물체들은 유성과 무성적 수단을 통하여 번식한다. 유성생식과 무성생식의 차이점과 장단점을 이해하는 것은 농업, 의학, 생태학 연구를 위해 중요하다.

유성생식은 적응을 빨리한다

유성생식은 접합자를 형성하기 위한 웅성과 자성 배우자의 결합이다. **배우자**(gamete)는 단세포이고, 성숙한 개체에 의해 생산되며 수정을 위한 특별한 구조를 가지고 있다. 교배가 이루어지지 않는 경우, 배우자는 쉽게 생명력을 상실한다. **정세포**(sperm)는 웅성배우자로 종자를 형성하지 않는 식물에서는 물을 통해 난세포로 헤엄쳐 갈 수 있도록 편모를 갖기도 한다. 이는 마치 동물 정자가 난세포로 헤엄쳐가는 것과 같다. 종자식물 역시 정세포를 생산해 내며 이들 정세포들은 거의 편모를 가지지 않으며, 발아하는 화분으로부터 자란 화분관의 확장을 통해 난세포로 전달된다. **난세포**(egg)는 자성 배우자로 일반적으로 정세포보다 더 크며 편모가 없다. 선태식물에서 피자식물에 이르는 모든 식물은 동물과 같이 나출형의 세포(세포벽이 없음)와 편모가 없는 난세포를 만든다. 이에 반해 많은 원생생물은 서로 유사한 모양의 배우자들을 생산하며, 간혹 이들 원생생물 배우자는 세포벽을 가진다. 접합자는 배우자의 결합에 의해 생긴 단세포이다. 양호한 환경 하에서 접합자는 생식주기를 완성하며 성숙한 개체로 발달하게 된다. 진핵생물은 유성생식을 위해 염색체수가 반으로 줄어드는 핵분열 과정인 감수분열을 거친다(그림 13.3). 그러므로 배우자, 접합자, 감수분열은 진핵생물에서 유성생식의 특징들이다.

그림 13.1 **속씨식물의 꽃은 유성생식 기관의 역할을 한다**

그림 13.2 **꽃식물 중에는 무성으로만 번식하는 식물이 있다** 민들레(*Taraxacum officinale*)는 대표적인 예이다.

유성생식은 많은 비용이 드는 과정이다. 성은 생물체로 하여금 부족한 자원을 투자하여 배우자를 만들고, 접합의 완성과 감수분열을 위한 상당한 힘을 소비하게 한다. 많은 동물의 정교한 교잡양식과 많은 식물들의 크고 화려한 꽃들은 좋은 예다. 성은 왜 진화되는가? 이 질문은 유성생식이 여러 가지 면에서 유리하다는 증거를 발견해온 생물학자들에게 흥미 있는 질문이다. 유성생식은 두 개의 다른 생물체(대개는 같은 종)의 DNA를 결합하여 유용한 새로운 조합의 유전적 형질을 생성하는 과정이다. 새로운

EVOLUTION

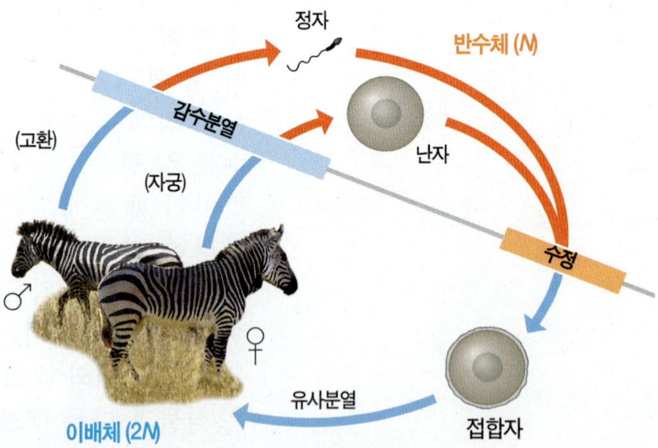

그림 13.3 **동물의 유성생식 주기** 인간을 포함한 동물은 배우자(정자와 난자)가 접합자를 만들기 위해 융합하는 생활주기를 가지고 있다. 배우자는 감수분열에 의해 생성되고 n염색체를 갖는다. 접합자는 난자와 정자의 염색체로 조합되어 $2N$의 염색체를 갖는다. 인간은 $N = 23$, $2N = 46$인 반면, 다른 종들의 염색체수는 다르다.

유전적 조합을 통해 종은 새로운 환경 또는 변화된 환경조건에 적응하기 위한 잠재력을 얻게 된다(그림 13.4). 무성생식에 비해 유성생식은 불리한 유전자를 빠르게 소멸시키고, 유용 유전자의 발현을 억제시켰던 저해유전자의 영향으로부터 쉽게 벗어나게 해준다.

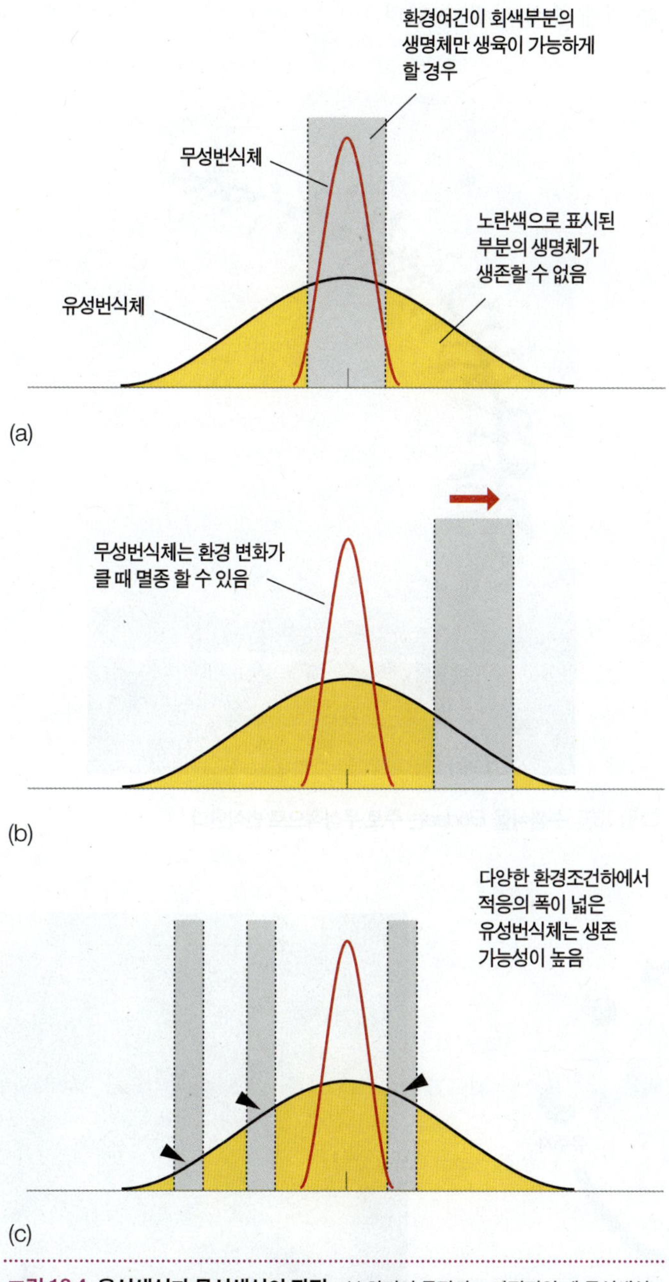

그림 13.4 유성생식과 무성생식의 장점 (a) 환경이 동질이고 안정적일 때 무성생식을 하는 생물 집단은 서식지에 잘 적응하여 적응하지 못해 손실되는 개체가 거의 없는 반면 유성생식을 하는 생물 집단은 잘 적응된 것만이 살아남는다. (b) 환경 조건은 변하기 때문에 새로운 다양한 조건하에 살아남는데 필요한 유전적 요소를 갖추지 못한 무성번식을 하는 생명체의 생존은 특정 환경요인 하에서 불가능 할 수도 있다. 반대로 유성생식을 하는 생명체는 생존할 수 있는 특성을 갖고 있는 변이체가 있기 때문에 살아남을 수도 있다. (c) 유성생식을 하는 생명체는 다양한 유전변이를 갖고 있어 변화하는 환경에 적응하기 이로울 수 있다.

이러한 장점 때문에 진핵생물에서 유성생식은 아주 일반적인 현상이다. 일부 원생생물(감수분열 이전에 진화)을 제외한 대부분의 동물, 식물, 곰팡이에서 유성생식이 광범위하게 이루어진다. DNA를 통한 증거는 아마도 성이 원생생물 사이에서 여러 차례 독립적으로 유래하였으며, 동물과 식물은 각각의 다른 원생생물 조상으로부터 유성생식 양식을 물려받았다는 것을 시사한다. 그러므로 식물에서 유성생식을 조절하는 많은 유전자들은 동물의 유전자들과 서로 다르다.

DNA SCIENCE

원핵생물은 접합자를 형성하기 위해 두 배우자가 융합하는 유성생식을 하지 않으며, 감수분열 또한 원핵생물에서는 존재하지 않는다. 그러나 유전적 교환의 이점이 매우 크므로 원핵생물들은 그들 사이에서 유전자를 전달하는 방법들을 진화시켜왔다(18장).

무성생식은 빠르게 일어날 수 있다

위에서 서술한 유성생식의 이점에도 불구하고, 왜 많은 생물체들은 무성생식만을 하는가? 한 가지 답은 무성생식이 유성생식보다 훨씬 적은 자원과 에너지로 좀더 빠르고 효율적으로 수행될 수 있기 때문이다. 뿐만 아니라 무성번식을 하는 생물체들의 배우자들은 스스로 교배할 상대를 못 찾게 될 위험이 거의 없다. 대부분 생물체의 배우자는 오로지 생식적인 기능을 위해 특별하게 발달되어 있으므로, 이들은 수정이 일어나지 않으면 죽게 되므로, 노력을 낭비하는 결과가 된다. 한편 무성생식 기관들은 유리한 환경이 주어지면 생물체로 발달할 수 있다.

무성생식의 또 다른 장점은 단지 한쪽 모체만이 필요하다는 것이다. 심지어 집단에 단지 하나의 성 혹은 단 하나의 생물체만 존재하더라도, 자손이 무성적으로 생길 수 있다. 반면 유성생식만을 하는 종은 두 성이 모두 존재해야만 한다. 무성생식의 또 다른 이점은 모든 자손이 유전적으로 동일하여, 만일 환경이 안정적이고 균일하며 그들 모체가 잘 적응한 환경과 비슷하다면 다수가 생존할 기회가 많다는 것이다(그림 13.4 참조). 또한 무성생식은 특정한 불량한 환경하에서는 유성생식보다 훨씬 효과적이다. 그러한 서식지에서는 꽃식물 사이에 화분을 전달하는 동물 수분매개자가 거의 없거나, 물이 거의 없기 때문에 무종자식물의 정세포들이 난세포에게로 헤엄쳐가지 못한다. 이러한 이점들은, 왜 무성번식이 일반적으로 자연 상태에서 진화되어 왔는지를 설명해 준다.

무성생식만 하는 많은 생물체는 유성생식을 하는 조상으로부터 진화되었다

진화 과정을 통해 유성적으로 번식하는 능력을 상실하였다고 생각되는 많은 원생생물, 곰팡이, 식물이 있음을 이들과 비교적 가까운 근연의 개체가 유성적, 무성적인 양쪽 방법에 의해 번식하고 있음에서 알 수 있다. 이러한 생물체들은 현재 무성번식에 의존하는 한계에도 불구하고 자연에 많이 존재하기 때문에 잡초로 여겨진다.

EVOLUTION

담수 녹조류 *Cladophora glomerata*(그림 13.5a)는 광합성 원생생물(조류)의 한 예이다. 대부분 *Cladophora*의 근연개체는 바다 해안선을 따라 서식하며 무성적 및 유성적으로 번식하지만, 광범위하게 분포하는 담수종 *C. glomerata*는 무성적으로만 번식한다고 알려져 있다(그림 13.5b). 이러한 조류는 전 세계에 걸쳐 과다한 인산에 의해 오염된 담수 호수와 시냇물에서 잡초 같은 왕성한 생장을 보인다. 인산은 운동성 홀씨라고 알려진 무성적 구조를 가진 단세포들이 무한히 번식하게 하는 비료의 역할을 한다. 운동성 홀씨는 동물처럼 편모를 갖고 있어 운동할 수 있다(그리스어원의 zoon은 "동물"을 의미한다). 증식한 많은 운동성 홀씨는 모체 세포로부터 분리된 후, 바위나 다른 표면에 고착하여 대집단의 조류로 생장한다(그림 13.5c).

ECOLOGY

17,000종 이상의 곰팡이는 유성생식을 하는 능력을 상실한 것으로 보인다. 이러한 곰팡이는 모체 곰팡이에서 방출되어 대기 중에 퍼져있는 분생자(20장)라는 작은 무성적 포자에 의해 전형적으로 번식한다. 이들 분생자는 적절히 습한 곳에 내려앉게 되면 빵이나 귤껍질에서 가끔 볼 수 있는 검고 푸른곰팡이로 생장하게 된다. 만일 이것을 흡입하면, 분생자는 꽃가루 반응과 유사한 알레르기 반응과 호흡 곤란을 유발한다. *Aspergillus*는 잠재적으로 인간에게 치명적인 폐질환을 일으키는 흔한 곰팡이다. 공기 중에 떠있는 무성 분생자들이 감염을 일으키는 중요한 요인이다. 반면에 *Penicillium*과 근연계통은 페니실린과 같은 중요한 항생제를 생산하기 위한 자원이 된다. 무성 분생자는 산업화를 위해 이러한 생물체의 유용한 계통을 유지하고 분양하는 수단으로 활용되고 있다. DNA 증거는 *Aspergillus*, *Penicillium* 및 다른 곰팡이들이 유성생식할 수 있는 곰팡이와 밀접한 관련이 있다는 것을 보여준다. 또한 이 증거는 이들 중요한 곰팡이의 선조들은 유성번식의 능력을 상실하였음을 시사한다.

수생 잡초 *Elodea canadensis*(그림 13.6)는 근연관계에 있는 꽃식물과는 달리 무성적 수단 — 절단된 신초의 생장 — 으로 주로 번식하는 속씨식물의 한 종이다. 이러한 무성생식을 통해 *Elodea*는 담수서식지에 널리 서식할 수 있게 되었다. 이러한 식물은 광합성과 식물세포 구조를 관찰하기 위한 생물학 강의에 폭넓게 이용되었는데, 이는 잎이 아주 얇아 현미경으로 쉽게 관찰할 수 있기 때문이다. 또한 *Elodea*는 무성적으로 번식하므로 학교 교사들은 교실에 있는 어항에서도 이 식물을 쉽게 증식 시킬 수 있다.

그림 13.6 수생식물 *Elodea*는 주로 무성적으로 번식한다

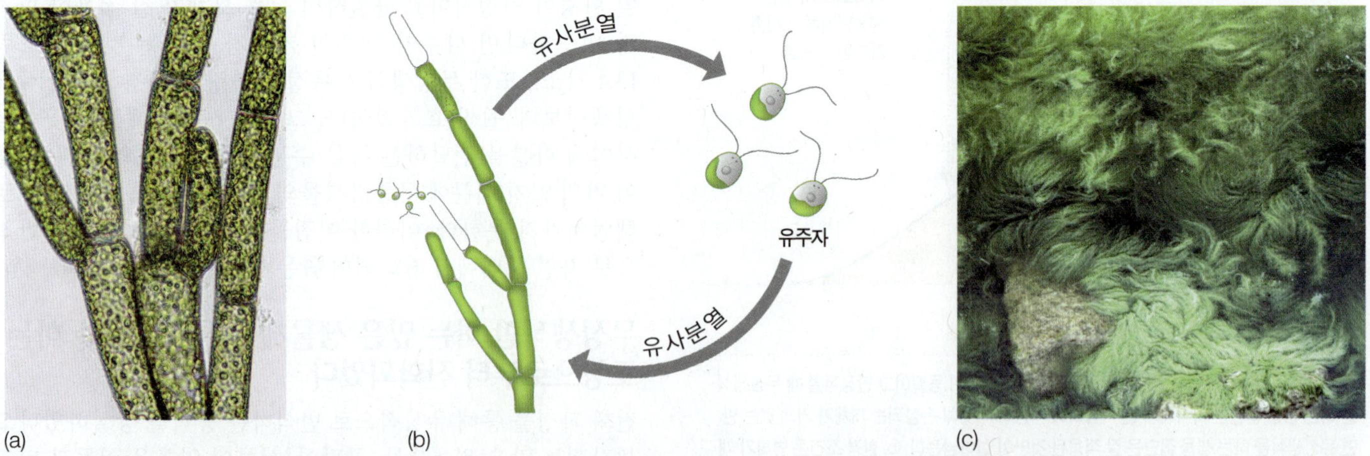

그림 13.5 담수 녹색해초 *Cladophora glomerata*의 무성생식 (a) 바위 또는 다른 부착 가능한 지지체에 착생해서 자라는 분지된 편모를 현미경으로 관찰한 것. (b) *Cladophora*의 무성생식주기. 편모에 있는 세포에는 수많은 핵들이 들어있다. 유주자가 형성되는 동안 세포질이 분리되어 각기 다른 핵과 결합한다. 세포질과 핵이 결합한 이들 작은 단위는 유주자로 발달해서 세포벽의 구멍을 통해 방출된다. 유주자는 정착해서 체세포 분열을 통해 새로운 편모로 발달한다. (c) *Cladophora*의 대부분은 인산이 풍부한 호수 가까이에서 자란다. 폭풍우는 *Cladophora*를 지지체로부터 떼어내어 물가로 밀어 올려 죽게한다.

민들레(*Taraxacum officinale* 그림 13.2)와 조팝나물(*Hieracium* 종; 그림 13.7)은 수백 개의 식물체 가운데, 무성적으로 형성된 종자 — 무수정 생식(apomixis - 그리스어로 apo는 '떨어져서'란 의미, mixis는 '혼합하다'란 의미 : 23장)으로 알려진 과정 — 에 의해서만 번식하는 단 두개의 예이다. 반대로 대부분 식물들은 유성생식을 통해 종자를 생산한다. 무수정 생식현상을 보이는 식물은 왕성하게 번식할 수 있어, 잔디밭, 들판, 길가에 많이 서식한다.

그림 13.7 조팝나물은 주로 무성적으로 만들어진 종자에 의해 번식한다

많은 생물체는 무성적, 유성적 양쪽의 수단으로 번식한다

유성 및 무성생식의 상대적 이점들은 유 · 무성 번식이 가능한 다양한 생물체에 의해 설명 되어진다. 이러한 능력은 농업에서 중요하다.

Phytophthora(역병균)은 식물 파괴자란 의미의 이름을 갖는 일반적인 원생생물로 황금색과 갈색의 조류와 관련 있다(19장). 이 원생생물은 감자, 아보카도, 토마토, 파파야, 사과, 콩, 귤, 파인애플, 류칼립투스, 담배를 포함한 다양한 작물에 해를 끼친다. 역병은(토양환경의 황폐화를 수반하면서) 1846~1847년의 아일랜드 감자 대기근이 원인이 되었으며, 그 이후 수많은 아일랜드인들이 미국으로 이민을 가야만 했다. *Phytophthora*은 무성, 유성생식(그림 13.8) 두 가지를 포함한 번식과정을 가지며, 둘 모두 지독한 작물손실을 야기시키는 능력이 있기 때문에 중요하다. *Phytophthora*의 무성 주기는 포자생산과 포자 보호 구조인 홀씨주머니에서 시작한다. 포자는 모체로부터 떨어져 나오는 단세포 생식 구조이며, 유 · 무성 양 과정을 통해 생성된다. 홀씨주머니는 *Phytophthora*에서 방출 되어 바람에 의해 식물 잎 표면으로 운반되며, 그 후 날씨가 서늘하고 비가 올 경우, 잎에 형성되는 수막을 통해 헤엄을 쳐 빠르게 펴져 나가는 운동성 홀씨를 방출한다. 그 후 운동성 홀씨는 발아해서 사상체를 만들어 잎조직을 침입하여 그곳에서 양분을 빨아드린다. 이 과정에서 생장에 필요한 식물의 자원이 고갈된다. 이병된 식물은 감자일 경우 정상적인 수의 괴경을 생산할 수 없고, 타 작물의 경우 과일, 목재 또는 다른 경제적으로 가치 있는 산물을 생산할 수 없다.

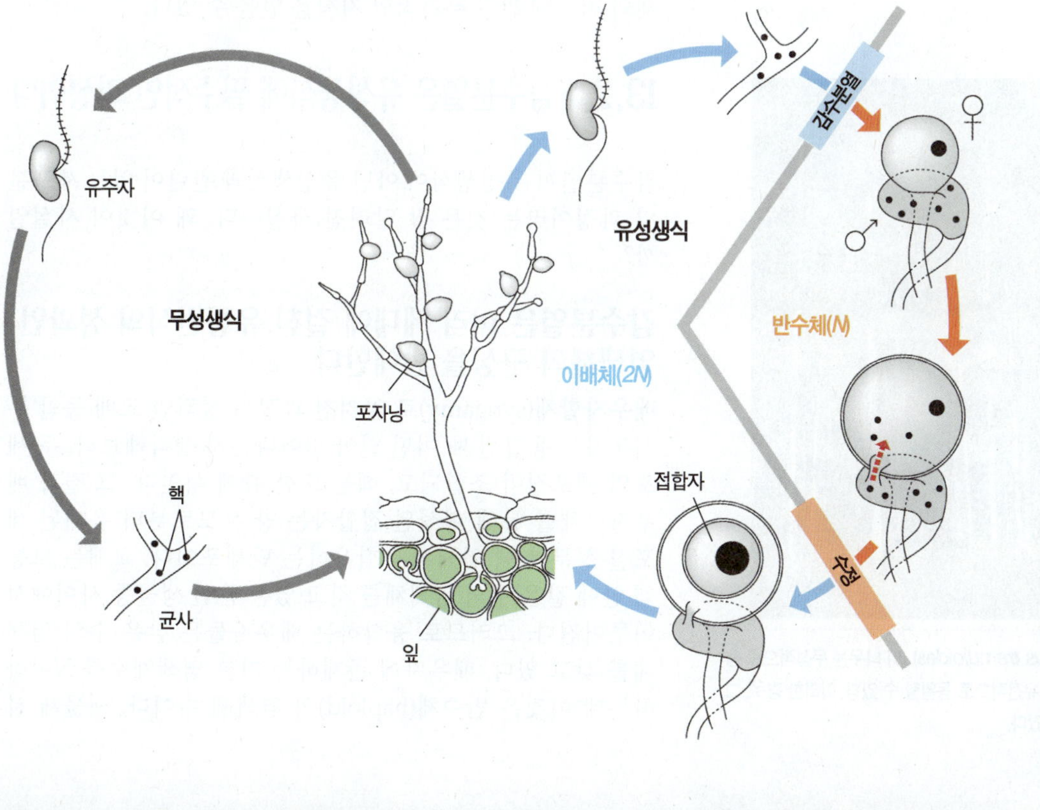

그림 13.8 역병, *Phytophthora* 많은 식물 병의 원인이 되는 이 미생물은 유 · 무성 생식에 의해 증식한다. 균사는 식물 잎 조직에서 영양분을 얻어 생장과 번식에 이용한다. 식물체로부터 얻는 영양분은 포자낭체를 가진 가지를 생산하는데 이용되고 포자낭은 파열되어 다른 식물체의 표면으로 분산된다. 이 그림에 있는 포자낭체를 갖고 있는 구조는 식물의 기공에서 유래한 것이다. 무성생식에 의해 각각의 포자낭은 유전적으로 비슷한 많은 유주자를 방출하며 이 포자는 물 표면에 분산되고 새로운 역병체로 자라서 식물체에 퍼진다. 유성번식에서 유주자에 의해 만들어진 균사는 웅성과 자성 배우자를 만들어내고 수정을 통해 유전적으로 다양한 접합자를 만들어 낸다.

*Phytophthora*는 숙주식물로부터 얻은 물질을 이용하여 새로운 홀씨주머니를 생산하여 바람을 통해 다른 식물로 이동하며 감염주기를 계속한다.

Phytophthora(그림 13.8 참조)의 유성생식 주기에서 배우자는 접합자를 형성하기 위해 교잡한다. 접합자 기능은 두 가지가 있는데 첫째는 불량한 환경을 견디다가 양호한 상황에서 발아하게 하는 휴면 단계로서의 기능이며, 둘째는 새로운 유전자 조합의 원천이 된다. 유전적 변이는 병원체가 더 많은 종류의 식물을 감염시키기 위해 숙주범위를 넓힐 수 있는 능력을 갖게 하는데 기여한다.

식물 가운데 유성생식과 무성생식 두 방법에 의해 번식하는 많은 종들이 있다. 포플러 나무(*Populus tremuloides*; 그림 13.9)는 종종 유전적으로 동일한 수백 개체로 구성된 큰 숲을 이루는데, 이들은 무성생식 — 이 경우, 수평으로 자라는 모체의 뿌리에서 어린 묘목 신초가 발달 — 에 의해 생성되었기 때문이다. 그러나 포플러는 또한 유성적 수단에 의해 종자를 생산하기도 한다.

잔디밭에서 골치 아픈 바랭이류 잡초를 포함한 많은 풀들은 종자 뿐 아니라, 지하에 형성하는 포복성 줄기(근경)에 의해 퍼져 거대집단을 형성한다. 새로운 딸기 묘종은 덩굴성 줄기나 포복성 줄기 또는 종자로부터 만들 수 있다. 화분 식물 칼란코에는 잎 가장자리에 작은 소식물체를 갖는다(그림 13.10 참조). 이들은 토양 아래로 떨어져서 뿌리를 내리는 무성생식의 또 다른 예를 제공한다. 그러나 칼란코에는 또한 유성생식에 의해서도 꽃, 열매, 종자를 생산한다. 대추 야자와 일부 다른 작물의 경우, 식물이 쉽게 종자를 생산할 수 있다하더라도, 농업용 식물의 증식은 유성생식보다는 오히려 무성생식에 의해 이루어지는 경우가 종종 있다(Essay 13.1 '완벽한 대추').

그림 13.9 사시나무 포플러의 숲(*Populus tremuloides*) 이 나무는 무성적으로 생식하기 때문에 포플러 숲에 있는 모든 나무가 유전적으로 동일할 수 있다. 이러한 경우, 그 숲은 하나의 커다란 생물체로 간주되어 질 수 있다.

그림 13.10 칼란코에(*Kalanchoë*) 이 식물은 유성생식도 하고 잎 가장자리에 생겨난 소식물체에 의해 무성생식도 한다. 이 소식물체에는 작은 뿌리가 선명하게 나 있다.

요약하면 유성생식과 무성생식은 둘 다 식물과 일부 다른 생물체에 유용하며, 이들의 상대적인 역할을 이해한다는 것은 농업과 생태학 연구에 있어 매우 중요하다. 체세포분열(무성생식과 관련있는 세포분열 과정)과 감수분열(유성생식과 관계있는 세포분열 과정)을 비교함으로서 식물과 일부 생물체의 번식에 관한 부가적인 지식을 얻을 수 있다.

13.2 | 감수분열은 유성생식에 필수적인 과정이다

감수분열이 무성생식이 아닌 유성생식과 관련이 있는 세포분열 과정이라는 것은 잘 알려진 사실이다. 왜 이것이 사실일까?

감수분열은 여러 세대에 걸친 유성번식의 성과인 염색체의 구성을 방해한다

배우자합체(syngamy)로 알려진 과정인 성적인 교배 동안 두 배우자가 융합될 때 어떤 일이 일어나는지 생각해보라. 두 세포의 세포질이 조합되고, 핵들 또한 함께 섞인다. 그 결과 배우자합체를 통해 형성된 접합자는 양 부모로부터 유래된 세포질 성분과 핵 염색체를 함유하는 단세포이다. 교배는 보통 핵 안에 같은 수의 염색체를 갖고 있는 근연 생물종 사이에서 이루어진다. 그러므로 융합하는 배우자들은 같은 수의 염색체를 갖고 있다. 배우자에 존재하는 기본 염색체수를 N이라 하는데 이것은 **반수체**(haploid)의 염색체 수이다. 생물체 사

ESSAY 13. I 완벽한 대추

대추는 최소한 5,000년 동안 재배되어 왔다. 대추의 원산지는 북아프리카이며, 이 후 중동 및 다른 지역으로 전파되어 재배되어 왔다. 대추는 저장과 수송을 위해 쉽게 건조될 수 있는 에너지가 풍부한 음식물로 고대인들의 생활에 매우 중요했었다. 말린 대추의 높은 당도는 부패 미생물의 성장을 억제한다(이러한 고농도용질의 상태에서는 미생물이 삼투현상에 의해 세포내 수분을 상실). 오늘날 대추는 캘리포니아 사막지역에서 중요한 작물인데 이곳 날씨는 중동과 비슷하다. 대부분 대추는 건과상태로 판매되는데 높은 칼륨함량과 섬유질 성분 뿐만 아니라 맛도 좋기 때문에 고부가가치 작물이다(그림 E13.1A).

유성생식은 형질조합을 통하여 완벽한 대추 생산을 가능하게 하고, 무성생식은 사람들이 유용한 특성을 지닌 대추를 대량으로 재배할 수 있는 방법을 제공한다.

대추는 대추야자 *Phoemix dactylifera*의 열매인데 30m 이상의 높이로 자랄 수 있는 개화하는 식물이다. 대추야자는 잎 수관으로부터 자라는 길고, 가지 친 줄기에 많은 꽃을 생산한다. 각각의 나무는 단지 암꽃이나 수꽃만을 만들므로 결실이 되려면 수꽃에서 암꽃으로 화분이 전달되어야 한다. 수천 년 전, 사람들은 꽃가루 전달을 더 많이 하기 위해 암나무의 꼭대기에 수꽃 줄기를 매달아 열매 생산을 증가시킬 수 있는 방법을 알아내었다. 지금 경작자들은 암꽃이 화분을 받아들일 수 있는 시점에 숫나무로부터 꽃가루를 날려 보내기 위해 팬을 이용한다. 열매는 약 1,000개 정도의 대추 다발로 생산되고, 한 나무에서 연간 180kg를 생산할 수 있다. 온도가 100˚F 이상의 상태에서 최소한 100일 정도는 되어야 대추야자가 열매를 가장 많이 생산한다. 그러나 온도가 110˚F가 넘게 되면 나무에 해를 줄 수 있으므로 보통 관수로 물을 충분히 공급해야 한다.

대추열매 안에는 한 개의 길고 딱딱한 씨앗이 들어있다. 대추 씨앗을 집에서 심어 실내식물 크기의 대추야자로 쉽게 키울 수 있으나, 상업적 목적의 대추 경작자들은 대추야자 과수원을 만들기 위해 종자를 사용하지 않는다. 왜냐하면 이런 나무의 열매들은 특성상 매우 다양성이 심하기 때문이다. 대추의 색깔이 붉은색, 갈색 혹은 노란색일 수 있으며; 모양이 구형, 타원형 또는 길쭉한 형; 과실의 길이가 2.5–7.5cm; 맛과 저장 특성 또한 은 다양할 수 있기 때문이다. 이러한 많은 특성의 조합들은 감수분열과 유성생식 동안 유전자의 혼합으로 인해 나타난다. 판매를 위해 경작자들은 원하는 특성을 지닌 균일한 과일을 생산하는 과수원이 필요하다. 고품질의 열매를 생산하는 나무의 기부에서 자라난 분지를 번식시키는 무성번식 방법을 통해 이상적인 과수원이 조성될 수 있다. 일생에 걸쳐, 한 대추야자는 12~15개의 분지를 만들 수 있으며 각각은 부모와 유전적으로 동일하다. 유성생식은 형질조합을 통하여 완벽한 대추 생산을 가능하게 하고, 무성생식은 사람들이 유용한 특성을 지닌 대추를 대량으로 재배할 수 있는 방법을 제공한다.

E13.1A 건조된 대추야자

E13.1B 대추야자 식물

이의 N값은 매우 다양하다. 어떤 식물의 경우 $N = 2$ 이지만 다른 식물의 N은 500보다 더 클 수도 있다. 사람의 경우 $N = 23$이다.

접합자 핵은 각 배우자에서 온 모든 염색체를 함유하므로 접합자 염색체 수는 $2N$으로 **이배체**(diploid)의 염색체 수이다(사람의 경우 46개). 동물과 식물의 경우와 같이, 만일 접합자가 체세포분열에 의해 성숙된 개체로 자란다면, 각 성숙 세포핵은 $2N$ 염색체를 갖게 될 것이다. 대부분의 사람들의 체세포핵은 46개 염색체를 갖고 있으나 배우자는 23개의 염색체를 갖고 있다.

만일 $2N$의 염색체 수를 갖고 있는 성숙한 개체가 $2N$의 염색체를 갖는 배우자를 생산한다면 어떤 일이 일어날지 상상해 보자. 더 나아가 $2N$ 배우자가 서로 융합하며, 이러한 교배에 의해 형성된 접합자가 $4N$의 염색체를 갖는다고 생각해 보자. 여러 세대 후, 세포핵은 체세포분열 동안 동등하게 분리하기 힘들 정도의 엄청난 수의 염색체를 함유할 것이다. 핵 염색체의 비정상적인 수는 보통 생물체에 해롭고, 종종 암이나 세포사멸을 유발한다. 감수 분열은 배우자를 생산하기 전, 어느 시점에서 세포내의 염색체의 수를 반으로 감소시킴으로서 유성생식으로 생기는 염색체 구성의 문제점들을 방지한다. 이것은 배우자가 일상적으로 N의 염색체 수를 갖게 된다는 것을 의미한다. N염색체를 갖는 배우자들의 성적인 교잡으로 인해, 특정한 종에 전형적인 $2N$ 염색체를 갖는 접합자와 성숙한 개체가 발달된다.

감수분열은 유성생식에서 또 다른 중요한 기능을 갖는다. 그것은 각각의 부모로부터 유래한 염색체에 함유된 유전정보를 뒤섞고 재배치하는 것이다. 이는 유성생식을 하는 생물체 집단에서 유용한 유전적 다양성을 생기게 하는 과정이다. 유전적 변이는 생물체의 필수적인 특성인 적응과 진화의 기본이 된다.

감수분열은 유전적 다양성에 기여한다

감수분열은 상동 염색체의 쌍들을 서로 분리함으로써 이루어진다. 전형적으로 세포의 핵에 있는 다른 염색체보다 서로의 상동 염색체들은 매우 유사하다. 왜냐하면 상동 염색체는 동일한 형태의 유전자를 갖고 있기 때문이다. 각 쌍의 상동 염색체 중의 한쪽은 부계의 생물체에서 유래한 것이며, 다른 쪽은 모계로부터 온 것이다. 인간은 23쌍의 상동 염색체를 가지고 있다. 감수분열 동안 부계에서 유래한 23개의 염색체와 모계에서 유래한 23개의 염색체들은 섞이게 된다. 그러므로 감수분열에 의해 생성된 세포들은 다양한 조합의 부모 염색체를 가지게 된다. 뿐만 아니라 한쪽 양친의 염색체 단편들이 다른 쪽 양친의 상동 염색체로 치환될 수도 있어, 더 많은 유전적 변이를 유발하게 한다. 이 과정을 좀 더 자세하게 이해하면 유성생식과 무성생식의 차이점 및 생물체가 어떻게 진화하는지를 이해하는데 많은 도움이 될 것이다.

13.3 감수분열은 관점에 따라서 체세포분열(유사분열)과 유사하나, 중요한 방법상의 차이가 있다

감수분열과 체세포분열(유사분열)이 어떤 차이가 나는지를 이해한다는 것은 생물체가 어떻게 번식하는지를 이해하는데 필수적이다. 체세포분열의 기본과정(7장)을 다시 살펴보는 것이 이 시점에서 도움이 된다. 체세포분열은 진핵세포가 한 세포핵의 동일한 두개의 복사본을 만드는 과정이며(세포질분열과 함께), 단세포 진핵생물의 집단 성장과 다세포로 구성된 생물체로의 발달에 기본이 된다는 것을 기억하자. 체세포분열은 신초와 근단 및 식물체의 다양한 분열조직(그림 13.11a)에서 일어나므로 성장과 관련이 있다(8장). 반면 감수분열은 꽃 기관이나 유성생식과 관계있는 조직(비개화식물의 경우)에서 일어난다(그림 13.11b).

감수분열은 체세포분열에서와 같이 DNA가 복제된 후 방추장치를 이용한다

감수분열과 체세포분열은 둘 다 동원체에 의해 부착된 채로 존재하는 각 염색체의 동일한 복사본인 **염색분체**(chromatid)를 생산하기 위한 DNA복제후에 일어난다(7장: 그림 13.12 Ⅰa, Ⅱa). 체세포분열과 감수분열 전기에서 염색체는 응축되어 광학현미경을 통해 관찰되며, 핵막이 사라지고 방추사의 미소관(그림 13.12 Ⅰb, Ⅱb)들이 형성된다. 방추사는 체세포분열과 감수분열 시 염색체의 이동을 위한 구조적 골격의 역할을 하며, 체세포와 감수분열의 중기에 염색체는 방추사의 중간지점을 따라 배열한다(그림 13.12 Ⅰc, Ⅱc). 이러한 유사성은 모든 진핵생물들이 체세포분열을 하며, 초기에 분리된 진핵생물 집단은 성과 감수분열이 거의 없다는 사실과 함께, 감수분열이 체세포분열에서 진화했다는 것을 시사한다.

EVOLUTION

상동 염색체는 짝을 지은 다음, 감수분열 제1분열 동안 분리한다

감수분열과 체세포분열은 어떻게 다른가? 여러분도 알고 있듯이 감수분열과 체세포분열은 서로 다른 식물조직에서 일어나고 그들은 유성생식과 무성생식에 관련되어 있다. 세포 수준에서 또 다른 중요한 차이점이 있다.

첫째, 감수분열(그림 13.12 Ⅱ 참조)은 두 번의 연속적인 전기 → 중기 → 후기 → 말기 → 세포질분열을 하는 이중분열 과정이다. 반면 체세포분열은 핵이 분열하는 단 한번의 순서만이 관여한다(그림 13.12 Ⅰ 참조). 감수분열의 첫 번째 분열을 감수분열 제1분열이라 하고 두 번째를 감수분열 제2분열이라 한다. 감수분열 제1분열은 또한 몇 쌍의 상동염색체 쌍이 방추사(그림 13.12 Ⅱc)의 중앙부위를 따라 정렬한 후 분리하여 각각 상동염색체가 반대방향에 위치한 방추극(그림 13.12 Ⅱd)으로 이동한다는 점에서 체세포분열과 다르다. 반면 체세포분열에서는 상동염색체가 쌍을 이루거나 분리하지 않는다.

상동염색체가 짝을 지어 쌍을 이루는 동안, 이들은 염색체 단편을 서로 교환할 수 있으며, 이로 인해 새로운 유전자 조합이 만들어 진다(그림 13.12 Ⅱb, Ⅱc). 이러한 염색체 단편의 교환 과정을 교차(그림 14.12 참조)라고 한다. 이는 유전현상을 설명하는데 매우 중요하다(14장).

감수분열 제1분열은 유전변이가 창출되는데 크게 기여한다. 제1분열 중기 동안 염색체들이 어떻게 분열판에 정렬하는가에 따라 부계(혹은 모계)에서 유래한 얼마나 많은 염색체가 후기 동안 특정 방추사 축으로 이동되느냐가 결정된다. 핵 속에 4개의 염색체 즉 2쌍의 상동염색체를 가지는 생물체가 있다고 가정해 보자(그림 13.13a). 감수분열 제1분열의 후기에서 부계에서 유래한 두개 염색체는 한 극을 향해 이동하고 모계에서 유래한 두 염색체 역시 다른 극으로 이동할 것이다(그림 13.13b). 그러나 부계의 한 염색체가 원래 모계에서 파생된 한 염색체와 함께 이동하는 현상도 동등하게 일어날 것이다(그림 13.13c). 그 결과(교차의 효과에 관해서는 일단 접어두고), 감수분열이 진행 중인 하나의 세포에 의해 두개의 다른 유전적 조성을 가지는 감수분열 자손이 생성될 수 있으며, 4종류가 한 생물체의 감수분열 세포의 집단에 의해 생겨날 수 있다. 만일 식물 세포가 하나의 핵에 6개의 염색체를 갖는다면, 감수분열 산물(포자)에는 8개 염색체 조합이 가능하다. 사람의 경우, 23개 염색체에서 약 8백만의 가능한 조합이 감수분열에 의해 생산되는 배우자에서 생길 수 있다. 교차효과가

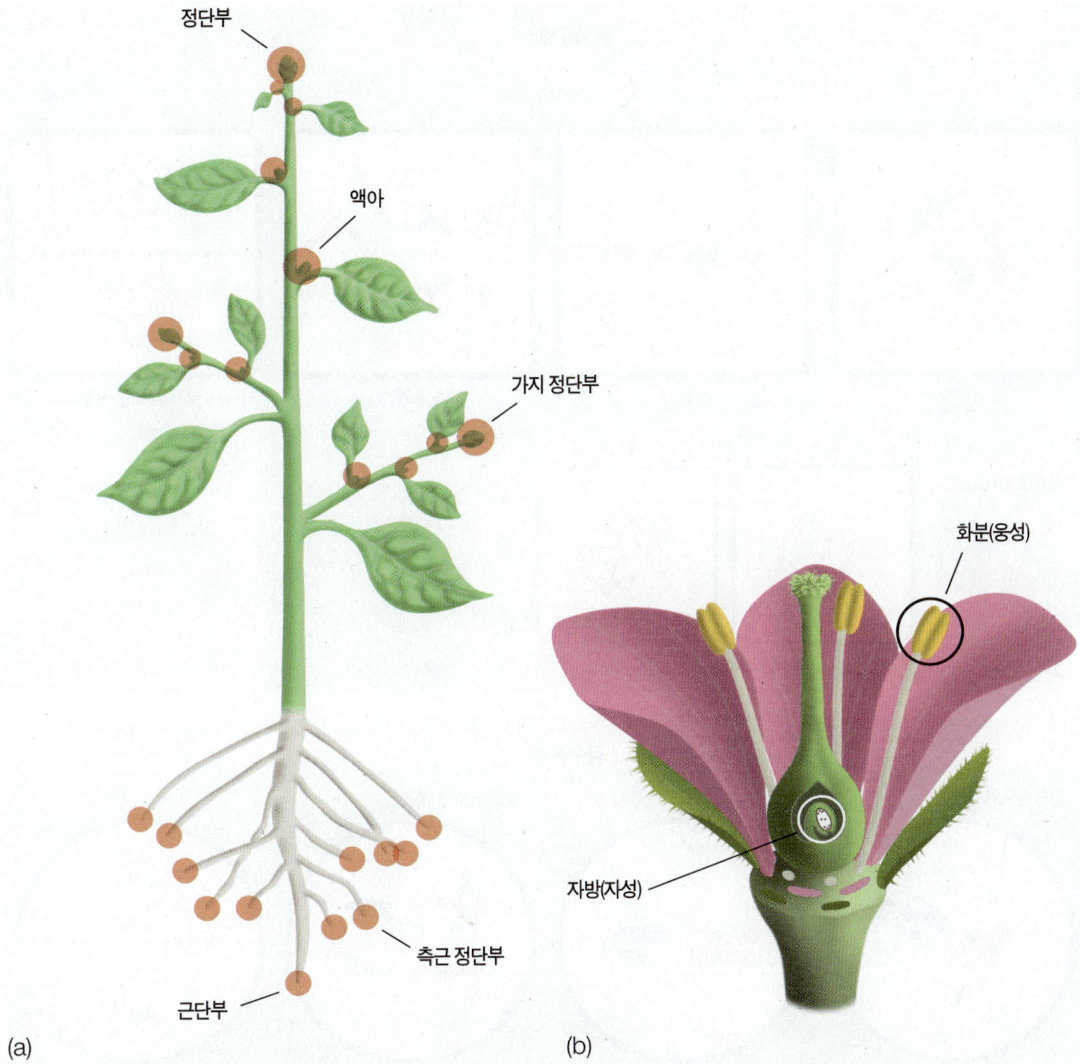

그림 13.11 식물의 체세포분열과 감수분열 부위 (a) 대부분의 체세포분열은 분열조직(빨간 점)이라 불리는 생장점에서 일어난다. 이 분열조직은 신초와 뿌리 끝부분에 위치한다. (b) 감수분열은 생식기관에서 일어나고 포자(씨)를 생성한다. 예를 들어 꽃이 피는 식물에서 감수분열은 꽃의 웅성과 자성(원으로 표시)기관에서 일어난다.

더해진다면, 감수분열 제1분열의 현상에서 생길 수 있는 유전적 변이의 잠재적 양은 엄청날 수가 있다. 부가적인 유전적 변이는 유성생식 동안 임의의 교잡에 의해 생겨난다. 한 사람은 64조(8백만의 제곱)의 가능한 염색체 조합중의 하나를 가질 것이다. 같은 부모로부터 생긴 각각의 자식들이 그렇게 다르게 보일 수 있다는 것은 놀라운 일이 아니다.

감수분열과 체세포분열의 또 다른 차이는 후기에 나타난다. 체세포분열 후기에 염색분체를 결합하고 있는 동원체는 나누어져서, 두 자손의 각 말기 핵들은 한 개의 염색분체를 받아들이게 된다. 일단 분리 되면, 염색분체는 염색체가 된다(그림 13.12 Ⅰe 참조). 반면 감수분열 제1분열의 후기동안 동원체는 분리되지 않고, 염색분체는 여전히 결합한 채 한쪽 혹은 다른 극으로 함께 이동한다(그림 13.12 Ⅱd 참조). 그 결과, 감수분열 제1분열이 종료하는 시점에 핵내의 염색체 수는 감소하게 된다. 이러한 이유로 감수분열 제1분열을 '감수분열'이라 한다.

감수분열 제1분열은 세포가 세포핵 내의 염색체들의 정상적인 균형을 흩뜨리지 않고, 염색체 수를 감소시키는 정교한 과정이다. 이러한 매우 정밀한 '염색체의 흔들림(섞임)'을 통하여, 자식세포들은 각 종의 전형적인 각 형태의 염색체 중 하나(하나 이상이 아닌)를 확실하게 갖게 된다. 앞서 언급한 것처럼, 염색체 불균형 ― 특정한 형태 염색체의 과다 혹은 염색체의 상실 ― 은 세포나 생물체의 기능 이상이나 죽음을 초래한다. 만일 상동 염색체가 감수분열 제1분열의 후기에 상동염

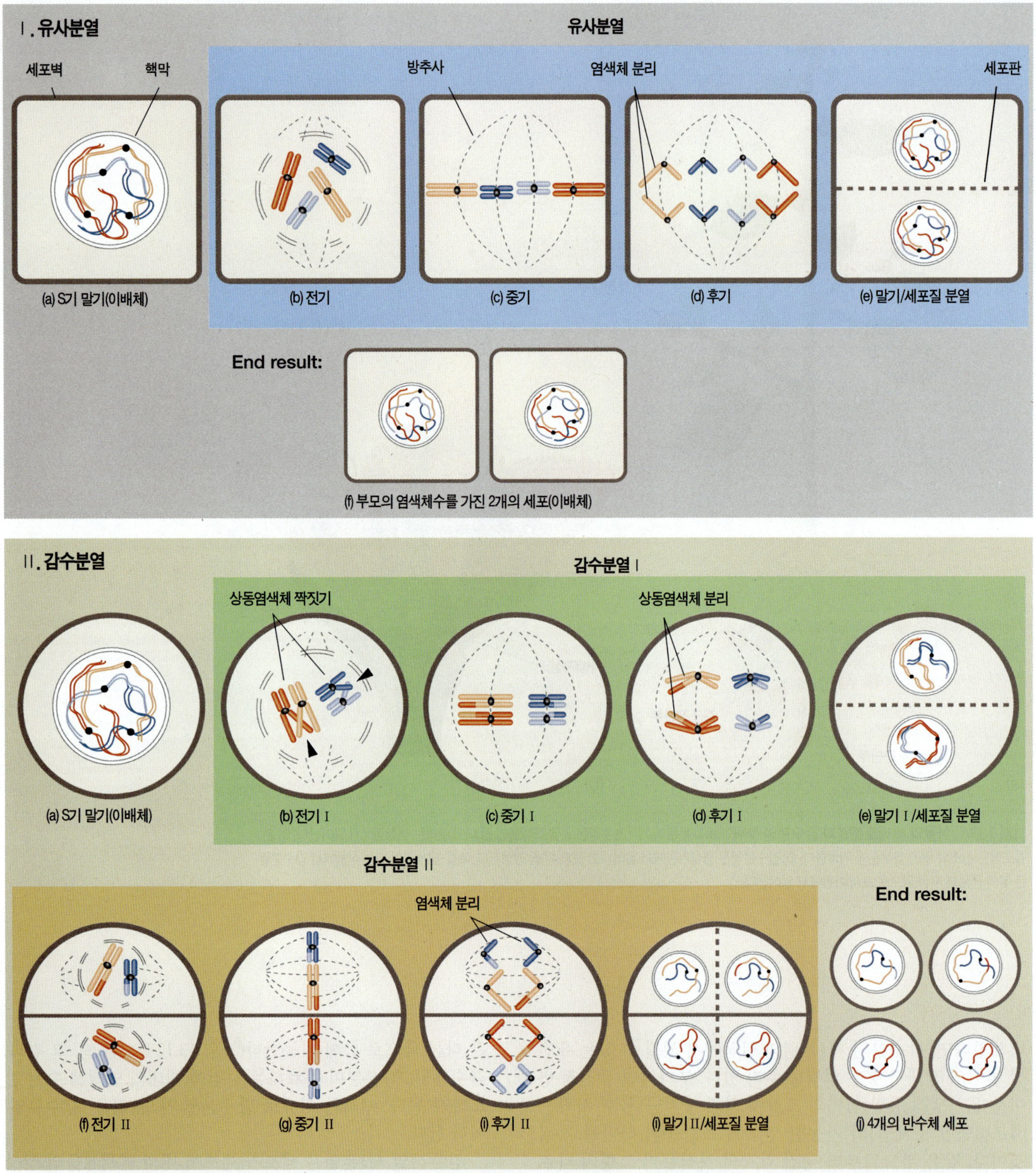

그림 13.12 체세포분열과 감수분열 비교 (Ⅰ a-f)체세포분열 (Ⅱa-j)감수분열. 진한 파란색과 옅은 파란색 염색체, 진한 빨간색과 옅은 빨간색 염색체는 상동염색체이다(예: 하나는 부계에서 온 것이고 다른 하나는 모계에서 온 것이다). DNA 복제는 체세포 분열과 감수분열 전에 이루어진다. 체세포분열과 감수분열의 주요한 차이점은 상동염색체의 작용에 달려있다. 체세포분열에서 상동염색체는 전기에서 짝을 짓지 않지만(연한 청색) 감수분열에서는 제1분열 전기에서 짝을 짓는다(감수분열 제1분열의 연한 녹색). 또한 감수분열 제1분열 전기(B) 제1분열 전기에서 화살표로 표시된 곳에서와 같이 감수분열에서 교차는 상동염색체 사이에서 일어날 수 있으며 염색체 일부분이 서로 교환되기도 한다. 감수분열 제2분열에서는(연한 갈색) 체세포분열에서와 같이 염색분체의 분리가 일어난다. 또한 감수분열은 4개의 딸 세포가 부모의 염색체수의 반만을 갖고 있는 반면에 체세포분열은 단지 두 개의 딸 세포만을 생산하고 부모세포의 염색체수와 같다.

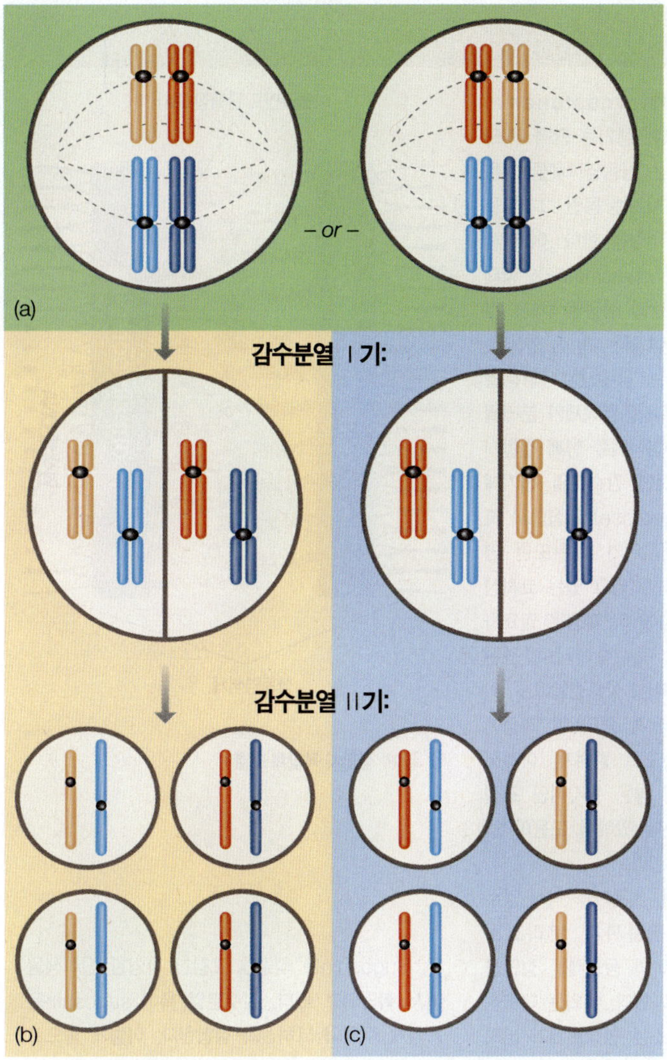

그림 13.13 감수분열 과정중의 염색체 분리 감수분열을 하는 식물에서의 이배체 세포는 두 세트의 염색체를 갖고 있는데 하나(짙은 빨간색과 짙은 파란색)는 모계로부터 온 것이고 다른 하나(연한 빨간색과 연한 파란색)는 부계로부터 온 것이다. (a)감수분열 중기 I에서 상동염색체는 짝을 맞춰 정렬한 후 부모 식물체와 거의 같은 염색체를 갖거나 (b) 또는 부모양쪽의 염색체를 둘 다 갖도록 정렬될 수도 있다(c). (c)에서는 4개의 반수체 세포중 두개는 부모에서는 존재하지 않는 염색체 조합(대립유전자)을 가진다. 이것은 유성생식을 통해 얻을 수 있는 새로운 유전조합의 한 방법이다. 교차의 효과는 이 그림에서는 나타내지 않았다. 부가적인 새로운 재조합은 이러한 과정을 통해 생성된다.

색체가 분리하지 않으면 **비분리현상**(nondisjunction)으로 인해 비정상적인 배우자가 생기게 된다. 인간의 경우, 배우자들은 정상적으로 23개의 염색체를 갖는다(각 배우자에 숫자가 할당되어 있음). 상동염색체가 비분리 되는 비분리현상으로 인해, 23개보다 많은 염색체를 갖는 배우자가 생긴다. 만일 2개의 21번 염색체를 갖는 한 배우자가 정상적인 염색체수를 갖는 배우자와 결합하여 생기는 아이는, 다소의 정신 지체와 특징적 신체적 특성을 나타내는 다운 증후군으로 고생하게 될 것이다. 상동염색체 비분리 가능성은 나이에 따라 증가하므로, 나이 많은 임산부에게 유전적 검사와 상담을 받도록 권한다. 감수분열을 이해한다는 것은 그러한 유전적 검사의 가치를 이해하는데 있어서 매우 유용하다. 유사분열과 감수분열 사이의 차이점을 위한 세포적 분자적 이해는 감수분열에서 실수로 발생할 수 있는 유산이나 선천적 결손증을 막는데 필수적이다(Essay 13.2, "수호신(The Guardian Spirit)" 참조).

염색분체는 감수분열 제2분열 중에 분리된다

감수분열 두 번째 단계인 감수분열 제2분열의 기능은 무엇일까? 감수분열 제2분열의 후기동안 각 염색체를 함께 구성하던 두 염색분체들은 분리하게 된다. 이러한 과정은, 감수분열에 의해 생성된 세포가 감수분열에 들어가기 전의 염색체의 반수만을 갖는다는 것만 제외한다면, 체세포분열의 후기와 같다. 체세포 분열을 하는 세포들은 염색체 수의 어떠한 변화도 겪지 않지만, 반면 정상적인 감수분열에 의해 생성된 세포들의 염색체 수는 양친세포에서 발견되는 염색체 수의 정확한 반이다.

감수분열과 체세포분열의 마지막 차이점은 이들 분열 과정의 종료 후에 생성된 세포의 수이다. 감수분열 제2분열은 4개의 반수체 세포를 만들고, 반면 체세포분열은 서로 염색체 수가 같고 양친세포의 염색체수와 같은 두개의 자식 세포들을 생산한다. 만일 양친세포가 이배체이면 체세포분열에 의해 생성된 자식 또한 이배체이며, 양친이 반수체이면 자식은 반수체가 될 것이다.

13.4 | 생활 주기는 세대와 세대를 연결한다

무성번식을 하는 생물체는 전형적으로 매우 단순한 생활주기를 갖는다. 그들은 수생조류와 곰팡이의 운동성 홀씨, 많은 곰팡이에 의해 생산되어 대기 중에 떠있는 분생자 및 식물의 묘목과 같은 유전적으로 동일한 번식 구조를 만든다. 체세포분열은 무성생식과 관련이 있는 유일한 분열과정이다(그림 13.14a).

유성번식을 하는 생물체들은 반수체와 이배체 단계, 특수화된 생식 세포 — 배우자, 접합자, 유성포자 — 들이 관여하는 좀더 복잡한 생활사를 가진다. 유성번식의 생활사는 생식세포의 세가지 형태로부터 명명된 배우자형, 접합자형, 포자형의 3가지 기본형태가 있다. 생활사는 생물에 따라 감수분열이 일어나는 시점, 이배체 단계에 대한 반수체의 상대적인 중요성 및 감수분열에 의해 생성되는 생식세포의 형태에 따라 생물간 서로 차이가 난다(그림 13.14b-d).

배우자형 생활양식는 동물과 일부 조류에서 전형적인 생활사이다

인간과 일부 동물들(그림13.3과 13.14b 참조)의 번식 과정은 우리들에게 가장 잘 알려져 있는 생활사 형태이다. 감수분열은 배우자가 생성되는 동안 일어나고 배우자는 생활 주기에

ESSAY 13.2 수호신(The guardian spirit)

유사분열 또는 감수분열의 결과 염색체의 증감이 생길 수 있다(이수체). 인간에게 있어서, 유사분열 관련 이수체는 종종 암을 유발시키고, 감수분열시의 이수성은 유산 또는 선천적 결손증을 야기한다. 인간에게 있어서, 감수분열시의 오류는 유산원인의 30% 이상을 차지하고, 정신지체의 가장 흔한 원인이다. 난세포를 형성하는 동안의 염색체 감수분열 실패로 인해 인간의 난세포의 약 20%는 비정상적인 염색체 수를 가진다. 오류는 식물 감수분열 과정에서도 발생한다. 감수분열에 대한 세포학적, 생화학적 또는 분자생물학적인 자세한 이해는 감수분열 과정에서 발생하게 될 문제의 종류를 이해하는데 도움을 줄 것이며, 그와 같은 문제를 예방하는 방법을 발전시키는데도 도움을 줄 것이다.

무엇인가가 감수분열 제1분열 동안 동원체 코히신을 보호함은 명백하다. 이 보호자들은 "sugoshin[일본어로 수호신(guardian spirit)이라는 의미]"으로 알려진 단백질 복합체로 밝혀졌다.

감수분열 초기에, 말단소체라고 알려진 염색체의 말단은 핵막의 특정부위에 모인다. 전문가들은 이러한 과정이 서로 일치하는 상동염색체를 찾아 짝을 맞추는 감수분열의 세밀함을 도와주기 위한 과정이라 생각하고 있다. 각각의 상동 염색체는 두개의 염색분체(DNA 복제의 결과)로 구성되어 있으며, 유사분열 동안에 생성되는 '코히신(cohesin)'으로 알려진 단백질성 접합체에 의해서 염색분체는 함께 결합되어져 있다(Essay 7.1 참조). 코히신과 다른 단백질들은 사다리 모양의 접합사 복합체(synaptonemal complex, 염색체 연접 사이에 생기는 단백 구조)를 형성한다. 이러한 복합체는 상동염색체들이 응축하고 단축시키는 동안 그것들을 접착시키는 역할을 한다. 이 합사기 복합체는 chaismata-X 형태의 DNA 절단과 상동염색체들 간의 재결합을 촉진한다. Chrismata는 감수분열 제1분열 후기 과정에 상동염색체가 분리될 때까지 상동염색체를 함께 결합시킨다. 왜냐하면 감수분열 전기에 분리효소(separase)가 접합사 복합체를 분해시키기 때문(또한 염색분체를 결합시키고 있는 코히신을 분해한다)에 이 과정은 필요하다. 최근에 옥수수에서 발견된 *phs1* 유전자는 상동접합에서 이러한 초기 단계 중의 한 과정에 관여하는 것으로 밝혀져, 이제까지 밝혀지지 않은 분자적인 조절을 이해하는데 있어서 도움이 될 것으로 전망한다.

최근까지, 전문가들 역시 감수분열에서 감수분열 제2분열까지 분리효소(separase)가 염색분체 사이의 동원체를 절단하지 못하는 사실을 의문스러워 했다. 이와는 대조적으로, 유사분열 동안 분리효소는 염색분체가 분리되도록 완벽하게 염색분체를 절단한다(Essay 7.1 참조). 무엇인가가 감수분열 제1분열 동안 동원체 코히신을 보호함은 명백하다. 이 보호자들은 "sugoshin[일본어로 수호신(guardian spirit)이라는 의미]"으로 알려진 단백질 복합체로 밝혀졌다. Sugoshin은 식물을 포함한 다양한 진핵생물에서 확인되고 있다. 감수분열 특이 sugoshin은 동원체 주위의 코히신과 결합한다. 이렇게 함으로서 염색분체가 감수분열 제2분열까지 함께 남아있도록 한다. Sugoshin이 분해되면 염색분체는 분리된다. Sugoshin은 매혹적인 이름이 의미하는 바와 같이 동원체 코히신의 "보호자"를 의미한다. 감수분열에서 sugoshin이 관여한다는 발견은 다

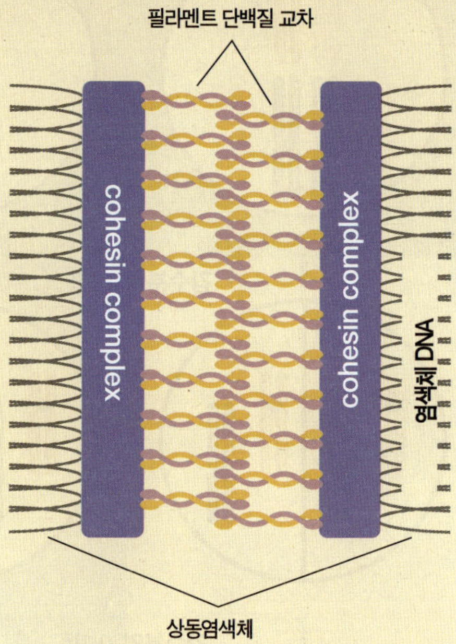

E13.2A 접합사 복합체 모델

서 유일한 반수체 상태를 대표한다. 다른 생활주기 단계인 접합자, 배, 어린 상태, 성숙상태 모두 이배체이다. 모든 유성생식 하는 동물 군들이 이러한 생활주기 형태를 갖는다는 사실은 이러한 형태가 동물의 진화 역사에서 아주 일찍 나타났다는 것을 암시한다. 그러나 배우자적 생활주기가 동물이나 다세포 생물체에만 유일한 것은 아니다. 녹색과 갈색 해초뿐 아니라 규조류로 알려진 실리콘으로 싸인 단세포 조류를 포함한 여러 원핵생물에서도 배우자 생활주기가 일어난다(19장 참조).

기본적으로 이배체가 갖는 이점은 생물체가 두개의 복제된 모든 필수적인 염색체(상동염색체)의 두 본을 갖게 되어, 유전정보의 여유분을 갖게 된다는 것이다. 만일 유해한 돌연변이가 이배체 생물체의 한 염색체에 존재하는 유전자에서 발생하더라도 생물체는 큰 곤란을 겪지 않을 것이다. 왜냐하면 상동염색체에 정상적인 여분의 유전자가 존재하기 때문이다. 변이유전자 형태가 정상 유전자 보다 더욱 유용하도록 환경이 변할 수도 있다. 만일 생물체가 그러한 유전자 변이(대립 유전자로 알려진)를 갖게 된다면, 아마도 새로운 환경 하에서 변이가 없는 생물체보다 훨씬 잘 생장하고 번식할 수 있을 것이다. 이배체의 이점은 동물(규조류 - 1억 이상의 생존종 및 화석종이 존재)의 큰 진화적 성공을 설명하는데 도움을 준다.

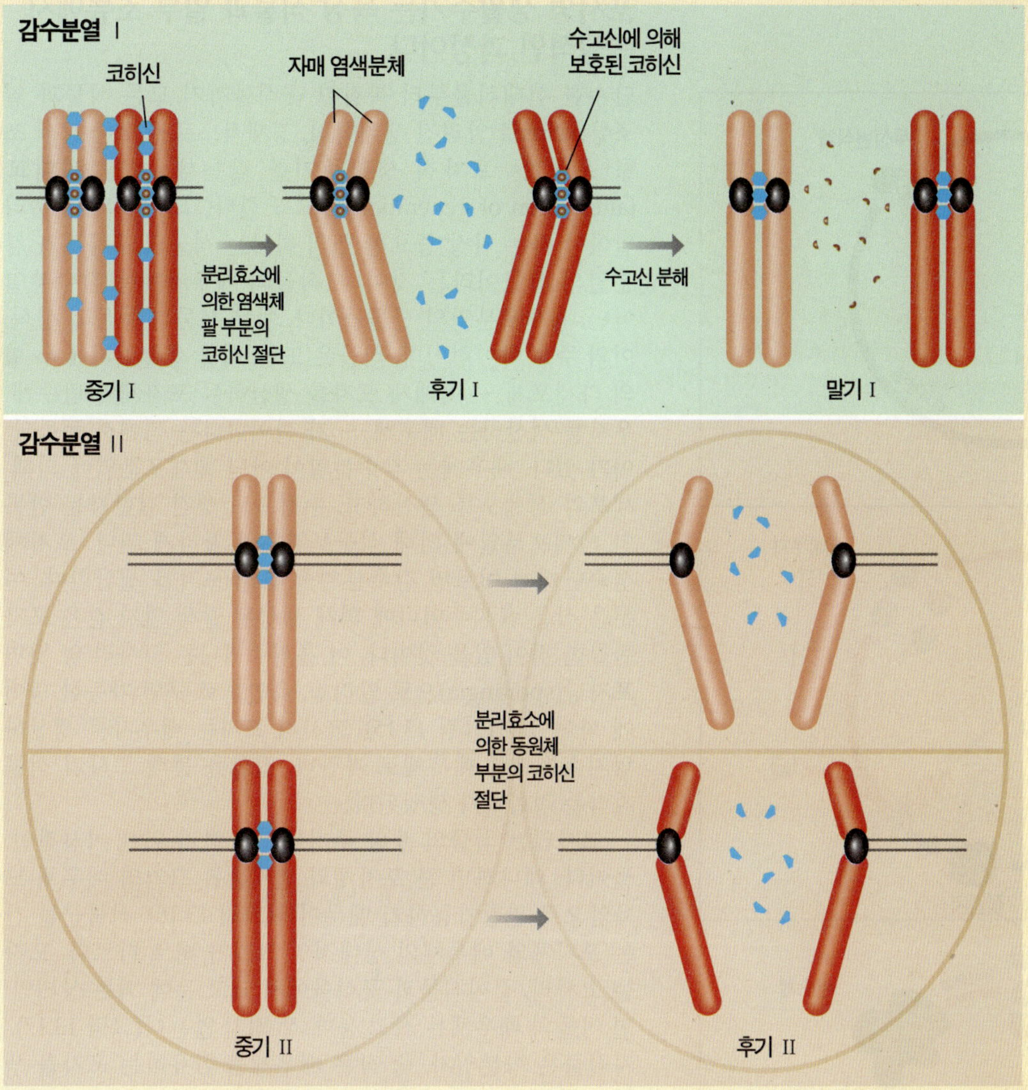

E13.2B 감수분열시의 코히신(cohesin), 분리효소(separase), 수고신(sugoshin)의 역할

른 형태의 sugoshin은 체세포분열에서 염색체를 안정화하는데 도움을 줄 것이라는 추정을 하게하였다. 감수분열 관련 sugoshin 유전자의 돌연변이는 선천적 기형과 유산을 야기할 수 있고, 유사분열과 관련된 sugoshin 유전자의 돌연변이는 암과 관련이 있을 수 있다. "수호신(Guardian spirit)" 단백질에 대한 지식은 질병을 야기하는 돌연변이를 확인하고 예방하는데 도움을 줄 것이다.

접합자형 생활양식은 원핵생물에서 일반적인 양식이다

많은 원핵생물(조류, 원생동물 및 다른 단순한 진핵생물)은 주로 반수체이다. 그들의 생활주기에 있어 유일한 이배체 세포들은 접합자이며 이들은 배우자간 수정에 의해 발생한다(그림13.14c). 이러한 생활주기 양식의 이점은 체세포분열에 의해 배우자들이 급속히 생성될 수 있다는 것이다. 감수분열은 접합자가 분열하는 동안 일어난다. 많은 원생생물들의 접합자들은 두꺼운 벽을 가지고 있어, 생장에 불량한 생장기간 동안 생존할 수 있다. 상황이 개선되면 감수분열을 통해 유전적으로 다양한 자손들이 생산된다.

반수성의 생물체들은 상동의 염색체 쌍이 아닌, 각 형태의 한 염색체만을 가지므로 동일한 유전자 형태(대립유전자)들을 거의 갖지 않는다. 만일 필수적인 기능을 갖는 단일 유전자가 돌연변이에 의해 파괴된다면 생물체는 죽을 것이다. 생물체가 여분의 유전자를 갖지 않으며, 유전적 여유분도 보유하지 못한다. 또한 생물체의 생존을 위해 거의 효과가 없는 변이 유전자가 후속세대에 전달 될 수 있을 것이다. 만일 환경이 변하여 많은 극단인 유전자의 변화가 유리해 진다면, 돌연변이가 집단 내에 다시 나타나야 될 것이다. 이러한 과정은 너무 오랜 시간이 소요되어, 진화적 변화의 속도가 더딜 것이다.

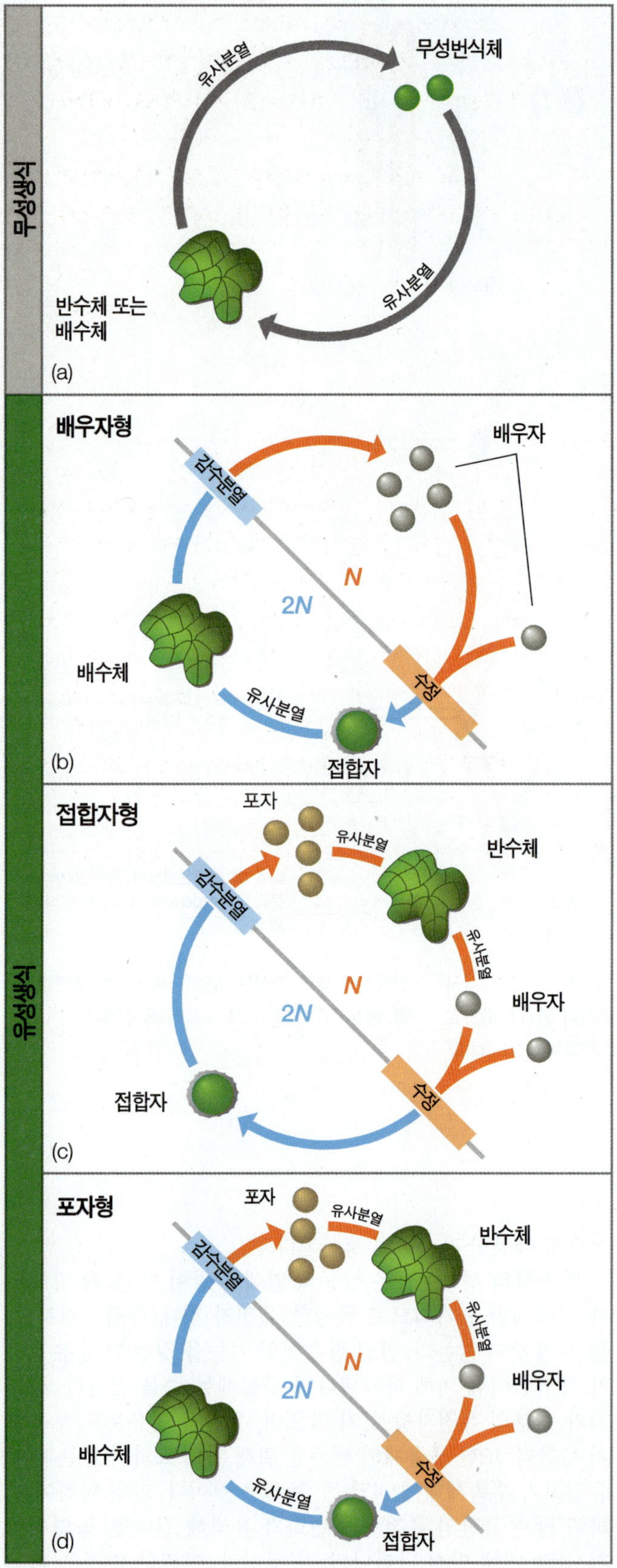

포자형 생활주기는 육상 식물과 일부 조류에서 특징적인 과정이다

단순한 선태식물부터 복잡한 꽃식물까지 모든 식물과 일부 조류(kelps로 알려진 생태학적, 경제적으로 중요한 갈색 조류를 포함)는 포자적 생활주기를 갖는데, 이를 **세대교체**(alternation of generation)라고도 한다(그림 13.14d). 우리가 알아야 하는 가장 중요한 점의 하나는 식물의 포자체가 감수분열의 산물이라는 것이다. 식물의 배우자체는 감수분열이 아닌, 체세포분열의 산물들이다. 이는 식물과 동물의 생식 사이의 주요 차이점이다. 식물은 또한, 식물 생활주기에 두 형태의 다세포체 — 이배체 포자를 생산하는 포자체와 반수체 배우자를 생산하는 배우체 — 가 관여한다는 점에서 동물과 차이가 있다. 배우체는 감수분열이 아닌 체세포분열에 의해 난세포와 정세포를 생산하고, 수정으로 생긴 접합자는 반복적인 체세포분열에 의해 식물포자체로 자라게 된다. 포자체가 성숙단계에 이르면 감수분열을 통해 포자를 생산한다. 여러분은 작은 홀씨주머니에 의해 생성된 갈색 먼지 같은 포자를 관찰한 적이 있을 것이다. 이 홀씨주머니는 고사리 잎 뒷면에 **포자낭**(sporangia)으로 알려진, 육안으로 구별 가능한 덩어리에 싸여 있다(그림 13.15). 고사리 포자는 배우자를 생산하는 엄지손톱만한 배우체로 자란다. 접합을 통해 고사리 식물로 자라는 접합자가 생성된다.

고사리는 식물의 생활 주기를 연구하기 위한 이상적인 식물이다. 왜냐하면 큰 포자체와 엄지손톱 크기의 배우체 모두 육안으로 관찰가능하기 때문이다(그림 13.16). 식물군들 간에는 포자체와 배우체의 상대적인 크기가 서로 다르다. 포자체는 고사리, 겉씨식물과 꽃식물에서 크고 눈에 띄는 상태인 반면 이들의 배우체는 작고 눈에 잘 띄지 않는다(그림 13.17). 종자식물은 화분입자, 즉 작은 배우체를 함유하는 포자를 생산하는데 이들은 웅성 배우자를 생성한다. 앞서 언급한 이배성의 유전적 이점으로 볼 때, 식물 배우체와 포자체의 상대적인 크기가 진화의 과정을 통해 변해 왔다는 것은 놀라운 일은 아니다(그림 13.18). 이배성 포자체 단계가 작고 배우체에 의존하는 선태식물은 아마도 최초로 육상에 정착한 식물일 것이다. 이후에 출현한 종자식물은 생태적으로 취약한 반수성 배우체 단계의 크기를 줄이는 이점을 보인다. 작은 배우체는 단단한 포자벽(화분의 경우)에 둘러싸이거나 구과 및 꽃의 자성 조직내에 존재한다. 따라서 환경적 스트레스에 노출될 때 보호받을 수 있다. 종자식물에서 포자체는 우세한 생활주기 단계이다.

그림 13.14 생활주기의 비교 (a) 무성주기는 염색체수의 변화가 없다. 유성생활주기에는 세 가지 형태 즉, 배우자(b) 접합자(c) 유성포자(d)가 있다. 배우자 생활주기에서 배우자는 반수체 상태로만 존재한다. 접합자 생활주기를 갖는 생명체는 반수체이나 접합자일 때에는 이배체 상태가 된다. 포자 생활주기에서는(또한 세대교체라고도 알려진) 반수체의 배우체와 이배체의 포자체 두 가지 형태가 있다. 이 경우에서 감수분열은 배우자가 아닌 포자를 형성한다.

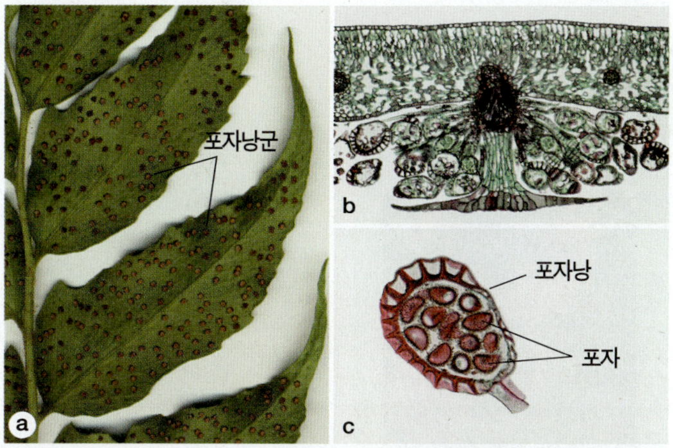

그림 13.15 고사리 잎 뒷면에 포자낭군이라고 하는 덩어리에 포자낭이 존재한다 (a) 고사리 *Cyrtomium*의 잎 뒷면에 많은 포자낭군이 보인다(고동색점). (b) 포자낭군을 절단하면 많은 포자낭이 들어있다. (c) 포자낭은 많은 포자를 가지고 있다가 포자낭이 열리면 공기 중으로 포자를 방출한다.

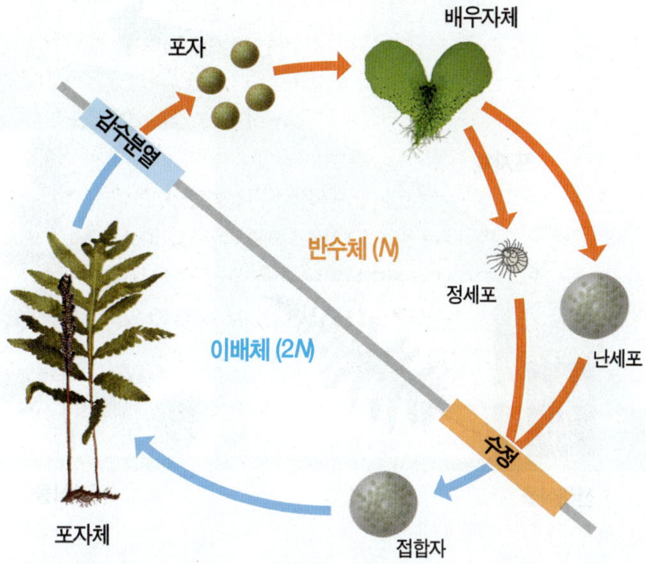

그림 13.16 고사리의 생활주기 고사리에서 이배체인 포자체와 반수체인 배우체의 교번이 있는 전형적인 식물생활주기는 현미경 없이도 쉽게 볼 수 있을 정도로 분명하다. 감수분열로 포자가 생산되고 포자는 자라서 배우체가 된다. 배우자를 갖고 있는 구조는 배우체에 위치해 있다. 정자는 물방울로도 방출되지만 난자는 배우체에 붙어 있다. 정자와 난자의 융합은 접합자를 생산하고 이것은 새로운 포자체로 발달한다. 고사리 엽상체는 포자체의 잎으로 대부분의 고사리에서 수평줄기(근경)에 달라붙어 있다. 그림의 왼쪽에 있는 갈색 엽상체는 임성이 있으며 생식세포를 갖고 있어 감수분열을 통해 포자를 형성한다. 다른 엽상체(영양체)는 단지 광합성 기관일 뿐이다.

식물 생활주기는 이해하기 어렵다. 왜냐하면 인간의 생활주기와는 매우 다르기 때문이다. 그러나 식물 생활주기를 아는 것은 매우 중요하다 왜냐하면 우리는 식물에 아주 많이 의존하기 때문이다. 식물 번식을 이용한 농업 발전을 이루기 위해서는 식물 생활주기에 관한 지식을 필요로 한다. 식물 번식에 관한 지식을 통하여 비록 우리에게 재치기를 하게 할 수도 있지만, 우리는 종자식물이 왜 화분을 생산하여야 하는지 이해할 수 있게 된다.

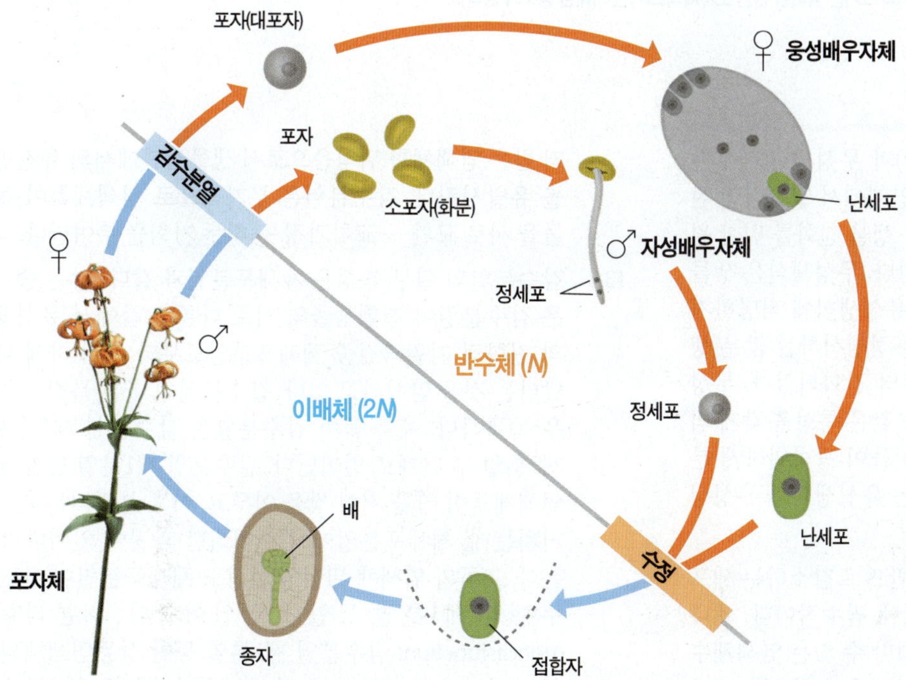

그림 13.17 종자식물의 생활 주기 꽃식물을 포함한 종자식물에는 상대적으로 긴 기간의 포자체 세대와 아주 짧은 배우체(정자, 난자) 세대의 교번이 있다. 감수분열로 포자(대포자나 소포자)가 생겨나고 소포자는 화분가루로 꽃의 암술머리에 옮겨진 후 발아하여 화분관을 형성해 난자로 정핵을 보낸다. 화분관을 가진 발아한 화분가루는 웅성배우체이다. 감수분열에 의해 생겨난 4개의 대포자 중 단 하나만이 살아남아서 체세포 분열을 통해 몇 개의 자성 배우체로 발달하는데 여기에는 난세포도 포함되어 있다. 수정은 이배체접합자를 만들어 체세포분열에 의해 작은 배를 형성한다. 종자가 발아할 때 이배체 배는 성숙 포자체로 자라서 생활주기를 완성한다. 종자식물 생활주기의 더 상세한 설명과 도표는 22, 23장에서 다룰 것이다.

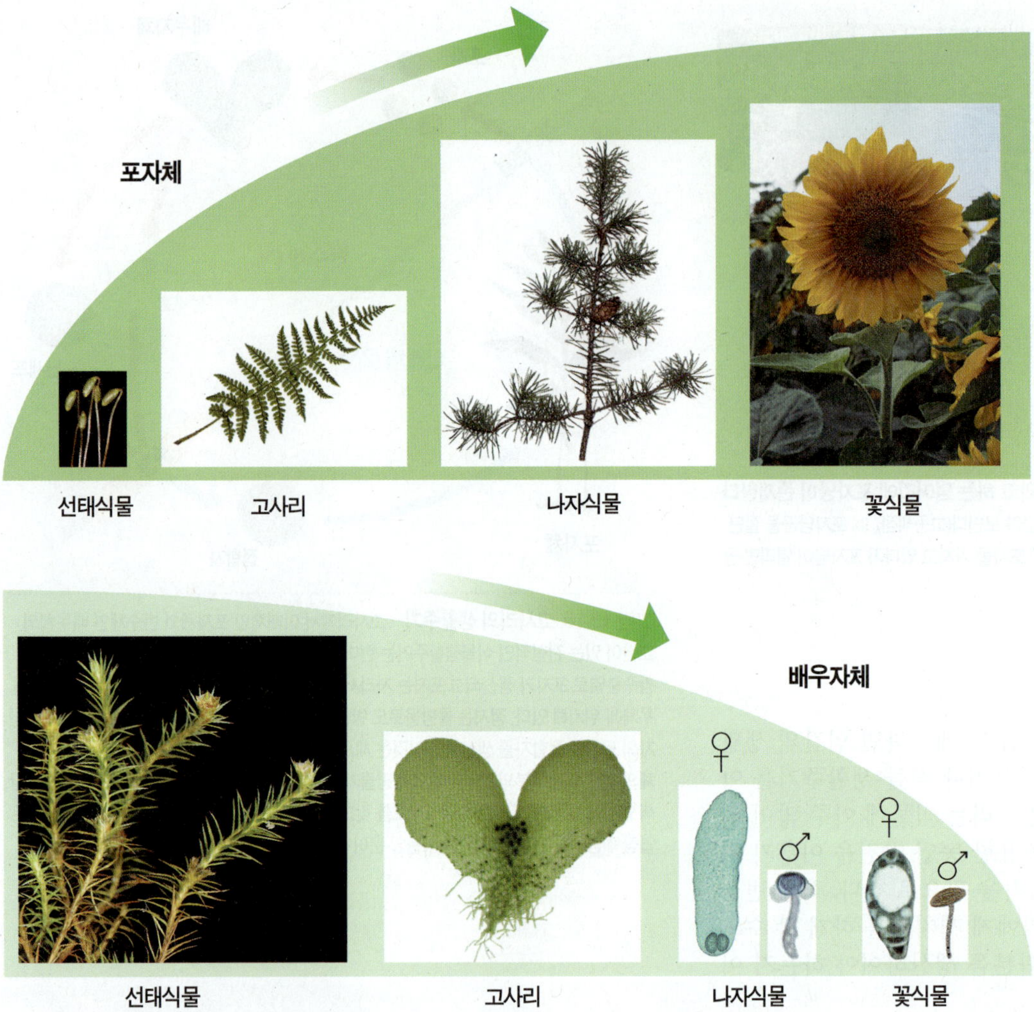

그림 13.18 오랜 진화기간에 걸친 식물 포자체와 배우체의 상대적 크기 변화 식물의 선조인 녹조류는 생활주기상에서 접합자만이 유일한 이배체이다. 오늘날까지 살아있는 가장 오래된 식물 계통인 선태식물은 작은 포자체로 이것은 더 커다란 배우체에 달려있다. 식물 집단이 진화한 것을 보면 포자체의 크기에 비해 배우자의 크기가 줄어드는 경향이 있다. 고사리의 포자체는 손톱크기 만한 배우체보다 훨씬 크다. 종자식물에서(속씨식물과 겉씨식물) 배우체(자성과 웅성 모두)의 크기는 극미한 반면 포자체의 크기는 거대한 경우가 많다.

요점

13.1 유성생식(배우자와 접합자가 관계함)과 무성생식(배우자와 접합자가 관계하지 않음) 모두 자연계에서 일반적인 현상이다. 유성생식은 유전적 다양성 — 생물 진화를 위한 원동력 — 을 제공하여 적응을 가속화한다. 무성생식은 생물체가 매우 급속하게 번식하게 하며, 유성생식에 적당하지 않은 불량한 환경에서도 가능하다. 무성생식하는 많은 생물체들은 유성생식을 하던 선조로부터 진화되었다. 무성생식에 의해 일부 식물과 조류는 잡초 같은 특성을 갖게 되었고, 일부 의학적으로 중요한 곰팡이들이 광범위하게 분포하게 되었다. 많은 식물과 생물체는 유성생식과 무성생식 모두 한다.

13.2 감수분열은 세포내의 염색체수가 절반으로 감소하는 세포분열과정이다. 감수분열은 유성생식에 필수적이다. 왜냐하면 여러 세대의 유성생식 후에 발생할 수 있는 염색체수의 증가를 막아주기 때문이다. 감수분열은 또한 부모로부터 받은 염색체를 뒤섞음으로서 생물집단에서의 유전변이를 유발시킨다. 감수분열은 부가적으로 염색체들이 절편들을 서로 교환 — 교차과정 — 하는 기회를 부여한다.

13.3 감수분열의 일부 특성은 체세포분열과 같다. 많은 증거들은 감수분열이 진핵생물의 서로 다른 그룹에서 유성생식의 진화적 기원과정중 체세포분열로부터 여러 차례 나타났다는 것을 암시하고 있다. 감수분열의 다른 특징들은 매우 독특하다. 예를 들어 감수분열은 감수분열 제1분열과 제2분열 두 단계로 일어난다. 감수분열 제1분열 동안 상동염색체들이 짝을 지어 쌍을 이루고, 이후 분리되는 과정을 거치는데, 체세포분열에서는 이러한 과정이 일어나지 않는다. 교차와 염색체 뒤섞임 현상도 체세포분열이 아닌 감수분열 제1분열 동안에서 일어난다. 비분리현상(nondisjunction: 감수분열 제1분열 동안 상동염색체의 쌍이 분리되지 않는 증상)은 인간의 유전병을 유발시킬 수 있

다. DNA복제시 형성되는 염색분체들은 감수분열 제2분열 동안 분리된다.

13.4 생활주기는 세대를 연결하는 일련의 번식과정이다. 생활주기는 3가지 주요한 형태가 있는데, 이들은 감수분열이 일어나는 시점과 이를 통해 생성되는 생식세포 형태에서 차이가 난다. 감수분열에 의해 배우자가 생산되는 배우체 생활주기는 동물과 일부 조류에서 특징적이다. 접합체 생활주기는 많은 원생생물에서 전형적이며 감수분열은 접합자가 발아하는 동안 일어난다. 포자체 생활주기(이 기간 동안 감수분열에 의해 유성포자가 생산)는 지상에 적응된 식물, 일부 조류 및 거대하게 큰 켈프에서 관찰된다. 포자체 생활주기를 갖는 식물과 조류는 두개의 교번하는 다세포체 — 포자체(유성포자를 생산)와 배우체(배우자를 생산) — 들을 갖는다. 그러므로 식물 생활주기는 세대교체의 과정으로도 알려져 있다. 생활주기를 이해하는 것은 농업과 생태학 연구를 위해 중요하다.

문제

1. 유성생식이 특정한 종에 부여하는 여러 가지 장점과 단점을 서술하고, 무성생식에 대해서도 같은 방식으로 장점과 단점을 서술하라.
2. 왜 감수분열은 유성생식하는 생물체의 생활 주기에서 항상 일어나는가? 즉 유성생식과 감수분열은 왜 항상 함께 하는가? 만일 다른 과정 없이 한 과정만 일어난다면 어떤 일이 발생할 것인가?
3. 체세포 분열과 감수분열들의 유사점 및 차이점 몇 가지를 나열하면서 비교하라.
4. 간단히 요약하라. (a) 배우체 생활주기 (b) 접합체 생활주기 (c) 포자체 생활주기, 각 생활주기 형태를 보이는 생물체의 예를 제시하라.
5. 다음 용어들을 정의하라. (a) 유성생식 (b) 배우자 (c) 정자 (d) 난자 (e) 접합자
6. 유성생식은 고대의 원생생물 사이에서 다양하면서도 독립적으로 진화하였다는 가설이 있다. 이 주장이 사실이라면, 현재의 식물과 동물의 유성생식방식에는 어떤 유사점이 있을까? 그리고 어떤 종류의 증거가 이것을 뒷받침할까?
7. 반수체와 이배체의 의미는 무엇인가? 이배체가 가장 높은 배수성 단계인가? 반수성 생물체들은 얼마나 많은 염색체를 가지는가?
8. 상동염색체는 무엇인가? 얼마나 많은 상동염색체가 (a) 반수체($1N$) 세포, (b) 이배체($2N$) 세포, (c) 사배체($4N$) 세포에 존재하는가?
9. 교차는 무엇이며, 언제 일어나며 이것의 중요성은 무엇인가?
10. 비분리현상(nondisjunction)이란 무엇인가? 비분리현상에 의해 유발되는 인간의 비정상적 상태에 관한 예를 제시하라.

응용 개념

1. 원핵생물은 상동염색체를 가지는가? 있다면 왜 그런지, 없다면 왜 그렇지 않은지 논하라.
2. 세대교체란 무엇인가? *Obelia*는 해파리와 연관 있는 무척추동물이다. 이것은 생활주기상 두 번의 이배체 단계를 갖는데, 하나는 폴립(개체; *polyp*)이라 불리는 부착된 상태이며, 다른 하나는 메두사(*medusa*)라고 불리는 자유롭게 떠다니는 해파리 유사 단계이다. 폴립은 무성생식을 통해 메두사로 자라난다. 반대로 메두사는 감수분열을 통해 배우자를 만들고 이 배우자는 결합하여 새로운 세대의 폴립으로 자란다. *Obelia*는 어떤 형태의 생활주기를 보여주는가? 그것이 진정한 세대교체라고 말할 수 있는가?
3. 홍조류에서 웅성배우체는 편모가 없는 웅성배우자를 생성하고, 자성배우체는 움직이지 않는 자성배우자를 생산한다. 웅성배우자는 수정하기 위해 수동적으로 물 흐름에 의해 자성배우자로 이동되어야 한다. 명백히 이들 웅성배우자는, 우리가 많은 다른 생물그룹에서 보는 유편모 정자와는 상당한 차이가 난다. 만약 두 배우자들이 편모가 없어 움직일 수 없다면, 어떤 원리로 웅성 및 자성배우자를 인지할 것인가?
4. 단 한 개의 곰팡이 포자를 깨끗한 영양분의 한천배지가 들어있는 배양접시에 떨어뜨린다고 상상해 보자. 이 포자는 배지 상에서 발아하여 자라기 시작한다. 이들은 자람에 따라 두 가지 생장조건과 접하게 된다. 처음에는 생장하기에 최적의 생장조건 — 풍부한 영양분, 물, 공기, 퍼져 나갈 수 있는 많은 양의 배지 — 에 놓이게 된다. 곰팡이는 계속 번식하여 배양접시 전체를 빠르게 뒤덮는다. 그러나 좋은 시절은 끝나게 된다. 접시는 과밀하게 되고, 양분, 물, 신선한 공기는 심각하게 제한적이 된다. 바로 이 시점, 곰팡이는 번식전략을 두 번째 번식형태로 변경한다. 왜 곰팡이가 무성생식을 하면 유리한지, 그리고 언제 유성번식을 하는 것이 더욱 좋은 생존전략인지 설명하라. 유성생식의 가장 확실한 증거는 언제 볼 수 있는가?
5. 고사리류와 꽃식물 모두 배우자체를 생성하기는 하지만, 주로 포자체를 생성한다. 고사리 배우자체는 대략 우표 크기이며, 영양적으로 독립개체이다. 이들은 포자체 바로 가까운 지상에서 자라는 것을 볼 수 있다. 고사리 배우자체는 분해된 후에, 아주 어린 포자체를 위한 영양원이 된다. 그러나 꽃식물의 배우자체는 고사리 배우자체에 비해 거의 눈에 띄지 않을 정도로 적다. 이렇게 작은 배우자체를 어디서 찾을 수 있을까?
6. 식물에서 3배체성 개체가 가끔 튼튼하고 왕성하게 생장하더라도 이들은 불임이다. 3배체 식물이 겪게 되는 복잡한 감수분열 현상을 통해, 이러한 불임의 원인에 대해 설명하라.

14장 유전학과 유전법칙

스위트피(*Lathyrus odoratus*)

주요 개념

- 완두콩으로 실험을 했던 오스트리아의 수도승인 멘델은 1860년대에 유전특성의 전달에 대한 기본 유형을 밝혀냈다. 멘델의 업적은 1900년대에 재발견되었고, 유전법칙으로 발표되었다.
- 식물은 쉽게 키울 수 있고 교배가 되며 많은 수의 종자를 얻을 수 있기 때문에, 우성과 열성 같은 다수의 기초적인 유전자의 상호작용이 식물에서 발견되었다.
- 식물에서의 유전적 발견은 사람의 유전형질의 유전을 알 수 있도록 해 주었다.

유전학 지식과 유전 법칙은 농업과 인간 건강에 지대한 영향을 주었다. 1920년대 초기에 식물 육종가들은 다수의 작물 품질과 수량을 향상시키기 위하여 유전적 지식을 응용하기 시작하였다. 식물 육종가들은 최대의 생산성을 성취하기 위하여 기계화, 비료, 농약, 그리고 어떤 경우에는 관수를 필요로 하는 다수확계통을 개발하였다. 1940년대에 식물 육종가들은 개발도상국에서 농업체계 향상을 위하여 동일한 유전적 기술을 응용하기 시작하였다. 많은 국제 농업 연구소들이 유전적 연구를 위하여 설립되었다. 1960년대 후반에 이런 노력들은 개발도상국에서 작물의 생산증대 분야에서 녹색혁명(Green Revolution)을 탄생시켰다. 아주 넓은 면적에서 재배되는 열대기원의 곡류 작물인 옥수수와 수수의 단백질 품질은 향상되었다. 식물 육종가들은 열대지방에서 잘 자라는 다수확이며 키가 작은 새로운 밀과 벼 품종을 개발하였다. 이 연구 결과로 멕시코의 밀 수확량은 20년에 걸쳐 2배로 되었다. 이러한 국제 연구소들은 카사바(cassava)와 고구마 같은 열대작물을 향상시키고 새로운 질병에 저항성을 갖는 품종을 개발하기 위하여 노력하고 있다.

인간 집단은 심각한 질병을 일으킬 수 있는 유전자들을 보유하고 있다. 이들 유전자들이 후손들에게서 종종 활동할 경우가 있는데, 이들 질병은 유전적 질환이라고 할 수 있다. 현재 많은 유전적 질환이 알려져 있고 유전현상도 밝혀져 있다. 유전적 질병의 증상이 나타나기 전에 혈액 또는 효소들의 검사를 통하여 많은 유전 질환을 찾아 낼 수가 있다. 현재의 DNA 기술은 이런 유전 질환들을 치료할 유전자 치료의 출현을 약속하고 있다. 그러나 단 100년 전만 해도 이들 유전 정보들 어떤 것도 알려져 있지 않았다. 하나의 유전형질이 부모에게서 자식으로 전달되는 가장 기본적인 경로도 알려져 있지 않았다. 어떻게 이 유전적 지식들이 발견되어 인간 건강과 농업에서 작물의 향상을 위한 육종에 이용되었는가? 이 모든 것들이 평범한 완두식물을 이용하여 사원의 정원에서 실험을 수행한 오스트리아의 한 수도승에서 비롯되었다. ■

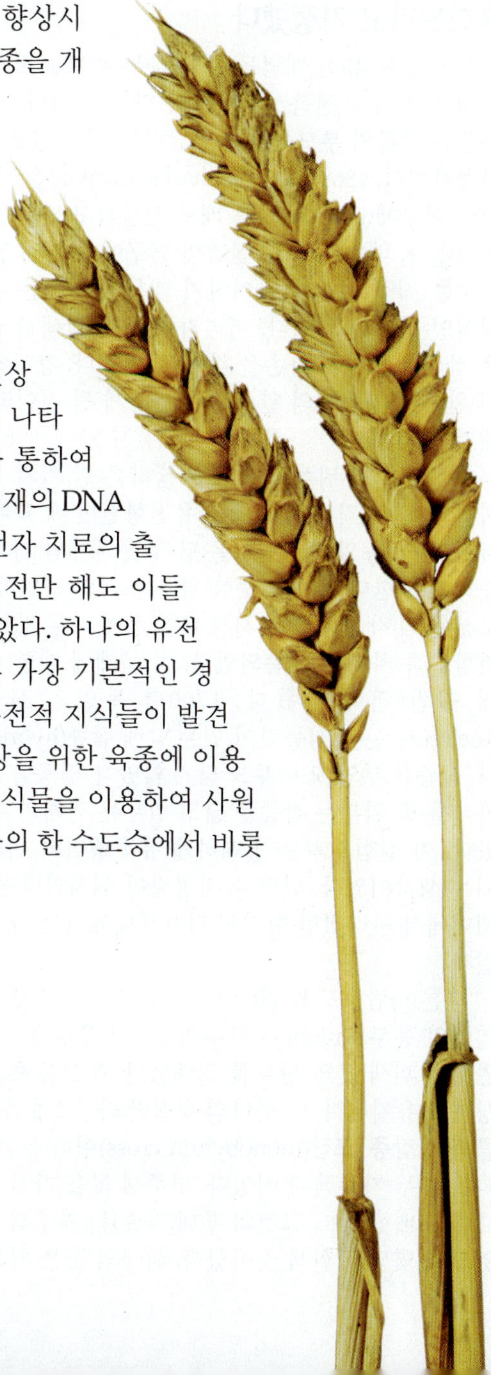

14.1 | 멘델의 완두를 이용한 실험은 유전형질의 유전양상을 알아냈다

옛 오스트리아 Brunn의 성토마스 사원(현재 체코의 Brno)에서 수도승이 되기 이전에 멘델(Gregor Mendel)은 비엔나 대학교에서 식물학과 수학을 공부하였다. 두 분야에서의 훈련은 사원의 정원에서 완두를 이용한 실험에 중대한 역할을 하였다. 그는 1860년대에 결과를 발표하였으나 인정을 받지 못하였고 1900년대에 재발견 될 때까지 그 의미가 곡해되었다. 멘델의 독창성에 고마움을 표하기 위해서라도 멘델 이전의 유전에 관한 전반적인 사상을 적어보는 것도 괜찮으리라 여겨진다.

그림 14.1 완두(*pisum sativum*)의 흰색과 자주색 꽃

초기의 유전가설은 유전물질이 자손에게 혼합된다고 가정했다

초기의 주요 유전 개념들 중 하나는 부모들로부터 그들의 자손에게 직접 유전특성이 전해진다는 것이다. 각각의 신체의 부분은 각각의 부모들부터 발달하는 배로 정보를 전달한다고 가정하였다. 1868년, 다윈(Charles Darwin)은 세포는 아주 미세한 **아구체**(gemmule)를 배로 전달하고 발달을 돕는다고 제안하였다. 다윈은 당시 멘델의 연구에 대하여 알지 못하였다. 부모는 직접 전달에 관여하기 때문에 자손은 유전적 특성이 뒤섞인 상태인 것이다. 머리카락 색이 적색과 금발인 부모들은 적색과 금발의 자손을 갖게 될 것이다. 황색의 완두와 녹색의 완두는 황녹색의 완두를 생산하게 될 것이라는 생각이 지배적이었다.

유전형질의 뒤섞임에 대한 생각은 한 가지 문제점을 야기하였다. 만약 각각의 종에서 유전형질이 매 교배 때마다 섞인다면, 특정 종의 구성원들은 단지 몇 세대만 경과하면 모두 비슷해져야 한다. 비슷비슷한 경우는 거의 없었다. 왜냐하면 대부분 종의 각 개체들은 서로 다른 점이 너무 많았고, 세대가 경과할수록 차이는 계속되었다. 이 문제에 대한 해답은 1860년대 훨씬 전에 나왔다. 1760년 독일의 식물학자 Josef Koelreuter는 생식능력이 있는 담배 **잡종**(hybrid)에 성공하였다. 잡종은 부와 모 아무도 닮지 않았다. 잡종을 서로 교배하자 자식들 중 일부는 잡종을 닮고 일부는 원래의 부모 품종을 닮았다. 이 실험결과는 명백하게 유전형질의 뒤섞임과는 상반되는 생각이었다. 만약 유전형질이 뒤섞인다면, 어떻게 잡종세대에서 사라졌던 형질이 다음세대에서는 다시 나타나는 것일까?

다른 사람들도 Koelreuter의 방식을 따라 했다. 1790년대에 영국의 농부 Knight는 완두의 2가지 우량품종, 즉 자주색 꽃 완두와 흰색 꽃의 완두를 교배했다. 우량품종은 대대로 같은 상태로 유지된다. 단 하나의 형질만 다른 2개 품종사이의 교배를 **단성잡종 교잡**(monobybrid cross)이라 부른다. 교배의 결과는 모두 자주색 꽃이었다. 자주색 꽃을 가진 완두의 잡종세대를 교배했을 때 그것의 후대(자손)는 자주색 꽃이 대부분이었으나 몇몇은 흰색 꽃이었다. 흰색의 꽃은 처음 세대에는 잠재능력을 가지거나 감춰져 있고, 다음 세대에는 재출현 하는 특성을 가진다. 현재의 유전학자들은 잡종세대의 자손에서 어버이의 형질은 **분리**(segregating)되어지는 것이라고 말할 것이다. 이러한 간단한 결과들이 유전과학의 실마리가 되었지만, 이 실마리는 몇 백년동안 이해되지 못했다. 식물학은 그 때 질적인 — 양적인 것이 아니지만 — 과학이었고, 연구자들은 그들의 실험에서 이런 결과를 산출해내지 못했다. 수학을 공부한 멘델은 그 결과를 산출해 내었고, 그것에 의하여 유전의 과정을 발견하게 되었다.

멘델이 사용한 완두는 많은 장점을 가졌다

멘델은 일반적인 정원용 완두(*Pisum sativum*)을 실험용 재료로 택했다. 이미 완두와 그들의 교배에 관한 상당한 지식이 축적되어 있었다. 멘델의 시대에는 많은 순종의 완두가 이용 가능하였고, 멘델은 처음에 32가지의 서로 다른 계통을 조사하였다. 멘델 이전의 연구자들 덕분에 멘델은 잡종완두를 생산할 수 있고 유전 특성은 이들 잡종의 자식에서 분리된다는 것을 알았다. Knight의 앞선 연구 방법에 따라 황색과 녹색 종자 또는 자주색과 백색 꽃과 같은 쉽게 눈에 띄는 일곱 가지 유전적 특성을 가진 품종을 선택하였다.

완두는 재배하기 쉽고 잘 자란다는 부가적인 장점도 갖고 있다. 빨리 자란다고 하는 것은 짧은 시간에 많은 수의 종자를 받을 수 있다는 것을 의미하는데 한 해에 한 세대 이상이 재배될 수 있기 때문이다. 그래서 많은 연구결과를, 일 년에 한 세대만 자라는 식물보다는 짧은 시간에 얻을 수 있다.

아마도 실험용 식물로서 완두의 가장 큰 장점은 그들의 생식이 통제될 수 있다는 점이다. 다른 많은 꽃들처럼 완두는 수술의 조직인 약과 암술의 조직인 심피가 같은 꽃 안에 존재한다(그림 14.2a). 그러나 대부분의 꽃들과 달리 단 한 개의 완두꽃의 배우체는 건강한 자손을 만들 수 있다. 이러한 과정을 **자가수정**(self-fertilization)이라 부르고 이것은 꽃이 수분에 의한 장애가 없다면 일반적으로 일어난다. 그러나 수정이 일어나기 전에 약을 제거함으로써 이런 과정을 중단시키는 것은 쉬운 일이다(그림 14.2 b). 그래서 연구자들은 꽃의 주두(심피의 수용성이 있는 부분)의 다른 특성을 가진 완두의 다른 품종

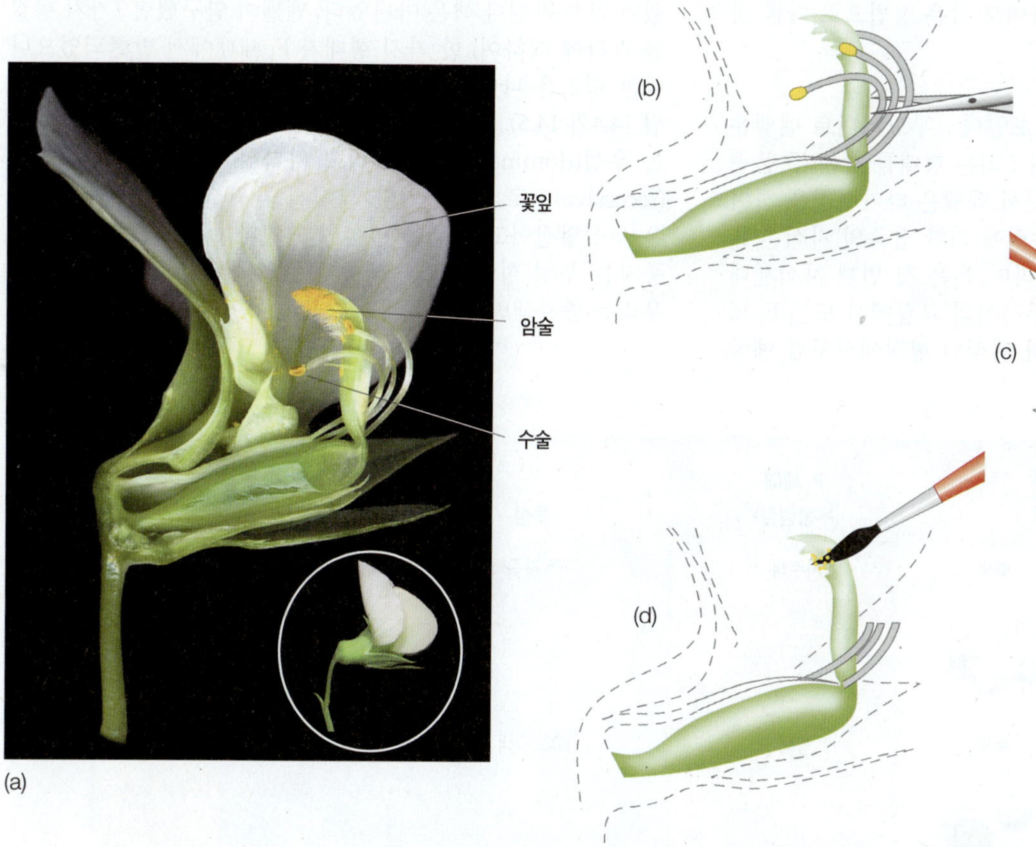

그림 14.2 완두꽃의 타가수분 (a) 완두꽃의 암수 생식조직을 보여주고 있다. 꽃가루는 노란색의 약에서 생성되며 그것은 주두 위에 존재한다. 꽃의 생식조직은 꽃잎에 의해 에워싸져 있다. 원 안에는 본래의 꽃이 있고, 그 안에 생식기관이 꽃잎에 의해 둘러싸여 있다. 타가수분은 (b) 처음 한 꽃의 약을 제거하고(자가수정을 막기위해), 그 꽃의 주두와 다른 특성을 가진 두 번째 꽃에서 꽃가루를 (c) 첫 번째 꽃의 암술에 옮김으로써 이루어진다.

으로부터 약을 제거하고 꽃가루를 이동시킬 수 있다(그림 14.2 c,d). 이 과정이 **타가수정**(cross-fertilization)이다. 자가수정은 실험자들이 각각의 꽃 안에 존재하는 형질을 알 수 있게 해준다. 타가수정은 실험자들이 다른 형질을 가진 품종사이에서 잡종을 만들어 낼 수 있게 한다.

멘델은 실험은 자가수정과 타가수정 두 가지 방법을 사용하였다. 초기에 멘델은 완두 품종을 수 세대 동안 자가수정시켜 그가 연구하는 형질이 순수종임을 입증하였다. 황색 종자를 갖는 완두는 언제나 황색종자를 생산하였고, 녹색종자의 완두는 녹색 종자를 갖는 종자를 생산하였다.

그 뒤 멘델은 자주색과 흰색 꽃 또는 황색과 녹색종자 등과 같은 비교되는 특성을 갖는 품종들 사이에 타가수정이 되도록 하였다. 이들 실험에서 멘델은 한 가지 특성을 가진 완두의 꽃에서 수술을 제거하였다. 그 뒤 그는 대조되는 특성을 가지 품종을 가진 수꽃에서 채취한 꽃가루로 심피에 수분시켰다. 그는 흰 꽃을 가진 완두에서 꽃가루를 얻어 자주색 꽃의 완두 식물에 수분하였다. 반대로 그는 자주색 꽃 완두의 꽃가루를 흰 꽃을 갖고 있는 완두에 역교잡 시켰다. 이들 교잡으로 생겨난 자식들은 두 품종사이의 잡종들이었다.

마지막으로 멘델은 그 잡종들을 몇 세대동안 자가수정을 시켰다. 그의 이 연구방법은 자식을 분리하기 위해 연구하던 특성들의 또 다른 형태를 발견하도록 하였다. 그 보다 앞서의 연구자들과는 달리 멘델은 다른 특성을 가진 자식들의 숫자를 세었다.(예를 들면 각 세대마다 황색 또는 녹색 종자의 숫자, 혹은 자주색 또는 백색 꽃) 유전과정을 보여준 것은 이들 숫자들 사이의 관계였다.

완두의 7가지 형질에 멘델은 실험하였다

멘델은 완두에서 서로 쉽게 구별되는 7가지의 형질을 연구하였다. 각 형질은 두 가지의 쉽게 알아볼 수 있는 형태 즉, 노랑색과 초록색의 종자 색과 둥글거나 주름진 종자의 모양의 한 가지에서 분리된 품종에 존재한다. 단성잡종교배의 두 세대를 통해 이런 7가지 형질에 대한 멘델의 실험은 그림 14.3에서 볼 수 있다. 꽃과 종자의 색을 이용하여 멘델의 업적을 상세히 언급한 뒤 다른 모든 형질에 관하여도 같은 방법으로 다룰 것이다.

F_1세대는 우성과 열성 형질을 보인다 부모세대로 멘델은 한 가지 유전적 특성에 대하여 대조되는 형태를 갖는 두 품종의 순계를 사용하였다. 그리고 나서 멘델은 타가수정을 하여 타가수정 종자를 얻었다. 타가수정에 의한 잡종의 자식은 **F_1 세대**(first filial generation)로 불리며, F_1은 첫 번째 자식세대를 의미한다. 자주색과 흰색 완두사이의 교잡에서 모든 F_1 세대의 꽃은 자주색이었다. 이 결과 뒤섞인 형질에서처럼 예상했던 엷은 라벤다 색은 아니었다. 멘델이 연구했던 7가지 형질들 각각에 대하여, 한 가지 형태가 F_1 세대에서 발현되었으나 다른 형질은 나타나지 못하거나 숨어있는 결과를 보였다(그림 14.4와 14.5). 멘델은 F_1의 완두식물체에서 볼 수 있는 형질을 **우성**(dominant)으로 그리고 나타나지 않는 형질은 **열성**(recessive)으로 설명하였다. 그래서 꽃 색깔의 경우에, 자주색은 우성형질이고 흰색은 열성이 되었다. 이와 비슷하게 황색 종자는 우성 형질이고 녹색종자는 열성형질인데, 이 경우에 우리는 종자색만을 염두에 두었을 경우이다.

형질	부모 품종		F_1 세대 (우성형질)	F_2 세대 우성	F_2 세대 열성	비율
화색	자주색 	백색 	자주색	705 자주색	224 백색	3.15:1
종자색	황색 	녹색 	황색	6022 황색	2001 녹색	3.01:1
종자모양	원형 	주름형 	원형	5474 원형	1850 주름형	2.96:1
꼬투리색	녹색 	황색 	녹색	428 녹색	152 황색	2.82:1
꼬투리 모양	둥근형 	오목형 	둥근형	882 편평형	299 오목형	2.95:1
식물키	큰 키 	작은 키 	큰 키	787 큰 키	277 작은 키	2.84:1
꽃의 위치	액생 	정생 	액생	651 액생	207 정생	3.14:1

그림 14.3 멘델 실험에 쓰인 완두의 7가지 형질

F_2 세대는 3:1의 비율로 각각의 특성에 대하여 우성과 열성형질을 가지고 있다 멘델은 F_1 세대에서 완두 식물체에 자화수분을 하여 받은 종자를 파종하여 F_2 또는 잡종제이세대(second filial generation)에서 어떤 특성이 나타나는지를 보았다. 각각의 유전 특성에 대하여 약간의 F_2 개체들은 열성형질을 나타내었다. 멘델은 그의 전임자 보다 더 멀리 나아갔고, F_2 세대에서 각 특성의 형질의 개수를 세었다(그림 14.3 참조). 보라색 꽃을 가진 F_1세대로부터 그는 929개의 F_2 자손을 얻었고, F_2는 705개(75.9%)의 보라색 꽃과 224개(24.1%)의 흰색 꽃을 포함하고 있다. 멘델은 그의 실험으로 다른 특성에 대해서도 같은 결과를 얻어냈다. F_2 세대에서 3/4는 형질에 대해 우성의 형태를 나타내었고, 1/4는 열성의 형태를 나타내었다. 다른 말로 표현하자면 우성과 열성의 비율이 3:1로 나타났다. 멘델이 거대한 양의 숫자를 세었던 종자 색과 종자모양을 가지고 한 실험에서 모든 특성에 대한 실험의 비율이 기대치 3:1에 가장 가까워진 점에 주목할 필요가 있다. 더욱 더 많은 숫자의 종자를 분석하면 할수록 기회값(chance events)은 사라지고, 관측비율은 기대치에 더욱더 가까워졌다.

유전형태에 대한 멘델의 모델

완두의 7가지 형질에 대한 그의 실험으로부터 멘델은 간단한 유전 모델을 만들 수 있었다. 이 모델은 다섯 가지의 중요한 점들을 가지고 있다.

1. 부모는 유전적 형질을 직접 그들의 자식에게 보내지 않지만 대신에 형질에 대한 정보를 전달하는데 멘델은 이들을 "인자(factors)"이라고 명명하였다. 이들 인자들(오늘날 유전자라 불림)은 유전적 특성을 나타내기 위하여 자식들 세대에서 활동 또는 일을 한다. 멘델은 이들 인자들을 나타내기 위하여 간단한 한 세트의 심볼을 도안하였다. 꽃 색의 경우 *P*는 자주색 꽃 인자를 상징한다. *P*는 대문자로 쓰이는데 이유는 자주색이 우성인자이기 때문이다. 열성 인자인 흰색 꽃의 심볼은 *p*로써 썼고 이 심볼은 소문자로 쓰였다. 이와 비슷하게 황색 종자에 대한 인자는 *Y*로 그리고 녹색 종자에 대한 인자는 y로 썼다.
2. 각 개체는 부 또는 모로부터 하나씩을 받아 두개의 인자를 받는데, 이들 인자들은 같은 또는 다른 형태의 형질을 암호화하고 있다.
3. 하나의 특정한 유전형질에 대하여 모든 인자들이 같은 것은 아니다. 그래서 *Y*와 *y*는 종자 색의 특성에 대한 인자들(현재의 "대립유전자")이지만 그 둘이 같은 것은 아니다. 두 인자들은 황색과 녹색 종자들과 같은 다른 형태의 유전적 형질을 나타낼 수가 있다.
4. 같은 유전적 형질에 대하여 두개의 다른 인자들이 한 개체에 존재할 때, 그 인자들은 어떤 방법으로도 섞이지도 변형되지도 않고 떨어져 있게 된다. 멘델은 인자들이 오염되지 않는다고 설명하였다.
5. 한 개의 인자가 존재한다고 해도 그 인자에 의해 암호화된 형질의 특성이 나타나는 것은 아니다. 오로지 우성 인자만이 두개의 서로 다른 인자들을 가진 개체에서 나타날(발현될) 수가 있다. 비록 개체 안에 존재는 하지만 열성인자는 잠복 또는 발현되지않는 상태로 존재한다.

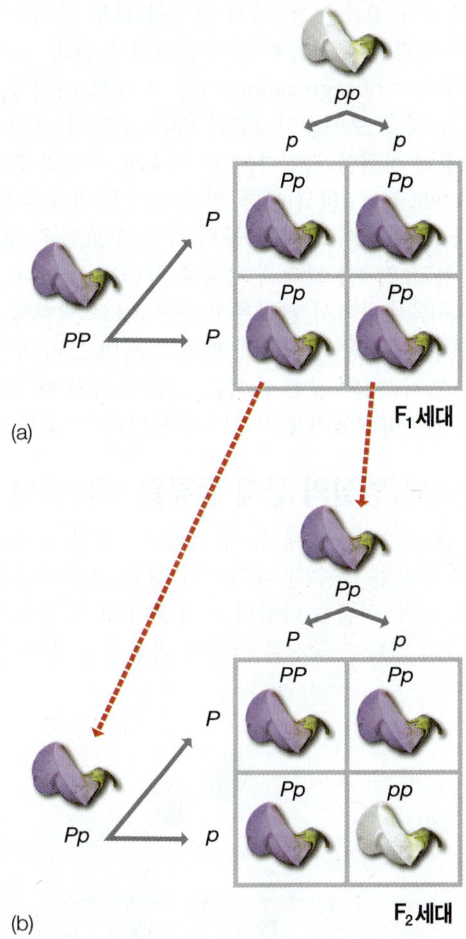

그림 14.4 멘델의 자주색과 흰색 꽃 완두 실험 (a) 순계의 자주색과 희색 완두를 교배했을 때 F_1 세대는 모두 자주색 꽃이었다. (b) F_1 세대를 교배했을 때, F_2 세대는 3:1의 비율로 자주색과 흰색 꽃이 나타났다. 멘델의 인자들은 문자(*P* 또는 *p*)로 표현하였다. 표현형은 사진으로 보여주고 있다.

멘델은 그의 실험의 결과를 예측하게 될 것이라는 것을 보기 위해 이 모델과 심볼을 사용했다. 자주색과 흰색 꽃 완두를 가지고 한 실험에서 *pp*가 흰색 완두꽃을 의미하는 반면 *PP*는 자주색 꽃 식물을 상징한다(그림 14.4 a). 두 품종간의 교배는 × 라는 기호로 의해 표현되고, 멘델의 실험에서 *PP* × *pp*로 표현한다. 자주색 꽃 완두는 오직 자주색 꽃을 위한 *P*라는 우성적 인자로 기여할 수 있다. 흰색 꽃 완두는 흰색 꽃을 위한 *p*라는 인자로 기여할 수 있다. 그러므로 F_1 세대의 모든 것들은 *Pp*이고 자주색일 것이다. F_1 세대에서 인자의 결합(*Pp*)은 그것의 창시자인 영국의 유전학자 푼넷트가 후에 푼넷트 사각형이라 불리는 도표 안에 배열된다. 흰색 꽃 완두(*pp*)에 의해 기여된 요소들은 푼넷트 사각형의 꼭대기를 가로질러 있음을 보여주고, 자주색 꽃 완두(*PP*)에 의해 기여된 요소들은 왼쪽 편을 따라 배열되고 있음을 보여주고 있다(그림 14.4).

만일 F_1 세대가 자가 수정이나 타가수정에 의해 교배 된다면, F_1의 *P* 혹은 *p* 라는 인자는 F_2에 기여될 수 있다. 형질의 형태를 교체하기 위한 요소는 두 가지 인자를 모두 가지는 각각의 개체로부터 분리되어진다. 이것이 멘델의 유전의 제1법칙, 즉 **분리의 법칙**(law of segregation)이다. 푼넷트 사각형은 F_2 자손의 3가지 유형을 보여준다. *PP*와 *Pp*는 보라색 꽃의 형질을 *pp*는 흰색 꽃의 형질을 가진다(그림 14.4 b). 우성과 열성 형질의 비율은 3:1(보라색 : 흰색)이다. 인자 결합의 비율은 1 *PP*:2 *Pp*:1 *pp*이다. F_2 세대에서 보라색 꽃의 각각의 모형은 보라색 우량종은 1/3이고, 2/3은 보라색 우량종은 아닐 것이나, 자가수정 된다면 다음 세대에서 흰색은 비율은 3:1로 재현될 것이라고 예언하였다. 이것을 정확하게 멘델이 F_2의 보라색 꽃 식물에서 발견하였다. 이와 같은 분석을 노란색 종자 대 녹색종자처럼 다른 7가지 형질에서도 각각 수행하였다(그림 14.5).

검정교배는 우성형질의 실제 종류를 나타낸다

유전모델의 검증의 한 단계 높혀 멘델은 그가 검정교배(testcross)라고 부르는 특수한 타가수정 형을 고안하였다. 당신이 보라색 꽃 완두 식물을 가졌다고 가정해 보자. 만일 *PP*와 *Pp*라는 두 인자가 있다면 당신은 어떻게 결정할 수 있는가? 황색 종자로부터 유래된 식물의 경우에서 당신은 그것이 *YY* 혹은 *Yy*를 어떻게 결정할 수 있을까? 멘델은 그와 같은 질문에서 대답을 위한 가장 좋은 방법은 열성형질을 하나를 포함하는 것과 우성의 형질을 가지는 식물을 교배하는 것이라는 *pp*인자를 가진 것을 깨달았다(그림 14.6). 첫번째 예에서 보라색 꽃 완두식물과 흰색 꽃 완두식물이 교배 되었다. 만일 보라색 꽃 완두 식물이 *PP*라면, 교배의 자손 모두는 *Pp*이고 보라색 꽃일 것이다(그림 14.6 a). 그러나 보라색 꽃 완두가 *Pp*라면, 자손의 절반은 보라색 꽃이고 나머지 절반은 흰색 꽃을 가지게 될 것이다. 두 번째 예로서 만일 완두 식물이 황색 종자 *YY*로부터 자랐다면 녹색 종자를 가진 식물과의 교배로부터 나온 자손의 모두는 *Yy*이고 황색일 것이다(그림 14.6 b). 반대로 만일 황색 종자가 *Yy*였다면 열성 특성인 녹색 식물과의 교배에서 자손의 절반 또한 녹색일 것이다. 따라서 그의 모형은 만일 우성형질을 가진 식물이 형질을 위한 하나의 인자를 가진다면, 우성과 열성의 형질은 검정교배에서 1:1의 비율로 나타나게 될 것이고, 그 비율은 멘델의 7가지 형질의 각각의 경우에서 나타나게 될 것임을 예언하고 있다.

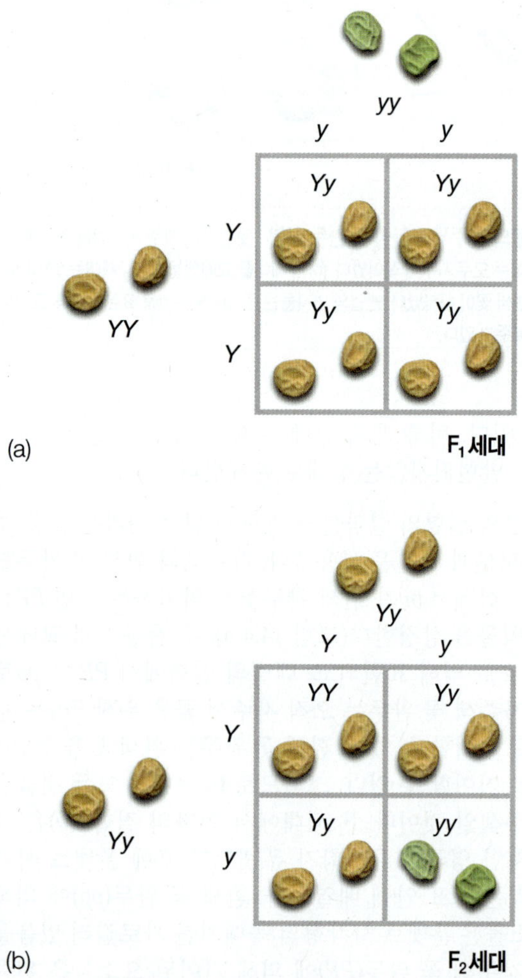

그림 14.5 멘델의 황색과 녹색 종자 색깔 실험 (a) 녹색과 황색 종자를 가진 순계 식물을 교배했을 때 F_1 세대는 모두 황색 종자를 가졌다. (b) F_2 세대는 3(황색) : 1(흰색)로 되었다.

14.2 | 멘델의 모델에서 유전자, 대립유전자, 염색체

멘델의 업적에서 한 가지 특기 사항은 멘델이 세포학적 메커니즘의 어떠한 지식도 없이 유전의 기작에 대하여 정확하게 이해했다는 것이다. 멘델 시절에는 염색체가 무엇인지 감수분열이 무엇인지 모르던 시대였다(13장). 또한 확실히 유전자, 대립유전자 또는 DNA에 대한 지식이 전무한 때였다. 그러나 우리가 단순하게 대립유전자라는 낱말을 멘델이 사용한 인자(factor)로 대신한다면, 멘델이 설명했던 말들은 현대어로 바뀌게 된다.

멘델이 인자라고 명명했던 심볼들은 오늘날 유전학자들이 사용하는 유전자가 된다. 꽃의 색과 같은 형질에 대한 멘델의 인자는 그 특성에 대한 유전자의 대립 유전자들이었다. 그래서 *P*는 완두에서 자주색 꽃색에 대한 우성유전자의 심볼이고, *p*는 백색 꽃에 대한 열성 유전자를 나타내는 말이다. *P*와 *p*는 **대립유전자**(allele)이고, 꽃 색에 대한 다른 형태의 유전자들이다. 분자생물학적인 말로 유전자는 훨씬 큰 DNA분자 안에 있는 일정한 크기의 뉴클레오티드들이고, 대립 유전자들은 특별한 형질의 다른 형태로 나타날 수 있는, 조금 다른 형태의 뉴클레오티드이다.

멘델은 모든 완두 식물은 2가지 인자를 가지고 있다고 가설하였다. 하지만 그는 그 인자들이 식물 세포의 어느 위치에 있는지 말할 수 없었다. 우리는 현재 멘델의 인자(대립유전자)가 식물세포의 핵 속 염색체에 위치한다는 것을 알고 있다. 완두는 **이배체**(diploid)이다. 그것은 그들이 각 형질을 위해 2개의 유전자를 가지고 있고, 각 세포의 핵은 서로의 배우자 염색체의 각 유형에 대해 2개의 사본을 가지고 있다는 것이다(그림14.7). 같은 형질을 가진 유전자의 염색체 쌍을 **상동염색체**(homologous chromosomes)라고 부른다. 특정 형질에

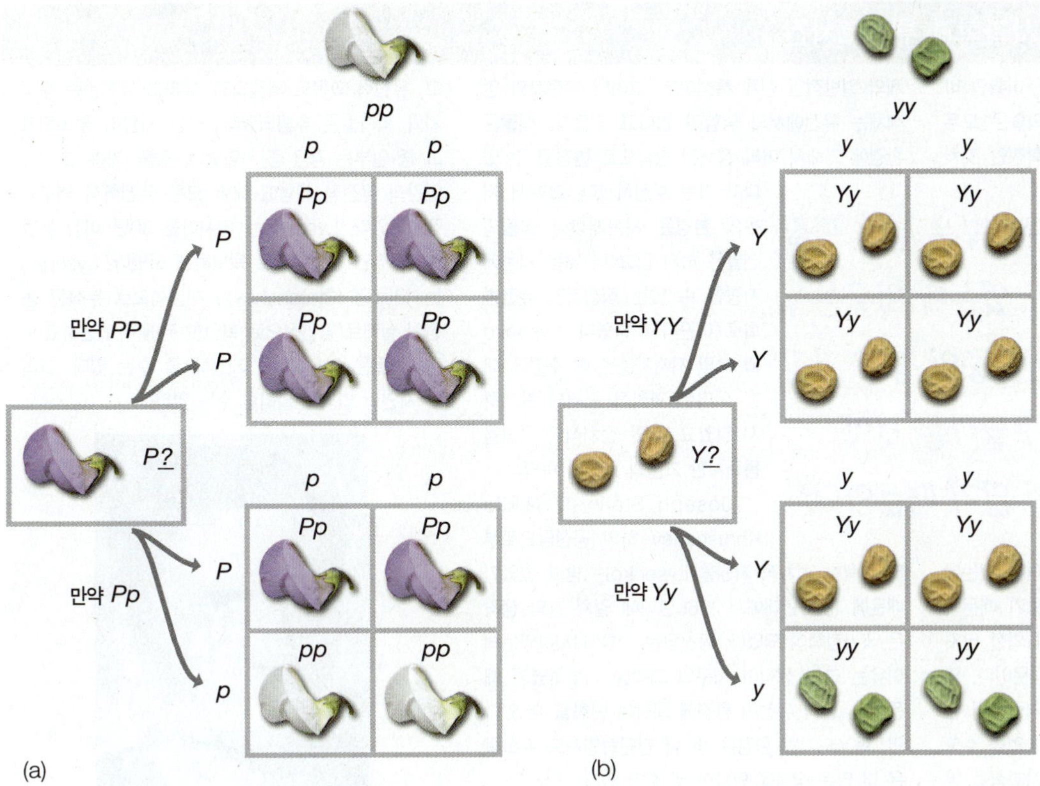

그림 14.6 보라색 꽃 색과 황색 종자 색을 위한 검정교배 검정교배는 열성표현형을 하나 가지고 만들어진 것과 유전형이 잘 알려지지 않은 우성표현을 가진 식물의 교배이다. 만일 잘 알려지지 않은 유전형이 동질접합체의 우성이라면 모든 식물은 우성의 특성을 가지게 될 것이다. 만일 이형접합체라면 자손의 결과는 우성과 열성이 각각 1:1의 비율이 될 것이다. (a) 꽃 색을 가지고 한 검정교배와 (b) 종자의 색을 가지고 한 검정교배.

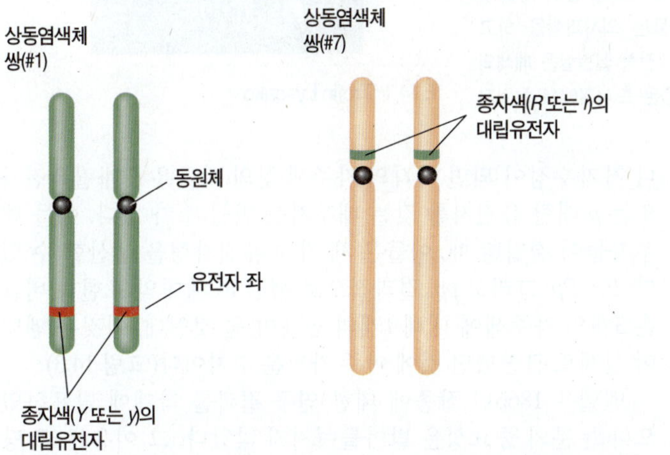

그림 14.7 완두의 두가지 상동염색체 쌍 1번 염색체의 한 쌍은 종자 색깔(Y와 y)에 대한 대립유전자를 가지고 다른 한 쌍(7번 염색체)은 종자모양(R과 r)에 대한 대립유전자를 가진다.

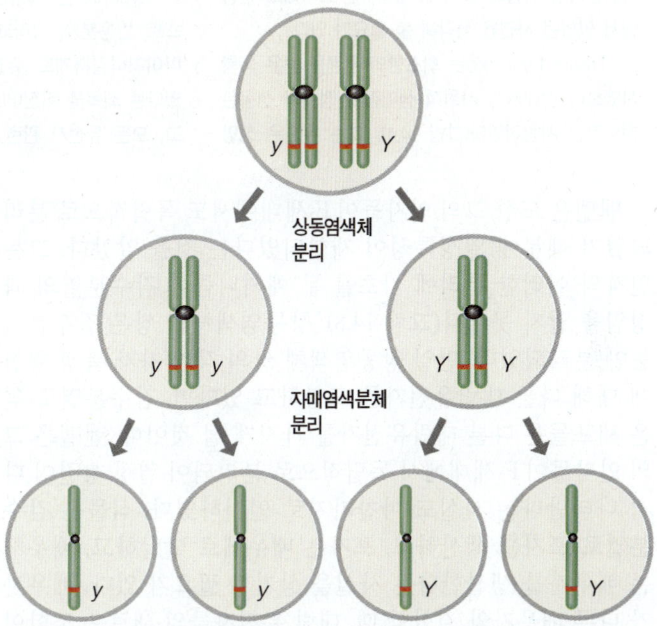

그림 14.8 감수분열과 대립유전자의 분리 감수분열은 특정유전자의 대립유전자(이 경우에는 종자의 색)가 분리되는 메커니즘이다. 상동염색체는 첫 번째 감수분열 동안에 분리 되어진다. 그러면 각 인자는 대립유전자의 사본 1개를 가진 하나의 염색체를 받게 되고, 배우체와 배우자는 같은 대립유전자를 가지게 될 것이다.

대한 유전자 부호는 같은 장소 혹은 상동염색체의 각 **유전자좌**(locus)에 위치한다. 완두에서 종자색깔에 대한 유전자에 대해 생각해보면 상동염색체 쌍의 요소 둘 다 같은 대립유전자 *YY* 또는 *yy*를 가지고 있을 것이다. 이런 경우에서 식물은 형질을 위한 유전자에 대해 **동형접합체**(homozygous)일 것이다. 만일 상동 염색체 쌍의 두 요소가 종자 색에 대해 다른 대립 유전자(*Yy*)를 가졌다면, 각각의 식물은 종자 색에 대해 **이형접합체**(heterozygous)가 될 것이다. 하나의 대립유전자가 다른 대립유전자를 넘어 지배적이므로 그것은 생물체의 눈에 보이는 형질과 그 생물체의 유전적 구성 생물체 간의 차이이다. 완두 종자 색의 경우에서 황색 종자를 가진 식물은 *YY* 또는 *Yy*일 것이다. 유전적 구성에 기초를 둔 것이 **유전자형**(genotype)인 반면에 눈에 보이는 형질은 **표현형**(phenotype)이다. 녹색의 종자 색 또는 흰색의 꽃처럼 열성의 특성에서 표현형은 실제의 유전형을 반영한다.

ESSAY 14.1 의사과학과 뤼센코사건

점성술, 점치는 막대기로 지하수맥 찾기, 미확인 비행물체(UFOs), 심령현상, 그리고 가짜의술은 모두 현대과학의 본보기이다. 의사과학은 과학적인 것처럼 보이지만 실제로는 과학적 경로를 거치지 않는다. 의사과학은 의사과학의 주요 가설이 절대적으로 사실에 기인한다고 가정함으로써 시작된다. 그리고 나서 의사과학은 그들의 가설을 지지할 증거를 — 개인의 증언 — 모으기 시작한다. 그러나 심도 있는 과학적 시험을 하게 되면 의사과학의 예측은 우연 이상은 아니다.

의사과학은 널리 퍼질 수가 있는데 이유는 일반대중이 참과 거짓을 구별하는 것이 쉽지 않기 때문이다.

의사과학은 부분적으로 아주 널리 퍼져 있는데 이유는 방송 매체가 금전적으로 득을 보기 때문이다. 진정한 과학적 발견보다는 외계인에 의한 납치와 같은 내용을 파는 것이 훨씬 쉽기 때문이다. 의사과학은 널리 퍼져 있는데 이는 많은 사람들이 현혹될 수 있기 때문이다. 의사과학은 해가 없을 수도 있으나 하나의 정부가 국가정책으로 의사과학을 받아들인다면 위험해 질 수도 있다. 전 소비에트 연방에서 있었던 사건을 생각해 볼 필요가 있다.

Trofim Lysenko는 최소한의 훈련을 받은 농학자였으나 반대자의 사회적 생매장과 정치적 선동은 천부적인 사람이었다(그림 14.1). 그는 유전은 생명체의 일반적인 신체 특성이고, 그러나 유전자와 염색체는 유전에서의 역할이 없다고 믿었다. 식물은 환경에 의해서 미리 정해진 방향으로 변형될 수 있다고 그는 주장하였다. 그래서 저온의 환경은 저온저항성 식물의 선발은 하지 않고 더 낮은 저온에 저항할 수 있는 직접적인 유전변화로 이끈다고 하였다. Lysenko와 그의 지지자들은 이 주장에 대한 어떠한 과학적 증거도 제시하지 않았고, 다만 정치적인 위협을 통해서만 그들의 주장을 하였다.

Joseph Stalin 과 Nikita Khrushchev 하의 공산당으로부터 강력한 정치적 자원을 Lysenko는 받고 있었기 때문에 1930년대에서 1960년대에 걸쳐 그의 생각은 국가정책이 되었다. 공산당은 그를 지지하였는데 이유는 그의 생각이 서구의 과학을 거부하였기 때문이다. 만약 유전이 환경에 의하여 변화될 수 있다면, 좀 더 거친 환경은 좀 더 단단하면서도 수확량은 더 많은 작물을 만들어 낼 수가 있다.

Lysenko는 저명한 소련의 유전학자들을 파시스트, 반동분자, 그리고 국민의 적으로 몰수 있었다. 아이러니컬하게도 유전학자들은 의사과학을 하고 있다는 죄목을 뒤집어썼다. 유전학 실험실은 폐쇄되고, 모든 유전자 관련 책자들은 도서관에서 치워지고, 유전학 과목도 폐강되고, 그리고 유전관련 종사자와 학자들은 추방되었다. 많은 사람이 투옥되고 그 중 일부는 감금 중 사망했다. 작물, 가축, 그리고 인간의 유전적 질병에 대한 모든 유전학적 연구가 정지되었다. Lysenko는 러시아를 30년 이상 동안 비효율적인 농업구조로 퇴보하게 하였다. Lysenko는 1964년 Khrushchev가 부분적으로 누적된 농정의 실패로 강압적으로 퇴임한 뒤에야 퇴출하였다. 정치가들은 의사과학을 지원해 줄 수는 있다. 그러나 자연의 법칙을 멀리할 수는 없다.

E 14.1 Trofin Lysenko

멘델은 또한 그의 인자들이 F_2세대에서도 독립적으로 분리되었기 때문에 열성특성이 재현되었다는 것을 알았다. 그는 인자의 이러한 분리에 기초를 둔 메커니즘이 감수분열의 과정임을 알지 못했다(그림 14.8). 상동염색체의 쌍은 감수분열 동안 분리되었다. 만일 상동염색체 쌍의 각 인자가 특정 형질에 대해 다른 대립유전자를 포함하고 있다면, 감수분열로 얻은 세포들은 다른 대립유전자를 가지게 될 것이다. 멘델은 그의 인자들이 F_2세대에서 독립적으로 분리되어 열성 형질이 다시 나타난다는 사실도 마찬가지로 인지하였다. 식물은 감수분열로 포자를 생산하고, 포자는 배우체로 발달하고, 배우체는 배우자를 생산한다는 사실을 상기할 필요가 있다. 배우자가 다른 배우자와 결합할 때, 대립 유전자들의 새로운 조합이 일어나고, 이로 인해 열성형질이 다시 나타날 수 있다. 감수분열(13장)은 멘델의 분리의 법칙을 설명할 수 있으나 멘델이 연구할 당시에는 감수분열에 대해 알려져 있지 않았다.

만일 우리가 순계의 자주색과 흰색 꽃 완두 사이의 교잡의 관점에서 본다면 푼네트 사각형에 설명된 배우자들은 꽃 색에 대한 대립 유전자들을 가지고 있다(그림 14.4). 흰색 꽃의 완두는 열성 대립유전자 *p* 를 가지고 있는 배우자만을 생산할 수 가 있다. 자주색 꽃의 완두는 *P* 대립유전자가 만을 갖는 유전자를 생산한다. 그래서 모든 F_1 자식들은 꽃 색에 대해서는 이형접합체(*Pp*)이고 표현형으로는 자주색이다. F_1 세대가 교잡되거나 자가수정이 되면 각각의 자주색 꽃의 식물은 *P* 대립유전자 또는 *p* 대립 유전자를 갖는 배우자를 만들 수가 있다. 이들 배우자들이 결합할 때, 이들은 세 가지 유전자형을 생산할 수 있다: *PP*, *Pp*, 그리고 *pp*. 결과적으로 생긴 F_2 세대의 표현형 비율은 3개의 자주색에 대해 1개의 흰색이 될 것인데, 이것은 멘델이 실제로 관찰했던 것에 아주 가까운 수치이다(그림 14.3).

멘델은 1866년 잡종에 대한 연구 결과를 학계에 발표하였으나 논문의 중요성은 받아들여지지 않았다. 그 이유는 그 당시 학계를 지배하고 있던 사상과 정반대의 개념을 내포하고 있었기 때문이라 여겨진다. 1900년대에 세 명의 생물학자가 — 코렌스(C. Correns), 드브리스(Hugo de Vries), 그리고 체르막(E. Tschrmak) — 유전 기작과 멘델의 최초 논문을 재발견 하였다. 드브리스는 실제로 "멘델의 분리 법칙"을 인용하였다.

유전학은 1900년대 이후 매 10년에 걸쳐 커다란 진보를 해왔다. 2000년대 초기 유전학은 인간의 유전 질환에 대한 치료방법을 개발하고 있고, 유전공학은 작물과 가축에 응용되고 있다. 그러나 1929에서 1965년 사이의 소련 연방에서는 유전학을 믿는다는 사실 하나로 직업을 잃고 감옥에 갈 수도 있었다. 유전학 반대운동에 대하여 소상히 알기 위해서는 14.1 Essay를 참조하세요. "의사과학과 뤼센코(Lysenko)사건" 이 장의 나머지 부분은 1900년대 이후에 발견된 멘델 유전학의 변이에 대해 설명하기로 한다.

14.3 | 멘델 유전학의 변이

완두를 이용한 멘델의 실험은 상대적으로 단순한 유전방식을 선택한 결과였다. 그가 연구한 7가지 형질들 각각은 두 개의 대립유전자를 갖는 하나의 유전자에 의해 지배를 받았다. 두 개의 대립유전자들 중 하나는 우성 그리고 하나는 열성이었다. 그래서 이형접합체는 우성형질을 보였다. 그러나 항상 이런 일이 발생하는 것은 아니었다.

불완전 우성은 이형접합자가 중간 표현형을 가진다

금어초에서 동형접합체인 붉은색 꽃(*RR*)과 동형접합체의 흰색 꽃(*R′R′*)의 교배는 붉은색 꽃의 잡종 F_1세대를 생산하지 않는다. 대신에, F_1세대는 분홍색의 꽃으로 구성되고 그것은 모두 *RR′*이다. 꽃 색에 대한 대립유전자는 모두 대문자로써 표현되는데 그것은 대립유전자가 우성도 열성도 아니기 때문이다. 이것은 **융합유전**의 예는 아니다. F_2세대에서 *R* 과 *R′* 유전자는 붉은색과 분홍색 그리고 흰색 꽃의 식물을 1:2:1의 비율로 생산하기 위해 분리되고 재결합된다. 만일 혼합유전이 일어났다면, 모든 F_2의 식물은 분홍색 꽃을 가질 것이다.

금어초색은 **불완전우성**(incomplete dominance)를 나타내는 형질이다. *R* 대립 유전자는 적색 색소를 만드는 효소를 암호화하고 있다. *R′* 대립 유전자는 결함이 있는 효소를 만들어서 *RR′*의 유전자형은 분홍 꽃을 만들 정도의 적색색소를 생산할 수 있다. 두 개의 *R* 유전자가 적색 꽃을 생산하기 위해 필요하다. 반면에 두개의 *R′* 유전자는 흰색 꽃을 생산하도록 한다. 불완전 우성에서, 표현형은 유전자형의 직접적인 결과인데 이유는 각각의 유전자형은 특성이 있는 꽃 색을 만들기 때문이다. 흰 꽃과 적색 꽃의 불완전우성 현상은 다른 많은 종에서 볼 수 있다.

다면발현은 하나의 유전자가 여러가지 형질에 관여한다

다수의 유전자들이 단지 하나만의 특성을 조절하는데 비해 어떤 유전자들은 하나의 유전자가 여러 가지 형질에 관여하고 그래서 한 생명체의 표현형 변화에 깊게 관여한다. 이 현상을 다면발현이라고 한다. 완두를 가지고 육종실험을 하는 동안 멘델은 실제로 다면발현 현상을 실제로 발견하였다. 자색 꽃, 갈색 종자, 그리고 엽액의 검은 점을 갖는 계통과 흰 꽃, 밝은 색 종자, 그리고 엽액에 점이 없는 품종과 교배를 하였다. 결과는 꽃 색, 종자 색, 그리고 엽액 점 모두는 마치 하나의 형질처럼 유전되었다. 이 유전 형태에 대한 이유는 세 개의 형질이 우성과 열성을 갖는 단 하나의 유전자에 의해 조절되었기 때문이다.

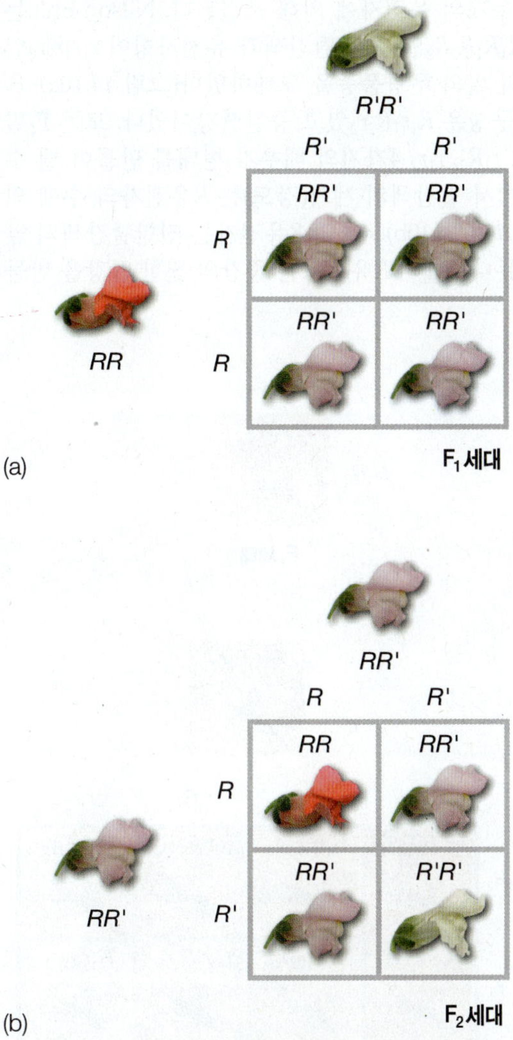

그림 14.9 금어초의 불완전 우성 (a) 만약 적색꽃(*RR*) 금어초를 흰색(*R′R′*)과 교배시킨다면, 나타나는 F_1 식물은 중간인 분홍색(*RR′*)꽃을 피울 것이다. (b) F_2 식물은 교배하면 F_1 세대는 1 적색 : 2 분홍 : 1 흰색의 비율로 꽃을 피울것이다.

다원유전자 형질은 여러 유전자가 하나의 형질에 관여한다

다수의 유전자들이 합쳐져서 결과적으로 하나의 형질을 나타내는데, 이것을 **다원유전자**(polygene)라고 불린다. 다원유전자를 이루는 각각의 유전자는 생명체의 표현형에 기여한다. 다원유전자에 의해 조절되는 형질은 변이의 폭이 아주 넓다. 사람의 신장에서와 같이 식물의 과일이나 키는 다원유전자들에 의해 조절되는 형질의 한 본보기이다. 더 많은 유전자들이 관여할수록 변이의 폭은 더욱더 연속적인 형태로 나타나고, 표현형은 더 이상 서로서로 분리해 낼 수가 없다.

다원유전자 유전을 증명한 최초의 실험은 밀 알갱이 색깔에 대해 스웨덴의 과학자 Nilson-Ehle에 의해 이루어 졌다. 알갱이의 색깔은 빨간색이 흰색에 대해 우성이며 각각 대립유전자를 가진 두개의 유전자에 의해 조절된다. Nilson-Ehle는 유전자형이 $R_1R_1R_2R_2$인 진한 빨간색과 유전자형이 $r_1r_1r_2r_2$인 흰색인 두개의 밀의 우량품종을 교배하였다(그림 14.10a). F_1세대의 모든 구성은 $R_1r_1R_2r_2$였고 중간빨강이었다. 모든 F_1밀은 R_1R_2, R_1r_2, r_1R_2, r_1r_2 4가지의 배우자 형태를 만들어 낼 수 있다. F_2세대에서 빨간색의 세기(강도)는 R유전자의 수에 의해 결정된다(그림 14.10b). 4개의 R유전자는 진한빨간색의 알갱이 색을 만든다. 3개의 R유전자는 중간의 진한 빨강을 만들고 2개의 R유전자는 중간의 빨간 알갱이를 만든다. 하나의 R유전자는 연한 빨강, 그리고 R 유전자의 부재는 흰색이다. R유전자는 빨간색 알갱이를 만드는데 부가적인 방식으로 작용한다. 만약 각 표현형의 수가 빨간색 알갱이의 강도에 의해 정해진다면 표현형의 분배는 종 모양 곡선을 나타낸다(그림 14.10c). 만일 유전자 이상의 어떤 것이 이런 밀의 특성을 포함하고 있다면, 표현형은 구분될 수 없었을 것이고, 종 모양의 곡선은 연속으로 나타날 것이다.

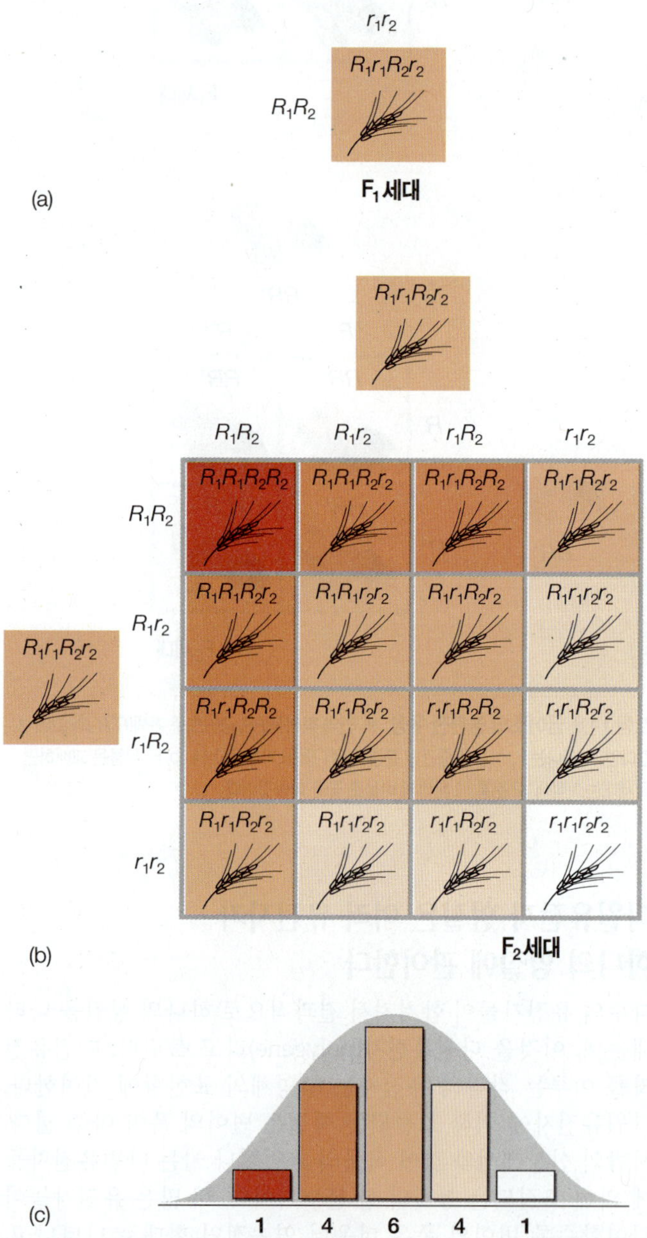

그림 14.10 밀 알갱이 색에서의 다원유전자 유전 (a) F_1 세대는 진한 빨간색 낟알($R_1R_1R_2R_2$)을 가진 식물과 흰색의 낟알($r_1r_1r_2r_2$)을 가진 식물과의 교배에 의해 형성되었다. (b) F_2 세대는 R 대립유전자의 숫자에 의존하는 5가지의 다른색의 낟알을 가지는 식물로 되어있다. (c) 푼넷트 사각형에서 각 표현형의 숫자는 도표로 보여진다. 색깔의 분포는 종 모양의 곡선으로 나온다.

환경은 표현형의 발현을 바꿀 수 있다

유전자는 생명체의 표현형을 결정하기 위하여 복합적 방식으로 상호작용을 한다. 하지만 생명체가 살고 있는 환경은 표현형에서 이러한 유전자들의 발현에 영향을 끼칠 수 있다. 예를 들어 최상의 유전자를 가진 식물은 영양소가 부족한 토양에서 충분한 가능성을 실현시킬 수 없다. 일반 정원에서 볼 수 있는 수국속 꽃(*Hydrangea macrophylla*)은 보통 파란색 꽃이 많이 모인 커다란 꽃송이를 생산한다. 그러나 이 식물이 분홍색 꽃을 피울 때도 있다(그림 14.11). 꽃 색은 토양의 산도에 의하여 결정된다. 토양이 산성이면 파란색 꽃을 피우고, 보다 염기성이면 표현형이 분홍색 꽃이 된다.

많은 수생식물들은 2가지 형태의 잎-하나는 침수생의 잎, 다른 하나는 수면 위에 떠있는 잎을 가지고 있다. 침수생의 잎은 길고 약하거나 세밀하게 분리되어져 있으나, 공기에 노출된 잎은 넓고 평평하다. 그래서 외부의 환경은 잎 모양을 결정짓는 유전자들이 이들 식물들에서 발현되는 표현양식에 영향을 준다.

어떤 수국은 온도와 빛의 수준이 꽃 색의 표현형에 영향을 미칠 수 있다. 이 진정계통의 적색 꽃을 피우는 수국이 또 다른 순종인 아이보리색 꽃을 피우는 수국과 교배가 된다면, 시원한 온도와 빛이 좋은 환경 조건에서 F_1세대(이형접합체)의 표현형은 적색 꽃을 피울 것이다. 그러나 따뜻한 온도와 그늘에서는 아이보리 색 꽃을 피울 것이다.

그림 14.11 *Hydrangea macrophylla*의 꽃 색깔에 토양의 산성도가 미치는 영향 산성토양은 파란꽃을, 그리고 중성 또는 염기성 토양은 핑크색 꽃을 생산한다.

14.4 | 유전자와 염색체

형질 또는 유전자가 염색체에 위치해 있다는 사실을 알아 챈 뒤 과학자들은 염색체 숫자보다는 유전자의 숫자가 훨씬 많다는 사실과, 그래서 각각의 염색체는 많은 유전자를 보유하고 있다는 것을 인지하였다. 동일 염색체에 위치하는 유전자들은 **연관**(linkage)이 되어 있다고 할 수 있다. 동일 염색체에 함께 연관된 유전자들은 함께 유전하는 경향을 보이게 될 것이다.

스위트피에서 꽃 색과 꽃가루 모양을 결정하는 유전자는 동일염색체 상에 있다

영국의 유전학자 W. Bateson은 처음으로 스위트피(*Lathyrus odoratus*)를 연구하는 동안 1905년 유전자 연관을 발견하였다. Basteson은 적색 꽃잎 *dd* 와 둥근 화분립 *ee*를 갖는 동형접합의 열성 완두를 우성의 보라색 꽃인 *DD*와 긴 화분립인 *EE*의 동형 접합체와 교잡을 시켰다. Baston은 F_2세대를 얻기 위하여 *DdEe*인 F_1세대를 사용하였다. 만약 형질이 정말로 함께 연관이 되어 있다면, F_2세대는 자주색 꽃과 긴 화분을 갖는 식물과 적색 꽃과 둥근 화분을 갖는 식물로 구성 되어야만 할 것이다. 그러나 F_2세대는 표 14.1에 나타난 식물로 구성이 되었다.

대부분의 스위트피는 모본 식물과 같았지만 42개의 식물은 완전히 새로운 조합 이었다! 이런 결과는 때때로 같은 염색체 상에 존재하는 몇몇의 유전자들이 항상 서로 접하지 않기 때문에 일어난다. 감수분열의 전기에서 상동염색체는 만나게 되고 **교차**(crossing over)라고 불리는 과정에서 그들 자신의 부분을 교환하게 된다(그림 14.12). 교차는 지극히 일반적인 과정이고, 적어도 한 번의 교차는 감수분열 중에 일어나게 될 것이다. 꽃잎 색깔과 화분모양에 대한 유전자 사이에서 완두의 교차가 일어났을 때 배우체의 2가지 새로운 유형 — 어버이의 유형인 *DE* 와 *de* 뿐만 아니라 대립유전자 *De* 와 *dE*가 생긴다. 교차는 **유전적 재조합**(genetic recombination)을 생산한다 상동염색체 사이의 단편의 교환에 의한 대립유전자의 새로운 조합의 구조이다. 우연히, Bateson의 실험에서 몇몇의 생식체들이 붉은 꽃잎이고 길쭉한 화분을 가진 것과 보라색 꽃잎이지만 둥근 화분을 가진 식물을 산출하게 되었다(표 14.1).

표 14.1 교잡의 세대

식물체 수	꽃잎 색	화분모양	형태
284	보라색	긴 모양	부모형
55	적색	둥근 모양	부모형
21	보라색	둥근 모양	교차
21	적색	긴 모양	교차

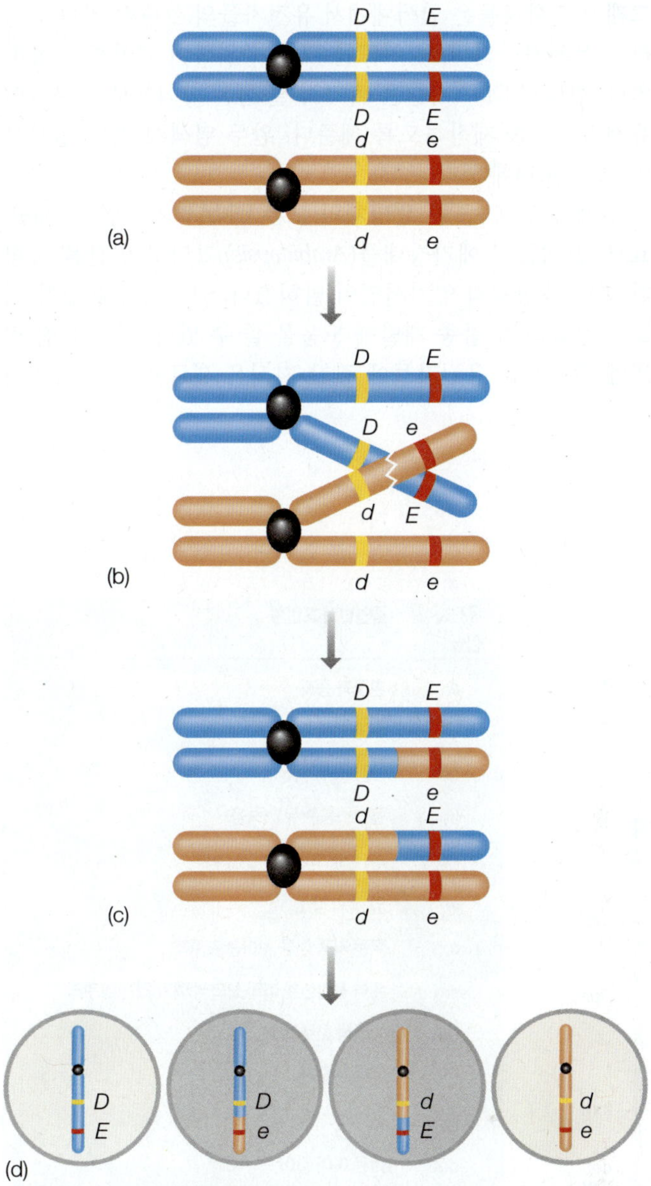

그림 14.12 스위트피(*Lathyrus odoratus*)의 교차 꽃잎 색(*D* 또는 *d*)과 화분의 모양(*E* 또는 *e*)을 지배하는 유전자는 같은 염색체위에 연관 되어있다. 교차가 일어나지 않았다면 우성(보라색 꽃잎과 길쭉한 화분을 가진)과 열성(붉은 색 꽃잎과 둥근 화분을 가진)의 교배로 얻은 F_2세대는 단일 특성 교배에서처럼 보라색이고 길쭉한 것 3개와 붉은색이고 둥근 것 1개로 올 것이다. (b) 꽃잎 색과 화분모형에 대한 유전자를 가진 염색체에서는 교차가 보여졌다. (c) 교차 후에, 재 배열은 더욱 분명하다. (d) 배우자의 4가지 유형: *DE*와 *de*(부모형)과 *De*와 *dE*(교차형, 회색의 원).

유전자지도는 염색체상의 유전자 순서와 위치를 나타낸다

아주 가까이 인접해 있는 유전자들은 교차를 거의 하지 않는데 이유는 유전자들 사이에 상동 염색체들이 꼬이고 염색체 단편을 교환할 여지가 거의 없기 때문이다. 염색체의 유전자들은 거리가 멀면 멀수록 교차가 일어날 가능성은 더욱더 커진다.

그래서 과학자들은 염색체에서 유전자들의 상대적 위치를 정하고 유전자들의 최초 지도를 그리기 위하여 교차를 이용하였다. 현대의 DNA기술은 비교적 덜 힘든 방식으로 학자들이 유전자지도를 제작하도록 해준다. 완두 염색체 지도 일부분이 그림 14.13에 있다.

전체 유전체 — 한 생명체의 모든 DNA염기서열 — 세균, 효모, 꽃식물인 애기장대풀(*Arabidopsis*),그리고 인간을 포함한 몇몇 생명체의 염기서열이 밝혀졌다. 식물에서 유전자 지도는 작물의 새 품종 개발에 도움을 줄 수 있다. 인간 유전 질병에 관여하는 유전자들에 관한 지식은 새로운 진단 방법과 결과적으로는 유전자 치료를 가능하게 할 것이다.

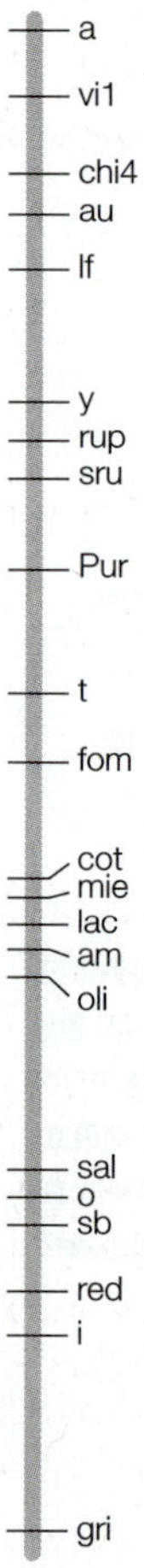

유전자 심볼	돌연변이 표현형
a	흰꽃과 종자
vi1	노랑-초록 식물
chi4	노랑-초록 식물
au	불그스름한 유묘(죽음)
lf	4-11 마디위에 첫 꽃이 핌
y	잎 폭의 감소
rup	작은 자색 점을 보이는 꼬투리
sru	위쪽 봉합선을 따라 보라색 띠가 있는 꼬투리
Pur	보라색 꼬투리
t	두꺼운 줄기
fom	좁은 잎
cot	짧은 마디 길이
mie	마디수 감수
lac	깔때기 모양 잎
am	분홍색의 가미된 흰꽃
oli	황록색 종피
sal	기공수 감소
o	노르스름한 모든 잎
sb	흰색왁스가 있는 주름진 잎
red	아주 좁은 잎사귀
i	초록 종자 색
gri	회색띠가 있는 종피

그림 14.13 완두의 제1염색체 상에 있는 유전자 지도 1번 염색체에 있는 적은 수의 유전자들만 나타내었다. 멘델이 연구(흰색의 네모 칸)했던 꽃과 종자 색을 결정하는 대립유전자는 *A* 또는 *a*(꽃색)와/ 또는 *i*(종자 색)가 현대적 표현 방식이다. 어떤 유전자의 변이체도 나타내었다. 변이체 심볼은 소문자이고 열성이다. 반면에 우성은 첫 글자를 대문자로 나타낸다.

양성잡종교배에서 두 개의 유전자가 다른 염색체상에 있으면 독립분리 된다

완두를 통한 Mendel의 실험은 교배하는 동안에 하나의 형질에 대해 독립적으로 분리된 대립유전자를 증명하였다. 2개의 다른 형질에 대한 유전자가 다른(비상동 염색체)염색체 상에 위치할 때 그 형질에 대한 유전자들 또한 독립적으로 분리되어질 것이다(그림 14.14). 개체 또는 2개의 특성에서 차이를 나타내는 식물 종 사이에서의 교배를 **양성잡종 교배**(dihybrid cross)라 불리운다.

완두에서 우리가 얻은 예들을 바꾸어 정원용 토마토에서 양성잡종 교배에 대해 생각해 보자. 과실의 색과 줄기의 털에 관여하는 유전자는 다른 쌍 상동염색체에 놓여있다. 붉은색 과실에 대한 대립유전자 *R*은 오렌지색 과실 유전자 *r*에 대해 우성이다. 털이 있는 줄기에 대한 유전자 *H*도 매끄러운 줄기 *h*에 대해 우성이다. 모본식물 종들의 기원은 붉은색 과실과 털을 가진 줄기는 우성의 상동염색체 *RRHH*, 오렌지색 과실과 매끈한 줄기는 열성의 상동염색체 *rrhh*를 가진다(그림 14.15). 열성 식물이 오로지 유전자형이 *rh*인 배우체만 만들 수 있는 반면에 상동염색체의 우성 식물은 오로지 *RH*의 배우체를 만들어 낼 수 있다. F_1세대는 오로지 붉은색 과실과 털이 있는 줄기를 가진 *RrHh*의 유전자형의 식물로만 되어있다. F_1세대의 각각 식물은 서로 다른 4종류의 암수 배우자 — *RH*, *Rh*, *rH*, *rh* — 를 만들 수 있는데, 그것은 각 부모가 각 형질에 대한 하나의 유전자를 기부했기 때문이다. 이러한 배우자를 나타내기 위해서는 총 16조합을 위해 각 면이 4칸으로 된 푼넷트 사각형이 필요하다. F_2의 산물은 — F_1세대의 부모로부터 하나의 형질에 대한 2개의 유전자를 받은 — 16칸에서 보여준다. 우리가 각 형질은 분리되어 진다고 생각했던 것처럼 붉은색과 오렌지색은 3:1, 털이 있는 줄기와 매끄러운 줄기는 3 : 1의 비율이다. 표현형의 전체 비율은 9:3:3:1 혹은, 9(붉고 털이 있음) : 3(붉고 매끄러움) : 3(오렌지색이고 털이 있음) : 1(오렌지색이고 매끄러움)이 된다. 만일 우리가 1,600개의 F_2세대를 얻었다면, 우리는 각각 900개의 붉고 털이 있는 것과 300개의 붉고 매끄러운 것, 300개의 오렌지색의 털이 있는 것, 그리고 100개의 오렌지색이며 매끄러운 것을 기대하게 될 것이다.

멘델은 완두의 노란 것 대 녹색 종자 그리고 둥근 것 대 주름진 종자의 형질을 이용하여 똑 같은 유형의 양성잡종을 만들어 냈다. 이 형질들은 스스로 독립적으로 분리되었고, 그리고 그의 발견을 멘델의 제2유전법칙(Mendel's Second Law of Heredity) 또는 **독립분리의 법칙**(law of independent assortment)이라 한다. 그 법칙은 1913년에 유전학자 모간이 멘델을 위하여 명명하였다. 그러나 멘델의 두 번째 법칙은 오직 형질들이 분리되어 있는 것, 비 상동염색체에 존재할 때만 유지된다. 멘델은 염색체나 상동 염색체상의 유전자 사이의 연관에

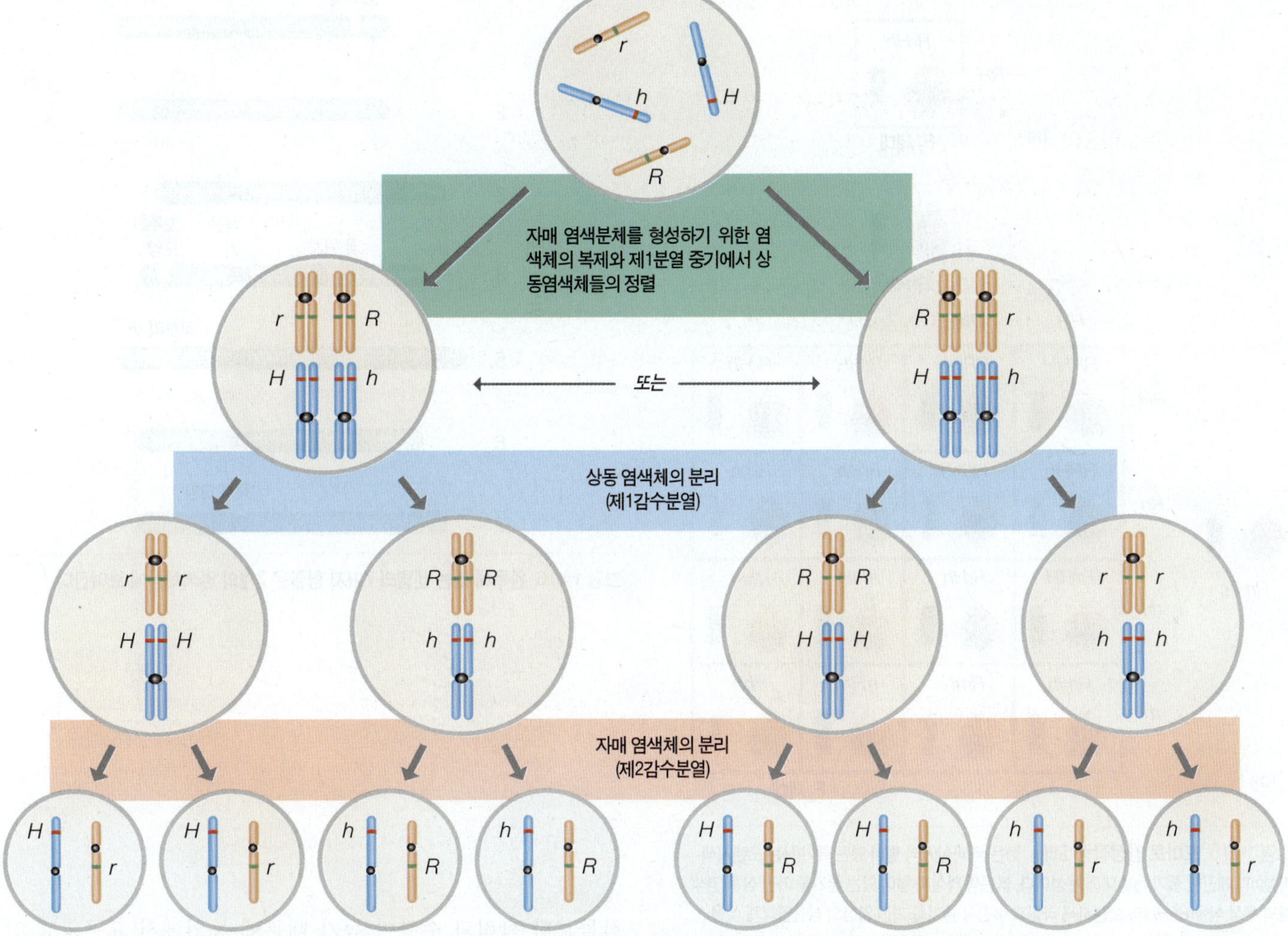

그림 14.14 감수분열과 대립유전자의 독립적 분류 토마토는 2개의 유전자는 과실의 색(*Rr*)과 줄기의 털이 있음(*Hh*)에 대한 이형 접합체이다. 감수분열 동안에 대립유전자는 독립적으로 분리되어진다. 왜냐하면 대립유전자들은 각각 독립적으로 분리되어진 서로 다른 염색체 상에 위치하고 있기 때문이다. 감수분열은 2가지 방식: 감수분열 제1분열의 중기동안에 상동염색체가 정렬되는 방식에 의존하거나, 대립유전자 *rH*와 *Rh*(왼쪽 - 그을진 황갈색) 또는 *RH*와 *rh*(오른쪽 - 어두운 파란색)를 가지는 포자, 배우체, 생식체의 생산을 유도하는 방식을 따를 수 있다. 따라서 이형접합체인 토마토는 4가지 다른 형태의 생식체를 형성할 수 이있다.

대해 전혀 알지 못했다. 완두콩은 7쌍의 상동염색체를 가지고 있고, 이 연구했던 7개의 형질 모두가 각 염색체 쌍에 분리되어 위치하는 것은 아니다(그림 14.16). 종자의 색과 종자의 모양은 명백히 다른 한 쌍에 존재하고 그들은 멘델의 양성잡종에서 독립된 분리 상태로 나타난다. 그러나 꼬투리의 모양과 완두 넝쿨의 길이는 같은 쌍의 염색체에 존재하며 연관을 보여준다. 멘델은 양성잡종에서 이렇게 쌍으로 존재하는 형질에 대해 확실히 연구하지 않았거나 이러한 연구에 대한 기록이 없다.

두 개 이상의 유전자가 상호작용하여 하나의 형질을 만든다

1900년대 초기 몇 가지 옥수수 품종은 안토시아닌이라 불리는 보라색 색소를 옥수수 알갱이의 종피에 가지고 있었다. 유전학자인 R.A Emerson은 순계인 흰색의 두 품종을 교배한 뒤 모두 보라색인 옥수수 알맹이를 얻었다. F_1의 보라색 잡종을 교배하고, F_2세대에서는 56%의 보라색 알맹이와 44%의 흰색 알맹이의 식물체를 포함하였다.

Emerson은 보라색 안토시아닌 색소의 생성에 두 개의 유전자가 연관되어 있다는 것을 추론해 냈다. 따라서 실제적으로 F_1세대의 잡종은 양성잡종이다. 독립적으로 분리되는 유전자를 가진 전형적인 양성잡종에서는 16개의 다른 조합과 9:3:3:1 비율의 표현형이 나타난다. 에머슨은 16의 56%는 9이고 16의 44%는 7이므로 그의 옥수수의 F_2 세대는 9:3:3:1의 비율대신 변형(그림 14.17)된 양성 비율인 9:7을 나타냄을 알았다. 에머슨은 유전학에서 **상위**(epistasis)의 첫 번째 예를 발견하였다(그리스어로 epistasis는 "stopping"을 의미). 두개의 유전자는 어느 한쪽의 유전자가 다른 것의 표현형의 발현을 억

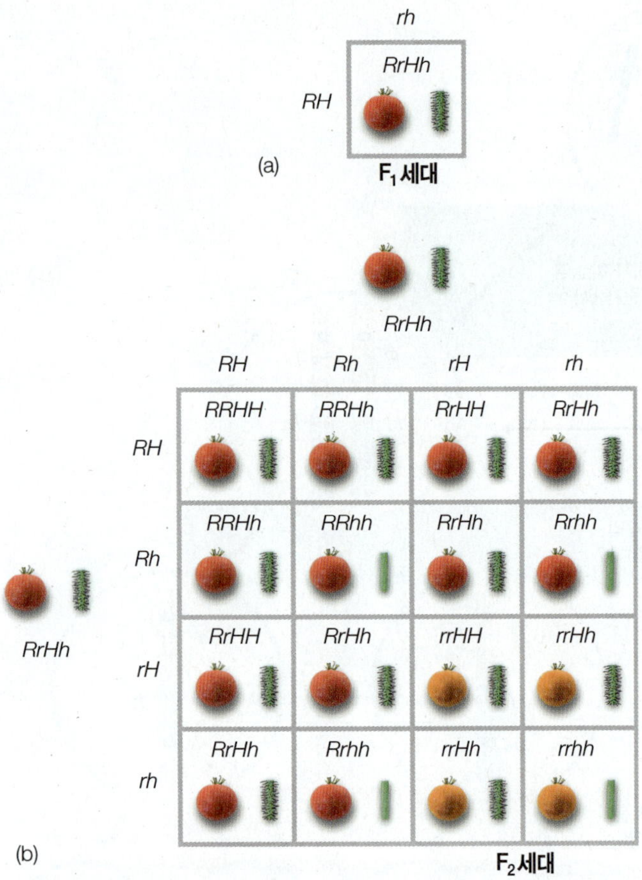

그림 14.15 토마토 양성잡종 교배 붉은 색 과실(*R*)과 털이 있는 줄기(*H*)는 오렌지색 과실(*r*)과 매끈한 줄기(*h*)에 대해 우성이다. 붉은색 과실과 털이 있는 줄기를 가진 상동 염색체의 우성 식물(*RRHH*)과 오렌지색 과실과 매끈한 줄기를 가진 열성의 상동염색체 식물(*rrhh*)의 교배는 두 특성에 대한 이형접합체의 F_1세대를 산출해 낸다. F_1세대는 4종류의 배우자를 생산하고, F_2세대는 대립유전자의 16가지 조합으로 이루어진다.

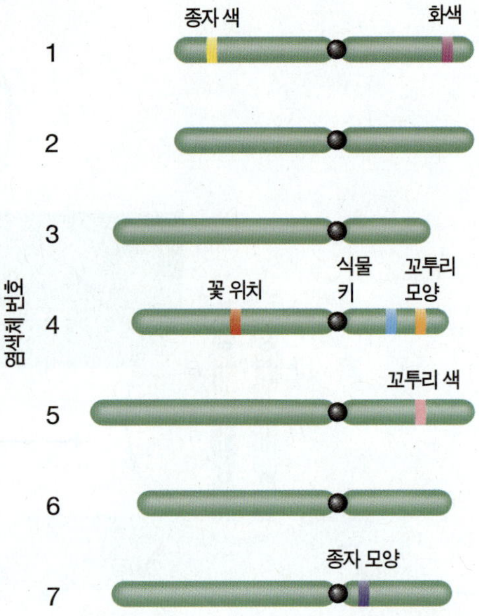

그림 14.16 완두에 있는 멘델의 7가지 형질은 7개의 염색체상에 보여진다

누르는 것이 가능하도록 하는 식의 방법으로 상호작용 한다. 자주색 색소를 만들기 위하여, 옥수수는 색소생산에 관여하는 두개의 유전자의 각각에 대하여 우성 유전자를 가지고 있어야 한다. 안토시아닌은 두 단계의 과정으로 생성된다(그림 14.18). 각각의 유전자의 우성대립유전자는 제구실을 하는 효소를 암호화하고 있다. 열성대립 유전자는 제구실을 못하는 유전자를 암호화하고 있다. 옥수수가 각각의 유전자에 최소한 한 개의 우성대립유전자를 가지고 있는 한 그것은 보라색 색소를 생성할 수 있다. 왜냐하면, 옥수수는 안토시아닌 색소 생성의 생물학적 생화학 경로에서 각각의 효소를 만들 수 있기 때문이다. 그러나 만약 그것이 두 유전자 중 어느 하나의 유전자에서 동형 열성이라면 식물체는 흰색이 될 것이다. 색소 생산은 연속적인 과정이기 때문에 어떤 단계에서 비 기능적인 효소가 최종산물의 생성을 멈추게 한다.

잡종을 생산하기 위하여 식물의 교배종들을 만들어 내는 도중에 많은 유전학적 기작이 밝혀졌다. 잡종은 단일순계 농작물보다 활력과 수량이 높기 때문에 농업에서 요구되고 있다. 잡종에 대한 더 많은 사실은 Essay 14.2 "잡종 옥수수와 난초"에 설명되어 있다.

몇몇 식물의 성염색체 상의 유전자는 웅성과 자성 생물체를 결정한다

모든 꽃식물의 약 94%는 한 개체에서 꽃이 수술과 암술을 가진다. 그런 식물들은 단지 한 형태의 꽃만을 가지고 있기 때문에 성적동형으로 불린다. 꽃식물의 6%인 14,620 종이 암 · 수가 다르기에 성적이형이라 불린다. "수꽃식물"들은 수술은 있고 심피는 없는 꽃을 만들지만, "암꽃식물"들은 심피는 있고 수술은 없는 꽃을 만든다. 식물의 성결정 형성과정에 관심이 있는 연구자들은 성적동형이며 폭넓은 연구에 쓰이는 *Arabidopsis thaliana* 대신에 다른 식물을 이용해야 한다.

석죽과 식물(*Silene latifolia*)(그림 14.19)은 X 와 Y라는 성염색체를 가지고 있고 이것이 성결정에 절대적 역할을 한다. 성염색체가 존재하면, 이배체인 아포체(꽃을 포함하여)는 암 또는 수꽃이 될 수 있다. 수꽃 식물은 X 와 Y 염색체 모두를 보유하고, 암꽃 식물은 두 개의 X 염색체를 갖고 있다. Y 염색체는 수술형성과 수꽃식물 관련 유전자들을 보유하고 있다. X 염색체는 암꽃식물과 심피형성 관련 유전자들을 염색체에 가지고

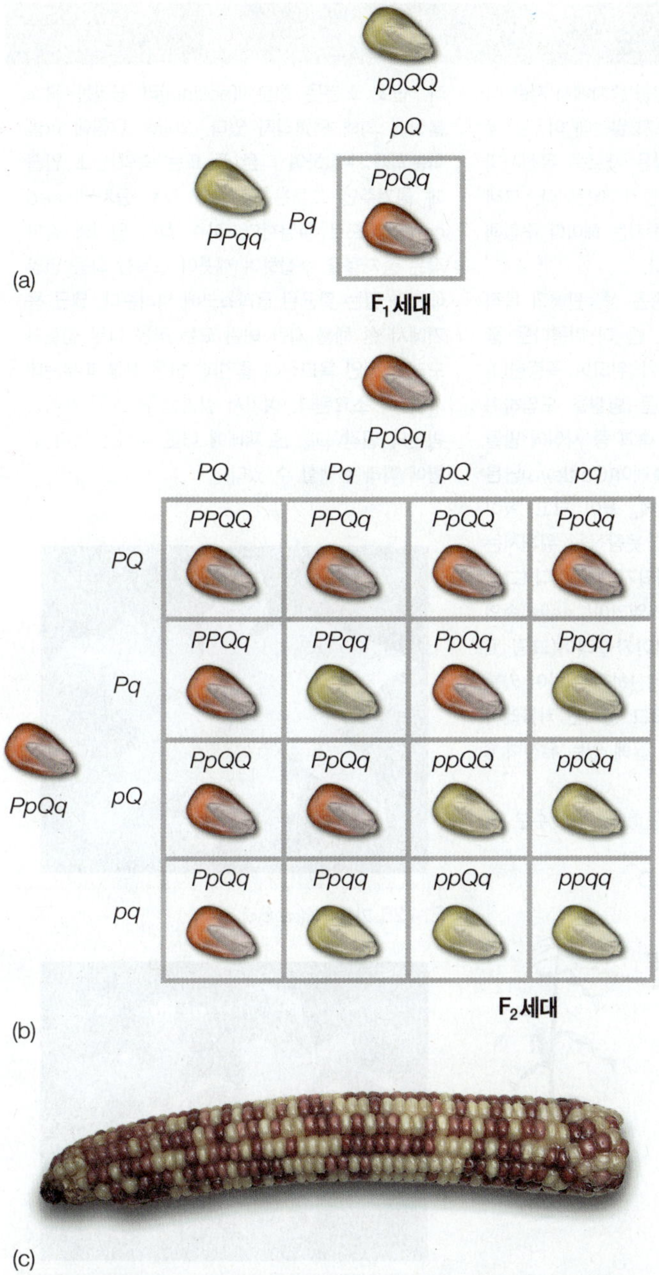

그림 14.17 안토시아닌 생성에 관한 옥수수 유전자의 상위 (a) F_1 세대는 보라색 낟알을 가진 상동염색체의 우성식물(*PPQQ*)과 흰색 낟알을 가진 상동염색체의 열성식물(*ppqq*)로 형성되어 있다. (b) F_2 세대는 보라색 9 : 흰색 7의 표현형 비율을 가지고 있다. (c) F_2 식물에서 수축한 옥수수 자루, 비율을 알아보기 위하여 보라색과 흰색의 낟알 숫자를 세어 보는 것도 괜찮을 것이다.

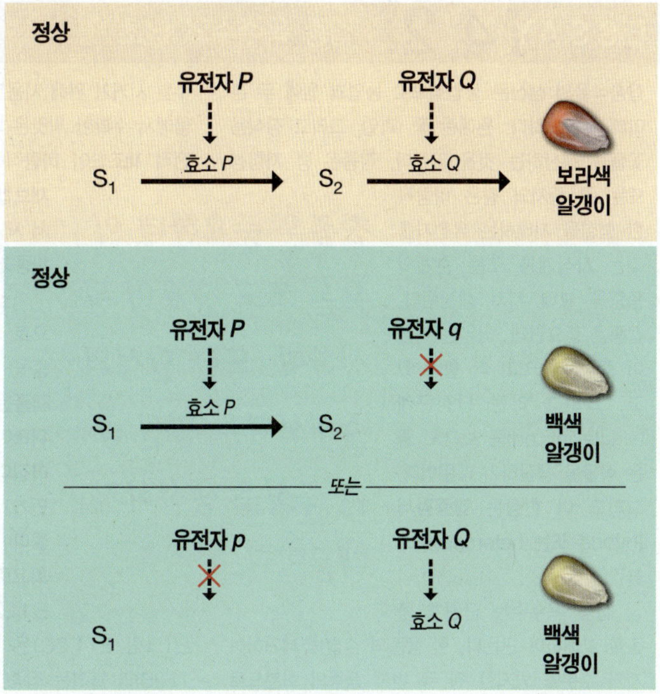

그림 14.18 안토시아닌 생성에 대한 대사과정 (a) 옥수수는 적어도 보라색 낟알을 생성하기 위해 낟알 색에 대한 2개의 유전자(*P*와 *Q*)에 대한 하나의 우성대립유전자를 가지고 있어야만 한다. 그러면 2개의 기능이 있는 효소가 생성되고, 대사과정은 안토시아닌으로 기질(S_1 과 S_2)의 변화를 위해 진행한다. (b) 만일 유전자의 하나 혹은 둘 다 열성의 상동염색체(*pp* 또는 *qq*)라면, 1개 또는 2개의 기능이 없는 효소를 생산해 낸다. 대사경로는 붕괴되고, 안토시안은 형성되지 않고, 그래서 낟알은 흰색이 된다. 기능이 없는 유전자는 이 그림에서 유전자 *p*와 유전자 *q*를 지적하였다.

있다. X 와 Y 염색체는 형태적으로 뚜렷한 차이가 있다(그림 14.20). 인간의 성 결정에도 같은 시스템이 관여한다. 인간의 남성은 XY, 여성은 XX, 그리고 인간의 성염색체는 형태적으로 구별이 된다. 성염색체가 아닌 염색체를 **상염색체**(autosome)라 한다.

최근에 하와이 연구자들은 파파야(*Caria papaya*)에서 성염색체를 발견하였다. 파파야는 17쌍의 상염색체와 한 쌍의 성염색체를 갖고 있다. 수 파파야나무는 XY, 그리고 암 파파야나무는 XX이다. 석죽과 식물과 인간과는 다른 파파야의 성염색체는 상염색체처럼 생겼다. 성염색체는 기능적으로 구별이 되는데 Y 염색체는 수컷적인 발달과 기관관련 유전자를 보유

ESSAY 14.2 잡종 옥수수와 난초

잡종식물의 생산은 상업적으로 농업과 원예 두 분야에서 중요하다. 원예란 꽃, 과일, 그리고 장식용 꽃들을 생산하는 것을 말한다. 잡종은 병 저항성 또는 큰 종자와 같은 바람직한 형질을 지배하는 유전자를 갖는 자식계통 또는 순계의 품종을 교배 시켜 생산된다. 잡종은 중요한데, 이유는 이들이 종종 더 크고, 더 활력 있고, 그리고 어떤 단성근계(single inbred)종 보다도 좋은 작물을 생산하기 때문이다. 그리고 이 현상은 **잡종강세(hybrid 또는 heterosis)**라고 불린다.

잡종은 중요한데 이유는 크고 생육이 왕성하며, 또한 단성의 순계보다는 훨씬 좋은 곡식을 생산하기 때문이다.

잡종 옥수수는 근친계 품종을 교배하여 만든다. 한 품종의 수술을 제거하여 자가 수분을 방지한 뒤 두 번째 품종의 화분으로 수분시킨다. 그림 E 14.2(A)에서 두 가지의 단성교잡 품종들(B X A 그리고 C X D)은 이러한 방식으로 만들어진다. 단교잡 잡종 C X D는 종자 판매를 위한 복교잡 잡종을 만들기 위한 B × A 잡종을 수분 시키기 위해 사용된다. 잡종 종자에서 자란 식물에서 수확한 씨앗은 다시 쓰지 않는데 이유는 유전적 재조합이 바람직하지 않은 새로운 유전자의 재보합을 만들기 때문이다. 그래서 새 잡종 종자는 해마다 구입해 파종해야 한다.

난초 잡종은 상품판매의 목적으로 새롭고, 좀 더 아름다운 품종을 창출하기 위하여 육종한다. 잡종은 새로운 형질을 도입하기 위하여 다른 속과 종 사이에 만들어진다. 카틀레야(Cattleya)난은 인기가 좋은데, 꽃이 크고 향이 좋아 여성들 옷장식을 위해서는 최고로 인정되기 때문이다.(그림 E.14.2B). 라엘리아(Laelia)속의 난(그림 E14.2C)은 라엘리아카틀레야(그림 E 14.2B)라 불리는 잡종 난을 생산하기 위하여 카틀레야와 교잡시킨다. 잡종의 크고 황색인 카틀레야 난을 생산하는 절차는 이장의 끝에 있는 유전학 6번 문제에 나와있다.

야생에서 난 꽃은 주로 곤충에 의해 수분 된다. 난초 화분은 화분괴(pollinia)라 불리는 왁스 물질에 의해 덩어리져 있다. 외과용 탐침에 이들 화분괴를 수집하여 다른 종 또는 속의 난초 암술에 옮겨주면 그들은 9개월에 걸쳐 종자낭(seed capsule)으로 발달한다. 아주 작아 먼지와 같이 작은 종자들을 수집하여 깨끗이 소독한 다음 영양배지가 있는 멸균된 플라스크에 뿌려준다. 멸균 용기에서 한 해를 자란 어린 묘는 작은 나무 껍질과 모래가 섞인 육묘상에 옮긴다. 난은 꽃을 피우는데 4,5년이 소요된다. 여기서 설명한 난 배양 내용은 빙산의 일각이고, 난 재배에 대한 서적은 독자 취향에 따라 선택할 수 있다.

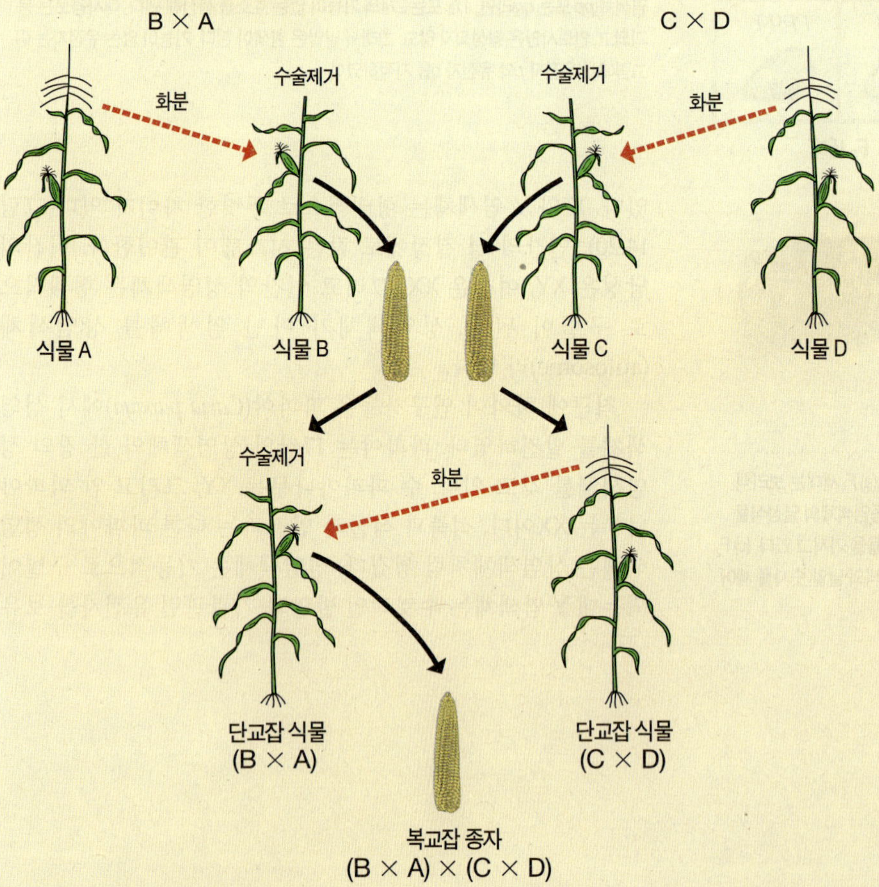

E14.2A 잡종 옥수수의 생산

E14.2B 카틀레야(*cattleya*)

E14.2C 라엘리아(*Laelia*)

E14.2D 라엘리아카틀레야(*Laeliecattleya*)

하고, X 염색체는 암컷기관 발달 유전자를 보유하고 있다. 파파야에서 발견한 성염색체는 성결정 유전자를 보유한 상염색체에서 진화했다는 가설을 뒷받침 해주고 있다.

그림 14.19 ***Silene latifolia*(석죽과) 꽃의 두 가지 형태** (a) 수꽃. (b) 암꽃. 각 꽃의 일부분은 내부의 생식기관을 보이기 위해서 제거하였다.

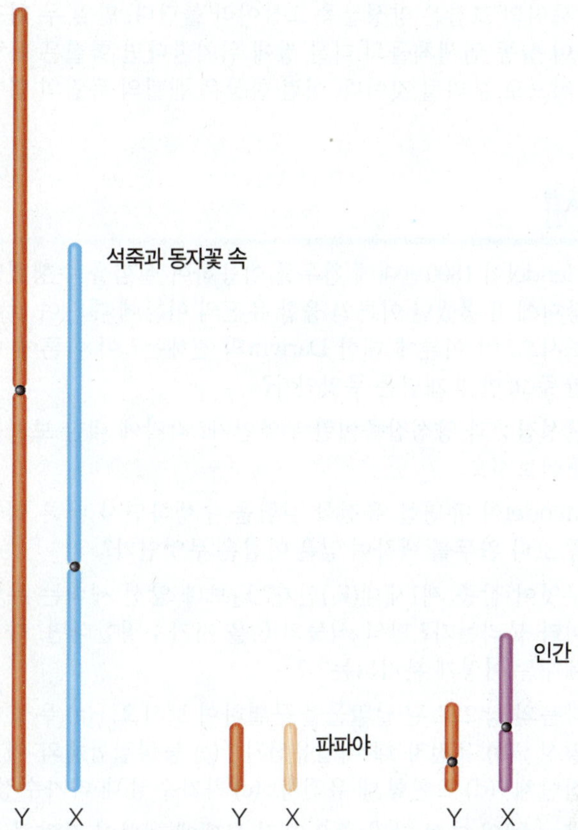

그림 14.20 ***Silene latifolia*(석죽과), 파파야(*Caria papaya*), 그리고 인간(*Homo sapiens*)의 성 염색체** white campion과 인간의 성 염색체는 크기가 다르고 상염색체와 구별할 수 있으나, 파파야는 크기가 비슷하다. white campion의 Y 염색체 X 염색체보다 큰데 이는 인간의 경우와는 정반대이다(파파야의 중심체 위치는 불분명하다).

요점

14.1 초기의 실험에서 유전물질은 잡종에서 섞이지 않고 부모의 형질의 후대에서 다시 나타난다는 것을 보였다. 멘델은 완두의 7가지 형질에 초점을 맞추었는데, 각 형질은 다른 양친 품종에서 두 가지 다른 형으로 나타났다. 그러나 F_2 세대에서 우성과 열성의 비율은 3:1이었다. 유전 인자들은 각각이 독립적으로 분리되었다. 후세에 이것은 멘델의 분리법칙으로 알려졌다.

14.2 현재의 용어로 멘델이 언급한 인자(factor)는 형질을 암호화하는 유전자이다. 한 유전자의 다른 인자가 대립 유전자이다. 만약 대립유전자가 같다면 그 개체는 어떤 형질에 대하여 동형접합체이다. 그러나 다르다면, 그 개체는 이형접합체이다. 우리가 관찰할 수 있는 형질이 표현형인 반면 내재되어 있는 유전적 구성은 유전형이다. 감수 분열은 멘델의 분리의 법칙을 설명할 수 있는 세포학적 기작이다.

14.3 어떤 식물에서 볼 수 있는 꽃 색은 불완전 우성이며 분리는 형태에 의하여 조절된다. 다면발현에서 하나의 유전자는 하나 이상의 표현형에 영향을 미칠 수 있다. 다원유전자의 유전에서 많은 유전자들은 한 가지의 형질을 나타내기 위하여 부가적인 방식으로 결합하여 작용한다. 환경은 유전자형이 표현형으로 나타나는 방식에 영향을 줄 수 있다.

14.4 동일 염색체에 위치한 유전자들은 연관이 되어있다. 상동 염색체는 감수 분열 동안에 교차라고 불리는 과정을 통하여 염색체 단편이 잘리고 난 뒤 교환을 할 수 있다. 두 가지 형질에서 두 식물체 또는 품종이 다를 때, 그들

사이의 교잡은 양성잡종 교잡이라 불린다. 만일 두 형질이 상동 염색체들의 다른 쌍에 위치한다면 형질은 독립적으로 분리될 것이다. 이런 현상은 멘델의 독립의 법칙으로 알려져 있다. 상위에서 두 개 또는 그 이상의 유전자들이 작용을 하고 각 유전자는 다른 유전자의 표현형의 발현에 상용 작용을 한다.

문제

1. Mendel이 1800년대에 완두를 이용하여 실험을 수행했던 당시에 유행했던 이론인 융합 유전의 이론에 대하여 말해 보시오. 이 이론에 대한 Darwin의 견해는? 이 이론에 대한 주요 반대 개념은 무엇인가?
2. 단성잡종과 양성잡종이란 무엇인가? 각각에 대한 보기를 들어보시오.
3. Mendel이 유명한 유전학 실험을 수행하면서 다른 식물종 보다 완두를 택하여 얻은 이점은 무엇인가?
4. 무엇이 잡종 제1세대(F_1)인가? F_1보다 앞선 세대는 무엇이라 불리는가? 만약 식물의 F_1을 자가수정한다면, 다음 세대는 어떻게 분리되는가?
5. 다음의 쌍으로 된 낱말들을 구별하여 보시오. : (a) 우성 대 열성 ; (b) 유전자 대 대립유전자 ; (c) 동형접합체와 이형접합체 ; (d) 표현형 대 유전형 ; (e) 자가수정 대 타가수정 .
6. Mendel의 다섯 가지 주요 유전 모델에 대하여 간략히 설명하시오.
7. Mendel의 유전 법칙에 대하여 설명하시오. : (a) 분리의 법칙 ; (b) 독립분리의 법칙. 누가 실제로 각 법칙을 명명하였는가?
8. Mendel의 제2법칙인 독립의 법칙은 언제나 정확한가? 형질은 언제나 독립적으로 나누어지는가?
9. 불완전 우성의 현상은? 금어초의 꽃 색을 이용하되 불완전우성의 기작을 분자생물학적 또는 효소학적 용어를 사용하여 설명하시오.
10. 연관이란 무엇인가? 교차란 무엇이고 언제 일어나는가? 교차는 염색체의 종류에 상관없이 두 개의 염색체에서 일어나는가? 아니면 상동염색체 사이에서만 일어나는가? Mendel이 실험 중 연관을 접해 본 적이 있는가?
11. 상위란 무엇인가? 그리고 상위는 다원유전자 유전과 어떻게 다른가?
12. 석죽과 식물과 인간에서, 성은 상염색체와는 구별이 되는 성염색체에 의하여 결정된다. 어느 점에서 석죽과 식물인 white campion과 인간의 성염색체가 다른가?

응용 개념

기본문제

1. 완두에서 순계의 황색 종자를 맺는 식물(*Y*)과 순계의 녹색종자를 맺는 식물(*y*)을 교잡하였다. 황색종자는 녹색종자에 대하여 우성이다.
   (a) F_1잡종 식물의 유전자형은 무엇인가?
   (b) F_1식물은 무슨 종류의 배우자를 생산할 수 있는가?
2. 야생화 군집에서 청색의 꽃(*B*)는 백색 꽃(*b*)에 대하여 우성이다.
   (a) 만약 두개의 이형접합체에서 청색의 식물을 교잡한다면 자식 중 얼마가 청색과 백색 꽃으로 될 것인가? 푼네트 사각형을 이용하여 문제를 해결해 보시오
   (b) 청색꽃 식물의 유전형을 결정하는 가장 좋은 방법은 무엇인가? 어떻게 교잡을 하고 예상되는 결과를 보이시오.
3. 분꽃에서 순계의 적색꽃 식물과 순계의 흰색꽃 식물을 교배하였다. F_1식물들 모두가 분홍 꽃을 피웠다. F_1 식물들을 교배하였을 때, F_2세대는 적색 꽃 102개, 분홍 꽃 206개, 그리고 흰 꽃은 99개 였다.
   (a) 어떤 유전 방식을 이 식물은 보여주고 있는가?
   (b) 만약 *R*과 *R'*이 꽃 색에 대한 유전자들이라고 한다면, F_2세대의 세 가지 표현형(적색, 분홍, 흰 꽃)의 유전자형을 말해 보시오
   (c) 왜 이 경우는 혼합 유전의 본보기가 아닌가?
4. 완두에서 키 큰(*T*) 식물은 작은 식물(*t*)에 대하여 우성이다. 그리고 둥근 꼬투리(*R*)는 주름진 꼬투리(*r*)에 대하여 우성이다. 순계의 동형접합체인, 그리고 둥근 꼬투리에 키가 큰(*TTRR*)완두를 순계인 작고 주름진 꼬투리(*ttrr*)를 가진 완두와 교잡하였다. F_1식물들 모두는 키가 크고 둥근 꼬투리(*TtRr*)를 가진 식물이었다. F_1식물을 교잡하자 F_2세대에서는 키 크고 둥근 것이 75개체와 키가 작고 주름진 꼬투리를 가진 완두 식물 24개체를 얻었다.
   (a) 염색체에서 이들 유전자들의 위치에 대하여 설명해 보시오.
   (b) F_1식물 일부를 키가 작고 (왜성) 주름진 식물체에 교배하여 다음과 같은 식물체를 얻었다. : 키 크고 둥근 식물 211개체, 왜성/주름진 꼬투리 198개체, 키 큰/주름진 것 23개체, 그리고 왜성/둥근 것 19개체 두 가지의 새로운 표현형을 어떻게 설명해야 하나?

고급문제

5. 완두에서 황색종자(Y)는 녹색종자(y)에 대해 우성이다. 그리고 둥근 종자(R)는 주름진 종자(r)에 대해 우성이다. 배우자의 형태와 다음의 양성잡종 교잡에서 나타나는 자식의 표현형 비율에 대하여 말해보시오.

(a) $YyRr \times YyRr$

(b) $YyRr \times yyrr$

6. 난 꽃에서 순계의 크고 자주색의 카틀레아를 작고 황색의 난과 교배하였다. 황색(Y)은 자주색(y)에 대하여 우성이다. 그러나 꽃의 크기는 불완전 우성이다. 그래서 LL은 큰 꽃, LL'은 중간 크기의 꽃, 그리고 $L'L'$은 작은 꽃을 생산한다. 모든 F_1잡종은 $YyLL'$이고 황색의 중간 크기 꽃을 생산하였다. 난 생산자들은 순계의 크고 황색인 난을 원한다.

(a) 어떤 형태의 배우자를 F_1잡종은 생산하는가?

(b) 푼네트 사각형을 이용하여 F_1잡종의 교잡으로 생기는 유전형과 표현형을 표시하시오.

(c) F_2세대의 어느 정도가 크고 황색 꽃을 갖는 순계인가?

7. 디스크모양(disk-shaped)의 과실을 생산하는 순계의 여름호박을 장원형의 과실을 맺는 식물과 교배하였다. F_1식물들 모두는 디스크 모양의 과실이었다. F_1식물을 교배한 뒤 얻는 F_2식물은 디스크, 원반, 그리고 장원형을 각각 9: 6: 1로 얻었다.

(a) 이들 호박 식물에서 볼 수 있는 유전적 기작은 무엇인가?

(b) 유전자를 나타내는 심볼로 A 또는 a, 그리고 B 또는 b를 사용하여 디스크, 원반 그리고 장원형 과실의 유전자형을 표시하여 보시오.

15장 유전공학

유전자 변형 옥수수

주요 개념

- 유전공학은 인간에게 더 많은 유용성을 주기 위하여 생명체에 유전적 변화를 유도하기 위하여 핵산을 다루는 것을 뜻한다.
- 어떤 생명체의 유전자는 세균 세포의 DNA에 집어넣어 클론 할 수 있다.
- 외부의 유전자는 식물세포로 도입할 수 있고, 식물세포 내에서 발현하여 작물의 영양적인 질과 수확량을 증대 시키거나 또는 약용물질과 다른 유용한 재료를 식물이 생산하도록 한다.
- 작물의 유전자를 변형시키는 것은, 어떤 면에서는 전통적인 식물 육종과 비슷하지만, 그러나 빠르고 좀 더 다양하다.
- 유전자 변형 식품을 생산하는 작물들과 연계된 잠재적인 문제점들은 알레르기, 병해충저항성 그리고 부정적 생태학적 영향이 있을 수 있다.

옥수수는 세계에서 가장 중요한 식량작물 중의 하나이다. 그러나 옥수수는 안전하며 저렴한 의약품 생산 측면에서 앞으로의 전망은 매우 밝다. 이 가능성은 유전공학에 의해 DNA의 조작이 가능하고, 그래서 식물은 생장호르몬과 같은 인간 단백질과 의약용으로 쓰이는 물질들을 합성해 낼 수가 있다. 이 때문에 식물은 의약품 생산 공장으로 쓰일 수 있고, 식물은 지금까지 내려온 고전적 산업 생산 보다 많은 이점을 가지고 있다. 식물농장은 산업시설보다 더 경제적이다. — 태양에너지는 광합성의 동력으로 쓰이는데 이런 과정을 거쳐 복잡한 의약품 합성에 필요한 ATP와 유기탄소를 합성한다. 농업기술은 이미 대규모로 농산물을 수확하고 가공하는 단계까지 발달하였다. 인간의 병원균과 독성 물질로 식물생성 의약품이 오염되는 예가 전통적 산업생산 방식 보다 많이 줄었다. 옥수수 및 다른 곡류들은 저장 기간 동안 안정화되어 있는 단백질을 다량 포함하고 있고, 이들은 우리가 필요로 하는 것이다. 회사들은 이미 의약품을 생산하기 위하여 유전자 변형된 옥수수를 심기 시작하였다.

식물 유전공학의 장점에도 불구하고, 식물에 들어온 외부의 유전자는 형질전환된 식물체에서 벗어나 식량작물 또는 야생의 근연종으로 퍼져나갈 수 있다는 우려도 있다. 옥수수를 포함하여 미국의 몇몇 주요 작물들은 이미 종자 보급가정에서 유전적 오염이 일어났다고 보고되었다. 만약 유전자 변형 종자가 우연히 비유전자변형 종자와 섞인다면, 또는 채종을 위한 작물이 유전자변형 식물에서 화분을 받는다면 종자오염이 발생할 수 있다. 작물의 야생 근연종의 유전물질도 변형된 유전자로 오염이 될 수가 있는데, 이는 생태계에 잠재적으로 영향을 줄 수가 있다.

교양있는 사람들은 유전자변형 작물에 관한 바른 결정을 하기 위하여 유전공학에 대하여 알아둘 필요가 있다. 일반인들도 역시 GM미생물에 의한 생산물, 유전적으로 동물을 변화시키려는 노력, 그리고 변형된 유전자로 인해 잡초와 유해미생물이 더 제어하기 어려워질 가능성 등에 대해서도 알아둘 필요가 있다. 이 장에서는 식물에 초점을 맞추어 주요 유전공학적 기술에 대해 설명하고 유전자 변형의 장점과 우려되는 점에 대해서도 언급한다. ■

옥수수 화분

15.1 | 유전공학이란 무엇인가?

유전공학자들은 인간의 편익을 위해 작물과 다른 생명체의 유전적 구성에 변화를 주기 위하여 생물체에 자연에 존재하는 분자의 도구를 사용한다. 또한 유전공학을 받은 생물체들은 유전적으로 변형된, 유전적으로 조작된, 또는 형질전환된 생물체라 불린다. 그 생물체의 DNA는 대개 약간만이 변하는데, 그래서 **GM생물체**(GM organism)는 단백질 또는 인간에게 유용한 물질을 생산한다. 변화는 유전 물질인 DNA에서 유래되기 때문에 새 유전형질은 유전자변형 생물체 자신뿐만 아니라 자손에게도 전달된다.

유전공학은 박테리아 DNA의 변형(15.3 참조)을 포함하므로 의약분야에서 약품의 생산에 유용하게 적용될 수 있다. 감염에 저항하여 싸우는 인터페론을 포함한 약품의 예로는, 당뇨치료에 필요한 인슐린(그림 15.1), 왜소발육증 치료에 쓰이는 인간성장호르몬(매우 비싼 가격으로 인간의 시체에서 얻음) 등이 있다. 유전자 변형 박테리아의 대량증식은 많은 양의 약품이나 다른 방법으로 얻기 어려운 화합물들을 값싸게 생산할 수 있도록 공업용 탱크에서 배양되어질 수 있다. 또한 식물들도 생산량, 식료품 생산, 그리고 다른 응용 분야에 걸쳐 질적 향상을 위해 유전적으로 변형되어질 수 있다(15.4). 유전자 치료는 질병의 치료를 위해 인간 DNA의 변형을 수반한다. 유전공학은 인간의 기술적 문제점을 푸는 과정, 생물의 이용에 **생명공학**(biotechnology)에 있어 가장 역점이 되는 부분이다.

유전공학자는 자연에 흔히있는 도구를 이용한다

자연은 새로운 공학재료, 가공 그리고 디자인에 영감을 주는 자원이다. 예를 들면 , 스위스의 공학자 Mestral은 하이킹 도중 그의 바지와 개의 털에 붙는 고리모양의 가시를 갖는 열매에서 아이디어를 떠올려 지금은 아주 흔한 Velcro® 고리모양 채우개를 발명하였다. 자연에서 이 갈고리는 동물의 털에 붙어 종자가 퍼지도록 한다. 이와 마찬가지로 유전 공학자들은 자연에서 생존을 위해 적응하는 과정에서 발생한 분자 도구와 방법 등을 이용하고 있다.

ECOLOGY

몇몇 유전공학의 도구는 세균과 바이러스에서 유래하였다

세균은 침입하는 바이러스의 핵산을 절단할 수 있는 효소를 생산한다. 유전공학자 들은 **제한효소**(restriction enzyme)라 불리는 효소인 아주 정확하게 DNA를 자를 수 있는 분자의 가위로 유전 공학자들은 DNA조각들을 붙이기 위하여 **연결효소**(ligase)라 불리는 효소를 이용한다.

AIDS를 유발하는 HIV를 포함한 일련의 바이러스들은 그들이 유전정보를 암호화하는데 DNA보다는 RNA를 이용한다(그림 15.2). 그러한 바이러스들은 DNA에 RNA로 정보화된 유전자를 복사하는 효소를 만들어낸다. 그 효소를 **역전사효소**(reverse transcriptase)라 한다. 왜냐하면 DNA가 일반적으로 RNA로 전사되는 과정의 반대이기 때문이다(6장). 이러한 과정은 역전사 숙주 생물체의 염색체에 바이러스 유전자를 삽입하는 것을 가능하게 한다. 그렇게 해서 그 생물체의 DNA와 함께 복제된다. 이러한 생태학적 전략은 다른 새의 둥지에 알을 낳고, 진짜 새끼들 사이에 끼어 먹이를 받아먹는 찌르레기와 비슷하다. 분자생물학자들은 바이러스의 역전사효소를 보다 고등생물에서 얻은 RNA를 안정한 이중나선 DNA로 만들어 내는데 사용했다. 이런 방법은 DNA가 RNA에 비해 안정적이면서 같은 유전정보를 갖고 있으므로 매우 유용하다. 이러한 바이러스 도구를 이용하는 것은 분자유전학자들이 보다 쉽게 고등동물의 분화된 세포와, 조직, 기관, 생활상에 따라 유전자 발현이 어떻게 다른지를 연구할 수 있게 해준다. 이러한 정보들은 유전공학과 불가분의 관계이다.

ECOLOGY

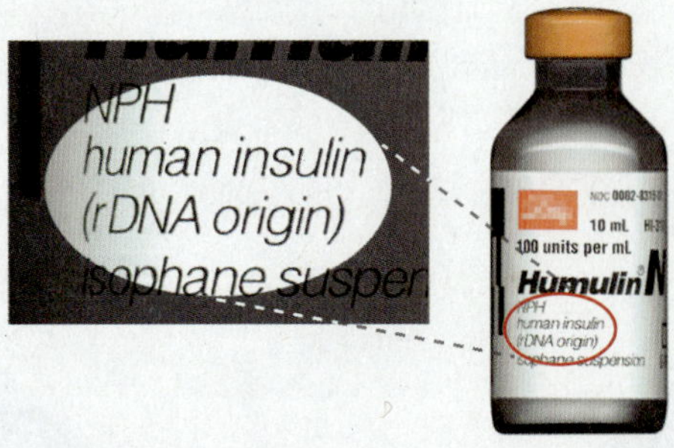

그림 15.1 재조합 인슐린은 유전공학 상품이다 rDNA란 재조합 DNA(유전적으로 제조된)를 의미한다.

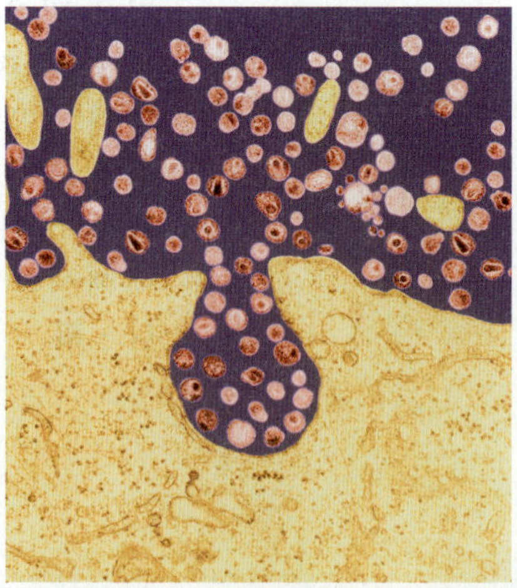

그림 15.2 투과 전자 현미경으로 본 HIV(human immunodeficiency virus) 이 RNA 바이러스는 숙주세포에 유전물질을 집어 넣을 때 역전사효소를 이용한다.

또 다른 유용한 분자생물학 도구는 Yellow Stone 국립공원(그림 15.3)의 온천에 사는 박테리아의 **DNA 중합효소**(DNA polymerase)이다. 이 열을 좋아하는 박테리아는 뜨거운 열 조건에서도 안정적인 효소를 가지고 있고, 그것은 대부분의 생물 DNA 합성효소들이 응고되고 파괴되는 온도에서도 DNA를 복제하고 서식할 수 있게 해준다. 분자생물학자들은 이 효소를 이용하여 특이 DNA 단편을 마치 사진복사기가 작동하는 과정처럼 무수히 복제할 수 있다는 것을 깨달았다. 이러한 **중합효소 연쇄반응**(PCR)은 같은 염기서열을 가진 다량의 DNA를 연구자들에게 제공함으로써 연구를 편리하게 하며 유전자를 손쉽게 다룰 수 있게 해준다(Essay 15.1, "PCR: 유전자 복사기"). PCR은 범죄수사에 매우 중요한 도구가 되었다. 사건 현장에 남긴 범인의 아주 작은 DNA만으로도 용의자들의 DNA와 비교할 수 있을 만큼의 충분한 양으로 PCR 증폭을 할 수 있다(Essay 6.1, "분자 탐정: DNA 지문이 범죄수사를 해결한다"). PCR이 어떻게 작동되고 DNA서열이 어떻게 얻어지고 비교되어지는지 모두가 알아야 할 필요가 있다. 왜냐하면 DNA증거는 범죄에 널리 이용되어지고 있기 때문이다. 만약 피고가 판사나 변호사, 배심원들이 DNA 증거를 이해하지 못한 잘못으로 유죄를 선고 받거나 혹은 풀려난다면 비극적이지 않겠는가.

ECOLOGY

식물은 다른 분자적 도구로 이용된다

식물과 다른 생물들은 움직이는 DNA **전이인자**(transposon, transposable element, 또는 jumping gene)를 가지고 있다. 전이인자는 염색체에서 스스로를 절단하여 다른 염색체로 옮겨갈 수 있다. 전이인자는 비활성 유전자의 발현, 유전자 조절의 변형, 새로운 유전자의 조합, 그리고 이미 존재하는 유전자에 새로운 부분을 추가하는데 중요한 역할을 한다. 유전학자인 Barbara McClintock은 인디안 옥수수 알갱이(그림 15.4)의 색에서 그들의 작용을 관찰하여 전이인자를 처음으로 발견하였고, 그 발견으로 노벨상을 수상했다. 옥수수 DNA 절반과 인간 DNA의 45% 정도가 전이인자로 되어있다. 유전학자들은 어떻게 전이인자들이 들어가고 나가는 걸 조절하는지를 알아냈고 그들을 다른 유전자의 "꼬리표(tag)"로 이용했다. 그렇게 해서 특정 유전자의 기능을 토의했다. 많은 유전자들이 유전공학에 사용될 가능성이 있음에도 불구하고 그 기능이 알려져 있지 않다. 전이인자를 이용한 꼬리표달기(tagging)는 분자생물학자들이 유전자의 기능을 알아내는데 도움이 될 것이다. 왜냐하면 그들은 일반유전자의 특성을 잃었을 때 그 생물의 작용을 관찰할 수 있기 때문이다.

EVOLUTION

그림 15.3 열안정 효소 (a) 시판용 DNA 중합효소. 이러한 효소는 옐로우스톤 국립공원의 온천에 사는 박테리아에서 발견하였다.

그림 15.4 인디안 옥수수의 낱알은 전이인자의 작용을 보여주는 유색의 점이나 줄무늬를 가지고 있다

다수의 식물들은 작은 식물체로부터 자기 자신을 클론할 수 있는데 이것은 정원사들이 바람직한 특성을 갖는 식물을 육묘장에서 번식시키기 위해 널리 쓰이는 무성생식의 한 형태이다(8장). 식물학자들은 조직배양을 이용하여 유전적으로 변형된 세포들로부터 많은 수의 동일한 유전적 구성을 하는 식물체를 생산하기 위하여 식물의 무성생식 능력을 이용(12장)한다. 우리가 자연에 대해 좀 더 많은 이해를 함에 따라 유전 공학자들은 새로우며 더 효과적인 결과를 가져 다 줄 추가의 물질과 도구를 얻을 수 있다.

15.2 | 식물 유전공학은 육종과 유사하지만 빠르고 더 다양하다

식물과 다른 생명체의 유전자 변형은 때때로 옛 기술로부터 차이가 많은 것으로 간주되어왔다. 실제로 유전공학은 인간의 요구에 적합하게 식물과 동물의 특성을 바꾸기 위하여 농업이 시작된 이래로 인간이 사용했던 육종기술의 연장이었다.

인간은 재배 식물과 가축의 유전학을 계속 변화시켰 왔다

고고학적 근거들은 약 만 년 전 농업이 시작(2장)될 때 부터 식량작물과 가축을 유전적으로 변형해 왔다는 사실을 보여준다. 고대의 농학자들은 만약 가장 좋은 식품이나 섬유의 특성을 갖는 식물의 종자를 파종한다면 다음 세대의 작물은 무작

ESSAY 15.1 PCR: 유전자 복사기

중합효소연쇄반응(Polymerase Chain Reaction: PCR)은 특정 유전자 또는 DNA단편을 수 없이 많이 복제해내는 기술이다. 이 기술은 최소의 장비와 비교적 저렴한 비용으로 아주 빠른 시간 안에 수행할 수 있다. PCR은 생물학적 연구 및 범죄자 구별에 없어서는 안 될 존재가 되었다.

PCR은 생물학적 연구 및 범죄자 구별에 없어서는 안 될 존재가 되었다.

PCR은 온도를 조절하여 DNA의 이중나선을 유지하도록 해주는 수소결합을 없애거나 재결합시켜 수행한다. 이에 더하여 외가닥 주형 DNA 분자의 상보적 복제를 할 수 있도록 해주는 DNA 중합효소는 시중에서 저렴한 가격에 구입이 가능하다. 게다가 온천과 같은 아주 뜨거운 환경에서 살고 있는 세균에서 얻을 수 있는 열에 안정적인 DNA 중합효소는 반복되는 가열과 급냉에서도 변형이 쉽게 일어나지 않는다. 이로 인하여 온도를 올려야 할 각각의 단계 이 후에도 새 중합효소를 넣어 줄 필요가 없다. 연구자는 단지 반응을 시작하고 PCR기계가 작업을 스스로 수행한다.

DNA를 약 95℃까지 올리면 이중결합을 가능하게 했던 수소결합은 점점 약해 진 뒤 깨진다. DNA중합효소와 네 가지의 뉴클레오티드가 들어있는 반응액내에서 온도를 낮추어주면 각각의 분리된 외가닥 DNA 주형에 맞추어 상보적 DNA가 합성된다. 우리가 선택한 염기서열을 갖는 10에서 30개의 뉴클레오티드로 만들어진 두 개의 작은 프라이머를 이용하여 DNA의 특정 부위를 복제할 수도 있다. 프라이머의 염기서열은 연구자의 목적에 맞게 DNA 조각의 양 끝에 맞도록 설계할 수 있다. DNA합성기계를 이용하여 목걸이의 구슬 하나 하나를 연결하는 것처럼 뉴클레오티드를 연결하여 프라이머를 제작할 수 있다.

PCR과정은 E15.1에 개략적으로 설명되어 있다. 95℃ 열처리(제1단계) 후, DNA, 뉴클레오티드, 중합효소, 그리고 프라이머가 섞인 반응물은 대략 50~55℃로 냉각된다. 프라이머는 분리된 DNA 가닥에 결합(제2단계)하고 DNA 중합효소는 DNA를 합성한다. 이 합성 단계에서 DNA 중합효소는 약 72℃(제3단계)에서 상보적인 DNA 가닥을 합성한다. 몇 초에서 몇 분이 경과하여 DNA 단편이 복제되면 혼합물은 다시 95℃로 가열한다. 가열은 방금전에 합성된 DNA 단편의 결합을 깨뜨려 외가닥 DNA로 되게 하고 이 외가닥 DNA는 온도가 다시 내려가면 주형으로 쓰인다(1–3단계). 여러 차례 반복하면 이 연쇄반응은 수없이 많은 수의 동일한 DNA부위를 합성해 준다. PCR을 30회 반복하면 수분에서 몇 시간 내에 수 백만 개의 유전자를 합성한다. PCR은 자동으로 온도를 올리고 낮출 수 있고, 싸이클 수도 조절이 가능한 장비를 이용하여 수행한다.

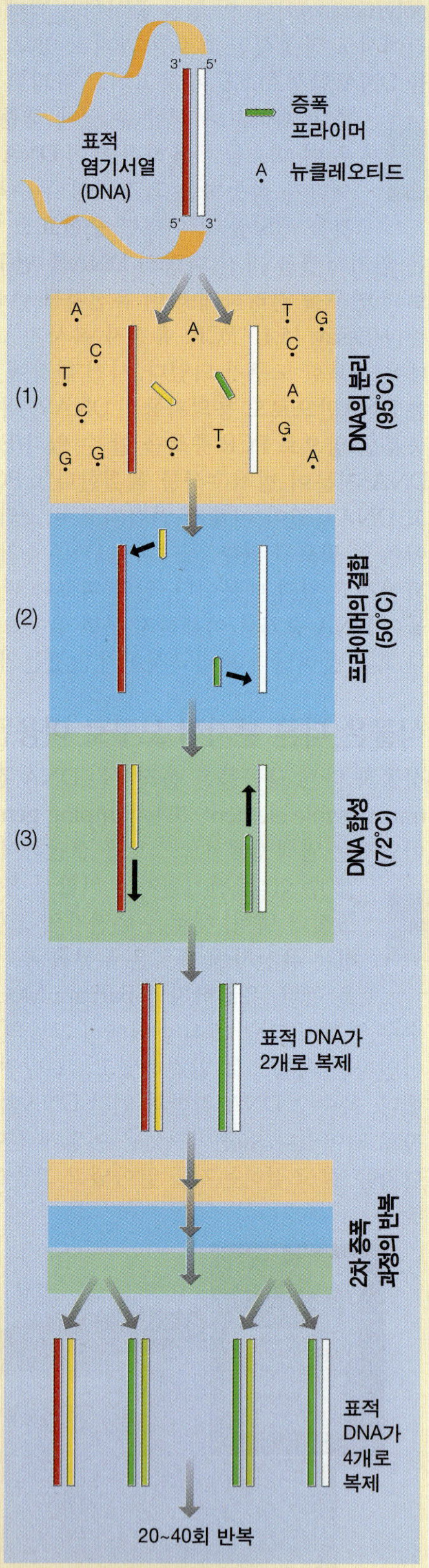

E 15.1 중합효소 연쇄반응

위로 받은 종자들에서 나온 특성보다는 더 좋은 질을 얻을 수 있다는 사실을 알게 되었다. 인공선발(artificial selection)로 알려진 이 과정은 자연 선발(또는 자연 선택) 특정 환경에 유리한 특성을 갖는 생물이 더 잘 생존하고 생식하게 된다는 것을 닮았다. 육종 프로그램은 멘델의 유전학에 기초를 두고 있는데 여기서 염색체의 새로운 조합이 생겨난다(14장). 특정 유전자에 위치하고, 감수분열 시 분리되는 특정 염색체에 운반되는 유용한 특성은 교배 때 다른 것들과 조합된다. 자식의 새롭고 다양한 염색체의 조합은 염색체의 헤쳐 모여와 같은 효과를 준다. 가끔은 엄청난 결과를 안겨준다. 한 생물체에 아주 유용한 형질을 부여하는 염색체의 재조합. 결과적으로 준족의 말, 엄청난 양의 우유를 생산하는 젖소, 또는 더 많은 영양과 질병에 강한 새로운 작물 종 등이 탄생할 수가 있다. 인간들은 오랫동안 일종의 유전공학에 종사해왔다 — 생물체의 염색체 조합을 조절하는 교잡을 마음대로 다루면서.

그림 15.5 재배용 바나나 식물체는 무성적으로 지표 부위의 새싹을 이식시켜 번식 화살표는 두 개의 새싹 표시해 주고 있다.

유전공학과 전통육종의 결점을 극복한다

비록 전통적인 식물과 동물 육종 프로그램이 인류에는 큰 혜택을 주었지만, 전통육종은 몇 가지 큰 단점이 있다. 육종은 장구한 세월을 요구한다. 수백 또는 수천의 교잡이 단지 몇 개의 가치 있는 형질을 찾아내는데 필요하고 그리고 오로지 부모의 DNA만이 이용가능하기 때문에 유전물질의 이용에 제한이 있다. 농작물과 가축은 생식이 가능하기까지 몇 달에서 몇 해가 소요되고 나서야 교잡이 가능해진다. 교잡으로 나온 자식은 형질 분석이 끝날 때까지 더 많은 시간이 필요한데 그 이후에야 비로서 가장 좋은 부모를 선발할 수 있다. 바람직한 결과를 얻기까지는 몇 세대이건 더 지나야 한다. 이와는 반대로 유전공학을 통하면 변화는 훨씬 더 빨리 일어난다. 새 유전자는 몇 분 사이에 세포 내 염색체에 들어간 뒤, 형질전환 된 세포는 며칠 내에 찾아낼 수가 있다. 몇 주 이내에 식물체들은 원하는 형질이 바라던 데로 나타나는지의 여부를 가릴 수 있는 크기로 성장할 수 있다.

어떤 식물들은 주로 무성생식을 하기 때문에 전통육종 프로그램으로는 할 수 없는 이득을 얻을 수 있다(13장). 그 예로 주요 식량자원이나 곰팡이나 세균에 감수성 작물인 바나나가 있다. 재배되는 바나나는 종자가 없다. 주로 생장점을 잘라 밑둥에서 나오는 생장점을 이식(그림 15.5)하여 번식한다. 더군다나 바나나는 모든 염색체가 두 조합이상의 배수체 식물이다. 그러한 특성은 전통육종을 더욱 어렵게 만들었다. 유전공학은 세균병에 저항성을 가짐과 동시에 생산성도 증가될 가망성을 제공했다.

고전(전통)육종의 또 다는 단점은 이 방법은 특정 생명체나 근연 관계의 생물체의 야생종 또는 재배 군집에 존재하는 유전자만을 이용할 수 있다는 사실이다. 만약 바라는 형질이 존재하지 않는다면 형질을 첨가할 수 없다. 이것이 황금쌀에서 일어났던 일이다. 전통 육종에서는 이용하려고 하는 베타-카로틴을 만들 유전자를 가진 야생 또는 재배종 벼가 존재하지 않았다. 유전공학은 훨씬 넓은 범위의 생물체에서 작물에 도입할 수 있는 유전자를 찾는 것을 가능하게 하였다. 예를 들면 세균과 수선화에서 발굴한 유전자를 황금쌀을 만들기 위해 재배종 벼에 도입할 수가 있었다. 해충이 멀리하는 유전자변형 작물은 세균에서 찾은 유전자를 이용하여 만들었다. 인터페론, 인슐린 그리고 인간의 성장호르몬을 만드는 유전자를 세균에 넣어 세균이 이들 물질들을 생산하도록 하여 판매한다. 유전공학자들은 우리가 아는 바로는 자연계에 존재하지 않는 완전히 새롭게 "디자인한 유전자(designer genes)"를 합성한 뒤 생물체로 도입한다. 유전공학은 전통육종에 제한을 두었던 유전자와 시간의 제약을 극복할 계기를 마련해 주었다. 유전공학은 인간의 욕구에 맞는 작물과 가축을 마음대로 생산할 수 있는 도약의 발판을 제공하고 있다.

15.3 | 미생물은 유용물질을 생산하도록 유전적으로 조작될 수 있다

세균의 어떤 형질은 많은 유전자 복사와 그들에 의해 암호화된 생산물을 만들어 내는 **유전자 클로닝**(gene cloning)을 위한 최적의 시스템을 제공한다. 세균은 번식이 빠르고 외부 DNA에 결합할 수 있는 작고 상대적으로 간단한 세포를 가지고 있다. 세포의, 즉 주 DNA 외에도, 박테리아는 종종 닫힌 원형으로 생긴 작은 DNA구조인 **플라스미드**(plasmid)를 한 개 또는 그 이상 더 가지고 있다. 플라스미드는 **재조합 DNA**를 형성하는 DNA에 스스로의 DNA를 결합시키는 박테리아 기능의 핵심이다. 플라스미드는 때때로 **항생제 내성유전자**(antibiotic resistance gene)를 포함하거나 또는 클론닝 과정에서 후에 마커나 라벨로 작용하는 유전자를 개조 할 수 있다(그림 15.7). 플라스미드와 바이러스는 **벡터**(vector)로 알려지고 있다. 왜냐하면 그들은 DNA를 한 샘플에서 다른 샘플로 옮길 수 있기 때문이다. 플라스미드와 바이러스 모두 분자생물학자들에 의해 유전공학에 이용되어지고 있다.

클로닝 과정에는 4가지의 중요한 단계가 있다(그림 15.8-15.10). 첫번째 단계는 벡터 DNA(플라스미드 또는 바이러스)와 벡터에 삽입될 DNA를 마련하는 것이다. 둘째 단계는 이들 두 DNA단편을 연결하는 것이다. 세번째 단계에서 외부의 유전자를 포함한 재조합 벡터는 세균 세포(주로 대장균, *E. coli*)로 들여보낸다. 마지막 단계는 변형된 세균 세포를 많은 수로 증식 시키는 것이다. 이들 세포는 연구를 위해서 외부 DNA를 대량으로 생산하기 위해서 쓰인다. 이와는 다르게 새로운 유전자를 발현시켜서 만들어진 물질을 분리하여 사용할 수도 있다.

제한효소는 클로닝을 위해 DNA와 벡터를 준비하는데 이용된다

벡터는 일반적으로 시중에서 구입할 수 있고, 클로닝을 위해서 신속하게 준비할 수 있다. 가장 중대한 요소는 벡터DNA와 외부DNA의 끝이 상보적이어야 한다는 것이다(상보적이 되면 두 조각의 DNA가 잘 결합될 수 있다). 제한효소를 사용하면 상보성을 쉽게 만들 수 있다. 제한효소는 **인식부위**라 불리는 특정 DNA의 염기순서를 인식하고 결합한 뒤 DNA를 절단한다. 인식부위는 일반적으로 네개, 여섯개, 또는 여덟개

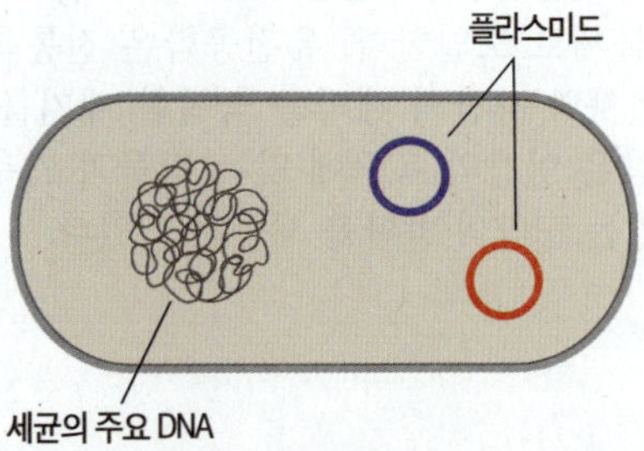

그림 15.6 세균 세포, 세균의 주요 유전자와 플라스미드 플라스미드는 주로 세포의 주요 DNA에서 떨어져 있는 원형의 DNA 조각이다.

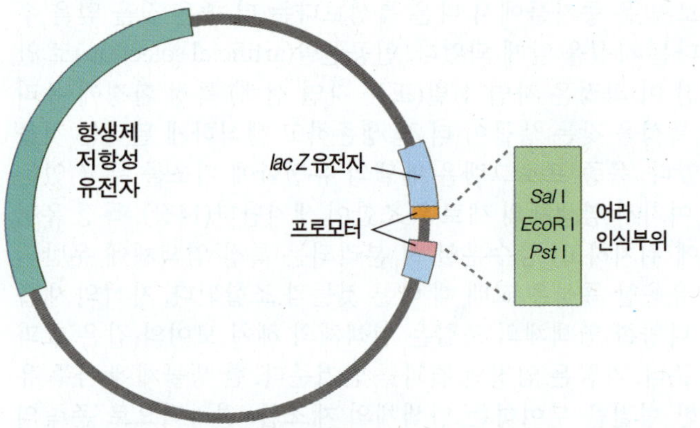

그림 15.7 항생제저항성 유전자를 지닌 플라스미드의 모식도 다양한 부분들이 항생제저항성 유전자를 포함한 DNA 클로닝에 주로 사용되어지는 플라스미드 안으로 넣어진다. 플라스미드가 박테리아의 세포 안에 존재하면 그 유전자는 항생제 저항성을 발현한다. 즉 그 플라스미드가 삽입되지 않은 박테리아는 항생제를 포함한 배지에서는 살아남지 못한다. 항생제저항성유전자 외에도 많은 다른 유전자도 함께 삽입되어진다. 어떤 것은 DNA 염기서열을 돕고 어떤 것은 클론된 유전자의 발현(유전정보대로 단백질을 만드는)을 돕는다. *lacZ* 유전자는 외부 유전자가 결합되었는지 아닌지를 보여주는 색을 이용한 검출(그림 15.10)에 사용된다.

의 뉴클레오티드로 구성되어 있다. 만약 DNA를 같은 제한효소로 자르면 비록 DNA분자들이 다른 생물체에서 얻었다고 하더라도, 잘린 끝은 언제가 같다. 예를 들면 *Eco RI* "eco-R-one"이라 발음한다. 명명은 *Escherichia coli*라는 대장균에서 유래)효소는 항상 GAATTC라는 염기서열의 DNA를 절단한다.

벡터 DNA가 한 제한효소로 절단되면 원형의 벡터분자는 일직선의 DNA조각으로 변한다(그림 15.8a). 외부 DNA도 같은 제한효소로 처리(그림 15.8b)하면 벡터와 외부 DNA의 끝은 짝이 맞게 되고 상보적인 염기가 제짝을 찾아 결합하게 된다. 몇몇 제한효소들 은 DNA를 자르는데 끝을 무디게(blunt) 자른다. 즉, 두 가닥의 DNA는 같은 점에서 잘리고, 그래서 점착말단이 아닌 무딘 끝을 만든다. 외부 DNA는 벡터 속에 자리잡고 있다.

외부 DNA와 벡터에 결합된다

두 개의 DNA 단편이 상보적으로 결합했다 하여도 DNA 분자의 당 인산 "골격(backbone)"은 여전히 결합을 필요로 한다. 이것은 DNA 연결효소라 불리는 효소에 의해서 완성된다(그림 15.8c). 이러한 과정을 거쳐 외부 DNA는 벡터에 완전히 합쳐지게 된다(그림 15.8d).

연구자의 목적에 따라 외부 DNA의 일부만 복제될 수도 있고, 생물체의 모든 유전자를 클론하기 위해 **유전체 도서관**(genomic library)을 복제되어 질 수도 있다. 유전체 도서관을 만들기 위해, 생물체의 전체 상보 DNA는 벡터에 사용된 동일한 제한 효소에 의해 처리된다. 이것은 크기는 다르나 벡터와 그 끝이 맞물리는 많은 DNA 단편을 만들어낸다. 유전체 도서관을 만드는데 이용된 벡터들은 외부 DNA의큰 조각들은 결

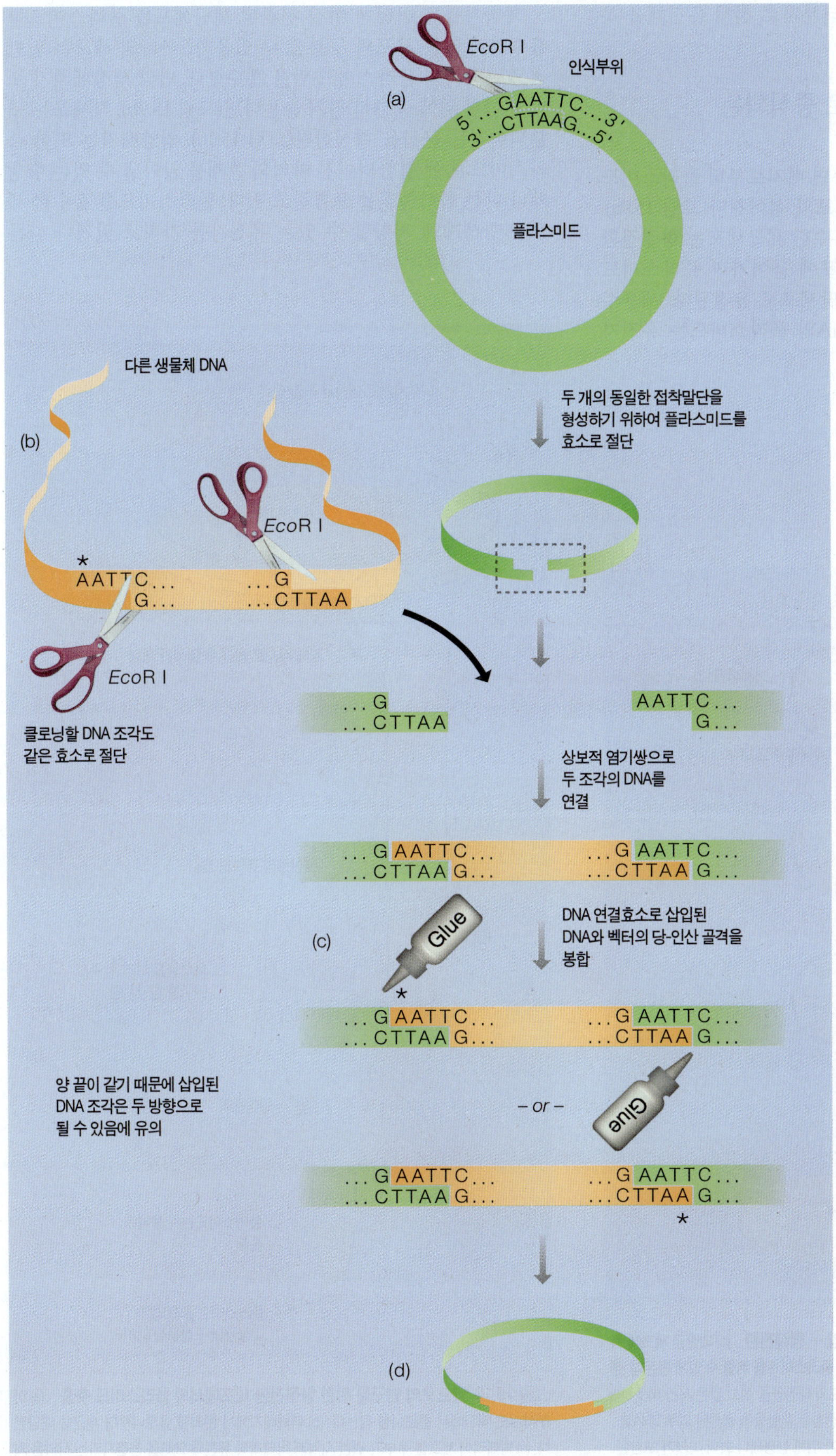

그림 15.8 절단된 플라스미드와 클론되어질 DNA, 그리고 두 개의 결합 (a) 클론할 DNA조각도 같은 효소(다른 두 효소에 의해 절단되기도 한다)에 의해 잘라진다. 적당한 조건하에서 플라스미드와 클론닝할 DNA의 말단은 상보결합을 통해 수소결합에 의해 붙는다. DNA 접합효소에 의해 인산-당 골격의 결실이 보완되면서 과정이 마쳐진다. (c) 복제된 DNA는 원형 플라스미드에 완전히 삽입되어졌다. (d) 그것은 박테리아 세포에 넣어질 수 있다. 만일 하나의 제한 효소가 사용된다면, 외부유전자의 삽입은 두 방향 중 한 방향으로 이루어질 수 있다. 만약 두 가지 효소가 사용된다면, 외부유전자 삽입에 유리한 것으로 알려져있다.

합시킬 수 있고, 그러므로 적은 벡터분자로 전체 유전체을 복제할 수 있다.

변형된 벡터는 큰 개체군으로 증식되는 세균에 삽입된다

외부 DNA를 지닌 플라스미드는 주변 배지로부터 플라스미드를 흡수할 준비가 되어있는 세균세포와 섞여진다(그림 15.9a). 외부 DNA를 지닌 플라스미드를 흡수한 세균세포는 **형질전환**(transform)한다. 한번 숙주세균세포에 들어가면 플라스미드는 세균의 DNA와 함께 복제되고 딸세포로 유전된다. 세균수의 증가와 함께 증식되는 외부 DNA와 플라스미드는 유전자 클론닝의 기호이다.

과학자들은 어떻게 형질 전환된 세균세포를 플라스미드를 흡수하지 않는 세포와 구분할 수 있을까? 하나의 세포는 일반적으로 하나의 플라스미드 만을 흡수한다. 만약 생장배지가 포함된 한천 위에 충분히 펼쳐 놓는다면(그림 15.9b), 각세포는 구분되어지는 군집을 형성한다(그림 15.10). 영양배지는 또한 플라스미드 속에 결합되어진 마커의 존재를 알아낼 수 있는 항생제나 다른 화학물질을 포함하고 있다. 플라스미드를 흡수한 세포는 항생제에 저항할 수 있는 유전자를 가지고 있거나 다른

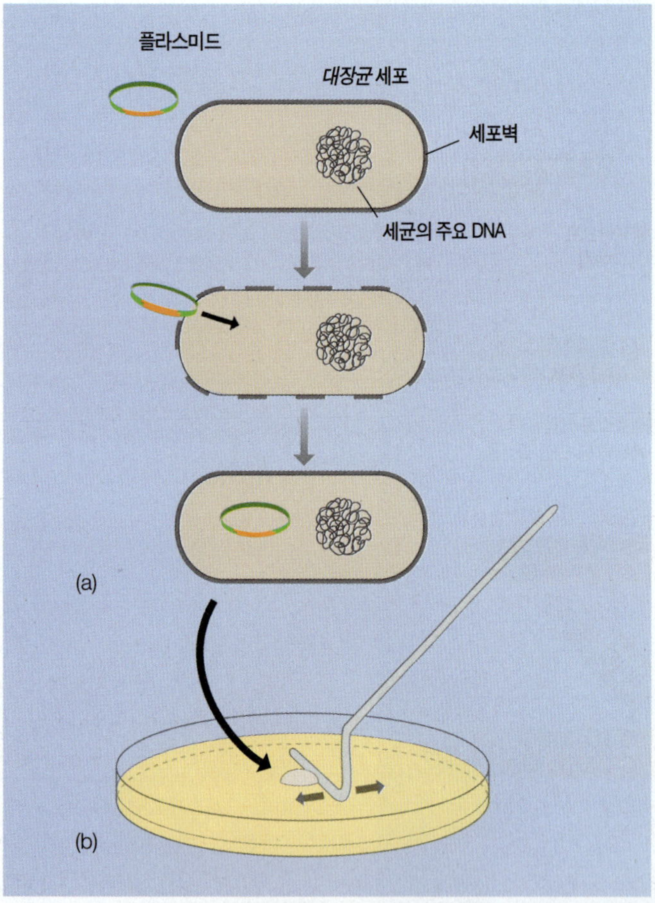

그림 15.9 박테리아 세포로의 플라스미드 삽입 – 형질전환 (a) 대장균 세포에 특정한 화학품의 처리는 세포벽을 느슨하게 함으로써 플라스미드를 취할 수 있게 만든다. 플라스미드를 세포안으로 옮기기 위해서는 플라스미드와 대장균을 섞고 짧은 시간 따뜻하게(보통 42℃) 해줬다가 재빨리 얼음으로 옮긴다. 형질전환된 혼합물을 클론된 외부 DNA를 삽입한 플라스미드가 포함된 대장균 세포를 가려내기 위해 항생제나 화학 마커가 포함된 한천배지에 옮긴다. (b) 형질전환된 세균은 적절한 모양으로 만들어진 유리막대를 이용하여 한천배지 표면에 펼쳐진다.

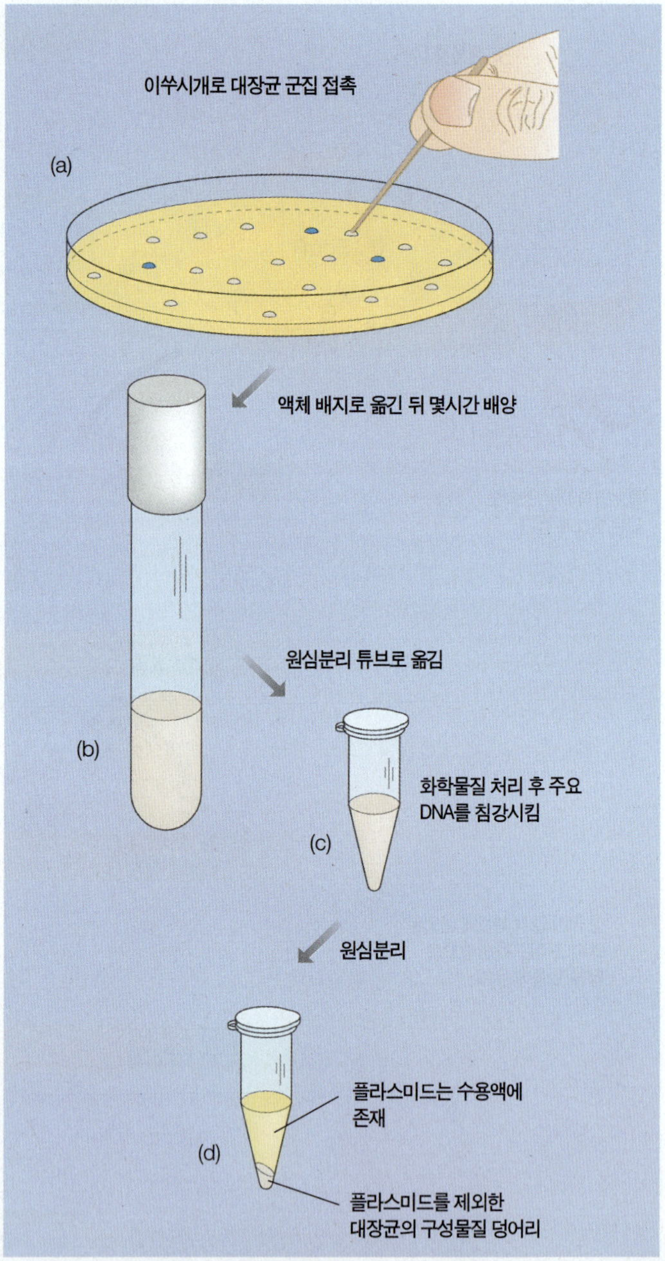

그림 15.10 앞으로의 연구를 위한 형질전환 세포에서의 플라스미드 추출 (a) 이쑤시개로 배지에서 콜로니를 잡는다. (b) 액체배지에서 분리된 콜로니부터 세균을 배양한다. (c) 박테리아 세포를 부수기 위한 시약과 박테리아 유전체 DNA를 응결시키는 시약을 처리한다. (b) 짧은 시간 원심분리하면, 세균 DNA와 찌꺼기는 흰덩어리로 되어 튜브 밑에 가라앉고, 플라스미드는 용액에 녹아있고 뒤에 파이펫으로 플라스미드를 분리 할 수 있다.

마커를 볼 수 있게 만든다. 하지만 형질전환하지 않는 세포는 죽거나 이런 선발과정에서 다른 마커를 보인다. 형질 전환된 세균은 옮겨져 대량으로 증식되고 그들의 DNA는 그 서열을 알아보거나 다른 종류의 분석을 위해 옮겨질 수 있다.

만약 세균의 크기가 다른 외부 DNA를 포함한 플라스미드에 노출되면, 각각의 군집은 다른 크기의 외부DNA 단편을 보유하게 될 것이다. 이들 형질전환된 세균 군집은 유전체도서관에서 한 권의 장서에 해당하는 역할을 한다. 이 도서관의 "책(book)"은 −80℃의 냉동고에 보관되고 필요한 경우에 꺼내서 읽을 수 가 있다. 여기에서 읽는 것은 DNA 염기서열의 결정을 의미한다. 각 군집의 세포에 존재하는 특정 유전자는 외가닥이며 표시가 된 이미 알려진 DNA단편과 결합하는가를 보고 찾을 수 있다. 클론된 유전자는 세균의 전사와 해석 기작을 이용하여 단백질로 만들 수 있다.

15.4 | 식물은 유전적으로 조작될 수 있다

식물은 유전적으로 소량의 식물세포에서 출발한다. 만약 누군가 식물세포를 관심있는 유전자로 형질전환 시킬 수 있다면 다 자란 식물 전체는 새로운 유전자를 갖게 될 것이다. 앞 문장의 내용은 DNA 복제는 세포 내 DNA 전체를 복제하고 복제된 DNA의 각 세트는 매 세포분열에 의하여 만들어지는 세포에 정확하게 분배된다. 이 과정은 체세포분열이라고 불리는 과정에서 일어나고 첨가된 DNA도 복제가 명확하게 일어난다(7장).

어떻게 새로운 유전자가 식물 세포에 삽입될 수 있는가? 한 가지 방법은 토양 세균인 아그로박테리움 튜머퍼시안(*Agrobacterium tumefaciens*)을 이용하는 것인데 이 미생물은 플라스미드에 있는 자신의 유전자들을 고등 식물의 세포로 옮길 수 있다(18장). 유전 공학자들은 식물, 곰팡이, 원생생물, 또는 세균에서 찾은 유전자를 변형된 아그로박테리아 플라스미드에 끼워 넣을 수 있다. 그들은 또한 토양 세균의 플라스미드에 표지유전자(15.3 절)와 바이러스에서 찾아낸 프로모터를 삽입할 수도 있다. 그 뒤 그 플라스미드는 아그로박테리아에 도입되고 이 토양세균은 식물 염색체로 새 유전자와 프로모터를 옮겨준다. 프로모터 DNA는 새로 더해진 유전자에서 전령 RNA(mRNA)를 만들어내며, 이 유전자가 식물세포에서 발현하도록 한다. 아그로박테리아는 베타-카로틴이 풍부한 황금쌀을 생산하도록 수선화와 세균의 유전자를 옮기는데 사용되었다.

바이러스나 전기충격은 외부유전자를 식물세포에 삽입할 수 있는 또 다른 방법들이다. 전기충격은 전기장이 세포막에 임시적으로 DNA가 세포로 들어갈 수 있는 구멍을 만드는 것을 이용한 방법이다. 또한 유전자는 유전자총(그림 15.11)을 이용해서도 삽입될 수 있다. 유전자총은 외부 DNA를 입인 금이나 텅스텐을 식물세포에 쏘아 권총과 같은 기구이다. 외부 DNA가 도입된 세포는 표지(마커)에 의해 식별되고 옮겨져 호르몬 처리를 이용해 완전한 식물체로 키워진다(12장).

그림 15.11 유전자 총 이 기구는 형질전환을 위해 DNA를 입힌 금 구슬을 쏘는 데 사용된다. 다수의 외붕유전자가 세포의 DNA에 삽입되고 발현될 수 있다.

15.5 | 유전공학과 새로운 형태의 작물을 생산한다

GM작물은 전 세계적으로 널리 재배되고 있다; 2002년 거의 6천만 ha에 GM 농작물을 심었다. 새로운 GM작물이 개발되고 있는데 이유는 이들 작물이 귀한 가치를 가지기 때문이다. 이들 작물은 영양의 증대, 질병 또는 내건성의 증대, 토양의 미네랄 흡수능력증대, 산업에 유용한 물질 생산 그리고 수확, 운송, 저장 중의 손상에 잘 견디는 것들이다. 1990년대 파파야 바이러스가 만연하여 하와이의 파파야 농사를 망쳤으나, 농부들은 바이러스 저항성 파파야를 심은 뒤 완전히 회복할 수 있었다. 식물의 유전공학이 주는 혜택은 많은 예에서 찾을 수 있고, 어느 정도는 뒤 부분에서 설명할 것이다.

일부 GM작물의 뿌리는 토양의 인을 효과적으로 흡수할 수 있다

ECOLOGY

토양의 인(phosphate) 수준은 농업생산성의 제약을 가져오고, 전세계적인 모든 농부들이 인 비료를 쉽게 구하는 것은 아니다. 어떤 토양에서 인은 존재하지만, 미네랄과 결합을 하여 식물 뿌리가 흡수하기에는 너무 큰 경우가 있다. 식물 뿌리는 보통 구연산과 같은 유기산을 분비한다. 그리고 이들 물질에서 인이 방출된다. 뿌리에서 분비되는 구연산은 또 다른 이점을 준다. 구연산은 농토의 약 12%에 다량으로 존재하고 식물 뿌리의 발육을 저해하는 알루미늄 이온의 흡수를 감소시킨다. 유전공학자 들은 유전자변형 작물을 개발하였고, 이들 작물의 구연산 분비가 증가하였다. 새로운 기능이 더해진 GM작물은 토양의 인을 더 잘 흡수할 뿐만 아니라 알루미늄 저항성도 증대가 되었다. 유전자 수준에서의 변화는 구연산합성효소의 발현을 증대시켜 식물이 더 효율적으로 원래의 기능을 하도록 하였다.

식물은 새로운 형의 전분을 만들 수 있도록 유전적으로 변형시킬 수 있다

식물 엽록체에서 생산되는 저장성 다당류인 전분은 수많은 사람의 주요 식량이고 동시에 산업용으로 쓰인다. 식물성 전분은 포장지 또는 일회용 기저기와 같은 난분해성 플라스틱을 생분해성 대체물로 쓰일 수가 있다. 전분 다중체는 특성이 다른 두 가지 형태로 존재한다 — 가지가 없는 아밀로오스와 가지가 많은 아밀로펙틴 · 아밀로오스가 많은 전분은 튀김용 스낵을 만들기 좋은데 이유는 튀기면 바삭바삭하고 기름이 덜 든다는 것이다. 반면에 아밀로펙틴이 풍부한 전분은 냉동 식품용, 종이나 접착제 생산용 그리고 가축의 사료용으로도 좋다. 유전공학은 식물의 전분 생산체계에 영향을 주어 전분의 생산을 증대시키거나 특수한 산업용 전분을 생산할 수 있도록 해 준다.

GM작물은 의료용 항체와 백신단백질을 생산할 수 있다

항체는 인간과 다른 동물들에서 유해 세균과 바이러스에 대항하기 위하여 체내에서 생산되는 단백질이다. 다수의 항체가 질병 치료를 위한 약품으로 판매 승인을 받았다. 식물은 보통 항체를 생산하지 않는데 그 이유는 병원균의 침입에 대비하여 다른 화학적 방어수단을 가지고 있기 때문이다(2, 12장). 그럼에도 불구하고 유전공학자들은 저렴한 **식물항체**를 생산할 수 있는 유전자 변형작물을 개발하였다. 응용분야는 치아의 부식, 바이러스 감염, 그리고 암의 치료 등 이다. 하나의 항체를 생산하기 위하여 다수의 유전자가 필요하다. 하지만 다수의 유전자를 동시에 식물 세포로 옮기는 것은 쉽지 않다. 그래서 식물학자들은 하나의 유전자를 한 식물체로 집어넣고 난 뒤 모든 필요한 유전자를 갖는 식물체를 얻기 위하여 전통적인 교잡을 수행하였다.

백신은 질병을 유발하는 바이러스나 세균에 대한 면역을 증진시키기 위해 동물의 신체를 자극하는 불활성화된 병원체이거나 또는 병원체의 구성물(또는 단백질)로 구성되어 있다. 식물은 바이러스나 세균에 대한 면역을 증진시키기 위한 백신으로 쓰일 수 있는 단백질을 생산하기 위하여 형질전환 되었다. 바이러스에는 B형 간염과 사람의 나병을 유발하는 균이 포함되고, 세균에는 독성의 대장균과 콜레라균이 포함된다.

동물이나 세균을 이용한 항체 생산보다 GM식물은 항체 생산에 몇 가지 유리한 점이 있다. 동물세포배양은 환자를 감염시키는 바이러스에 오염될 수 있지만 식물에서는 동물 병을 일으키는 바이러스가 살 수 없다. 식물은 세균보다 훨씬 다량의 항체를 생산할 수 있고 동시에 식물은 분비액에 항체를 배출하여 항체를 수확하는데도 유리하다. 끝으로 항체는 농작물 속에 있는 상태로 되어 음식을 먹으면 환자에게 도달할 수 있다.

15.6 | GM작물에 대한 우려도 있다

다수가 유전공학의 기본적인 목표에는 수긍을 한다. 기본 목표는 실험실에서의 연구용 유전자 변형, 의료 소재 생산을 위한 세균의 이용 그리고 유전자 치료가 여기에 속한다. GM목화(그림 15.12)는 목화송이를 파먹는 애벌레의 피해를 줄이기 위해 개발되었는데 이 작물의 부정적 이미지의 살충제 사용을 줄였다 하여 널리 알려졌다. 일반 나무보다 더 많은 목재를 생산하는 "designer" 나무의 플란테이션은 생태적으로 가치 있는 천연림을 파괴하는 일을 줄일 수 도 있다. 이런 경우들에서 대중은 위험보다는 많은 보상을 받게 될 것이다.

이와는 대조적으로 식품 생산을 위한 식물의 유전자 변형을 훨씬 많은 대중의 우려에 직면해 왔다. GM식물의 비평가들은 아직도 분명하지 않은 몇 가지 질문을 한다. GM 작물이 진정으로 필요한가? 생물공학이 세계의 식량 문제를 해결할 다른 방법을 방해하는 것은 아닌가? 식품시장에 GM작물을 도입하는 것이 시기상조는 아닌지? GM작물로 만든 제품에는 품질표시를 해야 하는가? 인간건강과 환경문제가 GM작물의 생산으로 야기될 수도 있는가? 이런 질문 가운데 몇몇은 앞으로 고려해 보아야 할 사항이다.

세계의 식량 문제는 유전공학이 해결할 것인가?

생물공학 옹호가들은 GM작물이 증가하는 세계 인구를 먹여 살리고, 기아 방지에 일조할 것이라고 주장한다. 많은 국가와 대학들은 경제적 잠재력이 큰 생산물을 창출하기 위하여 막대한 양의 자본을 생물공학 분야에 투자하고 있다. 그러나 투자개발비를 회수하기 위하여 GM작물은 특허를 획득한다. 특허 소지자 — 주로 대기업 — 만이 종자를 생산, 판매할 수 있다. 이것은 가난한 농부가 종자 대금을 지불할 수 있는 수준을 넘을 수도 있다는 것을 의미한다. 더군다나 몇몇의 분석가들

그림 15.12 유전자 변형 목화

은 부적절한 식량 분배구조, 고갈되어가는 물과 화석연료 공급, 기후 변화 그리고 다른 경제, 정치와 환경 요소들에 의하여 야기되는 식량 문데 해결은 아주 중요할 수도 있으나 자원이 미약하다고 말한다. 인구증가억제를 위한 자금지원이 세계 식량 수급을 성취하는 가장 큰 일인데, 이 일 또한 저항을 받고 있다.

유전자 변형 산물을 가진 식품은 표시하여야 하는가?

GM작물을 이용하는 사업체는 품질표시 하기를 주저하는데 이것은 소비자가 구매를 주저할 수도 있다는 생각 때문이다. 식품회사는 GM식물은 전통 육종방법으로 생산된 작물 육종과 같고, 그래서 품질표시 이유가 없다는 것이다. 반면에 건강 옹호자들은 알레르기에 민감한 소비자가 적절한 구매결정을 하기 위해서는 이 정보가 필요하다고 주장한다. 아래의 사례는 한 가지 실제 예다. 이 문제에 대한 해답이 될 것이다.

미국의 종자회사에서 근무하는 유전공학자들은 콩의 영양성분을 증대시키기 위하여 브라질 견과의 알레르기 유발유전자를 콩에 옮겨 넣었다. 그러나 학자들은 알레르기 유발유전자가 GM콩에 동시에 이동했다는 것을 알았다. 알레르기 유발유전자로 인한 잠재적 위험성 때문에 그 계획은 취소되었다. GM작물이 소비자에게 알레르기의 야기 가능성을 GM작물의 성분을 포함한 모든 식물에 표시할 필요성은 있으나 지금 현재 GM식품의 알레르기 가능성을 예상하는 것은 쉽지 않다. 비록 알레르기 가능성과 알레르기에 민감한 사람이 적을지는 몰라도 음식 알레르기에 민감한 사람은 GM식품을 피하고 싶을 것이다.

GM작물은 환경에 유해한 영향을 미칠까?

세균, 해충 또는 제초제 내성을 가진 작물들 역시 비난을 받고 있는데 비평가들은 이들 GM작물이 환경에 유해할 수도 있다는 것이다. 이러한 작물의 한 예는 European 옥수수 나무좀 같은 곤충 유충의 장내 체계를 파괴하고, 작물에게 큰 손상을 입히기 전에 그것을 파괴하는 능력을 가진 단백질(Cry 9C)을 암호화하는 박테리아의 유전자로 형질전환 시킨 옥수수이다. 이 단백질은(*Bacillus thuringiensis*균의 이름을 따라, 자연적으로 Bt독소를 생성하고 그것으로부터 나온 Bt 유전자는 동일한 것으로 밝혀진 박테리아 종) Bt독소로 알려진 독소 집단의 하나이다. 다른 예는 특별한 제초제에 저항하도록 조작된 작물을 포함하는데 그렇기 때문에 조작되지 않은 식물을 죽일 수도 있는 제초제는 잡초와 같은 경쟁자를 죽일 수 있는 분야에도 적용될 수 있다. 작물들은 바이러스 병에 대한 저항성을 갖게 하기 위해 바이러스 유전자로 조작되기도 한다. 첫 번째 검사에서는 이 변형된 것이 나타났지만, 정밀 검사에서는 몇몇 심각한 문제점들이 드러났다. 자연 상태에서 유전적으로 조작된 생물체들의 효과에 관심이 있는 환경 과학자들은 위험성을 평가하기 위해 필요한 비판적인 실험이 행해지지 않은 것과, 연구가 꽤 오랫동안 행해졌음에도 종종 상반되는 결과를 나타내는 것을 지적하였다.

ECOLOGY

해충 내성을 위한 GM작물은 해충 내성의 진화로 그 가치가 소멸될 수 있다 병해충에 대해 더 큰 저항성을 갖게 하기 위해 조작된 작물의 광범위한 사용의 한가지 문제점은 해충은 화학적 살충제를 많이 접함으로써 조작된 작물에 대해 급격히 내성을 갖게 되고, 결과적으로 저항성을 갖는 병해충의 수가 급격히 증가할 것이라는 것이다. 이러한 압박에 반응하는 병해충의 기작은 자연 선택적이다(16장). 자연적으로 발생하는 돌연변이는 개체군내에서 지속적으로 발생하며, 성적 재조합은 계속적으로 염색체들을 개조하고, 새로운 형질과 특성의 재조합을 가진 생물체를 만들어낸다. 등에 다이아몬드가 있는 나방이라는 한 곤충은 야생상태에서 Bt독소에 대해 이미 저항성을 가지고 있다는 사실이 밝혀졌다. 다른 10개의 나방 종, 나비 4종 그리고 딱정벌레 2종류는 실험실의 연구에 의해 저항성을 갖게 되었다. 몇몇 GM작물에 사용되는 특정한 제초제에 대해 저항성을 갖는 잡초와 마찬가지로, Bt독소에 대해 내성을 갖는 다른 해충들이 나타나고 번창할 것으로 기대된다. 해충저항성의 억제 방법의 폭 넓은 발전은 어떤 GM작물의 이점을 파괴할 것이다.

EVOLUTION

GM작물은 해충 이외의 종에 유해할 수 있다 GM작물에 관한 다른 잠재적인 문제들은 목표가 아닌 곤충들에게도 해로운 영향을 미친다는 것이다. 예를 들어 비록 몇몇의 연구들은 Bt유전자로 조작된 작물의 꽃가루를 사용한 다양한 곤충들이 영향을 받지 않을 것이라고 제안하나, 또 다른 연구들은 제중왕나비와 검정산호랑나비 그리고 꿀벌에서 개체수가 감소하였다고 보고하였다. 벌들, 나비들, 그리고 다른 곤충들은 대부분의 꽃을 가지고 있는 식물체에서 필수적인 수분 매개체 역할을 한다. 꽃가루를 하나의 꽃에서 같은 종의 다른 꽃으로 운반하는(24장) 수분매개체의 개체 수 감소는 곤충 수정에 의존하고 있는 많은 야생의 식물체와 다른 과일작물의 재생산에 심각한 영향을 미칠 것이다.

ECOLOGY

GM작물은 병해충의 천적에 해로울 수도 있다 실험에서 Bt독소를 포함하도록 변형된 작물을 먹는 곤충들을 먹이로 하는 곤충 — 풀잠자리와 무당벌레 — 는 고통받고 생존율과 생식율이 감소하는 것으로 나타났다. 이러한 관찰은 자연에서 더 넓은 먹이사슬의 결말의 가능성을 제공해준다. 작물 병해충 천적의 감소는 정말로 심각한 문제를 초래할 것이다.

GM작물은 야생근연종과 교잡하여 초강력 잡초를 만들 수 있다 몇몇 유전자 변형 작물은 유연관계가 가까운 것들을 교배시킬 수 있고 야생의 식물 개체군에 외래 유전자를 유전 시킬 수 있다는 것이다. 예를 들어 이러한 유전적 흐름은 고등식물인 해바라기와 딸기에서 볼 수 있다(그림 15.13). 유전자오염으로 알려진 이러한 문제는 유전적으로 조작된 식물에서 유연성이 있는 야생의 꽃가루의 분산에 의해 발생하거나, 자연적으로 GM종자의 분산에 의해 발생한다. GM 옥수수와 감자의 꽃가루는 1km이상 이동할 수 있으며, 유채 꽃가루는 들판에서부터 8km 정도까지 멀리 운반된다. 트럭에서 종자가 엎질러지는 것은 길거리를 따라서 이루

ECOLOGY

어지는 GM식물의 공통적인 근본 원인이다. 환경 과학자들은 통제하기 어려울 수도 있는- 소위 초강력 잡초라 불리는-새로운 잡초의 형성을 유도할지도 모른다는 사실에 대해 걱정한다. 잡초는 충분히 자라며, 수분, 빛, 그리고 토양 무기물에 대해 작물과의 경쟁에서 우위를 지키는 식물체이다. 세계 13대 작물 중 7가지 종(밀, 쌀, 콩, 수수, 기장, 잠두, 그리고 해바라기)은 야생의 근연종을 잡종화하는 것으로 알려져 있고, 그렇기 때문에 새로운 형태의 잡초를 생산해 낸다. 때때로 잡초를 억제하는 데에는 강력한 제초제의 사용이 필요하다. 제초제의 사용은 값이 비싸고, 원래 목표한 식물체와 다른 목표가 아닌 종들에게 바람직하지 않은 영향을 미칠 수 있기 때문에 화학적 사용의 감소는 생명공학의 하나의 목표가 되고 있다. 새로운 잡초들의 생성에서 GM작물의 어쩔 수 없는 관계는 그들의 사용과 관련하여 거센 논쟁거리가 될 것이다.

GM작물은 또 다른 환경적인 우려에 노출되고 있다

들판에서 작물의 찌꺼기가 부패한 후의 환경에 GM작물의 독소 박테리아의 단백질이 축적되는지 그렇지 않은 지는 명확하지 않다. 몇몇 통계에는 토양 미생물이 Bt독소를 쉽게 분해할 수 있다고 나와 있으나, 환경적 Bt독소들의 빠른 분해를 촉진하거나 방해하는 조건에 대해서는 잘 알지 못한다. 바이러스 유전자로 조작된 작물은 결합에 의해 유사한 형태로 발전할 수 있는 새로운 바이러스의 형성에 기여할 지도 모른다. 다른 잠재적인 문제는 꽃양배추의 모자이크 바이러스의 DNA가 GM작물을 만드는데 널리 사용된다는 것이다. 바이러스의 DNA는 외래의 유전자가 발현하기 위해 일을 시작할 식물 DNA의 번역장치를 필요로 한다. 그러나 적어도 하나의 연구는 꽃양배추의 모자이크 바이러스의 DNA가 GM식물체의 한 부분에서 다른 부분으로 이동할 수 있다는 것을 보여주었다. 이것은 비의도적이고 예측할 수 없는 유전적 효과이다.

그림 15.13 딸기는 GM 식물의 유전자가 비형질전환된 작물로 유입된 것으로 보고 되어 진 예이다.

교육받은 사람들에게 GM작물과 다른 유전적으로 조작된 식물체들의 안정성을 평가하기 위해 이루어지는 과학적 실험의 결론이 충분하다고 판단할 수 있을 정도로 생명공학의 문제점을 이해하는 것은 중요한 일이다. 전문가나 산업 대표자의 결정을 평가할 때 사람들은 그러한 의견이 재정 목표에 대한 전망에 의해 어떠한 영향을 받았을 수도 있음을 고려해야 한다.

요점

15.1 유전 공학자들은 박테리아, 바이러스, 식물체 그리고 다른 생물체로부터 가져온 분자적 도구를 이용한다. 이러한 분자적 과정들은 자연에서 생물체가 생존하는 것을 돕는 적응으로 발달시킨다.

15.2 식물 유전 공학은 인간에 의해 수 천년동안 작물과 가축 생산력을 향상시키기 위해 사용되어진 농업 육종 기술의 연장선이다. 그러나 유전공학은 전통 육종기술보다 뛰어난 여러 개의 이점을 가지고 있다. 유전공학은 유연관계가 먼 종들 사이의 유전자를 이동시킴으로써 더 빠른 결과 수확을 얻을 수 있고, 전통적 방법에 의해서는 변경되기 어려운 무성번식에 의해 재생산된 식물에 적용시킬 수 있다.

15.3 유전자는 바이러스를 이용하여 복제될 수 있다. 박테리아 효소는 박테리아 플라스미드의 끝과 잘 맞는 끝을 가지고 있거나, 같은 효소로 잘린 바이러스를 가지고 있는 작은 조각을 가진 생물체로부터 DNA를 자르는데 사용된다. 연결효소는 DNA의 인산-당 골격에 붙임으로써 플라스미드 속으로 외래의 DNA조각의 결합을 완전하게 하는데 사용된다. 재결합된 플라스미드는 박테리아 세포로 삽입되며, 이것은 외래의 유전자를 나타낸다. 이 과정은 재결합된 인슐린과 같은 제약을 만드는데 사용된다.

15.4 작물은 영양적 질을 향상시키고, 해충저항성과 같은 새로운 형질을 발현시키기 위해 유전적으로 조작된다. 식물 유전 공학자들은 아그로박테리아라는 박테리아를 이용하여 플라스미드 속으로 관심 있는 유전자를 삽입한다. 아그로박테리아로 삽입된 외래의 유전자를 식물의 DNA로 옮길 수 있는 능력을 가지고 있으며, 유전적으로 변형된 식물 세포나 조직은 아그로박테리아의 위험성에 드러나 있다. 바이러스나 유전자총으로도 외래의 DNA를 식물세포에 넣는데 사용된다. 유전적으로 변형된 식물세포는 그 형질을 가지고 성체 GM식물로 성장한다.

15.5 유전공학은 토양의 양분을 더 쉽게 흡수 할 수 있고 세균과 다른 해충의 질병에 저항할 수 있으며 산업적으로, 의학적으로 유용한 물질을 생산할 수 있는 능력을 가진 새로운 형태의 가치 있는 작물을 만들어냈다.

15.6 GM작물은 인간과 환경의 건강에 미치는 영향에 관해 중요한 문제를 일으킨다.

문제

1. GM생물체는 무엇이며, 이들을 지칭하는 다른 용어는 무엇인가? 실제적인 예를 하나 들어라.
2. 다음의 효소들은 유전공학에 유용한 도구들이다: (a) 제한효소. (b) 리가아제 (c) 역전사효소 (d) DNA중합효소: 위의 효소들이 세포 안에서 자연적으로 생겨날 때 이 효소들이 세포에서 수행하는 기본적인 역할은 무엇인가
3. 문제 2에서 열거된 효소들을 유전공학자들은 어떻게, 왜 사용하는가?
4. 전이인자란 무엇인가? 누가 이것을 발명하였고, 진화에서 이들의 역할은 무엇인가? 유전공학자들은 이것을 어떻게 이용하는가?
5. 전통적인 육종법에서의 한계점은 무엇인가? 유전공학을 통해 이들을 어떻게 극복할 수 있는가?
6. 인간의 항체유전자가 식물에 삽입되고 발현될 수 있는가? 이렇게 함으로써 얻는 이점은 무엇인가?
7. 플라스미드는 생명공학에서 매우 중요한 도구이다. 플라스미드란 무엇이고 자연에서 그들의 중요성은 무엇인가? 또한 유전공학에서 어떻게 사용되는가?
8. 유전자 클로닝의 이상적인 체계와 같이 되게 하게 위해 박테리아가 하는 일은 무엇인가?
9. 박테리아 세포를 이용하여 유전자를 복제하는 과정을 기술하시오.
10. 형질전환된 식물세포와 형질전환된 박테리아 세포는 약간의 차이점이 있다. 새로운 유전자가 식물세포에 삽입되어지는 과정을 기술하시오

응용 개념

1. 전이인자와 바이러스의 유사점과 차이점에 대하여 기술하시오.
2. 15장에서 GM생물체 특히 작물의 중요성을 다루었다. 이 중요성의 예를 들어보시오.
3. 다음은 일반적인 제한효소와 제한 염기서열을 나타낸 것이다. : *Eco*R I, GAATTC; *Bam*H I, GGATCC; *Hin*D III, AAGCTT; *Bgl* I, AGATCT. (이 항목에서, 염기서열은 한 가닥만을 나타낸 것이며, 끝이 왼쪽이다.) 염기서열들을 잘 살펴보시오. 특이한 것들이 있는가?

16장 생물학적 진화

갈라파고스 섬의 식물상

주요 개념

- Charles Darwin은 젊은 대학졸업생 신분으로 전 세계를 항해하면서 관찰한 결과로부터 자연선택에 의한 진화론을 탄생시켰다.
- 진화론은 지구상에 왜 이렇게 많은 종이 존재하는지, 그들이 다른 환경에 어떻게 적응되어 왔으며 어떻게 기원되어 왔는가와 같은 의문을 다루고 있다.
- 진화론은 제초제와 살충제에 대한 잡초와 곤충의 내성뿐만 아니라 항생제에 대해 세균이 가지는 것을 설명하는데 도움을 준다.

진화의 개념은 다윈과 너무 밀접하게 연관되어 있어서 대중들에게 이 두 가지는 불가분의 관계이다. 보통 멋있는 수염을 가진 나이든 사람으로 묘사되지만 다윈이 22살의 젊은 청년이었을 때 독창적인 통찰력을 가지고 그를 유명하게 만든 연구를 시작했다.

현대의 많은 학생들과 같이 다윈은 자신의 장래 직업에 대한 확신이 없었다. 한 시골 의사의 아들인 다윈은 의학공부를 시작했으나 흥미를 느끼지 못했다. 그가 의대생일 때 집으로 보낸 편지에서 의학과목의 지루하고 따분한 강의에 관해서 자신의 불평을 늘어놓았으며, 수술 장면을 참아낼 수 없었음을 인정했다. 실망한 그의 부모는 그가 시골의 목사가 되기를 바라면서 신학 공부를 시키기 위해 그를 케임브릿지 대학에 보냈다. 마침내 그는 신학 학위를 받았으나, 신학도 의학 이상의 흥미를 거의 가지지 못했다.

오늘날의 많은 학생들처럼 다윈은 흥미를 느낀 과목에서는 최선을 다했으며, 그가 흥미를 느낀 분야는 자연사였다. 다윈은 동물과 식물을 관찰하고, 종을 수집하고 분류하면서 시골 주변을 걷기를 좋아했다. 케임브릿지에서 다윈 비슷한 관심을 가진 식물학자인 John Henslow를 만났으며, 다윈은 야외 채집에서 그의 충실한 동료가 되었다. 그 후 다윈의 인생의 방향을 바꾼 기회가 찾아왔다.

1831년에 영국 정부는 세계 일주와 남미의 연안을 탐사하기 위해 5년간의 탐험을 위한 비글호의 파견을 준비하고 있었다. 영국 박물관에 보관하기 위한 지질 및 생물 표본을 수집하는 박물학자가 필요했다. Henslow는 그 자리에 다윈을 추천했다. 다윈은 그 자리를 수락할 것인지 확신이 없었으나 비글호의 선장인 Robert Fitzroy는 마침내 다윈이 탐험에 합류하도록 설득시켰다. 다윈은 훗날 "세계를 알기를 바란다면 이것이 바로 절호의 기회다. 케임브릿지에서 흐트러졌던 내 마음을 다스릴 수 있는 기회로 삼을 수 있으리라"고 기록했다.

다윈은 자신의 정신 수양을 하는 것보다 훨씬 많은 것을 성취했다. 비글호에 승선한 그의 경험은 자연선택에 의한 진화론을 낳았으며, 이 이론은 너무나 혁신적인 생각이라 저명한 유전학자인 Theodosius Dovzhansky는 훗날 "진화가 없는 생물학은 아무것도 없다"라고 기록했다. 이 학설이 이장의 주제이다 즉 이 학설은 어떻게 이루어졌으며, 그것의 신뢰성 및 현대 유전학과 분자생물학과의 통합 등을 다루고 있다. ■

찰스 다윈

16.1 다윈 이전의 과학은 종은 변하지 않는다는 것이다

다윈이 진화론을 개발하기 이전에는 자연과학은 신학과 고유한 창조의 개념에 의해 크게 영향을 받았다. 이 개념에 따르면 모든 종은 현재의 형태로 동시에 창조되었으며 현재까지 변함없이 유지되어 있다. 고대 그리스 철학자들의 이론을 빌리면 고유한 창조의 개념은 나아가 각 종은 이상적인 형태를 가지고 있고, 종내 어떤 개체는 단지 유사하다는 것을 제시했다. 따라서 어떤 종내 개체의 변이는 중요하지 않고 단지 이상적인 형태만 중요했다. 지구의 나이는 구약성서에 있는 세대로 계산하면 약 6,000년으로 생각했다.

그러나 18세기경 새로운 발견들로 인해 당시 미숙하고 정지 상태에 있던 자연세계에 대한 개념을 바꾸기 시작했다. 특히 지질학은 18세기와 19세기 초에 상당히 발전했다. 지질학자들은 특정 암석층에 따라 다른 바위가 나타났고, 이들 층은 종종 화석(fossils)을 가지고 있다는 것을 알았다. 화석은 오래전에 죽은 동 · 식물의 잔재이거나 흔적이었다는 것은 명백하다. 이들 죽은 생물들이 분해되기 전에 고대 침적물이 이들을 덮어 그들을 보존해 왔다. 오랜 시간을 거치면서 지질학적인 힘은 이들 침적물을 암석으로 바꾸었다. 고생물학(paleontology)이라 부르는 새로운 과학 분야가 탄생하고, 화석연구에 공헌하게 되었다.

암석층과 암석층에서 발견된 화석의 연구는 여러 가지 결론에 도달하였다. 어떤 화석은 항상 특수한 암석층에서만 발견되고 다른 층에서는 절대 발견되지 않는다. 늦게 형성된 암석층은 항상 오래된 암석층 위에 위치하고, 암석층의 형성 년대가 짧을수록 화석은 현재의 생물과 보다 유사하였다. 오래된 암석층은 지구상에 살고 있는 종의 개체가 전연 없다는 것을 의미하는 멸종(extinct)된 동 · 식물의 화석을 포함하고 있었다. 사실 현존하는 종보다 멸종한 종이 훨씬 더 많다.

화석종이 많다는 것은 고유한 창조의 개념에 대한 문제를 야기 시켰다. 그들 대부분이 멸종되었다면 왜 그렇게 많은 종이 창조되었는가? 프랑스 고생물학자인 Georges Cuvier는 모든 종이 처음에 창조되었으나 일련의 큰 재앙이 그들 대부분을 파괴하였다고 주장했다. 이들 대재앙은 화석이 발견되는 암석층으로 대변하였다. 그러나 살아있는 종이 이들 모든 대재앙의 생존자라면 살아있는 종의 어떤 개체는 최초의 대재앙으로부터 화석으로서 보존되어왔을 것인데, 실제로는 화석에는 존재하지 않는다. 프랑스 지질학자 Louis Agassiz는 대재난 뒤에는 새로운 창조가 일어났으며, 현재의 종은 최근 창조의 산물임을 나타낸다고 하는 대안을 제시했다. 그러나 화석 기록으로 보면 최소한 50번의 별개의 대재난과 그에 따른 창조를 했단 말인지!

James Hutton과 Charles Lyell과 같은 일부 지질학자는 다른 방법을 취하고 있다. 그들은 암석층이 오랜 시간이 흐르면서 침식, 빙하, 퇴적 및 화산활동과 같은 정상적인 지질학적 과정의 결과임을 제시하였다. 이 원리는 과거에 일어났던 것이 오늘날에도 또한 관찰 가능한 과정임을 의미하는 균일설(uniformitarianism)이라 부른다. 만일 느린 자연적 물리적 과정이 수천 피트 두께의 암석층을 형성했다면 지구는 수천 년이 아니라 수백만 년이 걸려야 한다. 오늘날 지질학자들은 지구의 나이를 45 억년 이상으로 추정하고 있다. Lyelll과 Hutton은 지구의 나이는 진화가 일어나는데 충분할 만큼 오래되었다고 제시하였다.

16.2 일부 초기 생물학자들은 종은 진화한다고 제안하였다

다윈이전의 소수의 박물학자들은 종은 변할 수 있다는 것을 제안하였다. 프랑스의 박물학자 G. L. LeClerc는 원래의 창조는 소수의 기원종만 창조하였으며, 현재의 종은 어떤 자연적인 과정에 의해 진화되었다고 제시하였다. Charles Darwin의 할아버지인 Erasmus Darwin도 종은 새로운 종으로 변형될 수 있다고 주장하였다.

라마르크는 진화의 기작을 제시한 최초의 생물학자였다. 그는 생물은 획득된 형질의 유전을 통해 진화할 수 있다는 가정했다. 그의 가장 유명한 예로서, 짧은 목을 가지고 있었던 기린의 조상이 더 높은 곳의 나무 잎을 먹기 위해 목을 뻗었으며(그림 16.1), 보다 긴 목을 획득한 기린이 자손에게 긴 목을 물려주었다. 오랜 세월을 거쳐 이런 과정이 현재의 기린을 탄생시켰다. 현재는 이 가설이 초보적 발상이지만 18세기에는 아무도 유전이 어떻게 작용하는지를 이해하지 못했다. 비록 라마르크의 가설이 틀렸다 하더라도, 그는 종은 어떤 자연적인 과정에 의해 변할 수 있다는 개념을 소개했다.

16.3 비글호로 항해하는 동안 다윈은 생물학의 일대변혁을 일으킨 관찰을 하였다

다윈은 1831년 12월 27일 비글호에 승선하여 항해를 시작하였다. 신학 학위와 종에 대한 일반적인 생각을 가지고 있었던 다윈은 종이란 창조된 것이라고 배워 알고 있었다. 역사적인 항해에서 그가 관찰한 것은 그의 생각을 바꾸게 하였다.

첫째로, 비글호는 그림 16.2의 경로를 따라 일시 정박하면서 남아메리카 연안을 따라 항해했다. 항해 도중에 다른 사람들이 해안선과 항구 지도를 만드는 동안, 다윈은 연안과 육지의 동물과 식물과 화석 및 지질학적 형성을 연구하였다. 아르헨티나에서 그는 크고 멸종된 동물들의 화석 뼈를 발견하였다. 그가 뒷발의 흔적을 가진 뱀을 관찰했을 때 그것은 "도마뱀을 뱀으로 되는 자연의 경로"의 표시라고 기재하였다.

다윈은 에콰도르에서 서쪽으로 950 km에 위치한 갈라파고스 섬에서 그의 가장 중요한 관찰을 하였다. 다윈은 갈라파고스 식물과 동물은 남아메리카 근처의 것들과 아주 유사하였으나 이들은 대륙의 어디에도 존재하지 않는다는 것을 관

그림 16.1 획득형질이 유전한다는 라마르크의 가설 라마르크는 기린이 목을 뻗음으로서 긴 목을 핵득했다고 잘못 주장하였다. 이들 기린은 그들이 획득한 긴 목을 자손들에게 전해주었다. 여러 세대에 걸쳐 뻗친 후 현재와 같은 긴 목을 획득하였다.

그림 16.2 비글호의 항해 비글호가 약 3년 6개월 동안 남아메리카의 연안을 조사하던 중 몇몇 내륙을 탐험 하였다. 갈라파고스 섬에서 약 한달을 보냈으며, 그 한달 동안 생물학에 있어서 가장 중요한 관찰을 하게 되었다(남아메리카 남동부 연안의 몇몇 여행지는 지도에 표시하지 않았다).

찰하였다. 만일 그 섬의 생물들이 창조의 결과라면 왜 남아메리카에 있는 생물과 유사한가? 왜 그들은 어떤 독창성을 가지지 않는가? 더욱이 동물과 식물은 섬에 따라 다양하였다(그림 16.3). 갈라파고스 섬은 거대한 거북들이 서식하고 있으며, 섬에 따라 살고 있는 거북들의 형태가 현저히 달랐다. 거북과 식물은 서로에게 영향을 미치는 것 같다. 거북이 서식하지 않는 섬에서는 지면 가까이에 열매가 달리는 선인장이 자라는 반면, 거북이 서식하고 있는 섬에서는 강인한 입을 가진 거북이 도달하지 못하는 높이에 열매가 열리는 키가 큰 둥치의 선인장이 자라고 있었다.

다윈을 혼동시킨 가장 경이로운 생물은 참새에 속하는 작은 새인 핀치였다. 섬에 서식하는 많은 핀치들은 명백히 다른 먹이 자원을 이용하기 위해서 주로 그들 부리의 크기와 모양에서 달랐다(그림 16.4). 앵무새 부리, 큰 부리, 작은 부리 및 직선 부리가 있었으며, 모두 이들 섬에서만 서식하였다. 다윈은 그의 논문에 "한 가지 정말 환상적인 것은 이 군도에 있는 원래의 소수의 새로부터 종들이 다른 결과로 획득하고 변형되어 온 것이다"라고 발표하였다. 돌아와서 수년 동안 다윈은 갈라파고스 군도에 있는 생물 다양성 문제에 집중했다.

16.4 | 20년 후 다윈은 자연선택에 의한 진화론을 탄생시켰다

다윈은 1836년에 영국으로 돌아 왔다. 그는 지질학과 자연사에 관한 몇 가지 연구와 자신의 항해를 설명하는 출판을 통해서 과학자로서 자신의 명성을 쌓아 갔다. 그러나 종의 기원에 관한 문제는 항상 그의 마음에 남아 있었다. 그는 갈라파고스에서 진화가 일어났다는 자신의 관찰을 추론해 보았으나 그는 시간이 흐르면서 어떻게 종이 변하는지 알 수 없었다. 진화의 기작은 무엇인가? 동물과 식물 육종학자들은 새로운 변종을 만들어 농업에 이용하기 위해 재배종의 선택적인 사육을 실시한다는 것을 깨달았다. 이런 **인위적인 선택**(artificial selection)은 수 세대 안에 재배종에서 중요한 변이를 일으킬 수 있다. 이 지식으로부터 다윈은 모든 종은 각 개체의 형질의 다양성 때문에 어떤 개체의 선택과 다른 개체의 제거가 진화적으로 변하기 위한 열쇠라는 결론을 내렸다. 인위적인 선택에서 인간의 선택이 선택의 기작이다. 그렇다면 자연에 있어

그림 16.3 갈라파고스 섬의 생물 갈라파고스 섬은 에쿠아토르 서부 약 950 km에 위치한 13개의 주요 화산섬과 수많은 작은 섬으로 구성되어 있다. (a) Sata Cruz에 있는 거대한 가시 투성이의 pear cactus(*Opuntia echios*)는 키가 12 m에 달한다. (b) 거북이가 없는 섬에서는 식용의 관목 선인장이 자란다. (c) 거대한 육지 거북이 살고 있는 Isabela 섬은 식생이 비교적 풍부하다. (d) Española의 건조한 섬에 살고있는 거북. 앞쪽 등판의 높은 아치는 거북이 높은곳의 먹이에 도달하게 된다.

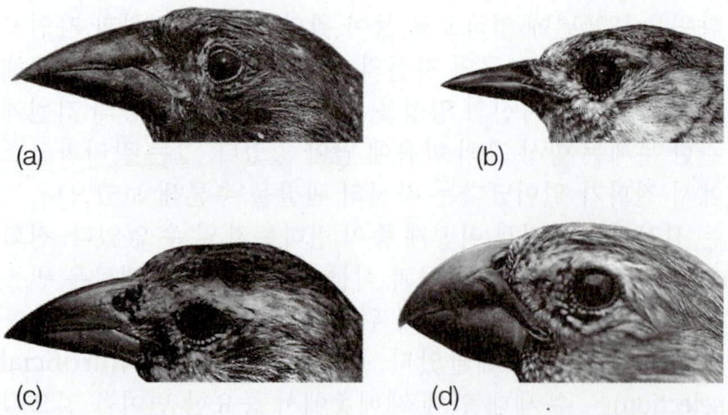

그림 16.4 다윈의 핀치들 다른 생태적 역할을 지닌 핀치들. (a) 주로 종자를 먹는 핀치. (b) 주로 곤충을 먹는 나무 핀치. (c) 나무 핀치에 속하는 딱따구리 핀치. 이 새는 썩은 나무의 곤충을 잡기 위해 선인장 가시를 이용한다. (d) 앵무새 부리를 가지고 싹을 먹는 채식형 나무 핀치.

서 선택의 기작은 무엇인가?

다윈은 영국의 목사이며 경제학자인 Thomas Malthus (1798)의 인간개체군에 대해 쓴 수필을 읽었다. 그 책에서 Malthus는 "인간 대체군은 통제하지 않는다면, 매 25년마다 배로 증가하거나 기하급수적으로 증가한다"라고 서술하였다. 인간 개체군은 전쟁, 기근 및 전염병과 같은 환경적인 요인에 의해 조절된다. 다윈은 유사한 원리가 자연에 있는 모든 종에 적용할 수 있다고 추측하였다. 모든 종은 성장이 통제되지 않으면 곧 환경을 능가하는 양상으로 번식한다. 그러나 자연적인 개체군은 오랜 시기동안 일정하게 유지하는 경향이 있다. 결론적으로 모든 세대에서 많은 개체는 번식하지 못하고 죽어야 한다. 각 세대에서 개체들의 사망은 필연적이거나 기회의 문제로 보는 것이 아니라, 개체의 특징에 의존한다. 유용한 특징을 가진 개체는 번식하기 위해 생존하기 쉬운 반면, 덜 유용한 형질을 가진 다른 개체들은 보다 쉽게 사망한다. 형질이 유용한지 유용하지 않는지는 환경에 의해 결정된다. 만약 그

형질이 유전성이라면 유용한 형질은 개체군에서 보다 많이 존재할 것이다. 이런 결론은 자연선택에 의한 진화론의 기초가 된다. **자연선택**(natural selection)이란 다른 유전형질을 가진 개체간의 차별적 생존과 번식이다. 자연선택에서는 자연이 선택의 기작이다.

그 후 20년 동안 다윈은 자신의 이론을 뒷받침하기 위한 자료를 수집했다. 종의 기원에 대한 책의 집필을 거의 끝마쳤을 무렵인 1858년, 당시 잘 알려지지 않았던 박물학자인 Alfred Russel Wallace로부터 한 편의 원고를 받았다. 말레이시아와 인도네시아에서 동물과 식물을 수집해 온 Wallace는 차별적인 생식을 통해 진화의 개념을 이해했다. 그는 그의 이론에 대한 가혹한 논평을 요청하면서 원고를 다윈에게 보냈다. 다윈은 당연히 당황하였다. 다행히 다윈의 동료들은 런던에 있는 린네 학회에서 두 사람에 의한 진화론의 발표를 주선하였다. 다윈에게 최초의 신뢰를 가져다 준 다윈의 논문이 처음 발표되었다. 다윈은 즉각 책을 완성하고, 1859년에 "종의 기원" 이라는 책을 출판했다.

16.5 자연선택에 의한 진화론은 일련의 관찰과 결론들로 요약될 수 있다

일반적 관례로 이론이란 단어는 추측, 예감 또는 생각의 의미를 가진다. 그러나 과학적인 관례에서 이론은 상당한 양의 관찰을 설명하거나 실험으로부터 유추되는 원리 또는 결론이다. 진화에 대한 다윈의 이론은 추측이 아니라 자연에 있는 종들의 관찰을 설명하는 검정된 원리이다. 이 이론과 설명은 단순한 일연의 논리로서 요약할 수 있다.

1. **모든 종은 성체까지 생존할 수 있는 수보다 더 많은 자손을 생산한다.** 자연에 많이 있는 민들레인 서양민들레를 생각해 보자. 한 개체의 식물은 수백 개의 자손을 생산할 수 있기 때문에 짧은 시간 안에 민들레는 지구의 모든 육지 표면을 완전히 덮을 수 있다는 얘기가 되는데! 가끔 잔디밭이나 공원에서 이런 현상을 볼 수 있으나, 이들이 지구 전체를 덮지는 않는다. 똑 같은 논법이 식물 또는 동물의 어떤 종에도 적용할 수 있다.
2. **자연개체군의 크기는 시간이 지나도 일정하게 살아남고자 하는 경향이 있다.** 식물 또는 동물의 **개체군**(population)은 특정 지역에 있는 한 종의 식물 또는 동물의 모든 구성원으로 구성된다. 시간이 흐르면서 개체군은 상당히 일정한 수준으로 구성원이 변하는 경향이 있다. 먹이와 물, 이용 가능한 공간과 같은 특정 지역에 있는 이용 가능한 자원뿐만 아니라 질병과 식물을 먹는 초식동물이나 포식자의 다른 개체군은 이러한 일정한 개체군 수준을 결정하는 요인이다.
3. **그러므로 생존과 번식을 위한 경쟁이 존재한다.** 자원의 공급은 특정 지역에 있는 어떤 종의 일정 개체에게만 공급될 수 있고, 모든 종은 성체까지 생존할 수 있는 것 보다 많은 자손을 생산하는 능력을 가지고 있기 때문에 이들 개체들과 그들 자손은 한정된 자원에 대해 경쟁해야 하고, 많은 자손은 생존할 수 없다.
4. **어떤 개체군 내의 개체들은 자신들의 생존과 번식 기회에 영향을 미치는 형질이 다양하다.** 어떤 형질은 개체가 먹이를 더 잘 획득하고, 포식자로부터 더 빨리 도망가고 또는 극단적인 온도에서 더 잘 생존할 수 있는 것이 있다.
5. **그래서 가장 유리한 형질을 가진 개체들이 생존하여 더 많은 자손을 번식시킬 수 있다.** Alfred Wallace는 살아남는 개체들은 "개체군의 대부분을 죽게 하는 특별한 형태의 죽음을 피할 수 있는 약간의 우수성을 틀림없이 가지고 있다"라고 표현하였다. 이것이 "적자생존"이라는 명언의 기원이다. 자연선택은 그들이 그 환경에 보다 잘 적응하게 하는 형질을 가지기 때문에 생존과 번식을 위해 환경이 개체를 선택하는 과정이다. 세대를 거듭하면서 유용한 형질의 빈도는 증가하는 반면, 덜 유용한 형질의 빈도는 감소할 것이다. 그 종은 보다 잘 적응하게 되거나 새로운 종이 될 수도 있다. **진화**(evolution)는 세대를 거듭하면서 개체군 내에서 형질의 빈도 변화이다.

16.6 통합진화론은 다윈학설과 유전학 및 분자생물학을 결합한 것이다

다윈의 진화론에 대한 논리와 진화론을 입증하기 위해 그가 수집한 엄청난 자료는 매우 설득력이 있었다. 다윈의 책을 읽은 후, 생물학자 Thomas Huxley는 "그런 생각을 하지 못한 자신의 어리석음"을 회고하였다. 그러나 당시에는 관련 과학 분야에서 지식의 수준이 불충분했기 때문에 다윈의 진화론을 완전히 설명할 수 없는 어떤 측면이 있었다.

DNA SCIENCE

다윈은 어떤 종내 개체들 사이에 변이의 근원을 이해하지 못했다. 염색체, 유전자 및 DNA에 대한 지식이 요구되는 그런 내용은 20 세기에서 알게 되었다. 다윈은 형질이 한 세대에서 다음 세대로 어떻게 전달되는지 설명할 수 없었다. 비록 다윈이 유전의 기본적 과정을 발견한 멘델과 동시대 사람이었으나(14장), 멘델의 연구는 1900년대 초까지 인정받지 못했다. 오늘날 우리는 개체군 내에서 변이는 주로 유전자 돌연변이와 재조합 때문이라는 것을 알고 있다. 다양한 형질은 염색체에 위치한 DNA 단편인 유전자 대립인자의 형질발현의 결과이다. 대립인자는 감수분열에 의해 생식세포로 분리된다. 그리고 생식세포는 새로운 개체를 형성하기 위한 유성생식 중 수정에서 재조합 된다. 돌연변이와 집단유전학은 이 장 후반부에서 다룰 것이다.

또한 다윈은 신종의 기원에 대한 완전한 설명을 제시하지 못했다. 그 후 신종의 기원에 대한 보편적으로 받아들여진 최초의 모델은 1942년에 개발되었다. 다른 모델들이 발견되고 증명되었으며, 종 분화의 새로운 기작은 여전히 탐색중이다. 종 분화의 기작은 이장의 마지막에 논할 것이다.

거의 모든 생물학자들은 다윈의 학설과 현대 유전 및 분자생물학을 결합하는 현대 **통합진화론**(synthetic theory of evolution)을 받아들이고 있으나, 그들은 종 분화의 기작에 대해서 다른 견해를 가질 수 있다(1장 참조). 이런 과학자들 사이의 논쟁은 그들이 진화의 개념을 의심한다는 의미는 아니다.

16.7 과학의 많은 분야가 진화의 증거를 제공하고 있다

수많은 자료가 현대 통합진화론을 지지하고 있다. 이 절에서 우리는 몇 가지 중요한 진화의 증거를 조사할 것이다.

인위적 선택은 종이 변할 수 있음을 입증한다

다윈은 인위적 선택이 자연선택에 의한 진화에 대해 강한 논쟁을 불러왔다고 생각했다. 그는 인위적 선택의 두 가지 예, 즉 딸기와 집비둘기에 초점을 두었다. 다윈이 종의 기원을 쓰기 약 40년 전에 딸기는 영국에서 인위적으로 선발되기 시작했으며, 이미 많은 수의 품종이 개발되어 왔다. 또한 비둘기의 인위적 선택은 자연에서 발견된다면 한 속 이상의 다른 종으로 분류될 수 있을 만큼 다른 품종을 만들었다. 그러나 모든 품종들이 야생 비둘기로부터 나온 후손으로 알려져 있으며, 모두 교잡이 가능하여 임성을 가진 자손을 생산할 수 있단다!

많이 이용하는 채소인 브로콜리, 싹눈양배추, 양배추, 꽃양배추, 케일 및 구경양배추는 외형이 상당히 다르지만 모두 하나의 종인 야생양배추(그림 16.5)의 인위적 선택의 결과이다. 케일은 원래의 야생 조상과 가장 유사하다. 사람이 수천 년 안에 인위적 선택에 의해 이들 모든 다른 작물을 만든다면 자연선택과 진화적 변이의 다른 기작에 의해 만들어진 수억 년에 걸쳐 관찰되는 현존 생물의 다양성을 만들 수 있다.

비교해부학은 많은 진화적 유연관계를 나타낸다

비교해부학은 다른 생물에서 발견되는 기관의 구조를 세밀하게 조사, 비교하는 것이다. 일반적인 개념은 공동조상으로부터 내려온 서로 관련된 생물들은 함께 분류되어야 한다는 것을 암시하고 있다. 이상적인 진화적 분류체계에서 생물은 **상동**(homologous)인 구조에 따라 묶을 수 있다는 것이다. 상동구조란 공통의 기원을 공유하지만 그들의 현재 기능은 다를 수 있다. 눈 비늘, 화포, 가시 및 꽃의 각 부분은 모두 동일한 기본적 기관인 보통의 잎의 변형이기 때문에 상동구조이다(11

그림 16.5 야생 양배추와 인위적 선택 이들 일반적인 채소 – 브로콜리(a), 싹눈양배추(b), 양배추(c), 꽃양배추(d), 케일(e), 구경양배추(f) – 들은 형태가 매우 독특하지만 야생 양배추에서 수 천년간 농부들의 인위적 선택으로 된 것이다.

장). 다윈은 관련된 생물에 있어서 다른 기능을 수행하기 위해 변형된 상동구조의 존재는 정확히 예측된 진화의 소산임을 인식했다.

그러나 유사한 외형과 유사한 기능을 수행하는 구조가 항상 상동성은 아니다. 완두의 덩굴손은 잎에서 유래하지만 포도나무의 덩굴손은 줄기의 변형이다. 완두와 포도나무 덩굴손은 둘 다 식물을 지지하는 동일한 기능을 수행하지만 이들은 **상사**(analogous)기관이다. 상사기관은 유사한 기능을 수행하지만 다른 진화적 기원을 가진다. 일부 식물은 보통의 잎 대신 광합성을 수행하는 넓고 편평한 줄기나 가지를 가진다(그림 16.6). 이들 편평한 줄기나 가지 및 보통의 잎은 상사기관이다.

상사기관은 연관성이 없는 생물의 다른 기관에서 유사한 기능을 수행하기 위해 어떻게 변형될 수 있는가를 나타내기 때문에 진화적으로 흥미로운 것이다. 자연선택은 그들의 환경에 대해 생물을 적응시키는 작용을 한다. 연관성이 없는 생물이 유사한 환경에 존재한다면 선택은 **수렴진화**(convergent evolution)라 부르는 과정인 유사한 적응구조를 생성할 수 있다. 사막에 있는 어떤 집단의 식물은 수분 저장을 위해 두껍고 즙이 많은 줄기와 보호를 위한 가시로 변형된 잎으로 발달시키면서 적응해 왔다. 남미와 북미의 사막에서 선인장 역시 이런 구조를 진화시켰다. 그렇지만 아프리카와 아시아에서 등대풀과 식물과 인주솜풀 과의 식물은 이런 양상을 가지고 있다. 수렴진화는 세 가지 독립적인 과에서 놀라울 정도로 유사한 외형을 가진 식물을 형성해 왔다(그림 16.7). 세 가지 그룹 모두 독립적으로 진화된 낮 동안에 기공을 닫고 있는 CAM 광합성(5장과 26장)로 진화되었다.

수렴진화의 한 형태는 어떤 생물이 다른 생물이나 무생물체와 유사하게 진화하는 **의태**(mimicry)이다. 의태는 **보호색**(protective coloration)을 띠어 어떤 생물체를 숨길 수 있다. 아프리카 남서부의 사막에서 *Lithops* 속의 식물은 작은 돌과 비슷하다. 배가 고픈 초식동물은 조약돌 속에 있는 이 식물을 그들을 쉽게 구별할 수 없다(그림 16.8). 의태는 또한 어떤 종의 꽃이 다른 종의 꽃을 모방하게 할 수 있다. 서유럽과 지중해 지역에 서식하는 눈부신 장미색의 난초는 푸른 초롱꽃과 함께 나타난다(그림 16.9). 두 식물의 꽃은 구조적으로 유사하고 한 종류의 벌이 두 꽃을 수분시킨다. 초롱꽃에서 벌은 먹이로서 화분을 얻지만 난초에서는 아무것도 얻지 못한다. 사람의 눈에는 두 식물의 꽃이 다른 색으로 나타나지만 벌은 붉은 색을 볼 수 없어, 벌들에게 두 꽃은 똑 같이 보인다. 벌들은 결과적으로 어떠한 보상도 없이 의태적인 난초를 수분시키도록 현혹된다.

ECOLOGY

단백질과 DNA의 변화는 진화적 변화를 추적한다

유연관계가 가깝고 구조적으로 유사한 생물들은 생화학적으로 유사하게 나타날 수 있다. 두 종이 가까우면 가까울수록 그

그림 16.6 **가지나 줄기가 잎과 같은 외모와 기능을 가진다** 일부 식물들은 잎과 유사한 구조를 가지지만 실제로 줄기나 가지가 변형된 것이다. 이들은 동일한 기능(광합성)을 수행하지만 기원은 다르다. 여기에 나타낸 사진은 *Phyllanthus*속 식물의 분지한 줄기이다(a). 편평한 줄기의 기부에서 꽃이 나오고 있다(b).

그림 16.7 **사막식물에서 수렴진화** 수렴진화는 다른 과에 속하는 사막 식물들 중에 강한 구조적 유사성을 만든다. 여기에 나타낸 3개의 구성원 — (a) milkweed, (b) 선인장, (c) euphorb — 은 두텁고 즙이 많은 줄기가 퇴화되어 종종 가시로 변한 잎을 가진 것으로 진화되었다. 이들은 또한 유사한 생화학적 특성을 진화시켰다.

그림 16.8 돌 식물 아프리카 서남부 사막에는 두껍고 즙이 많은 줄기를 가진 작은 식물이 작은 돌을 닮은 형태와 보호색으로 진화하였다. *Lithops*속에 속하는 이 동식물은 작은 조약돌 틈에서 자라기 때문에 초식동물로부터 잘 보호된다(삽화는 동 식물의 위치를 나타낸다).

그림 16.9 속임수에 의한 수분 - 난초와 초롱꽃 사이의 꽃의 의태 대부분의 꽃은 수분자인 곤충에게 꽃가루나 당밀의 형태로 먹이를 보상한다. 그러나 일부 꽃은 먹이를 제공하는 다른 꽃을 모방함으로서 그들 수분자인 곤충을 속이는 방법으로 진화해 왔다. 이들 모방적 꽃은 곤충에게 먹이를 보상해주는 꽃과 구분할 수 없기 때문에 먹이 보상을 하지 않으나 곤충의 방문을 받는다. 붉은 난초(a)는 먹이를 제공하지 않지만 먹이를 제공하는 초롱꽃(b)을 닮았기 때문에 벌들은 난초를 수분시킨다(사람과 달리, 벌은 붉은 꽃 색을 구분할 수 없다).

들의 단백질과 DNA는 보다 유사할 것이다. 역으로 두 종이 더 멀리 독립적으로 진화해 왔다면, 그들의 단백질과 DNA는 보다 다를 것이다. 한 식물 집단 내에서 나타나는 진화적 변화의 정도와 양상을 결정하는 데는 특히 유전자에 대한 일련의 단백질이나 뉴클레오티드 서열을 조사함으로서 가능하다(17장). 동일한 기술이 수십만 년 전에 일어난 원거리 분산 사건을 추적할 수 있다.

DNA SCIENCE

예를 들어, 하와이 섬에 있는 모든 고유 식물은 다른 섬이나 태평양 연안의 대륙으로부터 원거리 분산에 의해 도달하여 나타난 것이다. 대부분은 열대 지역에서 도래되었으나 최근에 북극 유래도 발견되었다. 북미에서 제비꽃은 작은 초본이지만 하와이에서 이들은 목본이거나 관목이다. 과학자들은 하와이의 오랑캐꽃은 남미에서 왔다고 추정하지만 그 가정은 잘못 결정되었다. 하와이, 남미 및 알라스카 제비꽃에 대한 DNA의 분자 분석이 하와이산 목본 제비꽃은 알라스카의 습지와 초원종인 *Viola langsdorffii*와 가장 밀접하게 연관된 것이 밝혀졌다. 위스콘신 대학의 Harvey Ballard와 Kenneth Sytsma에 의해 수행된 하와이, 남미 및 알래스카 제비꽃에 대한 DNA의 분자적 분석은 하와이산 목본 오랑캐꽃은 알래스카의 습지와 초원에 서식하는 *Viola langsdorffii*와 가장 밀접한 연관이 있는 것으로 확인되었다(그림 16.10). 많은 알라스카 새는 하와이에서 월동하기 때문에, 분산은 철새의 소화관에 있는 종자를 통해 일어난다.

화석은 대규모 진화적 변화의 기록을 제공한다

화석은 과거에 살았던 생물의 보존된 잔재(또는 잔유물의 흔적)이다(그림 16.11). 화석을 함유한 암석은 방사선 동위원소를 이용하여 정확히 연대를 측정할 수 있다. 암석의 종류는 화석이 형성된 환경에 관한 많은 것을 나타내고, 화석 자체는 그 생물의 생태에 관한 많은 것을 나타낼 수 있다. 다른 지질 시대를 통한 화석의 특징을 추적함으로서 그 생물의 진화적 역사 또는 **대진화**(macroevolution)를 재구성할 수 있다. 대진화는 지질학적 시대를 거쳐 새로운 종이 형성되는 변화이다.

오랫동안 과학자들은 화석 기록을 연구해 왔다. 다윈시대는 화석 기록이 광범위하게 연구되지 않았던 때였기에 고생물학은 하나의 새로운 과학이었고, 화석 기록은 불완전하지만 상당한 주목을 받았다. 그러나 오늘날 많은 식물 그룹과 동물을 포함하는 많은 생물의 진화적 역사가 상세히 연구되어 왔다. 인류의 진화도 현재 어느 정도 상세하게 이해되고 있다. 과학은 끝난 작업이 아니라 진행 과정에 있기 때문에 결함과 논쟁이 여전히 존재하고 있다.

화석기록을 연구하는 진화론자 사이에 한 가지 최근의 논쟁은 **점진진화**(gradualism)와 **중단평형설**(punctuated equilibrium)의 개념 차이이다. 점진진화는 옛날 진화론자의 접근이며 진화는 변화가 천천히 축적될 때 꾸준히, 점진적인 비율로 진행된다고 주장했다. 진화적 변화에 있어서 모든 점진적 단계는 화석기록에 보존되지 않는다. 1972년 Niles Eldredge와 Steven Jay Gould는 화석기록은 생각만큼 완전하지 않다고 주장했다. 그들은 자신들이 연구한 많은 화석 종이 갑자기 기록에 나타나서 거의 변하지 않고 5백만 또는 천만년을 지속하다가 갑자기 사라진다는 사실에 감명을 받았다. 이것이 사실이라면 어떤 일이 일어났단 말인가? 어떤 신종이 나타났을 때 그의 조상과는 많은 구조적인 변화를 나타낸다. 그리고 그것은 오랜 세월을 거쳐 거의 변하지 않은 평형을 이룬다. 평형은 아마도 환경의 빠른 변화로 인한 빠른 종 분화와 빠른 구조적 변화의 새로운 기간의 의해 무너질 수 있다.

종 분화의 중단평형의 모델은 상당한 논쟁이 되고 자료의 재검토까지 불러왔으나 아직 합의점에 도달하지 못했다. 논쟁은 진화론이 의심스럽다는 의미가 아니라 단지 과학자들이

그림 16.10 **하와이산 목본 오랑캐꽃은 알라스카 툰드라 오랑캐꽃에서 기원되었다** (a) 알라스카의 소택지나 목장의 초본성의 오랑캐꽃인 *Viola langsdorffii*는 DNA 염기분석에 의해 하와이 오랑캐꽃의 자매임이 밝혀졌다. (b) 하와이 Kauai 섬에 서식하는 초본성 소택지 초롱꽃, *V. kauensis*. (c) Kauai 섬의 하천 둑에 생육하는 관목 *V. helenae*, (d) Kauai, Oahau 및 Moloka 섬에서 발견된 작은 건조한 산림 나무인 *V. chamissoniana*.

그림 16.11 **화석 식물** (a) 속새식물의 화석 줄기. (b) 고사리 소엽.

진화가 어떻게 작용하는지 여전히 탐구하고 있다는 것이다. 다음 장에서 우리는 집단내의 유전자 수준에서 진화가 어떻게 일어나는지 논할 것이다.

16.8 진화는 집단의 유전자 풀에서 대립인자 빈도의 변화를 일으키는 힘이 작용할 때 일어난다

멘델은 두 양친의 자손에서 유전자 조합(유전자형)의 빈도를 설명하는 유전의 원리를 발견했다. 다윈의 진화론이 멘델 유전학과 접목되었을 때 **집단유전학**(population genetics)이라는 생물학의 새로운 분야가 생겨났다. 개체군은 특정 지역에 살고 있는 한 종의 모든 개체에 대한 개념이다. 모든 개체군은 그 집단 내의 모든 유전자의 모든 대립인자의 합인 유전자 풀을 가진다. 그림 16.12에 나타낸 꽃식물의 개체군을 생각해 보자. 그림에 나타낸 이배체 식물에서 각 식물 개체는 꽃의 색깔을 결정하는 유전자에 대해 2개씩의 대립인자를 가지고 있다. 이 개체군에서 꽃의 색에 대해 3종류의 대립인자가 있다, 즉 붉은 색소를 생산하는 R, 노란색소를 생산하는 R_1, 그리고 색소를 만들지 못하는 r이 있다. 이 집단에서 꽃식물의 유전자 풀은 모든 대립인자 즉 R, R_1, r을 가지고 있다. 집단유전학은 전체 개체군에서 유전자와 유전자빈도를 조사하는 과학의 한 분야이다.

집단유전학은 유전자 풀과 시간에 지남에 따라 유전자 풀이 어떻게 왜 변화하는지에 관심이 있다. 유용한 대립인자 조합을 가진 개체는 덜 유용한 대립인자의 조합을 가진 개체보

그림 16.12 식물 개체군의 유전자 풀 꽃 색깔에 대해 단지 한 개의 유전자(3개의 대립인자를 가지는)만 나타낸다. 대립인자들은 다음과 같은 꽃 색깔을 결정한다. *R*은 붉은 색소를 생성한다(그래서 *RR*은 붉은 색이다). R_1은 황색 색소를 가진다(R_1R_1은 황색이다). 그리고 *r*은 색소를 만들지 못하기에 *rr*은 흰 꽃을 만든다). 이형접합자 RR_1은 오렌지색이고, *Rr*은 분홍색, R_1r은 연한 황색이다. 각 2배체 식물은 꽃 색깔에 대해 두 개의 대립인자를 가진다.

다 더 많은 자손을 퍼뜨리며 생존하는 경향이 있다. 덜 유용한 대립인자의 조합을 가진 개체가 생존과 번식에 불리하기 때문에 이들 유용한 대립인자의 조합의 빈도는 다음 세대에서 감소할 것이다. 결과적으로 이들 덜 유용한 대립인자의 조합은 다음 세대에서 감소할 것이다. 그림 16.12에 나타난 예에서, 수분의 매개체가 흰 꽃보다 붉은 꽃을 더 자주 찾기 때문에 붉은 꽃이 흰 꽃보다 더 많은 자손을 생산한다고 가정하자. 그리고 시간이 지나면 *R* 대립인자의 빈도는 증가하는 반면 *r* 대립인자는 감소하고, 유전자 풀은 시간이 지나면 변할 것이다. 한 세대에서 다음 세대까지 대립인자의 빈도에 있어서 이런 소규모의 변화는 **소진화**(microevolution)라고 한다. 진화는 개체군의 유전자 풀에서 시간이 지나는 동안 그런 소규모 변화의 축적에서 일어난다. 돌연변이 압, 임의적 짝짓기, 유전적 부동, 이주 또는 자연선택이 개체군에 작용할 때 유전자 풀에서 대립인자의 빈도는 한 세대에서 다음 세대로 변할 것이다.

돌연변이는 유전자 풀의 새로운 변이를 제공한다

한 생물체에서 유전물질의 어떤 변화가 **돌연변이**(mutation)이지만, 유전성 돌연변이는 생식세포에 영향을 미쳐야 한다. 돌연변이는 유전자 수준이나 염색체 수준에서 나타날 수 있다. 유전자 돌연변이는 한 대립인자가 다른 형태로 변한다. 염색체 돌연변이는 염색체 단편, 한 개 염색체 전체 또는 한 쌍의 염색체 전체의 변화가 있다.

유전자 돌연변이는 한 가닥의 DNA에서 하나 또는 몇 개의 뉴클레오티드의 변화에서 일어난다. 이런 돌연변이는 전사에서의 착오나 화학물질이나 방사선과 같은 물질에 의해 유도될 수 있기 때문에 자연에서 무작위로 나타난다. 유전자 돌연변이는 정상적인 뉴클레오티드 서열을 바꾸고, 그 변화가 그 유전자의 기능을 어떻게 변화시키느냐에 따라 이로울 수도 있고 해로울 수도 있다. 염기가 바뀌어도 유전자의 기능이 바꾸지 않는다면 그 변화는 중립적이다.

감수분열 중에 두 개의 상동염색체가 동일한 절편을 서로 교환하는 교차는 감수분열에 있어서 일반적으로 빈번히 일어나는 과정이다(13장). 그러나 가끔 교차는 불균등한 절편의 교환이 일어날 수가 있다. 이런 경우에서 한 염색체의 절편은 결실로 인해 소실될 수 있다(그림 16.13). 다른 경우에 한 상동염색체는 중복되어 두 개의 어떤 절편을 가

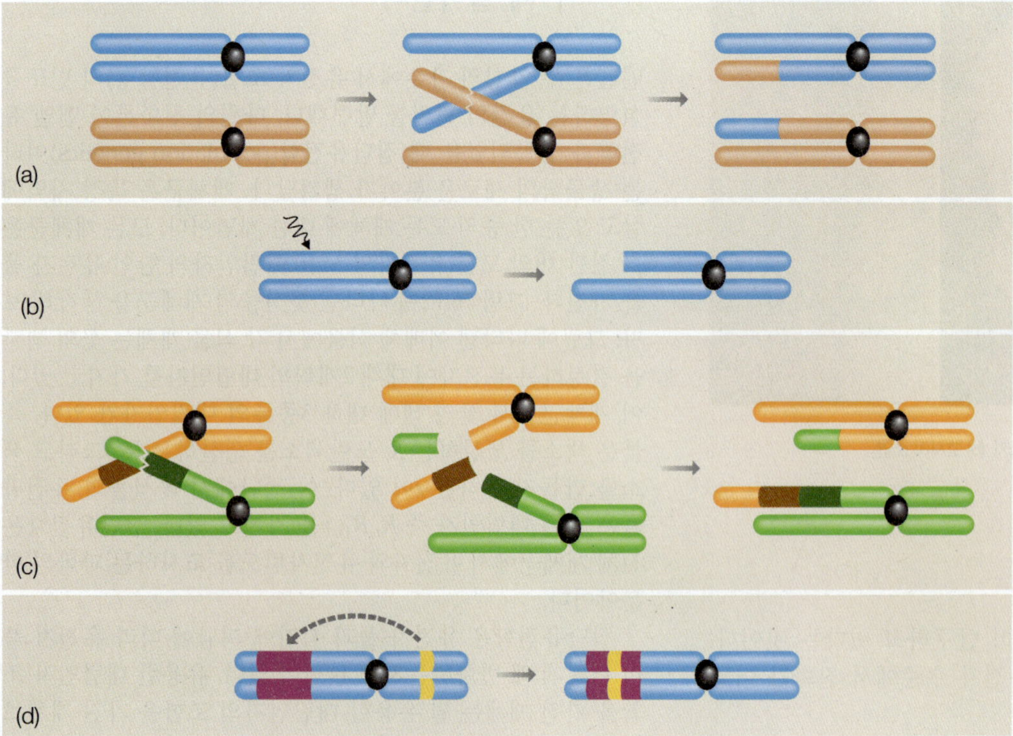

그림 16.13 염색체 돌연변이 (a) 상동염색체 상의 동일한 단편이 상호 교환되는 정상적인 교차. (b) 방사선 손상으로 야기된 결실. (c) 한쪽 상동염색체에서 절편의 중복(음영부분)과 결실. (d) 동일 염색체 상에서 한 위치에서 다른 위치로 유전자의 이동.

질 수 있다. 결실과 중복은 염색체 돌연변이의 한 형태이고, 대개 이것이 일어난 생물에 변이를 나타낸다.

일반적으로 유전자는 어떤 염색체에서 고정된 위치에 나타나지만 가끔 동일한 염색체에서 새로운 위치로 이동할 수 있다. 일반적으로 점프 유전자로 알려진 이들 이동성의 유전자는 Barbara McClintock에 의해 옥수수에서 발견되었다. 이 발견으로 그녀는 1984년에 노벨상을 받았다. 다른 유전자 속으로 점프된다면 원래 유전자의 기능이 파괴될 것이다.

모든 염색체는 기본적인 짝에 대해 소실되거나 부가될 수 있으며, 전 염색체 쌍이 중복될 수도 있다. 한 조의 염색체들에서 어느 한 염색체가 소실되거나 부가되는 상태를 이수성(aneuploidy)이라 한다. 전체 세트가 중복되는 조건을 배수성이라 부른다. 배수성은 새로운 식물 종의 개발에 매우 중요하다. 그것은 다음 장에서 논의할 것이다.

임의적 짝짓기는 대립인자의 빈도를 바꾼다

개체들이 그들의 표현형 즉 외부로 나타나는 신체적 외형에 근거하여 자신의 짝을 선택한다면 유전자 풀에서 대립인자의 빈도는 변할 수 있다. 식물들 중에 멘델의 완두에서처럼 자가수분은 임의적 짝짓기의 형태이다. 동물들은 종종 유전자형을 반영하는 그들의 표현형에 근거하여 짝을 선택한다. 수컷 공작의 외모는 더 정교한 꼬리 깃털을 가진 수컷을 선호하는 암컷 공작에 대한 적응의 결과로 나타난 최종 산물이다.

작은 개체군에서 유전적 부동은 대립인자의 소실을 야기할 수 있다

작은 개체군에서 무작위 또는 우연한 사건이 대립인자 빈도에서 갑작스런 변화를 야기할 수 있다. 대립인자 *w*의 빈도가 1%이고, 개체 수가 100,000인 어떤 집단을 고려해보자. 총 200,000 대립인자의 1%는 대립인자 *w*의 수가 2,000개이다. 대립인자 *w*를 가진 몇 개체의 우연한 소실은 유전자 풀에 거의 영향을 미치지 않는다. 그러나 100개체만 있는 개체군이 있다고 가정하자. 200 대립인자의 1%는 두 개체만이 대립인자 w를 가지고 있다. 폭풍이나 포식자가 이 2개체를 쉽게 파괴할 수 있으며 대립인자 *w*를 제거할 수 있다. 작은 개체군에서 우연한 기회에 의해 어떤 대립인자의 제거를 **유전적 부동**(genetic drift)이라고 한다. 그들의 작은 개체군 크기 때문에 멸종 위기에 처한 종은 특히 유전적 격리에 영향을 받는다. 집단의 크기가 작음으로 인해 희귀종은 특히 유전적 부동의 대상이 된다. 희기종의 보존은 이런 유전적 소실로 인해 더욱 어렵게 되기도 한다.

유전적 격리는 **창시자 효과**(founder effect)라 부르는 현상에서 중요한 역할을 한다. 어떤 대륙에 큰 개체군을 이루는 식물이 있다고 가정하자(그림 16.14). 그 개체군은 꽃 색깔에 대한 유전자의 많은 대립인자를 가지고 있다. 폭풍이 발생하여 어떤 식물의 종자가 바다를 가로질러 날아간다. 소수의 종자가 한 섬에 떨어져서 자라게 된다. 이들 종자는 대륙 개체군의 유전자 풀의 단지 일부가 이동된 것이다. 섬 개체군은 원래 개체군의 유전자 풀과는 다른 유전자 풀을 가진다. 하와이 식물

그림 16.14 창시자 효과 창시자 효과는 섬과 같은 격리된 지역에 소수의 종자가 새로운 개체군이나 군락을 형성했을 때 나타나는 결과를 말한다. 군락을 형성하는 종자는 모집단이 보유하고 있는 것 보다 훨씬 적은 대립인자를 가질 수 있으며, 그들의 유전자 풀은 개체군이 커졌을 때 모집단과 다르게 유지될 것이다.

의 많은 종에서 창시자 효과에 기인하여 유전적 다양성이 감소하였다.

이주는 개체군의 내 · 외로 대립인자 이동을 일으킨다

많은 별개의 지역 개체군으로 존재하는 대부분의 종은 **범위**(range)라고 하는 어떤 지역을 가로질러 확산된다. 어떤 종의 개체는 한 지역 개체군에서 다른 개체군으로 이주할 수 있으며, 식물의 종자나 화분은 지역 개체군 사이로 이주할 수 있다. 이주한 개체가 지역 개체군 구성원과 생식할 때, 그들의 유전자는 지역 유전자 풀에 합류된다. 그래서 이주는 개체군들 사이의 **유전자 확산**(gene flow)을 나타낸다. 만약 이주와 유전자 확산의 수준이 높아지면, 그들은 지역 개체군의 유전자 풀이 비슷하게 유지할 것이다. 그러나 이주와 유전자 흐름이 미미하다면 자연선택과 유전자 부동으로 인해 지역 개체군의 유전자 풀이 다르게 유지될 것이다. 그래서 이주는 자연선택과 유전적 격리의 효과와 반작용을 한다.

자연선택을 통해 대립인자의 빈도는 개체군이 그들의 환경에 보다 잘 적응하는 쪽으로 변한다

자연선택은 보다 유용한 대립인자 조합과 염색체 배열을 가진 개체군내의 개체가 더 높은 생존율과 번식률을 가지게 되는 과정이다. 전체로서 보면 개체군은 그 환경에 보다 잘 적응하게 된다. 어떤 측면에서 보면 환경은 끊임없이 변하기 때문에 자연선택과 적응은 연속적인 과정이다.

자연선택의 과정은 무작위적 과정이 아니라 고도로 선택적이다. 선택의 근본원인은 환경이고, 그 기작은 개체들 사이의 차별적 생존과 번식에 의한 대립인자의 다른 조합을 유도할 것이다. 자연선택은 대립인자의 이용성에 의해 제한된다. 자연선택과 진화는 우연하게 일어나지 않는다. 그러나 개체군 내에서 변이의 근원은 돌연변이이며, 돌연변이는 무작위적이고 우연한 사건이다. 돌연변이는 전사에서의 오류를 일으킬 수 있고, 방사선, 화학물질 또는 염색체 절단과 같은 물리적 요인에 의해 야기된다. 우리가 돌연변이를 말할 때 어떤 특정 유전자나 염색체에서 돌연변이는 순수하게 우연히 일어난다는 것을 의미한다. 방사선은 특수한 유전자를 목표로 하지 않는다. 돌연변이는 지구에서 생물이 출현한 이래 진화의 과정을 이끌어 왔다.

시간이 흐르면서 개체군에 미치는 영향을 근거하여 자연선택의 3가지 주요한 종류 즉 **방향성 선택**(directional selection), **안정성 선택**(stabilizing selection) 및 **분산성 선택**(disruptive selection)이 있다.

방향성 선택 방향성 선택에서는 형질 범위에서 한쪽 극단의 한 가지 형질을 가진 개체는 그 형질에 대한 반대 극단이나 평균치를 가진 개체보다 유리하게 된다. 기린의 긴 목의 진화는 방향성 선택의 결과이다. 더 긴 목을 가진 기린은 짧은 목을 가진 기린보다 더 많은 잎에 도달할 수 있고, 따라서 더 많은 자손을 남길 수 있다. 캘리포니아 대학의 Martin Cody와 Jacob Overton은 캐나다 벤쿠버 섬 부근의 작은 섬들에서 자생하고 있는 Asteraceae과의 어떤 잡초식물 중에 분산 능력에 대한 방향성 선택의 놀라운 경우를 보고하였다(그림 16.15). 이들 잡초 종은 작은 종자와 관모라 부르는 솜털로 이루어 있어 바람에 의해 산포되는 종자를 형성한다. Cody와 Overton은 이들 잡초종이 작은 섬에 군집을 이룰 때, 바람에 의한 종자 산포 능력이 급속히 감소한다는 것을 발견하였다. 이 감소는 종자 크기의 증가로 인해 낙하산식으로 나를 수 없어진다는 것이다. 작은 섬에서는 바람에 의한 산포는 그들의 종자를 바로 바다로 분산시키기 때문에 바람에 의한 산포에 역행하는 빠른 방향성 선택이 나타났다.

안정성 선택 안정성 선택은 특정 형질에 대해 평균 조건을 가진 개체를 유리할 때 일어난다. 식물에서 안정성 선택은 포기당 꽃의 최적 수를 결정하는데 작용할 수 있다(그림 16.16). 꽃식물은 종자를 형성하기 위해 꽃을 만들지만, 꽃은 에너지 개념에서는 식물을 이용이다. 안정성 선택은 성공적인 생식

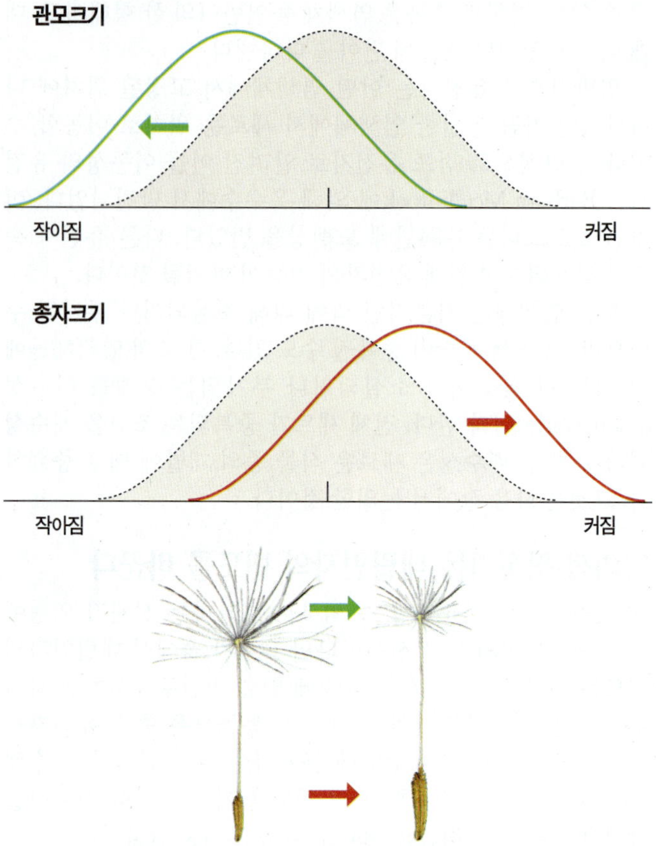

그림 16.15 방향성 선택 방향성 선택의 한 가지 예는 캐나다 British Columbia에 있는 벤쿠버 섬 해안에서 떨어진 섬에 서식하는 데이지 과의 잡초종의 연구를 들 수 있다. 이들 잡초식물은 모두 관모라고 하는 많은 깃털과 작은 종자로 구성되어 바람에 의해 산포되는 종자를 가진다. 관모는 바람에 의한 산포에서 낙하산 역할을 한다. 섬에서 발달한 식물의 종자는 더 크고 낙하산은 더 작아 산포능력이 떨어진다. 섬에서 높은 산포능력은 종자를 바다로 날려 보내어 결국 개체군이 소실됨을 의미하게 된다. 자연선택은 5년에서 10년 안에 산포를 감소시키기 위한 방향성 방법으로 빠르게 작용한다. 곡선은 그 형질의 정상적인 분포가 유리한(선택되는) 방향으로 분포가 이동하는 한 예를 보여주고 있다.

에 대한 만들어진 꽃수의 비용의 균형으로 작용할 수 있다.

분산성 선택 분산성 선택(그림 16.17)에서는 한 형질에 대한 범위의 양극단을 가진 개체군 내의 개체들이 그 형질에 대한 평균값을 가진 개체보다 유리할 때 일어난다. 꽃식물의 많은 과내에 꽃의 형태를 한 가지 이상 가지는 종을 가지고 있다. 다윈은 몇 가지 그런 종을 연구하였으며, 1877년에 그 결과를 출판하였다. 두 가지의 독특한 꽃의 형태가 있는 종에서 긴 자성 기관(화주라 부른다)과 짧은 웅성 기관(꽃 밥)을 가진 형태에 대해 pin flower라는 용어를 사용하였다. 짧은 화주와 긴 꽃밥을 가진 것은 thrum flower라 불렀다. pin flower는 종자를 생성하기 위해 thrum flower로부터의 화분이 필요하고, 반대로 thrum flower는 pin flower의 화분이 필요하다. 그래서 다른 꽃 형태는 다른 개체의 식물들이 가진 화분의 교환(타가수정)과 새로운 유전적 조합을 촉진한다. 분산성 선택이 꽃 밥과 화주의 다양한 길이를 가진 한 가지 꽃 형태를 가진 개체군을

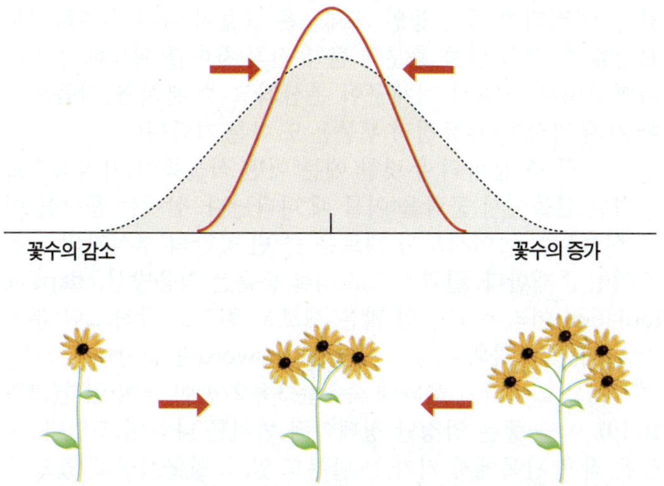

그림 16.16 **안정성 선택** 안정성 선택에서는 평균적인 조건이 유리하기에 자연선택은 극단을 배제하고 분포를 좁게 유도한다. 안정성 선택은 어떤 식물에서 생성되는 꽃의 수를 조절하는데 작용할 수 있다. 꽃의 생성은 식물에게 에너지 비용을 수반하지만 번식을 위해서 꽃을 반드시 만들어야 한다. 꽃의 수가 너무 적으면 생식의 기회가 감소한다는 것을 의미하고, 꽃이 너무 많으면 식물에게 에너지 비용이 너무 높다는 것을 의미한다. 꽃의 수에 대한 안정성 선택은 꽃을 만드는 에너지 비용에 대한 생식 성공의 균형을 맞추는 것이다. 포기당 최적 꽃의 수는 양극단을 배제하는 선택작용의 결과이다.

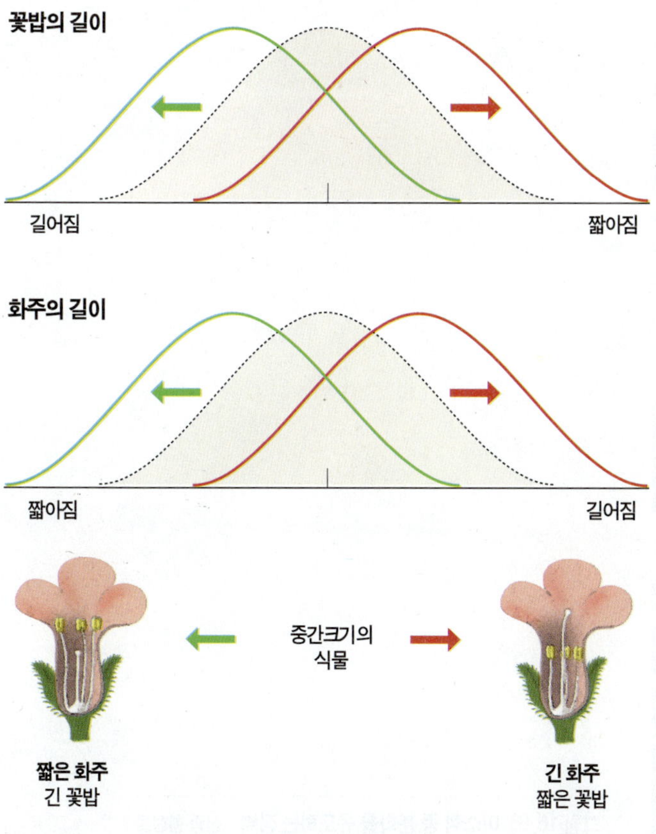

그림 16.17 **분산성 선택** 분산성 선택에서 평균조건이 양극단보다 불리한 경우이다. 드럼 꽃과 핀 꽃은 길이가 같은 암수기관을 가진 꽃에서 분산선택에 의해 진화되었다. 핀 꽃은 긴 화주와 짧은 꽃밥을 발달시킨 반면, 드럼 꽃은 긴 꽃밥과 짧은 화주를 획득했다.

배제하고 이들 두 가지 다른 꽃 형태를 생성한 것으로 생각된다. 첫째 단계는 자가불화합성을 위한 유전자의 발달이었다. 그리고 분산성 선택이 꽃 형태들 사이의 모든 형태적인 차이를 생성하였다. 다른 꽃 형태의 진화에 대한 상세한 것은 24장에서 다룬다.

16.9 | 신종은 생식적 격리의 결과로 생겨난다

이장의 나머지 소단원에서 자연선택이 어떻게 종 생성을 가져오는가에 대한 기작을 논의할 것이지만 우선 종이 무엇인가에 대해 논의해 보고자 한다.

종의 개념은 유전적 격리에 근거하고 있다

종(species)은 라틴어로 종류를 의미하고, 가장 단순한 의미로 종이란 독특한 종류의 생물이다. 역사적으로 종은 그들의 구조나 형태를 근거로 인식되었으며, 형태는 생물의 모습을 말한다. 이것이 **형태적 종의 개념**(morphological species concept)이다. 그러나 형태만으로는 종을 정의하는데 불충분하다. 브로콜리, 케일, 양배추 및 꽃양배추는 모두 동일종 양배추의 일원이다. 그러나 만일 이들은 자연에서 야생형으로 발견된다면, 형태가 너무 독특하기 때문에 별개의 종으로 분류될 것이다. 과학의 한 분야인 집단유전학의 발달로 인해, 종은 서로 교잡할 수 있는 개채군내의 소집단이나 다른 개체군의 구성원과는 교잡할 수 없거나 교잡이 일어나지 않는 것으로 정의될 수 있다. 이것이 생식 또는 유전적 격리에 근거하고 있는 **생물학적 종의 개념**(biological species concept)이다. 종은 생식 장벽의 존재로 정의된다. 즉 같은 종은 다른 종 구성원과 생식하거나 유전자 풀을 교환하지 않는다.

이 생물학적 종의 개념에도 몇 가지 문제가 있다. 그 하나는 생물학적 종의 개념은 유성생식을 하는 종에만 적용할 수 있다. 많은 미생물과 식물은 무성적으로 생식할 수 있다. 멘델의 완두와 같은 많은 식물은 자가수정을 한다. 이런 종은 형태 또는 다른 특징으로 정의해야 한다. 생물학적 종 개념에서 또 다른 문제는 하나의 기준으로서 생식적 격리를 이용하고자 할 때 나타난다. 자연에서 상호교잡하지 않는 많은 종들은 온실이나 실험실에 함께 두면 교잡할 수 있다. 생물학적 종 개념은 대개 종이 자연에서는 보통 교잡하지 않는다는 단서가 붙게 된다.

만약 한 종의 개체군이 다른 개체군에서 분리된다면 유전자 풀도 분리된다. 그 다음 유전자 풀이 다른 진화적 경로를 거치면 다른 종이 된다. 현재 종 분화에는 두 가지 주요한 양상이 있는 것으로 간주된다. 가장 일반적인 양상은 **이소적 종 분화**(allopatric speciation)로 알려진 과정으로, 이는 다른 진화적 힘의 결과인 지리적 격리이며, 여기서 이소성이란 말은 다른 고국을 의미한다. 식물에서는 일반적이지만 동물에 있어서는 특별한 환경에서 지리적 격리 없이 일어날 수 있는 종 분화는 **동소적 종 분화**(sympatric speciation)이며, 여기서 동소성이란 용어는 같은 고국을 의미한다. 이들은 종 분화의 기작의 요인만은 아닌 것 같다.

이소적 종 분화는 지리적 격리를 요구한다

다윈은 신종이 어떻게 형성되는지 결코 충분히 설명할 수 없었다. 종 분화의 기작을 처음 제시한 사람은 1942년에 하버드 대학의 생물학자 Ernst Mayr이며. 그는 생물학적 종 개념을 개발했다. 그는 또한 종 분화에는 두 가지 요소 즉 지리적 격리와 유전적 분지가 요구된다고 주장하였다. 지리적 격리는 개체군들 사이에 유전자 확산을 차단하는 한 방법이다. 지리적 격리는 여러 가지 요인 즉 산림이 단절되거나 산맥에서 만년설(빙하)의 발달과 후퇴, 화산에 의한 섬의 생성, 큰 호수의 수량 감소로 작은 호소들로 분리 등(그림 16.18)에 의해 일어날 수 있다. 원거리 분산은 바로 지리적 격리를 일으킬 수 있다. 하와이 군도와 갈라파고스와 같은 바다의 섬은 대륙으로부터 지리적으로 격리되었으며, 그곳에 도달한 동물과 식물들은 다른 개체군들로부터 즉시 격리되었다. Mayr는 지리적 격리가 종 분화를 완성시키는 충분한 조건이 아니라는 것을 깨달았다. 격리되어 있는 동안 개체군은 그들이 다시 접촉하여도 교잡할 수 없을 만큼 충분히 큰 유전적 차이를 획득해야한다. 자연선택은 격리된 개체군이 분산되고 종 분화를 획득하는 한 가지 기작이다. 유전적 부동은 또 다른 기작이다.

이소적 종 분화의 뚜렷한 예는 어떤 식물종이 지리적으로 분리된 섬들에서 군락을 이룰 때 나타난다. 섬에는 군락을 이룬 식물들이 들어서도록 새로운 큰 빈 공간의 서식지의 넓은 지역이 존재한다. 결과적으로 식물 종들은 **적응방산**(adaptive radiation)이라는 과정인 많은 새로운 종으로 갑작스런 분지가 일어난다. 하와이 군도에서 silversword란 군단이 있으며, 여기에는 해바라기 꽃과에 속하는 3속 27종이 들어 있다(그림 16.19). 이들 종은 엄청난 형태학적 변이를 나타내고 있다. 이들은 작은 관목에서 키가 큰 나무도 있고, 넝쿨식물도 있으며, 이들의 서식지도 용암층에서 숲과 소택지까지 넓은 범위에서 서식한다. 이런 고도의 형태학과 서식지의 분화에도 불구하고 이들 종은 서로 아주 연관되어 있어 상호 교잡도 가능하다. 이들 식물은 캘리포니아에서 약 600만 년 전 화산에 의해 생긴 카우아이 섬으로 한 이주자가 도착하면서 진화되었다고 본다. 카우아이 섬에는 가장 분화되고 뚜렷한 이들 식물들이 서식하고 있다. 이 주변 섬들에서 관찰되는 모든 종들은 카우아

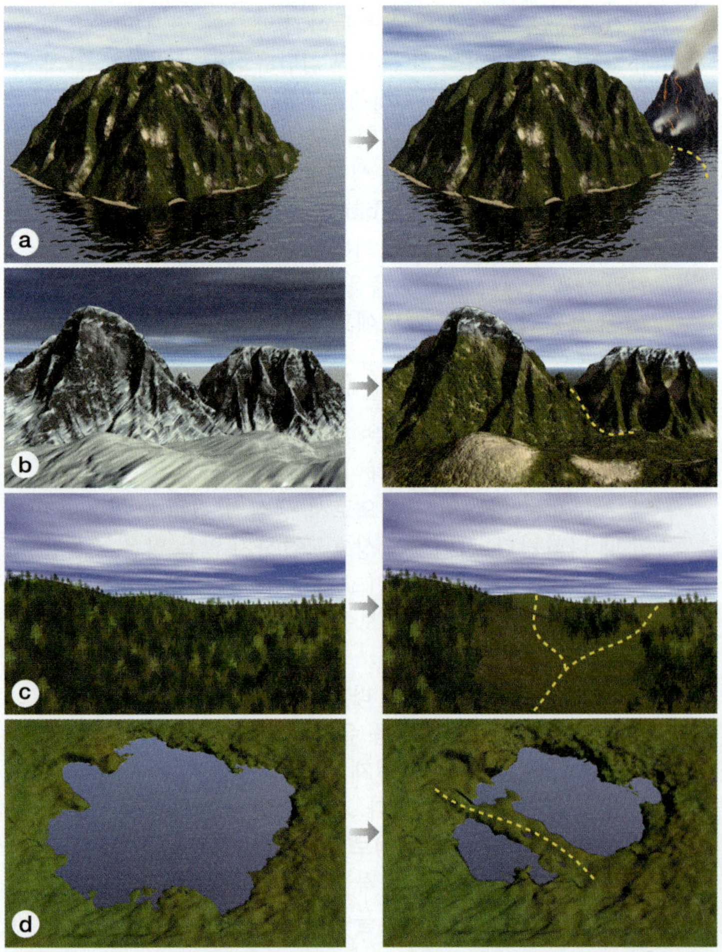

그림 16.18 **이소적 종 분화를 유도하는 장벽** 신종 형성을 유도하는 4종류의 지리적 장벽은 (a) 새로운 섬의 생성; (b) 만년설을 별개의 산봉우리로 분리하는 빙하의 후퇴; (c) 식생의 분리를 야기하는 서식처 단절; (d) 건조로 인한 커다란 호수(수체)가 더 작은 수체들로 형성이다.

그림 16.19 하와이 섬에 서식하는 silversword의 적은 방산 (a) 하와이 섬의 지도. (b) *Wilkesia gymnoxiphium*, (c) *Argyoxiphium sandwicense*, (d) *Dubautia ciliolata*.

이 섬에서 산포된 결과이다. 모든 종들은 유전적 부동과 창시자 효과 즉 대립인자의 소실과 그들의 유전자 풀에서 변이의 감소한 결과임을 보여주고 있다.

동소적 종 분화는 식물에서 배수체가 형성될 때 나타난다

동소적 종 분화는 식물은 배수체를 형성할 수 있기 때문에 식물에서 일반적으로 일어난다. 많은 생물은 이배체이며 완전한 염색체 세트를 가지고 있다. 그러나 많은 꽃식물(약 47-70%)은 배수체이며 4개 또는 그 이상의 완전한 염색체 세트를 가지고 있다. 밀이나 토마토와 같은 많은 중요한 작물은 배수체이다. 배수성으로 인해 식물은 짧은 기간에 신종으로 나타날 수 있다. 배수체는 두 가지 경로로 식물에서 일어날 수 있다.

동질배수성(autopolyploidy)에서 한 종의 개체 내에서 염색체수가 두 배가 된다(그림 16.20). 동질배수성은 대개 감수분열 동안 염색체 분리의 실패로 2배체 배우자를 생성함으로서 나타난다. 이들 2배체 배우자가 자가수정 중에 융합할 때 신종인 4개의 완전한 염색체 조를 가진 4배체 개체를 형성한다. 독일의 식물학자 Hugo de Vries가 정상적인 염색체 수의 두 배를 가진 신종의 달맞이꽃이 이배체 식물 중에서 갑자기 나타났을 때, 처음으로 동질배수체를 관찰한 사람이다.

더 빈번히 일어나는 동소적 종 분화는 다른 두 종이 하나의 임성을 가진 잡종을 생산하는 **이질배수성**(allopolyploidy)으로 나타난다(그림 16.20). 보통 이런 잡종은 염색체가 감수분열동안 짝을 이루지 못하기 때문에 불임성이다. 그러나 만약 복제 후 염색체 분리가 되지 않은 상태로 수정된 다음 염색체 수가 배가되면, 결국 식물은 그 염색체가 감수분열에서 정상적으로 짝을 이루기 때문에 임성을 가진다. 결국 이질배수체는 부모종의 어느 한쪽과 교잡할 수 없는 신종이지만 다른 유사한 이질배수체와는 교잡할 수 있다.

이질배수성에 의해 생겨난 신종의 가장 사실적인 예의 하나는 잡초식물인 *Tragopogon* 속에서 볼 수 있다(그림 16.21). 3종류 즉 *T. dubius*, *T. porrifolius*, *T. pratensis* 가 도입되었으며, 워싱톤 주와 아이다호에서 자생하게 되었다. 세 종 모두 2배체이고, 각각은 불임인 잡종을 형성하기 위해 서로 교잡이 가능하였다. 그 후 1949년에 임성을 가진 4배체 잡종의 두 신종이 워싱톤에서 발견되었다. 그 하나는 *T. dubius*와 *T. porrifolius*로부터 이질배수성에 의해 생겨난 *T. mirus*이고, 다른 하나는 *T. dubius*와 *T. pratensis*로부터 생겨난 *T. mi scellus*이다. 임성의 배수체는 잡종강세라 부르는 현상인 양친을 능가하는 잡종의 우수성 때문에 미국 서부의 여러 주로 확산되었다.

Triticum 속의 밀은 경제적으로 가장 중요한 배수체 집단의 하나이다. 보통의 빵 밀은 세계에서 가장 널리 재배되는 작물이다. 그래서 동소적 종 분화는 막대한 경제적 중요성을 가진다(작물로서 밀의 개발에 대한 더 상세한 것은 5장을 참조하라).

배수체는 동소적 종 분화에 의해서만 일어날 수 있는 기작은 아니다. 최근의 연구 결과 신종은 발생학에 영향을 주는 몇 가지 중요한 유전자의 변화에 의해서도 일어날 수 있다는 것을 암시하고 있다. Essay 16.1"중요하고 유익한 유전자 변이는 종을 분리시킬 수 있다"를 참조하라.

미생물의 종은 실험실에서 진화할 수 있다

진화론에 대한 한 가지 계속되는 비평은 어느 누구도 하나의 종이 진화되는 것을 본 사람이 없다는 것이다. 이 비평이 뜻하

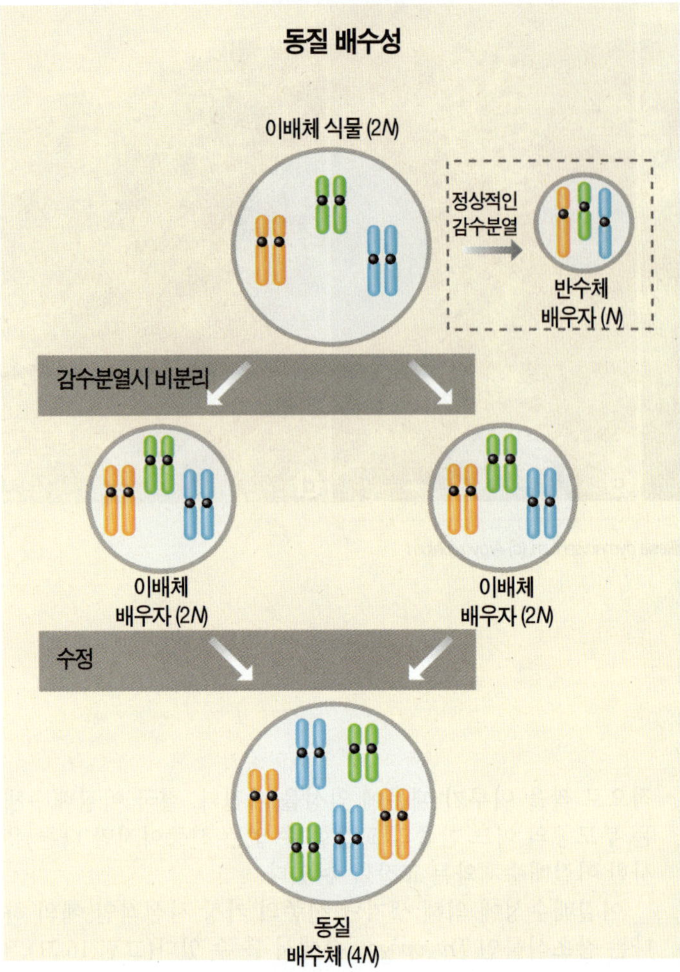

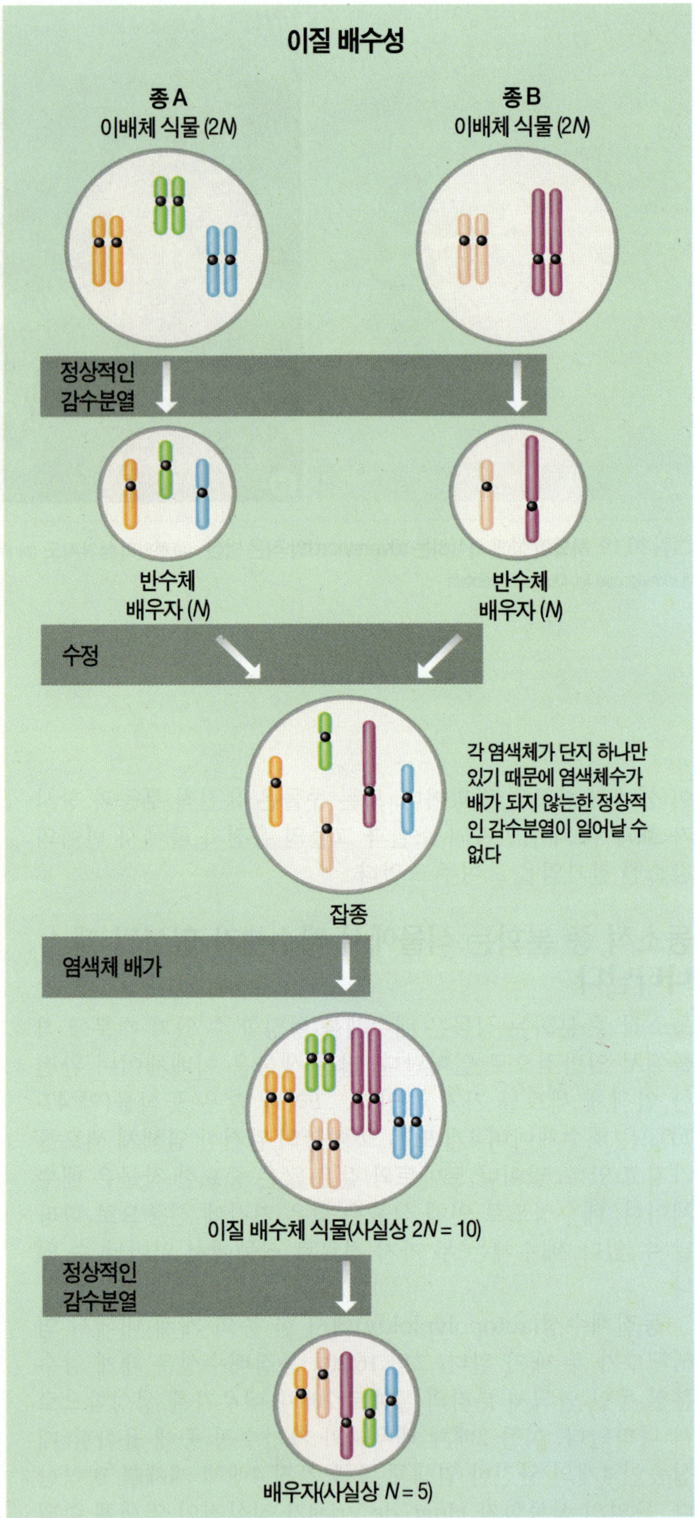

그림 16.20 동질배수성과 이질배수성 동질배수성에서 감수분열의 이상(비분리 현상)은 이배체의 배우자를 만든다. 이들이 융합하여 동질배수체(4배체)를 만든다. 이질배수성에서 두 개의 다른 종이 교잡되어 잡종을 만든다. 이들 잡종은 일반적으로 임성(각 염색체에 상동이 없어 감수분열을 성공적으로 할 수 없다)이 없다. 그렇지만 만약 염색체 수가 배가되면(가끔 일어남) 만들어진 이질배수체 식물은 자가수분 또는 유사한 배수체와 교잡함으로써 성공적으로 종자 번식을 할 수 있다. 식물에서 감수분열은 꼭 배우자로만 되는 것이 아니라 포자로 된다는 것을 명심하라).

그림 16.21 Tragopogon의 잡종 *Tragopogon*의 3종류의 이배체 종(*T. porrifolius, T. dubius, T. pratensis*)이 흰색 화살표로 표시하였다. 화살촉은 정점에 있는 종을 이룸으로써 임성이 없는 잡종을 가리킨다. 두 불임성 잡종은 이질배수체로 되어 임성을 가진다. *T. mirus*는 *T. porrifolius*와 *T. dubius*에서 그리고 *T. miscellus*는 *T. dubius*와 *T. pratensis*에서 이질배수성으로 만들어졌다.

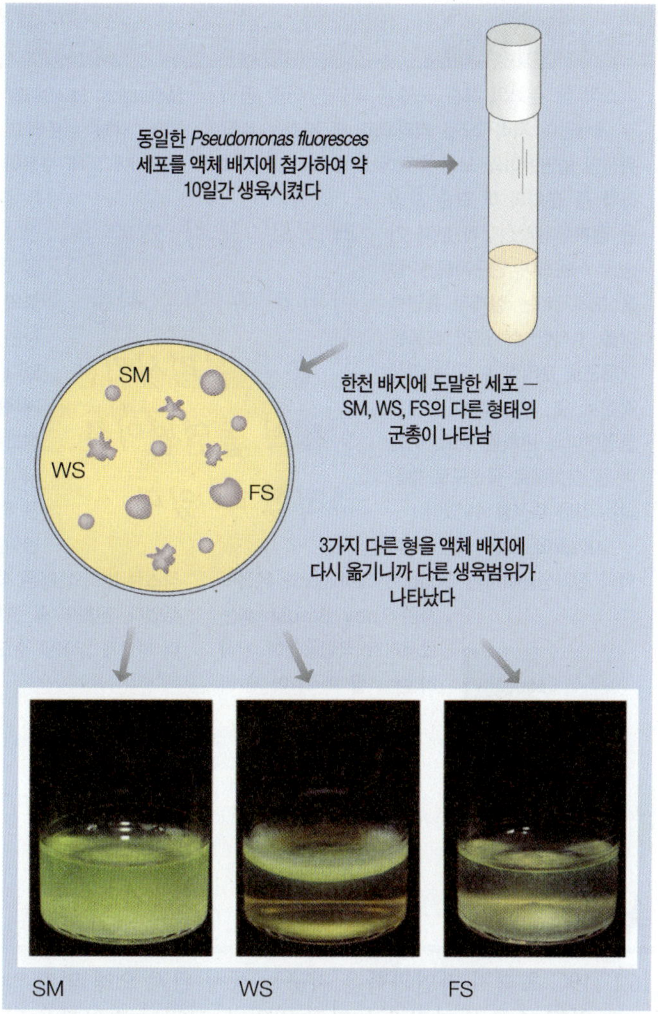

그림 16.22 설탕용액의 병에서 세균 다양성의 빠른 발달 흔한 식물성 세균인 *Pseudomonas fluorescens*는 10일 이내에 영양배지가 있는 병에서 층을 이루면서 3 종류의 변이체로 생겨났다. 3 가지 변이체는 한천표면에서 그들의 군총형성 모양에 따라 SM형, WS형과 FS형으로 명명하였다. 액체배지에서 SM형은 배지 전체에 산포되었고, WS형은 표면에 단층으로 그리고 FS형은 액체배지의 바닥에 존재하였다.

는 바는 과학적 관찰을 한 어느 누구도 자신의 수명에 비추어 볼 때 그 짧은 기간 내에 신종이 생겨나는 것을 볼 수 없다는 것이다. 평균 진화 모델에 따르면, 종 분화가 일어나는 데는 많은 세대가 필요하다. 다세포 생물의 경우, 한 연구의 수명에 비해 세대기간의 너무 길어서 수천 년은 아니다 하더라도 수백 년에 걸쳐 일어나는 진화를 추적할 수가 없다. 지난 수십 년 동안에 이런 세대기간문제를 해결하는데 미생물은 세대기간이 3-4시간 전후이고 분자적 기법으로 유전적 변화를 추적할 수 있기 때문에 이들을 진화를 추적하여 해결하였다.

옥스퍼드 대학의 Paul Rainey와 Michael Travisano는 생물체가 적정한 양의 방사선에 어떻게 견뎌내며 방사선이 어떻게 치료가 가능한지를 시험하기 위해 미생물을 사용하였다. 그들은 설탕용액이 담긴 병에 *Pseudomonas fluorescence*라는 식물성 박테리아를 접종하였다. 용액표면은 산소가 풍부한 반면 용액바닥은 영양분은 풍부하지만 산소는 부족하였다. 모든 실험한 병에서 이 세균은 세 가지 변이체로 분리되었고, 두 학자는 한천배지에서 이들이 군총을 만드는 모양에 따라 세 가지 변이체 각각에 이름을 붙였다(그림 16.22). 활면형(SM 형)은 액체배지 전체에 퍼지는 양친 형이고, 주름살 형(WS 형)은 세포의 거적같이 위 표면에만 자라는 형이고 곱슬털 형(FS 형)은 바닥에 깔려 자라는 형이다.

이 작은 병속에서 일어난 것은 한 섬에 처음으로 도입한 식물에서 일어나는 것과 유사하다. 식물과 세균은 이용이 가능한 공허한 서식지로 다양화된다. 병속에서 적응이 가능한 양의 방사선 조사는 그 환경에 의해 결정되는 같은 결과로 귀결된다. 그러나 이 세균에서 WS 형으로 되는 유전적 경로는 다른 형과는 다르다. 환경이 세균에게 진화의 과정에서 이루는 것을 결정하지만 우연한 돌연변이는 세균이 그 표면에 모이게 하는 것을 결정한다. 이런 연구는 진화를 반복이 가능하고 예측할 수 있는 실험과학으로 바꿀 수 있다.

ESSAY 16.1 중요하고 유익한 유전자 변이는 종을 분리시킬 수 있다

이소적 종 분화의 표준 모델에 따르면 어떤 종의 두 개체군이 지리적으로 격리되고, 종 분화는 무작위적인 돌연변이의 느린 축적에 의해 나타난다. 그러나 종 분화의 이 표준 모델은 정확한가? 현대의 분자 기술을 이용하여 연구자들은 종을 분리시키는 실제적 돌연변이를 추적할 수 있고, 그들은 개체군을 분리할 수 있는 발생학에서 몇 가지 매우 유익한 돌연변이의 변화를 찾고, 이들이 종 분화에로 급속도로 추진하는 것을 추적할 수 있다.

현대의 분자 기술을 이용하여 연구자들은 종을 분리시키는 실제적 돌연변이를 추적할 수 있다.

시애틀에 있는 워싱톤 대학의 진화생물학자인 Doug Schemsky와 유전학자인 Toby Bradshaw는 요세미트 국립공원에 서식하는 물꽈리아재비(*Mimulus lewisii*)를 연구했다(1996). 어떤 종은 벌에 의해 수분되고 다른 어떤 종은 벌새(그림 E16.1)에 의해 수분이 되고 있었다. 유전적 지도는 두 종이 단지 몇 개의 유전자에서만 서로 차이를 나타내었으나, 이들 몇 개의 유전자에서의 변화는 꽃의 색깔, 꽃잎의 모양 및 생산하는 당밀의 양에 변화를 나타내었다. 꽃의 차이는 다른 수분 매개체를 유인하였고, 두 종을 생식적으로 격리되어 있었다. 이 연구와 몇 가지 다른 최근의 연구는 큰 영향을 미치는 몇 개의 유전자 변이는 기초 생물학에 있어서 갑작스런 변화와 빠른 적응을 생산할 수 있음을 보여주었다. 진화와 종 분화는 이전에 상상했던 것보다 더 빠르게 일어날 수도 있다.

ECOLOGY

그림 16.4 물꽈리 아제비에서 수분자의 교환 *Mimulus lewisii*(왼쪽)는 벌들에 의해 수분되고, 연붉은 *M. cardinalis*(오른쪽)은 벌새에 의해 수분된다(벌은 빨간색을 식별할 수 없으나 새는 볼 수 있다는 것을 상기하라). 3개의 주요 유전자의 변화가 동소적 종분화에 있어서 벌이 수분하는 것에서 벌새가 수분하는 것으로 바뀌었다. 다른 수분자로 인해 현재 다른 생식적 격리를 유지하고 있다.

요점

16.1 19C 초까지 자연과학은 지구는 생성 된지 오래 되지 않았고 종은 변하지 않는다고 믿었다. 그러나 지질학은 암석은 층으로 나타나고, 이들 층은 독특한 화석을 포함하고 있으며, 오래된 층에는 현재 살고 있는 생물과 유사한 화석이 거의 없다는 것을 알았다. 화석은 종이 변한다는 것을 나타낸다. 정상적인 지질학적 과정이 암석층을 형성했다면 지구는 아주 오래 전에 형성되었을 것이다.

16.2 몇몇 초기 박물학자들은 종이 변화될 수 있음을 제시하였으나 변화의 합리적인 기작을 제시하지 못했다.

16.3 비글호로 항해 중 다윈은 갈라파고스 섬을 방문하였으며 그곳에서 그는 한 종이 많은 다른 형태를 생성하기위해 변형된 것을 관찰하였다.

16.4 다윈은 동물과 식물 육종학자들에 의해 실시된 것처럼 인위선택이 수 세대 안에 재배종을 변화시키는데 중요한 영향을 미친다는 것을 알았다. 모든 종의 개체들은 그들 형질이 다양하기 때문에 일부 개체의 선택과 다른 개체의 제거는 진화의 열쇠이다. 인구증가에 대한 Thomas Malthus의 수필은 자연선택에 대한 기작을 제시하고 있다.

16.5 진화론은 일련의 진술로 요약할 수 있다. (1) 모든 종은 살 수 있는 것보다 더 많은 자손을 생산할 수 있다. (2) 자연개체군은 시간이 흐르면서 상당히 일정한 규모로 유지하려는 경향이 있다. (3) 개체군에는 생존을 위한 경쟁이 있다. (4) 개체는 그들의 생존에 영향을 주는 형질에 차이가 있다. (5) 그래서 가장 유리한 형질을 가진 개체들이 대부분의 자손을 생산하기 위해 살고 있다.

16.6 통합적 진화론은 다윈의 학설과 유전학과 분자생물학을 융합한 것이다. 개체의 변이는 주로 대립인자의 새로운 조합을 만드는 재조합과 새로운 대립인자를 생성하는 돌연변이 때문이다.

16.7 여러 분야의 과학적 자료는 자연선택, 비교 해부학, 단백질과 DNA의 변화 및 화석기록을 포함하는 통합적 진화론을 지지한다.

16.8 모든 개체군은 그 개체군에 있는 유전자의 모든 대립인자의 총 합인 유전자 풀을 가지고 있다. 진화는 유전자 풀에서 대립인자의 빈도를 변화시키는 힘에 의해 일어난다. 이 힘에는 돌연변이, 임의적 짝짓기, 유전적 부동, 이주 및 자연선택을 포함한다.

16.9 신종은 생식적 격리를 통해 형성된다. 이소적 종 분화에서 종은 지리적으로 격리되고 유전적 분리가 진행된다. 동소적 종 분화에서 개체군은 배수체 또는 생식 변화에 영향을 주는 주요 유전자에 갑작스런 변이의 출현 때문에 생식적으로 격리된다. 미생물의 종 진화는 실험실에서 추적할 수 있다.

문제

1. 다윈이 진화론을 발표하기 전에, 종의 기원과 지구의 나이에 대한 일반적인 인식은 어떠하였는가? 그 시대의 과학은 한 종 내에서 나타나는 변이를 어떻게 설명했는가? 모든 사람들이 종은 변하지 않는다고 믿었는가?
2. 자연선택의 개념을 지지함에 있어서 다윈이 제시한 일련의 논리를 요약하라. 그의 진화론에 대해서 자연선택의 중요성은 무엇인가?
3. 인위선택과 자연선택의 유사점은 무엇이며, 차이점은 무엇인가?
4. 진화를 지지하는 증거의 계열을 간략하게 열거하시오.
5. 점진진화와 단속평형설간의 차이점은 무엇인가? 현재 화석 기록에서 신종의 출현을 가 장 잘 설명하는 것으로 생각되는 것은 어느 것인가?
6. 다음 용어를 설명하시오: (a) 개체군, (b) 유전자 풀, (c) 집단유전학, (d) 소진화, (e) 유전적 부동, (f) 유전자 확산.
7. 유전자 돌연변이와 염색체 돌연변이의 각각의 종류에 대해 설명하시오.
8. 이수체와 배수체를 구별하고, 각각 어떻게 생성되는지 설명하시오.
9. (a) 방향성 선택, (b) 안정화 선택 및 (c) 분산성 선택 사이의 차이점은 무엇인가?
10. 생물학적 종의 개념과 형태적 종의 개념은 어떻게 다른가?

응용 개념

1. 돌연변이는 어떤 세포에서 DNA 염기서열의 변이이다. 모든 돌연변이는 유전되는가?
2. 1800년대 후반에 매우 강력한 겨울 폭풍으로 많은 참새들이 죽었다. Hermon Bumpus라 하는 조류학자가 죽은 새의 일부를 수집하여 폭풍에 살아남은 새가 가진 여러 가지 형질을 죽은 새들의 형질을 비교하였다. 그의 연구는 죽은 새들은 비정상적인 형질을 가진(형질 범위의 양극단에 있는 형질) 반면에 생존한 새들은 보다 정상치에 가까운 모여있는 형질들을 가지는 경향을 보여주었다. Bumpus가 발견한 것은 어떤 종류의 선택인가? 이 종류의 선택은 진화적 변이의 기초가 될 수 있는가?
3. 왜 유전성 돌연변이와 표현형만이 진화과정에 중요한가?

17 장 식물과 미생물의 명명 및 분류

가지와 감자 그리고 토마토는 가지속(*Solanum*)에 속한다

주요 개념

- 식물이나 다른 생물의 학명을 사용하면 농업이나 상업 그리고 의학 등 다양한 인간 활동에서 전달의 문제점과 오류를 피할 수 있다.
- 학명은 고대 라틴 · 그리스어의 어근에 근거를 두기 때문에 정치적으로 거슬리지 않고, 그 의미는 시간이 지나도 변하지 않는다.
- 식물을 식별하고 동정할 때 분류 검색표를 이용한다. 전문가가 동정한 식물 표본들은 박물관, 식물원, 대학 등지에 참고 도서관처럼 보관된다.
- 생물은 매우 다양한 종류가 있기 때문에 생물의 계통을 세우거나 분류하는 체계가 필요하다.
- 현대 분류체계는 유사한 DNA와 생식 특징에 따른 혈연도에 근거를 둔다.

1990년대에 벨기에에서는 1만 명의 사람이 체중 감량을 위하여 아름답게 보이지만 생명에 치명적인 쥐방울덩굴속식물(*Aristolochia fangchi*)로 처방된 다이어트 알약을 잘못 복용시켰다. 쥐방울덩굴속식물에 함유된 화합물이 인체에서 DNA와 결합하여 돌연변이를 유발하기 때문에 이들 환자 가운데 많은 사람들이 신장 질환과 암으로 고생하였다. 많은 피해자들은 손상된 기관을 제거하는 수술을 받아야만 했다. 이러한 의료 사고는 식물 동정의 오류 때문에 일어났다. 약제사들이 다이어트 알약을 조제할 때 동물의 신장에 손상을 주고 암을 유발하는 것으로 알려진 쥐방울덩굴속 식물을 중국의 한의사들이 해를 주지 않고 체중을 감량할 때 오랫동안 사용해 온 함박이속 식물(*Stephania tetrandra*)로 오해하였기 때문이다.

쥐방울덩굴속 식물 가운데 birthwort, heartwort 또는 snake root라는 보통명(common name)을 가진 다른 종들은 고대 이집트인들과 북미 원주민 그리고 인도와 아프리카 및 유럽에서 다양한 피부 질환을 치료하는 약초로 이용되어 왔다. 고대 사람들은 식물의 꽃, 뿌리 또는 다른 부분들의 생김생김이 그들의 약효를 나타낸다고 믿었고, 이를 중세기의 약징주의(doctrine of signatures)라 한다. 쥐방울덩굴속 식물의 꽃은 굽은 모양인데, 어찌 보면 태아 또는 뱀과 비슷하다. 그런 까닭에 이 식물은 분만이나 뱀에 물린 상처를 치유할 때 널리 사용되었지만, 오늘날에는 그와 같은 치료가 전혀 과학적 근거가 없다고 판단된다.

쥐방울덩굴속 식물이 사람에게 유독하다고 알려진 이래 독일에서는 1981년부터 그리고 벨기에에서는 1992년부터 이 식물을 수입하거나 약초로 사용하는 것을 법적으로 금지시켰는데, 미국에서는 2000년에 와서야 금지 품목에 포함시켰다. 벨기에에서 쥐방울덩굴속 식물을 잘못 사용한 사건은 사람들이 언어와 문화 그리고 국경을 가로질러 전달하고 서로 이해할 수 있게끔 식물을 명명하고 동정하는데 정확한 방법이 필요하다는 중요성을 단적으로 나타내는 것이다.

쥐방울덩굴속(*Aristolochia*)

이미 1장에서 학명(scientific name)이란 무엇인가를 간략하게 소개하였다. 이 장에서는 새롭게 발견된 생물에게 어떻게 학명을 부여하는 지를 설명하게 될 것이며, 우리는 이러한 학문분야를 분류학(taxonomy)이라 부른다. 아울러 이 장에서는 식물과학의 필수 구성요소이자 많은 사람들에 있어서 즐거운 취미 생활이 되고 있는 식물의 동정을 살펴보는 한편, 계통분류(systematics) 즉 생물학자들이 식물과 다른 생물의 계통을 세우거나 분류하는 방법을 설명하게 된다. 생물의 명명과 분류를 전공하는 전문적인 생물학자를 분류학자(taxonomist) 또는 계통분류학자(systematist)라고 부른다. ■

17.1 | 학명은 생물분류학과 계통분류학의 아버지인 린네로부터 비롯되었다

오늘날 우리가 생물을 분류할 때 사용하는 학명은 린네(Carl von Linné ; 라틴화된 이름은 Carolus Linnaeus)가 1758년에 발간한 책 『Systema Naturae』에서 그 체계가 처음으로 제시되었다. 린네는 스웨덴의 스톡홀름 부근에 있는 웁살라(Uppsala) 대학의 의학과 식물학 교수였다. 한편 린네는 선구자적인 인종식물학자(ethnobotanist)였는데, 그의 나이 25세에 유럽 최북부의 랩란드(Lapland) 지역의 사미(Sami)족 부락을 방문하고 오늘날 인종식물학자들이 연구하는 것과 동일하게 그들의 언어와 그들이 이용하는 식물을 조사하였다.

린네가 학명을 창안하게 된 것은 다소 우연의 결과라고 볼 수 있다. 린네는 그 당시까지 유럽에 알려진 모든 식물을 기재하고 정리하여 1753년에 『Species Plantarum』(식물의 종)을 발간하였다. 그 당시에는 각각의 식물이나 동물에게 12단어까지의 긴 라틴어 이름을 부여하는 것이 정식 절차이었고, 물론 린네도 이 관례를 따랐다. 그런데 이토록 긴 이름은 쓰기에 성가시고 따라서 기억하기도 어려워서, 린네는 편의상 훨씬 짧은 두 단어로 된 이름을 사용하였다. 이렇게 약어를 사용한 그의 의도가 평판이 좋아지고 널리 사용되면서, 이제는 수백만 종류의 식물과 동물 그리고 미생물에게 붙이는 **2명식 학명**(binomial scientific name)이 되었다. 바이러스(virus)는 이 규칙에서 예외가 되는데, 바이러스의 이름은 두 단어 이상으로 구성된다(Essay 17.1 '바이러스 — 극단적인 미니멀리스트' 참조).

원래 생물의 이름은 라틴어로 하였는데, 그 이유는 학자들이 사용하던 언어가 라틴어이었기 때문이다. 지금까지도 학명에는 라틴어나 고대 그리스어를 사용하고 있는데, 왜냐하면 이들 언어는 더 이상 사용하지 않기 때문에 변하지 않을 뿐만 아니라 정치적으로 어느 누구에게나 거슬리지 않기 때문이다. 고어를 배우지 않은 사람들에게는 학명이 이상하게 들릴지 모르고 따라서 그러한 학명의 사용을 이상하게 볼 수도 있지만, 고대 라틴 · 그리스어의 근거를 두게 되면 세계 어느 곳에서 그 어떤 언어를 사용하는 사람들도 이해할 수 있기 때문에 유리하다. 이러한 식물의 학명은 우리 주변의 정원이나 온실 또는 수목원 등에 풀이나 나무에 붙인 부전지 또는 라벨에서 쉽게 접할 수 있다(그림 17.1).

생물의 각 종류는 독특한 학명을 갖는다

생물의 각 종은 고유한 학명을 갖는다. 그렇다고 해서 사람처럼 모든 개체가 서로 다른 이름을 갖는다는 것은 아니고, 동일한 종류에 속하는 모든 개체군들이 똑같은 학명을 갖는다. 여기서 개체군(population)이란 동일한 시간에 어떤 공간을 차지하는 동종 개체의 모임을 가리킨다. 예를 들면 지구에 사는 60억 이상의 인간은 모두 *Homo sapiens*라는 동일한 학명을 갖는데, 이는 '현명한 사람'을 뜻한다. 반면에 서로 비슷하게 생겼지만 상호교배가 되지 않는 생물들은 그 차이의 정도에 따라 종명이나 속명을 달리 해야 한다. 만일 차이가 크지 않다면 두 생물은 같은 속(genus; 복수 genera)에 포함시키고, 차이가 크다면 두 생물은 서로 다른 속으로 구분한다.

우리 인간과 매우 비슷한 동물은 침팬지와 일명 피그미 침팬지라 부르는 보노보(bonobo)를 들 수 있는데, 이들 동물은 많은 점에서 사람과 다르기 때문에 인간과 다른 속인 *Pan*으로 분류한다. 여기서 *Pan*이란 땅의 풍요를 조절하는 그리스의 목신인 판(*Pan*) 신에서 유래된 것이다. 속에는 한종 또는 많은 종이 포함될 수 있다(그림 17.2와 17.3). 비록 오늘날 *Homo*속에는 우리 인간의 한 종만이 포함되지만, 과거에는 지구상에 *Homo* 속에 속하는 몇 종들이 출현하였다가 사라졌다는 화석 증거가 있다.

학명은 유익한 정보를 제공한다

학명은 두 부분으로 구성된다. 첫 부분의 **속명**(generic name)은 명사로 나타내고, 다음 부분의 **종소명**(specific epithet)은 형용사로 표시한다(표 17.1). 이 두 가지가 한 종의 이름을 나타낸다. **종**(species)이란 공통 조상에서 유래되어 서로 비슷한 생물집단을 가리키고, 매우 밀접하게 관련된 종들의 집단은 같은 속명을 가진다. 커피의 학명에서 *Coffea*는 속명이고 *arabica*는 종소명이다. 속명은 단독으로 사용할 수 있지만 종소명만을 사용하는 것은 무의미한데, 그것은 매우 상이한 생물들이 경우에 따라 동일한 종소명을 가질 수 있기 때문이다. 이를테면 *vulgaris*라는 종소명을 가지는 서로 다른 식물의 다양한 속들이 있는데, 그 이유는 이 종소명이 '흔하다'라는 뜻을 가지기 때문이다.

학명은 정확한 전달뿐만 아니라 그 생물의 모양, 출현하는 장소 또는 유용성 등과 같은 각종 정보를 나타내는 데에도 사용된다. 예를 들어 카카오나무의 학명인 *Theobroma*는 '신(god)의 음식'을 의미하는데, 이는 맛이 너무나도 좋다는 뜻을 내포하고 있다. 코카 식물의 학명인 *Erythroxylum*은 '빨간 나무'를 뜻하며, 이 식물의 목재는 빨간 색깔을 지닌다.

때때로 학명은 과학자 또는 실존 인물을 기리는 경우도 있다. 그 예로써 린네풀의 학명 *Linnaea borealis*(그림 17.4)는 린네의 이름을 따서 명명한 것이다. 간혹 속명과 보통명이 같은 경우도 있는데, 우리와 친숙한 식물 가운데 *Vanilla, Hydrangia, Narcissus*(그림 17.5), *Gladiolus, Hibiscus* 또는 Begonia, 그리고 동물의 경우 사람이나 침팬지와 매우 가까운 영장류인 *Gorilla*가 바로 그 예이다.

학명을 올바르게 쓰는 방법

학명을 정확하게 표시하는 것이 중요하다. 먼저 속명의 첫 자는 대체로 대문자로 쓰지만(바이러스는 예외) 종소명의 첫 글자는 소문자로 한다. 한편 학명은 밑줄을 긋거나 이탤릭체로 표시한다. 만일 생물의 이름이 여러 번 반복되거나 같은 속의 여러 종들이 언급될 때, 속명은 대문자 약자만 기재할 수 있다. 이를테면 *Coffea*의 60여 종 가운데 *C. arabica, C. canephora* 그리고 *C. liberica*가 주요 재배종이다.

ESSAY 17.1 바이러스 – 극단적인 미니멀리스트

바이러스(virus)와 바이로이드(viroid)는 가장 작은 세균 세포보다도 훨씬 작고 전자현미경을 사용해야만 겨우 관찰할 수 있는 감염 입자이다. 대체로 바이러스는 보호성 단백질 껍질 속에 적은 양의 유전물질이 들어 있는데, 유전물질은 DNA 또는 RNA이지만 이 두 가지를 함께 가지지 않는다. 바이로이드는 단백질 껍질이 없고 핵산만으로 이루어져 있다. 바이러스에서는 전형적인 세포 구조가 나타나지 않고 대사 기능과 생식에 필요한 자원을 숙주인 원핵세포 또는 진핵세포에 의존한다. 단일한 바이러스는 숙주 세포에 감염하여 수백 또는 수천 개의 새로운 바이러스를 만들 수 있다(그림 E17.1A).

> *400종류 이상의 바이러스가 식물 생장을 방해하고 작물 수확을 감소시키는 1,000가지 이상의 식물병을 일으키는 것으로 알려져 있다.*

바이러스는 생명체의 특성 일부(세포 구조 및 대사)가 결여되어 있기 때문에 엄밀히 말하자면 생물이 아니다. 그러나 바이러스는 아주 작은 구조를 갖기 때문에 이들은 매우 빠르게 진화할 수 있어서, 세대를 거듭하면서 특성이 빠르게 변화한다. 인플루엔자백신(flu vaccine) 제조업자는 매년 어떤 종류의 백신을 만들지 결정할 때 사람 인플루엔자바이러스(flu virus)의 진화적 변화를 고려해야만 한다.

DNA 염기순서를 연구한 결과, 바이러스는 단일한 기원이나 공동 조상을 갖지 않는 것으로 나타났다. 바이러스의 다양한 집단은 생물의 세포로부터 작은 조각의 DNA나 RNA가 서로 다른 시기에 빠져나오면서 비롯된 것으로 추정된다. 이는 바이러스의 숙주가 제한되어 있음을 설명하는 것으로, 바이러스는 연관된 숙주종의 한정적인 범위 내에서만 질병을 일으킬 수 있다. 한편으로 바이러스의 기원이 다양하다는 사실은 왜 세균을 공격하는 바이러스가 진핵생물은 공격하지 않으며(역도 마찬가지임), 왜 동물바이러스와 식물바이러스는 대체로 서로 아주 다른 지를 설명하는 것이다. 400종류 이상의 바이러스가 식물 생장을 방해하고 작물 수확을 감소시키는 1,000가지 이상의 식물병을 일으키는 것으로 알려져 있다. 식물바이러스병의 증상에는 잎말이(leaf curl), 둥근 무늬, 연한 녹색 또는 황색 반점 그리고 잎이나 다른 녹색 부분의 줄무늬 등이 포함된다(그림 E17.1B). 후자는 모자이크와 같은 반점 양식 때문에 모자이크병(mosaic disease)으로 알려져 있다. 식물바이러스병에 대한 약품처리가 없으므로 작물학자들은 바이러스병에 내성을 지닌 식물을 육종하거나 한 식물체로부터 다른 식물체로의 바이러스 전파를 억제함으로써 감염을 줄이려고 노력한다. 식물바이러스는 대체로 매미형 입틀(piercing–sucking mouthpart)을 이용해서 식물의 즙을 빨아들이는 곤충에 의하여 감염된 식물체로부터 감염되지 않은 식물체로 전파된다. 한편 바이러스는 표면의 찰상(abrasion)을 통하여 식물체로 들어갈 수 있고, 꺾꽂이(cutting), 씨, 꽃가루 또는 접목(graft)에 의해서도 전염된다. 줄무늬 튤립(그림 E17.1C)은 바이러스에 의한 감염이 유전된 한 예이다. 바이러스는 어느 한 식물세포로부터 세포질연락사(plas–modesmata)에 의하여 다른 세포로 옮겨지고, 체관부 수액을 따라 식물체 전반에 걸쳐 이동한다.

바이러스명은 국제바이러스분류위원회(International Committee on the Taxonomy of Viruses : ICTV)에서 결정한다. 바이러스의 과와 속의 이름은 대문자로 시작하고 이탤릭체로 나타내지만 종명은 그렇지 않다. 바이러스 이름의 첫 부분은 숙주를 나타내고, 다음 부분은 증상을 나타내며, 마지막으로 속을 표시한다(예 : Tomato ringspot *Nepovirus*, clover yellow vein *Potyvirus*, carrot red leaf *Luteovirus*). 바이러스는 크기, 형태, 껍질 그리고 유전자에 따라 구별하고 분류한다.

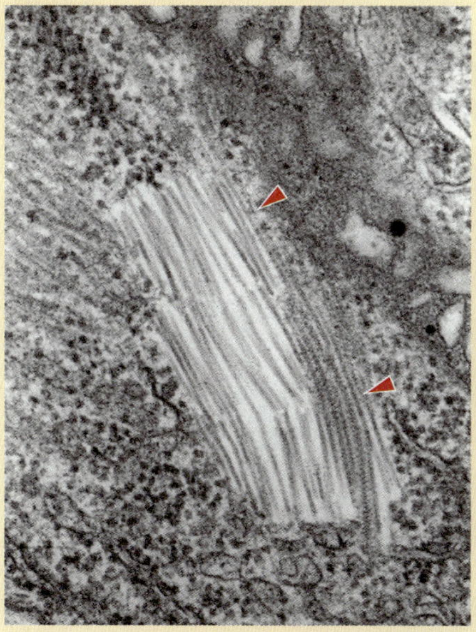

E17.1A 식물 세포 내의 바이러스 담배 잎의 엽육세포 내의 담배모자이크바이러스(화살촉이 가리키는 신장된 관)

E17.1B 바이러스에 감염된 식물

E17.1C 줄무늬 튤립

그림 17.1 식물원과 온실의 식물 라벨에는 학명이 포함된다

아종, 변종 또는 재배종의 학명

속명과 종소명의 두 부분으로 이루어지는 학명의 뒤에 경우에 따라 아종의 이름이 붙기도 한다. 아종(subspecies)이란 동종 내의 다른 집단과 지리적으로 격리되어 있거나 서식지의 유형을 달리하는 생물 집단을 말한다. 그 한 예가 옥수수의 아종인 *Zea mays* subspecies *mays*(그림 17.6c)이다. 이 옥수수의 조상은 *Zea mays* subspecies *parviglumis*인데, 멕시코 남부에서 자라는 열대식물인 테오신트(teosinte)이다.

상업적인 관상용 식물이나 원예종은 학명 뒤에 변종이나 재배종의 이름이 자주 붙는다. 변종(variety)은 자연에서도 나타날 수 있지만 인간의 재배 결과 나타나는 경우가 훨씬 더 많다. 재배종(cultivar)은 자연 상태에서는 나타나지 않고 오로지 재배를 통해서만 나타나는 변이형이며, 그 이름은 소비자의 취향에 맞도록 지어진다. 예를 든다면 카네이션을 포함하는 관상용 꽃식물 패랭이꽃속(*Dianthus*)의 몇 재배종은 *Orchid Lace*, *Rainbow Loveliness* 그리고 *Sonata*와 같이 시적인 이름을 갖고 있다.

잡종은 특수한 학명을 갖는다

잡종(hybrid)은 서로 다른 종이나 속의 생물이 교배하여 생겨나는 자손이다. 자연에서 그리고 재배 과정에서 식물은 동물보다 훨씬 쉽게 잡종을 만든다. 여러 세대에 걸쳐 조상의 종과는 다른 형질을 유지하고 조상의 종과 상호 교배되지 않는 잡

그림 17.2 단지 한 종으로 한 속을 이룰 수 있다 은행나무(*Ginkgo biloba*)는 이 속에서 현존하는 유일한 종이다. (a) 나무, (b) 잎.

그림 17.3 많은 종이 한 속을 이룰 수 있다 침엽수인 소나무속(*Pinus*)에는 (a) 적송(*P. resinosa*), (b) 스트로브잣나무(*P. strobus*), 그리고 (c) 방크스소나무(*P. banksiana*) 등 많은 종들이 포함된다.

종은 그들만의 독특한 학명을 갖는다. 예를 들어 사막에 사는 해바라기의 일종인 *Helianthus anomalus*는 서로 다른 종인 *H. annuus*(해바라기)와 *H. petiolaris*로부터 생겨난 잡종이다. 만일 잡종이 서로 다른 속의 교배로 생겨났다면, 양친의 속명 모두나 또는 일부를 결합하여 잡종의 속명을 만든다. 이를테면 잡종 난초인 *Laeliocattleya*(그림 17.7)는 밝은 색을 띠는 *Laelia*와 매혹적인 모양을 지닌 *Cattleya*를 교배시켜 만든 것이다.

새로운 식물의 명명은 공인된 절차에 따라야 한다

자연 환경에서는 끊임없이 새로운 종류의 식물이 발견되고 있다. 예를 들어 1994년에 호주의 시드니에서 멀지 않은 국립공원에서 40 m 이상의 높이를 가진 침엽수의 새로운 속이 발견되어 *Wollemia nobilis*(그림 17.8)로 명명되었다. 비록 이 식물은 40여 그루만이 자생할 정도로 희귀하지만, 너무나도 아름다워서 상업적인 목적으로 번식시키고 있다. 뿐만 아니라 식물을 재배하는 사람들은 화원에서 판매할 목적으로 새로운 종류의 재배식물을 끊임없이 개발하고 있다. 이렇게 새로 발견된 식물이나 인위적으로 만든 식물들에는 새로운 이름이 필요하다.

새로운 식물을 명명하려면 국제적으로 공인된 몇 가지 절차를 따라야 한다. 식물의 명명 규칙은 국제식물명명규약(International Code of Botanical Nomenclature ; ICBN)에 성문화되어 있으며, 동물과 세균 그리고 바이러스의 명명 규약은 별도로 정해져 있다. 이 규정은 전문적인 분류학자들이 주기적으로 회의를 갖고 개정하고 다듬어 확립하게 된다.

새로운 식물을 발견한 학자는 선택한 식물명이 이전에 사용되지 않았는지를 확인하여야 하고, 한 군데 이상의 식물표본관에 기준표본을 보관하여야 한다. 아울러 발견한 학자는 새로운 식물의 기재(description)를 전 세계 식물학자들이 접할 수 있는 학술지에 발표하여야 한다. 이 기재에서는 새로운 식물이 기존에 보고된 식물들과 어떻게 다른지를 설명해야 하고, 신종의 라틴 기재문이 포함되어야 한다. 비록 이러한 절차가 까다롭기는 하지만, 향후 그 종의 학명이 합법적으로 존재하는 한 종소명 다음에 발견자의 이름이 영원히 따라붙기 때문에 불후의 보상을 받게 된다(그림 17.6).

17.2 | 식물표본의 동정과 보관

채집한 식물은 표본관에 보관될 수 있다

전 세계적으로 식물 표본들의 중요한 보관 장소가 많이 있는데, 이러한 식물표본관(herbarium)은 대학이나 박물관 또는 식물원에서 찾아 볼 수 있다(Essay 17.2 '과학과 예술이 합쳐진 식물원' 참조). 전 세계에서 채집한 많은 표본이 보관된 식물표본관은 참고 도서관의 기능을 한다. 전문가가 동정한 식물 표본들은 학자들의 연구를 위하여 서로 교환되기도 하고, 진화생물학자들이 식물의 유연관계를 추적할 때 이용하는 DNA를 추출하는 근원이 되기도 한다. 표본관에 보관된 표본의 일부만 취하면 전 세계를 누비고 돌아다니며 시간과 돈을 들이는 것보다 훨씬 쉽게 DNA를 얻을 수 있다. 한편 사람들은 그 지방에서 접할 수 있는 식물보

DNA SCIENCE

표 17.1 이 장에서 인용한 식물의 종소명과 그 의미

종소명	의미
annuus, annua, annuum	일년생
anomalus, anomala, anomalum	이상한
arabicus, arabica, arabicum	아라비아의
aureus, aurea, aureum	황록색
borealis, boreale	북쪽
cacao	카카오나무의 아즈텍 이름
canephorus, canephora, canephorum	바구니 모양
coca	남미 인디언이 쓰던 말
communis, commune	군생하는
cryophilus, cryophila, cryophilum	호저온성
deliciosus, deliciosa, deliciosum	아주 맛있는
edulis, edule	식용
esculentus, esculenta, esculentum	맛있는
fluitans	수면에 뜨는
glomeratus, glomerata, glomeratum	응집하는
libericus, liberica, libericum	서아프리카의 리베리아
mays	옥수수의 멕시코 이름
methysticus, methystica, methysticum	취하게 하는
nitidus, nitida, nitidum	광택 있는
nucifer, nucifera, nuciferum	견과(nut)가 달리는
petiolaris, petiolare	잎자루(엽병)가 있는

그림 17.4 **어떤 식물은 사람을 기리기 위하여 명명되었다** 린네풀의 학명 *Linnaea borealis*는 분류학과 계통분류학의 아버지인 린네의 이름을 따서 명명된 것이다.

그림 17.5 **수선화속(*Narcissus*)** Daffodil이라고도 부르는 이 수선화는 종의 학명과 보통명이 같은 예이다.

다 훨씬 많은 종류의 식물 표본들을 이용하여 가르치고 배울 수 있다.

대체로 식물 표본은 압착된 마른 식물과 함께 언제 어디에서 누가 채집하였는지에 관한 정보가 담긴 표본 라벨을 표본 용지 또는 대지에 붙여 제작한다(그림 17.9). 이때 식물의 각 부분이 떨어지지 않도록 적절하게 고정시킨다. 이렇게 압착된 마른 식물은 살아있는 개체의 많은 특징을 유지하게 된다. 때로는 채집한 식물을 냉동시키거나 보존액이 담긴 액침병에

(a) (b) (c) (d)

그림 17.6 린네가 명명한 식물과 조류 (a) 선태식물인 물긴가지이끼(*Riccia fluitans* L.), (b) 양치식물인 미역고사리의 일종(*Polypodium aureum* L.), (c) 종자식물 옥수수(*Zea mays* L.), 그리고 (d) 후세의 학자에 의하여 학명이 변경된 녹조식물 대마디말속의 일종(*Cladophora glomerata* (L.) Kütz.). 속명과 종소명 다음에 붙는 "L."은 린네(Linnaeus)의 약자이다. 만일 종소명이 나중에 수정되는 경우 첫 명명자의 이름을 괄호 속에 넣어 인용하고 새 명명자의 이름을 그 다음에 적는다.

그림 17.7 식물의 잡종은 특수한 학명을 갖는다 아름다운 난초인 *Laeliocattleya*는 서로 다른 속인 *Laelia*와 *Cattleya*를 교배시켜 만든 잡종이다.

그림 17.8 새로운 속과 종이 끊임없이 발견되고 명명된다 *Wollemia nobilis*는 호주에서 최근에야 발견된 매우 큰 침엽수이다.

넣어 보관하기도 한다.

우리 주변에는 취미 생활로 식물 표본을 제작하여 보관하는 아마추어 식물학자들도 있는데, 이 경우 자칫 잘못하면 국지적으로 소멸될 우려가 있으므로 희귀한 식물을 서식지로부터 제거하지 않도록 유의하여야 한다. 새로운 표본이 사적 표본관이나 전문적인 표본관에 추가될 경우 이를 반드시 동정하여야 한다. 어떤 식물은 유독하고 많은 식물은 독성 화합물을 포함하고 있기 때문에 식용이나 약초 채취의 목적으로 야생식물을 채집하는 사람들은 식물을 정확하게 동정하는 방법을 반드시 숙지하여야 한다. 생태학과 보전생물학을 연구하는 학자들 역시 그들이 연구하는 자연 서식지에 출현하는 식물을 동정할 수 있어야 한다.

ESSAY 17.2 과학과 예술이 합쳐진 식물원

식물원(botanical garden)은 중요한 꽃식물뿐만 아니라 겉씨식물, 고사리류 그리고 선태식물에 이르기까지 다양한 식물의 대표적인 종류들을 직접 눈으로 볼 수 있는 멋진 곳이다. 식물원은 주로 살아있는 식물들을 모아놓고 있지만, 때로는 종자나 건조시킨 식물표본을 보관하는 박물관의 역할도 한다.

많은 나라에는 하나 또는 여러 곳에 식물원을 두고 있는데, 이들 모두를 합치면 지구상에서 알려진 식물의 약 1/3에 해당하는 살아있는 식물을 확보하고 있다. 식물원은 그곳이 아니면 좀처럼 구하기 어려운 식물의 표본을 원하는 식물학자들에게 학술적 자원을 제공한다. 한편 식물원은 자연 서식지에서 멸종의 위기에 처한 희소종(rare species)을 보존하는 역할도 한다. 나아가서 식물원은 정부 기관, 종자회사 그리고 약제산업과 생명공학산업에 이용되는 재료의 원천이 된다.

많은 나라에는 하나 또는 여러 곳에 식물원을 두고 있는데, 이들 모두를 합치면 지구상에서 알려진 식물의 약 1/3에 해당하는 살아있는 식물을 확보하고 있다.

식물원에서 일하는 식물학자들은 연구 재료를 채집하고, 각 지역의 생물학자들과 긴밀하게 연구하며, 그 고장 사람들에게 그들의 고유한 자연자원을 보전하도록 교육시키기 위하여 식물 분포가 잘 알려져 있지 않은 지구상의 많은 곳들을 여행한다.

한편 식물원에는 조경학자들과 정원사들이 새로운 아이디어를 얻고자 방문한다. 예술가와 사진사는 식물원에서 창조적 영감을 발견하고, 식물원은 결혼식과 같은 행사도 열리는 대중적인 장소가 된다.

영국 런던 부근의 큐(Kew)에 있는 왕립식물원은 아름다운 경치를 자랑하는 지구상에서 가장 유명한 식물원의 하나인데, 대형 유리로 된 온실에는 진귀하고 민감한 많은 식물들이 보호를 받고 있다(그림 E17.2A).

미국 세인트루이스의 미주리(Missouri) 식물원은 미국 대륙을 원산지로 하는 많은 식물로 특색을 이루고 있을 뿐만 아니라, 온실에는 많은 열대 식물과 사막 식물들이 자라고 있다(그림 E17.2B). 이 가운데 특히 반구형의 구조물인 유명한 인공기상실(Climatron)에서는 많은 종류의 열대 식물들이 유지될 수 있도록 내부 조건을 세심하게 조절하고 있다. 이끼들로 가꾼 일본식 정원 역시 미주리 식물원의 또 다른 특색이 되고 있다.

E17.2C 사막 식물원

아리조나주의 피닉스 부근에 위치한 사막 식물원은 다양한 변종의 선인장을 포함하여 사막 식물을 관찰하는데 적합한 곳이다(그림 E17.2C). 이곳에서는 한편 미국 원주민들이 사막 식물을 어떻게 이용하였는지를 보여주고 있다. 플로리다주의 페어차일드(Fairchild) 열대식물원에서 전시하고 있는 종려나무(palm)와 기타 열대 식물들 역시 구경거리가 될 만하다(그림 E17.2D).

E17.2A 큐 식물원

E17.2B 미주리 식물원

E17.2D 페어차일드 열대식물원

검색표를 이용한 식물의 동정

식물은 물론 다른 생물을 동정할 때 비전문가는 **동정검색표**(identification key) 또는 줄여서 검색표(key)의 도움을 받을 수 있는데, 이 검색표가 포함된 자료는 웹사이트나 서점에서 쉽게 구할 수 있다(그림 17.10). 도감과 같은 이 자료에는 식물의 사진이나 그림이 들어있고, 식물을 동정하는 방법이 설명되어 있다. 때때로 이들 자료에는 독성이나 희귀한 정도 등과 같은 귀중한 정보도 수록되어 있다. 식물학자들이 사용하는 용어사전에도 검색표에 자주 쓰이는 식물의 부분, 감촉 그리고 형태에 관하여 설명되어 있는데, 이 또한 초보자들에게 도움이 된다.

전문적인 생물학자들은 생물을 동정할 때 **차상분지형 검색표**(dichotomous key)를 이용한다. 여기서 차상분지(dichotomous)라는 용어는 '두 개의 가지로 갈라짐'을 의미하고, 따라서 차상분지형 검색표는 두 가지 가능성 중의 하나를

그림 17.9 **식물표본관의 표본** 정보가 담긴 라벨이 부착된 압착된 마른 식물은 식물 표본관에서 주로 볼 수 있는 식물 표본이다.

그림 17.10 **식물의 동정검색표가 포함된 도감과 같은 자료는 비전문가에게 유용하다**

선택하여 가는 일련의 과정으로 엮어진다. 이렇게 선택하다 보면 마침내 동정이 이루어지고 생물의 이름이 제시된다(그림 17.11). 이를테면 식물원을 찾아갔을 때 이미 라벨에 학명이나 이름이 표시되어 있는 식물을 보면서 검색표를 따라가 보면 검색표를 사용하는 방법을 배우고 식물을 동정하는 능력에 대해 자신을 갖게 된다. 혹시 처음에 정확한 답을 얻지 못하였다면 과연 두 갈래 갈림길에서 어떤 선택이 잘못되었는지를 역으로 추적해 보면 된다.

17.3 | 식물과 다른 생물들은 그들의 유연관계에 따라 분류된다

꽃식물, 겉씨식물, 양치식물, 석송 그리고 선태식물을 포함하여 25만 종 이상의 식물이 있다. 조류와 균류 그리고 세균의 종은 100만 종 내외로 추정된다. 생물학자들은 이토록 엄청나게 다양한 생물들을 어떻게 정돈할 수 있을까? 과거의 생물학자들은 외부 형태에 따라 생물을 분류하는 체계를 이용하였으나, 현대 계통분류학자들은 생물의 유전적 관계에 의거하여 식물의 계통을 세우려고 노력하고 있다.

식물의 분류를 처음으로 시작한 사람은 지금으로부터 약 2,300년 전에 살았던 테오프라스투스(Theophrastus)였다. 그는 고대 그리스의 식물 500종류를 하나의 원줄기(main stem)를 갖는 큰키나무인 교목(tree), 여러 개의 원줄기를 갖는 떨기나무인 관목(shrub), 그리고 초본(herb)의 세 가지로 구분한 다음, 잎의 특징에 의거하여 더욱 세분화하였다.

DNA SCIENCE

오늘날 우리는 DNA와 다른 증거를 바탕으로 교목이라고 해서 모두 서로 밀접한 관계가 아니라는 것을 잘 알고 있다. 어떤 교목은 다른 큰키나무보다 오히려 관목이나 풀과 더욱 밀접한 관계에 놓여있다. 뿐만 아니라 서로 밀접한 관계가 아닌데도 비슷한 잎을 가진 식물들도 있고(그림 17.12), 반면에 서로 밀접한 관계임에도 불구하고 매우 상이한 잎을 가지는 경우도 있다(그림 17.13). 그 이유는 무엇일까? 식물의 줄기와 잎 그리고 뿌리의 구조는 대체로 다른 식물과의 유연관계보다는 그 식물이 진화해 온 환경의 영향을 더 강하게 받는다. 연관이 없는 식물일지라도 비슷한 환경에서 자라다보면 종종 비슷한 잎이나 줄기를 갖게 되는데, 그 이유는 그러한 모양이 건조나 그늘짐 또는 다른 압박들에 직면하는 식물들에게 도움이 되었기 때문이다.

린네는 꽃식물의 계통을 세우는데 꽃의 특징을 이용함으로써 현대 분류학의 기초를 다졌다. 대체로 꽃이나 DNA와 같은 생식적 특징들이 줄기나 잎 또는 뿌리와 같은 영양체의 특징보다 훨씬 정확하게 식물간의 유연관계를 반영하기 때문에 꽃의 특징을 이용하는 방법은 관련된 식물들을 계통적으로 분류하는데 도움이 된다. 생식적 특성(reproductive character ; 그림 17.14)은 환경의 차이에

EVOLUTION

1. 몸은 단세포이거나 간혹 세포분열 후 일시적으로 부착한다 2

1. 몸은 사상체이다 5

2. 세포는 길고, 때때로 호(arc)를 이룬다 . . . . 반달말속(*Closterium*)

2. 세포는 길거나 호를 이루지 않는다 3

3. 세포는 협부(isthmus)에서만 깊게 갈라지고, 반세포(semicell)의 주변은 갈라지지 않는다 . . . . . 장구말속(*Cosmarium*)

3. 반세포의 가장자리가 다양하게 갈라진다 4

4. 세포는 납작하다 . . . . 훈장장구말속(*Micrasterias*)

4. 세포는 반사형(radiate)이다 . . . . 팔장구말속(*Staurastrum*)

5. 세 포의 중앙 협착(median constriction)이 뚜렷하지 않다 . . . . 히알로데카(*Hyalotheca*)

5. 세포의 중앙 협착이 뚜렷하다 . . . . 데스미디움(*Desmidium*)

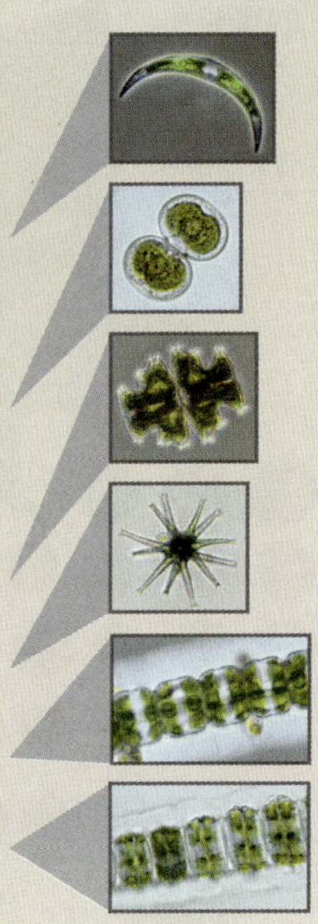

그림 17.11 차상분지형 검색표 전문적인 생물학자들은 생물을 동정할 때 두 가지 가능성(화살표) 중의 하나를 선택하여 가는 일련의 과정을 이용한다. 여기서는 녹조류 가운데 일부 집단의 검색표와 함께 해당하는 생물의 사진을 보여주고 있다.

그림 17.12 연관이 없는 식물도 매우 비슷한 잎을 가질 수 있다 피마자속(*Ricinus*)의 잎(a)은 베고니아의 일종인 *Begonia ricinifolia*(이 종소명은 "*Ricinus*와 비슷한 잎"을 의미함)의 잎(b)과 매우 비슷하지만, 이 두 식물은 결코 밀접한 관계가 아니다.

대하여 보다 안정된 경향을 보이는데, 그 이유는 특성의 변화가 커지게 되면 식물이 교배하고 자손을 남기는 능력이 줄어들 수 있기 때문이다.

오늘날의 분류체계는 **계통분류학**(phylogenetic systematics)에 기반을 두고 있는데, 이는 생물을 그들의 계통, 즉 **진화적 유연**(evolutionary relationship)에 따라 분류하는 학문 분야이다. 현대 계통분류학에서는 **분지분석**(cladistics 또는 cladistic analysis)이라는 방법을 주로 사용한다. 이 방법은 생물의 특징을 비교함으로써 진화적 유연을 추론하는데 도움을 준다. 분지론 또는 분지분석은 나뭇가지를 의미하는 그리스어의 *'klados'*에서 유래되었는데, 생물의 진화적 유연을 추론하고자 생물 집단의 특징을 분석하는 방법이다. 분지분석의 결과는 **계통수**(phylogenetic tree)라고 부르는 그림으로 나타낸다(그림 17.15). 줄기, 마디, 가지와 때로는 뿌리를 가지는 이 계통수는 자연적인 나무의 형태와 매우 흡사하다. 계통수는 연구 대상의 집단에서 생물간의 진화적 유연관계에 대한 개념을 보여 주게 준다.

분지분석에서 이용하는 구조적, 생화학적 또는 분자적(주

그림 17.13 **연관된 식물들이 매우 다른 잎을 갖기도 한다** 베고니아(*Begonia*)에 속하는 이들 종들은 매우 밀접한 연관을 가짐에도 불구하고, 연관이 없는 식물들로 오해할 정도로 잎이 매우 다르다.

로 DNA 염기순서) 특징을 **형질**(character)이라 한다. 일반적으로 형질과 조사하는 종의 수가 많아질수록 더 좋은 결과를 얻게 된다. 오늘날의 생물간에서 유연을 추론할 때 DNA 염기순서(sequence)를 가장 보편적으로 이용하는데, 그 이유는 염기순서에 매우 많은 형질이 포함되어 있기 때문이다.

분지분석에서는 근원적 형질과 공유 파생 형질을 구별하는 것이 중요하다. 여기서 근원적 형질(ancient character)이란 비교되는 집단 내에서 공통으로 나타나고 따라서 진화적 분기(evolutionary divergence)를 파악하는데 도움을 주지 못하는 형질을 가리키고, **공유 파생 형질**(shared, derived character)은 공통의 조상에서 유래되었기 때문에 집단 내의 일부 생물에는 존재하지만 모두에서 나타나지 않는 형질이다. **파생 형질**(apomorphy)이라고도 부르는 공유 파생 형질은 조상에서 나타난 보다 원시적인 형질인 선조 형질(plesiomorphy)로부터 진화된 것이다. 최소한 하나의 공유 파생 형질로 묶어지는 연관된 생물집단을 **단계통군** 또는 **클라드**(clade)라 부른다. 이때 하나의 단계통군을 이루는 공유 파생 형질이 **공동 파생 형질**(synapomorphy)이다. 단계통군은 공유 파생 형질에서 나타난 것처럼 그 구성원이 단일한 공통의 조상으로부터 유래되었기 때문에 **단계군**(monophyletic group)이다.

그림 17.14 **생식적 특성은 진화적 유연을 추론하는데 도움을 준다** 베고니아(*Begonia*)에 속하는 이들 종들의 꽃은 그 모습이 매우 비슷하여 매우 밀접하게 연관되어 있음을 보여준다.

계통수는 컴퓨터 프로그램을 이용하여 만든다. 부트스트래핑(bootstrapping)이라 부르는 이 절차는 형질 데이터베이스를 100회 이상 재표집(resampling)하였을 때 동일한 가지가 다시 나타나는 시간의 백분율을 산출한다. 이 값이 커질수록 어떤 가지로 한정되는 단계통군의 신뢰도가 더욱 높아지게 된다. 부트스트랩값(bootstrap value)이 95% 또는 그 이상이 되면 단계통군이 잘 뒷받침된다고 판단하지만, 그보다 값이 적어지면 올바른 해답을 얻기 위하여 더욱 많은 형질 자료를 추가하거나 더 많은 종을 분석에 사용할 필요가 있음을 나타낸다. 이상적으로는 종, 종 복합체, 속, 과, 목, 강, 문, 계 그리고

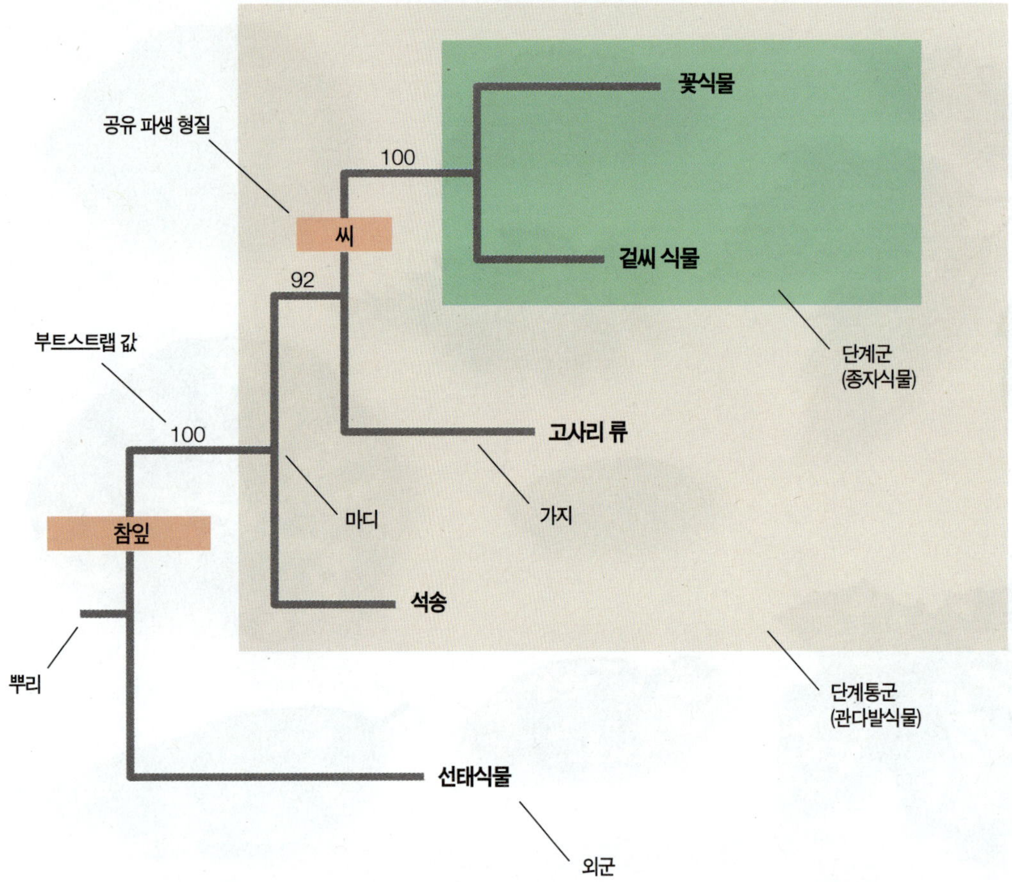

그림 17.15 육상식물의 유연관계를 나타내는 계통수의 예 주요 육상식물 집단은 선태식물을 제외한 모든 식물의 특징을 나타내는 '참잎(true leaf)'과 선태식물이나 석송류 또는 고사리류에서는 나타나지 않지만 겉씨식물과 꽃식물의 특징인 '씨(seed)'와 같은 공유 파생 형질에 의하여 구분된다. 이 그림에서는 오른쪽으로 가지를 뻗었지만 계통수를 다른 방위로 나타내기도 한다.

다음에 설명하게 될 도메인과 같은 모든 분류군이 잘 뒷받침되는 단계통군이어야 한다.

종들은 상위계급으로 묶을 수 있다

수술의 수와 융합 등과 같은 꽃의 특징에 근거한 린네의 분류체계는 다양한 종류의 자료를 이용하면서 바뀌게 되었는데, 여기에는 DNA와 기타 분자적인 증거뿐만 아니라 구조적 특징에 덧붙여 2차 화합물(3장 참조)과 화석 기록도 포함된다.

DNA SCIENCE

이와 같은 자료들을 이용하여 연관된 **종**(species)들을 **종 복합체**(species complex)와 **속**(genus)으로 묶게 된다. 종 복합체는 매우 밀접하게 연관되어 새로운 종류의 식물을 번식시킬 수 있는 종의 집단을 가리킨다. 옥수수(*Zea mays*)와 매우 밀접하게 연관되어 상호교배가 가능한 야생 옥수수 *Zea diploperennis*는 바이러스에 내성을 갖는 옥수수를 만들어낼 수 있는 귀중한 유전자를 포함하고 있다. 야생 옥수수(*Zea diploperennis*)와 옥수수(*Zea mays*)는 동일한 종 복합체로 간주된다.

또 다른 예로는 두 가지 종 복합체를 이루는 토마토(*Solanum lycopersicon* ; 예전에는 *Lycopersicon esculentum*으로 불렀음)를 들 수 있는데, 그 하나는 Esculentum('식용'을 의미함)이고, 다른 하나는 Peruvianum(이 식물이 발견된 곳인 '페루에서'를 뜻함)이라고 부른다. 재배하는 토마토는 Esculentum 복합체로 분류하지만, 육종가들은 질병에 대한 저항성과 스트레스에 대한 내성을 강화할 목적으로 Peruvianum의 야생종으로부터 유전자를 취하여 잡종 종자에 편입시킨다.

가까운 속들을 묶어서 보다 큰 집합인 과(family)로 분류한다(표 17.2). 같은 요령으로 **목**(order) · **강**(class) · **문**(phylum ; 복수는 phyla)의 점차적인 상위계급을 이룬다. 참고삼아 문의 경우 일부 식물학자들은 phylum 대신에 division을 사용하고 있지만, 오늘날 동물과 미생물뿐만 아니라 식물에서도 phylum을 보다 널리 사용하고 있다.

모든 생물이 그러하듯이 식물의 각 종은 특정한 과, 목, 강, 그리고 문에 속하게 되며(표 17.3), 각 분류계급은 그보다 아래의 수준보다 많은 생물을 포함한다. 이를테면 문에는 그 문에 속하는 어떤 강보다도 더 많은 식물종이 포함된다.

식물의 문 가운데 일부에는 완전히 소멸된 종들이 포함되기도 하지만 식물의 문을 합하여 계(kingdom)로 설정하는데, 이를 식물계(Kingdom Plantae)라 한다. 계에는 식물계 외에

표 17.2 경제적 가치를 지닌 중요한 꽃식물 과의 예

과(Family)	특 징	대표적인 종류(괄호 안은 속명)
국화과(Asteraceae)	여러 꽃이 두상화서를 이룬다	해바라기(*Helianthus*)
십자화과(Brassicaceae)	꽃잎은 십자형 배열을 한다	배추(*Brassica*)
선인장과(Cactaceae)	육질의 줄기에 가시가 달린다	선인장(*Opuntia*)
콩과(Fabaceae)	열매를 콩과(legume)라 부른다	완두(*Pisum*)
백합과(Liliaceae)	꽃잎과 꽃받침은 3개이다	백합(*Lilium*)
수련과(Nymphaceae)	노랑이속(*Lotus*)을 제외한 수련	수련(*Nymphaea*)
난초과(Orchidaceae)	화려하고 다채로운 꽃	한란(*Cymbidium*)
벼과(Poaceae)	열매는 영과(grain)	사탕수수(*Saccharum*)
장미과(Rosaceae)	5개의 꽃잎이 달린 화려한 꽃	딸기(*Fragaria*)
가지과(Solanaceae)	많은 종이 독성 알칼로이드 생성	감자(*Solanum*)

표 17.3 옥수수의 분류체계

도메인(Domain)	진핵생물 도메인(Eukarya)	진핵세포로 구성된 생물
계(Kingdom)	식물계(Plantae)	배(embryo)를 가지고 육지에 적응한 식물
문(Phylum)	속씨식물문(Anthophyta)	꽃식물
강(Class)	외떡잎식물강(Monocotyledones)	배에 한 개의 자엽이 포함된 꽃식물
목(Order)	벼목(Poales)	섬유상 잎을 가진 집단
과(Family)	벼과(Poaceae)	경제적 가치가 뛰어난 초본
속(Genus)	옥수수속(*Zea*)	암꽃과 수꽃이 구분되는 초본
종(Species)	옥수수(*Z. mays*)	옥수수(maize 또는 corn)

도 동물이나 후생동물(metazoa)이 포함되는 동물계(Animalia), 곰팡이생물인 진균계(Fungi), 그리고 조류(algae)와 원생동물이 포함되는 원생생물계(Protista)가 있다. 원생생물계는 매우 크고 복잡한 집합이기 때문에 많은 문으로 구성된다. 이들 모든 진핵생물(eukaryote)들의 계를 합쳐 진핵생물 도메인(Domain Eukarya)이라 한다. 진핵생물은 내부적으로 복잡하고 핵(nucleus)을 가진 세포로 구성된다. 그 밖의 도메인으로는 세균(Bacteria)과 고세균(Archaea)이 있는데, 이들은 모두 핵이 없는 단순한 세포로 구성된 생물들을 포함하며 이들 도메인에 속하는 생물들을 원핵생물(prokaryote)이라고 한다. 바이러스의 속들도 과와 목으로 묶어지지만, 바이러스의 경우 강이나 문 또는 도메인과 같이 보다 상위의 분류계급은 설정하지 않는다.

식물과 미생물 분류는 새로운 발견으로 분류가 변한다

생물의 계통분류에서는 새로운 발견이 이루어짐에 따라 생물 유연관계의 개념이 변한다. 이를테면 수련(water lily)은 모두 한 집단인 수련과(Nymphaeaceae)를 이루는 것으로 생각하였다. 그런데 DNA 분석 결과 수련의 한 속인 연꽃속(*Nelumbo*)이 수련과에 속하는 다른 속들과 밀접한 연관을 갖지 않는 것으로 밝혀지면서 연꽃속은 수련과에서 독립시켜 연꽃과(Nelumbonaceae)로 취급하고 있다.

DNA 분석을 통한 놀랄만한 다른 발견으로는 예전에 *Lycopersicon* 속으로 분류하였던 토마토가 가지속(*Solanum*)으로 분류하는 감자와 매우 밀접하게 연관되어 이들을 별도의 속으로 분류할 수 없다는 사실이다. 이제 토마토는 감자와 더불어 가지속의 한 종으로 분류한다. 이와는 달리 발견한 종이 연관된 종류라고 생각되는 종들과 너무나도 달라서 새로운 속을 만들기도 한다.

많은 사람들이 그들의 선조를 이해하고자 족보나 가계에 관심을 갖고 더듬어 보듯이 생물학자들은 동물과 미생물 그리고 식물간의 관계를 발견하는데 몰두하고 있는데, 그 이유는 이러한 발견들이 지구상의 생물이 진화해 온 과정에 대한 새로운 지식을 제공해 주기 때문이다. 모든 생명체간의 연관에 대한 개념을 모아 생물학자들은 생명가계수(Tree of Life)를 만들었다(1장 참조). 생명가계수는 지구상의 모든 생물이 서로 관련되어 있음을 나타내는 것이다. 알려진 생물들의 유연관계에 대한 새로운 정보가 나타나고 새로운 생물들이 발견됨에 따라 생명가계수는 자라고 그 형태가 변하게 된다.

요점

17.1 2백년 전 이전에 린네에 의하여 비롯된 2명법의 학명은 보통명보다 훨씬 정확할 뿐만 아니라, 농업, 상업, 의학 및 생태학 분야에서 필수적이다. 생물의 각 종류는 유용한 정보를 제공하는 고유한 학명을 가지며, 학명은 특정한 글자 모양으로 나타낸다(이를테면 옥수수의 경우 *Zea mays*).

17.2 압착된 마른 식물을 대지에 붙여 제작하는 식물 표본은 전문가가 동정하여 식물 표본관에 보관하고, 참조하거나 연구하며 가르치고 배울 때 활용한다. 식물원에는 살아있는 식물들을 모아 놓고 있다. 식물은 분류학적 검색표를 이용하여 동정한다. 새롭게 발견된 식물이나 새로운 상업적인 변종을 명명하는 공인된 절차가 있다.

17.3 동물이나 미생물과 마찬가지로 식물은 그들의 유연관계에 따라 분류한다. DNA와 꽃의 구조와 같은 생식적 특성은 진화적 유연을 추론하는데 매우 유용하다. 새로운 발견이 이루어짐에 따라 식물의 분류와 이름은 변할 수 있다.

문제

1. 식물과 동물을 분류할 때 보통명과 학명이 모두 사용된다. 이들 두 가지 종류의 이름이 지닌 장점과 단점을 비교해 보자. 과학, 의학, 농업, 그리고 상업에서 학명을 선택하는 이유는 무엇인가?

2. 학명은 어떻게 구성되는가? 어느 부분이 명사이고, 어느 부분이 형용사이며, 단독으로 사용할 수 있는 부분은 어느 부분인가? 이 두 부분을 항상 대문자로 쓰고, 밑줄을 긋거나 이탤릭체로 표시하는가?

3. 종, 종 복합체 그리고 잡종을 구별해 보자. 잡종의 이름은 어떻게 붙이는가? 종을 더욱 나누면 무엇이 되며, 이렇게 세분화된 집단끼리는 어떤 점에서 서로 다른가?

4. 식물 표본관은 무엇이며, 주로 어디에서 볼 수 있고, 왜 중요하며, 그리고 식물원과는 어떻게 다른가?

5. 오늘날의 식물 분류는 어떤 특징에 근거하는가? 식물을 분류할 때 뿌리나 줄기 그리고 잎의 해부학적 특징보다 꽃의 구조와 같은 생식적 특성이 더 많이 사용되는 이유는 무엇인가?

6. 지구상의 생물을 분류할 때 사용하는 분류계급의 중요한 범주를 특정한 순서 없이 나열해 놓았다. 이들 범주를 가장 많은 종들이 포함되는 높은 단계부터 종의 한 부분이 가장 낮은 단계의 순서로 정리해 보자:
목_ 과_ 도메인_ 종_ 강_ 문_ 계_ 속_ 변종_

7. 식물분류학과 식물계통분류학을 구별하라.

8. 어느 과학자가 학명을 두 개의 이름으로 붙이는 2명법을 처음으로 사용하였으며, 그 시기는 언제인가? 그리고 어떻게 이 방법을 사용하게 되었으며, 학명을 쓸 때 라틴어를 사용한 이유는 무엇인가?

응용 개념

1. 다음과 같은 기하도형들에 대한 차상분지형 검색표를 만들어 보자: 원, 사다리꼴, 오각형, 정삼각형, 부등변삼각형, 그리고 직사각형.
2. 다음과 같은 가정의 시나리오를 상상해 보라. 어떤 대학교의 식물학 교수인 제임스 박사는 어느 날 전혀 알 수 없는 난초를 채집하였다. 이 식물이 난초속(*Habenaria*)에 속하는 난초들과 비슷하게 보이기는 하였지만, 이미 보고된 그 어떤 난초의 기재와도 일치되지 않았다. 제임스 박사는 이 식물을 새로운 식물로 간주하고, 표본을 대학교의 식물 표본관에 보관하였다. 나아가서 그는 그 식물을 처음으로 채집한 미주리 주의 명칭을 따서 새로운 식물의 학명을 *H. missouriensis*라 명명하고 학술논문을 발표하였다. 6개월이 지난 다음, 아마추어 식물학자인 스미스 여사 역시 이 난초를 채집하고 신종이라고 생각하였다. 그녀는 표본을 유명한 식물 표본관에 기증하고 학술논문을 발표하면서 종의 이름을 *H. ciliaris*라 기재하였다. 그녀의 논문에는 새로운 식물에 대한 라틴어 기재가 포함되었다. 과연 어느 이름이 유효한가? 곧 이어서 장 교수는 약 2백년 전에 로버트 브라운이 난초속(*Habenaria*)의 다른 종에 *H. ciliaris*라는 이름을 이미 사용하였음을 지적하면서, 스미스 여사가 명명한 학명을 *H. smithii*라고 변경하였다. *H. ciliaris*라는 이름이 2백년 가량 사용되었는데, 과연 어느 학명이 합법적인가? 어떤 규약으로 이와 같은 명명법 상의 분규를 조정할 수 있을까? 결국 어떤 학명을 써야 하고, 명명자의 이름은 어떻게 인용하여야 하나? *H. ciliaris*라는 학명을 사용할 때 명명자의 이름이 포함되는 중요성은 무엇인가?
3. 식물원과 식물 표본관의 이익을 과학적인 측면과 비과학적인 측면 모두에서 설명해 보자.
4. 국제식물명명규약(International Code of Botanical Nomenclature)의 목적과 몇 가지 이점을 서술해 보자.

18 장 원핵생물과 지구 생명의 기원

남세균이 물에 많이 증식한 모습

주요 개념

- 실험과 과학적 관찰은 지구상에 생명의 기원에 대한 정보를 제공해 준다.
- 원핵생물은 지구의 가장 오래된 생물형태들이다.
- 원핵생물은 기구의 다른 생명체인 진핵생물에 비해 더욱 간단한 세포, 몸체 및 생식을 갖는다.
- 원핵생물은 진핵생물보다 더욱 수가 많고 빠르게 증식한다.
- 원핵생물은 지구의 과거 대기와 기후 및 조류와 식물의 진화에 큰 영향을 주었다.
- 원핵생물은 현대 생태계에 있어서 탄소와 질소 순환에 중요한 역할을 맡고 있다.
- 농업, 의학, 식품 및 이밖에 산업들, 생물공학, 환경 감시는 원핵생물에 대한 지식에 의존한다.

*Anabaena*는 아름다운 청록색의 목걸이 모양의 세균으로서 현재까지 알려진 가장 오래된 고대 화석의 생물형태와 관련이 있다. 광합성을 하는 이 생물은 또한 현대 세계에 있어서도 인간에게 아주 값어치있는 봉사를 한다. *Anabaena*는 보통 전 세계에 걸쳐 논을 포함한 열대지역의 수면을 덮는 물고사리 *Azolla*의 잎 내부에서 살아간다. 물고사리는 *Anabaena*에게 쓸모없는 대기의 질소가스를 질소비료로 사용되는 암모니아로 전환시키는데 필요한 자원들을 제공한다. 질소비료는 모든 식물 및 조류의 생존, 성장 및 생식에 필수적이다. 그러나 자연에서는 특정한 형태의 세균들(*Anabaena*는 그 중 하나)만이 질소가스를 암모니아 비료로 전환시킬 수 있다. 물고사리는 *Anabaena*에 의해 생산된 질소비료의 일부를 사용하며 나머지는 물속으로 방출되어 다른 조류들과 벼를 포함한 식물들이 이용할 수 있다. *Azolla*와 *Anabaena*는 이러한 이유로 수많은 사람들의 식량을 재배하기 위해 사용하는 논의 식량생산성을 증가시키기 위한 열쇠가 된다. *Anabaena*에 의해 생산된 비료가 없다면, 열대지방의 농부들은 공장에서 생산된 비료를 살 여유가 거의 없기 때문에 논에서는 훨씬 적은 양의 쌀이 생산될 것이다.

한편, *Anabaena*는 이롭지 않은 행동을 보이기도 한다. *Anabaena*는 전 세계에 걸쳐 비옥한 호수 수면위에 거품 찌끼를 형성하는 청록세균 형태의 하나이다. 사람들은 이러한 거품이 썩으면 냄새도 나기 때문에 걱정하기도 한다. 더욱 나쁜 것은 죽어가는 청녹색의 세균들은 물로 독소를 방출하여 물고기를 죽이고 오염된 물을 마시는 오리, 가축 및 다른 동물을 병들게 만든다. 인간의 어떤 질병이나 사망원인이 또한 이러한 세균으로 알려져 있다. 이러한 거품은 또한 물속에 형성되는 수생식물의 숲을 가리기 때문에 식물이 광합성을 위한 충분한 빛을 얻지 못하게 만들기도 한다. 이렇게 되면 수생식물은 결국 죽게 되고 물고기나 다른 수서생물의 서식지가 사라지게 된다.

본 단원에서 여러분들은 왜 원핵생물이 인간이나 다른 생물에 중요한지에 대한 부가적인 이유들을 배우게 될 것이다. 여러분들은 또한 왜 과학자들이 원핵생물이 지구에서 가장 오래된 생물형태로 여기며 어떻게 과학자들이 지구 생명의 기원을 연구하는지에 대해서도 배우게 될 것이다. ■

Anabaena

18.1 생명이란 무엇이며 왜 지구에서 나타나게 되었는가?

생물과 무생물을 구별하는 것은 쉽지 않은 일이다. 바이러스를 예로 들어보자(Essay 17.2를 볼 것). 바이러스는 생물과 관련된 일부의 특징들 즉 생식과 진화를 갖고 있지만 생명에 필수적인 것들로 여겨지는 세포구조나 대사와 같은 특징들을 갖지 않는다. 대사는 에너지를 사용하여 구성을 만들고 유지하는 일련의 과정들임을 상기해보자. 생명의 특징에는 또한 개체가 변화에 대처하는 능력인 적응과 손상으로부터 방어하고 환경 자극들에 대해 반응하는 능력들도 포함된다. 지구의 생물 즉 원핵생물, 원생생물, 곰팡이, 동물 및 식물들은 세포로 구성되어 있는 것을 포함해서 이러한 모든 특성들을 갖는다. 세포는 생명의 모든 특징을 갖는 가장 작은 구조들이기 때문에 생명에 기원에 대한 많은 연구들이 대부분 세포들의 기원에 초점을 맞추고 있다.

지구 생물들 중에서 원핵생물은 가장 간단한 세포 구조를 갖는다(그림 18.1). 예를 들면 원핵생물은 막에 의해 둘러싸인 핵을 갖지 않는다(그림 18.2a). 이러한 특징이 **원핵생물**(prokaryote)이란 이름을 갖게 된 이유인데 원핵은 핵(kernel, nucleus)을 갖기 전(before)이란 뜻이다. 이들을 제외한 다른 나머지 생물들을 **진핵생물**(eukaryote)이라 부르는데 진짜(eu, true) 핵(kernel)을 갖는다는 뜻으로 대부분의 DNA가 한 개의 핵 속에 존재한다(그림 18.2b). 원생생물, 곰팡이, 동물 및 식물은 모두 진핵생물로서 진핵생물 조상으로부터 유래된 더욱 정교한 후손들이다. 이러한 이유로 진핵생물에 대한 연구는 생명의 기원을 이해하는데 중요할 뿐 아니라 어떻게 진핵생물들이 진화해 왔는가를 이해하는데 도움을 준다.

아직까지 우리가 속한 태양계에서 지구 외에 어떤 곳에서도 생명체가 존재한다는 증거는 없다. 태양계에 있어서 가장 지구와 비슷하다는 화성에 있어서도 현재까지 우리가 알고 있는 바로는 생명체가 존재하지 않는다. NASA의 과학자들이 화성으로부터 떨어진 운석에서 아주 오래된 원핵생물과 유사한 구조를 발견하였지만 이러한 구조들이 화성에서의 고대 생물형태인지에 대한 명확한 증거는 제시하지 못하였다(Essay 18.1, 생명체가 화성에서 생겨났을까?). 그러면 왜 지구상에는 생명체가 생겨났을까? 이러한 의문에 대해서는 두 가지로 나누어 답할 수 있다. 첫째는 지구가 태양으로부터의 위

그림 18.1 세포 현미경으로 관찰한 세포들 (a) 수집된 물에서 관찰된 세균 세포들, (b) 단세포성 조류 세포(녹색의 원생생물인 *Netrium*), (c) 다세포성 선태식물의 한 세포.

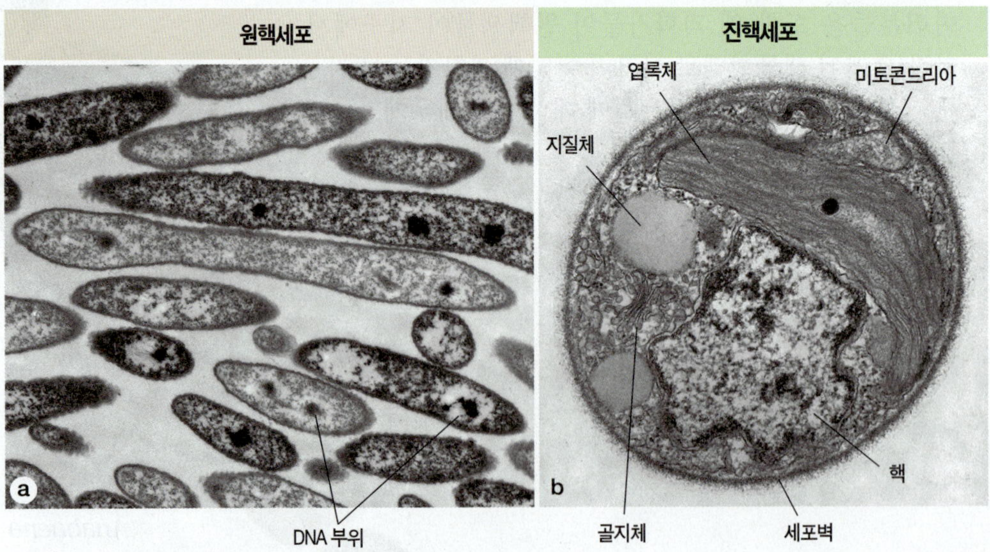

그림 18.2 원핵세포와 진핵세포의 구조 원핵세포의 내부 구조(a)는 아주 작은 진핵세포(녹조류와 같은) 것보다도 더 간단하다. (b) 핵과 다른 소기관들은 투시전자현미경을 사용해 관찰할 수 있다.

ESSAY 18.1 생명체가 화성에서 생겨났을까?

1999년 몇몇 NASA의 과학자들이 생명체가 화성에서 생겨났을지도 모른다는 증거를 발표하기 위해 기자회견을 열었다. 이러한 증거는 1984년 남극의 Allen Hill에서 수집한 운석(그림 E18.1A)에서 얻어진 것이다. 발표내용은 뉴스 매체들에 의해 광범위하게 다루어졌는데 그 이유는 인간 본래가 생명의 기원에 대해 관심을 갖고 있기 때문이다. 운석은 분명히 화성으로부터 온 것이지만 어느 누구도 의심하지 않았다. 약 45억 년 전에 운석이 형성되는 동안에 이 운석을 만들었을 것으로 보여 지는 가스의 방울들이 바위 속에 들어 있었다. 약 1600만 년 전에 화성에 떨어진 운석 충격에 의해 우주로 날아갔다가 1만 3천 년 전 지구 남극에 떨어지게 되었다. NASA의 과학자들이 지구의 물질들로 오염되는 것을 피하기 위해 조심하면서 이 운석을 쪼개 열었는데 내부에는 석회 광물들로 이루어진 덩어리들이 들어 있었으며 이 덩어리들 내에서 생명체를 뒷받침해 줄 수 있는 3가지 물질들을 발견하였다.

고대의 화성은 한 때 운석에서 나타나는 금속의 자성 입자와 비슷한 입자를 갖는 원핵생물들이 살았단 말인가?

이들 3가지 물질 중 첫 번째는 사체가 열을 받을 때 생겨나는 복합 탄화수소 형태이다. 비슷한 화합물들이 그릴에 너무 오래 놔두면 햄버거 표면에 생기기도 한다. 이러한 탄화수소화합물들은 생명체의 특징을 나타내는 분자들이 원래 존재했었음을 제시해주었다. 두 번째로 과학자들은 세균 모양의 구조물들(그림 E18.1B)이 원핵세포의 화석일 가능성이 있다고 해석하였다. 마지막으로 가장 신빙성이 있는 것은 운석이 자철광 결정체들(그림 E18.1C)을 함유하고 있다는 것이다. 이 결정체들은 중력을 탐지하기 위해 자철광(Fe_3O_4) 입자들(그림 E18.1D)을 사용하는 현존 세균들에서 나타나는 것과 놀랍게도 유사하였다. *Magnetospirillum magnetotacticum*의 세포에는 5~40개의 자철광 입자들이 한 줄로 배열되어 있어서 세포들이 지구의 자기장에 따라 배열하도록 도와준다. 인공 자기장을 이러한 세균들에 적용시키면 편모에 의해 재빠르게 이동하여 긴 축을 남-북의 방향으로 배열한다. 북반구에서 세포들은 북쪽으로 이동하지만 남반구의 세포들은 남쪽으로 이동한다. 세균학자들은 이러한 행동들이 세균에 어떤 이점을 주는지는 확신하지 못하지만 자기장의 방향이 이들이 선호하는 산소가 낮은 장소를 찾는데 도움을 줄지 모른다고 생각한다. 자기장에 따라 행동하는 세균들은 수처리 시설과 같은 장소에서 발견되어 왔다. 많은 지질학적 증거들은 화성이 한 때는 현재보다 더 덥고 습한 환경이었을 보여준다. 고대의 화성은 한 때 운석에서 나타나는 금속의 자성 입자와 비슷한 입자를 갖는 원핵생물들이 살았단 말인가?

더욱 최근에는 회의를 가진 사람들이 화성 운석에서 나타난 복합 탄화수소 화합물이 생명체가 없이도 형성될 수 있는지에 대해 의문을 갖는다. 어떤 사람들은 운석에서 발견된 세균의 화석들이 너무 작아서 지구의 세균들이 갖는 대사 구성원들을 함유하기 어렵다고 주장한다. 과학자들은 또한 운석에서 발견된 형태의 자성 결정체들은 무생물적으로 형성될 수도 있음을 입증했다. 이러한 관찰들은 화성 운석에서 발견되는 복합 탄화수소, 세균 화석 및 자기장 결정체들이 반드시 생명체의 존재를 보여주는 증거가 될 수 없음을 보여준다. 그러나 마찬가지로 화성의 과거 또는 현재에 생명체가 없다는 증거도 될 수 없다. 화성에 대한 지질학적인 조사는 계속되고 있다. 화성에 생명체가 한 때 존재했었다면 과학자들은 생물체에 대한 더욱 믿을 만한 자취들을 발견할 수도 있다.

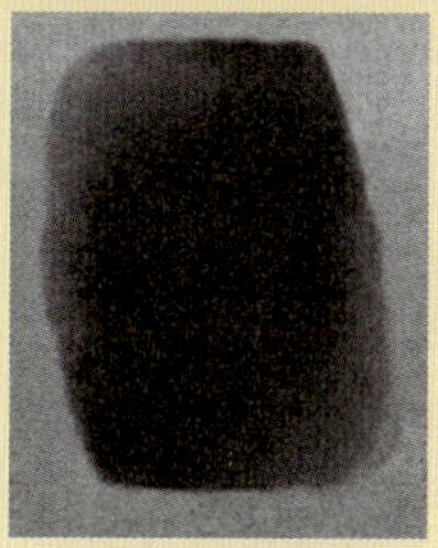

E18.1C 화성 운석에서 발견된 지성 결정체.

E18.1A 화성 운석 ALH84001

E18.1B 화성 운석에서 발견된 원핵세포 모양의 구조

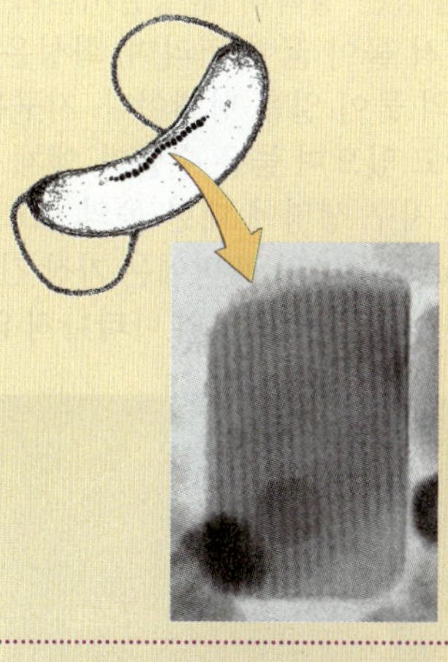

E18.1D 세균인 *Magnetospirillum*이 갖는 자성 결정체로 일렬로 배열된 형태를 갖는다

치 때문에 생명의 요람이 되었다는 것이다. 두 번째는 일단 생명체가 나타나자 초기의 간단한 생물형태들이 느리긴 하지만 돌이킬 수 없이 생명체의 유지뿐만 아니라 후에 더욱 복잡한 생물형태로 발전할 수 있는 길을 열어주는 방식으로 환경을 변화시켰다는 것이다. 다시 말하면 초기의 원핵생물들이 세계의 환경을 변화시켰고 이러한 변화는(나중에 본 단원에서 좀 더 철저히 토론할 것이긴 하지만) 진핵생물이 진화하고 번성하게 만들었다. 우리와 같은 진핵생물이 존재하고 생명체를 뒷받침하는 환경이 만들어진 이유는 초기 원핵생물 때문이다. 그러나 어떠한 요소들이 지구의 최초 생명체가 존재하게 만들었을까?

우주에서의 지구의 위치는 생명체에 중요하다

지구의 궤도는 금성과 화성 사이에 놓여있다(그림 18.3). 이러한 위치가 생명의 기원에 대해 무슨 의미를 갖는가를 이해하기 위해서는 태양을 캠프의 모닥불처럼 생각해보자. 모닥불에 가까워질수록 더욱 뜨거워 질것이다. 심지어 추운 밤에는 따듯함을 느끼기 위해 너무 가까이 접근할 수도 있으며, 불기를 느끼지 않을 정도로 멀리 떨어져서 서 있기도 쉽다. 대부분의 사람들은 마시멜로를 굽기 위한 막대기의 길이보다도 조금 더 먼 가장 편안한 지대에서 자리를 잡고 모닥불 주위를 둘러앉을 것이다. 위성과학자들은 태양과 같은 별 주위의 편안한 지대를 표현하기 위해 **생물서식가능지대**(habitable zone)란 용어를 사용한다. 이 지대에서는 물이 안정하게 액체 상태로서 존재하는 태양 주위 지역에 해당한다. 물은 생명에 필수적인 많은 특성들을 갖는다(3장). 이 지역을 경계로 그 안쪽에서는 물이 끓어 없어지며, 바깥쪽에서는 얼음이 되어 버린다. 천문학자들은 생명이 지구에서 처음으로 나타나기 시작할 때인 35억 년 전에는 태양이 현재보다 30% 정도 어두웠었지만 약 20억 년 전에는 현재와 같은 밝기에 도달했다고 믿는다. 오늘 날 금성은 명확하게 생물서식가능지역 범위 밖에 위치하고 있어서 물이 끓어 버리며, 화성은 바깥쪽 경계에 위치하며 대부분의 물이 얼음 형태이다. 지구는 그 사이에서 궤도를 그리며 돌고 있으며 물은 수증기, 액체 및 고체 사이에 균형을 유지한다. 지구 생명에 대한 물의 중요성은 칠레의 극도로 건조한 *Atacama* 사막의 표면에는 가장 간단한 생명체 형태로 알려진 원핵생물 조차도 거의 나타나지 않음을 예로 들 수 있다(26장). 이러한 사막의 표면은 생명체 존재에 대한 건조 한계점에 있는 것처럼 보인다.

오늘날의 천문학자들은 다른 태양계의 위성들을 관찰하고 이러한 위성들이 생물서식가능지대 내에 놓여 있는지 결정하기 위한 기술을 가지고 있다. 인간은 본래 우주 어디에선가 생명체가 나타날 수 있었는지 알고 싶어하는 호기심이 있기 때문에 이것은 아주 활발한 연구 분야이다. 우리가 아는 한 생명체의 존재를 알아보기 위한 가장 좋은 장소는 물이 존재하는 곳이다. 그러나 물만이 결정적인 요소는 아니며 대기의 성분 또한 생명체를 만드는데 중요하다.

초기 생명체는 지구 대기 성분을 변화시키고 현대의 생명체가 나타나게 한다

지구 초기 대기는 수소분자, 수증기, 암모니아, 질소가스, 메탄 및 이산화탄소 등의 몇몇 가스들을 함유하였으나 산소는 없었다. 최초의 대기는 오늘날 화산에 의해서 분출된 것과 동일한 가스들로 이루어졌었다. 초기 지구 대기에서 메탄과 이산화탄소는 현재보다 훨씬 높은 농도로 나타나서 초기 생물 발생에 유리한 상황이었다. 메탄과 이산화탄소는 온실가스로서 우주로 열이 날아감을 차단시켜 대기를 따듯하게 만들어 준다(Essay 1.2를 볼 것). 이 두 가스는 태양이 지금처럼 밝지 않았던 시기에 지구의 온도를 따듯하게 유지시켰다(처음에 어두운 기간을 갖다가 나중에는 밝아지는 것은 태양과 같은 별들의 정상적인 형태이다).

지구의 현재 대기는 78%의 질소가스, 21% 산소, 약 1%의 아르곤, 수증기, 오존 및 이산화탄소로 이루어져 있으며 초기의 지구대기와는 많은 차이가 있다. 현대의 대기는 낮은 산소 농도 때문에 초기 지구대기에는 존재할 수 없었던 다양하고 복잡한 생명체들을 유지하여 준다. 또한 대기에 메탄과 이산화탄소가 초기 대기처럼 높은 농도를 유지한다면 지구는 너무 뜨거워 대부분의 생물체가 살 수 없을 것이다. 지구 대기가 산소를 얻고 이산화탄소와 메탄을 많이 잃은 것은 현대의 생물체들에게는 좋은 것이다. 언제 어떻게 대기는 변화하였을까?

이러한 수수께끼에 대한 대답은 서서히 그러나 확고하게 지구대기의 화학적 조성을 변환시켜온 초기 원핵생물 형태의 대사활동에서 얻어질 수 있다. 이러한 초기 생물들 중 어떤 것들은 현재 남세균(cyanobacteria, 청녹세균)으로 알려진 광합

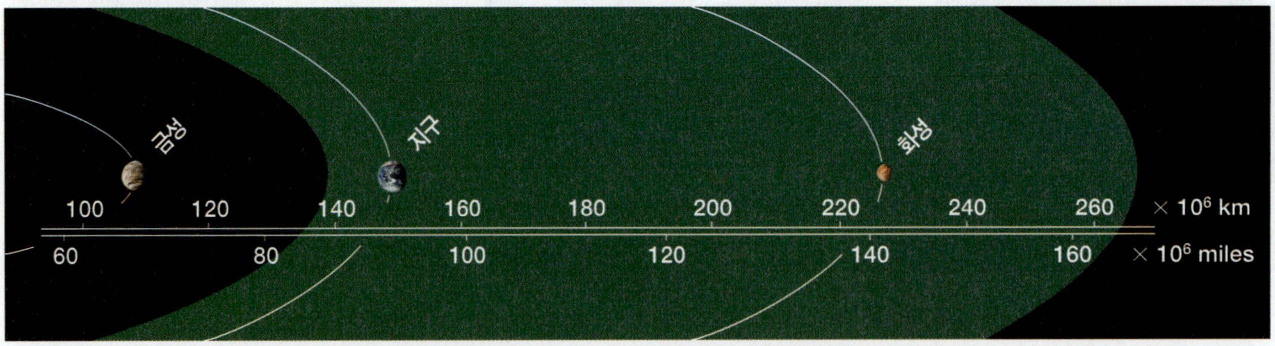

그림 18.3 생물서식가능지대 녹색은 생물서식가능지대를 보여주며 숫자는 태양으로부터의 거리를 km(위)와 마일(아래)로 나타낸 것이다. 금성은 생물서식가능지대에 들어 있지 않지만 화성은 지대 내 바깥 쪽 가장자리에 위치하고 있음을 주시하라. 이는 금성은 너무 뜨거워 모든 물이 끓어 날아가 버렸음을 뜻한다. 화성은 너무 추워 물이 양 극 쪽에서 얼어있으며 땅 속에 얼음으로 존재한다.

성 능력의 *Anabaena*와 관련이 있는 것들이었다. 광합성은 이산화탄소(CO_2)가 물(H_2O)과 결합하여 산소(O_2)와 당(CH_2O)을 생산하는 과정임을 상기해보자(15장). 초기에는 지구 전체에 수많은 남세균들이 광합성을 수행하였으며 이와 함께 막대한 양의 이산화탄소가 대기에서 제거되어 고체인 유기물의 탄소로 전환되었다. 이러한 고대의 남세균들은 또한 거대한 양의 산소를 대기로 방출하였다. 메탄을 소비하는 다른 고대의 세균들은 대기의 메탄 농도를 크게 감소시켰다. 후에 태양이 더욱 뜨거워 졌을 때 초기 원핵생물들에 의한 계속적인 대기로부터의 이산화탄소와 메탄의 제거는 지구 기후가 너무 뜨거워지는 것을 막아 생물이 살 수 있게 만들어 주었다. 현재의 원핵생물들은 오늘날도 여전히 이러한 값진 봉사를 제공하고 있는 것이다!

남세균의 산소 방출로 말미암아 두 가지 면에서 생물체를 위한 조건들이 증진되었다. 첫 째는 산소가 세포호흡이라고 부르는 대사과정에 사용되어 세포들이 더욱 효율적으로 유기음식물로부터 에너지(ATP의 형태로)를 얻을 수 있게 되었다는 것이며(5장), 두 번째는 초고층 대기에 있는 산소들이 자외선을 막아주는 오존으로 전환하는데 사용되었기 때문이다. 지구에는 지속적으로 태양으로부터 방출되는 **자외선(UV)**이 쪼여지는데, 과량의 자외선에 노출되면 피부화상이나 피부암, DNA 돌연변이 및 심지어는 치사에 까지 이르게 된다. 오늘날 지구 초고층 대기의 오존(O_3)층은 다양한 생명체들이 생존하기에 충분할 정도로 자외선을 흡수한다. 지구 초기의 대기는 산소가 없었기 때문에 이러한 보호적인 오존의 방호벽이 없었다. 그 결과 지구상에 초기 생명체는 물이 자외선을 흡수하기 때문에 바다에만 존재하였다. 고대 남세균들이 방출한 산소들이 대기 상층부로 상승하고 다른 산소분자들과 반응하여 오존의 보호층을 만들게 되면서 비로소 표면이나 육지에서 생명체들이 살아갈 수 있었다. 태양계에 속하는 화성이나 다른 위성들의 대기에 산소가 없다는 사실은 이러한 위성들이 오존층이 없어서 표면에 서식하는 생명체들이 자외선으로부터 보호받을 수 없음을 뜻한다. 화성의 표면에는 치명적인 자외선이 내려 쪼이고 있으므로 현재 화성에 생명체가 존재한다면 지하에 있어야 될 것이다.

우리가 현재 오존층에 의해 보호를 받고 있다는 사실은 왜 오늘날 냉매제로 사용되는 chlorofluorocarbons과 같은 산업용 가스에 의해 지구 오존층이 파괴되는 것에 그렇게 많은 관심을 갖는가에 이유가 된다. 극 지역 오존 구멍(초고층 대기에 오존농도가 감소되는 지역)으로 영향을 받는 지역에 사는 사람들은 더 많은 자외선을 쬐고 이로 인해 화상, 피부암 및 DNA 돌연변이의 발생이 증가되고 있다.

18.2 | 언제 지구가 생겼으며 최초의 생명체가 나타났는가?

최신의 망원경을 통해 이미 알려진 별들을 포함해 다른 별들 주위에 가스와 먼지로 이루어진 넓은 구름층의 관측이 가능하다. 이러한 관찰은 우리가 속한 태양계도 46억 년 전에 이와 유사한 가스와 먼지들이 응축되어 형성되었다는 가설을 뒷받침해 준다. 우리가 속한 태양계의 나이는 운석들에서 얼마나 많은 우라늄(U)의 방사성 동위원소가 붕괴되어 납이 형성되었는가를 측정하여 결정된다. 운석들은 태양계 형성 시에 남겨진 잔재이기 때문에 태양계에서 가장 오래된 물질들과 같은 연대를 갖는다.

표 18.1 지구 연대표

사건	연대
지구와 태양계의 탄생	4,600,000,000 년전
운석과 혜성의 낙하기간 종결	3,800,000,000 년전
최초의 원핵생물 화석(호주에서 발견)	3,500,000,000 년전
대기산소가 현재의 10% 수준으로 상승	2,200,000,000 년전
대기산소가 현재의 15% 수준으로 상승 대양에 다세포 생명체 서식	600,000,000 년전
산소 농도가 현재 수준에 도달(21%) 식물이 육지에 번성	450,000,000 년전
인간속 *Homo*의 등장	2,000,000 년전
농업의 기원과 문화의 시작	약 10,000 년전

지구가 형성된 후에도 생명체가 나타나기 전까지는 약 10억년에 세월이 흘렀다. 지구에 최초로 생명체가 나타났다는 징후는 37억~38억 5천만 년 전이 되어서야 나타난다(표 18.1). 이렇게 늦게 나타난 이유는 무엇일까?

생명체가 나타나기 전에 충돌의 시기가 있었다

망원경을 통해 달을 관찰해 본 사람들이라면 화성이나 수성처럼 분화구가 많이 나타남을 알고 있다. 반면에 지구의 표면에는 분화구가 많지 않은데 그 이유는 지구의 표면은 지속적으로 지질학적 힘에 의해 풍화되고 재형성되어 왔기 때문이다. 달, 화성 및 수성의 분화구들은 위성들 간의 충돌 흔적과 태양계 형성 시에 남겨진 잔재들을 나타낸다. 지구의 위성인 달은 이러한 충돌로 인하여 형성되었다. 화성보다 더 큰 물체가 지구에 충돌하여 증발된 표면물질들이 뭉쳐져 달을 형성하였다. 지구가 달을 가짐으로써 생명체가 지속적으로 존재할 수 있게 되었는데 그 이유는 지구의 궤도 운동을 안정화시켜 가혹한 환경변화를 막아주기 때문이다. 태양계가 형성된 후에도 오랫동안 이러한 하늘로부터의 충돌들은 아주 강력하게 일어났으며 이러한 과격한 충돌이 이 시기에 생명체가 지구에 등장하는 것을 막아주었다. 다행스럽게도 강력한 충돌

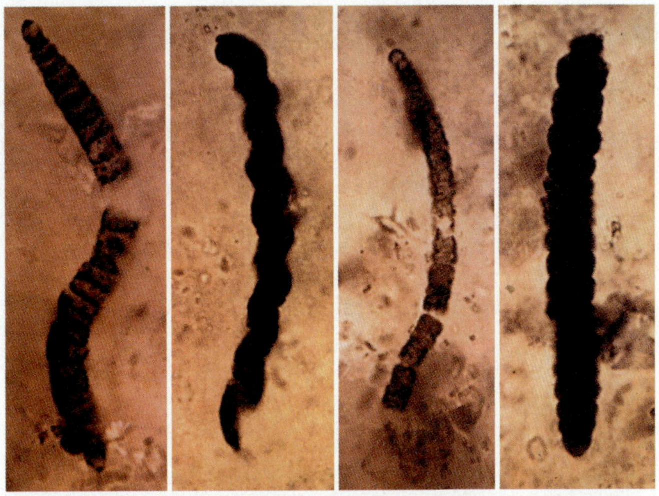

그림 18.4 **지구의 가장 오래되었을지도 모르는 화석들의 구조** 이들 화석들은 현대의 남세균과 비슷하며 광합성이 35억 년 전 지구에 존재하였을 가능성을 보여준다.

시기는 38억~39억 년 전에 끝나게 되었으며 생명체가 나타나게 되었다(표 18.1).

충돌 시기에 이어 새롭게 진화하는 생명 형태들은 생물들이 생산했을 것으로 추정되는 37억년 된 탄소덩어리를 화학적 증거로 남겨 놓았다. 35억 년 전에 형성된 무기물로 이루어진 관들은 오늘날 깊은 바다 속에 사는 세균들이 생산하는 유리처럼 투명한 관들과 비슷한데 그 당시에 원핵생물들이 살았다는 단서가 된다. 어떤 전문가들은 35억년 된 호주의 바위(그림 18.4)에서 나타나는 구조들이 남세균의 화석이라고 주장한다(어떤 사람들은 이러한 구조들이 무생물적으로 형성된 무기물이라고 주장하기도 하지만). 스트로마토라이트(stromatolites)라 부르는 큰 돌 더미들(그림 18.5)은 오늘날에

그림 18.5 **스트로마토라이트(stromatolite)** 스트로마토라이트는 남세균 또는 광합성을 하는 proteobacteria 군락들에 의해 형성된 층층이 쌓인 석회석(탄산칼슘) 퇴적물이며 지질역사에 있어서 30억 년 전 이상으로 거슬러 올라간다.

도 따듯하고 얕은 호주, 바하마 및 다른 곳에서 형성되는데 남세균이 수십억 년 동안 번성하였음을 보여준다. 호주의 스트로마토라이트를 화학적으로 분석해보면 광합성이 적어도 27억 년 전에 일어났음을 보여준다. 그러나 22억 년 전 까지 남세균에 의해 생산된 산소는 바다와 지구의 표면에서 철과 결합하였으므로 대기로 방출되어 축적되지는 못하였다.

지구 생물체 발달에 있어서 이후에 일어난 사건들은 지구 대기의 산소 농도 축적을 일으켰으며 약 22억 년 전 산소 수준은 현재의 10% 수준까지 증가하였을 것으로 보여진다. 이러한 수준은 자외선으로부터 대양을 보호하기에 충분할 정도로 오존 보호층을 만들었다. 대기 산소의 이러한 증가는 최초의 진핵생물로 보여지는 화석들의 등장과도 일치한다. 대기의 산소 수준은 다세포 생명체들이 바다에서 생겨난 약 6억 년 전에 다시 증가하였다. 대기 산소는 약 4억 5천만 년 전 최초의 식물들이 지구상에 퍼지기 시작할 쯤에는 현재와 같은 수준에 도달하였을 것이다.

18.3 | 어떻게 생명체가 나타났을까?

과학자들은 지구 생명체 기원에 대한 질문에 접근하기 위해 가설의 검증을 포함하는 과학적 방법(1장)을 사용한다. 하나의 가설은 간단한 생물 형태들이 어디선가 생겨났으며 혜성이나 운석을 통해 지구로 전달되었다는 배종발달설이다. 현재로선 배종발달설의 개념이 어떻게 검증받을 있을지는 명확하지 않다. 더욱 쉽게 검증받을 수 있는 설명은 지구 자체 즉 초기 지구상에 존재했던 무기물로부터 생명체가 기원했다는 것이다. 이러한 개념을 구성하는 요소들을 지구 생명체 기원의 화학적-생물학적 이론이라 한다.

화학적-생물학적 이론은 생물체가 여러 단계를 통해 형성되었을 보여준다

생명체 기원에 대한 화학적-생물학적 이론은 생명체형성과정이 구성수준의 점차적인 증가를 가져오는 여러 단계로서 나타났음을 보여준다. 첫 번째 단계는 무기분자들로부터 당, 지방산, 아미노산 및 뉴클레오티드와 같은 간단한 유기분자들의 형성이다. 두 번째 단계는 탄수화물, 지질, 단백질 및 핵산과 같은 생명을 이루는 거대분자들의 형성(3장)이며, 세 번째 단계는 원시세포와 유사한 구조의 형성이다. 각 단계는 실험실에서 실험에 의해 입증될 수 있다.

무기분자로부터 유기화합물을 형성할 수 있다

1930년대에 러시아의 Alexander Oparin과 영국의 J.B.S. Haldane은 유기화합물들이 존재했었더라면 초기 지구대기에는 산소는 없었어야 되었을 것이라고 주장하였다. 산소가 존재하였었더라면 형성된 어떠한 유기물들도 이산화탄소와 물로 분해되었을 것이다. 그들은 초기 지구대기는 수소, 메탄, 암모니아 등이 풍부했다고 주장하였다.

1950년대에 Chicago 대학의 Stanley Miller와 Harold Urey는 한 실험을 통해 이러한 가설을 검증하기로 결정하였다. 이들은 생명체가 발생하기 전의 초기 지구대기 및 바다환경과 유사한 장치를 만들었다(그림 18.6). 아래에 물을 함유하는 플라스크에는 열을 가해 수증기를 발생시켰으며, 이 수증기는 위쪽에 위치한 플라스크에서 번개 불을 모방한 전기방전을 시키며 수소, 메탄, 암모니아 가스들과 혼합 반응시켰다. 이렇게 형성된 생산물들은 냉각기에서 응축시키고 밑에 있는 물이 들어있는 플라스크로 다시 투입시켰다. 다음 날 물은 황색으로 변해 있었는데, 과학자들이 드디어 짧은 지방산과 아미노산으로 가득한 죽을 만든 것이다! 초기 지구 대기 구성원들에 대한 최근의 정보를 갖고 수행한 이후에 유사한 실험들에서 과학자들은 생물체에서 나타나는 모든 아미노산들을 합성할 수 있었다.

과학자들은 또한 에너지 투입과 함께 뉴클레오티드가 갖는 염기들과 무기화합물들로부터 간단한 탄수화물의 형성을 재현하였다. 1961년 Houston 대학의 Juan Oro는 HCN과 암모니아를 물과 함께 혼합하였을 때 아미노산들과 염기인 아데닌이 형성됨을 발견하였다. 아데닌은 생명에 필수적 물질들인 DNA, RNA 및 ATP의 구성원임을 상기하자. 이후의 연구들은 DNA와 RNA에 함유되어 있는 다른 염기들도 HCN과 지구초기에 존재하였을 것으로 여겨지는 질소성 가스들과 반응하여 형성될 수 있음을 보여주었다. 다른 연구들은 간단한 탄수화물(당)들의 혼합물이 진흙과 같은 촉매의 존재 하에 포름알데히드(CH_2O)로부터 형성될 수 있음을 보여주었다. 이와 같은 연구결과들은 생물체에서 나타나는 간단한 유기분자 모두가 간단한 무기분자들로부터 형성될 수 있다는 증거이다.

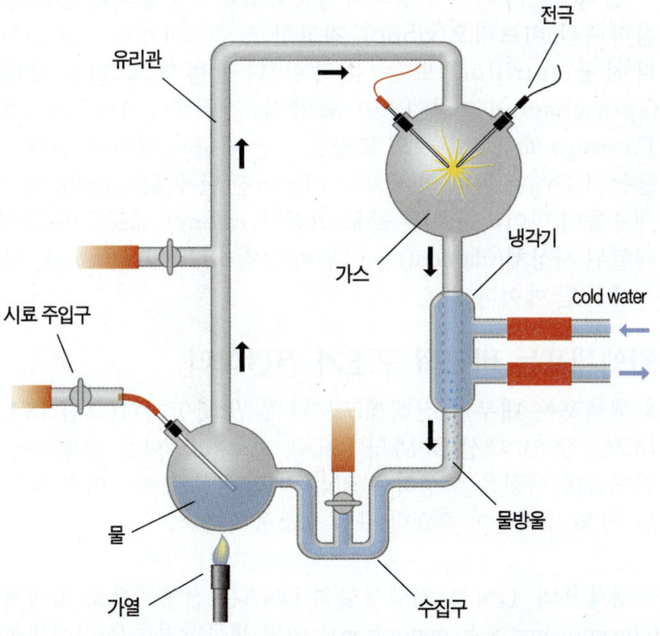

그림 18.6 Urey-Miller 실험장치 이 장치는 초기 지구 대기에서 존재하였던 무기화합물들로부터 간단한 유기화합물들이 형성될 수 있는지를 검증하기 위해 고안되었다. 상부에 용기에는 지구 초기 대기의 성분들과 유사한 수소, 메탄, 암모니아 가스를 함유하는 공기를 집어넣었으며, 하부 용기에는 물을 넣어 열을 가해 수증기를 상부로 이동시켰다. 수증기는 상부 용기에서 번개를 모방한 방전과 함께 다른 가스들과 혼합되었는데 24시간 안에 아미노산과 지방산이 하부 용기에서 나타났다.

간단한 유기분자들로부터 거대분자를 형성할 수 있다

화학적-생물학 이론의 첫 번째 단계에 있어서는 당, 아미노산, 지방산, 글리세롤 및 뉴클레오티드의 염기들과 같은 간단한 유기분자들이 무기물 분자들로부터 형성된다. 이와 같은 간단한 유기분자들로부터 복합탄수화물, 지질, 인지질, 단백질 및 뉴클레오티드 같은 거대분자들이 형성되게 된다. 이 이론에서의 두 번째 단계는 이러한 거대분자들이 간단한 유기분자들로부터 형성되는 단계이다. 실험실 실험에서 아미노산들에 열을 가하면 서로 연결되어 거대분자인 폴리펩티드들을 형성하며, 이러한 폴리펩티드들은 단백질을 구성하게 된다. 지방산, 인 및 글리세롤은 시아나마이드(H_2HCN)의 존재 하에 건조하고 뜨거운 열을 가하면 인지질로 응축된다. 마찬가지로 염기, 당 및 인들이 건조하고 뜨거운 상태에서 같이 존재하면 거대분자인 뉴클레오티드로 응축된다. 이러한 실험조건들은 초기 지구환경에서 흔하게 나타났던 말라버린 웅덩이와 유사하다.

거대분자들은 물속에서 세포와 유사한 구조들을 형성한다

몇몇 연구자들은 화학적-생물학적 이론에 있어서 다음 단계들을 고려해 왔다. 물속에서 되 섞인 거대분자들은 세포와 유사한 형태를 만들 수 있었을까? 초기 실험들에 있어서 Oparin은 단백질, 지질 및 탄수화물들의 농축된 용액을 물속에서 혼합하자 혼합물들은 재빨리 콜로이드 입자(너무 작아서 물에 가라앉지 않는 젤라틴 성 입자의 현탁액)들을 형성하였다. 이러한 입자들은 진정한 세포들의 일부 특징을 갖고 있었는데 인지질분자들로 이루어진 막과 유사한 층으로 둘러 싸여있었으며 이들로부터 더 작은 입자들이 떨어져 나오는 간단한 생식형태를 보이기도 하였다. 1950년대에 Miami 대학의 Sidney Fox는 아미노산들에 열을 가하자 프로테노이드(protenoids)라는 덩어리들이 형성되었다. 물을 가하고 한 번 더 열을 가하자 프로테노이드들은 실제 세포 크기와 같은 구형체를 형성하였다(그림 18.7). Fox는 이러한 구형체들을 원시세포(protocells)라 불렀으며, 이러한 구형체들은 살아있는 세포들처럼 외부 자극에 대해서 반응을 보이기도 하였다. 더욱 최근에는 핵산을 함유하며 간단한 대사형태를 수행하는 지질낭으로 구성된 원시세포들이 실험실에서 만들어지기도 하였다. 어떤 과학자들은 기술적으로 유용한 대사를 수행하도록 고안된 인공세포를 생산하기 위한 연구를 진행 중이다.

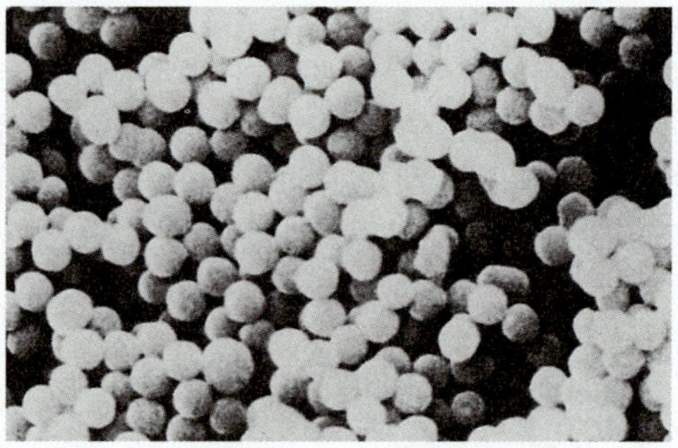

그림 18.7 원시세포 세포와 유사한 구형체들은 단백질로 이루어져 있으며 크기는 직경이 0.5~7 ㎛로서 실제 세포와 같은 크기의 범위를 갖는다.

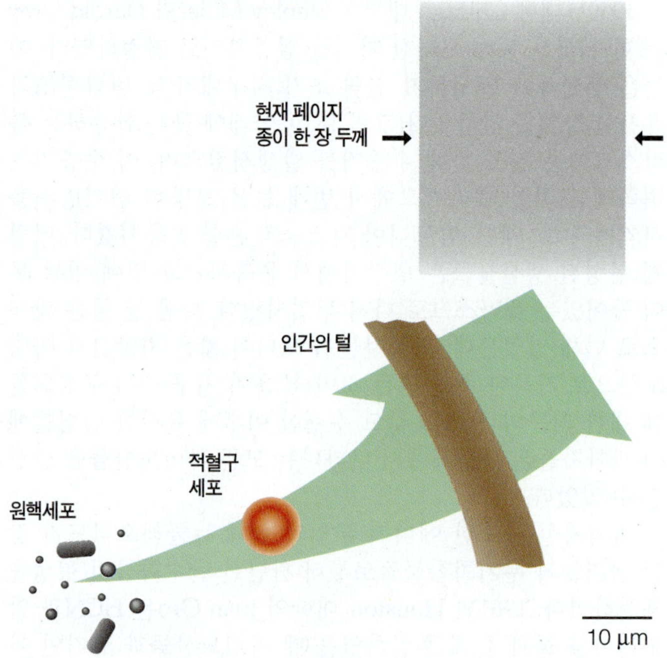

그림 18.8 원핵세포들은 전형적으로 크기가 작다

18.4 세균과 고세균은 지구에서 가장 작고 간단한 생물형태이다

너무 작아서 현미경이 없이는 볼 수 없는, 세균과 고세균의 두 가지가 주류를 이루는 수많은 원핵생물들은 여러분 주위 도처에서 나타난다. 원핵생물은 여러분이 숨쉬는 공기에서, 인간의 치아, 피부 및 장을 포함하는 모든 표면에서, 음식과 토양에서 나타난다. 이러한 미생물들은 그 수가 극히 많아서 아주 적은 양의 정원 흙이라도 약 20억 마리나 들어있다. 지구 전체로 볼 때 그 수는 10^{30} 마리이상이나 되며 100만 종에 달한다. 지구상에 살아있는 세포들이 함유하는 탄소의 절반이 원핵생물들의 것이다. 많은 미생물들이 또한 식물과 연관되어 있는데 어떤 것들은 식물에 도움을 주거나 질병을 일으킨다. 세균이나 고세균은 지구의 대기, 기후, 토양, 수질 유지에 필수적으로 모든 생물들이 의존하는 생태적 이점들을 제공해 준다. 의학, 농업, 산업, 생물공학 및 환경복원 등은 이러한 미생물들에 대한 이해에 의존하는 인간의 많은 노력분야들 가운데 하나이다. 미생물학은 원핵생물을 포함하는 미생물을 연구하는 학문이며, 원핵생물을 연구하는 생물학자들을 미생물학자 또는 세균학자라고 부른다.

원핵생물의 몸체는 진핵생물들의 것들보다 더욱 작고 간단하다

대부분의 세균이나 고세균들은 매우 작아서 보통 1~5 ㎛(1㎛는 백만분의 1 m)이며 간단한 몸체를 갖는다(그림 18.8). 이들을 관찰하기 위해서는 여러 가지 현미경 특히 형광현미경이나 투시전자현미경(4장 참조)을 사용해야 한다. 그러나 어떤 원핵생물들의 세포들이나 몸체는 커서 육안으로도 볼 수 있다. 가장 크다고 알려진 원핵생물들 중에는 아프리카 남서해안을 따라 바다 밑에 축적된 퇴적물에서 최근에 발견된 *Thiomargarita namibiensis*(Namibia의 황진주에서 이름을 따옴)가 있다. 이 거대한 번쩍이는 흰색의 세균은 폭이 0.5mm나 되어 현미경 없이도 볼 수 있다.

원핵세포는 대개 구형의 **구균**(coccus), 원통형의 **간균**(rod), 콤마형의 **비브리오**(vibrio), 견고한 코르크마개따기 모양의 **나선균**(spirillus) 또는 유연한 나선형의 **스피로헤타**(spirochaete)(그림 18.9) 모양을 갖는다. *Anabaena*와 *Thiomargarita*들은 구형의 모양을 갖는 구균의 예이다. 원핵생물들의 몸체는 한 개의 세포로 이루어진 **단세포**(unicell), 여러 세포들이 덩어리를 이룬 **콜로니**(집락, colony), 세포들이 길게 배열된 **사상체**(filament)를 이루며(그림 18.10), *Anabaena*는 사상체의 한 예이다.

원핵세포는 비교적 구조가 간단하다

원핵세포는 내부가 진핵세포보다 훨씬 간단하다(그림 18.1, 18.2를 참조). 핵산(DNA와 RNA), 효소들과 다른 단백질들, 리보솜(단백질을 형성하는 RNA와 단백질로 이루어진 작은 입자) 및 내막들이 주요한 구성 요소들이다.

원핵세포의 DNA 원핵생물의 DNA는 전형적으로 **염색체**(chromosome 또는 genophores; 어떤 생물학자들은 진핵생물의 경우에만 chromosome이라 부른다)라 부르는 하나 또는 몇 개의 원형 분자들로 나타난다. 원핵생물의 DNA에는 단백질들 많이 결부되어 있지는 않다. 이에 비해 진핵생물의 핵에 존재하는 염색체들은 많은 단백질들이 결부된 DNA로 구성되어있다.

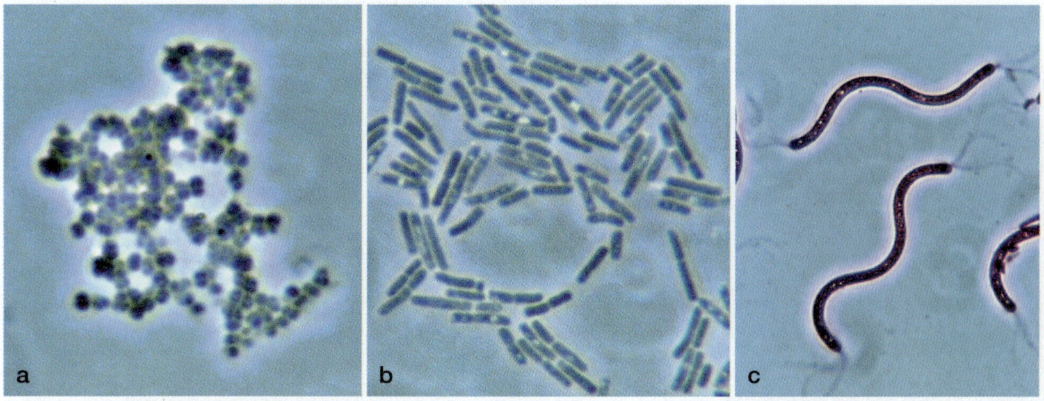

그림 18.9 원핵세포들의 모양 (a) 구균, (b) 간균, 및 (c) 나선균.

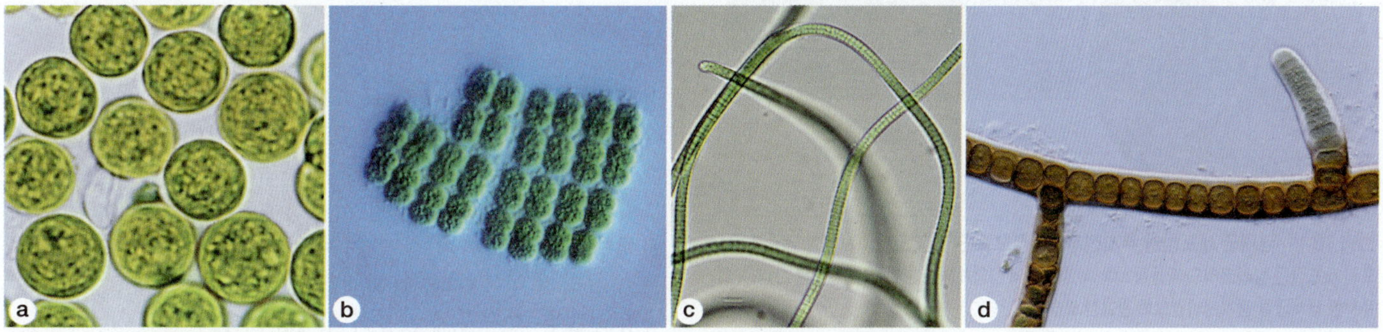

그림 18.10 남세균은 주요한 원핵생물의 몸체 형태를 보여준다 (a) *Prochlon*(a)은 단세포이며 *Merismopedia*(b)는 세포들이 점액으로 연결되어 편평한 군락을 이룬다. *Oscillatoria*(c)는 분지되지 않은 사상체를, *Stigonema*(d)는 분지를 가진 사상체를 이룬다.

원핵세포는 종종 **플라스미드**(plasmid)(그림 15.6)이라 부르는 작은 원형의 DNA를 부가적으로 갖는다. 플라스미드에는 종종 독소의 생산 또는 중금속이나 항체에 대해 저항성을 갖게 만드는 유전자들이 존재한다. 세균은 플라스미드를 한 세포에서 다른 세포로 전달할 수 있어서 개체군들 사이에 유전자들이 급속도로 퍼지게 된다. 플라스미드 유전자 전달이 중요한 한 예로는 과수에 치명적인 고사병을 일으키는 *Erwinia* 세균 가운데 항생제 내성이 급격하게 퍼지는 일이다. 봄마다 농부들은 엄청난 양의 항생제 streptomycin을 고사병을 방제하기 위해 사과나 배 과수원에 뿌린다. 내성이 퍼짐에 따라서 살포 노력은 효과가 떨어지게 되고 생산량도 감소될 것이다. 가축의 질병을 예방하기 위해 항생제를 과용하는 일은 미국에서는 흔한 일이며 항생제 내성의 증가와도 연관이 있다. 항생제 과용은 감수성 세균보다도 내성 세균이 더 쉽게 자랄 수 있는 환경을 만들어준다. 인간에 질병을 일으키는 어떤 세균은 거의 모든 항생제들에 내성을 갖게 되어 의학에서 중요한 문제가 되었다.

원핵생물의 효소 세균 세포 내에 존재하는 특정한 효소들은 어떤 형태의 대사를 세포가 수행해야하는 가를 결정한다. 예를 들면 *Anabaena* 세포들은 광합성을 수행하기 위해 필요한 모든 효소들을 갖고 있지만 *Erwinia*는 그렇지 못하기 때문에 농작물이나 다른 식물들을 공격해 얻는 유기물에 의존할 수밖에 없다. 세균 세포들이 갖는 대부분의 효소들은 관찰하기가 어렵지만 남세균 세포에서 볼 수 있는 광합성 효소 rubisco (5장)인 덩어리들은 전자현미경으로 관찰할 수 있다(그림 18.11).

다른 세포 구성원들 *Anabaena*와 다른 남세균들 같은 광합성 세균의 세포들은 대개 **틸라코이드**(thylakoid)(그림 18.11을 볼 것)라고 부르는 내부 막들의 배열구조를 갖는다. 틸라코이드 막들은 빛에너지 수확에 필요한 엽록소나 다른 분자들을 함유하며 조류나 식물세포(4장)의 엽록체에도 존재한다. 내부 막들은 또한 비광합성 세균들에서도 관찰되는데 여기서는 대사에 중요한 효소들이 표면에 부착하는 장소의 역할을 한다.

수서생활을 하는 *Anabaena*와 어떤 세균들은 단백질로 이루어진 속이 빈 원통형의 구조들이 겹겹으로 싸여진 형태를 가져서 물에 뜬다. 기낭이라 부르는 이러한 가벼운 구조는 실제로는 다른 나머지 세포들보다 더 많은 공기를 갖지는 않지만 많은 세포 공간을 점유한다. 많은 기낭들을 갖게 되면 이를 함

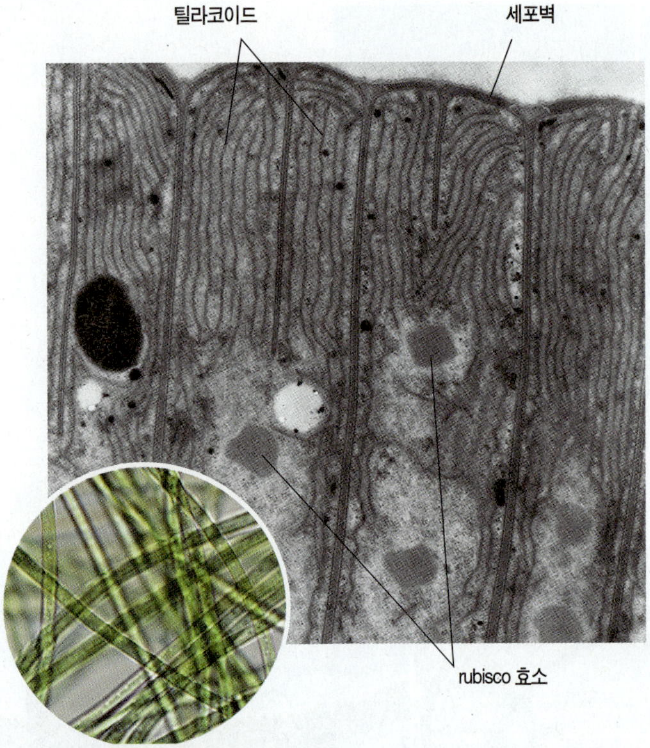

그림 18.11 남세균 세포들을 투시전자현미경으로 관찰한 모습 사상형 남세균 세포의 세포질은 틸라코이드 막들과 rubisco 효소들의 집합체들을 함유한다. 삽입된 그림은 유사한 남세균을 광학현미경으로 관찰한 모습이다.

유하는 세포들은 쉽게 수면위로 떠오르게 되어 광합성을 위한 빛을 얻는데 이점이 있다. 기낭들은 본 단원 서두에서 언급하였듯이 남세균들이 많이 증식하여 수면에 거품을 형성하는 주요 원인이 된다.

어떤 *Bacillus* 계통의 세균들은 모기, 잔디등에, 농작물 해충의 하나인 감자풍뎅이 같은 곤충들의 유충에 독성이 있는 단백질 결정체를 갖는다. 이 결정체는 유충의 소화관에 들어가기 전까지는 독성이 없으나 그 이후에는 독성이 활성화되어 곤충의 내장을 파괴한다. 이러한 단백질 결정체들을 *Bacillus thringensis*의 이름을 따서 Bt 독소라 부른다. 이 독소는 사람에게는 해롭지 않기 때문에 곤충의 공격에 대해 저항성을 증가시키려는 목적으로 유전공학 기술을 사용해 Bt 독소 유전자들을 일부 농작물에 삽입시켜왔다(15장).

어떤 원핵생물들은 수영 또는 미끄러져 이동할 수 있다

원핵생물 중에는 한개 또는 여러 개의 편모를 갖는 것들도 있는데, 편모란 세포의 실 모양의 돌출부로서 액체 속에서 세균들이 수영으로 이동할 수 있게 해 준다(그림18.2). *Pseudomonas*와 *Erwinia*는 식물의 질병을 일으키는 세균들로서 편모를 이용해 식물조직 내에서 이동하여 퍼진다. 원핵생물의 편모는

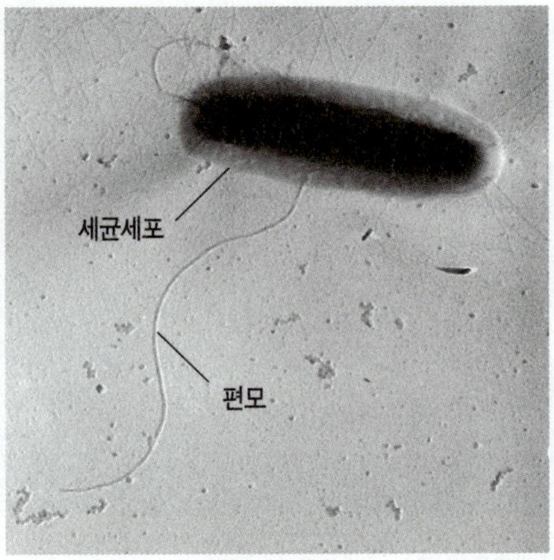

그림 18.12 한 개의 편모를 갖는 원핵생물

진핵생물들의 것에 비해 구조가 더욱 간단하고 수영형태도 다른데, 원핵생물의 편모는 프로펠러와 같이 기부 회전에 의해 비틀어 돌리는데 비해 진핵생물의 편모는 반복적으로 구부렸다 편다. *Anabaena*의 짧은 사상체 처럼 편모가 없는 어떤 원핵생물은 아직까지 잘 알려져 있지 않은 기작에 의해 표면을 미끄러져 이동한다. 원핵생물은 운동성에 의해 빛, 양분 및 자장과 같은 자극들에 반응하여 이동한다.

어떤 원핵생물의 표면은 점질의 다당류로 덮여있다

많은 원핵생물들은 협막, 점막, 외부기질 또는 점초라 불리는 다당류의 껍질을 외부에 형성한다. 질병을 일으키는 세균들의 협막은 숙주의 방어체계로부터 자신을 보호해준다.

그림 18.13 원핵생물의 점막 *Anabaena*의 투명한 외투막은 잉크 입자의 용액을 사용해 점액의 경계를 나타나게 함으로써 관찰할 수 있다(잉크 입자들은 너무 커서 점액으로 침투하지 못한다). 갈색의 점액으로 이루어진 단단한 껍질이 그림 18.10d에서 보여준 세포들을 둘러싼다.

*Anabaena*와 많은 남세균들은 물에 떠서 물속에 양분을 획득하거나 자신을 섭취하는 작은 동물들의 공격을 피하도록 하는데 도움을 주는 점액성 막을 갖는다(그림 18.13). *Rhizobium*과 *Agrobacterium*들은 주로 식물과 관련을 맺고 생활하는 세균들인데, 흡착제로서 다당류인 섬유소를 분비한다. *Acetobacter*는 호기성 세균으로서 식초와 같은 산성 용액에서도 성장할 수 있는데, 산소가 충만한 액체 표면에 떠있기 위한 섬유소의 거품을 분비한다.

점막은 많은 원핵생물들이 원생동물, 동물조직, 모래, 토양, 심지어는 파이프 관(부착된 세균들이 부식을 일으킴) 표면에 흡착하는데 도움을 준다. 끈끈한 점액질과 함께 부착된 세균들(때로는 작은 진핵생물들도 포함)을 biofilm이라 부르는데, 치아의 플라그는 해로움을 주는 biofilm의 한 예이다. 의과학자들과 생물공학자들은 미생물 biofilm의 유해효과를 막거나 이용하기 위한 방법을 연구하고 있다. 예를 들면 메탄을 소비하는 세균들을 플라스틱 관에서 자라게 하면 이 세균들은 관벽에 부착하기 위해 점막을 분비한다. 노폐물의 메탄을 이 관을 통과시키면 세균이 제거할 것이다. 이러한 장치는 메탄이 대기로 방출되어 온실가스로서 해로운 효과를 주는 것을 막을 수 있다.

원핵생물의 세포벽은 구조와 화학에서 차이가 있다

몇 몇 원핵생물들이 세포벽이 결여되어 있긴 하지만, 대부분은 내부에 세포막과 세포질을 싸는 견고한 **세포벽**(cell wall)(그림 18.11을 볼 것)을 갖는다. 원핵생물들의 세포벽은 점액의 협막 또는 껍질 안쪽에 위치한다. 세포벽은 원핵생물들이 세포외부의 물이 내부보다 많을 경우 너무 많은 물을 흡수하여 터지는 것을 막아준다(4장). 원핵생물들의 세포벽은 또한 바이러스 감염을 막아주기도 하지만 어떤 바이러스들은 세포벽을 뚫고 유전물질을 투입시킬 수 있는 능력을 갖는다.

펩티도 글리칸은 세균 세포벽의 구성분이다 대부분의 세균들은 세포벽에 단백질과 탄수화물로 이루어진 물질인 peptidoglycan을 함유하는 세포벽을 갖는다. 고세균들의 세포벽은 이러한 물질을 함유하지는 않지만 어떤 것들은 유사한 물질을 함유한다. Peptidoglycan은 세균세포벽에 존재하는 양이 어떤 항생제들에 대한 감수성에 영향을 주기 때문에 세균생물학자나 인간 의학에 매우 중요하다. 페니실린이나 어떤 항생제들은 세균의 peptidoglycan 합성을 억제하므로 세포벽에 peptidoglycan 함량이 낮은 세균보다도 높은 세균들에 대해 더욱 효과가 크다. 페니실린과 어떤 항생제들은 세균의 세포벽 형성을 억제하지만 peptidoglycan을 함유하는 세포벽이 없는 진핵생물들에는 해가 없다(항생제에 대해 알레르기를 갖는 사람들을 제외하고는).

어떤 세균들은 세포질을 싸는 인지질 함유 세포막 외에도 세포벽 외부를 싸는 인지질 막을 부가적으로 갖기도 하는데, 이러한 외막은 세균들이 항생제 침투에 대해 저항성을 갖는데 도움을 준다.

그람염색은 세균의 구분과 항생제에 대한 반응을 예측하는데 유용하다 그람염색은 세균 세포를 둘러싸고 있는 구조들에 있어서의 차이점을 밝히는 실험방법이다. 그람염색은 세균을 동정하는 과정에 있어서 첫 번째의 공통적인 단계로서 감염에 대한 의학적 진단에 특히 중요하다. 그람염색의 차이는 어떤 항생제들이 동물이나 식물의 질병을 치료하는데 가장 효과적인가를 예측하는데 유용하다. 외부에 인지질 껍질을 갖고 세포벽에 peptidoglycan 함량이 낮은 세균들은 그람염색을 하면 핑크색으로 염색이 되며 이러한 세균들을 그람음성이라 한다(그림18.14a). 이러한 세균들은 peptidoglycan 함량이 낮기 때문에 페니실린과 같은 항생제에 대해 덜 민감하다. 식물의 질병을 일으키는 대부분의 세균들은 간균으로서 그람음성이며 *Erwinia*와 *Pseudomonas*가 그 예들이다. 인간 건강에 중요한 그람음성 세균은 *Escherichia coli*(대장균, *E. coli* 라 부르기도 함)로서 인간에 장 속에서 서식하지만 신체의 다른 부위를 감염시키면 질병을 일으키기기도 한다. 대부분의 *E. coli*는 먹어도 해가 없지만, 유전적 변이계통인 *E. coli* O157 : H7은 오염된 음식을 먹었을 때 매우 심각한 질병과 때로는 치명적인 질병을 일으키기 때문에 중요한 뉴스거리가 된다.

외부에 지질의 껍질이 없고 세포벽에 peptidoglycan 함량이 높은 세균들은 그람염색을 하면 보라색으로 염색이 된다. 그람양성세균으로 불리는 이러한 세균들(그림 18.14b)은 결과적으로 그람양성세균들보다도 세포벽 형성을 방해하는 항생제들에 대해 더욱 감수성이 있다. *Streptococcus*는 의학적으로 중요한 그람양성세균의 한 예로서, 이러한 세균계통들은 패혈성 인두염, 폐렴, 세균성 뇌막염(척수액의 감염) 및 눈병을 일으킨다. *Sreptococcus*에는 감염으로 발병되면 치료하기 어려운 악명 높은 육식성의 세균들도 포함된다. *Streptococcus pneumoniae*의 전체 DNA염기서열이 밝혀지면서 먹이로 사용하기 위해 인간조직에서 여러 가지 분자들을 분해하게 만드

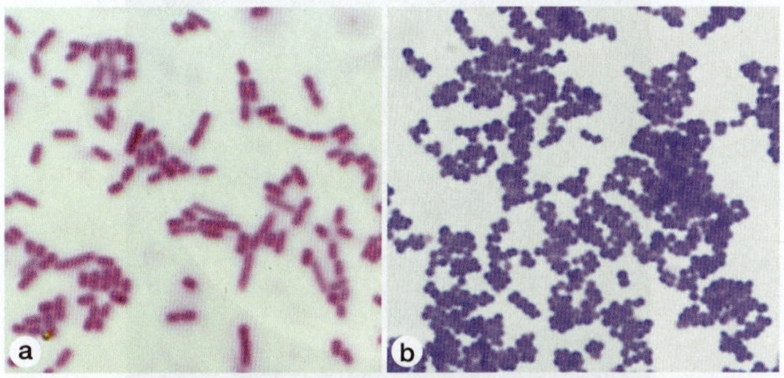

그림 18.14 그람음성과 그람양성세균 *Escherichia coli* (a)는 흔하게 나타나는 중요한 그람음성 세균이며 *Streptococcus* (b)는 흔히 볼 수 있는 중요한 그람양성 세균이다.

는 숙주 유전자들의 존재도 알려지게 되었다. 이러한 유전자들의 존재는 왜 *Streptococcus*가 다양한 질병을 일으키는지를 설명해준다.

원핵생물은 주로 이분법으로 증식한다

대부분의 원핵생물들이 빠르게 증식하는 한 가지 이유는 비교적 간단한 세포분열과정을 갖기 때문이다. 원핵생물 개체군들은 한 개의 세포가 두 개의 세포로 분열하는 **이분법**(binary fission)을 반복적으로 수행하여 성장한다. 이분법에 대한 자세한 내용과 진핵생물에서 일어나는 더욱 복잡한 세포분열과의 차이점들을 7장에 서술하였다.

사람들은 종종 채집된 물, 음식 또는 체액에 존재하는 원핵생물들의 수를 셀 필요가 있다. 이러한 계산은 감염정도, 물이 마시기에 또는 수영하기에 안전한가를 결정하는데 사용된다. 이분법은 널리 사용되는 한 가지 계산방법에 기초가 되는데 한천을 넣어 고화시킨 영양배지가 들어있는 플라스틱 접시에 시료를 넣고 배양시키면, 시료에 들어있는 원핵생물들은 반복적인 이분법에 의해 콜로니라 부르는 눈으로도 볼 수 있는 세포들의 개체군을 형성한다(그림18.15). 콜로니들은 크고 쉽게 셀 수 있으며 각각의 콜로니는 시료 속에 존재했었던 하나의 세포가 분열하여 형성된 것이다.

방금 서술한 계산방법의 한 가지 문제점은 배지 속에 영양분들이 시료 속에 들어 있는 다양한 종의 원핵생물들을 모두 성장하게 만들지 못할 수도 있다는 것이다. 특정한 원핵생물들이 성장과 분열을 위해 필요한 양분들을 얻지 못하면 셀 수 있을 정도의 콜로니를 형성하지 못하게 될 것이다. 다른 계산방법은 이러한 문제점을 해결해 줄 수 있는데, 시료를 원핵생물의 DNA와 결합하는 염색액으로 처리한 후 자외선을 비추면 밝게 빛이 난다. 이러한 세포들은 형광현미경을 이용해 쉽게 관찰할 수 있다(그림 18.16).

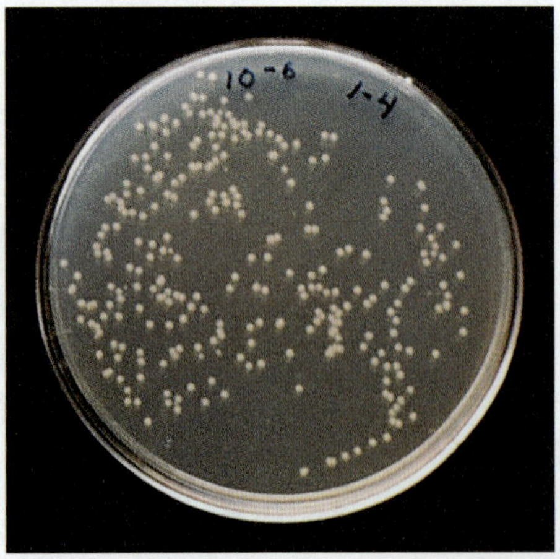

그림 18.15 **원핵생물의 각 군락이 영양배지에서 한 개의 세포로부터 발달하는 모습**

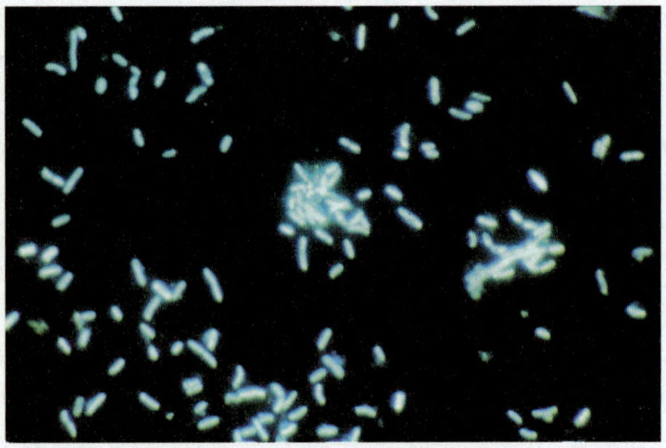

그림 18.16 **형광색소로 염색된 세균** 원핵생물들은 DNA에 결합하는 형광 색소로 염색한 후 현미경 상에서 셀 수 있다.

많은 원핵생물은 단단한 포자로서 가혹한 조건을 견딘다

많은 원핵생물들은 영양분이 결핍되거나 낮은 온도와 같은 스트레스를 받게 되면, **포자**(spore)라 부르는 두꺼운 벽의 세포들을 생산한다. 포자들은 오랜 기간 동안 살아있는 휴면상태를 유지하였다가 조건이 좋아지면 정상적인 세포로 발달한다. 놀랍게도 2,500만 년 동안이나 호박(고화된 나무의 수지)에 갇힌 벌의 소화관에서 꺼낸 세균의 포자들도 살아났다. *Anabaena* 및 관련된 남세균들은 겨울이 오면 **아키네트**(akinete)라는 포자를 생산한다. 아키네트는 광합성 세포보다 크며 저장물질들로 가득 차있다(그림 18.17a). 아키네트는 호수의 바닥에서 겨울을 나며 봄에 물이 순환되어 밝은 표면으로 올라올 때 새로운 광합성 사상체(filaments)를 형성한다.

내생포자(endospore)는 또 다른 형태의 스트레스 내성 세포인데, 세균세포 내에서 형성되며 양친세포가 죽어 파열되면 방출된다(그림 18.17b). 내생포자들은 세균 감염이나 음식물 오염이 널리퍼지는 이유의 하나이다. 내생포자를 생산하는 세균인 *Bacillus anthracis*는 탄저병을 일으키므로 생물테러나 생물학적 무기로서의 이용가능성 때문에 종종 뉴스거리가 되기도 한다. 인간탄저병의 대부분은 *B. anthracis*의 포자가 상처를 통해 들어와 피부감염을 일으키며 항생제로 쉽게 치료가 된다. 그러나 때때로 포자를 들여 마시거나 익지 않은 오염된 고기를 먹어서 폐나 소화관이 감염되면 치료하기 어렵게 되는데, 그 이유는 세균이 항생제로 죽은 후에도 세균이 분비하는 독소가 계속해서 내부 신체조직에 피해를 주기 때문이다.

식중독을 일으키는 *Clostridium botulinum*은 저온살균(80에서 10분간 살균)으로도 죽지 않는 포자를 생산한다. 이러한 포자들은 음식물 속에서 발아하여 세포로 발달한 뒤 증식하고 신경독소를 생산한다. 이렇게 오염된 음식을 섭취하면 독소들은 '보툴리누스 중독'이라고 불리는 신경마비를 일으킨

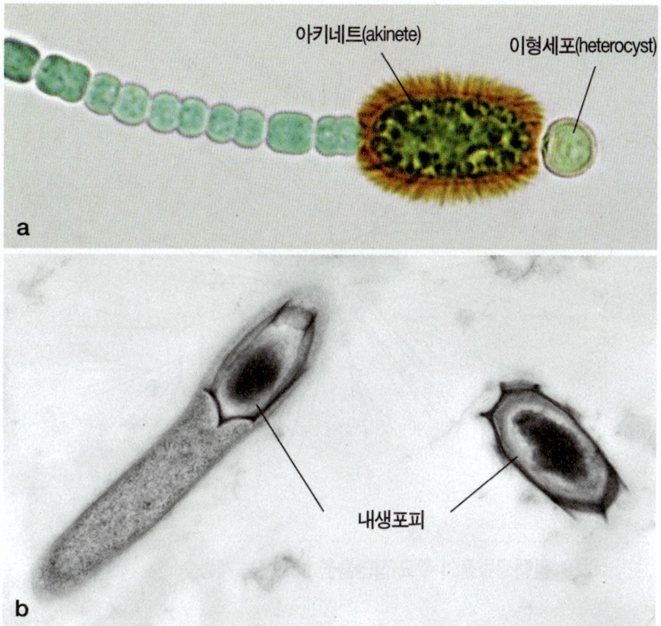

그림 18.17 세균성 포자들로는 아키네트와 내생포자가 있다 (a) *Cylindrospermum* (*Anabaena*와 유사 계통)의 아키네트들은 몸체의 다른 세포들보다 크며 두꺼운 벽과 양분을 저장하는데 유리한 성장기 말에 생산되었다가 조건이 좋아지면 빠르게 사상체를 형성한다. (b) 두 개의 두꺼운 벽을 갖는 내생포자들을 투시전자현미경으로 찍은 사진이다. 왼쪽의 포자는 아직 세균세포 내에 들어 있지만 오른 쪽의 포자는 양친 세포가 죽자 주위로 방출되었다.

다. 소비자들이나 통조림제조업자들은 *C. botulinum*이 성장하면서 생기는 가스들이 축적됨으로서 뚜껑이 볼록 튀어나온 통조림들은 모두 폐기하라고 권고 받는다. *Clostridium tetani*는 세균세포들이나 내생포자들이 상처를 통해 토양으로부터 침투할 때 파상풍을 일으키는 신경독소를 생산하다. *Bacillus*와 *Clostridium*이 저항성의 내성포자들을 형성할 수 있는 능력은 왜 이들이 자연에 널리 존재하며 인간에 위험이 되는가를 설명해 준다.

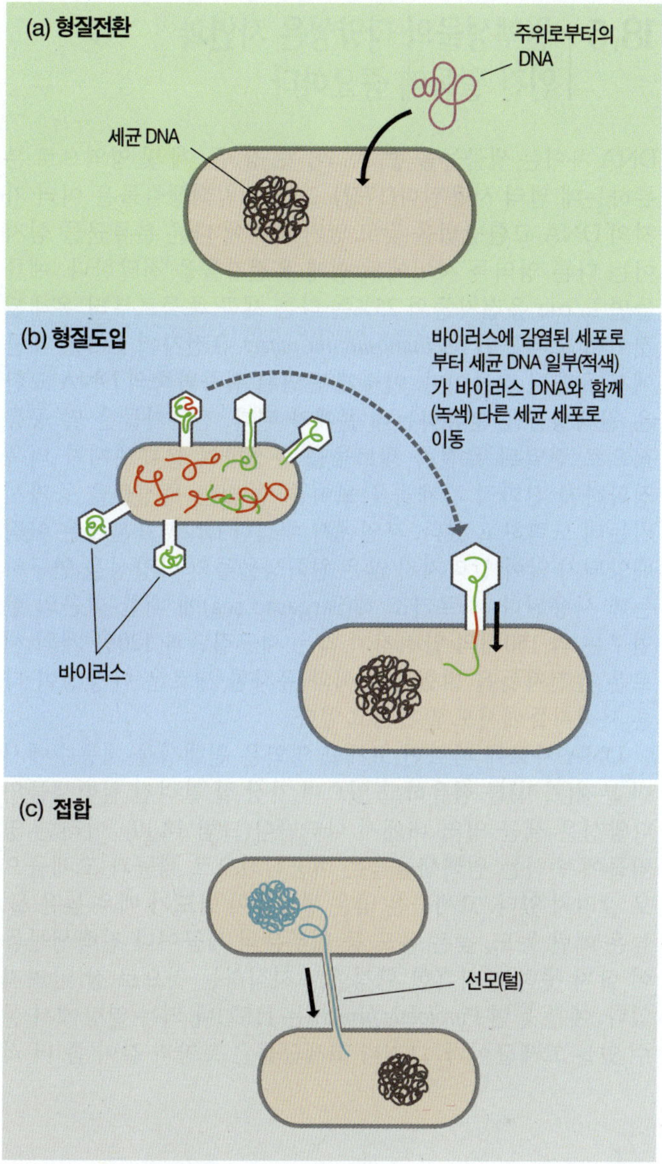

그림 18.18 원핵생물의 유전자 교환 기작들 (a) 외부 DNA에 의한 형질전환, (b) 바이러스들에 의한 형질도입, (c) 접합(선모를 통한 교배).

원핵생물은 유성생식이 없어도 DNA를 교환할 수 있다

원핵생물들은 진핵생물에서 공통적으로 나타나는 배우자, 접합자 및 감수분열 과정을 포함하는 유성생식(13장)을 갖지 않는 특징이 있지만 다른 수단들에 의해 유전물질을 교환할 수 있다. 원핵생물은 형질전환이라 불리는 과정(그림 18.18a)을 통해 주위로부터 DNA 조각을 흡수할 수 있는데, 형질전환은 유전공학에서도 또한 유용하다(15장). 원핵생물은 또한 감염되는 바이러스들에 의해 세포 내로 DNA가 도입되는 형질도입이라 불리는 과정(그림 18.18b)에 의해 DNA를 얻을 수 있다. 어떤 원핵생물은 접합이라는 불리는 교배과정(그림 18.18c)으로 다른 원핵생물로부터 DNA를 얻을 수도 있다. **선모**(pili, 단수는 pilus)라 부르는 얇은 관들이 접합하는 세포들을 연결하여 DNA가 한 세포에서 상대 세포로 이동할 수 있게 해준다. 이러한 유전자 교환과정들을 모두 수평적 유전자 전달이라 부른다. 수평적 유전자전달에 의해 얻어진 유전자들은 그렇기 때문에(이분법이 일어나는 동안) 한 양친 세포로부터 물려받는 유전자들과는 차이가 있다. 원핵생물에 있어서의 DNA 교환은 유성생식이 진핵생물에 주는 환경변화에 대한 더 빠른 적응과 같은 이점을 제공해 준다. 유전자 교환으로 인해 원핵생물은 각 종이 스스로 적응하기 위해 얻는 것보다도 10,000배나 더 빠르게 유용한 새로운 특징을 얻을 수 있다.

18.5 원핵생물의 다양성은 자연과 인간 활동에 중요하다

DNA 차이는 생물들을 종, 속, 과, 목, 강, 문, 계 및 영역으로 분류하는데 널리 사용된다(17장). 그러나 원핵생물들은 여러 가지의 DNA 교환방법을 갖고 있기 때문에 다른 분류군들 심지어는 다른 영역들 사이에도 쉽게 유전자들을 전달한다. 예를 들면 *E. coli* 유전자들의 25%는 다른 세균 종들로부터 유래된 것이며 고세균인 *Methanosarcina mazei* 유전자의 1/3은 세균에서 유래된 것들이다. 이렇게 만연된 뒤죽박죽의 DNA 교환은 원핵생물을 분류하는데 문제가 된다. 전문가들은 덜 공통적으로 전달된 유전자 세트들을 동정하여 분류체계가 더욱 정확하게 진화적 관계들을 보여줄 수 있는 특징들을 증가시키는데 노력하고 있다. 자연에서 채집한 DNA 표본들은 아직 배양되지 않아 알려지지 않은 원핵생물들의 다양성을 연구하는데 사용된다. 사르가소 해(Sargasso sea)에 대한 최근의 한 연구는 약 150개의 알려지지 않은 세균집단과 120만 개의 새로운 유전자들을 밝혔으며 이와 유사한 새로운 다양성이 다른 서식지들에서도 발견되고 있다.

DNA 자료에 따르면 고세균 영역은 원핵생물 계통수에서 먼 분지(가지)를 점유하고 있으며 가장 잘 알려진 원핵생물의 다양성은 세균 영역 내에서 나타난다(그림 18.19). 이러한 영역들에 속하는 원핵생물들은 비공식적으로 세균과 고세균으로 알려져 있다. 고세균은 많은 생물들이 염도가 매우 높은 물, 높은 메탄 농도, 높은 온도 등 대부분의 세균이나 진핵생물들이 살지 못하는 가혹한 환경에서 서식하는 것으로 잘 알려져 있다. 예를 들면 *Pyrolobus fumarii*는 113℃나 되는 열탕에서 살 수 있는 고세균이다. 그러나 고세균들은 토양과 같이 좀 더 적당한 환경에서 발견되기도 한다. 고세균들의 어떤 특징들은 세균보다는 진핵생물과 더욱 유사하지만 다른 특징들은 세균과 공통성을 갖는다(표 18.2).

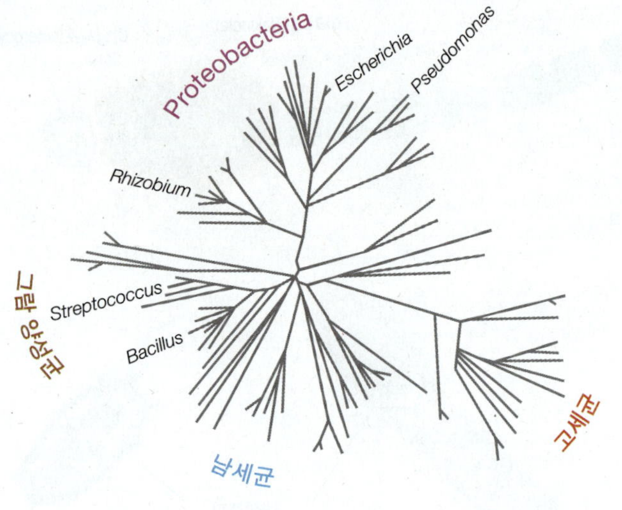

그림 18.19 원핵생물들의 주요 집단들을 보여주는 계통수

본 단원의 나머지 부분에서는 세균에 더욱 초점을 맞출 것인데 그 이유는 이러한 세균들이 고세균보다는 식물 및 다른 생물들과의 이롭거나 해로운 관계에 더욱 흔하게 관여하고 있기 때문이다. 식물이나 인간에 특히 중요한 세균집단들의 세 가지 예는 proteobacteria, 남세균 및 그람양성세균이다. 이들 세균 집단들 각각에 속하는 몇 가지 속들의 예들과 식물학 또는 인간 질병에 대한 관련성을 다음에 서술하였다.

표 18.2 세균, 고세균 및 진핵생물의 몇가지 특징

특징	세균	고세균	진핵생물
원핵생물 세포구조	있음	있음	없음
원형의 염색체	있음	있음	없음
DNA에 단백질이 결합	없음	있음	있음
펩티도글리칸 함유 세포벽	있음	없음	없음
플라스미드	있음	있음	드묾
메탄 발생	없음	있음	없음
질소 고정	있음	있음	없음
광합성	있음	없음	있음(엽록체와 함께)
기체낭 형성	있음	있음	없음
80℃ 이상에서 성장	있음	있음	없음

Proteobacteria는 진핵생물의 미토콘드리아와 관련이 있다

진핵세포들이 나타나는 동안 한 고대의 proteobacteria가 미토콘드리온으로 발전하게 되었다(19장). 4장과 5장에서 미토콘드리아는 진핵세포들이 높은 효율로 ATP 생산을 가능하게 만드는 소기관임을 상기하자. 다시 말하면 진핵세포들이 미토콘드리아를 갖지 않았을 때보다도 갖게 되면 유기음식물로부터 더 많은 에너지를 얻게 만들어 준다. 이러한 이유로 미토콘드리아를 갖게 된 것은 진핵생물의 진화 역사에 있어서 중요한 사건이다. Proteobacteria들은 오늘날에도 진핵생물에 중요하다. 예를 들면 *Pseudomonas*는 식물과 동물들에서 질병을 일으키는 proteobacteria의 일종이다. 콩과식물은 식물 즙액을 빨아먹기 위해 구기를 사용하는 진딧물 곤충들에 의해 공격을 받는데, 진딧물 속에 사는 어떤 proteobacteria들은 실제로 어떤 콩과 식물들이 진딧물에 의해 공격받을 지를 결정한다. 인간 장에 서식하며 생물공학에서 또한 많이 이용되는 *Escherichia*도 마찬가지로 proteobacteria에 속한다. 메탄을 소비하는 세균들 또한 proteobacteria에 속하며 지구 대기에서 메탄가스에 의해 일어나는 지구온난화를 감소시키는데 도움을 준다. 어떤 proteobacteria들은 세균이 갖는 형태의 엽록소를 갖고 광합성을 수행하지만 남세균, 조류 및 식물처럼 산소가스를 방출하지는 않는다.

남세균은 진핵생물의 엽록체와 관련이 있다

남세균은 그람음성세균으로서 바다, 민물, 습지 및 사막을 포함하는 토양에 많이 서식한다. 남세균은 광합성을 하며 산소를 방출하는 유일한 세균이다. 산소는 남세균이 광합성 동안 물을 분해할 때(5장을 볼 것) 방출한다. 물로부터 방출된 수소와 전자들은 광합성 동안 이용되지만 산소 가스는 부산물로서 세포로부터 쉽게 방출된다(반면 광합성을 하는 proteobacteria에 있어서 생산된 고체의 노폐물들은 세포 내에 축적되어 성장을 억제한다). 한 고대의 남세균은 조류나 식물에게 광합성 능력과 산소방출 능력을 주는 엽록체의 선조가 되었다. 산소를 방출할 수 있는 초기 남세균의 진화는 계속되는 지구생명체 진화에 있어서 돌파구를 열어주었다. 이러한 남세균이 등장하지 않았다면 산소가 풍부한 대기와 산소를 필요로 하는 고등 생명형태가 나타날 수 없었을 것이다. 남세균은 또한 내부막인 틸라코이드에 부착되어 있는 엽록소 a를 함유한다. 엽록소 *a*도 조류와 식물에 있어서 광합성 색소라는 점은 우연에 일치가 아니다. 조류나 식물의 엽록체들은 산소를 생산할 수 있는 능력, 엽록체 *a*, 틸라코이드 및 다른 광합성 특징들을 남세균으로부터 물려받았다.

현대의 남세균들은 본 단원의 서두에서 언급한 물고사리(*Azolla*)의 잎 속에 서식하는 *Anabaena* 의 경우처럼 같이 그들이 사는 환경으로 질소를 고정하기 때문에 가치가 있다. 그러나 어떤 남세균들은 인간을 포함한 동물들에 해로운 독소들을 생산하기 때문에 관심을 끈다. *Anabaena* 외에도 독소를 생산하며 민물에 서식하는 속들에는 *Aphanizomenon, Microcystis* 및 *Cylindrospermopsis*가 포함된다.

그람양성세균들은 중요한 질병을 일으키고 항생제를 생산한다

그람양성세균들에는 *Clostridium, Staphylococcus, Streptococcus* 및 *Bacillus* 들이 포함되며 이들 중 어떤 것들은 이미 언급했듯이 인간에 중요한 질병을 일으킨다. 그러나 *Bacillus*의 모든 종들이 해로운 것은 아니다. 예를 들면 토양 세균인 *Bacillus cereus*는 식물의 뿌리가 곰팡이와 공생의 *mycorrhiza* 관계(10장과 20장)를 형성하는데 도움을 준다. 방선세균은 그람양성세균으로서 가지를 친 사상체를 형성하므로 언뜻 보아선 어떤 곰팡이와 흡사하다. 방선세균류의 예로서는 인간에서 결핵을 일으키는 *Mycobacterium tuberculosis*와 핵 방사능의 해로운 효과들을 억제하는 것으로 잘 알려진 *Deinococcus*가 포함된다. 미생물학자들은 인간에 있어서 방사능 피복으로 인한 질병 치료에 더욱 효과적인 방법들을 찾기 위해서 *Deinococcus*를 연구한다. 많은 방선세균들이 항생제를 생산하는데 약 500종의 항생제들이 알려져 있다. 예를 들면 *snakevine*이라는 식물의 조직속에 사는 *Kennedia nigriscans*는 munumbicin류라고 부르는 항생제들을 생산하는데 이 항생제들은 어떤 암세포, 질병을 일으키는 곰팡이, 결핵을 일으키는 *Mycobacterium*에 대해 효과적이다.

원핵생물의 영양은 생태적으로 중요하다

원핵생물은 다양한 대사형태를 가지며 각각 지구 생태에 있어서 중요한 역할을 맡고 있다. 어떤 원핵생물들은 **광독립영양생물**(photoautotroph)로서 유기화합물을 생산하기 위한 에너지원으로 빛을 사용한다. 어떤 원핵생물들은 화학적 변형에 의해 에너지를 얻어 유기분자를 생산하는 **화학독립영양생물**(chemoautotroph)로서 중요한 무기물의 침적이나 변형을 일으키는 요인이 된다. 이와 같은 **자영영양생물**(autotroph)은 다른 생물들이 사용하는 유기분자들을 생산한다.

종속영양의 원핵생물들은 적어도 하나 이상의 유기양분들을 주위 환경으로부터 흡수해야 한다. 어떤 종속영양의 원핵생물들은 **광종속영양생물**(photoheterotroph)로서(유기분자가 아니라) ATP를 생산하기 위해서 빛에너지를 사용한다. 또 다른 종속영양생물로는 **화학종속영양생물**(chemoheterotroph)들이 있는데 이들은 에너지와 탄소화합물들을 얻기 위해 유기분자들을 섭취해야 한다. 죽은 생물들이나 유기화합물들을 분해하는 화학종속영양생물들을 **부생자**(saprobe)라 한다. 이러한 원핵생물들은(곰팡이와 함께) 자연환경에서의 분해에 있어서 중요한 역할을 한다. 그렇지 않다면 사체들은 썩지 않을 것이다. 종속영양의 원핵생물들이나 곰팡이들은 무기양분들을 방출하기도 하는데 이들의 역할이 없다면 무기물들은 사체에 결합된 형태로 유지될 수밖에 없다. 기생성 원핵생물들은 종속영양생물로서 식물, 동물, 원생생물 및 곰팡이의 생체조직들에 있는 유기화합물을 사용한다. 질병증세를 일으키는 기생성 원핵생물들을 **병원균**(pathogen)이라 한다. 어떤 원핵생물들은 상리 공생자로서 진핵생물 체내에 살면서 이익을 주고받는다. 예를 들면 콩과식물들은 뿌리혹에 사는 공생세균으로부터 질소화합물들을 얻는다(10장을 볼 것). 인간은 비타민 B_{12}와 K를 장내 세균들로부터 얻는다.

지구 대기에서의 온실가스 메탄의 균형은 두 가지 광범위한 세균 집단들의 활동에 의해 유지된다. 메탄 생산자들은 고세균으로서 **메탄생성 미생물**(methanogen)이라 불리는데, 메탄은 쉽게 세포로부터 대기로 날아간다. 초기 고세균에 의해 생산된 메탄은 태양이 초기 어두운 시기에 지구를 덥히는데 도움이 되었지만 현대에 이르러 증가된 메탄 방출은 바람직하지 않은 지구 기후변화에 기여한다. 메탄발생미생물들은 대개는 낮은 산소(무기) 환경에서 서식한다. 늪에서 방출되는 가스는 대부분이 메탄이며 심해와 극 지역 수면아래에 퇴적물에는 많은 양의 메탄이 축적되어 있다. 가축이나 유제동물들은 메탄발생미생물들이 위에 서식하기 때문에 메탄을 방출한다. **메탄영양생물**(methanotroph)과 **메틸영양생물**(methylotroph)들은 메탄을 소비할 수 있다. 이러한 세균들은 산소를 필요로 하기 때문에 산소가 풍부한(유기) 환경에서 서식한다. 메탄영양생물들은 깊은 물에 사는 해양 무척추동물들과 공생을 한다. 이러한 세균들은 또한 습지 유관속식물들의 뿌리와 습지 이끼류의 세포들에서도 나타난다. 식물의 뿌리와 이끼류 세포들은 이러한 공생 세균들이 필요로 하는 산소를 방출한다. 생태학자들은 습지식물군락의 보호유지가 깊은 물에서 생산된 메탄이 대기로 날아가는 것을 막는데 도움이 된다고 강조한다.

원핵생물은 인간 활동에 유용하게 이용된다

농업적 이용 매년 봄, 암모니아 질소비료를 농장에 배달하는 것은 흔히 볼 수 있는 일인데, 이는 질소비료를 토양에 주면 농작물의 생산성을 크게 증가시켜 주기 때문이다. 암모니아 비료는 대기에 풍부한 질소가스에 수소를 결합시켜 만들어진다. 이 과정 중 액체 암모니아나 고체 암모늄 염으로 전환될 때 질소 가스는 고정 또는 결합된다. **산업적 질소고정**(industrial nitrogen fixation)은 매우 높은 온도와 압력을 필요로 하기 때문에 에너지 요구 측면에 있어서 매우 비용이 많이 든다. 질소비료는 미국이나 다른 선진국에서 농작물의 높은 생산성을 유지하기 위해 필수적이다. 그러나 전 세계에 걸쳐 많은 농부들은 산업적으로 생산된 질소비료를 충분히 확보할 수가 없다. 이러한 부족은 농작물의 생산성과 세계의 현재 인구를 먹여 살릴 수 있는 능력을 제한한다. 이러한 이유 때문에 농작물 과학자들은 원핵생물들이 자연적으로 수행하는 **생물학적 질소고정**(biological nitrogen fixation)을 이용하는데 매우 관심이 많다.

어떤 세균과 고세균은 질소가스로부터 암모니아를 형성하는 반응을 빠르게 촉매하는 **질소고정효소**(nitrogenase)를 갖고 있기 때문에 정상 온도와 압력에서도 질소를 고정할 수 있다. 암모니아와 암모니아로부터 유래된 질소함유 화합물들 모두를 **고정된 질소**(fixed nitrogen)라 하는데 식물이나 미생물은 고정된 질소를 모든 생물체들이 필요로 하는 아미노산, 단백질 및 핵산들을 만들기 위해 사용한다. 다른 생물들은 질소고정능력이 없기 때문에(인간이 공장에서 만드는 것은 예외로 하고) 고정된 질소를 생산하기 위해 질소고정 원핵생물들에 의존한다.

토양과 물에 사는 미생물들은 암모니아를 NO_3^-나 요소와 같은 다른 질소화합물들로 전환할 수 있으며, 이러한 질소화합물들을 농작물이나 다른 식물들이 이용한다. 정원에서 사용하는 비료들의 성분표를 잘 살펴보면 암모니아성 질소나 요소가 높은 비율을 차지함을 알 수 있다. 많은 농경지나 정원의 토양은 고정된 질소의 함량이 낮으며, 집의 화초들은 작은 화분에 넣어 기르므로 토양에 공급되는 질소들이 빠르게 소진되기 때문에, 질소비료를 주면 식물들이 잘 자란다.

지구의 환경 문제가 더욱 나빠짐은 농경지에 준 비료들의 많은 양이 토양으로부터 물로 유실되어 수질오염을 일으키고 유독할 정도로 *Anabaena* 같은 남세균이나 진핵생물인 조류들을 많이 증식시키기 때문이다. 자연적으로 생산된 복합질소는 환경에 덜 해로운데 그 이유는 원핵생물들은 주위 환경에 질소가 충분하지 않을 때에만 질소를 고정하기 때문이다. 또한 식물과 더불어 사는 질소고정 공생자들은 고정된 질소를 직접 뿌리로 전달하므로 토양으로부터 유실될 가능성을 줄여준다. 인간에 영양이나 농업에 콩과식물들이 중요한 이유의 하나는 자신들과 공생하는 질소고정 세균들을 유인해 뿌리에 서식하게 만들기 때문이다(10장). 다양한 비콩과식물들 또한 질소고정 세균들과 공생을 하는데 우산이끼, 뿔이끼, 논에 서식하는 물고사리 및 오리나무가 그 예이다.

생물공학자들은 공장에서 생산된 비료를 주지 않고도 생산성을 증가시키기 위해 생물학적 질소고정체계를 공생세균이 없는 많은 농작물들에서도 일어나게 하기 위해 연구해 왔다. 한 가지 문제는 가장 잘 알려진 형태의 질소고정 효소인 nitrogenase가 산소에 의해 억제된다는 것이다. (산소분자는 N_2와 비슷한 크기와 모양을 가져서 nitrogenase의 활성부위에 강하게 결합하고 N_2의 결합을 방해한다. 많은 독성물질들은 세포 효소에 결합해 효소의 기능이 손상되거나 잃는다.) 이 효소는 지구 대기에 산소가 거의 없는 시기에 나타났다. 산소가 풍부한 대기가 존재하기 시작한 이래 20억년 동안 질소고정 미생물들은 산소로부터 자신들의 질소고정효소를 보호하기 위한 방법을 찾아왔다. 어떤 남세균들은 질소고정은 일어나지만 광합성의 산소발생반응이 일어나지 않는 **이형세포**(heterocyst)라는 특이한 세포를 생산하여 이러한 문제를 해결해 왔다(그림 18.20). *Anabaena* 세포들은 화학적 신호에 의해 서로가 교신하며 사상체를 따라 매 10개 정도의 세포들마다 이형세포를 만든다. 이형세포들이 이러한 간격으로 나타남으로써 *Anabaena*는 광합성 능력을 크게 잃는 일이 없이 질소고정을 극대화 시킬 수 있다. 콩과식물들은 그들의 질소고정 공생자인 *Rhizobium* 및 관련 세균들을 산소로부터 보호하기 위해 다른 방법을 사용해 왔다. 이 식물들은 질소고정 세균들을 뿌리혹에 갖는데, 뿌리혹에는 동물 혈액에서 산소를 운반하는 헤모글로빈과 매우 유사한 레그헤모글로빈 분자가 존재한다. 레그헤모글로빈은 뿌리혹에서 호흡은 충분히 일어나지만 nitrogenase가 피해를 입지 않는 수준으로 산소 농도를 조절

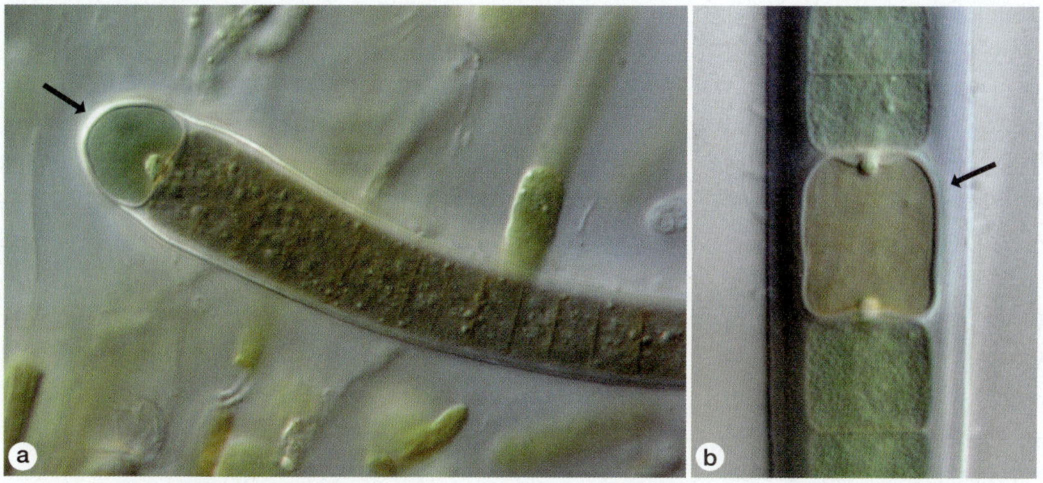

그림 18.20 남세균의 이형세포는 질소고정 장소이다 두 가지 다른 남세균 종들의 이형세포(화살표)들이 사상체의 말단(a)이나 정상적인 광합성 세포들 사이(b)에서 형성되는 모습.

해 준다.

산업적 이용 어떤 세균들은 저장성과 향기를 증진시킬 수 있는 음식의 화학적 변화를 유도하며 식품산업에 널리 시용된다(예, 요구르트). 어떤 세균들은 식초, 아미노산, 효소, 비타민 B_{12}, 인슐린, 백신 및 항생제 등과 같은 유용한 화학물질들의 상업적 생산을 위해 공장의 거대한 배양기에서 배양시킨다. 세균으로부터 상업적으로 생산된 항생제들에는 스트렙토마이신, 테트라사이크린, 카나마이신, 젠타마이신, 바시트라신, 폴리미신B 및 네오마이신 등이 포함된다. 여러분들은 이러한 화합물들이 들어 있는 항생제 연고를 구급약으로 갖고 있을 것이다.

환경정화와 감시 세균들은 또한 쓰레기 처리공장에서 폐수를 정화하고 유독성 폐기물, 기름 유출, 폭발물 및 인간 환경에 위험을 주는 여러 물질들을 제거하는데 매우 유용함이 입증되었다. 이러한 독성물질 제거과정들은 환경정화에 세균이 이용되는 예들이다. Proteobacteria인 *Geobacter*는 오염된 물에서 우라늄과 같은 금속이온을 침전시키는데 사용된다. 세균들은 돌연변이나 암을 일으키는 유독성 화학물질들의 오염도를 감시하는데 사용된다.

원핵생물들은 작은 크기로 나타나지만 수십억 년 동안 지구 환경 및 생물에 막대한 영향을 끼쳐왔으며 현재까지도 그 힘을 발휘하고 있다. 인간이나 식물들의 미래 모두 이와 같이 작은 미생물들에 달려있다.

요점

18.1 생물은 세포구조, 대사(구성을 위해 에너지를 사용하는 능력), 성장, 생식방어, 자극에 대한 반응, 변화에 대한 적응 및 진화의 특성을 갖는다. 생명체가 지구에 존재하는 이유는 지구가 태양계의 생물서식지대에 위치하여 물이 액체, 기체 및 고체로 존재하며 초기 원핵생물들이 더욱 복잡한 생물들이 존재할 수 있도록 환경을 변화시켰기 때문이다.

18.2 지구와 태양계는 46억 년 전에 형성되었다. 화학적 및 화석 증거는 최초의 생명체가 38억 5천만 년 전~37억 년 전에 생겨났음을 보여준다. 광합성을 하는 남세균은 자외선을 차단하는 오존층을 형성하는 산소가 충만한 대기를 만들었다.

18.3 화학적-생물학적 이론을 뒷받침해주는 실험들은 생명체가 지구상에서 무기분자, 유기분자, 거대분자 및 원시세포에 이르는 복잡성이 증가되는 일련의 단계들을 거쳐 무생물의 무기화합물로부터 일어날 수 있었음을 제시해 준다.

18.4 원핵생물은 막으로 싸인 핵과 다른 소기관들이 결여되어 있으며 세균과 고세균 도메인(영역)으로 분류된다. 원핵생물은 진핵생물에서 흔한 유성생식이 결여되어 있지만 여러 가지 방법으로 유전물질을 교환할 수 있다. 세균과 고세균들은 DNA 뿐만 아니라 세포벽의 화학적 조성에 있어서도 차이가 있다. 원핵세포들은 보통 크기가 작고 대부분 구형, 막대형 및 나선형들 중에 한 가지

형태로 나타난다. 원핵생물의 몸체는 현미경으로 관찰되며 단세포, 콜로니 또는 사상체로 나타나는데 이동성이 있거나 없다. 공통적으로 다당류의 점막 껍질을 갖는다. 원핵생물는 세포벽에 함유된 펩티도글리칸 함량, 지질의 외투막 존재, 의학적으로 중요한 그람염색 특성에 있어서 차이가 있을 수 있다. 원핵생물은 이분법에 의해 증식하고 단단한 포자로서 가혹한 환경을 견뎌나가는 종들도 많다.

18.5 다양한 원핵생물들은 지구 생태계와 인간 활동에 있어서 많은 중요한 역할들을 맡고 있다. 고세균은 극도로 뜨겁거나 산성인 서식지에서 살 수 있기 때문에 주목할 만하다. 고세균에 비해 세균은 식물이나 다른 생물들과 관련이 더 많다. 주요한 원핵생물들의 집단들로는 proteobacteria, 남세균 및 그람양성세균이 있다. 한 고대의 proteobacteria가 현대 미토콘드리아의 조상이 되었으며, 한 고대의 남세균이 현대 조류와 식물에서 나타나는 엽록체의 조상이 되었다. 어떤 그람양성세균들은 질병을 일으키지만 어떤 것들은 항생제를 생산하기 때문에 주목할 만하다. 어떤 원핵생물들은 온실가스인 메탄을 생산하거나 소비하며, 어떤 것들은 광합성을 하여 산소를 생산하거나 대기의 질소를 고정된 질소로 전환시켜 식물이 단백질을 만드는데 이용할 수 있게 해준다. 콩과식물들은 뿌리혹에 질소고정공생세균을 갖기 때문에 단백질이 풍부하다. 광합성은 원핵생물에서 시작되었으며, 식물의 광합성도 이들로부터 유래되었다.

문제

1. 왜 화성이나 금성에는 생명체가 존재할 것 같지 않은지 설명하시오.
2. 왜 지구 생명체에 오존이 그렇게 중요하며 자외선이 해로운가? 왜 초기 생명체들은 바다에 존재했을까?
3. 생명체의 특징을 5가지 이상 열거하시오.
4. 지구의 탄생으로부터 육지식물의 등장 및 현재의 대기 산소 농도에 이르는 지구 초기 역사를 요약하시오.
5. 지구의 최초 생명 형태를 설명하시오. 어떤 생물이었으며 언제 등장하였고 이들이 존재했었다는 것을 어떻게 알 수 있을까?
6. 최초의 세포들이 무생물적 무기화합물로부터 생겨났다는 화학적 생물학적 이론의 3 단계를 요약하시오.
7. 원핵세포의 3가지 형태는 무엇이며 이 같이 간단한 세포들이 형성 할 수 있는 가장 높은 수준의 집합형태는 무엇인가?
8. 틸라코이드란 무엇이며 어떤 원핵생물들이 이러한 구조를 갖는가? 식물은 이러한 구조를 갖는가?
9. 원핵생물들의 내생포자와 아키네트 사이에는 어떤 차이가 있는가? 이러한 세포들이 이들을 생산하는 생물들에 기여하는 역할은 무엇인가?
10. 생물학적 질소고정은 산업적 질소고정과 어떻게 다른가? 또한 질소고정이 식물생활에 중요한 점은 무엇인가?
11. 대부분의 질소고정효소들이 낮은 산소농도의 환경에서 유지되어야 함은 왜 중요한가? 콩과식물과 남세균에서는 이러한 환경을 어떻게 이룰 수 있는가?
12. 그람염색이란? 염색된 세포를 조사할 때 그람양성과 음성세포들 사이에는 어떤 차이점이 있는가? 그람양성과 음성세포 사이에 세포학적 차이는 무엇인가? 페니실린과 같은 항생제와 관련하여 그람음성세균의 의학적 중요성은 무엇인가?

응용 개념

1. 현재 지구에 있어서, 무기화합물로부터 유기화합물 생산과 같은 자연적으로 나타나는 초기생명체 진화의 단계들을 관찰할 수 없는 이유는 무엇인가?(힌트: Urey-Miller 실험에서 사용된 조건들을 생각해 볼 것)
2. 오늘날에는 chlorofluorocarbons과 같은 합성화학물질들에 의한 대기권 위 오존층 파괴에 대해 관심들이 많다. 이러한 관심의 이유는 무엇이며, 어떤 지역에 사는 인간들이 가장 영향을 받을 수 있는가?
3. 어떤 원핵생물은 적절한 조건에서 성장시키면 이분법에 의해 30분마다 두 배가된다고 한다. 이러한 한 세포를 배지에서 배양시키고(적절한 성장조건에서), 성장률이 일정하게 유지된다면 얼마나 많은 세포들이 (a) 1시간, (b) 3시간, (c) 6시간, (d) 12시간, (e) 1일 후에 형성될 수 있는가? 사실상 이러한 성장률은 무한하게 계속적으로 유지될 수는 없는데 어떠한 요인들이 성장을 제한하는가?
4. 질소고정생물들(예를 들면 본 단원에서 설명된 세균들)이 지구상의 다른 생물들에게 중요한 이유는 무엇인가? 이들 질소고정생물들은 오직 적은 종들에게만, 중간 정도수의 종들에게, 사실상 지구상의 모든 종들에게 이익을 주나?
5. 유전공학자들은 그들의 연구에서 사실상 매일 세균을 사용한다. 왜 실험실에서 세균들이 그렇게 많이 이용되며, 현대과학자들은 어떤 방법으로 세균들을 이용하는가?
5. 여러분이 알고 있듯이 페니실린은 그람양성세균들의 세포벽 합성을 억제한다. 어떤 병원균이 그람음성세균이거나 페니실린에 저항성이 있다면 다른 항생제를 사용해야 할 것이다. 이러한 다른 항생제들이 세포벽 형성 외에 억제하거나 방해하는 세포내 과정에는 어떤 것들이 있는가?
7. 판매되는 대부분의 항 세균 항생제들은 곰팡이나 세균들에 의해 생산된다. 항생제를 생산하기 위해서는 자원과 에너지가 필요하기 때문에 이러한 항생제 생산능력이 자연적인 세균이나 곰팡이 개체군들에 주는 이점은 무엇인가?

19장 원생생물과 진핵세포의 기원

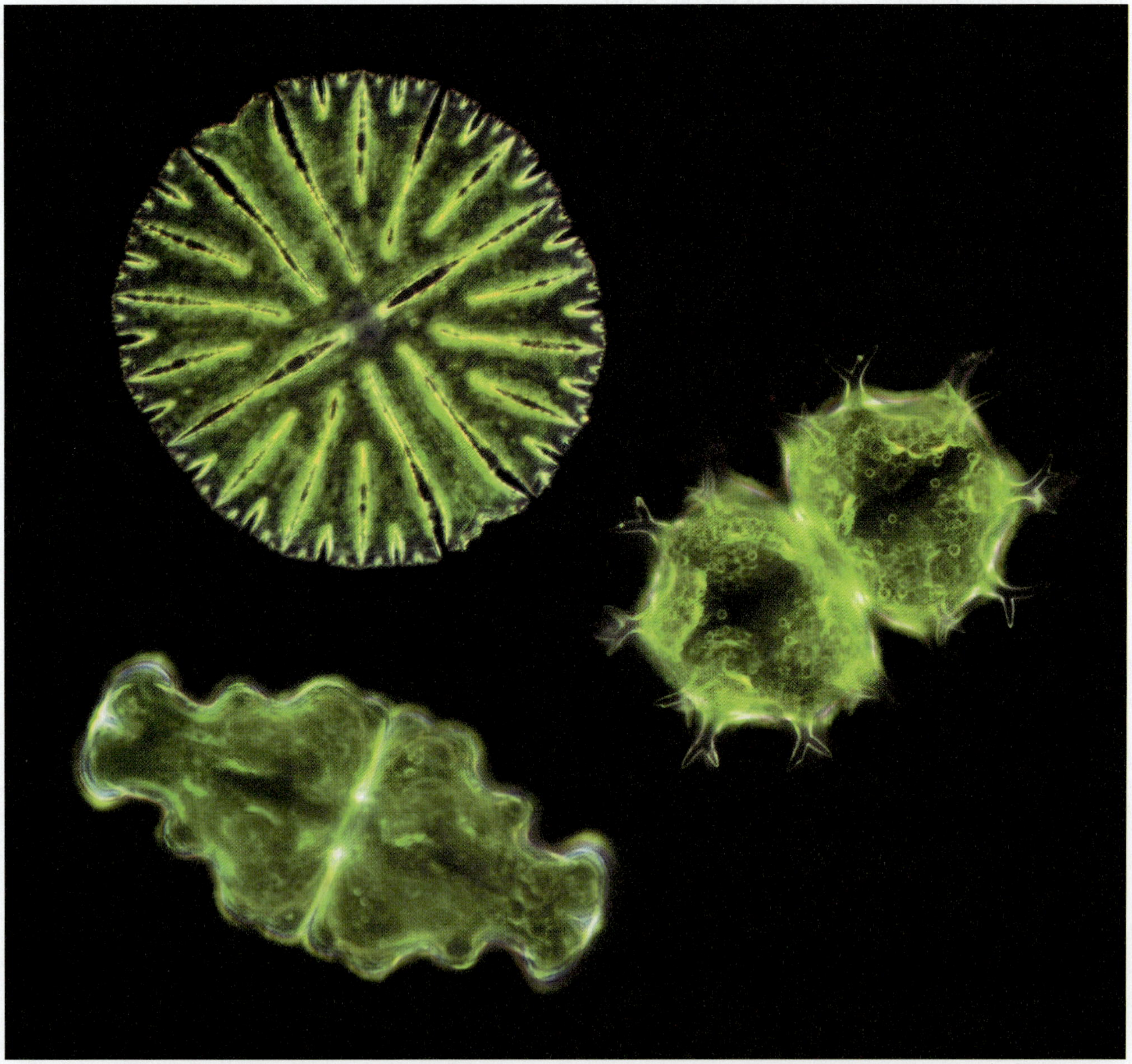

녹조류 중 단세포성 윤조류인 먼지말(desmids). 사진의 상부 왼쪽으로부터 시계방향으로 훈장장구말속(*Micrasterias*), 큰가시장구말속(*Xanthidium*) 그리고 오목장구말속(*Euastrum*)

주요 개념

- 원생생물은 진핵생물이지만, 식물계나 동물계 또는 진균계 어디에도 포함되지 않는다.
- 원생생물은 주로 수생생활을 하며, 크기가 종종 현미경적이다.
- 광합성을 하는 원생생물을 흔히 조류라 부른다.
- 육상식물은 녹조류의 조상에서 비롯되었고, 곰팡이와 동물은 비광합성 원생생물에서 기원되었다.
- 조류는 식물의 역사에 있어서 색소체 획득과 같은 중요한 진화적 사건을 보여준다.
- 조류는 식물이 그러하듯이 자연에서 광합성의 중요성을 예증한다.
- 구조적 및 생식적 적응은 자연에서 조류와 기타 원생생물의 생존을 도와준다.

자동차 연료 탱크에 담긴 값비싼 휘발유가 어디에서 기원되었는지 생각해 본 적이 있는가? 휘발유가 조류의 사체에서 비롯되었다면 당신은 믿겠는가? 휘발유는 오래 전에 바다에 살면서 광합성을 했던 작은 조류들이 죽어서 해저에 가라앉아 생긴 석유로부터 정제된 것이다. 수억 년이 경과하면서 해저 퇴적물에 축적된 이들 조류는 지질학적 힘에 의하여 압력을 받고 변형되어 결국 석유로 변모되었다. 어느 과학자의 추정에 따르면 조류의 사체 90톤 가량이 휘발유 4리터(gallon)로 변하고, 평균적으로 자동차의 연료 탱크에는 1,000톤 이상의 조류 사체가 들어있다. 오늘날의 조류도 석유나 휘발유로 변모될 소지가 있지만, 인간이 1년간 사용하는 연료를 만드는데 필요한 조류의 생장은 400년 이상이 소요된다.

화석연료의 기원에 대한 중요성뿐만 아니라 조류는 수생동물들의 필요 불가결한 원천이며 지구의 기후에 영향을 미치고 있다. 조류는 지구 대기의 산소 가운데 50-70%를 공급하며, 때때로 해로운 물꽃을 일으키기도 한다. 인간은 김과 같은 조류를 식용으로 이용하거나 다양한 종류의 산업제품을 만든다. 예를 들면, 조류는 유아의 두뇌 생장과 발달을 촉진하는 유아용 유동식에 첨가하는 몇 가지 지방산의 훌륭한 원천이 된다. 과학에서는 광합성의 분자적 기초를 이해하고 진핵세포와 식물계의 진화적 기원을 이해하는데 있어서 조류의 연구가 필수적이다.

조류는 동물이나 식물 또는 곰팡이가 아닌 많은 종류의 비광합성 미생물들과 함께 원생생물로 분류한다. 비광합성 원생생물들은 생태적으로 중요한 역할을 하며, 진균계와 동물계의 진화적 기원을 설명해 준다. 이 장에서는 원생생물의 특징에 대하여 특히 조류를 중심으로 그들의 생태적, 진화적 및 과학기술적 측면의 중요성에 대하여 살펴보기로 한다. ■

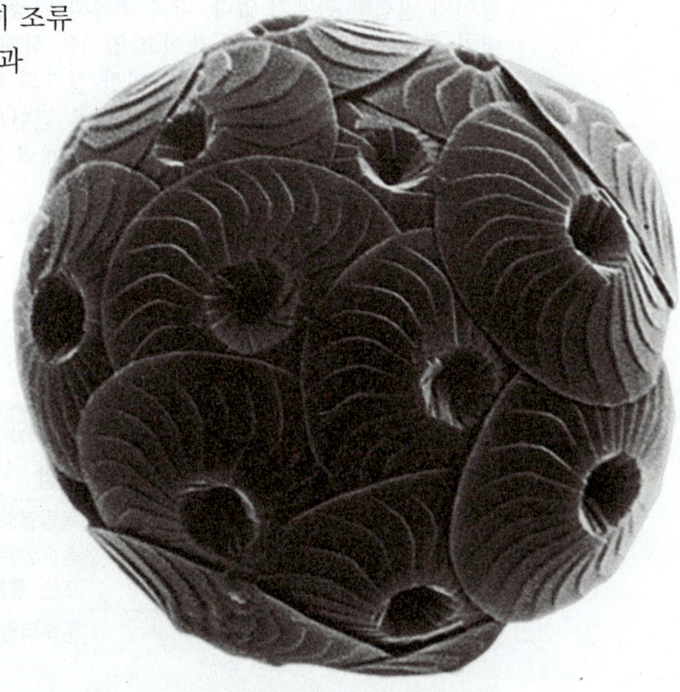

착편모조류의 일종인 칼시디스쿠스(*Calcidiscus*)

19.1 | 원생생물은 어떤 생물이며 어디에서 나타나나?

원생생물(protist)은 다음과 같은 특징을 갖는 생물이다: (1) 식물계나 동물계 또는 진균계에 속하지 않고, (2) 그 크기가 종종 현미경적이며, (3) 대부분 습한 서식지에서 풍부하게 나타난다. 원생생물 가운데 하나 또는 그 이상의 색소체를 포함하고 있어 주로 광합성을 하는 집단을 흔히 조류(alga; 복수 algae)라 부른다(그림 19.1). 광합성을 하는 생물을 **독립영양**(autotrophic) 생물이라 하는데, 이는 그들 자신의 유기물을 스스로 합성할 수 있음을 의미한다. 원생생물 가운데 색소체가 없고 광합성을 하지 않는 다양한 집단을 **원생동물**(protozoa)이라 한다. 원생동물은 단세포 생물인데, 전에는 이동성을 가진 생물을 간단한 동물이라 여겼지만 대부분의 원생동물이 동물과 밀접한 관계가 없는 것으로 밝혀졌다(그림 19.1 참조). 원생동물은 본질적으로 **종속영양**(heterotrophic)을 하는데, 이들은 반드시 몸 외부로부터 유기양분을 섭취해야 한다. 일부 원생동물은 색소체와 같은 기능을 하는 조류 세포를 포함하고 있고, 이들로부터 유기물을 공급받는다. **점균류**(slime mold)와 **난균류**(oomycetes) 역시 색소체를 갖지 않고 광합성을 하지 않는 원생생물들이다. 점균류와 난균류는 외견상 곰팡이와 비슷하고 어느 정도 곰팡이처럼 행동하기 때문에 종종 곰팡이와 비슷한 원생생물로 묘사되고 있는데, 이들은 실제로 곰팡이와 밀접한 관계가 없다. 비록 조류와 원생동물이라는 용어가 생태적으로 유용하게 쓰이고 있기는 하지만, 조류나 원생동물은 밀접한 관련이 있는 단일한 집단의 원생생물이 아니다. 실제로 원생생물은 전혀 다른 많은 집단의 원생동물과 곰팡이의 성질을 갖는 몇 집단과 함께 별개의 많은 조류들로 구성된다.

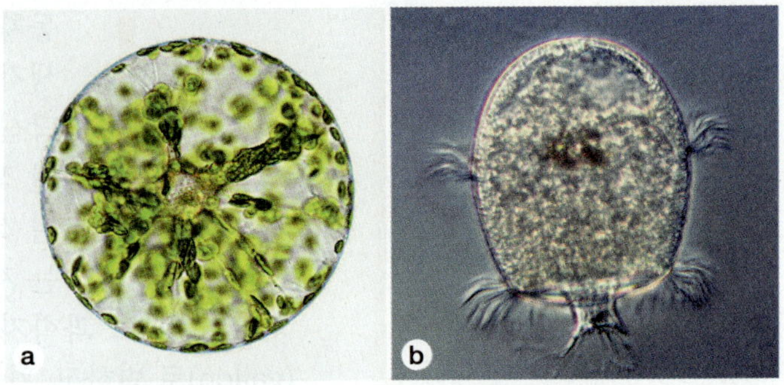

그림 19.1 조류와 원생동물 (a) 많은 색소체를 포함하고 광합성을 하는 단세포 조류 에레모스페라(*Eremosphaera*). (b) 색소체가 없는 섬모충 디디니움(*Didinium*).

원생생물은 식물과 동물 및 곰팡이와 어떻게 구별되나?

원생생물은 진핵생물이지만 식물계와 동물계 그리고 진균계에 포함시키지 않는데, 그것은 이들 계에서 나타나는 특징들이 원생생물에서는 나타나지 않기 때문이다(표 19.1). 구조적 특징과 생식적 특징뿐만 아니라 DNA 염기순서에 관한 정보를 바탕으로 조류를 원생생물에 포함시키게 된다. 그렇지만 일부 전문가들은 광합성을 하는 모든 진핵생물 또는 최소한 조류 집단의 일부를 식물로 간주하고 있다.

EVOLUTION

현존하는 원생생물 집단의 일부는 식물이나 동물 또는 곰팡이들과 특정한 형질들을 공유하고 있으며, 이는 이들 집단의 조상과 원생생물간의 밀접한 유연관계를 반영하는 것이다. 이를테면 수생 녹조류의 일종인 윤조류(charophycean; 그림 19.2a)의 어떤 집단은 육상식물의 조상과 매우 밀접한 관계를 나타낸다. 그렇지만 윤조류는 모든 육상식물의 특징인 육상생활에 적응하지 못한다(21장). 이와 비슷하게 색소체가 없는 원생생물인 입금편모충(choanozoa; 그림 19.2b)은 동물계의 조상들과 매우 밀접한 관계를 나타내지만, 다세포성과 같이 동물을 특징짓는 형질이 없어서 동물계에 포함시키지 않는다. 윤조류와 입금편모충은 동물과 육상식물의 진화적 기원을 찾고자 연구하는 진화생물학자들에게 매우 중요하다.

표 19.1 원생생물, 곰팡이, 동물 및 식물을 구별하는 특징들

집단	서식지	영양	세포벽	체형	생식
원생생물	대부분 수생; 일부는 육상	독립영양, 종속영양, 또는 혼합영양	존재와 조성이 다양함	단세포 또는 다세포; 군체, 사상체 또는 조직	모든 유성생식 주기가 나타남; 무성생식도 보편적임
곰팡이	대부분 육상; 일부는 수생	종속영양	키틴	단세포 또는 사상체	접합자 생활주기만 나타남; 무성생식도 보편적임
동물	육상 및 수생	종속영양	없음	다세포, 조직	배우자 생활주기만 나타남; 무성생식은 흔하지 않음
식물	대부분 육상; 일부는 수생	대부분 독립영양, 일부는 종속영양	섬유소와 펙틴	다세포, 조직	포자 생활주기만 나타남; 무성생식도 보편적임

그림 19.2 일부 원생생물은 식물계와 동물계의 조상을 나타낸다 (a) 녹조류 중 윤조류의 일종인 훈장장구말속(*Micrasterias*)은 육상식물과 밀접한 관계가 있다. (b) 입금편모충 살핑고에카(*Salpingoeca*)는 동물계와 밀접한 관계가 있다. 이 원생생물(화살표)은 사진에서 돌말류 세포에 부착하고 있다.

대부분의 원생생물을 관찰할 때 현미경을 사용해야 한다

원생생물은 대체로 현미경적 크기이다. 원생생물의 몸은 (1) 단세포이거나(그림 19.3a), (2) 세포들이 모여 점착성 물질로 뭉쳐지는 군체(colony)를 이루거나(그림 19.3b), (3) 세포의 한쪽 끝이 다른 한쪽의 끝과 이어져서 사상체(filament)를 형성하거나(그림 19.3c), (4) 세포들 간에 화학적 정보 교환이 가능하고 특수화될 수 있는 조직(tissue)을 구성하기도 한다(그림 19.3d). 여러 세포들이 모여서 통합 조정되는 세포들로 진화하는 **다세포성**(multicellularity)은 식물계와 동물계 그리고 진균계의 기원을 밝히는 열쇠가 된다. 다양한 원생생물 집단들에서 다세포성 몸들이 독립적으로 진화하였는데, 이는 원생생물의 진화적 중요성을 나타내는 이유가 된다.

일부 조류의 몸은 매우 큰 세포로 구성되거나 또는 많은 세포들이 모여서 육안으로도 관찰할 수 있는 육안적(macroscopic) 크기를 갖기도 한다. 이들 생물은 원생생물의 특징이 전형적으로 현미경적(microscopic) 크기라는 점에서 예외가 된다. 전 세계에 걸쳐 바닷가에서 흔하게 나타나는 해조류들이 육안적인 원생생물의 예이다(그림 19.4). 비록 해조류의 몸이 때때로 육상식물의 몸과 비슷해서 종종 해산식물(marine plants)이라 부르기도 하지만, 해조류는 육상식물보다는 현미경적 크기의 미세조류와 더욱 밀접한 관계가 있다. 갈색, 빨간색 그리고 녹색의 색소를 지닌 약 7,000종의 해조류가 출현하며, 일부 전문가는 현미경적 원생생물의 수가 수백만 종에 달할 것으로 생각하고 있다.

원생생물은 수중이나 습한 서식지에서 흔하고 풍부하다

처음에 현미경이 발명되었을 때 생물학자들은 연못물 시료에서 엄청난 각양각색의 원생생물들을 관찰하였다. 지금까지도 자연수는 다양한 원생생물 종류들을 관찰하는 훌륭한 시료가 되고 있다. 물에서 유영하거나 떠서 사는 작은 원생생물을 **플랑크톤**(plankton)이라 부른다. 이 가운데 광합성을 하는 플랑크톤을 **식물플랑크톤**(phytoplankton)이라 하는데, 이는 '식물과 같은 플랑크톤'이라는 의미이다. 한편 플랑크톤에는 원생동물과 작은 동물들이 포함되며, 이들을 동물플랑크톤(zooplankton)이라 한다.

원생생물이 주로 수중 서식지에서 발견되는 이유는 무엇일까? 대체로 원생생물의 작은 몸은 표면대용적비(surface-to-volume ratio)가 크다. 이 점에 있어서 원생생물이 물로부터 용존물질을 흡수하는데 유리하지만, 한편으로 원생생물은 보다 큰 생물과 비교하여 훨씬 빠르게 몸이 건조된다. 따라서 대부분의 원생생물은 습한 서식지에서 빠르게 번식하고 잘 자란다. 이러한 서식지로는 담수의 연못과 호수 및 하천, 바닷물, 토양수, 그리고 동물이나 식물의 습한 조직이나 세포일 수 있다. 비록 동물이나 식물의 몸에 서식하는 다양한 원생생물들이 숙주의 조직을 파괴시키면서 질병을 일으키는 기생생물이지만(Essay 19.1 '기생 조류' 참조), 다른 원생생물은 숙주와 협력하여 살고 있으며, 때때로 이득을 제공하기도 한다. 산호나 기타 해양동물의 조직 내에서 출현하는 와편모조류(dinoflagellate)를 예로 들 수 있다(그림 19.5). 이와 같은 관계는 둘 또는 때때로 그 이상의 생물이 긴밀하게 생태적으로 연합하는 **공생**(symbiosis)의 예가 된다. 다른 생물의 몸 안에서 사는 생물을 세포내 **공생체**(endosymbiont)라 부르는데, 여기서 접두사 '*endo*'는 '안쪽'을 의미한다. 세포내 공생을 하는 와편모조류는 종속영양생물인 산호가 필요로 하는 유기물과 산소를 공급한다. 이와 같은 협력 덕분에 열대 해역에서 넓은 범위에 걸쳐 생물다양성이 풍부한 산호초의 발달이 가능해진다(28장).

현미경적 원생생물은 다양하게 운동한다

많은 원생생물은 세포로부터 길게 뻗은 하나 또는 그 이상의 **편모**(flagellum; 복수 flagella)를 가진다(4장). 편모는 빠르게 구부러지고 펴지면서 유영운동을 일으킨다. 일부 원생생물은 단지 하나의 편모를 갖지만, 다른 원생생물은 둘 또는 그 이상의 편모를 갖는다. 물에서 편모에 의존하여 움직이는 원생생물을 **편모생물**(flagellates)이라 한다(그림 19.6). 편모를 가진 원생생물은 대체로 작아서, 길이가 2~20 마이크로미터(μm)이다. 만일 이 크기보다 커지면 중력의 효과가 커지게 되므로 편모가 생물체를 부유시키지 못하게 된다. 편모를 가진 일부 원생생물은 수중의 바닥에 정착해서 사는데, 이 경우 편모는 먹이 섭취를 위해 세균이나 기타 작은 입자들을 모으는 역할을 한다. 많은 원생생물은 일생의 대부분을 움직이지 않거나 다

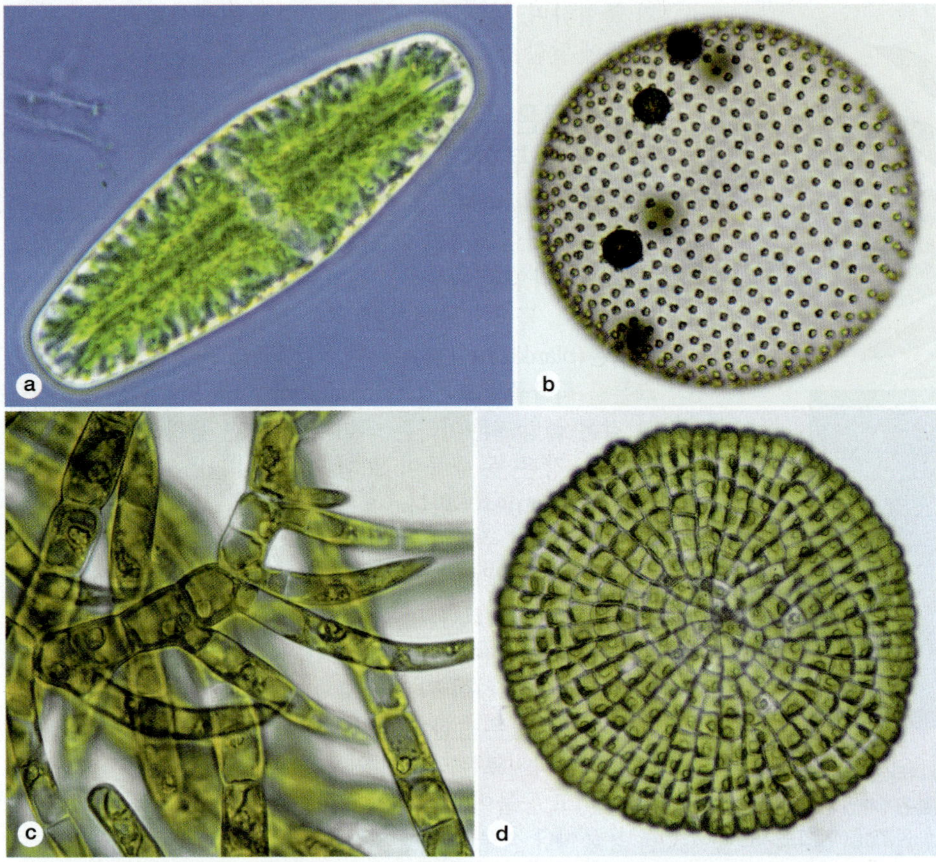

그림 19.3 조류의 다양한 체형 (a) 녹조류 네트리움(*Netrium*)은 단세포로 된 몸을 갖고 있다. (b) 녹조류 좁쌀공말속(*Volvox*)은 각각의 편모를 가진 세포들이 함께 묶여서 구형의 군체를 형성한다. (c) 녹조류 케토포라(*Chaetophora*)는 가지를 치는 사상체의 몸을 갖고 있다. (d) 초록방석말(*Coleochaete orbicularis*)은 세포들이 서로 연결되어 밀착한 조직과 같은 몸을 이룬다.

세포의 몸으로 지내다가 편모를 가진 생식세포를 만든다.

섬모(cilium; 복수 cilia)는 내부적으로 편모와 비슷한 구조이지만, 편모보다 짧고 보다 풍부하게 달린다(그림 19.7). 세포 표면에 섬모가 달린 원생생물을 섬모충류(ciliates)라 한다. 운동성을 일으키는 구조가 많아서 섬모충류는 유영능력이 커지기 때문에 이들은 대체로 편모생물보다 크다. 조화를 이루는 섬모의 운동에 기인하여 일부 섬모충류는 양분이 풍부한 수중의 바닥을 재빨리 다닐 수 있으며, 어떤 섬모충류는 허리케인과 같은 소용돌이를 일으켜서 먹이 입자를 모으기도 한다.

운동 구조를 갖지 않는 일부 조류와 기타 원생생물은 수중의 바닥에 부착하는데, 이들은 양분 공급을 물의 운동에 의존하거나 이들의 생식세포가 한 장소에서 다른 장소로 이동하기도 한다. 이를테면 해조류의 경우 최소한 생활사의 어떤 시기를 수중의 바위나 기타 표면에 부착하여 자란다. 이들의 가지나 구멍 또는 몸의 고르지 못한 표면(그림 19.4 참조)은 물의 흐름을 증진시키고 해조류로 하여금 주변으로부터 무기질을 얻는데 도움을 준다.

19.2 | 원생생물은 유연관계가 확실하지 않은 다양한 집단으로 구성된다

생물학자들은 원생생물의 세포 구조와 DNA를 비교함으로써 이들의 다양성과 유연관계를 조사한다. 이러한 연구로부터 얻어진 자료들은 모든 진핵생물(원생생물, 곰팡이, 동물 및 식물)들이 단일한 공통조상을 가진다는 가능성을 보여준다. 그러나 원생생물 자체는 하나의 단일계통군(clade; 공통조상으로부터 기원된 생물 집단)을 형성하지 않는다(17장 참조). 오히려 이들은 유연관계가 아직 불분명한 몇 개의 뚜렷한 계통을 이룬다(그림 19.8). 이러한 이유 때문에 이 책에서는 조류와 기타 원생생물을 계(kingdom)나 기타 공식적인 분류계급으로 분류하지 않기로 한다. 이 책에서는 주로 광합성 원생생물을 대상으로 이들의 주요 집단과 특징들을 살펴보기로 한다(표 19.2).

유글레나류(euglenoids)는 운동핵편모충류(kinetoplastids)를 포함하여(Essay 19.1 참조) 편모생물의 일부 다른 집단들과 더불어 원반크리스타생물(discicristate)로 알려져 있다. 이는 이들의 미토콘드리아 크리스타(cristae)가 원반 모양을 하고 있기 때문이다. 유글레나류는 리본처럼 생긴 단백질 조각들이 서로 맞물리며 형성하는 독특한 세포외피를 갖고 있다(그림 19.6a 참조). 한편 대부분의 유글레나류는 탄수화물 파라밀론(paramylon)의 뚜렷한 입자들을 가진다. 유글레나(*euglena*)와 일부 종류는 색소체를 가지는 독립영양생물

그림 19.4 해조류 (a) 바다종려(sea palm)라고도 부르는 포스텔시아(*Postelsia*)는 동부 태평양 연안에서 브리티시 콜롬비아(British Columbia)로부터 캘리포니아(California)에 걸쳐 나타난다. (b) 모자반속(*Sargassum*)은 부착하기도 하고 느슨한 덩어리를 이루며 물 위에 뜨기도 한다. 작은 구형의 구조가 부력을 일으키며, 고도로 분지하여 물에서 무기질을 흡수할 수 있게끔 표면적을 증대시킨다. 잎 모양의 엽신은 주된 광합성 장소이다.

이지만, 다른 유글레나류는 색소체가 없거나 무색의 색소체를 갖고 있기 때문에 종속영양생물이다. 일부 유글레나류는 그들의 세포 내에 공생을 하는 남세균이 들어 있다. 이들 남세균은 색소체와 같은 역할을 하면서 광합성 산물을 숙주 세포에 공급한다. 일부 유글레나류는 특이한 **변형현상**(metaboly)으로 움직이면서 축축한 토양이나 모래 사이를 꿈틀거리며 나아갈 수 있다(그림 4.2 참조). 생태적 견지에서 유글레나류는 습지의 먹이그물의 매우 중요한 구성원이 된다(28장). 독립영양 유글레나류는 생태계에 유기탄소를 공급하고, 일부 종속영양 유글레나류는 세균과 조류를 섭취함으로써 양분을 얻는다.

은편모조류(cryptomonads)는 대부분 단세포의 편모생물이고(그림 19.6b), 빨간색, 청록색, 황록색, 또는 무색의 색소체를 갖는데, 고니오모나스(*Goniomonas*)는 색소체가 없다. '숨겨진 단일한 세포'라는 의미의 은편모조류는 주로 민물과 바닷물에서 나타나지만, 이들은 다른 원생생물이나 현미경적 동물에게 쉽게 먹히기 때문에 종종 관찰되지 않는다. 은편모조류는 두 가지 이유로 플랑크톤 먹이그물에서 중요한 구성원이 된다. 이들 조류의 작은 크기는 동물플랑크톤이 쉽게 소비하게끔 만들고, 이들은 매우 양분이 많다. 이 조류는 작은 수생동물이 필요로 하는 지방산을 함유하고 있다.

유포생물(alveolates)은 **와편모조류**(그림 19.6c)와 섬모충류 및 아피콤플렉사류(apicomplexans; Essay 19.1 참조)로 알려진 기생생물 집단을 포함한다. 이들 생물은 모두 세포 가장자리에 포(alveoli)라 부르는 막성 주머니를 갖고 있다. 일부 와편모조류는 세포를 둘러싸는 갑옷처럼 포 내에 섬유소 판들이 형성된다. 이러한 조류를 유각 와편모조류(armored dinoflagellates)라 한다. 포 내에 섬유소 판이 거의 없거나 전혀 없는 와편모조류는 무각 와편모조류(unarmored dinoflagellates)라 한다. 약 70속에 해당하는 많은 종의 와편모조류가 엽록체가 없는 종속영양생물이다. 대부분의 종속영양 와편모조류는 다른 세포들을 먹이로 섭취하여 양분을 얻는다. 많은 와편모조류는 색소체를 가지고 광합성을 한다(그림 19.17a 참조).

와편모조류의 색소체는 와편모조류가 먹이로 섭취한 다양한 진핵생물로부터 기원하였다. 섭취한 조류 세포 구성물의 대부분은 결국 소화되었지만, 색소체(그리고 어떤 경우에는 조류 세포의 다른 구성물)는 세포내 공생체로 자리 잡았다. 예를 들면 어떤 와편모조류는 은편모조류로부터 얻은 색소체를 지니고 있어서 은편모조류의 특징적인 광합성 색소를 갖고 있다. 다른 와편모조류의 색소체는 홍조류, 녹조류 또는 돌말류로부터 기원된 것이다. 와편모조류는 해양동물의 세포내 공생체로서 중요할 뿐만 아니라(그림 19.5 참조), 광합성을 하는 일부 해산 와편모조류는 인간에게 해롭고 해양 야생생물을 죽게 만드는 유해한 적조(red tide)를 일으키기도 한다(Essay 19.2 '킬러 조류' 참조). 와편모조류는 사람의 기억상실증, 신경계 손상, 마비 또는 설사를 유발하는 다양한 독소를

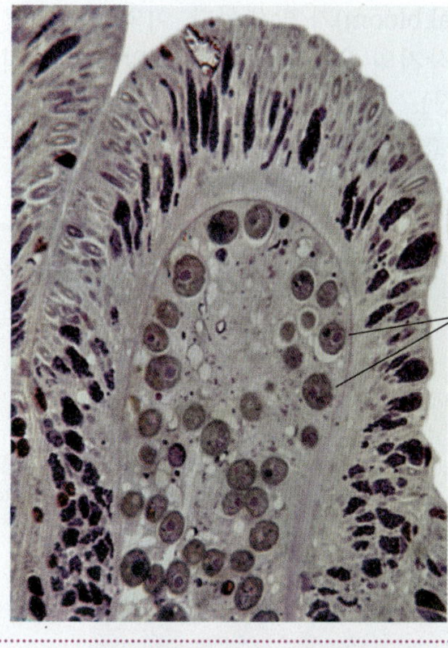

그림 19.5 산호의 조직 내에서 사는 와편모조류 세포 조류는 유기물과 산소를 동물세포에 공급하고, 그 답례로 이산화탄소와 무기질을 받는다. 산호의 조직 내에 있는 공생조류가 광합성을 하려면 햇빛이 필요하기 때문에 많은 산호가 얕은 바닷물에서만 살 수 있다

ESSAY 19.1 기생 조류

단세포 녹조류인 프로토세카(*Prototheca*)는 세포에 녹말을 합성하는 색소체가 들어 있지만 광합성 색소를 갖고 있지 않다(그림 E19.1A). DNA 연구에 따르면 이 조류의 조상은 녹색의 색소를 가졌던 것으로 나타난다. 그렇다면 이 조류에서 광합성을 하는 능력이 왜 사라졌을까? 대체로 프로토세카는 생장과 생식에 필요한 유기화합물을 풍부하게 얻을 수 있는 축축한 토양에서 자란다. 그런데 소나 면역방어체제가 불충분한 사람들이 이 조류에 감염될 수 있다. 소는 토양과 접촉하는 상처를 통하여 감염되고, 사람은 먼지에 산재하는 프로토세카 세포를 들이마셔서 감염된다. 동물의 몸 안에서 이 조류는 혈류로부터 흡수한 유기물에 의존하며 산다. 감염된 사람은 항생제로 치료할 수 있지만, 프로토세카에 감염된 소는 대체로 죽게 된다.

전 세계 인구의 약 40%가 말라리아에 감염된다.

곤충에 기생하는 헬리코스포리디움(*Helicosporidium*)의 저항성 포낭(cyst)은 동물의 몸 안에 들어가기까지 공기 중에서 생존할 수 있다. 일단 곤충의 몸에 들어가면 포낭(그림 E19.1B)이 몇 개의 세포로 된 기생생물로 발아하여 결국 숙주를 죽게 만든다. 헬리코스포리디움은 종속영양생물인데, DNA 연구 결과 헬리코스포리디움은 프로토세카와 가까운 녹조류의 무색 조류로 밝혀졌다. 일부 전문가들은 성가신 곤충들을 방제하는데 헬리코스포리디움을 이용할 수 있을 것이라고 제안하였다.

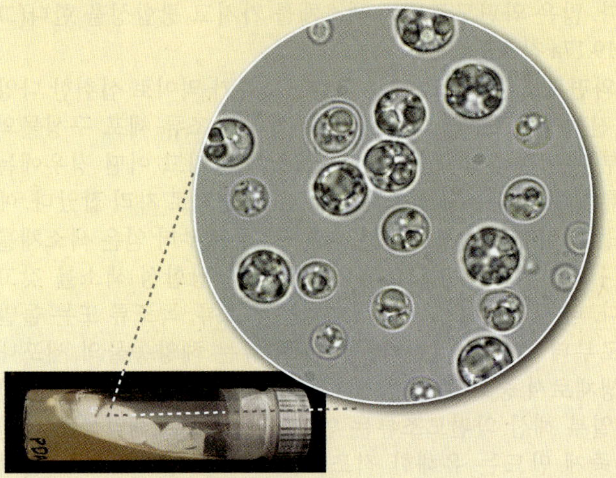

E19.1A 프로토세카(*Prototheca*)

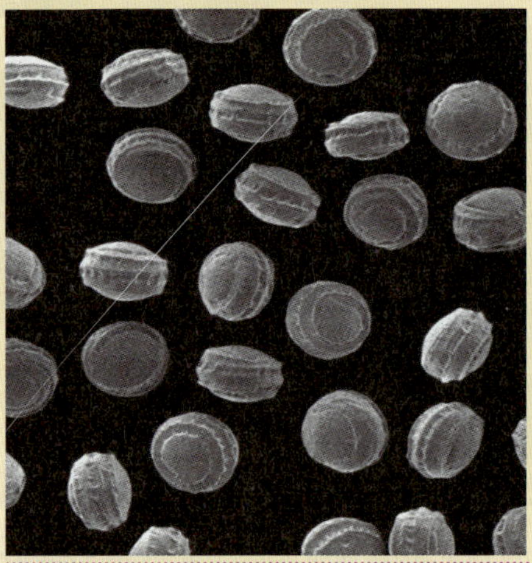

E19.1B 헬리코스포리디움(*Helicosporidium*)의 포낭

생성한다. 물에 영양소가 과다하게 포함되면 그 결과로 유해성 적조(harmful algal bloom)가 발생한다. 이와 같은 인간에 의한 오염물질은 농작지의 유출과 처리되지 않은 하수의 방출에서 비롯된다(28장).

대부분 해양에서 출현하는 **착편모조류**(haptophytes)는 황금빛의 색소체를 지니며, 편모를 가지거나 군체를 이룬다. 일부 조류가 착편모(haptonema)라 부르는 변형된 편모를 갖고 있으며, 이 때문에 이 집단을 착편모조류라 한다. 착편모는 먹이로 세균을 잡는데 도와주고, 장애물을 감지하는데 이용하거나 또는 바닥에 고착하는데 쓰일 수 있다. 일부 종류는 '둥

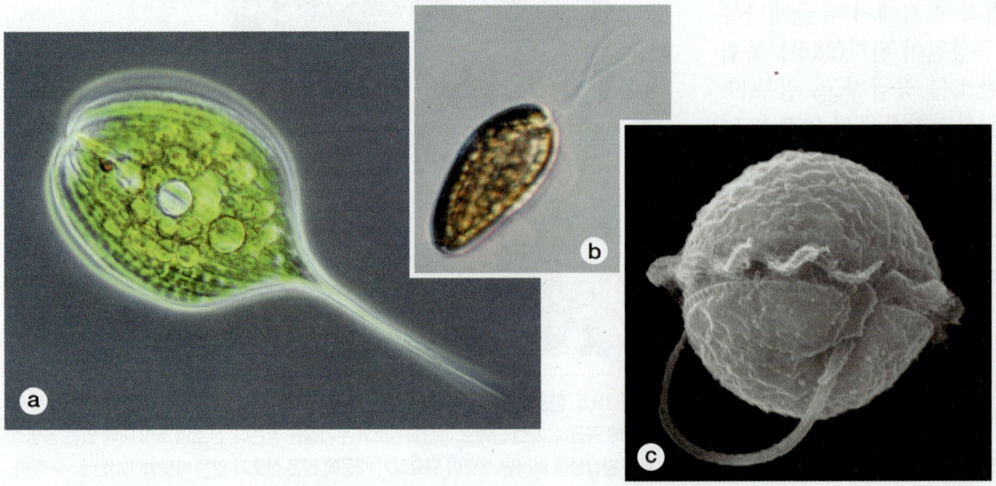

그림 19.6 **편모가 달린 조류** (a) 유글레나류의 일종인 파쿠스(*Phacus*), (b) 은편모조류 크립토모나스(*Cryptomonas*), (c) 와편모조류 페리디니오프시스(*Peridiniopsis*). 파쿠스에서 편모는 눈에 보이지 않는다. 편모의 수와 배열은 특정 집단마다 특징적으로 나타난다. 와편모조류(c)에서는 주사전자현미경으로 뚜렷하게 관찰되는 편모 외에 나선 모양의 편모가 나타난다.

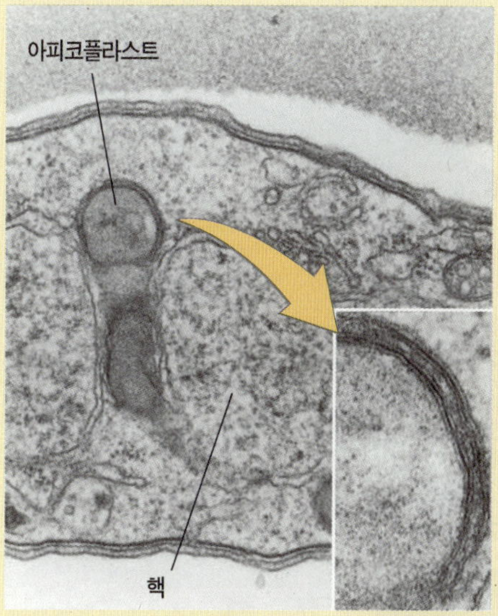

E19.1C 가르니아(*Gamia*)의 아피코플라스트

말라리아 열원충속(*Plasmodium*)은 기생생물이지만, 이 생물은 와편모조류와 매우 밀접한 관계에 있고 이들 모두 유포생물(alveolates)에 속한다. 열원충속은 아피콤플렉사류(apicomplexans)라 부르는 집단에 속하고, 이 집단은 세포 정단에 특이한 구조를 갖고 있다. 열원충속은 인간의 위험한 질병인 말라리아를 일으킨다. 말라리아는 모기에 물려서 전염되는데, 전 세계 인구의 약 40%가 감염되고 매년 5억 명에 달하는 사람이 이 질병을 앓게 되고 270만 명이 죽는다. 비록 살충제를 사용하여 모기를 박멸하고 말라리아 치료약이 있기는 하지만, 열원충속의 일부 계통은 치료약에 내성을 지니기 시작하였다. 전문가들은 20년 내에 이 질병이 2배로 늘어날 것이라 우려하고 있다. 열원충속과 이와 가까운 톡소포자충속(*Toxoplasma*)과 가르니아(*Garnia*)의 세포에는 아피코플라스트(apicoplast)라 부르는 구조가 들어 있는데(그림 E19.1C), 이 구조는 홍조류나 녹조류로부터 획득한 색소체가 변형된 것이다. DNA 염기순서를 연구한 결과 열원충속의 550 종류의 단백질(전체의 약 10%)이 아피코플라스트에서 지방산 대사를 일으키는 것으로 밝혀졌다. 포유동물은 색소체를 갖고 있지 않으므로, 아피코플라스트에서 기능을 발휘하는 단백질들은 새로운 약물요법의 가능한 표적이 될 수 있을 것이다. 아피코플라스트를 손상시키는 약들은 말라리아 열원충을 죽이지만 인체에는 해를 미치지 않는다.

파동편모충(trypanosomes)은 광합성을 하지 않는 기생생물이며, 포유동물, 어류 그리고 식물에 감염한다. 이 기생생물은 유글레나류와 매우 밀접한 관계가 있으며, 이들 두 집단은 원반크리스타생물(discicristates)에 속한다. 파동편모충속(*Trypanosoma*; 그림 E19.1D)은 체체파리가 옮기는 수면병(sleeping sickness)과 샤가스병(Chagas' disease)을 일으키며, 이와 가까운 리슈만편모충(*Leishmania*)은 리슈만편모충증(leishmaniasis)을 일으킨다. 이들 무서운 질병은 열대나 아열대 지방의 가난한 사람들에서 주로 나타나고, 아직까지 이에 대한 치료법은 거의 없다. 피토모나스(*Phytomonas*)는 곤충에 의하여 전염되는 파동편모충인데, 식물에 감염하고 때때로 식물을 죽이기도 한다. 최근 과학자들은 예상치 않게 파동편모충이 조류와 식물에서만 나타나는 광합성 유전자를 갖고 있음을 관찰하였다. 이들 과학자들은 파동편모충이 한때 색소체를 지니는 조류였음을 시사하였다. 그렇지 않다면 이들 유전자가 다른 방법으로 획득되었을 것이다. 어떠한 경우이건 간에, 광합성 유전자가 치료 약물 개발의 표적이 된다는 점에서 이러한 새로운 지식은 매우 유익하다.

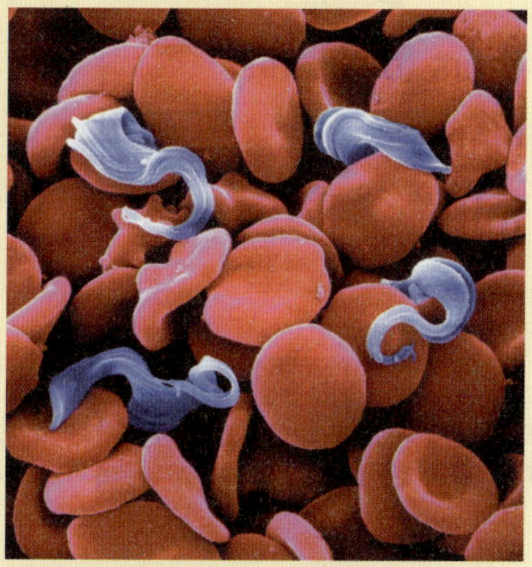

E19.1D 적혈구에 둘러싸인 파동편모충속(*rypanosoma*)

근 돌'이라는 뜻을 가진 **원석**(coccolith; 그림 19.9)이라 부르는 정교하게 장식된 탄산칼슘의 비늘로 덮여있다. 착편모조류 무리의 원석은 바다를 유백색으로 물들게 하며, 위성영상에서도 이를 관찰할 수 있다(28장). 착편모조류는 황을 포함하는 연무질(aerosol)의 중요한 생산자인데, 이는 지구의 기후에 영향을 미치고 있다. 탄산염 껍질을 가지는 원생동물과 더불어 착편모조류는 약 1억 년 전에 거대한 백악층을 형성하였는데, 영국 도버(Dover)의 하얀 절벽이나 기타 세계적으로 유명한 지질층에서 관찰된다.

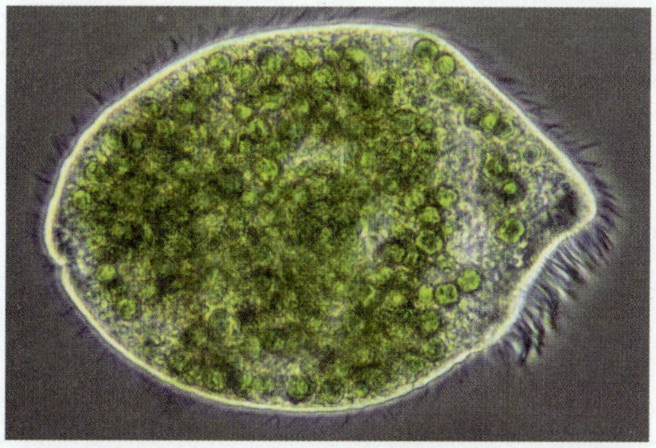

그림 19.7 녹조류가 세포 내에서 공생하는 섬모충류 클리마코스토뭄(*Climacostomum*)

대롱편모생물(stramenopiles)은 아주 작은 편모생물로부터 거대한 해조류를 포함하는 매우 다양한 집단이다. 대롱편모생물은 편모에 달린 특이한 대롱 모양의 털 때문에 이름이 붙여졌다('*stramen*'은 '대롱 또는 밀짚(straw)'을 뜻하고, '*pila*'는 '털(hair)'을 가리킨다). 편모털(flagellar hair)은 편모를 가진 몸 또는 생식세포에서 전형적으로 나타나는 두 개의 편모 가운데 긴 편모에서만 나타난다. 이들 편모가 서로 다른 구조를 갖고 있기 때문에 이들 집단의 구성원은 한편으로 **이형 편모생물**(heterokonts)이라 부른다('*hetero*'는 '서로 다름'을 의미하고, '*kont'*는 '편모'를 가리킨다). 대롱편모생물에는 단세포 편모생물 카페테리아(*Cafeteria*)와 같이 색소체가 없는 원생생물과 곰팡이와 비슷한 **난균류**(oomycetes)가 포함된다. 일부 난균류는 해조류, 연체동물, 어류 그리고 육상의 재배식물에 심각한 피해를 일으키는 기생생물이다. 난균류의 일종인 역병균(*Phytophora* ; 그림 19.10a)은 역사적으로 유명한 아일랜

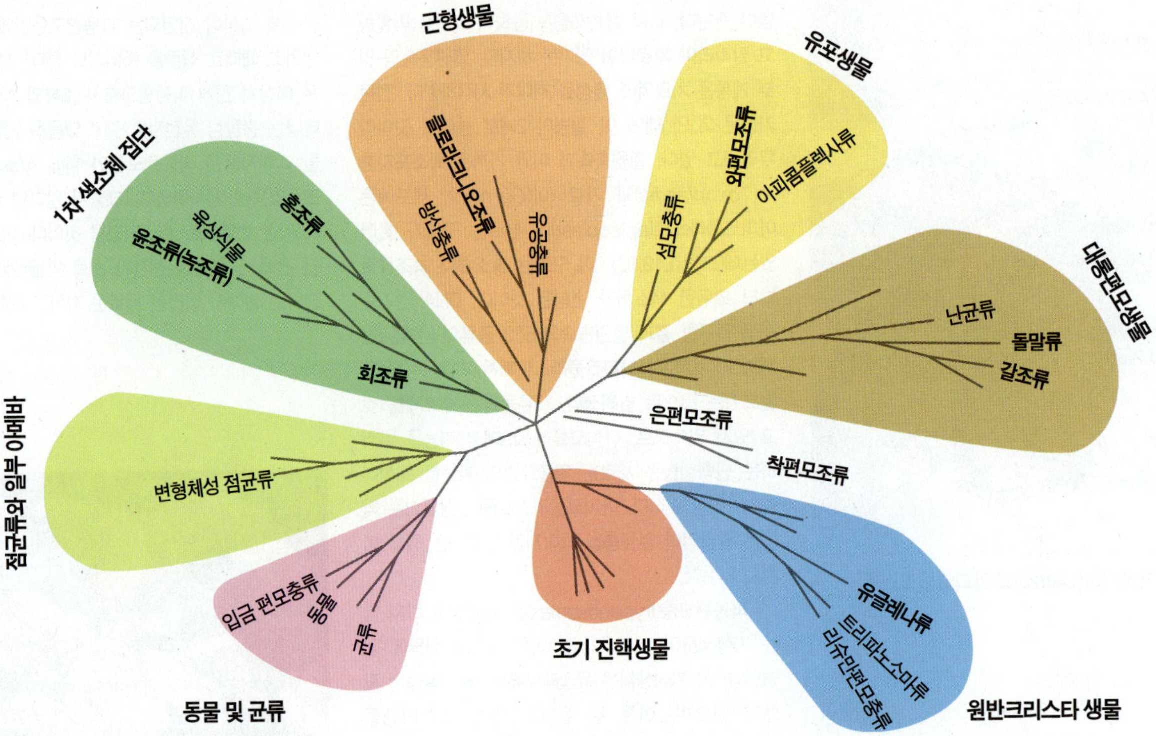

그림 19.8 조류와 기타 원생생물의 진화적 유연 DNA 염기순서의 비교를 바탕으로 만들어진 이 도형은 다음과 같은 최근의 견해를 나타낸다. (1) 조류(굵은 활자)는 응집된 계를 이루지 않고 ; (2) 녹조류, 특히 윤조류는 육상식물과 밀접한 연관관계에 있으며; (3) 어떤 조류 집단은 다른 조류들보다도 오히려 난균류(oomycetes)와 같이 색소체가 없는 원생생물과 더욱 밀접한 연관을 갖는다.

표 19.2 주요 조류 집단의 특성 비교

집단	체형	세포벽 조성	저장물질	주요 보조색소
유글레나류 (원반크리스타생물)	단세포, 대부분 편모가 달림	없음	파라밀론 (탄수화물)	녹조류와 비슷
은편모조류	단세포, 편모가 달림	없음	녹말	홍조류와 비슷
와편모조류 (유포생물)	대부분 단세포, 대부분 편모가 달림	없거나 섬유소	녹말	대부분 페리디닌
착편모조류	대부분 단세포	많은 종류가 탄산칼슘 비늘을 가짐	가용성 탄수화물	갈조소
황갈조류와 갈조류 (대롱편모생물)				
황갈조류	단세포 또는 군체	규산질	지질 방울과 가용성 탄수화물	갈조소
갈조류	다세포: 사상체 또는 조직	섬유소, 알긴	지질 방울과 가용성 탄수화물	갈조소
홍조류	단세포 또는 다세포	카라기난, 한천	비녹말 다당류	피코빌린
녹조류	단세포 또는 다세포	섬유소	녹말	엽록소 b, β-카로틴, 루테인

ESSAY 19.2 킬러 조류

많은 조류가 지구의 생태에서 유익한 역할을 하고 있지만 일부 종류는 달갑지 않은 효과를 준다. 바다에 출현하는 와편모조류(dinoflagellates)의 일부는 물고기나 야생동물 그리고 사람에게 해를 끼칠 수 있는 수준의 독소를 생산하는데, 와편모조 피에스테리아(*Pfiesteria*)는 그 중 하나이다(그림 E19.2A). 피에스테리아는 독소를 분비하여 어류를 죽인 다음 부패하는 고기를 섭취하기 때문에 매스컴에서는 이 조류를 '킬러 조류(killer algae)'라고 부른다. 최근 미국 메릴랜드 주의 체사픽(Chesapeake) 만에서는 피에스테리아가 풍부하게 나타나면서 공기를 통해 운반된 독소가 어부들에게 기억상실증을 유발하고 있다. 피에스테리아의 위험성을 충분히 파악하기 전에 이 조류를 연구하였던 과학자들조차 신경계 질환으로 고생하였다.

독소를 생산하지 않는 조류라도 해로울 수 있다. 어떤 해조류는 무성하게 자라서 자연의 해양군집을 밀어낸다는 점에서 유명하다. 그 가운데 가장 유명한 사례는 녹조류 옥덩굴의 일종(*Caulerpa taxifolia*)으로(그림 E19.2B), 지중해에 침입한 이 해조류는 잡초같이 무성하게 자라서 산호나 다른 해양동물들을 질식시켰다. 이 또한 매스컴에서 킬러 조류라 부르는데, 이 해조류는 최근 캘리포니아 남부 연안에 침입하였다. 이는 옥덩굴을 넣어 기르던 수족관의 물이 버려지면서 유입된 것으로 추정된다.

유해 조류의 번식은 대체로 인간 활동에 기인한다.

해양 식물플랑크톤이 과다하게 자라면 이들이 부패할 때 바닷물의 산소가 고갈되기도 한다. 그것은 세균과 균류가 죽은 조류의 유기 화합물을 분해하는 호흡 과정에서 산소를 소비하기 때문이다. 만일 부패하는 조류가 극히 풍부하다면, 그 결과 나타나는 산소의 고갈 때문에 연안 어업에서 중요한 위치를 점하는 어류를 포함하여 많은 해양동물이 죽게 된다. 이러한 효과로 몸살을 앓는 연안 수역을 '사망지역(dead zone)'이라 부르며, 최근 들어 전 세계적으로 사망지역의 수와 크기가 증가하는 추세를 보이고 있다.

유해 조류의 번식은 대체로 인간 활동에 기인하는 것으로, 연안 해수가 오염되어 질소와 인의 농도가 증가하면 조류가 지나치게 증식한다. 이들 무기질의 과다한 양은 농업에서 사용하는 비료에서 비롯되며, 비료가 빗물에 녹아 하천과 강을 따라 궁극적으로 바다에 도달하게 된다. 하수오염과 침식도 유해 조류의 생장을 촉진하는 질소와 인의 추가 원천이다. 따라서 전 세계의 연안국들은 독성을 갖거나 유해한 조류의 출현과 이들의 생장을 촉진하는 과다한 영양소에 대하여 연해를 면밀히 감시해야 한다.

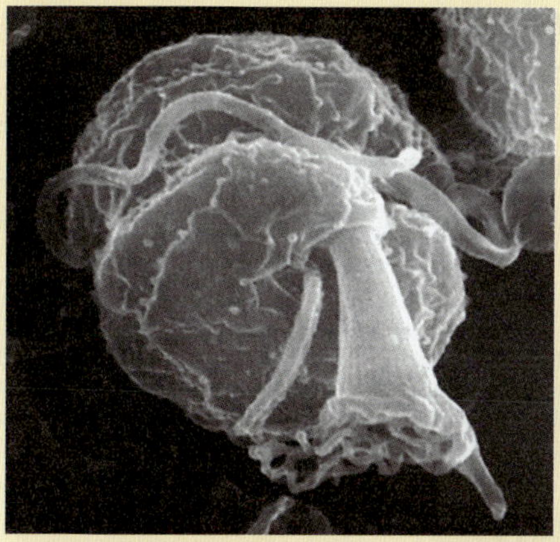

E 19.2A 피에스테리아(*Pfiesteria*)

E 19.2B 옥덩굴의 일종(*Caulerpa taxifolia*)

드의 기근을 일으키는 원인이 되었고, 이 때문에 많은 아일랜드인이 미국으로 이주하였다. 역병균은 지금까지도 심각한 농작물 피해를 일으키고 있다.

대롱편모생물은 한편으로 황금빛이나 갈색 색소체를 가진 많은 종류의 조류들을 포함한다. 이들의 색소체에도 엽록소가 들어 있지만, 엽록소의 빛 흡수를 도와주는 황금빛 또는 갈색의 색소들이 풍부하게 존재하기에 엽록소의 존재가 없는것 같이 보인다. 광합성을 하는 대롱편모생물에는 유리와 같은 벽을 지닌 **돌말류**(diatom; 그림 19.10b)와 거대한 **갈조류**(brown algae; 그림 19.10c)가 포함된다. **대형해조**(kelp)라 부르는 거대한 갈조류는 한대와 온대 해역에서 광대한 숲을 형성한다. 돌말류와 대형해조의 중요한 지구적 역할에 대해서는 28장에서 보다 상세하게 다루게 된다.

근형생물(rhizaria)은 세포에 가는 세포질 돌기를 갖는 몇 가지 원생생물들이다('*rhiza*'는 뿌리처럼 가는 신장부를 가리킨다). 근형생물 가운데 광합성을 하는 집단인 **클로라라크니오조류**(chlorarachniophytes)는 거미류(arachnid) 모양의 세포에 녹색의('*chloro*') 색소체가 들어있다(그림 19.11a). 다른 근형생물들도 이와 비슷하게 매혹적이다. 해산 방산충류(radiolarians; 그림 19.11b)는 정교한 광물질 껍질로 둘러싸여 있고, 해양의 유공충류(foraminiferans; 그림 19.11c)는 세포 주변에 아름다운 탄산칼슘의 껍질을 형성한다. 방산충류나 유공충류 모두 스스로 광합성을 하지 않지만, 이들은 종종 내부 공생하는 조류를 갖기도 한다.

홍조류(red algae 또는 rhodophytes), **녹조류**(green algae 또는 chlorophytes) 그리고 **회조류**(glaucophytes) 역시 중요

그림 19.9 원석조류(coccolithophorid) 주사전자현미경으로 찍은 이 생물은 해양에서 흔하게 나타나는 에밀리아니아 헉슬레이(*Emiliania huxleyi*)이다.

한 원생생물들이다. 가장 간단한 홍조류는 현미경적 단세포이며(그림 19.12a), 일부는 뜨거운 산성 서식지에 출현한다. 그렇지만 대부분의 홍조류는 육안으로도 쉽게 관찰되며 바닷물에 서식한다(그림 19.12b). 홍조류는 생활사의 어떤 단계에서도 편모를 가지지 않는다. 유성생식 과정에서 홍조류의 정자세포는 물의 흐름에 의존하여 암배우자에 접근한다. 홍조류는 광합성에서 빛에너지의 흡수를 도와주는 빨간색 색소가 다량 함유되어 있기 때문에 체색이 선명하게 붉거나 짙은 자주빛 또는 거의 검게 나타난다. 빨간색 색소는 남세균(18장 참조)과 회조류에서 나타나는 청록색의 광합성 색소와 매우 비슷하다. 광합성을 하는 모든 식물과 조류에서와 마찬가지로 홍조류에서도 녹색의 엽록소가 나타나기는 하지만, 빨간색의 색소가 엽록소의 녹색을 가리게 된다.

다양한 녹조류(그림 19.3)들의 대부분은 편모를 갖거나 편모가 달린 생식 단계를 가지며, 담수와 바다 그리고 육상에서 출현한다. 녹조류는 주로 엽록소에 의하여 체색이 결정된다. 비록 부가적인 광합성 색소들이 존재하지만, 이들은 엽록소의 녹색을 가릴 만큼 풍부하지 않다. 앞에서 언급하였듯이 녹조류의 일종인 윤조류는 육상식물의 조상으로 간주된다. 윤조류와 육상식물은 세포 구조, 세포분열, 생화학 그리고 DNA에 있어서 매우 공통점이 많다. 윤조류와 초기 육상식물의 현대종들을 비교해 보면 어떻게 초기에 식물이 육상으로 진출하였는지를 이해할 수 있다(21장). 육상식물이 녹조류에서 기원되었다는 점은 식물의 광합성을 하는 부분이 왜 녹색인지를 설명해준다. 육상식물이 갈조류나 홍조류에서 진화하였다고 가정해보자. 그렇다면 육상식물은 녹색 대신에 갈색이나 빨간색을 띠는 식물이 되었을 것이다.

회조류는 담수에 분포하는 작은 집단이며, 홍조류와 녹조류의 색소체뿐만 아니라 남세균에서 나타나는 청록색의 색소체를 지니고 있다(그림 19.16 참조). 어떤 학자들은 회조류, 홍

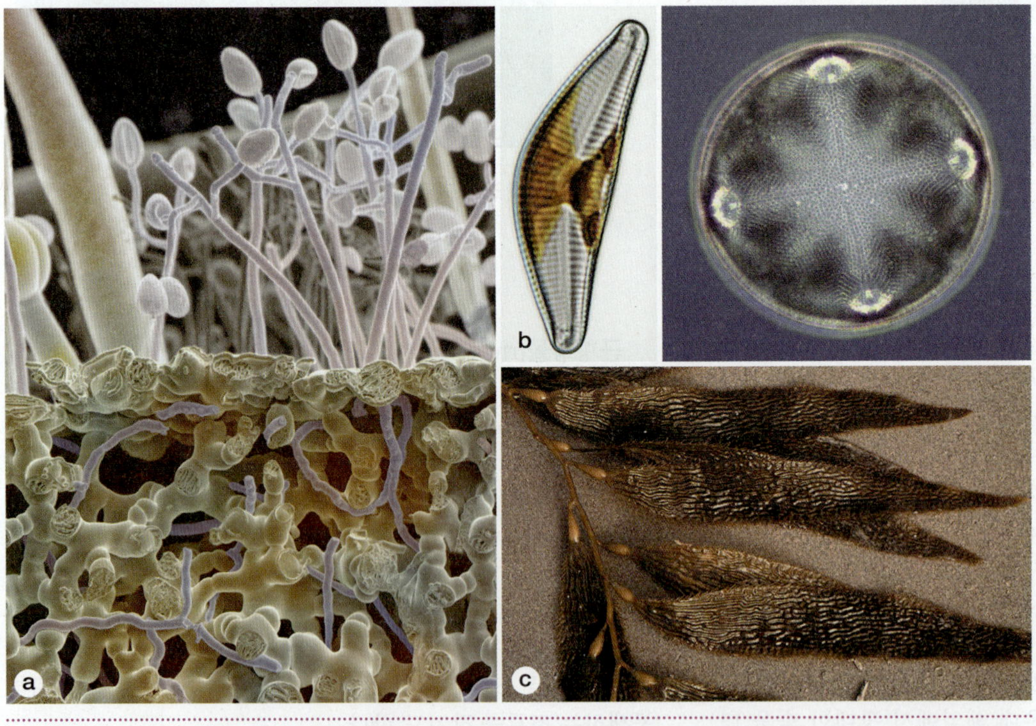

그림 19.10 대롱편모생물(stramenopiles)은 몹시 다양하다 (a) 색소체를 갖지 않는 기생생물 역병균(*Phytophora*)은 잎의 내부에서 자라며 잎 표면으로 확장한다. (b) 규산질 세포벽을 지닌 돌말류 반달돌말속(*Cymbella*)과 동이돌말속(*Aulacodiscus*). (c) 대형 다시마류인 마크로시스티스(*Macrocystis*).

그림 19.11 근형생물(rhizaria) (a) 녹색 색소체를 지닌 로타렐라(*Lotharella*), (b) 방산충류의 광물질 껍질, (c) 유공충류의 광물질 껍질.

그림 19.12 홍조류 (a) 단세포 홍조 피떡말속(*Porphyridium*), (b) 다세포 홍조 나도꿩꼬리속(*Delisea*).

조류, 녹조류 그리고 육상식물이 단일한 색소체를 가진 조상으로부터 비롯되었다고 생각한다. 만일 그렇다면 회조류, 홍조류, 녹조류 그리고 육상식물이 단계통(monophyletic)의 계를 이루게 된다. 그러나 다른 학자들은 회조류와 홍조류 그리고 녹조류가 서로 유연관계가 없는 원생생물을 섭취하면서 독립적으로 색소체를 획득하였고, 비슷한 남세균을 세포내 공생체로 간직하였다고 주장한다. 원생생물을 연구하는 학자들은 이들 세 가지 진핵조류 집단이 서로 밀접한 관계를 갖는지를 밝히기 위하여 핵 DNA를 비교함으로써 이러한 논쟁을 다루고 있다.

19.3 조류의 다양성은 중요한 진화적 사건을 반영한다

조류와 기타 원생생물들은 진핵세포가 원핵세포와 구별되는 구조적 특징을 어떻게 그리고 어떤 순서로 획득하였는지를 밝히는데 유용하다. 진핵세포는 핵과 세포내막계(endomembrane system)를 갖고 있다. 진핵세포의 핵과 세포질은 원시생물계(Archaea)의 일부로부터 기원된 것으로 추정된다. 원시생물계와 진핵생물을 이어주는 몇 가지 공통점들은 이러한 가설을 뒷받침하는 증거가 된다(18장 참조). 진핵세포의 핵막과 단순한 세포내막계는 원시생물의 세포막이 안쪽으로 접히면서 기원된 것으로 보인다(그림 19.13).

진핵세포의 또 다른 특징으로는 페르옥시솜(peroxisome), 세포질의 리보솜, 9 + 2 미세소관 배열의 편모, 세포골격과 운동단백질, 그리고 유사분열과 세포내 섭취(endocytosis)의 과정들을 들 수 있다(4장과 7장). 세포내 섭취는 세포가 외부로부터 큰 분자나 입자들을 세포질로 이동시키는 과정이다. 세포내 섭취 과정에서 세포막은 외부의 물질을 포함하는 주머니를 만든다. 풍선을 손가락으로 찌르면 비슷한 주머니가 만들어진다. 진핵세포의 세포골격과 운동단백질, 특히 액틴-미오신의 미니근(minimuscle) 체제가 막주머니를 형성하는데

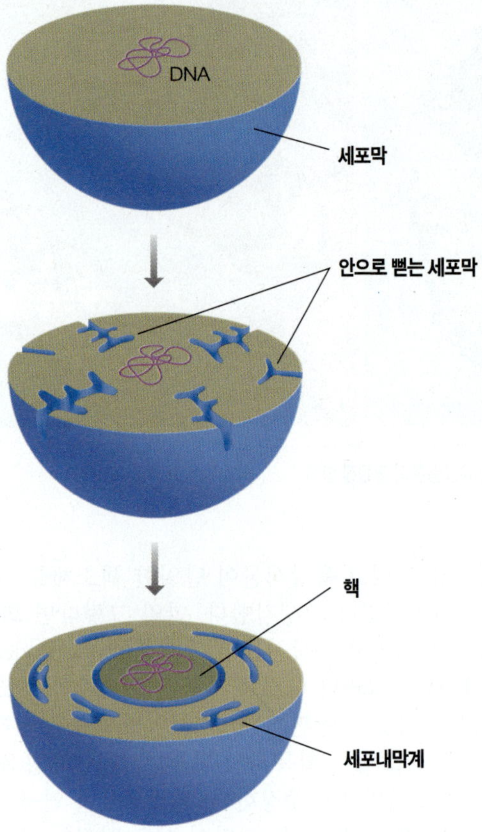

그림 19.13 진핵세포의 핵막과 세포내막계는 오늘날 진핵세포들의 조상들의 세포막이 안쪽으로 접히면서 기원된 것으로 보인다

필수적이다. 이러한 주머니가 닫히면 입자들을 감싸는 구형의 막으로 둘러싸인 소포(vesicle)가 만들어진다. 이어서 이들 소포가 세포질로 떨어져 나오고, 그것에 의하여 내용물이 세포로 전달된다.

원핵생물에서는 세포내 섭취가 일어나지 않는데, 그것은 원핵생물이 견고한 세포벽을 지니고 있어서 그 안쪽의 세포막이 외부의 입자와 직접 맞닿지 않으며, 한편으로 원핵생물은 액틴-미오신의 미니근을 갖고 있지 않기 때문이다. 이와는 대조적으로 많은 원생생물은 단단한 세포벽이 없으며, 따라서 이들의 세포막은 세포 외부의 입자들과 접촉할 수 있다. 많은 원생생물은 세포내 섭취의 일종인 섭식(phagotrophy)으로 다른 세포를 포함하여 입자들을 먹고 산다(그림 19.14). 세포 내에서는 소화효소들이 소포에 들어가서 먹이 입자들을 세포 호흡 경로에 들어갈 수 있을 만큼의 작은 성분으로 분해시킨다. 섭식은 '아주 작은 조각들을 먹는다(particle feeding)'라는 의미이고, 이는 미토콘드리아와 색소체(그리고 페르옥시솜도 가능성이 있음)와 같은 세포소기관들이 세포내 공생으로 기원되는 과정의 필수적인 첫 번째 단계로 추정된다.

미토콘드리아는 세포 내에서 공생하는 원생세균에서 비롯되었다

미토콘드리아(또는 이들로부터 비롯된 구조들)가 대부분의 진핵생물에서 나타나므로, 에너지를 생성하는 이 세포소기관은 극히 초기의 원생생물에 들어 있었을 것이다. 현대의 원생생물 계통과 곰팡이 그리고 동물과 식물은 초기의 원생생물로부터 미토콘드리아를 물려받았다. 많은 분자적 연구에 따르면 미토콘드리아가 세포 내에서 공생을 하는 원생세균(proteobacterium) 세포로부터 기원하였다는 생각을 뒷받침해 준다(18장). 원생생물 세포가 섭식을 통하여 원생세균 세포를 받아들였지만 이를 소화시키지 않았다(그림 19.15). 오히려 이 세균 세포는 세포내 공생체로 자리 잡았으며, 그들의 숙주 내에서 살게끔 적응하였다. 미토콘드리아로 진화하는 과정을 통하여 세균은 펩티도글리칸 벽을 상실하고 그들 유전정보의 대부분을 숙주의 핵으로 전달하였다. 이는 미토콘드리아가 숙주 세포 바깥에서는 살거나 생식할 수 없는 이유를 설명해 준다. 그런데 일부 필수적인 유전자와 단백질 합성 능력은 미토콘드리아에서 존속하였다.(이는 인간의 어떤 유전병이 미

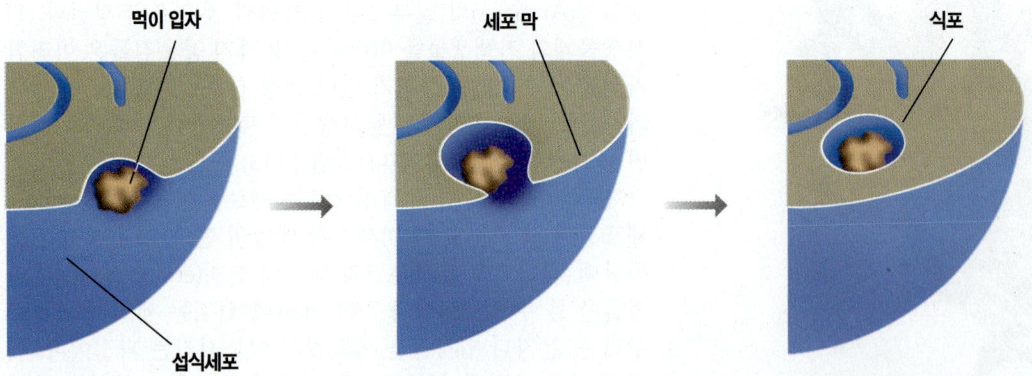

그림 19.14 식세포작용(phagocytosis) 식세포작용은 원생생물이 먹이를 섭취하는 방식의 하나로, 입자상 먹이를 세포막에서 떨어져 나가는 액포로 감싸는 것이다. 사람의 소화계에서 일어나는 것과 비슷하게 식포로 공급되는 소화효소들이 먹이를 잘게 분해한다. 먹이가 되는 세포가 액포로 감싸지지만 소화가 일어나지 않으면서 세포내 공생관계가 일어난다.

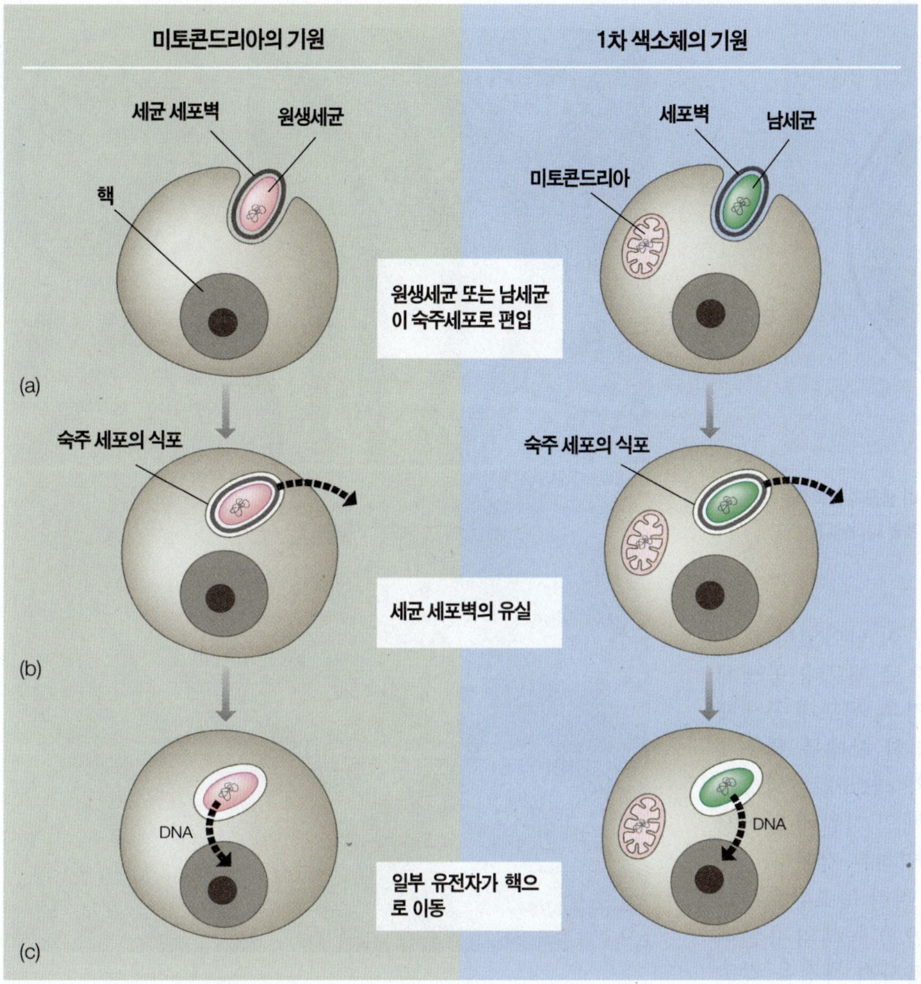

그림 19.15 세포내 공생에 의한 미토콘드리아와 1차 색소체의 기원 (a) 미토콘드리아는 초기의 진핵세포로 들어온 원생세균으로부터 비롯되었고, 1차 색소체는 이미 미토콘드리아를 소유한 것으로 보이는 진핵세포로 들어온 남세균에서 기원하였다. (b) 이어서 세포내 공생체의 세포벽이 사라지고, (c) 대부분의 유전자는 숙주의 핵으로 이동하였다. 이러한 유전자 전달은 미토콘드리아와 1차 색소체가 그들 자신만으로는 존재할 수 없음을 설명한다.

토콘드리아 DNA의 돌연변이에 기인한다는 점을 설명해 준다.) 미토콘드리아로 들어오는 숙주에 의하여 변역된 단백질의 도움을 받아 미토콘드리아는 필수적인 세포 대사활동을 수행한다. 한편 미토콘드리아는 숙주 세포의 분열주기에 따라 2분법(binary fission)으로 분열한다.

세포내 공생을 하는 원생세균은 먹이로 소화되는 대신에 존속한 것으로 보이는데, 그것은 세균이 그들의 숙주에게 유기물질로부터 ATP를 수확하는 효과적인 체제를 제공하였기 때문이다. 미토콘드리아에서 일어나는 세포호흡 과정에는 크레브스 회로, 전자전달 그리고 산화적 인산화가 포함된다(5장). 세포내 공생을 하는 원생세균은 그들의 숙주 세포에 이와 같은 유익한 과정을 부여하였다.

1차 색소체는 세포내 공생을 하는 남세균에서 기원하였다

오늘날 색소체를 갖고 있는 모든 진핵생물의 세포들이 미토콘드리아도 함께 갖고 있으므로, 조류는 미토콘드리아에 이어서 동일한 방법인 세포내 공생으로 색소체를 획득한 것으로 여겨진다. 세포내 공생을 하는 남세균으로부터 기원된 색소체를 **1차 색소체**(primary plastid)라 한다. 색소체로 진화하는 과정을 통하여 세포내 공생을 하는 남세균은 미토콘드리아의 기원에서 일어나는 과정과 비슷하게 세포벽이 사라지고 그들 유전자의 대부분을 숙주의 핵으로 전달하였다(그림 19.15).

세포내 공생을 하는 남세균이 숙주 세포에 들어가 색소체로 전환되는 과정을 **1차 세포내 공생**(primary endosymbiosis)이라 한다. 1차 색소체는 두 겹의 막으로 구성되는 외막(envelope)을 갖는다. 이들 중 최소한 하나는 남세균의 세포막에서 기원되었고, 다른 하나는 숙주가 감싼 세포막으로 추정된다. 오늘날의 회조류, 홍조류, 녹조류 그리고 녹색식물이 1차 색소체를 가진 조상으로부터 기원되었다. 회조류는 색소체 진화에 있어서 초기 단계를 나타내는데, 이들의 색소체는 많은 남세균에서와 마찬가지로 청록색을 띠며(그림 19.16), 회조류의 색소체는 여전히 세균의 세포벽을 지니고 있다. 숙주 세포가 색소체를 갖게 되면 이들은 그들 자신이 필요로 하는 유기물을 무기물로부터 합성할 수 있는 독립영양 방식을 취하게 된다. 어떤 원생생물은 이미 색소체가 만들어진 진핵조류 세포로부터 색소체를 얻게 되었는데, 이와 같은 과정을 **2차 세포내 공생**(secondary endosymbiosis) 또는 **3차 세포내 공생**(tertiary endosymbiosis)이라 한다.

2차 색소체(secondary plastid)는 진핵 원생생물이 홍조류나 녹조류 세포를 섭취하였지만 이를 소화시키지 않으면서 생겨났다. 오늘날의 많은 원생생물들은 2차 색소체를 갖고 있

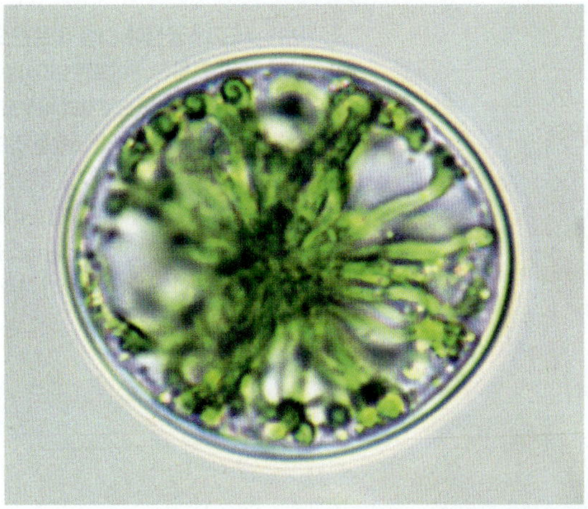

그림 19.16 회조류 글라우코시스티스(*Glaucocystis*) 이 생물의 청록색을 띠는 색소체는 세포내 공생을 하는 남세균이 색소체로 변형된 초기 단계를 나타낸다.

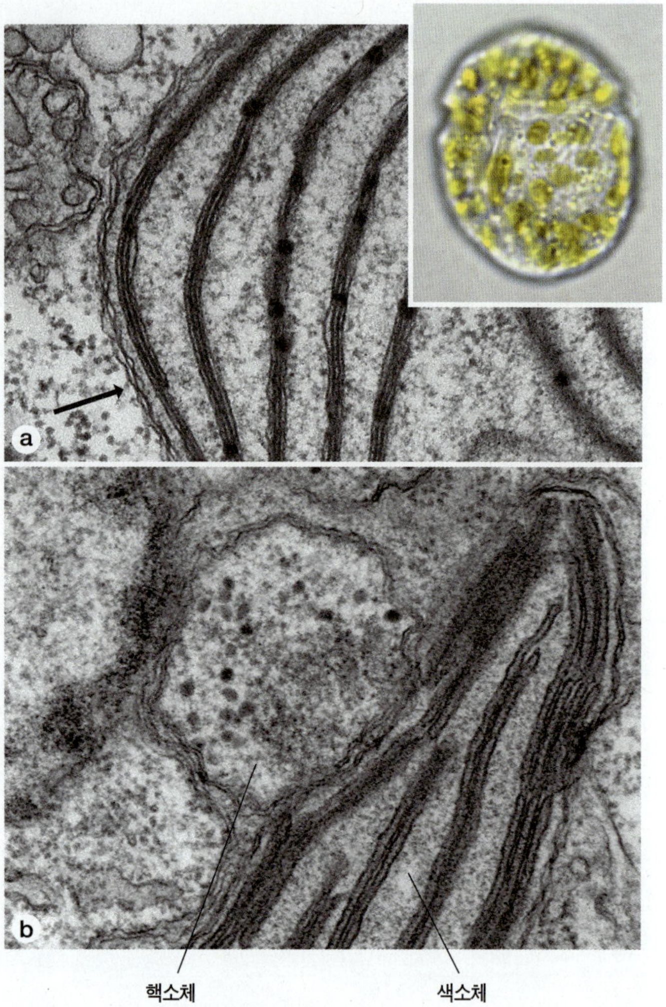

그림 19.17 진핵세포의 세포내 공생에 의하여 비롯된 2차 색소체 (a) 대부분의 와편모조류와 같은 어떤 경우, 세포내 공생을 하는 진핵생물의 잔존물은 색소체이다. 이 와편모조류의 2차 색소체는 세 겹의 막(화살표)으로 둘러싸여 있는데, 이러한 색소체는 다른 경우에서도 흔하게 나타난다. (b) 은편모조류와 클로라라크니오조류에서는 핵의 축소된 형태인 핵소체를 포함하여 세포내 공생체의 일부 세포질이 색소체와 함께 존재한다. 사진은 색소체와 인접한 은편모조류의 핵소체를 보여준다. 이 핵소체는 핵과 마찬가지로 2중막으로 둘러싸여 있다.

는데, 초기의 세포내 공생 조류의 색소체만이 남아있다(그림 19.17a). 그러나 어떤 원생생물들은 한편으로 세포내 공생체의 세포질과 핵 부분도 보유하고 있다. 이 경우, 세포내 공생체의 핵은 작고 유전자가 거의 없으며, 이러한 상태를 핵소체(nucleomorph)라 부른다(그림 19.17b). 2차 색소체는 색소체 외막이 두 겹보다 많은데, 이는 이들 색소체의 기원에 있어서 세포내 공생 과정이 추가로 일어났음을 반영하는 것이다.

광합성을 하는 유글레나류는 조상이 섭취한 녹조류로부터 2차 색소체를 획득하면서 기원되었다(표 19.3). 녹색의 유글레나류 색소체가 녹조류와 동일한 색소와 분자적 특징을 갖고 있고 세 겹의 막을 갖고 있다는 사실이 이를 뒷받침한다. 클로라라크니오조류도 이와 비슷하게 세포내 공생 녹조류로부터 색소체를 얻었지만, 한편으로 세포내 공생체가 지녔던 핵의 잔존물인 핵소체도 갖고 있다. 색소체를 갖고 있는 착편모조류, 와편모조류, 그리고 대롱편모생물은 세포내 공생을 하는 진핵 홍조류에서 기원하였는데, 이들 모두 색소체를 제외한 모든 세포 구성물은 소실되었다. 은편모조류는 고대의 내부공생 홍조류의 색소체뿐만 아니라 핵소체도 보유하고 있다. 일부 와편모조류는 세포내 공생을 하는 은편모조류나 돌말류로부터 비롯된 **3차 색소체**(tertiary plastid)를 갖고 있다.

표 19.3 색소체의 기원

집단	색소체의 형태	색소체의 기원
홍조류	1차	남세균
녹조류	1차	남세균
회조류	1차	남세균
은편모조류	2차	홍조류
착편모조류	2차	홍조류
황갈조류와 갈조류	2차	홍조류
유글레나류	2차	녹조류
클로라라크니오조류	2차	녹조류
아피콤플렉사류	2차	홍조류 또는 녹조류
와편모조류	2차 또는 3차	홍조류, 녹조류, 돌말류, 은편모조류

19.4 원생생물 영양 방식의 변이는 다양한 생태적 역할을 설명한다

원생생물은 다음의 네 가지 중 하나의 방식으로 양분을 얻는다: (1) **섭식영양**(phagotrophy) — 작은 조각들의 섭취, (2) **삼투영양**(osmotrophy) — 당이나 아미노산 같은 작은 용존 유

그림 19.18 대부분의 조류가 접하는 수중의 빛 환경은 청록색이다

기물질의 흡수, (3) **독립영양**(autotrophy) — 광합성, 또는 (4) **혼합영양**(mixotrophy) — 광합성과 삼투영양 또는 섭식영양의 조합. 이와 같은 영양 방식의 변이는 조류를 포함하는 원생생물의 다양한 생태적 역할을 설명해 준다.

대부분의 조류는 광합성을 하는 독립영양생물이다. 이들은 태양 에너지를 이용하여 물과 이산화탄소로부터 유기화합물을 합성한다(5장). 한편 조류는 생장을 위하여 다양한 무기물을 필요로 하는데, 이 가운데 특히 질소와 인을 요구한다. 물은 황색, 오렌지색 그리고 적색을 흡수하므로, 몇 미터 아래의 깊은 곳에 자라는 조류는 청록색의 세계에 살게 된다(그림 19.18). 모든 광합성 생물에서 나타나는 엽록소 *a*는(5장) 적색광과 청색광을 흡수한다. 깊은 곳에서 자라는 조류들은 적색광을 이용할 수 없으므로 다양한 조류 집단들은 한편으로 특징적인 보조색소(accessory pigment)를 갖고 있는데, 이 보조색소는 깊은 곳에 도달하는 녹색광이나 청색광을 흡수하여 엽록소 반응중심으로 그 에너지를 전달한다. 이들 보조색소가 때때로 풍부하게 나타나서 녹색의 엽록소를 가리게 되므로, 조류는 갈색이나 빨간색 또는 다른 색깔을 띠게 된다.

보조색소의 일종인 페리디닌(peridinin)은 청색광을 흡수하여 많은 와편모조류로 하여금 짙은 갈색을 띠게 만드는 카로티노이드이다. 카로티노이드는 오렌지색이나 황색을 띠는 지질이다(5장). 갈조류와 돌말류(그림 19.11 참조)에는 갈조소(fucoxanthin)라 부르는 청색광을 흡수하는 카로티노이드가 풍부하게 들어있는데, 이 갈조소 때문에 색소체가 황금빛에서 갈색을 띠게 된다. 홍조류(그림 19.12)의 색소체는 녹색광을 흡수하는 피코빌린(phycobilin) 색소를 포함하므로 조류가 분홍색, 빨간색 또는 짙은 자줏빛을 띠게 된다.

녹조류(그림 19.3)는 녹색의 보조색소인 엽록소 *b*를 갖고 있으며, 그밖에 붉은 색에서 오렌지색을 띠는 카로티노이드 루테인(lutein)과 **베타카로틴**(beta-carotene)이 들어있다. 식물의 색소체는 녹조류의 색소체에서 비롯되었고, 따라서 식물의 색소체 역시 엽록소 *b*, 베타카로틴, 그리고 루테인을 갖고 있다. 조류와 식물에서 제공되는 베타카로틴은 조류를 먹고 사는 해양동물을 포함하여 동물의 영양에서 매우 중요하다. 동물의 체내에서 베타카로틴은 비타민 A(레티놀)로 전환된다. 이 비타민은 사람의 피부 상태를 좋게 유지하고 눈에서 빛을 감지하는 색소의 형성에 필수적이다. 사람의 음식물에 베타카로틴이 결핍되면 눈마름증(xerophthalmia)이라고 알려진 치료하기 힘든 시각상실(blindness)을 유발하게 되는데, 비교적 흔하게 나타나는 이 증상은 카로틴이 풍부한 음식물을 섭취하거나 보충하면 완벽하게 예방할 수 있다. 한편 비타민 A는 동물의 사지(limb) 발달에 중요한 역할을 한다. 이러한 연유로 임신한 여성은 여드름 치료에 사용하는 피부 연고를 반드시 피해야 하는데, 왜냐하면 이 화학물질이 육체적 결함을 가진 신생아를 유발할 수 있기 때문이다.

전적으로 섭식영양을 하거나 삼투영양을 하는(또는 이 두 가지 모두를 하는) 원생생물은 종속영양생물이다. 살아있는 세포에서 양분을 취하는 종속영양 원생생물은 **기생생물**(parasite)이고, 사체의 유기물에서 양분을 섭취하는 원생생물은 **부생생물**(saprobe)이다. 독립영양을 하는 원생생물 가운데 일부는 그들의 환경에서 비타민과 같은 어떤 유기화합물을 반드시 필요로 하는데, 이러한 영양 방식을 **영양요구성**(auxotrophy)이라 한다. 일부 섭식영양 원생생물과 혼합영양 원생생물은 세균을 섭취하고, 이들은 해양동물에 먹힌다. 이렇게 원생생물은 세균의 상당한 생산력을 먹이그물의 상위 구성원에게 연결시켜 준다. 다른 섭식영양 원생생물들은 비교적 큰 진핵생물 먹이를 소비한다. 이를 요약하면, 원생생물은 많은 방법으로 먹이를 섭취함으로써 다양한 생태적 역할을 수행한다.

19.5 구조적 및 생식적 적응은 원생생물의 생존을 도와준다

원생생물의 보편적인 구조적 적응은 특유의 세포외피와 저장산물이며, 여기에서는 주로 조류의 세포외피와 저장산물에 관하여 살펴보기로 한다(표 19.2 참조). 한편, 생식적 적응에는 무성생식, 불리한 조건에서 살아남는 단단한 벽을 가진 포낭, 그리고 배우자, 접합자 및 생활주기가 수반되는 유성생식이 포함된다. 원생생물의 구조와 생식이 다양하다는 사실은 이들 생물이 여러 가지 방법으로 그들의 환경에 적응하고 있음을 설명해 준다.

세포외피

많은 조류는 특유의 세포외피(cell covering)를 갖고 있으며, 이 구조는 세균, 바이러스, 곰팡이 또는 기생생물의 공격으로부터 어느 정도 보호하는 기능을 갖는다. 한편 세포외피는 담수에서 삼투피해를 막아주거나 물에서 부유를 증진시키는데 도움을 주기도 한다. 갈조류와 녹조류에서는 섬유소 벽이 보편적인데, 녹조류는 이 특징을 육상식물의 자손에게 물려주었다. 특유의 끈적끈적한 다당류 중합체가 홍조류 세포 주변을 감싸고 있는데, 이들 물질의 일부는 경제적으로 중요한 가치를 지니고 있다. 예를 들면, 조류, 세균, 곰팡이 그리고 식물 조직을 배양할 때 영양소를 굳히는데 사용하는 한천(agar)은 홍조류의 세포외피에서 추출한다. DNA 연구에서 사용하는 아가로오스(agarose) 역시 홍조류의 세포벽 물질에서 나온다. 한천과 아가로오스는 산업적으로 합성하기에 너무 복잡해서 이들 물질은 오로지 홍조류의 자연 개체군에서 추출한다. 탄산칼슘은 단세포 착편모조류 뿐만 아니라 일부 홍조류와 갈조류 및 녹조류의 세포벽에 들어있다. 이들 조류를 석회조류라 부른다. 전 세계의 많은 해변에서 볼 수 있는 백색의 아름다운 모래는 주로 석회화된 녹조류에서 만들어진 것이다. 규소는 돌말류의 세포벽을 만들고, 일부 유글레나류는 철과 망간이 결정화된 점액질로 둘러싸여 있다.

저장산물

조류는 유기양분을 다양한 화학적 형태로 저장한다(표 19.2 참조). 저장된 물질은 빛과 같은 자원이 광합성을 제한할 때 세포가 살아남도록 해 줄 뿐만 아니라, 한편으로 조류가 종속영양생물의 바람직한 먹이원이 되도록 해 준다. 기름방울(oil droplet)은 돌말류와 같은 조류에서 중요한 저장산물이 된다. 이 장의 앞부분에서 설명하였듯이, 석유와 일부 석탄 퇴적물은 저장산물을 포함하여 주로 고대 조류의 유기물 성분에서 비롯된 것이다.

식물의 주된 저장산물인 녹말은 선조인 녹조류에서 물려받은 것이다. 모든 녹조류와 육상식물은 색소체 내에 녹말을 저장한다. 광학현미경으로 관찰하면 녹말이 정상적으로 투명하지만, 요오드 용액으로 염색하면 짙은 청색으로 변한다. 한편 요오드는 녹조류 가운데 무색 조류의 녹말을 염색시켜서 그들의 실체를 파악하는데 도움을 준다(Essay 19.1 참조). 색소체가 아닌 세포질에서 나타나는 와편모조류의 녹말도 요오드를 이용하여 염색할 수 있다. 다른 조류들은 녹말과 전혀 다른 탄수화물을 합성하며, 요오드 용액으로 염색해도 짙은 청색으로 변하지 않는다. 그 예로는 유글레나류 세포질에서 나타나는 파라밀론의 알갱이, 홍조류 세포질의 다당류 덩어리, 그리고 착편모조류와 대롱편모생물의 액포에서 나타나는 용존 탄수화물들을 들 수 있다.

무성생식

모든 원생생물은 유사분열(mitosis)로 세포가 분열하는 무성생식을 할 수 있다. 단세포 원생생물은 유사분열로 어버이와 비슷한 둘 또는 그 이상의 딸세포를 만든다. 자연에서 그리고 실험실 배양에서 원생생물 개체군은 무성생식으로 번식한다(13장 참조). 무성생식은 유전적으로 동일한 자손을 많이 만들어 원생생물의 생존을 도와준다. 이들 가운데 일부가 먹히거나 자원이 부족하여 죽더라도, 다른 자손들이 생존하여 번식하게 된다. **포자**(spore)는 원생생물에서 종종 무성적으로 만들어지는 단세포 생식 구조이다.

다세포 원생생물은 종종 포자를 만들고, 이들은 어버이로부터 떨어져 나와 주변으로 멀리 퍼져 나간다. 이렇게 함으로써 어버이와 자손들 간의 치열한 경쟁을 막을 수 있게 된다. 때때로 홍조류는 **단포자**(monospore)를 방출하는데, 편모가 없는 이 단세포는 이들이 부착하여 자라서 새로운 개체로 성장할 수 있는 적절한 바닥을 만날 때까지 물의 흐름을 따라 떠돈다. 다른 많은 원생생물들은 물 속에서 유영할 수 있는 편모가 달린 세포를 생성하여 주변으로 방출한다(그림 19.19a). 편모가 달린 무성 생식세포를 **유주자**(zoospore)라 한다('*zoo*'는 이들 세포처럼 전형적으로 이동성을 가진 동물을 가리킨다). 유주자는 난균류와 같은 기생성 원생생물들이 새로운 숙주를 찾아가는데 매우 중요한 방편이 된다. 많은 원생생물은 단단한 벽을 가진 단세포인 **포낭**(cyst)을 만드는데, 이 포낭은 환경조건이 개선될 때까지 불리한 조건에서 생존할 수 있다(그림 19.19b).

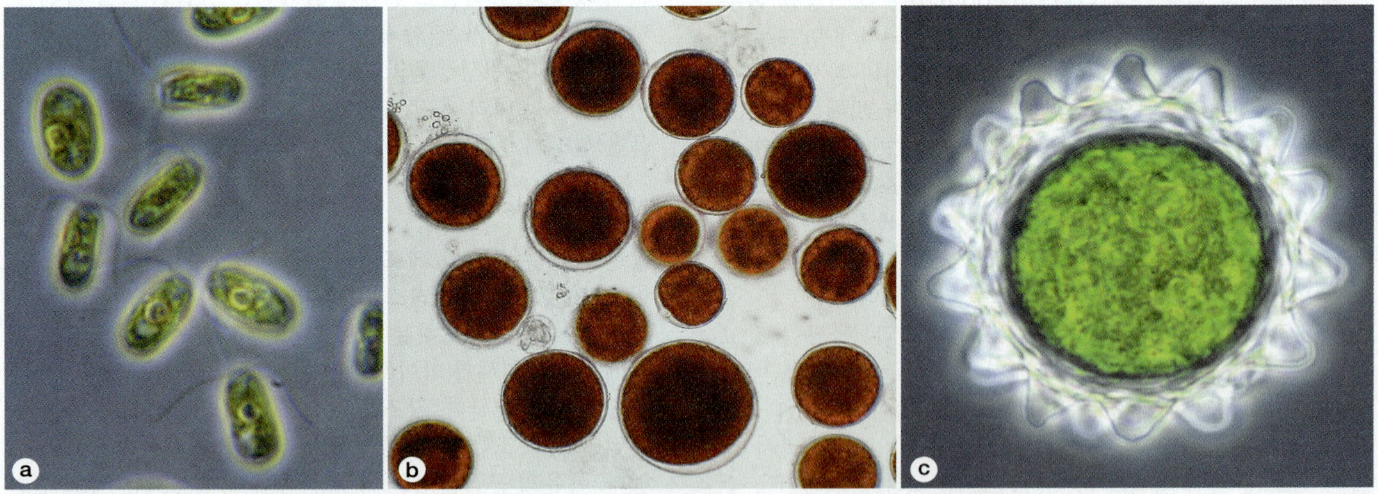

그림 19.19 생식세포는 원생생물의 생존에 있어 중요한 역할을 한다 (a) 녹조류 녹색소구체속(*Chlorococcum*)의 유주자는 편모가 달린 세포이며, 어버이 세포로부터 방출되어 무성적으로 번식한다. (b) 녹조류 헤마토코쿠스(*Haematococcus*)의 포낭은 두꺼운 벽으로 둘러싸여 있으며, 불리한 환경에서 생존하다가 조건이 개선되면 발아한다. 주황색의 색소는 빛에 의한 손상으로부터 세포를 보호해 준다. (c) 좁쌀공말속(*Volvox*)의 접합자는 불리한 조건에서 세포가 생존하게끔 두꺼운 벽을 갖고 있다. 세포벽의 울퉁불퉁한 무늬는 그 역할이 알려져 있지 않다.

유성생식

많은 원생생물이 유성생식을 하는 것으로 알려져 있으며, 유성생식은 다양한 유전자형(genotype)을 생성하는 진화적 이점을 갖고 있다. 성(sex)은 환경변화에 대한 신속한 진화적 반응을 가능케 한다. 원생생물에서 나타나는 유성생식 과정은 다양하다. 이와 같은 변이는 압박을 받는 조건에 적응하는 다양한 방법을 나타낸다. 이를테면 일부 원생생물에서는 유성생식 결과 두꺼운 벽을 가진 접합자(zygote)가 형성된다(그림 19.19c). 이 접합자는 앞서 설명한 포낭과 비슷하게 불리한 조건을 극복하고, 조건이 개선되면 발아한다. 다른 원생생물들은 둘 또는 세 가지 종류의 다세포 구조가 나타나는 유성생식 주기를 갖는데, 각각의 다세포 구조는 특정한 환경조건에 적응하게 된다.

조류에서 나타나는 유성생식 주기의 세 가지 유형(13장에서 설명한 접합자 생활주기, 포자 생활주기 및 배우자 생활주기)의 예를 설명하기로 한다. 사상체 녹조류인 해캄속(*Spirogyra*)은 접합자 생활주기(zygotic life cycle)의 예가 된다(그림 19.20). 이 생활주기에서 대부분의 세포는 단지 1벌의 염색체를 가지며, 단세포 접합자만이 유일하게 2벌의 염색체를 가지는 2배체(diploid)이다. 해캄의 접합자는 두꺼운 벽으로 둘러싸여 환경의 압박에 견딜 수 있다. 이들 접합자는 진흙에서 휴면상태로 지내다가 조건이 적합해지면 발아하여 광합성을 하고 새로운 개체로 생장한다. 봄철에 해캄이 연못의 수면에서 빠르게 증식하는 현상은 바로 이 때문이며, 많은 접합자들이 동시에 발아하면서 조류가 무성하게 자라게 된다.

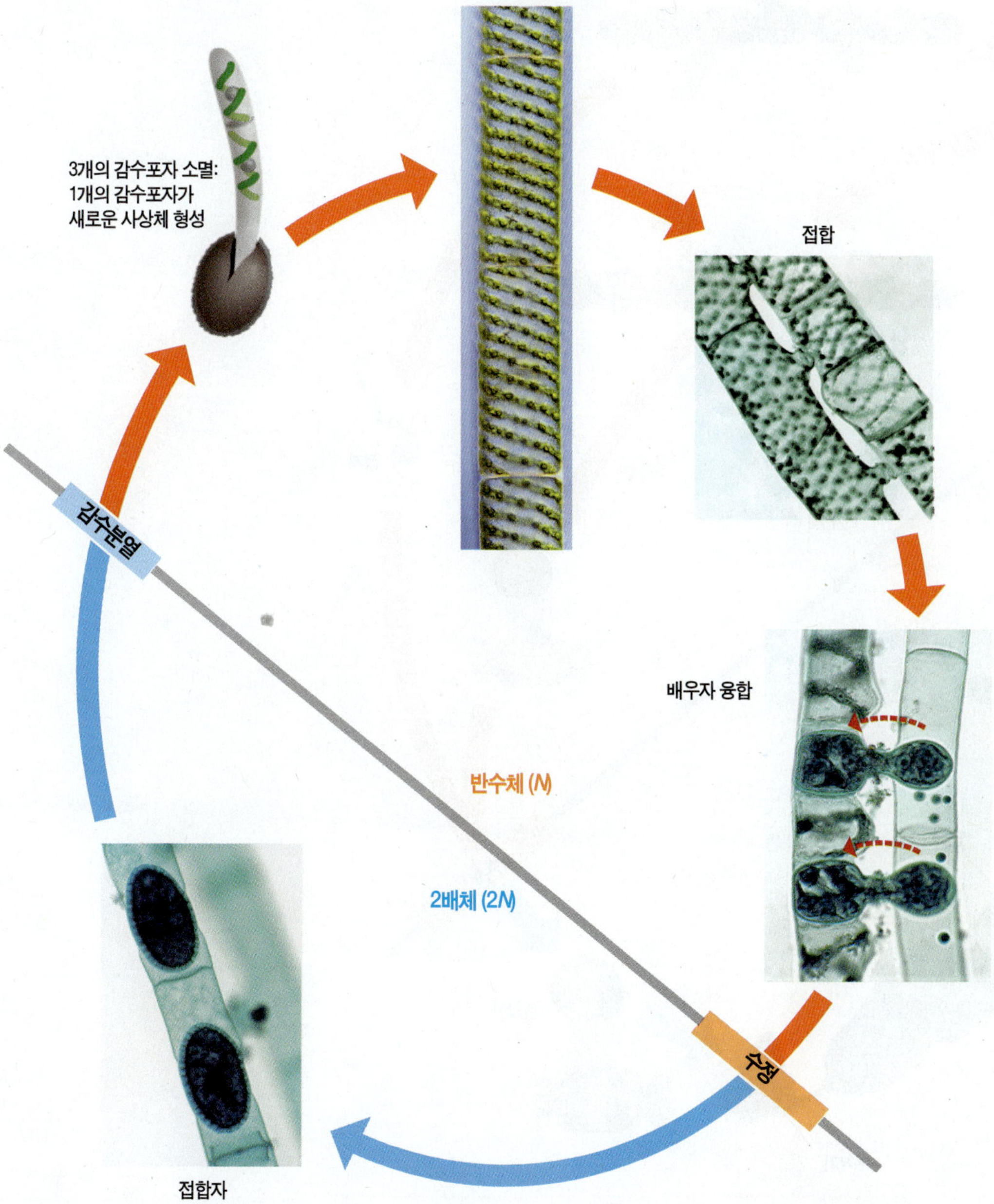

그림 19.20 **녹조류 해캄속(*Spirogyra*)은 접합자 생활주기를 가진다** 생활주기에서 유일한 2배체 세포는 접합자이다.

대형 갈조류 다시마속(*Laminaria*)은 포자 생활주기(sporic life cycle)를 갖는 보편적인 해조류이며(그림 19.21), 포자 생활주기는 한편으로 세대교번(alternation of generation)이라 부른다. 육안으로 관찰되는 커다란 해조류는 포자를 형성하는 **포자체**(sporophyte)이다. 포자체에서 방출되는 포자들은 현미경적 크기의 몸으로 자라고, 깊고 어두운 바닷속 표면에 부착한다. 이 현미경적 크기의 몸은 배우자를 형성하는 **배우체**(gametophyte)이며, 배우자들이 융합하면 그 결과 형성되는 접합자가 자라서 수면의 빛을 받을 수 있는 큰 해조류로 자란다. 다시마의 포자체와 배우체는 서식지에서 생존하기 위하여 별도로 적응하게 된다. 육상식물은 갈조류인 다시마와 그 근연종들의 생활주기와 유사한 생활주기를 갖게끔 독립적으로 진화하였다.

갈조류에 속하는 해조류 푸쿠스(*Fucus*)는 동물의 생활주기와 비슷하지만 독립적으로 진화한 배우자 생활주기(gametic life cycle)를 갖는다(그림 19.22). 푸쿠스의 생활주기에서 염색체를 단지 한 벌만 갖고 있는 유일한 반수체(haploid) 시기는 배우자이다. 이와 같은 유형의 생식은 푸쿠스에게 이로운데, 그것은 몸을 구성하는 대부분의 2배체 세포들이 중복 유전자들을 갖고 있기 때문이다. 해로운 돌연변이가 일어난다 하더라도 정상적인 대립유전자들이 정상적인 구조와 기능을 발현하게 된다. 동물 역시 이와 비슷하게 배우자 생활주기에서 이

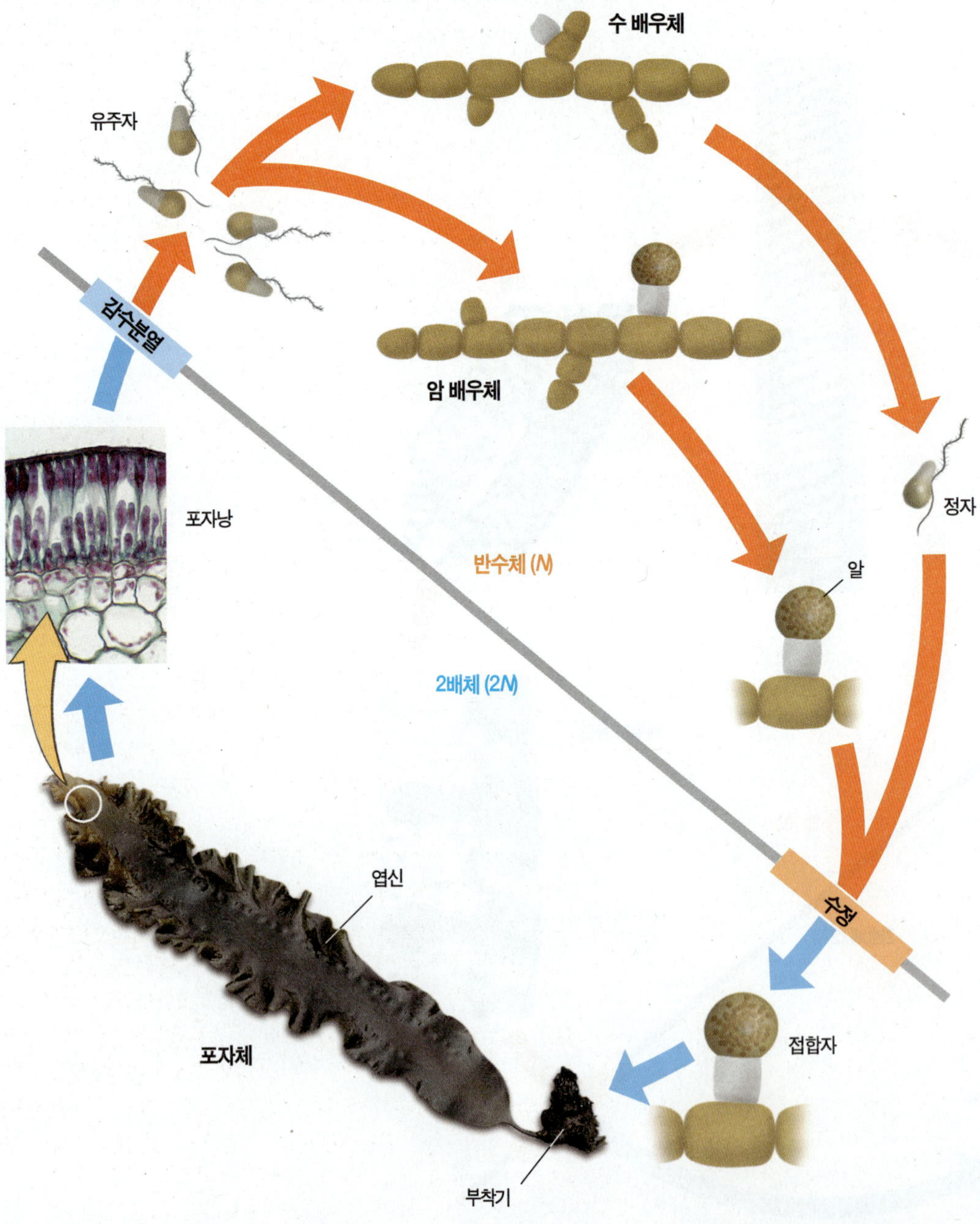

그림 19.21 갈조류 다시마속(*Laminaria*)은 다세포로 된 별개의 포자체와 배우체가 세대교번을 하는 포자 생활주기를 갖는다

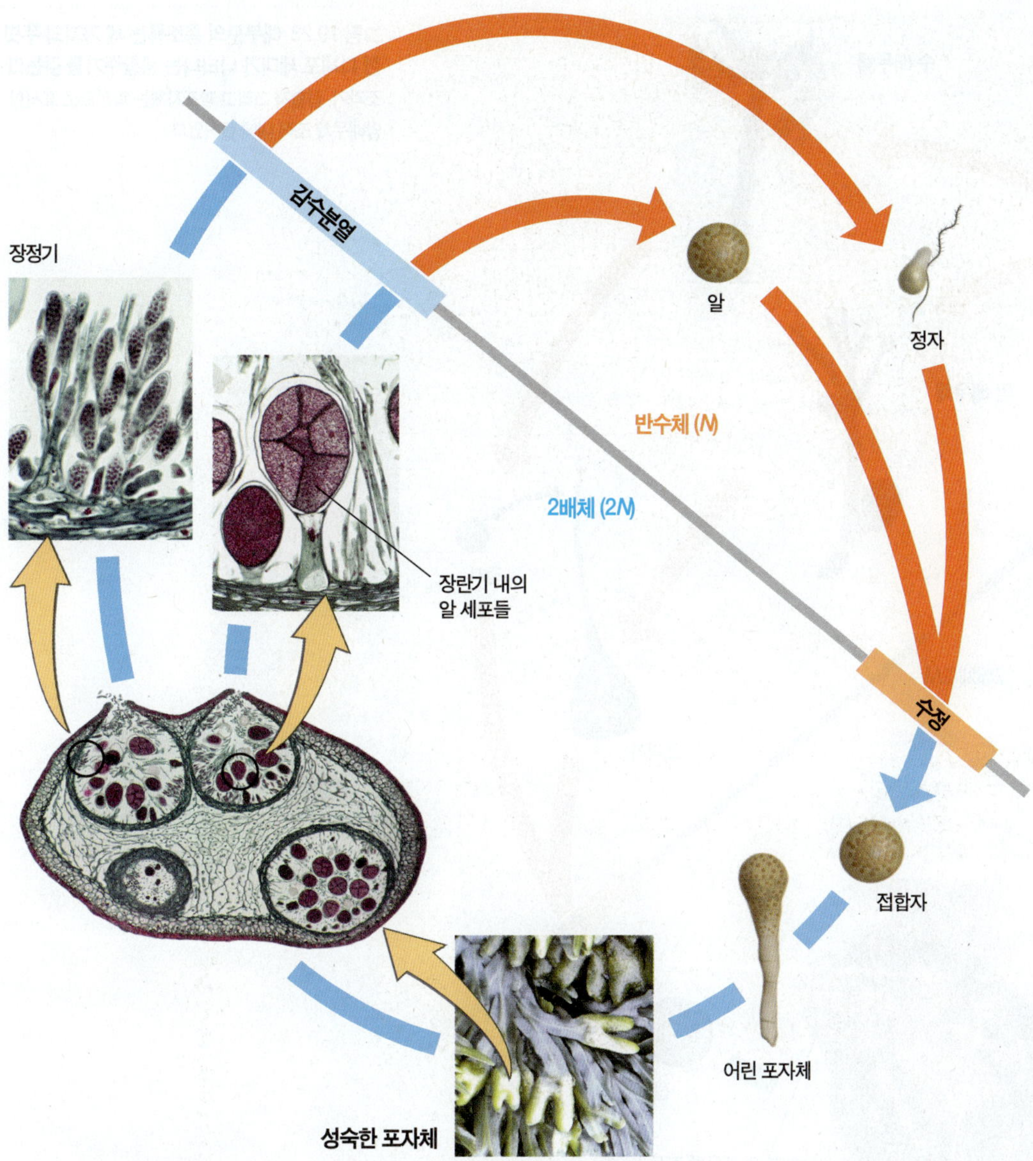

그림 19.22 **갈조류 푸쿠스(*Fucus*)는 동물의 생활주기와 비슷한 배우자 생활주기를 갖는다** 생활주기에서 유일한 반수체 세포는 배우자이다.

득을 얻는다.

대부분의 홍조류는 세 가지의 뚜렷한 다세포 구조가 나타나는 생활주기를 갖는다(그림 19.23). 이렇게 별난 생활주기는 홍조류의 진화 초기에 편모가 사라진데 대한 반응으로 나타났다. 홍조류는 종종 별개의 암배우체와 수배우체를 형성하는데, 이 배우체들은 각각 암배우자 또는 수배우자의 한 가지 배우자만을 만드는 반수체이다. 암배우자는 암배우체에 그대로 남아있지만, 수배우체에서 만들어진 수배우자는 물로 방출된다. 수배우자는 편모가 없으므로, 주로 물의 흐름에 의존하여 수배우자와 암배우자가 만나 수정하게 된다. 이런 상태에서 접합자는 비교적 드물게 형성되며, 이들은 어버이 배우체 안에 남게 된다. 한편 대부분의 홍조류는 접합자가 계속적으로 유사분열을 하여 2배체의 특징적인 구조를 이루는데, 이를 과포자체(carposporophyte)라 부른다. 과포자체는 어버이 암배우체의 몸 안에 남아서 이로부터 양분을 얻는다. 이와 같은 영양 상태는 식물의 어버이 암배우체 몸 안에 있는 배(embryo)의 생장과 매우 흡사하다(21장). 홍조류의 과포자체는 접합자의 2배체 핵을 다량 복제하고, 그 핵들을 과포자(carpospore)에 담아 분산시킨다. 이 과정을 통하여 접합자에서 비롯된 희귀한 염색체 조합을 증대시킨다. 과포자가 자라면 2배체 몸인 4분포자체(tetrasporophyte)가 된다. 4분포자체는 흔히 그림 19.23에 보인 바와 같이 독립적으로 생활하지만, 때로는 이들이 만들어진 과포자체/배우체 상에서 자란다. 4분포자체에서는 감수분열을 통하여 많은 4분포자(tetraspore)가 만들어진다. 이들 포자는 각각 자라서 암배우체 또는 수배우체가 되고, 이로써 생활주기가 완결된다. 4분포자체는 희귀한 접합자에서 비롯된 유전적 조합을 더욱 증대시킨다. 이토록 놀랄 만큼 복잡한 생활주기는 홍조류가 편모를 만드는 능력을 상실하였을 때 직면하는 문제점들을 효과적으로 해결해 준다.

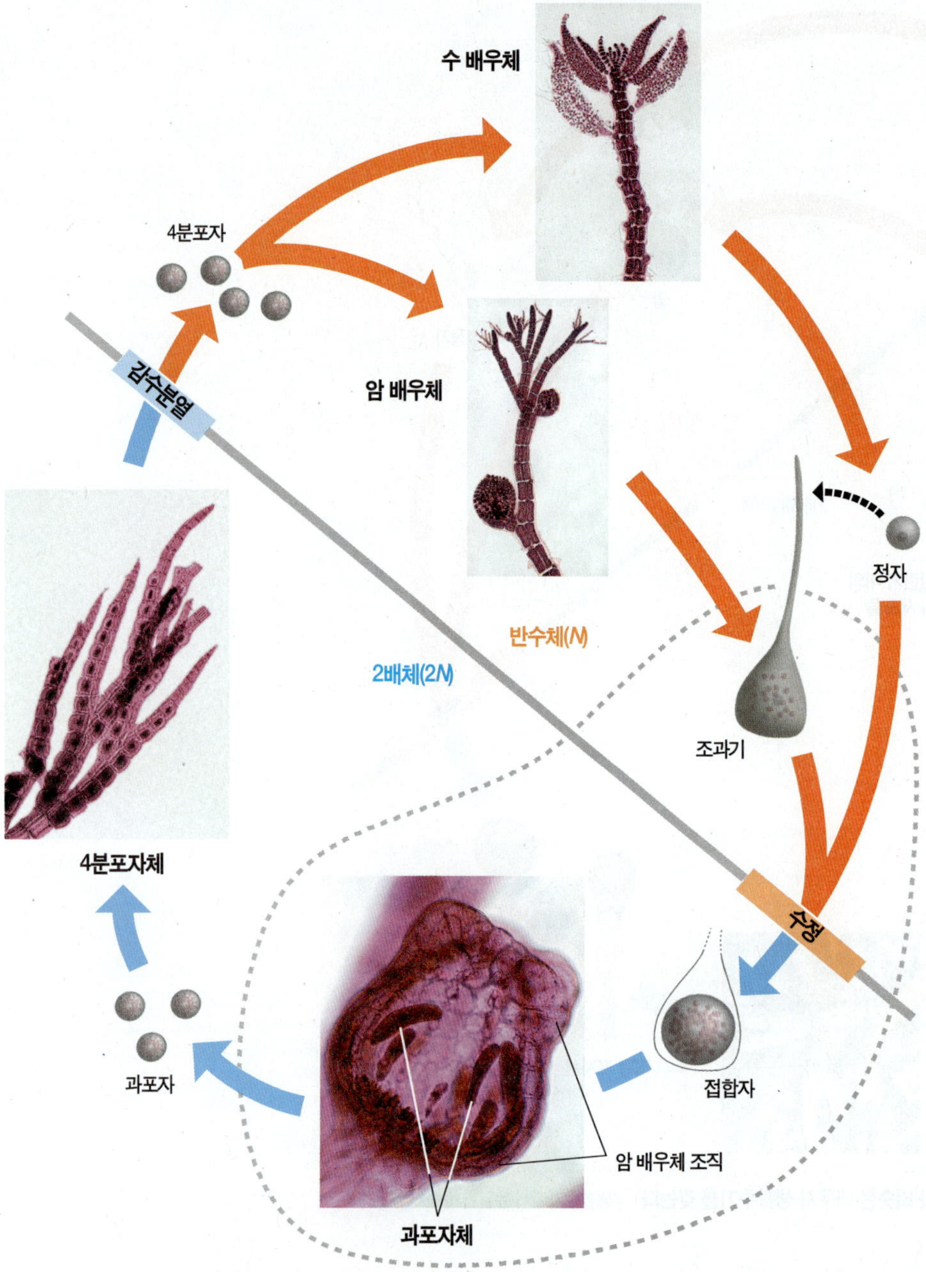

그림 19.23 대부분의 홍조류는 세 가지의 뚜렷한 다세포 세대가 나타나는 생활주기를 갖는다 조과기, 접합자 그리고 과포자체는 파선으로 표시한 암배우체 조직 내에 들어있다.

19.6 조류는 생명공학적으로 유용하게 이용된다

산업적 이용과 식품

여과제와 반사 페인트 그리고 살충제를 만들 때 돌말류가 이용된다. **알긴산**(alginate)은 갈조류의 세포벽에서 추출하는 다당류 중합체이며, 페인트나 리놀륨(linoleum) 그리고 치과용 재료를 만들 때 쓰인다. 앞서 설명한 바와 같이 홍조류에서 추출하는 한천(agar)은 미생물의 실험실 배양에 사용되며, 한편으로는 일부 식품을 생산할 때 이용된다. 많은 낙농제품에서 유화제 성분으로 사용하는 **카라기난**(carrageenan)도 홍조류에서 추출한다. 많은 나라에서 특정한 홍조류, 갈조류 그리고 녹조류의 해조류를 소비한다. 양식 홍조류인 김속(*Porphyra*)이 그 예이다(그림 19.24).

수질 개선

원생생물의 자연 개체군은 물을 정화하는 하수처리장의 중요한 구성 요소가 된다. 조류와 기타 원생생물로 구성되는 조류 세정장치(algal scrubber)는 폐수로부터 질산염과 인산염을

(a) (b)

그림 19.24 경제적으로 중요한 홍조류 김 (a) 썰물 때에 바위에서 볼 수 있는 김속(*Porphyra*); (b) 일본 시중에서 판매하는 김.

제거하여 수질이 개선되게끔 설계된다. 이러한 유형의 장치는 미국 수도인 워싱턴(Washington, D.C.)의 스미스소니언 협회(Smithsonian Institution)의 수족관에서 사용되고 있다.

실험 모델계

딕티오스텔리움 디스코이데움(*Dictyostelium discoideum*)과 같이 색소체가 없는 세포성 점균류(cellular slime molds)는 아메바를 만드는데, 처음에는 토양균을 먹다가 나중에는 다세포의 이동체(slug)로 뭉친다. 이동체가 변형하여 분산성 포자들의 덩어리가 자루에 달린다(그림 19.25). 원생생물에서 나타나는 이와 같은 놀라운 행동은 발생에 영향을 미치는 세포간 화학적 연락의 간단한 형태를 예증한다. 따라서 딕티오스텔리움은 진핵생물의 발생에서 형질 발현을 분석하는 실험 모델계(laboratory model system)로 유용하게 쓰인다.

녹조류 클라미도모나스(*Chlamydomonas*)와 좁쌀공말속(*Volvox* ; 그림 19.3b 참조) 역시 광합성과 편모 발생에서 형질 발현을 연구하는 모델계로 이용된다. 유전자 분석에 있어 이들 원생생물은 접합자 생활주기를 갖는 반수체라는 이점을 지니고 있어서, 이들의 표현형은 유전자형을 직접적으로 반영한다. 돌연변이는 세포 구조나 행동의 변화로 쉽게 관찰된다. 노벨상 수상자인 캘빈(Melvin Calvin)은 녹조류 클로렐라(*Chlorella*)를 이용하여 광합성의 광독립반응을 밝혔다.

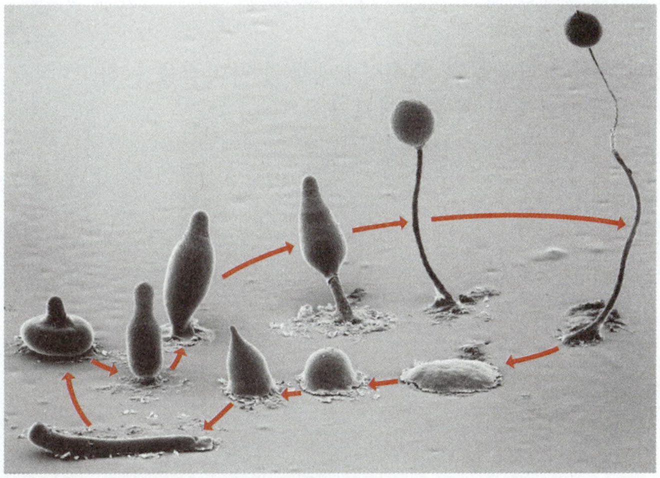

그림 19.25 점균류 딕티오스텔리움(*Dictyostelium*)의 무성적 발생 주기

요점

19.1 원생생물은 (1) 식물계나 동물계 또는 진균계에 속하지 않고, (2) 그 크기가 종종 현미경적이며, (3) 대부분 습한 서식지에서 풍부하게 나타나는 진핵생물이다. 색소체가 포함된 원생생물을 흔히 조류라 부른다.

19.2 원생생물은 그 유연관계가 확실하지 않은 다양한 집단으로 구성된다. 조류에 속하는 주요 집단은 유글레나류, 은편모조류, 유포생물, 착편모조류, 대롱편모생물, 근형생물, 홍조류, 녹조류, 그리고 회조류이다. 육상식물은 녹조류의 특정한 집단인 윤조류에서 진화하였다.

19.3 조류의 다양성은 세포내 공생과 1차, 2차 및 3차 색소체의 기원과 같은 기본적인 구조와 과정의 진화를 반영한다.

19.4 조류는 영양 방식이 다양하고, 생태적으로 독립영양생물이나 종속영양생물 또는 혼합영양생물로서 다양한 역할을 한다. 종속영양생물에는 사체의 유기물질을 소비하는 부생생물과 살아있는 조직에서 양분을 취하는 기생생물이 포함된다. 독립영양 조류의 빛 흡수를 도와주는 보조색소 때문에 조류의 다양한 체색이 나타난다.

19.5 조류의 구조적 및 생식적 적응에는 세포외피의 다양한 유형, 저장산물, 무성생식, 유성생식 그리고 생활주기가 포함된다.

19.6 조류의 생명공학적 이용에는 산업적 이용과 식품 생산, 수질개선 기술, 그리고 실험 모델계가 포함된다.

문제

1. 조류와 육상식물의 공통점과 차이점은 무엇인가?

2. 조류라는 집단은 '대부분 물에 살면서 비교적 단순한 몸을 갖고 주로 광합성을 하는 진핵생물'이라고 설명할 수 있다. 물론 이와 같은 일반적인 정의가 대부분의 조류에 해당되기는 하지만, 이 설명에 맞지 않는 조류들도 있다. 일반적인 정의에 해당하지 않는 예외적인 조류들에 대하여 설명하라.

3. 독립영양생물과 종속영양생물의 차이점을 논하고, 각각의 대표적인 예를 들어보자.

4. 조류에는 다양한 체형이 나타난다. 대표적인 조류 체형에 대하여 명칭과 함께 설명하라.

5. 포자체와 배우체를 구별해 보자. 조류의 모든 종이 포자체와 배우체를 만들까?

6. 조류에서 나타나는 주요 광합성 색소의 종류를 들고, 이들이 조류 집단에서 어떻게 분포하는지 설명하라. 모든 광합성 조류에서 나타나는 색소는 무엇인가?

7. 조류의 경제적 가치를 설명하고, 생태적으로 중요한 조류의 역할을 유익한 측면과 해로운 측면에서 살펴보자.

응용 개념

1. 일부 기생조류는 사람과 동물에게 질병을 일으킨다. 사람이나 동물에게 해를 주지 않으면서 이들 기생조류의 생장을 저해하는 항생물질을 어떻게 고를 수 있을까?(힌트 : 동물에게는 없지만 조류가 전형적으로 갖고 있는 구조나 대사과정은 무엇인가?)
2. 조류의 신종이 끊임없이 발견되지만, 조류가 대체로 너무 작아서 어떤 조류 집단이 그 조류와 밀접한 관계가 있는지 판단하기가 쉽지 않을 수 있다. 새로 발견된 조류의 유연을 결정하는데 사용될 수 있는 특징과 방법은 어떤 것인가?
3. 단세포 편모조류의 유리한 점은 무엇이고 불리한 점은 무엇인가? 해조류와 같은 다세포 조류의 이점은 무엇인가? 해조류의 개체 크기가 커지면 어떤 점이 불리해질 수 있을까?
4. 당신의 집 부근 해역에서 보고되는 '사망지역'의 면적이 매년 커진다고 가정해보자. 당신은 이러한 '사망지역'의 면적과 출현 빈도가 줄어들도록 어떤 조치를 취하라고 권고할 것인가?

20 장 균류와 지의류

지의류

주요 개념

- 진핵생물인 균류의 세포벽은 키친을 함유하고 체형은 섬유상이다.
- 균류는 유기화합물을 흡수할 수 있는 작은 유기분자로 분해하여 살아간다.
- 균류는 주 분류군은 번식에서 차이가 있다.
- 균류는 대부분의 식물과 유익한 관계를 이루며 사람에게도 여러 가지 방법으로 관계한다.
- 지의류는 균류와 광합성을 하는 미생물간의 상리공생으로 복합된 것이다.

지구상에서 가장 큰 생물체는 무엇인가? 여러분은 코끼리, 고래, 아니면 거대한 미국삼나무라고 생각하겠지만 지금까지의 기록으로는 균류이다. *Armillaria ostoyae*라는 균류의 한 개체가 미국 오레곤주의 2,200에이커의 산림지대를 덮고 있고, 무게가 수백 톤에 달하고 수명이 2000년이 넘는다고 생각된다. 과학자들은 산림지역 전체에서 채집한 표본의 DNA 염기서열이 똑 같은 것으로 보아 하나의 개체에서 유래된 것으로 확인하였다. 언론사 기자들은 이 생물체를 "fungus humongous"라고 부른다. 비록 이 개체가 지하에 있어 일반인에게는 볼 수가 없지만 또 다른 아주 거대한 균류도 발견하였다.

신문에 보도된 또 하나의 거대한 균류는 길고 굵은 나무둥치와 같은 화석이기에 얼핏 보기에는 나무인 것 같이 보인다. 이 화석은 나무가 지상에 형성되는 초기에 균류가 자랐다고 보기 때문에 오랜 기간 신비에 쌓여 있다. 비록 이 화석은 다른 어떤 나무화석보다 오래 되었다 할지라도 나무 둥치같이 보이기 때문에 *Prototaxites*라는 이름을 붙였다. "Proto"는 처음이란 뜻이고 "taxites"는 오늘날 침엽수인 주목의 *Taxus*에서 유래되었다. 이 거대한 화석은 둥치를 엷은 단편으로 잘라서 현미경으로 관찰한 바, 균류와 같은 세포형태를 보이기에 균류로 동정하였다. 화석의 화학적 조성도 균류와 같다는 것이다. 이 고대 균류는 어떻게 이렇게 크게 자랐으며 왜 진기한 나무형태의 둥치로 되었는가?

이 장에서는 균류가 어떻게 성장하고 번식하고 식물과의 관계, 광합성을 하는 미생물과 필연적인 협력관계(지의류를 형성하기 위하여)를 이루었는지를 알아보고자 한다. ■

균류 *Armillaria*속 어떤 종의 자실체

20.1 | 균류는 진핵생물로써 뚜렷한 세포벽과 체형을 가지고 있다

비록 많은 균류는 현미경으로 관찰이 가능할 정도로 크기가 작고 몇몇 박테리아와 유사하다 할지라도, 균류는 세포구조에서 원핵세포인 미생물과는 완전히 구별된다. 균류의 세포는 핵, 미토콘드리아, 내막계, 세포골격과 진핵세포의 일반적인 세포내 구조를 가지고 있다. 균류의 세포는 식물과 많은 조류의 특징인 세포를 보호하는 세포벽을 가지고 있다. 그렇지만 균류의 세포벽은 조류와 식물의 세포벽에는 존재하지 않는 키친이라고 하는 질소를 함유한 다당류가 풍부하다. 균류는 실모양의 사상체로 되어 있는 것이 식물과는 아주 다르며, 이 점에서는 몇몇 원생생물과 유사하다(19장 참조). 동물과 마찬가지로 균류는 그들의 세포내에 다당류인 글리코겐을 영양원으로 저장하고 있는데, 이것은 탄수화물 저장하는 식물과 조류와 차이가 있다. 균류의 일부는 수생환경에 점유하고 있지만 대부분은 육지에서 살고 있다(표 20.1).

두 종류의 균류 즉 항아리 균과 효모는 때에 따라 단세포로 나타난다(그림 20.1 a,b), 그러나 대부분의 균류는 현미경으로 관찰이 가능한 실모양이고 분지하는 **균사**(hyphae)로 되어 있다. 균사는 아주 길고 가늘어서 영양을 얻기 편리하게 큰 지표면으로 뻗어있다. 많은 균류의 균사는 다핵을 가진 세포의 연결된 관이지만 대부분의 균류는 격벽을 가진 균사로 되어 있다(표 20.1). 격벽은 균사가 상처를 받았을 때 세포질의 유실을 방지한다.

균사의 성장은 균사의 말단에서 일어난다. 균사성장에는 세포질이동과 삼투작용이 중요한 과정이다. 삼투작용이란 반투과성 막을 통해 용질이 풍부한 구획으로 물이 들어오는 것으로 4장을 참조하라. 물은 균류의 세포질에는 당, 이온, 다른 용질이 풍부하기 때문에 균사내로 들어온다. 물이 들어옴으로 균사의 말단이 부풀게 되고 그 부분이 확장할 수 있는 힘이 생긴다. 그 후 균사 말반에는 내막계에서 만들어진 효소와 세포벽물질을 가진 소포들이 모여들게 된다. 그 후 소포들은 세포벽과 융합되어 균사의 말단에서 막 물질을 배출함으로 균사를 자라게 한다. 따라서 균류의 균사는 영양이 고갈된 장소에서 부근의 영양이 풍부한 장소 즉 기질(substrate)이라고 하는 영양원을 찾아 빨리 뻗어나간다.

무수히 서로 엉켜있는 균류의 균사를 **균사체**(mycelium)라고 한다. 하나의 균사체는 흐늘흐늘한 솜털 모양일 수도 있고 조직같이 뚱뚱할 수도 있다. 균류의 균사체는 근처 모든 곳에서 생겨나지만 균사 하나 하나가 섬세하고 영양물질속에 숨어있기 때문에 눈으로 똑똑히 보이지 않는다. 균류의 균사체 하나가 많은 양의 토양과 영양물질을 차지할 수도 있다.

육안으로도 볼 수 있는 버섯과 균류의 생식구조는 단단하게 쌓인 균사로써 **자실체**(fruiting body)라고 한다(그림 20.2). 균사가 길게 평행으로 배치되어 눈으로 볼 수 있는 흰색, 노란색 아니면 갈색의 운동화 끈 모양인 **근상균사속**(rhizomorphs) ("뿌리와 비슷한 구조")(그림 20.3)을 이루고 있다. 근상균사속은 수분이 적은 지역에 뻗어 있는 균사로 물을 수송한다. 균사속을 보기 위해서는 산속을 거닐며 썩은 통나무 수피 아래나 습지에 죽은 나뭇잎을 보라.

20.2 | 균류의 영양은 흡수할 수 있게 되어있다

균류는 어떻게 먹이를 섭취할까? 답은 구두약, 신문지, 땅콩껍질 같은 단단한 물질을 균류가 분해하여 이 해로운 물질을 흡수한다고 설명할 수 있다. 균류의 먹이는 균류가 어떻게 질병을 일으키는지를 설명할 수 있다.

균류가 영양기질을 먹고 성장할 때 균류는 주위환경에 있는 커다란 유기분자를 당과 더 작은 유기분자와 무기염류로 파괴하는 효소를 분비한다. 균류는 이런 파괴된 물질을 세포막에 있는 전달분자인 단백질에 의해 흡수한다(4장). 균류의 세포질과 미토콘드리아에서 유기분자는 유기호흡을 통해 분해된다. 유기화합물의 화학 결합에 들어있는 에너지를 세포

표 20.1 균류 문의 주요 특징

문	서식지	생식포자	균사
항아리 균	물과 토양; 일부는 식물 병원체	편모가 있음	격벽 없음
접합균	육상;	편모 없음; 포자낭에서 포자 발생	격벽 없음
AM균류	육상; 균근	큰 포자; 무성생식; 다핵; 편모 없음	격벽 없음
자낭균	육상; 많은 종이 지의류를 이룸; 일부는 균근	편모 없음; 자실체의 자낭에서 포자 형성	격벽 있음
담자균	육상; 일부는 지의류 형성; 대부분은 균근	편모 없음; 자실체는 곤봉 보양의 구조에서 포자형성	격벽 있음

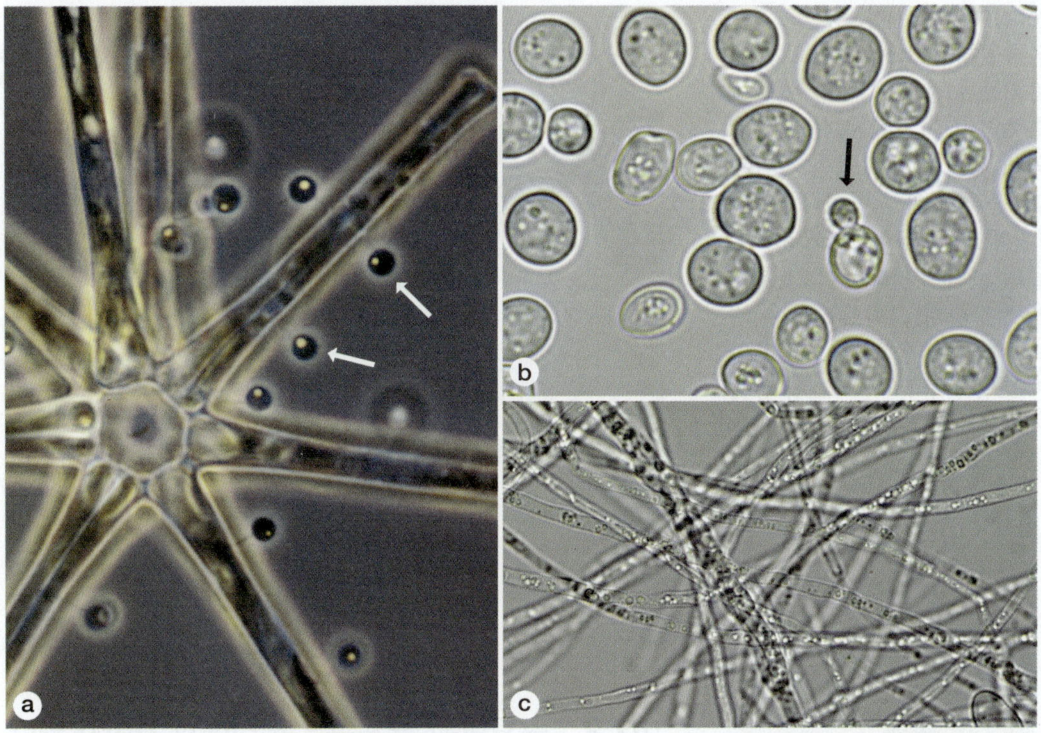

그림 20.1 **균류의 몸** (a) 단세포인 항아리 균(화살표)은 호수의 규조를 먹고 산다. 항아리 균은 새로운 지역으로 옮겨갈 수 있는 편모가 달린 포자를 만든다. (b) 효모는 출아에 의해 자손을 만들거나(화살표) 사상체로 자라는 단세포로 나타난다. 이 그림의 효모는 보통 빵을 만드는데 사용하는 효모이다. (c) 모든 균류는 균사라고 하는 분지한 섬유형태로 나타난다. 버섯과 다른 고형균류는 단단하게 압축된 균사로 되어있다.

그림 20.2 **균류의 자실체** (a) 불노초속에 속하는 술잔버섯속(주홍색 컵)과 선반 모양, 이들의 자실체는 대부분은 나무둥치 안에 있다. 자실체의 출현은 바람을 따라 포자를 분산시킨다.

그림 20.3 **부패하고 있는 나무둥치위의 균근** 커다란 많은 균근을 보여주기 위하여 수피를 제거하였다.

대사, 성장, 생식 등에 이용되는 ATP의 화학에너지로 전환하는 호흡에는 산소가 이용된다는 5장을 참조하라. 또한 효모는 산소가 적은 환경에서 양조업과 제과업에 이용되는 자산인 당을 알코올과 이산화탄소로 발효시켜 살 수 있다는 것을 명심하라. 균류가 살아가는 데는 유기탄소뿐만 아니라 물과 여러 가지 무기물, 비타민을 필요로 한다.

균류에 따라 분비하는 효소가 다르기 때문에 그들이 요구하는 음식의 종류가 다를 수도 있다. 무생물의 유기분자를 분해하는 균류를 **부생미생물**(saprobe)이라고 한다. 생물조직을 공격하여 병을 일으키는 것들을 **병원체**(pathogen)라고 한다. 작물에 병을 일으키는 균류가 5,000종류 정도 되는데, 그 중에 옥수수 깜부기병과 벚나무의 흑종양이 여기에 속한다(그림 20.4b). 무좀과 백선은 균류에 의해 생기는 대표적인 사람의 피부병이며 효모감염과 폐질환도 균류에 의한 병이다. 또 에이즈 환자에게 감염되는 균류 병원체 *Pneumocyctis caririi*도 있다. 병원체 균류의 균사는 동식물의 조직에 파고들어 그 조직의 영양과 무기이온을 흡수하며 성장한다(그림 20.4c). 이런 작용으로 인해 병원성 균류는 숙주의 활력을 떨어뜨리고 마침내 질병을 일으키게 한다. 어떤 토양 균류는 작은 토양 동물(선충)을 포획하여 그들의 몸에서 분해하는 **포식자**(predator)이다(그림 20.5).

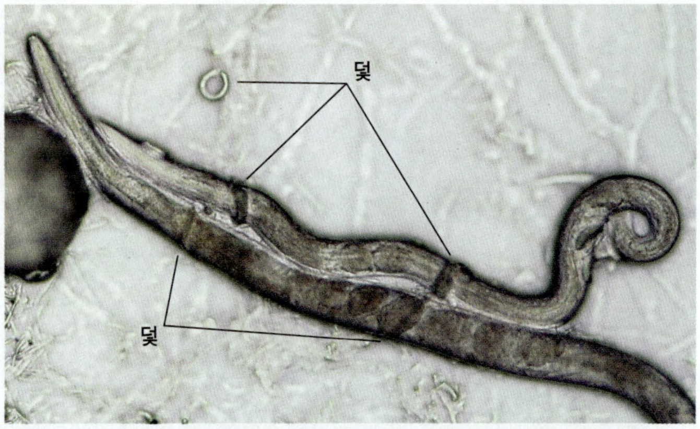

그림 20.5 선충류를 잡아서 소화시키는 포식균류 선충이 풍부한 토양에서 이 균류가 살고 있다. 그림에서 두 마리의 작은 선충은 특수한 고리를 형성하는 균사의 올가미에 잡혔다.

그림 20.4 균류에 의한 식물의 질병 (a) 옥수수 깜부기 병과 (b) 벚나무에서 생긴 흑종병. 균류의 균사체는 나무의 조직 속에 있으며 식물로부터 영양분을 빼앗아 식물을 약하게 만든다. 균류는 나무 가지 표면에 검은 색의 자실체(괴양)가 생기기 전까지는 외관상 확인되지 않는다. (c) 식물세포에서 균류의 균사로 유기분자가 이동하는 모식도.

20.3 | 균류의 주 분류군은 생식에서 차이가 있다

EVOLUTION

DNA분석과 다른 자료에 의하면 오늘날 모든 균류는 하나의 공동조상에서 유래되었고 따라서 균류계라는 한 자리를 차지하게 되었다(그림 20.6). 균류는 동물계와 아주 관련이 있지만 섭식(영양분을 섭취하는 세포의 능력)할 수 없다는 것이 동물과 차이가 있다. DNA분석과 다른 세포의 특성으로 보아, 가끔 균류와 같이 연구되는 여러 종류의 점균류와 난균류는 진균류라기보다는 오히려 원생생물에 속한다(19장). 진균류는 5개의 문 즉 항아리균 문, 접합균 문, AM균 문, 자낭균 문, 그리고 담자균 문으로 나눈다.

어떤 종은 식물에 병을 일으키는 항아리균은 항아리균 문에 속한다(그림20.1a참조). 항아리균은 유일하게 편모세포를 만드는 균류이다. 편모세포는 물에서나 습지에서 산포하는데 이용한다. 유성생식 중에 항아리균과 접합균류의 배우자 세포가 하나의 접합자를 만들기 위해 융합하면 바로 핵이 융합된다(대부분의 자낭균류와 담자균류는 이와는 다르다).

검은빵곰팡이는 접합균류에 속한다. 접합균류는 포자를 보호하기 위한 기능으로 특이하게 두꺼운 벽으로 쌓여 있는 접합자를 가지고 있다(그림 20.7). 포자는 양친 균류에서 만들어진 한 개 또는 몇 개의 세포로 된 생식구조이다. 포자는 산포하도록 환경에 적응되어 있다. 만약에 성장과 유사분열에 필요한 수분, 영양과 다른 자원이 충족된다면 포자는 발아해서 새로운 균사체를 만들 것이다. 접합균류의 균사에는 격벽이 없다.

Glomeramycota는 식물의 뿌리를 벗어나서는 살 수없는 균류의 하나이다. 식물의 뿌리에서 많은 가지를 가진 균사를 형성하고 뿌리세포와 물질의 교환이 일어난다. 이런 균류를 수지상근균 즉 AM균류라고 한다. 이들 대부분은 다핵이고 커다란 무성포자로 번식한다.

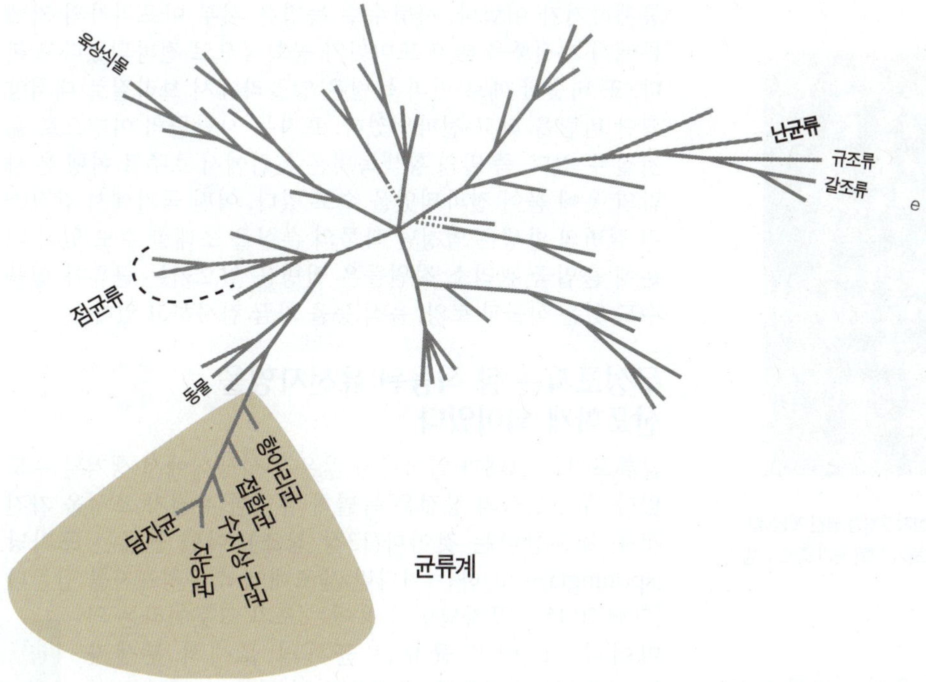

그림 20.6 유생생식을 하는 균류들의 상호관계 DNA분석과 다른 연구의 증거로 보아 오늘날의 균류는 하나의 공동조상에서 유래하였다. 따라서 균류는 하나의 계로 묶었다. 균류는 식물보다는 동물과 더 밀접한 관계에 있다. 난균류와 어떤 균류 유사 생물체는 한때는 균류인 것으로 생각했지만 지금은 규조류와 갈조류에 속해 있다. 마찬가지로 여러 종류의 균류라고 예전에 생각했던 점균류는 지금 원생생물인 것으로 알려졌다. 균류의 분지는 목본의 다른 것에 비해 상대적으로 길다.

흰가루병 곰팡이, 밤나무 고조병, 사과 부란병(그림 20.8) 그리고 많은 다른 식물성 질병을 일으키는 균류와 송로 버섯 등 다른 몇 종류의 버섯 그리고 많은 효모는 자낭균류에 속한다. **자낭균류**(ascomycetes)라는 용어는 생식포자가 방(주머니)안에서 만들어진다는 데서 유래하였다(그림 20.9). 자낭균류의 균사는 격벽에 의해 세포로 나누어진다. 각 세포는 결합한 배우자에서 유래한 두 개의 핵을 가지고 있다. 자낭균류에서 접합자핵을 만들기 위한 배우자핵의 융합은 감수분열에 의해 포자를 만들기 직전까지는 일어나지 않는다(그림 20.10).

여러 종류의 버섯과 멀리 산포하는 밀 녹병과 옥수수 깜부기병을 일으키는 균류는 담자균에 속한다. **담자균**(basidiomycetes)이란 용어는 포자가 담자기라는 곤본 모양의 구조물 끝에서 만들어진다는 데서 유래하였다(그림 20.11). 담자균의 균사는 꺽쇠 걸이 모양의 격벽을 가지고 있다. 균사는 이전에 양친 균사의 결합의 결과로써 세포 당 두 개의 핵을 보통 가지고 있다. 담자균에서 한 쌍의 조화를 이룬 두 개의 핵은 접합자를 만들기 위해 결합하기 전에는 하나의 세포에서 오랜 기간 심지어 수백 년 동안 공존해 있다. 접합자

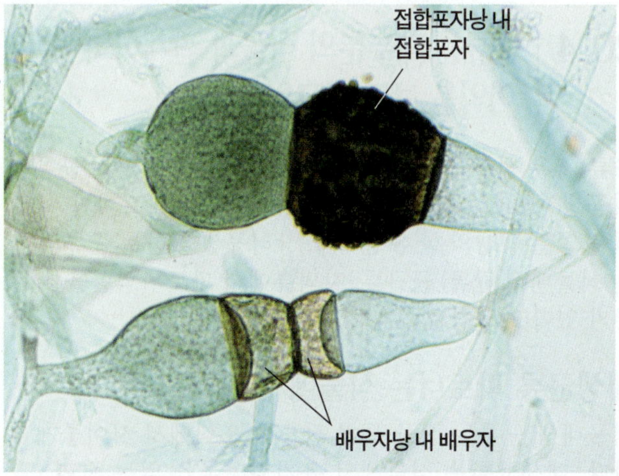

그림 20.7 접합균류 접합균 문은 빵 곰팡이가 대표적이며, 배우자낭이라고 하는 구조에서 만들어진 편모가 없는 배우자의 융합으로 두꺼운 벽을 가진 구조(접합포자낭)를 이룬다.

그림 20.8 사과 부란병이 걸린 잎

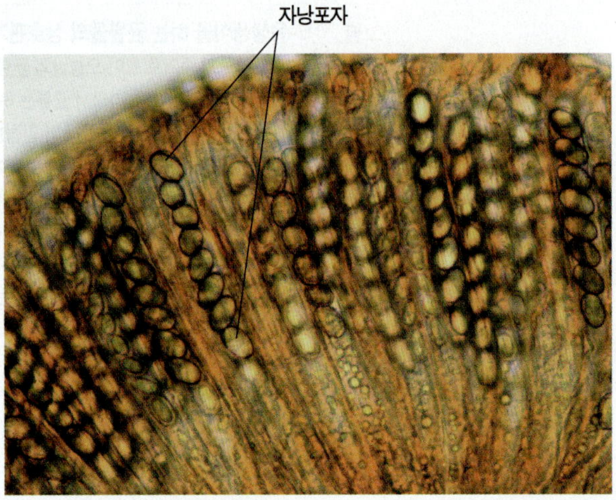

그림 20.9 자낭포자는 낭속에서 나타난다 자낭균류는 관상자루처럼 생긴 자낭에서 8개의 자낭포자 즉 유성포자를 만든다. 성숙하면 포자들은 산포하기 위해 공기 중으로 방출된다.

핵은 분산을 위해 다양한 유전자형을 가진 유성 포자를 만든다.

유성포자는 새로운 서식지에 균류의 집합체를 만들게 한다

자낭균과 담자균은 보통 영양물질에서 공기 중으로 튀어나온 통통하고 형태가 다양한 **자실체**(fruiting body)에서 유성포자를 만든다. 유성생식의 장점은 양친과 다른 서식지에서 군집을 형성할 수 있는 새로운 유전자형을 만들 수 있다는 것이다(13장 참조). 튀어나온 자실체는 바람, 물, 곤충 등에 의해 포자가 분산된다. 담자균의 자실체는 가끔 뚜렷한 줄기와 모자를 가지고 있다(그림 20.13). 이런 구조 때문에 사람들은 가끔 버섯으로 취급하는데 이 용어는 맞지 않다. 우리와 친숙한 담자균의 예는 많이 있다(그림 20.14). 자실체의 모양과 색깔의 다양성은 여러 가지 방법의 포자산포에 적응하였기 때문이다. 어떤 균류는 그들의 자실체를 땅속에 가지고 있다. 이런 자실체는 그들의 포자를 땅을 파는 동물에 의해 산포된다(Essay 20.1, 황금균류: 송로버섯 캐기).

많은 포자의 산포는 멀리 떨어져 있는 새로운 영양원이 있는 서식지에 균류가 도달하는데 필요하다. 어떤 경우에는 과실체가 직접 새로운 영양원(거름 등)으로 운반할 수 있는 곤충을 유혹하도록 적응하였다. 그렇지만 대부분의 균류포자는 바람에 의해 산포되기 때문에 포자의 발아와 성장에 적절한 자리에 도달할 수 있는지 없는지는 단지 기회일 수밖에 없다. 따라서 균류는 엄청난 수의 포자를 만들도록 적응하였다. 하나의 균류가 2일을 주기로 시간당 약 4천만 개의 포자생산도 가능하다.

균류의 포자가 원거리까지 산포되었을 때 작물의 질병으로 인해 엄청난 재앙이 따르게 된다. 커피 잎 녹병, 사탕수수 녹병, 바나나의 검은 줄무늬병은 이런 재앙의 대표적인 예로, 병이 그 지역에서 이런 병이 생길 것이라고 사전에 예측하고 통제하기가 어렵다. 사탕수수 녹병은 서부 아프리카의 카메룬에서 계절풍을 타고 도미니카 공화국으로 전파되었다고 본다. 또 비슷한 예로 커피 녹병은 앙골라에서 브라질로 대서양 횡단 바람을 타고 전파되었다. 포자는 사람들의 여행으로 옮겨질 수 있다. 즉 밀의 황색녹병은 유럽에서 호주로 여행 온 사람의 옷에 묻어 전파되었을 수도 있다. 어떤 국가에서 갑작스런 질병의 발생은 엄청난 작물의 손실을 초래할 수도 있기 때문에 출입국 관리소 직원들은 질병을 일으키는 균류가 있을 수도 있는 식물과 토양, 음식 등을 가끔 검사하고 있다.

무성포자는 잘 적응된 유전자형을 산포하게 되어있다

균류포자는 교배가 일어나지 않은 무성생식에서 생겨날 수도 있다. 무성생식의 장점은 특별히 유익한 유전자 조성을 가진 것을 보존한다는 것이다(13장 참조). 어떤 균류는 **포자낭**(sporangia)라고 하는 커다란 세포내에서 무성포자를 만든다(그림 20.15a). 포자낭이란 용어는 포자 그릇이라는 의미이다. 또 어떤 균류는 균사의 끝에서 **분생자**(conidia)라고 하는 무성포자를 만들 수도 있다(그림 20.15b). 무성포자와 분생자는 어떤 환경에서 널리 퍼져있는 그들의 대상자와 유전적으로 똑 같은 균류로 잘아난다. 음식물 등이 균류에 의해 못쓰게 되는 것은 이런 문제와 관계있다는 있다는 것이다. 엄청난 균류포자의 생성은 우리들의 공동 관심사인 건물의 축축한 곳에서 유해한 곰팡이가 급속도로 퍼지는 것으로 설명하고 있다. 약 17,000종의 균류가 분생자로 증식한다고 알려지고 있다. 이들의 대표적인 예가 무좀균, 감염성 효모, 식물의 병을 일으키는 균류들과 항생제 페니실린을 만드는 균류 등이다. 유성생식이 확인되지 않은 균류는 **불완전 균**(imperfect fungi)라고 한다. 세포와 DNA특성으로 보아 불완전 균은 자낭균과 담자균 중 유성번식의 능력을 잃음으로써 더 유익할 수 있는 균류일 것임을 알 수 있다.

20.4 | 균류는 대부분의 식물과 관계하여 이익을 보며 살고있다

조류 혹은 식물과 파트너로써 그들의 영양을 얻는 균류는 **상리공생자**(mutualists)이다. 상리공생은 두 파트너가 서로 이익을 얻는 공생의 한 유형이다. 상리공생을 하는 균류의 한 예는 식물내생 균류, 균근류, 지의류에서 파트너역할을 하는 균류가 있다(20.6 참조).

내생균류 파트너는 식물에게 이익을 준다

식물내생 균류는 식물 특히 잡초의 조직에서 사이좋게 살아간다. 내생균류는 식물에서 유기영양물을 얻는 반면 균류는 초식동물, 해충, 미생물의 병원체가 식물에 접근하지 못하게 하는 독성이나 항체를 제공한다. 결과

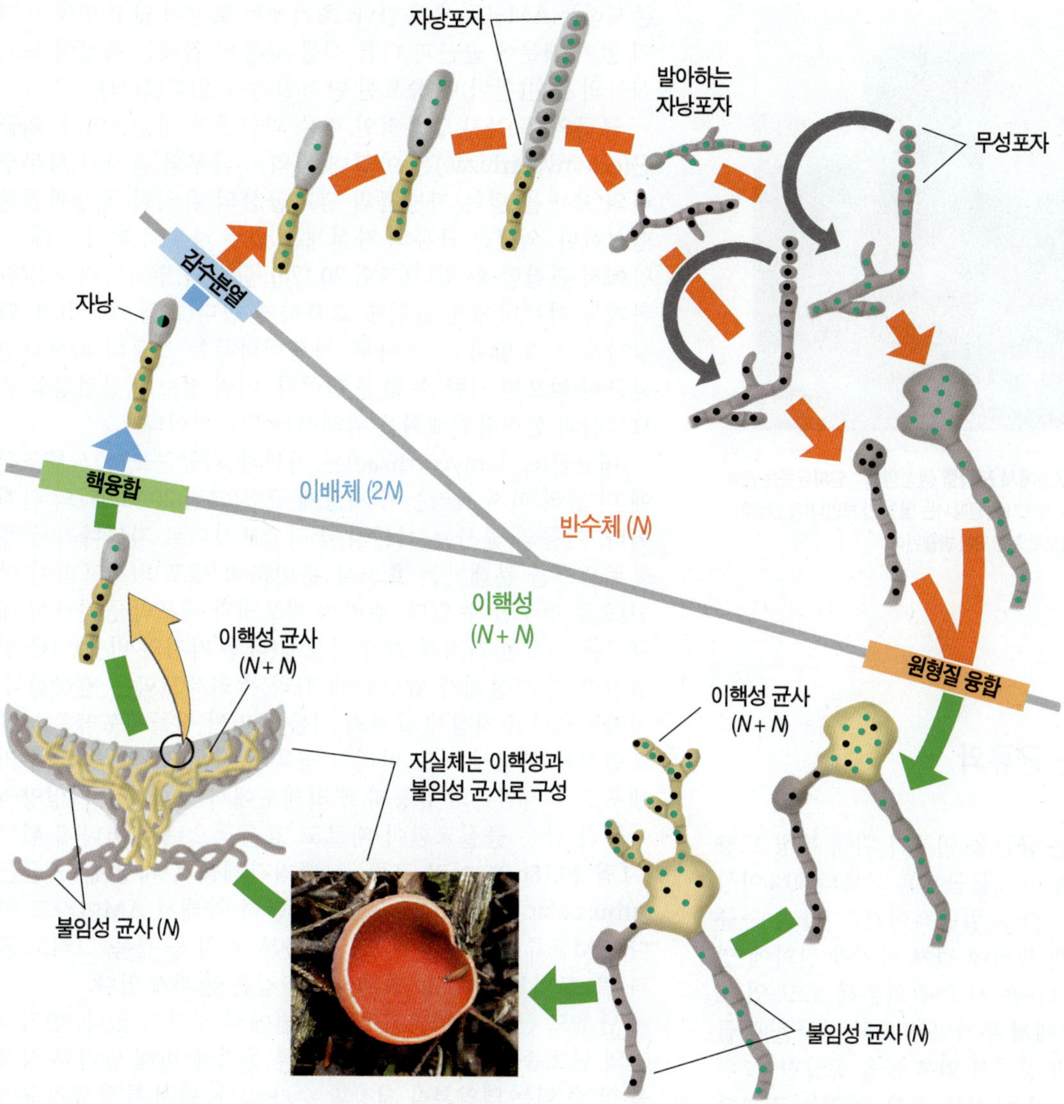

그림 20.10 자낭균류의 생활사 유성생식은 유전적으로 완전히 다른 양친의 특수한 세포간의 세포질융합(원형질융합)이 일어난다. 융합된 세포에서 각각 다른 양친에서 유래하였기 때문에 두 개의 핵을 가진 2핵성으로 서술하는 세포의 균사가 자라난다. 2핵성 균사는 자실체의 생식부분을 형성한다. 하나의 핵을 가진 균사는 자실체의 불임부분이 된다. 자실체의 표면에서 마침내 두 개의 핵은 이배체인 접합자(2N) 핵을 만들기 위하여 융합(핵융합)한다. 접합자는 감수분열을 거친 후 한 번의 유사분열을 거쳐 자낭포자라고 하는 8개의 반수체(N) 포자를 만든다. 포자는 분산되어 새로운 균사(각 세포는 하나의 반수체 핵을 가짐)를 만들기 위해 발아함으로써 한 번의 생활주기를 마친다. 이런 균사는 또한 포자의 형태로 무성으로 번식할 수 있다.

적으로 이런 식물은 동일지역에서 내생균류가 없는 식물보다 더 잘 자란다. 한 예가 수십억 달러의 시장성을 가지는 항암제인 택솔이다. 택솔은 주목의 산물로써 처음 밝혀졌지만, 원래는 한 내생균류에 의해서 만들어진다. *Taxomyces andreanae*라는 균류는 열대식물에서 가끔 발견된다. 호주의 어떤 소나무류에 내생하는 이 균류는 다른 열대성 내생균류와 마찬가지로 택솔을 생산한다. 택솔은 원래 내생균류의 산물이고 택솔을 생합성하는 유전자가 주목에 전해졌을 수도 있다. 택솔은 사람의 암세포가 이 화합물에 의해 죽는 것과 같은 방법으로 질병을 일으키는 원생생물(난균류)를 죽일 수 있다. 내생균류는 식물에게 다른 이익을 줄 수도 있다. 예를 들어, 미국 옐로우스톤 국립공원의 온천지대에서 자라는 식물인 *Dichanthelium lanuginosum*은 내생균류인 *Curularia*가 존재하면 더 높은 온도에도 견딜 수 있다.

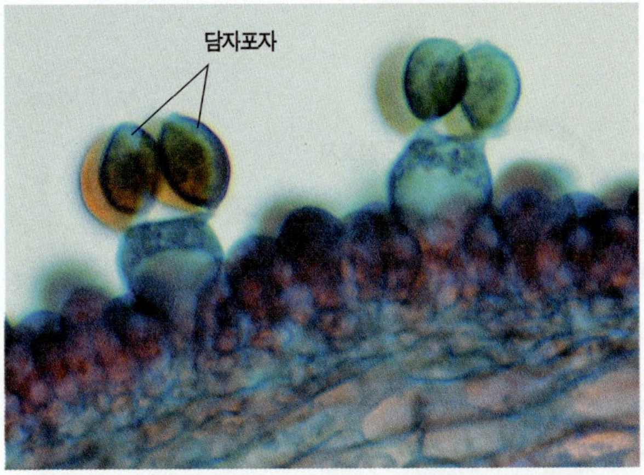

그림 20.11 **담자균류는 곤봉모양의 구조에서 포자를 생성한다** 담자균류는 곤봉모양의 세포(담자기)의 표면위에서 4개의 담자포자(사진에서는 몇 개만 보인다)가 만들어진다. 포자가 성숙되면 유성포자는 공기 중으로 분산되어 방출된다.

균근계와 파트너 관계는 균류와 식물의 뿌리이다

상리공생의 아주 중요한 예는 균근을 이루기 위해 특정 토양 균류와 식물의 뿌리와의 관계이다. 균근류는 식물의 80%이상에서 발견되기 때문에 아주 일반적이다. 식물과 근균에 관여한 균류는 오랜 세월에 걸쳐 서로가 진화에 영향을 받았기에, 상대자들은 서로에 의존해 오고 있다.

ECOLOGY

균근의 곰팡이는 식물에게 무기염류 특히 인산을 공급하고 때로는 고정된 질소와 토양에서 얻은 물을 공급한다. 엄청나게 퍼져있는 균류의 균사체는 식물이 할 수 있는 것보다 토양에서 무기염류를 다 많이 흡수할 수 있다. 1 평방미터의 토양에 균사체의 전체길이가 20,000 km나 퍼져있다는 것을 생각해보라. 균근의 균사체는 아주 가늘고 길기 때문에, 균류는 영양분을 얻기 위해 아주 작은 토양입자 공간까지 도달할 수 있다. 따라서 균류는 토양의 무기염류의 생산효율을 증가시킨다, 토양과 결합함으로써, 균류는 물의 손실과 침식을 감소시키고 병원성이나 독성노폐물로부터 식물을 보호한다. 바꾸어 말하면 식물은 종속영양체인 균류에게 유기영양을 공급하는데 때로는 식물이 광합성을 한 전체영양의 20%까지 균류에게 공급한다. 식물의 경우를 보면 이런 현상은 아주 좋은 투자라고 할 수 있다. 균류의 파트너가 없는 식물과 비교해 볼 때 균근은 식물성장을 훨씬 증가시킨다는 실험적 증거가 있다. 균근은 새로운 지역에서 식물이 살 수 있도록 결정하는데 도움을 주기 때문에 식물의 천이에도 중요한 역할을 한다. 이런 이유로 균근의 균류는 식물군집의 복원계획에 이용하게 되었다.

EVOLUTION

균근류의 화석에서 균근은 지구상의 초기 식물과 깊은 관련이 있다는 것이 밝혀졌다. 가장 오래된 것으로 알려진 화석 균류는 오늘날 육상식물과 단지 파트너로 존재하는 AM균류에 속한다. 초기에는 토양이 얇고 영양이 거의 없기 때문에 균근과 다른 식물-균류의 관계는 육상에 초기 식물의 출현(천이)에 중요한 단서일 수도 있다(21장).

균근의 두 가지 일반적인 형은 외균근과 내균근이다. **외균근**(ectomycorrhizae)은 아열대 지역의 나무와 균사가 나무뿌리의 표면을 덮는 자낭균과 담자균산의 유익한 공생관계를 형성한다. 외균근 균류의 자실체는 숙주 나무의 뿌리 아래 토양에서 관찰할 수 있다(그림 20.17a). 균사와 뿌리와의 치밀한 관계는 파트너에게 물질을 교환하게 한다(그림 20.17b,c). 떡갈나무, 너도밤나무, 소나무, 가문비나무는 그들의 파트너인 균근이 없으면 자랄 수 없을 것이다. 이런 정보는 상업성의 종묘생산과 산림복원계획을 위해서는 필수적이다.

내균근(endomycorrhzae)은 식물과 외균근보다 식물조직에 더 널리 퍼져 자라는 수지상체 균류(그림 20.18a)와의 관계이다. 이들의 균사는 식물의 뿌리세포사이로 자라나가서 셀룰로오스를 분해하는 효소를 분비하여 세포벽(세포막이 아닌)으로 침투할 수 있다. 뿌리의 세포벽과 세포막 공간에서 내균근은 복잡한 가지를 친 수지상체(나무 가지와 비슷한)를 형성한다. 수지상체가 발달함에 따라 뿌리세포막은 팽창한다. 결과적으로 수지상체 균사와 이를 둘러싼 식물세포막은 높은 표면적을 가지게 되고 따라서 균류의 균사에서 식물의 뿌리세포로 무기염류의 유동과 뿌리세포에서 균사로 유기영양의 이동과 같은 물질교환이 빠르고 효율적으로 일어나게 된다(그림 20.18b,c). 이런 균류 — 뿌리관계를 **수지상체 — 균근**(arbuscular mycorrhizae)관계 간단히 약해서 AM이라고 한다. AM균류는 사과나무와 같은 목본, 커피 등 관목, 그리고 콩과, 풀, 토마토, 딸기 등 초본식물과 깊은 관계가 있다.

난초도 균류에 의존하지만 방법에서 차이가 있다. 먼지크기의 난초종자는 너무 작아서 다른 종자에 비해 발아와 성장을 할 수 있는 영양분을 저장할 수가 없다. 원래 특정 담자균이 난초종자에게 유기영양과 비타민을 공급한다. 최근 연구에 의하면 비록 난초도 광합성을 할 수 있지만 산림지역의 난초는 균류로부터 탄소를 받고 있다고 한다.

몇몇 종속영양식물은 균류로부터 유기영양분을 얻는다

어떤 난초와 몇몇 식물은 광합성 능력을 잃어버렸다(그림 20.19). 이런 식물은 균근류를 매개로하여 인접한 식물이 만든 영양분에 의존해오고 있다. 이런 형을 **균근종속영양체**(mycoheterotrophy)라고 한다. 균류는 광합성을 하는 식물과 광합성 능력을 잃은 식물을 연결하는 양분 수송관 역할을 한다. 이런 지하철과 같은 연결망은 동일한 지역에서 여러 종류의 다양한 식물을 연결할 수 있다. 하나의 커다란 떡갈나무는 나무와 공생하는 균류뿐만 아니라 인접한 다른 식물을 먹여 살릴 수 있다. 어린 식물도 일시적 조치로 이 수송관에서 양분을 얻을 수 있다. 산속에서 태양광수준은 어린식물이 광합성하기에는 너무 적을 수 있다. 균근의 수송관내의 유기화합물은 태양광으로 광합성을 하는데 불편하지 않을 때까지 이런 식물을 성장시킬 수 있다.

ECOLOGY

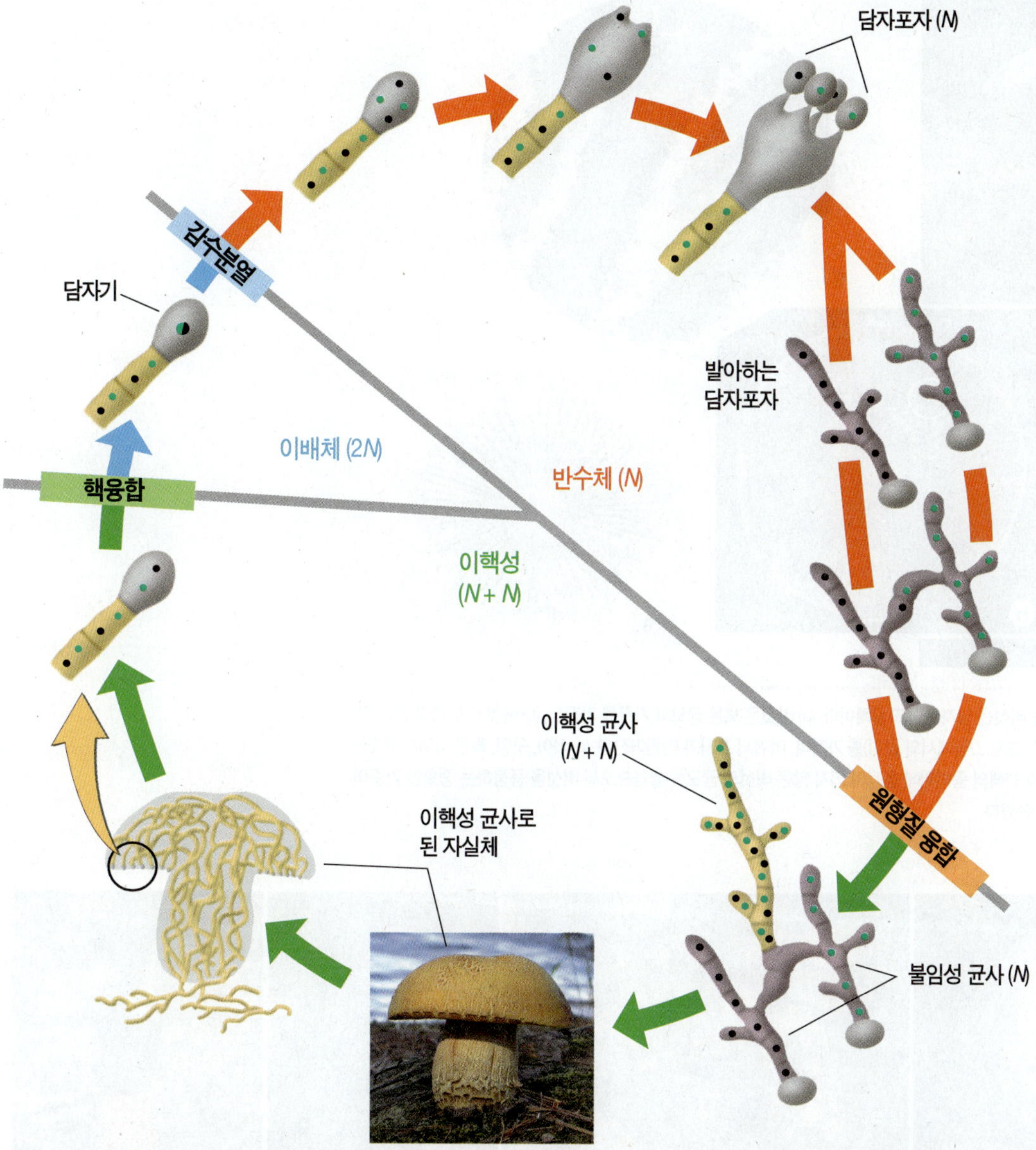

그림 20.12 담자균의 생활사 담자포자가 발아하여 생긴 균사체는 단지 하나의 핵을 가진 세포를 가지고 있다. 보통 양립되는 교배형의 균사가 융합하여 2핵성(N+ N)균사체를 이룬다(각 세포가 두 개의 핵을 가지는데 각 핵은 다른 양친에서 왔다는 의미). 2핵성 균사체는 자실체를 이룬다. 자실체의 표면에 있는 어떤 세포는 핵융합을 한 후, 감수분열을 거쳐 담자포자라고 하는 포자가 담자기라고 하는 구조위에서 만들어진다. 포자가 산포됨으로써 하나의 생활사가 끝난다.

20.5 균류는 여러 가지 방법에서 사람과 관련이 있다

인간의 장래에는 유익한 균류의 많은 활약이 기대된다. 예를 들어, 효모와 몇몇 곰팡이는 인간 생명의 기능을 이해하는데 유용한 실험모델이다. 진핵생물에서 세포분열의 조절에 대해 우리가 알고 있는 대부분의 지식은 효모 DNA의 연구에서 나왔다. 사람은 분해자로 균류의 생태학적 역할과 식품과 화학산업에서 이들 균류의 용도를 평가한다. 그럼에도 불구하고, 사람들은 또한 균류의 해로운 면도 알고 있다.

균류는 분해자로써 작용한다

세균과 함께 균류는 지구상의 **분해자**(decomposer)이다. 분해자는 생물체의 사체, 노폐물과 자연에서 축적될 수 있는 유기물질을 파괴한다. 이런 작용의 결과 분해자는 식물과 다른 생물이 지속적으로 필요한 이산화탄소, 혼합질

ECOLOGY

그림 20.13 담자균의 자실체 일반적으로 버섯은 담자균의 자실체이다. (a) 버섯은 보통 균모와 자루를 가진다. (b) 버섯 균모의 표면은 치아나 구멍모양을 가지거나 아가미 같은 구조(이 교재 그림에서와 같이)를 가지며, 여기서 포자가 만들어진다. (c) 치아, 구멍, 혹은 아가미구조는 포자생성을 위한 표면적을 넓혀준다. (d) 흑색과 백색의 종이위에 동정이 되지 않은 버섯의 균모를 놓음으로써 버섯을 동정하는 중요한 기준이 되는 포자의 색을 나타내는 포자 사진을 얻을 수 있다.

그림 20.14 담자균의 자실체는 효율적인 포자산포를 위하여 여러 가지 방법으로 적응되어 있다 (a) 성숙한 주머니버섯을 건드리면 포자가 먼지처럼 공기 중으로 방출된다(사진은 미성숙 개체이다). (b) 새둥우리버섯의 둥우리처럼 생긴 자실체에 빗물이 떨어지면 알과 같은 포자의 내용물들이 분산된다. (c) 먹물버섯은 포자를 가진 잉크 액으로 붕괴된다. 빗물이 포자의 산포를 도와준다. (d) 뱀 버섯과 같은 고약한 냄새를 내는 균류는 곤충을 이용한다. 이런 자실체는 불결한 냄새를 방출하여 곤충을 유혹한다. 고기가 썩는 줄 알고 날아온 곤충은 끈적끈적한 자실체 표면에 내려앉는다. 곤충이 다시 날아갈 때 그들 몸에 많은 포자를 묻어간다.

소, 인산 등과 같은 영양을 방출한다. 만약 분해자가 출현하지 않았다면 이런 필수 영양원은 식물에 무용한 것으로 남아있을 것이다. 백색부패진균류는 아주 강인한 식물의 목질소인 리그닌을 분해한다. 세균과 균류에 의해 분해될 수 있는 물질을 **생분해성**(biodegradable) 물질이라 한다.

불행하게도 균류는 음식물, 건축목재, 카메라 렌즈의 코팅과 사람에게 가치가 있는 다른 물질도 분해한다. 빵 포장지에 가끔 적힌 프로피온산과 같은 첨가물은 곰팡이로 덮이는 것을 지체시키기 위한 것이다.

ESSAY 20.1 황금균류: 송로버섯 캐기

작은 먼지가 낀 돌이나 감자에 유사한 송로버섯이라는 자실체는 여러 종류의 균류에 의해서 만들어진다. 송로버섯(그림 E20.1)은 요리하면 아주 진귀한 향을 내는 가장 값이 비싼 버섯이다. 송로버섯은 유럽남부, 뉴질랜드, 호주와 미국의 교목 조림지에서 재배된다. 그 이유는 이 균류가 떡갈나무, 자작나무, 그리고 피칸 등과 같은 숲을 이루는 나무들에서 외균근을 형성하여 이들 식물로부터 필수 영양분을 받기 때문이다. 실험실에서 이 균류를 배양하고자 많은 노력을 하였음에도 불구하고 아직까지는 숙주식물과 떨어진 상태에서 시장성을 가질 만큼 배양할 수가 없다.

송로버섯이란 매몰된 보물을 찾기 위하여 사람들은 송로버섯을 찾도록 훈련된 돼지나 개를 이용하여 왔다.

어린 떡갈나무의 뿌리에 이 식물에 적당한 균류의 균사체를 접종한 다음 조림지에 이식하거나 나무를 조림한 다음 조림지의 토양에 송로버섯의 자실체를 넣어줄 수도 있다. 송로버섯 재배의 한 가지 문제점은 이식할 때 경쟁관계에 있는 다른 외균근 균류가 함께 어우러져 나무에서 송로버섯에게 공급하는 양분이 줄어들게 하는 것이다. 송로버섯이 수확할 만한 크기 즉 수밀리미터에서 10cm 이상까지 자라는 데는 약 10년이 걸린다. 송로버섯은 채취할 때는 그 전에 반드시 그 위치를 확인해야만 한다. 자연림에서 땅을 파는 동물들은 송로버섯을 분산시킨다. 동물들은 자실체에서 품어내는 화합물의 냄새에 유인된다. 이들이 땅을 파는 동안 동물은 자실체를 파괴하여 포자가 동물의 몸에 묻어 퍼져나간다. 송로버섯이란 매몰된 보물을 찾기 위하여 사람들은 송로버섯을 찾도록 훈련된 돼지나 개를 이용하여 왔다.

최근 송로버섯은 매년 20톤가량을 배양을 통해 수확하는데 이 양은 수요를 충족할 수 없어 흰 송로버섯 1kg에 3,000달러 이상일 정도로 비쌀 수밖에 없다. 결론적으로 송로버섯을 재배하는 사람들은 그들이 구입하는 균류 접종물이 과연 자신들이 원하는 종인지, 그리고 송로버섯과 경쟁관계에 있을 수도 있는 다른 종이 혹시 접종물에 들어있지 않는지 궁금해한다. 이런 문제들은 최근 DNA기술로 풀어나가고 있다. 분자적 기법으로 아주 적은 양의 균사체만 있더라도 다른 균류가 있는지를 탐색할 수가 있다.

E 20.1 **송로버섯**

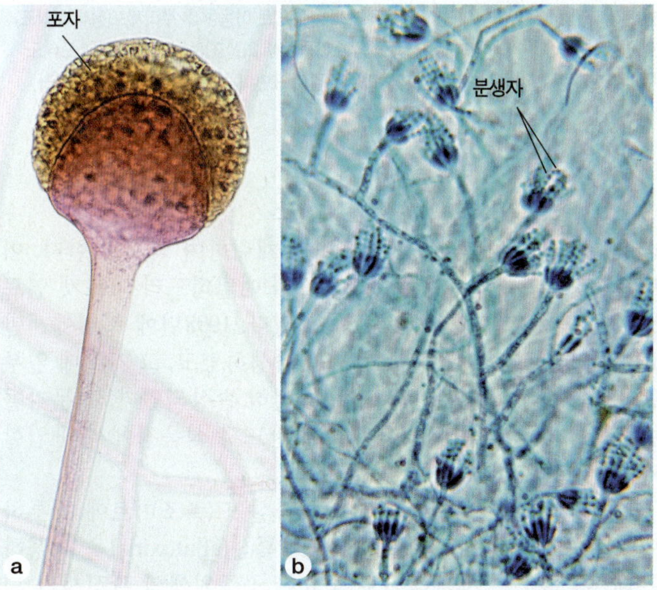

그림 20.15 **균류의 무성포자** 검은 빵 곰팡이는 많은 포자를 만들었다가 방출하는 구조인 포자낭에 의해 무성적으로 번식한다. 이 포자낭은 자신의 갈색포자를 아직 방출하지 않은 상태이다. (b) 항생제인 페니실린을 생산하는데 이용하는 푸른곰팡이(사진)와 같은 어떤 균류는 분생자를 만들어 무성적으로 번식한다.

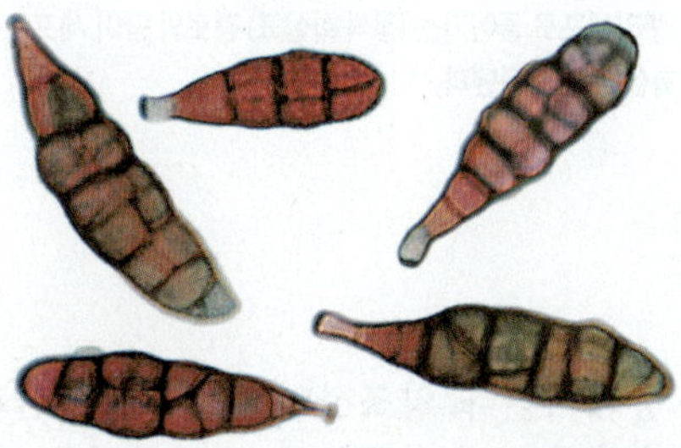

그림 20.16 **균류의 포자** 이들 포자는 보통 알레르기를 일으키는 균류인 검은무늬병균의 포자이다. 알레르기와 관련된 포자는 공기 중에 많기 때문에 방송과 언론에서는 포자의 수를 보고 공기의 질을 평가 보도한다. 현미경으로 더 뚜렷이 관찰하기 위해 사용한 염색액 때문에 붉게 보인다.

균류는 식품으로써 공업용 생산에 유용하다

영양분이 있고 맛이 좋은 일부 버섯은 사람의 식용으로 이용하고자 배양되고 있다. 피자 등 각종 요리에 넣은 양송이, 일명 큰 송이버섯이라 부르는 포타벨라 버섯, 표고버섯, 곰보버섯 등이 그 대표적인 예이다(그림 20.20). 운동선수들은 효모에서 추출한 단백질로 만든 음료를 흔들어 마심으로써 그들의 단

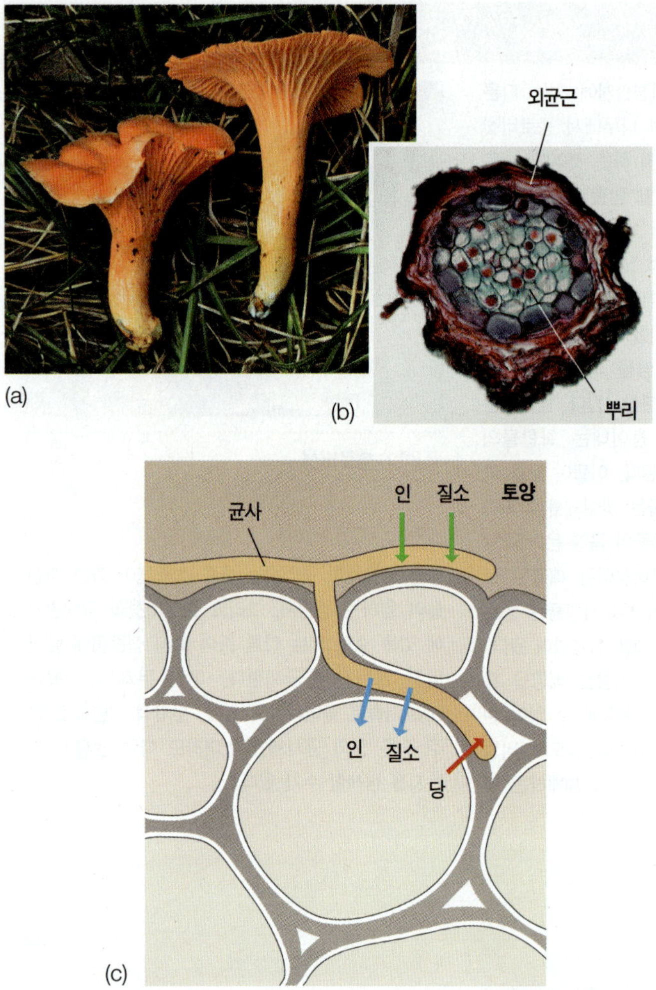

그림 20.17 외균근 (a) 꾀꼬리버섯속은 숲속 나무뿌리에서 외균근을 이루는 곰팡이이다. (b) 식물뿌리 주변의 균사껍질의 현미경 사진. (c) 토양에서 무기염류가 균사(청색 화살표)로 이동한 다음 뿌리세포로 들어가는 (청색 화살표) 경로와 당이 세포로부터 균사로 이동하는 경로(적색 화살표)를 나타낸다.

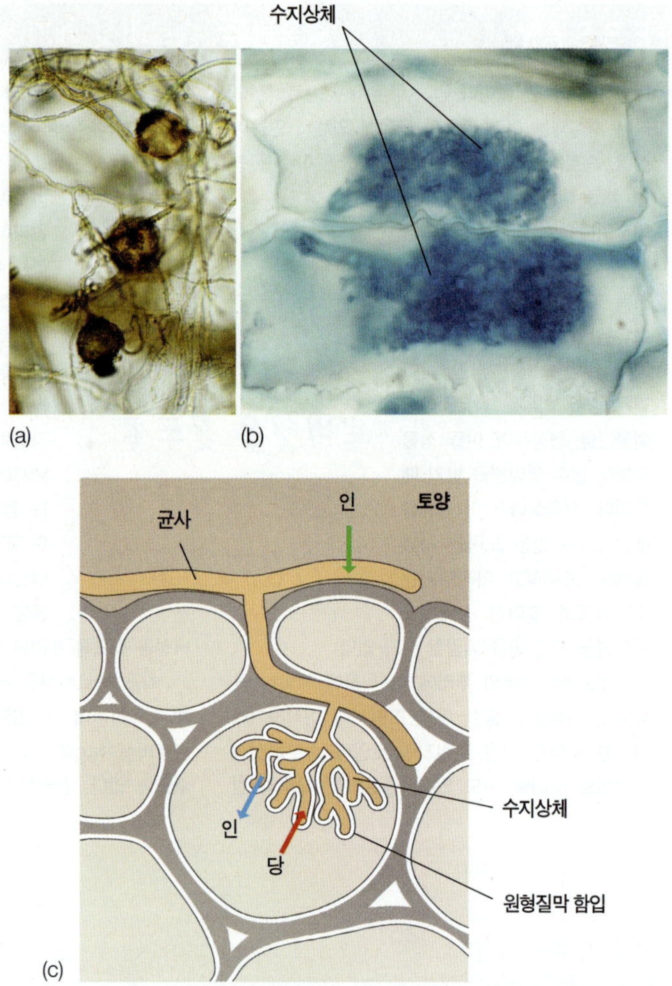

그림 20.18 내균근 (a) 글로무스속 균류는 커다란 포자를 형성하는 대표적인 예이다. (b) 뿌리의 세포벽과 세포막사이의 공간에서 형성된 청록색으로 염색한 수지상체 내균근의 현미경 사진. (c) 토양에서의 인이 균사체(녹색 화살표)로 이동한 후 뿌리세포(청색 화살표)로 이동하는 것과 뿌리세포에서 균사로 당이 이동(적색 화살표)하는 것을 나타낸 모식도. 뿌리세포의 원형질막은 수지상체가 둘러싼 것같이 표면이 아주 증가한 것을 주목하라.

백질 소비를 증대시킨다. 양조산업은 알코올생산과 탄화에는 거품제가 첨가된 효모에 의존한다. 제빵산업은 빵과 다른 물질을 발효시키는 효모에 의한 이산화탄소 생산에 의존한다. 어떤 균류는 인간에게 필요한 항생제와 다른 약품의 추출을 위해 큰 산업용 통에서 배양하기도 한다. 피부이식환자에게 조직 거부반응을 막기 위해 사용하는 사이클로스포린과 항생제 페니실린은 그 대표적인 예이다.

어떤 균류는 독성이 있거나 환각작용이 있다

많은 식물과 마찬가지로 여러 균류는 초식동물들이 달려들지 못하게 하는 보호용 독성성분을 가지고 있다. 독성균류를 가려내는 확실한 검사방법도 없어서, 사람들은 가끔 독버섯을 이와 비슷하게 생긴 식용버섯으로 혼돈을 일으키는 수가 있다. 예를 들면, 안장버섯속과 마귀곰보버섯속(그림 20.21)은 식용인 곰보버섯과 비슷하여 이를 채취하여 먹기도 한다. 어떤 독버섯은 사람에게 유독성인 모노메틸히드라진(로켓 연료로 이용되는 화합물)이 함유되어 있다. 1998년에 북미에서만 10,000명 정도가 버섯중독 환자가 발생하였고, 그 가운데 일부는 간을 이식받아야 할 정도로 완전히 손상되었다. 전문가들은 식용버섯을 숲에서 따지 말고 반드시 식품점에서 구입할 것을 권고하고 있다.

어떤 균류는 저장된 곡식이나 과실 또는 조미료에 침투하여 간암을 일으키는 독소인 **아플라톡신**(aflatoxins)을 생성하는데, 이 독소는 세계적으로 중요한 공중위생의 관심사가 되고 있다. 1998년에 미국의 옥수수 재배농가에서 아플라톡신의 오염으로 인해 약 1억 달러의 손실을 입었다. 젖소가 이 균류에 오염된 곡식을 섭취하면 이 독소로 인해 유제품의 품질이 떨어진다.

그림 20.19 종속영양체인 *Corallorhiza*속 이 난초는 엽록소가 없어 광합성을 하지 못한다. 영양을 얻기 위하여 균근성 균류를 이용하는 많은 현화식물의 한 예이다. 이런 식물은 균류와 종속영양체인 식물에게 영양을 공급하는 균근성 균류를 매개로 연결되어 있다.

일부 균류에는 사람에게 환각을 일으키는 화합물이 들어 있어서 전 세계 문화에 따라 종교의식에 이용되기도 한다. 그 가운데 하나가 일명 마법의 버섯이라 부르는 환각버섯속인데, 이 버섯은 법적으로 금지된 LSD(lysergic acid diethylamide)와 관계가 있는 화합물을 만든다. 호밀이삭에 맥각이라는 질병을 일으키는 맥각균도 유사한 환각효과를 일으키는 물질을 만든다. 중세 이후의 기록에서 볼 수 있는 사람의 불임, 경련, 히스테리, 피부의 작렬감 등은 사람이 맥각균이 감염된 호밀을 섭취한데 그 원인이 있는 것으로 해석된다. 환각성 균류를 섭취하는 것은 정신적 효과에 내는데 필요한 양이 바로 위험하게도 중독량에 접근하기 때문에 이런 것은 매우 어리석은 행동이다.

그림 20.21 식용 곰보버섯과 유사한 마귀곰보버섯

그림 20.20 식용으로 재배되는 버섯 안전하게 요리하여 먹을 수 있는 버섯으로는 (a) 양송이, (b) 큰 송이 버섯이라고 하는 포타벨라버섯, (c) 표고버섯, (d) 곰보버섯 등이 있다. 떡갈나무가 많은 임목지에서 주로 자라는 곰보버섯은 최근에 재배되기 시작하였다. 이 버섯은 맛은 있지만 날로 절대 날로는 먹지 말고 반드시 요리해서 먹어야 한다.

20.6 지의류는 광합성을 하는 미생물과 균류로 되어있다

지의류는 지구상의 독립영양생물과 종속영양생물이 서로 의존하고 있으며 각각은 파트너에게 필요한 자원을 공급한다. 지의류의 몸은 균류의 균사 덩어리와 몇 층의 광합성을 하는 독립영양체인 녹조류나 남세균 각각 또는 이 두 가지가 합쳐진 형태이다(그림 20.22). 조류와 남세균은 지의류를 이루는 균류 즉 **공생균체**(mycobiont)에게 유기양분과 산소를 공급한다. 대신에 균류는 지의류 중의 독립영양체인 즉 **광생명체**(photobiont)에게 균류의 호흡으로 생긴 이산화탄소, 물과 무기염류를 공급 할뿐만 아니라 조류를 보호해 준다. 지의류는 종종 조도가 높은 서식지에 자리잡기 때문에 균류는 종종 밝은 황색, 오렌지색, 또는 적색의 화합물을 만들어 광생명체의 광합성을 하는 기구의 손상되지 않도록 도와준다. 한편 지의류의 균류는 초식동물과 미생물의 공격을 못하게 하는 독특한 유기산과 기타 화합물을 생산한다.

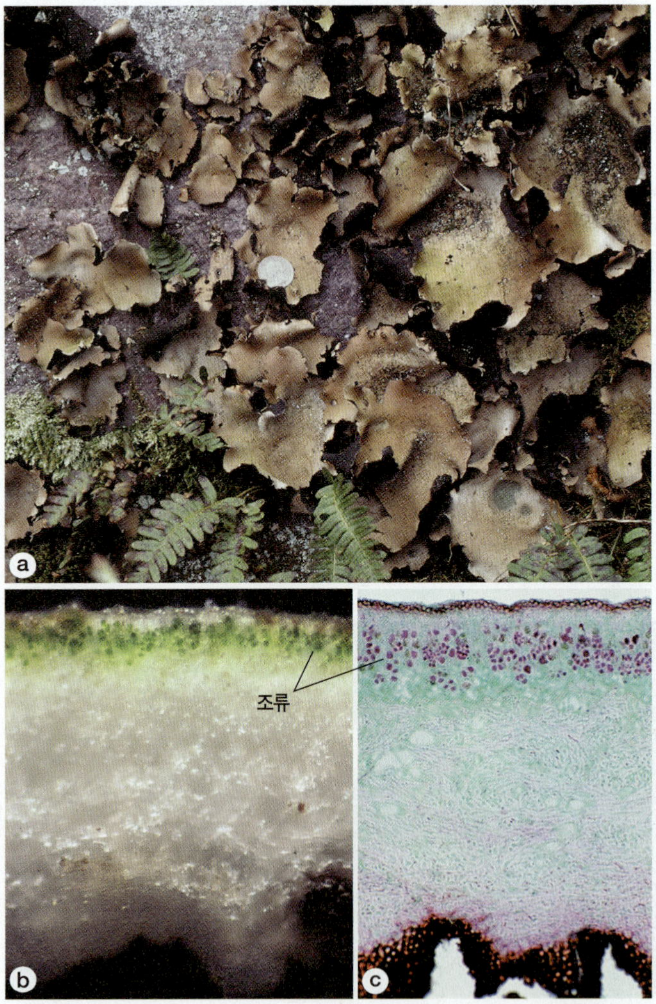

그림 20.22 **지의류는 균류의 균사와 독립영양체인 녹조류 또는 남세균으로 구성되어 있다** 지의류 *Umbilicaria*는 (a)에서처럼 바위표면에서 자란다. 사진의 축적을 위하여 중앙에 25센트 동전을 놓았다. (b) 손으로 절단한 *Umbilicaria*의 절편에서 단단하게 압착된 균사로 된 보호 층 바로 아래에 조류의 녹색 층을 볼 수 있다. (c) 조류세포들의 위치를 보여주는 *Umbilicaria*의 염색한 절편.

지의류의 진화와 다양성

지구상에는 약 25,000종의 지의류가 존재하지만 이들 모두가 하나의 공동조상에서 유래되지는 않았다. DNA연구 결과 지의류는 최소한 다섯 번에 걸쳐 진화하였음을 보여주고 있다. 지의류를 구성하는 균류는 특정 조류와 남조류와 공생하며 지의류를 형성하고 있다. 지의류에서 나타나지 않은 많은 자낭균류는 지의류를 이루었던 조상균류에서 유래하였다. 지의류의 몸체는 밑바닥이 단단하게 달라붙어 납작한 몸을 이루는 각상, 납작하고 나무 잎같이 생긴 엽상, 그리고 직립하여 자라거나 나뭇가지에서 늘어지는 관목상의 세 가지 형태중 하나의 형태로 되어 있다(그림 20.24).

지의류의 생식과 발생

지의류를 이루는 균류의 약 1/3이 무성번식을 한다. 무성번식을 하는 구조를 분아(serodia)라 하며, 분아는 몇 개의 광생물체를 둘러싼 작은 균사덩어리는 바람을 타고 날아갈 수 있다(그림 20.25). 분아는 지의류의 클론에 해당된다. 분아를 형성함으로써 지의류를 이루는 균류는 적절한 광합성을 하는 독립영양체와 함께 분산될 수 있다.

대부분의 광생명체인 조류는 유성생식을 하는 것이 관찰되지 않지만, DNA분석 자료에 의하면 지의류에서 보통 공생하는 조류의 경우 유전자가 교환된 것이 나타났기 때문에 이는 유성생식을 한 것으로 추정되었다. 많은 지의류를 이루는

그림 20.23 **많은 지의류에서 볼 수 있는 밝은 갈색은 과다한 태양광의 노출에 조류가 손상을 받지 않도록 보호하는 화합물에 기인한다**

그림 20.24 지의류의 체형 (a) 각상 지의류는 바닥에 얇고 단단하게 붙어있다. (b) 엽상 지의류는 납작하지만 표면에 단단하게 붙어있지는 않다. 사진에 나타낸 것은 *Lobaria* 속이다. (c) 순록의 뿔처럼 생긴 *Cladonia* 속은 관목상 지의류의 예이다.

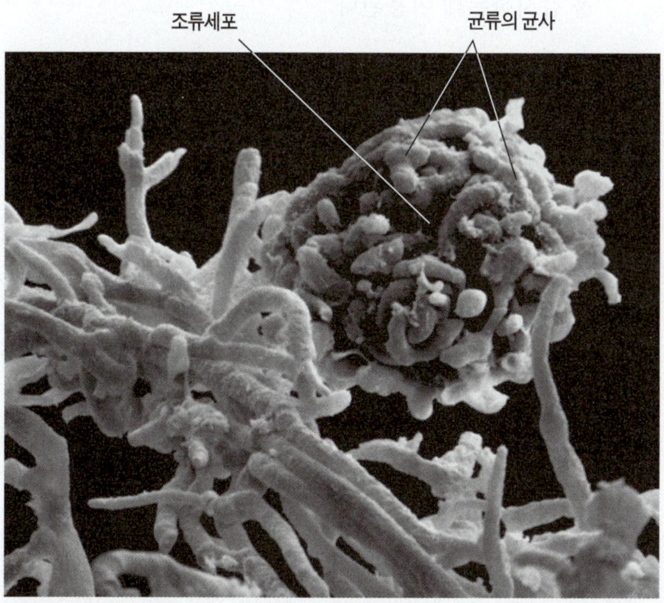

그림 20.25 무성생식을 하는 지의류의 번식구조 여기서 주사전자현미경으로 지의류의 한 분아는 몇몇 조류세포주위를 둘러 싼 균류의 작은 균사 덩어리이고 지의류의 표면이 쪼개져서 분산된다.

균류는 유성생식을 하고, 이때 만들어진 자실체와 포자는 지의류를 구성하지 않는 근연인 균류의 자실체나 유성포자와 모양이 아주 비슷하다. DNA 연구 결과 어떤 지의류속의 균류는 자가수정을 할 수 있다는 것이 알려졌다. 이것은 유성생식을 위한 파트너가 아주 멀리 떨어져 있는 분리한 여건에서는 강점일 수가 있다. 새로운 지의류를 구성하려면 유성포자로부터 자라난 균사가 반드시 새로운 광생명체를 만나야만하지만, 이것은 항상 쉬운 일이 아니다. 단지 특정 조류나 남세균만이 광생명체로써 역할을 한다. 어떤 지의류를 이룬 균류는 인근에서 자라는 다른 지의류로부터 자신과 맞는 광생명체를 훔치며, DNA분석 결과 광생명체 파트너 교환이 흔히 일어나는 것으로 밝혀졌다.

공생이 가능한 광생명체와 균류가 함께 존재한다 할지라도 이들이 지의류를 구성하지 않을 수도 있다. 실험실 연구에서 이런 현상을 관찰할 수 있었다. 지의류를 구성하는 균류, 남세균, 조류는 자연에서나 실험실에서 따로따로 자랄 수 있지만, 실험실에서 이들 구성원을 이용하여 지의류를 합성하기 어렵다. 이런 합성은 광영양체와 균류가 건조하고 습한 상태가 반복되는 스트레스를 받을 수 있는 조건에 직면했을 때만 일어난다. 이런 결과는 자연에서 이들이 혹독한 환경에 처했을 때 지의류를 형성한다는 것을 암시한다.

지의류의 생태

지의류는 보통 바위, 건물, 묘비, 나무의 수피, 또는 쉽게 건조할 수 있는 표면에서 자란다. 지의류는 물을 이용할 수 없을 때는 수분이 있을 때까지 휴면한다. 따라서 지의류가 살아가는 기간의 대부분은 비활성 상태로 지내게 되고, 이런 이유 때문에 지의류의 생장은 보통 아주 느리다. 그러나 지의류는 오랜 기간 살아남을 수 있으며, 수명이 4,500년 이상으로 추정한다.

지의류는 많은 기간을 요하는 과정인 토양을 형성하는 특성을 가지고 있다. 즉 지의류는 바위 표면을 부수어 토양형성 과정을 시작하는데 작용하는 산을 생산한다. 광생명체로써 남세균을 가진 지의류는 질소고정을 하여 공급함으로써 토양을 비옥도를 높일 수 있다. 이런 능력을 지닌 지의류는 자신이 공정한 질소의 20%를 주변 환경으로 방출하고, 이들 고정 질소는 식물이 흡수한다는 연구결과가 있다. 지의류가 다양한 서식지에서 나타나지만 일부 지의류는 아주 극단적으로 험악한 육상조건 즉 사막, 산 정상, 거의 식물이 살 수없는 남극과 북극에서도 자라고 있다(26장). 이런 곳에서 자라는 지의류는 순록과 같은 동물들의 먹이 자원으로 이용된다.

인간의 지의류의 이용

지의류는 아황산가스와 같은 대기오염물질에 특히 민감하기 때문에 사람들은 지의류를 공기의 질을 감시하는데 이용한다. 대기오염을 일으키는 물질은 광생명체에 심각한 손상을 입히고, 광생명체 없이는 지의류는 살아갈 수 없다. 어느 지역에서 지의류가 사라진다는 것은 사람에게 영향을 미칠 수 있는 대기오염 수준의 조기 경보 시스템으로 받아들여 진다. 한편 지의류는 대기로부터 방사성물질을 축적하기 때문에 대기 방사선 수준을 감시하는 데에도 이용된다. 체르노빌 원자력 발전소 사고 이후 인접 국가의 지의류에서 방사능이 너무 많이 검출되어 지의류를 주된 식량자원으로 하는 순록이 사람의 먹이로서 또는 우유를 생산하여 이용하는데 부적당하게 되었다. 지의류에서 생산된 방어화합물 때문에 사람이나 대부분의 동물에게 맛있는 식품이 될 수는 없지만, 지의류가 사람에게 독성을 지니거나 유해한 면에 대해 알려져 있지는 않다. 지의류는 식량위기에 처한 원시인들에게 생존을 위한 식량이 되기도 했고 자연 민간요법에서도 그 이용을 찾아볼 수 있다.

요점

20.1 균류의 몸은 자연에서 풍부한 실모양의 균사로 이루어진 균사체이다. 균사체는 가끔 음식물 안에 들어있기 때문에 육안으로 볼 수가 없다. 균사체는 균사가 엉클어진 크고 볼 수 있는 덩어리인 자실체를 만들 수 있고, 이 자실체는 기질에서 밖으로 나와 유성포자를 만들어 산포한다. 균류는 또한 무성포자로도 번식한다.

20.2 균류는 소화효소를 분비하고 그 효소의 작용으로 작은 유기분자를 흡수하여 유기분자에서 영양원을 얻는 종속영양체이다. 부생균류는 죽은 유기물질을 먹고 살아가는 반면 기생생활을 하는 균류는 살아있는 동식물의 조직에서 영양원을 얻기 때문에 질병을 유발한다.

20.3 생식의 차이에 따라 진균류는 다섯 군으로 대별된다. 종종 수생인 항아리 균은 편모세포를 만드는 유일한 균류의 한 군이다. 나머지 4군은 원칙적으로 육상에서 서식한다. 접합균류는 유성생식의 결과로서 자체를 보호하는 접합자를 만든다. AM균류(수지상 균류)는 크고 다핵인 무성포자를 만든다. 자낭균은 낭속에 유성포자를 만들고, 담자균은 곤봉모양의 구조에서 유성포자를 만든다. 불완전 균류로 알려지는 어떤 균류는 유성생식능력을 상실하였지만 무성포자 즉 분생자로 번식한다. 식물에 병을 일으키는 균류의 광범위한 산포는 예상하지 못한 작물의 손실을 야기할 수 있고, 이런 현상은 사회적 문제로 대두되고 있다.

20.4 대부분의 육상식물은 균류와 상리공생을 한다. 내균군 균류는 어떤 식물의 조직 내에 살면서 가끔 식물에게 항체, 초식동물의 접근방지와 다른 이익을 준다. 균군계라고 하는 식물의 뿌리-균류 파트너 관계가 많이 있는데, 이는 토양의 영양을 얻기 위한 식물의 능력을 증가시킨다. 일부 광합성을 할 수없는 식물은 토양 속에 균근의 연결망을 통해 광합성을 하는 식물에서 양분을 섭취한다. 아마 식물-균근 관계는 육상에서 초기에 식물이 살아가 는 능력을 향상시켰다고 본다.

20.5 사람들은 균류를 식품과 산업에 이용한다. 자연에서 나는 많은 균류의 자실체는 독성이 있고, 어떤 것을 사람을 죽게 한다.

20.6 지의류의 몸은 균류와 광합성을 하는 조류나 남세균으로 이루어져 있다. 지의류는 척박한 곳에 살 수 있도록 적응되었으며 성장이 아주 느리다. 지의류는 공기의 질을 감시하는데 이용된다.

문제

1. 유성생식을 하는 균류의 4가지 분류군을 그들을 동정하는 특성과 대표적인 종을 서술하라.

2. 균류의 경제적 이용에 대해 약술하라.

3. 균류에서 경제적으로 중요한 역할을 논하라.

4. 균류가 사람에게 해로울 수 있는 면과 그 성질을 서술하라.

5. 어떤 균류는 식물과 긴밀하게 상리공생을 하도록 적응되었다. 이들 공생관계와 각 파트너에게 이익이 되는 점을 논하라.

6. 지의류의 세 가지 생장형을 들고 그들의 생장습성을 서술하라.

응용 개념

1. 광학현미경으로 어떤 토양의 표본을 관찰하면서 여러분은 어떤 생식구조나 포자가 없는 균사가 나타나는 것을 관찰한다. 여러분은 이 생물체가 어느 균류에 속하는지를 어떻게 결정할 것인가? (힌트: 격벽을 생각하라.)
2. 균류인 푸른곰팡이속(*Penicillium*)의 일부 종은 인류의 건강관리에 지대한 영향을 미친 항생물질인 페니실린을 생산한다. 페니실린을 만드는 것이 곰팡이에게 어떤 이익이 있는가?
3. 새로운 바이러스가 출현하여 지구상의 모든 균류를 제거했다고 가정하자. 과학적 연구, 식량무역과 제약생산을 황폐시키는 것 이외에 균류의 소실이 환경에 미치는 영향은 무엇일까? 이 문제를 푸는 데는 이 장에서 논한 균류가 작용하는 모든 생태학적 역할을 숙고하라.
4. 여러분이 건조하고 어떤 녹색식물도 존재하지 않는 세계의 한 추운지역에서 전문가들 팀의 일원이라고 가정하자. 그런 지역에서 어떻게 광합성을 하는 진핵생물이 나타날 수 있는가? 또 그런 생물을 어떻게 동정할 것인가?

21장 무종자식물

물이끼(*Sphagnum* moss)

주요 개념

- 현 식물계에는 대체로 육상에 살고 있는 250,000종류 이상의 식물이 있다.
- 화석 및 분자생물학적 증거는 육상식물이 특정한 녹조류로부터 진화하였음을 가리킨다.
- 무종자식물의 진화는 새롭고 더 복잡한 특징과 개체들이 조상종으로부터 기원한다는 변화를 수반한 세습("descent with modification") 이라는 다윈의 개념을 증명해 주고 있다.
- 초기의 무종자식물들은 지구 대기의 CO_2 량을 급격히 감소시켜 지구의 기후를 변화시켰다.
- 현존하는 무종자식물들은 여전히 중요한 생태적 역할을 수행하고 있다.

외래 식물종들은 고유의 종들을 대치하거나 해를 입히는 거대한 군락을 형성하는 경향이 있기 때문에 언론매체에서 자주 언급된다. 외래 식물종들에 의한 이러한 교란은 동일한 양의 먹이와 서식지를 제공하지 못하므로 해당 지역의 동물과 미생물계에 영향을 미친다. 대부분의 외래종들은 고유의 서식지가 아닌 곳에 침범하므로 침입종이다. 새로운 곳에서의 군체형성은 고유의 서식지에서 해충이나 질병을 일으키는 생물체로부터 벗어날 수 있게 해준다. 해충과 질병의 통제로부터 자유로워진 외래식물들은 빠르게 생장하여 인간의 통제를 어렵게 만든다. 또한 외래식물종들은 빠르게 번식하여 새로운 서식지에 침투를 더 잘하게 된다. 선태식물 및 양치식물을 비롯한 무종자식물은 심각한 침입종들이 될 수 있다. 무종자식물들은 아주 가벼운 생식구조를 가지고 있어 바람을 타고 먼 거리까지 산파할 수 있는 이점을 가지고 있다.

여러 *Sphagnum* 및 탄층 이끼류는 전 세계 습한 서식지에 서식하여 생태계에 큰 도움을 주고 있다. 그러나 일부 종들은 외래종들로 때로는 나무위에서 자라기도 하고 뉴질랜드와 하와이의 어떤 지역에서는 고유종들을 대치하기도 하였다. 유럽에서는 여러 이끼류들을 다른 식물종들을 위협하는 외래적인 잡초로 간주한다. 다른 선태식물종인 우산이끼(*liverwort*)들도 일부 외래종(*Lunalaria cruciata, Marchantia polymorpha, Lophocolea semiteres*)들을 포함한다. 양치식물인 생이가래속(*Salvinia*) 카라바(Kariba) 잡초는 열대지방의 물 표면을 완전히 덮어 수면 밑으로 공급되는 햇빛을 막아 많은 동물종들의 먹이가 되는 조류의 성장을 방해한다. 플로리다에서는 2종의 덩굴성 양치식물 *Lygodium*(*L. microphyllum, L. japonicum*)이 1 미터 정도의 두꺼운 kudzulike mat층을 형성하여 고유의 종들이 살 수 없도록 하여 원래의 식생을 대치시킨다. *Lygodium*은 미국의 남동부에 새로이 군체를 형성함으로써 원래의 서식지인 아시아와 아프리카의 열대지방에서의 천적들로부터 벗어나게 되었다.

무종자식물은 다른 여러 방면에서 인간에게 중요한 역할을 한다. 본 장에서는 무종자식물의 구조, 생식, 그리고 다양성에 초점을 둠으로써 이 식물들이 왜 정원과 조경에 유용하고, 지구의 기후를 조절하며, 이들이 종자식물들의 기원에 대한 이해를 돕는지에 대하여 설명할 것이다. 무종자식물들이 지구상에 서식하는 다른 식물들과 어떤 상호관계가 있는지 알아내기 위해서 먼저 식물의 다양성과 진화의 개관부터 논한다. ■

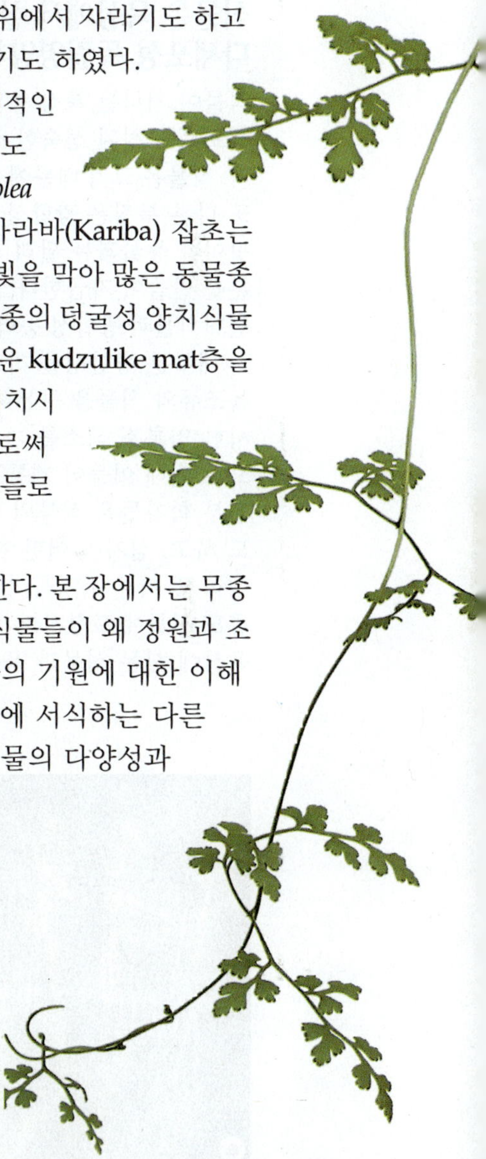

Lygodium japonicum

21.1 | 식물이란 무엇인가?

오늘날의 육상식물은 비교적 작은 이끼류와 같은 **선태식물**(bryophytes)에서부터 매우 크고 복잡한 유관속식물에 이르기까지 아주 다양한 종류의 식물 250,000 여종을 포함하고 있다. 목질화된 통도조직(8장)을 갖는 **유관속식물**(vascular plant)에는 양치류 및 종자를 형성하지 않는 근연식물 종들, 그리고 종자식물들이 해당된다. 오늘날 종자를 생성하지 않는 유관속식물이란 **석송식물**(lycophytes)과 **양치식물**(pteridophytes)이다. 무종자식물은 선태식물, 석송식물과 양치식물이 속하며, 종자식물은 구과류와 같은 **나자식물**(gymnosperm)과 꽃식물인 **피자식물**(angiosperm, 그림 21.1)을 뜻하는 것이다. 여러 특징들로 이렇게 다양한 식물들을 하나의 식물군으로 묶는다.

식물은 육상에서 살 수 있도록 적응된 다세포성 독립영양체이다

식물이 지니는 특징 중의 하나는 이들이 적어도 하나 이상의 세포로 구성된 성숙한 식물체 즉 다세포로 되어 있다는 점이다. 식물은 크기 때문에 현미경을 사용하지 않고도 볼 수 있다. 또 다른 특징은 광합성으로, 양분을 자급자족하지 못하는 곰팡이나 동물과는 달리 거의 대부분의 식물은 자신이 유기양분을 만들어 자급한다. 그러나, 식물들 중에 종속영양을 하는 선태식물과 광합성 능력을 잃어버린 꽃식물들도 있다.

대부분 광합성을 하고 육상의 식물만큼 커다란 다세포성 녹조류와 식물을 구분하기는 쉽지 않다. 녹조류와 식물은 유사한 엽록소 색소를 가지며 엽록체에 녹말을 저장한다는 점으로 인해 이들이 계통적으로 가깝다고 추정한다. 이로 인해 일부 학자들은 식물의 정의를 내릴 때 녹조류를 포함시키기도 하고, 심지어 어떤 학자들은 광합성 색소, 양분저장 물질, 생식 및 다른 특징들이 육상식물의 것과 다른 적조류와 갈조류도 식물에 포함시키기도 한다. 이 책 및 다른 책에서는 대개 육상에 사는 식물과 육상생활에 여러 방법으로 적응된 식물류들이 식물계(Kingdom Plantae)로 분류된다.

선태식물, 석송식물, 양치식물, 나자식물, 피자식물 등의 모든 육상식물들은 근연의 녹조류가 가지고 있지 않은 특징들을 공통적으로 갖고 있다. 그 예로, 식물체는 **정단분열조직**(apical meristem, 그림 21.2a)으로부터 생성된 조직으로 구성되어 있다. 육상식물은 건조한 공기 중에서 산포되는 동안 살아남을 수 있도록 매우 단단한 벽으로 둘러싸인 포자(spores)를 갖는다(그림 21.2b). 그리고 **세대교번**(alternation of generation)이라고 하는 생활사를 갖는다. 식물은 반수체 배우자체 세대와 더불어 또한 다세포로 이배체 포자를 생성하는 세대인 소포체를 갖는다. 식물에서 초기 단계의 포자체인 **배**(embryo, 그림 21.2c)는 항상 자성배우자체인 모체에 양분 등을 의존하며, 이러한 이유로 이들을 **유배식물**(embryophyte)이라 한다. 모든 식물은 다세포로 된 **포자낭**(sporangia, 그림 21.2d)에서 포자를 생성한다.

육상식물은 배와 포자체가 발달해 나오는 정단의 조직생성 분열조직과 포자낭, 그리고 벽에 둘러싸인 포자가 뚜렷하게 있다는 것이 그 특징이다. 선태식물로부터 피자식물에 이르기까지 모든 식물이 갖는 이러한 특징은 식물이 육상에 적응한 결과로 생각된다. 이외의 다른 특징들은 현존하는 각각의 5 그룹의 식물들이 육상으로 진입하면서 부딪치는 문제들을 잘 해결해가며 발달하였다는 것을 나타낸다(표 21.1). 비록 해조류와 일부 다른 식물들이 수생이기는 하나 이러한 식물도 육상에 적응한 조상으로부터 진화해 온 것이다. 이것은 돌고래와 고래가 육상에 적응한 동물의 조상으로부터 진화해 나왔다는 것과 거의 같은 맥락의 일이다.

식물다양성은 지구생태와 인간 활동에 영향을 미친다

식물다양성에 대한 지식은 왜 중요한 것일까? 그것은 모든 식물이 사람과 다른 동물들에게 중요한 영향을 미치기 때문이다. 인간은 식량과 기타 물질 등 대부분을 종자식물에 의존하고 있으나, 선태식물, 석송식물, 양치식물 등의 무종자식물들

그림 21.1 주요 식물군의 대표적인 예 (a) 선태류(*Mnium*이끼): "엽상"의 배우자체와 종속적인 포자체 세대로 구성, (b) 석송류(*Lycopodium*): 일명 club moss, 포자낭과 포자를 함유한 포자수("clubs"), (c) 양치류(*Osmunda*): 이른 봄에 볼 수 있음, (d) 송백류(*Pinus ponderosa*): 나자식물, (e) 개불알꽃(*Cypripedium acaule*): 피자식물, 꽃피는 식물.

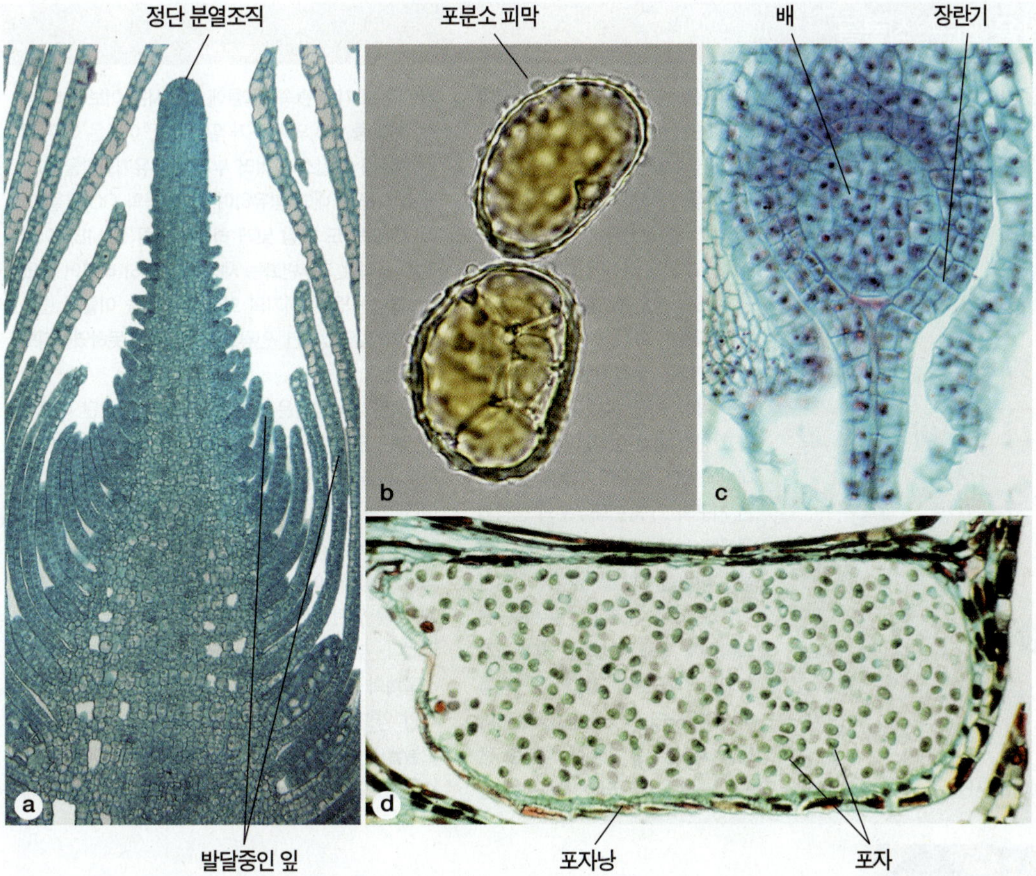

그림 21.2 모든 식물에 공통적인 특징 (a) 정단분열조직(피자식물, *Elodea*), (b) 포분소로 피복된 포자(고사리류), (c) 배(우산이끼 *Marchantia*), (d) 포자낭(백송*Pinus strobus* 소포자낭).

표 21.1 현존하는 Streptophytes(육상식물 및 근연의 해조류)의 뚜렷한 특징들

식물군	
차축조식물문	정단분열조직은 조직을 생산하지 않음, 이배체는 접합자만 해당, 포자낭 없음, 포자에 포분소 결여
유배식물문	정단은 조직을 생성하는 분열조직, 다세포성 포자체, 포자낭, 포분소로 피복된 포자
무관속식물군	
선태식물	목질화된 유관속조직 결여, 진정한 의미의 줄기/잎/뿌리 없음, 포자체 분지되지 않으며 배우자체에 종속적임
유관속식물군	목질화된 유관속조직, 분지된 포자체, 독립된 포자체
무종자 유관속식물	종자 없음, 부정근 형성, 유근 없음
석송식물	잎은 소엽
양치식물	잎은 진정엽(일부는 잎, 뿌리가 없음)
종자식물	종자 형성, 잎은 모두 진정엽, 유근 형성
나자식물	꽃과 열매 없음, 종자는 배유가 없음
피자식물	꽃과 열매 형성, 종자 배유 함유(최소 발달 초기까지는)

ESSAY 21.1 세상을 바꾼 식물들

무종자식물은 문자 그대로 우리의 세상을 바꾸어 놓았다. 초창기의 첫 식물들은 비록 작고 단순하여 지금의 선태식물과 비슷하였을 것이나 4억 5천만 년 전까지도 지구상에 아주 많아 흙을 생성할 수 있도록 하였다. 초기의 이러한 식물들은 이후에 더 크고 복잡한 뿌리를 지닌 유관속식물들이 출현할 수 있도록 그 발판을 마련하였다고 볼 수 있다. 초기에 있었던 선태식물과 비슷한 형태의 육상식물들도 다른 방법으로 세상을 변하게 하였다. 부패실험에 의하면 현존하는 선태식물은 쉽게 썩지 않게 하는 유기물질을 생성한다고 알려져 있다. 이러한 물질들은 식물체를 토양 세균과 곰팡이로부터 보호받도록 해준다. 아주 오래된 고대의 화석이 현존하는 선태식물이 썩어 남겨진 흔적과 매우 비슷하다는 사실은 초창기의 식물들이 부패를 방지하는 조직을 지녔다는 것은 암시한다(그림 E21.1A). 유기물질이 CO_2로 완전히 분해 되지 않으면 수백만 년 동안 매장될 수 있다. 유기물질이 점점 더 매장되면 대기 중의 CO_2 량은 줄어들게 된다. 고대의 암석에 대한 안정적인 탄소의 동위원소를 측정한 결과 초기 식물의 화석이 처음 많아지기 시작하였을 무렵에는 대기 중의 CO_2 량이 지금보다 훨씬 더 많았다고 한다(16배 이상). 만약 현재의 대기에 CO_2 수준이 이렇게 높았다면 지구의 기후는 대부분의 생명체에게는 너무 뜨거웠을 것이다. 식물은 이러한 CO_2를 낮추어 적절한 기후가 되게 하였다. 현존하는 선태식물에 의해 생성되는 부패방지 물질의 양을 보면 고대의 근연종들이 대기 중의 CO_2 량을 줄이는 과정을 시작할 수 있기에 충분한 탄소를 만들어낼 정도로 충분히 매장되었다는 것을 암시한다. 초기 유관속식물들에 의해서는 이보다 더 심한 대기 중 CO_2의 감소가 일어났다. 이들은 아주 많은 탄소를 목질소나 여러 부패방지 유기화합물의 형태로 식물체 내에 함유하여 대기 중의 CO_2량을 그 어느 때보다도 가장 낮게 하였다(그림 E21.1B). 이와 같은 급격한 기후변화는 세상을 완전히 바꾸어 놓았다. 만약 식물이 대기의 화학적 구성을 이렇게 변화시키지 않았었다면 인류도 출현하지 못하였을지도 모른다.

식물의 광합성은 끊임없이 CO_2를 유기탄소로 바꾸었으나 그 반대의 과정은 매우 제한되어 있어 대기 중의 CO_2는 급격히 감소하였다.

석탄기란 명칭은 수백만 년 전에 살았던 나무처럼 컸던 많은 무종자식물들이 무성하게 자라 자연적으로 만들어낸 화석 속의 유기탄소로부터 기인한 것이다(그림 E21.1C). 현존하는 석송 및 양치식물과 연관되어, 이들 식물은 거대한 화석들을 남겨 놓았다. 석탄기 식물들이 죽어 늪지에 가라 앉았을 때 식물체 내에 있던 많은 목재조직들은 쉽게 분해되지 않았었다. 부패과정에서는 산소가 이용되나(유기호흡) 식물체의 부패는 억제되므로 대기 중의 산소는 기록적인 양으로 엄청나게 증가하게 되었다. 이로 인해 오늘날의 대기에 있는 낮은 정도의 산소에서는 살 수 없었을 거대한 잠자리나 여러 곤충들이 이때에

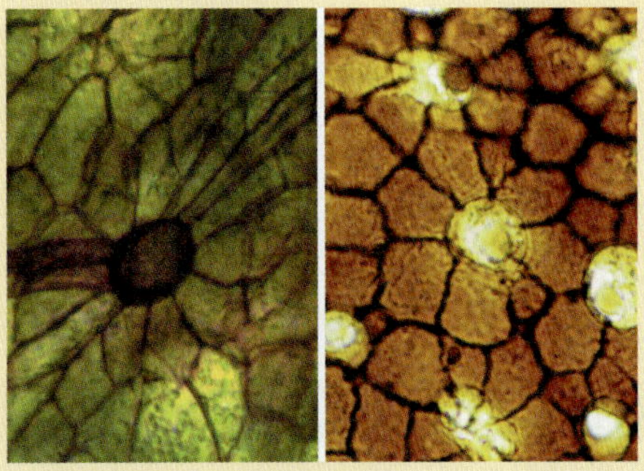

E 21.1A 비슷한 세포 배열을 보이는 오늘날의 우산이끼 하피(좌), 화석식물의 하피(우) 가근은 원좌형의 세포들로부터 기원하며, 화석 하피에서 원좌형의 세포들 내 중앙의 투명한 원들은 이전에 가근이 부착되었던 자리이었을 것임.

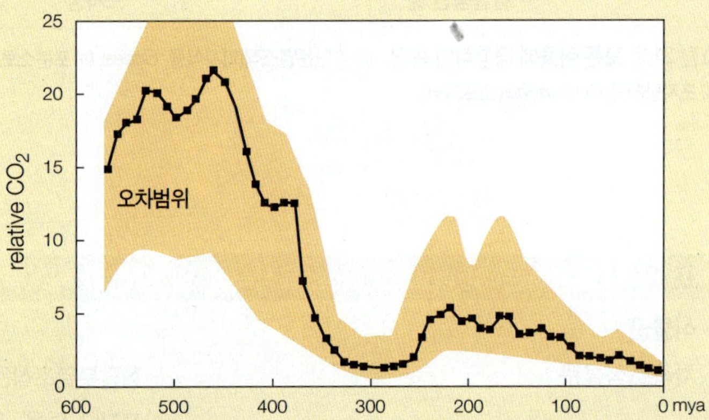

E 21.1B 옛날의 이산화탄소량

도 인류에게 유용하며, 지구 생태계의 정상적인 기능 수행에 필수적인 역할을 한다. 예로 들면, 탄층이끼류인 선태식물은 정원을 가꿀 때 사용하는 토양첨가제로 널리 팔리고 있으며, 미국에서는 동양에서 오랫동안 전통적으로 행해져 오던 이끼 가꾸기가 인기를 더해가고 있다. 북반구의 넓은 지역에 퍼져 있는 탄층이끼층은 온도 변화를 감소시켜 지구 온도조절 장치의 역할을 한다. 선사시대의 양치류 및 석송식물들은 오늘날 우리가 사용하는 석탄층의 주된 원료이며, 지구의 기후를 극적으로 변화시키기도 한다(Essay 21.1 "세계를 바꾼 식물들" 참조). 특히 열대지방에서는 아직도 양치류의 종류가 다양하고 매우 흔한 식물이다. 집에 식물을 가꾸고 있는 많은 사람들은 적어도 보스톤고사리(Boston fern)나 조경에 큰 역할을 하는 양치식물 하나 정도는 가지고 있다. 모든 식물과 마찬가지로 무종자식물은 수많은 다른 생물체들을 먹여 살리는 먹이사슬의 일원이다.

무종자식물 및 초기의 종자식물들이 중요한 또 다른 이유는 이러한 식물들이 현재의 생태계를 바꾸는데 지대한 영향을 미칠 수 있기 때문이다. 이러한 식물과 화석으로만 알려진 멸종된 식물군들은 다음에 나타날 더 복잡한 식물들이 살 수 있는 환경을 만들어 내면서 지구의 역사에서 특정한 시기에만 출현하였다.

E 21.1C 가상의 석탄기 숲

살 수 있었었다. 죽은 식물체에 엄청난 양의 유기탄소가 매장되고 압축되어 석탄으로 변화되었다. 식물의 광합성은 끊임없이 CO_2를 유기탄소로 바꾸었으나 그 반대의 과정은 매우 제한되어 있어 대기 중의 CO_2는 급격히 감소하였다. CO_2는 지구의 기후를 따뜻하게 해 주는 온실가스 역할을 하므로 CO_2가 감소하여 기후가 서늘해졌다. 이런 지구 기후변화에 직면하여 한때 번창하였던 많은 무종자식물 및 다른 생물체들은 멸종하기에 이르렀다. 무종자식물의 수정에는 물이 필요한데, 이러한 물은 따뜻하고 습한 석탄기에는 풍부하였었다. 그러나 기후가 서늘해져 대기는 훨씬 더 건조해졌으며 (더 많은 물은 얼음 형태로 존재) 건조한 지역 (수정에 필요한 물은 감소)은 더 늘어만 갔다.

비록 기후 변화가 무종자식물에게는 좋지 않게 일어났지만 초기 종자식물의 출현에는 이롭게 작용하였다. 멸종된 여러 식물의 그룹에는 양치식물과 같은 잎을 지녔지만 종자를 가진 식물("종자고사리")과 초기 나자식물들이 포함되었다. 종자식물들은 물이 없어도 수정이 일어날 수 있기 때문에 이와 같은 새로운 기후 조건에서도 성공할 수 있었다. 나자식물은 이후 2억년동안 지구식생의 대부분을 차지하게 되었고, 이들 식물이 있었기 때문에 거대한 식물들을 먹이로 삼는 공룡이 살 수 있었던 것이다. 이 시기에 초기 꽃식물과 포유동물이 출현하였으나 당시 이들은 지구 생태계의 미미한 존재일 뿐이었다. 이러한 상태는 아주 오랫동안 지속되었을 것이나 6천 5백만 년 전에 우주로부터 거대한 물체가 지구에 갑자기 떨어져 지구상에서는 화재가 일어났고, 이에 따라 대기에는 엄청난 재가 형성되어 지구는 아주 오랫동안 추었을 것이다. 그 결과 많은 종자식물 및 공룡들이 멸종하였다. 지구가 회복되면서 꽃피는 식물들이 번창하였고, 이는 지구의 생태를 바꾸는 계기가 되었으며 오늘날의 생명체로 이어지게 되었다. 꽃식물의 다양화는 조류 및 포유류가 진화상 더 퍼져 나갈 수 있게 해 주었으며, 그 가운데 인류의 조상이 포함되어 있었다.

21.2 DNA와 화석은 식물의 역사를 추적할 수 있게 해 준다

식물학자들은 여러 수단을 이용하여 식물의 역사를 추론하였다. 이러한 것들 가운데 DNA 염기서열과 화석들은 특히 유용한 정보가 되었다. DNA, 화석, 그리고 다른 특징들이 조상형의 진화 양상과 이들 간의 유연관계를 나타내는 분지된 나무 형태의 그림인 식물의 **계통수**(phylogeny, 그림 21.3)를 작성하는데 사용되었다. 계통 유연관계에 대한 정보는 언제 어떠한 순서로 식물들이 육상에서 진화하였는지를 결정하는데 사용될 수 있다.

DNA 정보는 현존하는 식물들의 유연관계를 밝혀준다

식물학자들은 핵, 미토콘드리아, 엽록체, 심지어는 화석으로부터도 DNA를 추출할 수 있다. 단백질이나 핵산을 만들어내는 암호를 지닌 특정 DNA 염기서열(즉, 유전자)은 여러번 복제되어 증폭시킬 수 있다(15장). DNA 염기서열은 다른 생물체의 것과 비교될 수 있다. 식물의 진화 역사를 알아내는데 흔히 사용되는 유전자는 (1) 미세소관(microtubule)을 구성하는 단백질인 튜블린(tubulin), (2) CO_2를 유기탄소로 전환하는데 쓰이는 광합성효소인 루비스코(rubisco), (3) 식물체가 빛과 낮의 길이를 감지하는데 쓰이는 피토크롬(phytochrome), (4) 단백질합성에 관여하는 리보솜의 소단위를 이루는 RNA를 만들어내는데 관여하는 암호를 지닌 유전자들이다. 식물학자들은 구조적 혹은 생화학적 정보와 함께 컴퓨터 응용 특별프로그램을 이용하여 DNA 염기서열 정보로 진화 유연관계를 밝히는데 사용한다.

DNA SCIENCE

육상식물은 차축조 녹조류로부터 진화하였다 DNA와 다른 세포학적 특징에 의하면 현존하는 선태식물, 양치식물, 나자식물, 피자식물 등 육상에 적응된 식물들이 모두 **단기원**(monophyletic)그룹을 이룬다고 한다. 즉, 식물이 하나의 공통 조상으로부터 기원하였다는 것으로(그림 21.3), 이들 정보에 의하면 차축조류(그림 21.4)로 알려진 현존하는 원생생물인 어떤 특정 녹조류가 식물에 가장 가깝다는 것이다. 육상식물이란 뜻의 **스트렙토식물**(streptophytes)이란 용어는 유배식물(embryophytes)과 차축조류(charophycean)를 합한 것을 의미한다. 그러나 현존하는 차축조류는 실제로는 식물의 직접적인 조상은 아니고, 아마도 현존하는 차축조 녹조류를 많이 닮은 어떤 조상형으로부터 식물이 기원하였을 것이라는 것을 알아야만 할 것이다. 차축조류와 육상식물(스트렙토식물)의 공통 조상이 살았던 이후로도 아주 오랫동안 녹조류는 아주 많은 세대를 거듭하며 진화해 나갔을 것이다.

EVOLUTION

차축조류와 식물을 비교하면서 학자들은 식물의 기본 구조가 어떤 과정을 거쳐 어떻게 진화하였는가를 알게 되었다.

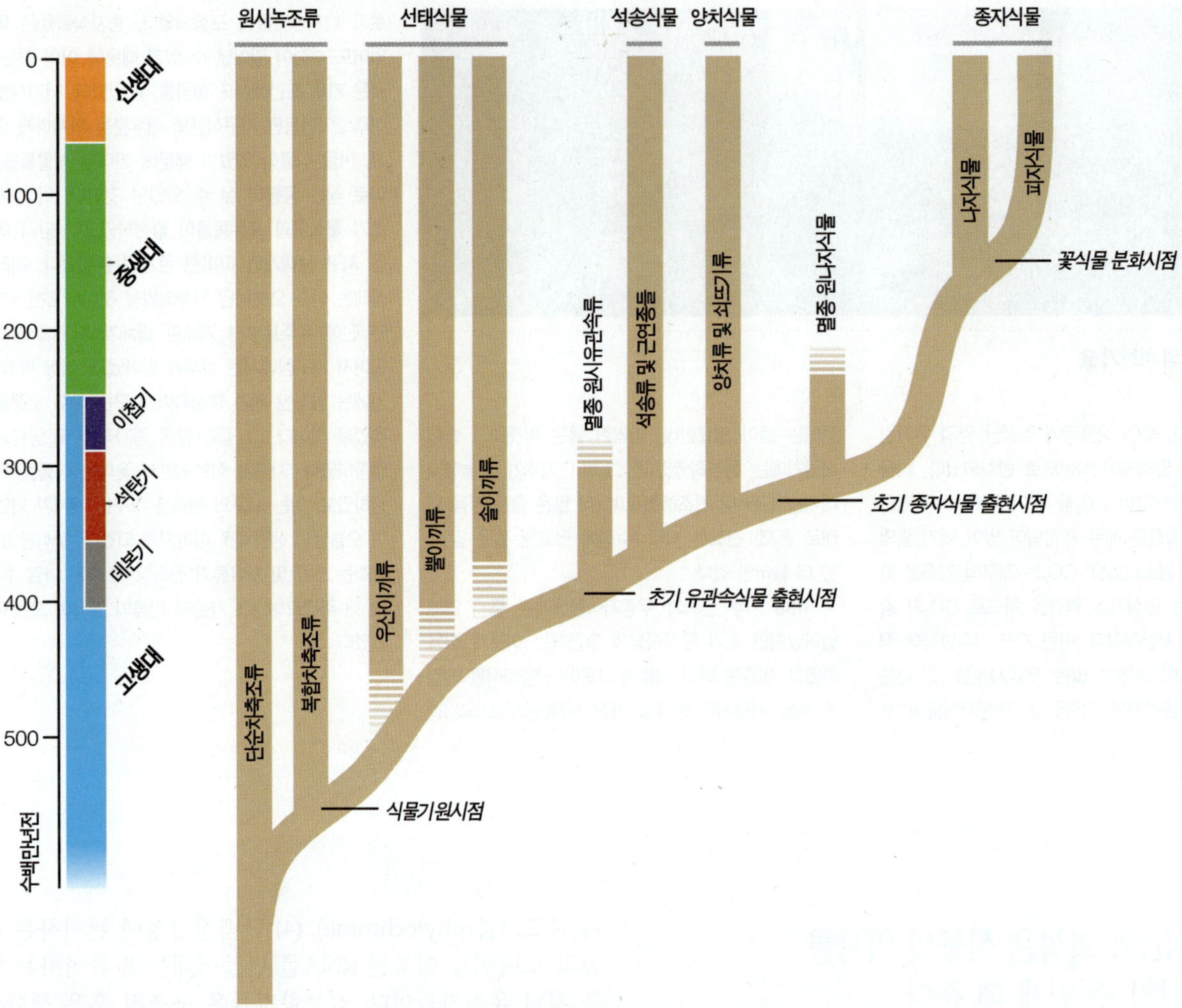

그림 21.3 지리적 연대에 따른 식물의 계통수 식물은 약 5억 년 전에 현존하는 복잡한 구조의 차축조식물과 유사한 조상형으로부터 진화하였고, 초기의 유관속식물은 약 4억 년 경, 그리고 초기의 종자식물은 약 3억 6천 5백만 년 전에 지구상에 나타나기 시작하였다. 꽃피는 식물들은 약 1억 5천만 년쯤 지구상에 퍼져나갔다. 정확하지 않은 연대 및 파생된 가지들은 불연속적인 선으로 표시되어 있고, 이후 연구에 의해 첨가되는 결과에 의해 일부 수정될 수 있다.

그 한 예로, 차축조류인 *Coleochaete*와 *Chara*(그림 21.4c, d)는 육상식물처럼 세포분열을 하고, 이는 식물의 세포분열이 해조류의 조상으로부터 유전되었다는 것을 암시한다. 그러나 해조류는 모든 육상식물의 점질성 세포벽 성분인 헤미셀룰로즈의 주요 성분인 자이로굴루칸(xyloglucaans)이라는 특정 탄수화물이 결여되어 있다(4장). 그러므로 식물세포분열의 기원은 진화적으로 보았을 때 물 속에서 이루어졌고, 반면 이후에 일어난 식물세포벽의 생화학적 변화들은 육상생활과 깊은 연관이 있다.

DNA 증거는 현존하는 식물군들이 출현한 순서도 밝혀낼 수 있다 DNA 및 다른 증거들은 선태식물이 차축조 녹조류보다 늦게 진화되었으나 유관속식물보다는 일찍 생겨났고, 나자 및 피자식물같은 종자식물(그림 21.3)의 기원에 앞서 종자를 형성하지 않는 유관속식물이 먼저 출현하였다는 것을 암시하였다. 어떤 식물군이 어떤 순서로 진화하였는지를 알아냄으로써 우리는 식물군 내 또는 식물군 사이의 특징들을 비교할 수 있게 되었으며, 그렇게 함으로써 식물이 육상에 적응해 나가며 보인 변화를 알아내는 힘을 갖게 된 것이다.

종자를 형성하지 않는 유관속식물들은 우리에게 친숙한 양치식물과 우리에게 덜 알려진 석송(그림 21.1b) 등이다. DNA 증거에서는 석송류가 지구상에 출현한 최초의 유관속식물이며, 선태식물 중에는 솔이끼류가 아마도 석송식물에 가장 가까운 식물군일 것으로 나타난다. 선태식물은 분지하지 않은 포자체(그림 21.1a)를 가지며 목질화된 수분 통도조직이 결여되어 있다. 반면, 석송식물은 다른 모든 유관속식물과

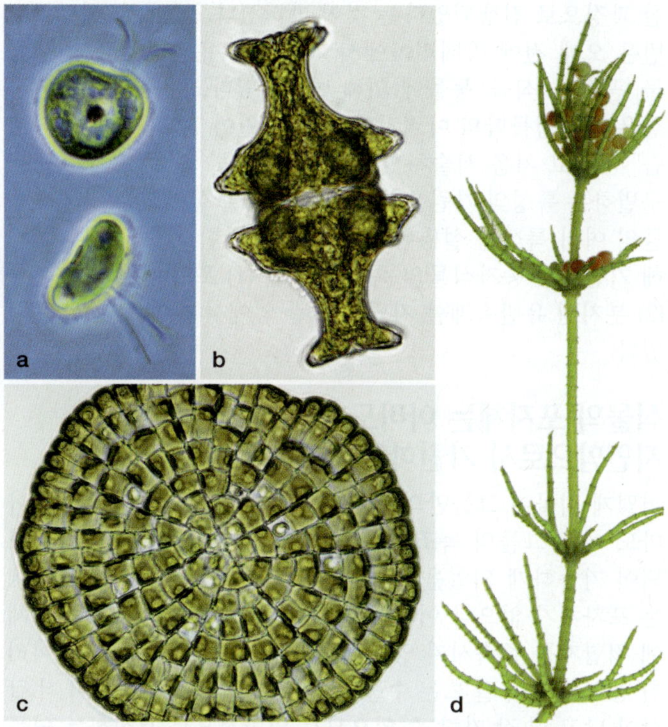

그림 21.4 **차축조식물의 예** 단세포성 단순 차축조 녹조류: (a) *Mesostiga*, 2개 편모로 이동 및 움직임; (b) *Euastrom*, 섬모 없음. 다세포성 복합 차축조 녹조류(녹조류 명칭 기원 식물군); (c) *Coleochaete*; (d) *Chara*, 정자세포들은 오렌지색 구조내에 형성된다.

마찬가지로 분지된 포자체와 진정한 의미의 목질화된 세포로 이루어진 목부를 갖는다. 선태식물과 석송식물의 DNA를 비교하면 식물의 아주 중요한 특성인 분지된 포자체와 목부의 진화를 알아낼 수 있는 유전적 근거가 밝혀진다.

화석은 식물의 초기 진화 과정에서 중요한 사건들을 밝혀준다

주요 식물군들은 지구의 생태계와 식물의 진화를 알아내는데 중요한 역할을 할 대표적 식물들을 남기지 않았다. 이들이 있었다는 것을 알아내는 유일한 길은 유기화된 또는 광물화된 흔적이나 유연한 장소에 식물체의 자국이 새겨져 이후에 단단한 암석으로 변해 남은 화석을 통해서뿐이다. **고식물학**(paleobotany)은 식물군의 연대를 추정하는데 매우 유용한 식물의 화석을 연구하는 학문이며, 우리가 생각하는 식물이나 다른 생물체의 연대를 바꿀만한 새로운 화석의 발견은 신문지상 등 매체에 널리 알려지는 재미있는 사건들이 된다.

비록 식물은 동물화석에서처럼 화석을 식별할 수 있게 해주는 뼈대나 골격을 갖고 있지는 않지만 식물은 미생물에 쉽게 부패하지 않는 목질소(lignin), 포분소(sporopollenin), 그리고 큐틴(cutin)과 같은 단단한 중합체를 만들어 화석을 형성한다. 식물 포자의 벽을 둘러싸는 포분소는 내성이 제일 강한 생물학적 물질로 포자의 수분을 잘 보존하고 미생물체가 침입하여도 포자가 잘 썩지 않게 한다. 이러한 포분소의 강한 특성으로 인해 암석 속에 식물 포자의 화석이 나타날 수 있는 것이다. 단단한 플라스틱과 같은 성질로 방수성을 지닌 목질소는(3장) 가도관, 도관, 여러 다른 종류의 세포의 벽을 단단하게 해준다. 큐틴은 식물체 표면을 덮고 있는 폴리에스터 물질로 미생물체 등이 침입하지 못하게 한다. 목질소와 큐틴으로 인해 식물체의 일부나 식물체 전체가 화석으로 남을 수 있다(그림 21.5).

식물의 진화는 다음과 같은 4가지의 중요한 사건들이 관여하였다. (1) 육상에 적응한 식물의 기원, (2) 유관속식물의 출현, (3) 종자식물의 진화, (4) 꽃식물의 종분화이다. (1)과 (2)는 21장에서 (3)과 (4)는 22장과 23장에서 다룬다. 학자들은 화석을 이용하여 이러한 사건들이 언제 일어났는지를 결정할 뿐만 아니라 이러한 사건들이 일어나게 된 힘이 무엇인지를 추론해 내기도 한다.

육상 적응 식물의 기원 식물의 조상인 녹조류가 살던 수중 환경에 비해 육상의 환경은 초기의 식물에게 많은 산소와 광합성을 위한 빛을 제공하였을 뿐만 아니라 서로 경쟁하는 식물들이나 식물을 먹는 초식동물들도 그 수가 매우 적었었다. 육상식물이 처음 나타난 시기는 확실하지 않다. 그러나 화석상의 포자들의 증거는 이미 4억 6천만 년 전에 초기식물들이 번창하여 전 세계적으로 퍼져 나갔다는 것을 알려 준다. 선태식물과 같은 포자를 함유하는 화석 포자낭은 초기의 식물들이 이미 4억 4천만 년 전에 조직을 만들어내는 분열조직과 포자체를 갖고 있음을 암시한다. 이 시기에 식물들이 직면한 문제는 태양 자외선으로 인한 열, 건조, 파괴 등이었다.

유관속식물의 출현 약 4억 년 전에 처음 출현한 화석식물 군들은 유관속식물의 기원과 종분화를 설명하는데 큰 도움을 준다. 이 화석식물들은 원시유관속식물(protracheophyte, "유관속식물에 앞서는" 이라는 뜻)로 선태식물과 같이 비교적 작고 목질화된 유관속조직이 결여되어 있다. 반면, 선태식물과는 다르게 포자체는 분지하지 않고 언제나 부모 배우체식물에 부착되어 종속적인 포자체를 갖으나, 원시유관속식물은

그림 21.5 **식물화석** 양치식물의 화석.

유관속식물과 같이 분지하는 포자체와 부모 배우체식물과 분리되어 독립적으로 살아갈 수 있었다. 포자체의 분지능력은 원시유관속식물(후에는 유관속식물)이 광합성을 통해 더 많은 빛을 포획하고 번식도 잘하며 초식동물의 공격에도 더 잘 살아남을 수 있게 해 주었다. 만일 동물이 유관속식물의 가지를 한번 물어뜯거나 여러 번 먹어 치우면 다른 가지들이 계속 생장을 하고 번식할 수 있게 된다. 그러나 하나의 생장부위를 갖는 이끼의 포자체는 더 많은 피해를 받았을 것이다. 원시유유관속식물들은 진화상 오늘날의 선태식물과 유관속식물의 중간적인 식물체를 갖는 것으로 추정된다. 선태식물은 현재까지 아주 잘 적응하여 진화한 반면, 이들은 모두 멸종한 것으로 보아 선태식물보다 육상에 더 잘 적응한 것 같아 보이지는 않는다.

4억 8백만 년~3억 6천만 년 전 쯤에는 많은 형태의 유관속식물 화석들이 남겨졌으나 그 이후로는 모두 멸종하였다(그림 9.2). 초기의 유관속식물들은 잎과 뿌리를 갖지는 않았으나 중심부위에 물과 무기질을 운반할 수 있는 작은 목질화된 가도관을 갖는 줄기, 건조와 자외선의 해로부터 보호를 받을 수 있도록 식물체 외부의 튼튼한 큐티클층, 그리고 기체를 교환하도록 표피에 기공을 갖고 있었다. 이 특징들로 보아 초기 유관속식물들은 식물체 내부의 수분이 일정하게 유지할 수 있는 능력을 갖추었을 것으로 추정된다. 이것이 바로 오늘날 유관속식물이 이용 가능한 수분의 양이 아주 다른데도 불구하고 광합성, 생장, 포자 생산을 지속적으로 할 수 있는 이유이다. 반면, 선태식물 식물체 내의 수분량은 외부 환경의 수분량과 직접적으로 관련되어 있어 건조한 상태가 되면, 선태식물은 휴면기에 들어간다. 건조한 상태에 있는 선태식물의 물질대사는 외부 환경의 수분량이 충분하여 광합성, 생장, 생식이 재개될 수 있을 정도가 될 때까지 정지해 있게 된다.

ECOLOGY

약 3억 6천에서 2억 5천 6백만 년 전의 석탄기에는 식물들이 거대한 숲을 이루는 시기였다. 이 시기의 숲에는 거대 양치류, 석송류, 기타 현존하는 무종자 유관속식물과 유사한 식물들이 대부분이었으며, 첫 종자식물도 이 시기에 출현하였다. 이 시기에는 날씨가 매우 따뜻하고 수분이 충분하여 무성히 자랄 수 있었다. 액체성 수분이 풍부하여 포자 및 편모를 지닌 정자에 의한 식물의 생식이 활발하게 일어났다. 석탄기의 식물들은 대개 지구 전체에 걸쳐 많이 형성되어 있던 물이 있는 습지에서 자랐다. 부패하는 생물체들은 호흡에 산소가 필수적이므로 산소 농도가 낮은 습지 바닥으로 넘어진 죽은 식물들은 완전하게 썩지 않았다. 이러한 조건에서는 엄청난 양의 석탄이 퇴적되어 다양한 종류의 화석이 만들어지게 되었다(Essay 21.1).

21.3 | 초기 식물 진화는 변형이라는 다윈의 개념을 잘 증명해 준다

많은 생명체를 다룬 연구에서 진화에 의해 복잡한 구조가 형성되고 단순한 조상형이 갖고 있던 유전적인 토대가 더 복잡한 과정으로 진행되었다는 것이 밝혀졌다. 그 예로, 헤모글로빈은 오래 전에 박테리아에서 기원하여 유전되었고, 원생동물, 곰팡이, 식물, 동물에 의해 변형되었다고 한다. 이러한 사실은 진화생물학의 아버지인 찰스 다윈이 "변화를 수반한 세습" 이라고 처음 서술하였다. 이것은 식물 및 주요 식물군을 구별하는 특성의 기원을 포함하여 오늘날 살아있는 것들의 여러 특성을 설명한다. 변화를 수반한 세습에 의해 기원한 무종자식물의 특징의 예는 (1) 포자체 세대, (2) 분지된 유관속계를 지닌 커다란 잎에서 찾아 볼 수 있다.

EVOLUTION

식물의 포자체는 아마도 접합자 감수분열을 지연함으로서 기원하였을 것이다

어떻게 식물이 그들만의 독특한 포자체를 갖게 되었을까? 아마도 이는 그들의 녹조류 조상으로부터 유전된 특성이 변형되어 가능하게 되었을 것이다. 비록 현대의 차축조녹조류에는 포자체가 없으나 어떤 종들은 식물이 그러한 것처럼 모체에 접합자를 존속시켜 양분을 공급하는 것처럼 보인다. 이러한 양식은 빛이 잘 드는 수중 표면 부위에 자손 개체들이 더 잘 살아 남고 더 잘 자랄 수 있으므로 일반적으로 서식하는 연못가나 호수가에 사는 조류에게는 장점이 된다. 접합자에 양분을 제공하는 것은 식물이 봄에 발아할 때 필요한 저장 물질을 종자에 있는 저장 지질, 단백질, 탄수화물 등으로 축적하여 어린 식물의 발아와 생장에 도움을 주는 것과 같은 것이다.

식물의 배와 포자체의 기원은 먼저 차축조녹조류 조상형에 돌연변이가 일어난 결과 접합자 감수분열은 한번 또는 그 이상의 체세포분열이 일어난 후 까지 지연되었다고 논리적으로 설명된다. 이 돌연변이로 인해 작으나 다세포로 이루어진 이배체 포자체가 생겼고, 또 이 돌연변이로 감수분열을 하는 세포의 수가 증가되었을 것이다(그림 21.6). 모 배우체에 의해 어린 포자체에 공급되는 양분은 포자체의 크기를 증가시키는 연료가 되었을 것이다. 포자체에서 감수분열하는 세포가 많으면 많을수록 접합자가 만들어내는 포자의 수는 더 많아진다. 포자체 세포와 포자의 이러한 수적 증가는 헤엄치는 정자가 난세포에 도달하여 수정될 기회가 감소하는 수분이 부족한 육상 환경에서의 유성생식의 결과를 극대화 시켜준다. 포자체와 그 증가된 크기는 모든 현대의 유관속식물에서 포자체는 더욱 크고 우세한 세대라는 사실이 잘 적응하였다는 증거가 된다.

양치식물의 잎은 분지된 줄기에서 유래하였다

화석상의 증거에 의하면 초기 유관속식물에는 잎이 없다. 비록 일부 선태식물이 작은 잎과 같은 구조를 형성하기는 하였으나 리그닌으로 강화된 유관속조직이 결여되어 있으므로 진정한 의미의 잎은 아니다. 석송식물은 진정한 잎을 지니고 있으나 단지 하나의 분지되지 않은 엽맥을 갖는다(그림 21.7a). 현존하는 석송식물의 잎이 작기 때문에 이들의 잎은 **소엽**(microphyll, "작은 잎"이란 뜻)으로도 알려져 있다. 이와는 달리, 대부분의 양치식물의 잎은 종자식물식물에서와 같이 잘

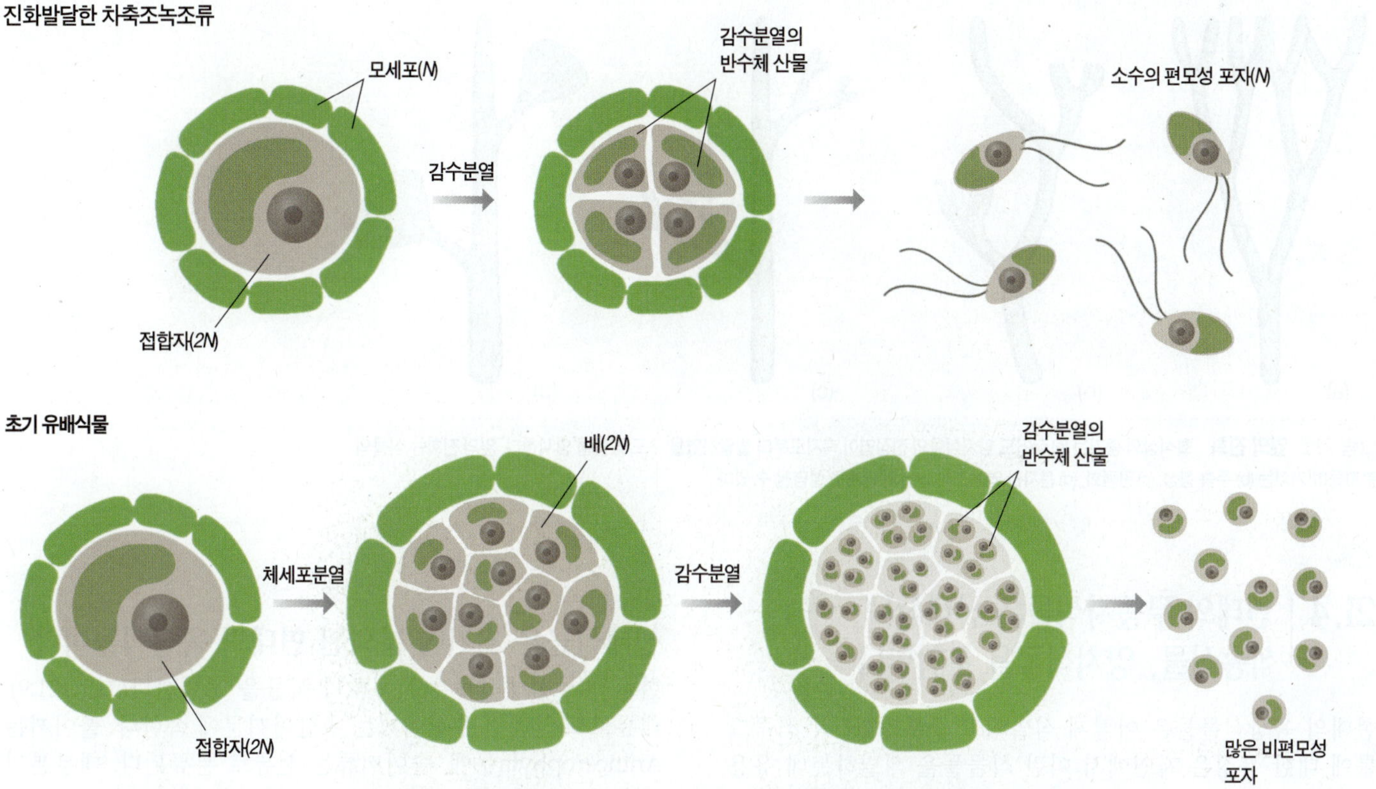

그림 21.6 식물의 배와 포자체 진화발달한 차축조 녹조류에서 접합자는 모엽상체(2N)에 붙어서 양분을 공급받는다. 이들의 생활환에서 접합자는 유일한 이배체 세포로 감수분열하여 *Coleochaete*에서처럼 편모를 갖는 포자(1N)를 생성한다. 식물의 배/포자체 진화발달에 대한 가장 간단한 가설은 여러 번의 체세포분열이 먼저 일어난 이후까지 감수분열이 지연되었다고 추측되는 설이다. 이후 육상식물의 포자들은 편모를 소실하게 된 대신 공기 중에 산포될 때 포자를 보호하는 포분소(sporopollenin)를 갖게 되었다.

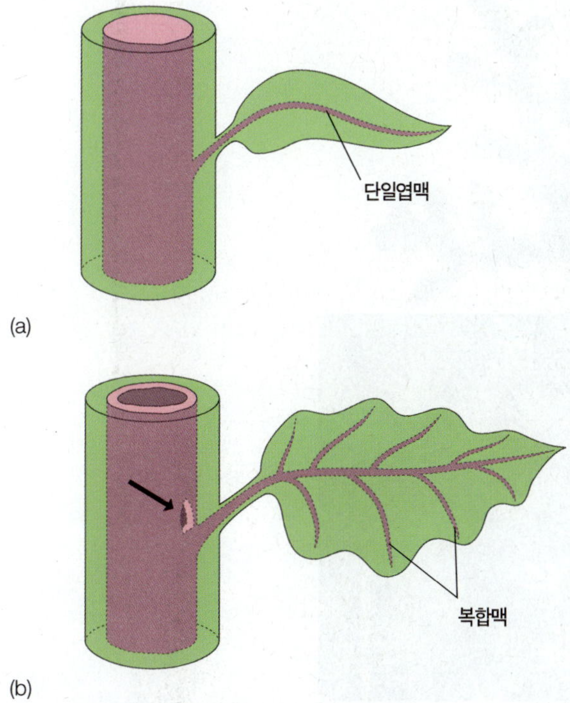

그림 21.7 Lycophyll과 진정엽 (a) Lycophyll: 단 하나의 유관속 형성, (b) 진정엽: 복잡한 망상맥 발달. 진정엽을 지닌 줄기는 엽극(화살표)을 갖는다.

분지된 유관속을 갖고 있어 잎이 더 커지게 되었다(그림 21.7b). 잎은 식물세계의 "태양전지판"이기 때문에 커다란 크기는 더 많은 태양 빛을 수집할 수 있게 해 준다. 양치식물과 종자식물의 잎은 **진정엽**(euphyll, "큰 잎"이란 뜻) 또는 **대엽**(megahyll, "큰 잎"이란 뜻)으로 알려져 있다. 진정엽은 줄기에서 유관속조직의 가닥이 잎으로 퍼져 나가는 엽흔(leaf trace) 위에 유관속조직이 끊기는 곳인 엽극(leaf gap)이 있을 때 대엽이라 정의한다. 소엽을 갖는 식물은 엽극이 없다.

화석연구는 양치식물의 대엽이 단계적으로 잎이 없는 줄기의 분지시스템에서 기원하였다는 것을 암시한다. 먼저 분지들은 평평하게 되고 하나의 분지는 주축과 같은 기능을 하였고 끝에 있는 분지들 사이의 공간은 녹색의 조직으로 채워져 갔다(그림 21.8). 그러나 식물진화학자들은 대엽이 여러 번 발생하였고 종자식물의 잎이 양치식물의 잎과 같은 방법으로 기원하였는지는 확실하지 않다고 생각하고 있다.

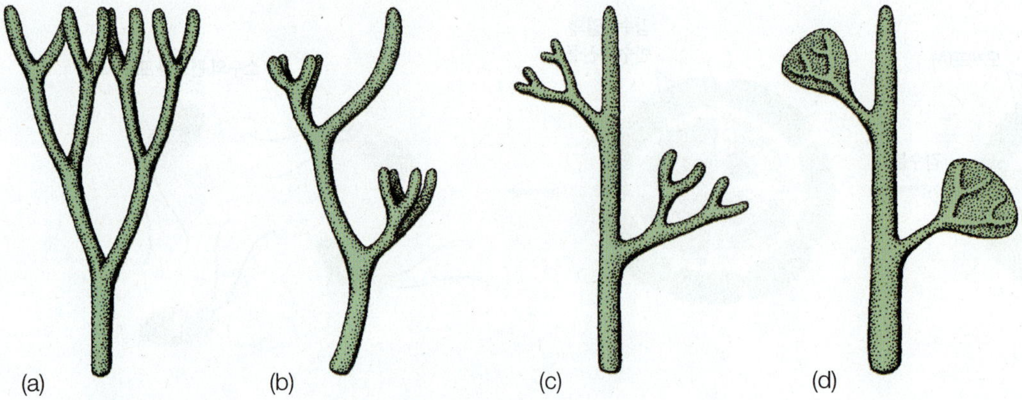

그림 21.8 잎의 진화 화석상의 증거는 (a) 적어도 양치식물의 진정엽이 측지로부터 발달하였을 수도 있음을 암시한다. 잎의 진화는 식물의 분지들이 거치는 (b) 주축 형성, (c) 편평화, (d) 분지간 엽육조직 발달의 단계로 설명될 수 있다.

21.4 | 현대의 무종자식물은 선태식물, 석송식물, 양치식물을 포함한다

현대의 육상식물들은 어떻게 식별되고 구분될까? 각 식물그룹에 대한 특징은 자연에서 이런 식물들을 식별하는데 유용하게 쓰이고 이들의 생태학적인 역할을 이해할 수 있게 해 준다.

선태식물은 초기에 분화된 현대의 육상식물이다

현존하는 선태식물은 3 종류의 식물을 포함한다(그림 21.9). 태류로도 알려진 우산이끼는 우산이끼문에 속한다. 뿔이끼는 Anthcerophyta문에, 솔이끼류는 선류로 분류된다. 대부분의 선태식물은 흙, 암석, 식물체 표면에서 자라나 어떤 이끼류들은 담수의 호수가, 시냇가, 연못가에서 자라기도 한다. 우산이

그림 21.9 선태식물문 (a) 편평한 "엽상체"의 우산이끼 *Pallavicinia*, (b) "엽상"의 우산이끼, (c) 편평한 배우자체로부터 발달하는 뿔모양의 포자체를 갖는 *Anthoceros*, (d) "엽상"의 솔이끼 *Polytrichum* 배우자체.

끼와 뿔이끼는 작은 초본성 식물로 콩팥과 같이 생기거나 뿔처럼 생겨서 그러한 이름 붙여진 것이다. 접미어 "*-wort*"는 오래된 앵글로색슨계 단어로 "herb" 라는 뜻이다. 이끼의 작은 엽육상 식물체는 숲이나 음지의 잔디밭에서 넓게 덤불이나 매트를 이루어 흔히 볼 수 있다. 여러 형태의 생물들, 즉 식용 바닷말(Irish moss, 적조류), 꽃이끼(reindeer moss, 지의류), 석송(club moss, 석송류), 소나무겨우살이(Spanish moss, 꽃피는 식물류)와 같은 종들은 실제로는 선태식물이 아니나 영어 이름에 "이끼"라는 말이 붙어 그렇게 명명된 것이다.

선태식물은 유관속식물에 비해 단순하다 일반적으로 선태식물의 배우체는 한 층의 세포나 소수의 세포 층으로 되어 있어(그림 21.10) 토양, 대기, 수중에서 직접 물과 무기염류를 흡수할 수 있다. 일부 선태식물은 물과 양분의 통도 기능을 하는 특수화된 조직을 형성하나 이들 세포의 벽은 유관속식물의 가도관이나 도관의 특징인 목질화가 되어 있지 않다. 목질화된 유관속조직의 결여는 선태식물이 크는데 제한적 요인으로 작용하여 대부분 불과 몇 센티미터 밖에 자라지 않는다. 그래서 대부분의 선태식물은 유연하고 투명한 **가근**(rhizoid)에 의해 지표면에 달라붙어 자라는데(그림 21.10), 가근은 긴 관상의 단일세포이거나(우산이끼, 뿔이끼) 다세포로 된 섬유상(솔이끼)의 구조이다. 뿌리와는 달리 가근은 조직으로 되어 있지 않고, 특수화된 통도세포도 결여되어 있어 수분과 무기염류의 흡수에는 중요한 역할을 수행하지 않는 것으로 보인다.

뿔이끼와 일부 우산이끼의 배우체는 평편하고(그림 21.9a, c) 지면에 붙어 자라는데 이것은 물이 곧 바로 광합성조직에 흡수될 수 있도록 유용하게 적응한 결과이다. 솔이끼와 일부 우산이끼의 배우체는 "엽육상" 으로 기재되는데 이는 잎과 같이 생긴 부속지를 지닌 줄기 같은 구조를 가지기 때문이다(그림 21.9b, d). 그러나 이들은 목질화된 통도세포를 가지지 않기 때문에 진정한 의미의 줄기나 잎이 아니다. 일반적으로 이끼류의 "잎"은 한층의 세포로 되어 있으며, 일부 예외는 있으나 각질층(cuticle)이 결여되어 있다. 이러한 특징으로 물과 무기염류가 주위환경으로부터 쉽게 이들 "잎"에 흡수될 수 있도록 해 준다. 식물의 각질층은 폴리에스터 성분의 각피(cutin)로 된 보호층으로 이루어져 있고, 이 층은 식물체의 수분 손실을 줄여주는 납질(wax)로 덮여있다.

선태식물의 포자체는 유관속식물의 포자체에 비해 훨씬 간단하고, 선태식물의 배우자체에 비해 거의 눈에 띄지 않는다. 선태식물의 포자체는 (1) 부착부위(basal foot): 모 배우자체 조직 속에 항상 들어 있고 양분 등의 물질을 취하는 부위, (2) 낭상체(seta/stalk, 모든 선태식물이 갖지는 않는다): 포자체가 포자 산포를 효율적으로 하기 위해 공기 중으로 돌출하기도 한다, (3) 포자낭(capsule/sporangium): 포자를 생산하고 산포한다(그림 21.11). 선태식물의 포자체는 분지되지 않으며, 배우자체로부터 독립하여 자라지 않는다.

선태식물은 바람에 의해 포자, 잘린 조각, 무성생식 구조로 증식한다 선태식물은 여러 가지 방법으로 증식하고 산포한다. 만일 선태식물의 포자가 알맞은 장소에 산포된다면 반복되는 체세포분열에 의해 포자는 발아하고 배우체로 자란다

그림 21.10 가근을 형성하는 우산이끼 광합성은 우산이끼의 상층부 소수의 세포층에서만 일어나고 하층 표피부위에서 발달하는 가늘고 투명한 가근은 식물체가 접착면에 부착하는 것을 도와준다.

그림 21.11 우산이끼 *Marchantia polymorpha*의 포자체 포자체는 부착부위(foot), 낭상체(seta), 포자낭(capsule)의 3 부분으로 구성. 부착부위는 모 배우자체 식물로부터 제공되는 양분, 물, 무기염류 등이 흡수되는 부위이고, 낭상체는 포자낭이 공기중으로 신장되게 하여 검은 점으로 표시되어 있는 많은 포자들이 더 효율적으로 산포될 수 있도록 해 준다. 밝은 노랑색 포자들을 지닌 *Marchantia* 포자체는(삽입그림) 우산모양의 배우자체 구조에 거꾸로 매달려 발달한다. 부착부위는 사진의 상단에 있다.

(그림 21.12). 발아하는 선태식물의 포자는 일반적으로 녹색의 분지된 하나의 세포 층으로 된 사상의 **원사체**(protonema, "첫 번째 실" 이란 뜻)를 형성하는데, 가끔 해조류로 오인되기도 한다. 원사체는 표면적이 매우 넓어 물과 무기염류의 흡수를 향상시킨다. 만일 물과 무기염류가 충분하다면 원사체는 조직을 만드는 분열조직을 지닌 싹(bud)을 형성한다. 이 분열조직이 성숙한 배우체 생산조직을 만들어 내는 **원배우자체**(gametophore, 배우체를 지님)가 되고, 원사체와 원배우자체는 함께 선태식물의 배우자체를 구성한다.

성숙한 선태식물은 **배우자낭**(gametangia)으로 알려진 특수한 구조 속에 생식세포를 생산한다. 난세포는 화병모양의 **조난기**(archegonia)에 하나만이 만들어지고 무리를 이루는 다수의 정자는 신장된 **조정기**(antheridia)에 생산되는데, 이 두 구조는 모두 외피 또는 불염성의 외피로 둘러 싸여 있다(그림 21.13). 선태식물의 배우자체는 많은 조난기와 조정기를 생산하며 솔이끼류에서는 일반적으로 각각 분리된 우성 및 자성 식물체에 형성된다. 정자는 수막(water film)으로 방출되어 흡인물질에 대한 반응으로 조난기의 개구 부위를 따라 난세포로

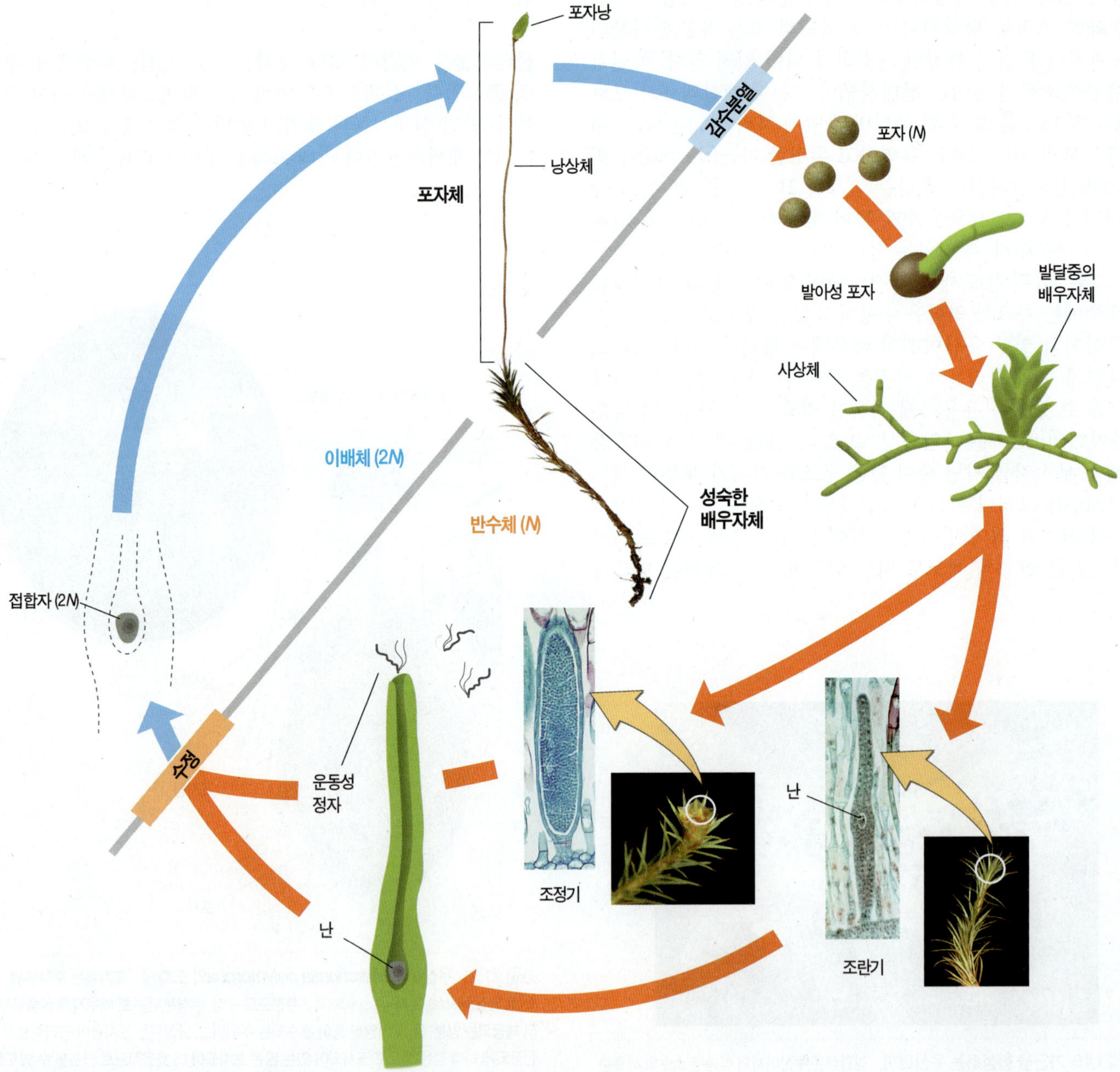

그림 21.12 선태식물의 생활환 작은 포자체는 이들 생활환에서 우세한 커다란 배우체에 붙어 생활한다.

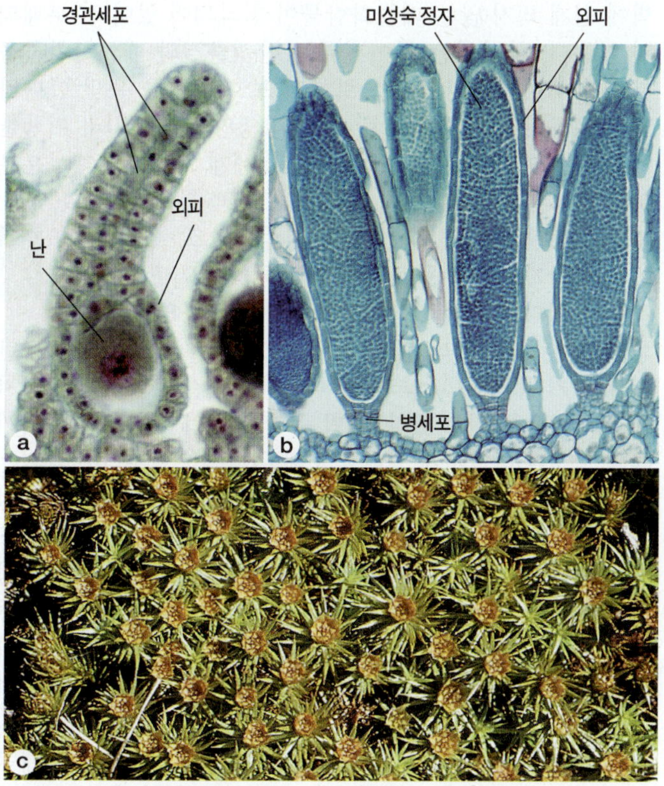

그림 21.13 선태식물의 조란기(archegonia)와 조정기(antheria) (a) 광학현미경상의 *Marchantia* 장란기: 알세포는 팽대된 조난기의 기저부위에 위치하며 보호 외피조직(jacket tissue)에 둘러 싸여 있다. 좁은 부위는 경부(neck)로서 경부의 중앙은 세포들이 분해되어 경관(neck canal)이 되고, 이후 정자는 경관을 헤엄쳐와 알세포에 도달하게 된다. (b) *Mnium* 솔이끼의 조정기: 외피 세포들과 짧은 지주 병세포(supporting stalk)를 주목하라. 조정기는 외피조직에 있는 구멍으로 방출될 수많은 정자로 채워져 있다. 이때 정자는 알세포에 도달하기 위해 액상의 수분을 필요로 한다. (c) 육안으로 관찰 가능한 솔이끼 *Polytrichium*의 조정기 두부("head"). 많은 조정기가 모여 각각의 두부를 이룬다.

그림 21.14 솔이끼 *Polytrichum*의 calyptra 미성숙 포자낭을 덮고 있는 calyptra (화살표). 우측의 포자낭은 calyptra가 제거되어 순형의 operculum(bracket)이 노출된 경우. 포자낭과 포자가 성숙하면 calptra 및 operculum은 모두 떨어져 나간다.

헤엄쳐 간다. 난세포는 방출되지 않고 조난기에 남아 있는다. 정자와 난세포의 결합은 접합자를 형성하고 어린 포자체(=배)로 발달하는 동안 조란기에 머무른다. 다른 모든 식물에서처럼 유기양분, 물, 무기염류 등이 모 배우자체에서부터 배로 운반된다.

선태식물 중 우산이끼가 가장 눈에 띄지 않는 포자체를 지녔으며, 뿔이끼와 솔이끼 포자체는 더 크고 더 복잡한 구조를 지닌다. 뿔이끼의 포자체는 외견상으로는 잔디의 잎과 비슷하여 아래의 기저부위로부터 자라고 각질층을 함유한다(그림 21.9c). 뿔이끼와 솔이끼의 포자체는 표피조직에 유관속식물과 유사하게 기공을 갖는다. 이끼류의 포자체낭(=포자낭)은 감수분열이 일어나고 포자가 생산되는 곳인데, 하나의 포자낭에서 무려 5천 만 개 이상의 포자가 만들어지기도 한다. 모자모양의 'calyptra'라는 배우자체 조직은 미성숙한 이끼의 포자낭을 보호한다(그림 21.14a). Calyptra와 덮개형(lidlike)의 포자낭 윗부분("operculum", 그림 21.14b)은 포자낭이 포자를 방출하기 전에 소실된다. 이빨형태의 일련의 구조들은 **삭치**(peristome)로 불리우며, 이들은 포자의 산포를 위해 특수화된 구조이다(그림 21.15). 이러한 삭치 덕분에 포자들은 포자낭으로부터 한꺼번에 방출되지 않고 점진적으로 뿌려지듯이 산포되는데, 이는 주기적인 바람의 돌풍을 이용하여 대륙간의 먼 거리까지도 산포할 수 있도록 적응한 결과이다. 또한, 많은 선태식물은 전적으로 **무성아**(gemmae) 라고 하는 작은 조

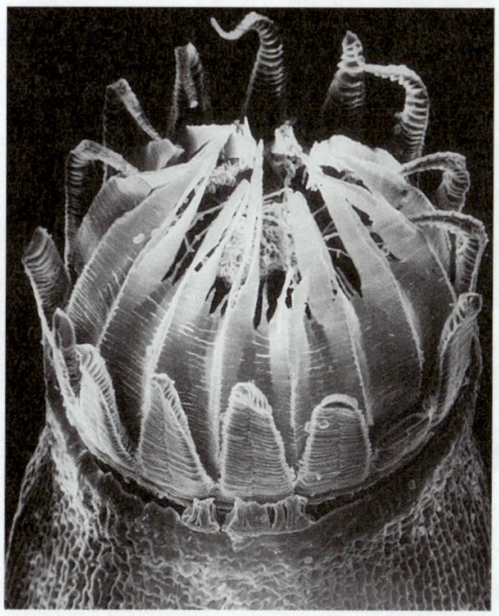

그림 21.15 전자현미경으로 본 솔이끼 *Brachythecium revulare*의 삭치(치상돌기, peristome) 포자들이 공기 중으로 산포되는 것을 돕는 포자낭의 정교한 장치.

직을 형성하여 무성생식 하기도 한다(그림 21.16). 이 조각들은 부러져서 바람이나 물에 의해 산포되고 새로운 서식지로 튀어 나가 성숙한 식물체로 발달한다.

이끼는 다양하고 생태적으로 중요하며 경제적으로 유용하다 뿔이끼류는 약 100여종, 우산이끼는 6,500여종이 있으나 이끼류는 약 12,000종이 있다. 이끼류는 전 세계적으로 분포하며, 특히 산간, 한대, 온대와 열대지역의 숲에 흔하고 다양하다. 일부 이끼류는 초기의 식물들이 극한 환경에서 겪었던 것 같은 고도의 산 정상, 극지방과 툰드라, 그리고 사막지형과 같은 열악한 지역에 서식하기도 한다. 이끼는 식물체가 수분의 대부분을 잃어도 죽지 않으며, 다시 수분이 주어지면 이들을 받아들여 빠르게 식물체내 세포들을 활성화시킬 수 있기 때문에 매우 춥거나 아주 건조한 지역에도 살 수 있다. 이와 같은 건조한 상태에서 회복되어 살아남을 수 있는 식물은 극소수이다. 이끼류 세포벽에 있는 페놀화합물은 사막이나 높은 고도와 경도에서 받는 해로운 수준의 자외선을 흡수하여 식물체를 보호하고, 질병을 일으키는 미생물체의 공격으로부터도 보호를 해준다.

*Sphagnum*은 습지 이끼류(그림 21.17)로 완전히 부패되지 않은 유기물인 토탄을 엄청나게 형성하여 쌓는다. *Sphagnum*은 물이끼로 물이끼가 주를 이루는 습지를 토탄 늪 또는 토탄지라 한다. 물이끼와 이들로부터 형성된 토탄은 이끼의 세포

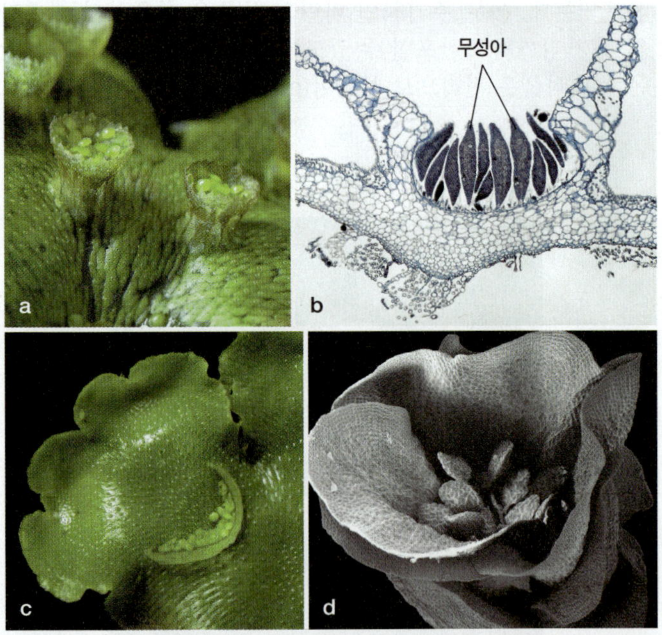

그림 21.16 **선태식물의 무성생식 구조** 무성아(gemmae). (a) 원반형 녹색의 작고 많은 무성아는 우산이끼 *Marchantia* 표면의 컵 모양 구조에 발달한다. 모체로부터 분리된 무성아는 유전적으로 모체와 동일한 각각의 새로운 배우자체 식물이 된다. 식물체 표면의 점들은 기체 교환이 일어나는 구멍들이다. (b) 광학현미경상의 *Marchantia* 무성아 단면도: 무성아는 짙은 남색으로 염색되어 있다. (c) 우산이끼 *Lunularia* 초생달lunate 컵 모양내 무성아 (d) 솔이끼 *Tetraphis* 무성아의 주사전자현미경 사진.

벽에 쉽게 썩지 않는 페놀화합물이 침착되어 있어 잘 부패되지 않는다. 살아있는 물이끼류는 산성물질과 페놀화합물을 분비하여 미생물의 공격으로부터 보호를 받을 뿐만 아니라 낮은 온도와 일반적인 토탄 늪지의 영양상태에 따라 미생물에 의한 부패를 막는데 도움을 준다. 세계 토탄지의 대부분은 북반구에 있으며, 지구 육상면적의 약 3%를 차지한다.

ECOLOGY

북반구 토탄지는 약 만 년 전에 형성되었고, 이 토탄층에는 메탄가스의 주원료인 약 4억 톤의 유기탄소가 축적되어 있다. 이러한 이유로 토탄지는 지구의 탄소 순환에 매우 중요한 역할을 하고 있다. 탄소 저장창고로서 토탄지는 공기 중의 CO_2 양과 지구의 기후를 안정화시키는데 지대한 영향을 미치고 있다. 공기 중의 CO_2 양이 감소하면 이끼류의 성장은 더뎌지게 되어 감소된 CO_2 양으로부터 전환되는 유기 토탄의 양은 조절된다. 또한, CO_2가 열을 흡수하여 온실효과를 나타내듯이 CO_2는 "greenhouse gas" 로 대기의 온도를 다소 상승시킬 수 있다. CO_2 양이 증가하면 이끼류는 왕성하게 자라게 되고 이로 인해 더 많은 토탄이 형성되어 공기 중의 CO_2 양은 떨어지고 대기 온도는 내려가게 된다. 이렇게 이끼류가 자라는데 보이는 성장 속도의 차이는 기후가 극단적으로 변하는 것을 막아준다.

Sphagnum 물이끼는 광합성 산물로 산소를 방출하고 메탄을 사용하는 호산성 박테리아를 끌어들인다. 습지 속에 살고 있는 여러 박테리아들에 의해 생성된 메탄은 토탄지의 이끼층을 뚫고 조금씩 나온다. 박테리아를 파괴시키는 메탄은 대기 중에 도달하는 메탄의 양을 줄여준다. 메탄은 또 다른 온실효과를 가져오는 것이기 때문에 이끼와 연관된 박테리아는 기후 온난화를 막는데 도움을 준다. 기후학자들은 지구온난화를 일으키는 화석연료 연소가 북반구 토탄지의 사막화와 산화를 급속히 가속화시킨다고 염려하며, 이로 인해 대기에는 엄청난 양의 CO_2가 방출된다고 보고있다. 메탄 방출의 감소로 토탄지 면적이 감소되어도 지구온난화는 가속화될 수 있다.

과거, *Sphagnum* 물이끼류는 원주민들에게 기저귀로 널리 이용하고, 전쟁시에는 상처치료를 위한 소독용 습포(antiseptic pack)로 사용되었다. 오늘날에는 연료, 토양첨가제, 식물운송 시 뿌리가 손상되지 않게 용기에 채워 넣는 포장운송용 패킹 등에 이용된다. 이런 이끼류는 물기가 있게 되면 죽어서 속이 빈 커다란 세포들에(그림 21.17d) 의해 건조 중량의 20배나 많은 수분을 흡수할 수 있는 능력이 생겨 유용하게 활용된다. 그러나, 생태학자들은 이러한 특성으로 *Sphagnum* 물이끼류가 남획되면 이들이 지닌 유익한 생태적 효과가 감소되거나 소실되어 환경적 회손을 초래하게 될 것이라고 우려하고 있다.

많은 종류의 이끼류는 무기물이 부족한 토양에서 가장 잘 자라며 그늘진 곳에서도 서식할 수 있다. 그러므로, 이끼류는 다른 식물들이 거의 살 수 없는 음지나 상태가 좋지 않은 잔디밭에서도 잘 자랄 수 있다. 어떤 사람들은 잔디에 서식하는 이끼류는 보기에 좋지 않으므로 제초제 등을 써서라도 제거해야 한다고 생각한다. 그러나, 이끼류는 사람이나 동물들에게

그림 21.17 ***Sphagnum* 물이끼** (a) 물가에 있는 토탄 이끼층의 토탄 습지, (b) "leafy" 형태의 가지를 지닌 *Sphagnum* 물이끼 식물체의 정단부위, (c) 갈색의 오래된 조직으로부터 녹색의 새로운 조직을 형성하여 물 위에 1 미터 이상 올라와 커다란 망상의 그물침대 같은 구조를 이룸, (d) *Sphagnum* "잎"의 현미경적 view: 녹색의 얇은 광합성 세포들(삽입: 화살표는 고배율상의 엽록체를 가리킴)과 수분 유입 및 저장이 가능하도록 크고 텅 빈 세포들로 이루어짐. 이런 구조가 토탄 이끼의 유용한 수분함유 능력 설명 가능. 꽃집에서는 토양가꾸기용으로 이들을 판매함, (e) 성숙 시 작은 흑갈색의 *Sphagnum* 포자체. *Sphagnum*의 포자체를 지탱하는 녹색의 줄기는 배우자체에 속한다. 포자낭의 덮개는 '팝' 소리를 내며 포자를 방출한다. 작은 포자들은 바람에 의해 산포되며 새로운 이끼식물로 자란다.

해를 주지 않을 뿐만 아니라 이들의 유연한 가근(rhizoid)은 땅 속 깊게 뿌리를 내리는 유관속식물의 뿌리들과 양분을 갖고 경쟁하지 않는다. 만약 토양이 비옥하고 햇빛을 잘 받는 곳이어서 유관속식물들이 잘 자라는 곳이 아니라면 이끼류는 결국 다시 화학적으로 처리된 토양에 다시 돌아오게 될 것이다. 가장 좋은 방법은 이들이 지닌 미개지 개척자로서의 선구생물로 인정하거나 이끼정원에서 자라게 하여 건드리지 않고 자연적으로 자라게 하는 것이다. 이끼류는 조경에서 정원에 질감이나 색을 더 좋게 하기 위해 동양식 정원에서 널리 이용되고 있다.

석송과 양치식물은 현대의 무종자 유관속식물들이다

무종자 유관속식물은 석송(그림 21.1b)과 양치식물을 포함하며, 양치식물에는 고사리, 쇠뜨기, 솔잎란 등이 포함된다. 나자식물과 꽃피는 식물과 같이 석송과 양치식물은 우세하고 분지된 포자체 세대를 지니며, 목질화된 양분 운반조직(=사부)과 수분통도 목부조직을 갖고 있다. 그러나, 나자식물과 꽃피는 식물과는 달리 이들은 종자를 형성하지 않는다.

석송은 단순한 잎을 갖는다 오늘날의 석송은 훨씬 장엄한 옛날의 작은 유적에 불과하다. 석탄기에는 40 미터나 되는 나무 석송과 작은 석송이 공존하였었다. 나무 석송은 수 백 만년 동안 번창하였으나 신생대 페름기 초 기후가 낮아짐에 따라 멸종되었다(Essay 21.1). 그러나 작은 석송은 생존하여 오늘날 약 천 여종으로 분화하였다.

많은 석송은 나무의 가지에서 자라는 열대성이고, 일부 다른 석송들은 온대 삼림 숲의 바닥에서 자란다. 나무에서 자라는 석송은 흔히 줄기가 아래를 향해 자라고(21.18a), 땅에서 자라는 석송은 곧게 서는 줄기나 줄기 표면을 따라 아래로 자라는 뿌리를 지닌 수평으로 자라는 줄기를 갖는다(그림 21.18b). 줄기는 다수의 작고 분지되지 않은 하나의 엽맥을 지닌 녹색의 잎을 갖는다. 이러한 잎은 lycophyll 또는 소엽(microphyll)이다. 포자낭은 포자엽에 생기고 포자낭은 무리지어 곤봉모양의 솔방울인 구화수(strobili, 그림 21.19)를 이룬다. 성숙했을 때 유지가 풍부한 가연성의 포자들은 공기 중으로 방출된다. 플래쉬 세트가 발명되기 전 사진촬영의 초기시절 사진사들은 빛의 섬광을 만들어내기 위해 석송의 포자에 불을 붙였었다. 일부 석송 종에서는 모든 포자가 동일한 크기이나 다른 종에서는 두 종류 크기의 포자가 만들어진다. 석송의 포자는 조정기와 조란기를 형성하는 반수체의 작은 배우자체 식물로 발달한다(그림 21.20). 석송은 종에 따라 녹색의 작은 배우자체가 지표면 위로 자라거나, 또는 무색으로 광합성을 할 수 없는 식물로 공생하는 곰팡이에 의해 양분을 받고 지하에서 여러 해 동안 살 수 있기도 하다.

그림 21.18 열대와 온대의 석송식물들 (a) 나무에 거꾸로 매달려 자라는 열대 석송식물종, (b) 숲속 바닥에 자라는 온대 석송식물종.

그림 21.19 석송식물의 구과 (a) 여러 개의 구과를 갖는 동형포자형 *Lycopodium* (모든 포자는 동일한 크기), (b) *Lycopodium* 구과의 종단 longitudinal section. 화살표는 포자엽을 가리킴.

대부분의 양치식물 잎은 분지된 엽맥을 가지고 있다 고사리, 쇠뜨기, 솔잎란 등이 포함된 양치식물에는 약 12,000종이 있다(그림 21.21). 대부분의 이들 식물은 분지된 엽맥을 갖는 큰 잎을 지니나 솔잎란 및 쇠뜨기는 예외적이다. 솔잎란(학명: *Psilotum*)은 열대성 식물로 잎과 뿌리가 없다(그림 21.21e). 위

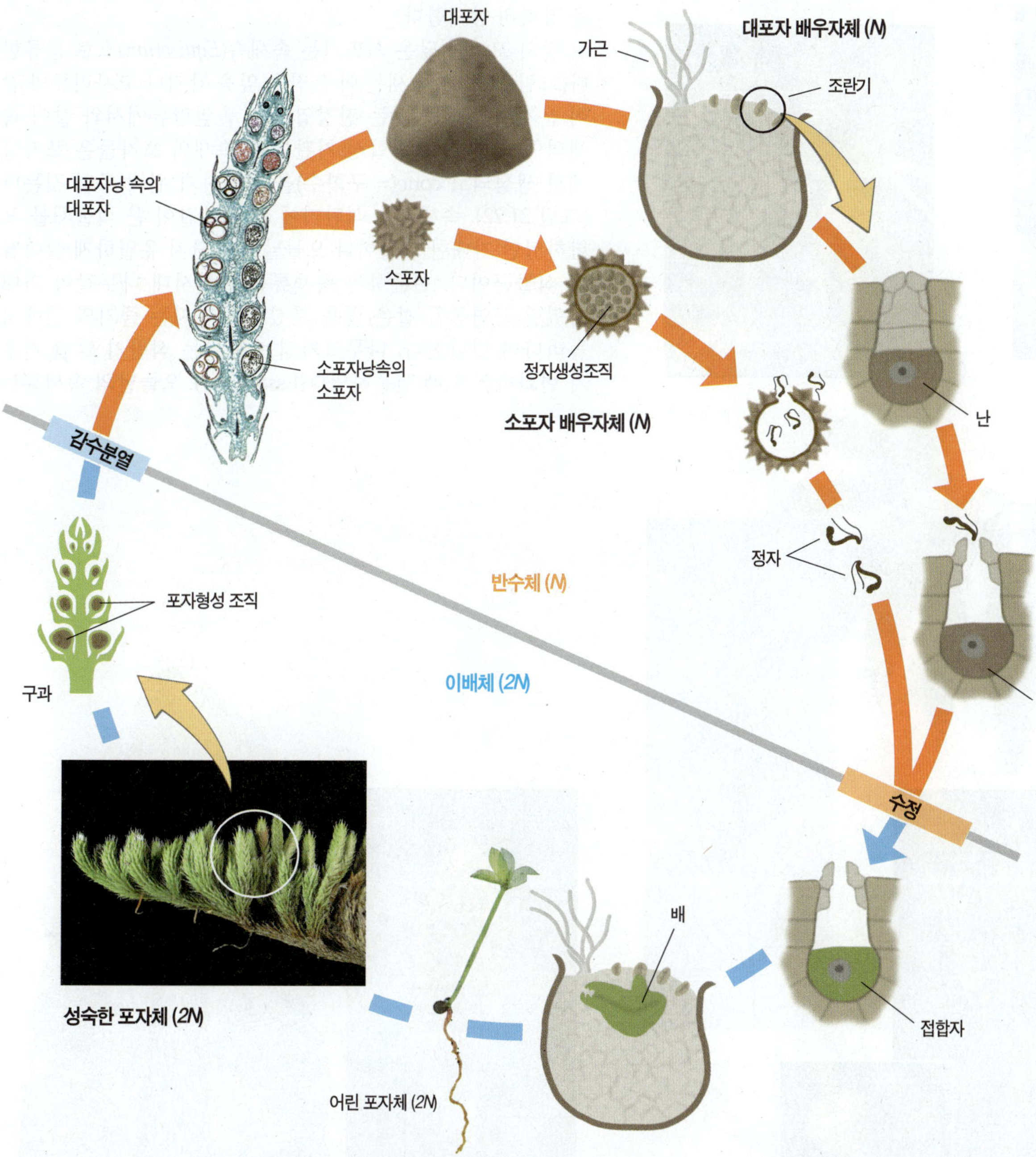

그림 21.20 석송식물의 생활환 동일한 구과 내에 두 종류의 포자를 형성하는 이형포자형 *Selaginella*, 각각의 포자는 배우자체를 생성할 수 있다. 소포자의 벽 내에서 조정기를 형성하는 작은 소포자는 웅성배우자체(소포자 배우자체)로 자라고, 커다란 대포자는 대포자 벽 내에서 자성배우자체로 발달한다. 대포자 벽은 수정이 일어날 수 있도록 한쪽 끝을 열어 조란기가 밖으로 나오게 한다. 접합자는 대포자에서 배우자체 조직에 의해 둘러 싸여 양분을 받으며 배로 자란다.

로 자라는 녹색의 *Psilotum*의 줄기는 광합성기관으로 녹색이 아닌 수평의 줄기(괴경, rhizome)로부터 발달한다. 여러 다른 양치식물과 마찬가지로 솔잎란은 야자수 같은 열대식물체 표면에서 자라며, 이런 식물에서는 뿌리가 꼭 필요하지는 않게 된다. 노랑색의 포자낭은 차상으로 분지된 줄기에 있어 쉽게 볼 수 있고, 갈색의 솔잎란 배우자체는 종속영양체로 땅속에서 자라며 곰팡이와 연관되어 있다. 조정기에서는 다편모성 정자가 생성되며, 조란기에서는 난자가 만들어지고 수정의 결과 생성된 배(embryo)가 들어있다. 배우자체에는 잎과 뿌리가 없기 때문에 과거에는 솔잎란을 오늘날에 볼 수 있는 초기 유관속식물의 후손이라 생각하기도 하였다. 그러나 현대의 DNA 염기서열 정보는 솔잎란이 고사리류에 가깝다는 것을 강력히 암시한다.

말의 꼬리를 닮은 쇠뜨기는 속새속(*Equisetum*)으로 분류한다(그림 21.21d). 속새는 아주 작은 잎을 가지나 고사리류와 같이 분지된 엽맥을 갖는 진정엽이다. 솔잎란류에서와 같이 속새의 녹색 줄기는 광합성 기관이다. 속새의 포자들은 포자낭에서 생성되고 cone(= 구화수)을 형성하기 위해 무리 짓는다(그림 21.22). 속새류는 석탄기에 나무와 같이 큰 식물체를 포함하였던 거대한 그룹이나 오늘날에는 단지 유일하게 살아남은 식물군이다. 현존하는 속새류는 선사시대 나무같이 거대하였던 근연종들 같은 잎을 가졌으며 가지는 줄기의 절에서 돌려나며 발달한다. 나무크기의 속새류는 석탄기 말엽 기후가 변화하였을 때 멸종하였다(Essay 21.1). 오늘날의 속새류는

그림 21.21 양치식물의 예 (a) 꼬리고사리류(*Asplenium*), (b) 수상형 고사리류(*Platycerium*), (c) 공작고사리류(*Adiantum*), (d) 분지형 속새류(*Equisetum*), (e) 솔잎란류(*Psilotum*: 잎과 뿌리가 없는 흔치 않은 식물, 삽입된 그림은 미성숙 포자낭(노랑)과 성숙 포자낭(연갈색).

그림 21.22 속새의 포자수(strobilis) (a) 포자수는 포자엽(포자를 함유하는 잎)의 총칭으로 속새식물의 녹색 줄기의 정단 부위에 발달한다. 속새류는 줄기의 능선(rib)에 연마성의 규소체들이 다량 분포하여 오래 전에는 그릇 등을 문질러 닦는데 이용하였다. (b) 포자수의 종단면(화살표는 포자낭을 가리킴).

초본성이나 사람의 키보다 더 크게 자라는 거대한 종이 칠레의 강가를 따라 자라기도 한다. 속새류의 배우자체는 녹색으로 지상에서 자라며, 이들의 성(sex)은 환경 내에 있는 당분의 함량에 따란 결정된다. 당분이 있으면 배우자체는 정자를 갖는 조정기가 형성되거나 조정기 및 조란기가 모두 형성되기도 한다. 당분이 없으면 난자를 지닌 조란기만 만들어진다. 과거에는 솔잎란류, 쇠뜨기류, 고사리류들을 별개의 양치식물 문들로 취급하였으나, 최근 DNA 증거에 의하면 이들 그룹들이 실제로는 매우 가깝다는 것이 밝혀졌다.

고사리류는 열대지방에서 가장 다양하나 온대의 숲에도 많은 대표종들이 있고, 일부는 건조한 서식지에도 산다. 전문가들은 종자식물이 진화된 후 고사리류의 다양성이 감소하였다고 추정하였으나 분자생물학적 증거나 화석상의 증거는 대부분의 현대의 고사리류들은 주요 피자식물들이 출현한 후 나중에 기원하였음을 가리킨다. 오늘날에는 약 12,000종의 고사리류가 있어 매우 성공한 식물군으로 간주된다. 이들은 흔히 지하에 수평의 괴경을 형성하고, 이 괴경에서는 잘 분지된 유관속계를 갖는 잎(진정엽)이 발달한다. 양치식물의 잎은 엽상체로 알려져 있으며, 복엽으로 많은 소엽으로 이루어진다. 양치식물 엽상체는 돌돌 말린 정단의 소용돌이 부분(그림 21.23)이 펴지면서 자란다. 양치식물은 낭퇴(sori)로 알려진 포자낭 무리를 잎 뒷면이나 녹색이 아닌 특수화된 잎(sporophyll, 포자엽)에 생산한다. 낭퇴는 평행되는 선 또는 점 등 다양한 양상으로 배열되어 있는데, 이는 양치식물의 분류에 유용한 특성이 된다(그림 21.24). 양치식물의 포자낭은 포자를 몇 미터나 퍼져 나가게 한다. 일단 공기 중에 방출되면 포자들은 바람에 의해 만들어진 곳으로부터 산포되고, 적절한 서식지를 만나면 그곳에서 배우자체로 발달하게 된다. 대부분의 양치식물은 지상에 자라는 녹색의 배우자체를 가지나(그림 21.25), 어떤 종들은 양분을 균류에 의존하는 1.5 cm 내외의 백색 또는 황갈색의 감자모양이나 당근모양을 한 지하에 사는 배우자체를 갖기도 한다.

석송과 양치식물의 생식은 종자의 진화를 향한 초기과정을 설명한다 대부분의 석송과 양치식물은 독립적으로 사는 양성(bisexual)의 배우자체로 자라는 한 종류의 포자를 만든다. 이를 **동형포자현상**(homospory) 이라 하며, 이것은 모든 포자가 거의 같은 크기를 하며 비슷한 배우자체로 발아한다. "양성"이란 동일한 배우자체에 난자를 만드는 조란기와 정자를 만드는 조정기를 둘 다 갖는다는 것을 뜻한다(그림 21.25). 동형포자형 식물은 동종번식으로 유전적 변이가 감소하고 진화적인 잠재력을 잃을 수 있는 자가수분을 방지하는 기작을 갖고 있다. 많은 양치식물은 정자가 유전형이 다를 수 있는 또 다른 배우자체의 난세포와 수분할 가능성을 증가시키고자 조정기와 조란기를 조금 다른 시간대에 생산한다고 알려져 있다.

ECOLOGY

일부 석송, 일부 양치식물, 종자식물의 조상형을 포함하는 일부 원나자식물은 동종번식을 감소시키는 방안으로 각각 독립적으로 **이형포자현상**(heterospory)을 발달시켰다. 이형포자형 식물은 크기와 배우자체의 성이 다른 두 종류의 포자를 만든다(그림 21.21과 그림 21.26). 현대의 유관속식물들 가운데 이형포자형 식물은 항상 **내포자형**(endosporic, "inside the spore") 배우자체와 연관되어 있다. 이것은 이형포자형 유관속식물의 배우자체가 포자벽 안쪽에서 만들어지고 밖으로는 자라나오지 않는다는 것을 뜻한다. **소포자**(microspore)는 작은 포자로서 단단한 포분소벽은 내부의 정자를 생성하는 **웅성배우자체**(male gametophyte)를 보호한다. **대포자**(megaspore)는 큰 포자로 **자성배우자체**(female gametophyte)

그림 21.23 양치식물의 소용돌이(fiddlehead) 구조 소용돌이 모양으로 돌돌 말려 있는 양치식물의 어린 잎 정단부위. 일부 양치식물의 어린 fiddleheads 순은 맛있는 것으로 알려져 있다.

를 갖으며, 자성배우자체는 조란기와 난세포를 갖는다. 웅성 및 자성 생식세포는 동일한 배우자체에서 생성되지 않기 때문에 이형포자현상은 이종교배의 기회를 증가시킨다. 또한 이형포자현상은 웅성배우자체가 공기 중에서 운반되므로 물에 의해 운반되는 동형포자형 식물의 정자보다 훨씬 더 멀리 퍼질 수 있게 된다. 포자벽 내부에 꼭 맞게 하기 위해서는 이형포자형 식물의 배우자체는 반드시 작아야만 하는데, 이는 앞에서 언급하였던 식물 배우자체의 크기가 감소하는 경향을 반영하는 것이다.

대포자는 **대포자낭**(megasporangia)에서 생성되고 소포자는 소포자낭(microsporangia)에서 만들어진다. 이 포자낭들은 잎처럼 생긴 포자엽인 **대포자엽**(megasporophyll)과 **소포자엽**(microsporophyll)의 표면에 생성된다(그림 21.17). 현대 종자식물의 이형포자형 조상종은 모두 멸종하였기 때문에 살아있는 이형포자형 양치식물과 석송식물에 대한 연구는 종자의 진화과정을 개시하는데 필요하였던 분자적 변화를 이해하는데 도움을 줄 수도 있을 것이다. 종자의 진화는 다음 장에서 다룰 식물 진화에 있어 특히 중요한 단계이다.

그림 21.24 양치식물의 낭퇴(sori) 양치식물의 잎 뒷면(검게 표시)에는 포자낭이 모인 낭퇴가 발달한다. 사람들은 때때로 낭퇴의 징그러운 외형을 보고 해충이 침입한 것이나 잎이 병에 걸린 것이라고 오해하기도 하나 이는 양치식물의 생식과정 중에 만들어지는 자연적인 구조이다. 양치식물들은 부분적으로 낭퇴의 특성에 따라 식별되기도 한다(a), 점형 낭퇴(b와 d), 선형 낭퇴(c), 구획화된 낭퇴(e), 특정 부위에만 생성되는 낭퇴; 녹색이 아닌 특정 잎에 형성되는 낭퇴(f).

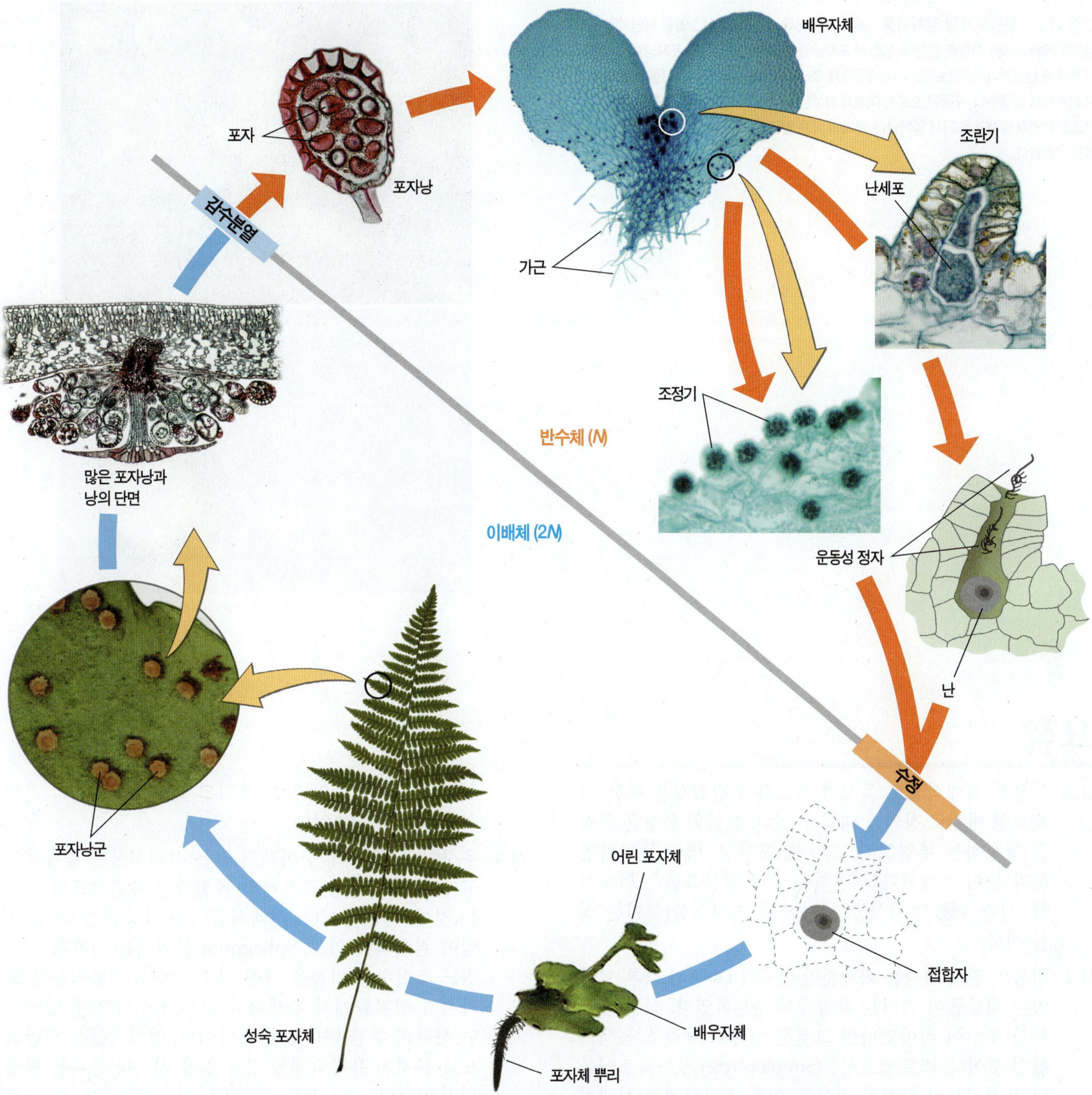

그림 21.25 동형포자 양치식물의 생활환 배를 형성하는 모든 식물에서와 같이 양치식물도 포자체와 배우자체의 세대교번을 한다. 엄지 손톱 크기의 배우자체는 조란기에서는 알세포를, 그리고 조정기에서는 정자세포를 형성한다. 수정에 의해 접합자가 생성되고, 접합자는 이후 배와 어린 포자체로 발달한다. 성숙하면 포자체는 감수분열에 의해 반수체의 포자를 형성하고, 포자는 체세포분열을 하여 배우자체로 발달하게 된다.

그림 21.26 이형포자형 양치식물 (a) 습한 곳에서 자라는 2장의 소엽을 지닌 수생 양치식물 *Renellidium*. 특정한 잎은 두 유형의 포자낭(큰 대포자낭과 작은 소포자낭)을 형성하여 수중에 산포한다. (b) 대포자는 자성배우자체, 조란기, 알세포를 가지며, 이들은 포자벽이 터지면서 방출된다. 수정은 소포자 내에서 형성된 웅성배우자체로부터 방출된 정자가 편모로 헤엄쳐 알세포로 가서 일어난다. 포자의 벽은 발달 중에 있는 내부의 어린 배우자체를 보호한다.

요점

21.1 식물은 유배식물로 육상에 적응하여 광합성을 하는 다세포성 개체로 정의를 내릴 수 있다. 식물의 특징은 조직을 형성하는 분열조직, 포자체, 포자낭, 벽에 둘러싸인 포자 등이 포함된다. 생존하는 주요 식물그룹은 선태식물, 석송식물, 양치식물, 나자식물, 피자식물(꽃피는 식물)이다.

21.2 식물의 진화 역사는 화석뿐만 아니라 DNA와 다른 살아있는 식물들이 지니는 특징에서 추론하였다. 식물이 진화한 조상이 살아있다면 그것은 아마도 차축조 녹색조류일 것이다. 스트렙토식물(Streptophyte)은 차축조식물과 유배식물이 합쳐진 것이고, 이후 지구상에는 선태식물, 석송식물, 양치식물, 나자식물, 피자식물의 순서로 이들 식물이 출현하였다. 원시 유관속식물(protracheophyte)과 원나자식물(progymnosperm) 같은 멸종된 식물군도 식물의 진화에 대한 정보를 제공한다.

21.3 식물의 진화는 다윈의 진화 개념인 "변형을 수반한 세습(decent with modification)"을 잘 증명해 준다. 포자체는 아마도 접합자 감수분열이 지연되어 생긴 것 같고, 양치식물과 종자식물의 잎은 분지된 유관속계로부터 기원하였을 것으로 보인다.

21.4 우산이끼, 뿔이끼, 선이끼와 같은 선태식물은 종속적이고 분지되지 않은 포자체와 목질화된 유관속조직이 없는 것이 그 특징이다. 선태식물에는 진정한 뿌리, 줄기, 잎이 결여되어 있고, Sphagnum 물이끼는 기후를 어느 정도 조절하는 기능을 가진 식물류이다. 석송식물은 포자체가 생활환에서 우세하고 분지되어 있으며, 잎에는 단 하나의 유관속만 있는 소엽이다. 양치식물은 일반적으로 분지된 유관속계를 갖는 잎을 지니나 종자는 형성되지 않는다.

오늘날의 석송식물과 양치식물의 옛날 근연종들은 석탄기에 거대한 숲과 석탄층을 형성하였다. 이들은 대기 중의 이산화탄소 양을 가장 낮게 하여 기후 변화 및 종자식물을 출현하게 하였다. 일부 고사리류 및 석송식물은 이형포자를 형성하였는데, 이는 종자진화의 초기 단계를 의미하는 것이다.

문제

1. 식물을 가장 근연인 녹조류를 포함하는 다른 그룹들과 식별하는 공통적인 특징은 무엇인가?
2. 다음의 육상식물들이 오늘날 인류의 생활에 영향을 미친 예를 각각의 식물군에서 여러 가지로 설명하라: (a)선태식물, (b) 석송식물, (c) 양치식물.
3. 현대 식물군들의 계통유연관계를 세우기 위해 DNA 정보는 어떻게 이용되는가? 어느 유전자들이 흔히 비교되는가?
4. 고식물학(paleobotany)이란 무엇인가? 대부분의 식물화석을 형성하는데 크게 관여하는 2가지 화합물은 무엇이며, 이 물질들은 식물의 어느 부분에서 발견되는가?
5. 육상식물의 진화에서 일어난 4 가지 중요한 사건을 무엇인가? 이런 사건들은 대략 지리적 연대의 어느 시기에서 일어났을까?
6. 소엽과 대엽의 차이점은 무엇인가? 육상식물 가운데 소엽을 가진 식물들은 어느 것이며, 또 대엽을 지닌 식물은 어느 것들인가? 선태식물이 진정한 잎이 결여되어 있다고 생각되는 이유는 무엇인가?
7. 선태식물의 주요 특성들을 간략히 요약 설명하라.
8. 석송식물의 주요 특성들을 간략히 요약 설명하라.
9. 양치식물의 주요 특성들을 간략히 요약 설명하라.

응용 개념

1. 고식물학자와 식물분자생물학자들은 모두 식물간의 유연관계를 연구한다. 고식물학자들은 이러한 정보를 화석에서 찾는 반면, 분자생물학자들은 DNA 염기서열에서 얻는다. 각각의 장점과 단점은 무엇인가?
2. 고생대 후기에 "나자식물의 내부구조와 양치식물과 같은 생식기작"을 지닌 원나자식물이 기원하였다. 그렇다면 이것은 무엇을 의미하는가? 과연 이 식물들은 꽃, 종자, 화분 등을 형성하였는가? 이들은 2차 생장을 하였을까?
3. 선태식물과 양치식물은 생식을 위해 물을 필요로 한다. 생활환의 어느 시기에 물이 필요한 것일까? 그렇다면 종자식물은 이러한 문제점을 어떻게 해결하였는가?
4. 이 장은 육상식물이 수중 녹조류인 차축조식물의 조상형으로부터 진화하였던 과정을 살펴보면서 시작하였다. 육상식물이 그들과 친척인 차축조식물류와 공통적으로 갖는 특징 몇 개를 들어 보라. 육상식물의 친척격인 수중 조류가 겪지 않았던 문제점들을 육상식물이 겪거나 겪었던 것은 어떤 것들이었을까? 육상식물은 이러한 문제점을 어떻게 해결 하였을까?

22장 나자식물문, 최초의 종자식물

Cycas revoluta

주요 개념

- 나자식물문은 꽃과 열매가 없는 종자식물이다.
- 현재 나자식물문은 조경, 약재, 목재 등의 원료로서 인간에게 매우 중요한 자원이다.
- 나자식물의 다양성은 멸종된 종자식물과 함께 현재 4개의 분류군으로 구성되어 있다.
- 종자의 발생은 많은 생태적 우월성을 가진다.
- 나자식물문은 공룡시대에는 초원의 대부분을 차지했다.
- 추위와 가뭄을 적응한 침엽수들은 현재 알프스산맥 및 아한대 수림에 널리 퍼져 있다.
- 꽃식물은 종자식물의 조상으로부터 진화하였다.

괌과 로타섬(마리아나 섬)에 사는 차모르족 원주민은 뇌기능을 저하시키는 질병인 치매와 알츠하이머병의 발병률이 다른 지역보다 높은 것으로 보고되고 있다. 이 질환들은 토착 식물인 마크로네시아 소철류에 속하는 소철의 종자로부터 생산된 가루로 만든 빵의 소비와 관련이 있는 것으로 알려져 있다. 또 다른 소철류의 종자와 잎에도 독성 성분이 있고, 열대와 아열대 지역에서는 가축들이 독성에 중독되는 경우도 일어난다. 소철류는 종자는 만드나, 열매는 맺지 않는 나자식물문의 일종이다. 새와 다람쥐 심지어 인간도 다른 종류의 나자식물인 상록수와 침엽수에서 생산되는 해가 없고 영양분이 많은 종자를 아무런 문제없이 섭취한다. 그런데 왜 소철의 종자와 잎에는 독성이 있을까?

2003년 과학자들은 차모르족에서 관찰되는 뇌 기능 장해는 정상적인 세포내에서는 발견되지 않는 아미노산에 의해 야기된다는 사실을 밝혔다. BMAA(베타메틸아미노-L-알라닌의 약자)로 알려진 이 아미노산은 소철의 뿌리 내에서 살고 있는 시아노박테리아에서 만들어지지만, 다른 나자식물들에서는 발견되지 않는다. BMAA는 뿌리로부터 종자를 포함한 소철의 다른 부위로 이동된다. 독성물질을 제거하는 전통적인 방법으로 소철의 종자가루를 씻어도 BMAA는 가루에 남아있을 수 있다. BMAA 독성은 뇌 세포에서 몇 가지 해로운 작용을 나타낸다. 예를 들면, 뇌 세포에서 단백질이 합성되는 동안에 정상적인 아미노산 대신에 BMAA가 끼어들어가 단백질 합성을 중단시킴으로 인해 정상적인 길이의 단백질이 만들어지지 못하게 됨으로써, 뇌 세포에서 비정상적인 기능을 일으킨다. 차모르족으로부터 BMAA의 영향을 입증한 과학자들은 괌에서 살지 않는 알츠하이머병 환자의 뇌 조직에서도 BMAA를 발견하였다. 시아노박테리아는 민물에 널리 퍼져있는 소철의 뿌리와 밀접하게 관련되어 있기 때문에, 과학자들은 BMAA로 오염된 물이 훨씬 더 쉽게 치매를 일으킬 수 있다고 추측하였다. 소철의 종자로부터 BMAA의 발견은 전 세계적으로 공중 보건에 영향을 미칠 수 있다는 점에서 매우 중요하다고 할 수 있다. 이 장에서는 그 동안 지구에 영향을 미쳐 왔으며 현재에도 인간의 관심과 다양한 측면에서 연관이 있는 것으로 드러나 지고 있는 소철류에 대한 전반적인 개요를 제공해 주려한다.

소철의 배주

22.1 나자식물은 멸종된 다양한 종자식물들과 현존하는 4개의 그룹으로 이루어져 있다

나자식물문은 종자는 생산하나 꽃과 열매는 맺지 않는 식물이다. 대부분의 사람들은 경제적으로나 생태적으로 매우 중요한 현존하고 있는 나자식물의 일종인 침엽수의 방울 열매에 친숙하다. 그러나 일부 현존하고 있는 나자식물들에 대해서는 알려진 바가 적으며, 이들과 많은 종류의 멸종된 나자식물들의 중요성에 대해서는 널리 연구되지 못하고 있다.

현존하는 나자식물들은 크게 4개의 그룹으로 나뉜다

이 장의 서론에 소개된 마크로네시아와 같은 소철류는 꽃식물인 야자수와 다소 비슷하다. 보통 도로 주변에 심어져 있는 은행나무는 화석 식물로 첫 번째로 알려진 큰 그룹 중 하나로서 현재 나자식물 문을 대표하는 종이다. 소나무와 같은 침엽수들은 솔방울 종자를 가지는 관목이나 나무들이며 종자의 특징은 복합적인 구조로 이루어져 있다. 소철, 은행나무, 침엽수들은 공룡시대를 포함한 과거 생태계의 식물의 대부분을 차지했었다. 나자식물인 열대 덩굴 또는 나무인 맥마등(*Gnetum*)으로 명명되는 *Gnetophytes* 에는 특이한 나자식물문에 속하는 두 가지 다른 속인 사막의 관목성 마황(*Ephedra*)과 아프리카의 *Welwitschia*이 포함된다(그림 22.1).

침엽수는 극지방(아한대)의 숲(27장)과 산악지형에 널리 서식하며, 종이 펄프와 목재의 원료로서 인간에게 중요한 자원이 된다. 다양한 나자식물들이 조경설계의 구성성분 또는 실내화분용 화초로도 유용성을 인정받고 있다. 비록, 소철은 독성을 가지고 있지만(이장을 앞부분에 설명했듯이), 어떤 나자식물들은 유익한 의약품의 원료로 사용된다. 침엽수인 주목으로부터 만들어진 항암제인 택솔이 대표적인 예이다(7장). 미국서부지역의 초기 이민자들은 의학적인 목적으로 Mormon tea로도 알려진 마황을 이용하였다. 현재 충혈완화제로 이용되는 슈도에페드린은 마황으로부터 얻은 알칼로이드인 에페드린의 화학 구조가 기본을 이룬다. 에페드린은 스포츠 경기의 기록상승효과와 몸무게의 감소에 사용되는 부작용으로 인해 최근에 매스컴으로부터 주목받아 왔다. 2003년, 미국식품의약청에서는 에페드린이 포함된 생산품은 건강에 위험하기 때문에 보조식품류에서 판매하지 못하도록 하는 규율을 만들었다.

다양한 종류의 멸종된 나자식물들이 과거의 생태적으로 매우 중요하였다

멸종된 나자식물들에는 (1) 레이스모양의 잎이 양치식물의 잎과 닮았지만 종자를 생산(전형적인 양치류는 씨가 없다)하는 양치류 종자식물; (2) 크고 가죽끈 모양의 잎들로 이루어진 코르다이테스; 그리고 (3) 모양은 소철과 비슷하나 생식구조는 다소 꽃과 비슷한 cycadeoids(베네티트목으로도 알려진)들이 포함된다. 이들 나자식물들은 오늘날까지 살아남았다고 알려진 표본식물이 없기 때문에 유일하게 화석으로만 확인되고 있다(그림 22.2). 그러나 그들은 고대 산림의 중요한 구성요소였으며 일부는 현존하는 종자식물의 조상과 밀접하게 관련이 있다. 이들은 현재의 생태계와 식물들이 어떻게 진화해 왔는지를 이해하는데 우리에게 도움을 준다.

그림 22.1 나자식물 (a) 소철의 잎과 구과(cone), (b) 은행(*Ginkgo biloba*)나무의 부채꼴 모양의 편평한 잎과 불쾌한 냄새를 풍기는 종자, (c) 남반구에 자생하는 구과식물로 널리 식재되는 관상식물 Araucaria, (d) 열대성 덩굴식물 맥아등(*Gnetum*), (e) 북아메리카 사막에 자생하는 관목식물 마황(*Ephedra*), (f) 남아프리카 나미브사막의 해안가를 따라서만 자라고 필요한 수분은 바닷가 안개로부터 얻는 기이한 식물 웰위찌아(*Welwischia*).

22.2 나자식물은 열매에서보다 구과에서 씨와 배주를 생산한다

나자식물이라는 단어는 두 개의 그리스어로인 "노출된"을 의미하는 *gymnos*(고대 그리스 스포츠경기에서 옷을 입지 않은 것에서 유래함)와 종자를 의미하는 *sperm*으로부터 유래되었다. 나자식물들은 열매 안에 감싸져 있지 않는 종자를 생산한

그림 22.2 멸종된 나자식물 문, 방패형 양치식물의 종자 (a) 멸종된 나자식물의 나무를 대표 한다; (b) 잎(포엽)을 수정시켜 결합시킨 나출형 구과와 잎을 대표 한다; (c) 화석이 된 잎과 구과.

다. 대신에, 나자식물의 종자들은 구과를 형성하기 위해 모여진 잎과 비슷한 구조(포자엽)의 표면에 생성된다. 성숙한 나자식물의 종자는 자연 환경에 흩어질 수 있도록 노출되어 있다. 그러므로 나자식물의 종자는 노출되어 있는 것으로 여겨지며, 열매 안에서 종자를 생산하는 피자식물(꽃 식물)의 종자와는 대조적이다(그림 22.3). 더욱 정확하게 말해서, 나자식물은 피자식물에서 열매가 발달하는 꽃 구조인 씨방이 없다. 23장에서 설명될 꽃식물의 몇 가지 두드러지는 생식적 특징들이 나자식물에는 결여되어 있다. 그렇지만, 나자식물은 과거에도 매우 성공적으로 지속되어져 왔으며 이들이 종자를 생산하기 때문에 지금도 커다란 부분을 차지하고 있다. 종자는 배주 안에 들어있는 난자가 수정되어진 후에 배주로부터 만들어진다. 종자의 중요성을 인식하기 위하여, 우리는 나자식물의 배주와 종자의 구조, 그리고 발달과정을 먼저 살펴볼 것이다. 우리는 나자식물의 배주와 종자가 어떻게 유래되었는지도 공부할 것이다.

배주는 외피로 둘러싸인 대포자낭이다

배주에 대한 식물학적 정의는 외피로 싸인 대포자낭이라는 뜻이 아주 적절하다! 이 설명을 이해하기 위해서는, 우리는 먼저 대포자낭과 이형포자 용어가 무엇을 의미하는지 이해해야 하며 그런 후에 새로운 용어인 외피에 대해서 정의를 내릴 수 있을 것이다.

이형포자 식물들은 두 가지 종류의 포자를 만들어 낸다. 모든 종자를 만드는 식물과 일부 종자를 만들지 못하는 식물들이 이형포자라는 것을 기억하라(21장). 또한, **이형포자성**(heterospory)은 정자를 만드는 웅성 배우체를 생산할 매우 작은 미소포자와 난자를 생산할 커다란 거대포자라는 두 가지 서로 다른 종류의 포자의 생산을 의미하기도 한다. 우리는 21장에서 Lycophyte 바위손과 *Regnillidium* 물이끼를 종자가 없는 이형포자의 예로 살펴보았다. 여러분들은 모든 알려진 이형포자식물들이 내성포자 배우체, 즉 미소포자 또는 거대포자 벽의 범위 내에서 성숙하는 배우체라는 것을 기억하고 있을 것이다. 이것은 종자식물을 포함한 이형포자식물들이 기본적으로 소형의 배우체를 가지고 있어야 한다는 것을 의미한다. 작은 자성배우체는 수정된 난자로부터 발생하는 어린 포자체(배아)에 영양을 공급하기 위해서는 커다란 자성배우

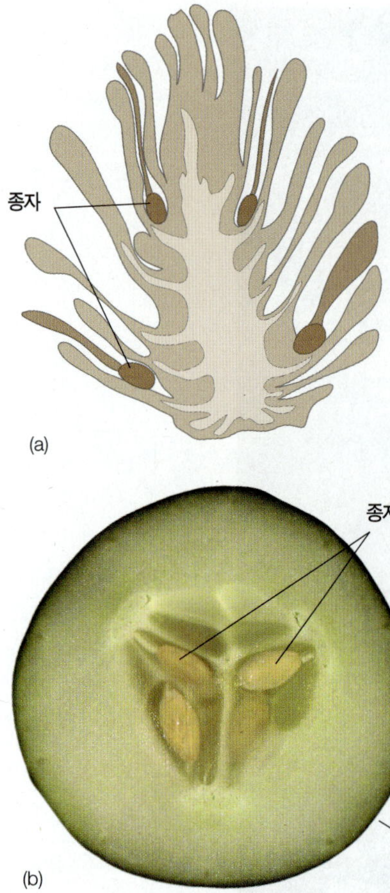

그림 22.3 **열매와 솔방울의 비교** (a) 노출된 종자인 소나무 솔방울을 세로로 잘라낸 것을 그림으로 나타냄; (b) 종자를 포함하는 오이를 가로로 잘라낸 것.

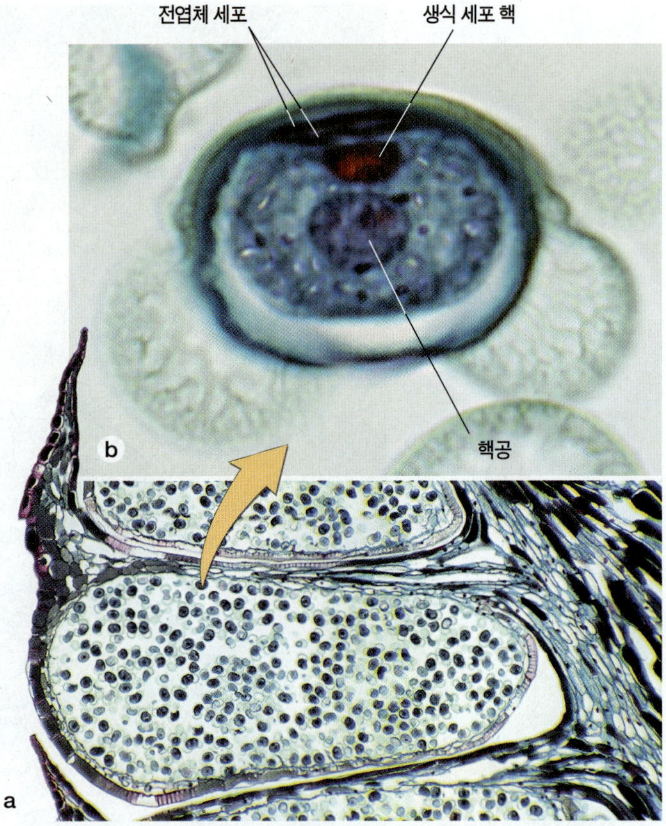

그림 22.4 **나자식물의 소포자낭과 화분(꽃가루)** (a) 소나무의 소포자낭은 많은 소포자를 포함하고 있다. (b) 소나무의 성숙한 화분 낟알.

체에 비해 불리하다. 육상식물의 배아는 적어도 초기발생의 일정한 기간동안에는 모성 배우체에 의존하여 영양분을 공급받는다. 하지만 어떻게 작은 종자식물인 자성배우체가 배아에게 먹이를 공급할까? 그 대답은 모성 종자식물 배우체도 이전 세대로부터 도움을 받으며 성장한 것에서 알아볼 수 있다.

식물의 포자는 포자낭 안에서 만들어진다. 대포자낭은 감수분열에 의해 만들어지는 거대포자 구조이며, 미소포자는 미소포자낭의 감수분열에 의해 발생한다. 종자가 없는 이형식물의 거대포자는 (예를 들어, 바위손 식물과 *Regnillidium*) 포자 벽의 갈라진 틈 밖으로 포자가 방출된다. 이것은 미소포자로부터 정자가 방출되어 거대포자 내에 있는 난자와 수정되도록 만든다(그림 22.4a). 종자식물의 포자낭도 바람이나 다른 매체에 의해 미소포자가 방출된다(그림 22.4b). 그러나 종자식물의 거대포자는 다르다.

종자식물의 거대포자는 분산되지 않는다. 종자식물의 거대포자는 그들이 만든 거대포자낭 내에 존재한다. 더우기, 거대포자낭은 그들 부모의 포자체 식물에 달라붙어 있다. 만약 여러분이 집에서 이용할 수 있는 원료를 남겨두기 꺼리는 젊은 성인과 같은 행동으로 종자식물의 거대포자를 생각한다면, 여러분들은 아마 이 행동의 유리한 점을 생각할 수 있다. 종자식물의 포자체는 크고 일반적으로 광합성을 하며, 부착된 거대포자로 유기영양분, 미네랄, 그리고 물을 계속적으로 공급할 수 있다. 이것은 배아 포자체를 다음 세대까지 성공적으로 성장시킨다. 이 과정은 인자하신 조부모가 소중한 손자들에게 필요한 비용을 재정적으로 지원해 줌으로써 그들의 넉넉하지 않은 자녀들을 도와주는 행동으로 생각할 수 있다. 세대간의 친밀한 관련성이 그들사이의 자원의 흐름을 촉진시킨다. 그것은 부모 포자체의 거대 포자낭과 거대 포자체를 가지고 있는 종자식물에게는 유리한 조건이다. 그러나 무엇이 거대 포자체와 거대포자낭의 분리를 물리적으로 억제하는가? 그 대답은 외피에서 찾을 수 있다. 이것은 포자를 싸는 물질이며, 부모 포자체에 의해 만들어진다. 청소년들을 집에서 가까운 곳에 두려는 앞치마 끈" 에 비유할 만한 기능으로 외피를 생각해 볼 수 있다.

요약해 보면, 종자식물의 거대포자낭은(주심에서 알려진) 에워싸고 있는 잎과 비슷한 외피에 의해 부모 포자체에 부착되어 있다. 외피로 싸인 거대포자낭으로 종자식물의 배주를 설명하는 것이 이제는 이해할 수 있을 것이다. 종자식물의 배주는 하나(그림22.5a) 또는 두 개의 외피에 의해 에워싸여 있는 구조이다. 외피의 갈라진 틈은 배주 정점의 주피에 있는 미소

구멍으로 알려져 있고, 이것을 꽃가루가 진입통로로 이용하므로 수분이 일어날 수 있다. 나자식물 문에서의 수분은 배주를 포함하는 구과에 화분이(바람이나 다른 매체에 의해) 퍼짐으로써 전달된다. 흔히, 액체의 작은 물방울을 배주에서 분비할 것이다. 이 점액성은 난세포에 가깝게 배주 정단의 주피에 있는 미소한 구멍 안으로 화분을 끌어당긴다. 이러한 상태에서, 화분은 발아 할 수 있고, 화분 벽을 따라서 화분관이 연장되어 진다. 화분 관 끝이 성장하는 과정은 화분 관 끝이 화분 벽에 부착하게 됨으로써 성장하게 된다. 화분관은 최종적으로 난세포 가까이에 정자를 이동시키게 된다(그림 22.5b). 만약 수분이 일어난다면, 배주는 종자로 발달하기 시작할 것이다.

난세포가 수정되면 종자는 배주로부터 발달한다

수분은 종자의 발달을 자극한다. 종자의 발달동안 배주의 여러 부분이 종자구조로 발달한다. 외피 또는 외피의 일부분은 보호역할을 담당하는 흔히 질기고 단단한 종자의 외피로 발달한다(그림 22.5c). 나자식물의 자성배우체는 수분이전에 포자체로부터 얻은 영양분을 저장한다. 이 영양분들은 포유류의 태아가 엄마의 태반으로부터 영양분을 공급받듯이 자라나는 배아에게 필요한 에너지를 제공한다. 나자식물문 종자의 구조는 포자체 세대와 배우체의 세대를 반복하는 식물의 생활주기를 나타낸다(13장). 부모 포자체 조직으로부터 유래된 종자의 외피는 이배체이다. 그 안의 자성 배우체는 전형적인 식물의 배우체들처럼 반수체이다. 배아는 다음 포자체 세대의 첫 번째 단계이며, 이들도 이배체이다. 종자의 성숙은 일반적으로 성장이 활발하게 일어나지 않는 휴면(dormancy)기간 동안에 살아남도록 종자를 보호하는 탈수과정과 관련이 있다.

배주의 진화는 후대에 가면서 변형된다는 다윈의 개념을 나타낸다

배주는(이들로부터 발달한 종자) 이미 존재하고 있는 구조와 과정으로부터의 변화의 순서에 의해 일어난다. 그러므로 배주와 종자의 진화는 물려받은 구조와 과정의 변형에 의해 진화적 변화가 일어난다는 다윈의 개념에 대한 예를 제시해준다. 이 원리는 종자가 없는 식물의 진화를 통해 이전 장에서 소개하였다(21장). 현존하는 종자식물의 조상들은 석탄시대 말쯤에 비롯된(대략 300만 년 전에) 원나자식물문(그림22.6)으로 알려진 멸종된 그룹에 속할 것으로 추정된다. 시조나무가 하나의 예이다; 이것은 고대 숲을 형성했던 나무만한 크기의 식물이었다(그림22.7). 과거 나자식물문은 종자를 생산하지 않았지만, 현재의 침엽수와 같은 목재를 생산했던 도관 형성층에 의해 이차성장을 거쳤다. 시조나무와 같은 원나자식물도 종자의 기원으로서 필수적인 전구체였던 두 가지 다른 형태의 포자(이형배우성)에 의해 만들어졌다(21장을 보라). 종자의 진화와 연관된 이형포자성의 이로운 점과 다른 변화들은 다음 장에서 설명될 것이다.

EVOLUTION

종자의 기원을 찾는 첫 번째 단계는 동형포자성(한 종류의 포자)으로부터 이형포자성(내생포자를 가진 두 가지 서로 다른 종류의 배우체를 생산하는 것)으로의 생식적 변화이다. 이형포자낭을 가진 식물의 배우체는 오로지 정자 또는 난자를

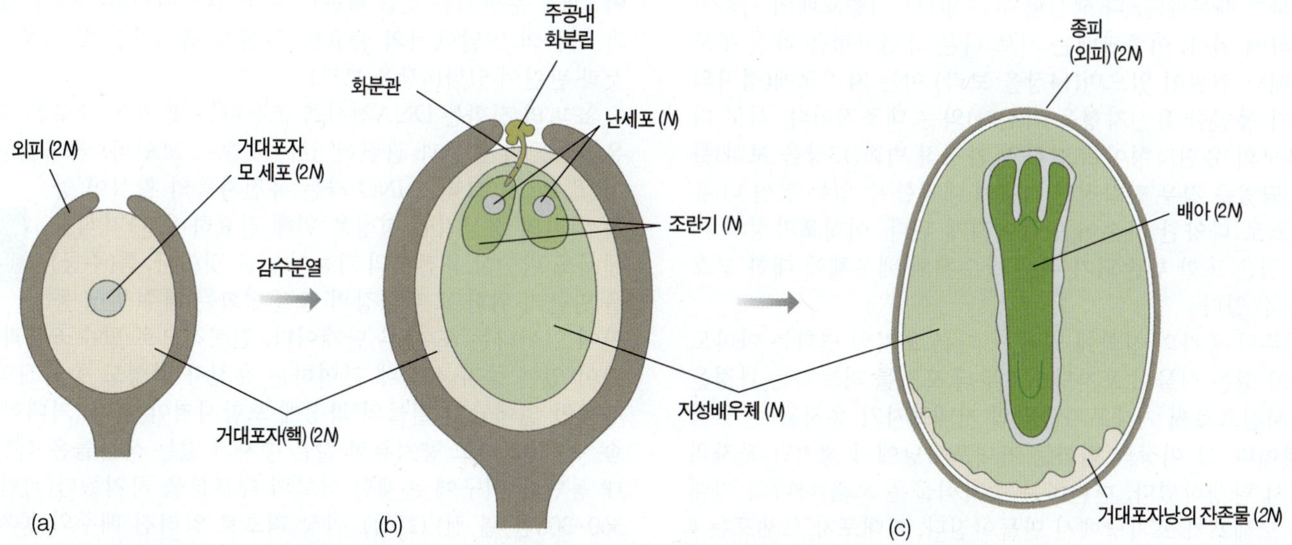

그림 22.5 배주와 종자 구조의 비교 (a) 배주의 발달을 그림으로 나타내었다, 거대포자 모성 세포와 거대포자낭(핵)을 포함하는 주변의 외피, 이것은 감수분열 기에 분리될 것이다. 이것의 모든 구조는 모체(2N)같은 세대에 속한다. (b) 성숙한 배주에 있는 조란기와 난자의 자성 배우체는 반수체(N)이며 이것은 수분이 되면 거대 포자로 홀로 살아남아 발달하게 된다. (c) 성숙한 종자는, 외피로부터 표피를 만들어 배수체(2N)를 둘러싼다. 자성 배우체 반수체(N)는 배아 배수체(2N)를 위하여 영양분을 유지하기 위해서 도움을 주며, 이것은 수정된 난자로부터 발달한다.

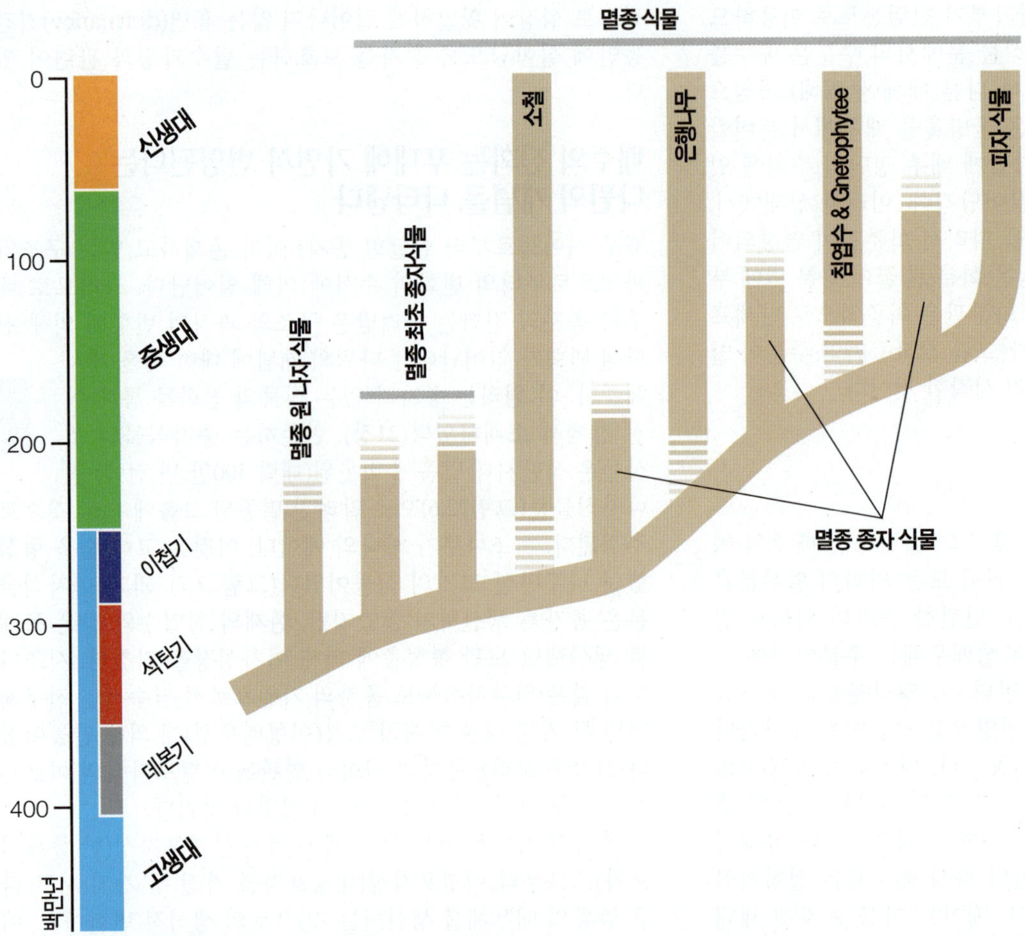

그림 22.6 지리적 연대에 따른 종자식물의 계통수 나자식물과 초기에 진화한 피자식물의 기원 및 분류군들이 분지되는 상대적인 시간대는 아직도 확실히 밝혀져 있지 않고 있다.

생산하기 때문에(둘 다 생산할 수는 없다), 이종교배의 기회가 증가하게 된다. 이종교배는 서로 다른 유전자형을 가진 부모간교배와 연관이 있으며(14장을 보라) 이는 자기교배(정자와 난자가 동일한 유전자형을 가진다)와는 대조적이다. 서로 다른 부모의 유전자형이 조합하면 환경적 변화(13장을 보라)를 겪게 되었을 경우 진화적인 적응에 대처할 수 있는 훨씬 더 유전적으로 다양한 자손이 만들어지게 된다. 이형포자성의 이로운 점은 또한 훼손되기 쉬운 반수체의 배우체에 대한 보호를 들 수 있다.

배주와 종자의 진화에 있어 또 다른 초기의 변화는 아마도 종자가 없는 식물이 포자낭으로부터 포자를 퍼트리는 과정을 억제시킴으로써 거대포자낭안의 거대포자가 유지될 수 있었을 것이다. 그 이상의 변화는 거대포자낭에서 생겨난 포자의 수에서 발생하였다. 현존하는 종자식물은 오직 하나의 거대포자 모세포가 포자낭에서 만들어진다. 거대포자 모세포는 4개의 포자를 생산하기 위해 감수분열을 겪는 세포이다. 배주와 종자 진화과정의 다음 단계는 4개의 모세포 중 3개가 죽게 되어 단지 한 개의 거대포자가 자성 배우체를 만들기 위해 살아남는 것과 관련이 있다. 이것의 이점은 활용할 수 있는 자원이 4개로 분산되는 것을 막는다는 것이다. 이러한 과정은 동물과 식물의 발달에서의 중요한 특징인 세포자살을 조절하는 것과 관련이 있다(8장을 보라).

표피의 진화는 DNA전사를 조절하는 몇 개의 새로운 조절 유전자들의 출현과 관련이 있는 것으로 보인다. 꽃식물들은 *ANT, WUS,* 그리고 *INO* 라는 유전자들의 활성이 양쪽 외피의 정상적인 형성을 위해 필요하며, 나자식물에서도 비슷한 유전자의 기능이 있을 것이다. 틈(주공)을 만들기 위한 표피 성장의 조절 변화는 배주 발생 동안에 일어나는 또 다른 단계이다. 전형적으로 탈수조절과 관련이 있는 종자 성숙에 관여하는 유전자 활성도 종자진화과 정동안 일어났던 일들의 과정에 포함시켜야 한다. 거대한 석송, 속새, 그리고 양치류와 같은 종자가 없는 식물들은 석탄시대 동안에 지구에 존재한 식물의 대부분을 차지했다(석탄기, 360~300만 년 전) (21장). 가장 최초로 알려진 배주와 종자는 석탄시대 바로 이전인 대략 365만 년 전에 출현한 것이다. 이것의 증거는 *Elkinsia polymorpha* 와 *Archeosperma arnoldii* 라는 두개의 화석으로 알 수 있다. 이 화석들은 완전히 덮여 있는 표피구조로 되어있다.

DNA SCIENCE

그림 22.7 원나자식물 *Acheopteris*의 재구성

22.3 종자는 과거와 현재 식물에게 생태적 이점을 제공한다

종자가 없는 식물은 포자에 의해서만(무성생식) 번식한다. 대조적으로, 종자가 있는 식물은 종자와 포자 모두를 이용하여 번식한다(그리고/또는 무성생식 방법을 이용한다). 종자식물이 포자를 종자로 대체하지 않았다는 점을 인식하는 것이 중요하다. 오히려 진화하는 동안, 종자가 포자와 연관된 고대생활사에 추가되었다. 모든 식물의 생식은 포자와 관련이 있다. 식물의 번식레퍼토리에 있어 종자의 추가는 많은 생태적 이점을 제공한다. 첫 번째, 종자는 환경이 발아와 종자의 성장에 유리할 때까지 긴 세월을 땅속에서 휴면상태로 존재할 수 있다. 대조적으로, 포자는 훨씬 더 짧은 수명을 가진다. 비록 포자벽은 질기지만, 그들은 종자의 두꺼운 외피보다는 얇아 물리적 손상이나 병원체공격에 약하다. 종자의 외피는 분산에 용이하도록 많은 방면에서 변형되었다. 종자는 바람에 의해 효율적으로 분산되기 위해 날개와 같은 외형을 가지게 되었거나(그림 22.8), 또는 동물이 식량으로 쓰기 위해 종자를 모을 수 있도록 육질의 껍질을 가지고 있어 (그림22.9). 동물이 자주 식물을 분산되도록 도와준다. 종자가 지닌 보다 큰 이점은 반수체인 포자에 반해 대부분의 종자조직들은 배우체라는 것이다. 배수체(모든 염색체는 두 개의 사본이 존재)는 유전적 변이성의 증가를 제공한다(13장을 보라). 대부분의 종자식물들에서는 액체성물질이 정자가 움직이기 위한 이동매체로써 요구되지 않으므로, 수정은 수분부

ECOLOGY

그림 22.8 나자식물의 날개달린 종자들

그림 22.9 몇몇 나자식물은 육질 종자외피를 가지고 있다 (a) 곱향나무 종자와 (b) 주목은 열매와 같이 보이는 밝은 색체를 가진 장과 류는 있으나, 종자는 보이지 않는다.

족에 의해 영향을 받지 않는다. 그러므로 종자는 스트레스가 많은 환경조건하에서 복제되는데 훨씬 더 커다란 적응력을 제공함으로써 식물이 계절적으로 춥거나 건조한 서식지에서 군락화할 수 있도록 한다.

그들이 종자를 가지고 있기 때문에, 초기의 나자식물들은 온난하고 습한 기후조건에서의 오랜 기간동안의 석탄시대가 급격하게 바뀌게 될 때에도 잘 자랄 수 있었다. 후기 석탄시대와 이후의 초기 페름기 시기(대략 300만 년 전에 시작됨)는 빙하시대이다. 추운 기온으로의 변화는 지구 대기에서 온실효과가스인 이산화탄소의 양이 급격하게 감소됨으로써 나타나게 되었다. 대기 중의 이산화탄소는 석탄시대의 죽은 식물들의 유기물이 쉽게 분해되지 않음으로 인해 감소하였음을 기억하라(21.1 Essay 참조). 이 오랜 기간동안의 기후 변화가 석탄시대동안 많이 존재해왔던 종자가 없는 식물의 대부분이 교체되도록 만들었다. 종자가 제공해주는 이점은 왜 종자식물이 지난 300만년동안 지구 식물 군락에서 우점 할 수 있었는지를 설명해 준다. 트라이아이스기(200~250만 년 전)동안에는 온화한 상태의 기후였고, 마침내 뜨겁고 건조한 기후가 되었다. 이 시기동안의 숲은 현존하는 은행나무와 침엽수, *Dicroidium*과 같은 나무크기의 종자양치식물과 가까운 종으로 구성되어져 있었다(그림 22.10). 145~200만 년 전의 후기 쥐라기 시대는(영화 쥐라기 공원을 기억하라) 온화하고 습기가 많아 작게 자라는 lycophytes와 쇠뜨기와 더불어, 상대적으로 은행나무와 종자양치식물, 소철, 침엽수 등이 번성하였다. 수많은 종류의 공룡들이 그 시대와 다음 시대에 존재하였다. 백악기(145~65억 년 전) 시대에는 빙하기로 변화하는 시점이었다. 비록 침엽수와 소철의 우점이 지속적이었지만, 초기 피자식물이 이 시기에 나타났고(그림22.11) 급속하게 퍼져나갔다. 그 때, 하늘에서 대재앙이 일어났다.

대략 65만 년 전에 크고 작은 운석과 혜성이 지구로 추락했고 오늘날의 멕시코 반도 유카탄이란 지역에서 충돌이 일어났다. 이 100만 톤급의 충격으로 엄청난 불, 산성 안개 그리고 연기 등이 발생했다. 공룡을 포함한 육상동물과 해양 동물의 많은 종들과 이전에 우점종인 수많은 나자식물과 초기의 피자식물이 급작스럽게 멸종되었다. 그러나 지금의 전 세계 생태계와 인류생활에 중요한 현존 식물들의 조상으로 생각되는 종자가 없는 식물과 몇몇 종자식물들은 살아 남았다. 이 멸종 이후에, 피자식물들은 많은 지역으로 흩어져 지구의 육상 생태계의 대부분에서 우점종이 되었다. 화석기록에 따르면 65만 년 전 대재앙 이전에 소수의 포유류들이 존재했음을 알 수 있다. 이전에 지구의 동물계를 우점했던 공룡이 사라지면서, 이들 포유류들이 인류의 영장류 조상을 비롯한 현존하는 많

그림 22.10 **트라이아이스기(225만 년 전)의 양치식물의 종자, *Dicrodium*** (a) 잎이 양치식물처럼 보이는 *D. zuberi*를 재구성한 것, 미소포자낭(웅성) 구과(오렌지색 구조), 그리고 배주(자성) 구과(노란색 구조). 이 색체는 화석에서 나타나지 않기 때문에 화가는 구과 색체를 추측하였다. (b) 화석 *D. dubium* 잎.

그림 22.11 **식물화석** 초기 꽃식물인 *Achaefructus liaoningensis*의 화석 표본 1억 5천만 년 전의 것으로 추정되는 중국의 퇴적층에서 발견(삽입그림: 재구성한 식물 모형도).

은 종류의 동물들로 다양화되었다. 만약 대참사가 일어나지 않았다면 포유류의 진화는 엄청나게 달랐을 것이며, 인류는 아마 나타나지 못했을 것이다. 지구에서 살고 있는 생물들의 진화 궤도를 바꿀 또 다른 충돌이 일어날 가능성과 혜성 또는 소행성의 충돌에 의한 거대한 파괴성을 인식함으로써, 천문학자들은 지구에 충돌할 수 있는 가능성이 있는 수백개 행성들의 궤도를 항상 주위 깊게 관찰하고 있다. 인간은 전 세계가 멸망할 수 있는 이전과 유사한 사건의 다음 희생자가 될 것이라고는 생각하지 않는다.

22.4 현존하는 나자식물문의 다양성과 유용성

우리는 이 단락에서 현존하는 나자식물의 전형적인 특징을 알아보고자 한다(표 22.1). 이는 나자식물이 인간과 어떠한 관계에 있는지와 식물의 진화적 유연관계를 이해하는데 유용하다.

소철은 전 세계적으로 존재하지만, 야생 소철은 위험하다

대략 11속 300종의 소철이 알려져 있다. 소철은 야외 조경 식물로도 유용한 열대지방과 아열대성 지역에서 주로 성장한다. 소철은 추운 겨울철이 있는 지역에서는 야외에서 살지 못하나, 실내 화분용 화초로서는 자랄 수 있다. 소철은 야자수와 비슷하게 잎이 펴져있고, 화려한 구과 등 흥미로운 외형으로 인해 인간들에 의해 재배되게 되었다(그림 22.12). 소철의 어원은 "야자나무"를 뜻하는 그리스말에서 유래되었다. 사람들은 가끔 야자나무와 소철을 구별하기 힘들어 했다. 예를 들면, *Cycas revoluta*(이 장의 첫 장에 사진으로 볼 수 있다)는 사고야자로 일반적으로 알려진 소철이다. 그러나 야자나무는 꽃식물이다. 소철 줄기의 표면은 거칠고, 비늘잎과 지지 않는 잎(줄기)은 단단한 비늘 갑옷으로 쌓여 있다. 대조적으로, 야자나무 줄기는 일반적으로 거칠지 않다.

소철의 줄기는 지하에서 또는 나무(일부는 높이가 50 피트에 달하는)의 형태를 지닌다. 양쪽 다 정단에는 거대한 날개 모양의 잎이며 갈색의 열매를 맺는다(만약 여러분들이 날개 모양의 잎을 본 것을 기억하려면, 11장을 확인해보라). 어린 소철 잎은 보풀 같은 작은 털이 있고, 돌기 꼴(사상체)구조의 털 모양이 싸여져 있다. 그러나 늙은 소철나무 잎은 부드럽고

표 22.1 살아있는 종자식물의 특징

종자식물그룹	꽃/열매	편모정자	중복수정	배젖	복합구과종자	목부도관
소철	없다	있다	없다	없다	없다	없다
은행나무	없다	있다	없다	없다	없다	없다
침엽수	없다	없다	없다	없다	있다	없다
Gnetophytes	없다	없다	있다	없다	있다	있다
피자식물	있다	없다	있다	있다	없다	있다

그림 22.12 **남아프리카산 자미아 소철**

그림 22.13 **소철의 산호모형 뿌리** 소철의 작은 줄기는 산호모형을 닮은 지상 줄기를 생산하며; 이 뿌리를 산호모형 뿌리로 알려져 있다. 얇은 초록색 뿌리는(대략 위에 둘러싸여있는) 시아노박테리아를 포함하고 있다. 이것은 소철식물에게 질소를 고정하여 제공한다. 삽입된 사진은: 현미경으로 시아노박테리아의 푸른-초록색으로 보이는 뿌리를 가로로 잘라서 본 것이다.

광택이 난다. 아프리카 소철인 *Encephalartors laurentianus*의 성숙한 잎은 길이가 8m이상 까지 도달 할 수 있다. 비록 대부분의 소철은 땅에 뿌리가 정착되어 있지만, *Zamia pseudoparasitica*는 파나마의 습한 열대성 숲에서는 나무 위에서 자란다. 땅속으로 박힌 뿌리는 산호모양을 하고 있으며 이들은 미네랄, 지표수를 흡수하며 식물에 고정하는 역할을 한다. 이러한 뿌리는 지표면위로 노출되어 있기 때문에 뿌리는 나무 가지 모양으로 산호와 비슷하게 닮았다(22.13a). 산호모양의 뿌리는 빛에 의존하기 때문에 빛에서 성장하며, 광합성을 하는 시아노박테리아가 산호모양의 뿌리에 함께 존재한다. 시아노박테리아는 산호모양 뿌리를 얇게 잘랐을 때 뿌리 표면에 아래에 선명한 블루-그린 고리로 볼 수 있다(그림 22.13b). 시아노박테리아는 숙주식물에게 질소고정을 제공한다. 이장의 시작 페이지에서 언급한 것처럼, 시아노박테리아는 숙주식물의 잎과 종자에 독성 아미노산을 생산하며, 초식동물에게 해를 입히게 된다.

소철의 종자인 구과는 30인치(75cm) 만큼 길이가 길고 무게는 88파운드(40 kg)만큼 크기가 크다. 각각의 소철 나무는 꽃가루(수술)구과 또는 배란(암술)구과를 생산하나, 양쪽을 다 가지지 못한다. 만약 소철들이 건조 또는 고온과 냉해에 의해 손상을 입는다면 종자의 성을 바꾸게 된다. 배란 구과는 보통 포엽 모양의 잎마다 두 개의 배주를 생산하며, 꽃가루 구과는 소포자낭을 많이 생산한다. 구과는 노란색과 오렌지색, 붉은색, 갈색 그리고 흰색을 포함한 다양한 색상이 나타날 수 있다. 일부 소철의 배주와 종자는 밀집된 구과 내에서 덩어리로 되지 못하고 포엽(껍질)에서 보이게 된다(시작 페이지의 설명에 수반된 사진에서 볼 수 있다.). 성숙되었을 때, 구과의 두 가지 형태는 딱정벌레를 유혹하는 냄새를 풍긴다. 이 딱정벌레는 수술 구과로부터 암술 구과로 꽃가루를 이동시킨다. 그러므로 소철 나자식물의 꽃가루는 바람에 의해서 다른 식물로 전달되는 일반적인 것과는 다르다. 동물이 꽃가루를 이동시키는데 이용된다는 측면으로 볼 때에 소철은 많은 꽃식물과 같다(24 장).

고고학적 기록에 따르면 오스트레일리아 원주민은 6,000~7,000년 전부터 식용으로 소철 종자를 사용하였다고 한다. 위와 마찬가지로 플로리다의 토착 원주민과 유럽에서 온 이민자들 역시 식용으로 자미아를 이용하였다. 플로리다에서 적은 양의 소철 종자가 수확될 때만 자미아 종자로부터 칡가루를 추출하는 상업용 분쇄기가 중단되었다. 모든 소철이 동물과 인간의 건강에 유해한 독성을 생산하기 때문에, 최근 연구는 유해성분들이 전통적인 방법에 의해서는 소철가루로부터 완벽하게 독성을 제거할 수 없으며, 이 식물들은 식용으로 이용할 수 없다는 것을 나타낸다. 모든 소철은 멸종위기 종으로 생각하며, 상업적으로 이용되는 소철은 CITES(멸종위기종의 국제무역조약)에 의해 규제하고 있다.

Ginko biloba 는 은행나무이다

*Ginko biloba*는 잎의 중간에 세로의 홈을 가지고 있고, 부채모양의 잎이 공작 고사리의 작은 잎과 비슷하기 때문에 은행나무로 일반적으로 알려져 있다. 이들은 페름기 시대(286~251만 년전)에 발생되기 시작한 거대한 종들 중에 하나의 종만이 남아있다. 많은 고대의 은행나무들은 대략 206만 년 전에 발생한 기온 온난화로 인한 고대 지구의 기온상승의 결과로 멸종하

ESSAY 22. I 살아남은 식물

몇몇의 나자식물 종은 이상기후에 오랫동안 저항하여 살아남은 승리의 산물이다. 이 살아남은 식물들은, 천만에서 1억년 전에 살았던 고대 조상식물과는 조금은 다르다는 것을 화석 생활사에 의해 알려져 있다. 이 글의 결론은 고대 화석식물과 현재식물을 기본적으로 비교하는 것이다. 은행의 예를 들 수 있다. 트라이아이스기 동안에(250~200만 년 전) 현재의 은행나무와 관련된 다양한 나자식물들은 일반적으로 넓게 퍼져 있고, 매우 풍부했다. 이식물의 화석으로 된 잎은 현재의 은행나무와 같다는 것을 쉽게 인식할 수 있다(그림 E22.1A). 그 잎은 부채꼴 모양을 하고 있고, 이것은 두 개로 갈라진 엽 맥을 가지고 있다. (이 양식은 엽맥이 두 개로 갈라져 있다.) 주요 잎의 일반적인 특징은, 트라이아이스기 은행나무 잎은 다양하며, 많은 다른 종들로 분화되었다. 화석으로 된 잎들은 가느다란 부채꼴 모양이나, 홈이 없이 연속적으로 연결되어 있다. 이외에 더 넓은 부채꼴 모양도 있다. 이것들은 많은 분획 없이 분리되어 있다(그림E22.1B). 어떤 것은 현재의 은행나무와 같은 가장자리가 넓고 중간에 홈이 있는 것도 있다. 이후에 중대한 환경적 위기가 트라이아이스기 말기에 발생하였다. 대부분의 동식물들이 멸종하게 되었으며, 95%의 식물과 50%의 동물들, 30%의 바다 생물들이 멸종하게 되었다. 이 위기는 넓은 지역에 걸친 화산 활동에 의해서, pangea로 알려진 대륙과 대륙의 분리가 시작되면서 동식물들이 연관성을 가지게 되었다. 화산 분화구에서 분출된 CO_2는 이전 수준의 4배 정도로 평가에 의해서 장미꽃 향기를 내는 것을 감지하였다. 전문가들은 화석 은행나무와 소철 잎의 많은 기공으로 부터 생성된 CO_2의 증가가 3~4℃ 정도 높게 전 세계의 온도를 증가시키는 원인이 된다고 제안했다. 화석을 증거로 은행나무는 이 기후의 변화에 극적으로 반응한 것으로 보여 진다. 큰 은행나무의 분화되지 않은 잎은 떨어져서 분리된 잎을 가지는 종으로 바뀌게 되었다. 이 교체설의 가장 좋은 해석은 흠이 없는 잎은 지속적인 광합성에 의해 충분하게 발산되는 빛을 분리된 잎보다 적게 이용하게 된다. 비록 은행나무 종들은 트라이아이스기 말기에 기온이 상승하는 위기에도 살아남았지만, 유일하게 은행나무 만이 현재까지 살아남았다. 이 은행나무는 아마도 야생에서는 멸종되었다. 그러나 1690년에 유럽의 탐험가들에 의해 발견된 때까지 아시아의 불교 신전에 보존되어 있었다. 현재 은행나무는 많은 장소에서 관상용으로 사용되는 식물이다. 인간들은 멸종으로부터 살아남은 식물을 구축한다.

전 세계에 있는 많은 장소에서, 식물 종들은 인간 활동의 결과로 사라지고 있다.

침엽수인 아메리카삼나무를 나타낸다. *Metasequoia glyptostroboides*(그림E22.1C)은 또 다른 살아남은 종이다. 몇 백 년전까지 오랜 기간 북반구에서 풍부하게 매우 일반적으로 존재하는 나무였다. 식물학자들은 1944년 중국의 한 산림학자가 한 외딴 사원에서 아메리카 삼나무가 살고 있는 것을 발견하기 전까지는 멸종한 것으로 믿었다. 몇 년 뒤, 아메리칸 원정대들은 중국의 후베이 지방의 깊은 골짜기에서 남아있는 아메리카 삼나무를 발견할 수 있었다. 살아남은 나무로 부터 종자를 얻어서 지금은 전 세계에 존재하게 되었다. wollemi pine (*Wollemia nobilis*)의 작은 개체군들을 오스트리아 국립공원에서 1994년에 발견되었다. 주위에서 떨어진 장소에서 살아남은 식물들을 발견해보라?

세계의 많은 지역에 있는, 식물 종들은 인간 활동에 의한 결과로 멸종 되었다. 예를 들면 칠레의 숲의 나무는 원숭이들이 싫어한다(*Araucaria araucana*). 침엽수종 중에 하나는 가지를 얽히게 하여 왕관으로 사용했으며, 이 종은 불에 의해 멸종되어 멸종위기 종이 되었다. 인간들은 얼마간의 살아남은 식물들을 구조해야만 한다. 그러나 그것은 더 많은 종을 감소시키는 원인이 될 것이다.

E 22.1A 현재 은행나무의 홈이 있는 잎들의 낙엽 색깔

E 22.1B 멸종한 은행나무 잎들의 다양한 종류

E 22.1C 아메리카 적송(Metasequoia glytostroboides)

표 22.2 현존하는 침엽수의 과와 대표적인 속

과 이름	지리적 분포	주요 특징	속의 예
소나무과	대부분 북반구	목본 또는 표피 구과껍질, 바늘침 모양의 잎, 두 개의 배주 종자 껍질, 종자는 일반적으로 날개	소나무속(소나무), 일본 이깔나무(아메리카 낙엽송), Pseudotsuga(더글라스 전나무)
Cupressaceae	대부분 북반구	목본 또는 표피 구과 껍질, 바늘침 모양 또는 비늘 잎, 1–20 배주/ 종자 껍질	Cupessus(사이프리스), 세궤이아 꿩의 비름과(연한 적송), Taxodium(민둥머리 사이프리스)
주목과	대부분 북반구	작은 구과, 하나의 배주와 종자, 종자는 육질에 싸여 있음, 붉은 껍질(가종피)	주목속(주목)
Podocarpaceae	남반구	종자의 대부분은 변형된 구과 껍질에 의해 싸여 있음, 일반적을 윤기가 있음, 포협색	Podocarpus
남양산목과	대부분 남반구	목본 구과, 하나의 종자와 비늘 껍질	남양산목(노퍽 섬의 "상록수", 원숭이가 싫어하는 나무), Wollemia(wollemi"상록수")

게 되었다(Essay 22.1, "살아남은 식물"을 보라). 은행나무는 대기오염에 대한 내성을 가지며 관상용으로서 높이 평가되며, 30 미터 높이까지 자랄 수 있으며, 각 개체는 천년이상 살 수 있다. 각 개체 나무들은 배주와 꽃가루(화분) 둘을 함께 생산하지 못하고 각각 독립적으로 생산한다. 사람들은 웅성식물에서 꽃가루를 생산하고 자성식물에서 배주를 생산하는 것을 알게 되었다. 이들이 차이가 나는 이유는 인간과 같은 성 염색체가 결합된 형태로 존재한다. 배란자성식물의 유전자형이 *XX*이고, 화분을 가지는 웅성식물의 유전자형은 *XY*이다. 은행나무 정자는 드물게 줄기의 화분 관에 의해 전달된다. 몇 달을 거쳐, 이 관은 배주의 대포자낭(배의주심) 쪽으로 자라며, 영양분을 흡수하는 방법으로 정자의 발달에 사용한다. 결국, 화분관은 장난기 근처에서 열리게 되면, 성숙된 정자가 전달(분출)된다. 은행나무의 배주는 긴 화경에 한 쌍이 만들어진다. 순풍은 수분의 매개가 되고, 육질이 잘 발달된 배주를 수정시키며, 종자의 외피 안은 딱딱하고 종자외피 바깥은 나쁜 냄새가 나며, 수정이 일어나기 전에 땅으로 떨어진다. 전문가들은 종자 외피와 수정과정중의 행동들이 멸종된 종자를 분산하는 동물들에 의해 적응된 것이라고 제안하였다. 아시아에 사는 사람들은 은행의 배우체와 배아를 먹는다. 가로수 또는 정원수로서, 사람들은 종자의 악취를 피하기 위해 화분을 가진 나무를 일반적으로 택한다.

침엽수들은 가장 다양한 살아있는 나자식물들이다

침엽수들은(구과 종자의 특성으로 인해 명명된) 300만 년 전 석탄시대 말기 이후의 육상 생태계의 중요한 구성요소를 차지한다. 현존하는 침엽수는(침엽수 목) 몇 개의 종족 분류군에 포함되어있다(표 22.2), 50속안에 500종 보다 많다. 현재 가계도는 대략 200만 년 전에 존재한 것이다.

현존하는 침엽수의 배주를 생성하는 구과는 특이하고 복잡한 구조를 가진다. 다수의 나선형 줄기 축을 가지는 구과 솔방울은 매우 작은 줄기 마디 때문에 꼬마 새싹 또는 작은 새싹으로 알려져 있다. 각각의 새싹은 포엽과 줄기 축 사이에서 일어난다. 이러한 새싹은 표면 상부에 있는 배주가 잎과 비슷한 구조로 비늘 형태로 이루어져 있다(거대 포자낭). 각 새싹은 **종린**(ovuliferous scale)로 알려져 있다(그림 22.14). 대조적으로, 대부분의 화석 침엽수와 현존하는 꽃가루를 생성하는 구과는 구조가 훨씬 더 간단하다. 잎과 비슷한 구조는(미소포자낭) 아래 표면에 미소 포자를 생성한다. 최근까지, 침엽수의 구과의 두 가지 형태가 왜 다른지 알지 못했다. 2001년에, Genaro Hernandez-Castillo와 공동연구자들은 구과 배주는 혼합된 구조의 같은 형태라는 것에 놀라워했으며 초기의(석탄기) 화석 침엽수의 화분 구과 방울열매를 설명하게 되었다.

그림 22.14 소나무의 생활사 배주를 함유하는 보라빛의 구과와 화분을 갖는 노란 색의 구과는 봄에 생성된다, 화분을 형성하는 구과에서는 소포자모세포(2*N*)가 감수분열을 거쳐 낭상의 소포자낭에 소포자(1*N*)들을 형성한다, 화분은 단단한 소포자벽에 둘러싸인 웅성배우자체로 바람에 의해 엄청나게 많은 양이 산포된다. 화분의 측면에 발달하는 날개형태의 기낭은 화분이 바람에 의해 신속하게 산파되도록 해 준다. 어떤 화분들은 배주 표면에 부착하여 수분을 한다. 화분은 발아하여 서서히 자라는 배주의 장난기 내 난세포에 도달한 정자를 운반하여 주는 화분 관을 만든다. 수분이 일어난 지 약 한 달 후 대포자모세포는 감수분열하여 4개의 대포자를 만드나, 이중 1개만 자성배우자체로 발달하며, 이과정은 1년 이상 걸린다. 수분 후 약 15개월이 지나면 정자는 난세포와 수정할 수 있으나 자성배우자체 내에는 단지 하나의 배만 성숙하게 된다. 소나무에서는 일반적으로 배주형성 구과와 화분형성 구과아 처음 만들어지고 난 다음 해 가을에 종가가 산포된다. 어린 소나무 식물은 여러 개의 자엽위에 종피가 남아 있는 채 발아하여 땅위에 나타나며 줄기가 위로 자라가면서 자라게 된다.

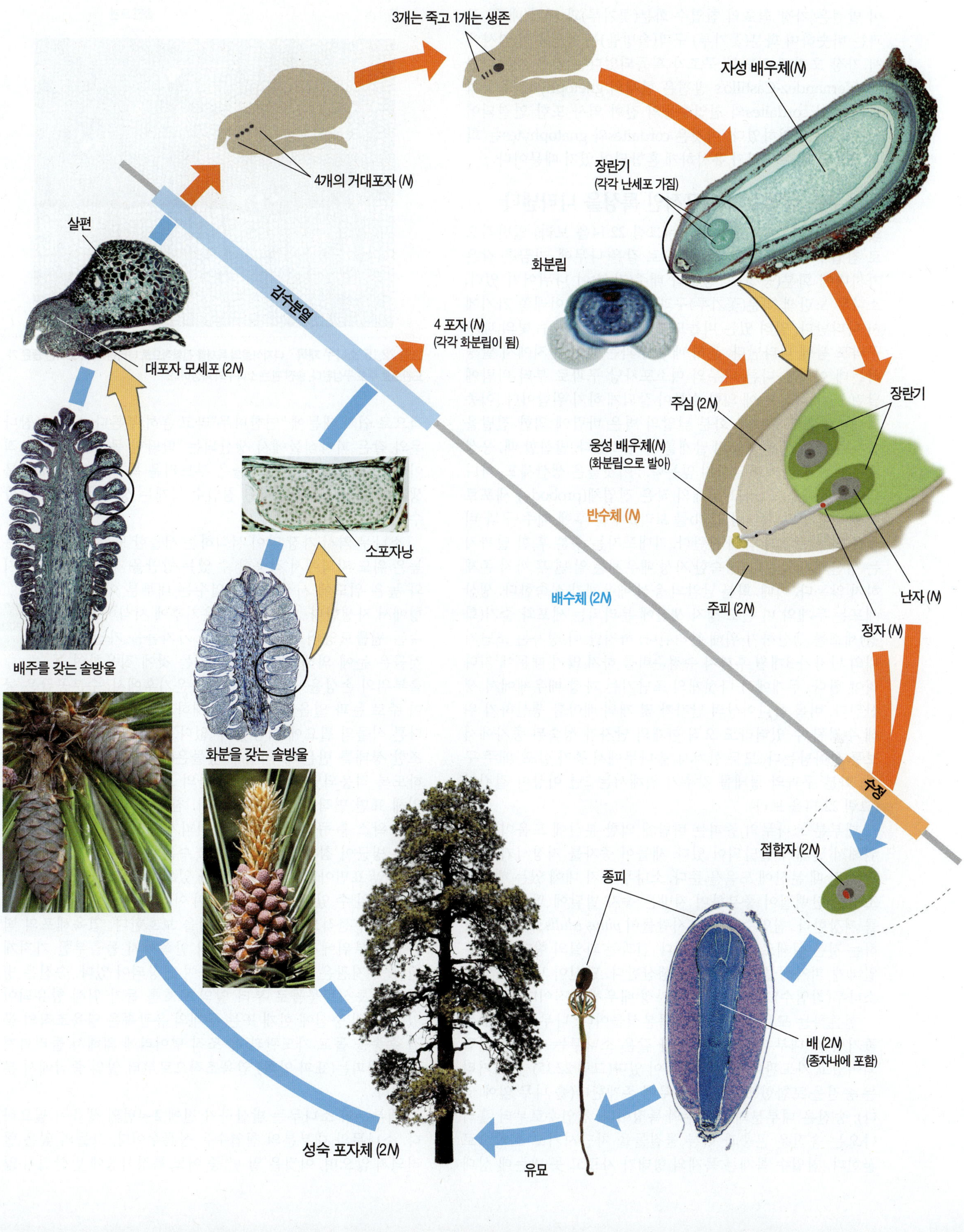
3개는 죽고 1개는 생존
자성 배우체(N)
4개의 거대포자 (N)
장란기
(각각 난세포 가짐)
살편
감수분열
화분립
4 포자 (N)
(각각 화분립이 됨)
대포자 모세포 (2N)
장란기
주심 (2N)
웅성 배우체(N)
(화분립으로 발아)
반수체 (N)
소포자낭
배수체 (2N)
주피 (2N)
난자 (N)
정자 (N)
배주를 갖는 솔방울
화분을 갖는 솔방울
수정
접합자 (2N)
종피
배 (2N)
(종자내에 포함)
성숙 포자체 (2N)
유묘

이 발견은 가장 최초의 침엽수 화분(꽃가루)과 배란(배주) 구과는 비슷하며 화분(꽃가루) 구과(솔방울)는 침엽수의 역사에서 가장 초기에 간단한 구조가 획득되었다는 것을 제시하였다. Hernandez-Castillo's 발견은 현재의 gnetophytes와 화석과 멸종한 cordaites의 침엽수들의 진화 역사 또한 연결되어 있는 것을 발견하였다. 이것은 cordaites와 gnetophytes는 화분 구과와 배주 구과가 유사하게 혼합되어 있기 때문이다.

소나무는 침엽수의 대표적인 특성을 나타낸다

소나무(소나무 과) 생활 주기는(그림 22.14을 보라) 일반적으로 침엽수와 비슷하다. 전형적으로 같은 나무에, 가끔은 같은 가지내에 화분(웅성) 솔방울과 배주(자성)이 나뉘어져 있다. 소나무 노란색 화분(꽃가루)구과는 이른 봄에 아래쪽 가지에서 나타난다. 열려 있는 비늘모양의 분홍색과 자주 빛의 배주 구과도 봄에 나타난다. 흔히 배주 구과는 높은 가지에서 발생하는데 이것은 다른 나무의 미소포자낭 구과로 부터 바람에 날린 꽃가루(화분)에 의한 수분이 잘되게 하기 위함이다.(이종교배). 성숙한 소나무 화분 낟알의 벽은 바람에 의한 전달을 돕는 두개의 풍선 모양의 날개를 가지고 있다. 발산할 때, 웅성 배우체는 충분히 발달하지 않는다. ; 이것들은 생산세포, 하나의 큰 관 세포, 그리고 두개의 작은 전엽체(probody) 세포로 이루어져 있었다(그림 22.4b를 보라). 수분 후에 배주 구과 비늘은 화분 트랩과 함께 자란다. 거대포자는 수분 후 한 달까지는 생산되지 않는다, 성숙한 자성 배우체는 일 년 후 까지 존재하지 않는다. 이때, 화분 낟알의 웅성 배우체가 성숙한다. 생산세포는 두개의 비 편모 정자 생산에 분리되는 세포와 줄기(화경)세포를 생산하기 위해 분리된다. 하지만 이 정자는 조난기 내의 난자가 3개월 후까지 수정준비를 하지 않기 때문에 기다려야 한다. 두개에서 다섯개의 조난기는 자성 배우체에서 생산된다. 비록 하나이상의 난자가 몇 개의 배아를 생산하기 위해 수정될 수 있더라도 오직 한개의 난자가 성숙된 종자에서 보통 살아남는다. 모두 합쳐서, 솔나무에서 종자 살포, 배주 구과, 화분 구과의 형태를 갖추기 위해서는 2년 이상이 걸린다(그림 22.14을 보라).

대부분 소나무의 종피는 바람에 의한 분산에 도움이 되기 위해서 날개가 발달되어 있다. 새들이 종자를 저장시키고 수송 시킬 때 분산에 도움을 준다. 소나무 종자 내에 있는 배우체 조직은 단백질이 풍부하며 지방은 종자 발달에 필요한 연료를 저장한다. 침엽수 견과는 사람들이 *pinus edulis*로부터 수확하는 것은 실제로 견과가 아니다. 견과는 과일의 형태이고, 유일하게 피자식물만이 과일을 생산한다. 당신이 먹는 맛있는 소나무(침엽수) 견과는 대부분 자성 배우체 조직이다.

현존하는 모든 나자식물은 목본식물이다: 나무, 관목 또는 줄기덩굴. 대부분의 나자식물과 같은 소나무는 섬유가 결핍되어있고 가도관이 주로 구성되어 있다(그림 22.15). 끈적거리는 송진을 포함한 도관은 소나무에 존재한다(솔 나무 잎에 있다); 송진은 대부분의 침엽수의 특징이다. 침엽수로부터 흘러나오는 송진은 곤충과 다른 물질들을 차단시키고 호박으로 굳힌다. 침엽수 목재는 목재의 형태가 자르고 못 박는데 상대적으로 쉽기 때문에 "연한나무"라고 흔히 부른다. 이것은 참나무와 같은 피자식물에서 생산되는 "딱딱한 목재"와는 대조적이다. 그러나 일부 피자식물은 부드러운 목재도 있다(balsa를 생각해 보라). 그리고 어떤 침엽수 목재는 상대적으로 딱딱할 수 있다.

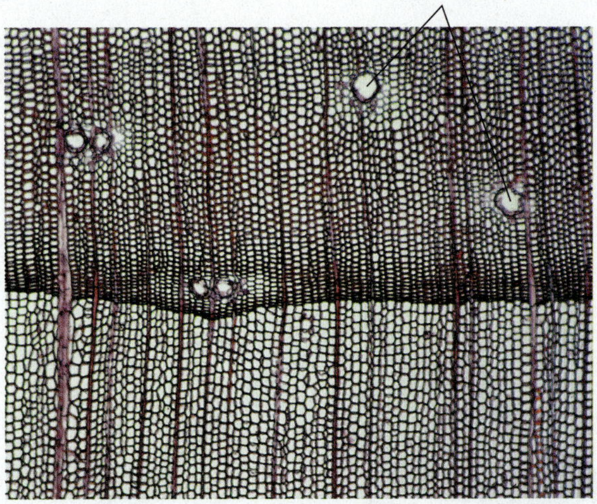

그림 22.15 소나무 재목 나자식물의 목재를 전향적으로 나타낸다, 이 조직은 좁은 가도관으로 주로 구성된다. 송진 관은 소나무의 특징이다.

소나무 역시 가장 많이 서식하는 서늘한 또는 추운, 산 또는 높은 위도 지역에서 적응할 수 있는 방안을 제시해 준다. 산지와 높은 위도에 서식하는 침엽수는 대부분 이러한 지형에서 자생한다. 대부분이 추운기후에 서식하는 침엽수는 원뿔모양의 구과와 유연한 가지들을 가진다. 이것들은 눈에 의해 나무가 부러지는 것에 적응하여 돌출부위의 손상을 막을 수 있다. 추운기후에서, 수분공급은 물이 주로 눈과 얼음의 형태로 존재하기 때문에 잎의 광합성과 다른 식물의 필요에 이용될 수 없다. 그러므로 추운지방은 건조한 상태를 만든다. 침엽수 잎들은(그림 22.16) 건조에 저항하도록 적응되었다. 이러한 잎들의 모형은 물의 증발을 막기 위해 표면 면적을 줄이는 것이다. 침엽수에서 필요한 표면구조는 왁스 층 큐티클과 두꺼운 외피가 필요하며, 이 두꺼운 표면은 병균이 침투되는 것을 막고 수분 손실을 지연시킨다. 기공은 잎 표면아래에 움푹 들어가 있으며, 건조성 바람을 맞는 것을 줄일 수 있다. 피하조직 상피 아래의 두꺼운 세포벽 층은 잎에서 우선적으로 광합성 조직을 보호한다. 엽육세포의 벽은 표면부위에서 생기는데 조직 안쪽까지 돌출부를 가지게 된다. 수지관은 엽육조직을 통하여 연장되어 있다. 송진은 병원균과 초식동물들로 부터 잎의 보호를 돕기 위해 함유되어 있다. 잎의 중심에 한개 또는 두개의 유관속은 엽육조직의 물질 수송을 돕고 가도관과 유 조직 덩어리에 의해서 둘러싸져 있다. 내피는(표피 안쪽) 엽육조직으로부터 잎의 중심에서 분리된다.

ECOLOGY

대부분의 소나무는 발산하기 전에 2~4년의 생육이 필요하다. 소나무와 대부분의 침엽수는 상록수이다, 그들의 잎은 탈리되지 않으며, 이것은 일 년 중 어느 특정시점에 발산되지 않

그림 22.16 소나무 잎 (a) 소나무의 압축된 정단분열 조직은 비늘이 있는 송이 모양잎을 생산한다. 갈색으로 된 비늘잎은 바늘 송이잎을 감싸고 있다. (b) 바늘송이 잎을 가로로 자른 것.

는다는 것을 말한다. 겨울동안 잎이 유지되는 것은 봄에 신속한 광합성을 시작할 수 있도록 침엽수를 도우는 것이다. 이 작용은 알프스나 고위도에서의 생육은 짧은 계절에 성장해야 하기 때문에 유리하게 작용된다. 그러나 모든 침엽수가 상록수인 것은 아니다. 침엽수의 탈지성 낙엽수의 예는 아메리카 삼나무(*Metasequoia glyptostroboides*), 북부 습지의 아메리카 낙엽송(*Larix laricina*), 미국 남부 범람원의 민둥머리 사이프리스(*Taxodium distichum*)등이 있다. 일반적으로, 나자식물에서 손실된 바늘 침 낙엽은 건조 스트레스에 적응하기 위한 것이라고 생각된다. 아메리카 삼나무는 온난한 기후에서 9,500 만년 전부터 북극 근처에서 진화된 것으로 생각한다. 이 시기에, 스코틀랜드의 고위도의 온도는 거의 얼음이 얼 정도로 내려가지 않았다. 고위도의 겨울은 광합성을 하기에는 너무 어두워 침엽수 잎은 호흡을 할 수 없었다. 바늘 침 잎의 손실은 바늘 침 잎의 호흡 작용에 의한 탄소량의 손실을 막고 아메리카 삼나무에 도움을 주었을 것이다. 비록 일 년 내내 존재하는 대부분 침엽수의 바늘 침 잎일지라도, 광합성은 추운지역의 겨울 동안에는 낮은 양으로 이루어진다. 아마도 추운 상태는 건조 상태와 동일하다고 생각한다. 닫힌 상태로 보존(유지)되는 기공은 내부의 수분을 유지하는 동시에, 필요한 이산화탄소가 들어오는 것도 막을 수 있다. 또한 얼음이 녹는 기간 동안에 가도관으로 차가운 공기방울이 들어오면, 물의 수송은 중단된다. 이산화탄소와 물이 충분하지 못하면, 잎은 그들이 받는 빛에너지를 이용할 수가 없다. 이 조건하에서, 빛에너지는 산소분자를 다른 세포구성성분과 엽록소를 파괴하는 형태로 만든다. 겨울에 잎을 가지고 있는 침엽수와 다른 식물들은 광합성 기관을 닫음으로써 환경에 적응하였다. 이것은 핵심 광합성 단백질이 파괴됨으로써 이루어진다. 또한 침엽수는 겨울에 잎의 크산토필 색소가 증가되며, 이 황색색소가 피해를 주는 빛 에너지를 흡수하도록 돕는다. 비록 ponderosa 솔 나무 바늘 침 잎은 여름에 절반의 비율보다 많이 겨울에 광합성을 할 수 있지만, 더글라스 전나무(*Pseudotsuga menziesii*)에서 겨울 광합성 비율은 거의 제로 상태이다. 광합성을 하지 않는 것은 완전하게 엽록소와 다른 광합성 구성요소의 대부분을 보존하도록 도와주며 이리하여 광합성이 봄에 신속하게 시작할 수 있다. 유일하게 소수의 단백질만이 다시 광합성 하는 체계에서 합성되어진다. 더글라스 전나무는 봄에 가장 높은 광합성 비율을 나타낸다. 더글라스 전나무는 겨울에 광합성 체계의 손상을 수리하지 않아도 되기 때문에 그렇게 할 수 있다.

Gnetophytes는 진화적으로 중요한 의미를 가진다

Gnetophytes는 피자식물문의 명확한 특징을 소유한 희귀한 식물의 3속으로 이루어져 있다. Gnetophytes은 다윈이 "지긋지긋한 수수께끼"라로 불렀던 꽃식물의 기원을 이해하려는 식물학자의 흥미를 끌었다. Gnetophyte의 도관 조직은 가도관에 추가된 도관을 포함하고 있으며, 대부분의 피자식물은 이것을 가지고 있다(9장을 보라). 대조적으로, 다른 나자식물의 도관조직은 유일하게 가도관으로만 이루어져 있다. 도관은 양치식물과 일부 lycophytes에도 존재하기 때문에 진화 기간이 오래된 것 같다.

EVOLUTION

소형의 gnetophytes는 중복수정을 하는 성질을 가지며, 이 과정은 피자식물에서 전형적으로 나타난다. 중복수정은 자성 배우체의 다른 세포와 함께 하나의 화분(꽃가루)관에 있는 두 개의 정자와 융합되는 것이다. 비 편모 정자는 배아를 생산하기 위해 난 세포와 융합하여야한다(다른 것(정자)이 붕괴(파괴)되는 동안에, 유일하게 하나의 정자만 다른 배우체에 남아 있게 된다). 꽃식물의 중복수정은 다르다. 많은 피자식물에서는, 두 개의 정자는 화분 관에서 배주에게 제공되며, 하나의 정자는 하나의 난세포와 수정하고, 다른 정자는 3배체 세포에서 두 개의 다른 배우체핵과 함께 융합된다(23장). 피자식물에서는, 이 3배체 세포들은 배젖 이라는 유기양분을 저장하는 풍부한 조직으로 발달한다. 이 배젖은 배아를 발달시키는 연료로 사용된다. 배젖은 피자식물의 특성을 명확하게 나타낸다. 배젖은 모든 나자식물에는 결여되어 있으며, gnetophytes는 배젖을 가지고 있다. 중복수정에 의해 생산되는 배젖의 이점은 배아 생산과 함께 바로 영양분저장의 형성이 연계되어 있기 때문이다. 나자식물에서, 영양분은 수정 이전에 자성 배우체에서 저장한다. 만약 나자식물 배주가 종자에서 발달하지 않는다면, 종자내의 저장된 영양분은 없을 것이다. 피자식물의

그림 22.17 The gnetophyte *Weleitschia* (a) 두 개의 잎과 화분(꽃가루)을 생산하는 (미소포자낭) 구과(방울열매); (b) 배주 구과(방울열매).

배젖생산 체계는 영양분 손실을 예방한다. 만약 피자식물 배주의 난자가 수정되지 않는다면, 배젖 형태의 풍부한 영양분을 얻지 못할 것이다.

피자식물과 함께 공동으로 가지는 gnetophytes의 또 다른 특징은 조난기를 가지지 않는다(자성 배우체). 조난기는 진화되는 동안에 크기는 줄어든 자성 배우체에의 해서 사라진 것 갖다. 나자식물에 존재하는 도관의 특징은, 중복수정을 도와주고, gnetophytes에서 조란기의 소실은 꽃식물인 gnetophytes의 조상으로부터 시작되었다고 주장한 이들은 전문가들 이였다. 최근에, DNA염기서열과 다른 정보(자료)에서는 gnetophytes가 침엽수의 조상이라고 제안하였다. 화석에서 현재는 멸종한 피자식물들은 종자식물의 조상과는 다른 그룹(종)으로부터 진화되었다고 추정한다. 조란기의 소실과 중복수정, 도관의 획득은 피자식물과 gnetophytes의 조상은 동일하게 발생 되었다는 것을 알 수 있다. gnetophytes가 피자식물의 조상이든지 아니든지, 그들은 어떻게 식물의 형질이 진화되었는지를 이해하게하는데 매우 중요하게 남아있다.

*Gnetum*속의 30종 이상의 *Gnetum*속 식물이 열대 아프리카와 아시아에서 덩굴식물(그림 22.1d 참조), 관목 또는 목본으로 자라고 있다. *Gnetum*은 현재 나자식물사이에서 매우 희박하게 넓은 잎을 가지고 있다. 비록 *Gnetum*의 잎들은 많은 전형적인 꽃식물들의 잎과 비슷하게 보이지만, 넓은 잎은 멸종한 몇몇 나자식물의 특징이다(그림 22.2를 보라).

마황은 또 다른 gnetophytes 이며, 미국 남서부의 건조한 지역에서 서식하는 토착 식물이다. 마황의 잎은 소형이고, 비늘모양의 갈색이며, 그리고 초록색의 줄기는 식물의 광합성 기관이다(그림 22.1e를 보라). 웰위찌아는 세 번째 gnetophytes 속이며, 아프리카 남서부의 사막 연안에서 자라는 이 식물은 다소 생소(미숙)하게 보인다. 이 식물은 연안의 안개로부터 수분을 공급 받는다. 긴 주근은 지상으로 겨우 빠져나온 줄기의 그루터기를 고정시키며, 이곳에서 두 개의 매우긴 잎이 빠져나온다(그림 22.17a). 그 잎의 제거는 바람에 의해서 절단된다. 화분(미소포자낭) 구과(방울열매)(그림 22.17a)는 배란 방울열매(구과) 으로 바람에 의해 분산되는 화분(꽃가루)을 생산하며(그림 22.17b), 그리하여 종자를 생산한다.

요점

22.1 꽃 식물은 열매와 꽃이 없는 종자식물이다. 나자식물문은 4개의 그룹(종)이다; 소철, 은행, 침엽수 그리고 gnetophytes가 있다. 종자식물의 몇몇 멸종한 그룹(종)들은 과거에는 매우 풍부했었다.

22.2 배주는 대포자낭을 덮고 있는 외피이다. 종자는 하나 또는 여러 개의 난자가 수정되어 있는 배주로부터 발달한다. 배주/종자 진화론적 설명은 변화된 혈통의 다윈이론에 의해서 예를 들었다.

22.3 종자의 생태학적 이점은 휴면상태가 가능하고 연약한 배우체를 보호하기위해 감싸고 있다.

22.4 소철은 다양하다, 비록 아열대성 서식지에서 전형적인 멸종위기종이지만 은행나무, 아메리카 적송, 그리고 몇몇 다른 나자식물문은 살아있는 화석으로 여겨지며, 현재 나자식물문은 고대 화석식물과 매우 유사하기 때문이다. 침엽수는 가장 다양한 현재 나자식물 그룹이다. 소나무는 침엽수의 재생산과 구조에 적합한 많은 방법을 설명하고 있다. Gnetophytes은 피자식물의 기원을 연구하는데 중요한 역할을 한다.

문제

1. 나자식물의 주요한 특징들을 간단히 요약하시오.
2. 나자식물은 선태식물(이끼)과 양치식물(양치류)로부터 어떻게 다른가?
3. 나자식물이 4가지 현재 그룹(종)을 간단히 서술하시오.
4. 종자가 포자보다 번식과 생존에 이로운 점을 논 하시오.
5. 종자의 진화를 두 가지 정도의 큰 단계로 설명하시오.
6. Gnetophytes와 피자식물은 어떤점에서 유사한가? gnetophytes가 꽃식물의 조상이라고 생각하는가?
7. 인간과 관련된 나자식물의 특징 또는 이용에 있어서 장점과 단점을 간단하게 서술하시오.

응용개념

1. 꽃 식물들은 생식(번식)하는 동안에 동물과 함께 상호작용한다는 것이 잘 알려져 있다. 동물들은 어떤 나자식물에서 종자 산포와 수분에 관계하는가? 만약 그렇다면, 예를 들어라. 만약 그렇지 않다면, 나자식물은 어떻게 수분과 종자산포 과정을 완수할 수 있는가?
2. 보통 우리는 진화론적으로 풍부하고 많은 종자들의 특징을 장점으로 선택되었다고 생각 했다. 하지만, 이장에서는, 우리는 종자가 발달되는 동안에 세포의 죽음과 수분 손실이 발생한다고 배웠다. 일부 나자식물들은, 뿌리가 땅 표면에서 자라며 얼마의 침엽수의 바늘 침(잎)은 연중 특정시점에 나무에서 떨어진다. 왜 떨어지는 나뭇잎(이것들)에서 나타나는 단점 특성이 자연 선택에서 해택을 받는지 설명하시오.
3. 종자와 배주, 화분을 생산하는 나자식물과 피자식물 중에 종자가 존재하는지? 그들은 번식(생식)주기에서 차이는 무엇인가?

23장 피자식물의 다양성과 생식

야생 장미(*Rosa*) 꽃

주요 개념

- 사람들은 뜻 있는 선물을 하고자 할 때 꽃을 이용한다. 또한 인간이 존재하기 훨씬 이전부터 꽃 식물을 식용 및 약용으로 사용하여 왔다.
- 꽃은 피자식물의 생식기관으로 꽃받침, 꽃잎, 수술, 암술의 4 기관으로 이루어진다.
- 꽃 식물은 그 종류가 많고 꽃의 구조도 다양한데, 이는 이들 식물이 서식하는 환경의 조건과 유전적 요인과 관계가 있다.
- 수정에 의해 열매와 종자가 생성되며, 이들 부위는 인간과 많은 다른 생물들에게 큰 영향을 미친다.
- 열매의 색깔, 크기, 산포되는 방법은 매우 다양하다.
- 꽃 식물은 세대교번을 하는 복잡한 생활환을 가진다.

1950년대 이라크 북부에서 멀리 떨어진 마을에 샤니다라는 동굴에서 총 9구의 네안델타르인의 흔적을 발견하였다. 동굴 입구에서 약 17미터 떨어진 곳에는 약 6만여 년 전의 것으로 추정되는 낙석 사고로 죽은 유골과 자연적으로 죽어 매장된 성인 남자의 유골이 매장되어 있었다. 이 발견 자체는 그다지 놀랄 만한 것은 아니었으나 1968년 동굴의 흙을 분석하였을 때 이 흙에는 꽃식물의 화분덩어리들이 들어 있었고 놀랍게도 이 안에는 식물이 살아있을 때 식물체에 달려있던 수꽃의 일부분이나 꽃밥이 그대로 붙어 있었다. 실제로 이 꽃 뭉치들은 네안델타르인들이 의식의 하나로 동굴에 갖다 놓은 것으로 추정되었다. 그렇다면 이것이 매장시 의식의 한 부분으로 상징적인 꽃을 받치는 인류 최초의 꽃 이용 발견의 그 첫 예란 말인가?

동굴에서 발견된 식물이 어떤 식물인지 밝혀졌을 때 또 다른 설이 제기되었다. 동굴에는 6종의 꽃식물과 나자식물인 마황류(*Ephedra*) 1종이 발견되었는데 이 식물들은 모두 약용식물들로 오늘날에도 민간에서 여전히 이용되고 있는 식물들이었다. 접시꽃(*Althea*)은 진통제로, 개쑥갓(*Senecio*)은 지혈제로, 서양톱풀(*Achillea*)은 설사에 효과적인 치료제로, 마황(*Ephedra*)은 기침과 천식 치료 및 지구력 향상을 위한 자극제에 쓰인다. 이 식물들이 동굴에 놓인 것은 아마도 이들이 지닌 치료효과로 인해 죽은 이들이 사후의 다른 세계에 가서도 도움을 줄 것이라는 생각에서 그러했을 것으로 본다. 네안델타르인들이 어떤 의도로 이 식물들을 거기에 갖다 놓았을 지는 정확히 모르나 확실한 것은 그들이 이 식물들을 동굴에 의도적으로 갖다 놓았다는 것이다. 만약 동굴에 꽃을 갖다 놓는 것이 미학적인 표현이었다면 이것은 6만년 이상이나 이어져 내려 온 관습이 되는 것이다. 만약 이 식물들이 약용식물이어서 선택이 되었었다면 이는 현대를 사는 우리보다 우리의 조상 인류가 진화 초기에 더 식물을 잘 아는 사람들이었을 것이라는 게 된다.

오늘날에도 우리는 탄생을 기리거나 결혼, 생일, 부활절이나 발렌타인데이 등의 기념일 및 기타 행사에 꽃을 이용한다. 또한 우리의 건강을 위해 의존하는 약의 대부분은 꽃식물로부터 추출하고, 말할 것도 없이 우리가 먹는 음식의 대부분은 꽃이 수정되어 맺는 열매나 종자로부터 얻는 것이다.

본 장에서는 꽃의 구조와 다양성, 꽃식물의 생활환과 생식기작, 다양한 열매와 종자, 종자로부터 성숙한 식물로의 분화 발달과정을 중점적으로 다루고자 한다. ■

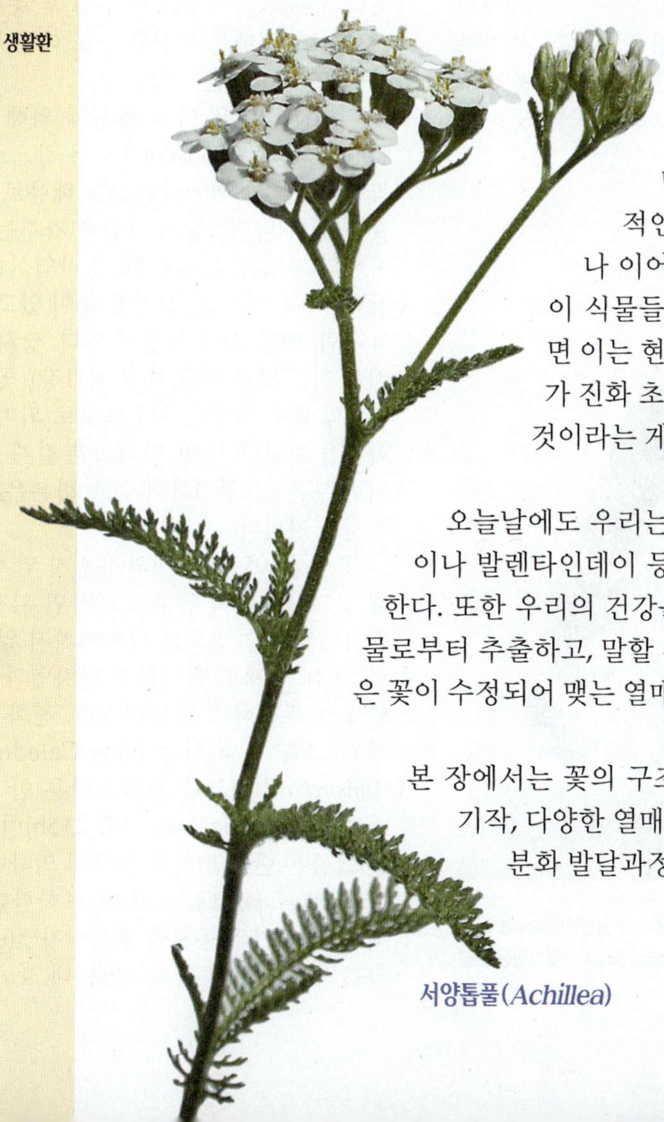

서양톱풀(*Achillea*)

23.1 꽃식물은 수도 많고 다양한 종으로 이루어진다

꽃식물들은 피자식물문에 속하는데 약 350개 科에 속하는 235,000종이 있다. 식물문의 이름인 Anthophyta는 그리스어의 "꽃"을 의미하는 *anthos*와 "식물"을 의미하는 *phyton*으로부터 기원한 것이다. 꽃식물의 크기는 높은 타워처럼 자라는 유칼립투스나무에서부터 불과 1 밀리 미만의 아주 작은 개구리밥에 이르기까지 매우 다양하다. 식물형은 교목, 관목, 덩굴, 초본 등이 있고, 가시로 된 사막식물로 자라기도 하고 붕어마름과 같이 유연하며 수생하는 식물도 있다(그림 23.1). 어떤 식물은 독립적으로 살지 않고 겨우살이(*Cuscuta salina*)와 같이 기생식물로 되거나 수정란풀(*Monotropa uniflora*, 그림 23.2)에서와 같이 사물기생(죽은 유기체에 서식) 식물로 되기도 한다.

꽃식물은 모두 유관속식물로 꽃을 형성하여 생식하나 일부 꽃식물은 민들레나 어떤 조팝나무류에서와 같이 무수정생식(apomixis)과 같이 무성생식에 의해 생식을 한다. 꽃식물은 중복수정(double fertilization)이란 독특한 과정을 거치는데, 한 번의 수정으로는 접합자를 만들고 두 번째 수정으로는 영양조직인 배유를 만든다. 나자식물(22장) 가운데에도 마황(*Ephedra*)과 맥마등(*Gnetum*) 식물은 중복수정을 하나 이 경우의 중복수정은 한 개의 접합자와 배유를 형성하는 대신 2개의 접합자를 형성한다. 꽃식물의 또 다른 특징은 수정 후 종자로 발달하는 **배주**가 자성생식기관인 **암술** 안에 있다는 것이다. 꽃식물의 정식명인 **피자식물**은 "용기(vessel)"를 뜻하는 *angeion*와 "종자"를 뜻하는 *sperma*란 그리스어에 기원을 두고 있다. Vessel은 자방으로 수정 후 종자를 둘러싸는 열매로 발달하는데, 열매는 꽃식물의 또 다른 특징이다. 나자식물은 꽃, 자방, 열매를 만들지 않는다.

그림 23.1 **다양한 환경에 서식하는 피자식물** (a) 사막에 사는 선인장(*Opuntia*), (b) 피자식물의 진화 초기 파생되어 물 속에서 자라는 붕어마름(*Ceratophyllum*). 삽입그림은 잎에 있는 작은 돌출구조들을 보이고 있다.

그림 23.2 **사물 기생 피자식물** 수정란풀(*Monotropa uniflora*).

피자식물문은 여러 특징에 의해 쌍자엽식물강(dicots)과 단자엽식물강(monocots)의 두 강으로 나누어진다(그림 23.3). 쌍자엽식물의 배(embryo)는 배유로부터 기원한 영양조직을 갖는 종자 잎인 2장의 자엽을 가지는 반면, 단자엽의 배는 단 하나의 자엽 만을 갖는다. 쌍자엽식물에는 참나무, 단풍나무, 장미, 국화, 완두콩, 선인장 등이 있고, 단자엽에는 벼과, 난초, 튜우립, 백합, 야자수 등이 있다. 쌍자엽은 일반적으로 망상의 맥을 지닌 넓은 잎을 가진다(11장). 꽃의 부분들은 대체로 4 또는 4의 배수, 5 또는 5의 배수로 되며, 대부분 3공 또는 3구형 화분을 지닌다. 반면, 단자엽은 길게 신장된 잎에 평행맥을, 꽃의 부분은 3 또는 3의 배수로, 화분은 단공 또는 단구를 지니는 특징을 지닌다.

DNA SCIENCE

꽃식물 105종의 5개의 유전자 염기서열을 분석한 현대 분자생물학적 연구에 의하면 피자식물은 단순하게 쌍자엽과 단자엽으로 나누어지지 않는다는 것이다(그림 23.4). 실제로 꽃식물은 단자엽과 여러 그룹의 쌍자엽으로 뚜렷하게 나뉘어졌다. 진화 초기에 갈라진 두 개의 그룹 중 하나는 New Caledonia에 자생하는 관목인 *Amborella*이고(그림 23.5a), 다른 한 그룹은 수련이 속해있는 수련목(Nymphaeales, 그림 23.5b)이다. 꽃식물의 또 다른 그룹은 단자엽(일부 연구에 의하면 수생인 붕어마름 *Ceratophyllum*, 그림 23.1b)을 포함한다. 단자엽으로 분화되는 것과 거의 동시에 진정쌍자엽(eudicot)을 포함하는 여러 그룹의 쌍자엽이 출현하였는데, "*eu*"는 "좋은" 또는 "진짜의"

EVOLUTION

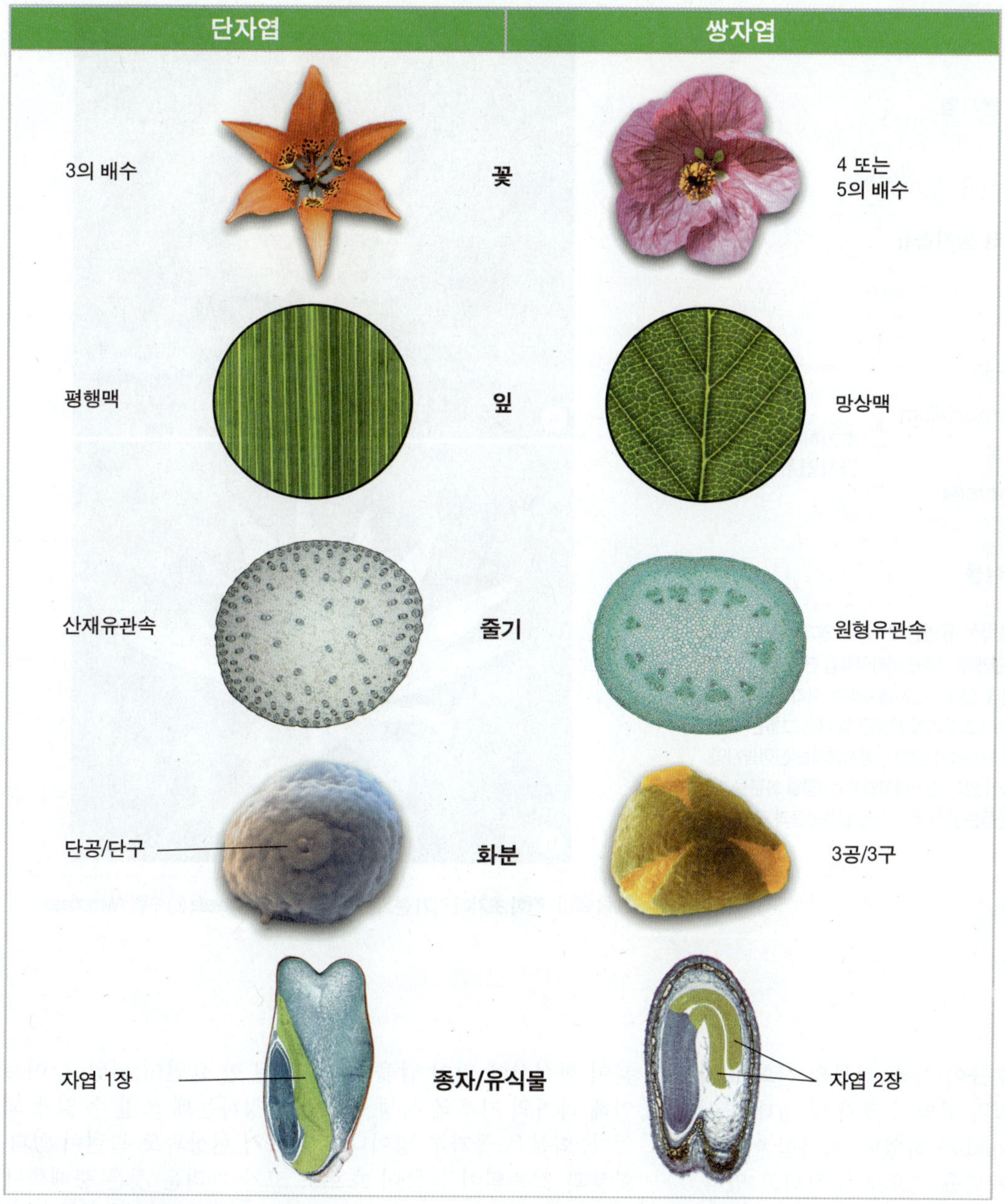

그림 23.3 **단자엽과 쌍자엽의 특징**

라는 뜻을 가지고 있다. 진정쌍자엽은 가장 크고 분화되어 여러 그룹으로 나누어진 꽃식물로, 현존하는 꽃식물은 단자엽이거나 진정쌍자엽 중의 하나이다.

23.2 꽃을 구성하는 부분들은 나선상으로 배열되어 있다

하나의 꽃은 각 부위가 잎으로부터 기원한 생식줄기이고 **화경**(peduncle, 그림 23.6) 끝에 나선 또는 원형으로 배열한다. 화경은 단 하나의 꽃만을 갖기도 하고 꽃들이 모인 **화서**(inflorescence)를 갖기도 한다. 화경의 끝에는 꽃의 기관들이 붙는 **화탁**(receptacle)이라는 팽대된 부위가 있다. 대부분의 꽃들은 가장 바깥쪽에 녹색의 두툼한 엽육상의 꽃받침이 있는데, **꽃받침**(sepal)은 꽃이 어린 화아 상태에 있을 때 이를 보호하는 역할을 한다. 꽃받침은 총칭하여 **악**(calyx)이라 불리운다. 꽃받침 바로 위에는 꽃잎들이 있다. 꽃잎은 꽃받침과 마찬가지로 엽육상이나 다소 얇고 밝은 색깔을 지녀 수분매개자들을 유인하는 기능을 한다. 꽃잎은 분리되거나 합쳐져 통꽃이 되기도 한다. 꽃잎을 총칭하여 **화관**(corolla)이라 하고 악과 화관을 합하여 **화피**(perianth)라 하는데, 이들은 꽃에 있어

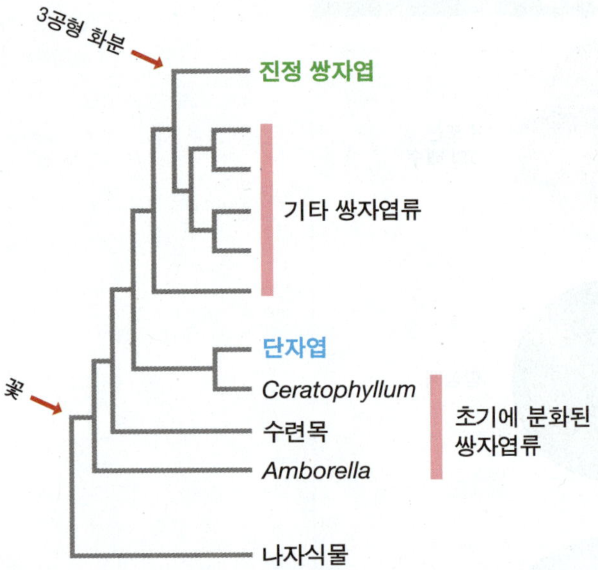

그림 23.4 피자식물 주요 식물군간의 계통학적 유연관계 DNA 염기서열을 이용하여 유연관계를 밝히는 현대의 계통학적 유연관계에 의하면 피자식물을 단자엽과 쌍자엽으로 나누는 기존의 체계가 옳지 않음을 나타낸다. 실제로 쌍자엽 내에는 여러 분류군이 있고 진화 초기에 갈라져 나온 그룹은 *Amborella*이고, 초기에 파생된 또 다른 그룹은 수련이 속해 있는 수련목이며, 가래류인 붕어마름은 단자엽에 속한다. 쌍자엽에는 진정쌍자엽류를 포함하여 여러 개의 독특한 분류군들이 들어 있다. 진정쌍자엽류는 3공형 화분을 가지는 점이 독특하다. 다른 쌍자엽 계열의 분류군들은 흔히 작고 다른 분류군들과 구별이 그다지 뚜렷하지 않다.

그림 23.5 진화 초기에 각기 분화된 두 식물 (a) *Amborella*, (b) 수련 *Nymphaea*

생식에 직접 관여하지 않는 부분들이다. 꽃 식물의 진화 초기에 갈라진 식물들은 흔히 꽃받침과 꽃잎의 크기 및 형태가 서로 비슷하였는데 이것도 **화피**(tepal)라 하였다. 이러한 이유로 초기의 꽃들은 아마도 화피를 지녔을 것으로 추정되고 있다. 나머지 다른 두 꽃 기관은 염성의 생식부위로 꽃잎 위의 안쪽 부분에 웅성 생식기관인 **수술**(stamen, 그림 23.6)이 있다. 수술은 **화사**(filament)와 그 끝에 2쌍으로(그림 23.7) 된 4개의 화분주머니인 **꽃밥**(anther)으로 되어있다. 꽃밥은 화분을 생성하고 성숙한 화분은 녹말입자나 지질을 함유하여 많은 동물의 중요한 먹이가 되기도 한다(24장).

화분은 직경 20 ㎛(1 ㎛ = 1/1,000 mm) 미만에서부터 250 ㎛ 이상 되는 크기에 이르기까지 그 크기는 다양하며, 화분관이 발아하는 화분 표면의 공구의 수 및 배열 특성도(그림 23.3) 식물의 종류에 따라 다르다. 화분은 내성이 강한 물질인 **포분소**(sporopollenin)로 이루어진 외피로 둘러 싸여있다. 꽃식물 거의 대부분의 과, 속, 종들은 화분의 수 및 표면의 공구 특성에 따라 그 식별이 가능하다. 포분소는 부패를 방지하므로 화분이 화석상에 많이 남을 수 있게 된 한 요인이 되었고, 이로 인해 과거의 기후와 식생 구조를 결정하는데 쓰일 수 있게 되었다. 화분은 꽃가루 병이나 알레르기 현상과도 관련이 있다. 화분과 접촉되어 눈물이 흐르고 코가 가려운 것은 충매화에 비해 훨씬 더 많은 화분을 형성하는 풍매화 화분에 의한 것으로 대부분 바람에 의해 날라 온 참나무, 벼과의 풀, 개쑥갓속 식물의 화분에 의한 현상인 것이다.

자성 생식기관인 **암술**(carpel)은 수술의 안쪽에 위치하는데(그림 23.6), 암술은 배주를 길게 둘러싸는 잎으로부터 진화한 것이다. 수정 후 배주는 종자로 발달하는데 꽃은 하나 또는 그 이상의 암술을 갖는다. 만약 여러 개의 암술이 발달한다면 암술은 분리되거나 융합되어 부분적으로 또는 자방 전체가 합쳐지기도 한다. 대부분의 꽃에서 암술은 배주가 들어 있는 둥글고 넓은 **자방**(ovary, 그림 23.7), 화분관이 자라는 긴 **화주**(style), 그리고 화분이 와서 부착하는(그림 23.6) **주두**(stigma)로 분화되어 있다. 때로 자방, 화주, 주두를 포함하는 암술 전체를 **심피**(pistil)라 하는데, 이는 약사들이 어떤 물질을 갈아

그림 23.6 꽃의 부분 (a) 꽃의 구조: 화경(peduncle), 화탁(receptacle), 꽃받침(악편, sepal; 총칭 악calyx), 꽃잎(화판, petal; 총칭 화관corolla), 수술(웅예, stamen; 화사filament, 꽃밥anther), 암술(자예, pistil; 자방ovary, 화주/암술대style, 주두/암술머리stigma), 화피(perianth), (b) *Pereskia* 선인장 꽃(네 부분을 모두 갖춘 완전화).

가루로 빻을 때 쓰는 도구인 막자(*pestle*)로부터 기원한 말이다. 자방의 내부 태좌에는 배주가 부착된다. 태좌와 배주는 식물에 따라 그 특성이 달라 꽃식물을 식별하거나 분류하는데 쓰인다.

꽃은 수, 위치, 꽃 기관의 배열에 따라 크게 다르다

꽃이 꽃받침, 꽃잎, 수술, 암술의 4 부분을 모두 갖추면 **갖춘꽃**(complete flower)이라 하고 어느 한 부분이라도 결여되어 있으면 **안갖춘꽃**(incomplete flower)라 한다. 대부분의 꽃들은 수술과 암술을 모두 갖는데, 이러한 꽃은 **완전화**(perfect flower)라고하며 양성화이다. 만약 수술이나 암술이 결여되어 있으면 꽃은 **불완전화**(imperfect flower)이고 단성화가 된다. 그러므로 안갖춘꽃이나 꽃받침이나 꽃잎이 결여되어 있으면 여전히 완전화가 될 수 있고, 불완전화는 안갖춘꽃이 된다. 꽃의 개화 및 꽃 부분의 기본 구조에 관여하는 유전자에 대한 설명은 Essay 23.1의 "꽃 기관 발달에 관한 ABC 설"을 참고하기 바란다.

암술이 없는 수꽃이거나 수술이 없는 암꽃은 불완전화이다. 만일 참나무(*Oak*), 부들(*Typha*), 옥수수(*Zea mays*)에서와 같이 수꽃과 암꽃이 한 식물체에 있다면, 이는 그리스어의 "하나"를 뜻하는 "*mono*"와 "집"을 의미하는 "*oikos*"에서 기원한 어원의 **자웅동주**(monoecious)이다. 옥수수에서는 식물체의 정단 부위에 수염이란 수꽃 화서를 형성하고(그림 23.8a), 옥수수의 수염은 암꽃의 긴 주두이며 엽육상의 포나 껍질로 둘러싸여 열매를 이룬다(그림 23.8b).

만일 수꽃과 암꽃이 호랑가시나무, 야자수, 버드나무, 사시나무(그림 23.9)에서처럼 각각 다른 식물체에 있다면 식물은 두 개의 집("two houses")이란 뜻의 **자웅이주**(dioecious)가 된다. 자웅이주인 식물에서는 암꽃에서 생식이 일어나려면 화분은 반드시 다른 식물체의 수꽃으로부터 운반되어 와야만 한다. 그러므로 자웅이주 종에서는 서로 다른 식물체간에 화분의 이동이 일어나는 **타가수분**(cross-pollination)에 의해 생식이 일어난다. 반면, 옥수수는 수염에서 만들어진 화분이 암꽃의 술에 떨어져 닿는 자가수분(self-pollination)에 의해 생식이 일어난다. 자가수분은 동종번식을 일으키게 하나 타가수분은 이종번식이 촉진되어 새로운 유전자 조합을 나타나게 한다. 꽃받침, 꽃잎, 수술은 자방에 각각 비례하여 붙는다. 만약 꽃받침, 꽃잎, 수술이 백합에서와 같이 자방 밑에서 화탁에 붙는다면 이는 **상위자방**(superior ovary, 그림 23.10a)이고, 만약 자방이 이들 위에 붙는다면 자방은 **하위자방**(inferior ovary, 그림 23.10b)이 된다.

꽃의 대칭성에 있어 꽃의 모양이 다를 수 있는데, 꽃잎이 모두 비슷한 크기와 형태로 자방 주위에 일정하게 배열되면 꽃은 방사상칭이 된다(그림 23.11a). 양귀비와 튤립은 방사상으로 대칭인 꽃을 지니며 이러한 꽃을 규칙적인(regular) 꽃이라 한다. 좌우대칭을 보이는 다른 꽃들은 하나 또는 그 이상의 꽃의 부분이 다른 부분에 비해 다르다. 난초나 금어초는 좌우상칭의 꽃을 가지며 이러한 꽃을 불규칙적인(irregular) 꽃(그림 23.11b)이라 한다. 꽃의 대칭성과 수, 크기, 위치, 꽃 기관의 형태는 꽃을 찾아오는 수분매개체들과 직접적인 관계가 있다(24장).

꽃들은 수분을 위해 다양한 화서로 발달하였다

꽃들은 튤립에서와 같이 단생(solitary)일 수도 있고 꽃들이 모여 화서를 이룰 수도 있다. 화서의 다양한 형태는 수분이 다양한 방법으로 적응하였음을 반영한다. 화서의 주축이 되는 화

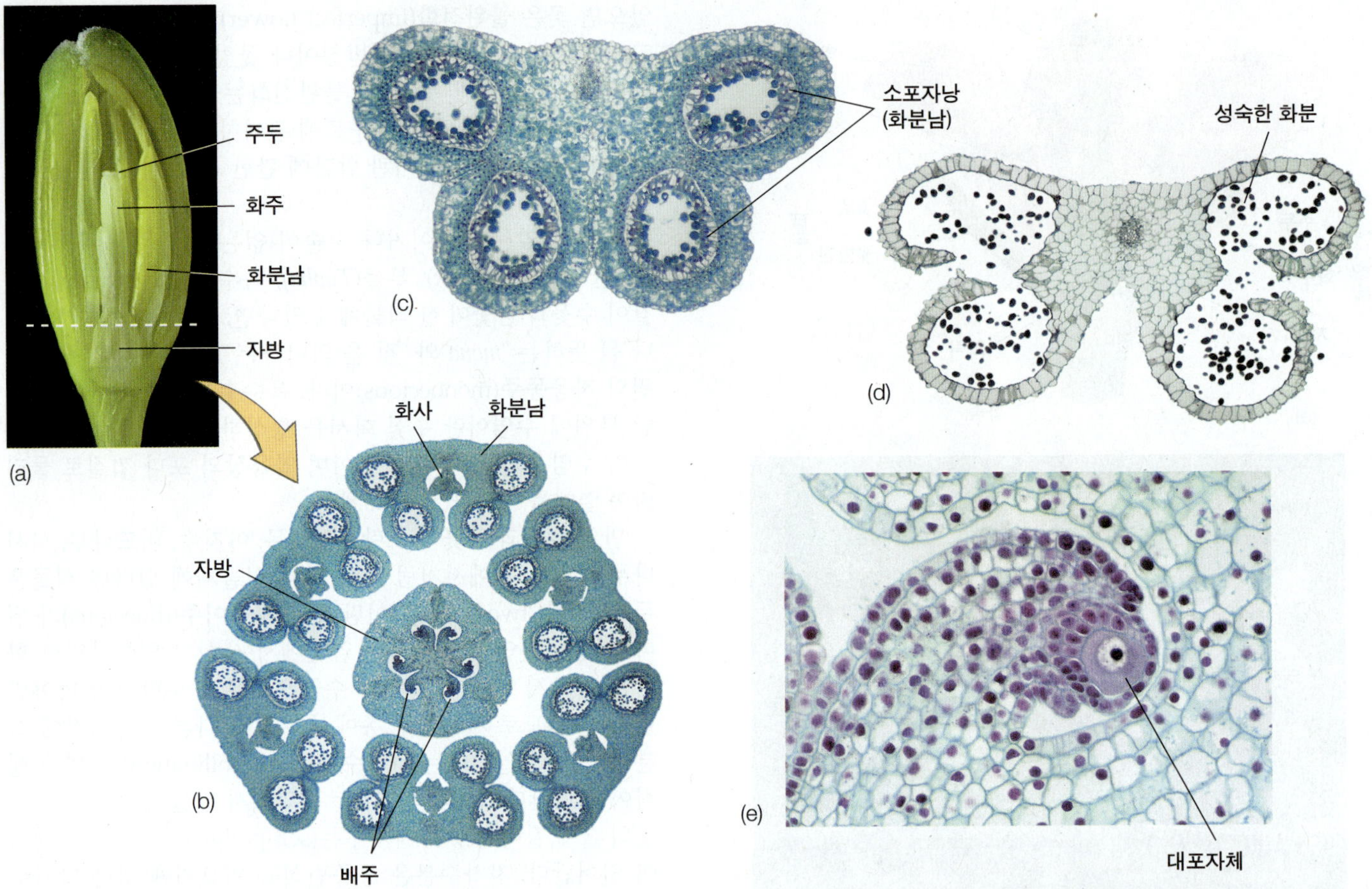

그림 23.7 꽃의 생식구조 (a) 어린 백합 꽃봉오리의 종단 section, 꽃의 부분이 성숙한 꽃에 비해 매우 짧다. (b) 그림 (a)에서 흰 점선으로 표시된 부분의 백합 꽃봉오리의 절단면 사진, 배주(ovule)를 지닌 자방을 포위하여 6개의 수술이 발달하고 있다. (c) 4개의 소포자낭(꽃밥)을 보이는 수술의 확대 사진. 감수분열이 일어나고 있는 수술을 실험하였으며, 꽃밥을 지탱하는 화사도 관찰된다. (d) 화분방출을 위해 개화된 꽃밥. 꽃밥이 성숙하면 인접한 꽃밥 사이의 격벽은 분해 되고 화분은 방출된다. (e) 고배율상의 배주. 그림 (b)에서 본 배주와 같은 발달단계에 있다. 뚜렷한 핵을 지닌 거대한 세포인 대포자체(megasporocyte)를 주목하라. 이 세포는 감수분열에 의해 4개의 대포자를 만든다(section 23.3에서 논의). 배주를 둘러싸고 있는 세포층인 주피가 형성되기 시작한다.

ESSAY 23. I 꽃 기관 발달에 관한 ABC 설

식물의 분화 발달에 있어 잎을 형성하는 경정단분열조직(shoot apical meristem)에서 꽃을 생성하는 화정단분열조직(floral meristem)으로의 전환은 매우 극적인 일 중의 하나이다. 이러한 변화는 일주기와 내부의 화학적 신호와 같은 환경요인에 의해 일어난다.

꽃의 개화에 대한 대부분의 유전학적 연구는 애기장대(*Arabidopsis thaliana*), 금어초(*Antirrhinum majus*), 옥수수(*Zea mays*)에서 얻은 내용들이다. 이 과정에 관여하는 유전자 수는 곧 개화로 전환되는 과정의 복잡함을 말해 주는 것이다. 40여 개 이상의 개화조절 유전자들이 현재에는 알려져 있다. 여기에서는 두 그룹의 꽃 발달 유전자인 분열조직 식별유전자(meristem identity gene)와 꽃기관 식별유전자(floral organ identity gene)에 초점을 두어 설명하겠다.

꽃은 화경의 끝 또는 화서를 이루는 여러 화축 끝의 화정단분열조직에서 만들어진다.

LEAFY(*LFY*)는 주요 분열조직 식별유전자이다. 꽃은 화경의 끝 또는 화서를 이루는 여러 화축 끝의 화정단분열조직에서 만들어진다. *LFY*는 화서분열조직과 화정단분열조직 간의 변환을 조정하는 중요한 역할을 한다(그림 E23.1A). 또한 *LFY*는 꽃기관 식별유전자를 활성화시켜 개화를 조절하는데 결정적인 역할을 한다. 꽃 식별유전자에는 A, B, C 세 종류가 있는데, 이들 유전자간의 관계는 꽃 발달에 대한 **ABC 모델**로 설명된다(그림 E23.1B). A 계열 유전자는 꽃받침과 꽃잎 형성에 관여하는 APETALA(*AP1*), APETALA (*AP2*) 유전자를 포함하고, B 계열 유전자는 꽃잎과 수술을 조절하는 APETALA3(*AP3*)와 PISTILLATA (*PI*) 유전자를 포함한다. C 계열 유전자인 AGAMOUS(*AG*) 유전자는 수술과 암술의 형성을 조절한다. 각 계열 유전자의 기능은 다음 계열의 유전자 기능과 중복되는데, 꽃받침은 A 계열 유전자에 의해 단독으로 조절받고 A와 B 계열 유전자는 꽃잎의 발달에 필수적이

DNA SCIENC

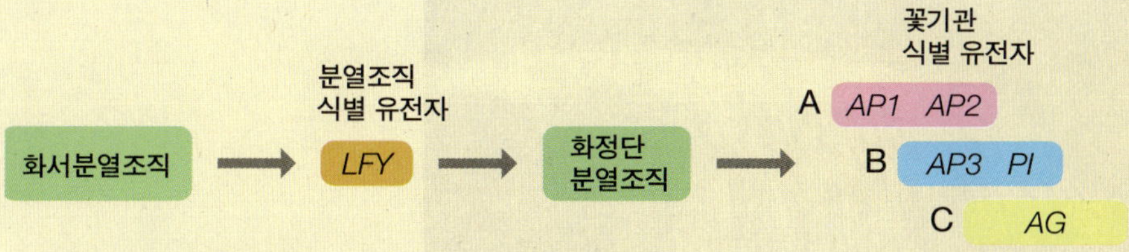

E 23.1A 개화의 유전적 조절 분열조직 식별유전자 *LFY*는 화서분열조직을 꽃분열조직으로 전환케 해주며, 꽃받침, 꽃잎, 수술, 암술의 발달을 조절해 주는 3종류의 꽃기관 식별유전자를 활성화시켜 준다.

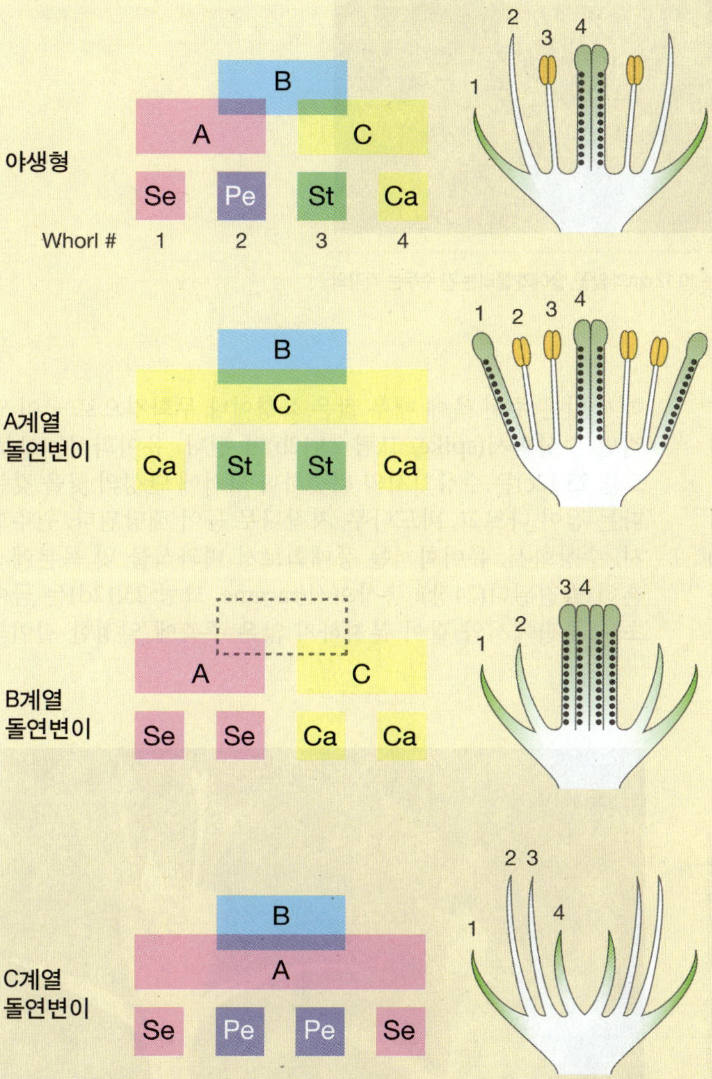

E 23.1B 야생의 정상적인 식물체와 돌연변이체의 꽃 기관 식별유전자 A계열 꽃 기관 식별유전자에 돌연변이가 생기면 꽃받침과 꽃잎이 없는 꽃을 만든다. B계열 꽃 기관 식별 유전자에 돌연변이가 생기면 꽃잎과 수술이 없는 꽃을 만든다. C계열 꽃 기관 식별유전자에 돌연변이가 생기면 수술과 암술이 없는 꽃이 생긴다. 꽃받침(Se: sepals), 꽃잎(Pe: petals), 수술(St: stamens), 암술(Ca: carpels).

다. B와 C 계열 유전자는 수술의 형성에 필수적이고 C 계열 유전자는 단독으로 암술의 발달을 조절한다. 이렇게 이들 계열의 유전자는 꽃받침, 꽃잎, 수술, 암술의 정상적인 발달을 결정한다.

A 계열 유전자의 돌연변이는 꽃받침이나 꽃잎이 없는 꽃을 만들어(그림 E21.1B) A 계열 유전자에 돌연변이가 생긴 꽃은 암술, 수술, 수술, 암술을 발달시킨다. B 계열 유전자의 돌연변이 *pi*와 *ap3*를 갖는 돌연변이체에서는 꽃받침, 꽃받침, 암술, 암술이 만들어진다. 이는 A 계열의 유전자는 C 유전자의 기능과 중복되지 않고 B 계열의 유전자는 꽃잎과 수술의 형성에 필수적이기 때문이다. C 계열 유전자에 돌연변이(*ag*)가 생긴 돌연변이체는 수술과 암술이 없는 꽃받침, 꽃잎, 꽃받침, 꽃잎을 초래한다. 이와 유사한 현상이 금어초에서도 밝혀졌는데, 이와 같은 계열의 유전자들이 아마도 식물계 전체에 걸쳐 광범위하게 퍼져있어 나타나는 현상일 수도 있다.

나자식물의 일부 종은 꽃식물의 B와 C 계열 유전자와 비슷한 유전자를 갖고 있는데, 이는 이들 유전자가 최소 3억 년 전의 피자식물의 공통 조상에 있었다는 것을 의미하는 것이다. A 계열 유전자의 기원은 어떻게 꽃식물들이 조상형 화피로부터 꽃받침과 꽃잎이 진화하였는지를 설명할 수 있을지도 모른다.

EVOLUTION

그림 23.8 옥수수(*Zea mays*)의 수꽃과 암꽃 (a) 수꽃(수염), (b) 어린 열매에 달려 있는 10-12 cm의 암꽃. 술이라 불리는 긴 주두는 각각의 암꽃에 하나씩 붙어있다.

축(peduncle)으로부터 이차적으로 여러 개의 작은 화경(pedicel)이 파생되고 각 화경의 끝에는 꽃이 발달한다(그림 23.12). 화서의 형태는 주가 되는 화축 위에서 화경들이 어떻게 배열되는가에 의해 결정된다. 주 화축이 분지하고 각각의 분지에 꽃이 모여 피는 화서는 원추화서(panicle, 그림 23.12a)로 귀리나 벼와 같은 벼과의 곡류 종들에서 발견된다.

대부분의 경우 주 화축은 분지하지 않는데, 보리처럼 분지하지 않은 주된 축에 매우 짧은 화경이나 무화경으로 꽃이 달리면 수상화서(spike, 그림 23.12b)가 된다. 유이화서(catkin, 그림 23.12c)는 수상화서와 비슷하나 화서에 단성의 꽃을 갖는다는 점이 다르고, 버드나무, 자작나무 등이 해당된다. 원추화서, 수상화서, 유이화서는 풍매화로서 벼과식물 및 목본에서 흔히 발견된다(24장). 총상화서(raceme, 그림 23.12d)는 금어초나 루핀에서와 같이 분지하지 않은 주축에 일정한 길이의

그림 23.9 자웅이주인 버드나무속(Salix) 수꽃과 암꽃들 (a) 수꽃들, (b) 암꽃들. 수꽃과 암꽃이 동일한 식물체에 있는 옥수수와는 달리 버드나무에서는 이들이 각기 다른 식물체에 있다. 수꽃과 암꽃은 무리지어 유이화서(catkin)를 이룬다.

그림 23.10 상위자방(superior ovary)과 하위자방(inferior ovary) (a) 감귤류의 상위자방; (b) 앵초과 *Fuchsia*의 하위자방. 각각의 자방은 화살표로 표시되어 있다.

그림 23.11 규칙적인(regular) 꽃과 불규칙적인(irregular) 꽃 (a) 선인장의 방사상칭의 규칙적인 꽃, (b) 난초의 좌우대칭의 불규칙적인 꽃. 규칙적인 꽃은 어느 방향에서 잘라도 거의 같은 대칭의 꽃이 되나 불규칙적인 꽃은 단지 한 방향에서만 잘랐을 경우에 대칭이 되는 꽃을 볼 수 있다.

화경들이 발달하고 이 화경들에 꽃이 피는 화서이다. 만약 분지하지 않은 화축의 끝에 동일한 길이의 화경이 발달하면 단산형화서(simple umbel, 그림 23.12e)가 되며 양파, 제라늄, 박주가리가 대표적인 예이다. 산형화서는 당근, 시호, 파슬리에서처럼 복산형화서(compound umbel, 그림 23.12f)로 나뉠 수도 있다.

두상화서(head)에서는 화축의 끝이 팽대되어 수많은 무화경의 작은 꽃들이 달린다(그림 23.13). 국화과에 속하는 종들은 두상화서를 갖는데 우리에게 친숙한 백일초, 데이지, 해바라기, 금잔화나 잔디밭의 잡초인 엉겅퀴, 민들레 등이 해당된다. 이 식물들의 "꽃"은 실제로는 수백 개의 작은 꽃들로 이루어진 두상화서이다. 많은 경우 두상화서는 화서의 중앙에 위치하는 완전화인 관상화(disk flower)와 화서의 가장자리에 위치한 암꽃이거나 불염성의 설상화(ray flower)의 2종류 꽃으로 구성되어 있다. 데이지와 노랑데이지와 같은 꽃에서는 설상화의 꽃잎이 합쳐져 하나의 띠 모양의 "꽃잎"을 형성한다. 산형화서와 두상화서는 곤충이 이 꽃 저 꽃을 쉽게 이동하여 화분을 운반할 수 있도록 꽃에 평평한 플랫트폼을 형성한다(24장).

23.3 피자식물은 세대교번이 있는 생활환을 지닌다

이끼류와 같이 양치류, 나자식물, 피자식물도 세대교번에 의한 생활환을 지닌다(그림 23.14).

우리에게 친숙한 꽃식물의 커다란 식물체는 이들 생활환에서 이배체인 포자체 단계이다. 반수체의 배우자체 단계는 현미경적인 크기로 아주 작으며, 양분은 포자체에 의존하거나 화분의 경우에는 화분에 양분을 저장한다. 이배체 포자체 세대는 감수분열에 의해 포자를 생성하고 포자들은 반수체 배우자체가 된다. 그리고 배우자체는 체세포분열에 의해 반수체 생식세포를 만든다. 나자식물과 일부 양치식물에서처럼 꽃식물은 두 종류의 포자라는 뜻을 지닌 이형포자인 대포자와 소포자를 생성한다.

중복수정은 접합자와 배유를 생성한다

그림 23.14에서 꽃식물의 생활환은 종자가 발아할 때 시작한다(하단 중앙). 종자는 꽃(보기에서는 완전화)을 생성하는 포자체로 자란다. 각각의 웅성 꽃밥은 4개의 화분 주머니 또는 수많은 소포자체 갖는 **미소포자모세포**(microsporocyte)으로 되어 있다. 소포자체는 감수분열을 거쳐 4개의 반수체 소포자를 만든다. 각각의 소포자는 소포자벽 내에 큰 화분관 세포와 작은 생식세포의 두 세포를 형성하기 위해 체세포분열을 한다(그림 23.15). 이와 같은 2 세포 단계가 화분 또는 소포자 배우자체(그림 23.14, 상단 좌측)이다. 꽃밥이 열리면 화분은 방출되어 동일 종 내 같은 꽃이나 다른 꽃의 주두에 운반된다. 이러한 화분의 운반을 수분(수분기작은 24장에서 논의)이라 한다. 만약 화분이 동종의 꽃의 주두에 도달하게 되면, 화분벽에 있는 발아공이나 발아구를 통하여 화분관세포가 발아한다. 화분 발아 전이나 화분이 발아하는 동안 생식세포는 체세포분열하여 화분관을 따라 내려가는 2개의 반수체 정세포를 만든다. 화분관은 화주를 따라 내려가 자방 및 배주를 향해 자란다(상단 우측).

자방은 배주를 포함하며(그림 23.14, 중앙), 배주는 **주심**(nucellus, 대포자낭) 조직에 의해 주공(micropyle)이란 작은 구멍을 갖는 2층의 주피에 둘러싸인다. 각 배주의 주심으로부터 이배체 **대포자모세포**(megasporocyte) 하나가 만들어진다. 대포자모세포는 감수분열을 거쳐 4개의 반수체 대포자를 형성한다. 일반적으로 이들 넷 중 셋은 퇴화되고 살아남은 하나의 대포자는 대포자 배우자체로 발달한다. 대포자는 커지고 체세포분열로 대부분의 꽃식물에서는 총 8개의 핵을 만든다. 일반적으로 8개의 핵은 처음에는 4개씩으로 된 주공 쪽과 그 반대쪽에 위치하는 두 그룹으로 배열한다. 각 그룹에서 하나의 핵이 대포자 포자체세포의 중앙으로 이동하여 2개의 **극핵**(polar nuclei, 그림 23.14, 우측 중앙)을 형성한다. 주공 쪽에 위치한 3개의 핵 주위에는 세포벽이 형성되어 중앙의 난세포와 양측에 조세포로 이루어진 난세포 장치(egg apparatus)가 된다. 반대쪽에 위치한 3개의 주위에도 세포벽이 형성되어 반족세포들(antipodal cells)이 된다. 2개의 극핵은 커다란 중앙의 세포에 위치한다. 백합과 일부 식물의 성숙한 자성 배우자체 혹은 대배우체(**배낭**, embryo sac)는 중앙의 세포에 2개의 극핵을 갖는 8핵 7세포 구조를 갖는다. 그러나, 다른 피자식물들은 위에 언급한 형태와 다른 자성 배우자체에 세포의 수 및 배열이 다른 구조를 가질 수도 있다.

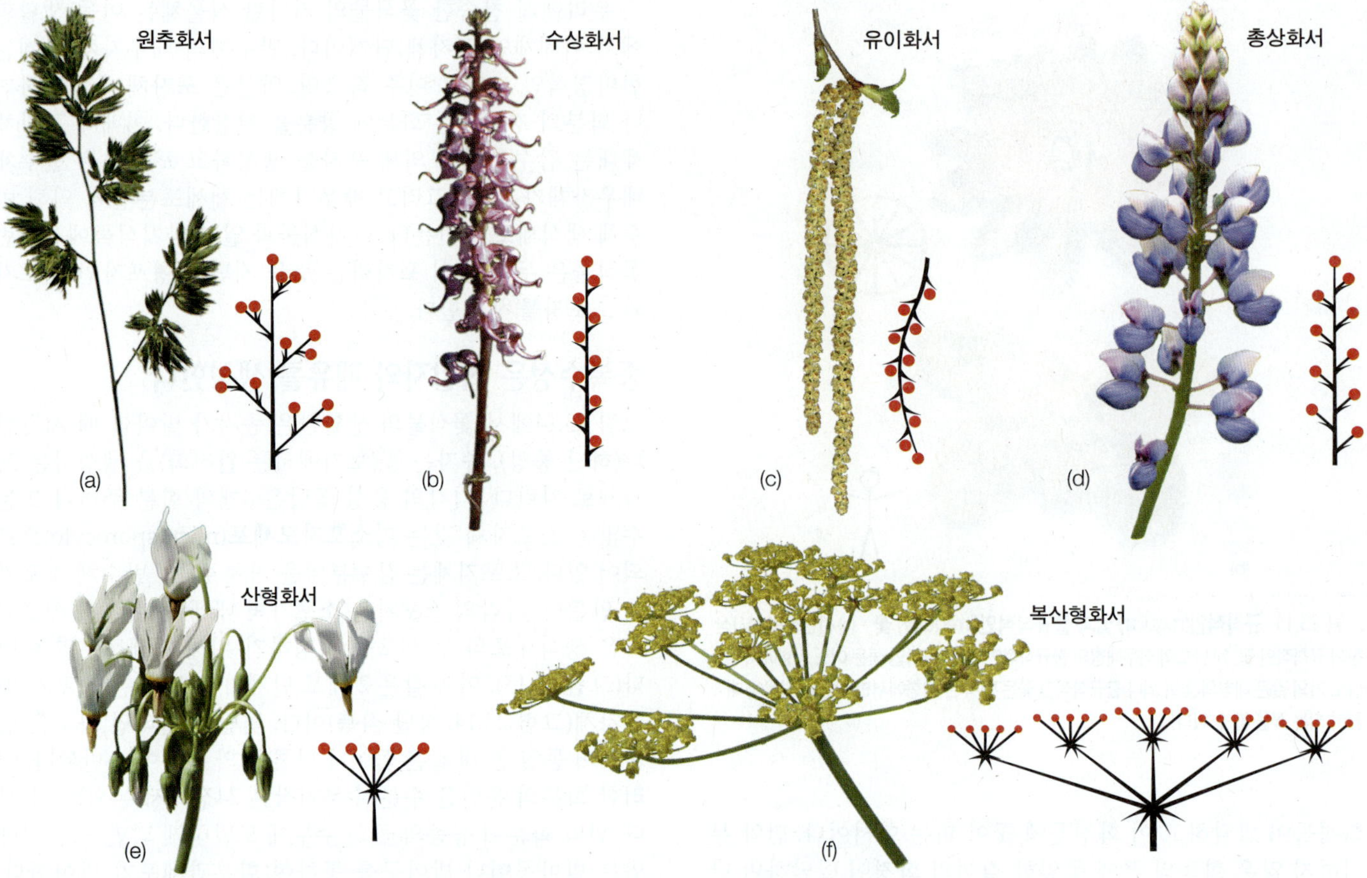

그림 23.12 화서의 종류 벼과식물의 원추화서(panicle), (b) 송이풀속 *Pedicularis groenlandica*의 수상화서(spike), (c) 자작나무속 *Betula*의 유이화서(catkin), (d) 콩과 루핀속 *Lupinus perennis*의 총상화서, (e) 앵초과 *Dodecatheon media*의 단산형화서(simple umbel), (f) 미나리과 파스닙 *Pastinaca sativa*의 복산형화서(compound umbel). 그림의 붉은 점들은 개개의 꽃들을 가리킨다.

화분관은 주공을 통해서 배주로 들어간다(그림 23.14, 중앙 우측). 하나의 정핵은 난세포로 들어가고 다른 하나는 중앙의 세포로 들어가 극핵을 만나 **중복수정**(double fertilization, 하단 우측)을 한다. 정핵과 2개의 극핵이 만나 3*N*의 배유가 되고, 배유는 식물의 배에게 양분을 제공하게 된다. 정핵과 난핵은 결합하여 2*N*의 접합자가 되어 식물의 배(embryo)로 발달한다. 배주의 주피는 배와 배유를 둘러싸는 종피가 되고, 자방은 때때로 화탁과 같은 구조와 함께 열매로 발달한다. 열매나 종자는 산포되고 생활환은 종자발아와 함께 다시 시작하게 되는 것이다.

무수정생식은 수정을 하지 않고 종자를 생성한다

어떤 꽃식물은 수정이 일어나지 않고 종자를 만들어내는 **무수정생식**(apomixis)을 거친다. 무수정생식은 40여 개의 꽃식물의 과에서 독립적으로 수차례 일어났고, 특히 국화과, 장미과, 벼과에서는 빈번히 일어나는 현상이다. 무수정생식은 무성생식의 한 형태로 이 과정을 통해 만들어진 배는 유전적으로 모 식물과 동일하다.

무수정생식의 기작에는 여러 개의 다른 과정들이 있으나 여기에서는 한 과정만을 설명하겠다. 앞에서 설명하였듯이 유성생식에서 대포자모세포는 감수분열을 거쳐 반수체의 대포자를 형성한다. 무수정생식의 한 유형인 diplospory(2*N* 포자)에서는 대포자 포자체가 감수분열을 하지 못하여 이배체 포자(그림 23.16)가 발달하게 된다. 이배체 포자는 체세포 분열하여 8개의 이배체 핵을 지닌 대포자 배우자체를 형성한다. 난세포(2*N*)와 극핵(2*N*)은 무수정생식에 의해 종자를 형성하여 직접 배와 배유를 발달시킨다.

무수정생식은 수분을 매개할 동물이 없거나, 의존할 수 없을 정도로 불확실하거나, 매개동물이 거의 없는 극지방 같은 환경에서는 장점으로 작용할 수 있다. 무수정생식은 식물육종에 있어서는 매우 유용한 방법이 될 수도 있다. 14장과 16장에서 논의하였듯이 잡종강세는 흔히 일어나는 현상이고 잡종의 종자는 농업에서 곡물생산 증산을 위해 널리 이용되고 있다. 그러나 잡종강세 현상은 이들이 유성생식을 하면 없어지지

그림 23.13 **두상화서(head)** 흔히 발견되는 또 다른 화서의 유형 : 해바라기가 속해 있는 국화과(Asteraceae) 식물에서 소위 "꽃"이라 불리는 것은 실제로는 커다란 화축에 많은 작은 꽃들이 모인 화서이다. (a) 삼잎국화속 *Rudbeckia hirta*의 두상화서는 중앙에 완전화로 매우 축소된 화관을 지닌 관상화(disk flower)와 주변에 암꽃으로 화관이 긴 꽃잎같은 모양을 한 설상화(ray flower)로 구성되어 있다. 삽입그림은 하나의 두상화서를 그대로 보여주고 있다. (b) 민들레(*Taraxacum*)에는 관상화는 없고 모든 꽃들은 완전화로 띠 모양의 화관을 지닌다. 삽입그림은 성숙한 두상화서와 관모가 밀생하는 갈색의 작은 열매들을 보여 주고 있다.

고, 새로운 종자들이 매년 새로이 만들어진다. 잡종 모식물을 무수정생식으로 번식시키면 자손들은 부모 식물체들과 유전적으로 동일하므로 잡종강세는 유지될 수 있다.

23.4 | 중복수정 후에는 배와 종자의 발달이 진행된다

꽃식물들에 있어 중복수정 이후 초기 단계의 배 발달과정은 거의 같게 일어난다. 중앙세포의 3배체 핵은 분열하여 배에 양분을 제공하는 배유조직을 형성하기 시작한다. 이배체 접합자는 횡적으로 첫 유사분열을 하여 불균등하게 위에는 작은 정단세포를, 아래에는 커다란 기저세포를 형성한다(그림 23.17a). 이러한 첫 번째 분열로 배에는 극성이 나타나게 된다. 상부의 정단세포는 대부분 배 조직이 되고(그림 23.17b, c), 하단의 기저세포는 배주의 주공 끝 부분에 배가 붙게 해주는 배병이 된다(그림 23.17c). 양분은 배병을 통해서 모 식물로부터 배로 전달된다.

식물의 배는 많은 발달 단계를 거친다

정단의 세포는 거의 둥근 형태에 이르는 세포들을(球形期, "globular" stage, 그림 23.18a) 형성할 때까지 분열하면서 기본적인 식물조직을 형성하기 시작한다. 배의 최외층 세포들의 대부분은 분열하여 이후 표피가 될 원표피가 된다. 내부의 세포들은 분열하여 전형성층, 미래의 유관속조직(목부와 사부), 그리고 유조직과 같은 미래의 기본조직이 될 기본분열조직을 형성한다. 이 세 가지의 배 조직은 결국 뿌리와 줄기에 있는 일

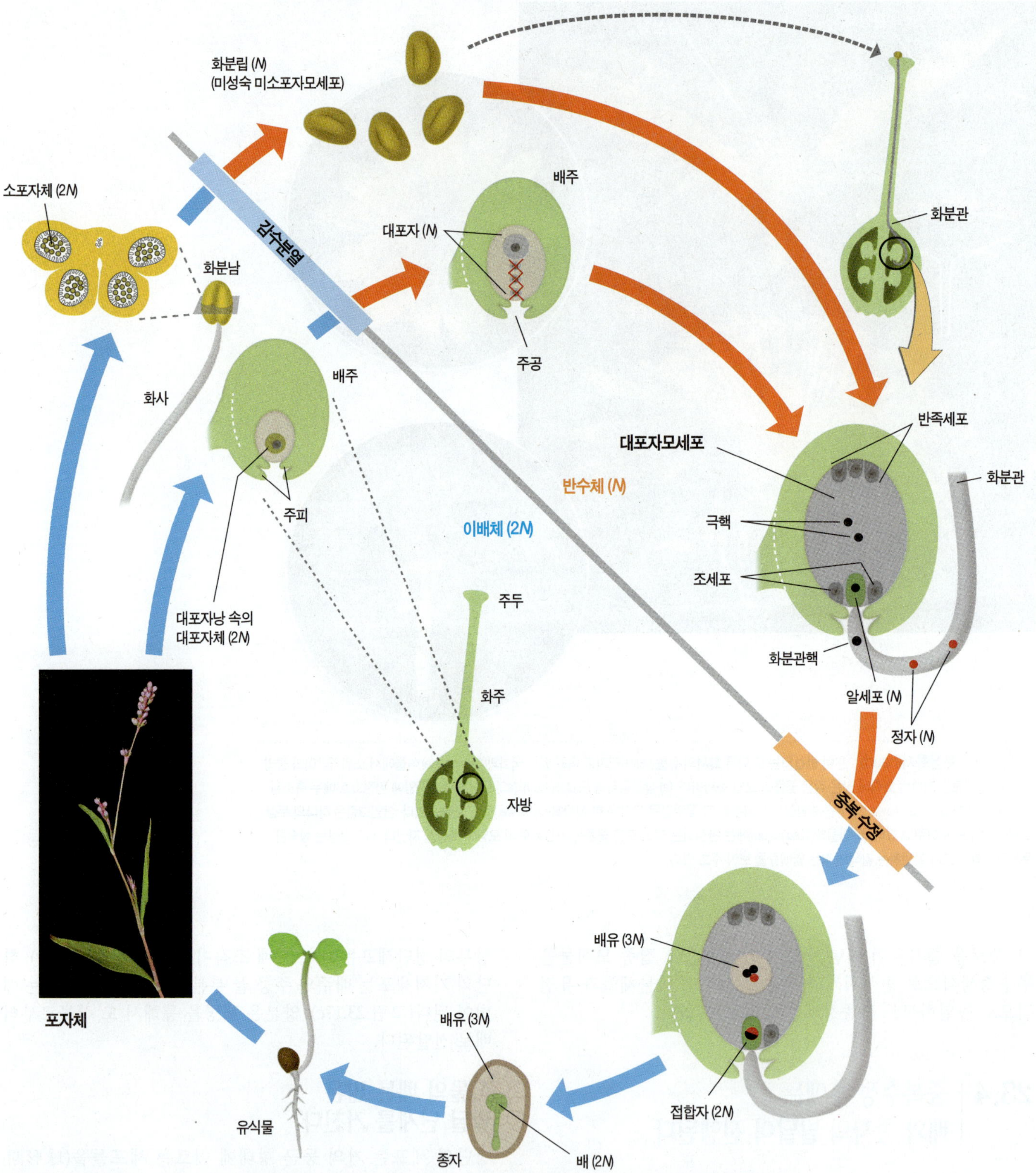

그림 23.14 꽃식물(피자식물)의 생활환 선태식물, 양치식물, 나자식물과 같이 피자식물도 세대를 교번하는 생활환을 지닌다. 우리에게 친숙한 커다란 꽃식물들은 2N 포자체이고, 1N 배우자체는 현미경적 크기를 하고 있다. 피자식물 생활환의 독특한 점은 이배체(2N)의 접합자와 3배체(3N)의 배유 또는 양분조직을 생성하는 중복수정이다. 생활환의 단계들은 본문에 자세히 설명되어 있다.

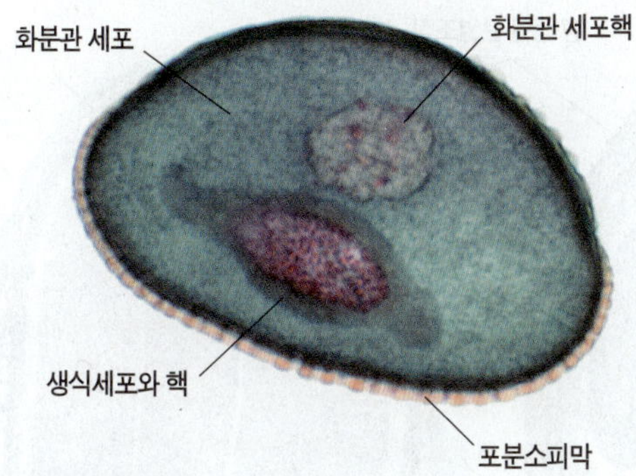

그림 23.15 백합의 화분 화분관세포(화분관 세포핵 포함)와 생식세포(분열하여 2개의 정세포 생성)가 뚜렷하다.

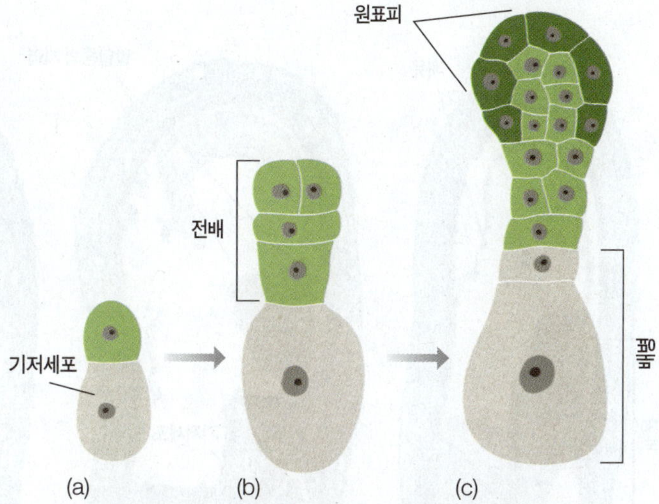

그림 23.17 초기 단계의 피자식물 배 발달 (a) 정단세포(위)와 기저세포(아래)로 이루어진 2-세포 단계, (b) 4-세포 단계의 배와 하단의 기저세포, (c) 배의 정단부위에 형성된 원표피(protoderm)와 2-세포 배병(suspensor).

차적인 분열조직으로 발달된다(8장).

원표피, 전형성층, 기본분열조직과 같은 배 조직들이 발달하면서 진정쌍자엽은 두 장의 자엽으로, 단자엽은 한 장의 자엽을 갖고 있기 때문에 각기 다른 양상으로 식물의 배 발달 과정을 거치게 된다. 진정쌍자엽은 둘로 갈라져 심장모양의 단계가 된다("heart" stage, 그림 23.18b). 심장형태의 양쪽 돌출부위는 자엽, 즉 종자 잎이 된다. 단자엽은 하나의 자엽을 형성하므로 이들의 배는 실린더 모양을 한다. 이 시기의 배는 신장되어 경 정단분열조직, 자엽, 유근, 근 정단분열조직으로 구분될 수 있다. 진정단자엽 식물의 경 정단분열조직은 자엽들 사이에 위치하며, 단자엽식물에서는 자엽 위에 움푹 파인 곳에 위치한다.

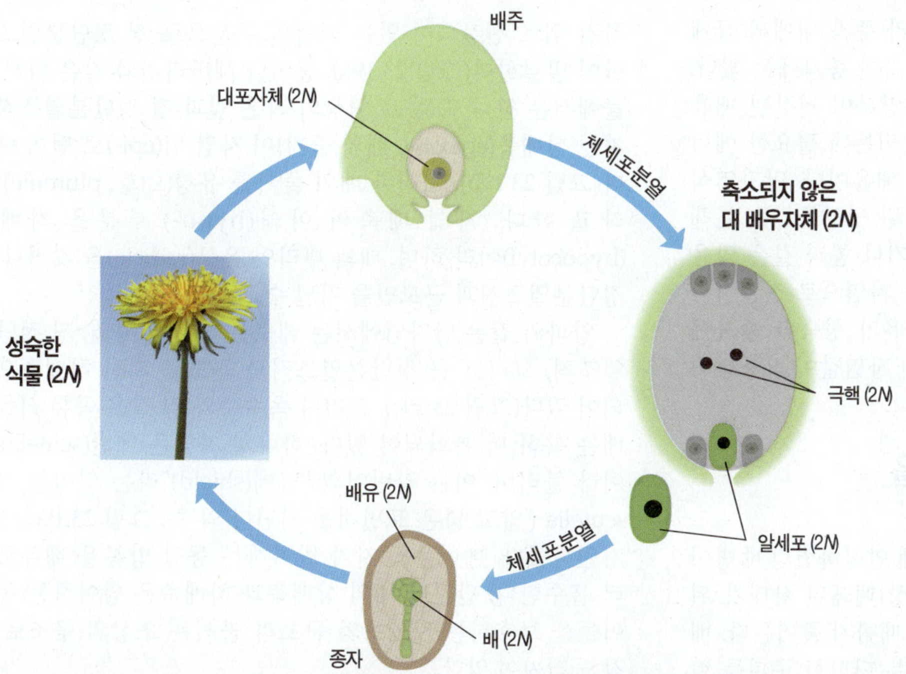

그림 23.16 Diplospory에 의한 무수정생식(apomixis) 이러한 형태의 무수정생식(무성생식의 한 유형)에서는 대포자체는 감수분열을 하지 않고 이배체(2N) 포자로서의 역할을 한다(※이로부터 diplospory란 용어 파생). 대신 대포자체는 체세포분열을 하여 2N의 자성배우자 식물체가 된다. 이배체의 난세포는 배(2N의 접합자와 동일)로 발달하고, 이것이 성숙한 포자체 식물로 발달하게 된다.

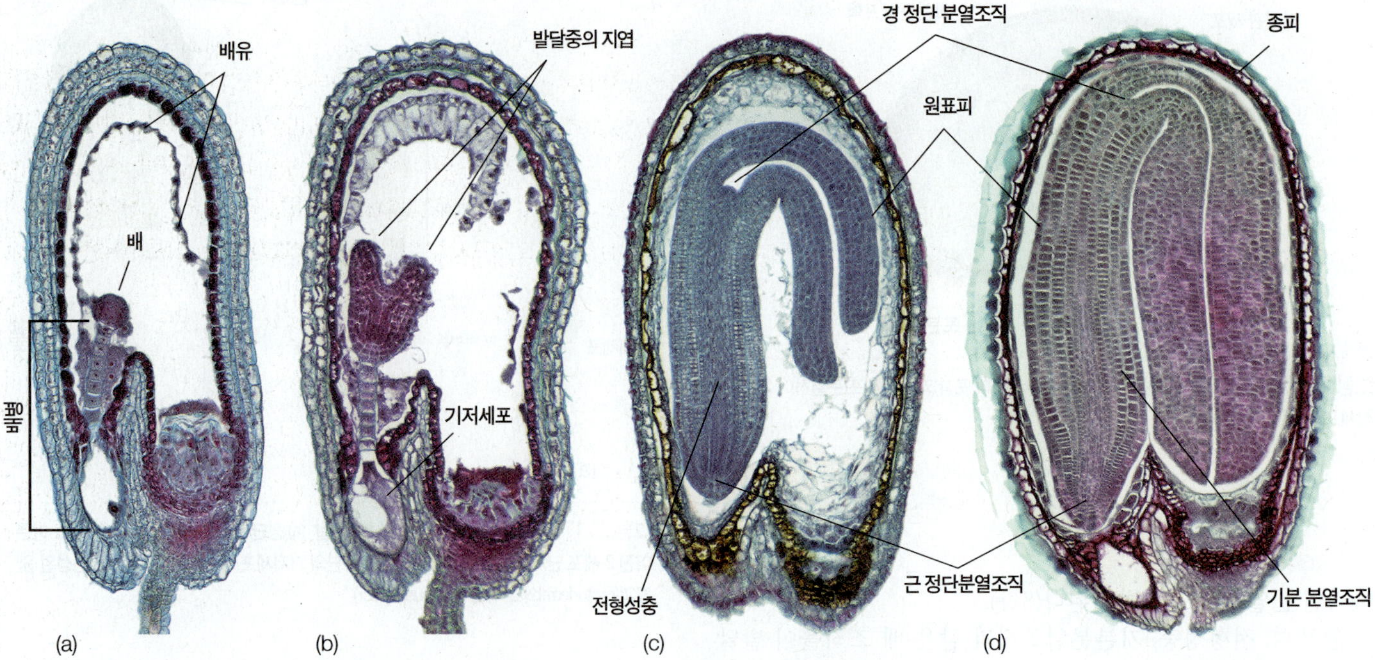

그림 23.18 배 발달 후기 단계들 냉이(*Capsella bursa-pastoris*, 진정쌍자엽)의 배 사진들 (a) 구형 기: 표피로 발달하는 원표피가 발달한다, (b) 심장형기, 배의 두 돌출부위는 자엽으로 발달한다, (c) 배가 계속 발달함에 따라, 많은 진정쌍자엽 식물의 자엽은 굽어진다, (d) 성숙한 배: 경정단분열조직은 두장의 자엽 사이에 위치하고, 전형성층은 경 정단 및 근 정단분열조직 사이에 형성된다. 전형성층은 기본분열조직에 의해 둘러싸여 있다.

자엽은 일반적으로 배가 성숙함에 따라 종자 내에서 굽게 된다(그림 23.18c, d). 배병은 퇴화되고 성숙한 종자에는 없다. 옥수수 같은 단자엽의 성숙한 종자에는 양분이 저장된 배유가 있어 종자가 발아하고 어린 유식물로 되는데 필요한 에너지를 제공한다. 야자열매의 즙은 액체성 배유이다. 단자엽식물의 자엽은 발아하는 동안 배유에 저장된 영양물질을 분해하고 흡수하여 배에 전달해준다. 해바라기나 콩과 같은 많은 진정쌍자엽식물은 배유에 저장된 양분을 자엽으로 전달하나 피마자 같은 다른 진정쌍자엽에서는 배유가 성숙한 종자에 있다. 그런 경우, 이들의 자엽은 단자엽의 자엽같이 작용하여 발아 시 배유에 있는 양분을 배에 전달한다.

성숙한 종자는 모 식물체에 양분을 의존하지 않는다

종자가 완전히 성숙하면 배주를 자방벽에 연결하였던 배병이 분리되고 종자는 모체와 분리되어 영양상 폐쇄된 상태가 된다. 종자는 수분이 중량의 5~15%정도 될 때까지 줄어든다. 배와 저장된 양분을 둘러싸는 배주의 주피는 단단한 종피를 형성하고 배는 성장을 멈춘다.

성숙한 진정쌍자엽의 배는 두 자엽에 부착된 배축으로 이루어져 있다. 피마자와 같은 일부 진정쌍자엽에서는 자엽 부착점 위로 신장되어 있는 배축의 부분으로 경 정단분열조직만이 발달한다(그림 23.19a). 콩이나 해바라기와 같은 다른 식물에서는 하나 또는 그 이상의 작은 잎과 경 정단분열조직을 지닌 **상배축**(epicotyl, 배의 줄기)이 자엽 위(epi-)로 뻗어 나온다(그림 23.19b). 이러한 배의 줄기를 **유경**(幼莖, plumule) 이라고 한다. 자엽 배축의 아래(hypo-) 부분을 **하배축**(hypocotyl)이라 하며, 배의 뿌리인 유근(radicle)을 갖거나 근 정단분열조직과 근모만을 지닐 수도 있다.

양파와 같은 단자엽에서는 배축은 하나의 자엽, 경 정단분열조직, 그리고 근 정단분열조직과 근모를 지닌 하배축으로 되어 있다(그림 23.19c). 그러나 옥수수와 밀 같은 곡류 식물의 배는 특히 더 분화되어 있다. 하나의 자엽은 배반(scutellum)이라 불리며, 이는 라틴어의 "방패(shield)"라는 의미를 가진 scutella ('얇고 넓은 표면적을 지닌다'의 뜻, 그림 23.19d)에서 기원하였다. 배반은 종자가 발아하는 동안 양분을 배유로부터 흡수한다. 단자엽 배의 상배축과 하배축은 발아하는 동안 이들을 보호하는 자엽초와 근초라 불리는 초상의 구조로 각각 둘러싸여 있다.

모든 종자는 배주를 둘러싸는 주피로부터 형성된 종피에 의해 둘러싸여 있다. 종피는 대개 매우 단단하며 해로운 것으로부터 배를 보호하는 역할을 한다. 많은 종자의 종피에서는

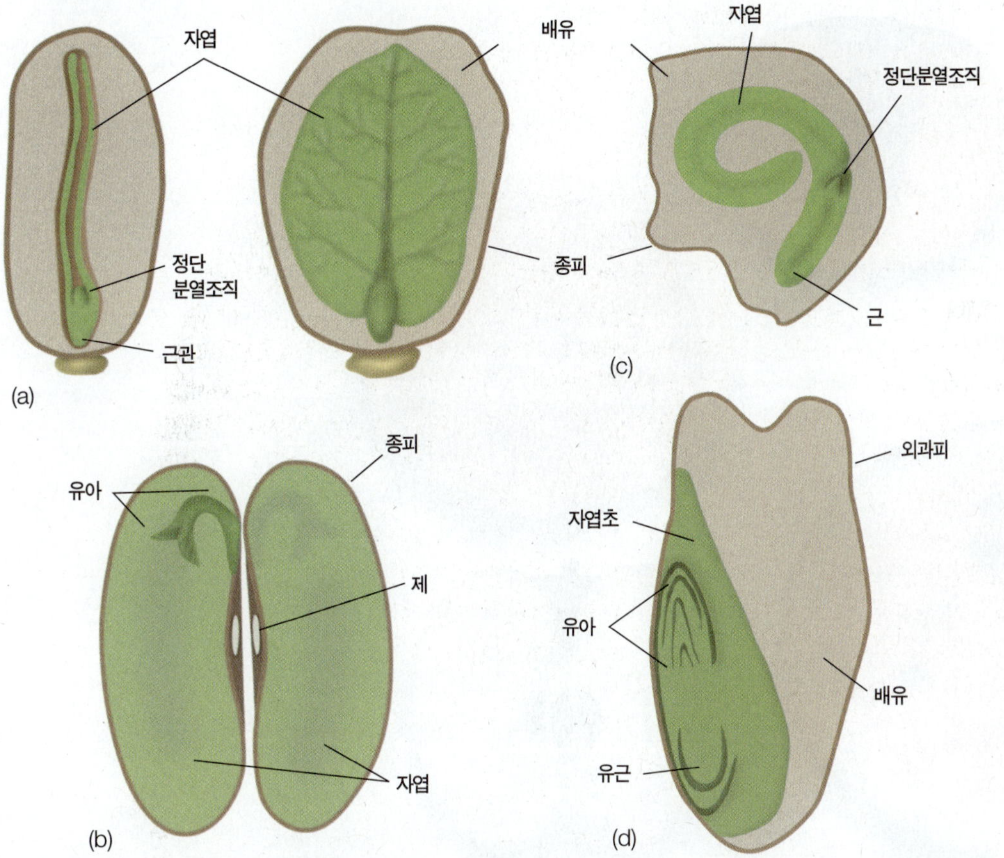

그림 23.19 전형적인 진정쌍자엽 및 단자엽의 종자들 (a) 피마자종자(*Ricinus commusis*): 진정쌍자엽, 배는 자엽들 위에 정단분열조직만 갖고 있다. 양분은 배유에 저장된다. (b) 콩(*Phaseolus vulgaris*): 진정쌍자엽, 배는 자엽들 위에 유경을 갖고 있다. 유경은 짧은 줄기(상배축), 2개의 작은 잎, 정단분열조직으로 구성된다. 양분은 자엽에 저장된다. (c) 양파(*Allium cepa*): 단자엽, 배는 기저부위의 파인 곳에 정단분열조직이 위치한 하나의 큰 자엽을 갖는다. (d) 옥수수(*Zea mays*): 단자엽, 배반이라고 불리는 잘 발달된 자엽을 지닌 배와 잘 발달된 유경 및 유근을 지닌다. 이 두 유형의 단자엽 종자의 양분은 배유에 저장된다.

제(hilum)와 같은 작은 구멍을 볼 수 있는데, 이는 종자가 자방벽에 부착되었던 주병에 의해 생긴 흔적으로 제(hilum)와 연결된 배주 주공(micropyle)의 잔존물이다.

23.5 열매는 종자를 갖는 성숙한 자방이다

배주가 종자로 발달함에 따라 자방은 열매로 발달한다. 열매는 종자를 산포하는 기작을 진화 발달시켰다. 열매와 종자의 산포는 다음 장에서 논의되며, 본 장에서는 열매 구조의 다양함을 설명하고자 한다. **열매**(fruit)는 성숙한 자방이고, 꽃의 다른 부분이 포함되면 사과와 배와 같은 **위과**(accessory fruit)가 된다. 사과와 배의 중심 부위는 자방이고, 과육의 조직은 꽃 기관과 화탁에서 기원한 것이다. 열매는 단과, 취화과, 다화과로 분류된다.

단과는 가장 흔한 열매 유형이다

단과는 단심피나 여러 개의 암술이 합쳐져 발달한다. 단과는 육질과이거나 건과이다. 육질과는 장과, 핵과, 감과, 이과로 분류된다. **장과**(berry)는 1~수개의 종자를 지니는 1~수개의 암술을 가지며 열매 전체는 부드러운 육질로 되어 있다. 토마토, 고추, 포도 등이 장과의 예이다(그림 23.20a). 종자가 하나이기는 하지만 대추와 아보카도 또한 장과이다. **핵과**(drupe)에서는 1~수 개의 암술을 가지며 각각의 암술은 단지 하나의 종자만을 갖는다. 열매 내부에는 종자에 강력하게 밀착된 단단하고 돌같이 딱딱한 구조가 만들어진다. 복숭아, 버찌, 자두, 아몬드, 올리브 등은 핵과이다(그림 23.20b). 감귤류 열매는 장과의 특별한 유형인 **감과**(hesperidium)로 가죽질의 과피는 유선(그림 23.20c)을 갖는다. **박과**(pepo)는 장과와 유사하나 외과피가 두꺼우며, 수박, 호박, 캔티롭 등이 박과에 속한다(그림 23.20d). **이과**(pome)는 팽대된 화통과 화탁에서 오는 육질성

그림 23.20 단순 육질의 열매 (a) 장과(토마토), (b) 핵과(복숭아), (c) 감과(자몽), (d) 박과(수박), (e) 이과(사과).

열매로 사과와 배가 이에 해당되며 이들은 **위과**(그림 23.20e)가 되기도 한다.

단순 건과(simple dry fruit)는 종자를 방출하기 위해 성숙한 자방벽이 열리는 개과(dehiscent)이거나 식물체로부터 분리된 후에도 열매 안에 남아 있는 폐과(indehiscent)이다. 건개과에는 4 종류가 있는데, 단심피의 측부 한쪽이 종자를 방출하기 위해 봉합선을 따라 갈라지는 열매가 **골돌과**(follicle)로 박주가리, 매발톱꽃, 목련, 양귀비에서 발견된다(그림23.21a). 콩과식물의 특징적인 열매인 **협과**(legume)는 골돌과와 비슷하나 배봉선과 복봉선을 따라 열매가 열리는 점이 다르고, 완두콩, 콩, 렌즈콩, mesquite과 같이 수 천 여종의 식물들이 협과를 열매로 갖는다(그림 23.21b). 그래서 콩과식물의 많은 종들은 흔히 "꼬투리"로 알려져 있다. 애기장대(*Arabidopsis*), 브로콜리, 양배추와 같은 십자화과의 식물들은 2개의 합생심피로부터 형성되는 **단각과**(silique)라고 하는 열매를 갖는다(그림 23.21c). 열매가 열릴 때 단각과는 양쪽 측부에서 열려 종자는 중앙의 격벽에 붙은 상태로 남는다. 가장 흔한 건개과는 **삭과**(capsule, 그림 23.21d)로 둘 또는 그 이상의 합생된 심피로 되어 있고, 다양한 방법으로 열매가 열린다. 삭과는 심피의 길이를 따라 열리거나 뚜껑이 있어 열매의 끝이 터지거나 종자가 흔들려 방출되도록 구멍을 형성하기도 한다. 붓꽃, 난초, 양귀비, 금어초, 목화 등이 삭과를 형성한다.

건폐과에는 수과, 시과, 분열과, 견과, 영과가 있다. 가장 흔한 유형은 하나의 종자를 갖는 작은 견과인 **수과**(achene, 그림 23.22a)이다. 종자는 과벽(fruit wall)의 어느 한 점에 붙어 있어 쉽게 과피벽으로부터 분리된다. 해바라기의 열매는 수과로 식용할 수 있는 종자는 쉽게 과피벽이나 껍질로부터 분리된다. 느릅나무, 단풍나무, 물푸레나무의 수과는 날개를 가진 **시과**(samara, 23.22b)이다. **분열과**(schizocarp)는 열매가 둘 이상의 부분으로 열리고, 각 부분은 종자와 날개를 가지고 있다. 당근, 셀러리, 단풍나무의 열매가 분열과(그림 23.22c)이다.

벼과의 곡물류 종인 밀, 보리, 옥수수는 **영과**(caryopsis)로 종피의 층이 과벽에 유합되어 있다(그림 23.22d). 도토리, 밤, 개암나무와 같은 **견과**(nut)에서는 과피벽이 딱딱하고 견과는 복합자방 내 다수의 암술로부터 발달하는 것이다(그림 23.22e). 소위 "견과"라고 불리는 대부분의 견과는 식물학적으

그림 23.21 **단순 건개과** (a) 골돌과(박주가리), (b) 협과(콩과), (c) 단각(garlic mustard), (d) 삭과(흰 장구채).

그림 23.22 **단순 건폐과** (a) 수과(해바라기). 해바라기 종자의 좁은 한쪽 끝 부위는 종자가 열매에 붙는 지점을 나타낸다. (b) 시과(느릅나무), (c) 분열과(단풍나무), (d) 영과(옥수수), (e) 견과(개암).

로는 견과가 아니다. 땅콩은 협과이고, 많은 종류의 "견과"는 실제로는 아몬드, 코코넛, 호두나무, 피칸, 캐슈 같은 핵과이며, 브라질 "견과"는 삭과에 해당하는 종자이다.

복합열매는 다심피 또는 여러 꽃으로부터 발달한다

앞에서는 단순열매를 설명하였으나, 여기에서는 다화과나 여러 개의 꽃이 모여 발달하는 그 외의 복합열매에 대하여 설명하기로 한다. 취화과(aggregate fruit)는 다심피를 갖는 1개의 꽃이 발달하여 된 열매로 각 심피는 소과(fruitlet)를 형성하고 소과들은 다시 이들이 놓여 있는 하나의 화탁에서 성숙해간다. rasberry, blackberry, 딸기, 목련의 열매는 취화과(그림 23.23a)로, 딸기는 화탁이 크고 붉어 진 "열매"와 그 위의 각 심피에서 발달한 "종자"가 있는 수과이다(그림 23.23b). 멍석딸기나 딸기와 같은 대부분의 "장과"는 식물학적으로는 장과가 아니며 딸기는 화탁이 발달한 취화과이며 위과의 열매이다. 다화과(multiple fruit)는 한 화서 안에서 개개의 꽃으로부터 발달한 소과들이 유합하여 한 개의 커다란 열매가 된 것(그림 23.23c)으로 뽕나무 열매인 오디, 오세이지 오렌지, 무화과, 파인애플 등이 여기에 해당된다.

23.6 종자발아와 성숙한 식물로의 발달

종자가 성숙하고 산포된 후 종자는 흔히 배가 자라지 않는 **휴면기**(dormancy)를 거치는데, 종자의 발아는 배가 자라기 시작하여야만 비로소 시작되는 것이다. 발아가 시작된 후에는 성숙한 식물체 형태로 각각 다른 양상으로 발달해 간다.

발아에 필수적인 요건은 환경과 밀접한 관계가 있다

휴면기 동안 종자 내부에서는 생화학적인 변화가 일어난다. 온대지역에서는 종자가 가을에 산포되지 않도록 되어 있는데, 이는 종자가 산포 직후 곧 발아하여 다가올 겨울에 얼어죽을 수 있기 때문이다. 생화학적 변화가 수반되는 종자의 휴면은 종자가 발아하여 어린 유식물의 성장이 알맞을 환경조건이 올 때까지 기다려주게 해주는 안전장치인 것이다.

종자발아는 외부 및 내부의 여러 요인에 의해 시작되는데, 가장 중요한 외부 또는 환경요인은 온도, 이용가능 수분량, 산소 수준 등이다. 어떤 식물의 종자는 일반적으로 발아할 수 없는 온도보다 높거나 낮아도 발아를 한다. 대부분 식물의 종자가 발아할 수 있는 최적온도는 대략 25~30℃ 정도이고 최저는 5℃ 이다. 대개의 종자는 중량의 5~15%에 해당하는 수분을 지닌 건조한 상태에 있어 종자가 발아하려면 대사활동을 할 수 있도록 수분이 흡수되어야만 한다. 그러면 수분은 다시 저장된 양분 속에 있는 효소를 활성화시켜 세포가 자라 성장을 할 수 있게 된다. 발아 개시에는 발효에 의해 에너지를 얻을 수도

그림 23.23 **복합열매** (a) 취과(멍석딸기), (b) 딸기는 취화과(aggregate) 및 위과(accessory)에 해당된다. 딸기의 육질 부분은 대부분 화탁의 조직이고, "종자"는 실제는 수과(achene)이다, (c) 다화과(파인애플).

있으나 일단 종피가 파열되면 물질대사는 호흡으로 전환되고 산소가 필요하게 된다. 만약 습지에서와 같이 흙 속에 산소가 부족하면 많은 식물의 종자에서와 같이 자라는데 실패할 것이다.

식물의 종자 발아에 필수적인 요건은 식물이 자라는 환경과 밀접한 관계가 있다. 많은 온대성 식물의 종자들은 겨울의 추운 시기를 거쳐야만 발아할 수 있다. 반면, 사막에서는 비가 충분히 와서 종자에 있는 화학적인 저해요소들이 씻겨 내려가야만 발아할 수 있다. 강우량은 충분하여 화학적인 저해요소들이 제거되고 식물이 성숙한 개체로 자라갈 수 있을 정도의 양이어야 한다. 물에 잠겨 있는 땅에서는 대부분의 종자들이 죽으나 부들(*Thypa*)은 물에 잠겨 있는 땅에 산소가 결여되어야만 발아할 수 있다. 캘리포니아의 떡갈나무 덤불 숲과 같은 지중해성 환경에서는 종자는 불이 있어야만 발아할 수 있다. 오랫동안 없던 산불이 일어나 일단 그 지역을 태우고 지나가면 종자는 발아하여 자라 성숙한 식물체로 되는 것이다.

종자발아 후 식물은 다양한 형태로 발달한다

발아 후 종자로부터 제일 먼저 나타나는 구조는 배에서 생긴 뿌리인 유근이다. 이 일차근은 종자를 흙 속에 고착시켜 수분을 흡수할 수 있도록 해준다. 진정쌍자엽류에서는 일차근이 땅속으로 자라 내려가고 측근을 형성하는 **주근**(taproot)이 된다. 이들의 측근은 다시 더 많은 측근을 형성하여 복잡한 뿌리 구조 체제를 이루게 한다. 이와는 대조적으로, 단자엽 식물의 일차근은 일시적이어서 생장 후반부에 가면 다른 뿌리들로 대치된다.

종자로부터 자라는 일차적인 줄기는 식물의 종에 따라 달라 꼬투리완두(*Phaseolus vulgaris*)에서는 유근이 처음 나타나고, 그 다음 배의 유근과 자엽 사이에 위치하는 배축(hypocotyl)이 나타난다. 자엽 배축은 신장하고 지표면 쪽으로 굽어진다(그림 23.24a). 굽어진 배축이 땅에 닿으면 배축이 곧게 서면서 자엽과 유경을 당겨 자엽 속에서 있는 최초의 어린 잎을 땅에서 노출되게 한다. 줄기 정단부가 직접 땅을 뚫고 나오면 해를 입을 수 있으나 끌려나오기 때문에 잘 보호된다. 자엽이 땅 속에서 당겨져 나오는 이러한 성장은 자엽상위성(epigeous) 발아라 하며, 여기에서 "*epi*"는 그리스어로 "위", "*geo*"는 "땅"을 의미한다. 자엽 속의 저장양분은 분해되어 어린 유식물이 자라는데 쓰인다. 자엽이 시들고 떨어지면 어린 유식물은 광합성을 하는 독립적인 식물이 된다.

콩(*Pisum sativum*)의 생장방법은 꼬투리완두에서와는 달리 배의 줄기(상배축)가 신장되고 땅 속의 유경을 당기며 굽는다. 자엽은 땅 속에 남아 저장된 양분을 다 쓰고 나면 서서히 분해된다(그림 23.24b). 이와 같이 자엽이 땅속에 남는 종자 발아를 자엽하위성(hypogeous) 발아라 하는데, "*hypo*"는 그리스어로 "지하"라는 뜻이다. 대부분의 진정쌍자엽에서 자엽은 저장된 양분의 공급원 역할을 하며 광합성을 수행하지 않는다.

거의 대부분의 단자엽의 종자에서 저장된 양분은 배유에 위치하며, 자엽은 저장 양분을 분해하고 흡수하여 이들을 배로 보내준다. 양파(*Allium cepa*) 등의 일부 단자엽의 종자발아 시 하나의 관상의 녹색 자엽은 일차근이 나온 후에 나타나고 곧 굽어진다(그림 23.24c). 그리고 자엽이 서면서 종피와 배를 지면으로부터 당기므로 양파의 종자발아 양식은 자엽상위성이라 할 수 있다. 발달 중의 양파 유식물은 자엽의 분해활동에 의해 배유로부터 양분을 공급받고 광합성을 하는 자엽으로부터도 직접 양분을 제공받는다.

옥수수와 같은 단자엽에서는 커다란 자엽(배반)이 지면의 종자 내에 남아 배유로부터 양분을 받아 배로 전달한다. 옥수수는 하위자엽성 종자발아를 거친다. 유근을 둘러싸는 근초가 종자로부터 가장 먼저 나오는 구조이다(그림 23.24d). 이후

그림 23.24 자엽이 땅 위에 올라오게 되는 자엽상위성(epigeous) 발아와 자엽하위성(hypogeous) 발아 (a) 꼬투리완두(*Phaseolus vulgaris*), 종자가 발아함에 따라 자엽은 위로 당겨져 땅위로 올라온다(자엽상위성 발아), (b) 콩(*Pisum sativum*), 종자가 발아하여도 자엽은 땅속에 남는다(자엽하위성 발아), (c) 양파(*Allium cepa*), 한 장의 녹색 자엽이 종피와 배유를 땅 속으로부터 지상으로 끌어낸다(자엽상위성 발아), (d) 옥수수(*Zea mays*), 배유와 자엽은 땅 밑에 남아있고, 자엽초(coleoptile)가 위로 신장하여 유경(幼莖, plumule)을 땅위로 끌고 나온다.

근초를 뚫고 유근이 아주 빠르게 자라고 다른 뿌리들도 종자로부터 나오기 시작한다. 유경을 둘러싸는 자엽초는 지면을 향해 위로 신장하고, 지면에 닿으면서 열려 유경 내에 있는 첫 번째 잎이 나올 수 있도록 해준다.

어린 유식물이 땅에서 자라 올라오면 경 정단분열조직은 잎, 절, 절간을 순서대로 형성하도록 진행된다. 정단분열조직은 엽액(axil)에도 형성되고, 이 분열조직은 유식물이 성숙한 식물체가 될 때까지 더 많은 줄기와 잎을 형성한다(8장).

요점

23.1 꽃식물은 크기와 형태가 아주 다양하다. 대부분의 꽃식물(피자식물)은 꽃을 형성함으로써 유성생식을 하고, 한 번의 수정으로는 접합자를, 다른 수정으로는 영양조직을 만드는 중복수정이란 독특한 과정을 거친다. 대부분의 오늘날 피자식물은 진정쌍자엽이거나 단자엽이다.

23.2 꽃이란 잎으로부터 진화한 생식이 가능한 줄기 부분으로 4 부위로 나뉜다: 가장 바깥쪽의 ① 꽃받침, ② 수분매개체를 유인하는 밝은 색의 꽃잎, ③ 꽃밥에 화분을 생성하는 웅성 생식기관인 수술, ④ 배주를 포함하는 자성 생식기관인 암술이다. 꽃들은 수분되는 양식에 따라 여러 가지 화서 유형으로 나뉘어진다.

23.3 대부분의 꽃식물은 중복수정의 결과로 배로 발달하는 이배체의 접합자와 배에 양분을 제공하는 3배체 배유 조직을 형성한다. 그러나, 어떤 꽃식물은 무수정생식(이배체인 난세포와 극핵이 직접 배와 배유로 발달)의 무성생식을 한다.

23.4. 식물의 배는 성숙한 종자가 형성되기 전까지 여러 번의 발달단계를 거친다. 성숙한 종자는 모 식물에 영양분을 의존하지 않는다.

23.5 열매란 종자를 함유한 성숙한 자방으로 단순열매, 취화과, 다화과 등의 여러 형태가 있다.

23.6. 열매가 산포된 후 종자가 성숙하고, 흔히 이들 종자는 휴면기를 갖게 된다. 많은 환경적인 요인들은 이러한 휴면기를 벗어나 종자가 발아할 수 있게 해 준다. 발아 후 식물들은 각각 다른 방식으로 성숙 발달하게 된다.

문제

1. 단순열매와 복합열매, 취화과와 다화과는 서로 어떻게 다른가? 각각의 예를 들어 설명하라.

2. 종자발아와 관련된 환경적인 외부 필요조건들을 여러 가지 설명하라.

3. 피자식물이란? 피자식물은 (a) 나자식물, (b) 양치식물(고사리류), (c) 선태식물(이끼류)과 어떻게 다른가?

4. 몇 가지의 전형적인 특징을 들어 단자엽과 쌍자엽식물의 차이점을 설명하라.

5. 꽃 구조에 관련된 다음의 용어들을 설명하라: (a) 화축과 화경; (b) 꽃받침, 꽃잎, 화피; (c) 악과 화관; (d) 수술과 암술; (e) 화사와 꽃밥; (f) 자방, 화주, 주두.

6. 다음 꽃들의 유형을 꽃을 구성하는 기관의 배열에 근거하여 구별하라: (a) 갖춘꽃 vs. 안갖춘꽃; (b) 완전화 vs. 불완전화; (c) 수꽃 vs. 암꽃; (d) 자웅동주 vs. 자웅이주; (e) 상위자방 vs. 하위자방; (f) 방사상칭 꽃 vs. 좌우대칭 꽃.

7. 다음을 비교 설명하라: (a) 대포자와 소포자; (b) 대포자낭과 소포자낭; (c) 자성배우자체와 웅성배우자체. 그리고 (d) 성숙한 웅성배우자체와 (e) 성숙한 자성배우자체의 구조를 설명하라. 끝으로 중복수정이란 무엇인가?

8. 열매란 무엇인가? 위과란 무엇인가?

9. 개과와 폐과의 차이점은 무엇인가?

응용개념

1. 당신이 식품점이나 건강식품점의 채소corner에 있다고 가정해 보고, 그곳에서 발견되는 여러 열매 유형을 식별해 보라.
2. 많은 꽃들은 암술과 배낭이 성숙하기 훨씬 전이나 한참 후에 화분을 만든다. 이렇게 생식구조가 성숙해지는 시간을 달리하는 변화가 지니는 장점은 무엇일까?
3. 모든 불완전화(imperfect flowers)는 안갖춘꽃(incomplete flower)인가? 이를 답하고 설명하라.
4. 토마토는 흔히 채소로 간주되는데, 이것이 식물학적으로 맞다고 생각하는가?
5. 모든 꽃식물은 자웅동주이거나 자웅이주일까? 이에 대한 답을 하고 그 이유를 말하라.
6. 다음의 열매 유형을 분류할 수 있는 간단한 검색표를 작성하라: 장과(berrey), 핵과(drupe), 이과(pome), 골돌과(follicle), 협과(legume), 삭과(capsule), 수과(achene), 시과(samara), 영과(grain), 견과(nut).

24장 꽃식물과 동물의 공진화

동물의 종자 분산

주요 개념

- 꽃식물과 동물들은 서로간의 상호작용을 통해 긴 시간에 걸쳐 변화해 왔으며, 이러한 공진화 과정의 많은 사례들이 있다.
- 수분 매개자들은 식물이 이계교배를 하도록 도와 주며, 이는 유전적, 진화적으로 유리함을 준다. 꽃의 특징은 수분 매개자의 특징과 상호 관련된다.
- 식물의 종자를 분산시키는 동물은 식물과 그 자손 사이의 경쟁을 막아 주며 식물이 새로운 서식지에 이주하는 것을 돕는다. 식물의 종자와 열매의 특성은 종종 그들을 분산시키는 동물들의 행동 양태와 관련이 있다.

아름다운 꽃들 사이를 날아다니는 매력적인 나비 떼는 흔히 볼 수 있는 흥미로운 장면이지만 그러나 그것은 우연한 일만은 아니다. 나비와 꽃식물은 자연의 파트너이다. 그들은 상대의 생존과 번식을 도와주는 동맹을 맺고 있다. 만일 나비떼들을 오랜시간동안 관찰한다면 특정한 꽃에는 특정한 나비만이 날아들고 있음을 알 수 있을 것이다. 예를 들어 모나크나비, 호랑나비, 표범나비는 나비나무(*Asclepias tuberosa*)나 나비관목(*Buddleia davidii*)을 좋아하는 경향이 있다. 이들 꽃들은 나비를 유혹할 수 있는 색채나 향, 형태를 가지며 나비의 먹이인 꿀을 제공한다. 나비가 꿀을 모으러 꽃을 찾을 때, 그들은 또한 꽃가루를 이 꽃에서 저 꽃으로 옮기게 되며, 이는 꽃식물의 수분을 돕는 결과가 된다. 결과적으로 나비와 꽃은 이러한 유익한 동맹관계를 지속해 오며 함께 진화(공진화)해 왔다.

동물과 식물 또한 식물 종자의 분산을 돕거나 식물을 손상으로부터 보호하며 공진화하고 있다. 공진화는 오늘날 지구상에 왜 그렇게도 많은 꽃식물과 나비와 기타의 곤충, 새와 벌새, 동물들이 있어야 하는지에 대해 설명해 주기 때문에 중요하다. ■

나비에 의한 수분

24.1 꽃식물과 동물사이의 공진화적인 상호작용은 자연계와 인류에서 흔한 일이며 중요하다

벌들이 꽃밭에서 이 꽃 저 꽃을 찾아다니거나 사과 과수원에서 싱싱한 꽃들을 찾아 날아다니는 장면을 생각해 보라. 또한 가장 잘 익은 싱싱한 딸기를 찾아 다니는 과일 재배 농부에겐 성가신 새를 떠 올려 보라. 두 경우 모두 식물에게는 이로움이 있다; 벌들은 꽃의 수분을 도와 주며, 새들은 맛있는 과일 속에 있는 종자를 멀리 산포시키는 역할을 한다. 열대지역에서 사람들은 황소뿔아카시아를 해치면 이 나무의 크고 속이 빈 가시에 사는, 이 나무로부터 특정 먹이를 제공받는 개미들이 성이 나서 자기의 집을 지키려고 달려드는 것을 보게 된다(그림 24.1). 개미떼들은 아카시아 관목을 포식하는 초식동물들을 내쫓을 뿐만 아니라 아카시아가 사는 영역 근처로 침범하는 다른 식물들의 싹을 씹어 그들의 생육을 방해한다. 이는 공진화하는 식물-동물의 연합 — 두 파트너의 진화에 영향을 주는 동맹관계 — 의 대표적인 예이다. 이 장의 여러 예에서 식물은 특정 동물에 매혹적인 형질을 획득했고 동물의 행동 양상은 식물에 유리하게 진화해 왔다는 것을 보게 된다.

식물들은 교배나 종자의 산포를 위해 새로운 장소로 이동하지 못하며, 또한 초식동물로부터 도망치지 못하기 때문에 식물은 다른 방법으로 이러한 기능들을 수행해야 한다. 어떤 식물들은 교배나 종자의 산포를 위해 바람이나 물을 이용하며, 많은 식물들은 초식동물을 피하기위해 화학물질을 분비하기도 한다(3장). 그러나 또 다른 진화의 전략은 종자나 꽃가루의 운반을 위해 혹은 경비 요원으로 이동이 가능한 동물을 이용하는 것이다. 식물은 그러한 동물의 수고에 대한 대가로 먹이를 제공한다. 예를 들면, 황소뿔아카시아는 소엽들의 끝에 개미 크기의 단백질과 지질이 풍부한 덩어리를 생산한다(그림 24.1). 이들 자양분 덩어리는 잎자루에서 분비되는 꿀과 함께 그들의 보호자인 개미에게 영양이 풍부한 먹이가 된다. 꽃식물들은 그들의 수분을 도와 줄 동물들을 유혹하기 위해 화려하고 향기로운 꽃을 이용하며, 종자의 산포자를 끌기 위해 색이 화려하고 향이 짙으며 자양분이 풍부한 열매를 활용한다. 동물들의 감각 시스템은 이러한 냄새와 색채를 탐지하도록 함께 진화되어 왔다. 사람들도 비슷한 감각 시스템을 가지고 있는데, 이는 왜 많은 꽃과 과일들이 사람들을 끄는지를 설명해 준다. 사람들은 꽃과 열매에서 나온 정유를 향수에 사용하며 또한 예술, 건축, 의복 디자인, 인테리어 장식에서도 꽃과 과일을 기조로 활용한다.

공진화의 관계는 항상 서로에게 유익한 것만은 아니다. 많은 식물들은 자양분을 제공하는 등의 보답없이 동물의 협조만 받을 수 있도록 속인다. 예를 들어 어떤 식물들은 곤충의 암컷 모양이나 냄새를 풍겨 수컷이 교배하려고 달려듦으로써 꽃가루를 운반하게 된다. 식물과 이에 기생하는 세균이나 곰팡이, 바이러스 등의 병원균들은 공진화적 전쟁을 하는 관계이다. 병원균들이 새로운 공격 능력을 획득함에 따라 식물은 이에 반응하여 방어하기 위한 진화를 한다. 이 장에서는 수분과 종자 산포를 위한 꽃식물과 동물의 공진화적 상호관계에 초점이 맞추어질 것이다. 이러한 관계를 이해하는 것은 농업과 생물 다양성의 보존에서 특별히 중요하다.

그림 24.1 **황소뿔아카시아** 이 아카시아 종은 속이 빈 큰 가시를 만들며 그 안에 이 식물을 지켜주는 개미 방어군이 산다. 또한 이 식물은 잎의 끝에 단백질과 지질이 풍부한 밝은 색깔의 자양물 덩어리를 많이 만드는데 이것은 엽병 꿀샘(화살표)에서 만들어진 달콤한 꿀과 함께 개미의 먹이가 된다.

꽃식물-동물의 공진화적 상호작용은 농업에서 중요하다

사람들이 유용한 작물로 발전시켜온 신선하고 당분이 풍부한 과일들은 식물과 동물간의 종자 분산의 상호관계에 의한 진화적 산물이다. 블루베리, 딸기, 나무딸기와 같은 맛있는 열매는 이들의 종자를 퍼트려 주는 새나 동물들에게 보답의 먹이로 진화되었다. 따라서, 과일 작물은 사람들 식품으로 유용하게끔 자연에서 적응되었다. 사과나 체리 등의 과일작물들의 생산은 수분 매개자인 벌들에게 깊이 의존하고 있다. 많은 농장들은 수분을 위해 양봉가의 도움을 받고 있는데, 양봉가들은 이 과수원, 저 과수원을 옮겨 다니며 식물의 수분을 도우며, 부가적으로 귀중한 산물인 꿀을 얻는다(그림 24.2). 정원사들 또한 수분 매개자로 곤충을 이용한다. 예를 들어 단성생식을 하는 호박과 같은 식물들은 벌의 도움 없이는 수분을 하지 못해 열매를 만들 수 없다.

작물에 해를 주거나 병을 옮기는 곤충을 제어하기 위해 살충제를 널리 사용하는 것은 대체로 화학적 분사로 많은 다양한 곤충이 죽게 되므로 농업에 중요한 수분 매개자 곤충을 위협할 수 있다. 예를 들어 캐나다 동부에서 가문비나무 해충을

그림 24.2 수분이 잘 되도록 과수원에 흔히 벌집을 가져다 놓는다

없애기 위해 비행기를 사용한 살충제의 공중 살포는 해충뿐만 아니라 그 지역에서 경작되는 블루베리의 수분에 필요한 토종벌들을 대량으로 없애는 결과를 가져와 농작물 수확에 엄청난 피해를 가져왔다. 정원사나 농부들이 화학 살충제의 사용을 줄이거나 완전히 없앨 때 나비와 같은 아름다운 수분 매개자들이 풍부해 질 것이며 식물들은 훨씬 더 많은 결실을 이룰 수 있을 것이다.

살충 효과가 있는 단백질을 생산하는 유전자 조작 작물을 개발하는 것은 해충을 방어할 수 있는 작물을 보급하기 위한 전략이며 동시에 화학 살충제의 살포를 줄일 수 있는 방법이 된다. 그러나 어떤 생태학자들은 그러한 유전자 변형식물이나 꽃가루가 나비나 기타 수분 매개자를 해칠 수 있을 것으로 우려한다. 또한 유전자 변형 작물에 있는 외래 유전자가 교차 수분에 의해 야생식물에 전이될 위험도 있다(15장). 유전자 변형 작물에 의해 부가되는 생태적 위험을 평가하는 과학자들은 수분과정을 알아야한다.

DNA SCIENCE

공진화는 지구생태계에서 중요하다

자연계에서 대부분 꽃식물의 계속적인 출현은 적합한 수분 매개자와 종자 산포자의 존재에 의존하고 있다. 어떤 식물들은 단지 한 종의 수분 매개자에 의존하고 있다. 그러므로 그들이 의존하고 있는 동물이 지역적으로 혹은 전 세계적으로 멸종한다면 그 식물들은 사라질 것이고, 따라서 그 식물을 먹이로 하는 동물들도 멸종의 위기에 처할 것이다. 예를 들면 하와이의 아름다운 꽃식물(Brighamia, 그림 24.3)은 유일한 수분 매개자인 나방의 한 종류인 곤충이 멸종해 버린 관계로 자연적으로는 생식이 불가능해진 경우도 있다. 그 결과 이 식물의 극소수의 개체만이 잔존해 있는데, 이들 모두는 가파른 절벽 면에서 자일을 타고 사람이 손으로 인공수분을 해 준 덕분이다. 수분과 종자 산포, 방어를 위한 공진화의 상호관계를 이해한다는 것은 멸종 위기에 있는 식물과 동물들을 보존하고, 파괴된 서식지를 회복함과 아울러 지구 전체에 높은 생물다양성을 유지하기 위한 전략을 개발하는데 있어서 필수적인 과정이다.

ECOLOGY

그림 24.3 *Brighamia* 멸종 위기에 있는 꽃식물의 특정 수분 매개자는 분명히 멸종되었다.

24.2 | 교차수분은 같은 종의 식물 간에 꽃가루가 옮겨지는 것이다

꽃식물은 유성생식을 위해서 꽃의 주두에 꽃가루를 옮기는 기작을 가져야 한다. 이렇게 꽃가루를 옮기는 것을 **수분**(pollination)이라 한다(23장). 만일 수분이 이루어지고, 꽃가루와 주두가 서로 화합성을 가진다면 꽃가루는 꽃가루관을 형성하기 위해 발아하며, 이 꽃가루관을 통해 정핵이 자방의 배주 안에 있는 알세포로 수송된다. 대부분의 종자식물에 있어서 종자는 종의 생존을 위한 핵심 요소이며, 수분은 종자 생산을 위한 필수적인 과정이다. 꽃은 식물의 수분 효율을 높이기 위한 적응 형태이며, 오늘날 지구 생태계에서 꽃식물이 우점을 이루는 중요한 요인의 하나이다.

대부분의 피자식물들은 꽃가루를 생산하는 수술과 배주를 포함하는 심피 둘 다를 지닌 **양성화**(bisexual flower)를 가진다. 양성화는 흔하고 원시적이다. 현존하는 가장 오래된 꽃식물(*Amborella* 와 일부 수련)은 양성화를 가지며, 이는 원시 피자식물들이 양성화를 가졌음을 말해준다. 일부 식물들은 자가수정과 자가수분을 한다. 이는 왜 그렇게 많은 식물들이 교차수분-동일 종들 사이에서 꽃가루를 교환하는 것-을 하는가? 의 의문을 일으키는데 그 대답은 꽃가루의 교환이 이계교배(outbreeding, outcrossing)를 용이하게 하기 때문이다. 그러면 이계교배는 식물에게 어떤 이익을 주는 것인가?

이계교배는 동계교배에 비해 훨씬 더 큰 유전적 다양성을 이룬다

인간 사회에서는 **근친결혼(동계교배, inbreeding)**의 부작용을 줄이기 위해 흔히 가까운 친척들 간의 결혼을 금지한다. 여기서 근친결혼은 유전적으로 매우 유사한 두 유전체(genome)가 합쳐지는 것을 의미한다. 이와 마찬가지로 식물들도 자가수분이 일어나면 그 자손은 너무나 많은 유해한 열성 유전자를 받게 되어(14장), 쉽게 죽거나 아주 열악한 상태를 갖게 되기 때문에 자가수분을 피하는 여러 가지 기작을 가지고 있다. 같은 종 내에서 유전적으로 서로 다른 개체들의 정자와 난자가 결합하는 **이계교배**(outbreeding)는 대체적으로 유리하다. 그 이유 중 하나는 불리한 열성 유전자의 수가 훨씬 적어지기 때문이다. 또한 이계교배는 유전적으로 매우 다양한 자손들을 만들게 되는데, 이는 환경 변화에 살아 남기위한 혹은 새로운 서식지를 개척하는데 필요한 진화적 유연성을 제공한다(13장과 16장).

꽃식물들은 동계교배를 피하는 여러 방법을 가지고 있다. 그 한 가지는 진화학의 아버지인 찰스 다윈이 식물에서 처음으로 기술한대로 자가불화합성(self-incompatibility)이 유전적으로 제어되는 것이다. 일부 꽃식물의 경우, 주두 표면에 있는 세포에서 발현되는 유전자는 동일 종의 꽃에서 생성하는 꽃가루 중 유전적으로 뚜렷하게 다른 꽃가루만이 발아하도록 허락하고 유전적으로 동일한 꽃가루는 허락하지 않는다. 일부 다른 피자식물에서는 동일 개체로부터의 꽃가루도 주두 위에서 발아하여 암술대를 통해 자방으로 꽃가루관을 발달시키기도 한다. 그러나 꽃가루관 내에서 생성하는 효소가 꽃가루관 RNA를 파괴시켜 꽃가루관의 성장을 멈추게 한다(그림 24.4). 이러한 초기 진로방해로 병약한 동계 배를 형성하지 못하게 함으로써 알세포가 성공적으로 이계교배를 할 수 있도록 한다.

DNA SCIENCE

다른 꽃식물에서는 같은 꽃의 수술이 성숙되기 이전에 주두가 꽃가루를 받아들이게 되거나 혹은 꽃밥이 심피보다 먼저 성숙한다. 예를 들어 *Lobelia* 꽃은 배주가 형성되기 전에 꽃가루가 생성된다. 그러나 귀리에서는 꽃가루가 생성되기 이전에 주두가 성숙한다. 이러한 식물에서는 서로 다른 연령의 꽃들이 생성되기 때문에 어떤 꽃의 꽃가루는 다른 식물의 준비된 주두에 다다르기 쉽고 결국 이계교배를 증진시키게 된다.

또 다른 식물들은 **단성화**(unisexual flower) — 수술은 있으나 심피가 없는 웅성화 또는 심피는 있으나 수술이 없는 자성화 — 를 만들어 이계교배를 증진시킨다. 꽃 기관은 포자체에 속하는 구조이므로 웅성((male)과 자성(female)이란 용어를 썼다. 식물이 두 가지 다세포체 — 포자를 생산하는 포자체(sporophyte)와 배우자를 생산하는 배우체(gametophyte) — 로 존재함을 회상해 보라. 따라서 배우체는 웅성 혹은 자성일 수 있지만, 포자체는 어느 하나의 성일 수 없다. 그러나 식물기관은 그들의 조직 내에 웅성 혹은 자성 배우체를 포함할 수 있다. 식물 유연관계에 대한 DNA 서열 분석 연구 결과, 단성화 식물은 양성화 조상 식물로부터 여러 차례 진화되어 온 것으로 밝혀졌다. 단성화를 생성하는 작물의 예로는 시금치, 대마, 아스파라가스, 호박, 옥수수 등이 있다.

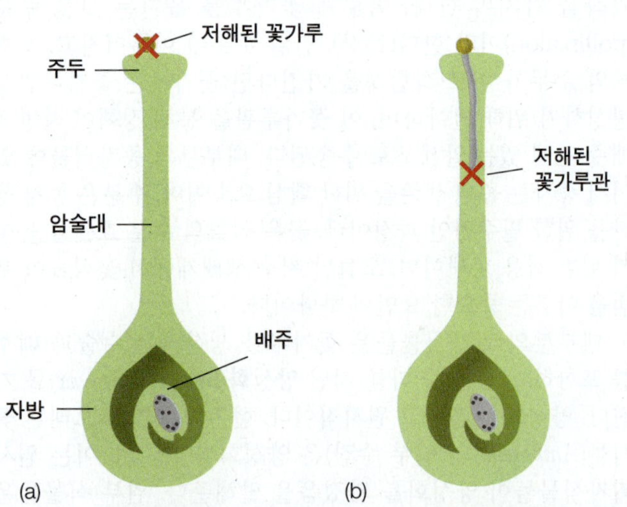

그림 24.4 이계교배를 증진시키는 꽃의 기작 (a) 불화합성인 혹은 배주와 유전적으로 너무 비슷한 꽃가루는 주두에서 발아하지 않는다. (b) 꽃가루관의 성장은 암술대를 통해 자라는동안 저해될 수 있다.

그림 24.5 일부 식물은 자가수분에 의해 종자를 생산한다 제비꽃은 교차수분이나 자가수분 둘 다에 의해 종자를 생산할 수 있다. 자가수분은 폐쇄된 채 토양 위 혹은 토양 표면 바로 아래에서 발견되는 꽃에서 이루어진다 (a). (b) 교차수분을 하는 열린, 전형적인 제비꽃(왼쪽)과 폐쇄된 꽃(오른쪽)이 비교된다.

이계교배가 선호된다 할지라도 어떤 식물에서는 동계교배도 일어난다. 식물 유연관계에 대한 DNA 염기 서열 연구를 통해 일부 자가불화합성 조상을 가진 꽃식물들이 이 후 그러한 특성을 잃어 버리고 현재는 자가수분 식물이 되었음을 보여준다. 봉선화나 제비꽃과 같은 일부 다른 식물들은 이계교배가 가능하도록 개방된 꽃을 피우거나 또는 동계교배만을 강요하는 폐쇄형 꽃을 피우기도 한다(그림 24.5). 이런 식물들은 교차수분(cross pollination)이 불가능할 때에도 종자 생산이 가능한 안전장치를 가지게 되는 것이다.

동물 수분매개자들은 정확하고 충실도가 높은 수분수송을 한다

많은 종자식물들은 바람이나 물을 이용하여 수분을 한다(Essay 24.1, "바람과 물에 의한 수분"). 그러나 대부분의 꽃식물들은 동물에 의해 수분이 이루어진다. 벌, 나비, 나방, 말벌, 삽주벌레, 파리와 같은 곤충이나 많은 박쥐나 새, 동물(특정 설치류, 유대류, 영장류) 등 거의 300,000종에 달하는 동물들이 수분을 매개한다.

ESSAY 24.1 바람과 물에 의한 수분

많은 식물들은 수분 공진화에 의존하지 않는다. 오히려 그들은 꽃가루를 퍼뜨리기 위해 물이나 바람의 물리적 특성을 이용하도록 적응하였다. 꽃식물의 약 10%는 바람을 이용하여 수분한다. 바람에 의한 수분의 이점은 수분 매개자 동물들을 유혹하기위해 밝은 빛깔의 꽃잎이나 향을 생산하기위해 귀한 자원을 소비하지 않아도 된다는 것이다. 그렇지만 바람에 의해 운반되는 꽃가루의 방향, 거리, 시간의 적절함이 크게 다르며 이는 이러한 수분 기작의 결함이 된다. 점착성 현미경 슬라이드를 이용한 포집 실험에서는 바람에 포함된 꽃가루는 흔히 단거리만을 이동 — 옥수수의 경우에는 불과 6~9 m — 한다는 것이 확인 되었다. 그러나 어떤 경우에는 바람에 의해 하루 동안 꽃가루가 300 km 이상 이동하기도 한다. 또한 꽃가루가 도착하는 주두는 꽃가루가 흩어질 수 있는 공기의 막대한 체적을 감안하면 너무나 작은 표적이다. 이러한 이유 때문에 풍매화들은 충분한 수분율을 이루기 위하여 막대한 양의 꽃가루를 — 조사에 따르면 서식지 평방 미터 당 1백만 개의 꽃가루가 만들어지는 것으로 나타났다 — 생산해야 한다. 한 그루의 자작나무의 버들꽃(수꽃; 그림 E24.1A)은 5백만 개 이상의 꽃가루를 생산한다. 이렇게 엄청난 양의 꽃가루를 생산하는 것은 초본이든 목본이든 풍매화가 사람들에게 꽃가루 알레르기를 야기시키는 경향이 있음을 설명해 준다. 풍매화들은 대체로 화려한 꽃잎은 없으며, 흔히 단성화이고, 꽃송이가 바람 속에 매달려 있다.

꽃식물의 약 10%는 바람을 이용하여 수분한다.

여러 꽃식물들은 담수 연못이나 하천, 호수, 혹은 해변을 따라 얕은 바닷물과 같은 물 속에서 서식한다. 이들은 육지에 적응된 식물로부터 내려 왔지만 지금은 물 속 생활에 잘 적응하고 있다. 대부분의 수생 꽃식물들은 수면 위에 꽃을 피워서 바람에 의해 수분하거나 혹은 날아 다니는 수분 매개자들을 유혹하는데 이는 육상 근연 식물과 매우 유사한 것이다. 그러나 30 속 이상의 수생 꽃식물들은 물을 이용하여 꽃가루를 운반하는데 이는 성공적인 수분의 기회를 저하시킨다. 이런 문제를 극복하기 위하여 물을 이용하여 수분하는 꽃식물의 대부분은 꽃가루의 이동이 일어나는 물 표면에 떠 있는 꽃을 가진다. 예를 들어 담수에 사는 나사말속(*Vallisneria*)의 작은 수꽃은 식물체로부터 떨어져 나와 수표면을 떠 다닌다(그림 E24.1B). 이들은 돛 역할을 하는 빳빳한 수술 위에 작은 꽃가루 덩어리를 만들어 수면 위로 주두가 나와 있는 암꽃이 있는 곳까지 물의 흐름에 따라 이동한다. 일단 수분이 되면 암꽃은 물 밑에 있는 나머지 식물체 부분에 부착되어 있는 꽃자루가 코일처럼 감겨 수면 아래로 당겨진다. 바다 초본류인 거머리말속(*Zostera*)과 *Halodule*속은 특이하게 가늘고 긴 스파게티 같은 꽃가루를 생성해 거미줄 모양의 뗏목을 타고 떠다니는 암꽃에 도달할 때까지 수면을 따라 표류한다. 암꽃은 길게 늘어진 주두를 이용하여 실같은 꽃가루를 물결에서 건어 들인다.

극소수의 수생 꽃식물은 물 아래에서 수분한다. 고대 꽃식물의 계보에서 담수 자손인 붕어마름속(*Ceratophylum*)은 수술이 떨어져 나가 떠다니며 꽃가루를 방출한다. 그 다음 꽃가루가 물 속으로 가라앉아서 물 속에 잠겨있는 꽃의 주두와 만나게 된다

E 24.1A 자작나무 미상화(웅성화)

E 24.1B 나사말속의 웅성화와 자성화

대부분의 식물들은 1종 이상의 수분 매개자를 유혹한다(그림 24.6). 예를 들면 유타 평원에서 37과에 속하는 334종의 곤충들이 당근 꽃을 방문하는 것이 확인되었다. 또한 대부분의 수분 매개자들은 몇몇 종 또는 많은 식물 종에 이끌린다. 꿀벌은 대표적 예인데 이들은 많은 종의 야생화 및 과일 작물들을 수분시킨다. 이러한 풍성함으로 인해 특정한 수분 매개자 및 식물 종의 멸종 가능성이 감소된다. 사막이나 열대림의 식물 개체군은 흔히 아주 광범위하게 분산되는데(26장과 27장), 이러한 상황은 온대림 지역의 초본성 식물이나 사바나와 초원지대에서의 비사초성 잡초에서도 관찰된다(26장과 27장). 이러한 서식지에서는 전형적으로 동물 수분 매개자가 바람보다 훨씬 더 효과적인데, 이는 동물이 미세한 꽃가루를 목적지인 작은 주두 위로 정확하게 운반할 수 있기 때문이다. 딱정벌레, 벌, 파리, 나비, 나방과 같은 비행 곤충들은 꽃송이나 꽃 혹은 꽃의 일부분의 크기에 맞추어 꽃가루 덩어리를 이 꽃 저 꽃으로 효과적으로 운반할 수 있는 크기를 가진다. 새나 박쥐와 같은 날 수 있는 척추동물은 사막이나 열대림에서의 중요한 수분 매개자이다. 장거리를 여행하는 이런 종들은 큰 벌과 함께 광범위하게 분산되어 있는 동일 종의 식물들 사이에 꽃가루를 수송한다. 큰 척추동물들은 곤충보다 더 많은 양의 먹이 보답을 요구하므로 흔히 척추동물이 수분을 하는 꽃들은 더 크고, 곤충에 의해 수분되는 꽃보다 더 많은 먹이를 생산한다.

식물은 수분을 매개하는 동물에게 보답으로 화밀과 꽃가루, 유지를 먹이로 제공한다 화밀(nectar)은 당, 아미노산, 기타 여러 물질을 함유하는 용액으로서, 꽃 내부의 여러 곳에 위치하고 있는 꿀샘에서 생산된다(그림 24.7). 꽃에 따라 화밀에 있는 당(일반적으로 포도당, 과당, 설탕)이나 아미노산의 종류 및 그 농도와 양은 다양하다. 이러한 다양성은 흔히 수분 매개자의 영양 요구와 관련이 있다. 꽃가루는 단백질과 지질이 풍부한데, 종에 따라서는 단백질이 16~60%에 달하며 지질은 3~10% 정도이다. 유지는 탄수화물에 비해 칼로리가 2배가 된다. 양귀비나 모란 혹은 키위 같은 꽃들은 오직 먹이 보답으로 꽃가루를 생산한다. 다른 꽃들은 우선적으로 화밀이나 유지를 생산하고, 일부 꽃들은 혼합 영양물을 생산한다. 이러한 다양성은 일부 수분 매개자들은 오직 당류성 화밀을 요구하는 반면 다른 수분 매개자들은 또한 단백질과(혹은) 기름도 필요로 하므로 이해된다. 같은 서식지에 있는 꽃식물들은 서로에게 유익할 수 있다. 예를 들면, 월하미인은 해마다 며칠 밤에만 개화하는 진귀한 식물이다. 이 선인장은 주변에 트럼펫 모양의 꽃을 피우는 흰독말풀이 풍부해 두 식물의 수분 매개자인 박각시나방과 벌이 봄에서 가을까지 머무르게 되므로 상호 덕이 된다(그림 24.8).

그림 24.7 **수령초(*Fuchsia*)의 꿀샘** 수령초의 화밀 분비선(꿀샘)은 화관의 기부에 위치한 황록색 부위이다. 이 관에 꿀이 모여 있으며 벌새가 이를 채취한다.

식물은 꽃의 향기, 색깔, 모양과 꽃의 배치로 수분매개자를 유혹한다 꽃은 매우 효과적인 광고자이다. 수분 매개자들은 수분 효율성 뿐만 아니라 향기, 색깔, 모양을 구별하는 능력에 있어서도 매우 다양하기 때문에 꽃들은 자신들을 수분하기에 가장 적합한 동물을 유혹할 수 있도록 적응되어 있다.

꽃식물들은 꽃의 향기를 위해 700개 이상의 화합물을 사용한다. 모양이 유사한 꽃들도 향기에 있어서는 매우 다양하다. 꽃 향기의 화학적 조성을 분석한 결과 향기 화합물을 다음의 세 가지 범주로 나눌 수 있었다: (1) 꽃 향기, (2) 곤충의 성적 유혹인자(페로몬)를 흉내낸 물질, (3) 썩은 고기나 분뇨 냄새. 꽃 향기는 기본적으로 게라니올(geraniol, 장미에서 생성), 리모넨(limonene, 감귤류에서 생성)과 같은 테르펜(terpen) 화합물이나, 또는 바닐린(vanillin, 바닐라 난초에서 생성))과 유게놀(eugenol, 토끼풀에서 생성) 같은 페놀 화합물(phenolics)에 의한 것이다. 성적 유혹 냄새는 탄화수소, 알콜, 테르펜이나 기타의 화합물에 의해 생긴다. 이러한 물질들은 곤충에게 먹이를 공급하기 보단 생식 욕구를 일으켜 꽃과 교미를 시도하도록 속이는데 사용된다. 예를 들어, 오스트리아산 난초 *Chiloglottis*

그림 24.6 **식물에는 다양한 수분매개자들이 찾아온다**

그림 24.8 **월하미인(Peniocereus)과 흰독말풀** 이 진귀한 선인장(a)은 주변에 더 풍부한 흰독말풀 꽃(b)들이 유혹하는 수분 매개자에 의존한다.

*trapeziformis*는 암 말벌이 교미를 하고자 유혹할 때 사용하는 것과 같은 향을 내 뿜으로써 수분 매개자인 숫 말벌을 유혹한다. 꽃들은 분뇨나 썩은 냄새를 내어 파리와 같은 바보같은 수분 매개자들이 이를 분뇨나 죽은 고기에서 단백질이 썩는 동안 나오는 아민, 암모니아, 인돌 같은 화합물을 가진 먹이로 착각하게 한다. 이러한 꽃의 냄새는 사람에게 불쾌감을 준다(분뇨나 썩은 냄새가 나는 꽃 냄새를 깊이 들이 마시거나, 사랑과 존경의 증표로 주지 않도록 충고한다).

꽃의 색깔을 나게 하는 화합물에는 안토시아닌(anthocyanin), 안토잔틴(anthoxanthin), 베타라인(betalain, alkaloids와 관련), 카로테노이드(carotenoid, 테르펜과 관련) 등이 있다(3장). 안토시아닌은 널리 칭송받는 푸른색 꽃을 피우는 수레국화(*Centaurea cyanus*), 길 가에 흔한 식물인 치커리(*Chichorium intybus*), 수국(*Hydrangea macrophylla*)에서와 같이 푸른색, 자주색, 분홍색의 꽃 색을 만든다(그림 24.9). 안토잔틴은 옅은 아이보리에서 노란색까지의 색깔을 나타낸다. 일부 흰 꽃들은 색소가 전혀 없는데, 흰색 효과는 흰 눈에서 그러한 것처럼 많은 세포 표면에서 빛이 반사되고 굴절되어 나타난다. 베타레인에 의한 노란색, 주황색, 홍색 색소의 예로는 붉은 것에서 자주색에 이르는 선인장 꽃과 노란색 채송화 꽃, 열대나 아열대의 덩굴 장식 식물인 부겐빌레아 꽃들에서 볼 수 있다(그림 24.10). 황수선화와 만수국의 노란색, 주황색, 붉은

그림 24.9 **파란색 꽃** (a) 치커리(*Cichorium*)와 (b) 수국(*Hydrangea*)

그림 24.10 **노란색과 적자색 색소** (a) 채송화 꽃. (b) 부겐빌레아 꽃은 색깔이 있는 포엽을 가지고 있어 그 안에 숨어 있는 눈에 띄지 않는 꽃으로 수분 매개자를 유혹한다.

색은 카로테노이드에 의한 것이다. 수선화의 베타-카로텐(β-carotene) 유전자는 유전자 공학 쌀을 만들 때 이용되었으며 광범위하게 심겨진 이 작물은 인류에게 더 큰 영양적 가치를 부여하게 되었다(15장). 베타-카로텐은 정상적인 눈의 기능과 피부건강을 위해 사람과 동물의 식이에 요구된다는 사실을 회상해 보라(19장). 꽃 색소는 액포나 엽록체가 변형된 잡색체에 위치하고 있다. 어떤 꽃들은 세포에 색소들이 조합되어 있거나, 조직 부위에 따라 각기 다른 색소가 만들어져 꽃잎의 색깔 양상이 결정된다. 꽃잎에 색채를 띤 점이나 선 무늬는 수분 매개자에게는 화밀 등의 먹이나 또는 생식 상대에게 안내하는 도로 표지판이나 주행 지시등의 역할을 하며 이는 화밀 표지(nectar guide)로 알려져 있다. 이런 양상 중 어떤 것은 사람에게는 보이지 않고, 다른 시각 시스템을 가진 수분 매개자에게만 식별 가능한 것도 있다. 예를 들면 어떤 꽃잎은 사람에게는 순수한 노란색으로만 보이나 꽃잎의 정 중앙에는 자외선을 강하게 흡수하는 플라보노이드(flavonoid)로 채색되어 있다. 이는 결국 화밀이나 꽃가루가 있는 위치로 벌을 안내하는 색 대비를 이루는 역할을 한다(그림 24.11).

꽃들은 꽃의 모양과 위치로 수분 매개자들의 접근을 제어한다 어떤 수분 매개자들은 공중에서 정지 비행을 할 수 있지만, 다른 것들은 내려 앉을 지점이 반드시 필요하다. 아래를 향하고 있는 흔한 장식화인 수령초 꽃에서는 정지 비행을 할 수 있는 동물들만이 수분을 해 주고 그 댓가로 먹이를 얻을 수 있다. 반대로 내려 앉는 동물을 유혹하는 장미처럼 면이 위로 향한 큰 단일 꽃이나 혹은 만수국, 민들레, 과꽃과 같은 꽃들은 동물들에게 꽃의 단단한 부분으로 강한 발판을 제공해 동물들이 매달리거나 넓고 평평한 표면위에 서 있을 수 있게 한다. 작은 곤충들은 꽃의 표면 위를 배회하며 많은 작은 꽃들 각각에서 먹이를 얻으며 이런 과정에서 수분을 시킬 수 있다(그림 24.12).

많은 꽃들은 수분 매개자들의 출입을 통제하는 복잡한 꽃 구조를 가지고 있어 수분 매개자들이 충분한 힘을 갖지 않는 한 꽃을 열 수 없도록 한다. 펜스테몬(*Penstemon*), 난초, 금어초 꽃이 그 예인데(그림 24.13), 오직 벌들만이 이 꽃들에 들어갈 수 있는 힘을 가진다. 또 다른 꽃들은 자신들에게 적합한 수분 매개자 혹은 먹이를 취하는 입부분만이 들어 올 수 있도록 꽃잎 융합에 의해 형성된 관의 용적을 조정하기도 한다. 천남성(*Arisaema triphyllum*; 그림 24.14)과 같은 어떤 꽃들은 잠시동안 수분 매개자를 에워싸는 잎같은 구조로 된 덮 안에 꽃이 있

그림 24.11 화밀 표지 (a) 일반 필름으로 찍은 꽃. (b) 자외선 필름으로 찍은 동일한 사진. 수분 매개자는 꽃잎 안쪽의 자외선 반사광을 볼 수 있기 때문에 꽃의 중심에 있는 꽃가루와 꿀이 있는 위치를 알 수 있다.

그림 24.12 내려 앉는 장소 (a) 장미꽃, 과꽃(b)과 민들레꽃(c).

그림 24.13 펜스테몬은 밀고 들어 가야할 필요가 있는 복잡한 꽃 구조를 가진다 이 꽃에 벌이 내려 앉은 후에 (a) 힘써 꽃 안 깊숙히 들어가고 (b), 꽃의 암술과 수술을 거슬러 스쳐 지나감으로써 수분을 한다. 벌이 떠날 때 (c), 꽃은 다시 닫혀 작은 곤충들(이 식물을 성공적으로 수분시킬 수 없을 것 같은)이 들어와 꿀을 훔쳐가는 것을 막는다.

어 꽃가루가 전달될 기회가 증가된다.

동물 수분 매개자들은 선호하는 꽃의 특징들을 인지한다 꽃의 색깔, 모양, 향기는 수분 매개자들이 각각의 꽃을 알아 보고 귀중한 먹이의 공급원을 기억하도록 한다. 동물 수분 매개자들은 감각, 행동, 크기, 꽃가루 운반 능력이 다르다. 따라서 꽃잎과 꽃받침의 색깔, 향기, 모양, 기타의 특징들이 꽃에 따라 다르다.

수분 매개자들이 선호하는 꽃을 인지하고 반복적으로 찾아가는 능력은 항존도(constancy) 또는 충실성으로 알려진 특징이다. 쉽게 알아 볼 수 있도록 매우 특수화된 꽃은 항상 일정한 수분 매개자들만을 유혹한다. 수분 매개자 항존도는 수분 매개자들이 다른 종의 꽃을 찾음으로써 소비되는 시간을 줄여 주고 주두에 옮겨진 꽃가루가 적절한 종에 있을 가능성이 커지므로 식물들에게 유리하다. 항존도는 낯선 꽃보다 익숙한 꽃에서 먹이를 찾는 시간이 덜 들기 때문에 동물들에게도 유리하다. 동물이 먹이를 얻는동안 노출되는 시간이 적을수록 그들의 적에게 발견되어 잡혀 먹힐 기회가 더 적어진다.

꽃과 수분 매개자들은 '수분 양식'으로 알려진 조화로운 특성을 가진다.

꽃과 수분 매개자들 사이의 조화된 특성인 수분 양식(pollination syndromes)(표 24.1)을 알게 되면 꽃의 형태로부터 그의 수분 매개자들의 형태를 추론하는 것(또한 반대로)은 상대적으로 쉬운 일이다. 식물학자들은 수분 양식을 이용하여 식물과 동물 수분 관계에 대한 분석 가능한 예측을 한다. 예를 들어, 남아프리카의 식물학자들은 아프리카 백합(*Massonia depressa*)이 설치류에 의해 수분되는 것으로 알려진 프로테아(*Protea*)의 꽃과 매우 유사하다는 것을 주목했다. 그래서 이들 식물학자들은 백합 역시 설치류에 의해 수분되어진다고 가정했다. 백합 꽃으로부터 설치류를 격리시키는 울타리를 사용하거나 기타 다른 실험을 통해 이 식물이 정말로 사막 다람쥐를 포함한 설치류에 의해 수분된다는 것이 증명되었다. 사막 다람쥐는 이전에는 이 식물에서 수분 매개자로 인식되지 않았었다(그림 24.15). 수분 양식을 이해하는 것은 유용할 뿐 아니라 우리 일상에서 즐길만하다. 예를 들면, 만약 정원에서 나비, 벌새, 혹은 아름다운 나방들을 더 많이 보고 싶으면, 이들을 가장 잘 유인할 수 있는 특정한 꽃들을 많이 심으면 된다.

그림 24.14 천남성(*Arisaema triphyllum*) (a) 이 식물의 꽃은 잎 같은 "불염포"로 둘러싸인 "육수화"로 되어 있다. 육수화의 기부에 생긴 작은 꽃(화살촉 부분)을 잘라낸 그림은 (b)에서 보여진다. 수분 매개자는 이러한 꽃들을 둘러싼 제한된 공간에 순간적으로 붙잡히게 되어 수분성공률을 증가시킨다.

딱정벌레와 이들이 수분시키는 꽃들 딱정벌레는 매우 원시적인 곤충 무리로써, 오늘날에도 수천 종에 이르는 높은 다양성을 보이고 있다. 이러한 높은 다양성은 꽃식물들과의 폭 넓은 공진화를 해 온 때문이다. 딱정벌레는 특히 건조한 지역이나 열대림에서 중요한 수분 매개자이다. 어떤 딱정벌레는 특정한 겉씨식물(꽃식물이 출현하기 이전에 나타난)과 일부 원시 꽃식물들을 수분시킨다. 화석 증거와 함께 이러한 양상은 딱정벌레에 의한 수분은 최초의 꽃식물이 출현하기 이전에 나타났음을 말해 준다. 그 최초의 꽃식물들은 아마도 딱정벌레 이외에도 파리, 말벌, 나방 등의 다양한 곤충에 의해 수분되었을 것으로 추측된다.

딱정벌레는 꽃가루와 화밀뿐 아니라 접근이 가능할 때 배주도 먹는다. 일부 전문가들은 초식성의 딱정벌레로 인해 첫 심피(배주를 보호하는 종자식물의 특수한 구조)가 진화되었다는 증거로 딱정벌레가 배주를 먹는 것을 든다. 딱정벌레는 후각이 발달되어 있고, 최소한 수분하는 딱정벌레의 일부는 색을 구분하는 것으로 여겨지나 몸체가 너무 단단하고 매끈거려 꽃가루를 운반하기에 가장 효율적이지는 않다.

딱정벌레를 유인하는 꽃들은 크고, 때로는 편평하여 접근이 쉽다(그림 24.16). 딱정벌레가 수분시키는 꽃들은 그 보답으로 많은 양의 꽃가루를 먹이로 제공한다. 꽃 색깔은 주로 흰색과 보라색이며, 꽃은 흔히 강한 과일 향을 가진다. 딱정벌레가 수분하는 많은 식물들의 꽃은 대개 열을 발생시키는데, 이는 사람의 체열이 향수를 휘발시키는 것과 매우 유사하게 꽃향기를 퍼뜨리는데 도움을 준다. 열 발생은 또한 딱정벌레나 다른 곤충 수분 매개자(냉혈동물)들에게 따뜻함을 제공한다. 멕시코의 열대 운무림 지역에 서식하는 저녁에 꽃이 개화하는 목련속 나무(*Magnolia tamaulipa*)는 멸종의 위기에 직면해 있는 종이다. 이 나무의 꽃은 9℃ 정도의 열을 내는데 이로써 향기가 확산되어 수분해 주는 딱정벌레들을 끌어들인다. 일반적으로 재배되는 목련속 종(그림 24.16)과 앉은부채도 열을 발생하며 딱정벌레에 의해 수분되어 진다.

벌과 이들이 수분시키는 꽃들 벌은 뛰어난 수분 매개자이다. 벌은 복잡한 꽃들을 밀고 들어갈만큼 강하며 흔히 내려 앉을 장소로 사용한다. 벌은 "발달된 꽃에 대한 지능"을 가지고 있으며 풍부한 화밀과 꽃가루(성장에 요구되어지는)를 생산하는 꽃을 알아 볼 수 있다. 따라서 벌은 식물과 수분 매개자 모두에게 유익한 항존도를 보인다. 사회성이 있는 벌은 어두운데서 추는 춤 동작과 가져온 꽃의 냄새로 꽃의 거리, 방향,

표 24.1 일반적인 수분 양식

딱정벌레	딱정벌레가 수분시키는 꽃
원시 곤충	원시 꽃
발달된 후각	강한 과일 향
일부는 색깔 인식	보통 흰색과 보라색
단단하고 매끈한 몸체	크고 흔히 편평하며 접근이 용이
	일부는 열 발생(열 생성)
벌	**벌이 수분시키는 꽃**
강함, 중간 길이의 혀	복잡한 구조
빨간색을 제외한 색(UV 포함) 식별	빨간색이 아닌 전형적으로 파랑색, 보라색, 엷은 보라색, 노랑색, 흰색
발달된 후각	UV에서 식별되는 화밀 표지가 존재
애벌레를 먹이기 위한 화밀과 꽃가루 필요	향기가 남
소낭이나 다리의 주머니 구조로 꽃가루 운반	수분의 보상으로 화밀과 꽃가루 제공
고도의 꽃에 관한 지능, 구성원 간 의사소통	
화밀을 먹는 파리	**화밀을 먹는 파리가 수분시키는 꽃**
발로 화밀 감지	단순하고 접근이 용이
튜브모양의 구기로 화밀을 빨아올림	빨간색 혹은 엷은 색, 냄새 없음
오물 파리	**오물 파리가 수분시키는 꽃**
열 혹은 오물이나 분뇨의 냄새나 색으로 유혹받음	오물이나 분뇨의 색
화밀이나 꽃가루 먹이가 필요 없음	열이나 악취 생산
	화밀이나 꽃가루를 제공하지 않음
나비	**나비가 수분시키는 꽃**
발달된 색 인지능	파랑색, 보라색, 짙은 분홍색, 주황색, 빨강색
발로 냄새 인지	가벼운 꽃향기
관 모양의 주둥이	화밀은 주로 가늘고 깊은 관에 존재
내려 앉을 장소 필요	내려앉을 장소 제공
발달된 꽃에 관한 지능	

유형, 상대적인 양 등의 정보를 같은 벌집에 사는 다른 구성원들에게 알려준다. 벌들은 많은 유형의 꽃들로부터 화밀을 수집할 수 있도록 중간 길이의 혀를 가지고 있다. 화밀은 식도가 확장된 벌의 소낭에서 운반되는데, 여기서 화밀은 효소에 의해 꿀로 바뀐다. 어떤 벌들은 또한 소낭으로 꽃가루를 운반하기도 하며 또 다른 벌들은 꽃으로부터 털이 많은 복부로 꽃가루를 운반하기 위해 다리를 이용하거나, 다리에 있는 주머니 모양의 구조물로 꽃가루를 운반한다(그림 24.17). 벌들은 색깔을 매우 잘 식별하여 자외선까지 감별하지만 적색맹이다. 또한 벌들은 후각이 아주 잘 발달되어 있어 촉수를 통해 사람이 맡을 수 있는 것보다 10~100배 희석된 농도의 냄새도 맡을 수 있다.

벌이 수분시키는 꽃들은 전형적으로 빨간색을 제외한 푸른색(그림 24.18), 보라색, 엷은 자주색 또는 흰색이며 점 무늬로 식별되는 화밀 표지를 가진다(그림 24.19). 만약 당신이 벌침에 알레르기가 있다면, 꽃무늬 옷이나 벌이 찾는 꽃 색깔의 옷은 피하는 것이 좋다. 벌에게 쏘일 위험이 있으나 의료적 처치를 받을 수 없는 외딴 곳에서 일하는 고고학자들이나 기타

표 24.1 일반적인 수분 양식

나방	**나방이 수분시키는 꽃**
주로 밤에 활동	밤에 개화
발달된 후각	희고(달빛을 반영) 밝은 색
길고 좁은 혀	향긋; 짙은 사향 냄새
일부는 내려 앉음	깊고 좁은 관에 화밀 존재
일부는 먹이를 취하는동안 공중에 떠 있음	흔히 내려 앉을 수 있는 공간 제공
새	**새가 수분시키는 꽃**
대부분 견고한 앉을 자리 필요	크고 튼튼
빨간색을 포함한 발달된 색 인지능	흔히 빨간색 혹은 기타의 밝은 색
후각기능 저조	특별한 향이 없음
주행성	낮에 개화
에너지(화밀) 요구가 큼	관 내에 다량의 화밀 생성
박쥐	**박쥐가 수분시키는 꽃**
야행성	밤에 개화
에너지 요구가 큼	풍부한 화밀과 꽃가루 제공
색맹	엷은 혹은 칙칙한 색
발달된 후각	진한, 흔히 박쥐같은 냄새
초음파를 이용한 방향 탐지(무성한 잎에서는 날지 못함)	개방형, 접근 용이, 나무 줄기에 있거나 매달려 있음
발달된 꽃에 관한 지능	
날지 못 하는 포유류 (영장류, 유대류, 설치류)	**날지 못하는 포유류가 수분시키는 꽃**
비교적 큰 크기	튼튼함, 수분 매개자들에 의한 손상에 내성
에너지 요구가 큼	당이 풍부한 많은 양의 화밀 제공
색약	어두운 색상
발달된 후각	냄새(반드시 향기로운 것은 아님)
수관(영장류)이나 땅 위(설치류)에 위치	

사람들은 일부로 벌의 시선을 끌지 않는 황갈색이나 황록색 혹은 기타 우중충한 색깔의 옷을 입는다.

벌이 수분시키는 많은 꽃들은 좌우대칭이어서 단일 축면에서 똑 같은 두 부분으로 나뉘어질 수 있다(그림 24.13, 24.19). **좌우동형**(zygomorphic) 혹은 **단축대칭**(monosymmetric)의 용어 또한 좌우대칭의 꽃에 적용할 수 있다. 많은 경우에 좌우대칭형 꽃은 정규적인 꽃(그림 24.20)에서 진화해 온 것으로 나타나는데 이는 벌들과 공진화한 결과이다(정규적인 꽃은 또한 방사대칭 혹은 다중대칭으로 기술된다.). 벌은 꽃차례에서 제일 낮은 성숙한 꽃을 먼저 찾고 그 다음 위로 올라가 더 어린 꽃들을 찾으며 결국 화밀과 꽃가루의 최상의 공급원을 찾아낸다. 예상되는 것처럼 벌에 적응된 꽃은 보답으로 화밀과 꽃가루를 제공한다.

화밀을 먹는 파리와 오물 파리, 그리고 파리가 수분시키는 꽃들 화밀을 먹는 파리는 주로 붉은색이나 엷은 색의 단순한 꽃에 이끌리는데, 이들은 거의 향기가 없으며 접근이 쉬운 특징이 있다(그림 24.21). 파리는 발로 화밀 속의 당분을 감지하여 관 모양의 구기로 그것을 빨아 올린다. 파리는 화밀을 구하러 꽃 표면을 돌아다니며 그 과정에서 꽃가루를 옮긴다.

그림 24.15 **아프리카 백합 메소니아(*Massonia*)는 설치류에 의해 수분된다**

그림 24.16 **목련꽃(*Magnolia*)** 딱정벌레가 접근하기 쉬운 넓고 펼쳐진 꽃잎을 주목하라. 다수의 수술에 많은 양의 꽃가루를 가지고 있으며, 이 중 일부는 딱정벌레에 의해서 소비된다.

그림 24.17 **벌의 몸체는 꽃가루를 옮기는데 적합하게 적응되어 있다** 잔털이 많은 몸체 위의 꽃가루와 다리에 있는 노란 꽃가루 주머니를 주목하라.

그림 24.18 **벌이 수분시키는 꽃(bee flowers)** 벌이 수분시키는 꽃의 예로는 블루벨(*Mertensia virginica*)이 있으며, 이 사진에서는 호박벌이 그 위에서 섭식하고 있다.

오물 파리가 수분시키는 꽃은 흔히 부패한 고기나 분뇨의 냄새와 모양을 가진다(그림 24.22). 많은 오물 혹은 똥파리가 수분시키는 꽃들은 열이나 혹은 그 열에 의해 확산되는 냄새 분자로 수분 매개자를 유혹하나 흔히 먹이는 제공하지 않는다. 열대 식물학자들이 말레이시아에서 기이한 큰 꽃이 피는 멸종 위기에 처한 라플레시아(*Rafflesia*)를 찾을 때는 후각에 전적으로 의존하는데, 이는 꽃들이 풍기는 썩은 냄새가 정글 속으로 멀리까지 퍼지기 때문이다(그림 24.23). 이 썩은 악취는 부족한 수의 수분 매개자들을 자극해 넓게 산발적으로 분포하고 있는 라플레시아 꽃들로 이동하도록 한다. 수마트라 섬이 원산인 거대한 아룸속 식물(*Amorphophallus titanum*)은 어마어마하게 큰 꽃을 가지며 고기가 썩고 있는 것을 연상시키는 심한 악취와 색을 통해 수분 매개자를 유혹한다. 이 꽃의 대단한 구조가 1장에 나와 있다.

그림 24.19 벌이 수분시키는 좌우대칭 꽃 디기탈리스(*Digitalis pur-purea*)의 꽃은 좌우대칭으로 단축면에 의해 2개의 동등한 부분으로 나눠진다. 화밀 표지 역할을 하는 꽃잎의 흰 점을 주목하라.

그림 24.20 벌이 수분시키는 방사대칭 꽃 앵초(*Dodecatheon*) 꽃은 꽃가루를 얻기 위해 진동을 하는 호박벌과 공진화했다. 꽃이 아래쪽 방향을 가리키는 것은 벌이 꽃밥의 꽃가루를 떠는 것을 도와준다.

그림 24.21 파리가 수분시키는 꽃 화밀을 생산하는 작은 꽃 송이 위의 수 많은 파리를 주목하라.

그림 24.22 오물파리가 수분시키는 꽃인 스타펠리아(*Stapelia*) 유액을 분비하는 식물종류인 스타펠리아는 수분 매개자를 유혹하기 위해 썩은 고기와 비슷한 악취를 내는 꽃을 가진다. 한 마리의 파리(화살표 머리)가 엷은 색의 꽃 가운데서 보인다. 스타펠리아의 선인장 같은 줄기와 두 개의 꽃눈이 뒤에 보인다.

나비와 나방 그리고 공진화한 꽃들 나비는 자외선에서부터 붉은색까지 광범위한 색을 식별할 수 있는 좋은 시력을 가지고 있다. 그들은 꽃을 시각으로 찾아내며, 그 꽃이 화밀을 제공할 것인지 판단하기 위해 내려앉은 후 발과 촉수를 이용하여 냄새를 맡는다(그림 24.24). 벌과 마찬가지로 나비는 꽃에 관한 지능을 가지고 있다. 즉 나비는 마땅한 꽃의 특성을 기억할 수 있어서 같은 유형의 다른 꽃들을 찾아 내는 항존도를 보인다. 나비가 수분시키는 꽃들은 향기를 가지고 있으며, 주로 푸른색, 보라색, 짙은 분홍색, 오렌지색, 붉은색을 띈다. 라일락, 라벤더, 카네이션, 털조장나무(*Viburnum*; 그림 24.24) 등이 나비가 수분시키는 식물에 속하며 이들은 향기가 매우 좋아 사람들은 정원수로 심거나 화훼장식에 이용한다.

밤에 날라 다니는 나방은 밤에 훨씬 잘 드러나는 달맞이꽃(*Ipomoea alba*; 그림 24.25)과 같은 '밤에 피는 흰꽃'에 이끌린다.

그림 24.23 **라플레시아 꽃(*Rafflesia* Flower)** 이 열대 식물은 썩은 향과 죽은 고기색의 꽃잎으로 수분 매개자를 유혹하는 꽃을 생산한다.

그림 24.24 **나비와 나비가 수분시키는 꽃** a) 한국산 털조장나무(*Viburnum*)의 관상꽃(화살표 머리)위의 나비. b) 나비의 주둥이를 통해 화밀을 빨아 올리는 것이 보인다(화살표).

나방은 가장 좋은 먹이 공급원을 찾을 때까지 밤에 꽃의 냄새를 좇아 다니며 아주 적은 빛 조건 하에서 꽃을 발견한다. 유카와 유카를 수분시키는 나방(*Tegeticula yuccasella*) 사이의 절대적인 관계는 북미에서 가장 잘 알려진 잘 연구된 수분 협력관계의 예이다. 유카는 밤에 가장 많이 향기를 내 뿜는 흰색 꽃의 화서를 가지고 있다(그림 24.26). 유카 나방은 꽃으로부터 먹이를 얻지 않고, 단지 이 꽃의 자방 내에 알을 낳을 수 있는지 확인하기 위해 꽃으로 들어간다. 유카 나방은 꽃에 이미 다른 나방이 먼저 알을 낳아 두었는지를 확인하고, 만일 선점자가 있다면 다른 식물의 꽃으로 이동하는데, 이 과정에서 꽃가루를 옮겨 이계교배를 가능케 한다. 그러나 만약 꽃이 알을 낳기에 적합하다고 판정되면, 나방은 자방의 심피 안에 알을 낳으며 더불어 주두에 꽃가루를 묻힌다. 나방의 유충이 나오면, 유충은 배주의 일부를 먹어 치우나 나머지는 종자로 성숙한다. 나방의 유충은 유카 종자가 성숙했을 때 꽃에서 나온다.

많은 나방들은 나비(혹은 벌새)를 유혹하는 페튜니아, 담배꽃(*Nicotiana*), 백화채(*Cleome*)와 같은 밝은 색의 꽃을 수분시키고 화밀을 얻는다. 나방과 나비는 그들의 길고 가는 혀로 벌들이 들어가기에는 너무 협소한, 꽃잎이 융합된 관 모양의 꽃으로부터 화밀을 빨아 올린다. 그들이 섭식하는동안 머리에 묻어 있던 꽃가루를 옮긴다. 나비와 대부분의 나방은 내려 앉을 장소가 필요하다. 그러나 일부 나방들은 예를 들어 열대에 풍부한 박각시나방(그림 24.27)과 벌새와 모양과 행동이 매우 유사한 벌새유리나방(*Hemarius thysbe*)처럼 낮 비행을 자제하는 나방은 정지비행 상태로 화밀을 얻는다.

새와 새가 수분시키는 꽃들 열대지역에서는 여러 종류의 새들이 특별히 중요한 수분 매개자 역할을 한다. 그 예로는 벌새, 꿀먹이새, 태양새, 꿀빨이새, flower-peckers, sugar birds, bananaquits, lorikeets, hanging parrots, 하와이 되새류, 미국꾀꼬리 등, 수 백종이 있다. 꽃을 찾는 새들은 낮에 먹이를 찾아 다니며 많은 종이 내려 앉을 장소를 필요로 한다. 새들은 초

그림 24.25 **나방이 수분시키는 달맞이꽃**

그림 24.26 유카식물의 화서와 나방이 수분시키는 꽃

그림 24.27 바오밥나무(*Adansonia*)의 꽃에 찾아온 박각시나방

록 잎을 배경으로 한 붉은 색 물체를 볼 수 있는 능력을 포함한 발달된 색채 인식 능력을 가지고 있으나 좋은 후각을 가지고 있지는 않다.

벌새는 꽃들과의 상호관계로 특히 잘 알려져 있다(그림 24.28). 북미와 남미에는 300종 이상의 벌새가 있다. 벌새의 바늘같은 부리(그리고 긴 관 속으로 말려있는 긴 혀)는 깊숙한 관상 구조 의 꽃 안에 있는 화밀을 취하기에 적합하도록 잘 적응되어 있다. 벌새는 실제로 화밀을 빨아 올리지 않고 혀로 화

그림 24.28 벌새 꽃 벌새의 행동과 해부구조는 긴 관 모양의 매달린 꽃으로부터 화밀을 모으기 적합하게 적응되어 있다.

밀을 취해 혀가 입으로 되돌아 간 다음 삼킨다. 화밀과 더불어 벌새는 꽃 근처에 있는 작은 곤충들도 먹는다. 벌새의 어깨 관절을 회전 시키는 독특한 날개 구조는 정지비행과 전후로 비행하는 것을 가능케 하며 이는 매달려 있는 꽃으로부터 빠르게 먹이를 취하는데 유용하다. 벌새가 먹이를 취할 때 머리에 꽃가루를 묻혀서 다음 번 방문하는 꽃의 주두에 이를 옮기게 된다.

벌새가 수분시키는 꽃들은 주로 낮에 개화하며, 밝은 붉은 색이나 짙은 분홍색, 혹은 화려한 앵무새 같은 색 조합을 가지나 향기는 없다. 향기가 없고 짙은 색채는 붉은 색을 보지 못하는 벌의 접근을 막아 새에게만 보답으로 줄 수 있도록 화밀이 간직된다. 또한, 벌새에 적응된 꽃이 제공하는 화밀은 벌에 의해서 선호되는 진한 화밀에 비해 훨씬 더 묽다. 새가 수분하는 꽃의 화관은 흔히 융합되어 새가 필요로 하는 많은 화밀을 보유할 수 있도록 관 모양을 하고 있다. 발생 동안에 다른 기관에 속하는 조직이 융합하는 것은 거의 꽃식물에만 있는 독특한 특징이며 그의 진화적 기원은 수분 협력관계와 관련이 있다. 꽃의 색, 화밀의 점성, 가시적인 화밀관, 새가 먹이를 취하는 관상 구조의 놀라운 상호관계는 공진화의 강력한 상호 효과를 말해 주는 주목할 만한 예가 된다.

벌새가 수분하는 인기있는 정원 식물에는 사루비아(*Salvia*), 매발톱꽃(*Aquilegia*), 베르가모트(*Monarda*), 수령초(*Fuchsia*) 등이 있다(그림 24.29). 바나나와 관련된 스트렐리트지아속(극락조화, *Strelitzia*) 식물은 앵무새 빛깔의 주황색과 푸른색의 조합으로 된 아주 화려한 꽃을 가진다(그림 24.30). 스트렐리트지아 꽃은 화밀에 도달하려면 꽃에 앉아야 하는

아프리카 태양새가 수분하기에 적합하다. 새의 무게로 푸른 색 꽃잎을 밀어 내어 수술을 드러나게 하며 이 때 새의 하복부에 꽃가루를 묻히게 된다.

박쥐와 박쥐가 수분시키는 꽃들 박쥐는 야행성으로 장거리를 날 수 있으며(따라서 먹이 요구가 높다), 선호하는 식물의 위치에 대해 뛰어난 기억력을 가지고 있다. 그들은 색맹이나 후각은 발달되어 있으며 날라 다니는데 반향정위(초음파 사용)를 사용한다. 박쥐는 잎들 사이에서는 그들이 방사한 음파가 많은 잎들에 의해 반사되어 결국 혼란스런 신호가 접수되어 잘 날 수 없다. 박쥐를 수분 매개자로 해서 공진화한 꽃들은 밤에 개화하며, 엷거나 거무죽죽한 색깔을 띠어 다른 매개자들은 접근하지 않는다. 박쥐가 수분시키는 꽃은 박쥐 냄새를 모방한 강한 냄새를 풍기며, 또 쉽게 접근할 수 있도록 넓은 종 모양을 하고 있다. 박쥐가 쉽게 위치를 찾아낼 수 있도록 꽃은

그림 24.29 **흔하게 재배되는 여러 꽃들은 벌새가 수분한다** 예로는 a) 베르가모트(*Monarda*)와 b) 수령초가 있다.

그림 24.30 **스트렐리트지아(극락조화, *Strelitzia*)는 앵무새 색깔의 새가 수분하는 꽃을 가진다**

그림 24.31 **박쥐는 열대지역에서 일반적인 수분 매개자이다**

흔히 잎 아래에 매달려 있거나 나무의 줄기 위에 존재한다. 이들 꽃은 박쥐에게 잡혀도 생존할 수 있을만큼 강하며 어떤 박쥐들은 올라앉는 자리를 필요로 하기도 한다. 꽃은 풍부한 화밀과 꽃가루 먹이를 수분의 보답으로 제공한다.

박쥐는 열대지방에서는 아주 중요한 수분 매개자이다. 열대와 아열대 지역에서 수지 생산으로 가치가 있는 콩과식물에 속하는 나무(*Hymenaea stigonocarpa*)는 오직 하룻밤만 꽃을 피우며 그 밤 동안에 많은 양의 화밀을 생산하는 희고 큰 꽃을 가진다. 이 꽃을 가장 자주 찾는 방문객은 특수한 화밀 섭식자인 *Glossophaga soricina* 라는 박쥐 종이다. 이 박쥐는 꽃의 정면에서 정지 비행을 하여 화밀을 핥아 먹기 위해 머리를 밀어 넣으며 꽃가루를 얻기 위해 꽃밥을 핥는다. 박쥐에 의해서 수분되는 기타의 열대 식물에는 유용한 섬유를 얻는 판야나무와 야생바나나(*Musa*)가 있다(그림 24.31).

24.3 | 식물 또한 종자 산포를 위해 동물과 공진화 해 왔다

많은 꽃식물과 일부 겉씨식물들은 종자 산포를 위해 동물들을 이용하며, 그 보답으로 열매를 먹이로 제공한다(그림 24.32). 종자 산포는 식물들이 한정된 자원에 대하여 양친과 자손 식물들간에 경쟁하는 것을 감소시켜주고, 종자 포식자에 의해 발견되어 그 해에 생산된 모든 종자가 다 먹혀 버릴 가능성을 낮추며, 식물이 새로운 지역을 서식지로 개척하도록 하기 때문에 식물에게 유리하다.

많은 식물들이 열매와 종자를 산포하기 위해 바람을 이용하고(그림 24.33), 일부는 야자나무처럼 물을 이용하나, 이 역

그림 24.32 **종자 산포의 대리자 동물** 마코앵무새는 미숙한 녹색 열매보다는 성숙한 열매에 유혹됨을 주목하라.

할을 위해 동물을 이용하는 것은 많은 이점이 있다. 낮 동안 혹은 이주하고 있는 동안 동물의 이동을 예측할 수 있으므로 공진화된 식물은 종자와 열매의 생산 시기를 동물의 출현 시기와 일치시킨다. 털이 많은 동물들은 까끌까끌한 달라 붙는 열매를 몸에 붙여서 옮긴다(이들 열매는 산책하는 사람의 양말과 바지에 붙어서 성가시게 하기도 한다; 그림 24.34). 설치류나 개미는 흔히 종자를 땅속으로 옮겨 먹이로 저장하는데, 여기서 일부는 살아 남아 발아하기도 한다. 더 큰 동물들은 많은 열대 지역 나무에서 생산되는 크고 무거운 종자를 섭취하여 종자를 먼거리까지 이동시킨다. 이러한 나무들은 종자의 배가 발아하고 유묘가 짙은 그늘의 삼림 바닥에서 잘 자랄 수 있도록 상당한 양의 영양을 제공하는 큰 종자가 필요된다.

(a) (b)

그림 24.33 **바람이 산포하는 종자와 열매** (a) 금관화(*Asclepias*)의 수염털이 달린 종자가 열매에서 방출되고 있다. (b) 은단풍(*Acer saccharinum*)의 날개달린 열매(분리과): 각각 종자를 하나씩 가진다.

그림 24.34 **동물이 산포하는 열매와 종자** 해바라기과의 한 종류인 우엉(*Arctium*)의 열매. 갈고리모양의 다발(확대 사진)은 지나가는 동물의 털(혹은 양말)에 달라 붙는데 매우 효과적이다. 전체 화서에서 발달된 열매는 식물에서 떨어져 나와 안에 있는 적정 수의 종자를 옮긴다.

동물의 소화계를 통해서 씨가 지나갈 때, 씨는 소화되지 않고 빠져 나와 유용한 비료더미인 배설물과 함께 섞여 밀려 나오며 이 배설물은 유묘의 성장에 더욱 도움이 된다. 예를 들어 삼림 속에서 코끼리는 떨어져 있는 큰 열매를 섭취하여 50여 종의 아프리카 수목들의 종자를 원래의 위치에서 50 km에 달하는 원거리에 옮겨 놓는다. 한 예로 *Omphalocarpum*의 열매를 들 수 있는데 이 열매는 크기와 단단함이 인간의 두개골과 비슷하다(그림 24.35). 자연에서 오직 코끼리만이 이 열매를 깨서 열 수 있으며 이렇게 됨으로써 비로소 그 종자가 밖으로 나오게 된다. 일반적으로 한 마리의 코끼리 분변 덩어리 속에는 온전하거나 혹은 발아된 수 백 종류의 종자가 포함되어 있다. 마지막으로 수분의 경우에서처럼 동물은 같은 식물 종에 계속적으로 방문하게 되는 항존도를 부여하는 식물을 선호한다.

동물에게 성숙하여 산포를 기다리는 종자가 들어있는 잘

그림 24.35 *Omphalocarpum*의 큰 열매는 코끼리에 의해서 산포된다

익은 열매가 있음을 알리는 주요 표식은 색깔과 냄새이다. 예로써 아프리카 코끼리는 정글 바닥에서 *Omphalocarpum*이나 기타 그들이 좋아하는 열매를 이것들이 풍기는 강한 냄새로(그리고 꽤 커다란 열매가 숲의 바닥에 떨어질 때 나는 커다란 소리에 의해서) 발견하게 된다. 식물들은 흔히 그들의 열매를 붉은색, 주황색, 검은색, 노란색, 푸른색 등으로 색깔을 변화시킴으로써 성숙한 열매가 있음을 알린다(그림 24.36). 색깔을 식별하는 새나 혹은 열매를 먹는 기타의 동물들은 녹색의 식물 잎을 배경으로 하고 있는 설익은 열매의 색깔인 녹색을 식별하지 못하며, 따라서 열매가 충분히 성숙될 때까지 그대로 두게 된다. 이러한 상황은 미숙한 종자보다 발아할 가능성이 높은 성숙한 종자가 산포될 수 있도록 한다. 색깔 변화는 또한 익은 열매가 곰팡이나 세균에 의해 썩기 전에 빠르게 산포될 수 있게 도와 준다.

온대지역의 숲에서는 약 300여 종의 식물이 새들에 의해 종자가 산포되도록 적응되어 있다. 이들 식물들은 전형적으로 과육이 있는 열매를 생산하여 새들에게 보답으로 먹이를 제공하는데, 이 열매 안에 있는 딱딱한 종자는 새의 장관을 지날 때 손상되지 않은 채 잘 통과할 수 있을만큼 작다. 여름에 익는 과일들은 달고 과즙이 많으며 탄수화물이 풍부한 먹이를 제공해 토착새들을 유혹한다. 그 예로는 블루베리, 체리, 딸기, 검은딸기가 있다. 이들 열매의 일부는 초록에서 분홍 혹은 빨강, 그리고 그 다음은 푸른색이나 검은색으로 이중의 색 변화를 거친다. 토착새들은 반복적으로 방문하여 과일의 상태를 관찰함으로써 언제 어디서 익은 열매를 얻을 수 있을지를 예측한다. 지구상에 꽃이 매우 다양함에 감탄하고 그 열매를 감사히 여기는 사람들은 공진화의 자연적인 과정에 특별한 감사를 돌리게 된다.

그림 24.36 동물 산포자에게 열매의 색 변화로 열매가 성숙하였음을 알린다. 미국자리공(*Phytolacca*) 꽃(a)은 처음엔 녹색 열매(b)를 만들고 그 다음은 검은 자줏빛(c)으로 변한다

요점

24.1 시간을 거쳐 오며 서로의 진화에 영향을 주어 왔던 생물들은 공진화하였다고 말한다. 모든 공진화적 상호작용이 유익한 것은 아니나 꽃식물과 동물 사이의 관계는 상호 유익한 경우가 많다. 이런 경우에는 수분, 종자 산포, 방어적인 공진화적 상호관계 등이 포함된다. 공진화는 농업과 생태학에서 중요시 되는 면이다.

24.2 동일한 종 내의 한 꽃에서 다른 꽃으로 화분이 옮겨지는 교차수분은 식물로 하여금 이계교배가 잘 이루어지도록 하므로 식물에게 유리하다. 이계교배는 유전적 다양성을 높여서 환경 변화에 잘 적응할 수 있게 한다. 식물은 이계교배를 증진시키기 위해 다양한 기작을 가지고 있으나, 어떤 식물들은 자가수분을 한다. 동물 수분 매개자들은 정확하고 충실도가 높은 교차수분을 해 준다. 식물은 대개 수분을 해 준데 대한 보답으로 당분이 풍부한 화밀과(혹은) 지질과 단백질이 풍부한 꽃가루를 제공한다. 식물은 꽃의 색깔과 향기로 수분 매개자들을 유혹한다. 꽃들은 그 모양과 꽃차례에서의 배열로 매개자들의 접근을 조절한다. 동물 수분 매개자들은 선호하는 꽃의 특징을 학습해 반복적으로 선호하는 종류의 꽃을 방문하게 된다. 반복되는 방문은 식물과 수분 매개자 모두에게 유익하다. 꽃의 특징은 그들의 수분 매개자의 특성과 잘 조화된다. 중요한 수분 매개자에는 딱정벌레, 벌, 파리, 나방, 나비, 새, 박쥐 등이 있다. 이들 각각은 특정한 색깔, 냄새, 모양 및 기타의 특성을 가진 꽃들을 방문한다.

24.3 식물과 동물들은 또한 종자산포에 대해서도 공진화의 상호관계를 가지고 있다. 종자 산포는 자손식물들을 새로운 환경으로 분산시키므로써 식물에게 유익하다. 열매와 잉여 종자들은 산포에 대한 보상으로 동물에게 먹이로 제공된다. 색깔과 냄새는 성숙한 종자와 열매가 있다는 것을 동물들에게 알리는 주요 표식이 된다. 과일 작물들은 사람을 포함한 동물들을 유혹하는 방향으로 적응되어 왔다.

문제

1. 이계교배와 동계교배는 어떻게 다른가? 동계교배의 단점은 무엇인가? 꽃식물이 동계교배의 가능성을 줄이고자 이용하는 여러 전략을 기술하라.
2. 동계교배에 의한 어떤 긍정적인 기능이 있는가?
3. 식물이 동물 수분매개자에게 보답으로 제공하는 일부 먹이에 대해 기술하라.
4. 식물이 수분매개자를 유혹하기 위해서 사용하는 일부 전략에 대해서 논하라.
5. 수분과 관계해서 꽃의 항존도 혹은 충실도를 기술하라. 식물에 대해 수분 매개자의 항존도의 이점은 무엇인가? 수분매개자에 대해서는?
6. 딱정벌레와 딱절벌레가 수분시키는 꽃 사이의 상호작용에 대해서 논하라. 각 생물체가 이러한 상호작용을 위해서 어떻게 변형되나?
7. 벌과 벌이 수분시키는 꽃 사이의 상호작용에 대해서 논하라. 각 생물체가 이러한 상호작용을 위해서 어떻게 변형되나?
8. 파리와 파리가 수분시키는 꽃 사이의 상호작용에 대해서 논하라. 각 생물체가 이러한 상호작용을 위해서 어떻게 변형되나?
9. 나비, 나방과 이들이 수분시키는 꽃 사이의 상호작용에 대해서 논하라. 각 생물체는 이러한 상호작용을 위해서 어떻게 변형되나?
10. 새와 이들이 수분시키는 꽃 사이의 상호작용에 대하여 논하라. 각 생물체는 이러한 상호작용을 위해서 어떻게 변형되나?
11. 박쥐와 박쥐가 수분시키는 꽃 사이의 상호작용에 대해서 논하라.

응용개념

1. 무화과는 은화과(syconia)라고 하는 폐쇄형 꽃차례로 꽃을 만든다. 그러한 무화과는 가슴에 꽃가루를 묻힌 한 마리의 암컷 무화과 말벌의 방문을 받는다. 말벌은 은화과를 파고 들어가 일부 무화과의 자방에 알을 놓으며 무화과 꽃을 수분시킨다. 결국 말벌 유충들은 마리 당 한 개씩의 성숙 중인 종자를 먹어치우며, 대신 유충이 없는 배주들은 정상적인 무화과 종자로 성숙한다. 부화한 후에 수컷 말벌들은 암컷과 교배하게 되며, 이들은 은화과 주변을 기어다니며 숫꽃으로부터 꽃가루를 모은다. 결국 암컷 말벌들은 이후 새로운 은화과로 날아가서 다시 이러한 과정을 되풀이하게 된다. 만일 암컷 말벌이 다음 은화과로 꽃가루를 옮기지 못하면 먹이로 요구되는 종자가 생기질 못해 자손은 아무도 살아 남을 수 없게 된다. 역으로 은화과에 어떤 말벌도 방문하지 않는다면 꽃이 수분되지 않아 무화과의 종자도 없을 것이다. 무화과와 말벌은 그들의 생활환을 완수하기 위해 서로 친밀하게 의존한다. 이러한 밀접한 관계에 있는 각 생물체에 대해서 이점과 불리한 점을 기술하라.
2. 1877년, 찰스 다윈(Charles Darwin)은 브라질의 숲속에서 자라고 있는 다색채의 *Lantana* 꽃을 관찰해 온 자연과학자인 프릿츠 뮬러(Fritz Muller)로부터 편지를 받았다. 그의 편지에 기술하기를, "여기 *Lantana* 꽃이 3일 동안에 첫째 날은 노란색, 둘째 날은 주황색, 셋째 날은 보라색으로 변했네. 여러 나비들이 이 식물을 찾아 왔지만 내가 본 바로는 보라색 꽃은 나비가 건드리지 않네. 어떤 나비들은 주둥이를 노란색과 주황색 꽃 안으로 집어넣고, 또 어떤 것들은 첫째 날의 노란색 꽃으로만 파고 들곤 하네. 만약 그 꽃이 첫째 날이 지나서 바로 떨어져 버리면 그 꽃은 눈에 훨씬 덜 띌 걸세"(*Nature* 17[78]: 1877). 이러한 현상에 대해 어떻게 생각하는가? 식물들과 나비 사이에 정보교환이 있는 것일까?
3. 박쥐가 수분시키는 꽃들이 벌이 수분시키는 꽃들과 전형적으로 다른 점을 기술하라.
4. 스미르나형 무화과나무(smyrna fig)는 건조시켜 먹기에 매우 적합한 맛있는 과일이다. 이 식물은 삽목에 의해 쉽게 번식시킬 수 있으며 1700년대에 캘리포니아에 처음 들어 와 1800년 초에는 대규모로 과수원에 식재되었다. 그러나 이 나무는 매우 잘 자라긴 하였지만 열매를 맺지 않았다. 1860년대에 캘리포니아 모데스토 근처의 무화과 과수원에 야생 무화과가 심겨 졌는데, 그 후 그 곳의 스미르나 무화과가 맛있는 열매를 맺기 시작했다. 그때 캘리포니아의 다른 과수원에서는 여전히 결실이 없었다. 1번 문제를 고려할 때 이와 같은 상황을 어떻게 생각하는가? 왜 그 성숙한 무화과 나무가 갑자기 열매를 맺기 시작하였을까?

25장 생태학의 원리와 생물권

지구

주요 개념

- 생태학은 개체군과 이들의 물리적 환경과의 상호작용에 중점을 두는 과학이다.
- 생물 개체군은 생장을 하고 뚜렷한 지위(niche)를 차지하며 다른 개체군과 상호작용한다.
- 군집은 서로 다른 정도의 종 다양성을 지니고 있으며, 천이(succession) 과정에서 시간이 흐름에 따라 종의 조성이 변화한다.
- 생태계에서 다른 종의 개체들은 먹이사슬과 먹이망 속에서 다양한 기능적인 범주를 차지하고 있다.
- 유사한 기후를 갖는 생태계를 생물군계라 하며, 범지구적 차원의 생물지화학적 순환을 통해 상호작용한다.

사막을 여행하는 사람에게 주의를 요하는 주요한 특징은 열이다. 모든 사막이 전부 뜨겁지는 않을 지라도 더운 사막의 여름은 50℃ 이상의 온도를 갖는 오븐처럼 될 수 있다. 두 번째 특징은 빛이다. 여름의 사막은 눈부실 정도로 밝다. 그러나 사막을 특징짓는 것은 열과 빛이 아니다. 사막에 사는 모든 생물(미생물, 식물, 동물)은 물 부족에 의한 다양한 외형을 가지기 때문에 사막은 매혹적인 환경이다.

사막식물은 물 부족에 대해 수많은 적응양상을 보인다. 많은 사막식물은 건조한 종자, 지하의 인경이나 저장뿌리로서 거친 환경을 이겨 나간다. 비가 오면 이들 식물은 잎과 꽃을 활짝 펼쳐 살아있는 카펫같이 사막을 뒤덮는다. 다른 식물은 건조한 하상과 같은 저지대에서 생장하는데 이곳에서 이들은 지하수면까지 뿌리를 내릴 수 있다. 그러나 가장 흔한 사막식물은 두터운 줄기를 가진 선인장과 두터운 잎은 갖는 용설란 종류로 이들은 연중 혹독한 사막기후를 견디어 낸다. 이들 식물은 고온을 견디어내며 물을 흡수해서 두터운 줄기나 잎에 다량의 물을 저장할 수 있다.

사막에는 또한 동물이 존재하며 식물은 다양한 방법으로 동물과 상호작용을 한다. 선인장과 다른 사막식물은 날카로운 가시를 이용하여 초식동물로부터 줄기를 보호한다. 벌들은 사막의 꽃들을 수분시키며 개미와 설치류들은 종자를 약탈한다. 새들은 선인장의 가시 줄기에 둥지를 만들고 조심성 없는 설치류를 사냥한다. 밤이 되면 많은 동물들이 굴 밖으로 나와 먹이를 찾거나 사냥을 한다.

사막은 생태계의 한 예이다. 생태계는 한정된 장소에 살고 있는 생물과 그 장소의 물리적 환경으로 구성되어 있다. 오늘날 대부분의 생태계와 마찬가지로 사막 또한 인간의 개발에 의해 위협을 받고 있다. 이 장에서 논의하는 생물학의 한 분야인 생태학에 대한 지식은 인간이 의존하는 자연세계를 이해하고, 이용하고 또한 보존하는데 필수적이다. ■

사막식물

25.1 | 생태학의 정의 및 체계

생태학(ecology)이라는 단어는 oikos(집)라는 말과 logos(지식 또는 학문) 라는 뜻을 가진 두 개의 그리스어 단어로부터 유래되었다. 생태학은 글자 그대로 집에 대한 학문이라는 뜻인데, "집"은 시적으로 자연을 나타낼 때 사용한다. 실제로 생태학은 생물과 생물 간의 상호작용 그리고 이들 환경의 물리적, 화학적 성분간의 상호작용에 대한 학문이다. 생태학은 개체 수준 이상의 생물학적 체계를 다룬다. **개체군**(population)은 초원 안의 모든 민들레처럼, 특정한 지역 안에서 한 가지 종의 개체들로 이루어져 있다. 대부분의 생태학자들은 개체군에 대해 연구한다.

군집(community)은 특정한 지역 안에서 여러 종의 생물체들로 이루어져 있다. 기온이 온화한 숲은 그 지역 내의 모든 미생물, 식물, 그리고 동물로 이루어져 있다. **생태계**(ecosystem)는 좀더 일반적인 생태학적 용어로서, 군집과 군집의 물리적 환경으로 정의된다. 초지생태계를 연구하는 생태학자는 강우의 계절적 양상, 온도 그리고 영양소가 생물량 축적과 종간의 상호작용에 어떻게 영향을 미치는지를 조사한다.

기후가 비슷한 생태계들을 **생물군계**(biome)라고 한다. 열대우림은 따뜻한 온도와 많은 강수량의 특징을 가지고 있는 생물군계로 중미와 남미, 아프리카 그리고 동남아시아 등에 나타난다. 비록 이들 열대우림이 비슷한 기후를 가지고 있을지라도, 각 지역의 군집은 서로 다른 종으로 구성되어있다. 물과 탄소와 같은 물리적 요소들은 생물체와 지구의 물리적 환경 사이에서 순환한다. 모든 생물군계를 합쳐서 **생물권**(biosphere)이라 하며, 지구상의 모든 생물체를 포함한다. 생태학자들은 생물학적 조직체의 보편적인 원리를 찾기 위해서 각 생물학적 체계, 즉 개체군, 군집, 생태계, 생물군계 그리고 생물권을 연구한다.

25.2 | 개체군의 특성

많은 일반 생태학적 원리들은 개체군 수준에도 적용된다. 개체들은 태어나고, 성장하며, 늙고, 죽게 된다. 개체군 또한 성장하고 쇠퇴한다. 생물 개체군은 소택지나 우림과 같은 특정 유형의 서식처에 살아가는데 서식처는 도로의 주소에 비유될 수 있다. 생태학적 지위는 거주지와 비슷하다. 지위는 개체군이 무엇을 하며, 개체군이 군집과 어떻게 조화를 이루고 있는지를 설명한다. 지위는 온도, 습도 등과 같이 개체군의 발생을 결정짓는 비생물적(죽은) 요소들과 개체군이 다른 생물체들과 같이 상호작용을 하는 생물학적(살아있는) 요소들을 모두 포함하고 있다. 여러 종의 개체군은 다양한 방법으로 상호작용을 한다. 몇몇 개체군들은 상호 이익의 관계속에서 서로 살아가는 반면, 다른 개체군들은 공간이나 다른 자원들을 차지하기 위해 서로 경쟁하면서 살아간다.

개체군내의 식물은 무작위, 균일 또는 집중 양상으로 분포한다

개체군내에서 개체들은 가까이 있는 개체와 다양한 거리를 두고 있다. 생태학자들은 3가지의 기본적인 분포양상을 고려한다(그림 25.1). 개체군에서 무작위 양상은 환경조건이 거의 균일하고 자원이 안정되고 개개 생물체가 서로 끌어당기거나 밀어내지 않을 때 형성된다. 한 예로 공원이나 잔디밭에 자라는 서양민들레(*Taraxacum officinale*)를 들 수 있다. 잔디밭 환경은 균일하고 안정적이다. 서양민들레 종자는 바람에 의해 서식지 내에 무작위로 분산되어 분포한다.

개체군에서 식물의 균일분포는 자연에서 흔하게 나타난다. 옥수수와 같은 재배작물은 균일분포 양상의 한 예이며, 소나무 임상은 자연적인 예이다. 다 자란 나무는 임상아래의 묘목에 그늘을 만들며 성숙한 다른 나무와 공간에 대한 경쟁을 함으로서 임상 내에서 나무들의 균일한 분포양상을 만든다. 캘리포니아의 모하비사막(*Mojave desert*)에서 남가새과의 상록관목(*Larrea tridentata*)은 수분에 대한 뿌리 경쟁으로 인해 부분적으로 균일 양상으로 분포하고 있다(26장 참조). 개미와 설치류는 성숙한 관목아래 보금자리를 마련하고 성숙한 관목 밖으로 분산된 종자를 먹어치운다. 초식자로부터 벗어나 생존한 종자만이 죽은 관목 내에서 발아하거나 늙어 쇠퇴해간다.

집중 분포양상은 자원이 집중되어 있기 때문에 자연환경 내에서 가장 흔하게 나타난다. 큰잎부들(*Typha latifolia*)과 같은 식물은 습한 장소에서 잘 자란다. 일반적으로 저지대가 더 많은 수분을 함유하고 있으므로 큰잎부들의 종자는 저지대에서 가장 잘 자라며 저지대에 집중되어 있다. 또한 성숙한 식물들은 자신의 주변에 종자를 떨어뜨리거나 좋은 환경 내에서 기는줄기를 통해 생식을 한다. 분포양상은 생물학의 주요양상과 식물의 상호작용을 보여준다.

연령분포와 생존곡선은 개체군의 연령구조를 보여준다

일년생이라 불리는 많은 식물들은 한해 만 생존하고, 다른 식물들은 2년에서부터 수백 년 동안 생존하며 로키산맥의 남서부에 살고 있는 브리슬콘소나무(*Pinus longaeva*)는 수 천년동안 생존한다. 개체군의 연령구조는 연령분포그래프에 의해 특징 지워질 수 있다(그림 25.2). 연령분포 그래프는 개체군내에서 다른 나이를 갖는 개체들의 수와 비율을 보여준다. 그래프는 가장 풍부한 연령계층과 가장 높은 사망률이 발생한 연령을 보여준다.

생존곡선은 개체들의 연령에 따라 특정 개체군의 사망률이 어떻게 변하는 지를 보여준다. 생존곡선에는 3가지의 기본형

그림 25.1 개체군내에서 생물종의 분포 양상
(a) 무작위, (b) 균일, (c) 집중분포.

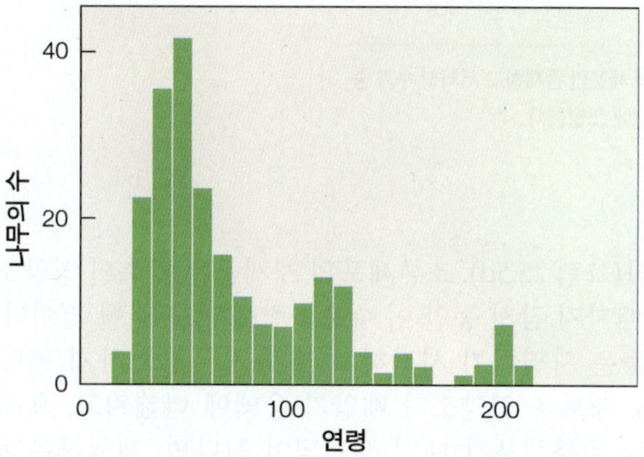

그림 25.2 스웨덴에 서식하고 있는 소나무(*Pinus sylvestris*) 개체군의 연령분포

이 있다(그림 25.3). I형 곡선에서 개체군의 사망률은 어리고 젊은 개체들에서는 매우 낮고 늙은 개체들에서 급격히 증가한다. I형 생존곡선은 자식에 대한 부모의 보살핌과 관심을 보이는 인간과 다른 척추동물 그리고 플록스 식물(*Phlox drummondi*)에서 전형적으로 나타난다. II형 곡선은 연령에 따른 일정한 사망률을 보여준다. 소수의 조류와 무척추동물 그리고 미나리아재비(*Ranunculus acris*)는 II형 생존곡선을 갖는다. III형 곡선에서는 어린 연령 계층의 사망률이 매우 높다. 흰전동싸리(*Melilotus alba*)와 사막의 거대 사구아로 선인장(*Carnegiea gigantea*)은 III형 곡선을 보인다. 종자와 유묘는 수분부족과 같은 열악한 생육조건에 취약하며 초식동물로부터 큰 피해를 입는다. 사구아로 선인장 하나는 일생동안 약 4천만 개의 종자를 생산하는데 이들 종자의 1/4 이하만이 발아에 우호적인 환경에 정착한다. 이중 0.4%만이 개미, 새, 설치류와 같은 초식동물로부터 벗어나 새싹이 될 수 있다. 새싹 중 99%가 첫 해에 동물에게 섭취되며 다른 식물들 아래나 바위틈에 숨겨진 소수만이 남게 된다. 사구아로 새싹이 특정 크기나 연령에 도달하게 되면 이차산물을 만들고, 가시를 발달시킴으로써 초식동물에 대한 저항성을 갖게 되어 사망률이 감소하게 된다.

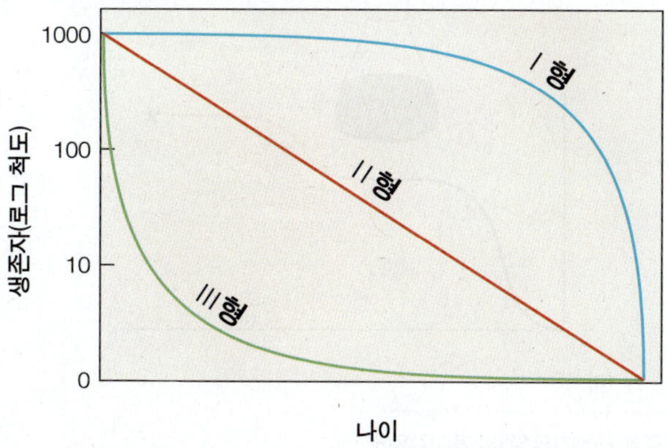

그림 25.3 생존곡선 I 형에는 사람과 다른 포유류가 포함된다. II 형은 일부 조류와 무척추 동물에서 발견된다. III 형은 많은 식물과 무척추동물을 포함한다.

개체군은 뚜렷한 생장양상을 보여준다

개체군 생물학에 있어 가장 기본적인 양상의 한 가지는 "생장"이다. 생물 개체는 태어나고(포자와 종자의 경우 발아), 성장하고 결국에는 사멸한다. 개체군은 출생률과 사망률을 갖는다. 개체군의 출생률은 일정한 시간 간격을 두고 그 개체군에서 출생 또는 발아한 수를 뜻한다. 이와 유사하게, 사망률은 같은 시간 간격에서 개체군에서 사망한 수를 말한다. 개체군의 증가율, 더 정확하게 말해서 순생장률(net growth rate)은 개체군에서 출생률과 사망률의 차이를 말한다. 수학적인 표현은 $r = b - d$ 이고, b는 개체군의 출생률, d는 개체군의 사망률 그리고 r은 순생장률이다. 사망률이 출생률보다 크면 순생장률은 음이 되며, r의 값이 음인 개체군은 시간이 지남에 따라 감소할 것이다(그림 25.4a). 출생률이 사망률보다 크면 순생장률은 양의 값을 가지며, r이 양을 값을 가지면 시간이 지남에 따라 개체군은 증가할 것이다(그림 25.4b). 분명한 것은 시간이 경과함에 따라 어떠한 개체군도 무한정으로 계속 증가하지 않는데, 그렇지 되지 않으면 개체군은 곧 환경을 압도

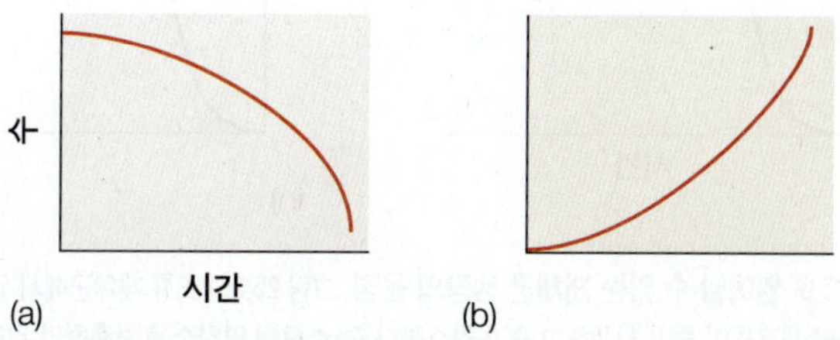

그림 25.4 성장률 (a) 음의 성장률을 보이는 개체군 (b) 양의 성장률을 보이는 개체군.

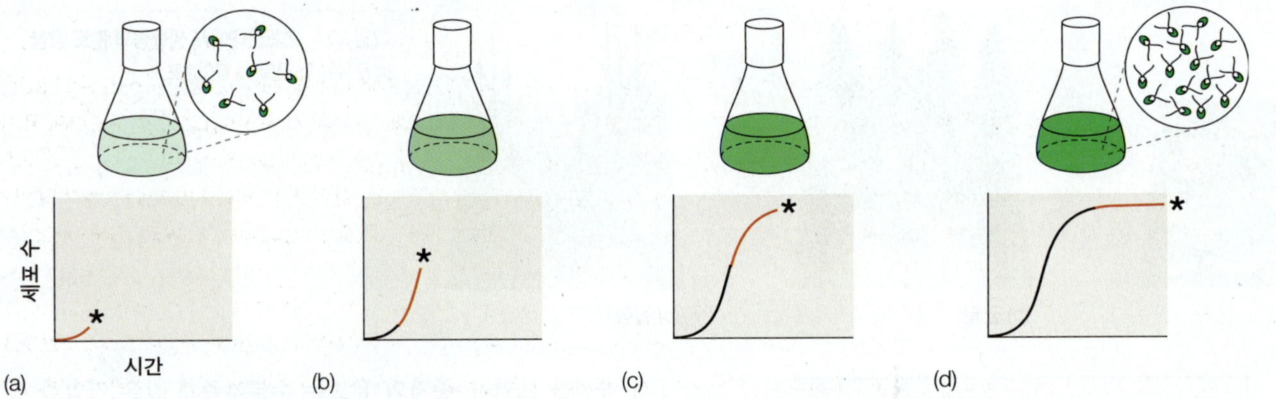

그림 25.5 전형적인 생장곡선 다른 생장기(적색)에 있는 플라스크 내의 조류 개체군 (a) 초기에는 소수의 세포만 존재하고 서서히 수가 증가한다. (b) 최대속도로 수가 증가한다. (c) 생장이 느려지기 시작한다. (d) 영양이 제한됨에 따라 개체군이 최대에 도달한다.

하게 될 것이다.

개체군의 생장과정을 알아보기 위한 가장 쉬운 방법은 다음의 예에서 찾을 수 있다. 조류가 생장하는데 적합한 영양분이 풍부한 배지로 채워진 1리터의 플라스크가 있다고 가정하자. 체세포분열에 의해 무성생식을 하는 운동성을 가진 단순 조류를 시간 "0"에 플라스크에 집어넣는다. 이런 조건하에서 사망률을 무시하면 순생장률은 출생률과 같게 된다. 처음에는 배양기의 조류 수가 너무 적기 때문에 개체군은 서서히 증가하게 된다(그림 25.5a). 수가 증가함에 따라 개체군의 생장률은 개체군을 최대로 유지할 수 있을 때까지 증가한다(그림 25.5b) 이 점에서 개체군은 최대의 순생장률 단계에 이르게 된다. 개체군이 이러한 생장률을 유지 할 수 있으면, 플라스크는 조류로 가득 채워질 것이다. 그러나 이러한 상황은 일어나지 않는다. 인과 같은 영양소가 고갈되면서 개체군의 순생장률은 감소하기 시작한다(그림 25.5c). 인이 없어지면서 생장률은 "0"에 다다르게 되고, 개체군은 환경이 지탱할 수 있는 최대밀도인 **수용능력**(carrying capacity)이라 불리는 최대 크기에 도달한다(그림 25.5d). 조류세포의 개체군은 비축된 영양소가 감소될 때까지 잠시 동안 이 수용능력에 머물게 될 것이다. 이후 세포들은 사멸하기 시작하고 개체군은 감소하게 된다(그림 25.6a). 새로운 영양소가 배양기 용액에 더해지고, 오래된 배양액과 조류세포가 매일 제거되어 진다면, 개체군은 무기한 일정수준의 수용능력을 유지할 것이다(그림 25.6b). 만약 더 많은 양의 영양소가 매일 첨가되면, 개체군은 새로운 수용능력에 도달할 것이다(그림 25.6c). 수용능력의 크기는 제한 요인에 의해 결정된다. 조류 배양에서 인은 제한요인의 하나가 된다. 과도한 인이 첨가되면 조류개체군은 질소 및 탄소량과 같은 새로운 제한인자가 조절할 때까지 증가하게 된다.

이와 유사한 개체군의 생장원리가 조류(藻類)와 마찬가지로 꽃식물에도 적용된다. 숲으로 둘러싸여 있는 빈 논이 있다고 가정하자. 논 곳곳에 약간의 해바라기 씨를 뿌릴 경우 첫 해에는 해바라기들이 자라서 더 많은 씨를 생산할 것이고, 생산된 씨들은 바람, 비, 그리고 동물들에 의해서 논에 뿌려질 것이다. 그 다음 해에는 더 많은 해바라기 씨가 생산되고 퍼트려 지

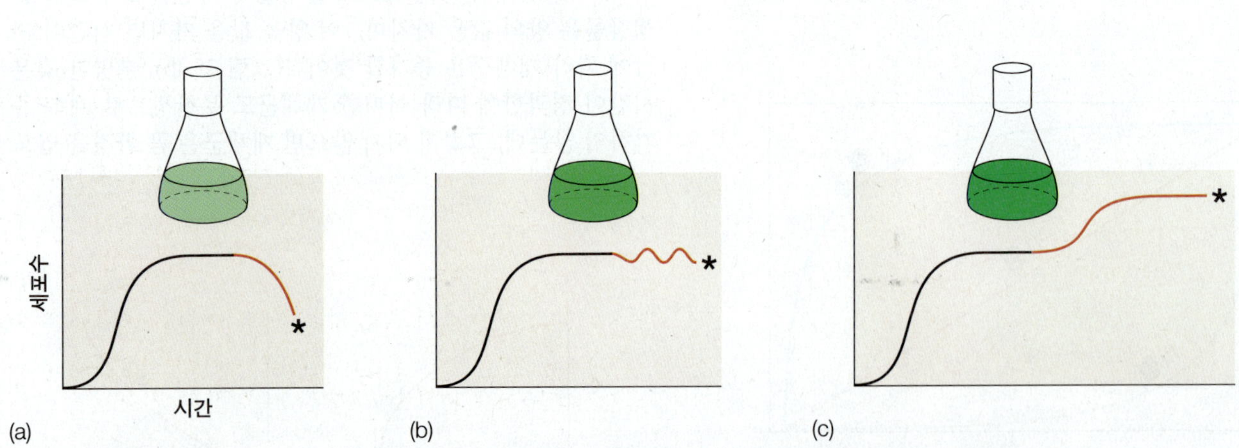

그림 25.6 일어날 수 있는 개체군 생장의 운명 그림 25.5의 조류 개체군에서 일어날 수 있는 세 가지 결과 (a) 배지의 영양소가 고갈되어 짐에 따라 세포들이 죽기 시작하고 수가 감소한다. (b) 소모된 영양소를 보충하기 위해 영양소가 주기적으로 공급되어지면 개체군의 수용능력이 변동한다. (c) 풍부한 배지가 공급되면 개체군은 더 큰 새로운 수용능력에 도달한다.

게 될 것이다. 플라스크의 조류처럼 논의 해바라기는 제한 요인들에 의해 수용능력에 이르게 될 것이다. 비료를 공급하면 새로운 수용능력에 이르게 될 것이다. 그러나 많은 해바라기 씨들은 논의 쥐 개체군을 급격히 증가시킬 것이고, 그 다음 해에 해바라기 개체군은 감소하게 될 것이다.

개체군 생장은 생태학적 흥미가 있다. 생태학자들은 장기간 계획의 목적을 위한 많은 야생생물 종 및 해양 어류 개체군의 생장과 마찬가지로 인간 개체군의 생장을 예측하기 위하여 수학적 모델을 사용한다.

생태학적 지위는 개체군이 차지하는 면적을 결정하는 무생물적 요인을 포함한다

지위는 개체군이 점유하는 지역을 제한하거나 한정하는 모든 무생물적 요인들을 포함한다. 무생물적 요인에는 빛, 온도, 수분, pH, 염분, 바람, 그리고 물의 흐름과 같은 물리 및 화학적 환경양상이 포함된다. 모든 광합성생물은 빛을 필요로 하지만 요구하는 빛의 양은 매우 다양하다. 온대낙엽수림에 살고 있는 나무는 빛에 대한 요구성에 있어 상당한 차이가 있다. 상층부나 수관에 있는 나무는 빛에 대한 요구가 커지만, 이들은 아래에 그늘을 만들어 자신의 유묘가 성장하는 것을 방해한다. 중간 정도의 빛 수준에서 자라는 목본 종들은 가장 큰 종 아래서 무성하게 자라며 음지를 좋아하는 종들은 임상에서 자란다. 그러므로 온대낙엽수림의 종들은 빛 수준이 감소함에 따라 층으로 배열된다. 수체를 투과함에 따라 빛이 흡수되어짐으로 광합성 생물은 광합성에 적당한 빛이 있는 표면 가까이의 호광대에 한정되어 있다.

육상식물에 있어 가장 보편적인 무생물적 제한 인자는 수분과 온도이다. 미국 동부의 온대낙엽수림은 연강우량이 850 mm 이하가 되면 초지로 전환된다(27장 참조). 초지는 연평균 강우량이 200 mm 이하가 되면 사막이 된다. 사막 식물은 온대낙엽수림이나 습지식물보다 매우 제한된 수분환경에 살아가는데 적응되어 있다. 대부분의 식물은 0℃ 에서 40℃ 의 범위 내에서 살아가고 있다. 겨울 휴면동안 북방침엽수림의 가문비나무와 전나무는 −40℃ 이하의 온도에서 생존할 수 있다. 일상적으로 많은 사막식물들은 40℃ 가 훨씬 높은 온도에서도 생존할 수 있다. 미국 남서부의 거대한 사구아로 선인장(*Carnegiea gigantea*)은 64℃ 의 높은 온도에도 견디어 낼 수 있지만, 빙점하에서는 36시간 이상 노출되면 생존할 수 없다(26장 참조). 화재의 발생, 환경의 산도와 알칼리도 또는 물이나 토양에 중요한 영양소의 존재와 같은 다른 많은 무생물적 인자가 생태적 지위를 결정하는데 중요할지도 모른다.

생태학적 지위는 다른 종 개체군 간의 상호작용을 포함한다

공생이란 둘 이상 종간의 긴밀한 관계이다. 이러한 관계는 하나의 종 또는 두 종 모두에게 해롭거나 이로울 수 있다. 공생적 상호작용은 상리 공생, 기생, 포식, 경쟁 등 여러 가지 형태를 포함하고 있다.

상리공생은 두 개체군이 서로 이익을 주고받는다 상리공생의 많은 예들이 있다. 많은 원생동물과 수서무척추동물들은 공생 조류(藻類)를 가지고 있다. 조류는 숙주에게 광합성 산물을 제공해주고, 숙주는 질소와 인 같은 영양소를 조류에게 제공한다(그림 25.7). 산호초를 형성하는 산호와 조류 사이의 공생 관계는 산호의 조직 내에서의 상리공생이다. 꽃식물과 이들의 꽃가루받이 곤충은 많은 상리공생의 예를 제공하는데, 상리공생에서 종들은 고도의 공진화를 보여준다(24장 참조).

편리공생은 한 종에게는 이익을 주지만, 다른 종에게는 해가 가지 않는 공생 관계이다. 열대우림의 많은 난초들은 나무의 가지에 '착생식물'로서 자라게 된다. 수관에서 빛과 빗물을 얻지만 나무들에게는 해가 끼치지 않는다. 식물이 자신의 열매나 씨를 동물의 털이나 깃털에 부착시켜 산포시키는 것 또한 편리공생의 관계이다(24장 참조).

기생, 초식 그리고 포식에서 한 종은 이익을 얻지만 다른 종은 해를 입는다 기생 관계에서는 한 개체군의 개체들(기생생물)이 다른 개체군의 구성원들(숙주, host)의 몸이나 체내에 살아가지만 적어도 단기간 내에는 숙주를 죽이지 않고 숙주로부터 먹이를 획득한다. 동물은 초식을 통해 식물을 섭취하는데 초식동안 식물체의 많은 부분이 손상되지만 치명적이지는 않다. 포식은 한 개체가 다른 개체를 죽이는 동물의 일반적인 특성으로 생각된다. 그러나 몇몇 식물 종들은 특히 곤충들과 같은 동물에 대해 효과적인 포식자로 작용한다.

꽃식물 중 기생식물은 3,000종이 넘는데 이들 중 몇몇은 농업 및 상업 작물에 큰 피해를 야기한다. 겨우살이는 크리스마스 장식 때 사용되는 까닭에 가장 잘 알려진 기생식물이다. 대부분의 종들은 나무의 가지나 관목에서 착생성 기생자로 생장한다. 이들의 뿌리는 성장하여 숙주의 유관속과 연결되고

그림 25.7 상리공생 여기에 보이는 그림은 민물해면이다. 해면의 녹색은 해면 조직 내에 살고 있는 녹조류인 클로렐라(*Chlorella*) 때문이다. 클로렐라는 담수의 상리공생관계에서 보편적인 파트너이다.

숙주로부터 수분과 무기 영양소를 획득한다. 미국 동부의 난쟁이겨우살이(*Arceuthobium*)는 목재로 사용되는 침엽수(그림 25.8)와 활엽수에 있어 치명적인 기생식물이다. 대부분의 겨우살이 종들과는 달리 난쟁이겨우살이는 숙주로부터 60% 이상의 탄소를 획득하는데 이로 인해 숙주 나무는 기형이 되며 상업적으로 이용가치가 없어지게 된다.

초식과정(hervivory)에서 동물은 식물에 치명적인 결과를 미치지 않으면서 잎이나 다른 식물부분들을 뜯어먹는다. 식물은 초식동물로부터 달아나지 못하는데 왜 동물이 모든 식물을 다 뜯어먹지 않는지에 대해 생태학자들은 오래 동안 궁금해 했다. 첫 번째로, 식물은 초식동물이 식물을 다 뜯어먹지 못하게 하는 다양한 물리적 또는 화학적 방어기구를 가지고 있다. 두 번째로, 초식동물은 포식을 당하기 때문에 식물 개체군을 고갈시킬 수 없을 정도의 개체군 수준으로 대개 한정되어있다.

식물의 화학적 방어기구는 양적 그리고 질적 두 가지 형이 있다. 양적인 화학적 방어는 적은 양은 유독하지 않지만, 동물이 식물을 먹으면서, 화학물질의 양이 소화관에 점점 축적됨으로써 소화를 방해하여 결국 초식동물은 먹는 것을 단념하게 한다. 탄닌과 수지는 양적인 화학 방어 물질들이다. 알칼로이드, 테르펜, 퀴논과 같은 질적인 화학 방어 물질은 적은 양이라도 유독하다. 양적 및 질적인 화학 방어 물질은 모두 2차 식물성 화합물이다(3장).

식물은 초식동물에 대항하여 여러 가지 물리적 방어기구를 사용하고 있다. 가시와 바늘은 많은 초식동물의 접근을 막는다. 또한 식물은 초식동물을 독살하는 특별한 모용(trichome)을 가지고 있다. 쐐기풀(*Urtica dioica*)은 접촉을 방해하고 동물에게 독을 주입하는 털을 가지고 있다(그림 25.9). 또한, 잎 표면의 두터운 왁스 층은 초식동물을 단념하게 한다.

포식에서 한 개체군은 이익을 얻고, 다른 개체군은 죽음을 당하게 된다. 식충식물들은 질소가 제한된 생태계에서 나타난다. 동물의 섭취는 이들 식물에게 질소원을 제공한다. 식충식물은 변형된 잎으로 먹이를 포획하고 소화시킨다(11장).

그림 25.9 쏘는 쐐기풀(*Urtica dioica*) (a) 꽃이 소형인 식물무리 (b) 쏘는 털을 갖는 엽병(삽입 그림은 확대된 모습이다).

그림 25.8 기생식물인 *Arceuthobium*(겨우살이과; 난쟁이겨우살이) 금색의 꽃식물은 미국서부의 보편적인 침엽수 기생식물이다.

경쟁(competition)에서 개개 생물은 서로에게 부정적인 영향을 미친다 경쟁은 개체나 개체군이 같은 제한 자원들을 사용하려 할 때 발생한다. 식물에 있어 주된 제한 요인은 빛, 물, 무기영양소, 그리고 공간이다. 경쟁은 같은 종의 구성원들 간의 종내 또는 다른 종의 구성원들 간의 종간에서 일어날 수 있다. 통제된 환경에 있는 개체군들의 상호작용에 관한 연구를 통해 생태학자들은 두 종이 같은 지역에서 같은 자원을 차지하기위해 경쟁하게 되면 한 종이 결국 다른 종을 쫓아낸다는 것을 알게 되었다. 이것을 경쟁 배타의 원리(*competitive exclusion principle*)라 한다. 이 원리가 자연적인 군집에 적용되는 방법은 다양하다. 자연에서 식물들은 일반적으로 공간을 선점하거나 하나가 자라서 다른 하나를 뒤덮거나 또는 화학적으로 서로를 공격함으로써 서로 경쟁을 하게 된다.

온대림에서 초본성 은 공간을 선점하거나 자라서 뒤덮는 방법으로 경쟁을 한다. 건조하고 척박한 참나무 숲에서 적은 양의 자원은 초본식물들의 밀도를 엄격하게 제한한다. 초본들은 넓게 분포하고 있기 때문에 서로를 그늘지우지 못하고 또 더 크게 자라는 것이 거의 이점이 없다. 방울뱀질경이와 같은 초본(그림 25.10)은 지면 가까이에서 자라고, 영양번식으로 옆으로 퍼진다. 척박한 지역에 자라는 초본은 공간을 선점함으로써 경쟁한다. 그러나 열대 우림내의 습하고 기름진 장소에서는 많은 자원의 양이 서로서로를 그늘지우는 빽빽한 초본 임상이 되게 한다. 초본들은 더 크게 자람으로서 이익을 얻게 되는데, 이는 광합성을 위한 빛을 더 많이 받기 때문이다. 쐐기풀(*Urtica*)과 미역취속(*Solidago*)에 속하는 초본은 1 m 이상의 높이에 도달한다(그림 25.11). 이들은 광합성에 의해 얻은 에너지가 생산력이 없는 줄기를 만드는데 소비되는 에너

그림 25.10 로제트 식물 방울뱀질경이(*Goodyera pubescens*)는 난초과에 속하며 지면 가까이에 뚜렷한 윤생 잎을 갖는다.

그림 25.11 큰 키 삼림 초본 미역취속(*solidago*) 식물은 태양 광선이 들어오는 장소에서 자란다.

지와 균형을 이루기 전까지 더 높이 성장한다. 그래서 빽빽한 임상내의 초본들은 더 크게 자람으로써 서로 경쟁하고 키 큰 초본은 키 작은 종들을 그늘 지운다.

또한, 식물들은 자신과 같은 종이나 다른 종 개체들의 성장을 억제하는 화학물질을 방출함으로써 경쟁을 한다. 이러한 상호 작용을 **타감작용**(allelopathy)이라 부른다. 타감작용을 하는 식물로는 호두나무(*Juglans nigra*)가 잘 알려져 있다. 호두나무 가까이에 심어진 많은 식물들은 시들면서 곧 죽게 되는데, 이는 호두나무의 뿌리와 씨에서 유독한 화학 물질을 방출되기 때문이다. 사막의 남가새과의 작은 관목 또한 타감작용을 하는 화학물질을 사용하여 근처에 있는 종의 성장을 억제한다(26장 참조).

25.3 군집은 많은 상이한 종의 개체들로 구성되어 있다

군집생태학은 상이한 많은 종의 개체들이 한정된 지역 내에서 서로 상호작용하는 것에 초점을 두고 있다. 한정된 지역은 작은 연못이나 초원의 작은 삼림 구획처럼 상대적으로 작을 수도 있고, 소노란 사막처럼 매우 클 수도 있다. 어떠한 경우이던 지역은 우점 식물이나 연못의 가장자리처럼 환경의 몇몇 물리적 성질에 따라 한정되어진다. 군집은 종풍부도와 종다양성 측면에서 연구가 이루어진다. 또한 군집의 종구성은 시간에 지남에 따라 *천이(succession)*라는 동적인 과정에 의해서 변하게 된다.

군집은 종 다양성의 특징을 갖는다

개체군은 많은 생물개체들로 구성되어 있다. 이와 유사하게, 군집은 많은 종들로 이루어져 있다. 종들의 수가 많을수록, 종의 풍부도가 커지게 된다. **종 풍부도**(species richness)는 단순히 군집에 존재하는 종의 수를 뜻한다. 대부분의 군집은 소수의 종이 풍부하며 많은 종은 비교적 수가 적다. **균등도**(evenness)는 한 군집 내에 존재하는 종 사이에서 생물개체들의 분포를 말한다. 그러므로 각각 10개의 개체를 가지고 있는 종을 10개 가지고 있는 군집이 최대의 균등도를 갖는다. 종 다양성(species diversity)이라고 하는 개념은 종의 풍부도와 균등도 둘 다를 포함하고 있다.

서부 버지니아에 두개의 삼림군집이 있다고 가정하자(표 25.1). 첫 번째 군집(토지 1)은 24종의 목본종과 256개의 개체를 가지고 있다. 그 중 2개의 종은 목본 전체 수의 44%를 차지하고 있다. 또 다른 9종은 목본 전체의 44%를 차지한다. 두 번째 군집(토지 2)에서는 10종의 목본과 274개의 개체로 구성되어 있다. 2종은 전체 목본의 거의 84%를 차지하고 있다. 첫 번째 삼림군집이 두 번째 군집보다 더 많은 종과 더 높은 균등도를 가지고 있기 때문에 보다 더 큰 종 다양성을 갖는다.

군집들은 종 다양성에서 차이를 보인다. 종의 수는 극지 군집에서 가장 낮고, 중위도에서 다소 높고 열대에서 가장 높다. 종 다양성은 낮은 고도 보다는 높은 고도에서 더 낮다. 미국과 캐나다를 가로질러 목본 종의 다양성은 미국의 남동쪽에서 가장 높고, 서쪽으로 갈수록 강수량의 감소 그리고 북쪽으로 갈수록 평균온도의 감소와 더불어 종 다양성이 감소한다(그림 25.12).

이러한 종 다양성의 패턴이 생태학자들의 흥미를 유발하였고, 이를 설명하기 위해 많은 가설들이 세워졌다. 몇몇의 군집은 서식지가 많아서 종 다양성이 높다. 부분적으로, 산호초에 살고 있는 종의 다양성은 깊은 전초, 산호초 마루(reef crest), 초호(lagoon), 그리고 사구 또는 암석으로 된 얕은 물과 같은 많은 서식지를 반영한다. 해안 기슭과 산호초를 따라 조간대의 암석지역은 높은 종 다양성을 가지는데 이는 부분적으로 일정한 간격을 두고 지속적으로 일어나는 거친 파도와 폭풍 때문이다. 폭풍은 생물을 이동시키고, 이주 생물을 위한 새로운 공간을 열어준다. 이러한 개척자 종들은 시간이 지남에 따라 우위 경쟁자들에 의해 대체되지만, 교란이 정착을 위한 새로운 지역을 계속

표 25.1 서부 버지니아의 두 낙엽수림 내에 존재하는 목본 종

	군집		군집 2	
종	수(n_i)	비율 (n_i/N)	수(n_i)	비율 (n_i/N)
튤립나무 (*Liriodendron tulipifera*)	76	0.297	122	0.445
화이트 오크 (*Quercus alba*)	36	0.141	0	0.000
블랙 오크 (*Quercus velutina*)	17	0.066	0	0.000
설탕단풍 (*Acer saccharum*)	14	0.054	1	0.004
홍단풍 (*Acer rubrum*)	14	0.054	10	0.036
미국 너도밤나무 (*Fagus grandifolia*)	13	0.051	1	0.004
사사프라스 (*Sassafras albidum*)	12	0.047	107	0.390
레드오크 (*Quercus rubra*)	12	0.047	8	0.029
모커너트 히코리 (*Carya tomentosa*)	11	0.043	0	0.000
블랙 체리 (*Prunus serafina*)	11	0.043	12	0.044
느릅나무류 (*Ulmus rubra*)	10	0.039	0	0.000
샤그바크 히코리 (*Carya ovata*)	7	0.027	1	0.004
비터너트 히코리 (*Carya cordiformis*)	5	0.020	0	0.000
피그너트 히코리 (*Carya glabra*)	3	0.012	0	0.000
층층나무류 (*Fraxinus americana*)	3	0.012	0	0.000
미국 물푸레 (*Fraxinus americana*)	2	0.008	0	0.000
서머나무류 (*Carpinus caroliniana*)	2	0.008	0	0.000
태산목 (*Magnolia grandiflora*)	2	0.008	11	0.040
미국 느릅나무 (*Ulmus americana*)	1	0.004	0	0.000
흑호두나무 (*Juglans nigra*)	1	0.004	0	0.000
아까시나무 (*Robinia pseudoacacia*)	1	0.004	0	0.000
사워너트 (*Oxydendrum arboreum*)	1	0.004	0	0.000
가중나무 (*Ailanthus altissima*)	1	0.004	0	0.000
흑단풍 (*Acer nigrum*)	1	0.004	0	0.000
백호두나무 (*Juglans cinerea*)	0	0.000	1	0.004
총계	256	1.000	274	1.000

열어놓기 때문에 이들은 같은 군집 내에 존속하게 된다.

초식이 종 다양성에 중대한 역할을 하고 있다. 초식동물은 잠재적으로 경쟁하는 식물 종이 서로 제거되는 것을 막을 수 있다. 영국 남부의 쵸크 초원에서는 토끼가 주요 초식동물이었다. 이들의 활동이 우점하고 있는 화본과 식물과 키 큰 초본을 잘라 먹음으로서 다른 화본과 식물과 초본이 같이 생존할 수 있도록 해주었다. 가혹한 유행병이 토끼 개체군을 쓸어 버렸는데 그 후 우점하고 있는 화본과 식물과 키 큰 초본이 그 지역을 차지하였으며, 다른 많은 식물들은 수가 감소되었거나 없어지게 되었다.

생태학적 천이는 시간의 흐름에 따른 군집 조성의 변화이다

군집은 정적이 아니며 변화한다. 군집 내의 종 조성은 생태학

그림 25.12 **북미 목본 종풍부도를 보여주는 지도** 목본 종의 가장 큰 밀도는 미국의 남동부에서 나타난다. 최북단에는 목본식물이 없다.

적 천이라는 과정에 의해 시간이 지남에 따라 변화하게 된다. 생태학적 천이는 군집에 홍수, 폭풍, 불과 같은 자연적인 교란에 의해 그리고 지질학적으로 활발한 지역, 지진, 산사태와 화산 폭발 시에 가장 흔히 일어난다. 이러한 교란은 원래의 종을 제거시키고 새로운 종을 받아들인다. 종 조성은 원래의 군집이 복원되어지거나 새로운 성숙 군집이 형성될 때까지 여러 단계를 거치게 된다. 동물 종도 마찬가지로 바뀌게 되지만, 천이 단계는 식물 종의 조성을 기초로 하고 있다. 생태학자들은 천이를 1차 천이와 2차 천이의 기본적인 2가지 형으로 나눈다.

1차 천이는 전에 생물체들이 살지 않았던 지역에서 시작된다 알래스카의 빙하는 지난 200년 동안 약 100 km 정도 퇴각하였다. 1차 천이는 빙하 바닥에서부터 골짜기까지 하이킹을 하면서 관찰 할 수 있다(그림 25.13). 빙하근처에는 최근 노출된 땅은 *빙력토(glacier till)*라 불리는데, 부서진 돌들로 이루어져 있으며, 질소와 유기물이 매우 빈약하다. **개척자 종**(pioneer species)들은 남세균, 지의류, 그리고 우산이끼 등이다. 남세균은 질소를 고정하고, 지의류는 암석을 부서지게 하는 유기산을 분비하며, 모든 생물체가 빙력토에 유기물을 첨가한다. 다음 단계에서는 빙하에서 더 멀리 떨어진 곳의 불탄자리에 나는 잡초와 산지성 뱀무(*Dryas drummondi*)와 같은 초본성 꽃식물이 나타난다. 질소고정 세균을 가지고 있는 오리나무류(*Alnus sinuata*)는 그 다음 단계에 군집 내에 들어오며 빽빽한 임상을 만들게 되고 토양의 질소가 증가하게 된다. 50년 동안 노출된 땅에서는 가문비나무가 오리나무를 가리게 되며 약 120년 후에는 빽빽한 가문비나무림을 형성한다.

빙하시대 말기에 훨씬 더 큰 규모의 비슷한 천이 과정이 북미에서 일어났다. 빙하가 퇴각하면서 식물 군집이 북으로 이동하였다; 이들의 이동은 호수의 퇴적물에 남은 있는 화분립을 관찰함으로써 재현되어질 수 있다(참조 Essay 25.1 화분 데이터로부터 과거 기후와 식생의 결정).

그림 25.13 **빙하계곡에서의 1차 천이** 알래스카의 글래셔 베이(Glacier Bay)에서 찍은 일련의 사진으로 분홍바늘꽃(a)이 최초로 출현하는 식물이다. 고산성 뱀무속 식물(b)이 나타나고 뒤이어 오리나무(c)가 나타나며, 오리나무와 공생하는 질소고정균이 토양을 비옥하게 함으로써 가문비나무(d)의 출현을 가능하게 한다.

ESSAY 25. I 화분 데이터로부터 과거 기후와 식생의 결정

호수와 이탄지의 전체 역사 동안 퇴적물과 화분립이 매년 바닥에 축적된다. 퇴적물은 화분립을 보존하고 있는데 이것은 추정에 의해 과거 기후와 마찬가지로 경관 주위에 존재했던 식생을 알려주고 있다. 가문비나무 화분의 존재는 차가운 기후를 의미할 것이고 화본류는 초원환경을 그리고 참나무는 온대림을 보여준다. 이들 종이 견디어 내는 온도 범위를 이해함으로써 연평균온도를 평가할 수 있다. 호수의 퇴적물 시료는 코아링에 의해 제거된다(그림 E25.1A, B). 코어에서 다양한 연령 정도가 방사선탄소법에 의해 결정되며 같은 수준으로 화분립이 회수되어 분석되어진다.

가문비나무 화분의 존재는 추운 기후를 의미하며, 화본과 식물은 초지환경 그리고 참나무는 온대림을 의미한다.

1970년에 기후와 화분의 데이터가 확립되었을 때 마지막 대빙하기의 말기 이래 지난 18,000년 동안의 변화를 조사하기 위하여 COHMAP라 불리는 그룹이 나타났다. COHMAP은 홀로세 지도작성 공동 프로젝트(Cooperative Holocene Mapping Project; 홀로세는 마지막 빙하기이래 지리학적으로 최근의 시기)를 의미한다. COHMAP의 참가자는 북미 동부를 가로질러 328개소에서 작업하고 있는 100명 이상의 화석화분연구자(palynologist)로부터 얻은 데이터를 분석하였다. 각각의 지점은 기후와 식생에서의 국지적인 변천사를 보여주었다. 모든 조사지점은 지난 18,000년 동안 3000년 간격으로 북미 동부에서의 일련의 생생한 묘사를 제공해주었다. 그림 E25.1C는 마지막 빙하기 이래 참나무(*Quercus*)의 분포 변화를 보여준다. 참나무는 18,000년 전에는 남부지역에 한정되어 있었는데 그때에는 오늘날 보다 온도가 매우 낮았다. 빙하가 퇴각하고 온도가 따뜻해지면서 참나무는 북으로 이동하여 약 9000년 전에는 오대호의 남부에 도달하였다. 6000년 전부터는 남쪽에 소나무림이 발달함으로서 남쪽의 참나무 영역을 대체하였으며, 참나무의 현재 분포는 그림 E25.1D에 보여진다. 참나무와 소나무의 화분립은 그림 E25.1E와 1F에 각각 보여진다.

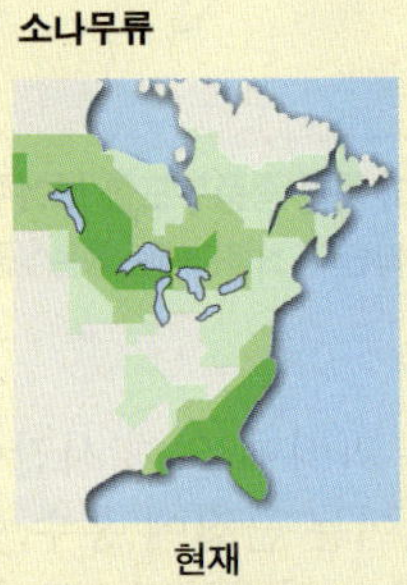

E 25.1D 소나무의 현재 분포

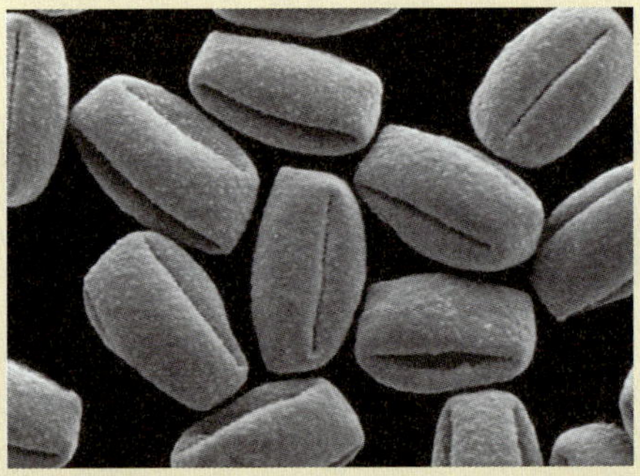

E 25.1E 참나무 화분

E 25.1A 토양 코어 채취과정

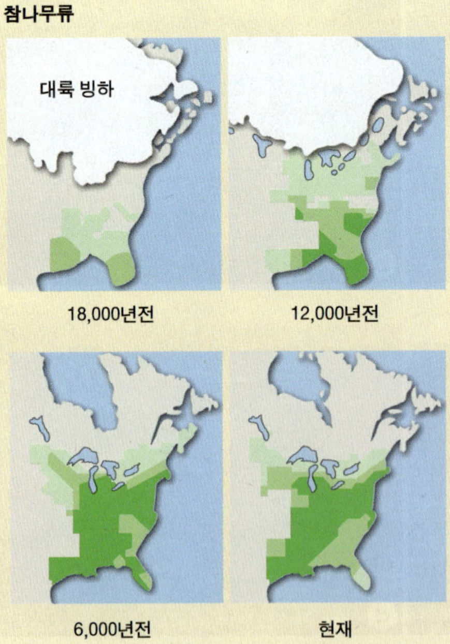

E 25.1C 마지막 빙하기 이후 참나무의 분포

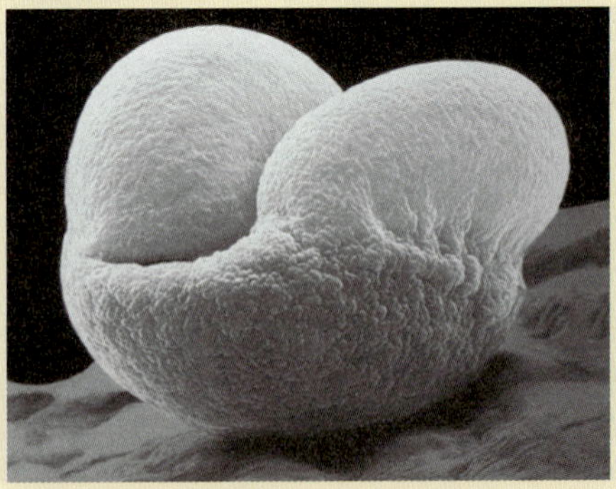

E 25.1F 소나무 화분

E 25.1B 관으로부터 코어 제거

2차 천이는 군집이 한 번 제거된 지역에서 발생한다 2차 천이의 가장 일반적인 장소는 폐경지와 삼림의 벌목지이다. 또 다른 예로는 고속도로변과 산불이 난 지역이다. 이들 각각의 경우는 토양이 이미 존재한다. 2차 천이를 가장 상세히 기록한 연구 중 하나는 폐경지와 밀접한 관련이 있다. 처음 3년 동안, 폐경지에 왕바랭이와 두드러기쑥과 같은 일련의 잡초와 화본과식물이 침입하고, 5년에서 10년 내에 소나무가 잡초와 화본과 식물에 그늘을 지워 제거하였다. 마지막 단계에서 참나무와 서양물푸레나무가 결국 소나무를 대체하였다.

군집을 연구하는 생태학자들은 생태학적 천이의 마지막 단계는 **극상군집**(climax community)이라 불리는 안정하고 성숙된 군집이라 믿었다. 극상군집의 종조성은 스스로를 대신하고 그래서 안정하게 존속한다는 관점에서 극상군집은 자기영속적인 것으로 생각되었다. 성숙한 생태계의 안정성에 대한 평가는 드문데, 이는 이러한 체계를 가지고 있는 곳이 거의 없기 때문이다.

이러한 성숙한 지역 중 하나인 오래된 동부의 온대림은 테네시주의 딕 커브 자연지구(Dick Cove Natural Area)에 놓여 있다. 9년의 주기 중 뚜렷한 극상 군집이 참나무와 히코리(북미산 호두나무)가 우점한 군집에서 당단풍, 백합나무 그리고 히코리가 우점하는 군집으로 되고 있다. 생태학자들은 극상 군집이 변화한다는 것을 알게 되었는데, 이 변화는 너무 느리게 발생하여 인지되지 않을 수도 있다.

생태학적 천이는 단순히 군집의 변화만을 묘사하는 것이 아니다. 인간은 점점 더 자연계에 영향을 미치고 있다. **복원생태학**(restoration ecology)은 생태학적 천이를 이해하고, 이를 통하여 인간의 활동으로 방해를 받은 자연계를 복원하는데 목표를 둔다.

25.4 생태계의 연구는 영양 구조와 에너지 흐름에 초점을 두고 있다

생태학자들이 생태계를 연구할 때, 개체들이 어떻게 에너지를 획득하는지에 바탕을 둔 기능적 범주로 개개 생물체를 분류한다. 세 가지의 기본적인 기능적 범주가 있는데, 이들은 생산자, 소비자, 그리고 분해자이다. 이 기능적 범주들은 영양구조라고 하는 체계에서 다른 수준에 배열되어 진다. 에너지는 선형의 영양구조를 통해 생산자에서 소비자로, 소비자에서 결국에는 분해자로 흐른다. 영양 구조와 선형 에너지의 흐름은 생태계 동태에 있어 많은 중요성을 갖는다.

생물체는 기능적 범주로 분류되어 질 수 있다

대부분의 식물과 광합성 세균은 광합성을 통해 태양광선으로부터 에너지를 얻는데, 이를 일차 생산자 또는 독립영양 생물(autotrophs; self-feeding)이라 한다. 그러나 심해 분출구 생태계에서 일차 생산자들을 지열원(geothermal source)에서 에너지를 얻는다. 다른 모든 생물체들을 직접적 또는 간접적으로 에너지를 일차 생산자로부터 얻는다. 풀을 뜯어먹는 양이나, 조류를 먹는 원생동물이 일차 소비자의 예이다. 이차 소비자들은 일차 소비자를 잡아먹는다. 사자와 여우는 이차 소비자 또는 육식동물이다. 몇몇 생물체는 하나의 범주에만 속하지 않는다. 곰과 사람은 잡식동물이며, 일차와 이차 소비자처럼 행동한다. 다른 생물체들은 쇄설생물로 이들은 죽은 유기물인 유기쇄설물을 소비한다. 지렁이와 달팽이는 쇄설생물이다. 유기물을 분해하여 에너지 자원을 획득하는 생물체는 분해자이다. 박테리아와 균류는 분해자로 이들은 소비자에 의해 차례로 섭취되어질지도 모른다.

생태계는 이들 서로 다른 범주들에 속하는 생물체로 균형을 이루어야만 한다. 일차 생산자 없으면 생태계 내로 에너지가 유입되지 않으며, 분해자가 없으면 유기물이 환경에 쌓이게 되고 필수 무기 영양소가 생태계 내에서 다시 재활용되지 못한다.

먹이사슬을 통한 에너지 흐름은 선형이다

어떤 생태계에서 이들 서로 다른 기능적 범주에 속하는 생물체는 **먹이사슬**(food chain, 그림 25.14)이라는 영양구조 내에

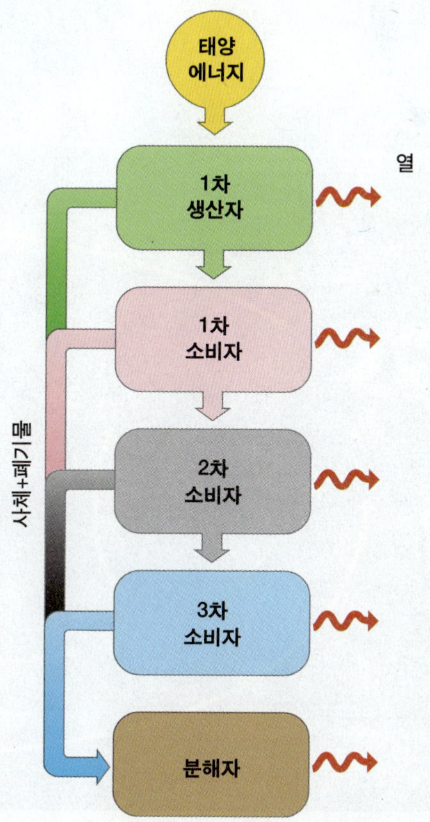

그림 25.14 **개략적인 먹이연쇄** 태양으로부터의 에너지는 1차생산자(주로 식물과 조류)에 의해 화학에너지로 전환된다. 이 에너지의 일부는 1차 생산자가 섭식되어질 때 1차 소비자 내로 들어간다. 에너지는 1차에서 2차로, 2차에서 3차로 전달된다. 각 단계에서 대부분의 에너지는 호흡과정을 통해 열로 소실된다. 또한 태양에너지의 일부는 생물체가 부산물을 만들거나 죽을 때 분해자에게로 들어간다.

편성되어진다. 태양에너지는 일차 생산자 단계의 먹이사슬로 들어가게 된다. 일차 생산자는 태양 에너지를 유기 분자의 화학 결합에 들어가게 한다. 생물체가 일, 성장 또는 생식을 위해 에너지를 사용 시, 호흡 과정은 에너지를 방출하는데 대부분의 에너지는 열로 발산되어 환경으로 들어간다. 일차 소비자는 에너지를 얻기 위해 일차 생산자를 먹이로 하며, 먹이사슬에서 일차 생산자와 연결되어 있다. 이차 소비자는 일차 소비자와 연결되어 있고, 이들을 먹이로 한다. 삼차 소비자는 이차 소비자를 잡아먹는다. 그리하여 일차 생산자에 의해 유기 분자와 결합된 에너지는 먹이사슬을 통해 최 상위 단계의 소비자까지 전달된다. 먹이 사슬에서 각각의 다른 고리를 영양 단계라 부른다. 사체와 폐기물로 남아있는 유기 분자내의 에너지는 분해자로 전달되어 결국에는 열로 완전히 방출되어 분산되어진다.

자연에서 군집은 단일 선형 먹이사슬처럼 결코 간단하지 않다. 일반적으로 많은 종류의 일차 생산자가 있고, 이들을 먹이로 하는 많은 종류의 일차 소비자들이 있다. 다른 영양 단계의 다른 모든 개체군들은 **먹이망**(food web) 내에서 서로 연결되어 있다(그림 25.15).

영양 단계 간에는 작은 양의 에너지만이 통과한다

매년 일차 생산자의 활동이 지구상에 엄청난 양의 유기물이나 생물량을 발생시킨다. 한 해 일차 생산은 2천억 톤 정도로 추정된다. 생산량이 매우 많을지라도 광합성 작용은 매우 효율적이지 않다. 식물과 광합성 생물체는 그들에게 들어오는 빛 에너지의 1~3% 밖에 획득하지 못하고, 이것을 화학 에너지로 전환한다. 일차 소비자가 식물을 먹을 때, 식물 생체량에 있는 많은 에너지는 열이나 폐기물로 소실되어지고 소량만이 새로운 일차소비자의 생물량으로 전환되어진다. 일반적으로 일차 생산자 생체량의 약 10%만이 새로운 일차 소비자내로 들어간다. 이와 유사하게 일차 소비자 생체량의 약 10%만이

그림 25.15 육상 먹이망 미국 체신부에서 발행한 우표로 대평원의 초지 생태계를 묘사하고 있다. 노란 화살표는 영양적인 상호작용의 일부를 표시하기 위해 추가되었다. 아메리카들소와 영양은 대평원의 1차생산자인 화본과 식물과 초본류를 먹는 일차 소비자이다. 서부산 들종다리는 이차 소비자로 부리로 메뚜기 등을 섭식한다. 방울뱀 또한 이차 소비자로 땅다람쥐, 캥거루쥐와 쟁기발두꺼비(spadefoot toad)를 섭식한다.

그림 25.16 생체량 피라미드 먹이연쇄의 간단한 예로 설치류가 먹는 과일이나 종자를 만드는 식물개체군은 종자의 생체량보다 훨씬 더 적은 설치류의 생체량을 부양할 수 있다. 차례로 올빼미를 위한 충분한 먹이를 제공하는데 비교적 큰 설치류의 생체량을 필요로 한다(올빼미의 생체량은 설치류의 생체량에 비해 아주 작은 부분이다).

새로운 이차 소비자내로 들어가게 된다. 예를 들어, 종자로서 식물생체량 1000 kg은 약 100 kg 정도의 설치류와 같은 씨를 먹는 동물을 산출한다. 이 100 kg의 설치류는 최대 10 kg의 올빼미를 부양할 수 있다. 이 예는 생태학적 피라미드로서 먹이사슬의 동태가 그림으로 표현될 수 있는 두 가지 방법 중 하나를 묘사한다(그림 25.16). 올빼미, 설치류 그리고 종자는 생체량 피라미드를 구성한다. 각각의 블록은 각 영양단계에서 총 생체량을 나타내고 있다. 먹이사슬 동태를 표현하는 다른 방법은 에너지 피라미드이다(그림 25.17). 이 예에서 킬로칼로리(kcal)의 에너지는 뉴욕의 카유가호(Lake Cayuga)의 각 영양단계를 보여주고 있다.

일반적으로 일차 소비자보다는 일차 생산자의 단계에서 그리고 이차 소비자보다는 일차 소비자 단계에서 더 많은 생체량과 에너지를 갖는다. 그 이유는 새로운 생물체를 생산하는 이용 가능한 에너지 또는 생체량이 영양단계 간에 크게 감소하기 때문이다. 대부분의 피라미드는 넓은 바닥과 좁은 상단을 가지며 바로 서있다.

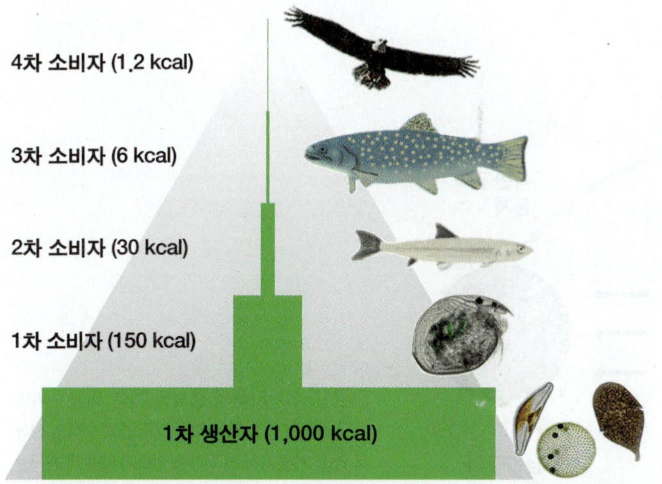

그림 25.17 카유가 호수의 에너지 피라미드 실제적인 예로 담수호수에서 태양광으로부터 조류가 생산한 1,000 kcal의 에너지 당 약 150 kcal가 소형 수생동물 내로 들어간다. 소형동물을 섭식 시 빙어와 같은 소형어류에게는 단지 30 kcal만이 전달된다. 대형어류인 송어가 빙어를 섭식할 때에는 약 6 kcal 정도만 전달된다. 매나 사람이 송어를 먹는다면 약 1.2 kcal만을 얻게 될 것이다(다시 말하면 조류에 의해 수확된 원래의 1,000 kcal 중 999 kcal가 소실되게 된다).

생태계의 영양구조와 영양단계 사이의 에너지 전이의 비효율성은 생태계에 대해 중요한 결과를 가진다. 먹이사슬은 보통 3~4개의 고리로 제한되어 있는데, 왜냐면 마지막에 남아있는 에너지양이 너무 적어 고차 소비자 개체군을 부양할 수 없기 때문이다. 최 상위 소비자는 하부에 있는 소비자를 공격하고 잡아먹을 수 있을 정도로 충분히 커야한다. 이런 크기 요소는 최 상위 소비자의 수를 더욱 제약한다.

종들은 먹이사슬과 먹이망에 서로 연결되어 있기 때문에 몇몇 종은 전체 시스템에 중요한 영향을 미칠 수 있다. 이러한 종은 **핵심종**(keystone species)으로 불리며, 이들의 영향을 **영양단계 연쇄효과**(trophic cascade)라 불린다. 토끼는 영국 남부의 초크 초원(chalk grassland)의 핵심종이었다. 북쪽의 민물 호수에서는 창꼬치가 핵심종이 될 수 있다. 이러한 육식성 어류는 동물플랑크톤인 갑각류(게와 새우와 관련이 있는 소형동물)를 잡아먹는 납작한 민물고기와 농어류를 잡아먹는다. 동물플랑크톤인 갑각류는 호수에서 일차 생산자인 조류를 잡아먹는다. 창꼬치의 수가 증가한다는 것은 더 많은 납작한 민물고기와 농어류의 포식과 이들 개체군 크기에서의 감소를 의미한다. 그때 동물플랑크톤인 갑각류는 감소된 포식에 의해 수가 증가한다. 결국, 동물플랑크톤인 갑각류에 의해 초식 증가로 인해 조류 개체군이 감소된다. 따라서 삼차 소비자의 영향은 먹이사슬의 영양 단계 아래로 단계적으로 작용한다.

먹이사슬의 세 번째의 중요성은 영양 단계를 거칠 때마다 화학적 오염물이 축척되어질 수 있다는 것이다. 미국에서는 금지되어 있지만, 다른 나라에서는 허용되고 있는 DDT라는 살충제는 곤충의 피해를 줄이고 인간에게 질병을 옮기는 곤충을 조절하기 위해 작물에 사용될 수 있다. 설치류는 오염된 식생을 먹고, 지방 조직에 DDT를 축적하게 된다. 육식성 조류는 설치류를 잡아먹고, 이들의 조직과 알에는 살충제가 독성 수준에 도달한다. DDT가 금지된 나라들에서는 매와 독수리와 같은 육식성 조류의 뚜렷한 회복이 확인되었다. 다른 많은 물질들도 먹이사슬을 통해 축적될 수 있다.

25.5 지구의 기후 양상이 생물군계의 분포를 결정한다

생물군계는 비슷한 기후조건을 갖는 생태계이다. 다음 장에서 특정 생물군계를 자세히 살펴보게 될 것이다.

생물군계의 분포는 일차적으로 지구의 대기 순환양상에 의해 결정된다

지표면은 태양으로부터 에너지를 받게 된다. 빛 에너지는 지

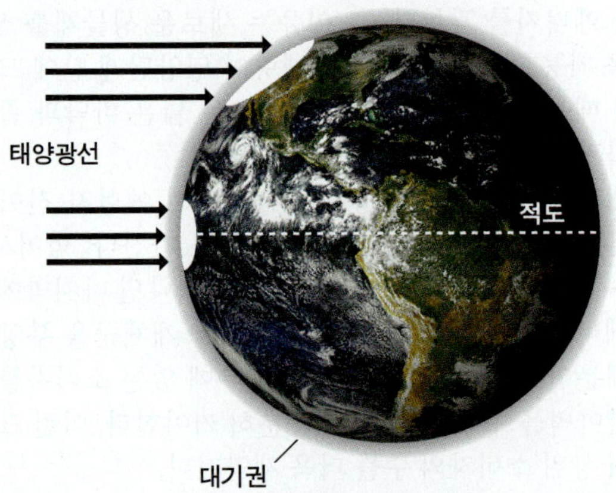

그림 25.18 고위도와 적도에서의 태양에너지 적도에 비해 고위도에서는 2가지 이유로 에너지가 감소된다. (1) 태양광선이 지표면에 훨씬 더 비스듬하게 충돌하기 때문에 같은 양의 태양에너지가 더 큰 표면으로 분산된다. 그리고 (2) 태양광선이 대기를 가로질러 더 먼 거리를 이동함으로 표면에 도달하기 전에 우주공간으로 분산 또는 반사되거나 우주공간에 흡수되게 된다.

표면을 따뜻하게 하지만, 지구는 평평하지 않기 때문에 지표면에 유입되는 에너지양은 적도의 남과 북의 위도에 따라 다르게 된다(그림 25.18). 같은 양의 태양 에너지가 열대보다 극지방에서는 더 넓은 면적에 퍼지게 된다. 따라서 극지방이 받는 연간 전체 태양 에너지는 적도에 도달하는 양의 반 이하이다.

더욱이 회전하는 축은 일직선으로 되어 있지 않고 지구 궤도면에 수직인 선에서 23.5° 기울여져 있다(그림 25.19). 이 경사 때문에 지구는 태양의 주위를 회전하면서 계절적인 순환을 한다. 6월 20일이나 21일의 분기점에서 북반구의 회전축은 가능한 한 태양 쪽으로 향해있다. 북반구는 일년 중에 가장 낮이 긴 여름에 들어서게 되며, 반대로 남반구는 낮이 가장 짧은 겨울에 들어서게 된다. 지구는 9월 22일에 지구 궤도의 1/4에 도달한다. 이제 태양은 적도 바로 위에 지나고, 낮과 밤의 길이는 각각 12시간으로 같게 된다. 북반구에서 이 날은 추분(가을의 주야 평분시)이지만, 남반구에서 춘분(봄의 주야 평분시)이다. 석달 후 — 12월 21일이나 22일의 분기점 — 지구는 지구 궤도의 반을 완성한다. 이제 남반구의 회전축은 가능한 한 태양 쪽을 가리키고, 남반구는 여름에 들어서게 된다. 북반구의 회전축은 태양의 벗어난 쪽을 가리키고, 북반구는 겨울에 들어서게 된다. 석달 후, 3월 21일에는 태양이 다시 적도 바로 위를 다시 지나 주야 평분시에 도달한다. 북반구에서는 춘분이고, 남반구에서는 추분이다. 지구는 석달 후에 궤도를 완성하고 6월 21일 분기점에 돌아온다. 만약 회전축이 기울어지지 않았다면 계절은 없을 것이고, 또한 고위도에서 순환적인 기후 변화가 없었을 것이다.

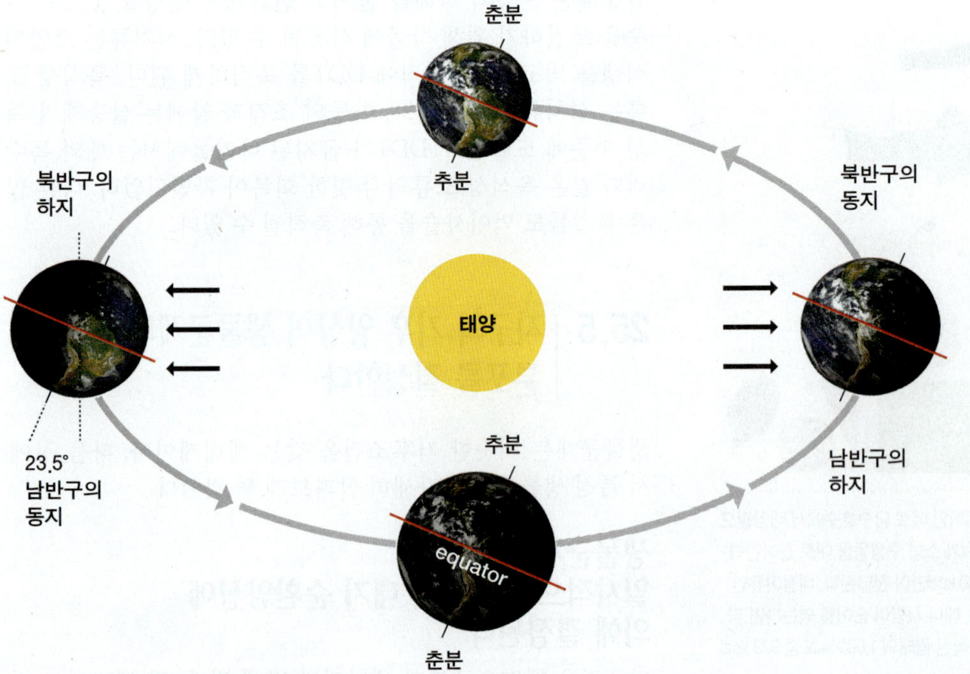

그림 25.19 지축의 경사와 계절 태양 주위의 지구 궤도로 정의되는 지구 궤도면에 수직인 선에서 23.5° 기울어져 지구가 회전하기 때문에 지구는 뚜렷한 계절을 갖는다. 위도와 계절에 의존하여 태양광선은 상이한 각도로 지구에 도달한다. 예를 들어 북반구가 태양 쪽으로 기울어질 때는 남반구보다 더 많은 빛을 받으므로 여름이 된다. 만일 지축이 지구 궤도면에 정확하게 수직으로 되어 있다면 지구에는 계절이 없게 되며 적도에서 멀어짐에 따라 점 점 추워지게 된다.

지구는 기울어져 회전하는 구이기 때문에, 지표면과 대기가 균일하게 가열되지 않는다. 대기권의 가열 차이는 바람을 형성하고 지구의 대기 순환양상을 만든다(그림 25.20). 23.5° N과 23.5° S 사이의 위도에 위치한 지역은 가장 직접적으로 태양 에너지를 받고, 결과적으로 가장 높은 연평균 온도를 갖는다. 적도에서 수분을 포함한 공기는 가열되고 대기권으로 올라간다. 상승함에 따라 차가워지고, 수분은 응축되어 열대우림에 영양물질을 공급하는 비가 된다(그림 25.21). 아래로부터 상승하는 공기에 의해 밀려진 차가운 공기는 극지방 쪽의 고위도로 흘러가고, 공간으로 더 많은 열을 발산한다. 차가운 공기는 위도의 30° N 과 30° S로 내려온다. 하강하면서 공기는 따뜻해지고, 수분을 되찾으면서 아래에 있는 땅을 마르게 하고, 30° N과 S의 중심에 두개의 사막 지대를 형성한다. 하강하는 공기는 표면에서 나뉘어 지는데, 일부는 적도로 되돌아가고, 나머지는 북쪽으로 흐른다. 적도로 돌아가는 공기는 해들리 세포(Hadley cell)이라 불리는 순환적인 기류양상을 만들어내는데 이 해들리 세포는 수분을 위도 30° 부근에서 적도로 움직이게 하는 거대한 전달자의 역할을 한다.

위도 30° 에서 극지방으로 흐르는 하강 기류는 지구의 회전에 의해 동쪽으로 편향된다. 따라서 북반구에서 기후양상은 주로 서에서 동으로 흐른다. 위도 60° N과 S 주위에는 표면에 흐르는 공기가 다시 상승하고 냉각되어 수분을 떨어뜨려 초원과 온대림에 영양을 공급한다. 고위도에서 이런 차가운 공기가 다시 분산되어 나누어지는데, 일부는 적도 쪽으로 되돌아가고, 일부는 극지방 쪽으로 이동한다. 적도로 되돌아가는 부분은 훼럴 세포(Ferrel cells; 편서풍)라고 불리는 두 번째의 일련의 대기 세포를 완성하게 된다(그림 25.20과 25.21) 훼럴 세포는 수분을 운반하여 각 반구의 온대 생물군계에 공급해 준다.

극지방 쪽으로 흐르는 공기는 극세포(polar cell)라 불리는 마지막의 일련의 대기 세포를 형성한다. 이런 차가운 공기는 북극과 남극에서 하강하고 표면을 따라 온대지역으로 되돌아간다. 수분의 양은 저위도로 갈수록 증가한다.

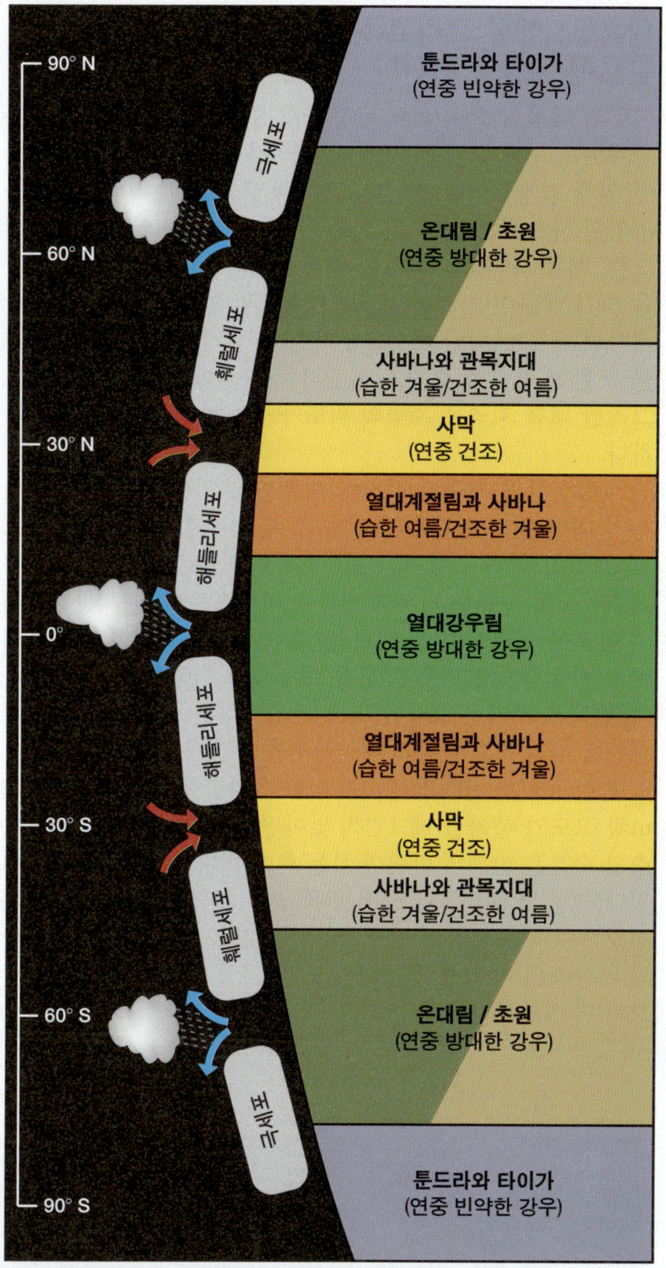

그림 25.21 대기 세포와 생물군계의 관계 이 그림의 상부는 그림 25.20에 제시된 대기 세포를 보여주는데 선형으로 나타내었다. 아래 부분은 대기권의 순환 양상에 상응하는 생물군계를 보여준다(예, 사막은 건조한 기단이 하강하는 곳에 나타나며, 습한 생물군계는 상승기류가 구름을 형성하고 비를 내리는 곳에 나타난다). 생물군계의 색은 그림 25.22의 지도에 사용된 색과 동일하다.

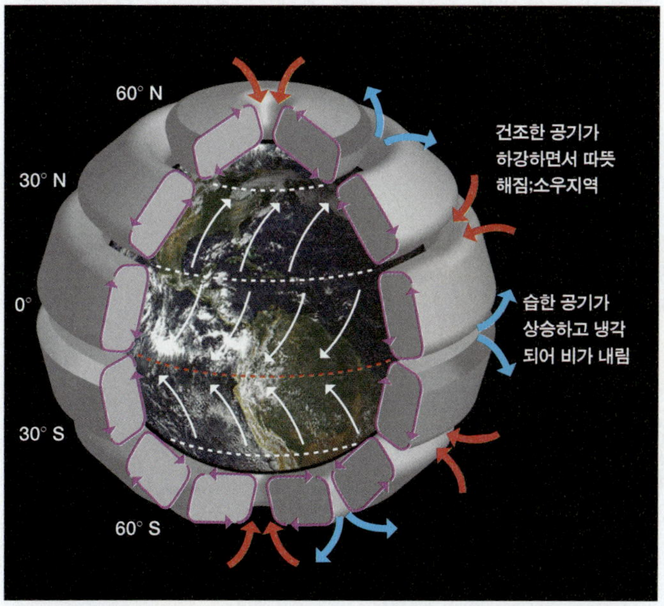

그림 25.20 대기 세포 대기 세포라 불리는 6개의 회전하는 기류의 띠가 지표면을 덮고 있으며 지구의 바람과 강우 양상을 결정한다. 대기 세포는 횡단면으로 절단된 것처럼 보여 진다. 검은 화살은 각 세포에서 공기 흐름의 방향을 나타낸다. 인접한 대기 세포에서 기류가 상승하는 곳에서는 수분이 비(청색 화살)로 응축된다. 인접한 대기 세포에서 기류가 하강하는 곳(적색 화살)에서는 공기가 건조하고 육지도 건조해 진다. 구에서 흰 화살이 보여주는 것처럼 지구의 회전은 대기 세포에서 표면 기류를 편향시킨다.

대륙도, 해류 그리고 산맥 또한 생물군계의 분포에 영향을 미친다

지구의 대륙이 산이 없이 균등하게 분포되었다면, 지구 생물군계의 분포는 그림 25.21에 나타난 것처럼 대기 세포의 양상에 의해 결정되어질 것이다. 그러나 생물군계는 이런 양상을 정확히 따르지 않는데, 그 이유는 3개의 부가적인 요인, 즉 비 그늘, 해류 그리고 대륙도가 생물군계의 분포에 주요한 역할을 하기 때문이다(그림 25.22). 대륙도란 일부 대륙이 너무 방대하여 내부 지역이 바다로부터 너무 멀리 떨어져 있어 습기를 포함한 바람을 받기가 어렵다는 사실에서 적용되어진다. 그러한 내륙 지역은 지역의 위도가 예보하는 것보다 더 건조하다.

바람양상과 지구의 회전이 해류를 일으킨다. 주요한 해류는 방대한 원의 형태로 회전하고, 북반구에서는 시계방향으로 그리고 남반구에서는 반 시계방향으로 회전한다(그림 25.23). 이들 해류는 기후에 영향을 미침으로써 지구 생물군계의 분포를 변화시킨다. 멕시코만류(Gulf Stream)은 카리브해에서 서유럽으로 따뜻한 물을 이동시켜 기후를 온화하게 한다. 반대로 차가운 벵겔라(Benguela) 해류는 아프리카의 남서 해안을 따라 북으로 흘러 해안기후를 차갑게 한다.

습한 공기가 산맥의 경사에 따라 올라감에 따라 공기는 100 m씩 고도가 증가할 때 1℃씩 낮아진다. 수분은 응축되고, 응축된 수분은 산맥의 바람이 부는 쪽에 비나 눈의 형태로 떨어진다(그림 25.24). 일단 산맥 위를 넘은 차갑고 건조한 공기는 하강하여 따뜻해지고 땅으로부터 수분을 얻게 된다. 이러한 땅은 산맥의 비 그늘에 놓여있고, 이 지역 위도가 예보하는 것보다 더 건조하다.

25.6 | 물질은 생물지화학적 순환을 통해 생물군계와 물리적 환경 사이를 이동한다

지구의 모든 생물군계가 함께 생물권을 형성한다. 생명체에 의해 사용된 모든 원자나 분자들은 국지적, 지역적 그리고 지구 규모에서 생물지화학적 순환에 관련되어 있다. 지구의 생물군계들은 생물지화학적 순환을 통해 모두 연결되어 있다. 가장 중요한 생물지화학적 순환은 물, 질소 그리고 이산화탄소와 관련된 것들이다.

물은 대양, 대기권, 육지와 생물체를 통해 순환한다

빙하, 바다 또는 담수호와 강 등 지구의 모든 물은 수권을 형성한다. 그러므로 수권은 지구상 물의 주요 저장고이다. 물은 수권에서 증발(액체 상태의 물을 기체 상태로 변화하는 작용)에 의해 지구 주위의 공기층인 대기권으로 들어간다(그림 25.25). 지구의 바람양상은 지구 곳곳에 수증기를 이동시킨다. 습한 공기가 상승하고 냉각될 때 마다 수증기는 응축되어 비, 눈, 우빙, 우박의 형태로 지표면에 떨어진다. 일단 육지에 도달하면 증발하여 대기 중으로 다시 돌아가거나 땅을 가로질러 강으로 유입되어 바다로 흘러 들어간다. 땅을 가로질러 바다로 들어가는 물을 유출수라 부른다. 또한 육지의 물은 토양 속으로 스며들어 지하수가 된다. 결국, 육지의 모든 물은 바다로 되돌아간다.

살이 있는 생물체는 대부분 물로 이루어져 있다. 이 물은 모든 생화학 반응의 매질이 된다. 식물들은 뿌리를 통해 물을 획득하고 증산작용 동안 기공을 통해 수증기를 방출한다. 증산

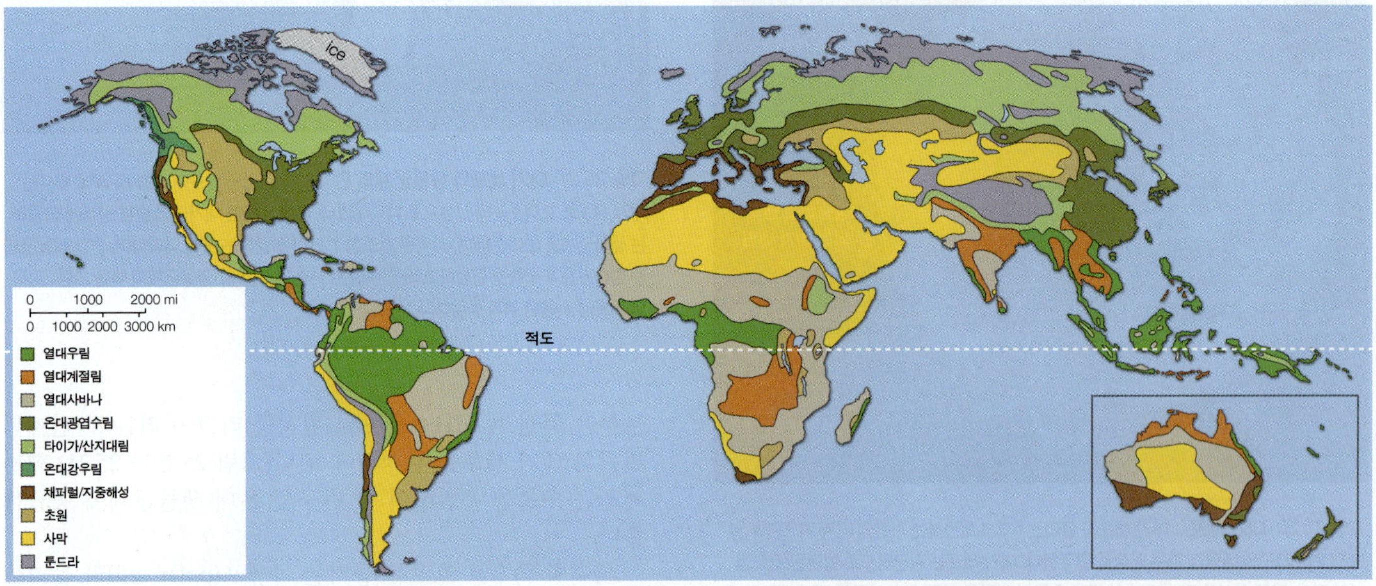

그림 25.22 **지구 생물군계의 분포** 지도의 크기로 인해 생물군계의 윤곽이 개략적으로 표현되었다. 여기에서 보이는 것처럼 생물군계들 간의 경계가 뚜렷하지 않는데, 이는 한 생물군계에서 다음 생물군계로 변하는 지역이 일반적으로 넓기 때문이다.

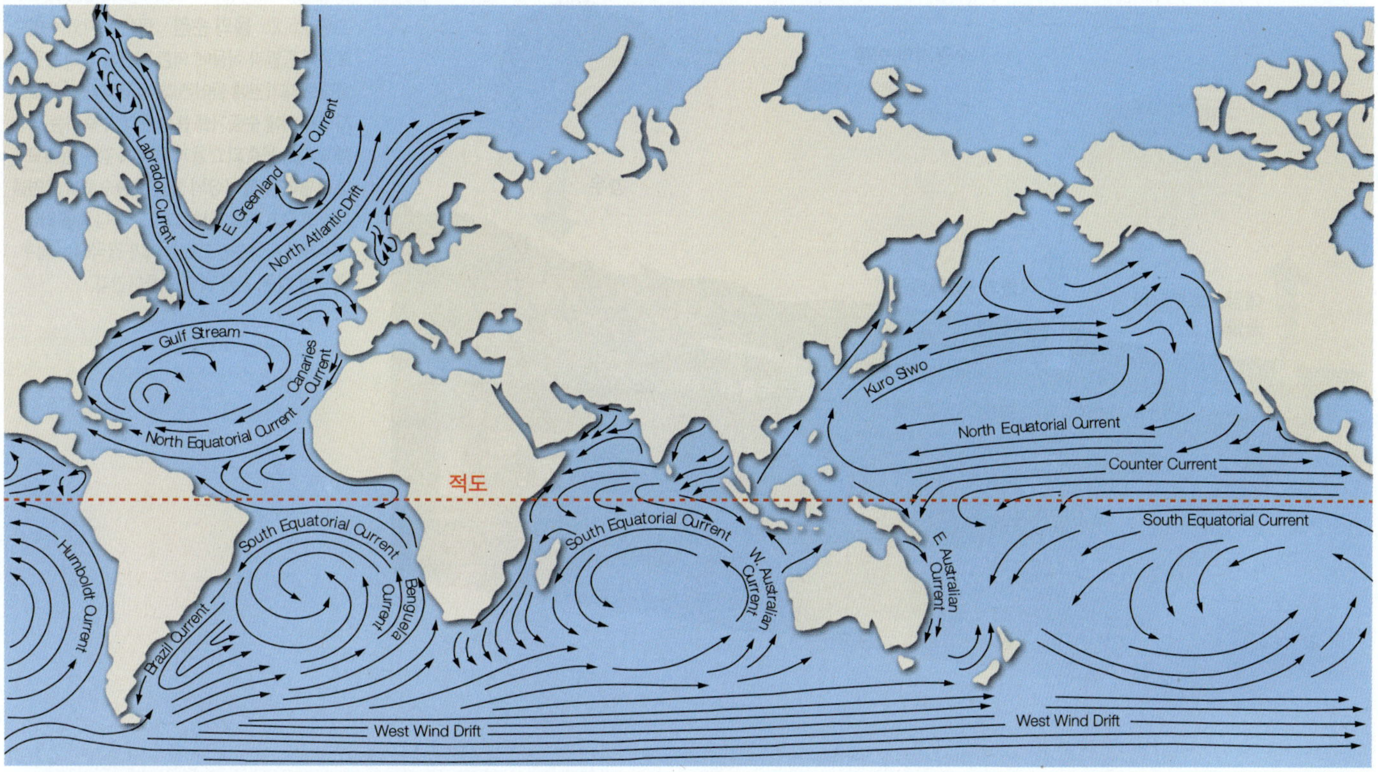

그림 25.23 주요 해류 해류는 지역 기후에 영향을 미치고 생물군계의 분포를 변화시킨다. 예를 들어, 차가운 훔볼트해류(페루)는 아타카마 사막(Atacama desert)의 기후를 차갑게 하고 안개의 형태로 수분을 제공한다.

그림 25.24 비 그늘 습한 공기가 산맥 위로 상승함에 따라 기단은 차갑고 수분은 응축되어 바람이 불어오는 쪽에 비를 내린다. 산맥을 넘게 되면 건조한 기단은 하강하고 육지로부터 수분을 끌어당겨서 따뜻해지고 비 그늘을 형성한다.

작용으로 잃어버린 물은 다시 대기로 들어간다. 식물은 육지의 수분을 보유하는데 결정적인 역할을 한다. 만일 어떤 지역의 식피가 벌목(27장)이나 사막화(26장)에 의해 제거되어지면 그 지역에 떨어지는 물은 식피가 존재했을 때 보다 훨씬 빨리 증발되거나 유출될 것이다. 특징적인 식생을 갖는 습지는 물을 보유하는 작용을 하며, 그렇지 않으면 홍수의 원인이 될 수도 있다(28장).

미생물은 주로 질소순환을 조절한다

지구의 대기는 78%의 질소 기체로 이루어져 있고, 대기가 지구의 주요 질소 저장고이다. 모든 생물체들은 단백질과 핵산을 위해 질소를 필요로 하지만, 대부분의 생물은 질소의 산화 형태 — 질산염(NO_3^-), 또는 아질산염(NO_2^-) — 또는 환원된 형태의 암모니아(NH_3)가 필요하다. 질소의 순환에는 5가지 주요 작용이 있다; (1) 질소 고정, (2) 질화작용, (3) 동화작용 (4) 암모니아화, (5) 탈질작용(그림 25.26). 박테리아와 남세균은 모든 생물체가 수행하는 동화 작용을 제외한 모든 작용들을 지시한다.

질소고정(nitrogen fixation)은 기체 형태의 질소를 암모니아로 전환하는 것이다. 번개의 방전은 일부 가스성 질소를 고정시킨다. 인간의 산업 과정은 비료를 위해 대기 질소를 고정시켰으며 이들 과정에 의해 토양으로 질소의 유입이 2배 정도 증가되었다. 그러므로 인간 활동은 질소순환의 고정 부분에 강한 영향을 미친다. 토양과 물의 박테리아와 남세균이 모든 생물학적 질소고정을 수행한다.

질소 기체를 고정하는 박테리아와 남세균은 **질소고정효소**(nitrogenase)를 이용하여 질소 분자를 쪼개고 이를 수소와 결합시킨다. 그러나 질소고정효소는 산소가 없을 때에만 작용

그림 25.25 물의 순환 물은 육지와 수면으로부터 증발과 식물에 의한 증산에 의해 수증기 형태로 대기권에 들어간다. 지구의 대기 세포는 지구 주위에 수증기를 운반한다. 수증기는 상승함에 따라 응축되고 물과 육지에 강우 형태로 다시 떨어진다. 육상의 물은 유출수로서 표면을 따라 흐르고 개울, 하천 그리고 바다로 흘러들어가거나 지하수면으로 들어가 결국에는 침투에 의해 개울, 강과 바다로 들어간다.

그림 25.26 질소순환 질소가스(N_2)는 지구의 주요 질소저장고이다. 질소고정을 통해 질소(N_2)가 암모니아로 전환될 때 질소는 질소순환에 들어간다. 번개, 남세균을 포함하여 질소고정 세균 그리고 산업적인 비료 생산은 모두 질소를 암모니아로 고정한다. 암모니아는 질화과정에서 세균에 의해 질산염의 형태로 산화되어진다. 특정 혐기성 세균은 탈질작용에 의해 질산염을 기체 질소로 다시 전환시킨다. 식물은 암모니아와 질산염을 동화하고 이들을 유기질소화합물에 결합시킨다. 동물은 식물을 섭취함으로써 질소를 동화한다. 동물이 폐기물을 배출하거나 식물과 동물이 죽을 때 유기질소화합물은 암모니아로 바뀌게 된다(암모니아화).

한다. 일부 질소고정세균은 무산소 환경에서 자란다. 산소발생 광합성과 질소고정 둘 다를 수행하는 남세균은 질소고정을 **이형세포**(두꺼운 벽이 산소를 차단함)라 부르는 세포에만 한정시킨다. 질소를 고정하는 남세균은 특히 수계에 보편적이다. 콩과식물에서 리조비움(*Rhizobium*)과 같은 특정 질소고정세균은 식물과 공생관계를 형성한다. 식물은 뿌리에 있는 특이한 근류 내에 세균을 수용하는데 이곳은 산소가 적은 환경으로 되어 있다.

질화작용(nitrification)는 호기성세균이 암모니아(NH_3)를 질산염(NO_3^-)으로 전환하는 작용이다. 이 과정은 두 단계의 산화 반응으로 되어 있다. 첫 번째 단계는 토양, 담수 그리고 대양에서 일어나는데, 나이트로소모나스속(*Nitrosomonas*)에 속하는 세균이 암모니아를 아질산염(NO_2^-)으로 전환시킨다. 두 번째 단계에서는 나이트로백터속(*Nitrobacter*)에 속하는 호기성 세균이 아질산염을 질산염으로 전환시킨다. 호기적 조건하에서 질화작용은 이들 세균에게 이산화탄소를 고정시켜 유기분자를 만들기 위한 에너지를 제공한다.

모든 생물체들은 몇몇 형태로 **동화작용**(assimilation)을 수행한다. 식물들은 특별한 효소계를 이용하여 토양으로부터 암모니아나 질산염을 흡수한다. 동물은 식물을 섭취하고 식물의 유기 질소와 결합함으로써 질소를 획득한다.

식물과 동물은 죽고, 이들의 유기화합물은 환경 속에서 분해된다. 동물들은 요소나 요산과 같이 유기 질소화합물을 함유하고 있는 폐기물들을 배출한다. 암모니아화는 토양과 물속의 세균이 이러한 유기 질소화합물을 암모니아로 전환시키며 그때 방출된 암모니아는 식물에 의한 직접적인 동화작용이나 질산염으로의 질화작용에 쓰이게 된다.

질소 순환의 마지막 작용인 탈질작용으로 순환이 마무리된다. 여기서, 질산염은 기체 상태의 질소로 환원되어 대기로 되돌아간다. 호기성 세균은 침수토양, 오염된 하수, 과도하게 시비된 토양, 지하수면 부근의 깊은 곳과 같은 저산소 환경에서 탈질작용을 수행한다.

이산화탄소는 대기권과 생물권 사이에서 순환한다

탄소는 기체 상태의 이산화탄소(CO_2)의 형태로 대기권에 존재한다. 탄소(0.037%)는 산소(21%)와 질소(78%)와 비해 상대적으로 소량으로 존재한다. 부가적인 탄소는 탄산염(CO_3^{2-})과 중탄산염(HCO_3^-)의 형태로 바다에 용해되어 있다. 그러나 대부분의 탄소는 생물들이 사용할 수 없는 석회암 속에 들어있다. 모든 생물체는 탄소원이 필요한데 이는 생존에 필수적인 유기분자가 모두 탄소로 만들어졌기 때문이다.

탄소순환에서 식물과 광합성 세균이 유기분자로 탄소를 고정할 때 탄소가 이산화탄소 형태로 대기로부터 제거된다(그림 25.27). 매년, 일차 생산자는 대기권의 이산화탄소 중 1/7을 소모한다. 생물체가 신진 대사에 필요한 에너지를 얻기 위한 호흡 작용을 할 때 유기 분자는 이산화탄소와 물로 분해되고, 이산화탄소는 다시 대기권으로 돌아간다. 일차 생산자를 섭취할 때, 소비자들은 신진 대사에 필요한 에너지를 위해 유기 분자들을 사용하게 되고 이들의 호흡은 이산화탄소를 대기권으로 되돌려 보낸다. 따라서 세포 호흡은 광합성에 의해 제거된 이산화탄소를 대기권으로 다시 되돌아가게 한다.

광합성에 의해 고정된 탄소 모두가 호흡 작용에 의해 같은 해에 대기권으로 되돌아가는 것은 아니다. 많은 양의 탄소는 나무의 목재 내, 이탄지 그리고 토양에 저장 되는데 이곳에 수백 년 동안 남아있을 수 있다. 석탄, 석유와 천연 가스와 같은 화석 연료는 수백 만 년 전 광합성에 의해 고정된 유기 분자로부터 유래된 것이다. 이들 화석 연료가 연소되면 탄소는 대기권으로 다시 방출된다. 지난 200년 동안, 인간에 의한 화석연료의 연소는 결과적으로 지구온난화와 더불어 대기권의 이산화탄소 양을 0.028%에서부터 현재 0.037%로 증가시켰다(1장과 29장).

석회암에 갇혀있는 탄소는 무기탄소를 바다와 대기로 방출하는 풍화 작용에 노출되면서 서서히 탄소순환으로 들어간다. 해양 생물들은 탄소를 그들의 껍질이나 뼈로 융합하여 탄소를 순환으로부터 제거한다. 이들 생물체가 죽으면 잔존물은 퇴적물에 가라앉게 되고, 이러한 퇴적물의 축적은 오랜 시간에 걸쳐 일어나게 되고, 석회암으로 전환된다. 또 오랜 시간이 지난 후에 석회암은 지질학적 작용에 의해 융기되고 다시 풍화작용을 겪게 된다. 그러므로 탄소 순환은 두 개의 매우 다른 시간 척도로 작용한다. 이산화탄소는 대기권과 생물권 사이에서 빠르게 교환되어질지도 모른다. 그러나 풍화 작용에 의한 석회암과 퇴적에 의한 암석화 간의 탄소순환은 매우 장기적인 과정이다.

물, 질소, 그리고 이산화탄소의 순환과 같은 생물지화학적 순환은 지구의 모든 생물군계 사이의 상호 작용을 포함한다. 생태학은 생물권의 수준에서 생물학, 지질학 그리고 기상학의 학문을 서로 연관시켜준다.

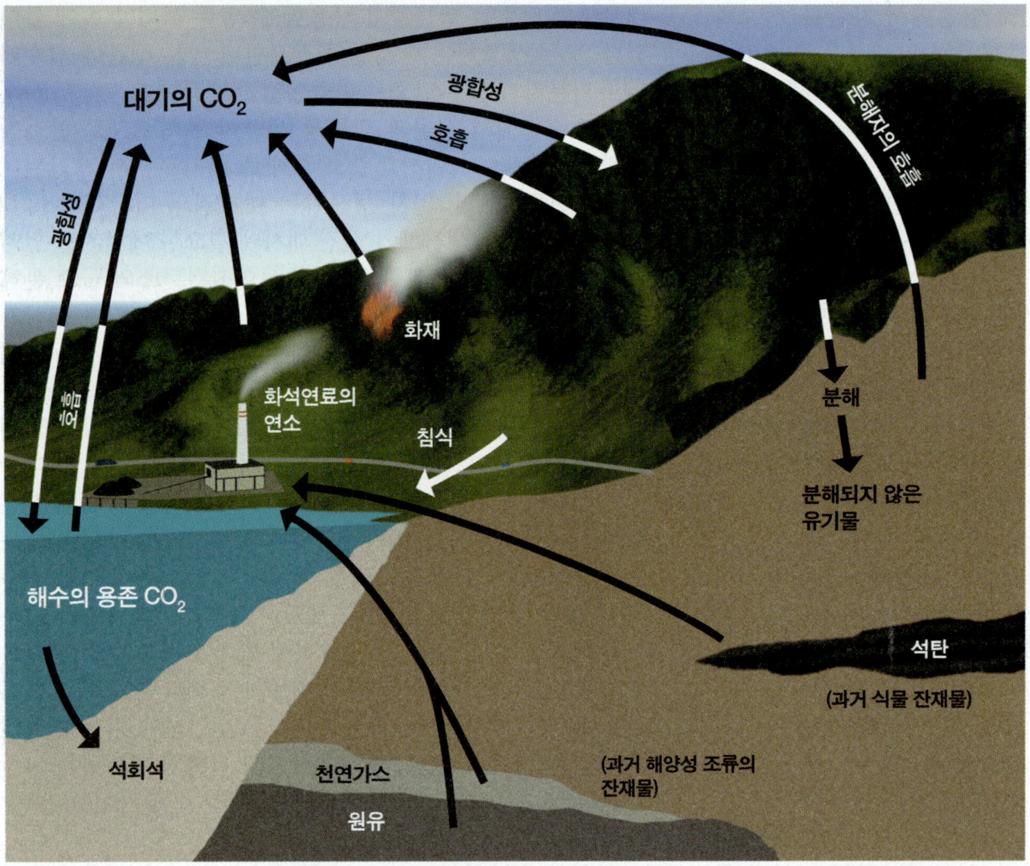

그림 25.27 탄소순환 탄소는 대기권과 생물권 사이를 빠르게 순환한다. 육상과 수중의 광합성 생물은 대기권으로부터 이산화탄소를 제거한다. 호흡과정은 이들 탄소의 대부분을 대기권으로 되돌려 보낸다. 유기물 또한 퇴적물로 들어가며 아주 오랜 시간에 걸쳐 암석으로 전환되어 진다. 석탄, 석유와 천연가스는 아주 먼 과거에 만들어진 광합성 산물이다. 인간이 이들 화석연료를 연소시킬 때 화석연료에 포함된 탄소는 이산화탄소 형태로 대기권으로 되돌아간다. 석회암 내의 탄소는 풍화에 의해 암석이 아주 천천히 용해되어 이산화탄소 형태로 탄소가 물과 공기 속으로 방출될 때 탄소순환으로 들어간다. 화살은 탄소원자의 이동을 보여준다.

요점

25.1 개체군, 군집, 생태계, 생물군계 그리고 생물권은 생태학적 관점으로부터 생물학적 시스템을 조사하는 상이한 방법을 제공한다.

25.2 개체군의 생태학적 연구는 두개의 매우 상이한 현상 — 개체군 생장과 생태학적 지위 — 을 포함한다. 개체군 생장은 순생장률, 수용능력 및 제한요인의 개념을 포함한다. 생태학적 지위는 수분과 같은 무생물적 요인과 상리공생, 기생, 초식, 포식 그리고 경쟁과 같은 생물학적 상호작용에 의해 특징 지워진다.

25.3 군집생태학은 한정된 지역에 있는 개개 생물체에 초점을 둔다. 군집은 다른 정도를 갖는 종 풍부도와 종 다양성을 포함한다. 천이과정에서 시간에 따라 군집의 조성이 변화한다.

25.4 생태계 연구는 영양구조라 불리는 체계에서 생물체를 단계들에 배열된 기능적인 범주로 분류한다. 먹이사슬과 먹이망은 선형의 에너지 흐름을 통한 영양구조이다.

25.5 비슷한 기후를 공유하는 생태계는 생물군계로 분류되어진다. 지구의 기후양상, 해류, 산맥 그리고 대륙이 생물군계의 분포를 결정한다.

25.6 모든 생물군계는 다 함께 생물권을 구성한다. 국지적, 지역적 그리고 지구 차원의 순환에서 지속적인 물질의 흐름이 있다. 가장 중요한 생물지화학적 순환은 물, 질소, 그리고 이산화탄소의 순환이다.

문제

1. 다음 단어를 정의하시오; (a) 생태학 (b) 개체군 (c) 군집 (d) 생태계 (e) 생물군계 (f) 생물권
2. 개체군의 생장률은 무엇인가? 어떻게 생장률이 정의되어지는가? 전형적인 생장곡선 양상은 무엇인가?
3. 생태학적 지위는 무엇인가? (a)산호초와 같은 수계 그리고 (b) 초원, 사막 또는 낙엽수림과 같은 육상에서 특정 군집에 의해 점유된 지역을 결정하는데 도움이 되는 몇몇 중요한 무생물적 인자에 대해 논의해 보시오
4. 공생이란 무엇인가? 다음 각각의 공생을 정의하고 특정 예를 제시하시오. 각각의 예에 있어 상호작용으로 초래되는 각 구성원의 이익과 손해를 논의하시오; (a) 상리공생 (b) 편리공생 (c) 기생 (d) 초식 (e) 포식
5. 초식을 단념하게 하는 식물의 화학적, 물리적 적응을 논의하시오
6. 생태학적 천이란 무엇인가? 일차천이는 이차천이와 어떻게 다른가? 개척종이란 무엇인가?
7. 극상군집은 무엇이며 오늘날에도 타당한 개념으로 여겨지는가?
8. 독립영양생물은 타가영양생물과 어떻게 다른가? 영양체계에서의 위치에 바탕을 두고 각각의 기능적 그룹을 정의하시오; (a) 일차 생산자 (b) 일차 소비자 (c) 이차 소비자 (d) 쇄설생물 (e) 분해자
9. 어떻게 지구의 대기 순환양상이 생물군계의 분포에 영향을 미치는가?
10. 어떻게 대륙도, 해류 그리고 산맥이 생물군계의 분포에 영향을 미치는가?
11. 질소순환을 기술하시오. 지구에서 질소의 주요 저장고는 무엇이며, 질소순환에 있어 5가지 주요 과정은 무엇인가?
12. 지구에서 물의 주요 저장고뿐만 아니라 물 순환의 주요 성분을 간단히 요약하시오

응용개념

1. 이 장에서 제시된 정의에 바탕을 두고 다음을 개체군, 군집, 생태계 또는 생물군계로 구분하시오: (a) 캘리포니아의 Joshua Tree 국립공원의 Joshua tree (*Yucca brevifolia*) (b) 캘리포니아의 Death Valley 국립공원의 사막 (c) 남부 조지아와 북부 플로리다에 있는 Okefenokee 습지의 식물과 동물 (d) Okefenokee 습지의 부들 (e) 콜로라도의 로키산맥 국립공원의 툰드라 (f) 세계의 툰드라 (g) 루이지애나 Ponchartrain 호수의 생명체
2. "공룡 르네상스(Dinosaur Renaissance; *Scientific American* 232: 58-78, 1975)"에서 고고학자 로버트 바커(Robert Bakker)는 공룡은 차가운 피를 갖는 외온성 동물이 아니라 다소 따뜻한 피를 갖는 내온성 동물이라고 주장하였다. 그가 제시한 증거의 한 줄은 중생대 공룡군집에서 포식자-피식자 생체량 비(화석자료로부터 수집)가 전형적으로 1에서 3% (포식자 생체량에 비해 피식자의 생체량이 30 100배)였다는 것이다. 왜 포식자-피식자 생체량 비가 포식자의 외온성/내온성의 상태와 관련이 있는가? 만일 공룡이 외온성 동물이었다면 이 수가 어떻게 변할 것으로 여러분은 기대하는가?
3. 아주 잔잔한 연안수인 담수를 상상하라. 다음은 이곳 생태계에서 여러분이 직면하게 되는 생물체의 목록이다. 괄호는 생물체의 형이나 어떻게/무엇을 먹는가는 나타내고 있다. 4가지 영양단계(이차 또는 삼차 소비자(STC); 일차 소비자(PC); 일차 생산자(PP); 그림의 밑부분에는 쇄설생물(Dt)와 분해자(Dc)) 중 하나에 각 생물체를 놓음으로써 이 생태계의 먹이망을 그림으로 나타내시오.

가재(왕새우)	(죽은 유기물을 먹는 동물)
훈장말	(광합성하는 녹조)
말즘류	(뿌리를 내리는 식물)
창꼬치	(중형의 어류를 먹는 물고기)
물오리	(식물을 먹는 조류)
조개	(여과섭식자)
배스	(곤충을 먹는 어류)
물장군	(곤충과 소형어류를 먹는 곤충)
물벌레류	(조류를 먹는 곤충)
물곰팡이류	(유기물을 먹는 물곰팡이)

4. 개체군의 출생률과 사망률이 같다면 생장률이 어떻게 될 것인가? 만일 출생률이 사망률보다 약간 낮다면 어떻게 될 것인가?
5. 먹이사슬이 먹이망과 같은가? 인간은 먹이망에 관여하는가?
6. 먹이사슬의 하부를 소비하는 것, 즉 과일, 채소, 곡류를 더 많이 소비하고 육류를 적게 먹는 것이 더욱 친환경적인 것으로 말해지고 있다. 이 진술에 숨어 있는 논리는 무엇인가? 이장에서 여러분이 배운 것을 고려해 볼 때 이 진술이 정당화될 수 있는가?

26 장

건조한 육상 생태계

아메리카 들소가 있는 초원의 전경

주요 개념

- 북극사막은 지구에서 가장 혹독한 기후를 포함한다.
- 물은 사막을 구체화하는 중요한 제한요인이다.
- 온대와 열대사막의 식물은 내성, 회피성, 다육성, CAM을 포함하여 고온과 수분 스트레스 대해 뚜렷한 적응을 보여준다.
- 지표면의 많은 부분을 차지하는 초지는 토양에 방대한 유기탄소를 저장하고, 지구상에서 가장 생산적인 농지를 포함하고 인류와 초지 동물의 진화를 만들어 내기 때문에 매우 중요하다.
- 초지의 화본과 식물, 수천종의 초본 식물 그리고 소수의 목본과 관목은 비교적 적은 강우, 계절적인 극단의 온도, 빈번한 화재, 그리고 큰 무리의 초식동물에 적응되어 있다.
- 북미 서부의 채퍼럴은 덥고, 건조한 여름과 차갑고 습한 기후를 가지며 상록성 관목이 우점하고 있다. 화재는 채퍼럴에서 주요한 인자이다.

이 지역에서는 목재는 없지만 강의 양쪽으로 광활한 초지 지대가 있다. 구릉지대를 여행하고 있는 사람은 어떠한 장애물 없이 눈에 보이는데 까지 경치를 볼 수 있으며, 매우 멋진 경관을 즐길 수 있다. 미국 대평원의 방대한 초지를 본 최초의 이와 같은 묘사는 루이지애나 구입(Lousiana Purchase)에서 확보한 새로운 땅을 탐험하기 위해 제퍼스 대통령(Thomas Jefferson)에 의해 1804년에 파견된 유명한 루이스와 크라크(Lewis and Clark) 탐험대의 구성원의 일원인 개스(Patrick Gass)의 일지에 기록되어져 있다. 탐험대장 루이스(Meriwether Lewis)는 "이 풍경은 이미 풍요롭고, 즐겁고 아름답지만 우리가 보는 모든 방향의 구릉지와 평원에서 풀을 뜯고 있는 엄청난 아메리카 들소, 사슴, 엘크 무리에 의해 훨씬 더 증대되었고, 한번 볼 때 보이는 들소가 약 3,000 마리라고 평가한 것은 과장이라고 생각하지 않는다." 라고 적었다. 탐험대는 프레리도그와 몬타나주의 식물인 레위시아(*Lewisia rediviva*, 쇠비름류)를 포함하여 새로운 많은 동물과 식물을 발견하고 기술하였다(표본사진 참조).

오늘날 개스, 루이스 또는 크라크가 동일한 초지를 방문한다면, 매우 변화된 경관을 보게 될 것이다. 그들이 발견한 넓게 펼쳐진 동일한 공간이 여전히 엄청난 것으로 존재하고 있지만, 현재는 옥수수, 밀, 다른 작물 그리고 때로는 해롭고 먹을 수 없는 외래 식물이 초지를 차지하고 있다. 1880년대에 6천만마리 정도로 추정된 들소가 사라지고 소떼들로 대체되었다. 탐험대가 만난 많은 아메리카 원주민들은 이제는 더 이상 땅을 소유하지 않고 있으며, 일부는 멸종의 위기에서 방황하고 있다. 세계의 초지 또한 훌륭하고 중요하지만 계속되는 인간의 영향 하에서 급격한 변화를 맞고 있다.

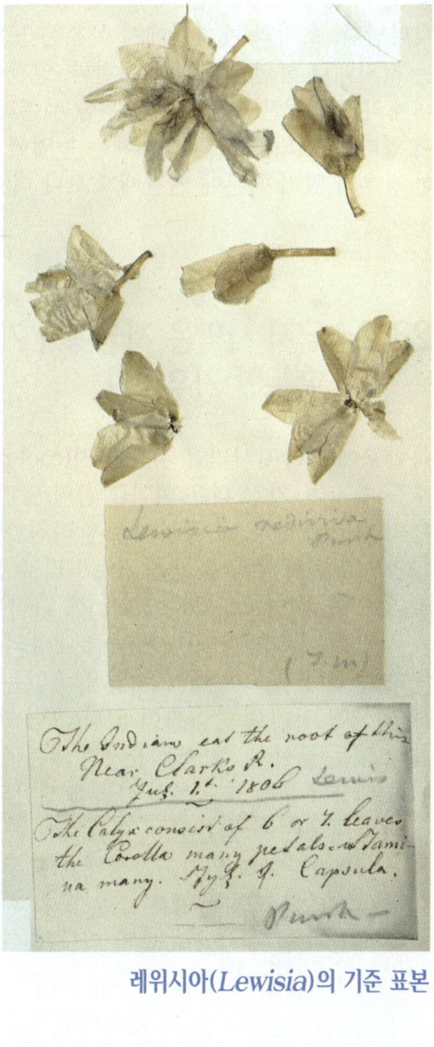
레위시아(*Lewisia*)의 기준 표본

초지는 건조한 육상생태계의 한 예이다. 이장에서는 극지사막, 온대 및 아열대사막, 초지 그리고 채퍼럴 같은 건조한 4개의 육상생태계에 초점을 두고 있으며, 이들의 물리적 특성, 여기에 살고 있는 생물의 적응 그리고 인간에 대한 이들의 중요성과 이들에 대한 인간의 영향을 기술하고 있다.

26.1 | 건조한 육상생태계는 다양하다

건조한 육상생태계는 비교적 낮은 평균 강우량을 갖는 다양한 생태계를 포함하고 있으며, 건조한 생태계의 연평균 강우량의 상한은 약 1,000 mm 이다. 하한은 대체로 0 이며, 1년 이상 수년 동안 측정 가능한 강우가 없는 경우도 있다. 건조한 육상생태계에는 극지사막, 온대 및 아열대 사막, 초지 그리고 채퍼럴이 있다. 북극사막은 북위 72~73° 이상의 북미, 유럽, 아시아 북부 극단과 남극대륙에 나타난다. 극지사막의 기후는 매우 춥고, 연강우량은 10~20 mm 이하이다. 온대와 아열대 사막은 연평균 강우량이 25~600 mm의 범위에 있으며, 대부분의 강우는 1년 중 한 두번의 강우기 동안 내린다. 초지의 연강우량은 250~1,000 mm의 범위에 있으며, 사막에 비해 연중 고른 분포를 나타낸다. 채퍼럴 또는 지중해성 관목지대는 200~1,000 mm의 비가 내리지만, 전적으로 강우는 겨울동안 내린다. 채퍼럴은 덥고, 건조한 여름과 춥고 습한 겨울의 기후를 갖는다.

또한 건조한 육상생태계에는 보편적으로 목본이 없다. 최대의 연강우량에서 조차 강우가 너무 적어 목본을 유지하기 어렵다. 온대와 아열대 사막에서 목본은 수분이 보다 많고 1년 중 한두 번 물이 흐르는 국지적인 장소인 계절성 하천을 따라 나타난다. 초지와 채퍼럴에서 목본은 또한 많은 수분이 모이는 저지대나 하천을 따라 출현한다. 인간에 대한 이들 건조 생태계의 중요성은 이들의 연강우량 수준과 직접적으로 관련되어 있다; 초지와 채퍼럴 생태계는 농업에 이용될 수 있는 충분한 강우가 있기 때문에 인간에게 보다 더 중요하다.

26.2 | 극지 사막은 지상에서 가장 혹독한 기후이다

북반구에서 극지사막은 추운 극지(cool-polar)로 분류되는 기후를 가지며, 가장 더운 여름(7월)의 월평균 최고 온도가 3~7 ℃의 범위에 있다. 풀-황무지로 알려진 이들 극지사막은 캐나다와 그린란드의 고 북극을 가로질러 수천 평방 km를 차지하고 있으며, 해발고도 200~300 m에 나타난다. 남반구에서 극지 사막은 매우 제한적이다. 남극 대륙의 98%는 4 km 두께의 빙하로 덮여 있으며 대륙은 얼음이 없는 골짜기를 보호하는 해안 산맥 지대로 둘러싸여 있다(그림 26.1). 극지 사막은 얼음이 없는 골짜기, 해안에 떨어져 있는 섬, 남극 대륙의 반도, 남쪽 대양에 뿔뿔이 흩어진 섬들에 제한되어 있다.

남극대륙은 두 종류의 극지 생태계 — 남극 해안과 남극 대륙 — 로 이루어져 있다. 두 생태계 모두 극지사막으로 간주할 수 있다. 남극의 해안은 추운 극지 환경이며, 남극반도의 서쪽 해안과 남쪽 해양의 몇몇 섬들을 포함하고 있다. 남극의

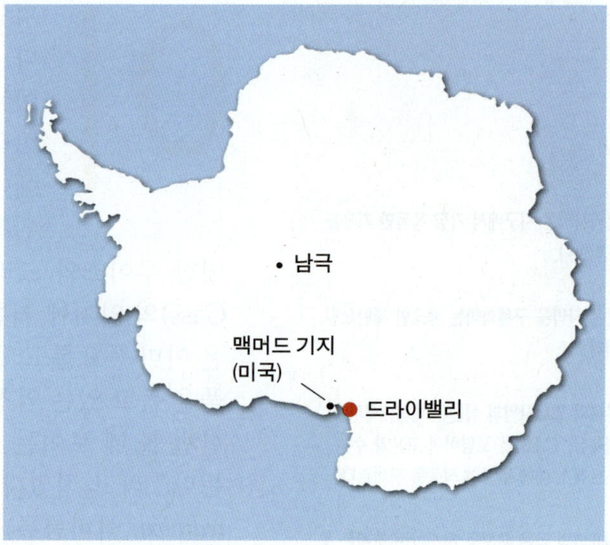

그림 26.1 남극에서 드라이밸리의 위치

여름 월 평균 대기 온도는 0~2℃ 정도 밖에 되지 않지만 상응하는 북극의 지역보다 남극의 겨울은 더 온화하고 여름은 습기가 더 많다. 남극 대륙은 더욱 방대한 면적을 갖지만 기후는 더 거세고 몹시 추운 극지 환경으로 분류되고 있다. 몇몇 지역의 여름철 월 평균 온도는 0~1℃ 정도 밖에 되지 않으며, 낮은 습도가 주요 제한인자이다. 남극의 식생은 다른 대륙과 동떨어져 있기 때문에 매우 제한적이다. 남미는 사나운 날씨의 남쪽 해양을 가로질러 850 km 이상 떨어져 있다.

북극의 풀-황무지에는 소수의 식물종이 있다

북극권 지역에 있어 가장 널리 분포하고 있는 극지사막의 식물 군집은 풀-황무지로 불린다. 초본은 수명이 짧은 줄기를 갖는 비목본성 식물로 화본과 식물은 좁은 잎을 가지는 초본이며, 광엽초본은 넓은 잎은 가지는 초본이다. 풀-황무지는 암석이 노출된 방대한 지역을 가지고 있으며 초본이 차지하는 면적이 지표면의 5% 이하이기 때문에 풀-황무지란 이름이 붙여졌다(그림 26.2). 토양은 매우 건조하고 영양소가 매우 빈약하며, 생육시기가 매우 짧다(1~1.5개월). 이들 황무지에는 약 16~17종의 현화식물만이 출현한다. 현화식물보다는 이끼류, 지의류, 균류, 그리고 남세균의 종수가 많지만 이들 종들은 수분이 많은 장소에만 한정되어 출현한다. 출현 장소는 여름철 눈 녹은 물이 이끼 매트 그리고 조류, 지의류 그리고 이끼류의 외피를 발달시키는 큰 설원의 아래에 나타난다.

그림 26.2 북극(High Arctic)에서 풀-황무지(herb barren)

그림 26.3 드라이 밸리 (1) 얼어있는 호수를 가지는 드라이밸리. (b) 드라이밸리 호수에서 저서성 남세균 집단으로부터 시료를 수집하는 다이버를 보여주는 수중사진. (c) 호수의 바닥을 덮고 있는 남세균 집단

남극 대륙에는 드문드문 나타나는 이끼류, 지의류 그리고 조류 개체군이 있다

남극 대륙에는 이끼류, 지의류 그리고 조류의 개체군이 넓게 분산되어 있으며, 방대한 지역에 가시적인 어떠한 개체군도 존재하지 않는다. 이끼류와 지의류는 산재되어 있는 해안지역에서만 풍부하게 나타난다. 가장 혹독한 환경은 얼음이 없는 드라이밸리(Dry Valleys)로 대기의 최대 온도는 0℃ 이상 올라가지 않으며, 습도는 애리조나 사막과 비슷하다. 드라이밸리의 토양은 염분을 많이 함유하고 있으며 산성일 수도 있다. 대부분의 땅은 **영구동토층**(permafrost)으로 되어 있는 반면, 표면은 얼고-녹는 순환을 빠르게 진행한다. 한 때는 불모의 땅이라 생각되었던 드라이밸리의 토양은 현재 세균, 조류, 균류, 원생동물들을 포함하고 있는 것으로 알려지고 있다.

드라이밸리에는 두 개의 특이한 생태계, 즉 호수와 암석 생태계가 존재한다. 호수는 남극 대륙 미생물의 생활에 있어 가장 우호적인 몇몇 생태계를 제공한다. 드라이밸리의 대부분 호수는 3~6 m 두께의 대륙빙이 영구적으로 얼려져 있다(그림 26.3a) 이 영구 대륙빙 아래의 깊은 호수는 물 그리고 남세균과 소형 편모조류 군집을 포함하고 있다. 편모조류는 온대의 호수에서 보편적으로 발견되는 *Crytomonas*(19장과 28장)와 같은 속에 속한다. 빽빽한 남세균 집단은 종종 호수 바닥의 침전물 표면을 덮는다(그림 26.3b와 c). 많은 내륙 호수들은 바다에서부터 유래되어 염도가 매우 높다. 시냇물은 빙하로부터 많은 호수에 물을 보내지만 남반구의 여름 몇 주일을 제외하고는 항상 얼어있다.

암석 생태계는 남극 대륙에서 가장 보기 드문 미생물 서식처이다. 암석은 쉽게 물을 흡수하며 며칠동안 저장 할 수 있다. 또한 암석은 맑은 날에 열을 흡수하여 장기간 동안 주위의 대기보다 높은 온도를 유지한다. 이러한 암석의 특성은 드라이밸리에 서식하는 미생물에게 우호적인 환경을 제공한다.

다양한 미세 조류, 남세균, 균류 그리고 타가영양세균이 대리석, 화강암, 사암 등과 같은 밝은 색의 반투명한 암석과 관련되어 발견된다(그림 26.4a). 균류와 조류는 종종 지의류로서 서로 협동하고 있다. 이러한 미생물들은 돌의 표면, 돌의 틈과 금, 광물질사이의 암석 내부, 그리고 반투명성 암석아래에 출현한다. 드라이밸리에서 암석 내부의 미생물군집은 뚜렷한 층 내에 나타난다(그림 26.4b). 가장 위의 몇 mm에는 미생물이 없고, 첫 번째 층은 검은 지의류로 구성되어 있고, 두 번째 층은 하얀색으로 공생적 조류가 없는 지의류의 균사체로 이루어져 있다. 이들 층 아래는 초록색 층으로 조류로 구성되어 있다.

남극의 드라이밸리는 지구상의 가장 가혹한 환경이지만 생물들을 찾아 볼 수가 있다. 이들 계곡의 해발 1,000 m 위의 암석 표면에는 미생물이 나타나지 않으며, 2,000 m 이상에서는 암석 내부 미생물도 나타나지 않는다. 이러한 이유로 드라이밸리의 미생물생태계는 지구상에서 화성의 환경과 가장 비슷하다고 여겨진다. 연구원들은 화성과 다른 세계의 생물학적 탐사를 진일보시키기 위해 야외 실험실로 이곳을 사용한다. 극지 생물군계와 화성에 대해 더 많이 알기 위해서는 Essay 26.1 "화성에서 생물군계의 형성"을 참조하시오.

ESSAY 26. I 화성에서 생물군계의 형성

1970년대 화성을 시찰한 매리너와 바이킹 우주선은 한때 훨씬 더 따뜻하고 더 습한 기후를 가진 화성을 선명하게 보여주는 사진을 보내주었다. 오늘날 화성은 지구의 15℃ 에 비해 매우 추운 평균 -60℃ 의 표면을 갖는다. 화성의 대기는 매우 희박하기 때문에(지구의 1/100 보다 적음), 액체 상태의 물이 존재하지 않으며 얼음이나 수증기 상태로 존재한다. 또한 초기의 우주선은 한때 물이 수로와 배수시스템을 통해 흘렀다는 증거를 보여주었다. 화성전역조사선(Mars Global Surveyor)에 의한 최근 조사는 화성에 방대한 대양이 북반구에 한때 존재했었고 국지적인 규모에서는 몇몇 형태로 물이 가끔씩 흐른다는 것을 보여줌으로서 이러한 증거를 강력히 입증하고 있다.

육상의 극지와 고산 생물군계의 식물군집은 언젠가는 다른 생물이 서식가능하게 될지도 모른다.

화성이 한때 생명체에 매우 우호적인 행성이었다는 생각을 가지고 과학자와 작가들은 몇몇 광범위한 공학기술에 의해 화성이 이전의 따뜻한 기후로 어떻게 되돌아 갈 수 있을 것인가에 대해 깊이 생각하기 시작하였다. 다른 세계가 더욱 지구처럼 되는 이러한 지구화(terraforming)의 과학은 1970년대 이후 서서히 발달하게 되었다. 이제는 지구의 극한 환경에서 생물연구, 다른 세계에서의 생명체의 조사, 그리고 다른 세계에서 지구생명체의 잠재적인 확장으로 주의를 기울이는 새로운 우주생물학의 한 분야이다.

화성의 지구화는 장기적인 프로그램이다. 화성에 고유의 생명체가 없다고 가정하면 지구화는 화성에 최초로 인간 정착부터 25 내지 50년 후에 시작될지도 모른다.

화성의 평균 표면온도를 상승시키기 위해서는 탄소와 불소화합물과 같은 오존-안전성 온실가스가 제작되어질 필요가 있다. 화성이 따뜻해짐에 따라 동결 이산화탄소가 대기로 유입되어 대기를 두껍게 만들 것이다. 액체의 물은 표면에서 안정한 상태에 있을 것이다. 남국의 그러한 곳으로부터 유래하는 내성 미생물은 생장하여 화성표면으로 퍼

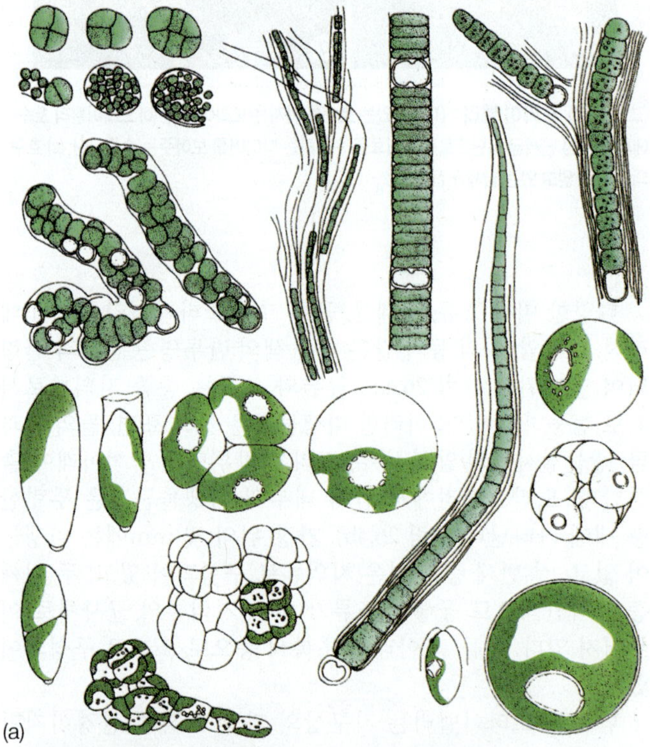

(a)

(b)

그림 26.4 **남극의 암석 틈에서 발견되는 몇몇 미생물** (a) 다양한 남세균(남조류)과 녹조류가 이들 서식처에 출현한다. (b) 드라이밸리 암석 내에 있는 미생물의 층.

남극 해안에는 선태류와 지의류가 우점하고 있다

남극 해안의 식물은 남극 대륙보다 훨씬 더 분산되어 있으며, 다양한 형태와 종을 갖고 있다. 지의류는 암석 표면에 흔히 나타나며, 더 건조한 장소에서는 폐쇄된 식분(stand)을 형성하고 있다(그림 26.5). 더 습한 장소에서는 이끼류가 매트, 카펫, 해먹 또는 잔디밭으로 묘사되는 많은 다른 군집을 형성한다. 지의류는 이탄에 2 m 이상의 높이로 덮여 있으며, 상부의 20 cm를 제외하고는 영구적으로 얼려져 있다.

남극 해안에는 남극 대륙에서 두 개 뿐인 현화식물이 있다. 남극의 **좀새풀류**(*Deschampsia antartica*)는 얇은 매트를 형성하고 있으며 두 식물 중 더 많이 펼쳐져 있다(그림 26.6a). 또 다른 현화식물은 남극의 **진주이끼류**(pearlwort; *Colo-banthus quitensis*)로, 석죽과(carnation family)에 속하고 작은 쿠션의 형태로 자란다(그림 26.6b). 두 식물은 낮은 고도나 태양광이 가장 많은 북사면에 출현한다. 두 식물은 지구온난화의 영향을 보여주고 있다. 1964년 이래 남극반도의 여름 온도가 2℃ 증가되어 졌으며, 생육기가 2주 정도가 증가되었다. 결과로서 두 현화식물은 수적으로 현저히 증가하고 있으며 더 많은 장소를 차지하고 있다.

26.3 | 온대와 아열대 사막은 낮은 강우량의 특징을 갖는다

사막은 강우량이 적거나 또는 높은 식물 증산량과 더불어 증발량이 많은 지역(11장)이나 현재 기후 조건에서 양자가 결합된 장소에서 발생한다. 사막에 대해 가장 널리 사용된 정의는 1953년 미국에서 개발되었으며, 반건조, 건조, 과건조 지역으로 분류된다. 이들 세 범주 모두는 지표면의 1/3을 차지한다. 정의에 의하면, 반건조 지역은 연중 200~600 mm의 강우가 있다. 건조 지역은 25~200mm의 범위에 있으며, 과건조 지역

져 나갈 것이다. 광합성 미생물이 화성표면물질에 유기화합물을 부가하여 표면물질을 진정한 토양으로 전환시킬 것이고 대기의 이산화탄소가 산소로 전환되기 시작할 것이다. 다른 미생물들은 질소순환을 개시할 것이다. 대기에 충분한 산소가 형성되면 내성을 갖는 지구의 극지 및 고산 이끼류가 화성의 표면으로 도입이 가능할 것이다(그림 E26.1). 이들 선태류는 수백 년 이상 주요한 대기 변화를 초래할 수 있을 것이다. 선태류는 다량의 이산화탄소를 제거하고 이를 이탄의 형태로 부식-저항성 유기화합물로 고정시킴으로써 화성 대기의 산소농도를 유의하게 증가시킬 것이다. 그때 꽃식물과 간단한 체제를 갖는 동물이 출현하게 될 것이다.

E 26.1 화성의 지구화(terraforming)에 있어 초기 단계의 묘사

그림 26.5 남극의 지의류

은 25 mm 보다 적다. 반건조 지역의 연 평균 강우량이 300 mm 이상이 되고, 연중 고른 분포로 내리면 초지가 될 수 있다. 그러나 강우가 한 달 내지 두 달에 집중되어지면 사막이 될 것이다. 따라서 강우의 시기적 불균형이 사막 형성을 결정하는 주 요소가 된다.

4가지 물리적 요인이 온대 및 아열대 사막의 위치를 결정한다

세계 사막분포는 그림 26.7에 나타나 있다. 4개의 물리적 요인 중 하나 혹은 다수, 즉 아열대성 고압대, 대륙도, 차가운 해류, 비 그늘이 사막의 위치와 관련이 있다. 현재 사막의 위치는 현재 기후조건의 산물이다. **아열대 고압대**(subtropical high pressure zone)는 해들리 세포라고 불리는 기류 양상의 결과이다(25장). 해들리 세포내에서 순환하는 기단은 남, 북위 30° 에서 하강하여 지표로 되돌아오면서 고압대를 형성한다. 하강함에 따라 기단은 따뜻해지고 수분을 흡수하는 반면, 아래의 지표를 건조시킨다. 만일 지구의 육지가 고루 분포되어있고 산맥이 없다면 해들리 세포는 남, 북위 30° 에 중심을 둔 두 개의 완전한 사막지대를 발생시킬 것이다. 아프리카의 사막은 이 유형에 꼭 맞지만 다른 물리적 요인이 이를 변화시킨다. 대륙도는 일부 지역의 경우 대륙의 내부에 매우 깊이 위치해 있어 대양으로부터의 습한 바람이 도달하지 않는다는 것을 의미한다. 중앙아시아의 사막은 대륙성 사막이다. 극에서부터 적도로 움직이는 차가운 해류는 해안사막의 건조성을 강화시킨다(그림 26.7 참조). 따뜻한 해수보다는 차가운 해수에서 수분의 증발이 적음으로 훔볼트 해류(Humbolt current)는 칠레와 페루의 아타카마 사막(Atacama Desert)을 건조시키게 된다. 기단이 산맥 위로 상승함에 따라 기단은 냉각되고 이들이 갖는 수분은 산맥의 바람이 부는 사면에서 비로 응축된다. 산맥을 넘으면서 차갑고 건조한 공기는 하강하면서 따뜻해지고, 육지로부터 수분을 흡수함으로써 산맥의 비 그늘에서 건

그림 26.6 **남극에서 발견되는 두 종의 꽃식물** (a) 암석사이에서 자라고 있는 좀새풀류(*Deschampsia antartica*). (b) 진주이끼류(*Colobanthus quitensis*)의 쿠션.

조한 땅을 만든다.

비 그늘의 영향은 아메리카 대륙의 4개의 주요 사막 형성에 있어서 특히 중요하다(그림 26.8). 네바다와 유타의 **그레이트 베이슨 사막**(Great Basin Desert)은 고지대에 있는 차가운 사막으로 시에라 네바다와 서부연안의 케스케이드산맥(Cascade Ranges) 그리고 콜로라도의 로키산맥 사이에 놓여있다. 천연기념물인 죽음의 계곡을 포함하는 고지대에 있는 **모하비 사막**(Mojave desert)은 남부 캘리포니아와 네바다에 걸쳐있다. 사와로 천연기념물을 가지고 있는 **소노란 사막**(Sonoran desert)은 남부 캘리포니아와 애리조나를 거쳐 멕시코까지 펼쳐져 있다. 네 번째 북아메리카 사막은 **치후아후안 사막**(Chihuahuan desert)으로 멕시코 북쪽 중앙을 덮고 있으며, 뉴멕시코와 텍사스까지 뻗어있다.

사막식물은 수분 획득하는데 적응되어 있다

사막에서 식물에게 있어 주요 제한요인은 수분 부족이다. 대부분의 식물은 이용 가능한 짧은 기간에 수분을 잘 획득할 수 있도록 적응되어 있으며, 많은 식물들은 수분이 부족한 시기를 대비하여 수분을 유지하는데 적응되어 있다. 사막에서 수분의 2가지 근원은 지표수와 땅속 깊은 곳에 있는 지하수이다.

깊은 지하수면을 이용하는 식물은 긴 뿌리를 내려야만 한다

사막에서 지표면은 극도로 건조하므로, 지표면에서 9에서 60 m의 깊은 곳에 위치한 지하수의 양이 매우 중요하다. 식물들은 아주 긴 뿌리를 이용하여 깊은 곳의 지하수를 흡수한다. 이들 식물은 본질적으로 보다 우호적인 환경으로 뿌리를 보냄

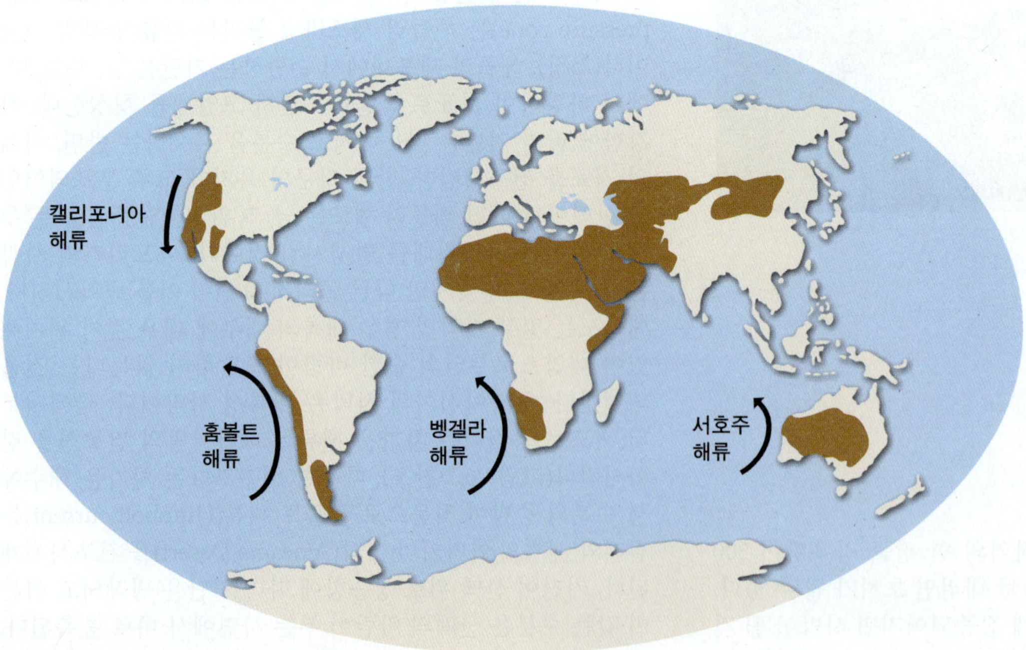

그림 26.7 **세계의 사막지역**

그림 26.8 **4개의 미국 사막**

으로서 극한 지표면 환경을 피한다.

깊은 곳의 지하수를 이용하는데 잘 적응된 목본은 일반적으로 계곡부에서 발견된다. 계곡부에서 지하수면은 고지대에 비해 지표면에 더 가까이 있다. 그러므로 이곳에서 생장하는 목본은 지하수면에 닿을 만큼 긴 뿌리를 내릴 필요가 없다. 소노란 사막에서 가장 일반적인 나무중의 하나는 스페인어로 "초록 막대기(green stick)"라 불리는 가시콩나무(paloverde)이다(그림 26.9a). 가시콩나무(*Cercidium*)는 콩과식물에 속하며 녹색의 광합성 수피를 갖는다. 동계 우기가 끝난 4월 혹은 5월에 꽃을 피우고 레몬색의 꽃들로 뒤덮인다. 가시콩나무는 우기에만 잎을 만들며, 잎은 우상복엽이고(11장), 열을 쉽게 발산시키기 위해 작은 소엽을 가진다. 건조한 기후가 시작되면 잎을 탈락시키고 수피를 통해 광합성을 한다. 또한 가시콩나무는 그들이 자라는 계곡부를 다르게 이용한다. 사막지역에서 폭풍우가 발생하고 종종 강렬해 지면, 식생의 결핍은 땅으로부터 흡수하는 양보다 유출되는 수분의 양이 오히려 많아지게 한다. 건조한 땅은 몇 분 내에 돌발 홍수로 채워지게 되고 가시콩나무는 돌발 홍수를 이용하여 종자를 퍼뜨린다.

EVOLUTION

다른 사막에서 지하수로 접근이 가능한 나무로는 메스키트(*Prosopis*)가 있다. 가시콩나무와 같은 콩과식물의 일종이다(그림 26.9b). 건조한 서식지에서 메스키트는 관목이지만 계곡부에서는 교목과 같은 크기로 자란다. 인간을 포함한 거의 모든 사막 동물들은 메스키트의 열매를 먹을 수 있으므로, 자신을 보호하기 위해 가지마다 긴 가시를 가지고 있다. 메스키트 목재는 태웠을 때 유쾌한 향이 있는데 오래전부터 사막 원주민에게 알려진 이 사실은 이제 스테이크하우스의 인기거리가 되었다.

그림 26.9 **긴 뿌리계를 갖는 2개의 사막 목본류는 깊은 지하수면으로부터 수분을 흡수한다** (a) 가시콩나무(*Cercidium*), (b) 메스키트(*Prosopis*).

많은 사막식물은 지표수를 이용한다

사막의 조류, 이끼 그리고 지의류는 눈에는 많이 띄지 않지만 널리 분포하면서 지표수를 이용하는 사막군집의 구성원이다. 사막의 일년생과 다년생 식물은 이용가능한 지표수가 있을 때 생활환은 완성한다. 낙엽성의 다년생 식물은 수분스트레스를 받는 기간 동안 잎이 떨어지고 휴면상태로 살아남는다. 종종 사막과 가장 관련이 있는 두터운 식물인 다육식물은 수분스트레스 기간을 견디기 위해 다량의 지표수를 체내에 저장한다.

사막의 조류, 이끼류, 지의류는 고온에 대한 내성을 가지고 있다 사막에서 조류는 은화식물이 붙어 있는 지각(crust)이나 바위 내재성 군집으로 출현한다. 은화식물로 덮인 지각은 건조지와 반건조지의 많은 면적을 차지한다. 표면에는 조류, 균류, 지의류 그리고 이끼류가 집합을 이루고 있으며, 지각은 추운 대분지 사막(Great Basin desert)에서 흔하게 나타난다. 바위 내재성 조류는 옅은 색을 띤 과립상의 바위 공극 내에 살아간다. 남세균과 조류 둘 다는 이러한 서식지에 출현하지만 가장 널리 분포하고 있는 것은 *Chroococcidiopsis*라 불리는 남세균이다. 바위 내재성 조류는 고온과 건조에 강한 내성을 가지고 있다. 이들은 이용가능한 수분이 있을 때 매우 빠른 활동성을 보인다.

Tortula 속과 같은 사막의 이끼류는 고온과 장기간의 수분스트레스에도 잘 견뎌낼 수 있다. 그들은 좁게 갈라진 틈이나 경사면 위에 주로 생육하면서 직사광선을 부분적으로 피한다. 조류와 균류의 공생체인 지의류는 이끼류보다는 사막에 더 널리 퍼져있으며, 각상의 지의류는 안정한 바위 표면에 흔하게 나타나며(그림 26.10), 다른 지의류들은 암석의 공극에서 살아가고 있다. 지의류는 또한 고온에 강한 내성을 가지고 있는데, *Ramalina maciformis*는 85℃ 이상의 온도에서도 잘 견뎌낸다.

사막의 일년생과 다년생 초본은 이용가능한 수분이 있을 때 생장한다 사막의 일년생 식물은 성장 시기에 따라 두개의 그룹으로 구분되어 진다. 하계형 일년생 식물(또는 단명식물)은 비가 오고 기온이 25℃ 를 초과할 때 잘 자라며, 동계형 일년생 식물은 시원한 기후 조건에서 잘 자란다. 우기가 한번 있는 사막에서는 특유의 일년생 식물만이 나타나지만, 남부 애리조나와 같이 두 번의 우기가 있는 지역에서는 두 그룹의 일년생 식물형 모두 풍부하게 나타난다.

사막의 일년생 식물들은 매우 짧은 생활환, 즉 발아부터 종자가 형성될 때까지 3주 정도 걸린다. 결과적으로 영양생장을 위한 시간이 매우 짧아 크기가 아주 작다. 아욱과에 속하는 *Eremalche rotundifolia* 는 7~10 cm 크기 밖에 되지 않는다(그림 26.11). 사막의 일년생 식물은 생활환의 대부분을 휴면상태로 지낸다. 종자들은 10년 이상의 휴면상태에 있다가 수분이 있는 시기가 되면 발아한다. 강우는 종피에 있는 화학적 저해제를 용탈시킴으로서 종자의 발아에 영향을 미친다. 강우량이 1인치 미만이면 종자는 발아가 되지 않는다. 1인치 이상의 충분한 강우는 일년생 식물의 생활환을 완성하는데 유용하며, 발아가 진행된다. 충분한 비가 있으며 사막의 일년생 식물들은 화려한 꽃의 융단을 만들어 낸다(그림 26.12).

사막에서 소형의 꽃식물 모두가 일년생 식물은 아니다. 나비나리와 사막 백합과 같은 일부 다년생 식물들은 아주 잘 적응한 식물이다. 이들 식물은 땅속의 구근 내에 새로운 양분을 흡수하여 축적하기에 충분할 만큼 길게 자란다. 지상 위에 있는 식물의 부분들은 시들어버리지만, 지하의 구근들은 다음 우기를 기다린다. 일년생과 다년생 초본은 수분이 있는 조건 하에서만 성장함으로서 수분스트레스를 피하며, 이들은 특이적인 수분을 보유 기작을 보이지 않는다.

낙엽성의 다년생은 상당한 지상부 생체량을 유지한다 낙엽성의 다년생 식물은 넓은 뿌리 표면적을 이용하여 수분을

그림 26.10 **사막의 각상 지의류** 남아프리카의 나미브사막을 보여주는 그림.

그림 26.11 **사막의 *Eremalche rotundifolia*** 이 일년생 식물은 아욱과에 속하며 3월에서 5월까지 꽃을 피운다. 빛이 얇은 꽃잎을 투과하여 꽃을 빛나게 함으로 렌턴식물로 잘 알려져있다.

그림 26.12 **사막 일년생식물의 화려한 꽃의 융단**

획득한다. 사막의 일년생 식물과 다년생 초본과는 달리 수분이 제한된 기간에는 모든 잎이 떨어지지만, 연중 상당한 지상부 생체량을 보유하고 있다. 지상부의 휴면아는 어는 정도의 강우가 되면 강우가 내리는 시기에 매우 빨리 잎을 낸다.

가시가 많은 낙엽관목인 *Fouquieria splendens*는 기저부로부터 잔가지처럼 보이는 20개 이상의 가늘고 긴 줄기를 가지고 있다(그림 26.13a). 각각의 가지는 3~6 m 정도의 길이를 가지며 선상으로 가시가 나 있다. 비가 온 후에 줄기에서 잎들이 나기 시작하며, 봄에 줄기는 진홍색 꽃의 다발로 덮인다. 건조한 시기에 잎은 떨어지지만, 잎자루는 남아서 가시의 기능을 한다. 줄기는 녹색이지만 광합성을 수행하지 않으며, 일년에 6번 이상 잎이 나고 떨어진다. 과거에 이들 식물의 가지는 울타리를 만드는데 많이 사용되었다.

아마도 사막에서 생육하는 가장 독특한 식물들은 *Fouquieria*와 같은 과에 속하는 부줌나무(Boojum; *Fouquieria columnaris*)이다. 부줌나무는 사막의 땅에 거꾸로 돌려놓은 거대한 백색 당근처럼 보인다(그림 26.13b). 부줌나무는 작은 건생형 잎으로 덮인 짧고 가는 가지를 가지고 있다(11장). *Fouquieria*와 유사하게 부줌나무도 수분이 부족한 시기에는 일년에 여러 번 잎을 탈락시킨다. 이 식물은 빗물의 흡수를 위해 넓고 얕은 뿌리 시스템을 가지고 있고, 태양빛을 반사하기 위해 두텁고 옅은 색깔의 껍질을 가지고 있으며, 줄기 내에는 수분이 저장되어 있다. 본래 부줌나무는 멕시코의 바하반도에서만 찾아볼 수 있었으나 최근에는 남서부 지역에서 관상수로 인기가 있다.

다른 별난 사막식물은 여호수아나무(*Yucca brevifolia*)로 모하비사막에서만 발견된다(그림 26.13c). 여호수아나무는 뿌리가 빗물을 흡수하는 곳에서 생장하여 종종 작은숲을 형성한

그림 26.13 관목형태의 낙엽성 사막 다년생식물 (a) *Fouquieria splendens* 와 (b) 부줌나무 (Boojum; *Fouquieria columnaris*)는 같은 속 식물이다. (b) 의 배경에 카돈선인장(대형 기둥선인장)이 보인다. (c) 여호수아나무(*Yucca brevifolia*) (d) 크레오소트 덤불(*Larrea tridentata*)

다. 각각의 나무는 4.5에서 12 m에 도달하며 200년 이상 산다. 백합과에 속하는 여호수아나무는 구린내를 발산하는 노랗고 녹색의 종 모양의 꽃다발을 생산한다. 꽃은 한 종의 유카 나방에 의해 수분된다.

크레오소트 덤불(*Larrea tridentata*)는 모하비, 치후아후안 그리고 소노란사막에 널리 퍼져 있다(그림 26.13d). 나뭇잎은 송진에 뒤덮여 있어 수분의 손실이 느리게 일어나고, 자극적인 향을 발산한다. 맛이 고약하기 때문에 사막의 동물들이 먹지 않으며, 가시가 없는 사막식물의 한 종류이다. 반짝이는 잎의 표면은 열을 반사하지만, 수분스트레스 기간동안에는 잎이 모두 떨어진다. 이 식물의 뿌리는 근처의 다른 식물들의 성장을 억제하는 물질을 분비하는데, 뿌리에서 동일 종 혹은 타종 개체군에 대해 화학적으로 생장을 억제하는 물질을 분비하는 **타감작용**(allelopathy)의 좋은 예이다. 크레오소트의 타감물질은 관목의 간격을 띄우게 함으로써 지표수에 대한 경쟁을 경감시킨다.

ECOLOGY

사막의 다육식물은 생존을 위한 다양한 적응 양상을 갖는다

다육식물은 두텁고 무거운 잎(잎 다육성) 혹은 두텁고 무거운 줄기(줄기 다육성)로 구성되어 있다. 사막 환경 하에서 이들은 지표수를 사용하여 서서히 생장하는 다년생 식물이다. 많은 과의 식물이 수렴진화의 한 예로서 낮은 수분에 대한 적응으로 다육성 생장형을 발달시켜왔다(16장). 다육식물들은 건조 환경에 생존하기 위하여 효과적인 수분 보존, 높은 수분 저장 능력, 고온에 대한 내구력, 수분 이용가능 시기에 지표수에 대한 빠른 흡수력과 같은 4가지 기본적인 적응양상을 갖는다.

다육식물은 체적에 대한 낮은 표면적의 비와 CAM 대사로 수분을 보전한다 온대지역 식물의 잎은 기체교환이 이루어지는 미세한 구멍(11장)인 기공을 낮 동안 열어 광합성에 필요한 이산화탄소를 흡수한다. 이산화탄소가 들어옴에 따라 수증기는 잎 밖으로 배출된다. 증산에 의한 이러한 수분 손실은 빈번한 강우를 갖는 온대기후에서는 문제가 되지 않지만 사막에서 높은 증산율은 식물에 매우 치명적이다. 사막식물들은 어떻게 수분의 손실을 감소시키는가?

다육식물들은 다육질의 두터운 잎이나 줄기를 가지고 있어서 체적에 대한 표면적의 비율이 매우 낮다. 이것은 증산이 이루어지는 표면적이 비교적 적다는 것을 의미한다. 예로서 원통형 선인장은 1 cm^2 당 9 cm^3의 조직을 갖는다. 부가하여 왁스로 된 큐티클은 선인장의 표피를 덮고 있으며 하부의 조직에서 수증기가 빠져나가는 것을 막는다. 일반적으로 사막식물들은 온대지역 식물에 비해 소수의 기공을 가지고 있다. 그러나 수분을 보전하는데 있어 가장 중요한 적응은 크레슐산 대사(CAM)로 선인장과 일부 다른 식물 과에서 알려져 있다.

EVOLUTION

5장에 언급되었듯이, CAM 식물들은 야간에 기공을 열어 CO_2를 흡수하고 고정하여 말산으로 저장한다. 새벽이 가까워지면 기공은 닫히고 CO_2는 malate로부터 떨어져 나와 광합성의 캘빈회로에 공급된다. 사막이 차가워지는 야간에만 기공이 열리기 때문에 수분손실이 크게 줄어든다. 만약 혹독한 가뭄이 온다면, 기공은 밤에도 닫히게 된다. 이때 선인장은 호흡으로 방출된 CO_2를 흡수하고, 고정하여 말산으로 저장한다. CO_2를 재순환하는 이러한 폐쇄된 상태는 선인장이 수분 없이도 수년간 생존가능하게 하는 주요한 이유이다.

다육식물의 넓은 체적은 수분저장에 유용하다 그림 26.14은 전형적인 선인장의 구조를 보여준다. 주된 수분 저장 조직은 피층과 수(pith)이며, 이들은 식물의 목부 관다발에 의해 분리되어 있다. 수와 피층의 넓은 유조직 세포는 큰 액포에 수분을 저장한다. 많은 선인장은 알카로이드나 점액 물질과 같은 역겨운 맛을 내는 화학물질을 함유하고 있는데, 이들 물질은 상처 치유와 곤충에 대한 방어에 이용되고 있다. 그러나 원통형 선인장의 몇몇 종은 점액물질이 없으며 긴급 시에 피층 밖으로 액체를 짜낼 수 있다.

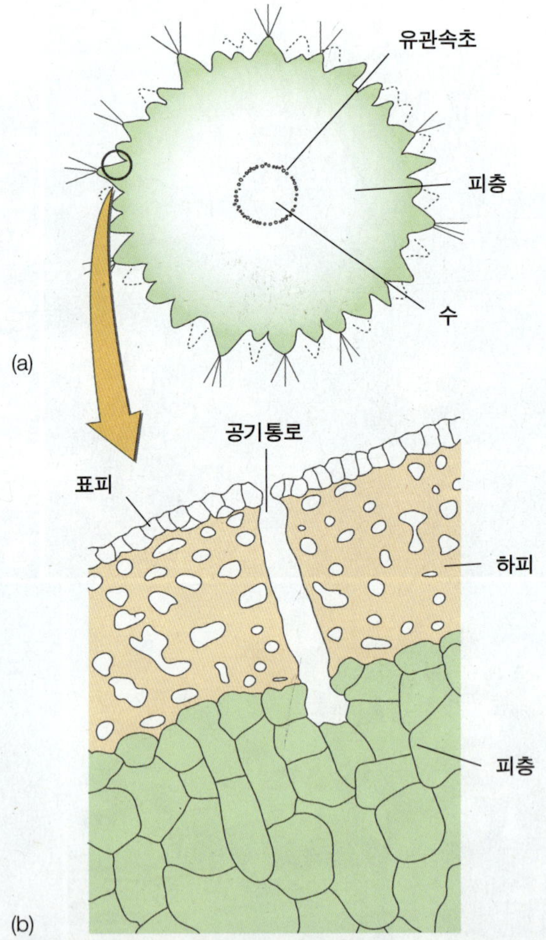

그림 26.14 선인장의 줄기 해부 (a) 얇은 층의 광합성 조직(녹색 음영), 방대한 피층, 유관속 조직, 수를 보여주는 선인장의 횡단면. (b) 표피, 두터운 하피, 그리고 광합성을 하는 피층의 외부층을 보여주는 확대된 줄기 바깥 부분의 그림. 공기 통로를 통해 밤에 가스 교환이 이루어진다.

선인장은 고온에 대한 극단적인 내성을 갖는다 45℃ 의 기온에서 대부분의 비 다육성 식물들은 살아남지 못한다. 온대 기후의 식물들은 수증기의 증발을 통해 초과되는 여름의 열기를 발산한다. 사막의 식물들은 사치를 부릴만한 여유가 없다. 야외환경에서 선인장의 표면은 상해를 입지 않고 50℃ 이상 올라간다. 일부 원통형 선인장은 69℃ 이상에서도 견딜 수 있다. 이러한 현저한 내성은 3가지 기작을 통해 이루어진다. 첫째, 많은 선인장에 있어 밝은 색의 표피나 빽빽한 흰 가시는 태양빛을 받아들이기 보다는 반사시킨다. 둘째, 선인장의 바깥층은 매우 효과적인 단열체로 작용한다. 낮 동안 선인장의 내부는 표면에 비해 20℃ 이상 차갑다. 셋째, 다육식물은 사막의 공기가 차가워지는 밤에 기공을 열어 가스를 교환한다. 이때 공기의 교환은 다육식물의 내부를 차갑게 만든다.

사막의 다육식물들의 수분섭취는 매우 빠르게 일어난다 대부분의 선인장은 땅 표면 약 5~15 cm 아래에 얕고 수평으로 뻗은 뿌리를 가지고 있으며, 주변 식물들과 많은 거리를 두고 펴져있다. 얕은 뿌리는 강우 시에 많은 지표수를 흡수하는 데에 매우 이상적이다. 비가 내리면 주근은 수분을 흡수하고 가는 뿌리가 빠르게 형성된다. 비를 흡수하기 위한 뿌리는 몇 시간 안에 만들어 지고 며칠이 지나면 아주 방대해 진다. 수일 내에 원통형 선인장은 약 20 L의 수분을 섭취할 수 있다. 다시 토양이 건조해지면 비를 흡수하기 위한 뿌리는 시들고 주근은 다음 강우기까지 측근을 형성하지 않는다.

빠른 수분섭취를 위해 많은 원주형이나 원통형 선인장은 주름진 표면을 갖는다. 표피 아래에는 잼을 만들기 위해 과일에 첨가하는 성분인 펙틴을 함유하는 하피가 있다(그림 26.14). 펙틴이 수분을 흡수하면 견고해지지만 유연성을 가진다. 피부에 상해를 입히지 않으면서 유연한 하피는 수분흡수 시에 주름을 팽창시키고 수분이 이용되어지면 다시 수축되게 한다(그림 26.15).

줄기 다육식물에는 여러 형태가 있다

원통형 선인장(*Ferocactus*)은 구형이나 원주형이다(그림 26.16a). 접두어 '*Fero*'는 붉은 가시를 의미한다. 선인장의 가시는 잎이 변형되어서 생긴 것으로 방어를 목적으로 한다. 그러나 설치류, 토끼, 긴뿔 양 이외의 몇몇 포유동물들은 선인장을 먹는다.

대부분의 선인장은 직립의 줄기를 가지지만 캐터필러 선인장이나 기는 선인장류(*Stenocereus eruca*)'의 줄기는 지면과 평행하게 누워있다(그림 26.16b). 지면을 따라 성장하면서 뿌리를 만들고 후미에서부터 시들게 된다. 장애물을 만나면, 장애물 간단히 넘어 성장한다.

촐라 선인장(Cholla cactus)은 볼펜 크기에서 소시지 크기까지 다양한 원주형의 줄기 단편들로 연결되어 있다(그림 26.16c). 촐라(*Cylindropuntia*)는 가시가 매우 많지만, 적색 혹은 노란색의 아름다운 꽃을 피운다. 보편적으로 도약성 선인장이라 불리는 촐라는 실제로는 도약하지 않지만 매우 느슨하게 결합되어 있어 약간의 접촉에도 단편들이 운이 없는 통행자에게 달라붙는다.

그림 26.15 원통형 선인장(barrel cacuts) 수분 공급 시(a)와 탈수 시의 잘려진 식물 모습. 주름진 표면은 줄기의 팽창과 수축에 관여한다.

가시투성이의 배선인장(*Opuntia*; 그림 26.16d)은 메인, 버몬트, 뉴햄프셔주를 제외한 미국의 모든 주에 야생으로 자라고 있다. 납작하고 노 모양의 줄기단편은 "비버 꼬리 선인장"이라는 별명을 얻었다. 대부분의 *Opuntia* 선인장은 노랗고 벌에 의해 수분되는 꽃을 만들며 식용 가능한 풍성한 과일을 맺는다. *Opuntia ficusindica*같은 일부 종은 붉은 과일을 가지고 있어 상업적으로 재배된다.

거대한 사와로 선인장(*Carnegiea gigantea* 그림 26.17a) 보다 소노란 사막을 특징짓는 선인장은 없다. 다 자란 사와로 선인장은 직립하여 약 15 m까지 자라며, 무게는 10~15톤에 달하고, 250년 이상 생존한다. 15 m의 사와로 선인장은 모든 방향으로 약 20 m 퍼진 얕은 뿌리계를 갖는다. 사와로는 매우 느리게 성장하는데 25년에 0.6 m, 50년에 2 m에 도달하며, 첫 번째 팔을 발달시키는데 약 75년이 걸린다(그림 26.17b). 대부분의 선인장은 벌에 의해 수분이 일어나지만, 거대한 사와로 선인장은 밤에 박쥐에 의해 수분이 일어난다(그림 26.17c). 따라서 만약 인간이 사막에 거주하게 된다면 박쥐는 멸종할 것이고, 거대한 사와로 선인장은 주요한 수분 매개자를 잃게 되어 결국 멸종할 것이다. 사와로 선인장이 만들어 내는 수천 개 종자의 대부분은 설치류가 섭취하며, 소수만이 생존하여 성숙한 개체로 된다.

잎 다육식물에는 용설란, 알로에 등이 있다

북미와 남미 사막에서 대표적인 잎 다육식물은 용설란이다(그림 26.18a). 선인장과 마찬가지로, 용설란도 기공의 수가 적고, 방대하고 얇은 뿌리계를 갖는 CAM 식물이다. 실제로

그림 26.16 **소노란사막에서 발견되는 일반 선인장류** (a) 원통형선인장(*Ferocactus covillei*), (b) 캐퍼필러 선인장 (*Stenocereus eruca*) (c) 촐라 선인장(*Cylindropuntia* sp.) (d) 가시투성이의 배 선인장(*Opuntia* sp.)

그림 26.17 **사와로 선인장** (a) 다 자란 거대 사와로 선인장, (b) 어린 개체들 (c) 사와로 선인장의 수분에 관여하는 긴 코를 갖는 박쥐.

(a)

(b)

그림 26.18 잎 다육식물 (a) 용설란의 영양기관과 화경(삽입그림) (b) 알로에(*Aloe sinkata*)의 개화.

10~75년 정도 살지만, 흔히 세기의 식물이라 불리는 용설란은 일생동안 단 한번 꽃을 피운다. 화경은 거대한 아스파라가스의 끝과 유사하고, 하루에 0.3 m까지 자랄 수 있으며, 크기는 4.5~9 m에 달한다(그림 26.18a). 옅은 노란색 꽃은 박쥐에 의해 수분이 일어난다. 멕시코에서 용설란은 수액 이용을 위해 재배되고 있으며, 테킬라와 섬유를 만드는데 이용된다.

아프리카, 마다가스카르, 아라비아에서 흔한 잎 다육식물은 백합과의 일종인 알로에로써, 벌새와 곤충에 의해 수분이 이루어진다(그림 26.18b). *Aloe vera*의 젤리와 같은 주스는 화상이나 곤충에 물렸을 때 치료제로 사용된다. 남부 아프리카에서 *Lithops*와 *Pseudolithops*속에 속하는 스톤 식물(stone plant)은 바위의 배경과 조화를 이루는 색채를 갖는 소형의 잎 다육식물이다(그림 16.8 참조). 이런 신비스러운 식물은 초식동물(또는 식물 채집가)을 단념하게 하는 가시를 가질 필요가 없다.

여러분이 직접 사막식물을 보기를 원한다면 사막식물 표본을 가지고 있는 대학을 방문하면 된다. 피닉스, 애리조나에는 훌륭한 사막 식물원이 있으며, 사막생태계를 보기 위해서는 애리조나 손 근처의 사와르 천연기념물(Saguaro National Monument)과 같은 국립공원을 방문하면 된다.

인간은 다양한 형태로 사막에 영향을 미친다

세계 인구의 13% 정도는 반건조 지역에 살고 있다. 기름과 가스, 미네랄을 획득하기 위한 사막의 채광은 직접적으로 사막에서 거주하는 인간의 증가를 야기하고 후속적으로 오염을 증가시킨다.

미국에서 캘리포니아, 애리조나 그리고 네바다의 "선벨트" 쪽으로 장기간의 방대한 인구의 이동이 있어왔다. 원래는 위쪽 중서부와 동부의 추운 환경을 피하기 위한 겨울철 거주자가 이동의 대부분을 차지하였으나, 주거와 상업적인 에어컨의 광범위한 이용이 사람들을 장기 거주로 이끌었다. 결과로 사막을 가로질러 교외 주거지가 급속히 퍼지게 되었으며 물에 대한 요구가 증가되었다. 이런 요구는 60 m 이상의 깊은 지하수의 이용으로 이어졌고 결국 지표면의 붕괴를 초래하였다. 지하수면의 감소는 사막의 계곡에 살고 있는 목본과 관목이 더 이상 지하수면에 도달할 수 없을 정도로 심각한 영향을 미칠 수 있다.

교외거주자의 확산은 보다 직접적으로 사막 식물에게 부정적인 영향을 미친다. 모든 교외의 집들은 조경을 요구한다. 사막 다년생 식물은 느리게 성장하는 식물로 가정이나 상업적 조경을 위한 다육식물을 재배하기 위해서는 식물 생육의 시간이 요구된다(그림 26.19). 대형 사와르나 기둥선인장의 일종은 수천달러의 가치를 갖는다. 이러한 많은 돈으로 인해 선인장 절도범들이 생기게 되었으며 절도범들은 팔기위해 개인농장이나 국립공원에 들어가 선인장을 파낸다. 주 정부는 뒤늦게 법을 제정하고 선인장 경찰을 고용하였으며 이들은 캘리포니아의 보레고 스프링(Borrego Springs)나 팸 데저트(Palm Desert)와 같은 도시에서 볼 수 있다. 새로운 법과 시행령이 많은 도움을 주고 있어, 묘목시설에서는 다량이 사막식물들이 자라고 있다.

사막식물에 대한 요구이외에도 인구의 증가 또한 여가 공간을 요구한다. 이것은 많은 지역에서 오프로드 차량을 초래하게 되었다. 사막은 위약하기 때문에 한번 파괴되면 회복되는데 많은 시간을 요구된다. 오프로드 차량은 아메리카 원주민의 유적이 파괴된 야생의 장소로 사람들을 실어 나른다. 결

그림 26.19 사막 경관의 예(건식 조경)

국, 식물 자원과 다양성을 가지는 건조지의 보전은 관리행위, 기구개발, 대중의 의식과 참여 그리고 법적 강화와 같은 통합된 접근을 필요로 할 것이다.

26.4 | 초지는 화본과 식물이 우점하는 온화한 지역이다

초지는 화본과식물이 우점하는 온화한 기후를 갖는 생태계이다. 초지는 사막보다 연평균 강수량이 많으며 연중 고른 강우양상을 보인다. 초지에서 목본은 수분이 모이는 저지대나 계류나 강을 따라 산발적으로 나타난다. **대초원**(Prairies)은 목본이 거의 없는 초지이며(그림 26.20), **사바나**(Savannas)는 보다 많은 목본을 갖는 초지이지만 목본이 드문드문한 장소에서는 대초원과 사바나를 구별하기가 어렵다. 삼림사이에 나타나는 소형의 초지는 초원(meadows)나 숲속의 빈터(glades)로 불린다.

그림 26.20 **남부 위스콘신의 복원된 초원**

초지는 생태적, 진화적 그리고 경제적으로 중요하다

초지가 인류에게 중요한 4가지 주요한 이유는 다음과 같다. (1) 초지는 대륙의 광대한 지역을 차지하고 있으며, 막대한 동물군집을 부양한다. (2) 초지 토양은 막대한 유기 탄소가 저장되어있다. (3) 예전의 초지가 지금은 세계 각지의 생산성 높은 농업 경작지의 역할을 충분히 해낸다. (4) 초지는 많은 문화의 발전뿐만 아니라 동물과 인류의 진화에 거대한 영향을 미친다. 초지의 생태를 이해하는 것은 생물다양성의 보전과 증가하는 인구의 식량원으로서 매우 중요하다.

초지는 대륙표면의 대부분을 차지하고 있으며 많은 동물군집을 부양한다 세계의 초지는 46억 헥타르의 면적을 차지한다(1헥타르는 약 2.5에이커와 같음). 세계의 중요한 초지는 유라시아 스텝(steppes), 아르헨티나의 팜파스(pampas), 브라질의 세라도(cerrado), 동남 아프리카의 벨트(veldts) 그리고 미국의 대평원과 옥수수 지대가 있다(그림 25.22 참조). 유럽의 이주자들이 이주하기 전 미국의 초지는 3억 헥타르 이상으로 광대한 북미 생물군계를 형성하였다(그림 26.21). 오늘날조차도 서부의 방목지에 나타나는 자연적인 초지가 미국에서 가장 큰 생물군계를 형성하고 있으며, 1억 2천 5백만 헥타르를 차지하고 있다.

미국에는 3,000종 이상의 포유류, 조류, 파충류, 어류, 양서류가 초지에 서식하고 있다. 세계의 초지는 초식 포유류 떼와 이들의 포식동물들을 부양한다. 영양 무리, 기린, 그리고 다른 초식동물과 사자와 같은 덩치 큰 포식자들은 아직 세렝게티 평원과 다른 아프리카 초지에 살고 있다. 게다가 유명한 버팔로와 과거 미국 초지의 거대한 가지뿔 영양무리(아프리카의 영양과는 다른)와 600~750만의 고라니 그리고 초지 들개와 오소리, 땅다람쥐, 설치류와 같은 굴을 파는 동물 등 많은 종류들을 부양하였다. 오늘날 크게 격감한 초지 동물군집은 국가나 개인적 보전에 의해 주로 생존하고 있으며, 대부분의 사람들은 동물원에서만 이들을 관찰할 수 있게 되었다.

초지의 토양에는 거대한 유기 탄소가 저장되어 있다 초지 토양에는 자연적으로 식물의 영양분이 되는 매우 많은 유기물이 있다. 초지는 전 세계 토양의 유기탄소의 12%를 차지하고 있지만, 농작 지역으로의 전환과 과다한 방목으로 인해 자연적 초지가 감소되어지고 있는 실정이다. 향상된 초지 관리, 복구 그리고 보전은 토양 유기 탄소의 소실을 방지할 뿐만 아니라 기후에도 영향을 미친다.

초지는 세계에서 농업생산성이 가장높다 세계 도처의 대부분의 경작지는 초지에 형성되어 왔다. 이것은 우연이 아니다. 모든 곡류는 초지의 기후와 생물학적 조건에 잘 적응되어진 초본이다. 초본 식물의 1차 생산성은 매우 높다. 이러한 높은 생산성은 거대한 야생동물 군집을 부양할 수 있는 자연 초지의 능력과 증가하는 미국인과 다른 많은 사람들을 위한 현대 서부 농장과 방목장의 능력을 설명해 준다.

초지의 깊고 풍부한 토양은 농경지로 이용될 수 있는 중요한 이유이다. 풀과 다른 자연적 초지의 식물들(그리고 그들과

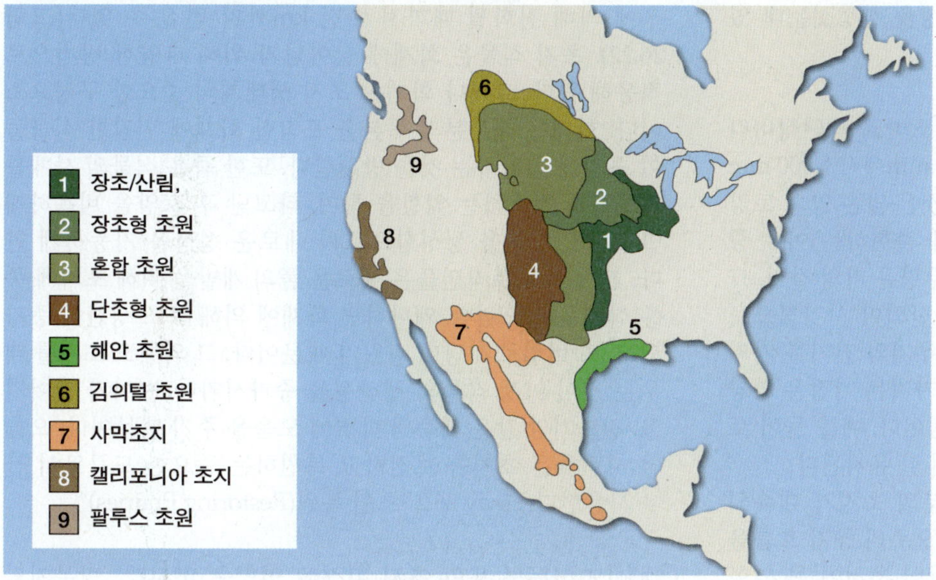

그림 26.21 초기 유럽인이 정착한 북미의 초원

함께 사는 동물, 미생물)은 초지의 높은 생산력을 기반으로 해서 형성된다. 그러나 초지의 높은 비옥도로 인해 세계의 자연 초지의 대부분이 농업 경작지나 목장으로 바뀌게 되었다(그림 2.8 참조). 예를 들면 장초(tall grass)에 의해 우점 되는 높은 생산성을 가진 미국의 대초원은 유럽 이주자들의 정착 전보다 5% 정도(6,800만 헥타르가) 감소되어졌다. 자연적 초지가 농경지로 변경되는 것은 과방목, 유해한 외래 잡초에 의한 침입, 바람과 비의 침식에 따른 표토 손실로 인해 토양의 질 저하의 위험을 가져왔다. 예를 들면 이주 전의 켈리포니아의 센트럴밸리(Central Valley)와 인접 지역은 광활한 초지로 덮여져 있었다. 그러나 현재의 센트럴밸리는 농경지, 도시개발과 산업이 지배적이다. 동부 워싱턴과 오레곤의 팔루스(Palouse) 대평원의 과도한 방목은 사료용 작물로서 다소 부적합한 외래 초본류의 확산이 초래되었고 이들이 고유식물을 대체하였다.

1930년대에 바람으로 인한 방대한 침식과 다른 요인들이 콜로라도, 켄사스, 텍사스 그리고 오클라호마의 일부분에 황진지대(Dust Bowl)을 형성하여 농사를 불가능하게 만들었다. 황진지대 환경은 농업을 포기하게 하였으며 많은 사람들을 떠나게 만들었다. 건조한 초지는 사막화(초지가 사막으로의 전환)되기 쉬우며, 최근 사막화는 아프리카 사헬(Sahel) 지대에서 기근을 초래하였다. 초지 과학자들은 초지의 생산성과 보전에 도움을 줄 수 있는 정보를 위해 연구하고 있다.

초지는 방목동물과 인간의 진화에 큰 영향을 미쳐왔다 현대의 미국과 다른 초지는 약 2천만 년 전에 처음으로 출현하여 자연적인 기후 변화인 가뭄의 증가에 맞서 쇠퇴하는 삼림식생을 대체하였다. 화석자료들은 그 당시 미국의 초지에는 마스토돈(코끼리와 비슷한 대형 포유동물), 코뿔소, 그리고 4개의 뿔을 가지는 기이한 사슴들이 무리를 지워 초식활동을 했음을 보여주고 있다. 대략 7~8백만 년 전에 세계 초지의 현저한 증가는 초식활동을 하고 굴을 파는 많은 형태의 동물을 성공적으로 출현 가능케 하였다. 그 후 3~4백만 년 전에 파나마 지협과 인도네시아 수로의 폐쇄로부터 야기되는 해류 양상의 변화가 홍적세 빙하기의 시작에 원인이 되었으며, 아프리카 대륙의 건조를 증가시켰다. 인류의 원조상이 살았던 동아프리카에서 열대림의 면적이 축소되었고 사바나가 확대되었다. 이것은 인류 조상의 거주지의 현저한 변화, 즉 나무 위의 생활에서 펼쳐진 초지로의 생활 전환과 관련이 있어왔다. 사자와 같은 대형의 위협적인 초지 포식자의 존재는 초기 인류가 방어의 목적으로 불을 사용하고 방어에 유리한 사회집단의 형성을 자극시킨 것으로 생각되며, 사회집단의 형성은 언어의 발달을 촉진시켰다. 동아프리카의 사바나 환경은 여러 가지 측면에서 인류를 구체화시켜 온 것으로 보인다.

EVOLUTION

기후, 화재 및 초식동물이 초지 환경을 형성한다

초지는 다른 생태계와 마찬가지로 전형적인 기후 양상, 식물, 동물과 같은 물리 및 생물학적 특성을 갖는다. 모든 생태계와 마찬가지로 그 지역의 물리적 환경이 그곳에 살아가는 생명체의 형태를 결정한다. 그러나 식물과 관련된 미생물들은 다른 물리적 양상과 마찬가지로 토양의 특성을 결정짓는데 있어 특히 중요하다.

초지의 기후는 대부분의 삼림보다 더 건조하고 극단적이다
삼림과 비교할 때, 초지는 대체로 연간 250 mm에서 1,000 mm의 정도의 비교적 적은 강우가 내린다. 이것은 많은 양의 토양 수분을 요구하는 나무들이 초지에 드물게 출현하는 이유 중의 하나이다. 초지와 일부 사막의 연간 강우량은 거의 같다. 그러나 초지의 강우는 사막에 비해 훨씬 분산되어 시기적으로 고르게 내린다. 그러나 초지 또한 뚜렷한 우기와 건기를 가지고 있다. 초지의 상대적으로 낮은 강우가 가지는 이점은 영양분이 토양으로 쉽게 스며들지 않는다는 점이다. 예를 들어 토양의 비옥도는 습한 삼림 보다 초지에서 더 잘 유지된다.

미국의 대평원의 경우에서처럼 대부분의 초지가 대륙의 중심에 놓여 있고, 연안 산맥이 서에서 동으로의 공기 흐름을 차단하기 때문에 남과 북으로부터의 기단이 초지에 큰 영향을 미친다. 미국의 대평원은 겨울에는 차가운 북풍을 받으며 여름에는 더운 열대성 공기를 받게 된다. 초지의 기후는 일반적으로 장기간의 가뭄이 있는 더운 여름과 눈에 의해 덮여 있는 추운 겨울을 포함한다. 결과적으로 초지 식물은 낮은 토양 수분을 겪고 있으며, 더욱이 강렬한 태양, 강하고 건조한 바람, 극도의 여름 더위와 겨울 추위에 노출되어 있다. 초지 식물은 이와 같은 가혹한 조건에 적응해야 한다.

1970년대에 국립과학재단(NSF)은 다양한 생태계 형에 대한 연구를 지원하기 위해 장기생태연구(LTER) 프로그램을 착수하였다. LTER 프로그램 하에서는 멀리 떨어진 장소에서 연구를 하는 과학자들이 데이터를 공유하고 방대한 생태학적 양상을 확인하고 이해하기 위해 서로 협력하게 된다. 이들 LTER 장소 중 한곳은 콘자 초원 연구지역(Konza Prairie Research Natural Area)으로 캔자스 북동부의 플린트 힐(Flint Hills)에 위치해 있다. 이곳 초지지역에서 과학자들은 생태계를 움직이는 연료인 식물생산성에 대한 강우량의 영향에 관하여 중요한 발견을 하였다. 연구자들은 초지는 어떤 다른 생태계 형보다 강우량의 변동에 더욱 강하게 반응함을 확인하였다. 초지에서 일시적인 강우로 인해 폭발적인 식물생장과 후속적인 일차생산성의 증가가 초래되었다. 이러한 양상은 충분한 수분이 갑자기 이용가능하게 될 때 실현되는 근본적인 높은 생장 잠재력을 초지가 가진다는 것을 보여준다. 이러한 발견의 결과로서 LTER 과학자들은 초지의 연간 일차생산성이 지구 기후변화에 대한 유용한 지표가 될 것으로 제안한다. 유독가스에 대한 경고로 갱도 내에 들어 갈 때 데리고 가는 카나리아 새처럼 초지도 기후 변화 및 기후 변화가 식물과 동물에 어떻게 영향을 미치는지에 대해 예고해 줄지도 모른다.

초지를 유지하는데 화재가 중요한 역할을 한다 여름동안 마른 풀과 그 전에 지표면에 쌓인 죽은 생물체의 사체들은 인간이나 또는 번개에 의해 발화되는 불에 있어 가연성이 높은 연료가 된다. 비가 없을 시에 발생하는 건조한 번개는 초지 지역에서 일반적으로 발생한다. 초지 화재는 습한 지역이나 강우에 의해 진화될 때까지 수만 km까지 번질 수 있다(그림 26.22). 초지 식물은 화재에 살아남기 위해 다양한 방법으로 적응해 왔다. 그러나 화재는 초지 생태계의 중요한 구성요소이다. 화재는 대부분의 목본을 포함한 화재에 민감한 식물들이 초지에 침입하는 것을 방해한다. 또한 죽은 식물의 사체를 깨끗하게 청소하는 역할을 하며, 타고난 후 토양을 비옥하게 만드는 영양분을 생성함으로써 새로운 성장을 가능하게 한다. 과거 미국 토착민들은 새로운 풀의 개발을 위해 초지에 종종 화재를 일으켰다. 왜냐하면 화재에 의해 목초 생산이 증가되고, 또 버펄로 사냥이 쉬웠기 때문이다. 그 외에도 초지를 태우는 것이 야생 작물의 생산성을 증가시키며, 시야가 넓어지고, 진드기와 같은 해충의 박멸에 도움을 주기 때문이다. 오늘날 사람들은 초지를 보전하고 복원하는 중요한 도구로서 불을 사용한다(Essay 26.2 "초원 복원(Restoring Prairies)".

대형 초식동물 또한 초지 환경에 영향을 미친다 방목지의 가축뿐만 아니라 버펄로를 비롯한 다른 야생 초식동물에 의한 섭식은 초지 환경에 매우 중요하며, 초지 식물을 변화시키는 요인으로도 작용한다(그림 26.23). 방목은 특히 중요하다. 다른 지역의 생태계와는 대조적으로 초지 에너지의 60% 이상이 1차 소비자들에게 공급된다. 이것은 초지에 있는 큰 동물 군집의 존재를 설명해 준다.

방목은 키가 큰 종에 의해 그늘지는 것을 막음으로서 낮은 키를 갖는 식물의 성장에 이익이 된다. 초식동물의 배설물은 식물 영양분과 유기체의 풍부한 자원이 되며, 토양 영양분 유지에 도움이 된다. 방목과 화재는 소수의 몇몇 식물종이 우점하는 것을 방지하여 초지의 높은 식물 다양성 유지하는데 큰 도움이 된다. 미네소타 대학의 데이비드 틸만(Tilman)과 동료에 의해 수행된 실험결과는 높은 식물다양성은 전형적인 자연적인 초지 토양의 높은 비옥도를 형성하고 유지하는데 중요하다는 것을 보여준다.

그림 26.22 화재는 초지환경의 자연적이고 본질적인 구성성분이다

ESSAY 26.2 초원 복원(Restoring Prairies)

만약 당신이 원래 초지가 우점식생이었던 지역에 살고 있다면, 오래된 들판이나 길가 또는 잔디밭을 초지로 전환시키는데 많은 이익을 얻을 것이다. 유럽 이주자들이 이주하기 전에 초지에서 서식했던 초지식물들은 자연적 상태에서 수 천년에 걸친 진화를 거쳐 왔다. 그래서 그들은 빈약한 토양과 외래 식물의 침입, 가뭄 등을 견딜 수 있었다. 자연 초원과 잔디 또는 정원을 유지하기 위해 화학비료와 농약은 훨씬 적은 양만이 사용되어야 하며, 이렇게 이루어진 초지는 식물로부터 자양분을 얻거나 혹은 거기에 알을 낳는 나비의 수를 증가시키게 될 것이다. 상업적 꽃은 너무 변형되어 수분매개자에게 매력이 없고 보답이 없기 때문에 상업적으로 교잡된 꽃식물보다 그 지역의 고유 식물이 야생생물에게 더 적합한 자양분을 공급한다.

> 복구된 초지는 식물뿐 아니라 많은 종류의 동물에게도 생물 다양성이 유지되도록 도와준다.

복구된 초지는 식물뿐 아니라 많은 종류의 동물에게도 생물 다양성이 유지되도록 도와준다. 초지는 "강우 지대(rain garden)"로써 지나친 강우로 인한 범람을 흡수하여 예방해 준다.

초원식물 종자를 공급하는 사람은 초원을 만들고 복원시키는데 포함되는 단계에 대해 전문적인 충고를 해준다. 단계에는 다음 중 여러 방법 중 하나에 의해 잡초나 다른 식생을 제거함으로서 토양을 준비하는 것이 포함된다. 1) 지속 기간이 짧은 제초제의 사용, 2) 검은 플라스틱이나 다른 불투과성 물질로 토양을 덮는 것, 3) 경작기로 토양을 객토하는 것이며, 다른 기술로는 귀리 또는 블루글래스를 심는 것이다.

초원이 발달됨에 따라 처음에는 키가 큰 식물이 키 작은 식물에 빛을 가리는 것을 방지하기 위해 일정한 시간 간격으로 베어줘야 한다. 마지막으로 두 번의 성장시기 이후에는 몇 년 동안은 조성된 초원을 매년 태워져야 한다. 조절 화재를 위해서는 충분한 학습과 훈련이 필요하다. 대부분의 지역에서 이런 과정이 필요하다. 한번 조성된 초지는 매 2~4년에 한번 태우는 것으로 충분하다.

초원지대에 고려될 수 있는 몇몇 매력적인 식물로는 여름과 가을에 꽃을 피우고 가뭄, 태양광, 빈약한 토양에 저항성이 있는 루드베키아(*Rudbeckia hirta*; 그림 E26.2A)와 한 여름에 오렌지 색의 꽃을 피우고 흥미있는 열매를 가지는 아스클레피아스(*Asclepias tuberosa*; 그림 E26.2B)가 있다.

E 26.2A 루드베키아(*Rudbeckia hirta*)

E 26.2B 아스클레피아스(*Asclepias tuberosa*)

그림 26.23 목축 동물들은 오랫동안 초지 서식지의 중요한 일부분이었고 오늘날에도 그렇게 남아있다

초지식물은 환경스트레스에 잘 적응되어 있다

북미 초지에만 약 7,500의 식물종이 있다. 이 지역에는 600여 종의 초본과, 수천 종의 활엽 초본으로 알려진 비화본과 초본, 그리고 약간의 관목종이 서식한다. 초지에는 성장기 동안 주어진 시기에 꽃을 피우고 열매를 맺어 초지생태계의 아름다움과 천혜에 기여하는 아주 다양한 식물종이 있다. 왜 초지에는 아주 많은 식물 종이 있으며, 어떻게 이들은 건조, 온도, 화재, 그리고 방목스트레스에 대항하여 적응하는가?

우점하는 화본과 종류는 지역과 시기에 따라 다양하다 비록 세계적으로 많은 종류의 화본과 식물이 있지만, 특정 시기와 장소에서 우점하는 초지 식물은 단지 서너 종의 화본과 종이 일반적이다. 특정 지역에서 종의 우점은 추운 계절과 따뜻한 계절사이에서 변화를 보인다. C_3 광합성 기작(5장 참조)을 가지는 몇몇 초본은 추운 시기 종으로 알려져 있는데, 보리(*Hordeum*)와 호밀(*Secale*) 그리고 밀(*Triticum*) 등이 대표적인 예이다. 여름동안에는 고온기의 초본이 우점종이 된다. 고온기의 초본은 일반적으로 덥고 건조한 조건에 잘 적응한 C_4 광합성 기작을 가지고 있는데, 옥수수(*Zea mays*)가 대표적인 C_4 초본이다. 7~8백만 년 전에 발생한 지구의 건조기 동안 C_4 광합성 식물이 처음 생긴 것으로 추측된다.

미국 내륙의 중요한 초지로는 가장 동쪽의 장초형 대초원과 중부의 장초와 단초가 혼재하는 대초원, 그리고 가장 서쪽의 단초형 대초원이 있다(그림 26.21). 이것은 동쪽에서 서쪽으로 갈수록 수분함량의 감소와 깊은 관련이 있다. 장초형이나 단초형 대초원은 각각 특징적인 초본 종류를 가지고 있다. 예를 들면 따뜻한 시기의 장초형 종인 큰바랑이새(*Andropogon gerardi* 그림 26.24a)는 높이가 2.5 m 까지 자란다. *Bouteloua* 속에 속하는 여러 종은 단초형 대초원에서 일반적이다(그림 26.24b). 장초형과 단초형이 혼재하는 대초원은 키가 크고 적은 초본류가 같이 나타난다.

초본은 빠른 성장과 높은 생산성, 화재, 방목에 대해 적응해 있다 큰바랑이새와 다른 초원 화본과 식물은 대부분 2년 이상 사는 다년생 외떡잎식물이다. 잎 모양의 지상 부분은 토양층에 의해 절연되어 겨울 추위로부터 보호되는 땅속줄기로부터 매년 봄에 싹을 낸다. 불이나 방목, 또는 가뭄으로부터의 손실을 피하기 위해 초본의 생장점은 땅속에 있다. 또한 근경은 많은 잔가지를 낼 수 있고, 각각의 잔가지는 많은 잎을 생산한다. 이러한 방법에 의해 화본과 식물들은 넓은 면적을 신속하게 차지할 수 있다. 또한 근경은 이용가능한 수분이 있을 때 빠르게 확장할 수 있는 방대한 뿌리 시스템을 만든다(그림 26.25).

화본과의 뿌리는 줄기로부터 나오기 때문에 부정근으로 알려져 있는데, 이것은 단자엽식물에서 전형적이다. 화본과의 뿌리는 토양 내로 4 m 보다 더 깊게 뻗을 수 있고, 컨베이어처럼 작용할 수 있어 깊은 곳에 있는 영양분을 표면으로 가져와 표토를 비옥하게 한다. 이 깊은 뿌리는 가뭄 동안에 지표면 밑의 깊은 곳에 있는 물을 이용할 수 있게 해준다. 또한 화본과의 뿌리는 매우 단단하고 탄력성이 있어 절단되는 것을 막는다. 여러분은 잔디밭에 있는 왕바랭이를 파내거나 정원의 잡초를 제거하는 동안 직접적으로 강인한 화본과식물의 뿌리와 근경을 직면할 수 있다.

여러분은 왜 화본과 식물이 뚜렷이 좁은 잎은 가지는지에

그림 26.24 대표적인 화본과 식물 (a) 장초형 초원에서 보편적인 식물인 큰바랑이새(*Andropogon gerardi*)는 키와 화서로 쉽게 분간할 수 있으며(높이가 2.5 m 이상), 칠면조 발과 닮아있다. 이 식물은 강한 빛, 건조 그리고 다양한 토양형에 내성을 갖는다. 새들이 이들의 종자를 섭취하며 일부 나비류가 표면에 알을 낳는다. (b) *Bouteloua*는 단초형 초원에 대표적인 식물이다.

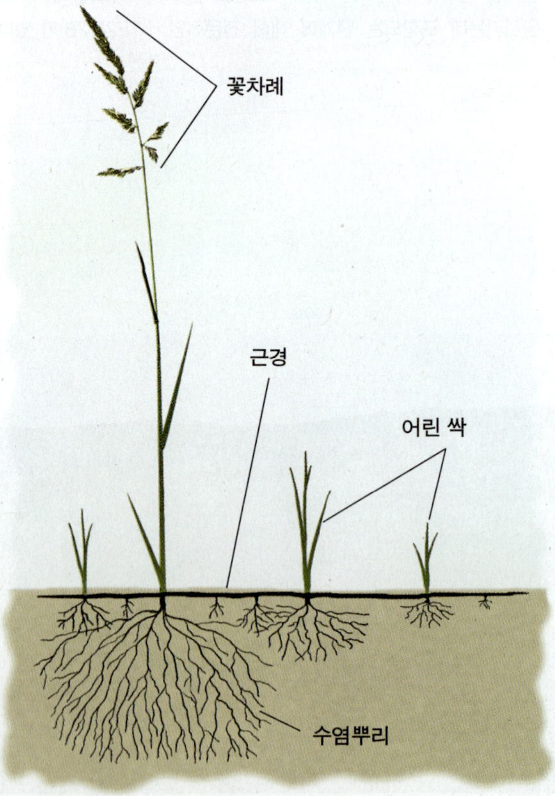

그림 26.25 화본과 식물은 뿌리, 잎, 그리고 꽃이 피는 어린 싹을 내는 수평의 지하경을 포함한다

대해 늘 이상하게 여겼을 것이다. 폭이 좁은 엽초는 표면적대 부피 비를 감소시키는데, 이는 증산율을 감소시켜 물을 보전하는데 유리하다. 화본과의 엽초는 수직으로 배열되어 있고 아주 단단하게 묶여져 있어, 태양에너지를 획득하기에 이용가능한 표면적을 광대하게 증가시킨다. 이러한 배열 때문에 1 ha의 화본과 식물은 5~10 ha의 광합성적 표면적을 갖는다. 또한 화본과의 잎은 초식동물이 먹는 것을 단념하게 하는 방식으로 진화되었을 것으로 규산질의 입자를 가지고 있다. 비록 규산질이 일부 동물의 섭식을 방해하는 것이 가능할 지라도 버펄로나 소와 같은 현대의 대형 초식동물은 크고 단단한 이를 가지고 있어 아무 어려움 없이 화본과의 잎을 뜯어 씹을 수 있다.

화본과 식물이 꽃과 열매는 효과적인 생식에 적응되어 있다 초지 환경에 적응하는 방법에 있어 초본의 꽃과 열매는 매우 특색이 있다. 적응한 열매형은 옥수수나 밀, 호밀, 보리 그리고 쌀과 같이 사람에게 중요한 작물로써 이용되는 것이 많다.

화본과의 꽃(grass flowers)은 작고 대부분이 초록빛을 띠며, 화려하지 않으므로(뚜렷한 꽃잎이 없음. 그림 26.26), 풍매화가 많다. 풍매화는 초지의 경우처럼 같은 종의 많은 개체가 함께 서식할 때 효과적이다. 동물 수분자를 필요로 하지 않기 때문에 초본은 화려하고 방향성의 눈에 띄는 큰 꽃을 생산하는데 에너지를 낭비할 이유가 없다.

바람 매개 수분에 대한 적응은 화본과 식물의 꽃을 대부분의 다른 꽃들과는 다르게 보이도록 변화시켰다. 화본과 식물의 꽃은 바람에 의해 운반되는 꽃가루를 잡기 위해 적합한 두 개의 깃털모양의 암술머리와 세 개의 수술 그리고 한 쌍의 작고 부푼 모양의 인피로 구성되어 있다(그림 26.26c). 인피는 꽃잎이나 꽃받침으로부터 진화되었을 것으로 짐작되지만, 그 기능을 보면 꽃잎과 꽃받침과는 아주 다르다. 꽃가루의 방출과 포획이 더 쉽게 일어나도록 꽃이 개화될 때 인피가 부풀어 진다. 이들 꽃의 대부분은 내화영과 외화영으로 알려진 잎 같은 구조에 의해 둘러싸여져 있다. 낱꽃(florets)으로 알려진 각각의 꽃들은 줄기 비슷한 형태의 이삭자루(rachilla) 위에 한 개 또는 무리지운 화서같이

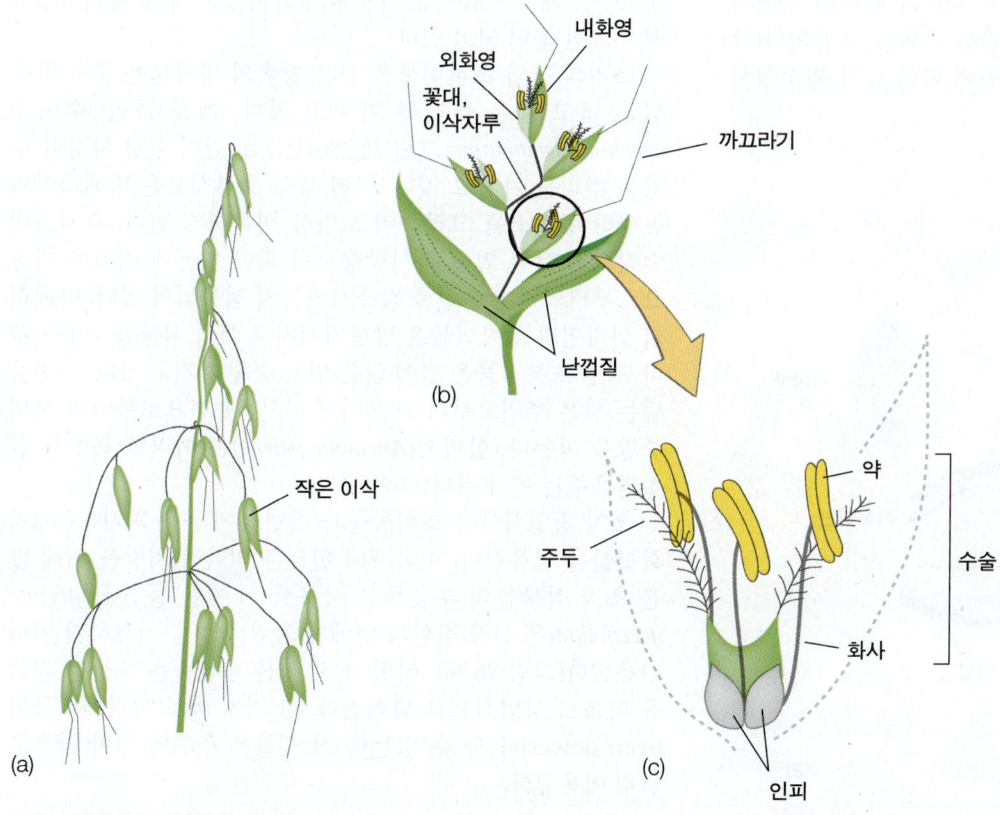

그림 26.26 화본과 식물의 꽃 부분 화본과 식물은 바람 매개 수분을 위해 눈에 잘 띄지 않는 변형된 꽃을 갖는다. 예로 귀리를 들 수 있다. (a) 몇몇의 꽃(낱꽃)을 포함하는 무수히 많은 작은 이삭으로 되어 있는 화서. (b) 하나의 작은 이삭은 줄기와 같은 이삭자루에 부착된 4개의 낱꽃을 가지고 있다. 각각의 작은 이삭은 한 쌍의 포영에 의해 덮혀져 있으며, 각각의 낱꽃은 잎 같은 구조를 갖는 한 쌍의 내화영과 외화영에 의해 둘러싸여 있다. 강모가 연장된 것 같은 까끄라기(awn)는 귀리에서는 외화영 위에 있다. (c) 각각의 작은 꽃의 생식부분은 내화영과 외화영이 제거될 때 보여 진다. 생식부분은 깃털이 난 한 쌍의 주두와 3개의 수술로 구성되어 있다. 주두는 바람에 포함된 화분을 잡기 위하여 둘러싸고 있는 외화영과 내화영으로 확장되어 있다. 구근 모양의 한 쌍의 인피는 작은 꽃의 기저부에 있으며 꽃이 열리는데 도움을 준다.

핀다. 밀과 같이 각각의 작은 이삭(spikelet)들은 두 개의 얇은 포영에 의해 둘러싸여져 있고, 까그라기(awn)는 외화영과 포영 위에 있다. 화본과 식물 꽃의 많은 유별난 특징에도 불구하고 꽃 구조를 조절하는 유전자는 다른 꽃식물의 ABC 유전자와 유사하다(23장).

성공적인 수분과 수정 후에 씨방은 '**낟알**'로 알려진 **종자**로 발전한다(그림 26.27). 열매와 씨앗은 생쥐와 땅다람쥐와 같은 초지 설치류의 비축용 식량으로서 이들에 의해 다양한 형태로 분산되어진다.

성장기 동안 낟알은 거의 건조되는데, 이 과정은 특정 유전자의 발현에 의해 조절된다. 이런 적응은 오랜 건조기 동안 초지에서 생존을 향상시킨다. 건조한 종자는 쉽게 저장되어지기 때문에 이러한 적응은 사람들이 식량작물로서 다양한 화본과 식물을 개발하는데 도움을 주었다. 낟알의 저장탄수화물, 단백질, 지질을 포함하여 유묘의 생장을 돕고 인간이나 다른 동물의 식량으로서 매력을 끌었다.

EVOLUTION

DNA SCIENCE

보리종자의 발아가 맥주의 생산에서 중요한 단계이기 때문에 종자 발아는 방대하게 연구되어져 왔으며, 결과적으로 종자 발아에 대한 일반적인 이해를 더 높이게 되었다. 종자는 배와 녹말을 함유한 배유를 포함한다. 종자는 또한 배유를 둘러싸고 있는 살아있는 세포로 구성된 호분과 배유의 측면과 배유근체에 놓여있는 잎과 같은 기관인 배반을 포함한다(그림 26.27). 종자가 수분을 획득하게 됨에 따라 배가 활성화되고 지베렐린 호르몬이 방출된다(12장). 배반의 역할은 지베렐린을 호분으로 전달시킨다. 지베렐린은 호분이 배유 녹말을 당으로 전환시키는 효소를 분비하게 한다(사람의 타액은 녹말의 분해에 관여하는 유사한 효소를 가지고 있다). 배는 광합성을 할 수 없기 때문에 에너지원으로 당을 요구한다. 당은 호흡과정을 거쳐 배 발달과 유묘생장에 필요로 하는 화학에너지 전달자인 ATP를 생산한다. 이러한 고도의 협조체계는 비교적 건조한 초지서식처에서의 매우 유용한 적응형태로 비가 내릴 때 종자가 신속하게 발아되도록 한다.

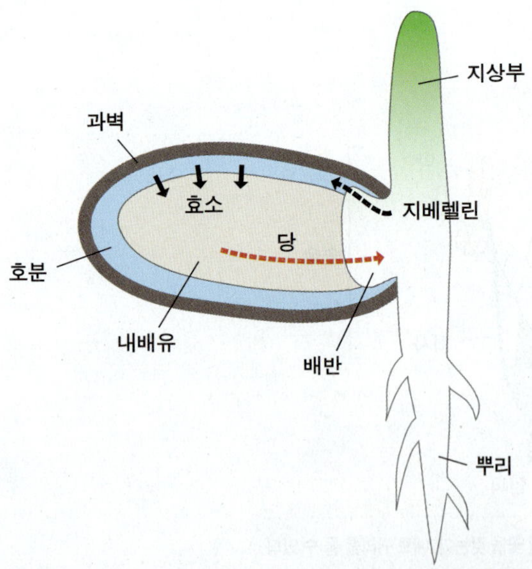

그림 26.27 보리는 화본과 식물의 열매 그리고 종자의 구조와 기능을 예시한다 화본과 식물의 종자는 특수화된 조직(호분, 내배유, 배반)을 포함하는 고도로 종합적인 과정에 의해 발아한다. 식물호르몬인 지베렐린은 조직들 간의 연락에 도움이 되며, 결과로서 녹말을 신속히 분해하여 발달하고 있는 새싹의 성장에 이용되는 당으로 전환시킨다.

광엽초본은 화본과식물, 목본, 관목이 아닌 아주 다양한 초지식물이다 초지식물의 약 80%는 화본과 식물이 아닌 광엽초본으로 분류되는 초본식물이다. 이들은 함께 서식하는 다른 화본과 초본보다 매우 다양하다. 일부 양치류와 이끼류가 초지에 출현할지라도 대부분의 광엽 초본식물은 꽃식물이다. 몇몇 화본과 식물이 있지만 1 에이커(0.4 ha) 면적 당 100종 이상의 광엽 초본이 나타나며 같은 종에 속하는 개개의 식물은 종종 널리 떨어져 있다. 이러한 환경하에서 바람 매개에 의한 수분은 곤충 매개의 수분보다 덜 효과적이다(24장). 그러므로 초지 광엽초본의 아름다운 꽃과 매우 다양한 꽃차례는 아주 당연한 것이다(그림 26.28). 사철채송화나 기린국화(그림 26.28c)는 매우 아름다운 자주색의 화서를 가지며, 화훼산업에서 주요한 꽃이 되고 있다.

초지의 광엽 초본식물은 깊은 땅속의 영양분을 흡수할 수 있는 넓고 깊은 뿌리를 가지고 있다. 예를 들면, 수지초(*Silphium laciniatum*; 그림 26.28b)는 3 m 깊이 이상 확장할 수 있는 뿌리를 가지고 있다. 어떤 광엽 초본식물은 박테리아와 공생하여 질소를 고정하여 토양을 비옥하게 한다. 수지초의 수직으로 달린 잎은 북서방향으로 되어 있는데 이것은 기공으로부터의 수분손실을 감소시키는데 적응되어 있다. 아메리카 인디언과 정착민들은 방향지시자로 이들 식물을 이용하였다. 광엽 초본식물은 털이 많은 잎을 종종 가지고 있다. 전면을 덮는 털은 추위로부터 보호해 주며, 잎 표면으로부터의 물의 증발을 막는다. 할미꽃(*Anemone patens*)은 이러한 특징을 잘 설명해주는 예가 된다(그림 26.29).

초지 광엽식물은 초식동물과 질병성 세균을 퇴치하는 2차 화합물을 함유한다. 미국 원주민들은 의학적 처방을 위해 많은 초지 식물들의 추출물을 사용했다. 예를 들면 *Eryngium yuccifolium*은 신장 질환과 뱀에게 물린 상처를 치료하기 위해 사용했다(그림 26.30). 어떤 초지 식물 생산품은 오늘날 의학용 약초로 상업적으로 팔려진다. 한 가지 예로 팔랑개비국화(corn flower)를 들 수 있는데 이 식물은 추위에 대한 약초로 널리 이용된다.

초지의 목본과 관목은 화재에 적응되어 있으며, 일부 초식동물의 중요한 자원이 된다 대부분의 목본은 초지의 보편적인 화재에 생존할 수 없다. 예외로는 미국 사바나의 고유식물인 참나무(*Quercus macrocarpa*)를 들 수 있다(그림 26.31). 이 참나무의 두꺼운 수피는 화재에도 생존을 가능하게 한다. 바

그림 26.28 대표적인 초지의 광엽 초본 (a) 초원의 수지초(*Silphium terebinthinaceum*). 국화과에 속하는 이 식물은 넓고 편평한 잎을 가지며(삽입 그림), 키가 크고(3 m), 밝은 색의 화서를 갖는다. (b) 수지초의 다른 종인 *Silphium laciniatum*으로 파열된 잎은 남북방향으로 향하는 경향성이 있으며, 이것에 의해 기공이 많은 잎 아래 부분이 태양광에 노출되는 것을 최소화하여 잎을 시원하게 유지시킨다. (c) 기린국화(*Liatris*)는 위의 꽃들과는 다소 상이하며 하부의 꽃보다 먼저 성숙한다(위와 다른 화서를 가짐). (d) 콩과식물인 와일드인디고(*Baptisia leucantha*)는 키가 2 m 이상이며, 삽입그림은 열매를 보여준다.

오밥나무와 아카시아는 아프리카 사바나에 서식하고 있는 목본과 관목의 예이다. 아카시아는 기린이 주로 의존하는 식물로 기린은 잎이 달린 가지를 먹을 수 있다.

초지 향상, 회복 그리고 보전은 인류에게 이익을 제공한다

초지의 향상, 회복과 보전은 식량 및 사료작물과 같이 인류가 이용하는 자원을 유지하는데 있어 매우 유익하다. 초지의 향

그림 26.29 **털이 있는 표면은 추위, 극단적인 열 그리고 건조한 바람으로부터 잎을 보호한다** 예로 서양할미꽃(*Anemone patens*)을 들 수 있다.

상 또한 유기탄소를 저장하는 능력을 증가시킴으로써 지구온난화에 깊은 관련이 있는 대기로 유입되는 이산화탄소의 방출을 막는다. 초지를 향상시키는데에는 관개, 비옥화, 보다 효과적인 방목 관리, 토착지렁이의 증가, 고유 화본과식물과 콩과식물의 재배가 포함된다. 많은 사람들은 농토로 더 이상 사용하지 않는 토지나 들판을 초지로 복원하는 것에 흥미를 가진다)(Essay 26.2, "초원 복원(Restoring Prairies)" 참조). 초지는 토양 수분함량에 따라, 건조, 중생, 그리고 습한 초지로 분류된다. 보전전략은 이들 상이한 초지형에 특유한 것이다.

건조한 초지는 파괴되어 사막으로 된다 지표의 식물이 제거되어지면 사막의 경계부에 있는 건조한 초지는 쉽게 사막으로 바뀌게 된다. 따라서 과다한 방목은 사막화의 주된 원인이다. 초지 식물상의 절멸은 지역적인 강우 패턴을 변화시키는데, 그 이유는 대기로 가야 할 수증기가 감소되기 때문이다. 건조한 초원을 보전하기 위해서는 가축 떼를 배제시키기 위한 울타리를 설치한 필요가 있다.

수레국화속 식물(*Cntaurea maculosa*)과 같은 외래식물은 고유종과의 경쟁에서 우위를 차지하고 건조한 초지에서 특별한 문제를 야기한다(그림26.32a). 이 침입식물은 미연방정부가 해로운 잡초로 지정한 94개의 식물 중의 하나이다. 유라시아가 원산지인 수레국화속 식물은 1800년대 후반에 알팔파에 묻어 북미에 들어오게 되었으며, 이후 통제하기가 매우 어렵게 되었다. 좀참새귀리(*Bromis inermis*)와 잎이 많은 흰대극(*Eupborbia esula*; 그림 26.32b)은 유럽에서 온 외래종으로 토착초지의 생물학적 다양성을 위협하고 있으며 연간 수십 억 달러의 농업적 손실을 야기한다.

중생 초지는 대부분 농토로 변형되었다 세계도처의 중생초지는 농업 용도로 많이 전환되었는데, 그 이유는 중생초지가 땅이 비옥하고 높은 생산성을 가지기 때문이다. 토양의 비옥도는 비에 의한 용탈의 감소, 깊은 뿌리의 발달이나 높은 질소

그림 26.30 ***Eryngium yuccifolium*** 산형과에 속하는 식물로 유카와 같은 잎을 가지고 있다(a). 작은 흰색의 꽃은 밀집된 구형의 두부에서 발생한다(b).

그림 26.31 ***Quercus macrocarpa*** 이 우람한 나무는 개방지에서 자랄 때 넓은 수관을 갖는다. 잎은 둥근 열편을 가지며 가장자리 부분은 종종 거치가 없다. 두껍고 파진 수피는 화재에 저항성을 갖는다. 이름은 도토리로부터 유래되었으며 도토리는 무수한 강모로 덮힌 캡을 갖는다.

그림 26.32 초지 침입식 (a) 수레국화속 식물(*Cntaurea maculosa*). 많은 침입식물종과 마찬가지로 국화과에 속하는 이 식물이 북미 고유종을 위협하고 있다. 대극과의 흰대극(*Euphorbia esula*)은 작은 꽃 아래에 황록색의 포를 가진다.

고정 능력, 토양층의 혼합에 도움을 주는 굴을 파는 동물, 그리고 균근의 활동을 통한 영양소의 공급 등에 의해 이루어진다. 균근은 초지식물과 협동하여 침식을 막아 토양을 안정화시키는 특성을 갖는 단백질을 생산한다. 백년간의 재배에도 불구하고 미국 중서부의 농토는 원래 토양 깊이의 반을 유지하였으며 계속적으로 높은 생산성을 보여주고 있다. 이들 토양은 장래 식량 안보를 보장하기 위한 방안으로서 보전할만한 가치가 있는 국가 보물로 표현된다.

재배되지 않는 토지의 일부분인 자연적인 중생초지의 나머지는 아메리카인디언과 초기 정착자가 경험했던 장대한 장

그림 26.33 **습한 초원** 자주 빛의 핑크색 꽃이 피는 식물은 기린국화 종류이다.

초초원의 예를 우리에게 제공해 준다. 이들 나머지 초지의 보전은 독특한 예술과 건축물을 보전하는 것처럼 중요하다. 위스콘신 대학의 Mark Leach와 Tom Givenish의 연구에서는 중생 초원에서 화재가 발생할 때, 연간 서식 생물종의 1%가 소실되어짐을 보여주었다. 특히 작은 종자를 가지는 소형 식물이나 콩과식물이 피해를 입기 쉽다. 자연 화재와 마찬가지로 조절 화재도 죽은 식물 사체로부터 유용한 영양물질들을 재순환시키는 기능이외에도 묘목이나 외래식물을 제거시킨다.

습한 초지는 귀중한 생태학적 서비스를 제공한다 습지와의 경계면에 위치한 습한 초지에는 화본과 초본 및 광엽초본이 무성하게 생장한다. 습지처럼(28장), 습한 초지는 호수와 강을 오염시키기 전에 인을 제거하는 중요한 역할을 하며 26.33), 가뭄 동안 인근 지역에 수분을 제공하는 기능도 한다. 습한 초지는 침입종에 의한 경쟁이 많고 인공적 개발이 빈번히 이루어지기 때문에 오늘날 보기 힘들다. 대부분의 습한 초지의 토양은 산소 농도가 낮기 때문에 분해 및 광물 영양소의 재순환 비율이 낮아 자양분의 축적이 높다. 따라서 막대한 비료의 투입하지 않아도 수 년 내에 농업적 수확을 걷을 수 있다. 생물다양성의 보전과 다양한 야생동물의 서식지 제공을 위해서는 습한 초지가 개발되지 않도록 해야 한다.

26.5 | 채퍼럴 생태계는 덥고 건조한 여름과 차갑고 습한 겨울을 갖는다

지중해성 관목 숲은 뚜렷한 생물군계로 전 세계적으로 한정된 장소에 나타난다. 지중해성 관목숲은 지중해 주위, 캘리포니아의 서부 해안, 칠레 서부해안 일부, 아프리카 서남부, 그리고 호주의 서부에 나타난다(그림 25.22). 이들 지역 모두는 남, 북위 30~40° 사이와 대륙의 서부 해안에 위치해 있다. 지중해성 관목 숲은 지역적 이름을 가지는데, 캘리포니아에서는 채퍼럴(chaparrel), 지중해 주위에서는 마키(maquis), 칠레에서는 마토랄(matorral), 남아프리카에서는 핀보스(fynbos), 호주에서는 맬리 관목 숲(mallee scrub)으로 불린다. 캘리포니아의 지중해성 관목 숲은 스페인 탐험가인 "sparro"로부터 유래되었다. 캘리포니아의 채퍼럴과 유사한 식생은 애리조나의 산악지대에도 나타나지만, 기후는 캘리포니아와 아주 다르다.

채퍼럴은 오레곤에서부터 바하까지 펼쳐져 있으며, 해수면에서부터 2,000 m 사이에 나타난다(그림 26.34). 연강수량은 200~1,000 mm 사이이며, 대부분이 11월에서 4월까지 내린다. 여름 온도는 40℃ 까지 올라가지만 해안이나 높은 고도에서는 온화한 편이다. 겨울 평균기온은 산지에서는 0℃ 이고 저지대에서는 10℃ 정도이다. 남부 캘리포니아의 부가적인 기후인자로는 산타아나 바람을 들 수 있다. 봄과 가을에 산타아나 바람은 내부 사막에서 발생하여 100 km/hr^{-1}의 풍속으로 해안에 고온과 낮은 습기를 수반하는데 이때 채퍼럴 군집을 형성하는 주 요소인 화재가 종종 발생한다.

그림 26.34 **북미서부에서 채퍼럴과 유사 식생의 분포**

경엽성의 잎을 갖는 상록 관목이 채퍼럴에 우점하고 있다

채퍼럴의 식생은 사막식물과 상록의 낙엽성 혼효림 식물로부터 생성되었다. 채퍼럴 지대는 종종 참나무림, 침엽수림, 초지 또는 사막에 인접하여 펼쳐져 있다. 화재 이후를 제외하고는 채퍼럴에는 일반적으로 초본층이 없고, 소나무, 편백류 그리고 참나무와 같은 빽빽한 목본림이 있으며, 채퍼럴 내의 습한 지역에는 물푸레나무와 같은 소형 목본이 우점하고 있다.

캘리포니아에서 채퍼럴은 높이 1.5~4 m의 관목이 거의 연속적인 덮개모양을 이루고 있다. 관목들의 간격이 너무 좁아 실제로 통과하기가 어렵다(그림 26.35). 관목들이 우점 식생형이며, 수렴진화로 인해 채퍼럴 내의 종간이나 다른 지중해성 관목 군집내의 종간에 식물들을 거의 유사한 생장형과 형태로 되었다. 많은 채퍼럴 종들은 사막식물과 유사한 적응을 보여준다. 대부분의 종들은 작고, 강인하고 두꺼은 큐티클로 덮인 **경엽성**(sclerophyllous)의 잎을 가진다. 기공은 종종 함몰된 형태를 보인다. 이러한 양상은 모두 수분손실을 감소시키는데 작용을 한다. 뿌리계도 사막식물의 뿌리계와 유사하다. 일부 식물은 토양표면 아래에 널리 퍼져있으며, 다른 식물들은 지하수면에 도달할 수 있는 깊은 뿌리를 내린다.

EVOLUTION

캘리포니아에는 100종 이상의 상록관목이 있다. 토양수분, 사면의 방향, 경사도, 해안에서의 거리, 고도, 위도, 화재 경력에 따라 한 종이 우점하고 있는 지역도 있으며, 20종 이상이 나타나는 지역도 있다. 많은 종들이 이 지역에 한정되어 있어 인간의 교란으로 위험에 처해있다.

그림 26.35 **빽빽이 피복된 채퍼럴 관목지대**

캘리포니아에서 가장 흔한 관목은 처미즈(*Adenostoma fasciculatum*) 관목으로 장미과에 속하며 가문비나무의 잎과 닮은 좁은 잎을 가진다(26.36a). 처미즈 관목은 남부 캘피포니아의 건조한 저지대에 특히 흔하게 나타나는데 이곳에는 전적으로 처미즈 채퍼럴의 임상이 형성되어 있다. 다음으로 가장 흔한 채퍼럴 관목은 철쭉과에 속하는 맨저니타(*Arctostaphylos*; 그림 26.36b)와 털갈매나무(*Ceanothus*; 그림

그림 26.36 **보편적인 채퍼럴** (a) 처미즈 채퍼럴(*Adenostoma fasciculatum*), (b) 맨저니타(*Arctostaphylos*), (c) 맨저니타 관목의 근접 촬영.

26.37)이다. 두 속은 맨저니타와 털갈매나무 채퍼럴의 순수한 임상을 형성할 수 있는 종을 많이 포함하고 있다. 북쪽지대와 고지대에서는 이들 채퍼럴이 처미즈 채퍼럴보다 더 흔하게 나타난다. 털갈매나무 관목은 공생의 질소고정 세균을 갖는 뿌리혹을 가지고 있다. 관목들은 일반적으로 습하거나 중습성의 지대에서 키가 더 크다.

채퍼럴 관목지대는 온도와 수분에 의해 결정되는 계절적인 생장 양상을 보인다. 성장은 비가 온 뒤의 가을에 시작하여 겨울에 온도가 떨어지게 되면 성장이 멈춘다. 온도가 상승하는 봄에 성장을 다시 시작하여 토양수분이 고갈되는 여름까지 성장을 계속한다. 이러한 생장 양상은 화재를 촉진시킨다. 온화한 겨울은 밀집한 생장을 강화시키지만 여름 가뭄은 매우 불타기 쉬운 연료로 전화시킨다.

화재는 채퍼럴의 주요한 생태적 원동력이다

인류가 출현하기 오래 전부터 채퍼럴에 화재가 발생하였다. 번개가 여전히 화재의 주요인이며 현재는 사람들에 의해 많이 발생한다. 화재는 보통 20년에서 30년 주기로 발생된다. 통상적으로 화재는 지상의 모든 식생을 파괴한다. 화재 후 일년 내에 많은 초본 종들이 발아하고 "화재 일년생 식물(fire annuals)"들은 굉장한 꽃의 경관을 만들어 낸다. 관목의 실생들도 발아하고 성장한다. 많은 관목들은 지하 줄기나 지중해성 관목지대 이외에서는 보기 드문 혹이라 불리는 특이한 괴경에서 싹을 새로 틔운다. 3내지 4년 내에 관목은 군집을 형성하고 초본과 화재 일년생식물은 쇠퇴하게 된다. 15년 후에는 군집은 화재 이전의 상태로 재개된다. 식물들이 이러한 화재에 생존하는데 적응되어 있기 때문에 식물 군집조성에서는 거의 변화가 없다. 채퍼럴 관목은 화재가 흔한 선택인자인 장소에서 생존과 생식을 위한 2가지의 기본적인 적응 양상 중의 하나를 추구한다.

그림 26.37 털갈매나무(*Ceanothus*)

몇몇 관목은 새로운 실생(seedling)을 만들기 위해 화재로 요구한다 생식을 위해 화재를 요구하는 관목은 화재 후 1년 내에 실생을 만들지만, 그 다음 해에는 실생을 거의 생산하지 못한다. 수년 동안 토양 내에 형성되어 있는 종자들은 화재에 의한 연기나 열에 의해 발아가 유도되어진다. 일단 생성되게 되면, 5내지 15년의 성숙기를 거쳐 새로운 종자를 생산하게 된다. 설치류와 같은 종자 포식자가 생산된 종자의 대부분을 가로채 가기 때문에 토양 내에 많은 종자를 형성하기 위해서는 많은 시간이 지나야 되며, 종자들은 수명이 길어야 한다. 종자들은 공간적으로 널리 분산되지는 않지만 대신 시간적으로 분산되어진다. 이들 종자는 토양 내에서 발아 신호인 화재를 기다린다.

맨저니타와 털갈매나무 채퍼럴에서 대부분의 종들은 이러한 방식으로 번식한다. 화재가 5내지 15년 간격보다 더 빈번하게 발생하면 실생이 성숙에 이르지 못하고 또 종자를 형성하지 못하기 때문에 관목들은 식물군집으로부터 배제되게 된다. 이들 식물들은 화재 후에 채퍼럴에 존속하기 위한 종자나 실생을 생산하기 때문에 절대 종자생성(*obligate seeding*) 관목이라 불린다. 처미즈(*Adenostoma fasciculatum*) 그리고 맨저니타와 털갈매나무속에 속하는 몇몇 종은 화재 후에 실생을 형성하지만 이들은 뿌리나 지하의 괴경으로 부터 새로운 싹을 틔운다. 이러한 관목을 통성 종자생성(*facultative seeding*) 관목이라 부른다. 4년 간격으로 두 번의 화재가 채퍼럴 군집에서 절대 종자생성 관목을 제거하지만 통성 종자생성 관목은 생존하게 된다.

다른 관목들은 실생을 형성하기 위해 화재를 요구하지 않는다 참나무와 벚나무와 같은 몇몇 체퍼럴 관목은 화재 후에 실생을 형성할 수 없다. 이들 식물은 땅속뿌리, 근경, 괴경으로부터 새로이 싹을 틔워 화재에 생존하고 채퍼럴 식물군집에 남게 된다. 이들은 진정 재생 식물(*obligate resprouter*)이라 불린다.

성숙한 채퍼럴에서 이들 관목은 넓게 분산되는 큰 종자를 생산한다. 이들 종자는 수명이 1년 이하로 짧고 수분이 적당할 때 발아를 한다. 화재에 매우 치명적이며 실생은 성숙한 관목의 수관 하에서 발달하나 묘목은 화재가 지역을 휩쓸고 갈 때까지는 성숙한 관목들로 인해 생장이 멈춘 상태로 있다. 지상부의 식생이 화재로 파괴되면 묘목은 새로 싹을 내어 성숙하게 된다.

체퍼럴에서 목본은 화재에 생존하는데 적응해 있다 몇몇 목본 종은 채퍼럴 관목 식생 내에서 빽빽한 숲을 형성한다. 소나무와 편백과 같은 침엽수는 이러한 숲에 출현하지만 화재 후에 재생되지 않는다. 이들 식물은 수지에 의해 밀봉된 화재-저항성 구과를 형성하여 생존한다(그림 26.38). 구과는 수십 년 동안 밀봉상태로 있어 종자가 다시 생장할 수 있다. 불의 높은 온도는 수지를 녹이고 구과를 열어 종자가 발아되도록 한다. 참나무와 같은 목본은 다소 습기가 있는 지역에 숲을 형성하고 화재 후에 줄기나 뿌리로부터 다시 싹을 낸다.

그림 26.38 채퍼럴의 수지성 편백의 구과

인간은 지중해성 관목 생태계에 혹독한 영향을 미치고 있다

지중해성 관목 생태계는 농업과 인간 정착에 적합하기 때문에 사람들이 차지하는 곳은 어디나 현저한 영향을 받고 있다. 지중해 주위에 있는 마키의 대부분의 지역에서는 거주민들이 수천 년 된 자연식생을 완전히 파괴시켜왔으며 비옥한 땅을 황무지로 만들었다. 대조적으로 캘리포니아 채퍼럴은 종이 훨씬 다양하지만 많은 지역종이나 고유종들은 한정된 지역에서만 살아가고 있으며 위험에 처해져 있다. 채퍼럴은 벌채, 채굴, 화재, 방목을 당하고 있다. 채퍼럴의 많은 면적이 초지로 만들기 위해 소각되고 파종되어진다. 인접해 있는 목본지역은 벌채되어 채퍼럴로 대체되고 있다.

교외의 무분별한 발전이 채퍼럴을 위협하는 주요 위협인자이다. 교외의 주거, 사업, 상점으로 인해 많은 면적들이 제거되었지만 화재의 위험이 잔존하고 있다. 채퍼럴에 낮은 강도의 화재가 억제되어지면 가연성이 높은 식생이 축적됨에 따라 대규모 화재의 위험성이 커지게 된다. 그때 화재는 주변으로 질주하여 수백만 달러의 손실을 야기할 수 있다(그림 26.39).

그림 26.39 캘리포니아에서 군집을 휩쓸고 있는 화재

요점

26.1 건조한 육상생태계에는 극지사막, 온대와 아열대 사막, 초지 그리고 채퍼럴이 있다. 건조한 육상생태계는 연간 1,000 mm 이하의 강우가 내리며 다소 습한 지역을 제외하고는 일반적으로 목본이 없다.

26.2 극지사막은 지구상에서 가장 혹독한 기후를 가지고 있다. 고 북극에서 풀-황무지(herb barren)이라 불리는 극지사막은 수천 평방 km를 덮고 있다. 남극대륙에서 미생물에 아주 우호적인 장소는 영구적으로 얼려져 있는 호수와 구멍이 많은 암석의 표면 아래층이다. 다소 덜 가혹한 남극해안에는 이끼류와 지의류가 넓게 펼쳐져 있다.

26.3 아열대성 고압대, 대륙도, 차가운 해류 그리고 높은 산맥의 의한 비 그늘 경향과 같은 4가지의 물리적인 현상이 지구에서 사막의 위치를 결정한다. 사막의 나무는 긴 뿌리를 지하수면 까지 내려 수분을 획득한다. 더 많은 식물들은 수분이용 가능 시기에 지표수를 사용한다. 조류와 이끼, 지의류들은 수분스트레스와 고온에 대한 내성을 가지고 있다. 사막의 일년생 식물과 초본 다년생 식물은 이용가능한 수분이 있을 때 성장하고, 구근과 종자가 나오며, 건조한 시기에는 저장근이 성장한다. 낙엽성의 다년생 식물은 지상의 생물량을 유지시키는 역할을 하지만 수분스트레스가 나타나면, 잎이 떨어진다. 사막의 다육식물들은 낮은 표면적과 체적 비로써 수분을 저장하고, 기공의 수가 적으며, CAM 식물이다. 큰 체적은 수분을 저장하기 위해 사용되어지고, 우기에 빠른 수분섭취가 일어난다. 선인장은 고온에 강한 내성을 가지고 있다. 사막에서 인간의 영향은 깊은 대수층으로부터 광물과 기름, 지하수의 채굴 과정에서 발생한다. 과도한 개발로 인한 사막화는 전 세계적인 문제이다. 사막 도시의 확장과 조경 등으로 인한 서식 식물의 남획은 수분공급을 억제하고, 그 결과 초지지역을 사막화시킨다.

26.4 초지는 세계 지표면의 광범위한 지역을 점유한다. 많은 동물 군집이 서식하며, 막대한 양의 유기 탄소를 토양에

저장하고 있고, 세계의 대부분의 농업적 기반이 된다. 그리고 인간과 초지 동물의 진화에 영향을 끼친다. 또한 초지는 세계적이거나 지역적 수준에서의 기후 변화의 모니터링에 유용하다. 초지 서식처는 삼림보다 더 건조하지만, 사막보다는 많은 강우량을 가진다. 화재와 초식동물은 초지 환경에 중요한 조절인자이다. 초지의 토양은 초지 식물과 미생물, 동물의 활동성에 따라 변화하며, 자양분이 풍부한 특징이 있다.

26.5 초지 식물은 가뭄이나 화재, 초식동물의 섭식 등으로부터 생존하기 위해 적응되어져 왔다. 깊게 발달하는 뿌리는 지표면으로 광물질을 운반하여 표토를 비옥하게 한다. 화본과 식물의 엽초와 수직방향성은 수분을 보전하는데 도움을 주며 광합성에 의한 생산성을 증가시킨다. 초지의 꽃은 풍매화로 매우 높은 형태적 다양성을 보인다. 화본과 종자의 발아에는 종자조직과 기관 간에 높은 수준의 협조가 이루어지는데 이것은 비교적 건조한 서식지에서 이점이 있다. 초지의 목본과 관목은 화재에 저항성이 있다. 초지의 보전과 개발 그리고 복원은 토양 보전이나 생물다양성의 보호에 중요하다.

26.6 북미의 채퍼럴은 지중해성 관목 숲 생태계의 한 부분이다. 채퍼럴은 덥고 건조한 여름과 차갑고 습한 겨울을 갖는다. 체퍼럴 식생은 상록성 관목이 우점하고 있으며 사막식물과 유사한 적응양상을 보인다. 화재는 주요한 생태학적 원동력이다. 벌채, 채광, 방목, 교외의 무분별한 발전 모두가 채퍼럴 생태계를 위협하고 있다.

문제

1. 남극대륙에 존재하는 두 개의 극지 사막 생태계는 무엇인가? 이들의 물리적인 특성 그리고 각각의 생태계에 자라는 있는 식물형은 무엇인가?
2. 사막의 출현(위치)를 결정짓는 4가지 물리적 현상을 기술하시오
3. 사막에 있는 물의 2가지 원천은 무엇인가? 또 식물이 각각의 수분을 어떻게 이용하는지에 대한 예를 제시하시오
4. 사막 환경에 적응하는데 있어 일년생, 초본성 다년생, 그리고 낙엽성 다년생의 차이점을 무엇인가?
5. 건조한 환경에 서식하고 있는 다육식물들의 적응에 대해 기술하시오. 잎 다육식물과 줄기 다육식물의 몇 가지 예를 제시하시오.
6. 초지의 광엽 초본은 무엇이며, 초지에서 이들 식물의 몇몇 적응 양상을 무엇인가?
7. 초지가 인류에게 중요한 4가지 주요 이유는 무엇인가?
8. 초지를 유지하는데 있어 방목과 화재의 역할은 무엇인가?
9. 추운 계절의 화본과 식물(cool-season grasses)은 무엇이며, 온난한 계절의 화본과 식물(warm-season grassess)과 다른 점은 무엇인가? 각각의 예가 되는 식물을 적어시오.
10. 화본과 식물의 영양기관은 초원환경에 어떻게 적응되어 있는가?
11. 화본과 식물의 생식은 초원환경에 어떻게 적응되어 있는가?
12. (a) 건조 초지, (b) 중생 초지 그리고 (c) 습한 초지의 현재 상황은 어떠한가, 즉 이들은 인간의 이용에 의해 어떠한 영향을 받겠는가? 각 초지를 보전하기 위한 가장 좋은 방법은 무엇인가?
13. 기후(계절성과 강우 양상), 바람, 지리적 위치를 포함하여 채퍼럴의 물리적 특징을 기술하시오.
14. 채퍼럴에 우점하는 식물형은 무엇인가? 그리고 체퍼럴 환경에 이들의 적응 양상은 무엇인가?
15. 채퍼럴을 유지하는데 있어 화재의 역할은 무엇인가? 이러한 화재의 경향성이 있는 생물 군계에서 채퍼럴 관목을 생존하고 생식할 수 있게 하는 2개의 기본적인 적응 양상를 기술하시오

응용개념

1. 화성이 한때는 따뜻하고 수분이 있었다는 매리너, 바이킹 그리고 화성전역조사선에 의한 탐험을 통해 화성을 지구화(terraforming Mars) 하자는데 관심이 고조되고 있다. 오늘날의 화성과 남극대륙의 기후 간에 몇 가지 유사성과 차이점을 기술하시오

2. "해들리 세포(Hadley cells)"의 대기 순환 양상은 30°N 과 30°S 사이의 지구 표면으로 건조한 공기의 하강을 야기한다. 이 지역은 애리조나와 뉴멕시코의 사막으로부터 남동부 해안 어귀까지의 미국 남부가 포함되는 곳이다. 비슷한 위도인 30°N 부근에 위치한 루이지애나와 플로리다는 왜 애리조나와 큰 기후 차이를 보이는가? 특히 미국의 남부 해안은 왜 사막이 아닌가?

3. 캘리포니아의 시에라네바다의 서부 사면을 따라 발달한 요세미티 계곡(Yosemite Valley)은 습한 겨울 동안 극심한 폭설이 내린다. 그러나 그 산맥을 넘어 동쪽으로 몇 마일 가면 네바다 에는 '대분지 사막(Great Basin Desert)'의 산쑥(sagebrush)이 펼쳐져 있는데 이 지역은 연중 비가 거의 내리지 않는다. 왜 지리적으로 매우 가까운 이들 지역의 기후가 많은 차이를 보이는가?

4. 넓은 황무지 땅의 소유주는 땅을 예전에 이곳에 서식했던 장초형 초원으로 복원할 것을 결심하였다. 적당한 초지 식물 종자를 식재한 후 소유주는 불과 수 년 만에 식물들이 정착에 성공하여 땅이 광대한 초지로 형성되는 것을 볼 수 있었다. 그렇지만 점차적으로 딱총나무나 산벚나무, 유독성 담쟁이덩굴, 가중나무 등의 목본성 식물이 출현하기 시작하였다. 침입하는 목본성 식물의 수가 훨씬 많아지게 됨에 따라 소유주는 자신의 초지를 거의 알아볼 수 없는 지경에 이르게 되었다. 이런 경우 무엇이 잘못되었을까?

5. 아마도 어떤 다른 생물군계보다 초지 생물군계는 인간 활동에 의하여 실제적인 피해(어떠한 경우는 완전한 파괴)를 많이 받아왔다. 이것은 어떤 이유 때문일까? 초지의 어떤 특성이 인간의 매력을 끌고 있으며, 또 어떠한 특성이 인간 활동에 의해 피해를 입기 쉬운가?

6. 작은 삼림 지역이 초원 생물군계에 분포되어 있었다. 1965년에 웰스(P. Wells)는 "북미 중앙 대평원의 거대한 초지에는 너무 건조해서 모든 목본 고유종이 생존할 수 없는 만큼의 기후 범위가 없다"고 언급하였다(*Science* 148:246). 만약 나무들이 그 초지에서 살 수 있었다면, 무엇이 초지를 사바나나 심지어 삼림으로 전환되는 것을 방해하였는가?

27장 습지 생태계

미국 삼나무 숲

열대우림은 세계에서 가장 특이하고 믿기 어려운 일부 식물의 서식처다. 우림 식물에 대한 많은 기록이 있다. 예로, 180 m의 로탕야자나무 *Calamus*는 세계에서 가장 큰 식물이다(180 m). 83 m로 기록된 잎이 가장 크고 넓은 나무는 사라왁(Sarawak) 우림에서 생장하는 *Koompasia excelsa*이다. 25 m 이상인 세계에서 가장 긴 잎은 중앙 아프리카 우림에서 생장하는 라피아야자나무(*Raphia regalis*)이다. 가장 긴 꽃은 화방당 천만 개의 꽃이 만들어지는 *Corpha palm*으로 기록되었다. 세계에서 가장 큰 씨앗을 가지는 식물도 열대 우림에서 생장한다. 코스타리카에서 생장하는 *Mora megistosperma*는 지름이 약 18 cm이고 무게가 850 g인 가장 큰 쌍떡잎 씨앗을 가진다. "2인용의 코코넛"이라 불리는 *Lodoicea maldivica*는 지름이 40 cm이고 무게가 20 kg 이상인 가장 큰 외떡잎 씨앗을 가진다. 세계에서 가장 큰 꽃은 보르네오와 수마트라에서 생장하는 기생 식물인 *Rafflesia arnoldii*에서 만들어진다. 이 식물은 잎, 줄기 또는 뿌리가 없이 지름이 1m이고, 무게가 7 kg인 하나의 거대한 꽃만을 만든다.

HMS 비글호의 항해 동안 브라질을 둘러본 찰스 다윈은 그의 저서에 "여기서 나는 처음으로 엄청난 웅대함에서 열대 산림을 보았고,"현실세계이외의 어느 것도 지금 이 광경이 얼마나 훌륭하고 웅대한지에 대한 생각을 하게 할 수 없다"라고 기록했다. 최근 몇 년간, 우리는 열대 우림이 지구상의 생태학에 얼마나 중요한지를 배우고 있다. 전 세계가 열대우림으로부터 제공되는 생태적인 서비스와 생산물로부터 이익을 누리고 있다. 사람들은 선사시대로부터 열대 우림에 영향을 받았음에도 불구하고, 지난 몇 십 년동안 세계의 거대한 열대 우림은 벌채, 채광, 그리고 농업, 재배, 가축 사육을 위해 땅을 개간함으로써 파괴되고 감소되었다. 세계 많은 사람들은 남아있는 숲을 보호하고 감소된 땅을 복구하려는데 관심을 가지고 있다.

열대우림은 습지 생태계의 한 예이다. 이 장에서는 북반구의 목본이 없는 방대한 툰드라와 타이가 또는 툰드라의 남쪽에 위치한 아한대 침엽수림, 좀 더 먼 남쪽에 위치한 온대 낙엽활엽수림, 그리고 지구 적도 지역의 열대 우림을 포함하는 지구상의 습지 생태계에 대해 알아보겠다. ■

주요 개념

- 툰드라 생물군계는 지구의 북반구 주위에 펼쳐져 있는 목본이 없는 방대한 평원으로, 화본과, 사초과, 이끼류 그리고 지의류가 우점하고 있다. 타이가 생물군계 또는 아한대 침엽수림은 툰드라의 남쪽에 위치해 있으며 알래스카, 캐나다 그리고 유라시아에 걸쳐 있다.
- 툰드라와 타이가는 이탄지대에 저장된 부식-내성 유기탄소의 큰 저장고로서 역할을 하기 때문에 지구의 탄소순환에 중요하다.
- 온대 낙엽 활엽수림은 1년 내내 계속되는 풍부한 강우의 기후와 서리를 포함한 뚜렷한 계절성을 가진다. 식물은 낮은 겨울 온도에 살아남고, 생장 계절 동안 햇빛을 경쟁하기 위해 적응한다.
- 적도 지역에 나타나는 열대우림은 높은 강수량과 고온, 비계절적인 기후 그리고 많은 지구상의 생물다양성을 나타내는 뚜렷이 구별되는 식물이 특징이다.
- 역설적으로, 열대우림의 무성한 식물 생장은 전형적으로 온도-양식(style) 농업을 지지할 수 없는 영양분 부족 토양에서 일어난다.
- 지구상의 산림은 인구 성장과 벌채, 채광, 사육, 그리고 농업과 같은 인간 활동 때문에 빠르게 사라지고 있다.

27.1 습지 생태계는 넓은 범위의 기후를 포함한다

습지 생태계는 극지에서 열대까지 넓은 범위의 기후에 펼쳐져 있다. 일반적으로 툰드라 생태계는 일 년 강수량이 10~ 40 cm이지만, 온도가 낮고(연 평균 −7℃) 증발이 극히 작기 때문에, 습한 초지와 늪이 광범위하게 걸쳐 있다. 툰드라의 남쪽의 아한대 침엽수림 또는 타이가 생태계는 북반구에 펼쳐져 있다. 온도는 툰드라 보다 더 따뜻하고 일 년 강수량은 50 cm 보다 높다. 연 평균 기온은 여전히 낮기 때문에, 증발 또한 낮고 호수와 습지는 흔하다. 아한대 침엽수림은 북미에서 48° 북위도 주변에서 온대성 낙엽 활엽수림으로 바뀐다. 온대성 낙엽 활엽수림은 따뜻하고 더운 여름, 춥고 눈 내리고, 가뭄이 없는 겨울을 비롯한, 뚜렷한 계절성 기후를 가진다. 연간 강수량은 125에서 150 cm 만큼 높을 수 있다. 온대성 낙엽 활엽수림은 남쪽의 플로리다처럼, 겨울 기온이 일반적으로 빙점위로 있을 때, 열대성 식물이 생기기 시작한다. 열대우림은 연평균 기온 범위가 22℃에서 27℃이며, 월평균온도가 연평균으로부터 단지 2°~4℃정도 차이가 난다. 연간 강수량은 보통 일 년에 200 cm를 초과한다.

27.2 극지와 고산 생태계는 빙하가 사라짐으로 인해 나타났다

극지 생태계는 남극의 극지 사막과 북극의 초본 불모지(26장); 북극의 캐나다, 알래스카, 유럽, 그리고 러시아의 툰드라; 그리고 북반구 주변 툰드라의 남쪽에 위치한 **타이가**(taiga) 또는 **아한대 침엽수림**(boreal coniferous forest)을 포함한다(그림 25.22). 고산 환경과 아고산 침엽수림은 고위도 생물군계의 높은 고도로의 확장이다. 극지와 고산 생물군계는 지구 표면의 27%를 차지하며, 이 중 약 9%는 영구적인 얼음으로 되어 있다. 이들 생물군계는 시원하거나 추운 여름을 갖는 짧은 생육기간, 낮은 온도, 그리고 강한 바람으로 이루어진 기후를 가지고 있다. 남 · 북위 66° 33′ 이상의 위도에서는 한 겨울에 해가 뜨지 않으며, 대조적으로 한 여름 동안에는 지속적으로 일광이 비친다.

대략 백 8십만 년 전쯤에 지구는 4번의 큰 빙하작용 또는 빙하시대에 들어서기 시작하였다. 가장 최근의 간빙기-위스콘신(Wisconsin) 또는 위른(Würn) 빙하작용는 115,000년 전에 최고에 도달하였다. 이때에는 대부분의 북미와 유럽이 빙하 4 km(2.5 mile) 정도에 파묻혀 있었다(그림 27.1a). 약 14,000년 전 기후가 따뜻해지기 시작하였고, 대륙빙이 녹기 시작하였다. 빙하의 퇴각은 5대호(Great Lake)를 남겼으며, 북미와 유럽의 남쪽 안전지대에 식생이 펼쳐진 거대한 불모의 땅이 열리게 되었다(그림 27.1b). 산맥에서 빙하들이 녹아 내렸고, 식생이 위쪽으로 전개되면서 고산 생물군계가 만들어지게 되었다. 방대한 알래스카와 캐나다의 북극 지역은 불과 5,000~10,000년 전에 빙하가 녹기 시작하였으며, 따라서 현재의 극지와 고산 생물군계는 근래에 생겨났다.

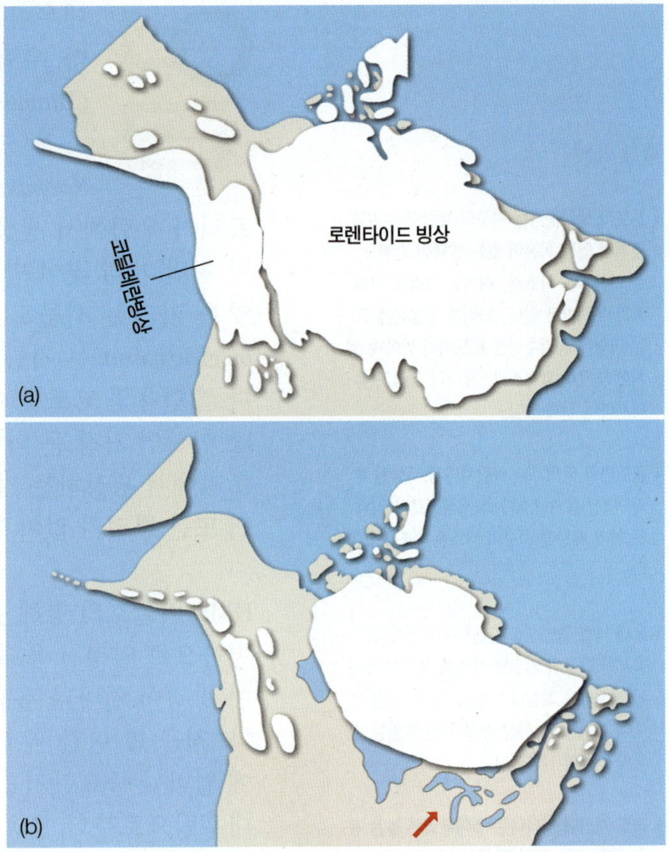

그림 27.1 **한때 북미를 덮었던 빙상(ice sheet)** (a) 1만 8천년 전, 두개의 주요 빙상이 캐나다와 북미국의 넓은 지역을 뒤덮었다. (b) 1만년 전, 5대호(Great Lake, 화살표시)가 형성되었다.

현재의 극지 생물군계는 북미, 유럽, 아시아의 많은 지역들을 차지하고 있다. 빙하 작용은 그린란드, 아주 멀리 떨어진 북부의 섬과 알래스카의 산들로 제한되어 있다. 땅 표면은 평평한 곳과 고원에서부터 알래스카의 브룩산맥(Brooks Range)같은 산맥에 이르기까지 기복이 심하다. 대조적으로 남반구에서는 극지 생물군계의 지역이 훨씬 더 많이 제한되어 있다. 남극의 극지 사막은 26장에 설명되어져 있다. 툰드라와 타이가는 뉴질랜드의 남쪽 섬과 남미의 남쪽 꼭대기의 산지에 제한되어 있다(그림 25.22).

27.3 툰드라는 나무가 없다는 것으로 특징 지어질 수 있다

툰드라(tundra) 생물군계는 북반구에 널리 분포하고 있지만, 남반구에는 제한된 지역만이 있다. 북극 툰드라는 두 지역으로 나눠져 있는데, 이들은 북위 72~73° N에서 분할 선을 그은 북쪽의 고북극(High Arctic)과 남쪽의 저북극(Low Arctic) 툰드라이다. 툰드라의 토양은 영양이 매우 빈약하다. 고북극은 가장 따뜻한 달의 평균 온도가 3~7℃(37~45℉)인 차가운 극지 환경을 갖는다. 습기는 매우 제한되어 있고, 연 평균 강수량이 10~15 cm(4~6 in.)이지만, 고북극은 젖어 있는 것처럼 보이는데 이는 낮은 온도에서 증발이 적고, 평평한 지대에서 빗물이 거의 흐르지 않으며, 영구 동토층에 의해 배수가 잘 되지 않기 때문이다. 저북극은 온화한 극지 환경이고, 가장 따뜻한 달의 평균 온도는 7°~12℃(45°~54°F) 정도이다. 습기는 더 풍부하고, 연간 15~40 cm(6~16 in.) 범위의 비가 내린다. 저북극의 남쪽 경계 지대 저북극 툰드라는 특히 보호된 강 골짜기 유역을 따라 타이가 또는 아한대 침엽수림과 섞이게 된다.

툰드라의 가장 두드러진 특징은 나무가 없다는 점이다. 관목과 초본이 우점하고 있다. **관목**(shrub)은 몇 개의 주요한 줄기를 갖는 목본성 식물인 반면, **초본**(herb)은 생명이 짧은 줄기나 일반 줄기를 갖는 비목본성 식물이다. 북극의 일반적인 관목으로는 자작나무(*Betula*), 월귤나무(*Arctostaphylos*, 그림 27.2a), 키가 1 m 아래인 버드나무(*Salix*, 그림 27.2b), 그리고 철쭉과의 소형 월귤나무류(*Vaccinium*)가 있다. 화본과와 사초과 식물은 보편적으로 초본류이다. 이끼류, 지의류, 그리고 광엽초본(forb)은 전형적인 식생을 이루고 있다.

고북극에서 가장 광범위한 식물군집은 26장에 나타낸 초본 황야라고 불리는 극지 사막 생태계이다. 화본, 초본, 또는 관목에 의해 우점되어지는 것 같은 식물군집의 다른 유형은 더 많은 습기를 이용할 수 있는 보호구역에서만 나타난다. 반대로, 식물군집의 다양성은 저북극의 온화한 극지 환경에서 훨씬 더 크다. 많은 지역이 습성 초원과 습원으로 덮여 있다(그림 27.3). 습성 초원에는 이끼류와 지의류 층에 뿌리를 내리는 화본과와 사초과 식물이 우점하고 있다. 습원은 지하 수면이 높은 곳에 발달하는 방대한 산성습지(bog)로 물이끼

그림 27.3 **알래스카의 습원** 이 장면은 디날리 국립공원(Denali National Park)을 찍은 것이다.

그림 27.2 **두 가지의 툰드라 관목** (a) 블루베리와 베리 과에 속하는 월귤나무(*Arctostaphylos*)는 광대한 매트를 형성할 수 있다. 이 사진은 가을 색을 보여주며, 배경은 알래스카의 디날리 산(Mount Denali)을 보여준다. (b) 북극 툰드라에 사는 작은 버드나무 식물. 털을 가진 잎이 있어, 열을 유지하는데 돕는다.

(*Sphagnum*)와 같은 이끼류가 이탄위에 두텁게 퇴적되어 있다(21장). 적당히 습한 장소의 식생은 1m 이하의 소형관목을 포함하고 있으며, 건조한 장소는 화본과와 사초과 식물로 덮여 있다. 보호된 강유역의 배수가 잘 되는 지역에는 자작나무, 낙엽송(*Larix*), 사시나무(*Populus balsamifera*), 또는 가문비나무(*Picea*)와 같은 왜소한 나무들의 개방된 임상형의 삼림지대로 이루어져 있다. 이러한 산림지대는 툰드라에서 남쪽으로 멀리 떨어진 아한대 침엽수림과 서로 섞여 있다. 초본 황야는 저북극에서는 나타나지 않는다.

툰드라 식물들은 형태와 기능에 있어 많은 적응력을 보인다

극지 생물군계의 식물들은 강한 바람, 낮은 온도, 그리고 이용가능한 수분의 부족에 적응해야만 한다. 겨울 바람은 두 가지 방법으로 식물에 손상을 입힌다. 강한 바람은 눈과 얼음 결정을 노출된 식물 부위에 쌓이게 하여 마모 손상을 야기한다. 또한, 바람은 얼어있는 땅에서 식물이 물을 얻지 못할 시기에 증산작용으로 인한 수분 손실률을 증가시킨다.

많은 툰드라 식물들은 그들을 덮어주고 보호해 줄 수 있는 이른 겨울의 눈이 오는 곳에서만 자랄 수 있다. 눈더미 아래에서 자라지 못하는 종은 크기를 작게 하여 바람을 피한다. 바람의 속도는 지면 근처에서 감소한다. 노출된 종들은 죽은 나뭇잎과 줄기를 보유함으로서 바람의 마모와 정면으로 맞서고 더 강력한 보호를 위해서 눈과 얼음 입자들을 모은다. 몇몇 종들은 밀집된 줄기와 나뭇잎 더미를 가지고 있어 마치 쿠션을 닮아 있다(그림 27.4). 이러한 쿠션 속에서 바람의 속도는 99%까지 줄어들게 된다. 강한 바람은 툰드라 식물의 생존의 문제가 될 수도 있지만, 극지 생물군계에는 동물들이 드물기 때문에 식물은 강한 겨울 바람을 이용하여 열매를 산포한다.

EVOLUTION

극지 생물군계에서는 생육기간이 60~100일로 매우 짧기 때문에 98%의 툰드라 식물들은 다년생이다. 일반적으로 다년생 식물은 생체량의 50% 이상을 뿌리와 구근과 같이 지하 저장기관에 보유하고 있다. 에너지원으로 저장된 탄수화물은 봄에 생장에 필요한 에너지를 공급하고, 에너지 저장고는 짧은 여름 동안에 다시 대체된다. 툰드라 식물은 어두운 색소를 생산하여 봄의 생장률을 향상시킨다. 빨간 색소인 안토시아닌(anthocyanin)는 매우 어두운 적색을 만들기 위하여 엽록소와 함께 이용되어질 수 있다. 어두운 색소는 햇빛을 흡수해서 식물의 온도를 올려준다 — 하나의 쿠션을 형성하는 종은 주위의 대기 온도보다 15℃ (27°F) 이상 온도를 올릴 수 있다. 극지와 고산의 많은 지의류와 몇몇 이끼류는 같은 이유로 — 햇빛과 열을 흡수하기 위해 어두운 갈색이거나 검은색을 띄고 있다. 털로 덮인 송이풀류(*Pedicularis lanata*, 그림 27.5)와 같이 다른 북극 종들은 온도를 올리고 밤에 열 손실을 줄이기 위해 빽빽한 하얀 털로 덮여 있다.

건조한 조건은 극지 생물군계에서의 생존에 있어 다른 문제를 제시한다. 눈더미속의 식물은 봄에 물의 공급이 보장되는 곳에서만 자란다. 일부 툰드라 식물은 잎을 통해 물을 흡수할 수 있다. 지의류와 이끼류는 마를 수 있지만, 수분이 다시 공급되면 짧은 시간 내에 대사를 재개할 수 있다.

툰드라 식물은 다양한 생식 적응을 보여준다

극지와 고산 생물군계의 가혹한 기후 속에서 추위와 건조는 수분 매개자 동물의 수를 감소시킨다. 수분에 있어 동물 수분 매개자를 신뢰할 수 없기 때문에 식물은 이용가능 할 때만 동물을 사용하고 생식을 보장하기 위해서는 다른 기작에 의존해야만 한다.

툰드라 식물은 동물을 수분매개자로 사용하지 않고, 네 가지의 기작 중 하나 이상을 생식을 위해 사용한다. 가장 간단한 방법은 영양생식이다. 식물은 기는줄기(*runner*)라 불리는 땅위 줄기를 내며, 이는 모체 식물에서부터 펴져나가 기는줄기를 따라 위치한 새 마디에 새로운 식물들을 만든다. 많은 극지와 고산 식물들은 유성 생식 없이 종자를 생식하는 무수정생식체(apomictic)로(23장), 남극의 화본과

EVOLUTION

그림 27.4 콜로라도의 고산 툰드라에 있는 쿠션 식물 이들은 이끼처럼 보이지만 실제로 꽃이 피는 소형의 녹색 쿠션 식물이다.

그림 27.5 털로 덮인 송이풀류(*Pedicularis lanata*)

식물인 남극 좀새풀(*Deschampsia*)가 그 예이다(26장). 다른 툰드라 식물들은 자가수정 또는 자가수분(autogamy)이 가능하다. 석죽과에 속하는 남극의 콜로반투스(*Colobanthus*)는 자가수분을 한다. 동물에 의한 수분보다는 바람에 의한 수분이 종종 툰드라 식물의 난세포에 꽃가루를 운반하는 것을 돕는다. 북극의 버드나무(*Salix*)는 곤충이나 바람에 의해 수분되어진다. 몇몇 툰드라 식물들은 4가지 기작 중 하나 이상을 합하여 생식을 한다. 채찍 범의귀(*Saxifraga flagellaris*)는 노란색의 무수정 꽃을 만들고 긴 채찍과 같은 기는줄기를 형성한다. 영양생식은 무수정생식에 의해 형성된 종자가 장거리로 산포하고 있는 동안 우호적인 장소 주위의 전 지역을 차지 할 수 있도록 해준다.

27.4 침엽수가 우점하고 있는 타이가

북반구의 아한대 침엽수림 또는 타이가는 지구 전체를 가로질러 북 유라시아, 알래스카와 캐나다를 둘러싸고 있다(그림 25.22). 타이가는 툰드라와 비슷하고, 두 환경 사이에는 뚜렷한 경계가 없다(그림 27.6). 나무들이 사라지는 경계지역을 **수목한계선**(timberline, tree line)으로 부른다. 타이가는 보호된 구역을 따라 툰드라 내로 350 km까지 뻗쳐 있다. 이와 유사하게, 툰드라는 바람이 불고 노출된 산등성이를 따라 타이가 내로 뻗을 수 있다. 타이가의 남쪽 경계는 더욱 애매하다. 북미 동부의 타이가는 온대성 낙엽활엽수림 생물군계와 섞여 있다. 북미 중앙의 평원에서는 타이가가 차츰 초원으로 변하고, 서부에서는 아한대 침엽수림이 산지로 이동하는데 그곳에서 저산대 침엽수림을 형성한다.

타이가의 기후는 툰드라보다 덜 가혹하지만, 낮은 온도, 적은 강수량, 90~120일의 짧은 생육기간을 가지고 있다. 연간 강수량은 40~50 cm이지만, 증발이 적고 토지의 배수가 잘 되지 않기 때문에 땅에는 호수와 산성습원(bog)이 점점 산재되어 있다. 북극 캐나다까지의 빙하는 땅을 평평하게 하여 표면의 기복이 적다. 토양은 산성이며 영양분이 부족하다.

하얀색과 검은색의 가문비나무(*Picea glauca*와 *Picea mariana*)와 발삼전나무(*Abies balsamea*)와 같은 침엽수가 타이가의 우점 식생이다. 식물 종의 다양성이 적다. 수목 한계선의 나무들은 작고 관목성이며 남쪽으로 더 뻗어 자란다. 침엽수림은 네 개의 식생층을 갖는다. (1) 침엽수의 수관, (2) 버드나무와 월귤나무와 같은 관목층, (3) 초본층, (4) 습한 장소에서는 이끼류와 건조한 장소에서는 지의류로 되어 있는 표면층이다. 검은가문비나무(*Picea mariana*), 아메리카낙엽송(*Larix laricina*), 그리고 물이끼(*Sphagenum*)가 산성습원에 풍부하게 나타난다. 방크스소나무(*Pinus banksiana*)와 두 종류의 낙엽성 피자식물인 자작나무(*Betula papyrifera*)와 사시나무(*Populus tremuloides*)는 이전의 화재로 제거된 지역에 흔히 나타난다(그림 27.7). 포플러는 또한 북미 중앙의 타이가와 초원사이에 일부 전이대를 형성한다.

EVOLUTION

아한대림의 종들은 짧은 생육기, 강설, 낮은 온도와 제한된 습기에 적응해야 한다. 대부분의 침엽수는 나뭇잎이나 침엽을 일 년 내내 유지하는 상록수이며, 나뭇잎의 유지는 새로운 잎을 발생하기 위한 기다림 없이 봄에 온도가 오르자마자 광합성을 시작할 수 있도록 해준다. 침엽수는 대개 원뿔 모양이고 유연한 가지를 가지고 있다. 이러한 특성은 눈이 가지를 부러뜨리지 않고 흘러내리게 해준다. 침엽수의 나뭇잎들(22장)은 수분의 손실을 줄일 수 있도록 하는 두꺼운 각피(cuticle), 강한 표피 그리고 함몰기공을 가짐으로서 겨울의 건조기간 동안 생존하는데 적응해 있다. 또한 침엽수는 겨울의 휴지기에 들어감으로서 매우 낮은 수준으로 호흡을 감소시킨다.

침엽수는 봄에 이용되는 수분을 재빠르게 흡수할 수 있는 얕은 뿌리를 갖는다. 많은 침엽수의 뿌리는 균류(균근)와 관련되어 있는데, 균류는 뿌리 조직을 확대하여 영양소를 흡수하

그림 27.6 알래스카의 타이가 - 툰드라경계

그림 27.7 가을색의 사시나무(*Populus tremuloides*)

고, 뿌리에 이용 가능한 영양분을 많이 공급하기 위해 유기물의 화학변화를 일으킨다. 이들 균류의 존재는 낮은 온도에서 분해가 지연되는 토양에서 특히 중요하다. 검은색과 하얀색의 가문비나무는 영양번식을 할 수 있다 ; 이들의 하부 가지는 새로운 개체들을 생성하기 위해 지면에 도달하는 곳에서 뿌리를 형성할 수 있다.

27.5 고산 툰드라와 저산대 침엽수림은 극지 툰드라와 타이가의 남쪽 확장이다

툰드라와 타이가는 산지로 올라감에 의해 남 위도로 확장할 수 있다. 그 이유는 해발 100 m(328 ft)씩 상승할 때마다 산지의 연평균 온도가 1℃씩 감소하기 때문이다. 따라서 고산 툰드라는 캘리포니아의 캐스케이드산맥과 시에라네바다산맥에서 중앙 캘리포니아 아래까지 해발 3,500 m 이상에 나타난다. 또한, 툰드라는 미국과 캐나다의 로키산맥에서 과테말라에 이르기까지 펼쳐 있는데 해발 4,500 m 이상에서 나타난다. 고산 툰드라는 뉴햄퍼셔와 버몬트의 애팔래치아산맥의 해발 1,200 m 이상에 나타난다.

고산 툰드라 바로 아래에는 산지대 침엽수림이 놓여있다. 산지대 침엽수림의 위로의 고도 한계는 수목 한계선(*timberline*)이라 불리며, 이곳의 나무들은 완전히 사라지기 전까지 작고 관목성으로 자란다. 수목 한계선의 고도는 위도, 경사, 습도에 따라 달라진다. 캐나다의 로키산맥에서는 수목한계선이 2,900 m 정도이다(그림 27.8). 산지대 침엽수림은 테레시와 노스캐롤라이나의 그레이트스모키산맥에서 남쪽의 애팔래치아산맥까지 나타난다. 산지대 침엽수림은 로키산맥에 광범위하게 펼쳐져 있는데, 그 범위는 캐나다 앨버타에서부터 남쪽으로는 뉴멕시코, 서쪽으로는 유타를 가로질러 캐스케이드 산맥까지 나타난다. 산지대 침엽수림은 캐스케이드와 시에라네바다 산맥에서는 좁게 분포하고 있는데 캐나다에서부터 남부캘리포니아까지 펼쳐져 있다.

고산 툰드라의 산지대 침엽수림은 북극 툰드라와 타이가와 마찬가지로 짧은 생육기, 낮은 온도, 그리고 강한 바람 등의 기후 특성을 가지고 있다. 그러나 이러한 일반적인 특성들을 떠나, 고산과 북극 툰드라의 기후는 상이하다. 겨울의 고산 툰드라는 지속적인 어두움의 시기가 없다. 고산 툰드라와 산지대 침엽수림에서 낮 길이는 낮은 고도와 같다. 또한, 햇빛의 강도는 북극보다는 고산 툰드라와 산지대 침엽수림에서 더욱 강한데 이는 태양이 머리 바로 위에 있고 높은 고도에서 대기가 더 희박하기 때문이다. 더 얕은 대기는 더 많은 양의 자외선을 야기한다. 일반적으로 자외선은 해발 1,000 m 당 19%씩 증가한다. 따라서, 4,000 m 해발고도에서는 자외선 양이 해수면보다는 약 2배 더 많다. 높은 고도에서 낮과 밤의 온도차는 매우 극심하다. 여름의 지면 온도는 낮에 40℃까지 오를 수 있지만, 밤에는 열의 손실로 인해 0℃ 이하로 떨어질 수도 있다. 북극에서, 연강수량은 적지만 배수가 나쁘다. 그러나 고산 툰드라는 연강수량이 종종 많지만, 배수가 좋아서 가뭄이 발생할 수 있다. 산지의 호수와 산성습원은 아한대 침엽수림처럼 많지 않다.

그림 27.8 캐나다 로키산맥의 수목 한계선

고산 툰드라와 북극 툰드라는 많은 종의 유사성을 가진다

기후가 서로 다름에도 불구하고, 몬태나의 로키산맥에 있는 툰드라 식물의 45%가 북극에서도 자란다. 그리고 뉴햄프셔 애팔래치아산맥의 식물군집의 75%가 또한 북극에서도 발견된다. 북극 툰드라의 식물사회는 토양표면, 습도 그리고 배수에 따라 상이하다. 사초와 화본과 식물이 우점하고 있는 습한 초원은 생장기 내내 수분을 이용할 수 있는 곳에서만 나타난다. 고원지대는 돌 틈에 화본과 식물과 광엽 초본이 자라는 암석지대이고 돌 위에서는 이끼류, 지의류 그리고 남세균류가 서식한다. 이끼류와 지의류는 아주 혹한 고산 환경에 우점한다.

고산 툰드라 식물은 북극의 식물들과 유사한 적응을 많이 보여주지만, 높은 빛의 강도로 인해 몇몇 상이한 반응을 보인다. 많은 툰드라 식물은 북극 식물들보다 표피가 더욱 밀집된 털로 덮여있다. 이러한 밀집된 털은 식물로부터 빛을 반사하여 열손실을 줄인다.

EVOLUTION

많은 지의류와 남세균은 카로티노이드(*carotenoid*)라 불리는 색소를 많이 함유하여 밝은 주황색이나 노란색으로 보인다. 카로티노이드는 높은 빛 수준에서 이러한 개체들을 보호한다. 일부 이끼류와 지의류는 갈색이나 검은색을 띠고 있다. 이러한 어두운 색은 광합성을 증가하기 위해 열을 흡수하고 자외선을 차단한다. 안드레아(*Andreaea*)라 불리는 짙은 갈색 이끼류는 로키산맥과 남극의 높은 곳에 있는 암석 하층에서 자란다. 안드레아(*Andreaea*)는 지구상에서 가장 강인한 생물체일 것이다. 생체량의 80% 이상이 끓는 산에서도 견딜 수 있는 석탄산 화합물로 이루어져 있다. 석탄산 화합물은 두터운 세포벽 속에 위치해 있고 세포벽 속에서 석탄산은 자외선을 막고, 얼고-녹는 순환, 건조 ,그리고 기계적인 마모로부터 생물체를 보호한다.

우점하는 침엽수 종은 산맥에 따라 다르다

가문비나무와 서양전나무류는 타이가와 마찬가지로, 산지대 침엽수림에서도 우점하지만 산맥에 따라 종들이 달라진다. 종

그림 27.9 노스캐롤라이나 서부의 애팔레치아 산맥에 있는 철쭉류

의 차이는 과거의 역사 — 특히 빙하기와 지리적으로 고립된 산맥에서 후속적인 종의 분화를 반영한다. 애팔래치아 산맥의 산지대 삼림의 기후는 더 습하고 따뜻할지라도 타이가와 아주 유사하다. 발삼전나무와 붉은가문비나무(*Picea rubens*)는 자작나무류(*Betula lutea*)와 더불어 우점하고 있다. 철쭉속의 관목인 아잘레아스(*Azaleas*)와 철쭉류(그림 27.9)는 보편적인 현화성 관목이고 이끼류와 지의류는 두터운 카펫을 형성한다.

로키산맥의 산지대 침엽수림은 산맥을 가로질러 연속되지 않는다. 우점종들은 지역, 경사, 습도, 그리고 벌목이나 산불과 같은 지난 역사에 따라 달라진다. 콜로라도에서의 우점 종은 엥겔만가문비나무(*Picea engelmanii*)와 아고산대전나무(*Abies lasiocarpa*)를 포함한다(그림 27.10). 과거에 어떤 지역이 화재 또는 벌목에 의해 파괴되었다면, 로지폴파인소나무(*Pinus contorta*)와 황녹색을 띠는 사시나무(*Populus tremuloides*) 숲이 나타날 것이다. 남서쪽에는 히코리소나무류(*Pinus aristata* 와 *P. longaeva*)가 수목한계선에 우점하고 있다(그림 27.11a). 히코리소나무류는 세계 최고령 나무로 잘 알려져 있다. 일부 히코리소나무(*P. longaeva*)는 수명이 5,000년 보다 더 많다. 남서부 저지대에는 폰데로사소나무(*Pinus ponderosa*)가 화본과 식물로 구성된 개방된 초본층에 출현한다(그림 27.11b).

그림 27.10 산지대 림(mountane forest) 침엽성의 산지대 림이 공원 관광객들의 유명한 목적지인 로키산맥 국립공원에 있는 그레이트베어호 주위를 둘러싸고 있는 것을 보여줌.

그림 27.11 산지대 림의 소나무 (a) 콜로라도 골리앗 산에 있는 아리스타타 소나무. 거세고 바람이 많은 조건은 소나무의 가지가 멋대로 뻗는 외형을 갖도록 한다. (b) 폰데로사 소나무. 이 장면에서 하부의 초본은 오레곤의 데슈쯔 국유림(Deschutes National Forest)에서 찍은 것이다.

캐스케이드와 시에라네바다 산맥의 산지대 침엽수림은 시원하고 습한 겨울과 따뜻하고 건조한 여름을 갖는 지중해성 기후이다. 강수량은 고도에 따라 변하는데, 연강우량이 기저부는 25 cm이고 고산 지역은 125 cm 정도이다. 겨울의 대부분 강우는 눈으로 내리게 된다. 로지폴소나무와 솔송나무류(*Tsuga mertensiana*)가 흔히 나타나지만, 가장 유명한 나무 종은 시에라네바다 산맥의 중앙과 남부에 뿔뿔이 흩어진 작은 숲에 출현하는 세쿼이아(*Sequoiadendron giganteum*)이다(그림 27.12). 세쿼이아는 지구상에 생존하는 가장 큰 생물에 속한다. 각 나무는 6,000톤의 무게와 100 m의 높이까지 도달할 수 있다. 따뜻하고 건조한 여름 날씨 때문에, 산불은 이들 산지대림 생태에 있어 중요한 요소이다. 많은 종들은 불에 저항성이 있는 수피와 열에 노출된 후에만 열리는 구과(毬果)를 가지고 있다. 이러한 구과의 종자는 화재 후 잿더미 토양에서 잘 발아한다.

채광, 벌목, 방목, 그리고 휴양지 개발은 국부적이고 지역적인 규모로 극지와 고산 생물군계에 영향을 끼친다

역사적으로, 인간 개체군은 가혹한 기후로 인하여 극지와 고산의 생물군계에는 거의 살지 않았다. 그러나 다른 생물군계에서의 자원의 감소와 인구의 증가로 인해 극지와 고산 생물군계에 대해 인간 활동에 의한 환경 압박이 증가하고 있다. 북

그림 27.12 자이언트 세쿼이아(Giant sequoia) 캘리포니아의 세쿼이아 국립공원에서 이들 자이언트 세쿼이아는 지구상에서 가장 큰 생물체에 속한다.

극 툰드라에 미치는 인간의 주된 영향은 광물자원, 특히 원유의 제거이다. 알래스카의 남쪽 사면에서 원유 채취가 잘 알려진 하나의 예이다. 툰드라의 생태계는 훼손되기 쉬워 한번 훼손되면 회복되기 위해서는 수십 년이 걸린다. 북부 알라스카에서 남쪽 항구까지 원유를 나르기 위해 만들어진 파이프라인은 야생동물들이 이동하는데 있어 방해를 최소화하고 영구동토층이 녹는 것을 막을 수 있도록 만들어졌어야 했는데, 이것은 파이프라인을 가라앉게 할 수도 있었다. 원유 채취의 자세한 결과가 얼마동안은 밝혀지지 않았지만, 다른 자원이 감소됨에 따라 부가적인 지역에서 원유 채취의 압박이 이어지고 있다. 지난 십 년간, 캐나다의 북서부 지역에서 다이아몬드의 채광이 시작되었다. 다이아몬드의 채광은 수 톤의 토양을 제거하고 씻어내야 하기 때문에 지역적으로 심각한 영향을 미칠 것이라고 생각된다.

아한대 침엽수림은 제지물품을 위한 펄프를 생산하기 위하여 오랫동안 벌채되었다. 남쪽 도시에 전기를 제공하기 위해 수력 발전소가 이 지역의 하천에 만들어지고 있다. 인간 개체군이 지속적으로 증가하고, 다른 지역의 자원이 소비됨에 따라 타이가의 자원에 대한 요구가 또한 증가할 것이다.

고산과 산지대 침엽수림이 극지 생물군계보다 접근하기가 더 쉽기 때문에, 이들 지역은 인간의 활동으로 인해 더 많은 영향을 받았다. 애팔래치아산맥의 산지대 림이 특히 강한 타격을 입었다. 대부분의 숲들이 과거에 벌채되었다. 지난 수 십년 동안 휴양지와 리조트의 건설이 주요한 영향을 미쳤다. 양과 소들의 방목으로 인해 로키산맥의 일부 산지대 림의 침식이 증가되었다. 벌채가 폭넓게 시행되고 있으며 산불과 침식의 위험이 증가될 수 있다. 리조트, 휴양지, 그리고 난잡하게 들어선 교외가 모두 산지대 림을 잠식하고 있다. 여가선용으로 인해 캐스케이드와 시에라네바다산맥이 특히 심한 영향을 입었다. 캠프 장소는 도시보다 더 높은 인구 밀도를 가질 수 있어, 거의 동등한 범죄, 오수 그리고 대기오염 비율을 갖는다. 특히 대기 오염의 영향을 쉽게 받는 폰데로사소나무림이 관목지로 대체될지도 모른다.

27.6 | 온대 낙엽수림은 계절성과 많은 강수량을 가지는 생물군계이다

북반구에서 온대 낙엽수림 생물군계는 3가지의 뚜렷한 지역으로 나타난다: 동쪽의 북미, 서쪽과 중앙의 유럽, 그리고 동쪽의 중국과 일본을 포함한 동쪽의 아시아(그림 25.22). 비록 현재는 넓게 떨어졌지만, 이 지역들은 약 5천 500만 년 전에 북반구 주변에 펼쳐진 하나의 거대한 산림으로 합쳐져 있었다. 대륙 이동, 산 생성, 그리고 기후 변화는 이러한 산림을 붕괴시켰다. 지난 200만 년에 걸쳐, 동쪽의 북미의 온대성 낙엽수림은 반복적으로 붕괴되고 빙하기에 의해 새로 재조합되었다. 각각의 빙하기 진전은 남쪽의 북미의 피난처로 산림 종들을 몰아넣고, 차후의 간빙기(빙하기 사이에 따뜻한 시기) 동안 그것들은 북쪽으로 이주했다. 유럽인들이 처음으로 북미에 도착했을 때, 온대성 낙엽수림은 미시시피의 북미 동쪽 전부와 서부의 일부에 걸쳐 거의 붕괴되지 않은 덮개(canopy)를 형성했다(그림 27.13).

동쪽의 온대 낙엽수림은 전 지역에 걸쳐 4가지의 견고한 기후 특성 — 계절 변화, 겨울에 서리, 가뭄의 부재, 그리고 긴 생장 시기와 알맞은 뚜렷한 패턴 — 을 가진다. 이러한 일반적인 뼈대 내에서 지역을 가로지르는 기후 변화는 동-서 그리고 북-남 경사이다. 강수량은 동쪽에서 서쪽으로, 대서양 해안을 따라 125 cm에서 서쪽의 산림과 초지 사이의 경계면에서 85 cm로 감소한다. 강수량은 5대호 주변에서 75 cm에서 거의 모든 강우가 비로써 떨어지는 Gulf 해안을 따라 150 cm로 다양하다. 생장 시기의 길이는 북쪽 120일에서 남쪽 250일로 다양하다.

기온과 강수량은 동쪽의 온대성 낙엽수림의 한계를 정의한다. 아한대 침엽수림으로 변화하는 북쪽 한계는 제일 낮은 평균 겨울 기온이 −40℃인 곳으로 북위 48° 종에 나타난다. 강수량은 산림이 초지와 겹쳐 변화하는 서쪽의 경계를 결정한다. 남쪽 한계는 최소 기온이 아열대 식물상을 허용하기에 충분할 만큼 따뜻한 지역을 나타낸다.

온대성 낙엽수림의 구조는 다섯 층의 식물로 구성되어 있다. 나무들은 덮개와 그 아래는 말채나무(*Cornus*)와 박태기나무류(*Cercis canadensis*) 같은 덜 성숙되고 작은 나무로 구성된 더 열린 하위덮개를 구성한다. 더 열려있다. 아래층 식물의 세 가지 낮은 층은 관목층, 초본층, 그리고 표피층이다. 잎이 넓은 다년생 식물은 초본층을 우점하고 있다. 표피층의 이끼류와 지의류는 돌과 나무 줄기 위에 주로 나타난다.

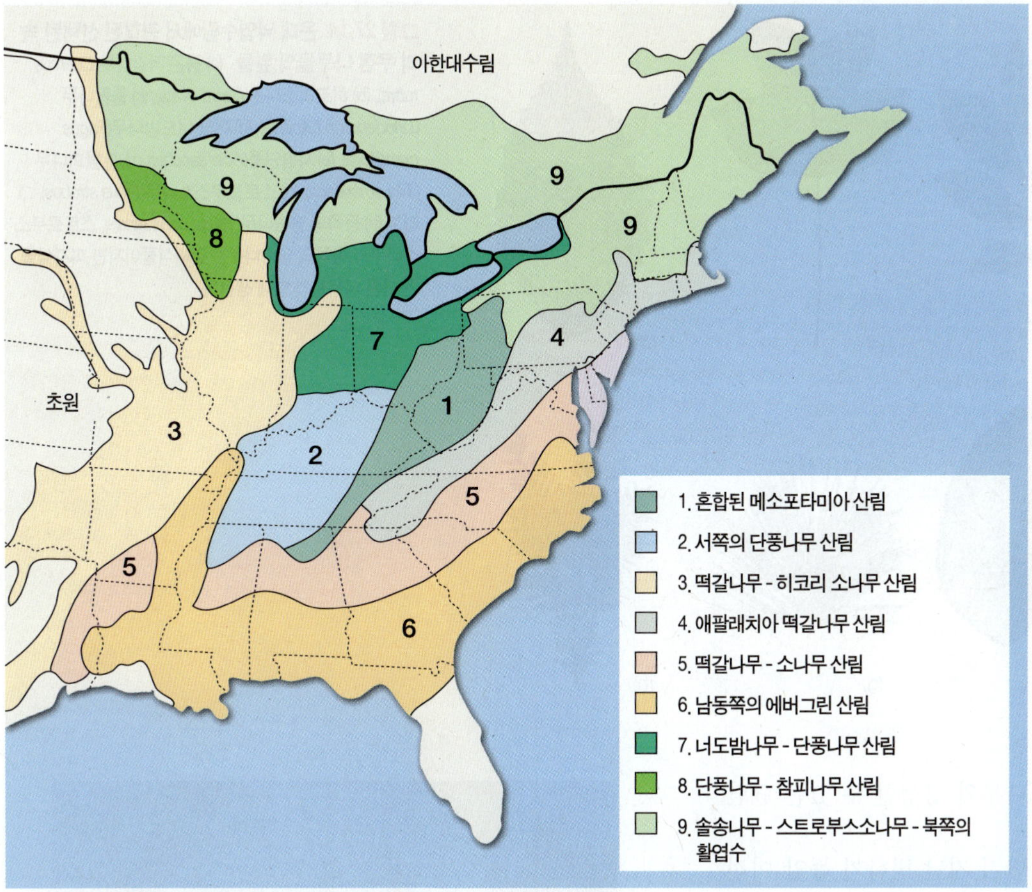

그림 27.13 동쪽의 온대성 낙엽활엽수림의 9개 지역

8가지 속의 나무들이 동쪽의 온대성 낙엽수림의 특징이다

6속의 낙엽성 피자식물 나무가 북미 동쪽 낙엽수림 생태계를 가로질러 덮개를 우점하고 있다. 이러한 종류(그림 27.14a~f)는 떡갈나무(*Quercus*), 히코리(*Carya*), 노란 포플러 또는 튤립나무(*Liriodendron tulipifera*), 미국 너도밤나무(*Fagus grandifolia*), 사탕나무(*Acer saccharum*), 그리고 참피나무(*Tilia*)가 포함된다. 구과(毬果)식물(나자식물)의 두 종류 또한 중요하다(그림 27.14g, h): 스트로부스소나무(*Pinus strobus*)와 동쪽 솔송나무(*Tsuga canadensis*). 20세기까지, 미국 밤나무(*Castanea dentata*) 또한 동쪽의 온대 낙엽수림을 많이 우점 했지만, 1906년에서 1940년 사이에 아시아로부터 들어온 것으로 알려진 균류 마름병(fungal blight)은 밤나무를 사라지게 했다. 이러한 8속의 다른 나무들은 동쪽의 온대성 낙엽수림 내에서 다른 지역에 우점하고 있으며, 거기에서 그것들은 9가지의 다른 식물 관련성을 형성한다(그림 27.13).

가장 다양한 식물 관련성은 혼합된 메소포타미아 산림 지역에서 나타난다(그림 27.13에서 지역 1). 동쪽의 온대성 낙엽수림에서 우점하는 덮개로써 생장하는 거의 모든 분류군들은 공우점종으로써 여기에 나타난다. (이러한 지역에서 산림의 두 곳에서 나타나는 나무 종들의 목록은 25장, 표 25.1에 언급되어 있다.) 떡갈나무와 히코리소나무는 *glade*로 불리는 산림 틈을 만드는 연필향나무와 함께 서쪽의 메소포타미아 산림을 우점하고 있다(그림 27.13에서 지역 2).

떡갈나무와 히코리소나무는 또한 동쪽의 온대성 낙엽수림 가장 서쪽에 위치한 지역에서 떡갈나무-히코리소나무 산림을 우점하고 있다(그림 27.13에서 지역 3). 애팔래치아 떡갈나무 산림 지역은 애팔래치아산맥의 동쪽 골짜기와 산마루를 따라 확장해 있다(그림 27.13에서 지역 4). 로도덴드론(Rhododendron)은 흔한 관목이다. 미국 밤나무는 한때 이러한 식물 관련성에서 많이 우점하였지만, 현재는 떡갈나무, 소나무, 그리고 히코리소나무가 공우점하고 있다.

유럽 식민자는 떡갈나무-소나무 산림 지역의 원래 산림을 많이 파괴시켰고(그림 27.13에서 지역 5), 소나무는 회복된 산림을 구성한다. 남동쪽의 항상 푸른 산림 지역은 플로리다의 열대 식물상을 제외하고 남동쪽의 미국의 해안 평지를 덮고 있다(그림 27.13에서 지역 6). 유럽인 정착 이전에는 너도밤나무와 남쪽의 목련(*Magnolia grandifolia*)이 이 지역을 우점했지만, 현재는 소나무가 상업적인 작물로써 널리 육성되고 있다. 화재는 여기에서 중요한 생태적인 인자이다. 소나무는 화재

그림 27.14 **온대 낙엽수림에서 관찰된 선택된 속의 우점 나무들의 잎들** (a) 붉은 떡갈나무(*Quercus rubra*), (b) 히코리소나무(*Carya ovata*), (c) 튤립나무(*Liriodendron tulipifera*), (d) 미국 너도밤나무(*Fagus grandifolia*), (e) 사탕단풍(*Acer saccharum*), (f) 참피나무(*Tilia americana*), (g) 스트로부스소나무(*Pinus strobus*), 그리고 (h) 동쪽의 솔송나무(*Tsuga canadensis*). 스트로부스소나무와 동쪽의 솔송나무는 겉씨식물이지만 피자식물인 다른 나무들과 함께 생긴다.

저항성이며, 주기적인 화재는 소나무와 경쟁할 수 있는 단단한 나무를 죽인다.

너도밤나무-단풍나무 연합은 단지 지난 빙하기 동안 이전에 얼음으로 덮인 땅에서 나타난다(그림 27.13에서 지역 7). 빙하가 이 지역으로부터 사라졌을 때, 침엽수림 나무들은 너도밤나무와 당 단풍나무가 나타나기 전에 이 지역에 이주했다. 이 아한대 산림의 나머지는 습지 주변에 나타난다. 단풍나무-참피나무 연합은 동쪽의 낙엽수림 생물군계 내에서 가장 작은 지역이다(그림 27.13에서 그림 8). "이동이 없는 지역"이라 불리는 이 지역은 지난 빙하기 동안 전혀 빙하로 덮여지지 않았고 종들을 위한 피난처로 이용되었다. 유럽인이 정착하기 전에, 많은 솔송나무-스트로부스소나무-북쪽의 활엽수(hardwood) 지역(그림 27.13에서 지역 9)은 60m(210 ft) 높이의 스트로부스소나무(*Pinus strobus*)에 의해 덮였었지만, 이 산림은 19세기 중엽이 지나 제거 되었다. 오늘날, 희고 붉은 소나무(*Pinus resinosa*)와 노란 자작나무(*Betula lutea*)는 사시나무(*Populus tremuloides*)와 같은 침엽수림 종과 당 단풍나무(*Acer rubrum*) 같은 온대성 낙엽수림 종과 함께 그 지역에 흔하다. 강한 하강기류 폭풍이라 불리는 몇몇 폭풍은 60년에서 100년 간격으로 이 지역에 나타난다(그림 27.15). 이러한 폭풍은 산림 지역에서 모든 나무를 파괴시킬 수 있고 유입되어 생장하는 새로운 종들을 위한 공간을 만든다.

그림 27.15 **솔송나무-스트로부스소나무-북쪽의 활엽수 지역 숲의 강한 하강기류 폭풍의 결과**

온대성 낙엽수림의 식물들은 추운 겨울과 빛 경쟁에 적응한다

항상 푸른 침엽수를 제외하고, 온대성 낙엽수림의 나무들은 가을에 잎이 떨어진다. 이러한 낙엽성 성질은 뚜렷한 계절성을 가지는 기후에 잘 적응하게 한다. 겨울에 물은 제한되고 낙엽성 나무들은 잎을 남겨둔다면, 그것들은 얼은 땅에서부터 뿌리로 물을 흡수하여 대체하는 것 보다 훨씬 더 높은 비율로 물을 잃게 될 것이다. 낙엽성 피자 식물은 겨울이 더 혹독한 온대성 낙엽수림의 북쪽 한계에서 상대적인 풍부함에 영향을 끼치는 인자인 겨울 물 손실 비율에 있어 여전히 상록의 침엽수보다 훨씬 더 높다.

낙엽성 피자식물 나무들은 각자 봄에 새로운 잎을 만들어야 되기 때문에, 덮개 종들이 잎이 떨어지기 전 햇빛이 산림 바닥에 도달하는 시기가 있다. 표층의 이끼류와 지의류는 생장과 생식을 위해 이 시기의 햇빛을 이용한다. 그때 초본의 다년생 식물은 빠르게 뒤따른다(Essay 27.1의 그림). 이러한 많은 종들은 구근(bulb)과 근경(rhizome) 같은 지하 저장 기관을 가지며, 봄 광합성은 이러한 구조에 녹말을 빠르게 증대시킨다. 덮개가 한번 닫히면, 이러한 많은 초본 다년생 식물들이 우점하게 되지만, 가을에 그것들은 다음 봄에 잎이 나는 과정을 빠르게 하기 위해 새싹을 미리 형성해야할 것이다. 온대성 낙엽수림 초본 간의 빛과 공간에 있어서의 경쟁은 초반에 언급되었다(25장).

많은 저층 식물들 — 하부를 덮고 있는 나무들, 관목, 덩굴식물, 그리고 초본을 포함 — 은 개미, 새, 그리고 포유류 같은 동물에 의해 퍼뜨려지는 종자를 만든다. 족두리풀(*Asarum*)과 제비꽃(*Viola*) 같이 개미에 의해 퍼뜨려진 식물은 개미 살포자를 위해 먹이를 보상으로써 지질이 풍부한 구조가 부착된 종자를 만든다(그림 27.16). 새와 포유류를 위한 과일을 만드는 식물은 두 가지 계절 범주로 구분된다. 블루베리, 체리, 그리고 블랙베리 같은 여름에 익는 과일은 달고 탄수화물이 풍부하다. 이러한 과일은 이동하지 않는 새와 포유류 종들을 끌어 들인다(24장). 그러나, 목련나무(그림 27.17a)와 층층나무(*Cornus*) 같이 가을에 익는 과일은 지질이 풍부하다. 이러한 과일들은 날아가는데 지질로부터의 에너지를 필요로 하는 이주하는 새에 의해 소비되고 그들의 종자는 퍼뜨려진다. 그런 과일들은 종종 새를 끌어들이기 위해 빛나는 붉은 색이거나 과일로 새를 유인하기 위해 색을 변하시키는 잎인 잎 모양의 과일 깃에 의해 눈에 띌 수 있다(그림 27.17b).

많은 낙엽성 피자 나무 종들은 바람에 의해 수분되어진다. 그것들은 꽃을 만들고 잎이 떨어지기 전에 수분을 경쟁한다(그림 27.18). 그것들이 꽃을 만들기 위해 동시에 또는 같은 시기에 잎을 만들었다면, 잎은 바람에 의한 화분을 가로막고 생식과정을 감소할 것이다. 잎들이 한번 형성되면, 그것들은 거대한 표면 부위를 나타내고 덮개는 효과적으로 닫히게 된다.

그림 27.17 빛나는 색깔은 씨앗 전파자를 끌어들인다 (a) 목련(*Magnolia*)의 지질이 풍부한 빛나는 붉은 색의 열매. (b) 미국담쟁이덩굴(*Parthenocissus*)의 잎모양 열매의 기(flag).

잎들은 덮개 위치에 따라 두 타입-바깥쪽 양달잎(sun leaves)과 안쪽 응달잎(shade leaves) — 이 된다(그림 27.19). 양달잎은 작고, 두꺼우며, 때로 털도 많고, 그리고 응달잎보다 더 깊게 엽(葉)이 있다. 양달잎의 이러한 특징은 열을 보호하는 역할을 하고 수분 손실을 감소한다. 양달잎은 또한 수직을 이루는 것보다 훨씬 더 태양 광선을 반영하는 기울어진 각으로 그것들의 가지 위로 향할 수 있다. 이러한 지향은 태양 복사에 표면이 덜 노출되게 하고, 태양빛으로부터 열을 감소시키며, 빛이 덮개를 관통하여 응달잎에 도달하도록 해준다. 응달잎은 양

그림 27.16 씨앗을 전파시키기 위해 개미를 이용하는 하부 식물인 야생 생강(*Asarum canadense*) (a) 야생 생강의 꽃(아래쪽 중간)은 땅 위에 있고 악취와 불그스레한 색을 가지며, 그것은 수분매개자인 파리를 끌어들인다. (b) 씨앗은 개미에게 지질을 제공하기 위해 지질이 풍부한 구조(엘라이오좀: elaiosome)를 가진다.

그림 27.18 온대림 나무들은 보통 바람을 이용하여 수분된다 (a) 붉은 떡갈나무의 화분을 생성하는 꽃은 화분이 쉽게 바람에 퍼지는 것으로부터의 유제(葇荑) 꽃차례(catikin) 내에서 발생된다. (b) 실버단풍나무(silver maple)의 꽃송이. (c) 하나의 꽃을 근접촬영 한 것. 두 개의 긴 암술머리가 있고, 바람에 의해 발생된 화분이 암술머리 위에 놓이게 된다. 단풍나무는 또한 곤충에 의해서도 수분되어질 수 있다.

그림 27.19 참피나무의 양달잎과 응달잎 (a) 양달잎은 응달입도다 더 작지만 훨씬 더 두껍다. (b) 방책세포(palisade)와 해면 유조직은 양달잎에서 훨씬 더 발달된다.

달잎보다 크고, 적은 빛에서 최대의 광합성에 도달할 수 있게 끔 할 수 있다.

인간은 동쪽의 온대성 낙엽수림의 많은 특색에 주된 영향을 끼치고 있다

온대성 낙엽수림에 있어 인간의 영향은 12,000년 전 동쪽의 북미에 Paleo-indian(후기의 홍적세의 인디언) 집단이 도착하면서 시작되었다. 이들이 처음으로 북미의 많은 대형 포유류 종의 멸종, 포유류와 온대성 낙엽수 사이의 상호진화적인 관계를 혼란케 하는 멸종 그리고 일부 종의 격리에 영향을 주었다. 아메리카 원주민들은 농업을 위한 땅, 특히 강 유역의 토지를 개간하기 위해 불을 사용함으로써 온대성 낙엽수림에 영향을 끼쳤다. (아메리카 원주민들에 의한 온대림의 이용에 관해 알아보려면 Essay 27.1 "아메리카 원주민은 온대림 식물들을 이용한다"을 참조하라.) 온대성 낙엽수림에 있어 인간의 주된 영향은 1600년대 유럽인들의 도착으로 시작되었다. 그들이 첫 번째로 East Coast와 점차적으로 더 멀리 있는 섬을 따라 정착함으로써, 기존 산림의 격리된 구획은 남겨두고, 온대성 낙엽수림 대부분을 개간하였다. 오늘날의 온대성 낙엽수림의 거의 전부는 잇따른 벌목 후 두 번째, 세 번째, 또는 네 번째 재배의 결과이다.

많은 대중적인 종들은 온대성 낙엽수림을 침입하였다 유럽인들이 북미로 유입됨에 따라, 그들은 들판과 정원에 사용하기 위해 고국으로부터 유명한 식물들을 가져왔고, 후에 종자 회사와 종묘원(nursery)에 의해 진전이 가속되었다. 불행히도, 대중적인 종들은 정원에서만 생장이 제한되지 않았다. 예로써, 1900년 후반에 몇몇 인동덩굴(*Lonicera*) 종들은 정원 관목으로써 이용되기 위해 미국 내로 수입되어졌다. 이러한 종들(또는 그것들 사이의 잡종) 일부는 재배로부터 야생으로 나오게 되었다(그림 27.20a). 새들은 빛나는 붉은 열매(berry)를 먹고 온대성 낙엽수림에 종자들을 퍼뜨렸고, 그곳에서 이러한 종들은 현재 원래의 관목을 내쫓았다.

초기에 정착자들은 또한 요리와 약초학에 이용되는 빠르

ESSAY 27. I 아메리카 원주민은 온대림 식물들을 이용한다

삼림 지역에 살고 있는 아메리카 원주민들은 식량, 마실 것, 의약품, 예술, 장난감, 도구, 그리고 숙소로 다양한 지역 식물과 균류를 이용했다. 그들은 모든 관목, 나무, 그리고 초본은 이용되어 진다고 믿었다. 삼림지대 거주자들은 현대 암 의약품을 발견했다. 변을 잘 통하게 하고 피부질환 및 종양을 치료함으로써, 그들은 캐나다와 동부 미국의 낙엽수림 전역에 걸쳐 자라는 메이애플 식물(*Podophyllum peltatum*)의 땅 아래 줄기(rhizome)를 이용하였다(그림 E27.1A). 현대식의 추출, 화학성분 분석, 그리고 진전을 시험해보는 것은 이러한 적용을 확인하는 것이다. 현대 의약은 백혈병을 치료하기 위해 알칼로이드 포도필린(Podophyllin)과 α-/β-peltatin을 이용한다.

삼림지대 거주자들은 현대의 암 치료제를 발견했다.

미국과 캐나다의 북-중앙 숲에 거주하는 치페와 사람은 단풍나무 당분 생산을 위한 기술을 발달시켰다. 각 가정은 사탕단풍나무의 특별한 집단을 이용했고 특별한 오두막은 수액을 끓이고 가정기구를 보관하기 위해 만들어졌다. 수집 용기는 나무껍질로 만들어지거나 조각되어졌다. 나무들은 3월 중순에 땅으로부터 3 feet의 껍질로 만들어진 대각선 절단을 통과할거 같은 모양의 2~3개의 나무못을 삽입함으로써 꼭지를 달았다. 대각선의 잘림은 바닥에 단풍나무 수액을 모았고, 못은 수액을 수집 용기로 향하게 했다. 보통 가정은 900 정도의 꼭지를 유지했다. 금속 솥(kettle)이 수액을 끓일 수 있게 하기 전에, 치페와 사람들은 시럽을 보관하는 용기 내로 빨갛게 달아오른 돌을 떨어뜨림으로써 당(sugar)을 모으거나, 매일 위에 형성된 얼음을 제거하면서 반복적으로 시럽을 얼렸다. 당분은 공상의 나무 주형(wooden mold)에 덩어리로 저장했다.

뿌리로부터 붉은 염료가 만들어지는 혈근초(*Sanguinaria*; 그림 E27.1B)와 쇠뜨기(*Equiset-um*)를 포함한 다른 유용한 식물은 가정용품을 문지르는 데 이용되었다. 가까운 습지 식물들 또한 이용되었다—물이끼류는 아이들 기저귀로 사용되었고, 부들개지(*Typha*)의 뿌리줄기는 봄에 날로 먹혔으며, 매트는 잎으로부터 짜여졌다.

치페와의 의료 또한 복잡했었다. 의료 비밀을 전하는 것을 금하고 급료 없이는 일하지 않았던 전문적인 치료사들의 조합(guild)이 있었다. 그러나, 대부분의 사람들은 복주머니 난초(*Cypripedium*, 그림 E27.1C)와 같은 다양한 의약 식물을 어떻게 사용해야 되는지를 알고 있었다. 그들은 치통을 위한 찜질약을 만들기 위해 이러한 난초의 잘게 썰려진 뿌리줄기를 이용했다. 연령초속(*Trillium*) 식물의 뿌리 줄기로부터(그림 E27.1D),그들은 특별한 바늘을 사용하여 피부 안으로 구멍을 냈던 귀고리와 류마티즘을 위한 의약품을 만들었다. Arborvitae(편백의 일종 —

E 27.1A **메이애플(*Podophyllum*)**

E 27.1B **혈근초(*Sanguinaria*)** 아래 사진은 붉은 색을 띠는 뿌리줄기(rhizome)를 보여준다.

E 27.1C **복주머니 난초(*Cypripedium*)**

측백나무, 그림 E27.1E)의 어린 잔가지(twig)로부터 얻은 추출물은 감기약으로 효과적이였다. 오늘날, 이러한 모든 식물들은 2차 합성물(3장)을 가지고 있는 것으로 알려져 있고, 그 합성물질은 그러한 식물들의 의학적인 특성을 설명해 준다.

E 27.1D 연령초속 식물(*Trillium*)

E 27.1E 측백나무(*Thuja*)

그림 27.20 온대림의 침입 식물들 (a) 인동덩굴은 온대성 낙엽수림에 사는 외래 관목이다. 삽입된 사진은 열매를 보여준다. (b) 삼림의 바닥을 덮고 있는 Garlic mustard(*Alliaria petiolata*)

DNA SCIENC

게 생장하는 풀인 Garlic mustard(*Alliaria petiolata*)을 가지고 왔다. 북미와 유럽으로부터의 개체군에 대한 분자적인 연구는 Garlic mustard가 125년 전 영국의 섬들(British Isles)로부터 유입되었다는 것을 나타낸다. 그 이름은 분쇄된 잎으로부터 나는 냄새에서 유래한다. Garlic mustard는 고유의 야생화를 그늘지게 하여 삼림의 바닥에 밀집되어있다(그림 27.20b).

최근에, 위스콘신 대학의 연구원들은 북쪽의 위스콘신(Wisconsin)과 미시간주(Michigan) 숲의 보존을 알아보기 위해 식물 조사를 지시했다. 위스콘신 식물학자 John Curtis는 1950년대에 이러한 동일한 보존조사를 수행하였다. 현재 조사를 보면, 1950년대 존재한 종들이, 2000년에 70%가 감소했고 4종들이 멸종되었다. 증가된 흰꼬리 사슴 개체에 의해 광범위하게 먹히고 침입된 종들은 많은 희귀한 토속 종들을 제거시켰고, 북쪽의 숲은 다양성이 거의 없어지게 되었다.

국유림으로부터 활동중인 식물들은 매우 문제가 되고 있다

건강 음식 내의 약초 성분에 대한 인기는 국립산림과 공원 내의 야생 식물의 보급을 야기했고 미국 산림 서비스와 공원 서비스에 있어 심각한 문제를 만들고 있다. 히드라스티스(Goldenseal)는 파운드 당 30달러의 시장 가격을 가지고, 인삼뿌리 가격은 파운드당 270달러에서 600달러이다. 심지어 표층의 이끼류도 약탈되고 있다. 통나무이끼류(*Hypnum*, 털깃털이끼류)는 이끼로 채워진 철사토끼(wire bunny)처럼 장식용 목적으로 꽃 사업에 이용되어진다. 애팔래치산맥의 산림에서는 약탈자들이 카펫 같은 이끼를 통나무로부터 돌돌 말아 트레일러 트럭에 싣는다. 그것의 가격은 파운드당 약 16달러이다. 서쪽 버지니아에 있는 머농거힐라(Monongahela) 국립 숲에서 수확된 불법 이끼의 가격은 1년당 100만 달러로 추정된다.

허바드 브룩산맥(Hubbard Brook) 연구는 온대림 생태계가 어떻게 기능 하는지를 알기 위해 시작되었다

오늘날, 온대성 낙엽수림은 관리된 생태계이다. 산림들처럼 그런 토지 자원들의 대부분 관리는 휴양, 야생 생물, 또는 심지어 생태계의 오랜 기간 유지에 관한 영향이 아니라, 재목 같은 산물의 최대 생산을 강조한다. 어떤 생태계가 어떻게 기능하는지에 관한 정보 부족은 더 슬기로운 관리 계획을 고안하기 위한 우리의 능력을 제한시킨다. 생태계의 전망에서부터, 모든 생태계가 물과 미네랄 영양분 같은 중요 기질의 손익계산표 또는 예산을 가지는지를 연구할 수 있을 것이다. 물은 강수로써 생태계에 유입되고 냇가 내로 흘러들어가거나 표면으로부터 증발, 또는 식물로부터 발산됨으로써 남아있게 된다. 미네랄들은 암석의 풍화, 공기로부터 먼지, 비 또는 눈이 용해된 이온들로써 생태계에 유입될 것이다. 그러한 미네랄은 잠시 식물에 의해 받아들여져 유지될 것이며, 마침내 그것들은 plant litter로써 냇가로 흘러들어가거나 화재로부터 가스 내로 떠날 것이다. 물과 미네랄이 생태계로 유입되는 다양한 방법들을 유입(*inputs*)이라 부른다. 이러한 기질들이 생태계를 떠나는 방법들은 유출(*outputs*)이라 한다. 이러한 유입과 유출에 관한 정보의 부재 속에서, 생태계에 대한 관리 계획의 영향을 기대하기는 어렵다.

1960년대 초반에, 동쪽의 온대성 낙엽수림이 생태계로써 어떻게 작용하는지를 결정하는 연구 프로그램이 시작되었다. 이런 다년간의 프로그램은 3가지 목표를 가졌었다: (1) 수분과 미네랄 성분들의 유입과 유출에 관하여 방해받지 않은 산림을 위한 세부적인 예산을 결정하다. (2) 전체적인 분기점을 명확하게 함으로써 산림의 거대 지역을 방해하고 영향을 측정하다. **분기점**(watershed)은 냇가처럼 모든 물이 공통적인 출구점으로 방출하는 지역이다. 분기점들은 산마루에 의해서 분리될 수 있고 산림 생태계 내에서 분리체로 생각되어질 수 있다; 그림 27.21a.) (3) 관리 절차를 향상시키는 결과를 적용하다. 그 연구는 이러한 목표들을 달성했지만 더 중요한 것 — 생태계에 있어 인간의 산업 활동에 의해 생긴 산성비의 영향 — 을 기록했다.

연구를 위해 선택된 지역은 허바드 브룩 실험 숲(Hubbard Brook Experimental Forest)이라 불렀으며, 솔송나무-스트로부스소나무-북쪽의 활엽수 지역 내에 있는 뉴햄프셔의 화이트 산맥 의 국립 산림(White Mountain National Forest)에 위치해 있었다. 그 산림은 사탕단풍, 미국 너도밤나무, 그리고 황자작나무가 우점해있고, 1919년 이래로 벌채에 의해 방해받지 않게 되었다. 허바드 브룩 실험 숲(Hubbard Brook Experimental Forest)은 유입과 유출을 측정하는데 있어 이상적인 생태계이다; 모든 분기점들이 비교적 스며들지 않는 기반암에 기초하여 놓여져 있다. 그러므로, 강수를 통해 특별한 분기점으로 유입된 모든 미네랄 성분들은 그러한 분기점에서 방수하여 냇가를 통과하여 떠날 수 있다. 유입을 측정하기 위해, 연구자들은 강수를 모으기 위한 기상관측소를 설립했다. 생태계로부터의

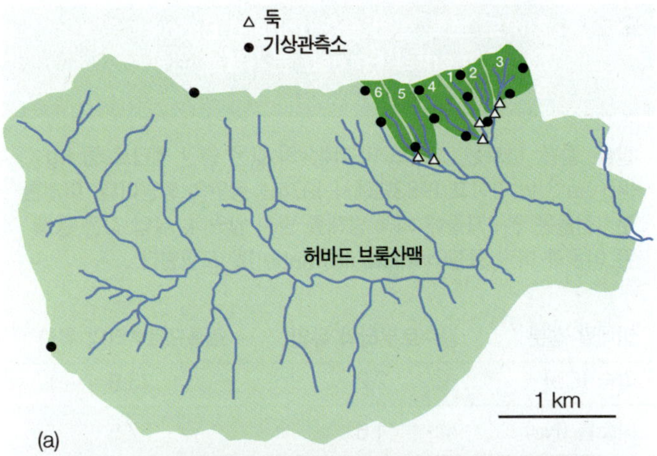

(a)

(b)

그림 27.21 **허바드 브룩 실험 숲(Hubbard Brook Experimental Forest)** (a) 연구된 분기점 지도 (b) 둑(weir)은 냇가 유출(outflow)을 측정한다. 미네랄 성분의 농도는 둑 뒤의 물에서 측정되어진다.

유출을 측정하기 위한, 그들은 분기점에 기초하여 냇가를 관통하는 둑을 설립했다(그림 27.2 1b). 둑은 물 흐름을 측정하기 위한 작은 댐이다. 그리고 나서, 연구자들은 강수와 냇가 안의 분기점을 떠나는 물에서 다양한 미네랄 성분들의 농도를 측정했다.

생태계를 위한 물 예산은 137 cm의 연평균 강수량과 89 cm의 흐르는 양을 보여줬다. — 48 cm — 차이는 식물 덮개에 의한 발산과 증발에 의해 대기로 수분이 돌아갔음을 보여준다. 물의 양과 생태계에 유입되고 떠나는 물에 있는 용해된 미네랄의 농도를 앎으로써, 연구자들은 헥타르(1 헥타르는 10,000 m^2, 또는 2.47 에이커와 같다.) 당 연간 유입되고 유출되는 각각의 미네랄 kg에 대한 각 분기점의 예산을 측정할 수 있었다(표 27.1).

2년 동안의 데이터 수집 후, 물과 미네랄 성분 예산에 관한 영향을 측정하는 동안 연구팀은 전체 분기점을 벌채했고 3년 동안 식생이 없는 불모지로 유지했다. 발산을 인도하는 식생이 없었기 때문에 흐름은 40% 이상 상승했다. 미네랄 성분을 흡수하는 식생도 없었기 때문에, 손실은 칼슘이 22배, 칼슘이 9배, 마그네슘이 6배, 그리고 나트륨이 3배 증가했다(표 27.2). 위기

표 27.1 허바드 브룩 실험 숲(Hubbard Brook Experimental Forest) 분기점을 위한 미네랄 예산

칼슘, 칼륨, 나트륨, 그리고 마그네슘의 값은 연간 헥타르 당 kg (kg ha^{-1} yr^{-1})이고 1963년에서 1974년 동안의 평균이다. 이러한 분기점들은 연구자들에 의해 방해를 받지 않았다. 유입 값은 용해된 이온과 미립 물질(particulate matter)을 포함한다.

미네랄 성분	강수로부터의 유입	흐름으로부터의 유출
칼슘 (Ca)	2.2	13.9
나트륨 (Na)	1.6	7.5
마그네슘 (Mg)	0.6	3.3
칼륨 (k)	0.9	2.4

에 처한 식물 성분 질소는 흙 밖으로 걸러내졌고 냇가에 조화현상(algal bloom)을 야기했다. 깨끗한 벌채는 생태계가 살아있는 것과 살아있지 않는 성분들 사이의 질서 있는 순환이 발생하여야 비로소 미네랄 성분을 유지할 수 있다는 것을 보여줬다. 식생의 파괴는 순환을 깨트렸다. 깨끗한 벌채는 또한 땅과 냇가가 단단히 연결되어 있다는 것을 보여줬다. 토지의 혼란은 냇가의 혼란을 야기했다. 연구자들은 벌채 후 식생의 빠른 복구가 혼란을 최소화하는데 필수적이라고 결론지었다.

산성비는 동쪽의 온대성 낙엽수림을 위협하고 있다.

표 27.1과 27.2에서의 수치는 심지어 통제된 숲 생태계에서도 미네랄 이온의 연결된 손실이 있었다는 것을 나타낸다. 소위 방해되지 않은 생태계 내의 토양 비옥도는 감소되고 있었다. 그 원인은 동쪽의 미국에 내리는 강수에 존재하는 산 때문이다. 발전소는 많은 양의 황산화물을 방출하고 그것은 황산을 형성하기 위해 대기의 수분과 결합한다. 연료의 연소는 질산을 만들기 위해 대기의 질소를 산화시키고, 그것은 질산을 형성하기 위해 대기의 수분과 결합한다. 보통은, 토양 내의 양전하를 띠는 미네랄 이온(양이온)이 음전하를 띠는 토양 입자들에 결합되어진다(그림 27.22). 산성비 또는 눈이 내릴 때, 수소이온(H^+)은 토양 입자의 미네랄 양이온(Na^+, K^+, Ca^+)과 교환되고, 이러한 양이온들은 SO_4^{2-}와 NO_3^- 같은 음이온과 함께 시스템을 벗어난다. 그 후, 이러한 미네랄 성분은 냇가와 호수로 유입되고, 거기에서 더욱 산성이 된다.

허바드 브룩 산맥(Hubbard Brook) 생태 연구에 의해 영향을 받아 1990년에 조례로 수정되었던, 1970년에 제정된 대기오염 방지법(Clean Air Act)은 발전소 배출에 있어 황을 환원시키도록 지시했다. 1970년 이래로 30년 이상, 황 배출은 1973년에 연간 3,100만 톤으로 최고조에서 1994년 2,100만 톤으로 감소되었다. 황산화물의 배출에 있어 이러한 감소에도 불구하고, 동쪽의 낙엽수림과 그것과 연관된 수생 시스템은 개선이 나타나지 않고 있다. 산성비는 식물 생장에 필수적인 미네랄 성분을 토양으로부터 유출시킨다. 허바드 브룩 숲(Hubbard Brook Forest)은 칼슘 공급이 제한되고 있었기 때문에, 1982년까지 축적한 생물자원을 거의 정지시켰다. 냇가의 산성도는 여전히 정상보다 훨씬 높고, 뉴욕의 아디론댁 산맥의 많은 호수는 매우 산성으로 물고기가 거의 없다. 산림에 대한 영향은 북동쪽에서 증가하고 있고 남동쪽에서는 뚜렷해지고 있는데, 그곳은 두꺼운 토양과 다른 토양 화학성질이 지난 수 십 년 동안 출현을 지연 했었다.

표 27.2 방해받지 않은 분기점 #6과 벌채된 분기점 #2를 위한 영양분 예산 비교

값은 연간 헥타르 당 kg (kg ha^{-1} yr^{-1}) 단위를 보여주고 1966-67과 1967-68 두 경작 시즌의 평균이다. 물의 유입과 유출 값은 cm이다.

	분기점 #6 (대조군)			분기점 #2 (벌채된)		
요소	유입	유출	net +/−	유입	유출	net +/−
Ca^{2+}	2.7	11.4	−8.7	2.5	85.2	−82.7
Mg^{2+}	0.6	3.2	−2.6	0.6	17.4	−16.8
k^+	0.7	2.0	−1.3	0.6	29.8	−29.2
Na^+	1.6	7.8	−6.2	1.3	18.6	−17.3
No_3^-	4.9	2.0	+2.9	5.9	125.5	119.6
물	139	85		135	122	

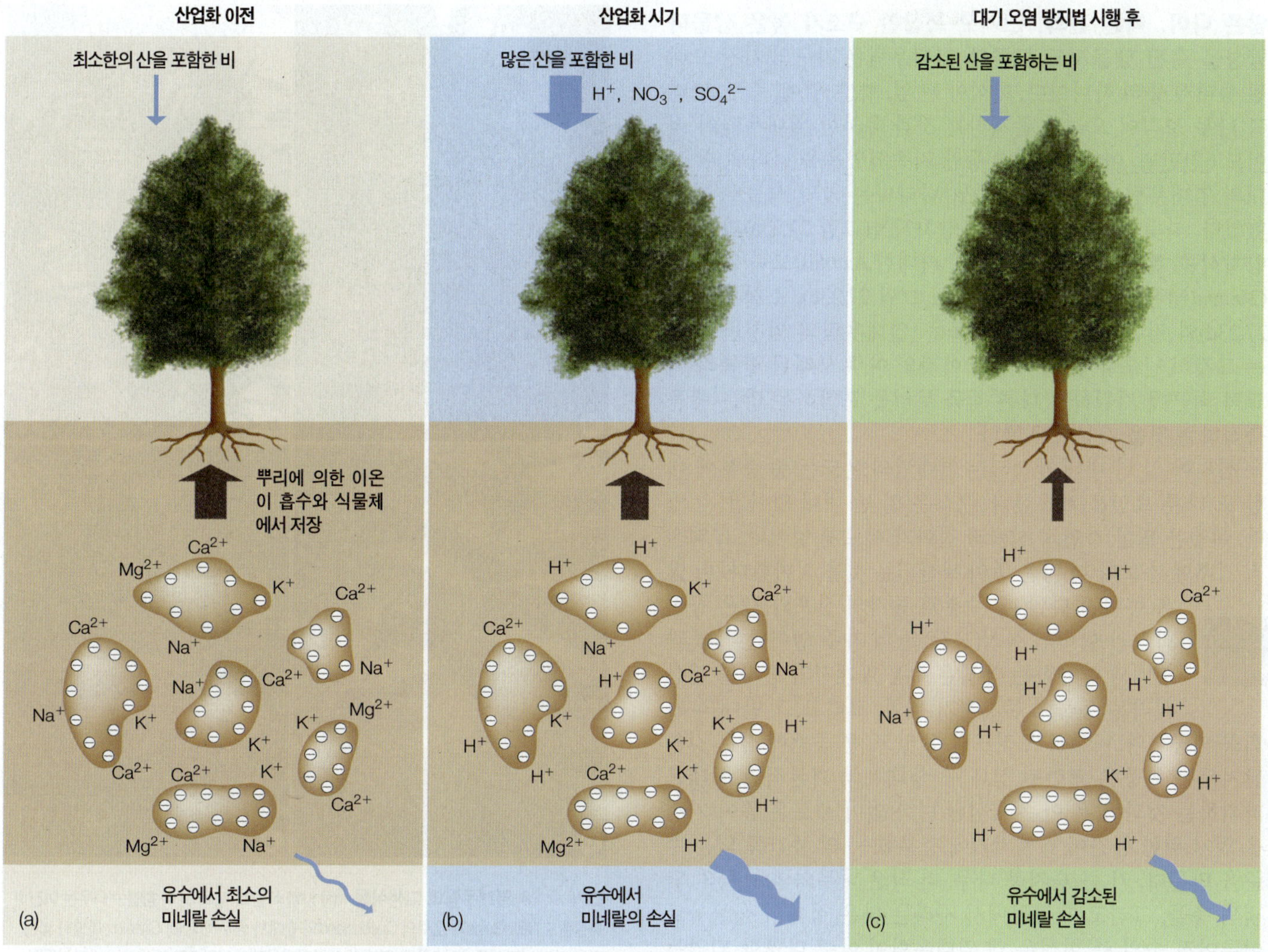

그림 27.22 토양 입자, 미네랄 성분 양이온, 그리고 산성비 (a) 산업화 이전의 삼림생태계는 강수로부터 최소한의 산(acid)을 유입하였다. 영양분은 확실히 재순환되었기 때문에 영양분의 물 흐름에 의한 손실 또한 최소였다. (b) 산업화 시기 삼림은 강수에 황산과 질산과 같은 산의 유입이 많아졌다. 칼슘과 마그네슘 같은 미네랄 이온들은 토양 입자로부터 제거되었고 냇가에서도 손실되었다. (c) 대기오염방지법 (Clean Air Act, 1970)의 명령된 규제에 따라, 산성비가 내린 30년 이상 후 산의 유입은 감소되었지만 토양은 미네랄 영양분이 소모되고 있다. 토양 영양분의 부족 때문에 숲은 천천히 성장한다.

산성비 연구자들의 충고에 따르면, 일부 회복이 2050년까지 일어나려면 황 배출은 80%까지 감소시켜야 한다. 추가적인 문제로 질산과 같은 질소 산화물은 규제가 덜 되고, 그것들의 농축이 유지될 뿐만 아니라 대기에서 증가하게 되는 문제가 발생한다. 대기 내의 오존 수준은 또한 남쪽의 온대림, 특히 더 높은 고도에서 위협하고 있다. 동쪽 생태계가 복구를 시작할 수 있기 전에 심각한 대기 오염이 여전히 해결되어야 한다.

27.7 | 열대우림은 비 계절적 기후와 풍부한 강수량을 가진다

열대우림 생태계의 기후는 본래 비계절적이다. 열대우림의 년 평균 기온은 22℃에서 27℃(72°F ~ 81°F)의 범위이다. 월평균기온은 이 수치에서 단지 2℃ ~ 4℃ 까지 변화한다. 사실, 열대우림에서 밤과 낮 사이의 기온 변화가 일 년에 걸친 평균의 변화보다 더 크다. 년 강수량은 높은 수치를 나타낸다. 적어도 170 ㎝(70 in)이고 종종 훨씬 많은 양이 내린다. 예를 들어, *Nicaragua*의 한 마을은 659 cm 이상의 년 강수량을 나타낸다.

열대우림은 높은 생물 다양성과 중요한 전 지구적 기후 효과를 가진다.

열대우림은 높은 종 다양성으로 전 세계적으로 유명하다. 왜 이런 산림이 대부분의 다른 생태계보다 아주 많은 생물학적 다양성 — 생물다양성 — 을 가지는지에 대한 몇 가지의 가설이 있다. 또한 열대우림은 전 세계적 기후 현상의 원동력으로 중요한 역할을 한다.

많은 나이, 빠른 진화, 그리고 복잡한 구조가 높은 생물다양성을 촉진 했을지도 모른다 열대우림은 지구의 가장 오래된 생태계 중의 하나이다. 화석이 된 잎, 화분, 열매, 종자, 그리고 나무 조각이 오늘날 존재하는 것과 유사한 열대우림이 적어도 6천만년, 아마도 2억년 동안 지속되었음을 나타낸다. 고대의 열대우림은 여전히 오늘날 나타나는 몇몇 식물로 가득했었다. 따뜻한 곳을 좋아하는 양치식물(그림 27.23a)과 다른 양치식물, 뿐만 아니라 오늘날의 거대한 *Agathis*(그림 27.23b), *Gnetum*(넓은 잎을 가진 덩굴식물; 그림 27.23c), 소철류(그림 27.23d)와 같은 다양한 나자식물들. 열대우림의 엄청난 나이는 그것이 난초류 뿐만 아니라 이것의 아주 오래된 혈통과 비교적 최근에 기원하는 다른 식물 무리를 포함하는 많은 종을 축적하는 것을 가능하게 했다.

심지어 일 년 내내 계속되는 열대림의 온도는 종 풍부에 대한 또 다른 요인을 제공한다. 생식은 일 년 내내 일어날 수 있다. 이것은 또한 자연적 선택과 진화가 빠르게 일어나고, 계절적 기후에서 보다 더 많은 종이 생산되는 것을 의미한다. 더 많은 종이 나타날 때, 수분과 종자의 산포와 같은 공진화적인 협력의 형성(24장)은 더 자주 일어난다. 꽃과 열매의 다양화는 더 많은 수분 매개자와 종자를 분산시키는 동물이 존재하기 위한, 그리고 그 반대의 기회를 제공한다. 나무를 쓰러뜨릴 수 있고, 큰 공백에 작은 것을 남겨두는 폭풍은 교란된 상태 — 생태계의 기본적인 상태를 파괴하는 것과 같은 아주 극심한 변화 없이 새로운 종이 거점을 얻기 위한 공간이 펼쳐지기에 충분한 — 의 중간쯤 되는 수준을 만든다. 키 큰 숲지붕 나무, 더 작은 나무와 허브들의 몇몇의 층들, 그리고 그것들에서 자라는 많은 형태의 식물들로 이루어진 숲의 층 형성은 왜 열대우림이 아주 다양화 되었는지에 대한 또 다른 이유이다. **층위형성**(stratification)으로 알려진 층 형성은 넓은 범위의 온도, 습도, 조도, 그리고 영양 상태

EVOLUTION

그림 27.23 **열대우림의 고생식물** (a) 양치 식물 b) *Agathis*. 이 침엽수 나무는 여전히 뉴질랜드 New Guine과 호주의 Queensland의 숲에서 풍부하다. (c) *Gnetum*. 특별히 넓은 잎을 가진 나자식물. (d) 소철류. 열대와 아열대에서만 자연적으로 발생하는 나자식물의 무리.

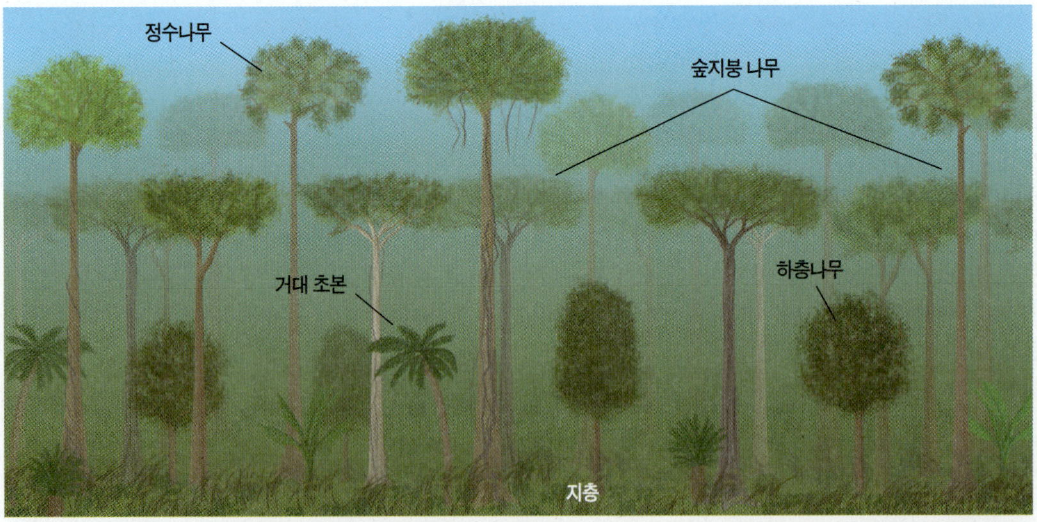

그림 27.24 **열대우림 수목은 몇 개의 층으로써 발생한다** 숲지붕(canopy)으로부터 몇 종류의 나무들이 나타난다. 그것은 특유한 부채모양의 나무이다. 더 작은 아래층의 나무들은 종종 타원형 모양의 부관을 가지고, 거대한 허브는 숲지붕(canopy)의 바로 아래에서 자란다. 연관적으로 지상에 퍼져 있는 식물은 드문드문 하다.

를 가능하게 하고 따라서 덜 복잡한 생태계에서 보다 더 많은 생태적 지위(개체가 그들의 삶을 살아가는 방법)를 가능하게 한다. 층위형성은 식물의 높이가 수분의 이용 가능성에 의해 억제되지 않을 때 일어나는 빛에 대한 식물들 사이에서의 경쟁에 대한 열대림 생태계의 적응 반응이다.

열대우림은 많은 양의 지구의 탄소를 저장한다 열대우림에서 목질성 식물은 아주 풍부하기 때문에 — 뿐만 아니라 오래 산다 — 이곳의 나무는 '**탄소 침하**(carbon sink)'라고 불리는 지구의 가장 크고, 오랜 기간 탄소를 저장하는 장소를 나타낸다. 나무는 약 50%가 탄소이다. 열대우림의 7,000 ha에 해당하는 지역이 거의 750,000대의 자동차가 1년 동안 방출하는 것과 거의 동등한 380만 톤 이상의 이산화탄소에 해당하는 유기물을 저장한다. 앞으로 50년 동안 아마존의 우림이 없어진다면, 500억 톤 — 현재 대기 중의 CO_2양의 약 7%에 해당하는 — 이 방출될 것이라고 평가되었다. 지구의 대기 중에 이런 많은 이산화탄소의 유입은 기온에 심각한 변화를 가져올 수 있다. 또한 열대는 온실 가스인 메탄과 이산화탄소(세균과 동물들 모두에 의해 생산되어지는)의 주요한 원천이기 때문에 지구의 탄소 순환에도 중요하다.

열대우림은 지구상의 물 순환에서 중요한 역할을 한다 찰스 다윈은 열대우림으로부터 올라오는 연기와 같은 증발 기체의 형성에서 "엄청난 증발 작용"을 설명했다(그림 27.25). 이 증발 기체는 비를 형성할 수 있는 곳에서, 대기로 물을 수송하는데 열대 식물 증산 작용의 중요한 역할을 나타낸다. 현재, 아마존 강수량의 1/2에서 3/4이 그곳의 열대림 식물에 의해 증산되어진 물로 이루어져 있다; 전 세계의 다른 열대림은 바다와 다른 물 표면의 증발작용으로부터 발생한다. 다른 지역의 수풀림도 전 세계적 기후에 더 넓은 효과를 가지면서, 물 순환에 대해 유사하게 중요한 효과를 가진다. 열대우림에 의해 받아지는 태양광선의 반 정도는 증산작용에 사용된다. 열대우림

그림 27.25 **열대 우림 위에서 눈에 보이는 물 증발 기체**

이 잘려지고 증산작용을 위한 잎 표면이 제거될 때, 습도와 강우, 구름양은 급격하게 감소하는 반면 기온은 상승한다. 우림은 그 자신의 생존에 필요하고 적당한 지구의 기후를 유지시켜 주는 습한 상태를 만들어낸다.

열대림 수목은 특이하다

눈에 띄는 수목이 대부분의 방문자들처럼 왜 찰스 다윈이 그의 첫 번째 열대우림 관찰에서 그토록 경외하게 되었는지에 대한 하나의 이유이다. 무엇이 열대우림이 온대림과 한대림과 차이를 나타내게 하는가?

열대림은 키가 크고, 항상 푸르고, 층을 이루고 있다 열대우림은 아주 키가 크고, 가느다란 나무로 특성화되어 있다. 나무는 높이가 적어도 30 m이고, 평균 45~55 m이다. 그리고 80 m 만큼 높게 클 수 있다. 단지 캘리포니아 삼나무(*Sequoia*)와 호주의 고무나무(*Euacalytus*)만이 더 높다. 높은 수풀림의 나무는 거의 항상 피자식물이고, 그들이 같은 시기에 그들의 잎을 모두 떨어뜨리지 않는다는 의미에서 보통 푸르다. 이 형태는 나자식물에 의해 우점 되는 한대림, 개화하는 나무가 겨울에 그들의 잎을 떨어뜨리는 온대림과 대조된다. 열대우림의 나무들은 몇 개의 층을 만든다; 아주 높은 것, 적당히 높은 것, 그리고 키 작은 나무, 반면에 나무들이 보통 비슷한 높이로 존재하는 온대림과 한대림에서 숲지붕(canopy)층은 거의 나타나지 않는다.

열대림은 다른 산림보다 나무의 종류가 많다 열대우림의 나무들이 온대림과 한대림의 나무와 차이를 나타내는 또 다른 주된 방법은 하나 또는 몇 개의 종이 우점 하는 것이 거의 없다는 것이다. 이것은 열대우림이 나무와 다른 종들이 아주 풍부하기 때문이다. 식물학자들이 열대우림에서 헥타르당 100~300종의 나무를 찾는 것은 특별하지 않다. 대조적으로, 북아메리카에 가장 종이 풍부한 숲 — 미국의 남쪽의 애팔래치아 산맥의 Great Smoky Mountain 국립공원에는 단지 30종의 나무만이 있다.

열대림은 어떤 곳에도 거의 없는 식물형태를 포함한다 나무 뿐 만 아니라, 열대의 숲(온대림에는 없는)은 **Giant herbs** — 다른 나무들 만큼 크지만(그림 27.26) 유관속 형성층에 의해 생성된 목부(9 장)가 없는 나무를 포함한다. Giant herbs는 15 m 크기의 양치류 식물뿐 아니라, 18 m 보다 더 클 수 있는 대나무와 야자과 식물을 포함한다. 나무의 가지와 줄기는 종종 **착생식물**(epiphyte)의 무게를 지탱한다(그림 27.26을 보라). 그것은 다른 식물의 표면에서 성장하고 이런 형태의 확장을 돕는 많은 특별한 특징을 가지는 식물이다. 착생식물은 수천 종의 이끼류와 양치류, 또한 난초류, 덩굴 모양의 파인애플과 식물, 그리고 다른 현화식물을 포함 한다(그림27.27a). 착생성의 난초류의 뿌리는(그림 27.27b) 종종 광합성을 하고 근피 — 물이 들어오는 것을 가능하게 하는 세포벽의 큰 구멍을 가진 죽어있는 세포의 두꺼운 바깥층 — 를 가진다. 이러한 수분을

그림 27.26 **대왕야자, Giant herb** 착생성의 난초류는 줄기의 낮은 부분에서 생장한다.

저장하는 세포는 고열과 건조로부터 내부의 조직을 방어하는 것을 돕는다. 난초류는 열대림에서 다른 생태계에서 보다 아주 많이 고도로 다양화 되어 있다(Essay 27.2, "매혹적인 난초류"). 바람에 의해 나무 꼭대기의 서식처까지 산포될 수 있는 양치류와 선태류의 아주 가벼운 무게의 포자와 같이, 난초의 아주 작은 종자도 마찬가지로 바람에 의해 운반된다. 파인애플류의 경우, 잎은 매우 다양한 동물들이 살아가는 수분 저장고를 형성하기 위해 겹쳐져 있고, 새가 앉는 것에 의해 나뭇가지에 산포 될 수 있는 밝은 빨강의 끈적끈적한 열매를 만든다. 나무의 큰 가지 또는 줄기, 그리고 흙에 있는 그 자신의 후기 뿌리에서 성장을 시작할 수 있는 인상적인 목질의 덩굴식물 또는 **열대산 덩굴 식물**(liana) (그림 27.28)은 온대림보다 열대우림에서 훨씬 자주 발견되어 진다.

햇빛의 대부분을 차단할 수 있는 싱싱하고, 키 큰 수목 때문에 열대림의 바닥은 햇빛이 비치는 아주 작은 부분(빛이 비치는 반점)과 거대한 나무가 쓰러진 곳에 남겨진 드문 경우의 밝은 빈 공간을 제외하고는 아주 그늘진 장소이다. 따라서 온대림에서 만큼 작은 숲-바닥의 초본 식물들이 많지 않다. 이끼와 양치류(온대림의 바닥에 일반적인)는 계곡이나 강의 가장자리를 제외하고 열대림의 고지대의 땅에는 거의 없다.

열대우림은 지구상에서 가장 생산적인 생태계 중의 하나이다 온대림의 생산성이 일 년에 평방미터당 600~2,500그람인 반면, 열대우림의 생산성은 일 년에 평방미터당 1,000에서 3,500의 범주이다. 더 높은 생산성은 거의 더 높은 비율의 광합성때문이다. 온대와 열대우림의 목질 생산율은 거의 같다. 이

그림 27.27 **열대 우림의 착생식물** (a) 가지에서 다발을 형성한 착생성의 난초류와 파인애플류. 삽화는 새로운 가지로 끈적끈적한 종자를 산포하는 새를 유혹하는 매력적인 붉은 열매를 생산하는 꽃을 가진 파인애플류를 보여준다. (b) 난초류에서 종종 우연히 만나는 크고, 부드럽고, 흰 뿌리는 공기 중에 노출된다. 이런 광합성 하는 뿌리의 초록색 끝을 기억하라. (c) 횡단면에서 보여 지는 같은 뿌리. 세포의 바깥쪽 층(근피)은 태양에 의한 피해로부터 내부의 조직을 보호하고 이것이 촉촉하게 유지되는 것을 돕는다.

ESSAY 27.2 매혹적인 난초류

난초류는 지구상에서 가장 아름답고 매력 있는 꽃들을 가진다. 하지만 난초류 꽃은 이상하게도 백합과 같은 관련 있는 단자엽의 꽃과 다르다. 이런 차이점은 동물, 주로 곤충들과의 더 효과적인 수분 관계를 위한 난초류 꽃 부분의 진화적인 적응을 반영한다.

난초류 꽃 부분은 다른 단자엽 식물처럼 세부분으로 발생하지만 난초류 꽃의 몇몇 부분은 인식하기 어렵다(그림 E27.2A). 난초류 꽃이 세개의 꽃받침과 3개의 꽃잎을 가지고 있을지라도, 한 개의 꽃잎은 보통 다른 것 보다 길고 순상(또는 순관)으로 알려져 있다. 순상의 꽃잎은 실제로 가장 중요한 꽃잎이지만 대부분 난초류 꽃은 거꾸로 자란다. 이 위치에서 순상의 꽃잎은 수분 매개 곤충들에게 착륙하는 평평한 면을 제공할 수 있는 바닥에 있다. 난초류의 원형종에서 유사하게 나타나는 6개 수술의 대부분은 사라지거나 진화하는 동안 크게 변형되었다. 남아있는 수술은 순상의 꽃잎 위로 돌출하는 중앙 기둥을 형성하면서 암술머리와 융합되었다. 보통, 단지 1개의 수술이 화분을 생산하고 단지 2개의 암술머리가 화분을 받는다. 화분은 수분 매개자가 한 번에 많은 양의 화분을 수송하는 것을 가능하게 하는 화분괴로 알려진 덩어리로 생산된다. 난초류 꽃은 종종 무리 지어 발생 한다(집합적 꽃). 그것은 또한 수분 효율성을 증가시키는 적응이다. 난초류 꽃 — 실제적으로 진화적 연구에 대한 자연에 존재하는 실험의 결과물 — 은 식물학자와 일반 사람들 모두의 관심을 계속적으로 끌고 있다.

> 마다가스카르가 원산지인 난초류 Anagraecum sesquopedale은 그것의 직경으로 거의 0.5m인 희고, 윤기있는 꽃으로 유명하다.

마다가스카르가 원산지인 난초류 *Anagraecum sesquopedale*은 그것의 직경으로 거의 0.5m인 희고, 윤기 있는 꽃으로 유명하다. 이런 난초류는 놀라운 30cm 길이(거의 발 크기)의 꿀을 가지고 있는 녹색 관(spur)을 가진다. 찰스 다윈이 이런 난초류를 보았을 때 그는 이에 어울리는 혀 모양을 가진 나방 종류의 수분 매개자가 있음에 틀림없다고 제안했다. 하지만 그리고 나서 그런 나방이 발견되지 않았기 때문에, 사람들은 그의 생각을 비웃었다. 하지만 다윈이 옳았다. 난초류 로부터 꿀을 얻기에 충분히 긴 혀를 가진 적어도 두 종류의 마다가르카르 박각시 나방이 현재 알려져 있다. 다윈은 또한 주머니 형태의 난초류로 알려진 *Coryanthes*에도 흥미를 보였다. 왜냐하면 그것의 순상의 꽃잎의 부분이 그 꽃에 의해 분비된 액체를 포함하는 주머니를 형성하기 때문 이었다 (그림 E27.2B). 꽃의 향기에 매혹된 벌들은 주머니 속으로 미끄러지듯 들어가고 그들의 날개가 젖게 된다. 그래서 그들은 바로 멀리 날아가는 것이 불가능하다. 결국 벌들은 밖으로 나가는 유일한 길이 그들을 암술머리를 먼저 지나게 하고 그리고 나서 꽃밥을 지나도록 하는 좁은 출구를 통하는 것이라는 것을 발견한다. 벌은 이전에 방문한 주머니 난초로부터 얻은 화분을 암술머리에 남겨둔다. 그들이 그것을 남겨 두면서 더 많은 화분이 벌의 복부에 들러붙는다. 당신은 벌이 주머니 난초를 피하는 것을 배울 것이라고 생각할 것이다. 하지만, 또 다른 *Coryanthes*의 향기에 의해 매혹되면서, 벌은 곧 그들의 물에 젖은 불쾌함을 잊어버리고 그 경험을 반복한다.

E 27.2A 난초류 꽃의 구조 화려하게 꾸민 순관 (순상)과 지주가 표시되어있는 해부되지 않은 꽃이 왼쪽에 보여 진다. 순관은 오른쪽 사진에서 제거되었고, 암술대는 아래로부터 보여 졌다. 뚜껑은 화분괴들을 덮고 있다. 그것은 뚜껑이 제거된 후에 곤충에 노출된다. 암술머리는 이 종에서 컵 형태를 띄고 있다.

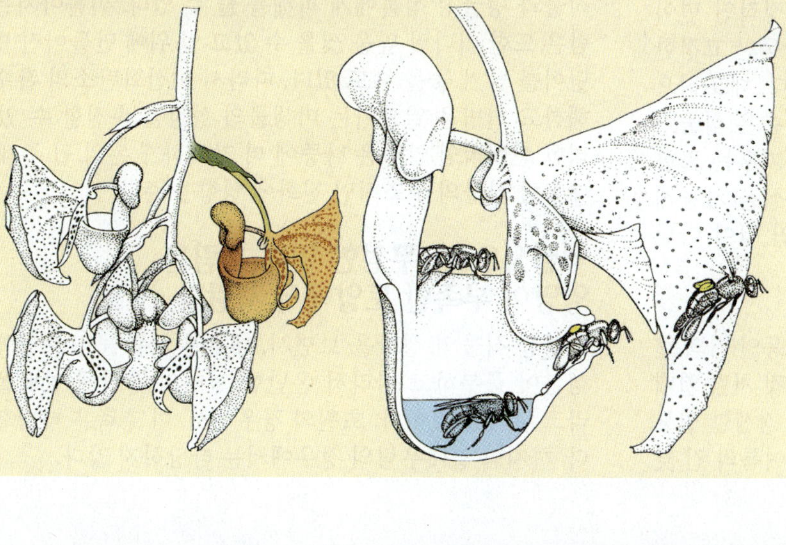

E 27.2B 주머니 난초류, *Coryanthes*

그림 27.28 lianas는 지지체로써 나무를 사용하는 목질성 덩굴식물이다

높은 생산성은 엄청난 양의 식물 생체량에서 유발이 된다. 전체 지구 생체량의 60%가 열대 우림에서 발생한다. 어떤 기후적인 상태가 그런 높은 일차 생산성을 가능하게 하는 것일까?

따뜻하고, 습한 열대 기후가 무성한 식물 성장을 가능하게 한다

열대림의 적도의 지역 — 대략 위도 5°N 와 5°S 사이에(그림 25.22를 보라) — 은 일 년 내내 높은 수준의 태양 에너지를 그들에게 제공한다. 일 년 내내 낮은 기온이 적어도 18℃(대략 64°F)이다. 그래서 식물은 확장된 추운 기간을 경험하지 않고, 따라서 일 년 내내 생리학적으로 활동적이다. 그러나 식물이 계속적으로 높은 기온에 노출되는 것에 대한 부정적인 면이 있다. 밤 시간대의 호흡률은 높다. 이것은 낮 시간 동안 고정한 탄소를 다 소모하고, 따라서 순 생산량이 낮아진다. 대조적으로, 한대림과 온대림의 더 시원한 밤 시간대의 기온은 식물이 고정된 탄소를 보존하는 것을 돕는다. 높은 열대 기후는 또한 곤충 매개 역병과 질병을 일으키는 미생물의 생식을 가능케 한다. 이것은 한대림과 온대림에서처럼 계절적인 것이 아닌 일 년 내내 열대의 식물을 공격 한다.

열대림은 빛과 경쟁한다 열대의 낮 길이는 일 년 동안 거의 변화가 없어서 한대림과 온대림에서 빛과 경쟁하는 것 처럼 열대의 식물은 짧은 낮 길이에 의한 빛의 제한과 거의 경쟁할 필요가 없다. 그러나 또한 열대림은 더 높은 위도에서 여름의 긴 낮 시간을 경험하지 못한다. 게다가 숲지붕(canopy)나무 잎의 많은 층은 많은 태양빛 에너지를 차단하여 숲의 바닥에 있는 식물이 그늘져진다. 키 큰 나무, giant herb, 착생식물과 덩굴성 식물의 진화 과정동안 햇빛에 대한 경쟁이 선택되었다. 이 그룹의 각각은 식물이 햇빛에 대해 경쟁하는 다른 방법을 보여준다.

몇몇의 열대성 식물은 건조에 적응하였다 많은 열대성 강우는 바다의 흐름과 육지해의 분포 형태에 의해 영향을 받는 (25장) 대기의 공기 순환 벨트의 작용으로부터 초래된다. 이것은 바다의 흐름과 육지해의 분포 형태에 의해 영향을 받는다 (25장). 열대에서 년 평균 강우는 적어도 1,700 mm(67 in)이다. 보통 일 년에 2,000 mm(79 in) 이상이고, 종종 훨씬 많다. 습도는 따뜻한 공기가 온대림과 한대림의 시원한 공기보다 더 많은 물을 함유할 수 있기 때문에 특정지역에서 일 년 내내 높다. 열대를 방문한 어떤 사람은 낮 시간대의 습도가 종종 60~80%이고 밤 시간대의 습도가 95~100%에 도달한다는 사실을 경험한다. 열대의 날씨는 종종 흐리다. 이것은 직접적으로 햇빛을 분산시키고 건조를 예방하는데 도움을 준다. 그런 상태에서, 물 이용가능성은 종종 열대우림의 광합성을 제한하지 않는다. 낮은 수분 스트레스는 식물의 기공이 한대림과 온대림 식물들이 가능한 것 보다 더 오랜 기간 동안 이산화탄소의 흡수작용을 위해 열려진 상태로 남을 수 있다.

그러나 수분 스트레스는 열대림에서 유발될 수 있다. 어떤 열대림은 열대의 계절적인 숲으로 알려져 있다(그림 25.22를 보라). 왜냐하면 식물의 광합성이 수분 이용가능성에 의해 억제될 수 있을 때, 그것들은 건조한 시기를 경험하게 되기 때문이다. 심지어 습한 시기에도, 가장 큰 canopy tree는 햇빛에 더 많이 노출되고 따라서 많은 수분을 필요로 하기 때문에 맑은 날에 가벼운 수분 스트레스로 고통 받을 수 있다. 왜냐하면 숲 바닥에 토양 수분은 나무 꼭대기에 있는 착색식물이 이용할 수 없기 때문에 이러한 식물들은 또한 건조의 시기를 경험하기 쉽다.

많은 강우와 센 바람은 열대의 식물에게 피해를 줄 수 있다 열대의 폭풍(허리케인, 계절풍, 회오리 바람을 포함하는)은 키 큰 수풀림 나무를 쓰러뜨릴 수 있고 그 위에서 생장하는 착생식물과 덩굴성 식물에게 피해를 줄 수 있다. 휘몰아치는 비바람은 또한 커다란 잎을 찢을 수 있고 잎 위에 만들어진 빗물 웅덩이를 남겨 놓을 수도 있다. 따라서 이산화탄소의 흡수를 방해하고 질병을 일으키는 미생물의 성장을 촉진할 수 있다. 이러한 선택적인 압력은 나중에 더 자세하게 논의 될 주제인, 열대우림 식물의 구조적인 진화에 영향을 준다.

역설적으로, 무성한 열대 우림은 영양이 부족한 토양에서 자란다

무성한 식물의 성장을 보면서, 대부분 사람들은 토양에 영양성분이 풍부하고 따라서 온난한 형태의 경작에 알맞을 것이라고 추측할 것이다. 초원의 경우에서, 이 추측은 타당할 것이다. 하지만 열대우림의 경우에서는 타당하지 않다.

열대림의 토양은 영양성분과 유기물질이 적다 비록 우림의 토양이 아주 다양할지라도, 일반적으로 풍부한 강우가 토양으로부터 무기 영양을 씻어내고 강으로 보낸다. 이런 과정은 **침출**로써 알려져 있다. 비에 의한 침출 때문에, 대부분의 열대우림 토양은 무기물이 풍부한 초원의 토양과 극심한 대조를 이루면서, 아주 낮은 정도의 무기 영양을 함유하고 있다. 또한 열대림의 토양은 종종 온대림 토양의 무기물이 부착하는 점토와 다른, 낮은 전기적 전하를 띠고 따라서 무기 이온과도 잘 결합하지 않는 특별한 형태의 점토를 포함한다. 알루미늄은 열대의 토양에 존재하는 우세한 양이온(양성적인 전하를 띠는 이온)이다; 하지만 식물은 이 전하를 필요로 하지 않고 이것은 많은 범위의 식물에 대해서 독성을 가진다. 또한 알루미늄은 식물에 의해 높게 요구되는 요소인, 인의 이용 가능성을 감소시킨다.

고온 다습한 환경은 유기물을 분해하는 토양 미생물의 성장을 촉진한다. 그래서 열대의 토양은 다른 수풀이나 초원의 토양이 포함하고 있는 것 보다 특별히 더 낮은 양의 유기 물질(부식질)을 포함한다. 유기물은 빽빽한 점토의 토양을 느슨하게 하고, 수분을 함유하고, 무기 영양과 결합하는 것에 도움을 주기 때문에 열대 토양에서 연관된 유기 물질의 부족은 식물에게 유해하다. 식물 뿌리는 건조한 시기 동안에 단단한 점토 토양에 깊숙이 침입할 수 없고, 토양은 식물의 필요량을 공급하기에 충분한 양의 물을 보유할 수 없다. 열대 토양은 어두운 색의 유기 물질의 농축이 낮기 때문에, 철, 알루미늄, 산화망간의 존재에 의해 그것은 종종 붉거나 노란색을 띤다; 건조할 때 이들 토양은 바위처럼 단단해 진다. 수세기 동안 남아있는, 앙코르 와트의 유명한 캄보디아 절은 그러한 단단한 수풀림 토양의 블록으로 건축되어졌다.

열대림의 무기영양은 살아있는 개체의 조직안에 보유되어진다 척박한 토양에서, 어떻게 무성한 열대림이 지속할 수 있을까? 그 해답은 숲의 무기물이 그것의 살아있는 생체량 — 나무와 다른 식물과 동물들 — 에 보유되는 것이다. 식물 생체량의 많은 부분이 땅 아래에서 생산되는 초원과 대조적으로, 열대림의 생체량은 거의 땅위에 있다. 죽은 잎들, 가지들, 그리고 다른 식물 부분들, 뿐만 아니라 배설물과 수풀림 동물들의 사체들은 풍부한 분해자 — 세균과 곰팡이 — 에 의해 빠르게 부식되기 전에 간신히 숲의 바닥에 도착한다. 부식에 의해 방출된 무기물은 많은 종류, 여울, 소나무의 영양 뿌리에 빠르게 흡수되고 식물 조직에 저장된다. 많은 열대우림(한대림과 온대림과 같이)은 토양의 많은 부분에 걸쳐 무기물을 방출, 흡수하고 필요한 유기물에 대한 교환으로 무기물을 숙주식물로 다시 수송하는 미세한 균사를 퍼뜨리는 균근의 협력자(곰팡이-뿌리)를 가진다. 곰팡이의 균사는 아주 희석된 토양 용액으로부터 식물 뿌리 스스로 얻을 수 없는 인을 흡수 할 수 있다. 그리고 곰팡이의 균사는 숲의 한 식물로부터 다른 것으로 무기영양을 수송할 수 있다. 따라서, 열대우림은 특별하게 한 개체에서 다른 개체로 토양을 통한 누출이 거의 없이 무기물이 이동되어지는, '**닫힌 영양 체계**(closed nutrient systems)'로써 알려져 있다(그림 27.29). 무기영양이 토양에서 오랫동안 쓰여지지 않을 때, 그것들은 강으로 유출될 수 없다. 닫힌 영양 체계는 많은 열대 강우의 누출 효과에 대한 반응으로 진화되었다. 이 결론에 대한 증거는 영양 체계가 비옥한 열대 토양에서는 좀 더 열려있고 척박한 토양에서 가장 꽉 닫혀있다는 것이다.

그림 27.29 **열대림에서 닫힌 무기물 순환(closed mineral cycling)** 열대우림의 무기 영양은 거의 살아있는 개체에서 나타난다. 무기물(노란 화살표)은 균근 곰팡이와 같은 토양 미생물에 의해 죽은 개체로부터 모아지고, 그것은 토양을 우회하면서, 빠르게 식물로 수송된다. 닫힌 무기물 순환은 많은 강우에 의해 씻겨나간 무기 이온으로부터 초래된 영양이 고갈된 열대 토양에 대한 적응을 반영한다.

질소고정세균과 균근의 곰팡이는 열대우림식물이 척박한 토양에 잘 대처하는 것을 돕는다 많은 종류의 열대우림 나무들은 뿌리혹 안에서 질소 고정하는 세균의 결합으로 알려진, 콩과 식물류에 속한다. 또한, 소철류는 질소를 고정하는 남조류에게 거처를 주는 특별한 땅위의 뿌리를 생산한다(22장). 땅위에서 자람으로써, 뿌리는 남조류가 성장을 위해 요구하는 햇빛에 노출된다. 하와이의 영양 성분이 부족한 화산의 토양에서 자라는 개화식물인, *Gunnera*는 거대한 잎의 잎꼭지에 질소를 제공하는 남조류가 서식한다(그림 27.30). 또한 열대림에서 자유롭게 살아가는 세균에 의한 질소 고정은 유용하다. 질소 고정, 균근과의 공생, 그리고 닫힌 영양 순환으로 인해, 척박한 열대의 토양에서 무성한 식물 성장이 일어난다. 그런 토양에서 작물을 생산하는 것은 어려울 수 있다.

그림 27.30 ***Gunnera*와 남조류의 결합** a) 잎꼭지에 남조류를 가지는 Giant leave. b) *Gunnera*의 조직에서 남조류의 군집.

그림 27.31 **베고 태우기 농업재배** 이 전통적인 농업재배 방법에서는, 파나마에서 열대림의 한 구역의 수목이 잘려지고 수목을 태움으로써 경작을 위해 준비되고 있다. 그러므로 식물 조직에 포함되어있는 무기물은 작물 성장을 지지하기 위해 방출된다. 하지만 비옥함은 단지 몇 년 동안 지속한다. 그 후에 농부는 숲의 새로운 곳에서 그 과정을 반복해야한다.

초기 열대림의 농부는 척박한 토양에 잘 대처하는 것을 배웠다 전 세계에 걸친 습한 열대에서 초기 농부는 작은 지역(1~15 ha; 2.5~37.5 에이커)에 대부분의 나무를 먼저 잘라내고 그 공간에 떨어진 목재를 남겨두고 그 지역을 태우지 않는 한 열대림 토양에서 풍부한 작물을 생산할 수 없다는 것을 배웠다(그림 27.31). 식물 조직에 있는 대부분의 질소와 약간의 인은 불타는 동안 소실된다. 하지만 식물에 의해 필요로 되어지는 대부분의 인과 무기 양이온(칼슘, 마그네슘, 그리고 철)은 잿더미에 남아있다. 토착민에 의해 재배되어진 열대작물은 옥수수(*Zea*), 카사바(*Manihot*), 얌(*Diocorea*), 타로토란(*Colocasia*), 바나나(*Musa*), 그리고 고구마(*Ipomoea*)가 포함된다. 혼합재배(polyculture)로써 알려진 방법으로, 다양한 작물은 종종 함께 재배되었다. 어느 정도는 혼합재배가 해충과 질병을 일으키는 미생물들이 모든 작물을 찾아내고 파괴하는 것을 어렵게 만드는, 자연적인 숲의 다양성과 흡사하다. 2년 또는 3년의 기간 후에, 작물은 잿더미에서 모든 무기 양분을 다 써버리거나 작물을 경작하기에 잡초가 너무 많아질 것이다. 열대림이 재생되기 위해 10년의 기간이 필요하기 때문에, 사람들은 숲의 개간이 안 된 부분으로 이주해야 하고 이 과정을 반복한다. 전 세계적으로 열대 지역에서 경작되면서, 이 형태의 경작은 **'베고 태우기'**, 화전, 이동하기로써 알려졌다. 이것은 열대 토양의 척박한 무기물 함유에 대한 재배적 적응을 나타난다. 벨리즈에서, 아메리카 원주민 농부들은 2~3년 동안 작물을 재배하기 위해 베고 태우기 방법을 사용했다. 그리고 나서 재경작하기 전에 몇 년 동안 땅이 회복되도록 내버려 두었다. 이 베고 태우기 방법은 1킬로미터당 대략 7명의 주민을 부양할 수 있는, 열대에서 작물 생산의 문제에 대한 돋보이는 해결책이었다. 하지만 더 이상 그렇지 않다. 베고 태우기 방법은 일반적으로 더 많은 현재의 주민들의 필요를 만족시킬 수 없고, 의도한 것보다 더 많은 숲을 태우는 산불이 종종 열대 농부에 의해 시작된다.

온난한 방식의 농업재배는 종종 열대에서 수행하기 어렵다 최근 10년 동안 열대 지역에서 인구수가 급격하게 증가하였고, 열대작물 생산에 대한 전 세계적인 요구가 있기 때문에, 온난한 방식의 농업재배를 받아들이려는 시도가 있었다(이동하지 않은). 열대의 저지대에서 이주하지 않고 관개된 쌀 생산은 열대지역에서 쌀 작물의 넓은 분포의 중요성을 설명하면서 평방미터당 수백의 사람들을 부양할 수 있다(그림 27.32). 쌀 경작은 온난한 방식의 농업재배의 특성과 같은 **단일재배**(monoculture) — 넓은 지역에서 단일 작물의 생산 — 의 예이다. 비옥하고, 겨울이 해충 개체군을 조절하는 지역에서 자라는 미국 중서부의 광대한 옥수수와 밀밭에 대해 생각해보라. 하지만 단일재배는 열대에서 종종 잘 수행되지 못한다. 한 가지 이유는 열대 토양이 전형적으로 아주 척박해서 농부들은 많은 양의 비싼 비료를 첨가해주어야만 하는 것이다. 두 번째

그림 27.32 열대 지역의 벼 재배지

이유는 계속적으로 경쟁하는 잡초의 높은 개체군, 초식성의 곤충, 그리고 병원성의 병원균은 많은 양의 비싼 제초제, 살충제, 향균제가 자주 공급되지 않으면 넓은 지역의 작물을 즉시 전멸시킬 수 있다는 것이다. 게다가, 밤 시간대 기온은 작물의 생산성을 감소시키기에 충분히 높다. 왜냐하면 야기되는 높은 호흡율은 식물 광합성에 의해 생산된 많은 양의 유기 탄소를 소모하기 때문이다.

가축 목장을 위해 개간되어진 열대림은 맛과 소화성, 영양적 가치가 떨어지는 잡초성 식물로 뒤덮혀 종종 버려지도록 한다. 고무, 야자유, 차, 커피, 카카오, 캐슈, 코코넛, 소나무나 유칼리투스 목재, 사탕수수, 바나나, 또는 파인애플과 같은 경제작물 농장은 그것들이 토양 침식, 해충, 잡초, 그리고 질병에 의해 아주 피해 입기 쉽거나 수분 매개자가 없기 때문에 종종 실패한다. 혼합재배는 종종 열대 지역에 대한 농업재배의 전략으로써 훨씬 나은 성과를 가진다. 왜냐하면 그것이 영양 결핍, 해충, 질병과 같은 스트레스에 대해 더 복원력이 있는 자연적인 다양성, 열대림의 복잡한 구조와 더 가깝기 때문이다. 혼합재배의 예는 초콜렛과 함께 야쟈유를 키우는 것(*Theobroma cacao*), 또는 마호가니 농장 안에서 고추와 다른 매콤한 식물을 재배하는 것을 포함한다. 혼합재배는 열대지역에 사는 사람들이 지속가능한 방법으로 열대 생태계를 이용하도록 한다.

열대림 식물은 많은 환경적 스트레스에 적응했다

열대우림 식물은 그들 서식지의 선택적인 압력에 대한 진화적 적응-그늘진 조건, 높거나 낮은 수분, 폭풍 피해, 높은 해충 개체수-에 대한 많은 흥미 있는 예를 제공한다.

숲지붕나무(Canopy tree)는 빛을 차단하는데 잘 적응했지만 불이나 숲의 붕괴에 피해 입기 쉽다 식물이 빛에 대해 경쟁하기 위한 하나의 방법은 목질 생산에 투자하여 키 큰 나무가 되는 것이다. 많은 세월(600년이나 그 이상의 해)은 열대의 나무가 차단되지 않은 햇빛을 차단하는데 필요한 상당한 높이를 갖는 것을 허락했다. 나무가 죽는 가장 일반적인 원인은 폭풍, 번개, 산사태와 산불이다. 숲에서 수분의 수준은 보통 아주 높아서 불은 빠르게 꺼진다. 그러나 건조한 상태에서 열대림의 수피는 보통 불을 더디게 할 만큼 두껍지 못하기 때문에 넓은 지역의 나무가 불탈지도 모른다.

키 큰 나무는 또한 인간 활동의 결과로써 작은 지역 또는 "섬"에서의 숲의 붕괴에 특별하게 피해입기 쉽다(Essay 27.3 "잃어버린 숲을 복원하는 것"). 브라질에서 1,000-km^2의 숲에 대한 연구는 숲 붕괴의 영향으로 많은 나무가 죽은 것으로서 숲 "섬"의 안쪽과 가장 큰 규모의 죽은 나무의 높은 비율과 비교되는 3가지의 경우를 보여 주였다. 왜 가장 큰 나무가 그렇게 피해입기 쉬운지에 대한 몇 가지 이유가 있다. 첫째로, 그들의 크고, 경직된 줄기는 그들을 바람에 의해 뿌리째 뽑혀져 쓰러지게 만든다. 그것은 숲 붕괴의 원인에서 강력하다. 게다가 lianas(목질성 덩굴식물)이 일반적으로 붕괴하는 공간 가까이에서 더 많이 발생하고 그들이 자라는 큰 나무를 약하게 할 수 있다. 결국, 나무가 '섬'에서 더 많은 노출되었을 때, 그들을 건조시키는 더 많은 공기의 흐름이 있기 때문에 키 큰 나무의 꼭대기에서 잎은 건조에 더욱 영향 받기 쉽다. 그러한 숲의 거대함을 재생하기위해 몇 백년이 필요하기 때문에 숲 붕괴는 열대의 나무가 회복할 수 없을지도 모르는 스트레스이다.

열대의 나무 줄기의 구조는 놀랄만큼 다양하다 식물학자는 21개의 다른 열대 나무의 가지 형태가 있다고 정의했다. 각각은 숲지붕(Canopy)의 높이가 달라, 빛, 열, 수분 스트레스에 대한 경쟁을 잘 견뎌내기 위한 다른 전략을 나타낸다. 열대의 나무는 종종 꼭대기에 아주 가까울 때까지 가지를 뻗지 않는다. 몇 개의 아주 키 큰 나무는 canopy에서 나타난다. canopy 층의 꼭대기를 형성하는 그 다음으로 키 큰 나무는 종종 우산과 같은 모양의 부관을 가진다. 반면에 키 작은 아래층의 나무는 좁아지고 끝이 가늘어진 부관을 가진다(그림27.24). 열대 나무의 수피는 일반적으로 온대 나무의 수피보다 색이 밝고, 보통 아주 부드럽다(그림 27.33). 이것은 무거운 기어오르는 덩굴식물과 착생식물의 부착을 감소시키는데 도움이 되는 적응일 것이다.

버팀벽 모양의 뿌리는 구조적인 지지를 제공한다 열대림은 온대림 나무의 특징인 주근을 가지지 않고 형태적으로 얕게 영양을 흡수하는 뿌리의 확장된 체계를 가진다. 이것은 열대의 토양이 얕거나 침투하기에 아주 어렵기 때문이다. 주근이 없는 나무는 종종 인상적인 지지 뿌리(그림 27.34) — 줄기의 밑둥에서 성장을 시작하고 줄기 형성층의 활동과 함께, 후기 뿌리의 2차적 성장에 의해 발달을 시작하는 목질의 평평한 삼각형의 판-를 가진다. 일반적으로 가장 키 큰 나무에 의해 더 많이 생성되는 지지뿌리는 콩과 식물에 속하는 특유한 나무이다. 하지만

ESSAY 27.3 잃어버린 숲을 복원하는 것

브라질의 아틀란타 숲은 한 때 세계의 놀라움 이였다. 하지만 1500년에 포르투갈인에 의한 발견 이후에 사람들에 의해 계속적으로 벌목되면서, 숲의 단지 7%만이 남아있다. 또한 숲은 1990년에 처음으로 발견되어 현재 단지 260마리만이 남아있는 영장류인 검은 얼굴의 사자 타마린(*Leontopithecus caissara*)과 같은 희귀종들에 대한 비상한 관심을 받았다. 미국 협회는 생물 다양성 보존과 탄소 저장을 위한 아틀란타 숲을 복원하기 위해 열대의 생태학자들과 자연 보존단체와 협력하고 있다. 하지만 이전에 열대림에 의해 점유되었던 이곳과 다른 곳의 복원은 쉽지 않을 것이다.

> *미국 협회는 생물 다양성 보존과 탄소 저장을 위한 아틀란타 숲을 복원하기 위해 열대의 생태학자들과 자연 보존단체와 협력하고 있다.*

큰 열대작물 경작지, 목초지, 또는 농장이 유기되었을 때, 그들은 때때로 파괴되어서 숲의 복원이 시작되지 않고, 오히려 초원, 잡목이 우거진 사바나, 또는 양치류가 우점된 덤불이 발달한다. 이런 수목은 번개나 인간 활동으로 발생하는 불에 피해 입기 쉽다. 불은 더 많은 토양 영양의 손실을 야기하고 나무가 군락을 이루는 것을 막는다. 개간된 열대우림 지역은 재생이 일어 날 수 있기 전에 불로부터 보호되어야 한다.

만약 열대림이 교란된 땅에서 재생을 시작한다면, 그것은 원래의 1차적인 숲을 꼭 닮지 않을 것이다. 대신에, 그것은 폭풍에 의해 파괴된 넓은 지역이나 자연적인 숲의 공백기에서 발생하는 성공적인 형태를 따를 것이다. 2차적 열대림에는 큰 나무가 거의 없다. 선구식물은 30 m 이상 크지 않고 그것들은 1차의 숲만큼 많은 탄소를 저장할 수 없다. 1차 숲보다 더 적은 층이 있고 따라서 더 적은 수의 생태적 지위를 갖는다. 키 작은 수목은 1차 숲의 열린 바닥과는 대조적으로 종종 아주 밀집하고, 얽히고, 침입하기 어렵다. *Cecropia*와 같은(그림 E27.3), 일차 숲의 단단한 나무만큼 유용하지 않은, 부드럽고 속이 빈 목질을 가지는 침입하는 나무가 번성한다. *Psidume*(구아바)과 같은 관목은 또한 숲의 재생을 늦추면서, 교란된 열대숲에서 폭발적으로 생식할 수 있는 침입하는 종이다. 침입하는 식물 종을 통제할 수 있는 방법을 찾는 것은 숲의 복원에서 중요하다. 복원 생태학자들은 브라질의 아틀란타 숲을 복원하는데 10년이 걸리고 그들은 식물을 심는 최고의 방법과 복원을 시작하기에 최고로 좋은 종을 결정하기 위한 실험을 수행하여야 한다는 것을 안다. 그들은 또한 그들의 목표가 최고로 가치 있는 것이라는 걸 안다.

E 27.3 *Cecropia*, 교란된 열대숲의 침입하는 종

많은 분류학상의 그룹에서 구조적인 지지에 대한 요구로의 유사한 적응이 나타난다. 그것들은 폭풍속에서 쓰러지는 것으로부터 높은 숲의 거대함을 지키는데 도움을 준다.

열대의 나무의 잎은 모양에서 놀라우리 만큼 동일하다 수천종의 열대의 나무의 잎은 놀라우리만큼 크기와 모양에서 동일하다. 그것은 같은 생태적 문제에 대해 유사한 적응을 반영한다. 대부분의 열대 나무의 잎은 타원형이고, 단순하고(소엽으로 나누어지거나 복합체가 아닌), 질기고, 흠이 없는(톱니가 없는) 가장자리를 지닌 형태를 지닌다(그림 27.35). (미국의 활엽수림에서 나무와 관목의 10%와 비교되는 아마존강 유역 나무의 90%와 관목의 87%가 이러한 모양의 잎을 가진다). 열대의 나무 잎이 아주 동일한 경향이 있는 이유는 알려지지 않는다. 열대의 식물 잎은 종종 18 개월이나 어떤 경우에는 3년 이상을 산다.

또 다른 일반적인 열대의 나무 잎의 특징은 기능에 대한 하나의 가설이 길고 늘어진 끝부분이 빗물을 잘 빠지게 한다는 이유로, 일반적으로 "물방울이 떨어지는 끝부분"으로 알려진 길고 늘어진 끝부분(그림 27.35를 보라)이다. 이 끝은 때때로 4cm 만큼 길고 열대숲의 바깥쪽에는 거의 없다. 긴 잎의 끝을 설명하는 또 다른 가설은 뜨겁고, 습한 생장 환경 때문에 열대 잎의 꼭대기가 그 잎의 나머지가 완전하게 확장되기 전에 빠르게 자란다는 것이다. 이 생각은 커피나무에서의 실험 결과에 의해 지지 되었다. 뜨겁고, 습한 환경에서 자랐을 때, 커피나무는 넓게 확장된 끝 부분을 가진 잎을 생산하지만 식물이 시원하고 건조한 환경에서 자랐을 때 끝부분은 더 짧아진다.

열대의 나무 잎은 특별히 탄닌, 알칼로이드(3장), 그리고 잎을 먹는 것을 감소시키는데 도움을 주는 쓴맛의 기질이 풍부하다. 열대우림으로의 과학적인 조사는 무성한 식물 생장에도 불구하고, 숲에서 유일하게 먹을 수 있는 물질이 숲지붕(canopy)의 아주 높은 곳에 위치하는 그들이 얻기 힘든 과일이기 때문에 필요한 음식물을 모두 가지고 다녀야 한다.

열대 나무의 어린 잎은 종종 유연함과 붉은 색 — 또는 그들은 보라색, 파란색, 흰색, 열은 녹색 일지도 모른다(그림 27.35

그림 27.33 열대 나무는 종종 부드러운 수피를 가진다 이 구아바 식물에서 발견되는 것과 같은 부드러운 수피는 덩굴성 식물의 부착을 막는데 도움을 주는 적응 일 것이다.

그림 27.34 지지 뿌리를 가지는 열대우림의 나무 이 예는 호주, 퀸스랜드의 무화과 나무이다.

를 보라) — 을 나타낸다. 유연함에 대한 설명은 어린 잎에서 리그닌 침착이 완성되지 않은 것이다. 특별한 색에 대한 설명은 엽록소의 합성이 잎이 완전하게 확장되는 시기에 의해 시작되는 것이다. 더구나 어린 잎의 세포의 액포는 종종 붉은색이나 보라색(안토시아닌) 색소로 채워져 있다. 그 색소는 강한 빛과 적도의 canopy에서 특별히 강렬한 유해한 자외선으로부터 발달하는 잎을 보호하기 위한 것으로 생각되어진다. 잎이 성숙하면서 방어하는 큐티클과 내부의 공기 공간이 발달한다. 그래서 붉은 색소 생산은 감소한다.

어떤 전문가는 부드럽고 어린 붉은 canopy 나무 잎을 먹는 것에 우선권이 있는 열대림의 영장류가 이 동물이 더 쉽게 그들의 먹이가 있는 장소를 알아내는 것을 가능하게 하는 적응으로써 3원색의 색깔 시각을 진화 시켰다고 생각한다. 3원색의 시각은 현대의 조상인 "고 세계" 영장류에서 시각 색소 유전자의 수정에 의해 진화 되어진 형질인 녹색(파랑)으로부터 빨강을

그림 27.35 열대 식물의 잎 열대 식물의 잎들은 형태적으로 홈이 없는 (톱니가 없는) 가장자리와 늘어진 끝부분 (화살표)을 가진 타원이다. 어린 잎 (삽입 그림)은 방어하는 색소의 존재 때문에 종종 붉거나 다른 색을 가진다.

구별하는 능력이다. 이 형질은 또한 나무 위의 영장류가 종종 붉은 색과 오렌지색을 띠는 여문 열매를 찾는 것을 돕는다. 사람들은 거의 확실하게 영장류 조상으로부터 그들의 3원색 색깔 시각을 유전으로 이어받았다.

EVOLUTION

나무의 생식은 숲 환경에 적응한다 대부분의 열대우림은 일차적으로 종자의 수단에 의해 생식한다; 무성영양생식은 아주 일반적이지 않다. 숲 안에서 공기의 이동이 거의 없기 때문에 바람에 의한 수분 또한 일반적이지 않다. 같은 종의 개체들은 넓게 산포된다. 그리고 수분매개자로써 제공되는 곤충, 새, 박쥐, 그리고 다른 동물들은 일 년 내내 이용가능하다.

가장 큰 숲지붕나무(canopy tree)는 종종 먼 거리에서 새나 큰 벌에게 보여질 수 있는 크고, 밝은 꽃을 가진다. 반면에 작은 나무는 일반적으로 작고, 새에 의해 수분되지 않는 눈에 덜 띠는 꽃을 가진다. 작은 나무 — 예를 들어, 초콜렛(*Theobroma cacao*) — 는 종종 그들의 줄기에 그들의 꽃과 열매를 생산한다 (그림 27.36). 간섭화로 알려진, 이 현상은 어두운 곳을 좋아하는 수분매개자의 접근을 촉진하고 밀집한 숲지붕(canopy)안에서 쉽게 날아갈 수 없는 종자들을 산포한다.

개화와 종자생산은 보통 계절적이다 — 가장 큰 숲지붕나무(canopy tree)는 1년에 1번에서 3번 — 하지만 숲지붕(canopy)에서 거의 연속적인 감소를 보인다. 가장 큰 나무의 어떤 것은 바람에 의해 산포되는 열매와 종자를 가진다. 하지만 더 작은 나무는 동물 산포자에 의지한다. 다육질의 딸기류나 복숭아류는 주된 종자 산포자로서 작용하는 새, 박쥐, 설치류, 원숭이, 고릴라에 의해 즉시 먹혀진다. 앵무새와 코뿔새는 땅콩과 같은 단단한 열매를 먹는 것에 특성화 되었다. 나무 열매는 그것

그림 27.36 **카카오(*Theobroma*) 꽃과 열매** (a) 초콜렛 식물의 꽃은 줄기에 붙어있고(줄기로부터 태어난) 곤충에 의해 수분된다―갑주벌레, 진디, 등에, 개미 (b) 몇 개의 열매.

들이 수백개의 작은 종자를 포함하기에 충분하게 크기 — 예를 들어, 무화과의 경우에서 또는 브라질 땅콩(*Bertholletia excelsa*)과 같이 하나에서 몇 개의 크고 단단한 종자 — 때문에 동물들에게 좋은 음식 자원이 되는 경향이 있다. 무화과의 작은 종자와 단단한 종자는 초식 동물의 소화 기관을 손상시키지 않고 통과한다. 나무 종자는 어둑어둑하게 빛이 비치는 숲의 바닥에서 발아해야만하고 따라서 초기 어린 식물의 성장에 연료가 되는 풍부하게 저장된 탄수화물, 지질, 단백질로 둘러싸여져야 하기 때문에 커다란 크기를 많이 가진다. 심지어, 나무 종자는 사실 성숙한 나무로 거의 자라지 않는다. 왜 그러한가?

곤충, 작은 포유동물, 또는 곰팡이는 대부분의 열대림의 나무 종자를 파괴한다. 전문가들은 열대 나무 종들의 넓게 흩어진 분포의 주된 원인으로써 그러한 종자 파괴를 언급한다. 종자 약탈자(그리고 곰팡이)는 부모 나무 근처에서 높은 개체군으로 발생하는 종자를 발견할 수 있고 파괴한다. 단지 부모로부터 멀리 옮겨진 종자만이 약탈자와 분해자가 찾기 어렵기 때문에 살아남는다. 어떤 나무는 *mast fruiting*으로 알려진 과정에 의해 오랜, 불규칙한 간격으로 엄청난 수의 종자를 생산한다. 이런 적응은 종자 약탈자의 식욕을 충분히 만족시켜서 약간의 종자가 홀로 남겨진다. 다른 나무들은 그들의 종자를 방어적이고 독성을 띠는 2차 화합물로 채운다.

대부분의 열대 나무의 종자는 토양에서 오랜 기간 동안 살아있는 상태로 남을 수 없다. 예를 들어, 초콜렛 식물의 종자(*Theobroma*)는 단지 3개월 동안 살 수 있다. 그 이후에는 단지 수분이 유지 되었을 때만 살 수 있다. 이주되거나 교란된 땅의 어떤 선구식물 종의 종자는 2년 동안 살아남을 수 있다. 심지어 종자가 발아하더라도 어린식물은 빛의 부족과 수분과 무기물을 위한 뿌리를 더 많이 확장 시키는 것에 대한 경쟁에 의해 기아를 경험하기 쉽다. 그들의 최고의 기회는 큰 나무의 쓰러짐이 햇빛이 비치는 공간을 만들어 놓은 곳에 생긴다.

덩굴성의 성장과 생식은 그들의 부착성의 생활양식을 반영한다 덩굴성 식물(lianas)로 알려진, 숲의 나무를 기어오르는 목질성의 덩굴은 온대림에서 발생 한다 — 포도와 아이비는 유명한 예이다-하지만 열대림에서 더 크고 훨씬 많이 풍부하다(그림 27.28을 보라). 사실, 모든 부착성 식물의 90%가 열대림에서 발생한다. 거기에서는, 240 m(700 feet 이상)의 기록을 가진, 덩굴성 줄기는 우리의 팔과 허벅지 만큼 두꺼워 질 수 있고 70 m의 길이가 일반적이다. 덩굴성의 어린 나무는 때때로 성숙한 덩굴의 잎과 아주 다른 모습을 가지면서 그들이 내성을 가지는 그늘진 숲 바닥에서 발아한다. 어린 식물은 햇빛을 받을 때까지 나무 옆에서 기어오르는 것을 시작하기에 충분하게 성장하는 것을 허락하면서 많은 해 동안 살아남을 수 있다.

나자식물 *Gnetum*과 같은 어떤 양치류 식물은 덩굴성 식물이다(그림 27.23c를 보라). 하지만 대부분의 덩굴성 식물은 개화하는 식물이다(그림 27.37). 그들의 기어오르는 방법에 기초하여 분류된 덩굴 식물의 주요한 몇 개의 그룹이 있다. 덩굴풀은 숙주의 줄기 주변을 따라 그들의 어린 줄기의 끝을 회전한다. 하지만 이것은 지지대가 아직 굵지 않을 경우에만 수행한다. 기어오르는 식물의 뿌리는 달라붙는 것에 적응된 지상의 뿌리를 통해서 숙주에 부착한다. 어떤 덩굴 식물의 줄기는 바위와 얼음 등산가가 대못과 쇠갈고리를 사용하는 것처럼 그들이 나무를 오르는데 도움을 주는 많은 날카로운 가시를 생산한다.

덩굴성 식물 줄기에 도관은 자연계에서 가장 널리 알려져 있으며, 덩굴성 식물 목부는 부분적으로 또는 완벽하게 나눠져 있고, 부드러운 유조직에 있다. 이 구조는 큰 장력을 가지는 유연한 줄기를 만든다. 사실, 덩굴성 식물 줄기는 동등한 줄기

그림 27.37 **개화하는 덩굴성 식물** 오하후 섬에 있는 붉은 옥색 덩굴 식물 *Mucuna bennettii*.

부분의 나무보다 4~6배 정도 잎 생체량을 지지할 수 있다. 덩굴성 식물은 나무보다 매우 적은 목질을 가지는 많은 꽃과 열매를 지지하는 높은 잎 표면 지역을 생산할 수 있다. 하지만 덩굴성 식물은 지지를 하기 위해서 숲의 나무를 이용하기 때문에 그들은 '구조적 기생자'라고 불린다. 많은 덩굴성 식물은 눈에 잘 띄는 밝은 꽃(그림 27.37을 보라)을 가지고 대부분 곤충, 새 또는 박쥐에 의해 수분된다. 어떤 날개있는 씨앗은 바람에 의해 흩어진다. 다른 것들은 새, 원숭이나 박쥐를 유혹하는 다육질 과일을 만든다. 또한 많은 덩굴성 식물은 아마도 자신이 성장하기 좋은 조건까지 몇 달 동안 살아 있을 수 있는 분리된 줄기 조각을 이용하여 무성의, 영양생식의 능력이 있다. 이는 줄기의 유조직에 풍부한 영양분을 저장하기 때문에 가능하다.

덩굴성 식물은 열대림의 가장가리나 교란된 지역에 가장 풍부하다. 아마존에서 — 남미 아마존 강 유역에 — 수 백 평방 킬로미터가, 자신에게서 자라고 있는 많은 덩굴성 식물을 가진 몇 그루의 큰 나무가 구성하는, 덩굴성 식물 숲에 덮여있다. 어떤 전문가들은 이 지역이 예전에 화전 농업의 결과로 초래되었을 지도 모른다고 생각한다. 덩굴성 식물은 나무들의 윗부분을 서로 결합함으로써 폭우에 의한 피해에 더 많은 저항력을 가질 수 있는, 숲 나무가 가지는 이익을 얻을 수 있다. 하지만 또한 덩굴성 식물은 파괴된다. 무거운 덩굴은 나뭇가지를 부러뜨릴 수 있고, 어린나무들이 숲의 바닥에서 부족한 햇빛과 영양분에 대해 나무와 경쟁한다. 일부 나무들은 부드럽거나 조각난 수피를 포함하는, 덩굴성 식물에 대한 방어를 발전시켜왔다. 서아프리카 나무인 *Barteria fistulosa*는 줄기 주변에 덩굴성 식물이 없는 원형의 구역을 남겨두는, 근처의 덩굴성 식물의 성장점과 어린 나무를 물어뜯는 공격적인 개미와 협력한다 . 지역민들은 이 증거를 나무가 마술적인 힘을 가지는 증거로 간주한다. 그러나 이는 놀라운 열대우림의 일반적인 식물과 동물의 공진화의 예이다.

요점

27.1 습한 육상의 생태계는 극지에서 열대까지 기후의 넓은 범위를 덮고 있다. 툰드라와 타이가 생태계에서 평균기온이 낮고 연강수량이 적으며, 증발이 적기 때문에 습한 초원, 진흙, 습지와 호수가 널리 분포되어 있다. 온대의 낙엽성 숲은 따뜻함에서 더운 여름과 추운 겨울과 강수량의 풍부함을 포함하는 계절성에 의해 구별되는 기후를 가진다. 열대림은 겨울 기온이 영하로 떨어지지 않고 연기온의 변동이 적으며 일반적으로 연강수량이 200 cm 이상인 곳에서 발생한다.

27.2 현재 오늘날 극지와 고산의 생물군계는 마지막 빙하기의 말기에서 부터 현재의 위치를 발달시켜 왔다.

27.3 북극의 툰드라에서 보존된 강 유역, 관목과 초본이 지배적인 식생을 제외하고는 나무가 존재하지 않는다. 툰드라 식물은 살기 위해서 강한 바람과 낮은 기온, 사용 가능한 수분의 부족에 적응되었다. 왜냐하면 식물들은 동물 수분 매개자가 부족하기 때문에 식물은 다른 번식 방법을 발달시켰다.

27.4 툰드라 남부는 침엽수가 타이가 생태계를 우점한다. 침엽수는 짧은 성장 시기, 많은 눈, 낮은 기온과 제한된 수분에 적응했다.

27.5 툰드라와 타이가는 고산 툰드라와 산지 침엽수림과 같은 산맥을 따라 남쪽으로 확장했다. 북극과 고산 툰드라는 일반적으로 많은 층을 가진다. 그러나 우점하는 침엽수 종은 각 산맥의 산지 숲에서 다르다. 이런 차이점들은 분리된 산맥에 과거 역사와 진화를 반영한다. 인간은 광업, 벌채하기, 풀 뜯어먹기와 레크레이션 발달을 통해 특정한 지역적 규모에서 극지와 고산 생물군계에 영향을 미치고 있다.

27.6 온대의 낙엽성 숲 생태계에는 인식되는 계절의 변화, 겨울의 서리, 건조의 부재에 의해 특성화 되어지는 특징을 나타내는 기후를 가지고, 긴 성장기를 조절한다. 온대의 낙엽성 숲 나무들은 닫힌 차양 안에서 공간과 햇빛에 대해 경쟁한다. 낙엽수는 겨울 눈에 대한 적응으로써 가을에 그들의 잎을 떨어뜨린다. 대부분은 바람으로 수분되어지고 봄에 그들의 잎을 틔우기 전에 수분을 완료한다. 온대의 낙엽성 숲에 대한 주요한 인간의 영향은 농업을 위한 넓은 범위의 개간, 침략적인 종의 도입과 지난 40년의 기간에서 화석연료의 연소에 의해 생성된 산성비를 포함한다.

27.7 열대림은 그들의 놀라울 정도로 높은 생물다양성으로 유명하다. 그것은 많은 나이, 빠른 진화, 복잡한 구조로부터 초래되었다. 열대우림은 또한 지구 기후의 안정성을 돕는 탄소저장과 물 순환에서 그들의 역할에 대해 중요하다. 열대우림에는 키가 크거나, 상록수 층, 지지대로 나무를 이용하는 덩굴식물, Giant herb, 그리고 나무줄기, 가지나 잎 위에서 자라는 착생식물을 포함하는 다른 숲에서는 거의 없는 특유한 식물을 포함한다. 열대우림 식물들은 빛에 대해 경쟁하고, 무기물 결핍 토양과 초식성 동물의 높은 개체군 그리고 병원성 미생물을 극복하기 위해 적응하였다. 저영양 토양에서 생존하기 위해서 숲의 식물들은 균근의 곰팡이 또는 질소고정 세균과 협동관계를 형성한다. 열대림에서 대부분의 무기영양분들은 살아있는 기관의 조직 안에 결합한다. 전통적인 농부들은 농작물 생산을 위해 식물조직의 무기물을 토양으로 방출시키기 위해 나무를 벌채하고 태우기 방법을 사용한다. 그러한 방법은 단지 제한된 수의 사람들을 부양

할 수 있다. 온대성 방식의 농업재배(단일재배)는 종종 열대에서 성공하지 못한다. 몇 가지 형태의 작물식물이 함께 재배되는 전통적인 경작 방법인 혼합재배는, 자연적인 열대림을 모방하고 해충에 대한 작물손실을 예방하는데 도움을 준다. 열대림의 나무들은 그들의 환경의 도전을 극복하기 위해 많은 방법으로 적응해 왔다. canopy tree는 빛을 잡는 것을 최대로 하기 위해 형태가 만들어졌다. 이것은 폭풍 동안 쓰러지는 것으로부터 큰 나무를 지켜준다. 어린나무 잎에는 유해한 양의 빛으로부터 보호하는 색소가 있고, 성숙한 잎은 독이나 좋지 않은 맛의 2차 화학 화합물에 의해 초식동물로부터 보호한다. 나무에 꽃이나 열매들은 종종 동물 수분 매개자나 종자 산포 대리인과 함께 공진화한다. 종자 포식과 곰팡이의 부패는 많은 식물 종자를 파괴한다. 이것은 열대우림에서 식물의 넓은 공간 확보를 설명한다.

문제

1. 한대림의 정확한 넓이를 설명하기가 왜 어려운가?
2. 툰드라 생태계에서 살기 위한 식물의 비생식적인 적응의 일부에 대해 논하라.
3. 툰드라 생태계에 살기 위한 식물의 생식적인 적응에 대해 논하라.
4. 북미에서 고산 툰드라와 산지 침엽수림의 지리적 분포는 무엇인가? 극지와 같은 고산계의 유사점과 차이점은 무엇인가? 이 산맥 사이에서 아주 철저하게 우점하는 종이 다른 이유는 무엇인가?
5. 에필레치안, 록키, 시에라 네바다산맥의 저산 침엽수림에서 자라는 종의 특징을 논하라.
6. 북미에서 동부 온대성 낙엽수림의 생리적인 특성을 기후(계절성과 강우 유형), 지리적인 위치와 토양 특성을 포함하여 설명하시오.
7. 동부 온대성 낙엽수림에서 동에서 서, 남에서 북으로 강수량의 변화는 어떠한가? 성장하는 시기의 길이 변화는 어떠한가?
8. 산성비가 무엇이며, 원인은 무엇인가? 산성비가 동부 온대성 낙엽수림에 어떻게 해를 입히며, 다음 반세기 안에 이 피해를 고치기 위해 무엇을 경계해야 하는가?
9. 착생식물이 무엇인가? 열대우림에서 양치류, 착생성 난초, 파인애플류와 덩굴식물은 특히 일반적이다. 그것의 착생성 생활양식을 위해 각각의 그룹이 사용하는 적어도 1개의 적응을 포함하여 이들 그룹을 설명하라.
10. 열대기후에서 식물의 성장에 이점과 불리한 점은 무엇인가?
11. 열대우림의 식물에 의해 우연히 만나지는 — 토양 종류, 바람, 햇빛과 수분 유용성 등 — 생리적 요소에 대해 논하시오.
12. 열대우림 토양이 일반적으로 영양분이 고갈되어있기 때문에, 열대식물들은 어떻게 질소와 인의 요구를 충당하는가?
13. 열대 원주민의 농업 활동에 대해 설명하고, 특히 그런 영양분이 부족한 토양에서 그들이 어떻게 작물을 재배할 수 있는지 설명하시오. 이 형태의 농업 재배의 불리한 점은 무엇인가?
14. 열대림에서 살아가기 위한 식물의 적응에 대해 설명하시오.
15. 왜 열대우림에는 많은 종이 풍부한지 몇 가지 이유를 설명하시오.

응용개념

1. 툰드라는 왜 주로 북반구에서 제한되는가?
2. 오늘날, 북미 툰드라와 타이가 지역이 최대한 드문드문 존재한다. 그럼에도 불구하고 이 생태계들은 북미의 일상 생활에 상당한 영향을 끼친다. 당신의 생활에서 이 생태계의 영향에 대해 논의하시오.
3. 한대 침엽수림과 온대성 낙엽수림 모두 큰 나무를 지지한다는 점에서 유사하다. 그러나 중요한 차이점이 존재한다. 이 두 생물 군계를 (a) 계절성, (b) 강수량, (c) 토양의 특성, (d) 연중기온에 대하여 비교하시오.
4. *Alligator* 속에는 두 가지 종을 포함한다. 한 가지 종은 미국산 악어이고 이것은, 동부 온대성 낙엽수림(그리고 플로리다 남부지역)의 지역 6(남동부 상록수림 군락)의 습지의 서식처에 일반적이다. 온대성 낙엽수림의 세계적인 생물지리학을 상기하고, 당신은 어디에 다른 종류의 *Alligator*가 자연적으로 사는 것을 제안하겠는가?
5. 동부 낙엽수림은 북미의 동쪽, 동아시아와 유럽에서 발견된다. 비록 유럽이 과거 백만 년에 걸친 빙하 때문에 종 다양성에서 불균형의 손실을 입었을지라도, 현재 북미와 아시아 숲에서 많은 종이 있다. 이 지역의 지리학적 지도를 보고 종 소실에 대한 이유를 설명할 수 있는가?
6. 당신이 열대우림을 거니는 상상을 하라. 이 장에서 주어진 설명으로, 이 열대 세계의 환경을 설명하라 — Canopy로부터 숲의 바닥까지. 어떤 종류의 식물들이 우세한가? 얼마나 많은 가지의 층이 canopy를 형성하는가? 숲 바닥은 복잡한가? 그리고 햇빛은 비치는가?
7. 열대우림의 개간된 지역에서 큰 규모의 농업재배 경영이 왜 어려운지를 증명하는 몇 개의 이유들을 열거해 보아라.
8. 열대우림 바닥에서 죽은 유기 물질의 분해를 토론하라. 분해의 비율은 빠르거나 느린가? 어떤 요소가 이 비율을 유지하게 해 주는가? 무기물 순환과 전체적인 토양 질에 대한 이런 비율의 결과는 무엇인가?

28장 수 생태계

Chilkat Bay, Alaska

주요 개념

- 담수의 식물, 조류 그리고 미생물은 수중 생활에 잘 적응되어 있고, 수생동물에게 필수적인 양분, 산소 그리고 서식지를 제공한다.
- 특히 인에 의한 오염 때문에 민물의 수질이 위태로워졌고, 이는 성가신 수생잡초, 조류 및 남세균의 생장을 조장하였다.
- 습지는 호수와 강 그리고 연안해가 오염되지 않도록 도와주고, 주변 육지에 불이 나거나 홍수가 나지 않도록 해주며, 하천과 강의 흐름에 영향을 미치고, 나아가서 인간이 사용하는 지하수 자원을 새롭게 해준다.

1993년 봄에 미국의 미시시피 주와 미주리 주에 홍수가 나서 하천이 범람하여 46명이 사망하고 100억 달러로 추산되는 엄청난 피해를 입었다. 매스컴에서는 집과 학교, 그리고 생업이 파괴된 사람들의 진통을 연일 보도하였다. 수위가 너무 상승하여 미국 서부로 가는 관문으로 상징되는 유명한 세인트루이스 아치교가 부분적으로 물에 잠겼는데, 이는 홍수의 엄청난 위험을 단적으로 나타내는 증거가 된다.

한편 1993년의 홍수는 과다한 토양 침식을 유발하여 미시시피 강을 따라 흙이 멕시코만으로 흘러들어 갔다. 토양과 홍수에 포함된 무기영양소가 만에서 과다한 조류대번식(algal bloom)을 촉진하였다. 이들 조류가 죽은 다음 해양미생물이 이들을 분해하면서 해수의 용존산소 농도가 급격히 감소하였다. 물고기나 새우와 같은 수생동물들이 거대한 "사망지역(dead zone)"에서 질식해 죽었고, 이 때문에 멕시코만의 수산업이 황폐화하였다.

1993년 이후 멕시코만의 사망지역이 지속될 뿐만 아니라 더욱 늘어나서 1999년 현재 2만 평방 킬로미터의 면적에 달하는 것으로 조사되었다. 전문가들은 미국 중서부 지역의 강물과 흙으로부터 무기영양소가 끊임없이 유입되면서 만의 사망지역이 생기고 지속되는 것으로 결론짓고 있다. 아울러 전문가들은 최근의 홍수와 무기질 유입이 강의 집수구역을 따라 개발이 이루어지면서 습지가 대규모로 파괴된 것과 관련이 있다는 증거를 얻었다. 습지가 유실되지 않았다면 범람하는 강물의 상당 부분을 흡수하였을 것이다. 습지의 식물과 조류는 세포와 조직 내에 무기영양소를 많이 잡아둘 수 있어서 해양의 조류대번식을 막는데 기여하게 된다.

지금까지 살펴본 홍수와 사망지역의 사례를 면밀히 검토해 볼 때, 담수와 습지 생태계는 결국 침식과 무기영양소 오염으로 귀결되는 농촌과 도시 개발과 더불어 인류의 건강과 수산업에 밀접하게 연관되어 있다는 점을 분명히 알 수 있다. 따라서 담수와 습지의 기본적인 생태적 특징과 함께 우리에게 유용하게 공헌하는 생물들에 관하여 충분히 이해할 필요가 있다. ■

28.1 수 생태계는 인간에게 필수적이다

오랜 역사에 걸쳐 인간은 호수와 강, 습지와 해변 주변에서 생활하였다. 평온하면서도 극적인 이러한 곳들은 위대한 예술가와 작가들에게 영감을 불어넣었다. 차이코프스키의 백조의 호수, 미시시피 강을 따라 전개되는 마크 트웨인의 소설들, 그리고 미국의 시인이자 철학자인 헨리 소로의 대작 월든(On Walden Pond) 등은 단적인 예이다. 전세계적으로 물은 숭배되거나 사람의 상상을 일으켰을 뿐만 아니라 그 주변에서 문명을 발달시켰는데, 나일강과 아프리카 케냐의 리프트 호수, 안데스 산맥의 티티카카 호수, 인도의 갠지스 강, 그리고 북미의 오대호 등은 몇 안되는 예에 불과하다. 과거에는 강, 호수 및 해변은 여행과 무역 거래의 실질적 수상 교통로였다. 많은 사람들이 유명한 호수나 강을 찾아 낚시를 하고 보트를 타고 노를 저으며 헤엄치면서 휴가를 보낸다. 호수나 강가의 땅은 대체로 비싸게 거래되는데, 그것은 홍수의 위험이 있더라도 사람들이 종종 물가에 살기를 원하기 때문이다.

28.2 인간과 야생동물은 담수와 습지에 의존하고 있다

미국 인구의 약 80%를 포함하여 오늘날 전세계의 많은 사람들이 음료, 관개, 그리고 산업의 중요한 자원으로 지표수를 이용하고 있다. 비록 15억의 인구가 지하수로부터 마시는 물을 얻고 있지만, 이 물의 대부분도 지표수를 공급하는 같은 원천에서 나온다. 지구에서 생산되는 식량의 약 40%가 관개지에서 자라고, 전세계 전기의 약 20%가 수력발전으로 생긴다. 원가분석을 해보면 습지는 산불과 홍수 방지, 정수, 그리고 기타 용도로 에이커 당 15만 달러 이상을 사람에게 제공하는 것으로 나타났다.

습지와 호수, 그리고 수로는 어류, 양서류, 파충류, 비버(해리)와 같은 포유동물, 그리고 물새들에게 있어서 필수적이다. 모든 동물종 가운데 12% 가량이 담수나 습지에 사는 것으로 추정되며, 다른 많은 동물들도 직접 또는 간접적으로 민물에 의존한다. 북미에서만 150종 이상의 새와 200종 이상의 어류가 습지에 의존한다. 북미대륙의 중앙부에 점점이 산재한 수천 군데의 습지는 이동하는 많은 새들에게 휴식처와 사육 장소를 제공하며, 천만 마리로 추정되는 오리들에게 없어서는 안될 번식지가 된다.

큰 강의 상류에 있는 개울들에는 선태식물, 조류, 그리고 세균이 빠른 속도로 무기 질소를 흡수하는데, 이들이 없다면 무기 질소는 하류에서 성가신 조류대번식과 사망지역을 야기하게 된다. 따라서 하천생물은 물을 정수하는 역할을 하며, 이들이 받은 질소의 절반만이 하류로 흘러간다. 습지 역시 무기 영양소를 흡수하여 호수, 하천, 강, 그리고 연안해가 오염되지 않도록 도와준다. 사람과 야생동물들은 담수와 습지의 정수 기능에 의존한다.

28.3 호수 생태계: 계절 변화, 서식지 그리고 일차 생산자

자연 호수는 사발 모양이거나 급경사를 이루는 움푹한 땅이고, 빙하(그림 28.1)나 화산 작용 그리고 하천의 봉쇄와 같은 다양한 자연 작용의 결과로 형성된다.

강에 댐을 건설하면 저수지가 형성되는데, 이를 인공호라 부른다. 지구상의 큰 저수지의 수는 지난 40년간 세 배로 증가하여 현재 약 만 개로 추정된다. 댐이 건설되지 않은 큰 강이 거의 없는 실정이다. 미국의 파월(Powell)호나 오자크(Ozark)호, 그리고 우리나라의 대청호나 소양호 등은 강에 댐을 건설하여 물을 가둔 대표적인 인공호이다.

호수의 세 가지 중요한 유형의 서식지와 군집이 있다

호수의 서식지 유형은 다음과 같이 세 가지로 구분된다. 먼저 표층과 표층 아래의 수심이 얕은 물을 **조광대**(pelagic zone)라 한다. 이 구역은 부수식물, 조류 그리고 광합성 세균이 자랄 수 있는 충분한 빛을 받는다. 두 번째 유형은 **연안대**(littoral zone)로서, 뿌리를 내리고 사는 수생식물과 부착조류가 종종 나타나는 연안의 수심이 얕은 물을 가리킨다. 호수 서식지의 세 번째 유형은 저생대 또는 **심저대**(benthic zone)로 빛이 거의 없는 깊은 물이다. 이곳의 퇴적물은 호수 바닥으로 가라앉는 입자들로 구성되며, 이곳에 사는 저생생물은 주로 곰팡이와 세균이다(그림 28.2). 이들 분해자는 물고기와 기타 수생동물에서 배설되는 분립에 포함된 영양소가 재순환하는 데 중요한 역할을 한다. 분해자 활동으로 방출된 무기질은 호수의 일차생산자 군집에 의해 다시 사용될 수 있게 된다. 일차생산자는 일차 소비자가 필요로 하는 양분을 만드는 광합성 생물이다(25장 참조).

호수의 일차 생산자 군집에는 몇 가지 범주가 있다. 광합성 세균에는 남조류라고도 부르는 남세균이 포함된다(18장 참

그림 28.1 **빙하호** 미국 중서부 지역의 상부에는 빙하의 작용이나 빙하의 얼음이 녹으면서 생긴 호수가 많다. 사진에 보이는 호수들은 미국의 국립과학재단(NSF)의 지원을 받아 북반구 온대호수의 장기적 생태조사가 수행중인 호수들이다.

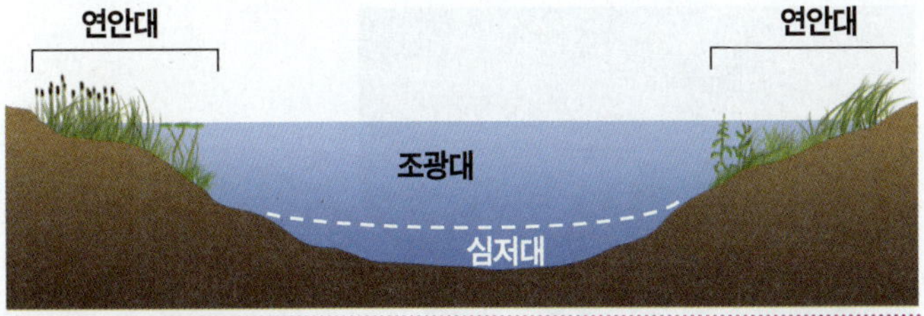

그림 28.2 **호수의 서식처들** 호수의 서식지 유형은 호수 연안에서 멀리 떨어진 물인 조광대(pelagic zone), 연안의 수심이 얕은 물인 연안대(littoral zone), 그리고 빛이 거의 없는 깊은 물인 심저대(benthic zone)로 구분된다. 각 구역에는 독특한 생물들이 서식한다.

조). 유영하거나 부유하는 광합성 세균과 종속영양 세균을 모두 **세균성 플랑크톤**(bacterioplankton)이라 한다. 한편 호수의 일차 생산자에는 유영하거나 부유하는 조류인 **식물플랑크톤**(phytoplankton), 뿌리를 내리거나 부엽을 지닌 양치식물 또는 꽃식물인 **대형식물**(macrophyte), 그리고 수생식물에 붙어사는 조류와 세균인 **부착생물**(periphyton)도 포함된다. 남세균은 대부분이 질소를 고정하기 때문에 플랑크톤과 부착생물 군집에서 특히 중요하다. 고정된 질소는 수생식물과 조류의 생장에 필수적이다.

일차 생산자를 포식하는 조광대의 일차소비자에는 원생동물이라 부르는 종속영양 원생생물(이들의 무리를 원생동물플랑크톤 즉 protoplankton 또는 protozooplankton이라 함), 동물플랑크톤을 구성하는 작은 갑각류, 그리고 다양한 어류가 포함된다. 심저대 또는 연안대에 출현하는 초식곤충과 많은 물새들도 일차생산자를 섭취한다. 일차소비자를 섭식하는 물고기를 이차 소비자라 하고, 이를 소비하는 육식어류나 사람은 삼차 소비자가 된다. 따라서 담수의 식물, 조류, 그리고 광합성 세균들은 수중 먹이그물의 기초를 이룬다.

온대 호수의 무기영양소 이용가능성은 계절적 온도 변화와 함께 변한다

호수의 식물과 조류는 무기영양소가 풍부할 때 가장 잘 자라지만, 호소수의 영양소 농도는 계절에 따라 변한다. 온대 지역의 많은 호수에서는 봄과 가을에 순환 또는 역전이 일어나고 여름과 겨울에는 순환이 일어나지 않는 연주기를 보인다(그림 28.3). 이러한 주기는 물의 물리적 특성에 기인하며, 특히 물이 4℃에서 밀도가 가장 높고 4℃보다 높거나 낮은 온도에서 밀도가 낮아진다는 사실 때문이다.

봄 봄에는 표층과 깊은 곳의 수온 차이가 크지 않기 때문에 호수 내의 밀도는 큰 차이를 보이지 않는다. 따라서 바람 에너지는 혼합을 일으켜서 호수 바닥에서 분해의 결과로 방출된 영양소를 물 전체로 분산시킬 수 있다. 이 무기영양소를 이용하여 호수의 식물과 조류들이 빠르게 생장하기 시작한다.

여름 여름에 햇빛이 호수의 표면 수온을 증가시킴에 따라 따뜻한 표층수와 차가운 심층수 간에 밀도 차이가 생기고, 물의 혼합에 소요되는 에너지는 바람에 의한 것보다 훨씬 커지게 된다. 따라서 조류와 식물들이 계속 자라는데 필요한 질산염과 같은 무기질이 표층수에서 고갈될 수 있다. 물론 심저대에서 분해가 일어나서 새로운 질산염이 생기기도 하지만, 이 무기영양소가 표층수로 순환되지 못한다. 따라서 표층수에서는 식물과 조류의 생장이 차츰 제한된다. 그러나 높은 온도를 선호하고 질소를 고정할 수 있는 남세균은 이러한 조건에서도 살아남을 뿐만 아니라, 오히려 인이 풍부할 때 물꽃을 일으키기도 한다(그림 28.4).

가을 가을에 표면의 수온이 낮아지면서 밀도 차이가 줄어들고, 이에 따라 바람 에너지가 봄과 마찬가지로 심층수의 무기질을 표층수로 순환시킬 수 있게 된다. 이렇게 새롭게 공급되는 무기영양소는 서늘한 조건에 적응하는 식물플랑크톤의 생장을 촉진한다.

겨울 겨울에 차츰 추워지면서 호수 수면에 얼음이 얼고, 봄에 이 얼음이 녹을 때까지 바람에 의한 순환은 나타나지 않는다. 얼음 위에 눈이 지나치게 덮이는 경우를 제외하고, 많은 식물플랑크톤과 부착생물은 얼음 밑에서 광합성을 계속하여 호수의 동물들이 필요로 하는 산소를 제공한다. 만일 얼음 위에 눈이 두껍게 덮이면 얼음 밑의 조류는 광합성을 하기에 충분한 빛을 받지 못할 수 있다. 그 결과로 나타나는 산소 고갈이 동기 어류 폐사를 일으킨다.

지금까지 살펴본 전형적인 순환과 다른 형태가 많은데, 일부 호수는 일년에 단지 한번만 순환하고, 열대 호수는 빈번하게 순환하기도 하며, 항상 얼음에 덮여있는 남극의 호수에서는 전혀 순환이 일어나지 않는다.

그림 28.3 **온대호수에서는 종종 순환이 일어난다** 봄과 가을에는 바람에 의한 순환이 일어나면서 심저대에서 생성된 무기영양소(그림에서 빨간 삼각형으로 표시)가 혼합되어 충분한 빛을 받는 표층수에 공급되므로, 식물과 조류의 생장이 일어난다. 겨울에는 표면에 얼음이 얼고, 바람에 의한 순환이 일어나지 않는다.

그림 28.4 남세균 부영양화된 호수에서 남세균의 부유 찌꺼기를 볼 수 있다. 삽입한 그림에 보인 남색덩이말속(*Microcystis*)과 같은 남세균은 동물플랑크톤이 좀처럼 섭식하지 않기 때문에 점질 군체가 크게 형성된다. 이들을 뜰 수 있게 해주는 작고 빛을 굴절하는 가스포가 많이 들어있어서 세포가 진하게 보인다. 남색덩이말과 일부 담수에 나는 남세균은 독소를 생성하여 인류 건강에 위협이 되고 있다.

수중 서식처에서 조류와 식물의 적응

민물에서 자라는 미생물이나 식물은 육상식물과 달리 수분스트레스와 싸울 필요도 없고, 연안의 소택식물이나 잘피류와는 달리 바닷물의 해로운 효과에 직면할 필요도 없다. 그렇지만 남세균, 식물플랑크톤, 그리고 부유식물은 침강으로부터 자신을 방어하는 적응 전략을 가져야 한다. 왜냐하면 이들은 빛에 의존하는데, 빛은 수면이나 수면 부근에서만 충분히 받을 수 있기 때문이다. 아울러 이들 생물은 초식동물의 섭식 위협에 직면한다. 뿌리를 내리고 사는 식물들은 퇴적물의 산소가 매우 낮을 수 있다는 사실에 직면한다. 식물의 뿌리는 호흡을 위하여 산소가 필요하며, 이 호흡 덕분에 무기영양소를 흡수하게 된다.

조류 식물플랑크톤 조류는 작지만, 대부분 현미경으로 식별할 수 있는 정도의 크기이다(그림 28.5). 작은 크기 덕분에 일시정지하거나 순환하는 물의 운동에서도 빛이 쪼이는 표층수에서 자랄 수 있는 이점을 지닌다. 물의 이동은 식물플랑크톤에게 끊임없이 용존 무기영양소를 공급하게 되고, 식물플랑크톤은 물로부터 이들 무기질을 직접 흡수한다. 많은 식물플랑크톤은 유영할 수 있게끔 편모를 갖거나, 물에 떠있을 수 있도록 가시와 같은 돌기를 갖는다. 식물플랑크톤에 가시가 달리거나, 세포들이 모여 커다란 군체를 이루거나, 또는 점액으로 덮이면 초식동물로부터 자신을 방어하는데 도움이 된다.

일부 조류는 수심이 얕은 곳에서 바위, 식물, 또는 다른 표면에 붙어서 부착생물 군집의 구성원이 된다. 이렇게 부착함으로써 조류는 광합성을 할 수 없는 깊은 물로 가라앉을 위험에서 벗어나며 광합성을 하는데 필요한 충분한 빛을 받을 수 있다. 부착조류는 특히 넓고 수심이 얕은 호수에서 식물플랑크톤보다 많은 생체량을 만들 수 있고, 따라서 많은 수생동물이 생존하는데 매우 중요하다.

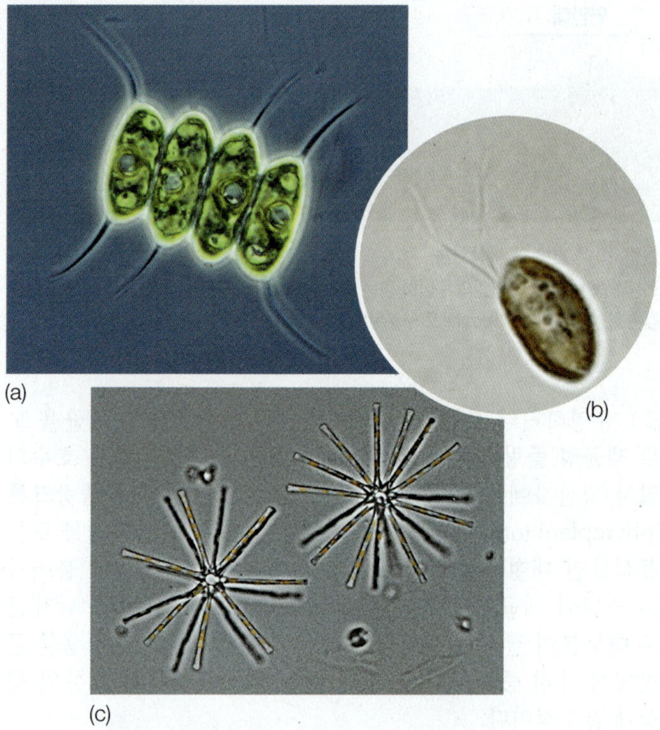

그림 28.5 건강한 호수에서 흔하게 발견되는 식물플랑크톤 (a) 가시가 달리고 군체를 형성하는 녹조류 뗏목말속(*Scenedesmus*); (b) 두 개의 편모가 달린 은편모조류 크립토모나스(*Cryptomonas*); 그리고 (c) 군체를 이루는 돌말류 별돌말속(*Asterionella*) 등은 건강한 호수에서 흔하게 나타나는 식물플랑크톤들이다. 각 종은 물 속에서 떠있을 수 있도록 도와주는 구조적 특징(각각 가시, 편모, 그리고 별 모양 군체)을 갖고 있다.

부수식물 여름철에는 호수, 습지, 그리고 수로의 후미진 곳의 수면에서 양치류나 꽃식물이 떠서 자라는 모습을 쉽게 볼 수 있다. 전세계적으로 흔하게 나타나는 좀개구리밥속(*Lemna*; 이 학명은 "호수"를 의미하는 그리스어의 limnos에서 유래되었다)은 지름이 몇 mm에 불과한 작고 떠서 사는 꽃식물이다. 좀개구리밥은 단지 몇 개의 잎과 하나의 뿌리를 갖고 있으며(그림 28.6a), 주로 무성적으로 번식한다. 좀개구리밥의 작은 크기는 햇빛, 물, 그리고 용존 무기영양소가 풍부한 환경에 떠 있을 수 있는 적응을 나타낸다. 좀개구리밥은 오리와 사향뒤쥐가 많이 소비할 만큼 높은 영양가를 지닌다.

수생 양치류인 물개구리밥속(*Azolla*) 역시 뿌리를 물 속으로 내리며 떠서 무리를 이룬다(그림 28.6b). 물개구리밥은 질소를 고정하는 남세균이 잎 조직 내에서 공생한다는 점이 중요시되며, 종종 논에서 자란다. 남세균 공생자가 고정한 질소의 일부는 물 속으로 분비되고, 이 양치류가 죽은 다음에는 더 많은 고정질소가 방출된다. 이러한 영양소는 벼에게 양분을 공급함으로써 전세계적으로 쌀 생산에 크게 기여한다.

뿌리를 내는 대형식물 일부 이끼와 쇠뜨기말속(*Chara*)과 같은 어떤 거대조류들이 호수와 하천의 바닥에서 광범위에 걸친 "풀밭"을 형성하지만, 이들은 진정한 뿌리를 갖지 않고 단순한 헛뿌리(가근, rhizoid)로 퇴적물에 부착한다. 뿌리를 내는 대형식물에는 양치식물의 일부와 다양한 꽃식물이 포함된다.

그림 28.6 **부수식물들은** (a) 좀개구리밥속(*Lemna*): 잔잔한 수면에서 대규모의 개체군이 나타나기도 한다. 삽입한 그림에 보인 바와 같이 이 작은 꽃식물은 단지 몇 개의 잎을 가진다. (a) 물개구리밥속(*Asolla*): 따뜻한 지역에서는 논과 같은 물의 수면에 수생 양치류인 물개구리밥이 떠서 산다.

그림 28.7 **연안대의 대형식물** 물 속 토양의 뿌리로부터 잎이나 줄기를 공중으로 뻗는 대형 정수식물(emergent plant)로는 (a) 온대 지방의 수련속(*Nymphaea*), (b) 잎의 지름이 1 m가 넘는 거대한 아마존릴리(*Victoria*), 그리고 (c) 화살촉 모양의 벗풀속(*Sagittaria*) 등이 포함된다.

뿌리를 내는 식물일 지라도 10 m보다 깊은 수심에서는 자랄 수 없는데, 수심이 깊은 곳에서는 수압이 너무 높아서 호수의 퇴적물로부터 무기질을 흡수하는 뿌리에 산소가 원활하게 공급될 수 없기 때문이다. 대체로 수생식물은 표면에서 산소를 받아들인 다음, 조직 내의 공기 통로 역할을 하는 통기조직을 거쳐 뿌리나 뿌리줄기로 운반한다(10장 참조).

수련은 상당히 깊은 곳까지 뿌리를 내릴 수 있지만, 잎과 꽃이 수면에 펴지도록 뿌리줄기로부터 매우 긴 잎자루와 꽃자루를 만든다. 수련의 잎은 대기로부터 이산화탄소뿐만 아니라 산소를 흡수하며, 산소는 잎자루의 통기조직으로부터 아래의 뿌리줄기와 뿌리로 하루에 22 리터 가량 운반된다. 수련의 잎(그림 28.7a)은 두꺼운 밀랍 성분의 각피 때문에 윤기가 도는데, 이 각피는 방수의 역할을 할뿐만 아니라 뜨도록 도와주고 미생물의 침입도 막아주는 역할을 한다. 태양전지판과 마찬가지로 잎의 넓은 표면적은 태양에너지의 흡수를 극대화한다. 거대한 아마존릴리(Amazonian water lily, *Victoria*)의 잎은 아이들이 올라 갈 정도로 매우 크고 뜨는 힘이 크다(그림 28.7b). 일부 식물은 침수식물로 알려져 있는데, 이들은 식물몸체의 거의 모두가 수면 아래에 있고 때때로 꽃자루가 수면위로 올라온다. 꽃과 잎을 포함하여 화살촉 모양의 벗풀속(*Sagittaria*)은 몸의 대부분이 수면 위로 올라오는 정수식물이다(그림 28.7c).

인간의 활동에 의해 담수가 나빠진다

인구와 물질적 요구가 꾸준히 증가함에 따라 사람은 하천과 강의 자연적인 흐름을 변모시켰다. 전세계적으로 60%에 달하는 강에 41,000개의 댐이 세워지고 강의 흐름이 바뀌면서 자연 서식지의 분열과 생물종의 소멸을 유발하였다. 대부분의 강물이 농업과 기타 용도로 이용되다 보니 미국 서부의 콜로라도 강과 중국의 황하는 갈수기에 바다로 흘러 들어가는 물이 없을 정도이다.

한편 인간은 오수와 산업폐수 그리고 농약오염으로 민물의 수질을 악화시켰다. 개발도상국에서는 폐수의 90%를 처리하지 않은 채 자연수에 방출하는 것으로 추정되며, 선진국에서조차 종종 부분적으로만 처리될 따름이다. 33억의 인구가 오염된 급수를 마시는 것으로 추정된다. 담수 어류는 인간이 소비하는 모든 물고기의 약 12%를 차지하는 귀중한 식량 자원이다. 때때로 세계 도처에서 어떤 호수와 강의 물고기에 수은이나 기타 위험한 물질이 유독한 수준으로 누적되어 있는 것으로 밝혀지면서, 해당 국가의 행정기관에서는 특히 어린아이들이나 임신부가 이들 물고기를 먹지 말라고 경고한다.

그밖에 인간은 대기오염의 결과 생기는 산성비를 통하여 민물의 수질을 악화시킨다(27장 참조). 산성비는 물고기나 기타 수생동물을 죽여서 물고기를 잡아먹는 새의 개체군을 감소시키고, 내산성 조류의 성가신 생장을 유발하여 해로운 수준의 질산염과 독성 중금속이 호수나 하천에 방출되도록 한다. 한편 산성비는 호수에서 화학변화를 일으켜서 더욱 많은 자외선이 물 속 깊은 곳까지 침투하도록 함으로써 그곳에 사는 생물에게 영향을 미친다. 자외선 복사는 생물의 DNA에서 돌연변이를 유발하는 주된 요인이다. 인간에 의한 오염 가운데 민물에 과다하게 인이 유입될 때 가장 심각한 효과가 나타나는데, 인은 유해한 수초, 조류, 그리고 남세균 개체군들의 생장을 촉진한다. 청정 호수가 오염된 호수로 바뀌는 이러한 과정을 **부영양화**(eutrophication)라 한다.

빈영양의 담수는 영양소와 생산력은 낮지만 종 다양성이 높다 깨끗하고 건강한 호수를 생각할 때 사람들은 맑고 투명한 호수를 연상하지만(그림 28.8a), 과학자들은 이러한 호수를 **빈영양**(oligotrophic)이라 부른다. 빈영양이란 무기영양소 농도가 낮고 일차생산력(1년에 단위면적에서 광합성으로 고정되는 탄소의 양)이 낮지만, 종 다양성이 높은 상태로 정의된다. 물론 매우 상이한 종류의 식물플랑크톤과 다른 생물들이 빈영양의 물에서 나타날 수 있지만, 이들은 매우 드물다. 이와 같은 물에서 낚시감이 되는 물고기는 나타나도 유해한 조류대번식이나 수초의 과다한 증식은 나타나지 않는다.

부영양의 담수는 영양소와 생산력은 높지만 종 다양성이 낮다 **부영양**(eutrophic)이란 무기영양소 농도와 일차생산력이 높지만, 종 다양성이 낮은 상태를 가리킨다. 부영양화된 물에서는 인위적으로 물고기를 넣어주지 않는 한 낚시감이 되는 물고기가 나타나지 않고, 따라서 사람들은 이러한 물을 수질이 악화된 물이라고 간주한다. 부영양화된 담수에는 빠르게 자라는 잡초와 같은 수초들이 가득 자라서(그림 28.8b), 헤엄을 칠 때 감기고 배의 운항을 방해하며 그 밑에 사는 식물플랑크톤들을 그늘지게 한다. 부레옥잠, 물상치, 생이가래, 그리고 물수세미 등이 부영양화된 물에서 풍부하게 자라는 잡초 같은 대형식물들이다(그림 28.9). 대마디말속(*Cladophora*)이나 알마디말속(*Pithophora*)과 같은 부착조류의 과다한 생장도 부영양화된 물에서 나타날 수 있다(그림 28.10). 이들이 자란 다음, 물가에 밀려들어 썩을 때 심한 악취를 낸다.

부영양화된 물(그림 28.8b 참조)에는 몇 가지 종류의 부유 남세균이 거대한 개체군을 이루고 있기 때문에 때때로 흐릿하게 보인다. 남세균의 대번식이 지속적으로 나타나는 호수를 **과영양**(hypertrophic 또는 hypereutrophic)이라 부른다. 남세균이 매우 풍부해지면 이들이 생성하는 독소의 약 70%가 물로 방출되어 물새뿐만 아니라 야생동물과 가축을 죽이기도 한다. 가시적인 남세균의 대번식이 나타나면 가축이 이 물을 마시지 않도록 해야 하며, 이와 같은 물에서는 사람 역시 수영을 하거나 수상 스키를 타지 않도록 유의하여야 한다. 그렇지만 중요한 사실은 잡초 같이 무성하게 자라는 대형식물들, 부착생물의 과다한 생장, 그리고 남세균의 대번식이 이러한 오염의 주범이 아니라는 점이다. 호수가 수영하기에 부적당하고, 낚시터로서의 가치가 떨어지며, 그 물을 마시는 동물이 죽게 된다면 이 모든 사태의 궁극적인 책임은 바로 우리 인간에게 있는 것이다. 최근의 연구 결과를 종합해 볼 때, 유독한 남세균의 생장은 인간 활동에 따른 인의 오염에 그 원인이 있다.

인의 이용 가능성은 담수의 식물, 조류 그리고 남세균의 생장을 조절한다 담수의 조류대번식과 수생잡초의 성가신

그림 28.8 **콜로라도 주 로키산맥의 빈영양호(a) 부영양호에서 자라는 대형식물과 조류(b)**

그림 28.9 **잡초 같은 수생 대형식물들** (a) 부레옥잠속(*Eichhornia*), (b) 생이가래속(*Salvinia*), (c) 물상치(*Pistia*), 그리고 (d) 물수세미속(*Myriophyllum*).

그림 28.10 잡초 같은 부착조류들 부영양화된 담수에서 성가신 생장을 하는 부착조류들은 대마디말속(*Cladophora* ; a는 부영양호에서 나타나는 가시적 집단, b는 현미경 사진)이나 알마디말속(*Pithophora* ; c는 수면을 덮는 과밀한 생장, d는 현미경 사진)을 들 수 있다.

생장이 일어나는데 왜 인이 중요할까? 식물과 조류는 ATP, 세포막을 구성하는 인지질, 광합성의 에너지 전달자인 NADP, DNA와 RNA의 당-인 골격, 그리고 인을 포함하는 다른 많은 세포 성분들을 합성하기 위하여 비교적 많은 양의 인산을 필요로 한다. 인산의 수요는 엄청난 반면, 흐트러지지 않은 담수 환경에서의 인산의 공급은 상대적으로 적다. 이것은 주로 인산이 토양과 호수 퇴적물$^{3+}$에서 Al^{3+}, Fe^{3+}, 그리고 Ca^{2+}와 같이 풍부한 양이온들과 불용성 복합체를 형성하기 때문이다. 인산이 이들 양이온과 결합하면 광합성 생물이 인을 흡수할 수 없게 된다. 따라서 대부분의 빈영양 호수나 하천에서는 인이 남세균과 조류, 그리고 대형식물의 생장을 제한한다(이와 같은 현상은 종종 질소가 제한요인이 되는 외양수의 경우와 대조를 이룬다. 담수에는 질소를 고정하는 남세균이 대체로 높은 농도로 존재하기 때문에 담수에서 질소 제한이 나타날 가능성은 훨씬 적다). 그러므로 담수에 인산을 첨가하면 조류와 식물을 인산 제한에서 면하게 해주어 다른 어떤 요인에 의하여 제한 받기 시작할 때까지 이들 개체군은 생장을 계속한다. 이러한 다른 요인으로는 질소나 이를테면 철과 같은 미량영양소가 될 수 있다. 과영양호나 산성비의 영향을 받는 곳에서는 무기 탄소가 제한요인이 되기도 한다.

인산과 조류 또는 식물 생장과의 관계는 쌍곡선 함수로 나타낼 수 있는데, 영양소 농도가 낮을 때에는 빠르게 선상 생장 반응을 보이다가, 농도가 높아지면 곡선이 평평한 상태를 유지한다(그림 28.11). 인산이 조금만 증가해도 조류나 식물 생체량이 크게 증가하고, 이는 빈영양 수괴가 부영양 수괴로 쉽게 전환되는 이유를 설명해 준다. 나아가서 이 그래프는 부영양 조건에서 인산이 크게 감소하더라도 조류나 식물의 생체량이 거의 변화하지 않을 수 있음을 나타낸다. 따라서 부영양호를 훨씬 바람직한 빈영양 상태로 복원시키는 것은 매우 어렵다. 인산을 제거하려면 비용이 많이 들기 때문에 부영양화를 방지하는 것이 훨씬 경제적이다.

3만 평방 킬로미터의 면적에 수백 개의 호수가 있는 캐나다의 어느 외딴 곳에서 부영양화의 원인을 규명하는 연구가 수행되었다. 과학자들은 이들 호수 가운데 수십 개의 호수를 실

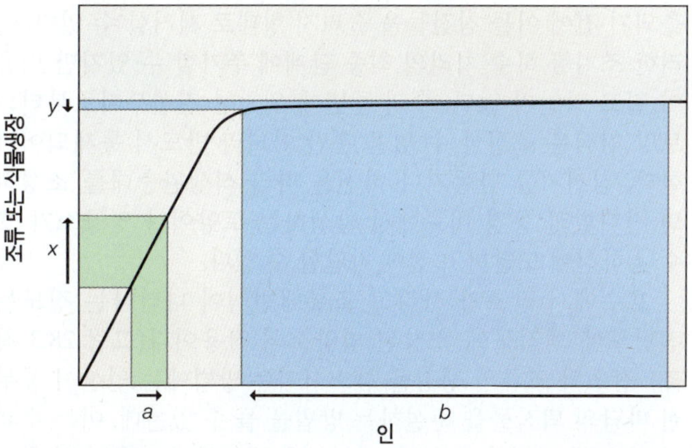

그림 28.11 영양소와 조류 또는 식물 생체량과의 관계 인산(phosphate)의 농도가 낮으면 조류나 식물의 생체량도 적고, 인산의 농도가 다소 증가하면(a) 생체량은 증가한다(x). 인산의 농도가 높으면 생체량도 많지만, 인산의 농도가 급격히 감소하더라도(b) 생체량에는 거의 영향을 미치지 않는다(y). 이 그래프는 왜 수질이 그토록 쉽게 악화되며 왜 수질이 회복되기가 어려운지를 나타낸다.

험 대상으로 삼아 다양한 영양소를 과다하게 첨가한 다음 조류대번식이나 기타 부영양화의 징후가 나타나는 지를 조사하는 한편, 인위적으로 교란시키지 않은 곳의 대조호수와 비교하였다. 이 연구를 통하여 과학자들은 과다한 인산이 부영양화를 일으킨다는 확실한 증거를 얻었다. 미국의 오대호에서는 인근의 주 정부들이 인산이 함유된 세제의 판매를 금지하는 법을 제정한 이후, 이리호와 미시간호의 수질이 현저하게 개선되었다.

호수와 하천의 부영양화는 예방과 역전이 가능하다 호수와 하천으로 유입되는 영양소의 원천은 어떤 지점에서 발생하는 산업폐수나 하수와 같이 점오염원이거나, 또는 건설부지의 토양 침식이나 비료를 뿌린 잔디밭과 농경지로부터의 유출과 같이 훨씬 광범위한 비점오염원일 수 있다. 파이프를 거쳐 나오는 유출 하수는 철과 알루미늄을 이용하여 철염 또는 알루미늄염으로 인화합물을 침전시켜서 하수가 자연 수역으로 방

그림 28.12 예초기 호수의 무기영양소 농축을 줄이는 한 가지 방법은 특수하게 고안된 예초기를 실은 선박으로 수생잡초를 베는 것이다. 부영양화를 예방하려면 잘린 풀을 반드시 제거하여야 한다.

출되기 전에 이들 침전물을 슬러지 형태로 제거할 수 있다. 이러한 조치를 하수 처리의 최종 단계에 추가할 수 있지만 비용이 결코 만만치 않다. 수괴 주변에 위치한 건설부지로부터의 토양 침식은 조절할 수 있을 뿐만 아니라 반드시 통제되어야 한다. 침전지를 만들거나 하천을 따라 식생완충대를 조성하면 잔디밭과 농경 비료에서 발생하는 토양이나 영양소가 호수나 하천에 도달하기 전에 차단할 수 있다.

호수에서 잡초가 자라고 조류대번식이 나타나는 정도는 전년도에 퇴적물에 저장된 영양소의 작용이다(그림 28.3 참조). 잡초와 조류의 생장을 감소시키는 방법에는 인산이 풍부한 바닥의 퇴적물을 준설하는 방법을 들 수 있는데, 이는 수괴가 작을 때 선택할 수 있다. 퇴적물을 제거하면 다음 계절에 조류가 번식하고 잡초가 생장하는데 필요로 하는 영양소의 양을 줄일 수 있다. 한편 수생잡초와 같은 대형식물을 제거하면 대형식물의 조직에 저장된 인산이 퇴적물로 가지 못하므로 다음해에 식물과 조류의 성가신 생장이 줄어들 수 있다. 대형식물은 예초기로 자를 수 있다(그림 28.12). 이때 잘린 풀을 그대로 방치하면 영양소가 재순환되면서 다음 계절의 생장을 촉진하게 되므로, 예초기로 자른 다음 풀을 반드시 제거해 주어야 한다. 영양소 순환의 관점에서 볼 때 제초제의 사용은 단지 단기적 효과만 얻을 따름이다. 제초제의 사용으로 죽은 잡초, 조류, 그리고 남세균들이 모두 호수 내에 들어있고, 이들을 저생생물이 분해하면 그 결과로 생기는 영양소들이 다음 계절에 보다 성가신 생체량으로 재순환된다. 마지막으로 호수와 하천 부근에 자연 습지를 보존하고 복원하는 일도 부영양화를 막는 방법의 하나가 된다.

28.4 | 습지 생태계

걸어가면 발이 젖는 늪, 소택지, 그리고 습원 등을 모두 습지라 한다. 습지는 전형적인 육상 서식지와 수중 서식지간의 이행대가 되며, 유출이나 증발로 물이 손실되는 양보다 강우가 많은 지역에서 나타난다. 습지에서는 지하 수면이 매우 높고, 토양은 물에 포화되어 있거나 물의 얇은 층 아래에 놓인다. 따라서 습지의 토양은 종종 산소가 적고, 이 때문에 무기질을 방출하는 분해 속도가 느려지게 되고 비옥도가 떨어지게 된다. 다양한 종류의 습지는 물이 밴 토양 조건에 고도로 적응하는 전형적인 식생에 따라 각각 구별한다.

하천습지, 수심이 깊은 소택지, 늪지, 산성습지, 사초습지는 보편적인 습지들이다

하천습지(riparian wetland)는 하천과 강에 인접한 습지이며, 상류로부터 물과 영양소를 받는다. 하천습지는 사막과 같이 황량한 지역에서도 나타날 수 있으며, 버드나무나 플라타너스처럼 큰 나무가 자라기도 한다. 온대 지방의 수심이 **깊은 소택지**(deep-water swamp)에서도 미국 남부의 낙우송(*Taxodium*)과 같이 큰 나무가 자란다.

담수 늪지(freshwater marsh)에서는 부들속(*Typha*), 사초속(*Carex*), 그리고 몇 화본과 초본들이 나타난다. 이들 식물은 물이 산성을 띠지 않고 칼슘의 농도가 비교적 높은 곳에서 출현한다. 물이끼(*Sphagnum* moss)와 관목, 그리고 가문비나무(spruce)나 아메리카 낙엽송(tamarack) 등의 교목이 주로 나타나는 **산성습원**(acid bog; 그림 28.13a)에서는 물의 무기영양소 농도가 낮다. 때때로 호수 둥지에 인접하여 분포하는 **사초습지**(sedge meadow; 그림 28.13b)에서는 언덕처럼 군집을 이루는 사초들이 우점하는데, 사초는 삼각형의 줄기를 갖는 초본이다.

지구의 탄소순환에서 습지는 중요한 역할을 한다

습지는 일차생산력이 매우 높은 곳으로, 열대우림, 초지, 소나무 숲 또는 농경지보다도 일차생산력이 높다. 따라서 습지에서는 많은 양의 유기탄소가 만들어지고, 이들 식물체는 완전히 분해되지 않은 채 토양에 저장되는데 이를 이탄이라 부른다. 오랜 세월에 걸쳐 이탄의 두꺼운 층이 축적되기도 하고, 이는 유기탄소의 거대한 저장소 또는 수용부를 의미한다. 서늘한 기후와 경우에 따라서는 산성을 띠는 물, 그리고 식물 조직에 목질소와 같이 좀처럼 부패되지 않는 페놀화합물이 존재하기 때문에 미생물의 분해 속도가 떨어져서 이탄이 축적된다.

이탄을 형성하는 습지는 지구 표면의 약 5%를 차지할 정도로 넓고 탄소저장량이 많기 때문에 북반구의 이탄습지는 지구의 탄소순환에서 매우 중요한 역할을 한다. 이들 습지는 이산화탄소를 많이 또는 경우에 따라 적게 이산화탄소로 저장함으로써 지구의 기후 변화를 완화해 줄 수 있는 거대한 온도 조절장치의 기능을 갖는 것으로 생각된다. 온도가 약간 올라가면 식물은 조금 더 길어진 생장기간 동안 빠른 속도로 광합성을 하고, 이 과정에서 좀처럼 부패되지 않는 유기탄소를 보다 많이 형성하는데, 이들은 균류나 세균에 의해 쉽게 분해되지 않는다. 이 과정에서 대기로부터 많은 양의 이산화탄소를 제거하고 이들을 수천 년간 저장한다. 대기 중의 이산화탄소 농도가 감소하면 기후가 약간 서늘해지면서 이제는 습지에서

그림 28.13 일반적인 담수 습지 (a) 산성습원: 물에 인접한 풀 더미는 물이끼(*Sphagnum moss*)가 주로 나타나고 물위에서 층을 이루며 떠 있다. 살아있거나 죽은 식물체들이 섞여있는 이러한 부유 더미를 때때로 흔들리는 늪이라고도 부르는데, 이 풀 더미를 걸어보면 그렇게 부르는 이유를 알 수 있다. (b) 사초습지: 사초습지에는 덤불을 이루는 사초들이 주로 나타난다. 이들의 모습은 벼과식물 즉 화본과 초본과 비슷하지만, 사초는 벼과가 아닌 사초과에 속한다.

탄소가 이탄으로 저장되는 속도가 떨어지게 된다. 이산화탄소가 적게 저장되면 대기 중으로 들어가는 양이 많아지므로 이들 때문에 기후 온난화가 일어난다. 한편 습지는 미생물에 의해 메탄이 생성되고 산화되는 중요한 장소인데, 메탄은 이산화탄소보다 훨씬 효과적으로 기후 변화를 일으키는 온실가스이다.

습지식물은 서식지 스트레스에 극복하도록 적응되었다

육상식물을 대표하는 선태식물, 석송, 양치식물, 겉씨식물, 그리고 속씨식물에 속하는 종류들이 습지에서 발견되며, 이들은 습지라는 독특한 서식지에 적응하고 있다.

산성습원에서 우점하는 물이끼(그림 28.13)와 기타 선태식물이 습지에서 흔하게 나타난다. 사실상 습지는 다양한 선태식물을 발견할 수 있는 매우 적합한 장소가 된다. 습지의 비관다발식물은 건조에 대한 내성을 갖지 않으며, 물이끼의 잎은 몸이 건조되지 않도록 도와주는 커다란 저수세포를 갖고 있다. 습한 서식지에는 세균과 균류가 흔하기 때문에 이끼의 세포벽에는 좀처럼 분해되지 않게끔 도와주는 페놀화합물이 풍부하게 들어있다. 한편 물이끼는 영양소가 부족한 늪의 물로부터 무기영양소를 흡수하여 세포벽에 결합시킨다. 물이끼는 바람에 날리는 포자를 만들어 유성적으로 번식하거나, 몸의 조각이 떨어져나가 분산되는 무성생식도 한다.

민감한 고사리라는 보통명을 갖는 야산고비(*Onoclea sensibilis*)는 미국 동부의 대부분에 걸친 소택지와 늪지에서 흔하게 발견된다. 이 양치식물은 매우 풍부하게 나타나기도 하여 간혹 잡초의 일종으로 여겨지기도 한다. 이들의 다년생인 뿌리줄기는 지하에서 가지를 쳐서 매년 새로운 잎을 올리면서 풍부하게 자라게 된다.

아메리카 낙엽송(tamarack 또는 larch ; *Larix laricina*)은 습지에서 흔하게 나타나는 겉씨식물이며(그림 28.14a), 새와 토끼 그리고 사슴에게 먹이를 제공한다. 서늘한 기후에 나타나는 대부분의 속씨식물 나무처럼 이 낙엽송은 가을에 잎이 떨어지고 봄에 잎이 다시 생겨나는 낙엽성이라는 점에서 별난 침엽수로 간주된다. 잎을 탈락시킴으로써 표면증산에 의한 수분의 손실을 줄일 수 있으므로, 겨울에 토양수가 얼어서 식물이 물을 흡수할 수 없을 때 유리하다. 습원의 나무들은 추운 계절의 수분 손실에 특히 취약한데, 그것은 대부분 저지대의 움푹 파진 습원에서는 고지대와 비교하여 가을에 추위가 빨리 찾아오고 봄에는 훨씬 늦게 따뜻해지기 때문이다.

습지에는 흥미롭고 매혹적인 꽃식물들이 매우 다양하게 나타난다. 화려함을 자랑하는 분홍색 난초(그림 28.14b)와 습원에서 나타나는 몇 가지 종류의 벌레잡이식물은 대표적인 예가 된다. 습원의 토양은 무기영양소가 적기 때문에 벌레잡이식물은 모기와 같은 곤충의 몸으로부터 무기질을 얻게끔 적응되었다. 진퍼리꽃나무(*Chamaedaphne calyculata*)와 같이 습원에서 개화하는 많은 관목들은 상록의 내건성 잎을 지녀서 차가운 계절의 증산에 의한 수분 손실을 극복한다(그림 28.14c). 이러한 잎은 전형적으로 작고 가죽처럼 질기며, 두꺼운 각피를 갖고 있어서 수분 스트레스를 감소시키게끔 형태적으로 적응하고 있다. 이들 잎은 수분을 보유하는데 유리하도록 표면적대 용적비를 줄인다.

우리에게 친숙한 부들속(*Typha*)은 쉽게 알아 볼 수 있는 꽃식물인데, 늪과 도랑에서 생존하기 위하여 몇 가지 흥미로운 방식으로 적응하고 있다(그림 28.15a). 넓은 잎을 가지고 약 3 m의 높이로 자라는 큰부들(*Typha latifolia*)은 지하에서 수평으로 자라는 줄기인 뿌리줄기로부터 발달하여 때때로 큰 개체군을 형성한다. 통기조직은 식물체의 지상부로부터 산소가 부족한 지하의 뿌리줄기와 뿌리에 산소를 운반해 줌으로써, 이들이 필수 무기질을 흡수하는데 필요한 에너지를 생성하도록 도와준다.

부들의 잎은 매우 얇고 폭이 겨우 1인치에 불과하지만, 풍력을 견디고 직립하도록 적응하였다. 이러한 구조는 높은 강성과 적은 중량이 유리한 비행기 날개의 구조와 비유된다. 비

그림 28.14 **습지 식물들** (a) 아메리카 낙엽송은 습지에서 자라는 보편적인 침엽수이다. 겨울에 잎이 떨어진 아메리카 낙엽송(tamarack; *Larix laricin*)과 부드러운 침엽이 달린 모습(삽입한 사진). (b) 난초의 일종(*Calopogon*) 산성습원에서 자라는 이 난초는 봄에 꽃이 핀다. 그 화려한 꽃은 꽃가루 매개자인 곤충을 유인한다. (c) 진퍼리 꽃나무속(*Chamaedaphne*) 습원에서 자라는 이 관목은 차가운 계절의 건조에 견딜 수 있도록 가죽처럼 질긴 잎을 가진다.

그림 28.15 **부들속(*Typha*)** 우리에게 친숙하고 흔하게 나타나는 이 식물은 지하의 뿌리 줄기로부터 발달하여 때때로 큰 개체군을 형성한다(a). (b)와 같은 단면을 갖고 있는 잎은 가볍고도 강인하다는 점에서 비행기의 날개와 비슷하다. 꽃가루가 달린 수꽃은 밑씨를 가지는 암꽃보다 위에 달린다(c). 열매는 작고 바람에 쉽게 날릴 수 있도록 털로 덮여있다(d).

그림 28.16 **사초속(*Carex*)** 사초는 늪과 사초습지에서 보편적인 식물이다.

행기의 날개와 비슷하게 부들의 잎은 안쪽 표면이 편평하지만 바깥쪽 표면은 구부러졌다(그림 28.15b). 내부적으로 부들의 잎은 원주상 구조로 구획되어 있고, 두껍고 얇은 격막이 교대로 나타나면서 옆쪽으로 보강되어 있다. 세로로는 평행한 섬유성 가닥이 길게 늘어지면서 엽신이 강화되는데, 이러한 구조는 표면에서 가는 선으로 나타난다. 나아가서 잎은 바람이 불 때 일어나는 양력과 항력을 최소화할 수 있도록 약간 꼬여있다.

부들의 꽃은 끝에 달린다(그림 28.15c). 맨 위에 달리는 밝은 황갈색 꽃은 수꽃이고, 아래쪽의 진한 꽃은 암꽃이다. 꽃가루는 바람에 날리는데, 이는 동일한 종의 많은 개체들이 접근하여 위치하고 있을 때 유리하다. 따라서 꽃은 화려한 꽃잎을 갖지 않는다. 꽃가루가 흩어진 다음 상부의 꽃이 붕괴되고, 꽃이 달렸던 줄기는 시들어버린 줄기로 남는다. 암꽃의 자방은 작은 씨와 같은 열매(그림 28.15d)로 발달하고, 털이 달린 열매들은 보풀과 같은 더미를 이루면서 겨울에 부는 바람에 날려 퍼진다. 부들은 사향뒤쥐가 선호하는 먹이가 되는데, 봄에는 줄기를 갉아먹고, 여름에는 잎과 지상부 줄기를 먹으며, 가을과 겨울에는 뿌리줄기를 소비한다. 한편 사향뒤쥐는 부들의 잎과 줄기를 이용하여 이를 만든다.

화본과 초본과 비슷한 사초가 다양한 습지, 특히 그 가운데 사초습지에서 흔하게 나타난다. 이들은 거의 대부분 사초속(*Carex*)에 속한다(그림 28.16). 사초는 조밀한 덤불을 이루기 때문에, 사초습지를 걸어갈 때 발을 딛기 적합한 장소를 제공한다. 전형적 풍매식물인 사초의 꽃은 작고 화려하지 않다.

인간은 많은 세계의 습지를 파괴하였다

사람은 미국(그림 28.17)과 전세계에 걸친 습지의 수와 면적을 상당히 감소시켰다. 댐의 건설과 기타 토목 공사 등으로 강의 흐름이 바뀌면서 습지가 파괴되었다. 종종 사람들은 습지를 메워서 집이나 건물들을 세우고 농작물을 재배해야 하는 황무지로 여겼지만, 이는 잘못된 생각이다. 이를테면 칠레와 미국의 북동부 그리고 중서부에 있던 많은 산성습원과 늪지가 덩굴월귤의 상업적 재배지로 바뀌었다(그림 28.18). 겨울에 덩굴월귤의 넝쿨을 살리기 위하여 물을 대고 가을에 수확할 때 필요한 물을 공급하다보니 자생하는 식생이 몹시 교란되었다. 이 사례는 사람이 일용품의 필요성과 서식지 파괴의 중대성 사이에서 주의 깊게 균형을 맞추어야 하는 많은 경우의 한 예가 된다.

습지의 보호와 복원을 위한 문제들이 있다

많은 사람들이 습지의 진가를 인정하고 습지의 파괴를 제한하는 법령을 제정하는 필요성을 인식하면서도, 습지를 정의하는 기준에 대하여는 의견의 일치를 보지 못하고 있다. 습지

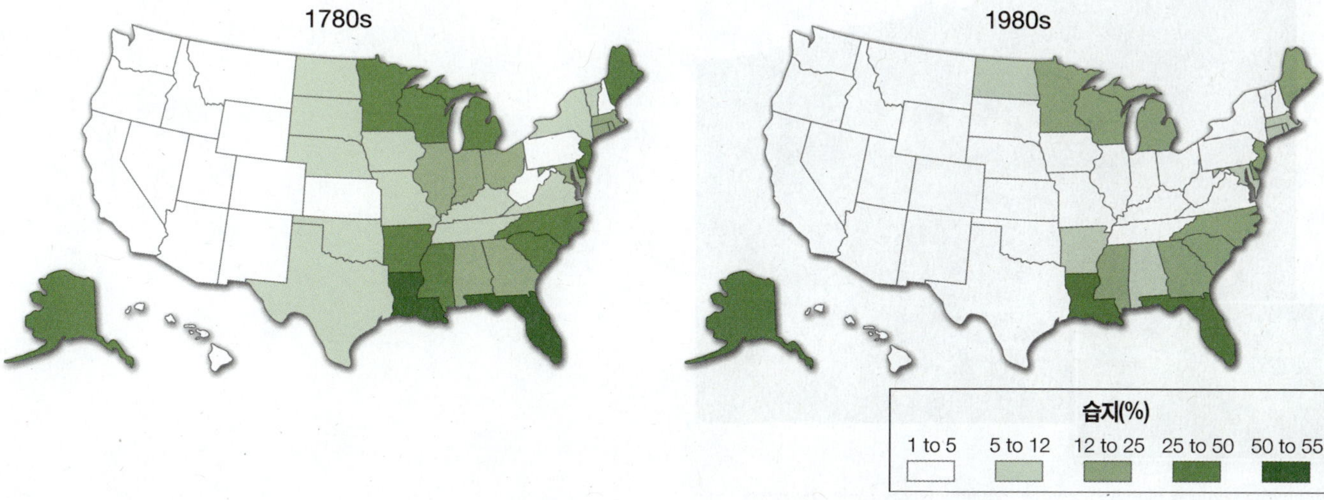

그림 28.17 **습지의 유실** 습지의 수와 면적은 전 세계적으로 놀랄만큼 감소하였다. 이 지도는 1780년대에 걸쳐 미국에서 사라진 습지를 나타낸다.

그림 28.18 **덩굴월귤(cranberry)** 덩굴월귤은 습원에서 포복 넝쿨로 나타난다(a). 이 식물에는 작은 내건성 잎과 아주 작은 분홍색 꽃이 달리고, 초가을에 맛있는 열매가 생긴다. 덩굴월귤의 재배는 특별히 만들어진 습지나 자연습지에서 이루어지며, 이들 모두 수위를 조절하기 위하여 수문학적으로 변형시킨다. 수확기에는 농장에 물을 채운 다음 특수한 기계(b)를 이용하여 넝쿨로부터 열매를 제거시킨다. 그 다음 덩굴월귤을 기중기로 울타리 안에 넣고 컨베이어(c)나 진공계통으로 트럭에 옮겨 담는다. 트럭에 실린 덩굴월귤을 가공공장에 부린 다음(d), 포장하고 운반한다.

토양의 많은 부분은 1년의 어떤 시기에만 물에 잠겨 있다. 부들과 기타 습지식물은 여름철에 아주 많은 양의 물을 증산할 수 있어서, 이때에는 몇 달간 서식지가 비교적 마른 상태가 될 수 있다. 따라서 습지를 연구하는 과학자들은 법규를 제정할 때 토양의 수분 함량보다는 출현하는 식물의 종류를 바탕으로 습지를 정의해야 한다고 권고하고 있다.

외래종은 자생종이 아닌 식물로 자연 질병이나 초식동물에 의하여 억제되지 않는 한 새로운 환경에 광범위하게 퍼져나간다. 외래종의 번창은 종종 사람에 의해 조장되기도 한다. 미국의 습지에서 야생동물이 의존하던 자생식물을 대체하면서 큰 피해를 일으킨 외래종의 한 예는 털부처꽃(*Lythrum salicaria* ; 그림 28.19)이다. 유라시아가 원산인 털부처꽃은 매혹적인 자줏빛 꽃 때문에 관상수로 수입되었지만, 지금은 많은 주에서 법적으로 금지하고 있다. 습지의 보전과 복원을 다루는 전문가들은 외래종을 억제하는 전략을 찾기 위하여 외래종의 특성을 연구하는데 많은 시간을 보내고 있다.

1980년 이후 습지의 순손실을 영(0)으로 하고자 미국에서는 개발자가 다른 어떤 곳에 습지를 대체할만한 늪을 조성하는데 동의하는 조건으로 습지의 개발을 허가하고 있다. 그런데 최근 미국의 과학자들은 많은 인공적인 늪지에 그 지역에 자생하는 식생이 포함되지 않거나 자연습지만큼 동일한 생태적 이익을 제공하지 않는다는 점을 발견하였다. 전세계의 귀중한 습지를 보전하는 방법을 모색함은 우리 모두에게 숙제로 남아있다.

그림 28.19 **습지의 외래종** 털부처꽃은 미국 전역에 걸쳐 습지에 침입하였다. 삽입한 사진은 약 20년 전에 동일한 장소를 찍은 모습이다.

요점

28.1 수 생태계는 사람의 문제 해결 능력에 영감을 주었고, 수 생태계 주변을 따라 형성된 문화는 여행과 상품의 무역 요충지로 되었다.

28.2 담수의 호수, 연못, 하천, 그리고 강은 사람들에 의해 여러 가지로 이용되며, 다양한 야생동물을 지속시킨다.

28.3 호수는 중요한 세 가지의 서식지 유형을 가지며, 각 서식지에는 특색이 있는 식물과 미생물이 생육한다. 유영하거나 부유하는 조류는 조광대의 식물플랑크톤이며, 수생동물의 중요한 먹이가 된다. 어떤 식물은 수면에 떠서 살면서 무기영양소를 직접 물에서 얻는다. 뿌리를 내리는 관다발식물과 어떤 조류는 대형식물이며, 호수 가장자리의 연안대에 자리잡는다. 부착생물은 생산력이 높은 조류와 기타 미생물로 구성되며, 연안대의 바위나 식물체의 표면에 부착한다. 분해자인 미생물은 깊은 심저대에 자리잡고, 동물과 식물 그리고 조류의 사체로부터 영양소를 재순환시킨다. 여름에는 물의 특성 때문에 호수의 표층에서 따뜻한 층이 형성되는데, 이 층에서는 조류와 미생물이 자라면서 무기영양소가 고갈될 수 있다. 가을과 봄에는 바람이 심저대의 무기질이 풍부한 물을 표층으로 순환시키고, 이 물은 조류와 식물의 생장을 지원한다. 담수조류와 식물은 영양소를 이용할 수 있는 이러한 순환에 적응한다. 사람에 의한 농업, 산업 그리고 댐 축조 활동으로 말미암아 많은 담수의 수질이 악화되었다. 부영양화는 영양소가 적고 생물다양성이 높은 맑은 물이 잡초 같은 식물이나 조류가 과다하게 생장하는 영양소가 많은 물로 변모하는 현상이다. 담수의 수질을 악화시키는 것은 쉽지만, 부영양화 과정을 역전시키는 것은 어렵다.

28.4 많은 종류의 습지가 담수 주변에서 발견되며, 이들은 담수가 부영양화되지 않도록 도와준다. 한편 습지는 인근의 육지를 건조와 홍수, 그리고 산불로부터 보호해 준다. 습지는 많은 양의 이산화탄소를 이탄으로 저장함으로써 지구의 대기화학과 기후를 안정시키는데 기여한다. 습지식물은 토양의 낮은 산소 농도와 습지 서식지의 다른 특성에 적응한다. 사람은 전세계적으로 넓은 면적에 걸쳐 습지를 파괴하였으며, 외래종 역시 습지 서식지를 위협하고 있다.

문제

1. 전형적인 호수에서 발견되는 세 가지 서식지를 설명하라.

2. 전형적인 호수나 수로에서 나타나는 다음과 같은 생물집단의 정의를 내려라: (a) 세균성 플랑크톤, (b) 식물플랑크톤, (c) 대형식물, (d) 부착생물, (e) 원생동물플랑크톤 그리고 (f) 동물플랑크톤.

3. 호수의 먹이사슬을 이루는 다음과 같은 네 가지 영양단계의 정의를 내려라: (a) 일차 생산자, (b) 일차 소비자, (c) 이차 소비자 그리고 (d) 삼차 소비자. 이들 각각의 집단에는 어떤 종류의 생물들이 나타나는가?

4. 1년에 걸친 기간에서 전형적인 온대 호수에서 나타나는 물과 영양소의 계절적 순환을 설명하라. 이렇게 순환하는 양상은 무엇 때문인가?

5. 세균성 플랑크톤과 식물플랑크톤이 물 속에 떠있고 초식동물을 피할 수 있게끔 도와주는 적응 전략에 대하여 설명하라.

6. 빈영양, 부영양, 그리고 과영양인 물의 특징은 무엇인가?

7. 다음과 같은 유형의 습지를 가장 잘 나타내는 설명과 짝지어라.

A. 사초습지.

B. 담수의 늪지.

C. 수심이 깊은 소택지.

D. 하천습지.

E. 산성습원.

F. 염성 습지식생.

____ **1.** 물이끼와 관목, 그리고 가문비나무나 아메리카 낙엽송 등의 교목이 주로 나타나며, 물의 무기영양소 농도가 낮다.

____ **2.** 때때로 다른 습지에 인접하여 나타나며, 언덕처럼 군집을 이루는 사초들이 우점한다.

____ **3.** 미국 남부에 분포하며, 낙우송과 같이 큰 나무가 자란다.

____ **4.** 하천과 강에 인접하며, 상류로부터 물과 영양소를 받는다.

____ **5.** 물이 중성에서 알칼리성을 띠고, 칼슘이 풍부하며, 부들, 사초 그리고 몇 화본과 초본들이 특징적으로 나타난다.

____ **6.** 파도의 작용이 적고 퇴적물이 풍부한 연안에서 나타나며, 때때로 스파르티나(*Spartina*)와 같은 초본성 식물을 포함한다.

8. 많은 습지식물은 바람이 불고 물기가 많은 서식지에서 생활하는 다양한 전략을 갖고 있다. 부들을 예로 들어 이러한 적응을 논하라.

9. 인간의 활동이 담수 습지를 악화시키는 사례를 열거하라.

응용 개념

1. 유리병에 남색덩이말속(*Microcystis*)과 같은 남세균의 현탁액을 채웠다고 가정하자. 병의 입구를 코르크 마개로 봉하고, 한 병은 대조를 위하여 따로 두었다. 고무로 된 망치로 두 번째 병의 마개를 몇 번 세게 두드린 다음, 이 또한 따로 두었다. 15분 가량 지난 다음, 마개를 두드렸던 두 번째 병에 담긴 남세균은 대부분 바닥에 가라앉았지만, 첫 번째 병은 현탁액이 유지되었다. 어찌된 일일까?
2. 1950년에 덴마크의 이탄을 형성하는 습지에서 목에 올가미가 감긴 남자의 시체가 발견되었다. 이 남자는 2천년 전에 죽었음에도 불구하고, 놀랍게도 사체는 잘 보존되었다. 과연 이탄 습지의 어떤 조건이 이렇게 놀랄 만한 보존을 가능하게 하였을까?
3. 습지는 인간과 환경에게 많은 귀중한 혜택을 제공한다. 이러한 혜택을 최소한 다섯 가지 열거할 수 있겠는가?
4. 물은 참으로 놀랄 만한 물질이며, 이는 모든 생명의 근간이 된다. 이 장에서는 물기둥의 밀도 차이가 어떻게 여름에 호수의 성층을 일으키고, 봄과 가을에는 혼합, 즉 역전을 유발하는 지를 설명하였다. 물의 또 다른 특성은 고체 상태인 얼음인데, 얼음은 액체 상태보다 밀도가 낮아서 뜨게 된다. 만일 이러한 일이 일어나지 않는다면, 즉 얼음이 밑으로 가라앉는다면 어떤 결과가 생길 지 숙고하라.
5. 데이비스 호수(Lake Davis)는 캘리포니아 북부의 시에라네바다 산맥에 위치하고 있다. 그런데 북미의 동부에 분포하는 포식성 어류인 노선파이크(northern pike)가 최근 이 호수에서 발견되었다. 이 침입자를 근절하고자 1997년에 캘리포니아 주 정부기관의 과학자들이 식물에서 추출하고 어류에 유독한 물질인 로테논(rotenone)을 호수 전체에 넣었다. 왜 주 정부의 과학자들은 이 한 종에 대하여 그토록 염려하였을까? 당신이 사는 지역에 도입된 한 두 종의 외래종이 생태계를 교란시킨 사례를 생각해 보라.

Appendix I

Metric System Conversions

To Convert Metric Units:	Multiply by:	To Get English Equivalent:
	Length	
Centimeters (cm)	0.3937	Inches (in.)
Meters (m)	3.2808	Feet (ft)
Meters (m)	1.0936	Yards (yd)
Kilometers (km)	0.6214	Miles (mi)
	Area	
Square centimeters (cm^2)	0.155	Square inches ($in.^2$)
Square meters (m^2)	10.7639	Square feet (ft^2)
Square meters (m^2)	1.1960	Square yards (yd^2)
Square kilometers (km^2)	0.3831	Square miles (mi^2)
Hectare (ha) (10,000 m^2)	2.4710	Acres (a)
	Volume	
Cubic centimeters (cm^3)	0.06	Cubic inches ($in.^3$)
Cubic meters (m^3)	35.30	Cubic feet (ft^3)
Cubic meters (m^3)	1.3079	Cubic yards (yd^3)
Cubic kilometers (km^3)	0.24	Cubic miles (mi^3)
Liters (L)	1.0567	Quarts (qt), U.S.
Liters (L)	0.26	Gallons (gal), U.S.
	Mass	
Grams (g)	0.03527	Ounces (oz)
Kilograms (kg)	2.2046	Pounds (lb)
Metric ton (tonne) (t)	1.10	Ton (tn), U.S.
	Speed	
Meters/second (mps)	2.24	Miles/hour (mph)
Kilometers/hour (kmph)	0.62	Miles/hour (mph)

To Convert English Units:	Multiply by:	To Get Metric Equivalent:
	Length	
Inches (in.)	2.54	Centimeters (cm)
Feet (ft)	0.3048	Meters (m)
Yards (yd)	0.9144	Meters (m)
Miles (mi)	1.6094	Kilometers (km)
	Area	
Square inches ($in.^2$)	6.45	Square centimeters (cm^2)
Square feet (ft^2)	0.0929	Square meters (m^2)
Square yards (yd^2)	0.8361	Square meters (m^2)
Square miles (mi^2)	2.5900	Square kilometers (km^2)
Acres (a)	0.4047	Hectare (ha) (10,000 m^2)
	Volume	
Cubic inches ($in.^3$)	16.39	Cubic centimeters (cm^3)
Cubic feet (ft^3)	0.028	Cubic meters (m^3)
Cubic yards (yd^3)	0.765	Cubic meters (m^3)
Cubic miles (mi^3)	4.17	Cubic kilometers (km^3)
Quarts (qt), U.S.	0.9463	Liters (L)
Gallons (gal), U.S.	3.8	Liters (L)
	Mass	
Ounces (oz)	28.3495	Grams (g)
Pounds (lb)	0.4536	Kilograms (kg)
Ton (tn), U.S.	0.91	Metric ton (tonne) (t)
	Speed	
Miles/hour (mph)	0.448	Meters/second (mps)
Miles/hour (mph)	1.6094	Kilometers/hour (kmph)

Metric Prefixes

Prefix		Meaning		
giga-	G	10^9	=	1,000,000,000
mega-	M	10^6	=	1,000,000
kilo-	k	10^3	=	1000
hecto-	h	10^2	=	100
deka-	da	10^1	=	10
		10^0	=	1
deci-	d	10^{-1}	=	0.1
centi-	c	10^{-2}	=	0.01
milli-	m	10^{-3}	=	0.001
micro-	μ	10^{-6}	=	0.000001

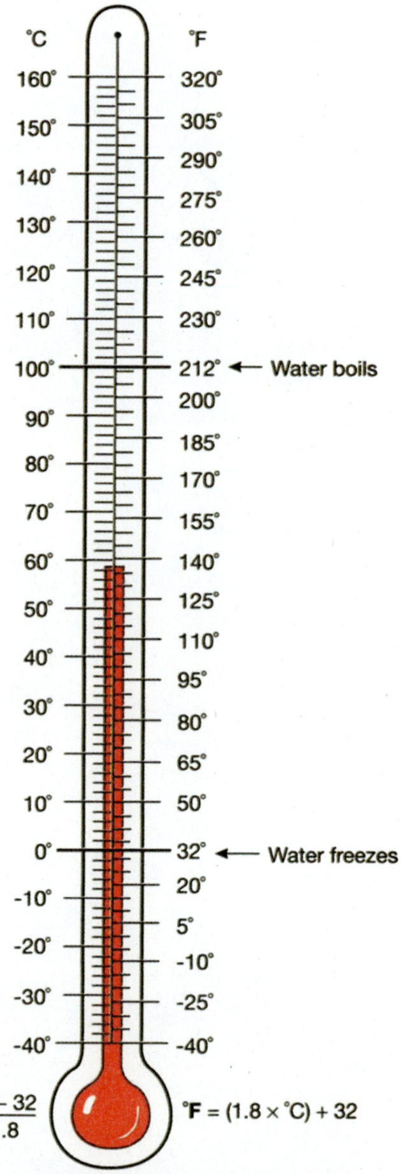

$$°C = \frac{°F - 32}{1.8}$$

$$°F = (1.8 \times °C) + 32$$

Appendix II

Geological Time Scale

Eon	Era	Period	Epoch	Plant/Algal Evolutionary Events	Climate, topography, other life-forms
PHANEROZOIC (543)	CENOZOIC (65)	Quaternary (1.6)	Recent (0.01)	Multiple invasions of nonnative aquatic species resulting from human activities	Fluctuating temperatures, including several glaciation events; age of humans
		Tertiary (65)	Pliocene (5)		North and South America joined by Panama land bridge; cooler climate
			Miocene (23)		Temperatures moderate; glaciation occurs in Southern Hemisphere
			Oligocene (34)	Many modern genera of plants appear	Extensive tectonic activity; South America separated from Antarctica
			Eocene (56)	Green algae associated with formation of oil deposits	Mild to warm climate; Australia separates from Antarctica
			Paleocene (65)	Many plants become extinct; freshwater pennate diatoms appear	Extinction of dinosaurs and other organisms
	MESOZOIC (251)	Cretaceous (145)		Angiosperms diversify	Asteroid or comet impact at Cretaceous/Tertiary boundary; high sea levels; South America separates from Africa; many insect groups diversify
		Jurassic (208)		Gymnosperms dominate; early angiosperms appear; dinoflagellates undergo major radiation	Climates mild; extensive continental seas
		Triassic (251)		Forests of gymnosperms and ferns; calcium-coated marine green algae abundant	Continents form a single supercontinent; first dinosaurs and mammals appear
	PALEOZOIC (543)	Permian (290)		Several gymnosperm groups appear (conifers, cycads, *Ginkgo*)	Southern Hemisphere glaciation; reptiles diversify; mass extinction at the end of the period
		Carboniferous (362)		Forests of seedless vascular plants	Warm climate; extensive inland swamps; age of amphibians; origin of reptiles
		Devonian (408)		Seedless vascular plants diversify	Extensive shallow inland seas; age of fish; insects appear
		Silurian (439)		First vascular plants appear	Mild climate
		Ordovician (490)		Fossil spores suggest widespread occurrence of early bryophyte-like land plants	Mild climate until end of the period when Africa was glaciated; shallow continental seas cover much of North America; oldest crustaceans; molluscs diversify
		Cambrian (543)		Earliest fossil spore evidence for land plants; diverse red algae; diverse microfossils regarded as unicellular phytoplankton	Mild climate; continental seas; many invertebrate animal groups appear
PRECAMBRIAN (4500)	PROTEROZOIC (2500)			Molecular clock evidence for land plants at 700 mya; earliest stramenopile and dinoflagellate algae; earliest multicellular red and green algae; diverse filamentous and colonial cyanobacteria	Oldest traces of invertebrates; earliest geochemical evidence for oxygenic photosynthesis; long periods of extensive glaciation
	ARCHEAN (4500)			Oldest phytoplankton; oldest cyanobacteria/stromatolites	Arguably oldest geochemical evidence for life (> 3.7 bya); follows period of intense bombardment of Earth by debris left over from formation of the solar system; conditions incompatible with persistence of life

Note: Numbers in parentheses indicate the age in millions of years (rounded to nearest million) at which the geologic time period begins.

Answers

Chapter 1

Review Questions

1. As defined in this book, an organism must pass four criteria to qualify as a plant: (a) Plants are multicellular. There are no mature, single-celled plants. (b) Plants possess cellulose-rich walls. Many organisms, such as animals, do not possess cell walls at all; others, such as bacteria and fungi, possess walls rich in compounds other than cellulose, such as chitin. (c) Plants usually possess chlorophyll and are photosynthetic. A few plants lack chlorophyll and are not photosynthetic, but even these are descended from photosynthetic ancestors. (d) Plants are adapted to life on land, or if aquatic, then they descended from plants that were adapted to land life. Adaptations to land life are many, and will be discussed throughout this book.
2. (a) Like plants, most (or even all, depending on your definition) animals are multicellular organisms, and many are indeed adapted to land life. But animals lack cell walls and chlorophyll; they are neither photosynthetic nor do they, as a group, produce cellulose. (b) Although most fungal species are multicellular, some single-celled species (e.g., yeasts) do exist. Furthermore, although fungi do possess cell walls and many species are adapted to life on land, fungi contain neither cellulose nor chlorophyll and thus do not qualify as plants. (c) Bacteria can be easily separated from plants by their cell architecture, which is of the "prokaryotic" type. Beyond that, as a group, they consistently lack the features of plants: Although some species are multicellular, most exist as single cells. Some species do contain chlorophyll, but most do not and are not photosynthetic. Many bacteria lack a plant-type cell wall, and those with one usually do not impregnate it with cellulose. As a group, bacteria simply do not consistently fit the definition of a plant.
3. One adaptation to land life is the production of an embryo—a very young plant that arises from a fertilized egg and develops within maternal plant tissues. In effect, the mother plant nurtures her very young plantlets to give them a little help in starting out on a life of their own. Since all plants produce embryos, they are often referred to as embryophytes to separate them as a group from organisms such as algae and fungi, which do not produce embryos.
4. The major groups of land-adapted plants: (a) Bryophytes, mosses and liverworts. An example would be the *Sphagnum* moss used as peat in gardening. (b) Lycophytes, or club mosses. The most familiar example of these little-known plants is the club moss known as *Lycopodium*. (c) Pteridophytes, or ferns. Most people recognize a fern when they see one, even though fern species are not as widely known as the next two groups of plants. Plant enthusiasts may recognize ostrich fern, maidenhair fern, or staghorn fern as representative fern species. (d) Gymnosperms, best known for their coniferous, or cone-bearing, species such as pine, spruce, and redwood trees. (e) Angiosperms, or flowering plants. By far the largest group of plants, this group includes such familiar examples as apples, roses, grasses, tomatoes, and gardenias.
5. Plants help to maintain our atmospheric levels of oxygen and carbon dioxide. The oxygen in our atmosphere is mainly a by-product of photosynthesis, about half of it being produced by plants and the remainder by algae and cyanobacteria. Without these organisms to replenish the oxygen in the atmosphere, ours would be a world devoid of any significant levels of gaseous oxygen. By continually consuming carbon dioxide in the reactions of photosynthesis, plants (along with algae and cyanobacteria) help to keep the levels of this greenhouse gas from rising too high.
6. A "greenhouse" gas is an atmospheric gas that absorbs heat, or infrared, radiation. Surface features such as rock, soil, and water absorb solar radiation during the day and become warmer; typically, as this absorbed energy is radiated back to space at infrared wavelengths, the extra heat is lost and the Earth cools back down. When greenhouse gases are present in the atmosphere in significant amounts, they absorb this infrared radiation and trap the heat energy on the Earth, raising global temperatures. The result is global warming. Careful scientific measurements have documented an increase in global temperature of 0.7–1.4°C over the last century, and this correlates well with a concomitant increase in greenhouse gas levels in the atmosphere. Although the debate is often acrimonious over just how much of the increase in greenhouse gas levels is due to human activities, it is clear that if current global warming trends continue unabated, the ecological impacts will be significant and, in some cases, devastating.
7. Food webs are complex feeding relationships involving a number of different species. Typically, photosynthetic species such as plants, algae, or cyanobacteria are at the base of the web, and the web itself consists of these organisms as well as all the higher organisms that feed upon them and upon each other. When one considers the myriad species of bacteria, algae, fungi, plants, and animals that may participate in the food web of a given area, one begins to appreciate how incredibly complex such webs may be. However, the interactions between these species tend to be short-lived and not particularly intimate. Symbioses involve relationships between two or more partners, and typically these interactions are more intimate and longer term than in food webs. For example, the predator-prey relationship between a hawk and a squirrel involves a short-lived interaction; it is part of a food web. On the other hand, the single-celled animals living in the gut of a termite form an intimate association that persists for the life of the termite; it is a symbiosis.
8. Science is a process, and as such it is constantly undergoing change and revision. Although it is empirical, involving measurement, observations, experiments, and conclusions, it seeks to be as objective as possible. Out of this objectivity arises reproducibility: If physical and chemical laws govern natural events, then the same experiment repeated by multiple researchers should yield similar results. To decrease the probability that one or more observations are in error, scientists use replicates in their experiments—the more replicates showing a given result, the less likely are those observations to be erroneous. Science advances as data are summarized and scientific statements are formed. These statements may be arrived at through inductive or deductive reasoning, but all statements must be testable. Untestable statements and theories are simply outside the purview of science. Every scientist accepts that new evidence or deeper understanding may drastically change the nature of today's scientific statements, but science evolves and new ideas often supersede older ones. Another important part of science is peer review—before experimental reports and new scientific ideas can be published, peers in the field must review manuscripts. This helps to ensure that a proposed article is worthy of becoming part of the scientific literature. A similar procedure exists for obtaining grant monies to conduct research.
9. Inductive reasoning begins with particular measurements and observations, from which analyses are made and conclusions drawn. The resultant conclusions allow a scientist to formulate a more expansive generalization known as a theory. In effect, inductive reasoning begins small, with individual pieces of data (measurements, observations), and then builds up to "the big picture" (a theory). In deductive reasoning, one begins with a hypothesis, a preliminary explanation based upon accumulated knowledge and experience. One can then use that hypothesis to predict the outcome of relevant experiments, and then test the hypothesis by actually performing those experiments. Eventually the hypothesis is refined to the point where it accounts for most if not all of the experimental data.

Applying Concepts

1. A common type of mutualism occurs in our own bodies—the *E. coli* and other beneficial bacteria inhabiting our intestinal tract. We provide a nurturing environment for the bacteria while they, in turn, provide us with some vitamins and inhibit the growth of more harmful microbial species. Lichens represent a classic example of mutualism between an alga and a fungus, while belowground, fungi and bacteria form mutualistic symbioses with plant roots. A common example of commensalism is a bird building its nest high in the branches of a tree; the bird certainly benefits from its lofty home, while the tree is neither hurt nor harmed. A lichen growing on a tree trunk provides another example. Parasites abound in the world as well; examples include plant parasites such as dodder or mistletoe growing upon their plant hosts, insects such as aphids feeding off plant sap, and fleas and mange mites living on an unfortunate dog. Many bacteria or fungi parasitize their hosts, and some parasitic mites cause their plant host to form galls—round balls of plant tissue (oak galls are a common example of this). Indeed, symbioses are all around us, even in so common an area as a city park or a college campus.
2. The answers to this question will, of course, vary. Potential answers could include houseplants for aesthetics or kitchen plants (like chives) for cooking, as well as plants of all sorts for food, spices, textiles, lumber, dyes, medicines, art, rubber, fermented plant beverages, reeds for baskets, paper products, potting medium, and so forth.

Chapter 2

Review Questions

1. Scientists use both direct and indirect lines of evidence when studying the origins of plant domestication by ancient peoples. Direct evidence includes examination of actual plant material that has survived to the present day, including (1) seeds, grains, and pollen, (2) vegetative fragments such as pieces of wood, plant fibers, and leaf material, (3) inorganic plant crystals such as phytoliths, and (4) undigested human plant material in fossilized human feces (coprolites). Such material may be preserved by any number of processes, including desiccation (being dried), being charred in a fire, being buried in anoxic lake sediments, and so forth. Indirect lines of evidence include examining ancient documents, burial artifacts, art, tools, ceramics, and paint, as well as observing agricultural techniques used today by so-called primitive cultures. Last, with the advent of molecular biology, genetic analyses of both ancient crop plants and their wild relatives may yield clues to the ancestry of the crop plants.
2. Three regions involved in early plant domestication: (1) The Fertile Crescent region of the Near East, where the cereals wheat and barley, and the legumes peas, chickpeas, and lentils, were grown. (2) Several areas of the Far East, including sites in China along the Yellow and Yangtze River Valleys. People in these areas learned to grow the food crops rice and millet—both cereals, soybean—a legume, and hemp—a plant valued for its fibers. (3) Native peoples in the New World collectively domesticated more than 100 species of plants, including the cereal plant maize (corn), legumes such as peanuts and lima beans, and many other crops including sunflowers, squash, chili peppers, tomatoes, potatoes, and manioc.
3. Advantages of cereals: (1) Cereal plants can often tolerate relatively drier growing conditions than other crops, making them especially useful in drier climates. (2) Cereals have high growth rates and are quite efficient at food production. (3) Cereals are rich in carbohydrates and proteins, making them very desirable as food sources. Advantages of legumes: (1) Leguminous plants, in association with soil bacteria, are able to fix atmospheric nitrogen. Most of these nitrogen compounds eventually end up in the soil where they become available to other plants. Leguminous plants are thus a cheap source of nitrogen fertilizer. (2) Legumes are very high in protein content. One legume, the soybean, contains as much protein on a gram-for-gram basis as some animal sources. (3) Legumes can

provide the essential amino acids lysine and tryptophan, which are deficient in cereals. When legumes are consumed with cereals, a well balanced diet results. Last, both legumes and cereals are dry at maturity, facilitating easy storage for long periods.

4. The appearance of agriculture offers several crucial benefits to human society. First, since agriculture produces food so much more efficiently than hunter-gatherer practices, it also allows a given area of land to support a much larger human population. Second, the development of crop plants that store well reduced the risk of food shortages in lean years. Third, the development of reliable agricultural food sources freed a major portion of the population to pursue other interests and thus facilitated advances in all other areas of society including art, medicine, science, law, athletics, and the trades. In no small way, agriculture forms the basis of any advanced civilization.
5. Artificial selection is the selective breeding of plants (or animals) showing desirable traits so as to encourage the appearance and development of those traits in future generations. For plants, this might mean planting seed only from parents showing a certain trait, such as large fruit, thus encouraging larger fruits in the next generation of that crop. Virtually every crop plant has undergone significant modification from its wild progenitors; the domestication of corn (maize) is an example. The closest wild relative of modern corn—teosinte—produces corn kernels with a very hard, inedible coat. Further, teosinte cobs bear only a few kernels of corn, lack an enveloping husk, and shatter at maturity. In collecting seeds for the following year's crop of plants, early corn domesticators selected kernels from plants showing traits they considered desirable—larger, softer kernels, and cobs that have larger numbers of kernels, are in a protective husk, and are easier to harvest because they do not shatter at maturity. As this process of artificial selection continued over many, many years, eventually a crop plant resembling modern corn emerged.
6. The practice of monoculture involves planting large areas with a single type of crop—or in many cases, the exact same hybrid. This leads to efficient planting, maintenance, and harvesting, since the entire crop can be managed with one set of agricultural tools. The disadvantage, of course, is that the entire crop is genetically similar, or even identical. Any pest that can easily attack one plant can easily attack all its neighbors, so that the entire crop is at risk. The practice of polyculture, on the other hand, involves planting a field with different types of crop plants. This makes it more difficult for any single pest to attack the entire crop. For example, an insect or fungus that attacks tomato plants might have difficulty attacking corn and onions. The disadvantage of this technique is that each crop plant has its own special needs—different planting, watering, fertilizing, and harvesting schedules; different soil requirements; different maintenance requirements; and potentially different tools needed to plant, maintain, harvest and/or store the crop. These disadvantages increase the overall financial and labor costs of farming.
7. Many species of animals and microbes live by directly attacking plants. Plants counter these attacks by producing various defensive chemicals termed secondary compounds. These chemicals might thwart an attack by inhibiting fungal growth, by killing pathogenic bacteria, by attracting insectivorous animals, or by simply being distasteful to passing herbivores. Regions of the world such as the tropics, with their high biological diversity, harbor many organisms that are potentially harmful to plants. In dealing with the higher numbers of pathogens and pests, the plants growing in these regions typically produce a greater variety of defensive secondary compounds than plants growing elsewhere.
8. The secondary compounds of plants occur as a bewildering array of chemicals, many of which profoundly affect human physiology. Recognizing that such active compounds may have medicinal value, some companies market herbal concoctions, usually as dried herbs supplied in capsules. Such preparations typically contain dried or powdered plant material, and the active compounds are not purified. Since the concentration of secondary compounds in plants is quite dependent on growing conditions, the concentrations of these compounds in herbal preparations—which are mixtures of plants collected in different areas or at different times—will similarly vary. Medical personnel would be concerned that casual use of such preparations that are not standardized could adversely affect the health of individuals, or that the active principles in them might interact with prescription medicines in unforeseen ways.
9. Plants produce many secondary compounds, including psychoactive compounds. Many of these chemicals help to deter herbivores that seek to eat the plants and microbes that may cause disease. Psychoactive compounds affect the nervous system of mammals and humans and may alter behavior to decrease feeding or make animals less alert and more susceptible to their own predators. Psychoactive compounds include stimulants, such as caffeine (from coffee plants), nicotine (from tobacco plants), and cocaine (from Coca plants); hallucinogens from marijuana, belladonna, peyote cactus, and *Datura*; and narcotics (heroin, morphine) from poppy plants.

Applying Concepts

1. Examining the plant remains in the surrounding vegetation as well as in the human habitation would shed much light on the types of plants and the relative proportions of the plant species in each environment. Clues that a given plant was farmed and not merely collected from the wild would include (1) rare wild plants that are found in relative abundance in human encampments; (2) plants that are not part of the local flora but nonetheless occur in relative abundance in human encampments; and (3) plants containing modifications—such as nonshattering cobs of corn—that decrease the plant's ability to survive without human intervention.
2. Of course, you could not be sure that a given plant is safe to eat unless you can unambiguously identify it as an edible plant. Lacking this ability, you can at least "stack the odds" in your favor by doing the following: (1) Eat plants that you know have many edible or at least nonpoisonous relatives, and conversely, avoid eating plants with many poisonous relatives. Examples of plant groups in the first category are the rose family—wild cherries, plums, apples, and raspberries—and the grass family, from which we obtain our cereals. Plant families having some very poisonous members include the nightshade family, which contains deadly nightshade, and the carrot family, which contains several very poisonous hemlocks. (2) Since alkaloids are bitter compounds that are toxic in high doses, it would be best to avoid any bitter-tasting plant.
3. The dark muck of wetland soils contains high concentrations of plant nutrients. This soil could be dug out and incorporated into farm soils to improve their fertility. Early Native Americans in the Amazon region transported rich dark muck from wetlands to upland farms. This transfer greatly enriched the soil and allowed production of more crops.
4. The only plants that would grow well in nitrogen-deficient soil are those capable of fixing atmospheric nitrogen for their own use. Among the crop plants, this would include the legumes; the farmer would be well advised to grow leguminous plants such as alfalfa for fodder.

Chapter 3

Review Questions

1. (a) Refer to Figure 3.1. (b) Refer to Figure 3.5. (c) A covalent bond
2. (a) An ionic bond is essentially the attractive force between oppositely charged atoms. Such atoms may be free or part of an existing molecule. Table salt is an example, where a positively charged sodium ion (Na^+) is attracted to a negatively charged chloride ion (Cl^-). A second example is seen in hydrochloric acid, where the hydrogen ion (H^+) is attracted to the chloride ion (Cl^-). (b) A covalent bond is the attractive force between atoms that are sharing electrons. Examples include molecular hydrogen (H_2), where two hydrogen atoms each share their electron; molecular nitrogen (N_2), where each nitrogen atom shares 3 electrons, for a total of 6 shared electrons; and methane (CH_4), where one carbon atom shares 4 of its 6 electrons with the four hydrogen atoms, while the hydrogen atoms each share their single electron with the carbon. (c) A hydrogen bond involves the attraction of the (+)-charged pole of one molecule with the (−)-charged pole of another; a familiar example is the attraction of the (+)-charged hydrogen of a water molecule with the (−)-charged oxygen atom of another water molecule.
3. Because so many biologically important compounds readily dissolve in water, water is the solvent of choice for biological systems. It is difficult to imagine how the myriad reactions that normally occur in the water within a cell could, in fact, proceed so effectively in any other medium. The high cohesiveness of water gives it tensile strength, allowing a column of water to be drawn from the roots to the tops of the highest plants without a break in the flow. The high specific heat of water allows water in living organisms (as well as bodies of water in the environment) to absorb significant quantities of heat without a concomitantly large increase in temperature, thus mitigating large temperature fluctuations. Furthermore, it means that water must absorb a large amount of heat before changing from a liquid to a vapor, thereby providing a cooling mechanism (= evaporative cooling). Last, this same water vapor, upon condensing back to liquid water in the atmosphere, releases its stored heat energy, a process that helps power the weather systems blanketing our planet. Because solid water (ice) floats on liquid water, only the topmost layer of lakes and oceans freezes during the cold season. This allows the body of water to unfreeze during the following warm season instead of gradually freezing solid from the surface to the bottom.
4. Dehydration reactions are used to assemble these molecules from their simpler building blocks. The molecules listed would require the following number of dehydration reactions for assembly: (a) 1, (b) 3, (c) 3, and (d) 8.
5. The monosaccharides glucose and fructose are energy molecules, storing in their chemical bonds the radiant energy of the sun captured during photosynthesis. Virtually all cells can use their metabolic machinery to extract this chemical energy again. Humans use both of these sugars as sweetening agents (honey, for example, is a 1:1 mixture of glucose and fructose); glucose has medical and scientific uses as well. The most abundant disaccharide in plants is sucrose, which is used for short-term energy storage and transport. Humans extract this sugar from certain plants to form table sugar, which of course is used as a sweetener. The two most common plant polysaccharides are starch and cellulose. The former is used in plants for long-term energy storage, while cellulose is a structural polysaccharide used to help support the plant body. Both of these polysaccharides have dietary as well as commercial importance to humans. Starch is an important energy source to humans and livestock, and has a number of industrial and household uses (e.g., pressing clothes as well as thickening stews). Cellulose provides fiber in the diet and is exceedingly important as a major component of paper, lumber, and plant fibers (e.g., for textiles).
6. When applied to fatty acids, saturated means that the hydrocarbon tail is essentially "saturated" with hydrogen—it contains the maximum number of hydrogens possible and hence no double covalent bonds. A monounsaturated fatty acid has one double bond in its hydrocarbon tail, whereas a polyunsaturated fatty acid has two or more such double bonds. Saturated oil contains high levels of saturated fatty acids, a monounsaturated oil contains mostly monounsaturated fatty acids, and a polyunsaturated oil contains mostly polyunsaturated fatty acids. A diet emphasizing monounsaturated oils over the other two seems to be the healthiest to humans. Examples of monounsaturated oils are peanut and olive oils.
7. All amino acids possess a central carbon atom linked by covalent bonds to a hydrogen atom, an amino group ($-NH_2$), and a carboxylic acid group ($-COOH$). In addition, every central carbon atom is attached to a single side chain (the "R" group). Amino acids differ in the chemical nature of the R group they carry.
8. The four levels of protein organization are described as primary, secondary, tertiary, and quaternary. The primary structure is simply the amino acid sequence, as read from one end of the protein to the other. Secondary structure describes certain local folding motifs, such as alpha helices and pleated sheets. Some proteins possess only helices, others only sheets, and

still others both. Tertiary structure describes the three-dimensional folding of a protein into a functional molecule; when a protein loses its tertiary structure it almost invariably loses its ability to function as well. Quaternary structure describes the way some proteins assemble two or more polypeptides into a functional unit. Note, however, that some fully functional proteins consist of only a single polypeptide chain and thus lack a quaternary structure altogether.

9. The three components of a nucleotide are a sugar, one or more phosphate groups, and a nitrogenous base. Two adenine nucleotides provide examples of nucleotides that participate in a cell's metabolic activities. Adenosine diphosphate (ADP) and adenosine triphosphate (ATP) are universally involved in energy metabolism. Further examples can be seen in the B vitamins, which are complex nucleotides serving as coenzyme helpers to certain metabolic enzymes.
10. Nucleotides making up RNA and DNA are similar but differ in two ways. The sugar in an RNA nucleotide is ribose, a 5 carbon sugar, while in DNA nucleotides, the sugar is deoxyribose. Deoxyribose lacks an OH (hydroxyl) group that is present in ribose. The bases that are part of DNA nucleotides are adenine, guanine, cytosine, and thymidine. In RNA nucleotides, bases include adenine, guanine, cytosine, and the base uracil that substitutes for thymidine.
11. The three groups of major secondary compounds in plants are (1) the terpenes and terpenoids, (2) the phenolics including flavonoids, and (3) the alkaloids. The first group contains many fragrances, insecticides, and insect repellants; the second group is known for its spice flavors, antimicrobials, antioxidants that inactivate free radicals, and compounds that protect against ultraviolet radiation; the third group is known for its stimulatory, poisonous, and psychoactive compounds.

Applying Concepts

1. In the chemical analyses, the formula reported as (a) $C_4H_8O_4$ is consistent with simple 4-carbon sugars such as erythrose and threose, (b) $C_5H_{10}O_5$ is consistent with 5-carbon sugars such as ribose and xylose, (c) $C_3H_5(OH)_3$ is consistent with the formula for glycerol, and (d) $H_2NCH(CH_2SH)COOH$ is consistent with the chemical formula for the amino acid cysteine. These biological compounds are very common in living systems, suggesting that life might indeed be present on Europa. But nonbiological chemical processes may also synthesize these compounds in the absence of life. It would thus be best to proceed with optimistic caution, telling the press that the robotic lab has found an assemblage of compounds that suspiciously suggests the presence of life. At the same time, the news media should be warned not to jump to the conclusion that Europa harbors life, since these same compounds may also be created by purely chemical means in a world devoid of life. This would be a perfect opportunity to request more funding and additional future exploratory missions.
2. Starch and cellulose both consist of chains of glucose molecules linked together by covalent bonds; it is the nature of those bonds that distinguishes these two compounds. Starch is used as an energy storage molecule. Metabolic enzymes easily break the bonds linking its glucose units, so that releasing the energy of starch is a quick and easy process for a cell. Cellulose, on the other hand, is a structural carbohydrate; once laid down, it is as permanent as the girders of a skyscraper after the building is completed. This semipermanency of cellulose is reflected in the durability of the chemical bonds connecting its glucose molecules. These bonds are difficult to digest, and only a few groups of organisms can successfully degrade them. Basically, starch is easily formed and quickly degraded, while cellulose is built to endure.
3. While a substrate molecule occupies the active site of an enzyme, the amino acids forming that active site are in position to directly interact with atoms of the substrate. Thus active site amino acids are usually critical to enzyme function, participating in either substrate binding or catalysis; a mutation in one of these amino acids usually adversely affects enzyme function. Additional critical amino acids may be located far away from the active site, where they may be involved in maintaining the structural integrity of the enzyme, or in interacting with other, nonsubstrate molecules. However, these distant amino acids might simply act as noncritical spacers in the amino acid chain. For example, some amino acids are located on the periphery of the protein, their side chains pointing out into solvent and having very little interaction with neighboring amino acids. A mutation substituting one of these amino acids for another might have little or no effect on the function of that enzyme.
4. First, animal cells, like those of plants, require various mineral (i.e., inorganic) nutrients such as calcium, potassium, and iron; a healthy diet would include appropriate amounts of these substances. The human diet should also include some carbohydrates; not only do we derive energy from these molecules, but the metabolic processes that break them down form simpler molecules that in turn can serve as building blocks for other complex molecules. The diet should include some lipids, with the healthy monounsaturated oils emphasized, as well as sufficient amounts of the essential amino acids so that the body can grow and replace worn-out proteins. The body requires a variety of organic molecules known as vitamins; by definition, we cannot make these molecules and therefore must obtain them in our diet. The foods we consume should also contain sufficient fiber, or roughage (such as indigestible carbohydrates) to allow the digestive system to function efficiently.

Chapter 4

Review Questions

1. Prokaryotic cells are similar to eukaryotic cells in that both possess a phospholipid cell membrane (or plasma membrane) to delimit the cell interior from the external environment. Both types of cells use ribosomes to make proteins, although the two types of ribosomes are different from each other. Also, both types of cells contain genetic material—DNA—at least for some part of their life (some types of eukaryotic cells, such as human red blood cells, lose their nucleus and DNA as they mature). Lastly, both types of cells possess a complex metabolism for carrying on their respective vital activities. Despite these similarities, eukaryotic cells are considerably more complex and contain more unique subcellular features than their prokaryotic counterparts. For example, the eukaryotic endomembrane system consists of several organelles, including the prominent and uniquely eukaryotic endoplasmic reticulum and Golgi bodies. Also present in eukaryotic cells are a unique cytoskeleton and eukaryotic motor proteins, the latter causing various types of movements within the cytoplasm. Mitochondria are found within most (but not all) eukaryotic cells, and many others contain peroxisomes and chloroplasts. Certain cells, from primitive protozoa to some cells in the human body, bear whip-like flagella and cilia for movement, and these structures are very different from their counterparts among the prokaryotes. Finally, and inherent in the definition of eukaryotic, is the nucleus, a double-membrane-bound region containing most of the cellular DNA.
2. An integral membrane protein is a protein that is embedded in the phospholipid bilayer of a membrane; typically these proteins span the membrane from one side to the other. Receptor proteins are usually membrane proteins that bind to chemical messengers in the environment and initiate a series of intracellular events that ultimately bring about an appropriate cell response. Classic examples of receptor proteins are the hormone receptors, as found in both plant and animal cell membranes; these proteins allow chemically mediated cell-to-cell communication. Transport proteins are another type of integral membrane protein. They allow specific ions or organic compounds to cross the cell membrane. In the case of carrier and channel proteins, diffusion alone drives movement across the membrane, while active transporters or pumps use the chemical energy of ATP to move substances across the membrane against their concentration gradients. Examples of transporter proteins are the ion transporters in root cells that allow root hairs to accumulate specific minerals from very dilute soil solutions.
3. The osmotic strength of a solution can be roughly defined as the total concentration of its constituent solutes. Two solutions are isotonic if they have the same osmotic strengths. If the ionic strength of solution "A" is less than that of solution "B," then A is said to be hypotonic to B, and B is hypertonic with respect to A. If a semipermeable membrane separates two non-isotonic solutions, then water will move from the hypotonic into the hypertonic solution. Similarly, if a cell is placed into a solution that is hypertonic with respect to its cytoplasm, then water will leave the cell and move into the external solution; such a cell will shrink and become plasmolyzed. Conversely, a cell placed into a hypotonic solution is in danger of absorbing too much water and bursting. Higher animals deal with such osmotic problems by closely regulating the tonicity of their extracellular fluids—the extracellular fluids are kept isotonic with the cells. Plants cope with hypertonic extracellular fluids by engaging water conservation mechanisms, such as closing their stomata to prevent further water loss and wilting. Plants, fungi, and some bacteria and protists protect their cells from absorbing too much water from a hypotonic environment by encasing their cells in a cell wall. This prevents the cells from excessive expansion and subsequent bursting, in the same way an automobile tire prevents the inner tube from exploding when it is overinflated. Lastly, some protists, living in freshwater (very dilute) and lacking a cell wall, instead periodically pump extra water out of the cell using an organelle called a contractile vacuole.
4. Endocytosis is the bulk transport of materials into cells; exocytosis transports materials in the opposite direction. Endocytosis occurs as a pocket bulges inward from a cell membrane and eventually pinches off altogether, thus becoming a vesicle in the cytoplasm. Material once found outside the cell would then be trapped inside the vesicle. Exocytosis is the opposite process—vesicles inside the cell fuse with the plasma membrane and spew their contents to the cell exterior. Plants use exocytosis to secrete slippery mucilage around their root cells, which helps lubricate the roots as they push their way through the soil. Some plants, such as legumes, use endocytosis to bring nitrogen-fixing bacteria into the root cells. Additionally, some types of protists feed via a special type of endocytosis called phagotrophy, which they use to engulf food particles and prey cells.
5. (a) The nuclear envelope consists of two phospholipid bilayers, which delimit the nucleus of a eukaryotic cell. Inside the nuclear envelope is the ground substance of the nucleus—the nucleoplasm (b)—in which all the other nuclear components lie. The nuclear envelope is perforated by the nuclear pores (c), which allow for the passage of substances into and out of the nucleus. Bodies within the nucleus called nucleoli (d) are the sites where cytoplasmic ribosomes are produced; once assembled, the ribosomes leave the nucleus via the nuclear pores. The nucleus also contains the linear DNA molecules of eukaryotes, complexed with various proteins and referred to as chromosomes (e). All the nuclear genes are located on the chromosomes.
6. The endomembrane system is a network of interconnected phospholipid bilayers that are found within the cytoplasm of eukaryotic cells. These membranes contain embedded proteins and are specialized for certain subcellular tasks, such as producing proteins or other substances, or modifying them after they have been formed. The two major components of this system are the endoplasmic reticulum (ER) and the Golgi apparatus. There are two types of ER: smooth ER and rough ER. Smooth ER lacks ribosomes and is the site of fatty-acid and phospholipid synthesis. The cytoplasmic surface of rough ER is studded with ribosomes, and the proteins that are produced wind up inside the ER itself, where various sugars are attached to them. Proteins with attached sugars are called glycoproteins, and the glycoproteins leave the ER and travel to the Golgi apparatus. The Golgi apparatus comprises a series of flattened, membranous sacks. Glycoproteins arriving from the ER enter these sacks and undergo further chemical modifications and are then sent on their way to other parts of the cell. Additionally, in plants the Golgi apparatus also produces noncellulose polysaccharides, such as pectins and hemicelluloses.
7. (a) Any microscope that uses glass lenses and light waves to visualize a specimen is a light microscope. There are many types of light microscopes, including the following four types (b–e). (b) Compound light microscopes are typical of the microscopes found in biology classes; they are capable of magnifications of

1000× or more. Specimens must be semitransparent to be visible and are often treated with various stains to increase the contrast and/or visibility of cells or subcellular components. (c) Stereo dissecting microscopes are essentially two low-power microscopes placed side by side. Such systems provide true stereo views and provide typical magnification ranges of 2× to 40× although some models may magnify as much as 100×. (d) A fluorescence microscope system illuminates a specimen with high-energy light—typically ultraviolet—then images any fluoresced light emerging from the specimen (the ultraviolet light is filtered out of the imaging pathway). (e) Confocal laser scanning microscopes build their images by scanning a specimen with a precisely focused laser beam. With such a system, a very small "optical slice" of a cell can be imaged, and the portions of the cell above and below the slice plane do not appreciably degrade the image. (f and g) Any microscope that uses magnetic lenses and electron beams to image a specimen is an electron microscope. Typically electron microscopes have resolving powers several orders of magnitude higher (i.e., better) than their light microscope counterparts. (f) A transmission electron microscope images an ultrathin section of a specimen after passing an electron beam through it. Typically these sections are stained with heavy metals (such as lead and uranium salts) to increase the contrast of certain subcellular components. (g) A scanning electron microscope scans a focused electron beam across the surface of a specimen (often coated with metal) and forms an image using the electrons that bounce back. This type of microscopy is particularly suited for observing the surface features of a specimen.

8. Halophytes are plants that grow in high-salt environments, such as deserts, salt marshes, and ocean beaches. These plants have made various adaptations to life in such a saline habitat. Some plants accumulate salts in their vacuoles and organic solutes in their cytoplasm, thus counterbalancing the high salt concentrations outside the cells. Other plants, such as some mangrove trees, excrete the excess salt onto their leaf surfaces, where it can be washed or blown away. Yet other halophytes, such as the desert plant *Atriplex*, excrete the extra salt into surface structures that then break away harmlessly from the plant. Such mechanisms allow these plants to grow in areas too salty to be colonized by most plants.
9. The cytoskeleton is the structural framework of all eukaryotic cells; it consists of three types of protein fibers: microtubules, long, cylindrical aggregates of the protein tubulin; microfilaments, consisting of two strands of actin filaments twisted around each other; and intermediate filaments, which are formed from any of several other proteins. Three motor proteins associate with the cytoskeleton and produce cellular movement; they are kinesin, dynein, and myosin. Kinesin associates with microtubules and is responsible for the directed movement of many vesicles and organelles about the cell; it is also partly responsible for chromosome movement at mitosis and meiosis. Dynein also associates with microtubules and is responsible for the swimming movements of flagella and cilia. Like kinesin, dynein also plays a role in the movement of chromosomes during mitosis and meiosis. Finally, myosin interacts with actin microfilaments to produce contractile movements. Myosin is responsible for muscle contraction in animals, cytokinesis (cell division) in eukaryotes, and cytoplasmic streaming in plants.
10. (a) Cellulose is the major structural component of cell walls; it consists of long polymer fibers of the simple sugar glucose. (b) Hemicellulose, a polymer of glucose and other sugars, binds the cellulose fibers together. (c) Pectin, another polysaccharide, combines with calcium and forms a jelly-like epoxy that fills the spaces not only between the cellulose fibers but also between the cells. (d) Plasmodesmata are small, membrane-lined channels running through the walls of adjacent cells and connecting their cytoplasms. By establishing cytoplasmic continuity, they provide a direct route for the movement of small molecules and ions between cells. When a plant is wounded, the plasmodesmata of the damaged cells become plugged by another polysaccharide known as callose (e); this prevents continual loss of water and small molecules from the cellular lesion. (f) Lignin is not a polysaccharide but rather a phenolic polymer. It is not found in all cell walls, but when present, it imparts structural rigidity and waterproofing abilities.
11. Typical chloroplasts are characterized by the possession of the green pigment chlorophyll. These plastids function in photosynthesis. They often possess other pigments that mask their intrinsic green color and impart to them a blue, yellow, orange, red, or brown color. Chromoplasts are plastids that present a bright orange, yellow, or red color due to the presence of lipid-soluble carotenoid pigments. They give color to plant parts, including many flowers, fruits, and autumn leaves. Amyloplasts are plastids specialized to store starch; they typically lack pigments and appear more or less colorless.

Applying Concepts

1. (a) Although this could be done with either an LM or a TEM, it would generally be easier with the former, which allows for easier sample manipulation, easier sample staining, and easier sample sectioning. (b) Because cells are killed during preparation for electron microscopy, only LM would allow you to view living cells. Thus, only LM would be appropriate. (c) This could be most easily accomplished with a fluorescence LM; the entire cytoskeleton (= internal network of fibers) could be quickly stained with a fluorescent dye and viewed. (d) An LM does not provide sufficient resolving power and magnification to view these very small structures, so that a TEM would be required. (e) Because an SEM excels at imaging small surface details, it would be most appropriate to view these small surface scales. (f) Unfortunately, none of these microscopes can view something as small as an individual atom, and non-microscopic techniques would be required.
2. Primary cell walls are capable of stretching, so they can be laid down before and during the elongation phase of cell growth. Because primary walls are produced first, the cells must construct their secondary walls inside their primaries. Secondary walls are not capable of stretching, so they cannot be laid down until after elongation has ceased. The cell membrane plays a central role in the creation of a cell wall, and it is located within the cytoplasm, inside any wall that is present.
3. (a) Nonfunctional kinesin would be a lethal mutation to plants and animals. Chromosome separation could not occur properly, so that mitosis could not happen. Thus, zygotes could not grow. Furthermore, trafficking of cell vesicles would stop, and intracellular chaos would ensue. Cells could not grow and mature properly. (b) If dynein were nonfunctional, then microtubular sliding would stop. Flagellated sperm would not be able to swim, so fertilization would be prevented in many eukaryotes. If a zygote could be formed, mitosis could not occur properly, so they could not divide and mature. Like kinesin, nonfunctional dynein would be incompatible with normal growth and development. (c) Nonfunctional myosin would also lead to early death in both plants and animals. Because myosin is the motor operating in muscle tissue, all muscular contraction would cease, as would such vital processes as blood circulation and breathing. Another consequence to all eukaryotes would be the inability to properly complete cell division, so once again growth and development could not proceed. Clearly, motor proteins are essential to eukaryotic life.
4. Many of the nutrients entering cells do so by diffusion, and they are distributed about the cell by the same process. Similarly, many wastes leave cells by diffusion as well. Such a large cell would have a very small ratio of surface area to volume, and diffusion would probably be unable to provide nutrients and remove waste products fast enough to support life (unless some very elaborate and highly metabolic system evolved to circumvent this problem). It would be much more efficient and evolutionarily probable to construct a beach-ball-sized organism out of many smaller cells, each of which could be easily serviced by diffusion.

Chapter 5

Review Questions

1. Simply put, photosynthesis is the process by which the energy of light is used to produce carbohydrates starting from simpler precursor molecules like carbon dioxide and water, while respiration is the process whereby energy is released as more complex organic molecules like carbohydrates are broken down into simpler molecules. Both processes involve a set of enzyme-mediated chemical reactions, membrane-bound proteins that are involved in electron transport, and both result in a buildup of protons—a proton, or pH, gradient—which is tapped to produce ATP molecules. In plants, photosynthesis is associated with chloroplasts, and respiration with mitochondria and cytoplasm. Another difference is that photosynthesis uses an external energy source (light) to create high-energy compounds (ATP and NADPH) that are used to incorporate CO_2 and H_2O into organic compounds, while respiration breaks down larger organic compounds into simpler ones (sometimes all the way back down to CO_2 and H_2O), extracting energy in the process.
2. (a) Substrates, or reactants, are the initial molecules that are reacting (being altered) in a chemical reaction. (b) Products are the final molecules that result from a chemical reaction. (c) Activation energy is an initial amount of energy that must be put into a chemical reaction before it will proceed. It can be thought of as an initial energy barrier that must be overcome in order for the reaction to move forward. (d) An exergonic reaction is one that releases energy because the products possess less energy than the reactants. (e) An endergonic reaction requires an input of energy in order for the reaction to proceed, because the products have more energy than the reactants.
3. A catalyst is any substance that participates in and speeds up a chemical reaction, but is not consumed in any way during the process. (a) Enzymes are the catalysts used in biological systems. Virtually all enzymes are protein molecules, each of which is a specific catalyst in one chemical reaction. (b) The active site is the "business" end of an enzyme. It is the region where catalysis actually takes place—where substrates bind and products form. (c) Many enzymes require nonprotein molecules to assist them in their normal catalytic functions; such helpers are called cofactors. Cofactors may be inorganic ions like Mg^{+2} or Fe^{+2} or they may be organic (but not proteinaceous) molecules; the latter are called coenzymes (d).
4. In freshman chemistry, many students learned the mnemonic, "Leo the lion says, 'Ger,'" to distinguish oxidation from reduction. Oxidation involves the loss of one or more electrons (Leo: losing electrons = oxidation); reduction involves the acquisition of one or more electrons (Ger: gaining electrons = reduction). Because oxygen attracts electrons so strongly, it may be the electron acceptor in an oxidation-reduction reaction, but it is not required for these reactions to occur. Most oxidation-reduction reactions in biological systems do not involve oxygen. Oxidation-reduction reactions always occur in pairs because these two processes are complementary—one molecule donates electrons while the other accepts them. In biological systems, usually a proton accompanies the electron being transferred, so that, in essence, a hydrogen atom is transferred. Thus, the most common type of oxidation-reduction reaction in biological systems involves the transfer of a hydrogen atom.
5. A pigment is any molecule that absorbs at visual wavelengths; that is, it absorbs any portion of the electromagnetic spectrum we know as visible light. The absorption spectrum of chlorophyll a shows that it absorbs strongly in the red (600–700 nm) and blue (<400 nm) regions of the spectrum. Thus, when white light falls upon this pigment, the reddish and bluish hues are selectively absorbed and mainly the green wavelengths (around 520 nm) are reflected, allowing our eyes to perceive a green color. Chlorophyll a is the crucial molecule in photosynthesis, because two special chlorophyll a molecules are at the core of every photosystem I and II reaction center. These molecules represent the final destinations of absorbed light energy, and they are the initial electron donors to the electron transfer chains of both photosystems. Without these critical chlorophyll a molecules, the light reactions of photosynthesis in plants would not occur. Accessory pigments (often called antenna pigments) increase the absorptive cross section of the reaction center chlorophyll a. Instead of just one chlorophyll a molecule absorbing light, antenna pigments permit thousands of molecules to participate in light absorption—each at

their own characteristic wavelengths—and funnel that energy to the reaction center chlorophyll. This allows both photosystems to make much more efficient use of the photons impinging upon them. Examples of accessory pigments in plants include chlorophyll b and carotenoid pigments.

6. The first detectable Calvin-cycle product in C_3 photosynthesis is a 3-carbon compound called 3-phosphoglycerate (PGA); in C_4 and CAM photosynthesis, it is a 4-carbon compound called oxaloacetate. Additional differences exist in the behavior of the stomata and of the photosynthetic cells themselves. C_3 plants normally open their stomata during the day and the mesophyll cells simultaneously perform the light and dark reactions of photosynthesis. However, these plants close their stomata on particularly hot and dry days in order to conserve water. This leads to increased oxygen tension around the mesophyll cells (because of the light reactions), with concomitant loss of fixed carbon due to photorespiration. Like C_3 plants, C_4 plants also open their stomata for gas exchange during the day. Unlike C_3 plants, the mesophyll cells of C_4 plants first fix atmospheric carbon dioxide into oxaloacetate, which is promptly converted to malate, exported to the bundle-sheath cells, and decarboxylated. The CO_2 so released enters into the Calvin cycle in the bundle-sheath cells, and PGA is produced as before. However, because of the high CO_2 tension and low O_2 tension in the sheath cells, the Calvin cycle is favored there over photorespiration. CAM plants employ a variant of the C_4 pathway, opening their stomata at night and storing the fixed CO_2 as malate in the mesophyll vacuoles. During the daytime, they close their stomata to conserve water and decarboxylate the malate; the CO_2 so released enters the Calvin cycle as before. CAM plants thus perform their C_4 reactions during the cooler, more humid nighttime hours, and perform their light reactions and Calvin cycle during the day. C_3 plants operate best in cooler temperate climates, where they do not have to close their stomata during the day to conserve water; C_4 plants do better when conditions are hot and perhaps dry as well. CAM plants are best adapted to desert conditions. Approximately 85% of plant species use the C_3 pathway alone to fix carbon.
7. In the light reactions, photosystem (PS) I and II antenna pigments absorb photons and funnel the energy to their respective reaction center chlorophyll a's. Beginning with the reaction center chlorophyll a's of photosystem II, electrons pass along to various components of an electron transport chain, through PS I reaction center chlorophyll a's, to a second electron transport chain and ultimately to $NADP^+$ which is reduced to NADPH. As the electrons are being transported from carrier to carrier between PS II and PS I, some of their energy is used to pump protons from the stroma to the thylakoid lumen. Thus a pH gradient develops there, and an ATP synthase complex harnesses the energy of this gradient to phosphorylate ADP to ATP. The electrons originally lost from the PS II reaction center chlorophyll a's are replaced with electrons snatched from water, which in the process is oxidized to 2 H^+ and 1/2 O_2. The net result of these reactions is that light energy is used to drive the formation of ATP and NADPH, and to split water with the concomitant release of oxygen gas. The dark, or Calvin cycle, reactions are a series of chemical reactions where CO_2 and H_2O are combined to form organic carbon. The first and best known step in this pathway is catalyzed by an enzyme called Rubisco. Along the entire cycle, unfavorable steps are driven by the energy of ATP, and reducing power is provided by NADPH. CO_2 is reduced to a 3 carbon compound called 3-phosphoglycerate, which may then be converted to the true product of photosynthesis, phosphoglyceraldehyde (PGAL). Most other organic compounds in the cell can be synthesized indirectly from PGAL.
8. In noncyclic electron flow, electrons from photosystem (PS) II reaction center chlorophyll a's are passed along an electron transport chain, through PS I, to a second electron transport chain and finally to $NADP^+$ which becomes reduced to NADPH; a pH gradient is concurrently produced, from which the ATP synthase complex synthesizes ATP molecules by phosphorylating ADP. In cyclic electron flow, electrons from PS I are passed through several of the electron transport chain carriers that normally shuttle electrons between PS II and PS I. Passage of these electrons helps create a proton gradient to drive ATP synthesis. The electrons return to the PS I reaction center. Cyclic electron flow produces ATP; PS II is not involved, and no NADPH is synthesized.
9. Photorespiration is caused by the ability of the ribulose 1,5-bisphosphate carboxylase/oxygenase (rubisco) enzyme to combine either oxygen or carbon dioxide with ribulose 1,5-bisphosphate. When carbon dioxide is a substrate, two molecules of 3-phosphoglycerate (PGA) are eventually produced, and there has been a net fixation of carbon. When oxygen is the substrate, however, only one PGA is produced, and carbon dioxide is released. Photorespiration is considered wasteful because it is counterproductive to the Calvin cycle reactions. Through the activities of the Calvin cycle, CO_2 carbons appear in newly synthesized PGA molecules; photorespiration, by contrast, causes PGA carbon atoms to be released again as CO_2, undoing the work of photosynthesis.
10. Glycolysis is a series of 10 reactions by which a starting sugar—usually glucose—is broken down into 2 molecules of pyruvate, a 3-carbon compound. During this process, there is a net gain per glucose reaction of 2 ATP molecules and 2 NADH molecules. No carbon dioxides are released during the glycolytic reactions, so that all of the original glucose carbons are contained in the 2 pyruvate molecules. The pyruvate molecules then move into the mitochondria, where they are decarboxylated—each pyruvate becoming an acetyl group on an acetyl CoA molecule; 2 more NADH molecules are produced during this process. At this point 2 of the original 6 glucose carbons have been released as carbon dioxide, with the remaining 4 carbon atoms present as 2 acetyl groups. The acetyl groups from acetyl CoA then enter the citric acid cycle, where they first combine with a 4-carbon compound (oxaloacetate) to form a 6-carbon compound (citric acid), which is subsequently decarboxylated twice, and the resulting 4-carbon compound is used to regenerate the oxaloacetate that started the cycle. At this point all of the carbons originally held in glucose have been respired as carbon dioxide. Keeping in mind that 2 acetyl groups enter the citric acid cycle for each glucose molecule processed through glycolysis, a total of 2 more ATP molecules are made, as well as 6 NADH and 2 $FADH_2$ molecules. Both NADH and $FADH_2$ are like poker chips in that they can be "traded in" for ATP molecules. Specifically, their high-energy electrons can be indirectly used to drive the phosphorylation of ADP to ATP.
11. Electron transport begins when either NADH or $FADH_2$ donates electrons to electron carrier proteins located in the inner mitochondrial membranes of the cristae. These carrier proteins are part of an electron transport chain that shuttles electrons down an energy gradient to the ultimate electron acceptor, oxygen. As oxygen molecules accept pairs of electrons and pick up protons from solution, they are reduced to water. Concurrent with electron transport, some of the carriers in the electron transport chain also translocate protons across the inner mitochondrial membrane to the intermembrane space. This establishes a pH gradient across the membrane. ATP synthase complexes in the inner mitochondrial membrane are able to harness the proton gradient to do work; specifically, the complexes allow protons to flow through them down the proton gradient and back into the mitochondrial matrix. As this happens, the ATP synthase complexes tap into some of the kinetic energy of the moving protons to phosphorylate ADP to ATP.

Applying Concepts

1. At a gross level, photosynthesis and respiration do appear to be the opposite of each other. The goal of respiration is to oxidize organic carbon to CO_2 and water, capturing some of the released chemical energy in the bonds of several high-energy ATP molecules. The goal of photosynthesis, on the other hand, is to reduce CO_2 and H_2O to organic compounds, some of these reactions being driven by the hydrolysis of ATP. Also, both of these processes consist of two separate sets of reactions: a series of enzyme-mediated chemical reactions that occur in aqueous compartments of the plant cell, and a series of oxidation-reduction reactions occurring in the membranes of organelles (chloroplasts or mitochondria). Nonetheless there are significant differences. For example, the chemical reactions of the two processes are quite distinct from each other, using unique enzymes and, for the most part, unique substrates. Furthermore, neither photosynthesis nor respiration can be run in reverse, so obviously neither can be the "opposite" of the other. The electron transport chains of the two processes employ different (though in some cases, similar) electron carriers, with photosynthesis actually using two different electron transport systems (photosystems I and II). Also, different adenine dinucleotide electron carriers are used in the two processes: respiration uses NADH and $FADH_2$ while photosynthesis uses NADPH. Lastly, electron transport in photosynthesis is driven by absorbed light energy, but electron transport in respiration does not produce any light in return. Other differences exist, but those described sufficiently demonstrate that, although photosynthesis and respiration are similar in some ways, they are not simply opposite reactions.
2. Some plant cells do not possess chloroplasts, while others spend some or all of their time in the dark. In either case, such cells must rely on respiration for their energy needs. Some examples are root cells, which normally do not possess chloroplasts and usually grow in darkness (in the soil), as well as the living cells in secondary xylem and phloem growing beneath a thick, opaque bark. Obviously, on a dark night respiration is the only means for any plant cell to make ATP. Often, some or all of the cells in flowers and fruits lack chloroplasts and thus use respiration for energy, even on a bright, sunny day. Thus it is clear that, like animals, respiration is a critical process for plants as well.
3. First, using many small steps produces a greater variety of small molecules to be used as precursors in the synthesis of other important biological molecules. Aside from that, the main reason to use many small steps is that they allow a much greater degree of control over the reactions than if they were done in just a few large steps. Not only would it be much harder for cells to regulate the reactions occurring in them, but it would be more difficult to capture the energy of the exergonic reactions as well as to reverse any reactions if needed.

Chapter 6

Review Questions

1. DNA is a long polymer that consists of thousands to millions of repeating chemical units called nucleotides (d) arranged to form a double helical structure similar in shape to a spiral staircase. The backbone of this molecule (the railing of the staircase) is composed of a sugar (deoxyribose) and a phosphate molecule (e), while the nitrogenous bases (f) project inward from this backbone like the steps on the spiral staircase. Each DNA polymer forms a long molecule that in prokaryotes (including mitochondria and chloroplasts) assumes the form of a closed circle, that is, the ends join together to yield a circular molecule. In eukaryotes the DNA remains linear, each molecule thus possessing two free ends. Additionally, the eukaryotic DNA associates with proteins termed histones (b), and the resulting DNA-protein aggregate condenses into small bodies termed chromosomes (a). Whether the DNA molecule is circular or linear, it carries the units of genetic information known as genes (c). Most genes contain the coded information necessary to construct a new protein molecule, although in some cases RNA is the final gene product.
2. Adenine, cytosine, and guanine are found in both DNA and RNA (a); thymine occurs only in DNA (b), and uracil only in RNA (c). All five of these bases contain nitrogen (d) and hence are called nitrogenous bases. Adenine and guanine each are double-ring compounds called purines (e); the remaining three bases, each of which form a single ring, are pyrimidines (f).
3. The pairing rules for DNA are derived from the observation by Erwin Chargaff in 1950 that, regardless of the DNA source, the ratios of adenine to thymine and of cytosine to guanine were always nearly 1.0. The Watson and Crick model of DNA structure explained these ratios perfectly: the DNA molecule is composed of two complementary strands, all of whose bases are

normally paired to a base on the other strand. In this situation, adenine always pairs with thymine and cytosine with guanine. RNA, on the other hand, is single-stranded, and thus there is no second strand for DNA-type pairing to occur. However, RNA strands can fold back on themselves in antiparallel fashion, whereupon complementary sequences may still pair. Thus RNA may contain some paired bases. If this does occur, the pairing rules in RNA are that cytosine always pairs with guanine and adenine with uracil. The DNA fragment and its complementary strand would be:

AATATACCG
TTATATGGC

4. To replicate, the two parental strands of a DNA molecule must first be pried apart from each other. Helicase enzymes help in this separation process. Once separated, binding proteins stabilize the strands so that they do not re-associate again. DNA polymerases then bind to each of the individual strands and begin synthesizing its missing complementary strand. This synthesis is accomplished by "reading" the base sequence and inserting the complementary base into the nascent strand. Polymerases do not begin their work at random but rather at very specific DNA sequences known as origins of replication. When the process is complete, there will be two DNA molecules, each consisting of one of the original parental strands and one newly synthesized strand.
5. Many genes do indeed encode the amino acid sequences of proteins. But some genes encode tRNA or rRNA sequences, which are not translated into proteins. In addition, certain sequences of DNA serve as specific recognition sequences, such as the stretches of DNA forming the origins of replication. Lastly, much eukaryotic DNA has no known function, coding or otherwise; introns are one such example.
6. Being nucleic acids, both DNA and RNA are composed of nucleotides, a sugar-phosphate backbone bearing nitrogenous bases. The bases adenine, cytosine, and guanine occur in both molecules, and the sequence of bases in either molecule can encode genetic information. Lastly, both molecules are found in all cells, from the smallest prokaryote to the most advanced eukaryote. Here are some important ways these two molecules differ: (a) DNA uses the sugar deoxyribose in its backbone while RNA uses ribose; (b) DNA uses the base thymine while RNA substitutes with the base uracil; (c) in eukaryotes, DNA resides in the nucleus while RNA is synthesized in the nucleus but mostly functions in the cytoplasm; (d) in eukaryotes, DNA is associated with proteins termed histones while RNA is not; and (e) DNA exists as a double-stranded helix while RNA is single-stranded. Additional answers are possible.
7. The three types of RNA are mRNA, rRNA, and tRNA. DNA guides synthesis of RNA in a process called transcription. The mRNA so produced essentially carries a "working copy" of one or more genes out to the ribosomes, where translation occurs. Ribosomes are the structures on which translation occurs; they are composed, in part, of rRNA, a type of structural RNA. The third RNA type, tRNA, forms the critical link between the mRNA code and the amino acids of the nascent protein. At one end of a tRNA molecule is an attached amino acid; at the other end is a three-base sequence—the anticodon—that is specific for that amino acid. By pairing of codons and anticodons during the translation process, the correct amino acids are inserted into the growing peptide chain.
8. Initiation begins with the attachment of an initiator tRNA molecule to a small ribosomal subunit. After this, the small subunit binds to an mRNA molecule in such a way that the tRNA anticodons and the mRNA codons are closely aligned. Lastly, a large subunit then binds to the complex, completing the assembly. The large subunit is oriented such that its P site is occupied by the methionine-tRNA. Elongation, the next phase, is an iterative process. An aminoacyl-tRNA binds to the A site of the large subunit. This second aminoacyl-tRNA possesses an anticodon complementary to the second codon on the mRNA. Actual elongation of the nascent polypeptide occurs as a peptide bond forms between the two amino acids. At this point the entire peptide is found in the A site. The mRNA then indexes down one codon, so that the first tRNA—devoid of its methionine—now occupies the exit site and leaves the assembly. The second tRNA with its growing peptide chain moves with the mRNA so that it now occupies the P site. The A site is now open, but a new aminoacyl-tRNA soon occupies it. As before, the anticodon of the incoming aminoacyl-tRNA is complementary to the codon now occupying the A site. A new peptide bond is formed, as before, and the process repeats itself. In this manner, the polypeptide chain grows, one specific amino acid at a time. Eventually a stop codon is brought into the A site, and the termination phase begins. A releasing protein binds to the stop codon, causing the polypeptide chain to be released and the ribosomal assembly to fall apart. The net result is the synthesis of a new polypeptide chain whose amino acid sequence was dictated by the base sequence of the mRNA strand.
9. (a) Between prokaryotes and eukaryotes, prokaryotes have the smallest amounts of DNA. Disparities in DNA levels in excess of several thousandfold are not uncommon. (b) Among the prokaryotes, some *Mycoplasma* species contain as little as 600 kb of DNA—enough for about 760 proteins—while other bacteria contain several times more DNA. As an example, *Escherichia coli* bacteria contain 4,700 kb of DNA, enough to code for about 4,000 proteins. (c) Eukaryotic cells contain the highest levels of DNA. On the low side are "simpler" organisms such as yeast (*Saccharomyces cerevisiae*), with about 13,500 kb of DNA, while the flowering plant *Trillium* sp. contains up to 100,000,000 kb. Humans, it turns out, contain a more modest 3,000,000 kb of DNA.
10. Ribosomes are aggregates of several ribosomal RNAs (rRNAs) and ribosomal proteins. These compounds are organized into a smaller assembly, the small subunit, and a larger one, the large subunit. Ribosomes consist of one such small subunit and one large one. The small subunit contains the important binding site for the mRNA. The large subunit possesses three important sites, two of which (the A site and the P site) are filled with aminoacyl-tRNAs during the elongation phase; the third site (the exit site) serves as the point of release of a tRNA molecule after it has served its purpose during protein synthesis.
11. The newly formed mRNA in eukaryotes is a mixture of mRNA sequences that are destined to be translated and other sequences that must be removed before translation. In the processing, the noncoding sequences—called introns—are excised from the mRNA, and the remaining coding sequences—the exons—are spliced back together into a shorter mRNA molecule that is ready for translation.
12. Replication is the process by which a molecule of DNA is duplicated. Ideally, both of the daughter molecules are identical to the original parental molecule. The typical use of replication is to make a complete copy of the genetic material of a cell just prior to cell division. Transcription is the process by which the sequence information of a DNA molecule (or segment) guides the formation of a molecule of RNA. In the case of mRNA, transcription results in a working copy of the relevant genes from the DNA molecule. Translation is the ribosome-mediated process whereby a new polypeptide is assembled; the sequence information found on the mRNA strand dictates the resulting amino acid sequence of the polypeptide.

Applying Concepts

1. The original strand and the newly synthesized products are:

(complementary DNA after replication)

AAATGTTTGGTCAGCGAGGGTAGGTT

(original DNA)

TTTACAAACCAGTCGCTCCCATCCAA

(complementary mRNA)

AAAUGUUUGGUCAGCGAGGGUAGGUU

(mRNA arranged into codons)

AA AUG UUU GGU CAG CGA GGG UAG GUU

(polypeptide sequence)

Met • Phe • Gly • Gln • Arg • Gly • (stop)

During the translation process, note that bases leading up to the AUG start codon as well as bases following the UAG stop codon are ignored and untranslated. Thus translation begins with the AUG start codon and ends when one of the three stop codons (here UAG) is encountered.

2. In the following answers, mRNA sequences have been arranged into codons, where possible.
(a) mRNA = AA AUG UUU GGU CAG CGA GGC UAG GUU. In this example, the mutation has changed a GGG codon into a GGC codon. But both of these codons code for glycine (Gly), so there would be no change in the polypeptide sequence. This is an example of a silent mutation, and the polypeptide sequence is still

Met • Phe • Gly • Gln • Arg • Gly • (stop)

(b) mRNA = AA AUG UUU GGU CAC CGA GGG UAG GUU. This mutation has changed a CAG codon into a CAC codon, which changes a glutamine (Gln) to a histidine (His) in the polypeptide. The new sequence would be

Met • Phe • Gly • His • Arg • Gly • (stop)

(c) mRNA = AAAUCUUUGGUCAGCGAGGGUAGGUU. This mutation has changed the AUG start codon into an AUC. Without the start codon, translation cannot initiate, so there will be no polypeptide product.

(d) mRNA = AA AUG UUU GGU CAG CGA GGG UAC GUU. This mutation changed the UAG stop codon into a UAC tyrosine (Tyr) codon. Thus, translation would proceed through the UAC codon until another stop codon is encountered. Obviously the mutant polypeptide could be considerably longer than the original one, and its leading sequence would be

Met • Phe • Gly • Gln • Arg • Gly • Tyr • Val • ...

(e) mRNA = AA AUG UUU GGU CAG CGG GGU AGG UU. This deletion is an example of a frameshift mutation; beginning with the mutated codon and proceeding downstream from it, the codons have shifted one base to the left, resulting in a completely new sequence. Starting at the first mutated codon, the protein sequence generally becomes gibberish, with translation stopping whenever the first stop codon happens to be encountered. The leading sequence of this polypeptide would be

Met • Phe • Gly • Gln • Arg • Gly • Arg • ...

(f) mRNA = AA AUG UUU GGU CAG CGA AGG GUA GGU U. This insertion also causes a frameshift mutation, changing codons to its right by shifting them over one base. Again the stop codon disappears and a new sequence results. The leading sequence of the polypeptide would be

Met • Phe • Gly • Gln • Arg • Arg • Val • Gly • ...

3. A codon size of two would mean any of the four bases taken two at a time. This would lead to 4 × 4 or 16 different combinations, barely sufficient to encode 14 amino acids plus a start and a stop codon. A codon size of 3 could encode 4 × 4 × 4 or 64 different combinations, so could easily encode for 50 amino acids plus punctuation. But a codon triplet would be insufficient to encode 70 amino acids; one would need to use a codon quartet, which could specify 4 × 4 × 4 × 4 or 256 different combinations—more than adequate to encode 70 amino acids plus punctuation.
4. The theory of the common origin of life on Earth states that life began as a single life-form—one cell—which, over geologic time, radiated around the planet and evolved into the many extant and extinct species that have appeared. The fact that all life-forms on the planet, with very few and minor exceptions, interpret the genetic code in the same way is powerful evidence that this theory is correct. Alternately, the existence of a multitude of groups, each interpreting the code in its own unique way, would be strong evidence that all life does not have a common ancestor but rather that the different groups of organisms have had different primordial origins. In other words, it would imply that life arose many times independently and that the descendents of those initial cells form the different groups we see

today. Such a situation would require drastic revision of our theories of the origin of life on this planet.

5. Students' answers will vary.

Chapter 7

Review Questions

1. The cell cycle is the orderly sequence of events occurring in cyclical fashion in the life of a cell. In the longer phase of this cycle—interphase—the cell components, including the DNA, are duplicated; in the shorter division phase, the duplicated components are distributed amongst the two forming daughter cells.
2. In prokaryotes, including organelles such as mitochondria and plastids, the circular DNA chromosome(s) lies supercoiled in a special region of the cell/organelle termed the nucleoid. In contrast to the nucleus of eukaryotes, the nucleoid is not membrane delimited but is rather a defined region of the bacterial cytoplasm. The linear DNA molecules of eukaryotes, on the other hand, associate with histone proteins (nucleosomes) to form highly condensed DNA-protein assemblages. Such structures are found in a double membrane-bound region of the cell called the nucleus. The DNA of mitochondria and plastids is like that in prokaryotes.
3. First, the prokaryotic chromosome replicates. The cell then elongates, and because the chromosomes are attached to the plasma membrane, this process results in the separation of the two daughter chromosomes. The cell wall and plasma membrane of this elongated cell then pinches inward until the cell separates into two, and cell division is completed.
4. A centromere is a specific region of a eukaryotic chromosome that binds the DNA to the mitotic spindle. A body that contains a single centromere, regardless of whether it carries one or two double-stranded DNA molecules, is termed a chromosome. After a eukaryotic chromosome duplicates, two identical molecules of double-stranded DNA are joined together by a single centromere; in this case, the entire structure is a chromosome and each of the two DNA molecules is a sister chromatid. During anaphase, each centromere splits, the sister chromatids separating and moving to opposite poles of the mitotic spindle. At this time each chromatid possesses its own unique centromere and is properly termed a chromosome.
5. Mitosis is division of the nucleus, whereby each of the two daughter nuclei receive one sister chromatid from every sister chromatid pair. This results in each of the daughter nuclei receiving a complete copy of every chromosome present in the parent nucleus. Cytokinesis, on the other hand, is the division of the cytoplasm and the distribution of the cytoplasmic organelles between the daughter cells. Typically, cytokinesis immediately follows mitosis, although this is not always the case. Mitosis and cytokinesis are both processes involving eukaryotic structures such as microtubules and nuclei, and thus they are properly applied only to eukaryotes.
6. Each species has a characteristic number of chromosomes. In some cells, each chromosome carries a unique assortment of genes; such cells are termed haploid. In other cells, chromosomes occur as members of pairs, meaning that each chromosome has a partner that carries the same genes; such a cell has two sets of chromosomes, two copies of each gene, and is referred to as diploid. Additionally, the chromosome pairs in such a diploid cell are called homologous chromosomes. For example, humans possess 23 unique chromosomes, so that a haploid human cell (egg or sperm) possesses only those 23 chromosomes, while a diploid human cell contains 23 pairs of chromosomes, or 46 altogether. Although the exact number of chromosomes varies from species to species, within a species, a diploid cell possesses twice as many chromosomes as a haploid one. Since every chromosome in a haploid cell carries a unique set of genes, haploid cells do not possess homologous chromosomes; the term, in fact, is not even applicable to haploid cells.
7. G_1 phase—Cells increase in size as they synthesize cellular components such as proteins and membranes.

   S phase—Replication of DNA (duplication of chromosomes) and synthesis of associated histone proteins.

   G_2 phase—Final preparations for cell division as cells synthesize the requisite components of the mitotic apparatus.

   Prophase—Chromosomes become visible (in a light microscope) as they condense; microtubules of mitotic spindle appear; nucleolus and nuclear envelope disappear.

   Metaphase—Centromeres of chromosomes align themselves in an imaginary plane along the equator of the mitotic spindle.

   Anaphase—Sister chromatids separate at the centromeres and move to opposite poles of the mitotic spindle.

   Telophase—Chromosomes complete separation, uncoil, and become invisible again; nucleolus and nuclear envelope reappear.

   Cytokinesis—Division of the cytoplasm and distribution of the organelles to the newly formed daughter cells.

   The G_1, S, and G_2 phases are part of interphase; the others are part of the division phase of the cell cycle.
8. Located at the centromere of each chromatid, kinetochores are special protein complexes that bind to the (+) end of spindle microtubules. Kinetochores play critical roles in (a) keeping sister chromatids together until all centromeres are aligned on the spindle equator (Mad2 pathway), (b) freeing chromatids so that they may separate and move to opposite poles, and (c) providing the attachment point for spindle microtubules to chromosomes, thus transmitting the motive forces necessary to accomplish (a) and (b).
9. A phragmoplast is a system of microtubules and protein filaments (actin and myosin) that occurs only in plants and some algae. It functions during cytokinesis to divide the cytoplasm. In doing this, it provides a mechanism by which plant cells may divide into two daughter cells, each producing its own complete cell wall.

Applying Concepts

1. Mitosis is the means by which eukaryotic cells distribute identical copies of the nuclear DNA (i.e., the genetic material) to two daughter cells.
2. One line of research would be to examine mitotic cells with a transmission electron microscope (TEM). Modern TEM techniques clearly show real structures—microtubules—corresponding in location to the spindle fibers. Secondly, when fluorescent antibodies directed against the protein tubulin are administered to mitotic cells, again real structures corresponding to spindle fibers are tagged and become clearly visible in a fluorescence microscope (a technique called immunomicroscopy). Also, if one examines a mitotic cell under a light microscope and uses a laser to destroy the spindle fibers to one side of a chromatid pair, the chromatids immediately move toward the opposite pole. These lines of evidence and many others strongly suggest that spindle fibers are indeed physical structures.
3. Cancer is a disease in which cells have lost their tight control over the cell cycle in general and mitosis in particular. Such frequent mitoses in cancerous tissue result in an expanding mass that forms a malignant tumor. In mitosis, the alignment and distribution of chromosomes is intimately dependent upon microtubules; indeed, without microtubules, mitosis cannot proceed properly. By inhibiting the formation of these very microtubules, compounds such as vinblastine inhibit mitosis overall and thus slow the spread of highly mitotic cancer cells.
4. The names commonly applied to these polyploidy conditions are triploid (3N), tetraploid (4N), hexaploid (6N), octaploid (8N), and decaploid (10N).
5. In properly stained tissue, each of these phases is easily identified under a light microscope. Thus, one needs only to examine prepared slides of the mitotic tissue, and then tabulate the numbers of cells seen in interphase and in each of the mitotic phases. The numbers so obtained for each phase should be in direct proportion to the amount of time spent in that phase. For example, if 5 out of 1,000 cells in mitotic tissue were in anaphase, then anaphase probably accounts for approximately 5/1,000, or 0.5% of the cell cycle.

Chapter 8

Review Questions

1. Roots, stems, and leaves compose the three basic plant organs, with stems and leaves forming the upright, aboveground organ system known as the shoot, while the roots form the buried root system. Flowers, buds, fruits, and seeds are more complex plant organs consisting of two or three of the basic plant organs.
2. These three terms are used to describe the life-cycle patterns of flowering plants. Annual plants complete their entire life cycle within a 1-year period, usually germinating early in the growing season and then flowering, setting seed, and dying before that season ends. With some annuals, such as the spring ephemerals, this may occur within a 2-month period. Biennials, on the other hand, require two years to complete their life cycle; the first year is generally a period of vegetative growth, followed by a year of flowering, fruiting, and death. Perennials, such as trees and shrubs, persist for many years; indeed, some individual bristlecone pine trees have been alive in California and Nevada for nearly 5,000 years.
3. Plasmodesmata are small, cytoplasmic connections between adjacent cells. Although plasmodesmata are essentially pores through adjacent cell walls, they are far more than simple pores. For example, each contains a cytoplasmic strand and a variety of proteins that help regulate the passage of solutes and particles from one cell to the next. Simple pores could not do that. Symplastic continuity refers to the condition in which the cytoplasm of two adjacent cells are in contact with each other through the plasmodesmata; materials such as certain ions can move from cell to cell via the plasmodesmata and never have to cross either a cell wall or a plasma membrane. Primary and secondary plasmodesmata are distinguished by how they form. Primary plasmodesmata form as new wall material is laid down between sibling cells during cytokinesis. Secondary plasmodesmata, on the other hand, form between two cells not as wall material is deposited but by selective enzymatic degradation of already formed walls; basically, small pores are enzymatically created and then strands of cytoplasm are connected through the pores. The cells involved in secondary plasmodesmata formation may or may not be sibling cells.
4. A meristem is a region where undifferentiated cells display high mitotic activity; that is, they are producing new tissue via rapid cell division. A primary meristem produces primary tissues (no wood or cork) and leads to an increase in the length of a shoot or root. A typical location for such primary meristems is at the apex of a root or shoot, in which case they are known as root or shoot apical meristems, respectively. Secondary meristems such as the vascular and cork cambia produce secondary tissues—secondary xylem (wood) and secondary phloem in the case of the vascular cambium and the cork cells of the bark in the case of the cork cambium. Despite their names, these cambia are bona fide meristems.
5. Most plant cells contain a large vacuole, a single-membrane bound organelle that occupies a central location in the cell. If the cell wall is loosened enough so that it is able to expand, then rather rapid cell growth can be effected by water uptake into the vacuole. The enlarging vacuole thus expands the cell size and causes cell growth. Animal cells, lacking a vacuole, do not possess this growth mechanism.
6. All plant life cycles alternate between a spore-producing sporophyte and a gamete-producing gametophyte. Sporophytes develop from zygotes and gametophytes from spores; they are genetically distinct individuals having different numbers of chromosomes. This type of life cycle is not seen among the animals, which do not produce spores. Plants are also capable of reproducing asexually, where an individual essentially produces clones of itself. This type of propagation may occur (a) in the wild via plantlets, sucker shoots, and rhizomes; (b) in the greenhouse via stem, leaf, or root cuttings; or (c) in the laboratory from single plant cells or plant tissue cultures via a process known as somatic embryogenesis. Higher animals lack the ability to reproduce asexually; certainly they do not do it in the wild, and even the animal cloning performed in today's research labs is not true somatic embryogenesis.

Applying Concepts

1. Plant cells joined by plasmodesmata have symplastic continuity, meaning their cytoplasms are continuous. Cytoplasmic continuity allows chemical communication, and proteins and messenger RNA (mRNA) molecules move among cells connected by plasmodesmata. On the negative side, viruses can also move through plasmodesmata, spreading disease throughout a specific interconnected plant tissue.
2. The sporophyte develops from a zygote and produces spores. The gametophyte develops from a spore and produces gametes. These two multicellular plant bodies differ in size and structure and alternate during the life cycle of a plant. In mosses the sporophyte is small and grows on its usually more conspicuous green gametophyte. The fern sporophyte is the large, leafy plant grown in gardens and homes as a houseplant. The sporophyte produces spores on the undersides of the leaves. The fern gametophyte is much smaller, about the size of a thumbnail, and a microscope is necessary to see the gamete-producing structures. In flowering plants such as daisies and oaks, the sporophyte is the large, conspicuous flowering plant. The gametophyte stages are only a few cells in size, are not green, and are located within the flowers of the sporophyte stage, on which they are dependant for food.
3. Many plants can reproduce by asexual reproduction. The common houseplant *Kalanchoë*, for example, can produce tiny plantlets along the margins of its leaves. When these plantlets drop off the leaves, they can take root in the soil and grow into adult plants that are genetically identical to their parent. In the laboratory non-reproductive cells can be taken from plants such as carrot and induced to form embryos and adult plants. This cloning process is called somatic embryogenesis, the production of embryos from somatic (body) cells rather than fusion of gametes. In both asexual reproduction and somatic embryogenesis, body cells give rise to embryos and new adult plants that are clones of the parent plant. The two processes are similar.

Chapter 9

Review Questions

1. Stems are the organs that bear the other plant organs—roots, leaves, flowers, fruits, cones, and so forth. The apical meristems of stems provide a means for plants to increase their height or length. This, in turn, further increases the available surface area and allows the production of more reproductive or photosynthetic tissue. Stems provide direct support for the aerial portions of a plant. Some stems are themselves photosynthetic, and others may sport sharp thorns for protection. The vasculature of stems allows for the transport of water, minerals, and sugars between the roots and leaves. Some stems are modified to increase their utility even further. For example, some stems store food or water, others are used for climbing and support, and yet others are purposely made hollow to house an army of protective ants! Clearly, stems play a pivotal role in the life of plants.
2. Both xylem and phloem transport materials within the plant body. Generally, xylem conducts water and minerals from the roots through the stems to the leaves, flowers, buds, and fruits. In addition, in the springtime, sugars stored in the lower parts of the plant are carried to the developing buds and leaves via the xylem. It is for this sugar solution that the xylem of maple trees is tapped for sap in the spring. Phloem, on the other hand, transports dilute solutions of organic molecules such as sugar from a "source" where they are produced or stored to a "sink" where they are utilized. This means that whereas flow in the xylem tends to be in the roots-to-leaves direction, phloem flow is not so limited and may occur in any direction, though always from source to sink.
3. Only the vascular plants possess true vascular tissue. This large assemblage of plants includes the seed plants—flowering plants and gymnosperms (pine trees and relatives)—as well as the pteridophytes (ferns) and lycophytes. Vascular tissue appeared with the early land plants hundreds of millions of years ago at a time when plants consisted of only stems, no roots or leaves. Although some bryophytes and algae do have conducting tissues, they lack lignin, a substance considered the hallmark of true vascular tissue.
4. Primary xylem and phloem are derived from the apical meristem through the activities of the procambium, while secondary xylem and phloem differentiate from a secondary meristem known as the vascular cambium. Primary xylem and phloem occur in close proximity inside elongated packets called vascular bundles. The bundles are generally wrapped in hard supporting tissue termed sclerenchyma and are separated from each other by nonvascular tissue. In monocots, vascular bundles are scattered throughout the stem, while in eudicots they are arranged in a ring near the periphery of the stem. In woody eudicot stems, vascular tissue is no longer produced by the apical meristem but instead by the vascular cambium. This cone-shaped meristem consistently produces secondary xylem on the inside and secondary phloem on the outside, an arrangement that is reflected in the anatomy of a woody stem: a large central core of wood (secondary xylem) surrounded by the peripherally located inner bark (secondary phloem).
5. (a) In cross section, the vascular cambium appears as a ring of tissue located just under the inner bark. (b) In three dimensions, the cambium is actually a cone-shaped mass of tissue broadest at the base and tapering to a point near the tip of the stem. The vascular cambium contains two types of cells: vertically elongate fusiform initials, which produce the xylem and phloem, and cuboidal ray initials, which produce the vascular rays. Longitudinal division of the fusiform initials produces two cells—one remains as an initial and the other matures into a xylem cell on the inner, or centripetal, side of the cambium. Another division of a fusiform initial will again produce two cells, one of which will again remain an initial. This other cell, this time lying to the outside of the cambium, matures into a phloem cell. Generally more xylem cells are produced than phloem cells.
6. The periderm is produced by the activities of the cork cambium, which produces cork cells. Although cork cells are dead at maturity, their cell walls are impregnated with substances that render them highly functional. Lignins, for example, confer structural strength, while suberin wards off microbes and hinders water loss. Tannins inactivate certain pathogens, while sticky gums and latexes probably serve protective functions as well.
7. In phloem, sugars and other organic compounds (or even ions) are loaded directly or indirectly into sieve elements using the chemical energy of ATP. The presence of these solutes draws water into the sieve element, since the solute-rich cytoplasm there has a lower water concentration than the surrounding tissues. This incoming water creates a hydrostatic pressure that causes water to flow along the sieve tubes and ultimately into the surrounding cells. This process continues as long as phloem loading concentrates sugars in the sieve tubes. Transpiration, on the other hand, provides the driving force for the movement of water in the xylem. As one molecule of water evaporates from the surface, attractive forces draw another molecule up to replace it. Due to the cohesive nature of water, this results in the entire water column in the xylem being lifted toward the evaporative surface. Thus, movement within the xylem is a passive process in that ATP energy is not expended.
8. Early in the growing season, water tends to be abundant and growing conditions near optimal, leading to rapid growth with the production of rather large xylem cells. Later in the season growing conditions decline, so that growth is less rapid and the resultant cells smaller. Although the change in cell size is gradual from the early to late wood within one season's growth, when observing the transition between the late wood of one season and the following season's early wood, the contrast in cell size is much more striking. This abrupt change in cell size at the late wood–early wood boundary leads to the appearance of growth rings.
9. One growth ring is usually the result of one season's growth, with good growing seasons producing thicker rings than less optimal ones. Thus, when one views the growth rings in a woody stem, the widths of the rings vary in a pattern that mirrors the suitability of the growing season that produced them. Trees growing in the same locale will experience a similar microclimate, and will hence show similar patterns in their growth rings. By matching the growth ring patterns from the wood of both living and dead trees, one can build a record of the climate of an area dating back several thousand years, using the science known as dendrochronology.
10. Phloem contains sieve elements, either sieve cells or sieve tube members stacked end to end. The walls of the sieve elements, especially the end walls, contain sieve plates—regions having a high density of pores. Companion cells—special phloem cells developing as sister cells to the sieve elements—are especially important for phloem loading. Also present in phloem are parenchyma cells and a type of support cell with thick walls known as a fiber. Xylem tissue usually contains two types of conducting cells, tracheids and vessels. Vessels tend to be wider than tracheids and they lack end walls; they are stacked end to end and form long, continuous conduits. Both tracheids and vessels reinforce their walls with an incomplete coating of lignin; the areas without lignin are known as pits. Water enters and leaves the tracheids and vessels through their pits.
11. Horizontal stems grow parallel to the ground and usually facilitate the spread of an individual plant over a wider area. Examples are stolons, which lie on the surface of the ground; and rhizomes, which grow beneath the surface. Some stems store food reserves. For example, the reserves stored in the underground stems of crocus and gladiolus plants can be tapped for growth and development early in the growing season; such reproductive and storage stems are known as corms. Tendrils are stems (or modified leaves) that coil around objects and provide support for climbing plants. Some plants such as cacti have large, green, pleated stems that are modified to store water as well as provide a photosynthetic surface for the plant.

Applying Concepts

1. Answers to this question are many and varied. Here are a few common uses for stems: The fibers in some stems are used to make textiles like linen and rope such as hemp. Many foods either are stems or are derived from them—asparagus, broccoli, and potatoes are largely stem foods, cinnamon is derived from the bark of the cinnamon tree, and the spice ginger from a stem (rhizome) of the ginger plant; maple syrup is derived from the stem sap of maple trees; and some white sugar comes from the stem fluids of sugar cane. Bamboo for sushi mats and hanging plant rods comes from the stems of bamboo plants; wood chips in planters and particleboard is mostly derived from stems; the corks that stop wine bottles come from the bark of the cork oak; and some baskets are woven wholly or in part using stem materials.
2. The growth rings seen in many woody plants result from the contrast between the small, slow-growing cells of the late wood and the large, rapidly growing cells of the following season's early wood. In regions such as the tropics, where the growing season is more or less constant throughout the year, early wood and late wood cells are very similar in size and appearance. In such trees, growth rings may be either nonexistent or very indistinct.
3. The initial growth in length is accomplished during primary growth by the apical meristem. Plants such as the redwood then develop a secondary meristem—the vascular cambium—to produce xylem centripetally and phloem centrifugally. Since the cambium forms at the periphery of the stem, the pith and other structures present inside the cambium will remain there for the life of the tree. Thus the oldest cells, actually cell remnants at this point, will be found at the center of the stem, inside the very first growth ring.
4. A tree stem with bark has obviously already produced vascular and cork cambia and is growing via secondary growth. Secondary growth, in turn, results in increase in girth but not increase in height. Thus, as long as the nail remains in the tree trunk it will be 2 meters above the ground.
5. At the very outside, depending on the age of the stem, you might encounter the remnants of some tasty epidermis. N xt you will dine on bark, including cork cells from the cork cambium and phloem cells that the vascular cambium has pushed out into the bark regions. A quick nibble and you are through the cork cambium and on to the fourth course of your meal—the scrumptious secondary phloem. Soon, however, you make your way to the vascular cambium, and

once past it you encounter the main course—xylem, perhaps sampling some ray cells along the way. The xylem, you notice, becomes less tasty—bitter even—as you eat your way into the heartwood. Eventually you find your rather unsatisfying dessert at the very center of the stem as you encounter the remnants of primary growth, namely, pith and primary xylem.

Chapter 10

Review Questions

1. The root apical meristem produces the protoderm, ground meristem, and procambium—the three primary meristems from which epidermis, cortex, and vascular tissues arise, respectively. A similar differentiation occurs from the shoot apical meristem as well.
2. For most plants, roots are essential for water and mineral uptake and for anchorage into the soil. However, many plants extend these basic functions of roots to include other duties. Some plants have fleshy roots that store carbohydrates. Roots are important in plant development, because they are the site of production of several plant hormones (cytokinins and gibberellins). Sometimes secondary compounds are synthesized in the roots and transported elsewhere, such as the poisonous alkaloid nicotine. Prop roots and buttress roots support aerial stems and help prevent them from being pushed over by wind or other forces. Pneumatophores are aerial roots that help provide oxygen to other submerged roots. A few plants produce highly specialized contractile roots, which do indeed physically contract and pull the shoot into the soil. Lastly, some parasitic plants use roots or root-like organs to directly tap into the vascular tissue of their host plant.
3. Pneumatophores, produced by some types of mangrove trees, are roots that project into the air and provide a passageway for atmospheric oxygen to reach the submerged portions of the root system. Pneumatophores contain small pores—lenticels—through which air can enter when the pneumatophores are exposed. When the tide is high and the pneumatophores are submerged, a water-repellant lining around the lenticels prevents the entry of water. Once inside, the air enters aerenchyma tissue, which has lots of air-filled spaces between its cells, and oxygen is able to diffuse down to the submerged roots. Pneumatophores essentially act as snorkels. Oxygen is required by roots in order to produce the ATP they need; because the submerged roots are not photosynthetic, they must generate this energy molecule by cellular respiration, which consumes oxygen.
4. A taproot is a single main root derived from the primary root, and it often produces many branch roots. Normally roots are produced from the primary root, the taproot, or one of its branches, so that roots arise from preexisting roots. When roots arise from other tissues—shoots or leaves, for example—they are termed adventitious. In monocots the primary root soon disintegrates and is replaced by a multitude of adventitious roots from the stem; such root systems do not contain a single dominant taproot and are known as fibrous root systems. Finally, feeder roots, produced by both taproots and fibrous roots, are simply the small, delicate roots that are most active in water and mineral uptake from the soil.
5. The branch roots closest to the tip of the main root are the youngest, most recently formed branches. As we proceed toward the root tip, we next encounter a region bearing a myriad of long, thin root hairs. At the very tip of the root is the root cap, which overlies and protects the root apical meristem. Surrounding the current, intact root cap, and dispersed among the nearby soil particles, are sloughed-off root-cap cells known as root border cells; these cells help protect the root cap from microbial and nematode worm attack. Finally, surrounding this entire region are gooey polysaccharides that were synthesized and secreted by the epidermal cells. These compounds have several functions: (a) they lubricate the roots as they push their way through the soil; (b) they aid in mineral and water absorption; (c) they help prevent desiccation of the root; and (d) they provide a more optimal growing environment for beneficial microbes.
6. At the very tip of the root—just beneath the root cap—lies the root apical meristem, which forms a zone of cell division. It is here that mitosis is actually occurring, adding more cells to the growing root tip. Immediately behind this zone lies the zone of elongation. In this region the newly formed daughter cells are taking up large amounts of water and hence increasing in size, especially length. Behind this zone is the third region, the zone of maturation. Here cells specialize and begin to take on the structure and function of mature cells. These zones are not sharply delineated and may overlap. Differentiation of phloem sieve tubes, for example, may begin in the zone of elongation.
7. One route of mineral entry into roots begins with the delicate root hairs. Transporter proteins in the cell membranes of the root hairs actively take up beneficial minerals from the soil environment and accumulate them intracellularly; water passively enters the cells as well. The mineral-laden water then moves via plasmodesmata from the epidermal cells through cortical (including endodermal) and pericycle cells until it finally enters the xylem itself. In this path, it is the root hair cell membrane that provides selectivity; certain ions are allowed to enter the root hair cell, while others are denied entry. The second route of entry involves minerals that have nonselectively entered the roots (i.e., between the root cell walls) and occupy the cortical intercellular spaces. Such intercellular minerals (and water) are denied direct entry into the vascular tissue by the Casparian strip on the endodermal cells. Such minerals must first enter the endodermal cells by crossing the cell membrane on the outer face of those cells. Once inside, the minerals can proceed to the xylem as in the first scenario. In this case, selectivity is provided by the cell membrane of the endodermal cells. Both routes are selective because, at some point, both involve passage of minerals across a cell membrane. The membranes thus act as gatekeepers.
8. (a) First of all, plants limit the uptake of aluminum into roots by not producing aluminum transporter proteins. This greatly diminishes the ability of aluminum to enter root cell cytoplasm, and hence to gain entry to the root xylem. Also, some roots release organic compounds that bind free aluminum or else they incorporate the free aluminum into their cell walls. In either case, the aluminum becomes "tied up," and is no longer available for uptake. (b) Although phosphate is a necessary mineral, it is often present at very low levels in the soil. To overcome this problem, plants enact several countermeasures aimed at either increasing the absorption of the phosphate ion or increasing the soil availability of this ion. Increasing the numbers and lengths of root hairs and of root branches is an example of the first action; the increase in root hair surface area increases ion absorption. Roots can increase soil availability of phosphate by secreting substances that dissolve bound phosphate or release it from other compounds. Either way, plants are able to concentrate phosphate to intracellular levels far exceeding those in the surrounding soil.
9. Both active transport and facilitated diffusion involve integral membrane proteins. However, active transporter proteins are able to accumulate minerals against their concentration gradients. This type of molecular work is "paid for" with the chemical energy of ATP. Cells possessing these transporters can accumulate ions even when they are present at very low levels in the environment. Facilitated diffusion does not involve a direct energy source; the driving force is the kinetic energy of the molecules themselves (in the form of diffusion). Without a direct energy source, facilitated diffusion cannot concentrate molecules; substances simply use the carrier proteins as portals to move across a membrane from high to low concentration. Roots generally use active transport to take up beneficial minerals because their soil concentrations are usually quite low.
10. The two major human uses of roots are probably as food and medicinal drug sources. Examples of the former include carrots, parsnips, sweet potatoes, turnips, rutabagas, cassava, horseradish, and sugar beet. Both mandrake (*Mandragora*) and ginseng (*Panax*) are examples of plants whose roots are used in herbal medicine, while snakeroot (*Rauwolfia serpentina*) is a source of the alkaloid reserpine, which has sedative and anti-hypertensive properties. Roots can also be a source of dye (e.g., beet roots), and they can be a source of wood for specialized art or woodworking projects.
11. To establish a partnership with nitrogen-fixing bacteria, legume roots release flavonoids into the soil. Nitrogen-fixing bacteria detect the flavonoids and respond with chemical signals known as NOD (nodulation) factors. NOD factors induce legume root hairs to curl around the nitrogen-fixing bacteria and bring them into close contact with the roots. The legume plant then constructs a passageway of cell wall material to conduct the nitrogen-fixing bacteria into the internal portions of the root. The bacteria then induce through chemical signals the formation of root nodules and the production of leghemoglobin to control oxygen levels in the nodules. Once the nodules are complete and the oxygen levels optimal, the bacteria begin fixing nitrogen as ammonia. This partnership is important because legumes require high levels of protein for their seeds, which makes them nutritious to humans, and thus have a high fixed nitrogen requirement, more than is usually present in soil.

Applying Concepts

1. You begin eating through the epidermis, perhaps—if you are at the zone of maturation—chomping on a few root hairs in the process. Next, you bore through the relatively undifferentiated cells of the cortex—things get a little tougher as you encounter the suberin on the walls of the endodermal cells. Then you break through the endodermis and sequentially encounter the pericycle, followed by a small region of primary phloem, and finally, at the very center of the root, you find the primary xylem.
2. An epidermis surrounds both roots and stems. In the zone of maturation, the root epidermis consistently produces thin-walled, transporter-laden root hairs for absorption. The stem epidermis, on the other hand, may also produce hairs of one sort or another, but these hairs are generally thick-walled and not intended for absorption; typical functions of stem hairs would be secretion of various (especially waxy) substances, deterring insect herbivores, and reflecting the intense heat and light of full sunshine. Additionally, the stem epidermis may produce stomata for photosynthesis and spines for protection, elaborations that seldom occur in roots. Of course, most stems also produce leaves and buds as well as nodes and internodes; these organs and structures are not found on roots.
3. An epidermis surrounds both primary roots and primary stems. Internal to this, roots possess a cortex, a region of relatively undifferentiated cells and significant intercellular spaces. The innermost layer of cortical cells is modified by a strip of suberin—the Casparian strip—on the four cell walls oriented perpendicular to the overlying epidermis. Because this suberin strip essentially seals off the intercellular spaces, centripetally moving substances can traverse the endodermis only by actually passing through (and not between) the endodermal cells themselves. In the root the vascular tissue lies inside the endodermis, where it occupies the center of the root. In contrast, the vascular tissue does not lie at the center of a stem; instead, it either forms a ring (eudicots) or is scattered throughout the relatively undifferentiated ground tissue (monocots). In neither case is an endodermal-type barrier present. (It should be noted that in some plants, such as corn, the root vascular tissue does not form a solid core but rather a hollow cylinder about a pith.)
4. Roots increase their length at the tips, where cells in the zone of elongation are lengthening. Essentially, elongation of the cells in this region pushes the root tip through the soil. Thus the greatest increase in distance between our 1-mm markers would occur near the root tip, in the zone of elongation. The couple of marks there, in our example, may end up being 1–2 cm apart. In the zone of maturation, and continuing up the root (away from the tip), elongation has basically ceased, so that the markers in these regions would still be 1 mm apart.
5. If root hairs were to be produced closer to the root tip than the zone of maturation, they would find themselves being pushed through the soil as the cells in the zone of elongation increased their length. This would lead to severe abrasion of the delicate hairs, and they would be sheared off as if you had dragged the root along a piece of sandpaper. Besides, the root tip itself is covered by the root cap, so that there is little opportunity for the root tip cells to send out root hairs.

6. Potatoes are indeed underground stems, modified for the storage of starch. The most convincing evidence arises from the knowledge that roots do not produce leaves, buds, nodes, or internodes. When you look closely at the "eyes" of a potato, you can recognize that the "brow" is in fact a leaf scar and the "eye" itself is a small bud. (In fact, it is these buds that sprout if you leave potatoes in your kitchen too long.) Each eye is thus a node; by drawing lines through successive nodes, you can recognize internodes. Such a structure is typical of a stem but completely foreign to a root, which is why botanists classify tubers as stems and not roots.

Chapter 11

Review Questions

1. (a) Blade—the terminal flattened, usually photosynthetic portion of a leaf.
   (b) Petiole—the stalk of a leaf, which attaches the leaf to the stem.
   (c) Stipules—small, leaflike structures, usually paired, that may occur at the base of a petiole, where the leaf joins the stem.
   (d) Axils and axillary buds—an axil is the upper angle between a leaf and the stem that bears it. Axillary buds are buds that occur in the axils.
   (e) Node—the point on a stem where one or more leaves are attached.
   (f) Internode—the region on a stem between nodes.
   (g) Sessile—refers to a leaf that lacks a petiole, its blade being borne directly on a stem.
   (h) Leaf sheath—an expansion of the leaf base that partially or totally envelops the stem; sheaths occur mainly in monocots.
2. A simple leaf is a leaf whose petiole bears only one blade; in a compound leaf, the petiole supports from two to many individual blades. In a pinnately compound leaf, the petiole is extended into a long axis from which the individual blades, or leaflets, arise, an arrangement resembling the branches, or pinnae, on a bird's feather. In a palmately compound leaf, the leaflets are all borne from a single point at the tip of the petiole.
3. Alternate leaves, the most common arrangement, are borne one leaf per node; opposite leaves occur in pairs, two per node. Generally, opposite leaves are borne 180° apart on the stem (i.e., "opposite" on the stem) and are often rotated 90° from the leaf pairs above and below them. Three or more leaves per node is an arrangement referred to as whorled.
4. Leaf epidermal cells often secrete a waxy cuticle that inhibits evaporation; some plants even possess several epidermal and cuticular layers to further retard water loss. In addition, the cuticular layer is often thicker on the upper leaf surface, which generally receives the full force of the sun's heat and light. Some leaves bear trichomes, which may act as tiny mirrors to deflect some of the excess light and heat of the sun; this would allow the leaf to remain cooler and thus reduce evaporation. In many plants, the stomata occur mainly on the lower leaf surface, away from the sun's intense light. Leaf stomata may close during the midday heat or if water loss via evaporation exceeds water uptake by the roots. CAM plants open their stomata at night, when temperatures are cooler and transpiration almost nil, storing the next day's worth of CO_2 as organic acids in the leaf; during the day, their stomata remain closed so that evaporation is minimized. Many plants shed their leaves during prolonged periods of water unavailability, such as during a hard winter or during the dry season. Plants such as cacti reduce the evaporative surface area by reducing leaves to mere spines and performing photosynthesis in their stems.
5. Hydrophytes are aquatic plants whose leaves are adapted to being wholly or partly submerged in water; xerophytes are plants adapted to grow in dry habitats; and mesophytes are plants that require a moderately moist environment. Xerophytes tend to have thick cuticles; sometimes these plants even have multiple epidermal and cuticular layers to greatly reduce water evaporation. Mesophytes typically have a thicker cuticle on the upper epidermis that, of course, is directly exposed to the desiccating effects of solar radiation. Hydrophytes grow where water is generally abundant and submerged leaves often have little or no cuticle at all; such leaves may have photosynthetic epidermal cells, in contrast to mesophytes and xerophytes. Even among hydrophytes, emergent leaves or the upper surfaces of floating leaves often have well-developed cuticles to conserve water.
6. Because most leaves are coated with a waxy cuticle, leaves have evolved pores through which gases are exchanged with the atmosphere. These pores are the stomata. Each stoma consists of two chloroplast-containing guard cells, with a pore between them. When the guard cells swell with water (i.e., become turgid), the pore opens and gas exchange occurs. Conversely, when the guard cells lose water and become flaccid, the pores close. Thus it is osmosis that opens and closes the stomata. Stomata may open during the day or night, depending on plant physiology (e.g., CAM plants open their stomata at night); but at any rate, they can be expected to be open when the plant requires gas exchange between the leaf interior and the environment.
7. Amongst the hydrophytes, floating leaves generally have stomata only on their upper (air exposed) epidermis, and submerged leaves lack stomata altogether. Xerophytes often lack photosynthetic leaves—their leaves having been reduced to spines—or they possess many stomata on their leaves but drop their leaves when water becomes scarce. Mesophytic leaves generally bear stomata mainly on their lower surface. In monocots, the stomata are arranged in rows aligned parallel to the leaf veins, whereas in eudicots, the stomata tend to be scattered about the leaf surface.
8. Generally, plants abscise their leaves either when individual leaves are worn out or when environmental changes make having leaves a liability rather than an asset. Many plants do indeed drop all of their leaves within a short period, usually when seasonal changes are about to bring a prolonged dry or cold spell. Even evergreen plants drop their leaves, although they do not do so all at once; rather, leaf abscission occurs year-round, a few leaves at a time. Some evergreens, in fact, may retain a given leaf for several decades before dropping it. Leaf abscission is preceded by leaf senescence, a period in which leaf components are disassembled and their nutrients withdrawn for recycling elsewhere in the plant. As chlorophyll molecules are degraded, the green leaf color fades and the reds and yellows of other pigments become strikingly visible. Eventually an abscission zone forms, consisting of a proximal protective layer near the stem, and a more distal separation layer. The protective layer consists of suberin-containing cork cells; forming prior to abscission, this layer seals off the wound created when the leaf breaks free and falls. The separation layer develops as a layer of thin-walled cells. When the protective layer is complete, enzymes degrade the cells of the separation layer, and eventually the leaf falls.
9. Transpiration is the process by which water moves from the roots, where it is absorbed, through the plant body until it is lost as evaporation to the atmosphere through either the stomata or the cuticle (cuticular transpiration). As a water molecule evaporates into the intercellular space from the surface of a mesophyll cell, another water molecule replaces it from the interior of that mesophyll cell. As water leaves the mesophyll cells, the intracellular solute concentration rises, and water is drawn into these cells by osmosis from surrounding mesophyll. This process continues from cell to cell until eventually replacement water is drawn out of the leaf xylem. Because of their extensive hydrogen bonding, water molecules are very cohesive—they stick together and do not break under tension. As more and more water is drawn out of the xylem, it creates a pulling force, or tension, in the xylem that is felt all the way back to the roots. This tension causes the entire column of water in the xylem to rise toward the leaf. Thus it is the transpiration-driven tension that lifts the water column in the xylem up to the leaves, and it is the cohesiveness of water itself that maintains the integrity of the column by resisting the formation of air bubbles.
10. Leaves may be adapted to help a plant climb, for example, the tendrils on the garden pea. Some leaves are modified to protect underlying soft tissues from the elements, such as bud scales that protect the young stem inside from cold, wind, and insects. Leaves may become showy, helping to attract pollinators to the flowers; an excellent example is the poinsettia plant with its red bracts. Leaves may become thick and function to store water, such as the succulent leaves of the houseplant known as the jade plant (*Crassula* spp.). Some epiphytes, growing high up in the canopy, do not have access to groundwater, and their leaves are arranged to form a water-holding vessel, a personal pond to meet that individual plant's water needs. Some leaves store food (e.g., onion bulbs and cabbage heads) while others are reduced to sharp, protective spines, such as in most cacti. The leaves of certain acacias are modified to house and feed a fiercely protective army of ants, while those of certain carnivorous plants have evolved mechanisms to entrap and digest small prey, usually insects. Many other leaf modifications exist, so that leaves have truly evolved a dizzying array of forms and functions.

Applying Concepts

1. Obviously, the lettuces, cabbage, and spinach are mainly leaves, as are endive, dandelion greens, and watercress. Onions and garlic are bulbs—short stems surrounded by many layers of leaves, and shallots (green onions) and leeks are primarily elongated, tubular leaves. Celery is the leaf of the celery plant, the "stalks" being the leaf petioles. Artichokes are thickened, modified leaves that surround the flowering head of the artichoke plant.
2. Generally speaking, leaves bear buds in their axils whereas stem branches do not bear buds in their "axils." A cursory examination of the celery stalks will reveal a small bud growing at the base of each, indicating that the stalks are indeed petioles and the buds at the base are axillary buds. In celery, the stem is the foreshortened cone of tissue from which the petioles arise.
3. Keep in mind the following points when examining the anatomy of these structures. Eudicot stems consist of large, parenchymatous pith cells surrounded by a ring of vascular bundles. Even in herbaceous eudicots a vascular cambium may become active and produce a small amount of secondary vascular tissue, with secondary xylem inside and secondary phloem outside. You would not expect to find buds at the bases of stems, although photosynthetic stems may certainly bear stomata on their surface. Leaves, on the other hand, contain mesophyll cells, spongy and palisade parenchyma; each has a characteristic appearance that differs markedly from pith cells. The vascular tissue is surrounded by a parenchymatous bundle sheath, and is arranged in a parallel or netted manner, but not in the ring shape characteristic of the stem. You would also expect to find axillary buds at the bases of the leaves.

Chapter 12

Review Questions

1. (a) Auxins cause cell expansion and growth. They are responsible for such plant phenomena as gravitropism, phototropism, and thigmotropism, as well as apical dominance. Some auxins (e.g., indole-3-butyric acid) are used commercially as rooting hormones, while others such as 2,4-D are broadleaf herbicides. Auxins are also important in the formation of new plants from tissue cultures.
   (b) Cytokinins stimulate cell division in plants. They are important for proper progression into mitosis, and for the establishment of bacterial and fungal partnerships with plant roots.
   (c) Ethylene influences a number of plant processes including leaf drop, cell specialization, fruit ripening, flower aging, and defense against plant pathogens. Ethylene is responsible for the hook in seedling stems as they emerge from the abrasive soil, and may be used commercially to simultaneously ripen a large batch of fruit.
   (d) Gibberellins promote general stem and leaf elongation and hence are important for proper growth of plants. In embryos, gibberellins promote the breakdown of starch and seed storage proteins into sugars and amino acids that can be used for growth.
   (e) Abscisic acid slows plant metabolism when conditions are poor and induces dormancy. It also prevents premature germination of seeds under inopportune growth conditions (e.g., when temperatures and water availability are unsuitable for growth).

(f) Brassinosteroids promote cell elongation via a different mechanism than auxins; they also protect plants from stressors such as heat, cold, salt, and so forth.
(g) Salicylic acid retards flower aging.
(h) Systemin acts as a chemical sentry to alert other tissues to the presence of tissue damage and to increase chemical defenses against microbial invaders.
(i) Jasmonic acid inhibits seed and pollen germination, slows root growth, and promotes fruit ripening and color changes.
(j) Sugars are involved in the regulation both of certain photosynthetic genes and of nitrogen balance within the plant. In addition to the effects noted earlier, salicylic acid, systemin, jasmonic acid, and sugars are also involved in the mobilization of plant defenses against microbial invaders.

2. Phytochrome is a plant pigment protein that changes in response to the quality of the light around it. Chemically, it consists of a four-ringed pigment portion bound to a protein part. Phytochrome is bluish in color because it absorbs red wavelengths of light. Specifically, when it absorbs far-red light it enters a "switched off" state, whereas absorption of red light changes it to a "switched on" state. "Switched on" or activated phytochrome moves into the nucleus, where it alters gene expression. Thus, phytochrome must be exposed to red light to become activated, and it is this form that brings about a cellular change. Examples of plant processes under the control of phytochrome are germination, flowering, seasonal dormancy, and growth patterns that minimize shading of the lower leaves.
3. These terms all describe the ways flowering in various plants responds to day length. Short-day plants will flower when the daylight hours are shorter than some critical length (which varies from species to species), while long-day plants require a day length longer than a certain critical length. These plants are actually using phytochrome to measure the length of the intervening night, so that, for example, short-day plants should more properly be referred to as long-night plants—plants that flower when the night is longer than a certain critical length. These effects are brought about as activated phytochrome slowly reverts to the inactive state during the night; the longer the night, the more complete is this reversion. Lastly, in some plants flowering is unrelated to day length; such plants are known as day-neutral plants.
4. During the night, phytochrome molecules slowly revert to the inactive, "switched off" form that can absorb red light. The longer the night, the more phytochrome molecules become inactive. With the sunrise, plenty of red light shines on the plant, and phytochrome molecules absorb the light and are "switched on." This sudden increase in the active form of phytochrome resets the plant's internal clock each day. As more active phytochrome is produced, more of the nuclear protein CONSTANS accumulates in the plant. When the day is long enough, a critical amount of CONSTANS is produced and turns on the expression of flowering genes in long day plants.
5. Plants have a number of structural features, including a waxy cuticle and some toxic secondary compounds that limit the effects of pathogens. In addition, plants are able to respond to attacks by pathogens by mounting a hypersensitive response that limits disease progression. Plants may produce hydrogen peroxide and other compounds that kill pathogens and also work to seal off the infection site. Pathogens stimulate the production of signal molecules such as NO and salicylic acid that stimulate cells to fortify their walls with lignan and callose to prevent the spread of pathogens. Whole plants may quickly respond to challenge by a familiar pathogen by producing defensive enzymes and toxic compounds. This is called systemic acquired resistance and is sometimes called "plant immunity."

Applying Concepts

1. Ethylene hastens fruit ripening in plants, and the loss of endogenous ethylene in these tomatoes suppresses fruit ripening. Thus, the tomato fruits remain green and unripe for a long period of time. The effects of the ethylene deficiency can be quickly reversed by providing ethylene gas to the fruits. The fruits will then turn the familiar red-orange as they all ripen on cue.
2. Apical dominance is the suppression of axillary bud development by auxins produced by the apical bud. By removing the apical buds, the gardener will remove this suppression and allow the lateral buds to develop, leading to a fuller, bushier shrub.
3. Recall that short-day plants do not necessarily require short growing days, but rather that the day length is shorter than some critical value. If that value happens to be, say, 16 hours, then that plant will flower when the days are still quite long. Similarly, long-day plants require that the day length be longer than some critical value; and if that value is, say, 9 hours, then you could have a long-day plant flowering when the days are, by clock, rather short. Day-neutral plants do not measure day-length (night-length) in order to flower. Thus, it would be quite possible to find a combination of short-day, long-day, and day-neutral plants that would flower together in either of the above mentioned scenarios.
4. Poinsettias are short-day plants, and require nights longer than 12 hours in order to flower. This must be complete darkness, as even a brief flash or the light of one streetlight may be sufficient to suppress flowering. To get a poinsettia to flower by mid-December, it should be placed in complete darkness from 5 p.m. to 8 a.m. every day, beginning in late September. Do not allow any light whatsoever to fall on the plant during its dark period. Poinsettia houseplants rarely re-flower because they are rarely given the necessary dark period.
5. These holes, of course, allow the produce to "breathe," although the breathing that is important here is to allow ethylene gas to escape. If this gas were not vented, the fruits would ripen much quicker, and their shelf life would be drastically shortened.

Chapter 13

Review Questions

1. Sexual reproduction has several disadvantages. In terms of energy, time, and investment of resources, it is expensive. Many scarce resources must be diverted toward all of the supporting processes in order for sexual reproduction to be successful. Mates must be found, gametes exchanged or transferred, and in many cases the young must be nurtured, at least for a while. Also, sexual reproduction is wasteful in the sense that very few gametes will successfully fuse and produce a zygote; usually the unsuccessful gametes just wither away and die. Thus there is a lot of overhead associated with sex. On the plus side, however, sexual reproduction shuffles genes (and chromosomes) around, producing individuals with new combinations of both. Via purging, it speeds the loss of deleterious genes from a population and may allow beneficial genes, once repressed, to appear. This variability is an advantage, for example, when the environment changes and a population is no longer optimally adapted to the new conditions. New traits are then needed, and sexual reproduction may supply them. However, that same variability may become a liability to a well-adapted population that is already in an optimal environment. Under such conditions asexual reproduction, which is faster, cheaper and produces genetically identical individuals, may better allow a population to quickly spread out and utilize its environment. Another advantage of asexual reproduction is frugality, in the sense that all of its progeny are potentially new individuals if the environment is suitable (in sexual reproduction, you'll recall, gametes that do not fuse with other gametes usually die, a wasteful process.) Also, in asexual reproduction a partner is not necessary, so the time and expense of finding a mate are avoided.
2. Meiosis and sexual reproduction always occur together because, at the chromosome level, they are complementary processes. Sexual reproduction—the fusion of gametes—results in a doubling of the chromosome number, as when two haploid gametes fuse to form a diploid zygote. Meiosis, on the other hand, halves the chromosome number, such as when a diploid cell undergoes meiosis and yields four haploid daughter cells. Without meiosis, successive sexual reproduction would result in continual doubling of the chromosome number in the progeny; for example, leading to successive ploidy levels of $1N$, $2N$, $4N$, $8N$, $16N$, $32N$, etc. Chromosome numbers would soon become so unwieldy that cell death would result. Conversely, meiosis alone would result in a continual diminution of the chromosome number—for example, $2N$ to $1N$ to $0.5N$(?), which would of course be immediately lethal. It is only when sexual reproduction is balanced by meiotic divisions that viable ploidy levels are achieved in perpetuity.
3. Meiosis and mitosis share many similarities. Both are preceded by replication of the nuclear DNA, so that each chromosome consists of two sister chromatids. Both involve a spindle apparatus, spindle microtubules, kinetochores, and chromosome movement; and both proceed through an orderly series of stages termed prophase, metaphase, anaphase, and telophase. Meiosis and mitosis are generally followed immediately by cytokinesis; and when this happens, both lead to the production of more than one daughter cell. Lastly, in most organisms, the nuclear envelope and nucleoli break down during both processes and re-form afterward. Nonetheless, there are fundamental distinctions between the two processes. Mitosis consists of one division event, but meiosis is actually two successive divisions (meiosis I and II). In meiosis I (prophase I), homologous chromosomes find each other and pair up, causing their chromatids to align with each other. At this point, aligned chromatids may exchange segments of DNA, in a process called crossing over. Next in meiosis I (metaphase I), the pairs of homologues line up along the middle of the spindle apparatus and subsequently split (anaphase I), each chromosome of a homologous pair moving to one pole or the other. These events are unique to meiosis, because homologues do not pair (and hence do not split up) in mitosis, nor does crossing over occur. Rather, in mitosis, sister chromatids split at their centromeres and are distributed to the forming daughter cells, something that does not happen in meiosis until meiosis II. The result is that in meiosis, the daughter cells are virtually always genetically distinct from the parental cell, whereas after mitosis, the daughter cells are genetically identical to their parent.
4. (a) In the gametic life cycle, individuals are diploid, and gametes represent the only haploid stage. Meiosis of cells in a diploid individual leads to the formation of haploid gametes, which then subsequently fuse during fertilization and reestablish the diploid condition. This type of life cycle is seen in all animal groups (including human) as well as in certain protists. (b) In the zygotic life cycle, individuals are haploid, they produce gametes by mitosis, and the zygotes that result from zygotic fusion are the only diploid stage. Generally zygotes begin development by dividing meiotically, thus reestablishing the haploid condition. The zygotic type of life cycle is restricted to certain protists. (c) Organisms with a sporic life cycle alternate between separate multicellular haploid and diploid individuals, a phenomenon known as alternation of generations. One individual—the gametophyte—begins life as a spore that germinates and produces a multicellular body through repeated mitoses. This individual is haploid, and specialized cells on it produce gametes directly via mitosis. After fertilization, the resulting zygote produces a second, separate individual—again through repeated mitotic divisions. This individual is diploid and is called the sporophyte. Specialized cells on the sporophyte then divide meiotically and produce the haploid spores that complete the cycle. The sporic life cycle is exhibited by all plants as well as by some protists (algae).
5. (a) Sexual reproduction is the fusion of male and female gametes to form a new, genetically distinct individual, the zygote. (b) Gametes are single cells—eggs and sperm—produced by adult organisms, which are specialized for mating (fusing). The process whereby egg and sperm fuse together to form a single cell is termed fertilization. (c) Sperm are male gametes, usually defined as the more motile of the two gamete types, whereas (d) eggs are female gametes and are usually larger and less motile than sperm. (e) Zygotes are the new, single cells that result from the fusion of egg and sperm following fertilization.
6. If sexual reproduction did indeed originate several times among the protists of long ago, the consequence would be that the modern-day descendents of those protists—the plants and animals of today—inherited the ability to perform sexual reproduction from several ancient and independent lineages. Modern DNA evidence supports this hypothesis, in that many of the genes involved in the control of sexual reproduction in plants differ considerably from their cognates in animals.

7. Haploid means that each chromosome present in a cell controls a unique assemblage of traits, so that the haploid number of an organism is essentially the number of chromosomes that comprise one complete "set." Haploidy is abbreviated as 1*N* or *N*. Diploidy, abbreviated 2*N*, is the condition in which two complete sets of chromosomes are found in one nucleus; that is, each chromosome will have one homologue present. Whereas ploidy levels above 2*N* are generally lethal in animals, plants may be quite healthy with higher ploidy levels, so that 4*N*, 6*N*, and 8*N* plants are not uncommon. Note that haploidy is simply a condition in which each chromosome is unique in the combination of traits it controls; it sets no limits on the actual number of haploid chromosomes. Thus the value of *N* is known to vary in plant species from as few as $N = 2$ to as many as $N > 500$! In humans, $N = 23$.
8. Homologous chromosomes are chromosomes that bear the same genes (and in the same gene order), which is another way of saying that homologous chromosomes carry genes that control the same traits. In a diploid organism, one set of homologues came from the mother (the egg cell) and the other came from the father (sperm). (a) The term homologous chromosome is inapplicable to a haploid cell because, by definition, only one set of chromosomes is present. No chromosome would possess a homologue in such cells. (b) In a diploid cell, every chromosome would find one homologue present, so that each type of chromosome would be represented by a pair of homologues. (c) In a tetraploid cell, every chromosome would find three homologues present, so that each type of chromosome would be represented by four homologues.
9. Crossing over is the process whereby homologous chromosomes, paired up during meiosis I (prophase I), exchange homologous segments of DNA. This means that genes get shuffled and the resultant chromosomes are hybrids of the parental chromosomes. More properly the resulting chromosomes would be termed chimeras—consisting of discrete pieces of the parental homologues assembled together in new ways. As indicated, crossing over occurs during prophase I of meiosis I. The importance of crossing over is that progeny cells receive chromosomes that are different from either parent (because the genes have been shuffled). This increases genetic variability and ensures that the progeny are genetically unique individuals.
10. Nondisjunction is a condition wherein homologous chromosomes fail to separate at anaphase I of meiosis, leading to abnormal chromosome numbers in the daughter cells—a condition known as aneuploidy. In humans, most cases of aneuploidy are so disruptive to normal development that the fetus dies from spontaneous abortion. However, a few types of aneuploidy are known to be viable past birth. Examples include Down syndrome. In Down syndrome, if a meiotic division in a man fails to separate chromosomes 21, the result is two sperm that altogether lack chromosome 21 (a lethal condition) and two others that possess two chromosome 21's (and one copy of the other 22 chromosomes). If one of these latter sperm fertilizes a normal egg, the result is an individual with three chromosome 21's (and two of all the others). This condition is called trisomy 21, and the resulting syndrome is Down syndrome.

Applying Concepts

1. Prokaryotes do not have homologous chromosomes; in fact, the term is not even applicable to them. The prokaryotic genome typically consists of only one circular strand of DNA and not of the sets of chromosomes as is typical of eukaryotes. Furthermore, without sexual reproduction prokaryotes do not receive sets of chromosomes from each parent, and without meiosis there is no mechanism to evenly distribute homologues among the daughter cells. Thus homologous chromosomes are restricted to the eukaryotes.
2. Alternation of generations is a type of life cycle that contains two distinct, multicellular bodies, one haploid and the other diploid. Because this type of life cycle appears only in plants and certain plant-like algae, the haploid and diploid stages are referred to as gametophytes and sporophytes, respectively, with the suffix *phyte* meaning "plant." The haploid gametophytes produce gametes via mitosis, while the diploid sporophytes produce haploid spores via meiosis. Although *Obelia* does alternate between two adult stages, they are both diploid stages, and the haploid phase is represented only by the gametes. This is not true alternation of generations. Rather, *Obelia* displays a gametic life cycle with the added twist that it can also reproduce asexually.
3. Probably the most consistent definition of the male gamete is that it is the most motile of the two. In red algae, neither gamete is self-motile, because both lack flagella. Nonetheless, one type of gamete must travel to the other, and clearly that type is more motile than the other. On this basis alone, the gametes can be distinguished as male or female.
4. Initially, when growing conditions are optimal, the best strategy would be to quickly colonize the nutrient agar while it is available. Asexual reproduction is ideal for this. As conditions in the petri dish deteriorate, sexual reproduction would be a better strategy, because its inherent variability might produce a strain of mold better able to cope with the changing, adverse conditions. Thus, you would expect to see more sexual structures at the end of this little experiment than when conditions were optimal for growth.
5. Unlike fern gametophytes, the gametophytes of flowering plants are very inconspicuous and do not lead nutritionally independent lives. They can both be found in the flower, where separate male and female gametophytes are produced. The male gametophytes are the pollen grains themselves, which at maturity consist of just three cells each, two of them sperm. The female gametophytes, on the other hand, are buried deep within the ovaries, deep inside little structures called ovules. At maturity, they are called embryo sacs and consist of just 7 cells each. Thus, although most people are aware of pollen and ovaries in a flower, it takes a trained eye to recognize the gametophytes that are found there as well.
6. During meiosis I, homologues separate and move to opposite poles. Normally each daughter cell receives a complete set of chromosomes. For example, a diploid cell entering meiosis would produce cells possessing exactly the haploid number of chromosomes, and a tetraploid cell doing the same would produce diploid daughter cells. Thus, meiosis works well when the ploidy level of the parent cell is an even number, because meiotic mechanisms normally ensure that each daughter cell receives one-half the total number of chromosomes present. Typically this means that chromosomes are distributed as "sets." In triploid individuals, three homologues are present for each chromosome type, and meiosis provides no mechanisms to ensure that the chromosomes are distributed as sets. For example, meiosis cannot ensure that one daughter cell would emerge as a complete diploid and the other as a haploid. Aneuploidy results, with each daughter cell receiving one haploid set of chromosomes and then some fraction of the remaining set. Generally such a condition is lethal to a cell, so that triploids—or any plant with an odd-numbered ploidy level—cannot produce viable gametes through meiosis. Sterility is the result of such a chaotic affair.

Chapter 14

Review Questions

1. The theory of blending inheritance that was in vogue during Mendel's time stated that traits were somehow passed directly from parents to their offspring or, more specifically, that each body part transmitted pertinent information to the growing embryo. Charles Darwin, for example, called these packets of information gemmules and suggested that they were microscopic in size and passed down from one generation to the next. Once in a developing embryo, the similar packets of information would blend together and be expressed as a mixture of the original traits. A major problem with this theory is that original traits, once mixed, should not reappear again in pure form in any future generation. This situation is similar to mixing red and white paints together—once mixed, the original pure red and white paints cannot be recovered. Genetic traits, we know, do not behave in this manner—a trait may seemingly disappear from a pedigree, only to reappear a few generations later. Clearly, neither experience nor scientific evidence supports the theory of blending inheritance.
2. A monohybrid cross is a genetic cross between two parents differing in only one trait; in a dihybrid cross, the two parents differ in two traits. An example of the former would be a cross between two pea plants, one producing yellow seed and the other green seed. An example of a dihybrid cross would be crossing a yellow-seeded, white-flowered pea with a green-seeded, purple-flowered pea.
3. Although Mendel did choose garden peas for his experiments, it is important to realize that his experiments could have succeeded with many other species of plants—although it may have taken him a substantially longer period of time to arrive at his conclusions. However, peas did offer him several advantages. First, by Mendel's time, much was already known about growing and crossing pea plants, so that Mendel did not have to spend time discovering this knowledge and developing those skills. Neither did he have to spend time developing the different true-breeding varieties to use in his experiments, since many such peas already existed. In fact, a developing body of knowledge in rudimentary pea genetics was available to him as well, providing a base to build upon. Furthermore, peas are easy to grow and have a fast life cycle, producing several generations of plants in a single year. Also, pea plants are diploid; had peas—like many other plants—possessed higher levels of ploidy (e.g., tetraploid), their genetics could have been considerably complicated. Lastly, pea reproduction is easily controlled; not only are peas self-fertile, but they can be easily out-crossed so that the maternal and paternal parents can be selected. These advantages allowed Mendel to proceed into his experiments instead of having to spend time developing a similar system in another species.
4. In making a cross, sperm from the pollen fertilizes the eggs of the pistil. The two individuals providing the original sperm and eggs form the parental generation. All of their resulting progeny form the first filial, or F_1 generation. Crossing the individuals of the F_1 generation among themselves results in the second filial, or F_2 generation.
5. (a) When an individual has two forms of a trait, one of them expressed (and hence discernable) and the other not expressed, the former is referred to as dominant while the latter is termed recessive.
   (b) Genes are sequences of DNA (possibly RNA in certain viruses) that code for proteins and ultimately are responsible for the manifestation of a given trait; an allele is one of the alternate forms a given gene can adopt. For example, green seeds and yellow seeds are alleles for the trait of seed color in peas.
   (c) In a normal diploid individual, each cell contains two alleles for every gene, one allele being received from each parent. For any given gene, if those alleles are identical and dominant, the individual is termed homozygous dominant (for that gene or trait); if identical and recessive, homozygous recessive; and if two different alleles are present, heterozygous.
   (d) Phenotype refers to the discernable way in which a gene manifests itself (i.e., how the trait is observed); the genotype refers to the underlying genetic constitution. Thus green seed is a phenotype, and *yy* is a genotype.
   (e) Self-fertilization is when pollen (sperm) from the anthers of one individual fertilizes the eggs in a pistil produced by that same individual (usually within the same flower); in cross-fertilization, the pollen comes from a different individual than the eggs.
6. Mendel's model of inheritance states that (a) Information about a trait, and not the trait itself, is transmitted from parents to progeny. Mendel called this information a "factor"; today we refer to it as an allele of a gene. (b) For each trait, individuals receive two factors, one from each parent. (c) The two factors relating to a given trait need not be the same; each parent could donate a different form of a given trait. For example, regarding the trait for seed color, one parent might donate the factor for green seeds, while the other donates the factor for yellow seeds. (d) When two different factors are present in the same individual, they neither blend together nor in any other way contaminate each other. (e) When two different factors are present in the same individual, only the dominant one is actually expressed. The other, the recessive factor, is present but latent.
7. Mendel's First Law of Heredity states that the factors present in an individual remain discrete and segregate from each other during the reproductive process. This meant that traits that were latent and unexpressed could still appear unaltered in future generations. The title "Mendel's Law of Segregation" was actually

coined by biologist Hugo de Vries. Mendel's Law of Independent Assortment, so named in 1913 by geneticist T. H. Morgan, stated that different traits assorted independently of each other. For example, the assortment of the green-seed and yellow-seed factors for seed color did not in any way influence the assortment of the factors for, say, flower color. The various traits assorted independently of each other.

8. Traits that lie on different homologs (homologous chromosomes) will indeed assort independently of one another. However, a single chromosome may carry many traits, and two traits that lie on the same chromosome may not assort themselves independently at all. In fact, the closer the loci for two genes lie on the same chromosome, the more those genes will tend to assort in a dependent fashion—where one goes, the other tends to go as well. This phenomenon is called linkage, and the tighter two genes are linked, the more they will deviate from Mendel's second law.
9. In the phenomenon of complete dominance, one allele—the dominant one—is completely expressed while the other, recessive alleles are masked and not visible. In incomplete dominance, each allele is expressed, and the phenotype appears as a mixture of the underlying alleles. For example, floral color in snapdragons shows incomplete dominance. If true-breeding red-flowered and white-flowered plants are crossed, instead of finding all red or all white heterozygotes in the F_1 generation (depending on which allele was dominant), one finds all pink flowers—a mixture of the parental red and white flower types. The gene for red color codes for a functional enzyme that synthesizes a red pigment, and the gene for white codes for a non-functional enzyme that makes no red pigment. The presence of one red gene in hybrids allows synthesis of only enough red pigment for light red (pink) flowers.
10. When the loci for two genes physically lie on the same chromosome, those genes are linked. The closer the genes lie together, the more tightly they are linked and the more they will tend to be inherited together. Genes that lie far apart on the same chromosome are more loosely linked and may, in fact, assort independently if the crossover frequency between them is great enough. Crossing over is the physical exchange of DNA fragments between two homologous chromosomes, which usually results in chromosomes different from either parent. Crossing over occurs during prophase I of meiosis I, and it involves only homologous chromosomes; any given chromosome will cross over only with its homolog. Mendel did encounter linkage, although he apparently did not recognize it. Two of the seven pea traits he chose to study—pod shape and plant height—are tightly linked. Evidently Mendel did not study the assortment of these two traits from each other, because he would have seen that they did not assort independently.
11. Sometimes the expression of a trait is not dependent on a single gene but rather on the interaction of two genes. Such a phenomenon is called epistasis, and the homozygous recessive condition in either of the two genes is capable of stopping the phenotypic expression of the other. A dominant allele for each gene is required before the dominant phenotype will be expressed. In polygenic inheritance, phenotypic expression is the sum of several genes. Each dominant allele in each of the genes contributes a little toward phenotypic expression. For example, in wheat two genes control kernel color. If the *R* allele confers a red color to the kernels and r makes for white kernels, then a kernel with four *R* alleles (i.e., *RRRR*) is dark red; three *R* alleles, medium-dark red; two *R* alleles a medium red; one *R* allele, light red; and no *R* alleles (i.e., *rrrr*), white.
12. Both the X and Y chromosomes of white campion are longer than the X and Y chromosomes of humans. In addition, in humans the X chromosome is larger than the Y chromosome, but the reverse is true for the X and Y chromosomes of white campion.

Genetics Problems

Basic problems

1. (a) *Yy*. (b) *Y* and *y* gametes.
2. (a) The heterozygous blue-flowered plants are *Bb*. They produce gametes with *B* or *b*. A Punnett square gives genotypes in the ratio 1 *BB*: 2 *Bb*: 1 *bb* and phenotypic ratio 3 blue-flowered to 1 white-flowered. (b) The best way to determine the genotype of a blue-flowered plant is by a testcross to a recessive white-flowered plant. If the blue-flowered plant is *BB*, all the offspring of the testcross will be *Bb* and blue, but if the blue-flowered plant is *Bb*, half the offspring will be blue-flowered and half white-flowered.
3. (a) The data show incomplete dominance for flower color. (b) *RR* is red, *RR'* is pink, and *R'R'* is white. (c) If blending inheritance were occurring, all members of the F_2 generation should be pink. Instead, the F_2 generation shows segregation of the alleles for flower color.
4. (a) On the same chromosome because they show tight linkage. (b) The new phenotypes tall/constricted and short/round are due to crossing-over between the genes for height and pod form.

Advanced Problems

5. (a) *YyRr* produces gametes *YR*, *yR*, *Yr*, and *yr*. This is one of the dihybrid crosses carried out by Mendel. The ratio of phenotypes is 9 yellow round (*Y_R_*): 3 yellow wrinkled (*Y_rr*): 3 green round (*yyR_*): 1 green wrinkled (*yyrr*). (b) This is a testcross. *YyRr* makes gametes *YR*, *yR*, *Yr*, and *yr*. The recessive plant can only make the gamete *yr*. The phenotypes from this cross are 1 yellow round (*YyRr*:) 1 yellow wrinkled (*Yyrr*): 1 green round (*yyRr*): 1 green wrinkled (*yyrr*).
6. (a) The F_1 hybrids make the gametes *LY*, *Ly*, *L'Y*, and *L'y*.
(b)

	LY	*Ly*	*L'Y*	*L'y*
LY	*LLYY* large yellow	*LLYy* large yellow	*LL'YY* intermediate yellow	*LL'Yy* intermediate yellow
Ly	*LLYy* large yellow	*LLyy* large purple	*LL'Yy* intermediate yellow	*LL'yy* intermediate purple
L'Y	*LL'YY* intermediate yellow	*LL'Yy* intermediate yellow	*L'L'YY* small yellow	*L'L'Yy* small yellow
L'y	*LL'Yy* intermediate yellow	*LL'yy* intermediate purple	*L'L'Yy* small yellow	*L'L'yy* small purple

(c) Only 1/16 of the F_2 offspring will be true-breeding for large yellow flowers; however, such a hybrid would be valuable for commercial purposes.
7. This is an example of a modified dihybrid ratio, so it is most likely due to epistasis. (b) Disk-shaped fruit are *A_B_* with one dominant allele for each gene. Elongate fruit are *aabb* only. Plants that are *A_bb* or *aaB_* have spherical fruit. Spherical fruits are homozygous recessive for one of the two genes for fruit shape.

Chapter 15

Review Questions

1. A GM organism is a "genetically modified" organism; that is, one that has been genetically engineered, its DNA deliberately manipulated and altered. Synonyms for GM organism include genetically engineered organism (GEO), transgenic organism, or transformed organism. An actual example is the work of Ingo Potrykus and others, who transferred the genes for beta-carotene production into rice plants in such a way that the pigment actually accumulates in the grains, coloring them yellow.
2. (a) Restriction enzymes are enzymes that cut DNA at specific sequences, for example, the restriction enzyme *Eco*R I cuts at GAATTC sequences. Bacteria chemically protect these sequences in their own DNA and then use restriction enzymes to cut up any foreign DNA that has found its way into the cell. (b) Many organisms use ligases to repair damaged DNA. (c) RNA viruses use reverse transcriptase to reverse transcribe RNA into DNA, so that new viral DNA can integrate into the host-cell DNA. (d) DNA polymerases are found in all organisms and are used to create a new strand of DNA using an existing strand as a template.
3. Molecular biologists use (a) restriction enzymes as molecular scissors to cut DNA at very specific sequences. In addition, two pieces of DNA cut with the same restriction enzyme will have complementary "sticky" ends, which facilitate the process of splicing them together in a test tube. (b) Ligases are used to glue together pieces of DNA. Specifically, when two pieces of DNA are held together solely by hydrogen bonds between their bases, ligases can be used to connect the sugar-phosphate backbones together with covalent bonds. (c) Genetic engineers use reverse transcriptase to make DNA copies of purified cellular RNA. Straightforward techniques exist to extract and purify all the messenger RNA in a cell at any given moment. However, RNA is difficult to handle and analyze, in part because its single-stranded nature makes it considerably more fragile than double-stranded DNA. Reverse transcriptase allows a scientist to copy RNA into DNA, and then continue experiments with the more stable DNA. (d) DNA polymerase is used whenever a molecular biologist needs to make additional copies of an existing DNA strand. Examples include PCR reactions to amplify small quantities of DNA, as well as creating the DNA fragments necessary for analysis in a DNA sequencer.
4. A transposon, or transposable element, is a DNA segment that is able to excise itself from a chromosome and then reinsert itself at a different location. Barbara McClintock initially discovered transposons and their effects in corn plants. Because they are able to shuffle DNA pieces around the chromosome, transposons play important roles in inactivating genes, changing gene regulation, creating new genes, and adding DNA segments onto existing genes. Their ability to insert into a chromosome and then excise themselves makes transposons useful tools in the laboratory. For example, molecular biologists can allow them to insert into the chromosomes of a laboratory culture, inactivating genes in the process. This will produce characteristic phenotypes that can then be selected and catalogued. Then, the transposons can be induced to excise themselves from the chromosome, usually taking significant pieces of host DNA with them. These transposons with their chunks of host DNA can be analyzed, yielding information about the relationships between the inactivated genes and their resulting phenotypes.
5. Traditional breeding methods have been used for some ten thousand years, and have resulted in the many breeds of livestock and pets, and the many cultivars of ornamental and crop plants. Although highly developed as an art and science, these methods nonetheless suffer from several drawbacks. First, they can be very labor intensive, in some cases requiring thousands of crosses just to find a handful of progeny with desirable traits. Considerable time may be spent making those crosses and then waiting for the progeny to mature to the point where they can be assessed for desirable traits, and then selected for further breeding experiments. For example, think of how long it takes some trees to mature to the point where they produce flowers and fruit. It may be a decade or longer! Furthermore, breeding involves considerable chance. Breeders may select desirable traits, but they have little power to actually force desirable traits to appear. They must work with the genes an organism already has, and then wait for chance processes to change those genes in ways the breeder finds desirable. All in all, although breeding is effective, it can be a long, drawn-out process. Genetic engineering, on the other hand, is much more directed and expedient. Genes from very distantly related organisms can be introduced in a single afternoon, and transformed cells can be identified and isolated within days. Within a few weeks these cells can be coaxed to form young plants, which can then be assayed for the desired genetic changes. Instead of being limited to the genes and other DNA variations currently found in a species, one can introduce any appropriately sized DNA—from the most distantly related organisms, or even totally synthetic! Thus, compared to the slow process of breeding, genetic engineering gives scientists a much quicker, more powerful way to effect heritable change in an organism.
6. Yes, human antibody genes have been inserted into plants, and the new GM plants do indeed produce human antibodies that are useful in human medicine. This route offers several advantages over the use of bacterial or animal systems. For example, animals and animal cell cultures can become contaminated with viruses capable of infecting humans. This is precisely what happened with the early production of the polio

vaccine—it was produced in monkey kidneys and became contaminated with a virus known as SV-40. Plant cells, on the other hand, do not harbor viruses capable of infecting animals, including humans. Furthermore, plants can be grown quite cheaply, using minimal growth materials (media, equipment, etc.). They can produce larger amounts of antibodies than bacterial cultures in a manner that is very convenient to harvest.

7. Plasmids are small, circular pieces of DNA that often reside in bacterial cells separate from the main chromosome. Since they are usually able to replicate within the bacterial cell independent of the main chromosome, plasmids can be passed on to all the progeny of an infected cell. Plasmids are exceedingly important to bacteria in nature because they provide a route for the exchange or transfer of DNA from one cell to another. This holds true even between rather distantly related bacterial species. For example, plasmids may contain antibiotic resistance genes. A single cell containing such a plasmid may pass it on to other cells in its vicinity, thus spreading the ability to resist that particular antibiotic. Genetic engineers use plasmids in many ways, all of them centered around the ability of bacteria to undergo transformation—to internalize plasmids from the medium, and thus acquire any genes or foreign DNA those plasmids might contain. For example, if a culture of bacteria is mixed with a solution of plasmids carrying the gene for ampicillin resistance (ampicillin is an antibiotic), and those cells are then plated in a petri dish containing growth medium and ampicillin, only those cells that have actually acquired the plasmid will be able to grow; the others will lack the ampicillin resistance gene and will die. Labeling plasmids with antibiotic resistance genes thus provides the molecular biologist with a very convenient selection mechanism. Besides the antibiotic resistance, some plasmids may also be engineered to carry a foreign gene, which the bacteria will replicate and even express after transformation.
8. Bacteria are not suitable for all cloning tasks, but they are very handy at times. First, they are small, relatively simple cells that can rather easily pick up foreign DNA. Bacteria reproduce rapidly and are easily cultured on cheap media. Furthermore, properly frozen bacteria remain viable almost indefinitely. Also, a plethora of viral and plasmid vectors are known and characterized for certain bacterial species (e.g., *E. coli*), which greatly facilitates the process of cloning DNA into and out of those cells. For reasons like these, bacteria have become the standard workhorses in any modern cloning lab.
9. Four steps were described in Chapter 15. (a) The vector and the foreign DNA must be properly prepared. Generally, this means that the ends of the vector and the foreign DNA molecules must be made compatible. This can be accomplished by cutting each with the same restriction enzyme, so that they all either have compatible "sticky" ends or else they all have blunt ends (no overhanging piece of single-stranded DNA). (b) When properly prepared vector and foreign DNA are mixed, the cut ends of the DNA will stick together for a short time. This is especially true if there are sticky ends holding the DNA pieces together with hydrogen bonds. If DNA ligase is added to this mixture, it will glue together the DNA pieces with covalent bonds. The result is a perfectly re-formed piece of DNA, a plasmid that is part vector and part foreign DNA. (c) The recombinant plasmid is then used to transform *E. coli* cells. Successful transformants will internalize the plasmid with its foreign DNA. (d) Lastly, the transformed bacteria can be grown in culture vessels. Generally, appropriate antibiotics are added to the culture medium so that only cells that have actually acquired the plasmid can grow. These cultures can be used to produce large quantities of the foreign DNA for further analysis (e.g., for DNA sequencing). Or, if the foreign DNA is a gene, it can actually be expressed as a protein, which can then be purified for subsequent use or analysis.
10. Successful genetic engineering of plants is based on our current ability to grow an entirely new plant from a single cell. Because the plasmids and viruses used to clone genes into *E. coli* will not work with plant cells, another means must be found to get foreign DNA into the plant cell. One method is to use the soil bacterium *Agrobacterium tumifaciens*. This bacterium is able to transfer a plasmid from itself into plant cells. If foreign DNA is cloned into the *A. tumifaciens* plasmid, then the bacterium will do the work of inserting that modified plasmid into the plant chromosomes, thereby transforming the plant cell. This gives the scientist a means of inserting foreign DNA into a plant cell and creating GM plants.

Applying Concepts

1. Transposons and viruses are both able to integrate themselves into the chromosomal DNA of their host cells. This allows the host-cell machinery to replicate the transposon/viral DNA along with that of the host. Both can also excise themselves from the chromosomal DNA. Transposons are then free to reinsert themselves at a different location on the same chromosome in the cell, or on another chromosome altogether. Viruses, on the other hand, are able to infect other cells; they are not limited to the chromosomes within one particular cell. In this sense, viruses can be thought of as transposons with the ability to move from host cell to host cell.
2. Questions posed in Chapter 15: Can genetic engineering provide sufficient food for the world, considering that farmers in poor areas are often unable to afford the GM crops? Do consumers have the right to know if the food they are purchasing is a GM food? Do GM foods pose unforeseen health dangers? Do GM foods and GM technologies pose unforeseen environmental dangers? Might the use of GM plants encourage the appearance of more vigorous, more resistant pests? Might some of the toxins used in GM plants have harmful effects on nonpest species, including the natural enemies of the pest species? Might GM plants encourage the appearance of "superweeds"—very vigorous, fast-growing weeds? What other concerns might you have regarding GM plants? For example, you might be concerned about the loss of non-GM heirloom seeds, seeds that farmers have been planting and harvesting for decades, even centuries. These cultivars might be lost if everyone switched over to purchasing the latest GM plants from a seed dealer every year. Are you concerned about the loss of genetic variability as heirloom seeds disappear? Do you feel that GM plants are of lower quality, perhaps less tasty than non-GM plants? Are you concerned that our food supply—the sine qua non of our civilization—might become a monoculture controlled by corporate giants?
3. Restriction enzymes are well known for recognizing palindromic DNA sequences, which are DNA sequences that read the same in the $5' \rightarrow 3'$ direction on each strand. Consider the *Eco*R I sequence. If you apply base complementation rules to generate the other DNA strand, you see the sequence is 5'-GAATTC-3"/3'-CTTAAG-5'. Notice that the strands have identical sequences when each is read in its $5' \rightarrow 3'$ direction. This is an example of palindromic DNA. A careful examination of the other three restriction sequences reveals a similar situation; in fact, this is a property of restriction enzymes and their sequences in general.

Chapter 16

Review Questions

1. Influenced by theology, science up to the mid-1800s maintained that the Earth was about 6,000 years old, based upon the number of generations of people described in the Old Testament. Species were believed to have had a divine origin, created by a supreme being in one instant (a concept known as "special creation"), and then remaining unchanged since. Furthermore, each species was thought to have an "ideal form," and each individual was more or less an approximation of this form. Variation within a species represented the deviation from this ideal form, not the raw material upon which natural selection could operate. A few individuals, however, did suggest that species could change. Georges Louis LeClerc, a French naturalist, suggested that the vast number of species on the planet might have evolved, via some unknown process, from a small number of founding species produced by special creation. Darwin's grandfather suggested that species might be able to change into new species. Jean Baptiste Lamarck proffered a potential mechanism (now discredited) by which evolution could occur. He believed that organisms could acquire new and heritable traits through processes such as behavior. If such changes were large enough, or if smaller changes accumulated sufficiently, then perhaps a new species could emerge. Such ideas helped pave the way for the acceptance of Darwin's theory of evolution.
2. (a) Each species has the ability to produce more offspring than can survive to maturity. If this were not the case, then the most prolific reproducers would soon overpopulate the planet. Instead, (b) over time, natural populations tend to remain rather constant in size, ultimately limited by some resource such as food, water, space, and so forth. (c) Because resources are limited, there is competition among the members of every species, and the losers do not survive to adulthood. (d) Because of variation, there exists a range of traits within a population, and these traits have a direct bearing on the chances that an individual will survive to adulthood and reproduce. In any given environment, some traits will increase the chances for survival, while others will decrease it. This leads to the inevitable conclusion that (e) the individuals most likely to survive to reproductive age and produce offspring are those possessing the most advantageous traits, a phenomenon termed "survival of the fittest." This entire process, by which the environment selects for individuals that are best adapted to it, is called natural selection. The pivotal importance of natural selection to the theory of evolution is that it provides a powerful driving force for evolution itself, causing populations to diverge and ultimately form different species.
3. Both artificial selection and natural selection lead to changes at both the molecular and the gross levels. The molecular changes are based upon heritable changes in the structure of DNA itself, while the gross changes include phenotypic changes such as the appearance of altogether new traits or a change in the frequency of existing traits. For example, white flowers may appear in a species that had previously been known to produce only yellow flowers. Or perhaps individuals will appear that consistently produce tall progeny, whereas previously tall stature was a sporadically occurring trait. However, the driving forces behind the two types of selection are different. In natural selection, natural and stochastic forces determine which individuals are "fittest" and hence will survive to reproductive age; there is no deliberate will driving the appearance of traits in some predetermined direction. In artificial selection, humans provide for the progeny and then select for the next reproductive cycle those individuals possessing desirable traits. Thus in artificial selection humans (not nature) determine which traits will be passed on to the next generation.
4. The following lines of evidence were provided in Chapter 16. (a) The process of artificial selection shows that species can be changed. No one would dispute that; for example, the ancestral dog was quite different from the many breeds existing today. It is remarkable that chihuahuas and German shepherds arose from a common ancestral dog, and that dichotomy demonstrates the extent to which artificial selection can alter a species. (b) Comparative anatomy reveals homologous structures among related organisms, and from this we may infer how natural selection can mold a common organ into different forms in order to accomplish different tasks. (c) Modern techniques in molecular biology enable scientists to track changes in proteins and DNA and to relate those changes to evolutionary history. For example, scientists may gather many specimens from one or more species and then compare the similarities of the DNA sequences of specific genes. Alternatively, they might compare the differences in sequence or structure of some critical enzyme. Such studies can provide insight on the relatedness of individuals within a species, or of several species to each other. (d) Fossils provide an incomplete record of the evolution of life on Earth. Examination of fossils and the rocks in which they occur provides information on life-forms long since extinct, including what they looked like as well as when and in what type of environment they lived. Although science has no definitive way to prove the existence of evolutionary changes of long ago, lines of evidence such as those described here provide extremely strong support in their favor.

5. Gradualism is the belief that evolution proceeds over geologic time at a steady or gradual rate, and that new species slowly and continually appear as changes accumulate. In contrast, punctuated equilibrium suggests that evolution does not occur at a constant rate, but that geologic history is interspersed with periods of high and low rates of evolution. This theory holds that relatively stable conditions allow species to thrive with little morphological change and speciation. Such periods of equilibrium are then interrupted with drastic changes in conditions, which in turn force rapid structural changes and hence rapid speciation. At present, scientists do not yet agree on whether gradualism or punctuated equilibrium best describes the evolutionary history on this planet, although the resulting controversy continues to direct research in this area.
6. (a) A population is the sum of conspecific (same species) individuals living in a certain area. The area considered may be quite small—such as the population of eastern tamarack trees (*Larix laricina*) living in a bog on a specific lake, or quite large, such as the *Larix laricina* population of the state of Wisconsin, or of the entire eastern USA. (b) The gene pool applies to a population, and is the total of all the alleles of all the genes possessed by the individuals in that population. (c) Population genetics is the branch of science concerned with gene pools and how and why those pools change over time. (d) Microevolution refers to the small-scale changes occurring in the allele frequency in a gene pool from one generation to the next. It is not evolution itself, but over time, its accumulated effects may lead to evolution. (e) Genetic drift refers to the removal of an allele from a gene pool by stochastic (random or chance) processes alone. As a hypothetical example, consider a population of plants that normally produce yellow flowers. Imagine that a mutation for white flowers occurs in one plant, and as a result five progeny plants are now alive and carrying this mutant allele for white flowers. A single flood or a ravenous cow could easily kill these five plants and thus remove the white flower allele from the entire population. (f) Gene flow is the migration of genes (alleles) between populations.
7. Both types of mutations involve changes in the DNA structure of an organism. Gene mutations tend to be rather localized and result from changes in one or, at most, several bases. Chemical agents, radiation, or a malfunctioning DNA polymerase typically induce gene mutations. An example would be a single base substitution; this could potentially lead to the substitution of one amino acid for another in the final protein. Alternatively, a single base change could obliterate a stop codon, resulting in drastic changes in the resulting protein. Chromosome mutations, on the other hand, are at a much larger scale than gene mutations. They involve rearrangements of a gene or genes, or even whole portions of chromosomes. Crossing over is one example, in which entire segments of a chromosome are exchanged. Sometimes the exchange is unequal, so that a particular chromosome will gain or lose an entire segment of DNA, resulting in gene deletions or duplications. A gene or genes may change their location on the chromosome. Yet another type of chromosome mutation involves the loss or gain of an entire chromosome or set of chromosomes, such that aneuploids or polyploids may result.
8. All eukaryotes possess a haploid number—the N number—that defines the number of chromosomes in that species, which comprise one complete set. For example, in humans, $N = 23$. In diploid organisms, meiosis typically results in the formation of haploid gametes—each gamete having received one complete set of chromosomes. Sometimes, however, things go awry and a gamete may receive one chromosome (or rarely several chromosomes) more or less than a complete set. This condition is known as aneuploidy. A prime example is Down syndrome in humans, in which an otherwise normal gamete received an extra chromosome 21, so that the individual resulting from fertilization possesses three copies of chromosome 21 (a condition known as trisomy 21). Another example is provided by Turner syndrome, in which one gamete did not receive a sex chromosome. If, during fertilization, this gamete fuses with a normal gamete, then the resulting individual will be XO in composition—a female with only one X chromosome (incidentally, the other possibility, a YO male, is lethal and such an individual would die before birth.) Polyploidy, on the other hand, results when the entire chromosome set is duplicated, and both of these sets are passed on to some of the gametes. If two such gametes fuse (as could happen with self-fertilization in plants), then the resulting zygote would be tetraploid instead of diploid. If one such gamete and a normal gamete were to fuse, then a triploid would result. Slight variations could produce pentaploids ($5N$), hexaploids ($6N$), octaploids ($8N$), and so on. In animals, polyploidy is generally lethal, but in plants polyploids may be quite healthy and even vigorous. Plants with odd-numbered ploidy levels ($3N$, $5N$, etc.) are sterile due to complications in homologue pairing at meiosis.
9. (a) In directional selection, individuals with a trait at the extreme of the character range (e.g., the tallest in stature, the most cryptically camouflaged, etc.) are favored over individuals closer to the mean or at the opposite extreme. In such situations, gene frequency will drift toward the favored trait. (b) Stabilizing selection favors individuals possessing the average trait, and (c) disruptive selection favors the individuals at either extreme of the character range (or, in other words, the mean is disfavored).
10. The morphological species concept defines species based on their structure or morphology, while the biological species concept defines species as a group of populations whose members interbreed with each other but cannot (or usually do not) interbreed with members of other populations. Thus, in the biological species concept, reproductive barriers isolate and define species.

Applying Concepts

1. Because DNA is duplicated and then distributed among the daughter cells at the time of cell division, at the cellular level mutations are at least potentially heritable. Of course a mitotic or meiotic division is required for this to occur. At the organismal level, mutations in somatic cells will not be passed on to future generations, so that only mutations in germ cells (and hence the resulting gametes) have any chance at all of being passed on to the next generation. Therefore, at the organismal level, not all mutations are heritable.
2. Bumpus's data supports stabilizing selection, because natural selection had culled out extreme characters and favored those traits near the norm. Instead of being the driving force for evolution, stabilizing selection tends to reinforce and maintain the normal phenotypes in a population and, in that sense, operates in opposition to evolution.
3. Recall that evolution is a property of populations, and natural selection operates on individuals. Recall further that only heritable changes, by definition, are passed on from one generation to the next. Thus, heritable changes are part of the gene pool and are a property of the population; as such they provide potential fodder to the evolutionary process. On the other hand, nonheritable traits are not part of the gene pool but rather are a property of the individual. Because natural selection operates on the individual, nonheritable traits (such as the accidental loss of a limb or the development of a virus-induced tumor) may play critical roles in death and survival. However, these traits are not a property of the population, so they are not important to the evolutionary process.

Chapter 17

Review Questions

1. Since many common names are local names given by people who live in the same region in which a plant or animal occurs, they have an advantage (to anyone who speaks the local language) in being easier to pronounce, understand, and remember. But this is a shortcoming to people who do not speak the local language. Further, different groups of people may assign different common names to the same plant species, or conversely, the same common name to different plant species. To add to the confusion, many organisms lack a common name altogether. Such a disparate nomenclature, lacking both convention and coordination among the various groups of people, leads to confusion, inconsistent usage, and inefficient communication. Scientific names, on the other hand, are always in Latin (or a Latinized form of another language, such as Greek). Such names may be unfamiliar to novices and hence harder for them to pronounce, understand, and remember, but they do offer several distinct advantages. Latin is a dead language—it is not the primary language of any culture today. Thus, being an unchanging language, Latin words will have the same meaning in 100 years as they do today, and the language does not contain politically offensive words or phrases. Further, strict nomenclature rules govern the naming of plants and animals. This increases consistency in applying names and decreases the incidence of inappropriate naming (such as assigning the same name to two different plant species). Last, species grouped within the same genus are related to each other and hence share certain traits; being familiar with one member of a genus imparts some knowledge about all members of that genus. Scientific names thus provide uniformity and specificity, and that is why they are preferred in professional disciplines such as science, medicine, agriculture, and commerce.
2. Scientific names consist of a noun called the generic name and an adjective called the specific epithet; for completeness, the authors of the name are often listed immediately following the specific epithet. Generic names are always listed first, are always capitalized, and are often abbreviated; specific epithets need never be capitalized and are seldom abbreviated. Generally, both parts of a scientific name are underlined, italicized, or presented in a different font; this sets the name apart from the surrounding text and indicates to the reader that the language has changed (to Latin, in this case). Only the generic name may be used by itself.
3. A species is a group of similar-appearing organisms that can freely interbreed. When a group of species seems particularly closely related, they may be placed into a loose-knit group of allied species termed a species complex. Hybrids are the offspring of two different species; the parents may or may not be members of the same genus. Hybrids are indicated by appropriate placement of an "×" in the scientific name. Intrageneric hybrids assume the name of both parents, separated by an × or are assigned an altogether new name with the × placed before the species epithet. For example, a common ornamental shrub in California is the hybrid *Abelia chinensis* × *A. uniflora*, also known as *Abelia* × *grandiflora*. Intergeneric hybrids, whose parents are members of different genera, are indicated by combining parts of the parental generic names into a new generic name, and preceding that name with an ×. An example is provided by × *Cupressocyparis leylandii* (Leyland cypress), which is a cross between Monterey cypress (*Cupressus macrocarpa*) and Alaska cedar (*Chamaecyparis nootkatensis*).

   Species may be further divided into subspecies, varieties, or cultivars. A subspecies is a subset of a species consisting of those members inhabiting a geographical region distinct from the remaining members of that species. The individuals comprising a variety possess consistent—though often subtle—differences from traits typical of the species. For example, *Carex stricta* is a grass-like plant termed a sedge that occurs throughout eastern North America. The typical variety, *C. stricta var. stricta*, produces floral spikes less than 6 cm in length, while the variant *C. stricta var. elongata* consistently bears longer spikes up to 15 cm in length. A cultivar is essentially a variant that does not occur in the wild and has been deliberately propagated for horticultural or ornamental purposes; it is usually indicated by quotation marks. Two examples of cultivars are the Leyland cypress mentioned earlier: × *Cupressocyparis leylandii* "Harlequin" and × *Cupressocyparis leylandii* "Castlewellan."
4. An herbarium is a depository for dried (and therefore dead) plant specimens and cuttings. Usually associated with major universities, the larger herbaria contain millions of plant specimens, each carefully filed away so that it is readily accessible. Each specimen acts as a reference and a voucher—proof that a given plant once grew in a given area. Each specimen is also a potential source of DNA or seeds. Botanical gardens, on the other hand, contain living specimens. While these are potentially excellent sources of DNA or seeds, there is a major drawback—growing specimens

require garden space and periodic maintenance, so the per-specimen costs are much higher in a botanical garden than in an herbarium.

5. Modern plant classification is based upon many features, including anatomical (structure of leaves, stems, roots, and flowers), biochemical (e.g., chemical characterization of secondary compounds), genetic (e.g., DNA sequence), and paleontological (e.g., fossils) lines of evidence. Flower structure—and more recently DNA sequence data—is weighted more heavily than the vegetative and biochemical characteristics since the latter seem to be much more influenced by the environment than the former. Relationships between plant groups thus are usually more evident in the flowers and DNA than in the other traits.
6. The sequence of these categories, starting with the most inclusive, is Domain—Kingdom—Phylum—Class—Order—Family—Genus—Species—Variety. Viruses are not considered as living organisms, so are not included in this classification scheme.
7. Plant taxonomy is the scientific discipline concerned with naming plants, not only assigning names to new plants but also resolving ambiguities with older names. Plant taxonomy is an integral part of the broader discipline of plant systematics, which is concerned with organizing and classifying plants into logical and related groups.
8. Carolus Linnaeus was the first scientist to use Latin binomials as scientific names, beginning sometime in the mid-1700s. He began using this format not because he felt it would catch on quickly in the scientific community, but for convenience: He preferred writing a binomial name rather than the longer, 10- to 12-word names that were typical of the time. Also typical of the time was the use of Latin as the scholarly language, which is why Linnaeus incorporated that language in his scientific names.

Applying Concepts

1. Consider first that there is no single correct answer to this question, as long as the resulting key consists of a series of two mutually exclusive choices that unambiguously distinguish the six given figures. Here is one possibility:
   - A. Figure consisting of straight line segments ("sides") that join to form angular corners
     - B. Figure with 3 sides and 3 corners; internal angles always sum to 180°
       - C. Sides of equal length—equilateral triangle
       - C. Sides of unequal length—scalene triangle
     - B. Figure with more than 3 sides and 3 corners; sum of internal angles greater than 180°
       - D. Figure with 4 sides and 4 corners; internal angles sum to 360°
         - E. Opposite sides parallel and of equal length—rectangle
         - E. One set of opposite sides parallel and of unequal length, the other set of sides not parallel but of equal length—trapezoid
       - D. Figure with 5 sides and 5 corners; internal angles sum to 520°—pentagon
   - A. Figure lacking straight line segments and corners, consisting of a smooth curve whose points are equidistant from an imaginary center—circle
2. The rules governing naming problems such as these are found in the International Code of Botanical Nomenclature. It describes the very specific actions that must be taken before a name can be accepted as valid. Between Prof. James and Ms. Smith, only Ms. Smith followed the rules, including a Latin description of the plant. Initially, then, Ms. Smith's name of *H. ciliaris* would have priority over Prof. James's *H. missouriensis*. However, Prof. Chang points out that even Ms. Smith's name is invalid, since the name is already in use. He corrects the error by publishing an acceptable name, which would be written as *H. smithii* (Smith) Chang. Last, since two people have used the name *H. ciliaris* to refer to two separate species, one would need to include the authority with the name (i.e., either *H. ciliaris* R. Brown or *H. ciliaris* Smith), to avoid ambiguity when referring to *H. ciliaris*.
3. Here are several benefits of each; additional answers are, of course, possible. Both botanical gardens and herbaria (1) can be sources of plant material in the form of tissue (e.g., for DNA extraction or chemical analysis) and seeds; (2) are invaluable aids for people wishing to learn how to identify various plants, since both provide named specimens; (3) are potential sources of plant material for classroom use. Botanical gardens (1) are often maintained in park-like settings, providing quiet, open areas of beauty for reflection, inspiration, and solitude as well as gathering areas for social events such as weddings; (2) provide sources of living plant material for propagation by cuttings or of pollen for plant breeding experiments; (3) provide opportunities for individuals to "browse" living examples of horticultural and landscaping plants that they might consider growing at their own homes or businesses; (4) act as living museums of horticultural plants that were once in common use but have now been largely replaced by newer cultivars; (5) provide a living laboratory for the study of various aspects of the plants growing there (for example, one could study the long-term hardiness of various imported plants, or their interactions with native insects and birds); (6) act as urban air filters, cooling and humidifying parched air, as well as replenishing its oxygen and removing airborne particulates; (7) may provide areas where new cultivars arise, either spontaneously or through plant-breeding experiments; (8) may act as conservation centers for rare plants threatened with extinction from their natural habitats. Herbaria (1) are important in scientific study since they may provide named specimens of a huge number of plants—often in the millions; (2) provide a depository for type specimens—the original specimen from which a new species was described (type specimens thus define the new species and serve as a future reference for that species); (3) provide a record of the original range of a species (as species disappear from local areas, the herbarium specimens serve as vouchers that a given species once grew in that location); (4) contain specimens that are easily shared and/or exchanged with other herbaria, thus facilitating botanical studies.
4. The International Code of Botanical Nomenclature sets forth rules that must be followed before new taxonomic names—including new species names—can be considered valid and acceptable. This body of rules thus standardizes the naming process. It ensures, for example, that every new species name is accompanied by a Latin description—usually several paragraphs—as well as a type specimen deposited in a recognized herbarium. It also provides a means to recognize invalid names, and rules to resolve naming problems such as duplicate or inappropriate names. Without the conventions of the International Code of Botanical Nomenclature, taxonomic chaos would ensue.

Chapter 18

Review Questions

1. It seems unlikely that life could have ever arisen on Venus; if it had, it would have been exterminated long ago due to the inhospitable environment. With surface temperatures over 460°C, a CO_2 atmosphere with an oppressive surface pressure of 90 atm (90 times the surface pressure on Earth), and a lack of water, Venus could not host any type of life as we know it. Mars, on the other hand, is also inhospitable, but for different reasons. Although daytime temperatures in the warmer areas of the planet may reach a balmy 22°C, nighttime temperatures may plummet to below −100°C. Furthermore, the Martian atmosphere is less than one-hundredth as dense as Earth's, most of the water is locked away as ice, and solar ultraviolet radiation bombards the surface at lethal levels. All in all, the present harsh Venusian and Martian environments would not be conducive for life.
2. Ultraviolet (UV) light is energetic enough to disrupt the chemical bonds of organic compounds; when small organisms such as single-celled algae or bacteria are exposed to high levels of UV light, the organic molecules within the cells are degraded and the cells die. In larger organisms such as humans, exposure to UV light may lead to severe skin burns, blindness, death of skin tissue, and eventually, death of the whole organism. Ozone absorbs UV radiation, and a layer of ozone in the atmosphere prevents high levels of UV light from reaching the surface. Thus, ozone protects surface life from overexposure to UV light. When life first appeared on our planet, an ozone layer was lacking, so that surface areas of the planet were bombarded with lethal levels of UV light; at that time, only the oceans—whose waters strongly absorb UV light—provided a hospitable environment where life could flourish.
3. (a) All living things possess a metabolism, defined as the sum of all the chemical processes occurring within a living cell. (b) All living things exhibit growth, defined as an increase in cell size and mass due to their metabolic activities. (c) All living things exhibit reproduction, the creation of a new individual. Reproduction provides for the continuation of the species over time. (d) Organisms respond to stimuli and show some type of movement. (e) Over time, populations of organisms adapt and evolve, which raises the overall fitness of the population and maximizes the chances of survival in any particular environment.
4. Current estimates place the birth of the Earth (in fact, the entire solar system) at about 4.6 bya. For about 800 million years the Earth was pelted with comets and asteroids. About 300 million years after this heavy bombardment ended, at 3.5 bya, life appeared on Earth and left a fossil record. By 2.2 bya, the atmospheric levels of oxygen had risen to 10% of present day levels, with a further increase to 15% by 0.6 bya. By that time, Earth's oceans were teeming with multicellular life. Approximately 450 million years ago, atmospheric oxygen concentrations had reached their current levels of 21%, and carbon dioxide levels began to drop. Had the CO_2 levels not dropped as drastically as they did, the early Earth could have experienced a runaway greenhouse effect, effectively sterilizing it. The drop in CO_2 levels coincided with the first appearance of land plants.
5. We have no direct fossil evidence for what are believed to be the very first life-forms on Earth following the bombardment period. The fossil record of that time period does contain carbonaceous graphite particles believed to have been produced by these earliest life-forms. The earliest fossils appear to be cyanobacteria and are first seen in 3.5-billion-year-old rocks from western Australia. Chemical analyses of stromatolites in Australia suggest that photosynthesis was operational at least 2.7 billion years ago. Apparently, the oxygen released by these early photosynthetic organisms did not start to accumulate in the atmosphere until about 2.2 billion years ago. Chemical analyses show that prior to this time, free oxygen was busy reacting with iron in the Earth's crust; we see the results of this today as thick layers of iron-oxide-rich rock.
6. The first stage is the formation of simple, small organic molecules from even smaller inorganic and elemental precursors. These processes would produce sugars, fatty acids, amino acids and nucleotides—the very building blocks for biological macromolecules. Next, the chemical-biological theory hypothesizes that these building blocks were assembled into such important macromolecules as proteins, carbohydrates, lipids, and nucleic acids. The third stage is the incorporation of these macromolecules into the first cell-like structures—the beginnings of life itself.
7. Most commonly, prokaryotic cells are shaped either as little spheres called cocci, as little cylinders termed rods, or as small corkscrew-shaped spirals known as spirilli. In some species, these cells exist as solitary unicells, while in others they may aggregate into a mass called a colony, or may join end to end (like pearls on a necklace) to form a linear array called a filament.
8. Thylakoids are internal arrays of membranes that provide a surface for the attachment of photosynthetic molecules such as chlorophyll. Thylakoids are found in cyanobacteria and the chloroplasts of plant cells.
9. To survive unfavorable environmental conditions, many prokaryotes produce spores—thick-walled, dormant cells that are able to germinate back to typical, actively growing cells when conditions improve again. Endospores are a type of spore produced within a parental cell and released when that cell ruptures. Akinetes are thick-walled cells full of storage materials; they are produced by many cyanobacteria. Akinetes generally settle to the bottom of lakes and ponds in the autumn, and germinate the following spring. All of these structures enable bacteria to become dormant during unfavorable environmental conditions, and then to germinate and continue growth when conditions improve.

10. Industrial nitrogen fixation is a process whereby nitrogen gas is subjected to very high temperatures and pressures in the presence of hydrogen, resulting in the formation of ammonia. It is a very energy intensive process. Biological nitrogen fixation also yields ammonia from nitrogen gas and a hydrogen source, but this feat is accomplished at normal temperatures and pressures inside certain cells using the enzyme nitrogenase. Plants, like animals, need to make a variety of nitrogen-containing compounds, proteins and DNA being two common examples. However, only nitrogen fixers are able to begin these biosynthetic processes by directly combining gaseous nitrogen with hydrogen to yield ammonia; plants can then use ammonia or one of its derivatives to form their nitrogen-containing compounds. Nitrogen fixers thus play a pivotal role in the ecosystem in that they are the only organisms that can make direct use of atmospheric nitrogen gas. Essentially, they fix nitrogen for all other life-forms to use.
11. Most forms of nitrogenase are poisoned by oxygen. Thus, in cells or tissue where nitrogenase is active, it is important that oxygen concentrations be kept low if high nitrogenase activity is to be maintained. Cyanobacteria accomplish this by producing special cells called heterocysts, wherein the oxygen-producing processes of photosynthesis have been shut off, leaving a low-oxygen environment for nitrogenase activity. Legumes go to far greater lengths to enable nitrogen fixation. These plants produce elaborate accommodations in their roots for nitrogen-fixing bacteria, and then depress oxygen levels by producing leghemoglobin, which latches onto oxygen just as the hemoglobin in your red blood cells does. The nitrogen-fixing bacteria grow happily in this environment, fixing enough nitrogen for both themselves and their leguminous host.
12. Gram staining is a two-stain laboratory procedure that allows microbiologists to discern certain differences in the cell walls of bacteria, as related to the amount of peptidoglycan present in the wall. Cell walls having an outer phospholipid envelope also tend to have lower levels of peptidoglycan; such cells stain pink with the Gram stain and are classified as Gram-negative. Cell walls with higher levels of peptidoglycan, containing little or no phospholipid envelope, generally stain blue and are said to be Gram-positive. Penicillin, you may recall, inhibits the synthesis of functional peptidoglycan. Because Gram-negative cells have little peptidoglycan in their cell walls, the penicillin class of antibiotics tend to be rather ineffectual against them. Thus, one should use some other type of antibiotic to treat Gram-negative bacterial infections.

Applying Concepts

1. Current thought is that early life on Earth evolved in what is known as a reducing atmosphere—high in methane, ammonia, hydrogen gas, nitrogen gas, carbon dioxide, and water vapor. This primordial atmosphere has since been replaced with a very oxidizing one that is rich in gaseous oxygen (21%) and low in methane, ammonia, hydrogen, and carbon dioxide. Thus, it is not possible to find a place on Earth where those primordial conditions still exist, and we are forced to simply mimic them in the laboratory. The advent of life on Earth forever changed the Earth itself.
2. By absorbing much of the incident solar UV light, the ozone layer effectively protects the ground below from the harmful effects of this harsh radiation. The destruction of large areas of the ozone layer allows more hazardous UV radiation to reach the surface. UV irradiation of living cells—be they microbial, plant, animal, or fungal—may have severe consequences in terms of damage to organic molecules and mutations in DNA. Thus, a loss of the protective ozone shield could have direct, harmful effects on all but the most sheltered species on this planet. People living in areas near the polar ozone holes are most affected by the loss of ozone now. If the ozone layer continues to be degraded, then people in many parts of the Earth may be directly harmed.
3. (a) After 1 hour, there would be 4 cells. (b) 64 cells. (c) 4,096 cells. (d) $\sim 16.8 \times 10^6$ cells. (e) 2.8×10^{14} ($\sim$300 million million!) cells. As the cells become more numerous, they compete with each other for nutrients, air, space, and water; eventually some or all of those resources become limiting, and growth rate drastically diminishes.
4. All forms of life must synthesize a plethora of proteins, nucleic acids, and other nitrogen-containing compounds in order to live. Although the most abundant nitrogen source around us is the gas in the atmosphere, surprisingly, only the nitrogen fixers can tap into this source and use it as the basis for forming their nitrogenous compounds; all other organisms must start with preexisting nitrogen-containing compounds in their environment (food, etc.) and proceed from there. Although only a small to moderate number of species may benefit directly from the activities of nitrogen fixers, virtually all species on the planet benefit from this essential service because nitrogen compounds are passed all the way up to the very top of the food chains. Without nitrogen fixers around, food chains around the world would collapse; as nitrogenous compounds decomposed, their nitrogen would be released back to the atmosphere as nitrogen gas, with no way to recover it back into the food chain. Nitrogen fixers are essential to life on this planet.
5. Books have been written on this subject, so this answer is necessarily extremely abbreviated; many other answers are possible. Genetic engineers use bacteria because they are easily grown under a wide variety of culture conditions, they grow rapidly and to high densities, and they are easily manipulated genetically. Typical uses include producing many copies of a piece of DNA of interest, providing a vehicle in which scientists can manipulate and alter DNA, preparing a fragment of DNA for DNA sequencing, and expressing a foreign gene that has been inserted into them. The latter use is extremely powerful. For example, if the gene for human insulin is properly inserted into an *E. coli* cell and that cell cultured, then the cultured cells will essentially become little protein factories, bacteria making a human protein!
6. The inhibition or blockage of any critical cellular process will most likely either stall growth or outright kill bacterial cells. To be an effective clinical antibiotic, a compound must not only do this, but it should also be selective for bacterial cells. You don't want to take an antibiotic that kills your own cells as it is killing the bacteria! Other antibiotics and their cellular sites of action include polymyxin (pokes holes in the cell membrane); mitomycin (interferes with bacterial cell division); novobiocin (inhibits DNA synthesis); and erythromycin, streptomycin, and tetracycline (interfere with protein synthesis). Many other antibiotics are known, and their modes of action are varied.
7. In the natural world, there is competition for virtually every resource. If a cell can release an antibiotic into its immediate vicinity, it may be able to inhibit the growth of nearby species and thus reserve the available resources for its own growth. Thus, antibiotic production is an attempt to gain the competitive edge over neighboring species.

Chapter 19

Review Questions

1. Similarities: Most algae and plant species contain chloroplasts for photosynthesis, store organic food, and have cell walls, usually of cellulose. Many algae and plants produce protective chemicals to ward off disease-producing microbes as well as herbivores, and many algae, like plants, possess bodies that are attached to a surface. Differences: Most algae live in aquatic or even snowy habitats, while most plants are terrestrial. The bodies of algae are also smaller and less complicated than those of their plant cousins. Indeed, some algal species exist as unicells—single cells free in the environment—while mature plant bodies are always multicellular. Having a simpler body means that algae also have fewer types of cells and tissues than plants.
2. First, not all algae are photosynthetic; some species lack chlorophyll altogether and must obtain their nutrition heterotrophically. Second, not all algae are eukaryotes, the exception being the prokaryotic cyanobacteria, or blue-green algae. Some algae do not live in aquatic habitats but rather colonize much drier environments such as in soil, on rocks, or on the surfaces of land plants and animals. Last, although algae do generally have simpler bodies than land plants, some algae such as the giant kelps have bodies that are almost as complex as higher plants. Despite these exceptions, the description of algae given here and in the chapter text provides a good working definition of the group of organisms known as "algae."
3. An autotroph is an organism that can produce all of its organic compounds itself, usually from carbon dioxide via photosynthesis. Heterotrophs, on the other hand, are unable to conduct photosynthesis and thus must obtain some of the organic compounds they require from the environment. Examples of autotrophs are green plants such as corn, maple trees, and tulips, as well as most algae. Animals, including humans, form a large group of heterotrophs. The algae *Prototheca* and *Dinobryon* are also heterotrophic; the latter can also photosynthesize (i.e., it exhibits both autotrophic and heterotrophic nutrition).
4. The simplest algal body form is independent single cells, or unicells. Other algae assume a form that is essentially a cluster of cells, or colony, held together by some type of intercellular glue. A more complicated type of body is the filament, whose cells are joined together end-to-end to form either unbranched or branched chains. The most complicated type of algal body is tissue, a solid block of cells growing in all three dimensions; this advanced type of growth form is found in some green and brown algae. In addition to the preceding basic forms, some unicellular and colonial algae bear one or more flagella and are loosely termed flagellates. Such cells or colonies are able to swim and thus are motile in the water column. Algae may grow attached to a substrate (such as a rock) or free; such free-floating or free-swimming algae are known as phytoplankton. Last, amongst the marine algae are species large enough to be seen with the unaided eye; these are known as seaweeds.
5. Plants and many (but far from all) algae possess two distinct phases, or bodies, in their life cycles. One type of body, the gametophyte, produces egg and sperm directly; the other type of body, the sporophyte, produces sexual spores but not gametes. Some species of algae produce gametophytes and sporophytes that appear identical to the unaided eye; in the case of *Porphyra*, however, the gametophytes are macroscopic blades familiar to most people as nori seaweed, while the sporophytes are microscopic filaments that appear nothing at all like the gametophytes. So dissimilar are these two stages in *Porphyra* that they were originally thought to be two distinct organisms. It was Dr. Drew Baker's discovery that these two separate stages were in fact part of the life cycle of one organism, which we now know as *Porphyra*.
6. Chlorophyll a is a green pigment that plays a central role in the photosynthetic process. It absorbs heavily in the red and blue regions of the spectrum and is present in all photosynthetic algae and plants. Accessory pigments also absorb in various parts of the spectrum and then pass the absorbed energy to chlorophyll a. In effect they extend the absorption spectrum of chlorophyll a. Various algal groups have distinctive accessory pigments. Dinoflagellates have the brown-colored peridinin; brown algae and diatoms have the golden-brown fucoxanthin; red algae (and cyanobacteria) have red-, orange-, or blue-colored phycobilin pigments; and green algae and land plants have chlorophyll b, lutein, and beta-carotene.
7. Ecologically, algae are the primary producers in their aquatic habitats, using the sun's energy to fix carbon dioxide into organic compounds. This forms the basis of the food chain for most aquatic heterotrophs. Also, algae release at least 50% of the oxygen into the Earth's atmosphere. Some algae live in close association with animals such as corals and provide them with organic compounds. On the detrimental side, some algae produce toxic compounds that can kill fish or animals—including humans—that consume toxin-containing seafood. Economically, some algae are used directly for food, such as the red alga nori from which sushi is made. Some seaweeds provide important cell-wall polysaccharides such as carrageenan, agar and algin; diatoms produce diatomaceous earth, which has important industrial uses; and some algae contribute directly to the formation of limestone.

Applying concepts

1. Some parasitic algae may still have plastids and some enzymes and structures related to photosynthesis even though, as parasites, they no longer rely on photosynthesis. These enzymes and the metabolic pathways that

make plastids and those that make algal cell walls would be appropriate targets for antibiotics because animals do not have cell walls or plastids or carry on photosynthesis.

2. Several structural characteristics can be used to determine the relationship of the new alga to other known groups of algae. Analyses of the storage compounds (starch, non-starch polysaccharides, oil droplets, or paramylon), accessory pigments (peridinin, chlorophyll c, chlorophyll b, fucoxanthin, phycobilins, lutein, or beta-carotene), and constituents (cellulose, algin, carrageenan, agar, silica, or calcium carbonate) of the cell wall (if there is a cell wall) can help identify its relatives. Other characteristics, including the presence of flagella and their structure and stages in the reproductive cycle may also be helpful. Finally, one could compare DNA of the new alga with DNA of other algae that appeared to be related to it.
3. Single flagellated cells are very mobile and may be able to elude predators. On the other hand, they are alone in the world, so to speak. Large seaweeds are anchored to one place and their size may attract predators. But, being multicellular organisms, these seaweed cells can cooperate. For example, some cells may form gas filled vesicles that help the seaweed float and therefore be closer to sunlight for photosynthesis.
4. Dead zones are areas where oxygen levels have been depleted by the decomposition of excessive growths of algae. Few animals survive there. This algal overgrowth, in turn, is a result of high levels of nutrients, such as sewage and runoff of excess fertilizer from farms, lawns and gardens, in the water. To reduce the size and frequency of such dead zones, one should try to control large point sources of nutrient runoff—sewage treatment plants, farms that use a lot of fertilizers, farms with high concentrations of animals, and ships that may be dumping wastes directly into the water. It may also be helpful and necessary to enlist the cooperation of city residents to use low phosphate detergents, limit their use of lawn fertilizers and keep leaves and other organic material out of the streets so that they don't wash into the water and provide more nutrients for algal growth.

Chapter 20

Review Questions

1. The four divisions of fungi are (a) the chytrids; (b) Zygomycota, the zygomycetes; (c) Ascomycota, or sac fungi; and (d) Basidiomycota, or club fungi. Chytrids and some sac fungi (yeasts) are unicellular, while the other fungi possess special filaments termed hyphae. The zygomycetes include the black bread mold familiar to most people. The sac fungi include morels and yeast. The club fungi are probably most familiar to people, including many of the edible mushrooms from the grocery store as well as plant pests such as wheat rust and corn smut. During sexual reproduction in chytrids and zygomycetes, nuclear fusion occurs shortly after mating. In the sac and club fungi, pairs of parental nuclei may coexist in the same cells for a long time before fusing. After fusion, the zygote develops and eventually produces sexual spores, which in the club and sac fungi are borne on fruiting bodies more commonly known as mushrooms. Specifically, in the Ascomycota these spores are produced in sacs called asci, while in the Basidiomycota they are borne on a club-shaped pedestal termed a basidium.
2. Some fungi, such as pizza mushrooms, are important as human food, while some yeast species contribute to the formation of foods such as bread, beer, and wine. From yet other fungi we may extract hallucinogens such as LSD or medicines such as penicillin.
3. Ecologically, fungi, along with the bacteria, are extremely important as decomposers of the biological world. Without them, we would be stumbling over the bodies of plants and animals that died long ago. Growing in a mutualistic association with plant roots (i.e., mycorrhizae), some fungi greatly benefit their plant hosts. Moreover, some fungi may form mutualistic associations with algae (i.e., lichens) and thus begin the process of soil-building in such barren places as bare rock.
4. Alas, fungi play some detrimental roles as well. Fungi may cause disease, from tissue infections in humans (e.g., athlete's foot) and other animals to plant diseases that decrease crop production and may even kill the host plant. Some species of fungi cause food spoilage, and others produce toxic compounds like aflatoxin. Some fungi, in their role as decomposers, degrade things that we would rather preserve such as stored crops and many other objects, including clothing and film, in warm humid environments.
5. Mutualistic associations of fungi and algae are known as lichens, in which the algal partner receives carbon dioxide, nutrients, water, and protection from the fungus while the fungus receives organic compounds and oxygen from the alga. Endophytes are fungi that live within the tissues of plants such as grasses; the fungus receives organic compounds from the plant and provides herbivore-repelling compounds to the plant. The roots of most plants form mycorrhizae with certain fungal species, again with the fungus receiving organic materials from the plant and providing the plant with minerals, nitrogen, or water. With ectomycorrhizae, the fungal hyphae coat the root surface of their plant partners. In endomycorrhizae, the fungi actually penetrate the cell wall and develop in contact with the plant's plasma membrane.
6. Lichens with flat, planar bodies closely adhering to a surface exhibit the crustose growth form; those with flattened, leaf-like bodies are known as foliose lichens; and those with three-dimensional, often branched forms, many of which either grow upright or hang from objects, are fruticose lichens.

Applying concepts

1. Without reproductive structures or spores to consider, you would have to examine vegetative features of the hypha. Chytrids and yeasts are unicellular, so this organism is neither of those. Zygomycete hyphae lack septae, so a lack of cross-walls would indicate that the organism in question is a zygomycete. The possession of septae would indicate the organism is either an ascomycete or a basidiomycete, and examination of the finer structure of the septa would allow you to distinguish between these two groups.
2. Since many species of fungi and bacteria are decomposers, they often compete for resources. By releasing penicillin, *Penicillium* inhibits the growth of many nearby bacteria and thus increases its own ability to compete for available resources.
3. Obviously, without fungi, fungal diseases would cease to exist. The lack of fungi would also slow decomposition of dead matter, so that bodies would linger in the environment longer after death and thus increase the incidence of certain bacterial diseases (e.g., cholera). Furthermore, animals would find it increasingly difficult to move about the planet as the surface became littered with the slowly decomposing bodies of trees, plants, and other animals. Without lichens, colonization of such inhospitable habitats as bare rock would virtually cease. Possibly the greatest impact would be on the growth of plants. Since perhaps 90% of plants depend on mycorrhizal relationships with fungi for optimal growth, plant (including crop) production would slow, and many plant species would probably disappear altogether, unable to reproduce effectively. The result would be widespread famine and the loss of many animal species. Truly, the world we know today could not exist without this important group of organisms.
4. The most likely photosynthetic organisms in such an inhospitable place would be lichens which are composed of green or blue green algae growing with a fungal partner. Lichens may grow on surfaces of rocks and have a crustose, foliose, or fruticose shape and may be a subdued gray-green color or else brightly colored—orange, yellow, or red.

Chapter 21

Review Questions

1. The following combination of traits is unique to plants: (a) an apical meristem that produces the tissues of the plant body; (b) spores with very tough walls to aid survival during dispersal in air; (c) alternation of generations, a life history in which a haploid, gamete-producing gametophyte alternates with a diploid, multicellular, spore-producing sporophyte; (d) embryos that receive nutrients and other resources from the female gametophyte that produced them; and (e) production of spores within sporangia—multicellular enclosures. No other group of organisms possesses this collection of characteristics.
2. (a) Peat mosses are bryophytes used in gardening and for fuel; and large areas of living peat mosses in the Northern Hemisphere help dampen temperature fluctuations in the atmosphere. At one time, sterilized peat moss was used as gauze or surgical dressing in medicine. (b) Lycophytes have no economic use today, but the incompletely decomposed remains of plants that grew several hundred million years ago—many of which were lycophytes—are largely responsible for the coal deposits we use today. (c) Pteridophytes, like lycophytes, are partly responsible for today's coal deposits. Today ferns find ornamental use as landscaping plants or in gardens, and they are a common component of the tropical rain forest. In addition, the "fiddleheads" produced by certain ferns are sometimes eaten for food.
3. Phylogenies are graphic depictions—usually branching, tree-shaped diagrams—of the relationships and patterns of ancestry of a group of organisms. DNA sequences are often used in such studies, because DNA does not change with variations of the environment as easily as phenotypes can; thus DNA is thought to reflect relationships better than phenotypic characters. To use DNA in these studies, it is first extracted and purified, and the relevant gene or genes amplified by PCR. The genes are then sequenced. All the sequences so obtained are fed into a computer, where they are aligned to each other; complex algorithms then compute how related the sequences are to each other, and phylogenetic trees are constructed. Although any number of genes could theoretically be used in these studies, only a few are commonly used, partly because there is already a large and expanding database of these sequences from many other organisms. Commonly used genes include those encoding tubulin, rubisco, phytochrome, and the RNA in the small subunit of ribosomes.
4. Paleobotany is the study of plant fossils; it is very useful in estimating the geologic times when various plant groups first appeared. Plants routinely produce two very durable polymers, lignin and sporopollenin, that are decay resistant and promote fossilization. Lignin is a polyphenolic compound occurring in the walls of certain plant cells, especially tracheids and vessels, and it is largely responsible for most plant fossils. Sporopollenin is the most resistant biological material known; it is found in the walls of plant spores.
5. Four key events in the evolution of land plants: (a) The origin of land plants. The first land plants were well established by 460 million years ago. These early plants were bryophyte-like plants that possessed meristems, sporophytes, and protective sporangia. (b) The rise of vascular plants. About 400 million years ago the protracheophytes appeared—small, bryophyte-like plants still lacking lignified vascular tissue but possessing branched, independent sporophytes. These appear as intermediates between bryophytes and vascular plants. In the intervening period up to 360 million years ago, many types of vascular plants appeared, all extinct now. The earliest lacked roots and leaves but did have lignified tracheids in their stems. From 360 to 256 million years ago, seedless vascular plants included many tree species forming large forests in warm, humid swamps during the Carboniferous period. (c) The evolution of seed plants. Seed plants evolved independently several times during the Carboniferous period, and proved very effective for reproduction in the cooler, drier climate that followed in the Permian period. (d) The diversification of flowering plants or angiosperms. Some of the earliest angiosperm fossils date from about 150 million years ago; these plants possessed flowers and fruits, the hallmarks of the group.
6. Lycophylls are true leaves that contain only a single unbranched vein. Lacking an extensive conduction system, leaves with such modest venation do not grow very large and are thus sometimes termed microphylls. Lycophytes produce lycophylls. By contrast, the leaves of pteridophytes, gymnosperms, and angiosperms contain an extensively branched conduction system and regularly develop to considerable size; such leaves are called euphylls. Bryophytes produce flattened, laminar structures that look leaf-like, but are not considered true leaves because they lack vascular tissue.

7. The bryophytes comprise the liverworts, hornworts, and mosses. In all cases, the gametophyte is the dominant generation and is generally found growing on rocks, soil, or other plants. Bryophyte gametophytes are nonwoody and lack roots, leaves, and lignified vascular tissue. Typically growing close to the ground, bryophytes are anchored to the soil by rhizoids that are either single-celled tubes or multicellular filaments. Gametes are produced in specialized structures called gametangia, specifically, egg-producing archegonia and sperm-producing antheridia, both of which are surrounded by a sterile layer of cells known as the jacket. Liquid water is required for fertilization, because the sperm must swim to the eggs in the archegonia. After fertilization, the zygotes develop in situ within the archegonia, maturing into sporophytes that are nutritionally dependent upon the parental gametophyte. These sporophytes typically consist of a basal foot embedded in the gametophyte, a stalk that may raise the sporophyte in the air for better spore dispersal, and a capsule, or sporangium, in which the spores are produced.
8. The lycophytes, or club mosses, produce a dominant, branched sporophyte containing true vascular tissue (i.e., xylem tissues having lignified cells and phloem). Lycophytes produce true roots, stems, and leaves, the latter being lycophylls. Sporangia are borne on specialized leaves known as sporophylls that are often clustered together into cone-like structures called strobili. Within the strobili, meiotic divisions produce haploid spores that, after germination, develop into inconspicuous gametophytes. Most lycophytes are homosporous, and thus produce only one type of spore and only bisexual gametophytes. Today's lycophytes are mostly rather small plants and number about 100 species. However, 40-meter-tall tree lycophytes thrived in forested swamps during the Carboniferous period.
9. The 12,000 species of pteridophytes, or ferns, are widely distributed around the world. Many produce horizontal, underground stems called rhizomes, from which sprout upright stems and leaves with highly branched vascular systems (euphylls). The leaves on many—but certainly not all—ferns are highly dissected (divided) into smaller leaflets, producing very fine, lacy foliage. Clusters of sporangia called sori are borne on the undersides of photosynthetic leaves or on specialized non-photosynthetic leaves called sporophylls. Most ferns produce one type of spore (homospory) that develops into bisexual gametophytes, but some species are heterosporous and produce both microspores and megaspores. Microspores, or pollen grains, are produced in microsporangia on specialized leaves known as microsporophylls; microspores develop into male gametophytes (microgametophytes) that ultimately produce sperm. Megaspores, on the other hand, are produced in megasporangia on specialized leaves known as megasporophylls; megaspores develop into female gametophytes (megagametophytes) that ultimately yield eggs. In both homosporous and heterosporous ferns, water is required for the sperm to swim to the eggs.

Applying Concepts

1. Fossils provide evidence for the existence of plants and plant groups of long ago, many of which have no living representatives. From fossils, scientists can often reconstruct the appearance of the plant, often getting information about its internal anatomy. When studying fossils is coupled with stratigraphy and other dating methods, they can determine fairly accurately the age of a fossil and hence when a particular plant lived. Sometimes fossils are found that clearly represent intermediates between what was then an evolving plant group and its evolutionary ancestors. But of course, the fossil record is and always will be incomplete. DNA-based phylogenies, on the other hand, are excellent for showing relationships among living plants. Hundreds of thousands of plants are available for such studies, and fresh, undamaged DNA can usually be easily obtained from specimens. However, DNA studies are not feasible with long-extinct plants. Most ancient fossils do not contain DNA, and in those that do it is usually severely degraded. Further, although DNA studies are excellent at revealing relatedness of organisms, they are very weak at estimating events in geologic time, for example, exactly when two groups of plants diverged. Thus, fossil-based and DNA-based phylogenies each have their strengths and weaknesses, and the two approaches complement each other well in reconstructing the evolutionary history of plants.
2. Anatomically, the progymnosperms resembled gymnosperms in having well-developed, lignified tracheids in their secondary xylem. Recall that ferns are mostly herbaceous in habit, only one species (*Botrychium*) being known to have a vascular cambium. Progymnosperms, on the other hand, were medium-sized trees producing plenty of secondary growth from a vascular cambium. In fact, fossils of progymnosperm tree trunks were originally classified as gymnosperms based solely on this aspect of their anatomy. Eventually fossils were discovered of such trunks bearing reproductive structures. Quite unexpectedly, the reproductive structures present were not cones, as is typical of gymnosperms, but spores, as found in ferns. Thus, progymnosperm reproduction did not involve seeds, pollen, or flowers, but only spores.
3. Mosses and ferns both require a small amount of liquid water to complete their life cycles. This is because their sperm are flagellate and, to effect fertilization, they must physically swim from the antheridia where they were produced to the archegonia containing the waiting eggs. Without the liquid water, fertilization cannot take place.
4. Plants and charophytes share several important features: (a) both use chlorophyll a as their primary photosynthetic pigment, and chlorophyll b and carotenoids as accessory pigments; (b) both groups use starch as their storage carbohydrate; and (c) both form a phragmoplast during cell division. Evolving land plants met with several challenges that needed to be solved before they could fully diversify in the terrestrial environment. One problem was desiccation, which aquatic algae seldom face. A feature that developed very early to help prevent desiccation was the formation of a sterile layer of cells around the sperm-forming (antheridia), egg-forming (archegonia), and spore-forming (sporangia) tissues. A related problem was maintenance of a relatively constant internal environment, which many plants solved by the development of vascular tissue and cuticle. Body support was yet another issue. Aquatic organisms are supported and buoyed by the water itself, whereas on land gravity is relentless. Adaptations to overcome this problem include the development of lignified vascular tissue, as in lycophytes and ferns, and the development of secondary growth via a vascular cambium, as in gymnosperms and angiosperms.

Chapter 22

Review Questions

1. As a group, gymnosperms are characterized as bearing naked seeds, meaning that gymnosperm seeds are not borne in carpels and thus, at maturity, do not occur in fruits. As in the heterosporous ferns and lycophytes, microspores (pollen) are produced in microsporangia on specialized leaves called microsporophylls. The microsporophylls are then arranged into cone-like structures called male cones, or microsporangiate strobili. Ovules, on the other hand, are borne on the surfaces of ovuliferous scales, arranged to form ovulate cones or megasporangiate strobili. Pollination is effected by wind, and liquid water is not required to transport the sperm to the eggs. After fertilization, the naked seeds mature within the ovulate cones. Wood is well developed within the gymnosperms, and arises from a vascular cambium.
2. Bryophytes are non-vascular plants that do not have true xylem and phloem and therefore do not have true roots, stems, and leaves. Gymnosperms and pteridophytes are vascular plants with xylem and phloem. Both bryophytes and pteridophytes require water for the sperm to swim to the egg for fertilization. Gymnosperms do not require water for fertilization; the sperm is in the pollen grain and is transported by the wind (in most cases) to the egg. In bryophytes, the gametophyte is the dominant and most conspicuous form; in pteridophytes and gymnosperms, the sporophyte form is dominant. The fern gametophyte is often free-living although it is small. In gymnosperms, the gametophyte remains attached to the sporophyte. Gymnosperms produce seeds but neither bryophytes nor pteridophytes do.
3. Gymnosperms include four modern groups: conifers, cycads, the ginkgo, and the Gnetales. Cycads somewhat resemble palm trees but unlike palms, their stem surfaces are rough and covered with persistent leaf bases and scaly leaves. Cycads have large pinnate leaves and very large seed cones. Cycads can grow outside only in tropical and subtropical areas. People have used some cycads as food, but many cycads contain toxic compounds. Gingko is a deciduous tree with fan-shaped leaves; each tree produces pollen or ovules and seeds but not both. Fertilized ovules develop a fleshy, bad-smelling outer seed coat that looks something like a fruit but is not a true fruit. Gingko is sometimes planted as a landscape or street tree because it is beautiful and tolerates air pollution better than some other trees. Three genera of unusual plants are classified as gnetophytes. In contrast to other gymnosperms, gnetophytes contain xylem vessels in their vascular tissue. *Gnetum* plants are vines or shrubs with broad leaves and grow in tropical Asia and Africa. *Ephedra* grows in arid regions of the western United States. Its leaves are tiny brown scales and its stem carries on photosynthesis. *Welwitschia* grows in the coastal deserts of southern Africa. It has a long taproot, a short stem and two very long leaves. Conifers are the most familiar gymnosperms and include many familiar trees such as pines, fir, spruce, redwoods, and cypress. While most conifers retain their needles for several seasons there are some deciduous conifers that lose their needles before winter. Conifers produce distinct and complex ovulate cones and separate cones that produce pollen.
4. One advantage of seeds over spores is that seeds can remain dormant in the soil for many years, germinating only when conditions become favorable. The viable lifetime of spores, by contrast, is much shorter. Seeds are multicellular and larger than spores, and are thus able to store many more nutrients for the seedling. Such seed resources are available to the seedling until it is established and able to provide for itself. Also, seeds are diploid whereas spores are haploid. Diploidy confers genetic variability as well as redundancy because two copies of each gene are present. Lastly, in seed plants, sperm is transferred during pollination, a process that does not require liquid water. By contrast, many organisms reproducing by spores require that the sperm swim to the egg.
5. The evolution of seed plants occurred in two stages. The first stage was heterospory, the production of two types of spores—one producing male gametophytes (pollen) and the other, female gametophytes. Both types of gametophytes developed within spore walls, which protected them from adverse environmental conditions. The second stage in seed evolution was the development of ovules, wherein the female gametophytes developed from spores retained by the parent sporophyte. The female spore-producing sporangium (i.e., the megasporangium) was enveloped by leaf-like structures (the integuments), and the resulting female spores germinated and developed in situ, leading to an ovule with an embryo sac.
6. Gnetophytes and angiosperms share several features that are not present in other gymnosperms. Vascular tissues of other gymnosperms contain only tracheids but those of gnetophytes and most angiosperms contain xylem vessels as well. Some gnetophytes have a process of double fertilization where two sperm from one pollen tube fuse with different cells of the female gametophyte. Double fertilization also occurs in angiosperms but the process differs somewhat. Some gnetophytes, like angiosperms, do not have archegonia (female gametangia). Some experts have proposed that gnetophytes were ancestral to angiosperms but others think that the fossil record indicates that flowering plants were derived from a different group of seed plants that are now extinct.
7. Conifers are a major source of wood for building materials and pulp for paper production. They are also used as Christmas trees and as landscape plants offering shade and protection from wind. Pine nuts are used in cooking and a cancer drug, taxol, has been isolated from the conifer called yew. Some cycads have also been used as food in different parts of the world. However, cycads contain a toxic amino acid that has been associated with neurological disease. Some cycads are sold as houseplants. Gingko trees are beau-

tiful and well adapted to city life because they are not as sensitive to air pollution as some other trees. However, female (ovulate) gingko trees develop a fleshy outer seed coat with an unpleasant smell. Some people eat gingko seeds and gingko is sometimes used as a traditional medicine to improve circulation. Native Americans and early settlers to the western United States used *Ephedra*, a gnetophyte, for a medicinal tea. *Ephedra* has been promoted recently as an aid to weight loss and improved sports performance. But there have been a number of severe reactions to the drug ephedrine so that it is no longer permitted as a food supplement.

Applying Concepts

1. Gymnosperms have not evolved as many close relationships with animals as flowering plants have but there are some animals that aid in pollination and seed dispersal. Cycad cones give off an odor that attracts some beetles and these insects carry pollen from the male cones to female cones. Some gymnosperms, such as yew and juniper, produce fruitlike structures that may entice animals to help disperse seeds. Squirrels do not appear to like the smell of the fleshy seed coat of the gingko but they love the seeds. Once the rain has washed away some of the flesh, squirrels gather and hide the seeds. Some birds (crossbills) have evolved beaks to attack cones and extract seeds, and they probably help disperse some conifer seeds. Other gymnosperms must depend on the wind for pollen and seed dispersal.
2. All of these apparently negative traits are strategies to survive adverse environmental conditions. Conifers that shed their needles in the fall are reducing their surface area for water loss and freezing during cold and windy winters. Before the needles drop, the plant withdraws some important nutrients into its main body to store for growth when spring comes again. Coralline roots of cycads grow up out of the ground, and this allows their associated cyanobacteria to have the light needed for photosynthesis. These cyanobacteria can also fix nitrogen, and this helps the cycad to grow in poor soils. Dehydration occurs during seed development so that the seed can remain in a quiescent stage and not start growing until environmental conditions are right. During seed development the megaspore mother cell undergoes meiosis producing four spore products. Three of these products die, ensuring that the remaining megaspore retains all the nutrients to nourish the embryo.
3. Both gymnosperms and angiosperms produce pollen; in the former, it is produced in microsporangia located in the male cones, whereas in the latter it is produced in microsporangia (anther sacs) found in the flower. In gymnosperms, the ovules are borne nakedly on ovuliferous scales. Inside each ovule—within the megasporangium—a many-celled megagametophyte develops, eventually bearing several archegonia, each of which produces an egg. Usually, within the ovule, individual sperm fertilize the eggs, although typically only one zygote develops into an embryo. In the conifers, ovuliferous scales enlarge and become woody, the seeds maturing along with the scales. Together, scales and seeds form the familiar cones. Endosperm is not formed in gymnosperms. In flowering plants, on the other hand, the ovules are enclosed in a modified leaf called a carpel, which is part of a flower; archegonia are lacking, and the megagametophyte typically consists of only seven cells, one of which is an egg. Angiosperms use double fertilization, in which one sperm nucleus fertilizes the egg, while another separate sperm fuses with the polar nuclei to begin the endosperm. After double fertilization, seeds mature within the carpel, and carpels themselves become fruits.

Chapter 23

Review Questions

1. Simple fruits are fruits that develop from a single carpel or a small number of fused carpels, examples being tomatoes, cherries, and cucumbers. Complex fruits, on the other hand, develop from multiple pistils, either the distinct pistils of a single flower or the many pistils found in multiple flowers. Complex fruits include aggregate and multiple fruits. Aggregate fruits develop from single flowers containing multiple pistils; each pistil matures into a small fruitlet, and the fruitlets are bound together into a single "fruit" by expanded receptacular tissue. Strawberries and raspberries are familiar examples. In contrast, multiple fruits occur as many simple fruits (from individual flowers) grow together into a single fruiting structure; examples are pineapples and mulberries.
2. The most important environmental cues for germination are temperature and water availability. Some seeds require a cold period before they will germinate, which keeps them from germinating before the freezing temperatures of winter. Even if a cold period is not required, most seeds will not germinate if temperatures are below about 5°C. Other seeds need sufficient water to leach out germination-inhibiting compounds; this strategy works well in climates having a wet and a dry season, because the seeds will not germinate until the wet season has progressed sufficiently. Even if chemical inhibitors are not present, most seeds will not germinate until they have absorbed some minimum amount of water. Finally, some seeds use specialized strategies to help ensure germination under favorable conditions. For example, many plants growing in dry, fire-prone areas produce fruits that require fire to release their seeds, the expectation being that such fire-released seeds will produce the next generation of plants before fire sweeps through the area again. Another specialized strategy is a requirement that seeds be nicked before they will germinate. This nicking, or scarification, might occur when seeds pass through the gizzard of a bird, and the resulting germlings might find themselves growing in the middle of a nitrogen-rich spot of bird guano.
3. The word angiosperm comes from the two Greek words *angeion* (vessel) and *sperma* (seed). Recall that in flowering plants the ovules, after fertilization, develop into seeds whereas the carpels mature into the fruit. In effect, the "vessels" in angiosperms refer to carpels and their mature form, fruits. (a) Gymnosperms lack carpels and bear naked ovules on modified leaves (megasporophylls). Such unprotected ovules mature into naked seeds, that is, seeds without the protective tissue covering known as a fruit. Usually the seeds of gymnosperms are borne in cone-like structures; but in any case, the seeds are not covered in tissue derived from an ovary. (b) Like gymnosperms, pteridophytes do not produce carpels and fruits. Because ferns reproduce by spores, they also lack ovules and seeds. (c) Bryophytes produce neither carpels and fruits nor ovules and seeds, instead reproducing via spores as do the ferns. Also, bryophytes differ from vascular plants like angiosperms, gymnosperms, and ferns in that they lack true xylem and phloem; they also differ in the nature of their alternation of generations. In particular, bryophytes produce a conspicuous and independent gametophyte, while in vascular plants the sporophyte is the larger, dominant generation.
4. As the name suggests, monocots possess only one cotyledon in their seeds. Typically, their leaves are long and narrow with parallel venation, their flower parts are usually in threes or multiples of threes, and their pollen grains have only one pore or furrow. Dicots, by contrast, have two cotyledons in their seeds, they typically have broader leaves with netted venation, their flower parts are generally in fours or fives or multiples of four or five, and the surfaces of their pollen grains are usually marked with three pores or furrows.
5. (a) A peduncle is the stalk of an inflorescence, the inflorescence being a cluster of flowers. If more than one flower is borne on a single peduncle, then each flower will potentially have its own individual stalk, termed a pedicel. (b) In a complete flower, sepals form the outermost whorl of floral parts, and they are usually green and leaflike. Petals form the next whorl of parts, and they are often brightly colored. In some primitive angiosperms, such as magnolias, the sepals and petals are similarly large and colored; in such a case, the sepals and petals are referred to as tepals. (c) Calyx is a collective term for the entire whorl of sepals, while corolla refers to the entire whorl of petals. (d) Stamens are the whorl of floral parts that produce pollen and hence are referred to as the male reproductive parts. Carpels lie in the innermost whorl of floral parts and are the female reproductive organs. (e) Filaments and anthers are the two parts of a stamen; the filament is the stalk of the stamen, while the anther is the expanded portion containing the four pollen sacs. (f) Ovary, style, and stigma refer to the three typical parts of a carpel. The ovary is the expanded basal portion containing the ovules, the stigma is the expanded terminal portion that forms a receptive surface for pollen, and the style is the column of tissue connecting the other two.
6. (a) A complete flower possesses all four floral whorls—sepals, petals, stamens, and carpels—while an incomplete flower lacks one or more of these parts. (b) Perfect flowers possess both stamens and carpels and are therefore bisexual. Imperfect flowers are unisexual, lacking either stamens or carpels. (c) If an imperfect flower lacks carpels, it is termed staminate, and if it lacks stamens, it is called carpellate. (d) Plants that bear both staminate and carpellate flowers are monoecious, whereas plants bearing either staminate or carpellate flowers, but not both, are dioecious. (e) Ovaries are termed superior if the sepals, petals, and stamens all attach to the receptacle below the ovaries themselves. By contrast, inferior ovaries have the sepals, petals, and stamens attached above them. (f) Regular flowers exhibit radial symmetry while irregular flowers exhibit bilateral symmetry.
7. (a) Heterosporous plants—angiosperms, gymnosperms, and some ferns—all produce two types of haploid spores: megaspores and microspores. Megaspores germinate and differentiate into megagametophytes; microspores do the same and form microgametophytes. (b) Megasporangia and microsporangia are the sacs that produce megaspores and microspores, respectively. The megasporangium of an ovule is the nucellus, and inside this tissue a single megasporocyte will divide meiotically and produce four megaspores, one of which will form the embryo sac. The microsporangia are the four pollen sacs of a stamen, inside of which microsporocytes undergo meiosis and produce microspores, which eventually mature into pollen grains. (c) The megagametophyte is a small plant, typically consisting of only a few cells (e.g., 7 cells in lilies), which will eventually produce the egg. Microgametophytes are pollen grains, and they usually consist of two cells, a tube cell and a generative cell. (d) After germinating on a stigma, the generative cell divides mitotically into two sperm, and these three cells represent the mature microgametophyte. (e) A typical mature megagametophyte, as exemplified by lilies, consists of 7 cells and 8 nuclei. The entire structure is also known as an embryo sac. In the embryo sac, a large central cell contains two nuclei (the polar nuclei). Lying in the cytoplasm at the micropylar end of the central cell are three small cells, two synergids flanking a single egg. At the opposite end of the central cell lie the three antipodal cells. (f) Double fertilization refers to the process, unique to angiosperms, whereby the two sperm cells in the pollen tube each fuse with nuclei of the embryo sac: one sperm nucleus fuses with the egg nucleus to form a diploid zygote, while the other fuses with the two polar nuclei to form a triploid tissue known as endosperm.
8. Strictly speaking, a fruit is a mature ovary, usually containing seeds. If other floral parts are present besides ripened ovary, the fruit is referred to as an accessory fruit.
9. In dehiscent fruits, the ovary walls break open to release the seeds; in indehiscent fruits, the ovary wall does not break open and the seeds remain inside the fruit after it is shed from the plant.

Applying Concepts

1. Typical fruits that you might find:

   Berries: tomatoes, bananas, peppers, grapes, cranberries, dates, avocados, cucumbers, melons, watermelons, pumpkins, squash (The last five are actually special berries called pepos.)

   Pomes: apples, pears, crabapples

   Hesperidiums: lemons, oranges, limes, grapefruits

   Drupes: peaches, apricots, cherries, plums, olives, coconuts, walnuts, butternuts, pecans, cashews (In cashews, all but the seeds have been removed, because the fruit causes a poison-ivy-like dermatitis in most people.)

   Achenes: sunflower seeds

Legumes: peanuts, soybeans, green beans, peas, kidney beans, pinto beans, lentils, garbanzo beans

Nuts: hazelnuts, chestnuts, acorns

Grains: corn, rice, oats and wheat (These are all grains, although in many cases all but the endosperm has been milled away.)

Multiple fruits: pineapples, figs, mulberries

Aggregate fruits: strawberries, blackberries, raspberries

2. The described situation is one means to discourage self-pollination. Because any given flower is not producing pollen when its embryo sacs are mature, the pollen must come from other, nearby individuals.
3. Recall that flowers consist of up to four whorls of floral parts (sepals, petals, stamens, and carpels). Complete flowers possess all four of these whorls; perfect flowers possess, at minimum, both stamens and carpels. Thus, all imperfect flowers—such as staminate flowers—are by definition also incomplete because they lack at least one of the four floral parts. Some incomplete flowers, however, lack only sepals or petals. Such a flower would be incomplete (lacks sepals and petals) but perfect (has stamens and carpels), so the answer to the second question is no.
4. No. Tomatoes are the ripened ovaries of the tomato plant, and thus are true fruits (berries, actually). In common parlance, "fruit" often refers to the more or less sweet products on the produce shelves, such as apples, cherries, oranges, and bananas. Tomatoes are not typically sweet (high in sugar content), so many people think of them as vegetables. Botanically, however, there is no ambiguity—tomatoes are fruits.
5. Recall that monoecious or dioecious refers to plants that produce unisexual flowers. In such cases, the staminate and carpellate flowers are either on the same plant (monoecious) or on separate individuals (dioecious). But there is a third, very common possibility—bisexual flowers. Thus, it would be true to say that all flowering plants either produce bisexual flowers, or are monoecious or dioecious.
6. Of course, many answers are possible for this. The key given here strictly follows the descriptions given in text.

A. Simple fleshy fruits
  B. Flesh developing from ovary only, not containing accessory tissue
    C. Flesh soft throughout, not forming a pit . . . . berry
    CC. Inner layer of fruit forming a hard, stony pit . . . . .drupe
  BB. Flesh arising, at least in part, from accessory tissue . . . . .pome
AA. Simple dry fruits
  B. Fruit dehiscent
    C. Fruit arising from a single carpel
      D. Fruit splitting down one side to release the seeds . . . .follicle
      DD. Fruit splitting down two sides to release the seeds . . . . .legume
    CC. Fruit arising from two or more carpels, splitting in various ways . . . . .capsule
  BB. Fruit indehiscent
    C. Fruit arising from a single carpel; fruit wall not stony
      D. Seed attached to fruit wall at only one point
        E. Fruit without wings . . .achene
        EE. Fruit a winged achene . . . . .samara
      DD. Entire seed coat fused to fruit wall . . . . .grain
    CC. Fruit arising from multiple carpels; fruit wall stony . . . . .nut

Chapter 24

Review Questions

1. Inbreeding is the combination of two genetically very similar genomes (e.g., self-fertilization in bisexual flowers, or matings between siblings). Outbreeding, on the other hand, is the combination of two genomes that are more diverse—still the same species, but many more allelic differences. The disadvantage of inbreeding is that it encourages the appearance of recessive traits, many of which are deleterious. Plants employ several strategies to avoid inbreeding. For instance, in some species, enzymes in the stigma prevent germination of genetically identical pollen; in other species, enzymes in the style destroy pollen tubes from genetically identical pollen. Another strategy is to ensure that, on a given individual, stamens do not produce pollen when stigmas are receptive. The pollen on such a plant can find a receptive stigma only on another individual, and similarly, the stigmas are exposed to pollen only from other individuals. Yet a third strategy is to produce unisexual flowers, with male and female flowers maturing at different times on monoecious (plants having both male and female parts) individuals, or adopting a dioecious pattern of flowering—staminate flowers on one plant, carpellate on another.
2. Some plants produce both open and closed flowers, the latter actually forcing self-fertilization. Such a pattern of floral production is advantageous in situations where cross-pollinators are not available, because these plants can self-pollinate and thus still set seed.
3. Plants provide several types of food rewards to animal pollinators. One type of reward is nectar, a solution of sugar, amino acids, and other compounds. Nectar is produced in nectaries, which are variously located in the flowers. Plants often tailor the nutritional content of nectar to the needs of their animal pollinators. Some plants provide as food reward only pollen, which is rich in protein and oils; others provide only nectar. Last, some plants use trickery to entice animal pollinators to visit their flowers and effect pollination, the animals discovering afterward that there is no food reward at all.
4. Plants use a variety of attractants to bring pollinators to them. Odor and color are the most important attractants, although flower shape and arrangement are also significant. Plants are known to use over 700 fragrances as flower attractants, the odorants falling into three major categories: (a) compounds having a floral bouquet type of scent, (b) compounds mimicking animal pheromones, and (c) fetid compounds smelling of dung or rotting flesh. Color is also important in attracting certain pollinators. Anthocyanins, anthoxanthins, betalains, and carotenoids are often used to impart bright colors to floral parts or floral bracts. In some cases insects are given runways (nectar guides) to guide them past the reproductive parts to the nectaries. Not coincidentally, many floral pigments are highly reflective (i.e., brightly colored) in the ultraviolet, which some insects can perceive. Hovering animals are attracted to flowers that hang upside down, and only they can pollinate them. Other animals are attracted to flowers having a specific shape, for example, flowers producing specific landing platforms, or even flowers that attract males of a species because they look (and smell) like females!
5. Constancy is the ability of a pollinator to recognize and repeatedly visit the flowers of a favored plant species. The advantage of this to the plant is that pollinators spend more time visiting flowers of that particular species, thus increasing the likelihood that compatible pollen will be transferred for effective pollination. Furthermore, plants are better able to tailor an appropriate reward to a constant pollinator, thus increasing the fitness of the animal species and simultaneously benefiting the plant as well. Constancy also offers an immediate benefit to the animals—by seeking rewards in familiar flowers, they minimize the amount of time spent foraging in unfamiliar ones. Because feeding is usually a very vulnerable time for an animal, by spending less time foraging, a pollinator will be less likely to be preyed upon.
6. Beetle pollination is particularly important in dry and tropical habitats, and to gymnosperms and early lineages of flowering plants. However, because beetles are covered by a hard, smooth exoskeleton, they are somewhat ineffective as pollinators. Beetle-pollinated flowers tend to be large and often flat, and they tend to offer excess pollen as a nutritional reward. Such flowers tend to be white or shades of purple, and they emit a fruity odor. Many beetle-pollinated flowers are thermogenic, which helps volatilize the floral attractants as well as provide warmth to their insect pollinators.
7. Bees make excellent pollinators. They are strong insects that can easily learn to recognize their favorite flowers; once these flowers are learned, bees exhibit constancy. Furthermore, social bees can communicate the whereabouts of desirable flowers to other workers in the hive, so that many pollinators can quickly become available to a patch of flowering plants. Bees feed on nectar and have a medium-length tongue to collect it. They are excellent conveyors of pollen, carrying it on various parts of their body such as the legs or abdomen. Bees also have good color vision and olfaction (smell); the former extends into the ultraviolet (but is not sensitive to red wavelengths), and the latter is some 10–100 times more sensitive than the human nose at detecting floral scents. Bee-pollinated flowers tend to be various shades of blue, purple, or white, often with nectar guides. Such flowers offer both nectar and pollen as food rewards.
8. Nectar-feeding flies are attracted to rather simple flowers that are often red or light in color, have little odor, and provide easy access. Such flowers provide nectar as a reward; flies recognize the sugar with sensors in their feet, and then draw up the liquid with their sucking mouthparts. Flies transfer pollen as they are foraging for nectar. Carrion flies are attracted to fetid flowers often smelling of rotten flesh, and are provided no food reward by the flower.
9. Butterflies have excellent memory and discrimination regarding flowers, and they exhibit constancy. Their vision ranges from red to ultraviolet; they use odorant sensors in their feet and antennae to smell floral fragrances. Butterfly flowers tend to be colored in shades of blue, pink, orange, or red, and they are quite fragrant. Night-flying moths are attracted to night-blooming, light-colored, fragrant flowers, and they use odor to localize the flowers. Butterflies and most moths require a landing platform, and use their long proboscis (tubular mouthpart) like a straw to suck nectar up from long, tubular flowers. As they feed, they transfer pollen that has haphazardly dusted their heads.
10. Pollinating birds have good color vision and can see red wavelengths, but their sense of smell is rather weak. Some birds require a perch, although the best-known bird pollinators—hummingbirds—do not. Bird-pollinated flowers usually lack scent, are typically brightly colored—often in shades of red—and are open during the daytime, when these birds are active. Usually such flowers offer copious amounts of dilute nectar, and they often have tubular corollas; reaching the nectaries in such flowers requires the long bills of birds.
11. Bats are active at night, are color-blind, have good olfaction (smell), and navigate via echolocation. They have excellent memory and can easily relocate their favorite plants. Bats cannot fly through foliage, so bat-pollinated flowers usually bloom in open areas—on tree trunks, or hanging below the foliage. Such flowers tend to be pale or drab in color, strongly fragrant, and open at night. The flowers tend to have wide bell shapes for easy access and are hefty enough to endure the activities of bats; many also have bat-landing platforms. Bats are especially important as pollinators in tropical areas.

Applying Concepts

1. The fig benefits by being able to flower and set seed in a closed vessel, sealed so that potentially harmful visitors cannot enter. The fig also benefits by having absolute fidelity from its pollinator. In fact, if the pollinating wasp does not carry fig pollen with it, there will be no wasp offspring. This provides powerful selective pressure on the wasp to ensure that fig flowers are successfully pollinated. The loss of a portion of its ovules is the price the fig pays for this intimate pollination service. The wasp benefits because, once in the syconium, there is no competition from other species for resources; the syconium "belongs" to the wasp. Obviously the wasp and fig are co-adapted, so that the fig provides everything the wasp needs to develop and mature, including protection from most predators. The extreme dependence each species has on the other results in an obvious danger—neither species can survive without the other, and if one is extirpated from an area, the other will die as well.
2. In *Lantana*, only the first day, yellow flowers offer nectar and pollen, and are receptive. The plants are communicating this to the pollinating butterflies by

changing the color of their flowers. It is a signal by which butterflies learn to focus on unpollinated, nectar-offering yellow flowers, and especially to ignore the third-day (and presumably pollinated) purple flowers, which offer no nectar reward. Furthermore, by maintaining the flowers several days past pollination, the entire inflorescence (containing yellow, orange, and purple flowers) is more conspicuous and attractive to butterfly pollinators at a distance, and who then discriminate between the flower types at close range.

3. Typically, bat-pollinated flowers open at night, are strongly fragrant, and are rather drab or pale in color. The flowers tend to be produced in open, accessible places instead of occurring among a lot of foliage, and they are quite robust. These characteristics allow bats to find the flowers at night and to pollinate them. Bee-pollinated flowers, on the other hand, open during the day (when bees are active), may be fragrant, and are usually some shade of blue, purple, or white; reds tend to be lacking as the dominant color, because bee eyes are not sensitive to these wavelengths.

4. As discussed in question 1, many figs absolutely require the pollination activities of the fig wasp in order to produce fruit. Such is the case with the Smyrna fig. Evidently, the wild fig stock planted on the Gates farm accidentally contained some fig wasps, and their progeny soon began pollinating the other fig trees in the orchard. This marked the beginning of the Smyrna fig industry in California. This story illustrates why knowledge of plant and animal life cycles is sometimes necessary to successfully cultivate plants outside their native range.

Chapter 25

Review Questions

1. (a) Ecology, literally "study of the house," is the study of organisms and their interactions with each other and with the chemical and physical parts of their environment. (b) A population consists of all the individuals of a given species living in a particular area, such as all the cattails in a certain marsh. (c) A community consists of all the organisms of many different species that live and interact in a particular area. (d) An ecosystem is a community and its physical environment—the living and nonliving components of a given area. (e) Biomes are ecosystems with similar climates. Species composition, however, may vary considerably. (f) The biosphere is a collective term for all the biomes on Earth; as such, it encompasses all the organisms on the planet.

2. Like individuals, populations show growth and decline, and have associated birth rates and death rates. The birth rate of a population is the number of births or germinations in that population per unit time, while the death rate is the number of deaths in that population per unit time. The net growth rate of a population is the difference between the birth and death rates, so that the growth rate will be positive in populations whose numbers are expanding (births exceed deaths) and negative in those whose numbers are shrinking (deaths exceed births). As a population expands into a new area, its growth curve usually follows the typical S-shaped curve. Early in this expansion, although reproduction proceeds unabated, the overall population increases slowly because there are so few individuals. As the number of individuals increases, the population enters the phase of growth where the number of individuals increases at some maximum rate. Eventually, one or more nutrients become limiting, and the growth rate slows down and approaches zero. The population has reached its maximum size under these conditions, which is known as the carrying capacity. If the system is closed and no new nutrients are added, then individuals will die and the population will decline. If fresh nutrients are added to the system (and old organisms and wastes removed) then the population can maintain itself, perhaps indefinitely, at some level of carrying capacity.

3. The ecological niche describes what a population does and how it fits into its community. The niche includes all the abiotic factors that delimit the area in which the population occurs, as well as interactions (such as symbioses) between populations of different species. In terrestrial systems, the two most important factors are moisture and temperature. Grasslands give way to deserts when moisture falls below 20 cm (8 in.) per year. The temperature range for most plants lies between 0° and 40°C, but during winter dormancy fir and spruce trees of the taiga can survive winter temperatures below −40°C. The giant saguaro cactus can survive temperatures of 64°C but dies if exposed to freezing temperatures for more than 36 hours. Other factors that may assume secondary importance include the occurrence and frequency of fire, acidity or alkalinity of the soil, presence of nutrients, drainage characteristics, and length of the growing season.

4. A symbiosis is any close association between two or more species. The interactions may benefit or harm one or both species. Types of symbioses: (a) mutualism, where two populations exchange benefits (i.e., both of the interacting species receive benefits). An example from the tropics is the *Acacia* plants that harbor aggressive ants; the plant gains an army of stinging ants to protect it from herbivores as well as encroaching plants, while the ants gain a place to live and, in many cases, nutrients from the *Acacia*. (b) In commensalisms, one species benefits and does not harm the other. A common example is the crustose lichens growing on tree trunks; the lichens gain a place to grow in the sun, but the tree derives neither harm nor benefit from the interactions. (c) In parasitism, one member (the parasite) derives benefit as it grows in or on another organism (the host), which suffers harm. Typically the parasite feeds on the host, but does not cause its death in the short term. Dodder (*Cuscuta*) is an example of a plant parasite. (d) In herbivory, animals eat plant parts without killing the plant, as when cattle graze in a pasture. (e) In predation, one population (the predator) benefits while the other is killed (the prey). A familiar example is a hawk capturing and eating a squirrel.

5. Plants use a variety of chemical and physical defenses to prevent herbivores from taking full advantage of them. Some plant chemical defenses are quantitative; these are not toxic in small doses, but as an animal continues to eat the plant, the amount of plant material increases in the animal's gut. Eventually the dosage levels become high enough to prevent digestion and force the animal to stop eating. Examples of quantitative chemical defenses include tannins and resins. Qualitative chemical defenses, on the other hand, are toxic in small doses; examples include alkaloids, terpenes, and quinones. Physical defenses used by plants against herbivores include thorns, spines, and sharp leaf edges, as well as stinging hairs that break off and inject toxin. Stone plants grow with the shape and color of small rocks to avoid herbivores by resembling an inedible object. Lastly, recall that some *Acacia* plants have a symbiotic relationship with stinging ants that aggressively defend the plants against various types of attack, including those by herbivores.

6. Ecological succession is the change in community composition over time. Communities are dynamic entities, and their constituent species change over time. Usually this change is set into motion by some sort of physical disturbance, such as a flood, storm, fire, or earthquake. In a forest, succession may occur in the resulting light gap when a mature tree is felled. In any of these situations, new species may move into the disturbed area, thereby changing the species composition. Ecologists studying succession recognize two general types—primary and secondary. Primary succession begins in bare areas not previously occupied by organisms, such as on exposed granite outcroppings, the cooled lava of volcanic flows, or on land recently exposed as a glacier retreats. Secondary succession, on the other hand, occurs in an area where a community has been partially or completely removed. Examples include abandoned farmland, drained marshes, clear-cut forests, roadcuts, and areas burned by fire or cleared by bulldozer. In all these cases, succession begins as new species of plants—often pioneer species—begin colonizing the disturbed area. Pioneer species are the first to colonize bare areas, as when lichens grow on pure granite. Such species pave the way for the succession of organisms to follow.

7. The concept of a climax community still exists, although it is interpreted differently now. Originally, a climax community was thought to be the final stage of ecological succession—a stable, mature community whose species composition was no longer in flux. More recent studies, however, have shown that climax communities do change in species composition, albeit so slowly that the changes are hardly noticed. Thus current views hold that climax communities do exhibit succession, but at a much slower rate than earlier successional stages.

8. Autotrophs are able to synthesize all the nutritive compounds they require from inorganic materials in their environment, whereas heterotrophs must obtain their organic compounds from their environment.

   In many cases heterotrophs obtain their organic compounds directly from other organisms in their environment, by eating them. (a) Primary producers are autotrophs, organisms capable of using energy and inorganic molecules in their environment to synthesize all their required organic compounds. Phototrophs accomplish this using the energy of the Sun, while chemotrophs utilize the energy from inorganic compounds and geothermal sources. (b) Primary consumers are the herbivores that directly consume primary producers. Rabbits eating lettuce, and zooplankton consuming photosynthetic algae are two examples. (c) Secondary consumers eat the primary consumers, and further up the chain, tertiary consumers eat secondary consumers. (d) Detritivores are scavengers that consume detritus, the dead bodies of organisms or their remains. Two examples are earthworms, which consume detritus in the soil, and crayfish, which scavenge for detritus on the bottom of ponds. (e) Decomposers break down organic matter for a source of energy. Bacteria and fungi are two familiar examples.

9. The Earth is a sphere, whose axis of rotation is tilted 23.5° with respect to its orbital plane. Because of the Earth's shape and tilt, the equatorial areas receive far more solar energy than the polar areas, setting up uneven heat distribution that generates air cells and winds (the tilt is also responsible for seasonality). Hadley air cells rise at the equator, and as this warm, moist air ascends, rain clouds form and precipitation falls, nurturing tropical rain forests around the world. The warm air mass, now wrung of its moisture, flows poleward at altitude, and then descends at 30°N and S latitudes. Heating as it descends, the air mass draws moisture out of the land below it, favoring the formation of deserts in these areas. At the surface the air mass splits, part returning to the equator and the remainder initiating a new air cell poleward of 30°N and S. This new cell is a Ferrel cell. Ferrel cells circulate between 30° and 60°N and S latitudes, with air flowing over the surface of the Earth to 60° latitude, and then rising again. Rising air masses at 60° latitude bring moisture (and some equatorial warmth) to the forests and grasslands of the temperate zone. High in the atmosphere above 60°N and S latitudes, the air mass splits again, a part returning to 30° to complete the Ferrel cell, and the remainder continuing poleward, initiating the last cell in the series, the polar cells. Polar cells operate from 60°N or S to the respective pole. Cold air flows downward at the poles, where it picks up some moisture and then blows as surface wind back toward 60° latitude. There the air rises again, giving up its moisture to the land below it. These air cells set up the basic airflow patterns and moisture regimes for the Earth's landmasses, thus laying the foundation for our planetary biomes.

10. The air circulation patterns lay the foundation for the world's biomes by establishing the basic temperature and moisture regimes found on the landmasses. However, biomes do not strictly follow these patterns because the basic regimes are modified by three additional factors—continentality, ocean currents, and mountain ranges. Continentality refers to the situation where some landmasses are so large that their interior regions are located too far from any oceans to receive moisture-laden winds. Such inland areas are drier than would be inferred from their latitude alone. Just as air cells equilibrate heat between the warm equatorial regions and the frigid poles, so ocean currents do the same within the ocean. Rotating in vast circles, the major ocean currents turn clockwise in the Northern Hemisphere and counterclockwise in the Southern Hemisphere. These currents influence temperature and moisture levels of adjacent landmasses. The Gulf Stream, for example, carries warm water from the Caribbean northward, warming the coast of eastern

North America and Western Europe. In western South America along the coast of Chile, the Humboldt Current brings cold waters from Antarctica northward, and onshore breezes then cool the coastal areas. Because the cool air moving onshore holds significantly less moisture than it would have had the offshore waters been warmer, the Atacama Desert of Chile is considerably drier than it otherwise would be. This maritime influence thus modifies the climate in coastal areas. Mountain ranges also influence climate by wringing moisture out of the air masses flowing over them. As air rises up over a mountain range, it cools by 1°C per 100-m increase in elevation. If the mountain range is high enough, moisture condenses and falls as precipitation on the windward side. As the air continues over the mountain range, most of its moisture is removed, so that on the leeward side it descends as warm but very dry air. The areas on the leeward side of a mountain range thus lie in its rain shadow, and are considerably drier than they would have been had the mountain been absent.

11. The atmosphere, being 78% nitrogen gas, is the main reservoir for nitrogen on Earth. All organisms require nitrogen for proteins, nucleic acids, and other necessary compounds, although only a few microbial species can directly use nitrogen gas. These organisms are known as nitrogen fixers, and all other life on this planet ultimately depends on them for their nitrogen needs. These pivotal microorganisms largely control the flow of nitrogen from the atmosphere to the biosphere. The nitrogen cycle contains five main processes: (a) Nitrogen fixation, the conversion of nitrogen gas to its reduced form, ammonia, occurs via lightning discharges, industrial fixation for fertilizer production, or through biological fixation by various microorganisms. (b) Nitrification is the process by which various aerobic bacteria convert ammonia (NH_3) into nitrate (NO_3^-). (c) Assimilation is the process by which non-nitrogen-fixing organisms acquire nitrogen. Plants take up ammonia or nitrate from the soil; animals acquire nitrogen, directly or indirectly, from plants. (d) Ammonification is the process by which organic nitrogen is converted back into ammonia, which may either be taken up directly by plants or converted to nitrate. (e) Denitrification is the final process that closes the cycle. Anaerobic bacteria convert nitrate back to nitrogen gas, which is returned to the atmosphere.
12. The main reservoir for water on Earth—the hydrosphere—is all the water found in glaciers, oceans, lakes, and rivers. Water from the hydrosphere passes into the atmosphere via evaporation (or sublimation, when ice changes to water vapor) and is then carried around the world by winds. Eventually the air mass cools and water condenses out of it, falling to the ground as precipitation. On the ground, water may return to the atmosphere via evaporation, transpiration through plants, or it may join the aboveground waterways or subterranean groundwater. Eventually, all water finds its way back to the ocean.

Applying Concepts

1. (a) population; (b) ecosystem; (c) community; (d) population; (e) ecosystem; (f) biome; (g) community
2. To maintain a constant internal temperature, endotherms need to have a higher metabolic rate than ectotherms; thus endotherms need to consume more food than ectotherms. It follows, then, that a given population of prey would be able to support a larger biomass of ectothermic predators than endothermic ones because ectothermic predators burn their food at considerably higher rates than endothermic ones. Indeed, the biomass of warm-blooded predators is typically 1–3% of their prey biomass, while that of cold-blooded predators can reach 10% of their prey biomass. Following Bakker's logic, if dinosaurs were ectotherms one would expect to see considerably more predators in the dinosaur community; instead, dinosaur carnivore fossils are very rare compared to their prey.
3. crayfish, Dt; *Pediastrum*, PP; *Potomogeton*, PP; northern pike, STC; mallard duck, PC; clam, both PC and STC, since in their filter feeding they capture and eat both algae and various zooplankton; bass, STC; giant water bug, STC; water boatman, PC; and *Saprolegnia*, Dc. One possible diagram is:

   STC: northern pike bass giant water bug clam

   PC: water boatman clam mallard duck

   PP: *Pediastrum Potomogeton*

   Dt and Dc: crayfish (Dt) *Saprolegnia* (Dc)
4. If the birth rate and death rate are equal, then their difference—the growth rate—falls to zero and, in the absence of immigration, the population stops growing. When the birth rate is slightly lower than the death rate, the growth rate becomes negative, meaning that the population is shrinking.
5. Food chains are descriptions of who is eating whom. Food chains are a record of the linear flow of energy into a system, through a chain of organisms, and back out of the system. In reality, the flow of energy through a system is seldom a linear progression. Instead, the energy flows through multiple chains of organisms, all of which are interacting in various ways. The term food web more accurately describes this situation. Humans do indeed participate in a food web. Typically, we are either top-level consumers, as when we eat meat, or else primary consumers, as when we eat plant foods like lettuce or onions. Very rarely, humans are intermediate consumers, meaning that a larger predator—a shark or a crocodile, for example—kills a human.
6. The statement is based on the fact that in any food chain, only about 10% of the energy of any given level is passed on to the next trophic level. As herbivores, humans obtain only 10% of the energy available to the plants we eat; we lose the other 90% as heat and other wastes. However, as carnivores, we obtain only 10% of 10%, or 1% of the energy available to the original plants. This is because two trophic levels are involved—one from plant to herbivore, the other from herbivore to human. Therefore, it is clear that eating lower on the food chain—more plants—is indeed more eco-friendly, and that 10 times more humans could potentially be supported by consuming plant foods directly instead of feeding them to animals and then eating the animals.

Chapter 26

Review Questions

1. The two biomes of the Antarctic continent are the maritime Antarctic and the continental Antarctic, both of which are polar desert. The maritime Antarctic is found on the west coast of the Antarctic Peninsula and on some of the islands in the Southern Ocean. Summers in these regions find mean monthly air temperatures of only about 0°–2°C but the maritime influence moderates the climate so that summers are wetter and winters milder than their Arctic counterparts. The climate becomes much harsher in the continental Antarctic, however, due to the lack of the maritime influence. There, mean monthly summer temperatures barely reach above freezing (0°–1°C) with little annual precipitation and often howling, bitterly cold winds in the depths of winter. In a manner similar to the Arctic, in latitudes south of 66°33′ S, the Sun does not rise for a period in midwinter, and it does not set for a comparable period in midsummer. Because of the harsh conditions and the isolation of the continent, the vegetation of Antarctica is severely limited. In the continental Antarctic, only sparse populations of mosses, lichens, fungi, algae, protozoa (protistans), and bacteria are found, with special communities occurring in the rocks and lakes of the Dry Valleys. Vegetation is much more widespread and diverse in the maritime Antarctic, with lichens and mosses occurring frequently. In addition, Antarctica's only two flowering plants occur in this biome—the Antarctic hair grass (*Deschampsia antarctica*) and the Antarctic pearlwort (*Colobanthus quitensis*).
2. (a) Subtropical high-pressure zones—Hadley cells—predispose regions 30° N or 30° S of the equator to dry climates, due to the sinking masses of dry air. (b) Continentality may result in the formation of a desert, as in central Asia. These regions are simply too far inland to receive moisture from the oceans. (c) Ocean currents may affect the aridity of coastal deserts. Winds moving over cold ocean waters before blowing onto coastal lands pick up less moisture than if they had blown over warm waters. Thus, coastal areas will be drier than if warm currents flowed off their shores. (d) Mountain ranges dry out air masses moving over them. As air moves up the windward side of a mountain, it cools and releases much of its moisture as precipitation. As it moves down the leeward side of the range, the air mass warms and picks up moisture from the ground. Thus an arid region forms in the so-called rain shadow of the mountain range.
3. The two main sources of water in desert lands are surface water and the deepwater table. Among plants using surface water, succulents store this water internally so that they can survive extended periods without precipitation. Trees making use of the deepwater table typically produce long, deep roots because the water table may be 9 to 60 m below the surface.
4. Desert annuals may either germinate following summer rains, when temperatures exceed 25°C or following winter rains, when temperatures are considerably cooler. Annuals spend most of their lives as dormant seeds and, once germinated, may complete their entire life cycle within 3 weeks. Such a short growing season requires that desert annuals be low growing. Indeed, some species are only 1–2 inches tall. Herbaceous perennials are similar to desert annuals in that they spend most of their lives dormant in the soil. When favorable conditions arrive, the plants shoot up from bulbs or taproots. These perennials grow quickly and store more food nutrients in their underground portions. The aboveground portions then wither and die, and the plant waits for the next rainy season. Deciduous perennials maintain significant amounts of aboveground plant tissues. When conditions turn dry and unfavorable, deciduous perennials drop their leaves and become dormant. When the rains return, aboveground buds quickly leaf out, and the plants can be actively growing and photosynthesizing almost overnight.
5. Desert succulents may have either thick leaves (leaf succulents) or thick stems (stem succulents). In either case, they generally have four adaptations to help them survive arid conditions. (a) Succulents are very good at conserving water. They generally have low surface-to-volume ratios and use CAM, both of which decrease water loss. Many of these plants employ CAM idling, which further conserves water. (b) Succulents are very good at storing water. Many contain large parenchyma cells that store water, and some succulents have pleated stems that can expand like an accordion as they swell with water. (c) Most succulents are quite tolerant of temperatures high enough to kill nonsucculents. At the high-end extreme, some cacti can withstand temperatures as high as 69°C (d) Lastly, succulents have very well developed, shallow root systems that can rapidly absorb water when it is present. Examples of leaf succulents include the agaves, the aloes, and the stone plants; stem succulents include the cacti—such as barrel cacti, cholla cacti, prickly pear cacti, and the saguaros.
6. Forbs are the non-grass herbs that inhabit the grasslands; they are mostly flowering plants, although some ferns and mosses are also included. In grasslands, the density of individual forb species is not particularly high, so that most flowering forbs, rather than depending on wind for pollination, rely on showy flowers to attract pollinators. Forbs often send roots deep into the soil in their search for nutrients and water, and some species form beneficial symbioses with nitrogen-fixing bacteria. When such plants die and decompose, they enrich the topsoil. Some forbs produce densely hairy leaves, which provide a certain amount of protection against heat and intense sunlight as well as either drying or freezing winds. Lastly, to deter grassland grazers and microbial pathogens, many forbs produce highly active secondary compounds.
7. (a) Grasslands occupy large areas of land that are able to support large populations of animals. An excellent example is the huge population of buffalo that once occupied the grasslands of the upper midwestern United States and adjacent Canada. (b) The soils in grasslands are often many feet thick and store large amounts of organic carbon. This helps makes some grassland soils exceedingly productive, so areas (c) that were once grassland are now among the most productive croplands on Earth. (d) Grasslands have had considerable impact on the course of animal and

human evolution, and have greatly affected the development of human cultures. Consider, for example, that the dominant species in grasslands worldwide are grasses, and that certain grasses (cereals) are a major part of the diet for nearly all cultures. One might even add a fifth element to this list, which is that grasslands provide habitat to a diverse number of plant species, many of which are endemic to the grassland biome. Thus grasslands help maintain the species richness and diversity on this planet.

8. Over the years, as the dead bodies of grasses and forbs accumulate and dry out during the hot, dry summers, they collectively form a highly combustible fuel for grassland fires. Whether started by natural or artificial causes, these fires may burn for many kilometers before being stopped. Soil studies have revealed that in pre-settlement days, a given hectare of North American prairie burned, on average, once every 5 to 30 years. Such fires killed off fire-sensitive plants—especially invading tree species—as well as reduced standing plant debris to ashes, thereby releasing nutrients to the soil for subsequent plant growth. Grazing is beneficial to low-growing plants because it helps prevent them from being shaded by taller species. Additionally, grazer excrement is an important fertilizer for the grasslands, providing nitrogen and other minerals to an already rich soil.

9. In any particular grassland, only three or four species of grass will dominate at any particular time, and those species will shift as the growing season progresses. Thus the cooler parts of the growing season will be dominated by different species than the warmer parts. During the cool season, the dominant species are typically grasses having C_3 photosynthesis; Eurasian examples of such cool-season grasses include barley (*Hordeum*), rye (*Secale*), and wheat (*Triticum*). The grasses that dominate the warmer parts of the growing season—the so-called warm-season grasses—typically show C_4 photosynthesis and are well adapted to hot, dry summers; big bluestem (*Andropogon gerardi*) is a North American example of such a plant, as is the crop plant corn (*Zea mays*).

10. Most prairie grasses are perennial monocots; their apical meristems lie underground, protected by soil from fire, grazers, drought, and winter cold. This is the reason these grasses are not permanently hurt by a prairie fire. Many growing points are underground stems—rhizomes—that can spread out and quickly colonize a large area. Rhizomes sport roots, so that the root system can become quite extensive, both vertically and horizontally; some grass roots extend as far as 4 m into the soil, which provides access to deep subsurface water and nutrients. Aboveground, grass leaves are narrow in shape, which reduces the surface area to volume ratio and thus helps conserve water. The leaves are vertically arranged and tightly packed, which collectively make a large area available for photosynthesis.

11. First, grass flowers are not showy; the density of grass plants per hectare is sufficiently high that wind pollination is quite effective for prairie grass plants. Thus, plant resources are saved by not investing in the production of showy petals or nectar. Inside the flower, grass ovaries bear two feathery stigmas to help catch wind-borne pollen. Mature grass fruits—grains—are dry, which helps them survive extended periods of drought, and grass seeds typically contain significant quantities of carbohydrates, proteins and lipids, which furnish nutrients to the young seedlings.

12. (a) Dry grasslands often border deserts and are in constant danger of being lost to desert via desertification if the plant cover is removed. Because over-grazing is the typical force behind this process, preservation of these areas may be as simple as excluding livestock from them. Another threat to dry grasslands is loss of native plant species due to invasion by foreign species. Examples are Eurasian spotted knapweeds (*Centaurea* spp.) and the European brome grass (*Bromus inermis*), plants that can quickly become noxious weeds in dry grasslands. (b) Because of their excellent soils and suitability for growing cereals, most of the world's mesic grasslands have been converted to croplands. Although remnants of mesic grasslands do exist, these areas must be actively maintained to preserve their high species diversity. If fires are suppressed in a mesic prairie remnant, for example, studies show that approximately 1% of the species are lost per year. Fires are a natural element in the mesic prairie and should be part of any maintenance program. (c) Wet grasslands support fairly luxuriant growths of grasses and forbs. Since they often border wetlands, they are effective in preventing nutrient-laden runoff from entering the waterways and polluting them. Wet grasslands are uncommon today, however, most of them having been either drained for cropland or invaded by trees and converted to forested land. The rate of decomposition is usually rather low in wet grasslands, due to the low oxygen levels, so that after a few productive years as cropland, they must then be continually supplemented with fertilizers in order to maintain their productivity. It is probably best to simply leave wet grasslands undisturbed.

13. The chaparral biomes lie within 30° to 40° N or S latitude on the western coasts of continents, and are variously known as chaparral in California, maquis around the Mediterranean Sea, matorral in Chile, fynbos in South Africa, and mallee scrub in Australia. In North America the chaparral extends from Oregon to Baja California, from sea level up to about 2,000 m elevation. Annual precipitation ranges from 20 to 100 cm, which mostly falls as rain during the winter months. Droughts, often extreme, are common. Winters are cool, with average temperatures from 0°C in the mountains to 10°C on the coast; summer temperatures may exceed 40°C. The chaparral seasons consist of a hot, sunny, dry season from late spring to early fall followed by a cool, wet season during the winter months. Another feature of the chaparral, especially in southern California, is the hot, dry Santa Ana winds that blow out of the interior deserts at speeds often exceeding 60 km/hr; such drying winds often cause major wildfires.

14. The dominant vegetation type in the chaparral is evergreen shrub. Sometimes these shrubs grow so closely together that they are impenetrable. Over 100 species of shrubs grow in California's various chaparrals, although a given region contains only 1–20 species. Because of the hot, dry conditions that prevail during summer months, many chaparral plants show adaptations similar to desert plants. These adaptations include small, tough leaves covered with a thick cuticle (sclerophyllous leaves) as well as sunken stomata; both of these adaptations reduce water loss. Typical chaparral shrub species include chamise (*Adenostoma fasciculatum*), manzanitas (*Arctostaphylos*), and ceanothus (*Ceanothus*) species. Moister areas may contain dense groves of pine (*Pinus*), cypress (*Cupressus*), or oak (*Quercus*) trees, but an herb layer is usually present only after a fire.

15. Fire is a recurrent feature of the chaparral ecosystem; on average, fire sweeps through any given chaparral area once every 20–30 years. At such times all aboveground vegetation is burned away, and subsequent new growth bursts forth from underground growing points and seeds. As the shrubs regain dominance, herbs and fire annuals decline, and within about 15 years the community has returned to its pre-fire appearance. For the most part, chaparral shrubs have adopted one of two adaptive strategies in order to survive in this environment. The seeds of obligate-seeding shrubs accumulate in the soil during the non-fire years; such seeds are quite long-lived. When a fire does sweep through the area, the heat or smoke causes these seeds to germinate. An additional 5–15 fire-free years are required for the seedlings to reach reproductive maturity and begin setting a new crop of seeds. A fire moving through the area during this maturation period could potentially remove the obligate-seeding shrubs from the area. Examples of obligate-seeding shrubs include most of the chaparral species of *Arctostaphylos* and *Ceanothus*. A second chaparral survival strategy is seen in the obligate resprouters, whose seeds are short-lived and germinate when moisture is adequate. These seedlings remain stunted as they grow under the dense canopy of the mature chaparral shrubs. After a fire has burned all the aboveground biomass, these plants resprout quickly from underground roots, rhizomes, or basal burls. Examples of obligate resprouters include some species of oak (*Quercus*) and cherry (*Prunus*).

Applying Concepts

1. The greatest similarity of these areas is that they are all extremely cold, with winter lows in excess of −50°C. At times, strong, frigid winds sweep across the Martian landscape, raising large dust storms; similar winds sweeping across continental Antarctica can cause the windchill index to plummet to unthinkable lows. Mars is very dry, since free water cannot exist on the surface in liquid form due to the thin atmosphere; the Dry Valleys of continental Antarctica are also very dry (as dry as the Arizona desert), and what little water is present is generally locked away as ice. The Dry Valleys are devoid of macroscopic life, although microbial communities are present. Although all the photographs obtained to date from the various spacecraft to Mars show that the surface of Mars is also devoid of macroscopic life, there is considerable interest that microbial life similar to that in the Dry Valleys may exist on the red planet. There are some striking differences between Mars and continental Antarctica, despite their cold similarities. For example, the atmosphere on Mars is less than 1/100th as dense as that on Earth, which severely limits the availability of oxygen. The thin Martian atmosphere allows high levels of solar UV radiation to reach the surface; much of this radiation is removed by the Earth's atmosphere (even in the presence of an ozone hole). Further, the thin Martian atmosphere would not be effective in holding heat to the planet, so that nighttime surface temperatures can become extremely cold. All in all, though, it seems that if Mars can support life, it might be very similar to lifeforms found in the depths of continental Antarctica. Certainly the climate of Antarctica presents some of the same obstacles to life as does that on Mars.

2. Obviously, additional factors besides Hadley cells are important in determining the climate and aridity of a region. In this example, maritime winds influence the climate of both of these regions. The waters of the Pacific Ocean off the coast of California range from cool to cold, so that winds coming onshore carry only moderate amounts of moisture with them. The little water they do carry is often wrung out by intervening mountain ranges, so that the westerly winds reaching Arizona and New Mexico are quite dry and conducive to desert formation. The southeastern seaboard, on the other hand, forms the northern border of the warm waters of the Gulf of Mexico. Winds blowing onshore from the Gulf are laden with water, some of which is able to penetrate eastern North America all the way up the Mississippi Valley to Canada. When this moisture falls back to the Earth, it provides significant rainfall to the entire eastern half of the United States, in particular to the southeastern seaboard. Thus the Gulf provides too much moisture for the Gulf States to be desert.

3. The main geographic feature separating these areas is the Sierra Nevada itself. As the water-laden winds rise up the western slopes, the moisture is wrung out of them and precipitated as snow (or rain). These winds then cross the tallest peaks and descend over the eastern slopes. Because most of the moisture has been extracted from the air, the eastern slopes are quite dry and the underlying land is a desert, very different from the wet coniferous forests on the western side of the mountains. Obviously, this part of the Great Basin Desert lies in the rain shadow of the Sierra Nevada.

4. An important element in the maintenance of a prairie—especially a tallgrass prairie where moisture is fairly abundant—is fire. Fire kills back the non-fire-resistant invaders and allows the fire-resistant prairie species to grow even more luxuriantly. What this landowner's restoration efforts lacked was regular burnings to maintain the prairie and keep out the invading woody species.

5. First, without the large growth of trees, grasslands were easy to colonize and grow crops. Grasslands were ready to plow or use as pasture land—tree cutting, stump pulling, and rock digging were not required. Grasslands were also incredibly productive, due to the depth of the organic and nutrient-rich soil. If not called into service as cropland, grasslands made premier grazing lands. Because of this utility, huge areas of grasslands have disappeared; in some cases, such as the Central Valley of California, nearly all the original prairie is gone. In other areas, small prairie remnants remain (such as along railroad tracks and other such small plots of land). However, without active management by fire, native species are continually lost from these remnants due to competition by

aggressive weeds and woody species. Even pasturelands in some grassland ecosystems are now dominated largely by alien species. Today, it is difficult to find examples of original grassland.

6. The frequent fires that swept across the prairies killed most of the trees and shrubs that had rooted there. With a few exceptions, most of the trees and shrubs invading from the east are not adapted to withstand fire. Their bark is rather thin, and their growing points are aboveground and thus vulnerable, as are their seeds. Fires kill such species, reestablishing and maintaining the grassland.

Chapter 27

Review Questions

1. The boreal forest, like the tundra, is circumboreal—it encircles the Northern Hemisphere across northern Eurasia and northern North America. However, its boundaries are somewhat ill-defined because there are no sharp transitions between taiga and either tundra to the north or grasslands and deciduous forest to the south. On its northern front in North America, the taiga and tundra interdigitate, with finger-like extensions of tundra running south along exposed ridges and similar extensions of taiga reaching north in sheltered valleys. Along its southern border the transition is even less well defined. To the southeast, the coniferous forest mixes with the eastern deciduous forest, giving rise in the northeastern states to a mixed conifer-broadleaf forest containing species from both biomes. In the Upper Midwest, the conifer forest gradually fades into grassland, while in the far West, the conifer forest climbs up the mountain ranges and extends far southward as montane coniferous forest. Thus, the boreal forest has no distinct boundaries.
2. Physical factors that tundra plants must cope with are strong winds, cold temperatures, and low moisture availability. Winds abrade plant parts and increase water loss by evapotranspiration. The latter is especially a problem if replacement water is still frozen in the soil. To circumvent these problems, many tundra plants avoid high winds by either growing where snows will cover and protect them, or by being very short, since wind speeds are reduced near the ground. Many exposed species retain dead leaves and stems. This accumulated dead matter serves as a windbreak and traps additional snow for protection. The short growing season of 60 to 100 days means most tundra plants are perennials. By storing at least 50% of biomass in their belowground portions, such plants are well suited to a burst of growth activity when conditions become favorable in the spring. To cope with cool temperatures, some tundra plants produce dark pigments that absorb solar radiation and thereby raise leaf and stem temperatures, or they bear an insulating layer of white hairs on their leaves and stems, which helps reduce heat loss. Water availability is also a problem; some plants are able to absorb water directly through their leaves, while others (such as certain mosses and lichens) can be dried and yet resume normal growth activity when rehydrated.
3. Because of the harsh environmental conditions in the tundra, animal pollinators are of limited availability. To overcome this, tundra plants may adopt one or more alternate means of reproduction: (a) vegetative reproduction using aboveground stems called runners; (b) apomixis, wherein seeds are produced without the sexual process; (c) autogamy, wherein self-fertilization allows an individual plant to pollinate its own ovules; and (d) wind, rather than animal vectors, being used as the pollinating agent. Some species employ several of these reproductive strategies. Lastly, in addition to pollen dissemination, many tundra plants use the high winds as a means of seed dispersal.
4. Because of the decline in temperature with altitude, tundra and taiga are able to extend southward considerable distances by occupying the tops of mountain ranges. Alpine tundra occurs above 3,500 m in the Cascade and Sierra Nevada Mountains, and extends southward to central California. Alpine tundra also occurs along the Rocky Mountains from Canada to Guatemala—where it exists at elevations above 4,500 m—and in the Appalachian Mountains of New England above 1,200 m. Montane coniferous forest extends south in the Appalachians to Tennessee and North Carolina, across the mountains of the western United States from the Rockies to the Cascades and Sierra Nevada, and from Canada south to New Mexico and southern California. Like their counterparts in the Arctic, alpine tundra and montane coniferous forest are characterized by short growing seasons, low temperatures, strong winds, and nutrient-poor soils. Beyond these similarities, considerable differences exist between the Arctic and alpine systems. Alpine systems lack the prolonged period of winter darkness, and they receive more intense solar radiation—including ultraviolet radiation—due to a combination of the thinner atmosphere and the higher overall elevation of the Sun in the sky. Large fluctuations between daytime and nighttime temperatures are common in alpine systems, and hot summer days are often followed by freezing temperatures at night. Although annual precipitation is usually higher than in the Arctic, the alpine soils are generally drier because drainage is better. Lakes and bogs are still found in the mountains, but they are not as numerous as in the Arctic. Despite some of the physical differences, alpine tundra and Arctic tundra share many of the same plant species.
5. As in the boreal forest, spruces and firs dominate the montane coniferous forests, although tree species vary considerably between the Appalachian Mountains, Rocky Mountains, and the Cascade/Sierra Nevada Mountain ranges. Generally these differences reflect history, especially glaciation, as well as speciation on isolated mountain ranges. The dominant trees of the Appalachian montane forest include the conifers balsam fir *(Abies balsamea)* and red spruce *(Picea rubens)*, as well as the broadleaf paper birch *(Betula papyrifera)* and yellow birch *(Betula lutea)*. The montane forests of the Rocky Mountains are discontinuous and vary as to their logging and fire histories, so that dominant species also vary according to location. For example, the dominant species of the Colorado Rockies include Engelmann spruce *(Picea engelmannii)* and subalpine fir *(Abies lasiocarpa)*, with disturbed areas containing lodgepole pine *(Pinus contorta)* and quaking aspen *(Populus tremuloides)*. In the Southwest, bristlecone pines (*Pinus aristata* and *P. longaeva*) dominate at timberline, with ponderosa pine *(Pinus ponderosa)* occurring at lower elevations. In the Cascades and Sierra Nevada Mountains, a suite of conifers are common: red fir *(Abies magnifica)*, white fir *(A. concolor)*, Jeffrey pine *(Pinus jeffreyi)*, lodgepole pine, western white pine *(P. monticola)*, whitebark pine *(P. albicaulis)*, mountain hemlock *(Tsuga mertensiana)*, and of course, giant sequoia *(Sequoiadendron giganteum)*.
6. In eastern North America, the temperate deciduous forest has four consistent climatic features: a marked seasonality with four distinct seasons; frosts in the wintertime; absence of droughts; and moderate to long growing seasons. Temperature and precipitation are the two factors defining the limits of this forest. Along its northern border, the eastern temperate deciduous forest changes into boreal coniferous forest where the minimum winter temperatures average −40°C, which occurs at about 48° N latitude. Precipitation is the determinant of the western border, where grassland assumes dominance as moisture levels become insufficient to support a forest. The southern limit occurs as temperatures become warm enough to support tropical vegetation. Precipitation occurs throughout the year as intermittent rain- or snowstorms pass through. Temperate deciduous forest soils are rich and deep, with considerable amounts of organics and nutrients.
7. Precipitation decreases along the east-west and the south-north gradients. The Atlantic seaboard receives some 125 cm of annual precipitation; further to the west, where grassland and forest meet, precipitation levels drop off to only 85 cm per year. Similarly, along the Gulf Coast, annual precipitation amounts to 150 cm; to the north, along the Great Lakes, it has fallen off to 75 cm. The length of the growing season also varies, from a rather modest 120 days in the north to 250 days in the south.
8. Sulfur dioxide is emitted in large quantities from smokestacks of coal-burning power plants. When this gas combines with water vapor in the air, it forms sulfuric acid. Similarly, combustion of fuels oxidizes atmospheric nitrogen to nitrates, which combine with water vapor to form nitric acid. As raindrops fall to the ground, they accumulate these acids and become quite acidic, forming what is termed "acid rain." As the protons (H^+) from these acids accumulate in the soil, they exchange with mineral cations (Na^+, K^+, Ca^{2+}) that are bound to the negatively charged soil particles. So freed, the cations wash out of the system along with anions such as sulfate and nitrate. Thus this process decreases soil fertility and makes the surrounding waterways more acidic. Acid rain has resulted in loss of plant and animal species both on land and in affected lakes; some forests have stopped accumulating biomass in the last two decades, and some lakes in New York State are so acidic they have no fish. The problem is no longer localized to the northeast; forests in the southeast are also showing decline. Leading researchers in the field state that if any recovery is to occur by 2050, sulfur emissions must be cut an additional 80% from their current levels. Nitrate levels may also need to be regulated. Before the eastern ecosystems can begin recovery, serious air pollution problems will need to be addressed.
9. An epiphyte is a plant that grows on the surfaces of other plants. Ferns cannot tolerate drying, and they produce their own moist little pot of soil high in the canopy by trapping wind- and water-borne dust and organic litter. Their light spores are easily dispersed by wind and rain. Epiphytic orchids are extremely common and diverse in the tropics. To help them in their epiphytic lifestyle, orchid roots are often photosynthetic and usually possess a velamen, an outer layer of nonliving cells with perforations so water can enter. Additionally, orchid seeds are very small and lightweight, so they are easily dispersed by wind. Bromeliads are members of the pineapple family. Their leaf bases usually overlap in such a way that a vase-like or bowl-like container is formed. Rainwater collects in this depression, forming a small pond that supports a wide variety of small animal life, from protozoa to amphibians. Bromeliads typically form bright red, sticky fruits that are attractive to birds, which distribute them to other tree branches. Lianas are woody vines that are especially common in tropical rain forests. Many lianas begin their lives on tree limbs or trunks, and only later root in the soil below.
10. Growing in a tropical climate offers several advantages to a plant. The temperatures are warm year-round, and water and sunlight are generally plentiful, so that growth and reproduction can also occur all year. The mild climate also means that plants are not subjected to the stresses of freezing temperatures and extended cold spells. Reproduction can occur in a leisurely way year-round, instead of at a frenzied rate all at once. Included among the disadvantages is the fact that high temperatures and humidity favor the growth of insect pests and disease-causing bacteria and fungi. Thus, tropical plants must be on guard against these destructive organisms all the time, especially because pest and pathogen activities are not curtailed by a cold winter. Additionally, the high nighttime temperatures promote nighttime respiration, so that carbon fixed during the day is essentially wasted away. Tropical systems exhibit high species diversity and lush growth, and the many species that are present sort themselves by height into several layers of foliage. Plants growing in this forest, especially toward the forest floor, often find themselves in fierce competition for available light. Lastly, tropical forest soils are typically very low in mineral nutrients and organic matter, and they are sometimes high in aluminum as well. Successful tropical plants must find ways to cope with all these hardships.
11. The sun passes nearly overhead every day in the tropics, and this provides intense year-round solar radiation to these areas, even when cloud cover shields the top of the rain forest from direct sunlight. On the forest floor, however, light can be extremely limited due to the heavy canopy overhead, and the forest floor is often a rather dark and gloomy place. Average annual rainfall is usually above 200 cm per year, and the humidity hovers at 60–80% during the day, often reaching 100% at night. Although rainfall is abundant and humidity high, water is often a scarce commodity high in the treetops, and plants growing there are often adapted to cope with drought. Tropical storms can generate very strong winds. These winds are generally not a problem to a mature forest because, essentially, each tree helps support its immediate neighbors.

However, at the edges of the forest or of large forest openings, trees are more vulnerable and can be more easily toppled by high winds, especially since tropical plants tend to root shallowly in the hard soil. Tropical soils are generally poor in nutrients due to heavy leaching by the abundant rainfall. Not only is the organic content of these soils also low, but to further complicate matters, aluminum levels are often rather high and the soil itself very hard and difficult to penetrate.

12. Because tropical soils are so nitrogen poor, many tropical plants rely on nitrogen-fixing microbes for their nitrogen supply. Many leguminous plants harbor nitrogen-fixing bacteria in their root nodules, and cycads produce aboveground roots containing nitrogen-fixing cyanobacteria. Nitrogen-fixing cyanobacteria are found in other plant parts as well, such as in the petioles of the tropical plant *Gunnera*. Some nitrogen-fixing microbes live freely in the tropical soils. Phosphorus can be severely limiting in tropical soils, and many tropical plants receive their phosphorus from mycorrhizal associations with soil fungi; the fungal mycelium is able to expand over a vast area of the forest floor, accumulating mineral phosphorus as it grows and transferring this nutrient to the plants it associates with.
13. A type of agriculture practiced by indigenous tropical farmers around the world is known as slash-and-burn agriculture. Generally, all the trees in a small area (under 40 acres) are cut down, and the fallen timber is left in place to dry somewhat. Eventually the entire clearing is burned, and the ash is turned into the soil as crops are planted. Within 2–3 years the soil is depleted of its meager nutrients, and the process must be repeated on a new plot of forestland. Unfortunately, the number of people this type of agriculture can support per square kilometer is quite limited, and it cannot reasonably support even a small-sized modern town. To make these lands more productive requires applications of fertilizers, insecticides, and fungicides, which most indigenous farmers cannot afford. Even before these plots are stripped of their nutrients, they quickly become overrun with aggressive weeds. Lastly, many of the fires set during the burning process have escaped and burned far more forestland than intended.
14. Because competition for light is so intense in the tropical rain forest, many species invest the resources to become a tall tree. The foliage of such trees lies in the uppermost layer of the canopy, where it is among the first to intercept incoming sunlight. Tropical tree species adopt many different growth forms to help in their quest for light in the various levels of the canopy. For example, the tallest trees are often umbrella-shaped, not branching until the top of the canopy is reached; the shorter trees often produce more spherical crowns. Tropical trees generally have smooth bark, which probably reduces the ability of epiphytes and vines to become established. Because tropical plants typically lack a taproot and root quite shallowly in the hard soil, many trees gain lateral stability by sporting large buttress roots. The great majority of tropical trees have oval, simple, entire leaves (for reasons unknown) that often end in a long, drawn-out "drip tip," presumably to drain rainwater. The leaves are evergreen, and young leaves of many tropical plants are protected from strong ultraviolet radiation by the deposition of red, purple, or bluish pigments in the central vacuole. Many tropical leaves contain bitter-tasting compounds (e.g., tannins or alkaloids) that help deter herbivores. Because there is usually little wind within the depths of the forest, most plant species use animal vectors for pollination. Canopy trees, for example, often have brightly colored flowers to attract birds and bees, while shorter trees often produce cauliflorous flowers so that their pollinators do not need to fly through the dense understory foliage. The year-round growing season in the tropics allows many plants to produce flowers and fruits year-round as well.
15. In the tropical rain forest, the year-round growing conditions allow reproduction to occur continually as well. This allows natural selection and evolution to occur at an accelerated rate, producing more species than in temperate regimes. The high plant diversity promotes the evolution of numerous animal partners for pollination and seed dispersal. In addition, the tropical forest is multitiered, with several distinct layers from the uppermost canopy to the forest floor. This provides a continuum of light, moisture, and forest resources, creating many niches in which numerous species can adapt and evolve. These factors combine to make the tropical rain forest the most species-rich biome on the planet.

Applying Concepts

1. Tundra is largely found in the Northern Hemisphere, for several reasons. First, the climate in the polar regions of the Northern Hemisphere allows the growth of tundra plants, whereas that in continental Antarctica is too extreme (dry, frigid, lack of productive soil) to support plant life. Also, northern hemispheric landmasses are closer to the poles than in the Southern Hemisphere, in the sense that plants from more temperate regions to the south were able to colonize and adapt to the Arctic tundra environment. Antarctica, however, is considerably removed from South America, Africa, and Australia; these distances made it very difficult for plants to migrate to Antarctica and form a tundra environment there. Even in maritime Antarctica, where some flowering plants can grow (*Deschampsia* and *Colobanthus*), the lack of animal pollinators would have made reproduction very difficult for many invading plants, if they could have survived the trip across large expanses of southern ocean.
2. The tundra and taiga provide resources that regularly touch our daily lives—oil and natural gas, for example, as well as metals (gold, silver) and other mining products (e.g., diamonds). The boreal forest provides huge amounts of softwood for lumber and paper pulp, and some of the bogs provide peat. The far north can have definite influence on the weather in the continental United States. For example, sometimes in the winter frigid Arctic air masses descend on the northern and eastern states, plunging the daytime temperatures below zero and generally wreaking havoc on our daily lives. How did these air masses get so cold? By stalling over the snow-covered taiga and tundra. Snow is an excellent reflector at visible-light wavelengths, and an excellent radiator at infrared (heat) wavelengths. These areas reflect sunlight during the day, and radiate heat to space at night. For every day they stall over the tundra and taiga, air masses can lose a degree of temperature. When they finally move over the United States, these air masses can be frigid indeed. The far north has sparked people's fancy for centuries. Witness a classic like Jack London's *Call of the Wild*, or consider how the howl of a wolf or the call of a loon sparks our imagination. And let us not forget the effect of the North's most famous "inhabitant," Santa Claus, on the hopes and dreams of children for centuries.
3. (a) Although both of these biomes typically have pronounced seasonality, in the boreal forests the winters are accentuated (longer, colder) and the summer growing seasons shorter (<120 days vs. 120–250 days per year) than in the deciduous forests to the south. (b) The boreal forests receive approximately 40–50 cm of annual precipitation, while the temperate deciduous forests receive 75–150 cm per year. (c) The soils of coniferous forests are rather poor, being high in undecayed organics, low in nutrients, and often acid in nature. In these cold and acid soils, activity of soil organisms such as earthworms is usually low or absent. By contrast, soils of the temperate deciduous forest are high in nutrients, neutral or even alkaline in pH, and high in soil organism activity. In these forests, earthworms continually turn the soil over, mixing the organic and mineral components into one rich soil. (d) Located further north, the boreal coniferous forests experience colder average temperatures than the deciduous forests to the south. In eastern North America, the boreal coniferous and eastern temperate deciduous forests meet at about 48° N, approximately the latitude where winter lows approach −40°C. Apparently the deciduous forests are unable to tolerate colder temperatures and hence do not occur further north than that.
4. The temperate deciduous forest also occurs in Europe and eastern Asia, and the warmer wetlands of these areas would be logical places to look for the other alligator species. Now endangered, the Chinese alligator is indeed found in eastern China along the Yangtze River, occupying habitats very similar to those of its American relative in the southeastern United States.
5. A glance at a map shows that the mountains of Europe—the Pyrenees and Alps—run in an east-west direction and, in western Europe, effectively seal the north from the south. Evidently, as the glaciers advanced from the north, the retreating species of the temperate deciduous forest became trapped between the glaciers and the mountains, with few places to act as a refuge. Thus trapped, species extinctions were higher in Europe than in North America or Asia, where southerly retreats during glacial times were not cut off by east-west mountain ranges.
6. At the edge of the forest we find a dense growth of tropical plants. Here sunlight penetrates almost to the ground, allowing the plants to form a verdant wall of tropical greenery. Wind and sunlight levels are deceptively high here, masking the gloominess of the forest interior. As we make our way into the depths of the forest, conditions change. We are at once impressed at the height of the rain forest, with the tops of some of the canopy trees towering some 80 meters (nearly 260 feet) above us. We also notice that the canopy is stratified, with trees of different heights producing layer upon layer of foliage. Epiphytes and lianas abound, and we realize that, in this world, vertical real estate—in the form of tree trunks—is as precious as horizontal real estate on the forest floor. Animal life is abuzz with activity all around us, but mostly it is concentrated above us. Regardless of what month of the year it is, the arboreal animals are surrounded by flowers and fruits. The dense canopy above prevents direct sunlight from reaching the floor, except as fleeting sun flecks, so that the forest floor is relatively clear of small plants and is, in fact, surprisingly open. Thus we realize that with all its life, the tropical rain forest is really a shady and almost gloomy place on the forest floor. Our boots sink into the soggy humus that coats the ground, but under this we find a hard, ruddy soil that is hardly nurturing to the plants around us. Even in the shade of the forest, we find little relief from the heat and humidity that permeates this environment. Truly, as Darwin remarked, "Nothing but the reality can give any idea how . . . magnificent the scene is."
7. First of all, the hardpan tropical soils are difficult to plow, requiring expensive machinery (e.g., tractors) to effectively prepare even modest-sized plots for planting. The poor nutrient status of the soils means that expensive fertilizers must be applied to make the fields productive, and much of this leaches off into the surrounding rivers and streams. The year-round high temperatures and humidity allow insect and fungal pests to reach high population levels and to spread rapidly. Likewise, rampant weed growth can quickly overrun all but the most carefully manicured fields. To abate the pests and weeds, expensive herbicides, insecticides, and fungicides must be used. Bacterial attack can also be a problem, necessitating the use of expensive antibiotics. Even if a tropical farmer has the resources to engage in the above-mentioned activities, high nighttime temperatures reduce crop yield by promoting high respiration rates.
8. The high temperatures and humidity are ideal for decomposers, and the tons of litter per hectare that fall to the forest floor each year are quickly decomposed. The released nutrients are quickly absorbed by mycorrhizal fungi and plant roots, thus rapidly returning to the tropical biomass. Quick recycling is the norm here, because nutrients cannot remain in the soils for long—they would soon be leached away by the abundant rainfall. Instead, nutrients are held in the bodies of living organisms. Insoluble aluminum and iron salts may accumulate, giving the soils an orange or ruddy color, and perhaps making them mildly toxic to some plants. Little organic matter becomes incorporated into these soils, which thus become hard and difficult to penetrate. It is, in fact, surprising that such luxuriant growth can spring from such poor soils.

Chapter 28

Review Questions

1. The uppermost layers of a lake form the pelagic zone, which includes the surface and subsurface waters

receiving enough sunlight to support the growth of photosynthetic organisms such as floating plants, algae, and photosynthetic bacteria. Most lakes contain shallow, nearshore regions known as the littoral zone where rooted plants and attached protists grow. Lastly, the benthos includes the deeper waters and bottom sediments of lake. This benthic zone typically contains many decomposers, scavengers such as crawfish, and attached or bottom-dwelling animals such as the filter-feeding clams.

2. (a) Bacterioplankton are the bacteria that are found floating freely in the water column. These include both heterotrophic and photosynthetic forms. (b) The phytoplankton are all the free-floating, photosynthetic organisms. They include both the eukaryotic algae and the prokaryotic cyanobacteria. (c) Macrophytes are the aquatic vascular plants that grow in lakes and waterways, either attached or free-floating. (d) Periphyton are the algae and bacteria (and some protozoa) that live attached to the submerged portions of macrophytes. (e) The protozooplankton are essentially pelagic, or free-floating, protozoa; most of these are single-celled ciliates or flagellates. (f) The zooplankton are the small, multicellular invertebrate animals that swim through the water column; most of these are crustaceans, a group of invertebrates related to shrimp and lobsters.
3. (a) The primary producers are the photosynthetic organisms that reduce carbon dioxide to organic compounds using the energy of sunlight. Thus, starting with inorganic carbon, these organisms produce food that is used by the consumers. Examples of these organisms include cattails *(Typha)*, *Lemna*, cyanobacteria, and the green alga *Cladophora*. (b) The organisms that directly consume the primary producers are the primary consumers, including species among the protozooplankton, zooplankton, fish, insects, and waterfowl. (c) Secondary consumers, primarily fish, eat the primary consumers; and (d) tertiary consumers, such as northern pike, some predatory birds and humans, hunt and consume the secondary consumers.
4. The circulation patterns result from the fact that water is densest at 4°C and less dense above and below this temperature. In spring the entire lake is cold, so that neither the temperature nor the density of the water varies much throughout the entire water column. Wind stirs up the lake, bringing nutrient-laden waters up from the depths. In summer, the upper portion of the lake heats up while the deeper parts remain cold and dense; thus the lake becomes stratified, and the surface and deep layers cannot be mixed by wind action alone. Without the nutrients from the depths, the surface layers may become nutrient depleted. During the autumn, the surface waters again cool to the point where wind action can mix the upper waters with the deeper ones, so that nutrients are again brought up to the surface. In some climates, ice may cover the surface of the lake during the winter months, and wind-driven mixing stops until icemelt in the spring.
5. Many cyanobacteria are able to float because they produce tiny, internal, balloon-like gas vacuoles that give the cells buoyancy. Some cyanobacteria deter predators by releasing toxins or by embedding themselves in large mucilaginous coats. Many bacterioplankton are so small that they easily stay suspended in the water column. Eukaryotic phytoplankton, on the other hand, are generally larger than their bacterial cousins. They may be equipped with flagella, and they stay afloat by direct swimming. To discourage predators, some phytoplankton bear long, sharp spines or coat themselves in mucilage.
6. Oligotrophic waters are characterized by low mineral nutrient content with concomitant low productivity. Many different species are present, even though each is represented by relatively modest numbers of individuals. Such waters are typically clean and clear, and produce neither harmful algal blooms nor overgrowths of weeds. Eutrophic waters have a much higher mineral nutrient content and thus are able to support much higher levels of primary productivity. Species diversity is low in these waters, although some of the species present may at times grow excessively, leading to algal blooms and rampant weed growth. Eutrophic waters are typically cloudy, due to the presence of large numbers of cyanobacteria in the water column, and may become choked full of weeds. Eutrophic waters that produce persistent cyanobacterial blooms are described as hypereutrophic.
7. Answers: 1, E; 2, A; 3, C; 4, D; 5, B; 6, F
8. Cattails reproduce via submerged rhizomes, so that one plant often colonizes a wide area of marshland. However, the underwater portions of the plant are deprived of oxygen, and aerenchyma tissue in the leaves brings oxygen down to the submerged roots and rhizomes. In this respect the leaves act as a snorkel. Marshes are often very windy places, because they frequently border long stretches of open water and usually have few trees to act as windbreaks. Cattail leaves have several features to help them withstand these forces: (1) The leaves are light and stiff, with internal columns or chambers strengthened by numerous "cross-beams" (i.e., tissue diaphragms) running widthwise across the leaf. (2) Further strength is provided by parallel, fibrous strands running length-wise, perpendicular to the diaphragms. (3) The leaves are linear so they do not present a large surface area to the wind, and they are somewhat twisted in a manner that minimizes the lift and drag forces of the wind.
9. Many wetlands have been completely obliterated, having been filled in and reclaimed for home construction or for growing crops. Other wetlands still exist, but are not the healthy communities they once were. Drainage ditches and falling water tables have left some wetlands high and dry for parts of the year, resulting in the disappearance of many of their members. In other cases, exotic species introduced by man (e.g., inadvertently or as ornamentals) have become troublesome weeds, invading wetlands (and other communities) and outcompeting native species. Many other human activities adversely affect wetland communities—damming rivers, diverting river water for agricultural uses, using natural waterways as dumping grounds for sewage and industrial wastewater, acidification via acid rain (caused by industrial air pollutants), and nutrient runoff from farmlands, golf courses, and residential lawns. The preceding list is far from complete, and the reader should be able to think of numerous other human activities that result in wetland degradation.
10. Oceans help to moderate the Earth's temperature. Water has a high heat capacity and therefore the immense quantities of water in the oceans can absorb a great deal of heat and release it slowly. This capacity to store and release heat moderates extremes of temperature. Ocean water is also the primary source of rain for land plants and animals. As water evaporates from the ocean, it is blown over land, and some of it eventually condenses as rain and falls on terrestrial environments. The primary producers in the ocean produce much of the oxygen in the atmosphere, which is needed by most organisms for respiration, and reduce much of the carbon dioxide. Removal of carbon dioxide from the atmosphere is also important for maintaining a proper temperature on the Earth because carbon dioxide is a greenhouse gas. The ocean also provides about 90% of fish caught each year–an important source of protein for humans.
11. (a) A continental shelf is the submerged extension of a continent that slopes down from the shoreline to a depth of 100 to 200 m. (b) A continental slope is an area of rapid descent from the edge of a continental shelf down to an abyssal plain. (c) The abyssal plain is the vast, level, sediment-covered plain that extends under most of the ocean. (d) A submarine ridge is a mid-ocean mountain range that divides an ocean basin into two basins. (e) A sea mount is a submerged volcanic mountain that rises from the abyssal plain. (f) Trenches are narrow, deep depressions in the ocean floor that can reach depths of 7,000 to 11,000 m.
12. At the equator warm air masses rise and spread out at altitude to the north and south. Those air masses that move north are deflected to the right (east) by the Coriolis force. When they sink back to the surface at 30° N latitude, they form the northeast trade winds that blow from NE to SW. The trade winds impart a net flow of ocean surface waters at the equator from east to west. As a result, water piles up against the western side of the North Atlantic and is deflected by the North America landmass toward the north pole. As these northward flowing waters pass 30° N, they encounter the westerlies that blow from SW to NE. The westerlies drive the surface waters back east across the North Atlantic basin. When they reach the eastern side of the basin, Europe deflects the eastward currents back toward the equator, completing the clockwise North Atlantic gyre.
13. In temperate oceans, lying between 30° and 60° N and S latitude, seasonal variation in solar energy input means that surface temperatures also vary seasonally. In winter solar energy input is at a minimum, surface waters are cold, and the water column and nutrients mix well. As spring arrives, solar energy increases, surface waters warm, and the thermocline may begin to form. In summer solar energy is at a maximum and the thermocline is strongly developed, isolating the surface waters from deeper waters. In fall solar energy input declines, surface waters cool, the thermocline breaks down, and mixing begins again. Blooms of phytoplankton follow the periods of mixing. The main phytoplankton bloom occurs in spring following winter mixing, and a smaller phytoplankton bloom follows the fall mixing period. Zooplankton blooms follow the phytoplankton blooms. Tropical oceans do not show a seasonal pattern and have a permanent thermocline.
14. (a) The pelagic realm includes the entire volume of open ocean water. (b) The epipelagic is the uppermost pelagic zone in the euphotic zone and extends from the surface to a depth of 100–200 m. (c) The littoral zone occupies the area of ocean between the high and low tide levels. (d) The sublittoral or subtidal lies below the littoral from the low tide level to the margin of the continental shelf. (e) The benthic realm includes the area of the ocean bottom and the organisms that live there.
15. Plankton are important as the base of the oceanic food web. They may be categorized by size: femtoplankton (0.02–0.2 μm), picoplankton (0.2–2.0 μm), nanoplankton (2–20 μm), microplankton (20–200 μm), and mesoplankton 0.2–20 mm. Net plankton are all plankton larger than 20 μm. Plankton may also be categorized by kinds of organisms such as viroplankton (viruses), bacterioplankton (bacteria), protozooplankton (heterotrophic protists), phytoplankton (algal protists), and zooplankton (animals).
16. The microbial loop is the portion of the marine planktonic food web that includes organisms in the picoplankton (0.2–2 μm) and nanoplankton (2–20 μm). Picoplankton include heterotrophic bacteria, cyanobacteria, and prochlorophytes. Nanoplankton includes grazers such as ciliates and flagellates and nanophytoplankton. The classic food web includes only organisms larger than 20 μm, which were the main focus of plankton studies before the importance of smaller organisms was understood. The microbial loop joins the classic food web through the grazing of microplankton.
17. Estuaries, salt marshes, and mangrove forests are 3 littoral ecosystems that are transition zones between terrestrial and marine environments. Estuaries are coastal areas where freshwater from rivers mixes with seawater. This mixing of waters generates great variability in salinity depending on location within the estuary, tides, and the level of river flow. A number of invertebrate animals such as shrimp and shellfish live in estuaries, which are important feeding grounds for some birds and nurseries for the young of fish and other animals. Salt marshes are wetlands along ocean coasts that contain salt-tolerant herbs, grasses, and shrubs. These are important habitats for fish and wildlife, help stabilize shorelines, and filter nutrients and sediments from freshwater runoff. Mangrove forests are a transition community along tropical and subtropical coastlines. These forests provide habitat for endangered species such as the alligator and brown pelican, nurseries for important fish and shellfish species, and home for numerous crabs, shellfish and small fish.

Applying Concepts

1. Cyanobacteria like *Microcystis* produce gas vacuoles to help keep them afloat. The sharp taps on the cork of the second bottle sent shock waves through the aqueous medium, crushing many of the gas vacuoles. Many cells thus lost their buoyancy, and settled down to the bottom.

2. The remarkable preservation of this body was due to the extremely acidic pH and the cold temperatures found in the bog. These two factors virtually put a stop to the microbial decomposition that would otherwise have taken place.
3. (a) Wetlands provide habitat for many species of plants and animals. Many of these species cannot live in any other type of community. As such, wetlands are important for preserving biodiversity on this planet. (b) Many wetlands are used as rest stops and feeding stops by migrating waterfowl; loss of these wetlands would endanger the waterfowl that use them. This is one reason that sportsmen's organizations have lobbied so heavily to preserve local wetlands. (c) Wetlands provide many opportunities for leisure activities, such as fishing, bird watching, hiking, botanizing, canoeing, scuba diving, and so on. When wetlands are degraded, virtually all of these activities suffer. (d) Wetlands help absorb extra runoff during wet years, thus helping to prevent flooding downstream. (e) Wetlands help absorb nutrients in runoff so that waterways are less likely to be overrun with plant and algal blooms. (f) Wetlands are nurseries for many species of fish and birds. Many other answers are possible.
4. As mentioned earlier in Chapter 25, northern pike are tertiary consumers; they have a voracious appetite and will eat virtually anything they can. Biologists were concerned that if this aggressive predator spread to other waterways, it would pose a danger to native species of fish, such as the salmon, steelhead, and endangered species in the downstream delta regions. This is precisely what happened when pike were introduced (illegally) into the Susinta River drainage in Alaska: They have now spread to 90 lakes, destroying silver and sockeye salmon and devastating over 60% of the rainbow trout. These stories of the northern pike illustrate the dangers of introducing aggressive species into areas where they do not naturally occur and have no natural predators. Incidentally, the poisoning was unsuccessful, and some experts are now advocating a complete drainage of Lake Davis to eradicate the pike. Local examples of disruption caused by the introduction of foreign species will vary but might include such introduced species as purple loosestrife in marshes or zebra mussels in lakes and rivers.
5. Temperature would be highest at the surface of the ocean, perhaps as high as 30°C in a tropical ocean, and would decline as you descended. At a depth of 50–300 m temperature drops rapidly through a zone called the thermocline. Below the thermocline and on toward the ocean bottom, the temperature would be cold at about 4°C. Oxygen levels would be highest in the 20 m near the surface, where diffusion from the atmosphere and photosynthesis occur, and would decline with depth to a minimum at around 1,000 m. At lower depths oxygen levels rise again due to the flow of cold oxygenated waters from polar regions. Light is highest near the surface, and the upper 100–200 m of the ocean lie in the euphotic zone where light is sufficient for photosynthesis. Below the euphotic zone the ocean is permanently dark. In the euphotic zone there are numerous plankton, including bacterioplankton, phytoplankton, protozooplankton, and zooplankton. Zooplankton include tiny animals like copepods and the larvae of larger animals. Nekton such as fish, reptiles (sea turtles), and mammals (dolphins) are also present in the near-surface waters. Marine birds occur at and above the surface. Below the euphotic zone, there is a rain of detritus from above and bacterial decomposers. Fish and other animals occur because they can swim up to the surface in search of food, but their numbers decrease with depth. At the bottom the detritus accumulates and is converted into bacterial biomass that feeds a variety of consumers. Sponges, jellyfish, mollusks and starfish dominate the bottom sediments.
6. In the case of kelp forests off the coast of western North America, human hunting of sea otters along the Alaskan coast decimated their populations and at the same time kelp forests began to disappear. The otters eat sea urchins and keep the sea urchin population in check. When otter populations were decimated, the sea urchins increased and attacked and ate the kelp holdfasts. Kelp forests washed away. After otter were granted protection, their populations rebounded, sea urchins were controlled, and kelp forests returned. However, humans have been taking too many fish from coastal waters and depriving killer whales of food. The killer whales have been turning to eating sea otters, which could result in a loss of kelp forests again. Overfishing around coral reefs has also had a detrimental effect on reef ecosystems. Herbivorous fish eat attached algae that otherwise might overgrow and smother coral animals. For a while, herbivorous sea urchins kept the algae in check on Caribbean reefs, but in the early 1980s over 95% of the sea urchins succumbed to an unknown plague. This disease appeared to result from microorganisms in clouds of dust originating in the Sahara Desert that were swept across the Atlantic and reached the Caribbean Sea. After the sea urchins died, algal cover increased from 4% to 92% on the reefs around Jamaica, and coral cover declined from 52% to 3%. The condition of the reefs has not improved at present.

Glossary

ABC model An explanation for the genetic control of the development of different flower parts.

Abscise To drop leaves, flowers, or fruits.

Abscisic acid (ABA) A plant hormone that is involved in dormancy and closure of stomata.

Abscission zone A special region of cells that develops at the base of leaves, flowers, or fruits, and plays a role in leaf, flower, and fruit drop.

Absorption spectrum The pattern of light absorbed by a pigment.

Abyssal plain The bottom of the deep ocean.

Accessory fruit A type of fruit in which the fleshy portion is derived from tissues other than those of the ovary. In apples and pears the core is the ovary, and floral parts and the receptacle form the fleshy outer portions. In the strawberry the receptacle forms the large red "fruit" and the "seeds" are actually fruits called achenes.

Accessory pigments Pigments that capture light energy and pass it along to chlorophyll *a*.

Achene A type of simple, dry indehiscent fruit containing a single seed attached to the fruit wall at only a single point. Sunflower fruits and the fruits embedded on the surfaces of strawberries are examples.

Acid A substance that releases hydrogen ions (protons) in water.

Acid bog A type of freshwater wetland in which the littoral vegetation is dominated by *Sphagnum* moss and the waters are acidic and low in mineral nutrients.

Actinomorphic A type of flower symmetry that is radial (also known as regular flower symmetry).

Activation energy The amount of energy that must be put into a chemical reaction to cause that reaction to proceed and to break and re-form the chemical bonds.

Active site A region of an enzyme that binds chemical substrates, and where chemical modifications of substrates occur.

Active transport Movement of a dissolved substance such as a mineral ion across a membrane that requires the expenditure of energy as ATP.

Adaptive radiation The rapid evolution of a single species into many new species with different forms and habitats. Well-documented examples occur on island chains.

Adenosine triphosphate (ATP) A nucleotide that consists of the base adenine, ribose sugar, and three phosphate groups and functions as the main energy carrier in cellular metabolism.

Adventitious roots Roots developing from an unusual location such as stems or even leaves. From the Latin *adventicius* meaning "not belonging to."

Aerenchyma Spongy tissue having large air spaces within the parts of aquatic plants that facilitates gas exchange and buoyancy.

Aerial roots Roots that extend down from branches to anchor in the soil. In the tropical banyan tree these aerial roots form massive columns that support the heavy branches.

Aerobic Requiring or occurring in the presence of oxygen, such as a chemical reaction.

Aflatoxins Cancer-causing compounds produced by some fungi that may accumulate in foods, especially stored grains, fruits, and spices.

Agar Water-binding polysaccharides derived from red seaweeds that are useful in increasing the viscosity of food products and in preparing nutritive media for laboratory cultivation of microbes.

Aggregate fruits Fruits formed from a single flower with multiple pistils in which each pistil develops into a fruitlet. Raspberries and blackberries are examples.

Akinete A thick-walled resting spore formed from a vegetative cell by many species of cyanobacteria. The akinete allows the cyanobacteria to survive through adverse conditions.

Alga (singular), algae (plural) Cyanobacteria, plus protists that usually (though not always) possess chloroplasts, photosynthetic storage materials, and cell walls. Algae primarily live in aquatic habitats and are typically simpler in structure and reproduction than land plants.

Algin Water-binding, slimy polysaccharides derived from brown seaweeds that have many applications in food and other industries.

Alginates Polysaccharides (polymers of mannuronic and guluronic acids and their mineral salts) occurring within the intercellular matrix of brown algae that confer flexibility, desiccation resistance, and mineral harvesting capacity, and are also useful to humans as industrial materials.

Alkaloids Nitrogen-containing chemical compounds that have physiological effects on animals, protect plants against herbivory, and are widely used as stimulants (such as the caffeine in coffee or nicotine in tobacco products) or medicines (such as the cancer-treatment podophyllotoxin).

Allele One of two or more different forms of a gene.

Allelopathy A type of plant competition in which one plant species produces chemicals that inhibit growth of individuals of the same or different species growing near it.

Allopatric speciation The process of speciation in which populations of a single species become geographically isolated from each other and are subjected to differential evolutionary forces. Allopatric comes from the Greek *allos* meaning "other" and *patra* meaning "fatherland."

Allopolyploidy A common mechanism of sympatric speciation in plants where two distinct species produce a fertile hybrid through a doubling of the chromosome number.

Alternate A type of leaf arrangement in which there is just one leaf or bud at each node.

Alternation of generations A life cycle in which a haploid (*N*) gametophyte produces gametes by mitosis that fuse into a diploid (2*N*) zygote that germinates and grows into a sporophyte. The sporophyte produces spores by meiosis that form new gametophytes.

Alveolates A group of related protists (dinoflagellates, ciliates, and apicomplexans) that characteristically have vesicles (alveoli) at their cell periphery.

Amino acids The nitrogen-containing organic acids that can be linked together to form proteins.

Amyloplasts Non-green, starch-rich plastids with few thylakoids that occur in roots and other starch storage tissues.

Anaerobic Occurring under or requiring the absence of oxygen, as in anaerobic chemical reactions or anaerobic microorganisms.

Analogous A term applied to structures that perform a similar function but have different evolutionary origins. The tendrils of peas and those of grapevines both provide climbing support, but those of peas derive from leaves while the tendrils of grapevines are modified stems.

Anaphase A stage of mitosis in which chromatids separate and travel to different spindle poles; a stage of meiosis in which homologous chromosomes (meiosis I) or chromatids (meiosis II) separate and travel to different poles.

Anaphase-promoting complex (APC) A cluster of proteins that induces the breakdown of cohesin proteins, thus facilitating the separation of chromatids during mitosis.

Angiosperms The flowering plants, whose ovules are produced within an ovary and whose seeds occur within a fruit that develops from the ovary.

Antenna complex The part of a photosystem whose pigments gather light energy and channel it to reaction center chlorophyll.

Anther The part of the stamen that contains the pollen sacs.

Antheridium (singular), antheridia (plural) The type of gametangium in seedless plants that produces sperm and is enclosed in a sterile jacket layer of tissue.

Anthocyanins Water-soluble red or blue pigments that may color vacuoles of flowers, fruits, or leaves.

Antibiotic An organic substance that retards the growth of or kills microorganisms. Examples are penicillin or streptomycin.

Antibiotic resistance genes Genes present in microorganisms that confer resistance to antibiotics.

Anticodon A series of three nucleotide bases that occurs on the basal loop of tRNA molecules, and binds to codons of mRNA that is associated with ribosomes.

Apical dominance Suppression of lateral bud growth by the apical bud or meristem.

Apical meristems Tissues that undergo mitosis and thereby generate new primary tissues at the shoot and root apices of plants.

Apical-basal polarity Having a distinct top and bottom.

Apomixis A form of asexual reproduction in which certain flowering plants produce seeds without fertilization.

Apomorphy A derived character that has evolved from a more primitive character (plesiomorphy) occurring in an ancestor.

Apoplastic A type of intercellular transport associated with cell membrane transport proteins; contrasts with symplastic transport.

Apoplastic loading Movement of materials into phloem cells via cell membrane carrier proteins, through cell walls.

Aquaculture The cultivation of aquatic organisms such as fish, shellfish, and seaweeds for human food and other products.

Arbuscular mycorrhizae Associations between particular types of fungi whose hyphae form bushy structures between the cell walls and cell membranes of certain plants' root cells.

Arbuscules Bushy fungal hyphal structures produced between the walls and cell membranes of root cells of particular plants.

Archaea One of the three great domains of living organisms. The Archaea contains prokaryotic microorganisms often found in extreme environments.

Archegonium (singular), archegonia (plural) The vase-shaped gametangium in seedless vascular plants in which an egg is produced within a sterile jacket layer of cells.

Arroyo A small steep-sided watercourse with a flat floor that is usually dry except after rains.

Artificial selection Breeding organisms so as to obtain desirable characteristics in succeeding generations.

Ascomycetes A group of fungi characterized by sexual spores produce within sacs (asci).

Ascus (singular), asci (plural) In ascomycete fungi, a cell in which two nuclei fuse to form a zygote that immediately undergoes meiosis to produce ascospores.

Asexual reproduction Reproduction that does not involve fusion of gametes or meiosis, and which generates progeny that are genetically identical to the parent.

Assimilation The process of nitrogen uptake carried out by all organisms.

Atom The smallest possible unit of an element that has all of the properties of that element; composed of a nucleus of subatomic particles (protons and neutrons) surrounded by a cloud of orbiting electrons.

Atomic mass number The sum of the number of protons and neutrons in an atomic nucleus.

Atomic number The number of protons in an atomic nucleus.

ATP Abbreviation for adenosine triphosphate

ATP synthase complex The complex of enzymes that forms ATP from ADP and phosphate with the energy derived from the passage of protons down an electrochemical gradient. ATP synthase complexes are located in the thylakoid membranes of chloroplasts and in the inner mitochondrial membranes.

Autopolyploidy The process by which a single species can give rise to another species by the doubling of its own chromosome number in some of its progeny.

Autosomes Non-sex chromosomes.

Autotroph An organism that is capable of producing its own organic food from inorganic materials.

Autotrophy The capability of producing organic food from inorganic materials; photosynthesis is a form of autotrophy (but not all autotrophs are photosynthetic; chemosynthetic bacteria are autotrophic, but not photosynthetic).

Auxins A group of plant hormones that are involved in cell enlargement and other aspects of plant development.

Auxotrophy Having a nutritional requirement for one or more vitamins.

Axil The upper angle between a stem and a branch or the petiole of an attached leaf.

Axillary buds Buds that occur in the axil of a leaf.

Bacterioplankton Bacteria that swim or float freely in aquatic environments.

Bacterium (singular), bacteria (plural) A member of one of the two domains of prokaryotes (the domain Bacteria).

Basidiomycetes A group of fungi whose sexual spores are produced at the surfaces of club-shaped structures (basidia).

Basidium (singular), basidia (plural) A club-shaped cell of basidiomycete fungi in which nuclear fusion and meiosis occur during production of basidiospores at the cell surface.

Benthic Relating to the bottom of a body of water.

Benthos The lake habitat consisting of the deeper, dark waters and bottom sediments and their associated organisms.

Berry A simple fleshy fruit with one to several carpels in which the flesh is soft throughout the fruit.

Beta-carotene A photosynthetic accessory (carotenoid) pigment that helps plants harvest light during photosynthesis; confers yellow, orange, or red colors to plant parts; and is also an important nutrient in the diets of animals.

Biennial plant A plant that requires two growing seasons to complete its life cycle. Biennial plants store food reserves from the first growing season and flower and set seed in the second season.

Bilaterally symmetrical A type of flower symmetry in which the flower can be divided into two equal halves by only one plane of division. Orchids and snapdragons are examples.

Binary fission The division of single-celled protists or prokaryotes into two progeny cells of equal size.

Binomial scientific name The two-part scientific name, consisting of generic name and specific epithet, which is given to each unique type of organism.

Biodegradable Capable of being broken down (degraded) by microorganisms such as fungi and bacteria.

Biodiversity Term for the biological diversity, the richness of numbers and individuals of different species in an environment.

Biofilms An organic film consisting of attached bacteria (and/or eukaryotic microbes) and their adhesive mucilage.

Biological nitrogen fixation The process by which atmospheric nitrogen is reduced to ammonia by certain free-living and symbiotic bacteria.

Biological species concept The definition of species based on reproductive and genetic isolation. The species is defined as a group of populations whose members interbreed with each other but cannot or do not interbreed with members of other populations.

Biome Ecosystems with similar climate such as the tropical rain forest biome. Ecosystems in the same biome may contain different communities of species.

Biosphere The sum of all the biomes with all their organisms on the Earth.

Biotechnology The genetic manipulation of biological organisms by humans to better suit them for human needs, or the industrial applications of biological organisms.

Bisexual flowers Flowers that are perfect in the sense that they possess both male (stamens) and female (carpels) reproductive organs.

Blade The wide, flat portion of a typical leaf (also known as the lamina) or similar structures in kelps (certain brown algae).

Boreal coniferous forest (or boreal forest) The forest that occurs at high latitude in the Northern Hemisphere and encircles the Earth across Eurasia, Alaska, and Canada. The forest is dominated by coniferous trees such as spruce and fir.

Botany The scientific study of plants, together with associated microorganisms (prokaryotes and fungi) and photosynthetic protist groups (algae).

Bracts Modified leaves, some of which are colorful and serve in attraction of pollinators to flowers.

Branch roots A root that arises from an older root. The youngest branch roots occur closest to the root tip. Also called a lateral root.

Brassinosteroids Steroid plant hormones that promote cell elongation and help protect plants from heat, cold, salt, and herbicide injury.

Brown algae A group of mostly marine seaweeds whose chloroplasts are colored brown by the accessory pigment fucoxanthin.

Bryophytes Mosses, liverworts, and hornworts; the non-vascular embryophytes.

Bud scales The leaf-like structures that protect developing buds (young shoots).

Bud A young shoot that will produce new stems with leaves and/or flowers.

Buffer A substance that is capable of neutralizing acids or bases and thus able to stabilize the original acidity or basic pH of a solution.

Bulb A short, conical underground stem surrounded by fleshy food-storage leaves.

Bulliform cell Large epidermal cells that occur in rows in grass leaves, and which are thought to play a role in leaf folding and unfolding.

Bundle sheath One or more layers of parenchyma or sclerenchyma cells that surround the vascular bundles (veins) of some plants.

Bundle-sheath extensions Cells that connect the bundle sheath to the upper and lower leaf epidermis.

Buttress roots Roots produced by the trunks of many tropical trees that act as projecting supports to stabilize the trunks in thin tropical soils and high winds.

C_3 pathway The series of photosynthetic reactions in which 3 carbon dioxide molecules become reduced, giving rise to glyceraldehyde 3-phosphate; also known as the Calvin cycle.

C_3 plants Plants that utilize the Calvin cycle (= C_3 pathway).

C_4 pathway The carbon-fixation pathway in which carbon dioxide is first fixed to phosphoenolpyruvate (PEP) to yield the 4-carbon compound oxaloacetate.

C_4 plants Plants that use the C_4 pathway for initial carbon dioxide fixation and the C_3 pathway or Calvin cycle for production of simple sugars.

Calcium-binding proteins Proteins that occur in the cell membrane, cytoplasm, or nucleus of eukaryotic cells and that bind calcium ions and then interact with other cell proteins, in the process transmitting signals from the outside to the inside of cells.

Callose A complex branched polysaccharide that blocks up plasmodesmata at the site of wounds in plants.

Callus A mass of undifferentiated plant cells.

Calyx The whorl of sepals in a flower.

CAM plants Plants that employ crassulacean acid metabolism and use the C_4 pathway at night to fix carbon dioxide and the C_3 pathway in the daytime to produce simple sugars.

Capsule A simple, dry dehiscent fruit consisting of two or more carpels that may split open in a variety of ways. Capsules may split open along the carpels, form a cap that pops off, or form rows of pores to shed seeds like a salt shaker.

Carbohydrates Organic molecules composed of carbon, hydrogen, and oxygen in the ratio of 1 : 2 : 1; sugars, starch, and cellulose are examples of carbohydrates.

Carbon dioxide An atmospheric gas that is used by plants in photosynthesis to generate organic food; also a so-called "greenhouse gas" whose atmospheric increase has been related to global warming.

Carbon sink Any site of long-term carbon storage, such as peatlands and the woody trunks of tropical trees.

Carpel A folded and fused leaf-like structure that contains ovules.

Carpellate Flowers that lack stamens.

Carrageenan A polysaccharide component of the extracellular matrix of red algae that is used in the food industry.

Carrying capacity The maximum size of a population of organisms that the environment can support.

Caryopsis The simple indehiscent dry fruit found in cereals such as corn, wheat, and barley, and also called a grain. The fruit contains a single seed whose outer seed coat is fused to the fruit wall.

Casparian strip A ribbon-like layer of water-repellent suberin that is wrapped around the top, bottom, and side walls of endodermal cells in the innermost cortex layer.

Catalyst A substance that speeds up the rate of a chemical reaction without itself being consumed; enzymes function as catalysts.

Cell A unit of cytoplasm that is delimited by the cell membrane.

Cell biology The branch of biology that specializes in the study of cells.

Cell cycle The sequence of events leading to, and including, cell division.

Cell division The formation of two progeny cells from one parental cell.

Cell membrane The outer membrane composed of phospholipid molecules arranged in a bilayer (together with associated proteins, and often sterols) that surrounds all eukaryotic and prokaryotic cells. Also called the plasmalemma or plasma membrane.

Cell plate A structure that forms at the equator of a spindle during early telophase of mitosis (or meiosis) and which, by the end of cytokinesis, has developed into the middle lamella.

Cell wall The rigid portion of the extracellular matrix of plants, fungi, bacteria, and many protists.

Cellulose A carbohydrate formed of long chains of glucose molecules that is a major component of plant cell walls (and those of some protists and some bacteria). Cellulose is also produced by various bacteria for use as an attachment material.

Cellulose-rich cell wall The outermost rigid layer of cellulose fibers that in plant cells lies outside the cell membrane.

Centromere The often constricted region of a chromosome where chromatids are held most closely together.

Cereals Plants whose fruits are grains; examples include corn (maize), wheat, barley, and rice.

Characters Structural, biochemical, or molecular features of organisms that are used to deduce evolutionary relationships.

Checkpoint Processes that occur during the cell cycle that allow the cycle to continue, unless defects are present, in which case the cell cycle stops.

Chemical bonds Ionic, covalent, or electrostatic (hydrogen bond) interactions that hold atoms, ions, molecules, and compounds together.

Chemical-biological theory The theory that treats the origin of life on Earth as a process consisting of a series of stages with increasing levels of organization.

Chihuaḥhuan Desert North American desert in northern Mexico and parts of southern Texas and New Mexico. Big Bend National Park lies in the Chihuaḥhuan Desert.

Chinampas agriculture A type of cultivation used by past and present inhabitants of Mexico to grow crops in rows of raised ground in swampy regions.

Chitin The nitrogen-containing polysaccharide that forms much of the cell walls of fungi, and is also produced by some animals.

Chlorarachniophytes A group of protists included among the filose amoebae (Rhizaria) having spider-shaped cells that contain secondary green plastids.

Chlorophyll The green photosynthetic pigment of plants, many protists, and some bacteria.

Chlorophyll *a* The form of chlorophyll that is most directly associated with conversion of light energy into chemical energy.

Chlorophyll *b* An accessory pigment that transfers absorbed light energy to chlorophyll *a*; found in green algae, a few other protists, and land plants.

Chloroplast The organelle or plastid that contains chlorophyll in plants and algae and is the site of photosynthesis.

Chromatids The two daughter strands of a chromosome that are produced by DNA replication and remain attached at the centromere.

Chromatin The darkly staining colored material composed of DNA and proteins in eukaryotic chromosomes.

Chromoplasts The plastids that contain bright yellow, orange, or red carotenoid pigments.

Chromosomes Threadlike arrays of DNA with associated histone proteins; found in the nuclei of eukaryotes.

Chytrids A group of early-diverging fungi whose hyphae lack cross-walls.

Cilia (plural), cilium (singular) Short, hair-like extensions from some eukaryotic cells that can bend and flex, allowing the cells to move through water.

Ciliates A group of protists whose surfaces are completely or partially covered with cilia (short extensions of the cell that function in motility).

Cisternae The pancake-like membrane sacs that are arranged in stacks to form Golgi bodies.

Citric acid cycle The alternate name for the Krebs cycle in which the first product formed is citric acid.

Clade A group of related organisms that is defined by at least one shared, derived character.

Cladistic analysis A technique of phylogenetic analysis whereby organisms' relationships are inferred by examining the distribution of their characteristics.

Cladistics A formal method of organizing organisms on the basis of relationships established by the presence or absence of derived characters.

Classes A category of classification in which related orders of organisms are grouped together.

Climax community A mature community formed toward the end of a process of ecological succession. Climax communities show very slow changes in species composition.

Closed nutrient system The system in tropical rain forests by which nutrients are passed from decaying organisms and detritus to living through mycorrhizal fungi without leakage into the soil.

Cocci The term for the spherical shape of many prokaryotic cells.

Coccolithophores Single-celled or colonial planktonic organisms that are covered with scales composed of calcium carbonate.

Coccoliths Calcium carbonate scales produced by many haptophyte algae.

Codons Sequences of three nucleotide bases, known as triplets, which occur in linear arrays on messenger RNA.

Coenzyme A (CoA) The coenzyme to which the 2-carbon acetyl group is attached to yield acetyl CoA.

Coenzymes Organic molecules that assist enzymes in performing their functions.

Coevolution Reciprocal evolutionary influences exerted by two or more organisms on each other.

Coevolutionary plant–animal associations Associations between plants and animals that have influenced the evolution of both participants.

Cofactors Nonprotein components such as metal ions that are required by certain enzymes for their function.

Cohesin A type of protein that links chromatids together prior to their separation in the final stages of mitosis and meiosis.

Cohesion-tension theory The concept that water movement in xylem tissues can be ascribed to two related phenomena, the cohesion of polar water molecules that allows water to exist as thin streams that are resistant to breakage, and the tension placed on a stream of water within a plant when water molecules at the plant's surface are removed by transpiration.

Collenchyma A type of flexible supporting tissue composed of collenchyma cells.

Collenchyma cells Elongated living cells whose primary walls are unevenly thickened with the carbohydrate pectin.

Colonies A type of microbe body in which few to many cells are held together by mucilage or cell-wall material.

Common names The informal names given to organisms by people living in the same area.

Community All the organisms of different species in a particular area.

Companion cell A type of specialized cell that is produced by the same division that gives rise to a sieve tube member in angiosperm phloem; provides materials to sieve tube elements.

Competition A negative interaction among organisms that utilize the same environmental resources.

Complementary The relationship between the two strands of nucleotides in DNA whereby the base A is linked to the base T, and the base G is linked to the base C, via hydrogen bonding. Complementary DNA (cDNA) is a single-stranded molecule of DNA that has been synthesized by using messenger RNA (mRNA) as a template and the enzyme reverse transcriptase.

Complete Flowers that possess all four floral whorls: sepals, petals, stamens, and carpels.

Compound Any chemical substance that contains two or more elements, joined by covalent bonds, in definite proportions.

Compound leaves Leaves having blades that are divided into two or more leaflets.

Compound light microscope A light microscope that has an objective lens and one or two eyepieces (ocular lenses) mounted on the same tube.

Cones Club-shaped clusters of sporophylls containing sporangia. Also called strobili.

Conidia Asexual spores that are produced at the tips of fungal hyphae.

Constancy The ability of pollinators to recognize and repeatedly visit specific flower species. Also called fidelity.

Continental shelf A shallow nearshore plain of varying width that borders a continent and a slope to the ocean bottom.

Continental slope The often steep slope from the continental shelf to the ocean floor.

Contractile roots Roots on certain herbaceous plants, such as dandelions and hyacinths, which are able to shorten by collapsing their cells.

Contractile vacuole Membranous sacs in some freshwater protists that accumulate excess water in the cell and periodically expel it.

Controls The unmanipulated replicates in an experimental design used for comparison to the experimental replicates to decrease the probability that observations are in error.

Convergent evolution The process by which unrelated organisms in a similar environment evolve similar adaptive structures and physiology.

Coralline algae Red algae whose extracellular matrix is rich in calcium carbonate.

Coralloid roots Thickened, branched roots that somewhat resemble corals that are produced above-ground by cycads, and which contain nitrogen-fixing cyanobacterial endosymbionts.

Cork A tissue, composed of dead cells with thick suberized cell walls (also known as phellem) that is produced by a cork cambium and lies at the outer part of a plant stem's periderm.

Cork cambium A meristematic tissue that generates cork cells toward the periphery of a woody plant's stem or roots, and may also produce some parenchyma cells toward the inside; also known as phellogen.

Corm A type of underground stem with food storage.

Corolla The whorl of petals in a flower.

Cortex The tissue in roots and stems lying between the epidermis and the vascular tissues.

Cotyledon The embryonic seed leaves in flowering plants that contain the nutritive tissue derived from the endosperm.

Covalent bond The strongest type of chemical bond, in which electrons are shared between elements.

Crassulacean acid metabolism (CAM) The metabolic pathway in which carbon dioxide is fixed at night by the C_4 pathway and simple sugars produced in the day by the C_3 pathway. The name derives from the stonecrop family of flowering plants (Crassulaceae) where this pathway was first recognized.

Cristae The folds of the inner membrane of the mitochondrion where the enzymes for electron transport and oxidative phosphorylation are located.

Cross-fertilization In plants, the fusion of gametes derived from flowers on different individuals.

Crossing over The exchange of corresponding segments of chromatids of homologous chromosomes during meiosis that results in new gene combinations.

Cross-pollination The transfer of pollen between different individuals of the same species.

Cryptochrome A blue- or ultraviolet-absorbing pigment that helps plants to discern their light environments.

Cryptomonads A group of unicellular, flagellate algae that have brown, red, or blue-green-colored chloroplasts (or in a few cases, are colorless).

Cultivar A variety of plant that occurs only in cultivation.

Cuticle Material found on the plant epidermal surface; usually includes both a microbe-resistant polyester (cutin) and waxes that help plants retain water.

Cutin A polyester material deposited by plant epidermal cells onto their outer surfaces, which helps prevent attack by disease microorganisms; a portion of plant's waxy cuticle.

Cyanobacteria Prokaryotic cells containing chlorophyll *a* and capable of photosynthesis that produces oxygen.

Cyclic electron flow The light-driven flow of electrons through photosystem I that produces ATP.

Cysts Resistant stages produced by many protists that enable survival in stressful periods or environments.

Cytokinins A class of compounds that function as plant hormones.

Cytoplasm The watery living material of the cell inside the cell membrane and outside the nucleus.

Cytoplasmic streaming The rapid movement of cytoplasm within cells due to the action of various motor proteins.

Cytoskeleton The skeleton of a cell composed of protein fibers.

Day-neutral plants Angiosperms that lack a specific daylength requirement for flowering.

Dead zone A region of near shore ocean water that is depleted of oxygen to the point that animal life cannot exist, as the result of excess mineral pollution from sewage and agricultural effluents supplied by rivers.

Decomposers Bacteria, fungi, and other organisms that break down dead organisms and organic matter, releasing smaller components; release mineral nutrients so that they are available for uptake by living plants or algae.

Deductive reasoning The scientific process that begins with the formulation of a hypothesis, a preliminary explanation based on some prior knowledge, and the design of an experiment to test the validity of that hypothesis.

Deep-water swamps Swamps found in warm regions that typically contain large trees such as cypress. The Okefenokee Swamp in southern Georgia is an example.

Dehydration Loss of water; a type of chemical reaction characterized by loss of water molecules.

Dehydration synthesis The synthesis of organic polymers from monomers by the removal of water during the formation of each new bond.

Dermal tissues The outermost tissues of a plant; the epidermis or the periderm (of woody plants).

Desertification The conversion of grasslands and semiarid lands into desert-like regions through human overexploitation, usually by overgrazing, the extension of farming into marginal lands, and removal of plant cover for fuel.

Desiccation tolerance The ability to undergo significant tissue water loss without dying.

Determinate growth Growth that occurs only for a limited time period.

Development The process whereby a single cell is transformed into a multicellular adult body by cell division, cell growth, and cell specialization.

Diatoms A group of the strameopile (heterokont) protists that have porous silica enclosures (walls).

Dichotomous key A tool used for organism identification, whereby the user makes a series of choices between two alternative character descriptions.

Differentiation A developmental process during which a relatively unspecialized cell or tissue becomes specialized in form or function.

Diffusion The net movement of particles such as ions or molecules from a more concentrated area to a less concentrated area by the random motion of the particles.

Dihybrid cross A cross between two plants or varieties that differ in two traits.

Dinoflagellates A group of mostly unicellular, flagellate algae that may have golden (or less often green or blue-green) chloroplasts, or lack chloroplasts.

Dioecious Plants in which male (staminate) and female (carpellate) flowers are found on separate plants, such as holly, date palm, and willow.

Dioxin A highly potent carcinogen (cancer-causing agent) that is inadvertently produced during the chemical manufacture of certain herbicides and during wood pulp processing.

Diploid Having two sets of chromosomes.

Directional selection A process of selection that favors individuals with a trait at the extreme of its character range over individuals with the average or opposite extreme for that trait.

Disaccharides Carbohydrates consisting of two sugars.

Discicristates A group of protists (including euglenoid flagellates) that have disk-shaped mitochondrial cristae.

Disruptive selection A process of selection that favors individuals with the extremes of the range of a trait over those with the average for that trait.

Dissecting microscope Light microscopes used for the study of specimens that are too large or thick to observe under a compound microscope.

DNA Deoxyribonucleic acid; the genetic information storage material.

DNA fingerprint The product of a process whereby DNA is digested into smaller fragments that are separated to form banding patterns on a gel material, or a series of peaks representing the size distributions of the DNA fragments; can be used to link DNA evidence with its source, as in criminal investigations.

DNA ligase The enzyme that catalyzes the covalent bonding of the 3′ end of a DNA fragment to the 5′ end of another DNA entity.

DNA polymerases Enzymes that help link nucleotides together to form the nucleic acid DNA.

DNA repair nucleases Enzymes found in the cell nucleus that help repair damaged DNA.

DNA science Methods and concepts associated with the study of DNA and other nucleic acids.

Domestication The transformation of wild plants or animals into agricultural crops or livestock.

Dominant The form of a trait that is expressed in the next generation when two true-breeding varieties with contrasting forms of that trait are crossed.

Dormancy Condition in which seeds, spores, or tissues within plants do not grow until specific environmental signals or cues occur.

Double fertilization A unique characteristic of flowering plants in which two sperm nuclei fuse with separate nuclei to produce a diploid zygote and a triploid endosperm.

Double helix Two polymer strands twisted about each other, as in DNA.

Drupe A simple fleshy fruit in which the inner layer of the fruit forms a hard stony pit tightly bound to the seed. Cherries, peaches, and olives are examples.

Dynein A motor protein that transforms the chemical energy of ATP into cell motion.

Ecology The study of organisms' interactions with their environments and with each other.

Economic botany The study of the uses of plants by modern industrialized societies.

Ecosystem The community of organisms in a defined area plus its physical environment.

Ecosystem services Services provided by the operation of ecosystems such as soil formation and enrichment, water purification, oxygen production and carbon dioxide storage, nitrogen fixation, temperature control, and crop pollination.

Ectomycorrhizae Beneficial symbioses between temperate forest tree roots and soil fungi whose hyphae coat tree-root surfaces. Trees provide organic food to the fungi, and receive mineral nutrients harvested from soil by the fungi.

Egg A female gamete, usually non-motile and larger than the corresponding male gamete (sperm).

Electron microscope A microscope that has about 100 times the magnifying power of a light microscope because it forms images with electrons and magnetic lenses.

Electron transport chain A linked series of electron acceptor molecules that pass electrons down them in one direction and lower the energy of the electrons in the process.

Element A substance composed of only one kind of atom.

Embryo A young stage of an organism that develops from a single-celled zygote by cell division and differentiation.

Embryo sac The mature female gametophyte or megagametophyte in angiosperms.

Embryonic root The first plant organ to emerge when seeds germinate. Also called the radicle.

Embryophytes Photosynthetic organisms whose embryos develop within the protective, nutritive confines of maternal tissues; the land-adapted plants (and aquatic plants descended from embryophyte ancestors).

Empirical Based upon experiment and observation.

Endemic species Species that occur only in a particular area and are usually rare.

Endergonic A type of chemical reaction that requires an input of energy to proceed. In endergonic reactions, the potential energy of the reactants is less than that of the products.

Endocytosis The formation of a pocket in the cell membrane that pinches around an external particle or dissolved material and forms a vesicle around it. The vesicle then detaches from the membrane and floats free in the cytoplasm. Endocytosis brings material into a cell.

Endodermis The cells of the innermost cortex layer that form a barrier between the cortex and the vascular tissue.

Endomembrane system The internal membrane system of eukaryotic cells that consists of the endoplasmic reticulum (ER), Golgi bodies, and vesicles and vacuoles.

Endomembranes The phospholipid membranes with their embedded proteins that occur within the cytoplasm.

Endomycorrhizae Mutually beneficial partnerships between plants and fungi that grow into plant roots; the plants provide organic food and the fungi contribute mineral nutrients obtained from soil.

Endophytes Microbes (especially fungi) that live compatibly within the tissues of plants.

Endoplasmic reticulum (ER) A network of flattened membrane sacs or tubes and vesicles that arise from them. Smooth ER makes fatty acids and phospholipids; rough ER makes proteins.

Endosperm The triploid nutritive tissue formed as one result of double fertilization in angiosperms.

Endospores Spores produced inside certain bacterial cells as an adaptation to survive environmental stress. The spores are released upon the death of the parental cell.

Endosporic In modern seed (and some non-seed) vascular plants, the gametophytes are formed endosporically, literally "inside the spore." In flowering plants, for example, the male gametophyte lies inside the microspore wall.

Endosymbiont An organism that lives stably within the cells or tissues of another (host) cell or organism.

Endosymbiosis The incorporation of entire living organisms into a host cell by phagotrophy.

Endosymbiotic theory The theory that the chloroplasts and mitochondria of eukaryotic organisms arose by endosymbiosis of prokaryotic organisms. A wide range of observations and experiments support this theory.

Environmental remediation The use of organisms such as bacteria to process wastewater, clean up toxic wastes and spills, and break down various substances that endanger human health and the environment.

Enzymes Proteins that act as biochemical catalysts and regulate the rates at which biological processes occur within cells.

Epicotyl The upper portion of the shoot of an embryo or seedling that lies above the seed leaves (cotyledons) and below the next leaf.

Epidermis The outermost, primary tissues of plants; located at the surfaces of leaves and young roots and stems.

Epipelagic Referring to the upper layer of ocean water from the surface to the depth allowing sufficient light to penetrate to allow photosynthesis.

Epiphytes Plants that grow on the surfaces of other plants.

Epistasis A genetic condition in which two genes combine to produce a trait. A defect in either gene prevents expression of the trait.

ER See endoplasmic reticulum.

Ethnobotany The study of past human uses of plants or present-day plant uses by traditional societies.

Ethylene A gaseous plant hormone that is involved in fruit ripening, leaf abscission, and other plant processes.

Eudicots The largest and most diverse group of flowering plants, distinguished by pollen with three pores or furrows.

Euglenoids A group of discicristate protist flagellates characterized by protein strips lying just beneath the cell membrane, and carbohydrate food storage granules known as paramylon in the cytoplasm; some contain green plastids.

Eukarya One of the three domains, along with Archaea and Bacteria, which include all the organisms on Earth. The Eukarya is the eukaryotes.

Eukaryotes Organisms whose cells have their DNA contained within a membrane-bound nucleus.

Eukaryotic cells Cells possessing a nucleus, cytoskeleton, and other features lacking from prokaryotic cells.

Euphylls Leaves having a branched vascular system that leaves a leaf gap in the stem's vascular system at the point where the leaf's vascular system connects to that of the stem.

Eutrophic waters Waters having a high mineral content and primary productivity but low species diversity.

Eutrophication The process by which clean waters are converted into polluted or eutrophic waters.

Evenness The distribution of individual organisms among the species in a community.

Evolution The process by which organisms originate and change through time as a result of natural selection and adaptation to their environments.

Evolutionary relationships Relationships among organisms based on ancestry.

Excited state The condition of an electron when it absorbs energy from visible light and jumps into a higher orbital position around the nucleus of its atom.

Exergonic A type of chemical reaction in which the potential energy of the products is less than that of the reactants and energy is released.

Exocytosis The process in eukaryotes by which particles or dissolved substances may be delivered outside the cell membrane by enclosing them in vesicles. The vesicle fuses with the cell membrane and dumps the contents to the outside.

Exons Regions of DNA that encode proteins or other nucleic acids.

Experiment A test or trial; a procedure or operation undertaken to test a principle or hypothesis.

Extinct No longer living, as in dinosaurs are extinct.

Extinction The process by which a species becomes extinct. Human activities are driving many species to extinction through habitat fragmentation, global climate change, and spread of invasive species.

F_2 The second filial generation obtained by crossing members of the F_1 or first filial generation.

Facilitated diffusion Passive transport by carrier proteins that does not require energy input.

Families Aggregates of related genera of organisms.

Fatty acids The monomeric constituents of fats, oils, and other lipids.

Feeder roots Fine peripheral roots active in uptake of water and mineral ions in the soil and often very near the soil surface.

Female gametophyte The megagametophyte formed from the megaspore. In most flowering plants, the female gametophyte consists of seven cells.

Fermentation The process that follows glycolysis under anaerobic conditions and leads to a build-up of lactate or ethanol.

Fertile Crescent A region of the modern-day Near East that is associated with early evidence for the origin of agriculture.

Fibers A type of specialized plant cell that is elongate, and usually has a tough cell wall that may or may not include lignin; these cells may be alive or dead at maturity.

Fibrous system The system of roots common in monocots where there are many highly branched roots rather than a single prominent root.

Filament (1) A type of microbial body in which cells occur in a linear array; some filaments are branched, and some are unbranched. (2) The stalk-like structure that bears the anthers in flowering plants.

First filial generation (F_1) The hybrid offspring obtained by crossing two true-breeding parental varieties that differ in one or more traits.

Fixed nitrogen Ammonia and the nitrogen-containing compounds derived from it that can be used by plants and microorganisms.

Flagellates Organisms that can swim because their cells bear flagella; may occur as single cells or motile colonies.

Flagellum (singular), flagella (plural) Elongate extensions present on eukaryotic cells that can bend and flex to move the organism through water.

Flavonoid A type of phenolic compound that may function in plants in UV protection or production of some types of colors in flower petals or other plant parts.

Floating plants Any of various bryophytes, ferns, or flowering plants that form surface growths in sheltered areas of lakes, wetlands, and canals.

Flower The reproductive structure of angiosperms that contains at least stamens or one or more carpels, and usually both of these plus petals and sepals.

Follicle A dry, dehiscent fruit formed from a single carpel that splits along one side to release seeds. Examples are milkweeds and columbines.

Food chain A chain of organisms in a natural community in which each link in the chain consumes the organisms below it and is consumed by the organisms above it.

Food web The network of interrelationships between producers and various consumers and decomposers in an ecosystem.

Fossil (Latin *fossils* meaning "dug up") The remains, impressions, or traces of organisms that have been preserved in sedimentary rocks.

Fossil fuels Coal, oil, and natural gas (methane); the altered remains of ancient plants and protists that are burned for use as energy sources by humans.

Founder effect The loss of genetic diversity due to genetic drift when a small number of organisms found a new population.

Freshwater marshes Freshwater wetlands characterized by the presence of cattails, sedges, and certain grasses.

Fruit The structure that develops from the ovary (or several ovaries), and sometimes adjacent flower parts, after pollination and fertilization have been achieved; a ripened ovary bearing seeds.

Fruiting bodies Reproductive structures of fungi that produce the sexual spores, and usually emerge from substrata (e.g., mushrooms).

Functional groups Groups of organisms that play the same ecological roles in an ecosystem.

Fungi The kingdom of heterotrophic, eukaryotic organisms characterized by presence of chitin-containing cell walls, absorptive nutrition, and reproduction by means of spores.

Fusiform initials Vertically elongate cells of the vascular cambium that give rise to vertically-arranged secondary xylem and secondary phloem of woody plants.

G_1 phase The portion of the cell cycle between a previous mitosis and the S phase (in which DNA is replicated).

Gametangium (singular), gametangia (plural) A structure in which gametes are formed.

Gametes The haploid reproductive cells (produced by adult individuals) that are specialized for mating.

Gametophore In bryophytes, the portion of the gametophyte body that bears the gametangia.

Gametophyte The gamete-producing body of a plant or an alga; usually assumed to be haploid.

Gemma (singular), gemmae (plural) In bryophytes, a small piece of the gametophyte body that can develop into a new plant. Production of gemmae is a form of asexual reproduction.

Gene cloning The process of inserting a selected gene into a vector to transform an organism such as a bacterium for the purpose of producing multiple copies of that gene.

Gene flow The movement of genes between populations caused by the migration of individual organisms (or their reproductive structures, such as pollen, seeds, or gemmae) between those populations.

Genera Groups of related species of organisms.

Generic name The noun that forms the first component of an organism's scientific name.

Genes The units of genetic information that contain the coded information for synthesis of proteins and nucleic acids.

Genetic code The series of nucleotide triplets in DNA and codons in RNA that determine the sequence of amino acids in proteins; each codon specifies one of 20 amino acids or three "stop" signals.

Genetic drift The loss of an allele from a small population by random or chance events.

Genetic recombination The occurrence of new gene combinations in the progeny of parents. Crossing over is one mechanism that gives rise to new combinations of alleles.

Genomic library A library of DNA fragments that results from cloning all the genes of a particular organism into suitable bacterial hosts.

Genophore Term for the circular DNA molecule that contains most of a prokaryotic cell's genes.

Genotype The genetic makeup of an organism.

Giant herbs Plants found in tropical forests that are as tall as trees but lack wood produced by a vascular cambium.

Gibberellins A group of chemically related plant hormones that control cell elongation and other plant growth and development processes.

Glaucophytes A group of protists that have blue-green primary plastids that are similar to cyanobacterial cells in some ways.

Global warming Increase in global atmospheric, ocean, and surface temperatures that has been linked to increase in atmospheric "greenhouse gases" resulting from human activities since the beginning of the Industrial Age.

Glycerol A 3-carbon compound to which three fatty acids can be attached to form lipids, or to which two fatty acids plus a phosphate can be attached to form phospholipids.

Glycogen A carbohydrate that serves as an energy-storage molecule in fungi and various organisms other than plants.

Glycoproteins Proteins to which chains of sugars are added in preparation for their transport outside the cell.

Glyoxysomes Organelles that transform storage lipids into sugar for use as energy in seed germination.

GM organisms Genetically modified organisms whose DNA has been altered so that they are more useful to people.

Golden algae The informal name for a large and diverse group of algae that usually contain chloroplasts colored golden or brown by large amounts of the accessory pigment fucoxanthin; formal name Ochrophyta.

Golgi apparatus The apparatus consisting of one or more Golgi bodies, each of which is a stacked array of membrane sacs. The Golgi apparatus produces, modifies, and distributes cell materials to their correct locations.

Golgi bodies The stacked array of membrane sacs that make up the Golgi apparatus.

Gradualism The Darwinian idea that evolution proceeds at a steady or gradual rate as genetic changes slowly accumulate.

Grains The simple indehiscent dry fruit found in cereals such as barley and wheat. See also caryopsis.

Grass flowers Small, often greenish, and inconspicuous flowers that lack petals and are wind pollinated.

Grass fruits See grains and caryopsis.

Gravitropism The growth responses of shoots or roots to the force of gravity.

Great Basin Desert One of the four main North American deserts, the Great Basin Desert lies at high altitude between the Sierra Nevada and Cascade Ranges in California and the Rocky Mountains of Colorado.

Green algae The informal name for a large and diverse group of algae that usually contain green chloroplasts; formal name Chlorophyta.

Greenhouse gases Gases that absorb heat, thereby warming Earth's atmosphere; water vapor, methane, and carbon dioxide are the three most important.

Ground meristem One of the three primary meristematic tissues that give rise to the primary tissues. Ground meristem gives rise to the cortex and pith tissues.

Ground tissues All primary tissues of shoots and roots other than the epidermis and vascular tissues.

Growth To increase in size by the addition of material.

Guard cells The specialized epidermal cells that form the boundaries of stomata, the pores in plant surfaces; changes in the water pressure in guard cells cause the pores to open (allowing gas exchange) or close (to retain water within plants).

Guttation The production of water droplets at the surfaces of leaves, as the result of root pressure when soil moisture level is high.

Gymnosperms The group of embryophytes that have seeds not enclosed in fruits (ovules are not enclosed in ovaries); includes conifers, *Ginkgo*, cycads, and Gnetales.

Gyres Giant surface ocean currents having a circular motion.

Habitable zone The zone around a particular star where water can be stable as a liquid.

Halophytes Plants able to grow in coastal salt marshes or saline deserts. From the Greek *hals* "salt" and *phytos* "plant."

Haploid Having only one set of chromosomes; contrast to diploid.

Haptophytes A group of protists that have a haptonema, a coiled flagellum-like structure that aids in feeding or obstacle avoidance.

Heat shock proteins Proteins produced in response to heat stress and which help to prevent other cell proteins from losing function by coagulating.

Helicases Enzymes that untwist DNA.

Hemicellulose A polysaccharide found in cell walls that is similar to cellulose but more soluble.

Herb Nonwoody flowering plants with a short-lived stem or stems. Herbaceous (adjective): With the characteristics of an herb.

Herbaceous Referring to non-woody plants.

Herbaria Collections of identified, dried or otherwise preserved plant specimens.

Herbivores Animals that consume plants or algae.

Herbivory A type of nutrition in which parts of plants, fungi, or algae are consumed without killing them.

Hesperidium A type of berry with a leathery rind containing oil packets.

Heterocysts Specialized cells, which are produced by certain cyanobacteria, in which nitrogen fixation occurs.

Heterokonts A group of protists that produce cells having two structurally-distinct flagella (=stramenopiles).

Heterosis Alternate term for hybrid vigor—the phenomenon where hybrids are often larger, more vigorous, and produce larger seed crops than any pure-breeding single variety.

Heterospory The formation of two different types of spores, microspores and megaspores.

Heterotrophic Requiring organic food from the environment.

Heterotrophs Organisms that are not autotrophic, and thus must obtain organic food from their environments.

Heterozygous An individual that possesses two different alleles for a single gene.

Histones Proteins that coat the nuclear DNA to form chromosomes of eukaryotes.

Homologous Structures that have a common evolutionary origin but may have different present functions and structures.

Homologous chromosomes Members of pairs of chromosomes (one derived from each parent) that are similar in size and gene loci.

Homospory The formation of spores that are all of about the same size.

Homozygous An individual that possesses two copies of the same allele of a gene.

Hormones Chemical substances produced in one part of a plant or animal body that move to other locations where they influence development and function.

Hornworts One of the three groups of living bryophytes. Hornworts are small herbaceous plants named for the horn-like shape of their sporophytes.

Horticulture The cultivation of flowers, fruits, and ornamental plants.

Host The organism on or in which a parasite lives and feeds without killing it.

Hybrid vigor See heterosis.

Hybrids The result of crossbreeding between two varieties, species, or genera.

Hydrogen bond A relatively weak electrostatic attraction between portions of two or more molecules.

Hydrophilic A term used to describe substances that readily dissolve in water.

Hydrophobic A term used to describe substances that do not readily dissolve in water, but which do readily dissolve in lipids.

Hydrophytes Plants that grow in very wet environments where they are wholly or partly submerged in water.

Hydroponics Growth of plants in nutrient-rich water rather than in soil.

Hypereutrophic A lake having very high levels of mineral nutrients and with persistent cyanobacterial blooms.

Hypersensitive response A response of plants to attack by microbial pathogens that involves localized tissue death as a way of containing the disease microbes.

Hypertonic Having a concentration of dissolved solutes great enough to draw water across a cell membrane. If a cell is immersed in a hypertonic solution, the concentration of dissolved substances is greater in this solution than the concentration inside the cell, and water will be drawn out of the cell.

Hyphae The tubular filaments that compose the body (mycelium) of a fungus.

Hypocotyl The portion of an embryo or seedling that lies between the seed leaves (cotyledons) and the radical (embryonic root).

Hypothesis A tentative explanation for some observations or phenomena that serves as a guide in designing an experiment.

Hypotonic If a cell is immersed in a hypotonic solution, the concentration of dissolved substances in that solution is less than the concentration of those substances inside the cell, and the cell will tend to take on water from the solution.

Identification keys Book or electronic resources that can be used to identify organisms.

Imperfect A flower is imperfect (and unisexual) if it lacks either stamens or carpels.

Imperfect fungi Ascomycete or basidiomycete fungi that have lost the ability to produce sexual spores.

Inbreeding The combination of two genomes from organisms that are genetically similar, as in self-pollination in plants.

Incomplete A flower is incomplete if it lacks one or more of the four basic whorls of flower parts.

Incomplete dominance The genetic condition in which neither of two alleles of a gene is dominant over the other, and the heterozygous individual has a phenotype intermediate between the two homozygous phenotypes.

Indeterminate growth Relatively unrestricted or unlimited growth; for example, production of many nodes, leaves, and other organs by a single plant apical meristem.

Inductive reasoning The scientific process that begins with the collection and analysis of data and observations and leads to the formulation of a generalization called a theory.

Industrial nitrogen fixation The industrial process by which atmospheric nitrogen is fixed or reduced to ammonia under high temperatures and pressures.

Inferior When the sepals, petals, and stamens are attached above the ovary or ovaries of a flower, the ovary or ovaries are said to be inferior.

Inflorescence A cluster of flowers.

Inorganic acid An acid that does not contain a carbon-hydrogen bond.

Inorganic compound A compound that contains no carbon, only a single carbon atom, or carbon atoms that are not covalently bonded to other elements; using this definition, water, carbon dioxide, and diamonds are inorganic compounds.

Integral membrane proteins Proteins embedded in the phospholipid bilayer of cell membranes; integral membrane proteins act as transporters of nutrients, wastes, or chemical signals.

Intermediate filaments One of three types of long, thin protein fibers that comprise the cytoskeleton. Intermediate filaments help maintain nuclear shape.

Internode The space along a stem between nodes (locations of leaf and bud emergence).

Interphase The portion of the cell cycle between successive cell divisions.

Introns Regions of genes that do not encode proteins or nucleic acids; occur between exon segments.

Ion A charged atom that has either gained or lost electrons.

Ionic bonds Chemical linkages based on the electrical attraction of positively charged regions of one molecule to negatively charged regions of another.

Irregular Flowers such as orchids that show bilateral symmetry.

Isotonic The condition when the solution surrounding a cell has the same concentrations of dissolved substances as occur inside the cell. There will be no net movement of water into or out of the cell in isotonic solution.

Isotopes Alternate forms of a chemical element that differ in the number of neutrons in the atom's nucleus, but not in chemical properties.

Jasmonic acid One of a group of plant hormones that are involved in protective responses to environmental stress.

Keystone species Species that are critical to the survival of many other life-forms.

Kinesin One of the three types of small motor proteins in cells. Kinesin is associated with microtubules.

Kinetochore A specialized protein complex at the centromere of each pair of chromatids, forming a chromosome at nuclear division.

Kranz anatomy A wreath-like arrangement of mesophyll cells that occurs around a layer of specialized bundle sheath cells; both layers surround vascular bundles in leaves of plants.

Law of independent assortment Mendel's second law that states that genes for traits located on different non-homologous chromosomes assort independently of each other during meiosis.

Law of segregation Mendel's first law of heredity that states that the alleles for a gene segregate independently of each other in individuals that possess both alleles.

Leaching The removal of mineral nutrients from soils by the action of abundant rainfall.

Leaflets The components of a leaf blade that is divided into two or more parts.

Leaves The dorsiventral (flattened, with distinct upper and lower surfaces) organs of vascular plants that are specialized for photosynthesis; true leaves contain at least one vein (vascular bundle).

Legumes Plants that are members of the pea (bean) family; also their distinctive fruits, which develop from one carpel and open along both sides.

Lenticels Interruptions in the cork layer of bark on woody plants; provide gas exchange for inner stem tissues.

Lianas Woody vines common in tropical rain forests.

Lichen A mutualistic partnership of a green alga and/or cyanobacteria with a fungus to form a body distinct from that exhibited by either partner alone.

Ligase See DNA ligase

Lignin The complex phenolic cell wall that endows the xylem and other tissues of plants with compression and decay resistance. It is largely responsible for the preservation of plants as fossils.

Linked The genetic condition that arises when two or more genes are located close together on the same chromosome. Linked genes tend to be inherited together.

Lipids Hydrophobic organic molecules that serve as components of cell membranes or as energy storages in cells; fats, oils, steroids, phospholipids, and carotenoids.

Littoral The shoreline area of the ocean or a lake that is submerged all or part of the time.

Liverworts One of the three main groups of bryophytes. Liverworts are small herbaceous plants some of which are shaped much like a lobed mammalian liver.

Locus The site on homologous chromosomes where the alleles for a gene are located.

Long-day plants Angiosperms that flower in spring or summer because they require a daylength longer than a critical period in order for flowering to commence.

Lycophylls Leaves having a single, unbranched vein that does not leave a gap in the stem's vascular system at the point where the two vascular systems attach.

Lycophytes Members of a group of vascular plants that have lycophylls (= microphylls), leaves typically having only a single, unbranched vein.

M phase A phase of the cell cycle during which mitosis and cytokinesis occur.

Macroevolution Evolution that involves the origins of new species in a lineage over long periods of time.

Macronutrients Minerals that are required by plants in relatively large amounts; carbon, hydrogen, oxygen, nitrogen, phosphorus, sulfur, calcium, potassium, and magnesium.

Macrophytes Rooted or floating flowering plants found in lakes.

Male gametophyte The haploid male plant that lies inside the microspore; gives rise to the sperm.

Mass flow Flow of a mass of material; transport of organic materials from their sources to site of consumption along a turgor pressure gradient that develops from differences in osmotic properties of adjacent cells; also known as pressure flow.

Matrix The fluid-filled area inside the inner membrane of the mitochondrion; the site of the Krebs cycle.

Megaphyll A leaf having a branched system of veins (= euphyll).

Megasporangium The sporangium in which megaspores are produced.

Megaspore The large haploid spore that gives rise to the female gametophyte.

Megaspore mother cell A cell that undergoes meiosis to produce megaspores in heterosporous plants (= megasporocyte).

Megasporocyte See megaspore mother cell.

Megasporophyll The leaf-like structure that bears the megasporangium.

Meiosis The two successive nuclear divisions that reduce the number of chromosomes from diploid to haploid, producing either haploid gametes (in animals and certain protists) or haploid spores (in plants and certain protists).

Mendel's first law of heredity See law of segregation.

Mendel's second law of heredity See law of independent assortment.

Mesophyll The main photosynthetic tissue of a leaf, located between upper and lower epidermis.

Mesophyll cells The parenchyma cells located between upper and lower epidermis of a leaf.

Mesophytes Plants that require a moderately moist environment.

Messenger molecules Intracellular molecules that transmit signals from one part of a cell to another.

Messenger RNA (mRNA) The form of RNA that transmits genetic information from genes (DNA) to ribosomes, where the information is used to synthesize proteins.

Metabolism The sum of the chemical reactions and processes occurring within a cell.

Metaboly A form of squirming movement that does not involve flagella or extrusion of mucilage.

Metaphase The stage of mitosis or meiosis during which chromosomes (mitosis) or homologous chromosome pairs (meiosis) are aligned along the spindle center.

Methane (CH_4), A gas that contributes to global warming.

Methanogens Prokaryotes that produce methane.

Methanotrophs Prokaryotes that consume methane.

Microbes Organisms so small that a microscope is normally needed to observe them: prokaryotes, many stages of fungi, and most species of algae as well as other protists are included.

Microbial loop The sum of complex nutritional interactions among microorganisms, microscopic animals and algae.

Microevolution Changes in the frequencies of alleles in a population over a number of generations.

Microfilaments One of three types of long, thin protein fibers that make up the cytoskeleton. Microfilaments are made of two intertwined strands of the protein actin.

Micronutrients Minerals required for plant growth in relatively small amounts.

Microphylls Small leaves with only one vein found in the lycophytes (= lycophylls).

Microsporangium The sporangium that gives rise to microspores.

Microspores The tiny spores whose walls enclose male gametophytes.

Microsporocytes The diploid cells in the pollen sacs that divide by meiosis to produce four haploid microspores.

Microsporophyll The leaf-like structure that bears one or more microsporangia.

Microtubules One of three types of long, thin protein fibers that make up the cytoskeleton. Microtubules are constructed from many molecules of the protein tubulin.

Mimicry A form of convergent evolution in which one organism evolves to resemble another organism or an inanimate object.

Mitochondrion (singular), mitochondria (plural) Organelles present in eukaryotic cells that are the location for the generation of energy in the form of ATP by the process of respiration.

Mitosis A form of nuclear division in which a set of chromosome copies resulting from DNA replication are distributed to progeny cells.

Mitotic spindle A structure composed of microtubules that aids in separation of chromatids (mitosis) or homologous chromosomes (meiosis) to progeny cells.

Mixotrophy A type of protist nutrition in which cells are capable of photosynthesis as well as heterotrophy (consumption of particulate or dissolved organic food).

Mojave Desert One of the four North American deserts; the Mojave Desert lies in southern California, Nevada, and part of Arizona.

Molecule A substance that is composed of two or more atoms of the same or different elements linked by chemical bonds.

Monoculture The planting of fields with a single type of crop.

Monoecious A plant with both staminate and carpellate flowers on the same individual.

Monohybrid cross A cross between two true-breeding varieties that differ in only one trait, such as flower color in garden peas.

Monophyletic group A group of organisms whose members have descended from a single common ancestor.

Monosaccharides Simple sugars such as glucose or fructose; simple sugars can be linked to form more complex polysaccharides.

Monospores The non-flagellate, asexual reproductive cells of red algae.

Monosymmetric See bilaterally symmetrical

Morphological species concept The definition of species based on morphological criteria alone, that is, based on visible structures or anatomy.

Mosses One of the three main groups of bryophytes. Mosses often form short mats or turfs.

Motor protein A type of protein that can use the chemical energy of ATP to accomplish movement of a cell or its internal components.

Mucigel A gluey polysaccharide that coats the tips of roots and the root hair region. Mucigel aids the root in passage through the soil and prevents root drying.

Multicellular Body composed of more than a few cells, particularly when those cells can be demonstrated to communicate with each other by means of intercellular connections or diffusible substances.

Multicellular bodies Body types that are composed of more than one cell, and in which intercellular communication occurs.

Multicellularity Having a body composed of more than one cell and in which cells communicate with each other.

Multiple fruits The fruits formed when the fruitlets made by individual flowers in an inflorescence fuse into a single large fruit, as in pineapples.

Mutation An inheritable change in a gene.

Mutualism A symbiotic relationship between two or more organisms in which each derives some benefit.

Mutualists Organisms that form part of a mutually beneficial symbiotic relationship.

Mycelium A mass of interconnected fungal hyphae that forms the body of a fungus.

Mycobionts Fungal components of lichens or other symbiotic associations.

Mycoheterotrophy A form of plant nutrition in which organic food materials are channeled from autotrophic plants to heterotrophic plants by way of mycorrhizal fungi.

Mycorrhizae Mutualistic symbioses between particular fungi and the roots of plants; the fungi obtain organic food from plants, and plants obtain soil minerals from fungal hyphae.

Mycorrhizal fungi Fungi that form nutritional associations with plant roots.

Myosin One of the three types of small motor proteins and the major component of animal skeletal muscle.

NAD^+ Nicotinamide adenine dinucleotide, an electron carrier in cell respiration.

$NADP^+$ Nicotinamine adenine dinucleotide phosphate, an electron carrier in photosynthesis.

Nanoplankton Floating or swimming organisms whose diameter lies between 2 micrometers and 20 micrometers (a micrometer is one millionth of a meter).

Natural products Materials that are derived from living things; secondary compounds of plants (those not involved in basic metabolism, but rather used in specific ways such as protection or reproduction).

Natural selection The differential reproductive success of organisms differing in phenotypic traits that results from the interactions of organisms with their environments.

Nectar The sugary solution that attracts pollinators to certain flowers.

Nectaries The glands in some flowers that produce nectar.

Netted veins A type of leaf venation in which the veins are connected to form a net pattern.

Nicotinamide adenine dinucleotide (NAD^+) An electron acceptor molecule that functions in the oxidation–reduction reactions of respiration.

Nicotinamide adenine dinucleotide phosphate ($NADP^+$) An electron acceptor molecule that operates in oxidation–reduction reactions in photosynthesis.

Nitrification The process by which certain aerobic bacteria convert ammonia into nitrate.

Nitrogen fixation The process of reducing nitrogen gas to ammonia.

Nitrogenase The oxygen-sensitive enzyme that plays a major role in the fixation of atmospheric nitrogen into ammonia.

Nitrogen-fixing bacteria Bacteria capable of reducing atmospheric nitrogen gas (N_2) to ammonia (NH_3).

Node The point on a stem where one or more branches, leaves, or buds are attached.

Noncyclic electron flow The one-way passage of electrons from water through photosystem II to photosystem I and finally to $NADP^+$ in the light reactions of photosynthesis.

Nondisjunction The failure of homologous chromosomes to separate at anaphase of meiosis I, leading to the formation of abnormal gametes or spores.

Nucellus The tissue within the ovule from which the megasporocyte develops, equivalent to a megasporangium.

Nuclear division The formation of two progeny nuclei from one parental nucleus.

Nuclear envelope The structure composed of two membranes that encloses the interior of the nucleus of a cell.

Nuclear pores Pores in the membranous envelope of the nucleus, formed by proteins that control materials' entry to and exit from the nucleus.

Nucleic acids Acidic organic molecules that are composed of chains of nucleotides; DNA and RNA.

Nucleoid Aggregations of DNA in the cells of prokaryotes.

Nucleolus (singular), nucleoli (plural) A small, spherical body in the nucleus of eukaryotes where ribosomal RNA is assembled into the ribosomal subunits.

Nucleoplasm The substance of the eukaryotic nucleus inside the nuclear envelope.

Nucleotide An organic molecule that is composed of a sugar (typically ribose or deoxyribose), phosphate, and a base (adenine, thymine, cytosine, and guanine for DNA; adenine, uracil, cytosine, and guanine for RNA).

Nucleus (1) The double-membrane-bound structure within eukaryotic cells that contains the chromosomes. (2) The center of an atom that contains the protons and neutrons.

Nutation A dancelike motion enabling plant shoots to locate and attach to supporting structures.

Nut A type of simple indehiscent dry fruit, such as acorns and chestnuts, in which the fruit wall is stony and the nut derived from multiple carpels.

Oligotrophic Lakes and streams that are clean, clear, and low in mineral nutrients. Oligotrophic waters usually have a high species diversity.

Oomycetes Heterotrophic protists that resemble fungi in some ways, but which are not closely related to fungi; the agents of some important plant diseases.

Opposite A type of leaf arrangement in which there are pairs of leaves or buds at each node.

Organ system Plant structures, such as shoots, buds, and flowers, which are composed of more than one type of organ.

Organelles Membrane-enclosed structures, such as mitochondria and plastids, in eukaryotic cells.

Organic acid An acid that includes carbon atoms; compare to an inorganic acid, which lacks carbon atoms.

Organic compounds Compounds that contain two or more carbon atoms that are chemically linked to other types of atoms (typically hydrogen, oxygen, and nitrogen).

Organs A structure composed of two or more tissues; e.g., leaves, roots, stem, flower parts.

Origin of replication The site on a DNA molecule where replication begins.

Osmosis The movement of water into or out of cells, across a differentially permeable membrane, in response to differences in the concentrations of solutes (dissolved substances) such as sugars or ions.

Osmotrophy A form of nutrition in which organic food is consumed as dissolved molecules.

Outbreeding Mating that occurs between genetically different organisms of the same species. Also known as outcrossing.

Outer bark All of the tissues outside of the innermost periderm (cork, cork cambium, and associated parenchyma cells) in a woody plant.

Ovary The broad, round lower portion of the carpel in flowering plants, where the ovules are located. Fruits develop from ovaries.

Ovule The structure contained within the ovary that gives rise to the female gametophyte and, when fertilized and mature, a seed.

Ovuliferous scales The scale-shaped structure upon which ovules are borne in ovulate (female) cones of conifers.

Oxidation The loss of an electron from an atom or molecule.

Oxidation-reduction reactions The coupled loss of an electron from one atom or molecule and gain of an electron by another atom or molecule.

Oxidative phosphorylation The process by which ATP is generated from ADP and inorganic phosphate in the cell's mitochondria.

Oxygen An element that is common in living things; also, the diatomic molecule O_2 that makes up about 21% of Earth's atmosphere.

Ozone Atmospheric molecular gas composed of three oxygen atoms (O_3). Ozone is very important in screening the surface of the Earth from UV radiation.

Paleobotany The study of fossil plants.

Paleontology From the Greek *palaios* meaning "old." Paleontology is the study of fossil organisms from past geological eras.

Palisade layer An internal layer of column-shaped leaf photosynthetic cells arranged with their longest dimensions perpendicular to the leaf surface.

Palmately compound leaves Leaves whose leaflets all arise from a common point at the end of the petiole; palm-shaped.

Palmately netted veins The arrangement of plant leaf veins in which several major veins branch from a common point; sugar maple leaves, for example.

Parallel veins A type of leaf venation in which the principle veins lie parallel to each other.

Parasite An organism that lives on or in another organism (the host) and derives its nutrition from that organism. In the population interaction called parasitism, one population (the parasite) benefits and the other (the host) is harmed by the relationship.

Parasitic p ınts Plants such as dodder and mistletoe that obtain water, minerals, and in some cases organic food from plant hosts.

Parasitism A type of nutrition in which nutrients are obtained from a living organism that is thereby harmed.

Parenchyma A tissue of plants consisting of thin-walled living cells that are capable of division when mature, and which compose much of plant bodies.

Parenchyma cells Thin-walled cells that function in photosynthesis or storage, and which are capable of division when mature.

Pathogens Heterotrophic organisms that obtain their food from living cells or tissues, thereby causing disease.

PCR Polymerase chain reaction; a process for making many copies of specific genes (DNA sequences).

Pectin A hydrophilic polysaccharide found in the cell walls of plants.

Peduncle The stalk that bears a flower or cluster of flowers.

Peer review The review of a scientific paper or grant proposal by other scientists who are peers in the sense of possessing equal qualifications and abilities.

Pelagic Related to the open waters of the ocean or lakes.

Pelagic zone The surface and subsurface waters of lakes that are well illuminated and away from the nearshore waters.

Pepo A type of fruit that is a fleshy berry with a hard rind.

Peptide bond The type of covalent chemical bond that links amino acids together in proteins; loss of a water molecule occurs during formation of each peptide bond.

Peptidoglycan Substance composed of protein and carbohydrate and found in the cell walls of most bacteria.

Perfect Term for flowers that have both stamens and carpels and are therefore bisexual.

Perianth The calyx (the whorl of sepals) and the corolla (the whorl of petals) considered together.

Pericycle The cylinder of tissue that surrounds the core of xylem and phloem.

Periderm The outer protective layer of a woody stem or root; generated during secondary growth; consists of cork tissue, cork cambium, and associated parenchyma cells; replaces the primary epidermal tissues generated during primary growth.

Periphyton Algae and bacteria that grow attached to the surfaces of aquatic plants.

Peristome The upper part of the moss capsule that is specialized to discharge spores.

Permafrost The part of the soil in polar regions that is permanently frozen. Permafrost lies below the surface, which may undergo freeze-thaw cycles.

Peroxisome An organelle in eukaryotic cells that is bounded by a single membrane and contains the enzyme catalase to break down hydrogen peroxide.

Petals The whorl of nonreproductive flower parts lying just above the sepals. Petals are usually brightly colored to attract pollinators.

Petiole The stalk that connects a leaf blade to the stem.

pH scale A continuous set of values from 0 to 14 that indicate the negative logarithm of the hydrogen ion concentration of solutions; values lower than 7 indicate acidic solutions; values higher than 7 indicate alkaline (basic) solutions.

Phagotrophy The form of endocytosis associated with particle feeding. Many protists are phagotrophic on bacteria.

Phenolics The simple monomer phenol (which includes an aromatic ring and at least one hydroxyl group) and polymers made of similar monomers; flavonoids and lignin are examples.

Phenotype The physical characteristic of an organism. In garden peas, for example, purple flower color is a phenotype, but the genotype could be *PP* or *Pp*.

Phloem The vascular plant tissue in which organic compounds, including sugars, are conducted in a watery solution.

Photoautotrophs Photosynthetic organisms.

Photobionts Green algae or cyanobacteria that occur in lichens.

Photoperiodism Response to the timing and periodicity of day and night, as a way of detecting seasonal change.

Photophosphorylation The formation of ATP from ADP and inorganic phosphate during photosynthesis in the chloroplast.

Photorespiration The metabolic process in C_3 plants that results when the enzyme rubisco combines with oxygen instead of carbon dioxide and produces only one molecule of PGA instead of two PGA. The efficiency of photosynthesis is considerably reduced.

Photosynthesis Production of high-energy organic compounds (sugar and derivatives) from low-energy inorganic compounds (carbon dioxide and water); the conversion of light energy into chemical energy by most plants and algae and some bacteria.

Phototropin A blue light-sensitive molecule involved in phototropism, growth in response to the direction of light.

Phototropism The growth of plant shoot tips toward a light source.

Phragmoplast A system of microtubules and other protein components that functions in plant cytokinesis (division of the cytoplasm) and primary cell wall formation.

Phragmosome A layer of cytoplasm that forms across the region of cytoplasm where cell division will later occur, and into which the nucleus moves in preparation for nuclear division.

Phylogenetic systematics A field of biology in which biologists classify organisms according to their ancestry (evolutionary relationships).

Phylogenetic trees Branching diagrams that illustrate concepts of evolutionary relationships among organisms. Also called phylogenies.

Phylum (pl. phyla) A grouping of related classes of organisms; equivalent to a division, a term used in plant biology.

Phytoalexins Compounds produced by plants as a defensive response to attack by bacteria or fungi.

Phytochrome A type of molecule found in bacteria, some algae, and plants that allows these organisms to perceive red and far-red light.

Phytoliths Plant-derived crystals used to identify plant remains.

Phytoplankton Algae and cyanobacteria that float or actively move through water.

Picoplankton A size class of floating or swimming organisms (plankton) that range from 0.2 micrometers to 2 micrometers (a micrometer is one millionth of a meter) in diameter.

Pilus (singular), pili (plural) Thin tubes that link conjugating bacterial cells and through which DNA can be transmitted.

Pinnately compound leaves Leaves that have leaflets arranged along a central axis that is an extension of the petiole.

Pinnately netted veins A type of leaf vein pattern in which major veins branch off along a central vein; elm leaves are examples.

Pioneer species Species that are the first to enter an area that is undergoing succession. Lichens and cyanobacteria are pioneer species on bare rock.

Pistil The entire carpel or several fused carpels consisting of stigma, style, and ovary.

Pith The tissue that occupies the central region of a stem or root, within a cylinder of vascular tissue; typically composed of unspecialized parenchyma cells.

Pits Recessed cavities in plant cell walls where secondary wall materials are absent.

Plankton Floating or swimming organisms living in aquatic habitats.

Plant growth substances Organic compounds produced in one part of the plant that have effects elsewhere in the plant; plant hormones.

Plants Organisms that are composed of many cells, have cellulose-rich cell walls, have chlorophyll in chloroplasts, and are photosynthetic (or, if non-photosynthetic, originated from photosynthetic ancestors), and are adapted in many ways to life on land (or, if aquatic, are descended from land-adapted plants).

Plasmids Small circular pieces of DNA that occur in bacterial cells in addition to the single main circle of DNA, the genophore. Plasmids can be used as vectors to move pieces of DNA between organisms.

Plasmodesmata Narrow cytoplasmic extensions through cell walls; link the cytoplasm of adjacent cells; characteristic of cells arranged in tissues; reflect the capacity for intercellular communication.

Plasmolysis The shrinkage of the cytoplasm that occurs when water leaves the cell by osmosis. The water leaves because the concentration of dissolved substances outside the cell is greater than the concentration inside the cell.

Plastid Organelle bound by two membranes; may contain chlorophyll, carotenoids, or starch.

Plumule The first bud of an embryo shoot, located above the seed leaves (cotyledons).

Pneumatophores Aerial roots on mangrove trees that provide oxygen to the submerged portions of the roots.

Polar compound A molecule that has distinct electrically charged poles.

Polar covalent bond A covalent chemical bond in which the electrons are unequally shared.

Polar molecules Molecules having distinct positively-charged and negatively-charged ends.

Polar nuclei The two nuclei that lie in the center of the female gametophyte or embryo sac. After fertilization with a sperm nucleus, the three nuclei give rise to the triploid endosperm tissue.

Pollination The transfer of pollen from anther to stigma in angiosperms or from microsporangia to ovules in gymnosperms.

Pollination syndromes The pattern of coevolved traits between pollinators and their flowers.

Polyculture An agricultural method in which several types of crops are grown together.

Polygenes Genetic traits that are controlled by several genes, such as height in humans and kernel color in wheat.

Polymerase chain reaction (PCR) A procedure for amplifying a specific sequence of DNA by subjecting it to numerous cycles of polymerization followed by separation of complementary strands. Two DNA primers, one complementary to each end of the selected DNA sequence, are used to amplify the selected sequence.

Polyploidy The condition in which the cells of an organism contain more than two complete sets of chromosomes.

Polysaccharides Carbohydrates that are composed of many sugars linked together.

Polysymmetric See actinomorphic or regular symmetry.

Pomes A type of fleshy fruit where the flesh derives from an enlarged receptacle. Apples and pears are examples.

Population All of the individuals of a single species occupying a given area.

Population genetics The branch of biology that combines the study of evolution with genetics by examining the gene pools of populations and how and why they change over time.

Potential energy Energy of position. In an atom, electrons possess a certain potential energy by virtue of their position relative to the atomic nucleus. The further an electron is from the nucleus, the greater the potential energy.

Practical salinity units The mass in grams of dissolved compounds in 1000 g of seawater. An average sample of seawater has 35 g of dissolved compounds in 1000 g of seawater or 35 practical salinity units, abbreviated as 35 psu.

Prairies Grasslands with few or no trees.

Predation A type of nutrition in which the consumer kills the consumed.

Predator An organism that feeds by consuming other organisms (the prey). In the population interaction called predation, one population benefits and the other suffers mortality.

Preprophase band A ringlike band of cytoplasmic microtubules that forms near the cell membrane at the site where a new wall will join following mitosis and cytokinesis.

Pressure flow See mass flow.

Primary compounds The macromolecules that make up most of the bodies of all life-forms; include carbohydrates, lipids, proteins, and nucleic acids.

Primary endosymbiosis Having prokaryotic endosymbionts or organelles derived from them.

Primary phloem Phloem tissues that are formed by primary growth (the activity of apical meristems).

Primary plastids Plastids that are derived from endosymbiotic cyanobacteria.

Primary succession The ecological process of changing communities that begins on new or barren ground where a community has not previously existed.

Primary tissues The first tissues produced by root apical meristem and shoot apical meristem.

Primary xylem Xylem tissues that are formed by primary growth (the activity of apical meristems).

Procambium One of the three primary meristems produced by the apical meristems of roots and shoots. Procambium gives rise to the vascular tissues.

Products General term for the final molecules after a chemical reaction.

Progymnosperms A group of extinct plants known only from fossils that possessed wood similar to that of modern gymnosperms, but which lacked seeds.

Prokaryotes Organisms belonging to the domains Bacteria and Archaea that lack a membrane-bound nucleus in their cells.

Prokaryotic Adjective form of prokaryote.

Prop roots A type of adventitious root that arises from a stem above the soil surface and helps support the plant.

Prophase An early stage in the process of nuclear division, during which the chromosomes become shorter and thicker and move toward the center of the developing spindle apparatus.

Proplastids Young plastids that have not yet differentiated into chloroplasts, amyloplasts, or chromoplasts; present in cells of the growing tissues of root and shoot tips.

Protective coloration Any color or color pattern that hides an organism from potential harm. Some plants, for example, have the color and form of small stones, and this characteristic conceals them from herbivores.

Proteins Organic molecules composed of carbon, hydrogen, oxygen, nitrogen, and sulfur; macromolecules that are composed of amino acids.

Protists Eukaryotic organisms that are not classified in the Kingdoms Fungi, Animalia (animals; metazoa), or Plantae (land plants, embryophytes); algae, protozoa, slime molds and other organisms.

Protocells Structures produced in the laboratory that resemble simple cells in some ways.

Protoderm One of the three primary meristems produced by the apical meristem. Protoderm gives rise to epidermis.

Protonema A filamentous or platelike mass of green cells one-cell thick that arises from the germination of a moss spore. The protonema is part of the gametophyte generation that develops into the gametophore.

Protozooplankton Swimming or floating (planktonic) non-photosynthetic protists.

Pteridophytes Non-seed vascular plants; when leaves are present, they have branching vascular systems. Ferns, horsetails, and whisk ferns are examples.

Punctuated equilibrium A model that proposes that the process of evolution is marked by long intervals of little change interrupted or punctuated by brief intervals of rapid change and speciation.

Punnett square A box diagram developed by British geneticist Reginald Punnett to represent the genetic combinations in a cross between parental varieties.

Radial symmetry Being divisible into two equal parts by many longitudinal planes; having parts arranged like rays.

Radicle The embryonic root.

Rain roots Thin roots quickly formed by the main roots of desert succulents in response to rainfall.

Rain shadow An area of arid land that forms in the leeward side of a mountain range.

Range The area occupied by all the separate local populations of a species.

Ray initials Cube-shaped cells of the vascular cambium that contribute to the horizontal growth of woody tissues; form the secondary xylem and phloem of rays in wood.

Reactants The initial molecules present before a chemical reaction occurs. Also called the substrates of that reaction.

Reaction center Within a photosystem, the complex of chlorophylls and proteins that transform light energy into chemical energy.

Receptacle The enlarged area at the end of a peduncle to which the flower parts are attached.

Receptor molecules Molecules that typically trigger cascades of chemical reactions that precipitate cellular responses.

Receptor proteins Special proteins in the cell membrane that bind to chemical messengers from the environment and transmit signals to the cytoplasm to initiate a response.

Recessive The trait in the generation that is masked or not expressed when a cross is made between two true-breeding parental varieties that possess contrasting forms of that trait.

Recombinant DNA Term used to describe the incorporation of foreign DNA into the normal DNA of an organism.

Red algae A group of mostly marine eukaryotic algae that includes unicells and more complex multicellular forms, often characterized by red-colored accessory pigments (including phycoerythrin) that obscure the presence of green chlorophyll.

Reduction Gain of an electron by an atom; from the Latin word "reductio" meaning "to bring back," which references the metallurgical process by which metal elements are released–brought back–from their oxides.

Regular Flowers such as tulips and poppies that show radial symmetry.

Replicates The duplicate runs that form the controls or experiments in an experimental design. Replicates are intended to reduce the probability of error.

Resistance gene A plant gene that confers resistance to a microbial pathogen.

Respiration The chemical process by which simple sugars such as glucose are oxidized to carbon dioxide and water with the liberation of energy in the form of ATP.

Restoration ecology The branch of ecology that aims to restore communities that have been severely disturbed by human activities.

Restriction enzymes Enzymes, derived from bacteria, which cut the DNA strand at specific nucleotide sequences.

Restriction fragment length polymorphisms (RFLPs) Variations in the numbers of DNA fragments of different lengths that result when DNA is cut with restriction enzymes.

Reverse transcriptase An enzyme produced by certain RNA viruses, such as that of AIDS, to translate its own RNA-encoded genes into DNA for insertion into a host cell's chromosomes.

RFLP Abbreviation for restriction fragment length polymorphism.

Rhizaria A group of protists that often have delicate processes extending from the cells (includes chlorarachniophytes, radiolarians, and foraminiferans).

Rhizoids In bryophytes, rhizoids are long, tubular single cells (liverworts and hornworts) or multicellular filaments (mosses) that anchor the plant body to the substrate.

Rhizomorphs Bundles of fungal hyphae that are thick enough to be seen more easily than individual hyphae; elongated and often hardened strands that resemble roots and can be found between the wood and bark of fallen trees or stumps; store and transmit food.

Ribosomal RNA (rRNA) Ribonucleic acid (RNA) that is found in ribosomes.

Ribosomes Small particles, composed of RNA and protein, which are the sites of protein synthesis in cells.

Riparian wetlands Wetlands that border streams or rivers.

RNA polymerase A type of enzyme that catalyzes the synthesis of RNA, using the sequence of bases in DNA as a template.

Rods One of the three basic forms of bacterial cells.

Root apical meristem (RAM) The tissue in the last few millimeters of the growing root tip that gives rise to the primary tissues.

Root border cells Cells shed from the root cap and dispersed into the surrounding soil where they help prevent attack by microbes and nematodes.

Root cap The thimble-shaped cap of tissue at the tip of the root that is produced by the root apical meristem.

Root hairs Tubular extensions from epidermal cells in a zone near the root tip.

Root system One or more roots that comprise the anchoring and mineral- and water-absorption organs of plants.

Rooted macrophytes Aquatic vascular plants that are rooted in the sediments of the littoral zones of lakes.

Rough ER The rough endoplasmic reticulum that is covered in ribosomes; produces glycoproteins that the cell exports and other cell materials.

Rubisco The abbreviation for the key enzyme in the Calvin cycle, ribulose 1,5-bisphosphate carboxylase/oxygenase, which attaches a molecule of carbon dioxide to the 5-carbon sugar ribulose 1,5-bisphosphate.

Salicylic acid A compound similar to that of common aspirin that acts as a hormone (chemical messenger) in plants.

Salinity The concentration of salt in water.

Samara Simple indehiscent dry fruits containing a single seed and wings. Samaras are winged achenes, as in elms.

Saprobes Heterotrophic organisms that obtain their food from non-living organic materials (contrast with pathogens).

Savanna Grasslands having more trees than is typical for prairies.

Scanning electron microscopes (SEMs) Microscopes that generate an image by scanning a beam of electrons across a specimen that has been coated in a very thin layer of gold, palladium, or platinum.

Schizocarp A type of fruit that at maturity splits into two or more one-seeded parts (maple fruits are examples).

Scientific name A two-word name, derived from Latin or Greek, given to each individual species at the time of its formal description by a taxonomist (scientist who specializes in the naming of organisms).

Sclereids Star- or stone-shaped cells having tough cell walls thickened by addition of lignin.

Sclerenchyma Tissue composed of sclereids and fibers, both having tough cell walls that resist damage by mechanical stress or attack; occurs in seed coats, nut shells, and the pits of stone fruits such as peaches.

Sclerophyllous Leaves that are small, hard, and covered in a thick cuticle, frequently with sunken stomata. Sclerophyllous leaves are common on chaparral shrubs.

Seamounts Submarine mountains rising from the ocean floor.

Seaweeds Algae that live in the ocean and are large enough to see with the unaided eye; usually attached to the ocean bottom or shoreline rocks, but sometimes are free-floating.

Second filial generation (F_2) The generation obtained by crossing members of the first filial generation (F_1). The reappearance of individuals with the recessive trait indicate that inherited characters do not blend in hybrids.

Secondary compounds Molecules that are produced by plants, algae, or fungi that are restricted in their distribution; alkaloids, terpenoids, and phenolics.

Secondary endosymbiosis Having eukaryotic endosymbionts or plastids derived from them.

Secondary growth Production of new plant tissues by secondary meristems (vascular and cork cambia); increases girth of woody plants (compare to primary growth, which increases plant length).

Secondary meristems Regions of cell division that increase girth, rather than height or length of a plant body; the vascular cambium and cork cambium.

Secondary phloem Phloem tissues that arise by the activity of the vascular cambium, a type of secondary meristem.

Secondary plastids Plastids that are derived from endosymbiotic eukaryotes whose plastids were of primary origin (red or green algae).

Secondary succession Succession occurring on an area where a prior community has been removed, such as abandoned farmland or an area cleared by fire.

Secondary tissues Tissues that arise by the activity of secondary meristems.

Secondary xylem Xylem tissues that arise by the activity of the vascular cambium, a type of secondary meristem.

Secretory cells Specialized cells that produce secondary compounds such as tannins or resins.

Securins Proteins that control the separation of sister chromatids during nuclear division.

Sedge meadow A wetland located near lakes and dominated by sedges (*Carex*) with characteristic triangular stems.

Seed A structure that develops from a fertilized ovule in seed plants (gymnosperms and angiosperms).

Segregating Term applied to the reappearance of recessive traits in offspring of hybrids. The recessive traits reappear because the chromosomes (and their genes) from each parent separate in meiosis.

Self-fertilization Process that occurs in some plants in which a single flower produces both male and female gametes that can fuse and produce healthy offspring.

Self-pollination The capability of an individual plant to pollinate its own flowers by means of bisexual flowers or separate staminate and carpellate flowers on the same individual plant.

Semiconservative replication DNA replication in which the replicated double helix consists of one old strand and one newly synthesized strand.

Sepals The outermost whorl of floral parts, which are leaflike and usually green.

Separase An enzyme complex that in metaphase breaks down molecules (cohesins) that in previous stages held chromatid arms together.

Septa (singular, septum) The cross walls that divide fungal hyphae into cells.

Septum A partition or cross wall in fungi or prokaryotes.

Sessile Attached at the base (for example, leaves that lack petioles and thus emerge directly from stems).

Sex chromosomes Chromosomes that bear gender-determination gene loci.

Sexual reproduction Production of single-celled gametes that undergo fusion to form a zygote.

Sexual spores Spores that are produced as the result of sexual reproduction.

Shared, derived characters Features that are present in some, but not all of the members of a group because of inheritance from a common ancestor.

Sheath A leaf base that wraps around the stem.

Shoot The aboveground organ system of a plant, usually upright, but sometimes growing horizontally along the ground.

Short-day plants Plants that usually flower in autumn because they require a daylength shorter than some critical value in order for flowering to commence.

Shrub A woody plant with several main stems.

Sieve elements Elongate tubular structures in phloem of vascular plants; composed of sieve cells or sieve tube members arranged end to end.

Signal transduction The transmission of information from one part of a cell to another by means of chemical interactions (see messenger proteins).

Silique A simple dehiscent dry fruit that splits open on two sides. The fruits of broccoli and cabbage are examples.

Simple leaves Leaves that have a single, entire blade.

Simple sugars Monosaccharides.

Sister chromatids The two DNA molecules that result from DNA replication.

Slash and burn In tropical rain forests, the agricultural practice of cutting down all the trees in a small area, burning them, and planting crops for two to three years before moving on to a new site. Also called swidden, shifting, or ladang agriculture.

Smooth ER Smooth endoplasmic reticulum, the part of the internal network of flattened membranous sacs, which constructs fatty acids and phospholipids.

Solutes Materials that dissolve in water.

Somatic embryogenesis Development of an embryo from non-reproductive parts of the plant body.

Sonoran Desert One of the four North American deserts, the Sonoran Desert extends across southern Arizona and California into Mexico.

Soredia Asexual reproductive structures formed by lichens and dispersed by wind; small clumps of fungal hyphae that surround a few photobiont cells.

Sorus (singular), sori (plural) Clusters of sporangia on the leaves of ferns.

Specialized cells Cells having particular structure and function.

Species A group of organisms that are similar because they are descended from a common ancestor, and can interbreed.

Species complexes A group of closely related species.

Species diversity The number of species in a community combined with the distribution of numbers of individual organisms among those species (the evenness).

Species richness The number of species in a community.

Specific epithet The second part of a scientific name of an organism.

Specific heat The amount of heat that must be absorbed or lost for one gram of a substance to change temperature by one degree Celsius.

Sperm Male gametes.

Spindle assembly checkpoint The mechanism by which anaphase of cell division is held up until all chromosomes are attached to the spindle and at the equator.

Spirillum (singular), spirilli (plural) The corkscrew-shaped form typical of many kinds of bacteria.

Spirochaetes Spiral-shaped prokaryotes.

Spongy layer A leaf tissue composed of loosely assembled cells having chloroplasts.

Sporangium (plural, sporangia) A structure in which spores are produced.

Spore (1) A reproductive cell that is capable of growing into a new organism without fusing with another cell. (2) A thick-walled cell produced by certain prokaryotes that are under stress.

Sporophyte A multicellular, spore-producing life phase of an organism.

Sporopollenin The tough, resistant substance that forms the outer coat of pollen grains and other spores of embryophytes.

Stabilizing selection Selection that favors individuals with the average condition for a particular trait.

Stamen The structure in flowers, consisting of the filament and anther, in which pollen is produced.

Staminate A flower that lacks carpels.

Start codon The sequence AUG in messenger RNA; also encodes the amino acid methionine.

Stem The shoot of vascular plants; contains vascular tissue and typically produces leaves and reproductive organs; occurs above-ground in most cases, but can include rhizomes and other forms of underground stems.

Stereo dissecting microscope A microscope having a separate set of optics for each eye allowing three-dimensional views of objects.

Steroids A type of lipid that has a structure with four rings.

Stigma The area of the pistil that receives the pollen grains.

Stipules Small leaflike structures that occur at the junction of leaf petioles and stems.

Stoma (plural, stomata) Minute pores in leaf and other plant epidermal surfaces, defined by two guard cells that enable pores to open and close in response to changes in environmental conditions.

Stomatal closure The swelling of stomatal guard cells so that the pore between them becomes closed.

Stop codons One of three sets of messenger RNA triplets (UAG, UAA, or UGA) that signal termination of protein synthesis.

Storage roots Fleshy roots on biennial plants where carbohydrates are stored during the first year of growth.

Stramenopiles A group of protists characterized by particular types of hairs on flagella (=heterokonts).

Stratification The layering in tropical rain forests that provides a wide range of conditions and therefore many niches for a high diversity of species.

Streptophytes A group combining the embryophytes and charophyceans.

Stroma The viscous fluid inside the chloroplast in which the membranous thylakoids are embedded.

Stromatolites Large rocky mounds formed of calcium carbonate by colonies of cyanobacteria or purple bacteria in shallow marine waters. Stromatolites have a geological history dating back more than 3 billion years.

Style In the flower's pistil, the style is the column of tissue between the stigma and the ovary through which the pollen tubes grow.

Suberin A waxy waterproof substance found in the Casparian strip and used to seal off the stem after leaf abscission.

Sublittoral The region of a lake below the deepest growing rooted vegetation; the region of an ocean shoreline between the depth of the lowest of low tides and the edge of the continental shelf.

Submarine ridges Underwater mountain chains that bisect the ocean basins and mark the edges of the Earth's crustal plates.

Subspecies A group of organisms that inhabit a particular geographical area or type of habitat different from other members of the same species.

Substrate The material to which an organism is attached; the material upon which an enzyme acts.

Subtropical high pressure zones The zones of high pressure created at 30° N and S by descending air masses from the two Hadley cells.

Sugar Molecules that have the general formula CH_2O with a carbonyl group and several hydroxyl groups.

Sugoshin A type of protein that helps stabilize the connection between daughter chromatids in mitosis and meiosis.

Supercoiled domains Regions of coiling of DNA in bacterial chromosomes.

Superior An ovary is superior when the sepals, petals, and stamens are attached below it on the receptacle.

Sustainability The concept of preserving a high-quality environment while maintaining a minimally acceptable standard of living for human beings.

Symbiosis Organisms that live in intimate ecological association, for example, the fungi and green algae or cyanobacteria that together form lichens.

Sympatric speciation Reproductive isolation and speciation that occurs without geographic isolation of a population. Sympatric speciation may occur by hybridization and polyploidy or the sudden appearance of a few genes with major impact on reproductive biology.

Symplastic A type of transport that involves movement of substances from cell to cell via plasmodesmata.

Symplastic continuity The unity of cytoplasmic units (cells) that are linked by plasmodesmata.

Symplastic loading Movement of materials into phloem cells via plasmodesmata.

Synapomorphy A shared, derived character that defines a clade.

Syngamy The fusion of two gametes to form a zygote.

Synthesis reaction Formation of polymers from monomers by removal of water molecules; also known as dehydration synthesis.

Synthetic theory of evolution The modern theory of evolution that combines Darwin's theory of evolution with population genetics and molecular biology.

Systematics The science of organizing and classifying organisms.

Systemic acquired resistance (SAR) The ability of plant tissues removed in time or distance from a previous pathogen attack to resist future or continued attack.

Systemin A peptide that functions as a plant hormone, serving particularly in defense reactions.

Taiga The boreal coniferous forest that encircles the Northern Hemisphere of Earth.

Taproot The single main root that develops from the embryonic radical.

Taproot system A root system with a single main root from which many branch roots develop.

Taxonomy The science of discovering new organisms and naming them.

Telophase The final phase of mitosis, during which the two complete sets of chromosomes are fully separated.

Tendrils A leaf or portion of a stem modified into a thin, coiled structure that aids in stem support in some angiosperms.

Tepals Sepals and petals of similar shape and color.

Terpenes and terpenoids Major types of secondary chemical compounds produced by plants.

Tertiary plastids Plastids derived from endosymbiotic eukaryotes whose plastids were of secondary origin.

Testcross A cross in which an organism showing the phenotype of the dominant trait is crossed with one showing the recessive trait to determine if the dominant phenotype is homozygous or heterozygous for the dominant trait.

Theory In the scientific process of inductive reasoning, a theory is a generalization derived from a large body of observations and experiments that best explains that body of data.

Thermocline The region in a water body in which temperature declines abruptly, distinguishing warmer, upper, oxygen richer waters from colder, lower, oxygen-depleted waters.

Thigmotropism Response to contact with a solid object; for example, the coiling of plant tendrils around a support.

Thylakoids Thin, plate-like, membranous vesicles found in cyanobacteria and the chloroplasts of photosynthetic protists and plants; the site of the light reactions of photosynthesis.

Timberline The boundary area where trees disappear in mountains or at high latitudes. Also referred to as treeline.

Tissue culture The cultivation of individual plant cells in the laboratory so that they form undifferentiated masses of tissue or young plants when placed under the appropriate hormonal conditions.

Tissue systems The three major groups of primary tissues; outer dermal tissues, vascular tissues, and ground tissues located between dermal and vascular tissues.

Tissues Groups of similar cells organized into units having particular function and intercellular communication.

Trace elements Elements that are required by plants only in small amounts.

Tracheids The major type of water-conducting cells found in non-flowering plants, and one of the two major types of water-conducting cells abundant in angiosperms (vessel elements are the other). The elongate cells are dead at maturity, have tapered ends, are arranged end to end, and have walls that are partially coated with lignin.

Transcription The process by which information is copied from DNA to mRNA.

Transfer RNA (tRNA) The form of RNA that carries amino acids to the site of protein synthesis on ribosomes.

Transformed Term applied to an organism that has taken up foreign DNA, as in bacterial cells that have taken up plasmids with the gene for human insulin.

Translation The process by which information encoded in messenger RNA is used to synthesize specific proteins.

Transmission electron microscope (TEM) An electron microscope that forms images by transmitting an electron beam through extremely thin sections of specimens stained with heavy metals.

Transpiration The loss of water vapor from plants at their surfaces, primarily through stomata.

Transport proteins Proteins bound in the membranes of cells that transfer solutes across the membranes; also known as carrier, channel, or pump proteins.

Transposons A length of DNA containing one or more genes that is capable of moving from one location in a chromosome to another location in the same or a different chromosome; a "jumping gene"; first discovered in corn.

Tree A woody plant having a single main stem with few branches on the lower part.

Trenches Narrow, deep troughs that break the abyssal plains, especially along the islands and continents around the Pacific Ocean.

Trichomes Spiky or hairlike projections from the epidermal surfaces of plants, especially those of leaves, that offer protection from excessive light, ultraviolet radiation, extreme air temperature, or attack.

Triplets Series of three nucleotide bases.

Trophic cascade An ecosystem model that predicts that organisms at the tops of food chains or food webs will control populations below.

Tumors Cancerous growths that result from uncontrolled cell division.

Tundra The treeless polar biome dominated by shrubs and herbs in the Northern Hemisphere.

Turgid The condition of cells when they are firm and swollen due to high water content.

Turgor pressure Pressure within a cell resulting from the uptake of water.

Ultraviolet radiation (UV) The short-wavelength radiation that lies just below visible violet light in the electromagnetic spectrum. UV radiation can break the chemical bonds of organic molecules and cause mutations in DNA.

Unicells The body type of organisms that consist of only one cell. The adjective form is unicellular.

Unicellular bodies Bodies that are composed of only a single cell.

Uniformitarianism The principle that the rock formations of the past were produced by normal geological processes observable today such as erosion, sedimentation, glaciation, and volcanism operating over long periods of time.

Unisexual Flowers that have only one set of reproductive structures and are either staminate or carpellate.

Vacuole A space within the cytoplasm that is usually large, centrally located, and filled with a watery sap. One of the distinguishing characteristics of plant cells.

Varieties Members of the same species that have small but consistent differences from each other.

Vascular bundles Primary conducting tissues that occur in a group; a vein in a plant.

Vascular cambium The meristematic tissue that generates secondary xylem and phloem (wood and inner bark); occurs in woody plants.

Vascular plants Plants that contain vascular tissues (xylem and phloem).

Vascular rays Ray parenchyma cells and ray tracheids, both produced by ray initials of the vascular cambium.

Vascular tissues The tissues in a plant body that transport water, minerals, and organic compounds.

Vectors Viruses or plasmids capable of carrying a segment of DNA from one organism into another, which becomes transformed.

Veins Vascular bundles, consisting of groups of primary xylem, primary phloem, and associated tissues.

Vernalization The induction of flowering by cold.

Vesicles Small spherical bodies surrounded by a membrane and containing materials to be excreted from cells by exocytosis.

Vessel elements One of the cells that together comprise a vessel.

Vessels Tubes in the vascular bundles of most angiosperms (and some other plants) that are composed of linear series of elongate vessel elements having perforations in their walls, and which conduct water, minerals, and other materials.

Vibrios Comma-shaped prokaryotes.

Viroplankton Floating viruses in water bodies.

Watershed A region where all the water drains toward a common exit such as a stream.

Whorled A type of leaf arrangement in which there are three or more leaves or buds at a node; the arrangement of floral parts in concentric circles.

Wood Lignin-rich secondary xylem tissue.

Woody plants Plants that produce large amounts of wood (secondary xylem).

Xeromorphic Dry-form leaves that are small and often light colored to reflect heat. Xeromorphic leaves are common in desert and chaparral ecosystems.

Xerophytes Plants having adaptations to dry habitats.

Xylem Specialized tissue that conducts water and minerals in plant vascular systems; dead at maturity.

Zeaxanthin A carotenoid produced by plants in response to high light stress and that provides protection from light damage to cells.

Zooplankton Swimming or floating animals of water bodies.

Zoopores Flagellate asexual spores produced by many protists (and certain early-diverging fungi).

Zygomorphic See bilaterally symmetrical.

Zygomycetes A group of early-diverging fungi characterized by thick-walled zygotes (zygospores) that also function as resistant spores.

Zygote The cell that results from sexual fusion of two gametes, commonly egg and sperm.

Photo and Illustration Credits

FRONTMATTER
vii Claudia Lipke; x–xii Lee Wilcox; xiii top Photo Researchers, Inc., bottom Inga Spence/Visuals Unlimited; xiv–xv Lee Wilcox; xvi top D. Cavagnaro/DRK Photo, bottom Lee Wilcox; xvii–xx Lee Wilcox; xxi top Michael Quinton/Minden Pictures, bottom Lee Wilcox; xxii top Lee Wilcox, bottom NASA/John F. Kennedy Space Center; xxiii top Fred Bruemmer/DRK Photo, bottom Jim Brandenburg/Minden Pictures; xxiv Lee Wilcox; xxv top Constantino Petrinos/Z. Legacy Images Resource Centers, bottom Tim Fitzharris/Minden Pictures; xxvi top Dr. Zeyaur Khan/Striga, bottom, James Graham

PART I

CHAPTER 1 CO1 Lee Wilcox; CO1.1 Lee Wilcox; 1.1–1.4 Lee Wilcox; 1.5b insets Lee Wilcox (blackbird: Dr. Edgar Spalding); 1.6a Dr. Morley Read/Science Photo Library/Photo Researchers, Inc., 1.6b Linda Graham, 1.6c Charles O. Cecil/Visuals Unlimited, 1.6d,g Lee Wilcox, 1.6e Inga Spence/Visuals Unlimited, 1.6f Walter H. Hodge/Peter Arnold, Inc.; 1.7 re-drawn from Harwood, W. S. (2004) A new model for inquiry, Is the scientific method dead? *Journal of College Science Teaching* The National Science Teachers Association; 1.8 (Earth: NASA Headquarters); 1.10 Lee Wilcox; 1.11 Linda Graham; 1.12 Lee Wilcox; 1.13 Marie Read/Animals Animals/Earth Scenes; 1.14 Lee Wilcox; 1.15 Linda Graham; 1.16 Lee Wilcox; 1.17 Mary Bauschelt Florilegia; E1.1 Lee Wilcox **CHAPTER 2** CO2 Lee Wilcox; CO2.1 Lee Wilcox; 2.1 Lee Wilcox;2.2 Reprinted with permission from Smith, B.D. (1997) May 4 276:932–934 The initial domestication of *Cucurbita pepo* in the Americas 10,000 years ago. © 1997 American Association for the Advancement of Science; 2.3 Lee Wilcox; 2.4 re-drawn and used with permission from Diamond, J. (1997) Nov 14 278:1243. Location, location, location: the first farmers. © 1997 American Association for the Advancement of Science; 2.5 Lee Wilcox; 2.6 modified and used with permission from Iltis, H. (1983). Nov. 25 222:887. From teosinte to maize: the catastrophic sexual transmutation. © 1983 American Association for the Advancement of Science; 2.7–2.8 Lee Wilcox; 2.9 re-drawn from illustration by Eric Mose; 2.10 Lee Wilcox; 2.11 Claudia Lipke; E2.1A Frostburg State University Biology Website, E2.1B Linda Lyons; E2.2 Inga Spence/Visuals Unlimited

PART II

CHAPTER 3 CO3 Lee Wilcox; CO3.1 Lee Wilcox; 3.7 Lee Wilcox; 3.10a,b Lee Wilcox, 3.10c Dr. Martha Cook; 3.11a Lee Wilcox, 3.11b Photo Researchers, Inc.; 3.13a Jim Strawser/Grant Heilman Photography, Inc., 3.13b–f Lee Wilcox; 3.15 Lee Wilcox; 3.24–3.27 Lee Wilcox; E3.1A,B NASA **CHAPTER 4** CO4 Lee Wilcox; CO4.1 Hilda Canter-Lund, Freshwater Biological Association, Ambleside, UK; 4.1–4.2 Lee Wilcox; 4.3a Lee Wilcox, 4.3b Dr. Martha Cook; 4.4a–c Linda Graham, 4.4d Dr. Roy Brown; 4.5a Lee Wilcox, 4.5b Sonia Cook; 4.6a Lee Wilcox, 4.6c Linda Graham; 4.8 Linda Graham; 4.12a,b Lee Wilcox; 4.13 Professor Edward Hasselkus; 4.14 Patti Murray/Animals Animals/Earth Scenes; 4.16 Linda Graham; 4.17–4.18 Lee Wilcox; 4.21 Lee Wilcox; 4.22b Dr. Martha Cook; 4.23 Linda Graham; 4.25a,b Dr. James Busse; 4.26a Dr. Martha Cook; 4.27b,c W.P. Wergin, Courtesy Dr. Eldon H. Newcomb; 4.28a Linda Graham, 4.28b Lee Wilcox; 4.29 Lee Wilcox; 4.30 Dr. Eldon H. Newcomb; 4.31 Lee Wilcox; E4.2 Dr. David E. Salt **CHAPTER 5** CO5 Lee Wilcox; CO5.1 D. Nunuk/Photo Researchers, Inc.; 5.18 Lee Wilcox; 5.20 Lee Wilcox; 5.24a Dr. Martha Cook, 5.24b Lee Wilcox; E5.1A TH FOTO-WERBUNG/Phototake NYC, E5.1B Nigel Cattlin/Holt Studios Int'l./Photo Researchers, Inc. **CHAPTER 6** CO-6 Dr. Gary Wedemayer; CO6.1 Lee Wilcox; 6.12 Lee Wilcox; E6.1 Dr. David Spooner **CHAPTER 7** CO7 Inga Spence/Visuals Unlimited; CO7.1 Lee Wilcox; 7.1 Linda Graham; 7.2–7.3 Photo Researchers, Inc.; 7.6 Linda Graham; 7.10 bottom Lee Wilcox; 7.11 Photo Researchers, Inc.; 7.12b from Van Hooser, A., Brinkley, B.R. (1999). Methods for in situ localization of proteins and DNA in the centromere-kinetochore complex. *Methods in Cell Biology* 61:57–80 Academic Press ©1999; 7.14 re-drawn and used by permission from Buchanan, et al. (eds.) © 2000 by the American Society of Plant Biologists **CHAPTER 8** CO8 Photo Researchers, Inc.; CO8.1 Lee Wilcox; 8.3 Lee Wilcox; 8.4a Dr. Martha Cook; 8.6–8.7 Lee Wilcox; 8.10 George Thompson; 8.11–8.15 Lee Wilcox; 8.16b re-drawn and used with permission from Sack, F. (2004) Jun 4 304:1461–1462. Yoda would be proud:Valves for land plants. © 2004 American Association for the Advancement of Science; 8.18–8.21 Lee Wilcox; 8.22a Lee Wilcox; E8.1A–C Lee Wilcox, E8.1D Peter Arnold, Inc., E8.1E,F Lee Wilcox **CHAPTER 9** CO9 Lee Wilcox; CO9.1 Photo Researchers, Inc.; 9.1 Lee Wilcox; 9.2 modified and reprinted with permission from Gensel, P. and Andrews, H. (1987) The evolution of early land plants. *American Scientist* 75:478–789; 9.3 Lee Wilcox; 9.5–9.7 Lee Wilcox; 9.11 Lee Wilcox; 9.16 Lee Wilcox; 9.17 Steve Kaufman/Peter Arnold, Inc.; 9.18 Lee Wilcox; 9.20a Lee Wilcox; 9.21–9.26 Lee Wilcox; 9.27a Tom Till/DRK Photo, 9.27b,c Dr. Gary Wedemayer; 9.28 Lee Wilcox; 9.29b Lee Wilcox; 9.30 C. C. Lockwood/DRK Photo (Inset: Dr. Gary Wedemayer); 9.31 Linda Graham; E9.1A–D Lee Wilcox; E9.2A Lee Wilcox, E9.2B John Gerlach/DRK Photo **CHAPTER 10** CO10 Lee Wilcox; CO10.1 Linda Graham; 10.1 Lee Wilcox; 10.2 Norma Wilcox; 10.3–10.4 Lee Wilcox; 10.5 Linda Graham; 10.6 Walter Hodge/Peter Arnold, Inc.; 10.7a Nancy Sefton/Photo Researchers, Inc.; 10.8–10.12 Lee Wilcox; 10.15–10.16 Lee Wilcox;10.17b Dr. James Busse; 10.18–10.19 Lee Wilcox; 10.24 Visuals Unlimited; E10.1B Buttner Batyrbukd./OKAPIA/Photo Researchers, Inc.; E10.1C *http://www.alaskanative.net/339.asp*; E10.2 Catherine Ursillo/Photo Researchers, Inc. **CHAPTER 11** All photos by Lee Wilcox **CHAPTER 12** CO12 Jason Lindsey/Perceptive Visions; CO12.1 Tom Bean/DRK Photo; 12.6 Lee Wilcox; 12.7a A. Riedmiller/Peter Arnold, Inc., 12.7b George & Judy Manna/Photo Researchers, Inc.; 12.10 insets Lee Wilcox; 12.11 re-drawn and used with permission from KKlejnot, J. and Lin, C. (2004) Feb 13 303:965–966. A *CONSTANS* experience brought to light. © 2004 American Association for the Advancement of Science; 12.12–12.17 Lee Wilcox; E12.1 Lee Wilcox

PART III

CHAPTER 13 CO13 Lee Wilcox; CO13.1 Lee Wilcox/Dr. Martha Cook; 13.1–13.2 Lee Wilcox; 13.5a,c Linda Graham; 13.6–13.7 Lee Wilcox; 13.8 re-drawn and used with permission from Alexopoulos, C. J., Mims, C. W., and Blackwell, M. (1996) *Introductory Mycology.* John Wiley and Sons, Inc. and the McGraw-Hill Companies; 13.9–13.10 Lee Wilcox; 13.15 Lee Wilcox; 13.18 Lee Wilcox; E13.1A Lee Wilcox, E13.1B Ross M. Horowitz/Getty Images Inc., Image Bank; E13.2A re-drawn and used with permission from Page, S. L. and Hawley, R. S. (2003) Aug 8 301:785–798.Chromosome choreography: The meiotic ballet. © 2003 American Association for the Advancement of Science; E13.2B reprinted with permission from *Nature.* Bradshaw, H. D. et al. Genetic mapping of floral traits associated with reproductive isolation in monkeyflowers *(Mimulus).* Vol. 376:762–765 © 1995 Macmillan Magazines, Ltd. **CHAPTER 14** CO14 D. Cavagnaro/DRK Photo; CO14.1 Nigel Cattlin/Holt Studios Int'l/Photo Researchers, Inc.; 14.1 Mendel/Heredity/Visuals Unlimited; 14.2a Lee Wilcox; 14.11 Lee Wilcox; 14.17c Lee Wilcox; 14.19 Lee Wilcox; E14.1 SPL/London/ Photo Researchers, Inc., E14.2B–D Lee Wilcox **CHAPTER 15** CO15 Lee Wilcox; CO15.1 Andrew Syred/SPL/Photo Researchers, Inc.; 15.1 Lee Wilcox; 15.2 Hans Gelderblom/Getty Images Inc.-Stone Allstock; 15.3 Lee Wilcox; 15.4 Doug Sokell/Visuals Unlimited; 15.5 Lee Wilcox; 15.11 Matt Meadows/Peter Arnold, Inc.; 15.12 Pallava Bagla/Corbis/Sygma; 15.13 Inga Spence/Visuals Unlimited **CHAPTER 16** CO16 Frans Lanting; CO16.1 Minden Pictures; 16.3a Christian Grzimek Okapia/Photo Researchers, Inc., 16.3b Galen Rowell/Corbis/Bettmann, 16.3c Ralph Reinhold/Animals Animals/Earth Scenes, 16.3d Tui De Roy/The Roving Tortoise Nature Photography; 16.4a–d Petren, K, Grant, B.R., Grant, P.R. (1999) A phylogeny of Darwin's finches based on microsatellite DNA length variation. *Proceedings of the Royal Society of London,* Series B 266:321–329; 16.5–16.8 Lee Wilcox; 16.9a M. Klindword/Visuals Unlimited, 16.9b Lee Wilcox; 16.10a Jim Pojar, 16.10b–d Robert Gustafson; 16.11 Lee Wilcox; 16.19b–d Dr. Gerald C. Carr CBC University of Hawaii-Manoa; 16.21 modifed from Ownbey, M. (1950) Natural hybridization and amphiploidy in the genus *Tragopogon. American Journal of Botany* 37:494–495; 16.22 Reprinted with permission from Appenzeller, T. (1999) Jun 25 284:2108–2110 Test tube evolution catches time in a bottle. © 1999 American Association for the Advancement of Science; E16.1 reprinted with permission from *Nature.* Bradshaw, H. D. et al. Genetic mapping of floral traits associated with reproductive isolation in monkeyflowers *(Mimulus).* Vol. 376:762–765 © 1995 Macmillan Magazines, Ltd.

PART IV

CHAPTER 17 CO17 Lee Wilcox; CO17.1 Lee Wilcox; 17.1–17.7 Lee Wilcox; 17.8 Jaime Plaza Van Roon/Auscape International Pty. Ltd.; 17.9–17.10 Lee Wilcox; 17.11 insets Lee Wilcox; 17.12–17.14 Lee Wilcox; E17.1A Dr. Ray F. Evert, E17.1B Nigel Cattlin/Holt Studios Int'l/Photo Researchers, Inc., E17.1C Lee Wilcox; E17.2A,D Linda Graham, E17.2B Missouri Botanical Garden, E17.2C James Graham **CHAPTER 18** CO18 Lee Wilcox; CO18.1 Lee Wilcox; 18.1–18.2 Lee Wilcox; 18.4 Dr. William Schopf; 18.5 Dr. Andrew H. Knoll, Harvard University; 5.7 from Fox, J. L. Proteinoids: Clues to cellular origins? *BioScience* (1985) 35:74–75 © American Institute of Biological Sciences (photo by Robert Syren); 18.9 Lee Wilcox; 18.10a Dr. Ralph Lewin, 18.10b–d Lee Wilcox; 18.11 Dr. Norma Lang (Inset: Lee Wilcox); 18.12 Linda Graham; 18.13–18.14 Lee Wilcox; 18.15 Linda Graham; 18.16 Lee Wilcox; 18.17a Lee Wilcox, 18.17b Linda Graham; 18.19 Re-drawn with permission from Pennisi, E. (2004) Jul 16 305:334–335 Researchers trade insights about gene swapping. © 2004 American Association for the Advancement of Science;18.20 Lee Wilcox; E18.1A,B NASA/John F. Kennedy Space Center; E18.1C,D Kathie L. Thomas-Keprta, Lunar and Planetary Institute **CHAPTER 19** CO19 Lee Wilcox; CO19.1 A. Winter & P. Friedinger; 19.1a Lee Wilcox, 19.1b James Graham; 19.2a Lee Wilcox, 19.2b Dr. Kalle Oli; 19.3a,b Lee Wilcox, 19.3c,d Linda Graham; 19.4a Lee Wilcox (Inset: Linda Graham), 19.4b Claudia Lipke; 19.5 Dr. Eldon H. Newcomb; 19.6a Lee Wilcox, 19.6b Linda Graham, 19.6c Dr. Gary. Wedemayer and Lee Wilcox; 19.7 Linda Graham; 19.8 Re-drawn with permission from Baldauf, S. L. (2003) Jun 13 300:1703–1706 The deep roots of eukaryotes. © 2003 American Association for the Advancement of Science;19.9 photo by A. Kleijne, in Winter, A. and Siesser, W. G. (eds.) (1999) *Coccolithophores.* Cambridge University Press, Cambridge. UK.; 19.10a Andrew Syred/Photo Researchers Inc., 19.10b (left) Lee Wilcox (right) Linda Graham, 19.10c Linda Graham; 19.11a Dr. Ken-Ichiro Ishida/Mr. Shuhei Ota, 19.11b,c James Graham; 19.12 Lee Wilcox; 19.16 Lee Wilcox; 19.17a Lee Wilcox, 19.17b Lee Wilcox and Dr. Gary Wedemayer; 19.18 Dr. Evan Lau; 19.19 Lee Wilcox; 19.20 insets Lee Wilcox (vegetative filament: Dr. Martha Cook); 19.21–19.22 Lee Wilcox; 19.23 insets Lee Wilcox (carposporophyte: Linda Graham); 19.24a Dr. Mariette Cole, 19.24b Lee Wilcox; 19.25 Richard L. (Larry) Blanton, Ph.D.; E19.1A Lee Wilcox, E19.1B BIOS (F. Denhz)/Peter Arnold, Inc., E19.1C Springer/Verlag GmbH & Co KG, E19.1D Jürgen Berger and Dr. Peter Overath, Planck Institue for Developmental Biology; E19.2A from Lewitus, et al. (1999) *Journal of Phycology* 35:303–312, E19.2B BIOS (F. Denhz)/Peter Arnold, Inc. **CHAPTER 20** CO20 Lee Wilcox; CO20.1 Lee Wilcox; 20.1a Hilda Canter-Lund, Freshwater Biological Association, Ambleside, U.K., 20.1b,c Lee Wilcox; 20.2–20.5 Lee Wilcox; 20.6 19.8 Re-drawn with permission from Baldauf, S. L. (2003) Jun 13 300:1703–1706 The deep roots of eukaryotes. © 2003 American Association for the Advancement of Science; 20.7–20.9 Lee Wilcox; 20.10 inset Lee Wilcox; 20.11 Lee Wilcox; 20.12 inset Lee Wilcox; 20.13–20.18 Lee Wilcox; 20.19 Linda Graham; 20.20–20.24 Lee Wilcox; 20.25 Linda Graham; E20.1 Viard/ Jacana/PR/Photo **CHAPTER 21** CO21 Lee Wilcox; CO21.1 Dr Gerald C. Carr/CBC/University of Hawaii-Manoa; 21.1a–c,e Lee Wilcox, 21.1d Linda Graham; 21.2a–c Lee Wilcox, 21.2d Linda Graham; 21.4 a,b,d Lee Wilcox, 21.4c Linda Graham; 21.5 Lee Wilcox (specimen courtesy Dr. Joseph Armstrong); 21.8 modifed from Gifford, E. M. and Foster, A. S. *Morphology and Evolution of Vascular Plants* (1989) W. H. Freeman and Company, New York; 21.9a Linda Graham, 21.9b–d Lee Wilcox; 21.10–21.11 Lee Wilcox; 21.12 insets Lee Wilcox; 21.13–21.14 Lee Wilcox; 21.15 Linda Graham; 21.16a–c Lee Wilcox, 21.16d Linda Graham; 21.17a,e Lee Wilcox, 21.17b Dr. Craig Smith, 21.17c Claudia Lipke, 21.17d Linda Graham; 21.18–21.19 Lee Wilcox; 21.20 inset Lee Wilcox; 21.21–21.23 Lee Wilcox; 21.25 insets Lee Wilcox; 21.26a Lee Wilcox, 21.26b Dr. Martha Cook; E21.1A Lee Wilcox, E21.1B Re-drawn with permission from Berner, R. A.. (1997) Apr 25 276:544–546 The rise of land plants and their effect on weathering and CO_2. © 1997 American Association for the Advancement of Science; E21.1C all rights reserved, photo archives, Denver Museum of Nature & Science **CHAPTER 22** CO22 Lee Wilcox; CO22.1 Lee Wilcox; 22.1a,e Linda Graham, 22.1b,c,d Lee Wilcox, 22.1f Michael Fogden/DRK Photo; 22.2 reprinted from White, M. E. (1990) *The flowering of Gondwanaland.* Princeton University Press; 22.3b Lee Wilcox; 22.4 Lee Wilcox; 22.7 modified from Beck, C. B.. (1962) Reconstructions of *Archaeopteris*, and further consideration of its phylogenetic position. *American Journal of Botany* 49:373–382; 22.8–22.9 Lee Wilcox; 22.10 reprinted from White, M. E. (1990) *The flowering of Gondwanaland.* Princeton University Press; 22.11 reprinted with permission from Sun, G. et al. (1998) Nov 27 282:1692–1695. In search of the first flower: a Jurassic angiosperm, *Archaefructus*, from Northeast China. © 1998 American Association for the Advancement of Science (Inset: reprinted with permission from Sun, G. et al. (2002) May 3 296:899–904. Archeafructaceae, a new basal angiosperm family. © 2002 American Association for the Advancement of Science); 22.12–22.13 Lee Wilcox; 22.14 insets Lee Wilcox (mature sporophyte: Linda Graham); 22.15–22.17 Lee Wilcox; E22.1A Lee Wilcox, E22.1B re-drawn from White, M. E. (1990) *The flowering of Gondwanaland.* Princeton University Press, E22.1C Lee Wilcox **CHAPTER 23** CO23 Lee Wilcox; CO23.1 Lee Wilcox; 23.1a Dr. Martha Cook, 23.1b Lee Wilcox; 23.2 Lee Wilcox, 23.3 Lee Wilcox (monocot pollen: Andrew Syred/Science/Photo Library/Photo Researchers, Inc.)(eudicot pollen: Oliver Meckes/Photo Reseaerchers, Inc.); 23.5a Sangtae Kim PhD, 23.5b Lee Wilcox; 23.6b Lee Wilcox; 23.7–23.13 Lee Wilcox; 23.14 inset Lee Wilcox; 23.15 Lee Wilcox; 23.16 inset Lee Wilcox; 23.18 Lee Wilcox; 23.20–23.23 Lee Wilcox **CHAPTER 24** CO24 Michael Quinton/Minden Pictures; CO24.1 Lee Wilcox; 24.1 Lee Wilcox; 24.2 Richard T. Nowitz/Phototake NYC; 24.3 Dr. Gerald C. Carr/ CBC/University of Hawaii-Manoa; 24.5–24.7 Lee Wilcox; 24.8 U of Chicago Press/ Dr. Robert A. Raguso; 24.9–24.10 Lee Wilcox; 24.11 Leonard Lessin/Photo Researchers, Inc.; 24.12–24.14 Lee Wilcox; 24.15 Prof. Steven D. Johnson; 24.16 Lee Wilcox; 24.17 Dr. Jeremy Burgess/SPL/Photo Researchers, Inc.; 24.18–24.20 Lee Wilcox; 24.21 Linda Graham; 24.22 Dr. Martha Cook; 24.23 Frans Lanting/Minden Pictures; 24.24 Lee Wilcox; 24.25 Nancy Rotenberg/ Animals Animals/Earth Scenes; 24.26 Linda Graham; 24.27 David Baum; 24.28 Luis Mazariegos; 24.29–24.30 Lee Wilcox; 24.31 Dr. Merlin Tuttle/BCI/Photo Researchers, Inc.; 24.32 Steve Kaufman/ Corbis/Bettmann; 24.33–24.34 Lee Wilcox; 24.35 Pierre Guertin; 24.36 Lee Wilcox; E24.1A Lee Wilcox, E24.1B Animals Animals/Earth Scenes

PART V

CHAPTER 25 CO25 NASA/John F. Kennedy Space Center; CO25.1 David Muench/Corbis/Bettmann; 25.7–25.11 Lee Wilcox; 25.12 re-drawn with permission from *Nature.* Currie, D. J. and Paquin, V. Large-scale biogeographical patterns of species richness of trees. 329:326–327 © 1987 Macmillan Magazines, Ltd.; 25.13 Tom Bean/DRK Photo; 23.18–23.19 (Earth: NASA/John F. Kennedy Space Center); 25.22 re-drawn from Christopherson, R. W. (2000) *Geosystems.* Prentice-Hall, Inc., Upper Saddle River, NJ; 25.23 re-drawn from Lüning, K. (1985) *Meeresbotanik.* Georg Thieme Verlag; E25.1A,B Linda Graham, E25.1C,D re-drawn from Webb, T. III, et al. (1993) Vegetation, lake levels, and climate in Eastern North America for the past 18,000 years. In, Wright, H. E., Jr., et al. (eds.) *Global Climates since the Last Glacial Maximum.* University of Minnesota Press, Minneapolis, MN © 1993 by University of Minnesota Press, E25.1E M. Kalab/Visuals Unlimited, E25.1F BSIP/Science Source/Photo Researchers, Inc. **CHAPTER 26** CO26 Jim Brandenburg/Minden Pictures; CO26.1 Philadelphia Academy of Natural Sciences; 26.2 Fred Bruemmer/DRK Photo; 26.3a Dr. Joby Chesnick, 26.3b,c Dale T. Andersen/ SETI Institute; 26.4a modified from Vincent, W. F. (1988) *Microbial Ecosystems of Antarctica* and used with permission of Cambridge University Press, Cambridge, UK; 26.4b Kandis Elliot; 26.5 Galen Rowell/Corbis/Bettmann; 26.6 Gerald & Buff Corsi/ Visuals Unlimited; 26.9a Charlie Ott/Photo Researchers, Inc., 26.9b Doug Sokell/ Visuals Unlimited; 26.10 Nigel J. Dennis/Photo Researchers, Inc.; 26.11 Jim Steinberg/Photo Researchers, Inc.; 26.12 Fred Bruemmer/DRK Photo; 26.13a Carr Clifton/Minden Pictures, 26.13b Dr. Charles Delwiche, 26.13c Larry Ulrich/DRK Photo, 26.13d R J Erwin/DRK Photo; 26.15 E R Degginger/Photo Researchers, Inc.; 26.16 James Graham; 26.17a,b James Graham, 26.17c Dr. Merlin D. Tuttle/Photo Researchers, Inc.; 26.18 James Graham; 26.19 Tom Bean/DRK Photo; 26.20 Lee Wilcox; 26.21 re-drawn from Barbour, M. G. and Billings, W. D. (2000) *North American Terrestrial Vegetation* 2nd. ed. used with permission of Cambridge University Press, Cambridge, UK; 26.22 University of Wisconsin Arboretum; 26.23 Tom Bean/DRK Photo; 26.24 Lee Wilcox; 26.28–26.32 Lee Wilcox; 26.33 Linda Graham; 26.34 re-drawn from Barbour, M. G. and Billings, W. D. (2000) *North American Terrestrial Vegetation* 2nd. ed. used with permission of Cambridge University Press, Cambridge, UK; 26.35 Ken Lucas/Visuals Unlimited; 26.36a Ken Lucas/Visuals Unlimited, 26.36b,c Dr. Gary Wedemayer; 26.37–26.38 Dr. Gary Wedemayer; 26.39 AP World Wide Photos; E26.1 Kandis Elliot; E26.2A,B Lee Wilcox **CHAPTER 27** CO27 Lee Wilcox; CO27.1 Michael Fogden/DRK Photo; 27.1 re-drawn from Pielou, E. C. (1991) *After the Ice Age.* The University of Chicago Press. Chicago, IL; 27.2a George D. Lepp/Photo Researchers, Inc., 27.2b Stephen J. Krasemann/DRK Photo; 27.3 Kim Heacox/DRK Photo; 27.4 Lee Wilcox; 27.5 Fred Bruemmer/DRK Photo; 27.6 Hush Rose/Visuals Unlimited; 27.7–27.8 Lee Wilcox; 27.9 Kenneth Murray/Photo Researchers, Inc.; 27.10 Lee Wilcox; 27.11a Lee Wilcox, 27.11b Charlie Ott/Photo Researchers, Inc.; 27.12 Ecoscene/Corbis/Bettmann; 27.13 re-drawn from Barbour, M. G. and Billings, W. D. (2000) *North American Terrestrial Vegetation* 2nd. ed. used with permission of Cambridge University Press, Cambridge, UK; 27.15–27.21 Lee Wilcox; 27.23a,b Linda Graham, 27.23c,d Lee Wilcox; 27.25 Dr. Morley Read/Photo Researchers, Inc.; 27.26 Linda Graham; 27.27a Linda Graham, 27.27b,c Lee Wilcox; 27.28 Hans & Judy Beste/Animals Animals/Earth Scenes; 27.30a Cary Wolinsky/ Aurora & Quanta Productions Inc., 27.30b Hilda Canter-Lund, Freshwater Biological Association, Ambleside, UK; 27.31 Danny Lehman/Corbis/Bettmann; 27.32 Bachmann, Photo Researchers, Inc.; 27.33 Lee Wilcox; 27.34 Walter H. Hodge; 27.35 Lee Wilcox; 27.36 Stephen J. Krasemann/DRK Photo; 27.37 Douglas Peebles/ Corbis/ Bettmann; E27.1A-E Lee Wilcox; E27.2A Lee Wilcox, E27.2B modified from Meeuse, B. and Morris, S. (1984) *The Sex Life of Flowers.* Oxford Scientific Films, Ltd. Facts on File Publications; E27.3 Gregory G. Dimijuan/Photo Researchers, Inc. **CHAPTER 28** CO28 Tim Fitzharris/Minden Pictures; CO28.1 Lee Wilcox; 28.1 Dr. Timothy Kratz and Dr. Thomas Frost; 28.4–28.5 Lee Wilcox; 28.6a Linda Graham (Inset: Lee Wilcox), 28.6b Lee Wilcox; 28.7a,c Lee Wilcox, 28.7b Dr. Martha Cook; 28.8–28.9 Lee Wilcox; 28.10a Lee Wilcox (Inset: Linda Graham), 28.10b Carole Lembi (Inset: Lee Wilcox); 28.12–28.16 Lee Wilcox; 28.18 Dr. Teryl Roper; 28.19 Lee Wilcox (Inset: Linda Graham); 28.20 re-drawn from Ingmanson, D. E. and Wallace, W. J. (1973) *Oceanography: An introduction* Wadsworth; 28.21 re-drawn from Nybakken, J. W. (1999) *Marine biology: an ecological approach* Benjamin-Cummings; 28.22 top: re-drawn from Wright (1977-8) *Oceanography* Open University Press-Milton Keynes, bottom: Heinrich *J. Cons.*(1962) and Parsons, T. R. et al. (1977) *Biological Oceanographic Processes* 2nd ed. Pergamon Press.; 28.23 re-drawn from Hedgpeth, J. W. (1957) *The treatise on marine ecology and paleoecology.* Vol I. Ecology The Geological Society of America; 28.24a Dr. Claude Taylor III, 28.26b O. Cholwea, courtesy Linda Graham, 28.24c reprinted from Dr. G. R. Hasle, *Pseudo-nizschia* as a genus distinct from *Nitzschia. Journal of Phycology* 30:1036–1039; 28.25a,b Dr. Claude Taylor III, 28.25c reprinted from Kofoid, C. A. and O. Swezy (1921) The free-liging unarmored Dinoflagellata. *Memoirs of the University of California* 5:1–562; 28.26a reprinted from Dr. A. Kleijne (1992) Extant Rhabdosphaeraceae (coccolithophorids, class Prymnesiophyceae) from the Indian Ocean, Red Sea, Mediterranean Sea, and North Atlantic Ocean. *Scripta Geologica* 100:1–63; 28.26b NASA/John F. Kennedy Space Center; 28.27 re-drawn from Fenchel, T. (1988) Marine plankton food chains. *Ann. Rev. Ecol. Syst.* 19:19–38; 28.28 Re-drawn with permission from Mann, K. H.. (1973) Dec 7 1982:975–981 Seaweeds: Their productivity and strategy for growth. © 1973 American Association for the Advancement of Science; 28.29a Norbert Wu/Minden Pictures, 28.29b Bob Evans/Peter Arnold, Inc.; 28.31a Linda Graham, 28.31b Richard Herrmann/SeaPics.com; 28.32a A. Witte/C. Mahaney/Getty Images Inc.-Stone Allstock, 28.32b SeaPics.com; 28.33 re-drawn from World Conservation Monitoring Centre map; 28.34a D. S. Littler and M. M. Littler (2000)*Caribbean Reef Plants,*OffShore Graphics, Inc.; 28.34b Lee Wilcox, 28.34c Ronald J. Stephenson; 28.35 Constantino Petrinos/Nature Picture Library; 28.36a Getty Images,-Stone Allstock, 28.36b Dr. Joy Zedler; 28.37 Jacques Jangoux/Photo Researchers, Inc.; E28.1 19.8 Re-drawn with permission from Hughes, T. P. (1994) Sep 9 265:1547–1551 Catastrophes, phase shifts, and large-scale degradation of a Caribbean coral reef. © 1994 American Association for the Advancement of Science

Index

가

나

다

사

아

자

차

A

B

C

R

S